SCIENCE ON ── AGRICULTURAL PRODUCT ── QUALITY

农产品品质学

第四卷　各论

郑金贵 编著

厦门大学出版社　国家一级出版社
XIAMEN UNIVERSITY PRESS　全国百佳图书出版单位

图书在版编目（CIP）数据

农产品品质学. 第四卷 / 郑金贵编著. -- 厦门 ：
厦门大学出版社，2022.11
　　ISBN 978-7-5615-8818-5

　　Ⅰ．①农… Ⅱ．①郑… Ⅲ．①农产品-品质-研究
Ⅳ．①S331

中国版本图书馆CIP数据核字(2022)第189709号

责任编辑	陈进才
美术编辑	李嘉彬
技术编辑	许克华

出版发行　厦门大学出版社

社　　址	厦门市软件园二期望海路 39 号
邮政编码	361008
总　　机	0592-2181111　0592-2181406(传真)
营销中心	0592-2184458　0592-2181365
网　　址	http://www.xmupress.com
邮　　箱	xmup@xmupress.com
印　　刷	厦门市竞成印刷有限公司

开本	880 mm×1 230 mm　1/16
印张	30.25
插页	2
字数	980 千字
版次	2022 年 11 月第 1 版
印次	2022 年 11 月第 1 次印刷
定价	108.00 元

厦门大学出版社
微信二维码

厦门大学出版社
微博二维码

前　言

出于对食物营养保健的兴趣与爱好,1998 年 6 月出版了《农产品的品质——营养与保健》(《福建农业科技》CN 35-1078/S 1998 增刊,48 万字),受到社会的欢迎和好评。为此,在个人兴趣与社会需求的双重驱动下,当时我就下决心组织研究团队深入系统地研究农产品品质学。2004 年以来先后出版了《农产品品质学》第一卷(138 万字)、第二卷(76 万字)、第三卷(86 万字)。其中,"谷秆两用稻品质"等获得了国家技术发明奖二等奖,"冬季农产品的品质"等获得国家科学进步奖三等奖,还获得四项授权的国家发明专利。有的已经开始产业化。

农产品品质的研究之所以能坚持二十多年,首先要感谢时任福建省委副书记何少川同志 1998 年代表省委为我创造一个很好的工作平台。特别要感谢时任省长习近平同志 2002年 7 月 2 日对谷秆两用稻品质等研究的大力支持。同时感谢时任省长黄小晶同志、时任分管高校的省委常委、副省长陈桦同志分别多次亲临农产品品质研究所现场指导,并分别批示职能部门支持科研经费。

在农产品品质学的研究过程中,适逢中共福建省委建立了省领导联系、分管专家的好制度,先后有多位省领导带领组织人事部门的领导多次直接关心、到研究所现场指导:王宁省长(2016 年 1 月 27 日,2017 年 1 月 23 日),胡昌升常委、组织部部长(2018 年 2 月 12 日),王洪祥常委、政法委书记(2019 年 1 月 29 日),林宝金常委、市委书记(2020 年 1 月 20 日,2021年 4 月 16 日,2022 年 1 月 28 日,2023 年 1 月 18 日),副省长崔永辉(2021 年 2 月 9 日)。这充分体现了党对专家的关心爱护,大大促进了农产品品质的研究与成果推广。

在农产品品质学的研究过程中,特别要感激组织上的关心、支持和重视。2015 年 9 月 3日作为国务院表彰的全国先进工作者,人事部安排我参加北京天安门广场阅兵观礼。2019年中组部邀请我参加北戴河暑期专家休假,其间向中组部姜信治副部长简要汇报了 2013 年以来茶叶品质的研究进展,受到特别亲切的关心和鼓励。感谢王建南书记去年刚到学校任职次日即亲临现场指导农产品品质的研发,感谢兰思仁校长近年来多次指导并协调支持本书各论的出版,感谢近年来洪诚书记、曾任森院长等农学院党政领导的重视与支持。

《农产品品质学》第一卷、第二卷、第三卷为"总论"。第一卷主要介绍农产品的营养品质(农产品中人体必需的营养成分等),第二卷主要介绍农产品的保健品质(农产品中具有保健防病的功能成分等),第三卷主要介绍农产品的卫生品质(农产品中对人体有毒有害的物质等)。《农产品品质学》第四卷、第五卷属于"各论",分别介绍在保健功能方面具有特色的

41种食用农产品（含药食两用的农产品）的品质及发掘创制的优异种质（良种等）。第四卷、第五卷得到以下项目的资助,是以下项目的成果:

1. 国家支撑计划项目"地方特色作物种质资源发掘与创新利用"（2013BAD01B05）。

2. 福建省农业厅项目:"特种作物新品种试验筛选与功能品质鉴定"（闽农计函〔2018〕205号）;"功能性作物新品种试验筛选"（闽农计函〔2018〕72号）;"特种作物新品种区域适应性筛选与示范片建设"（闽农计函〔2019〕129号）;"功能性作物品种试验筛选"（闽农种函〔2019〕478号）;"功能性茶蔬新品种及其配套新技术示范"（闽财指〔2020〕618号）。

3. 福建省财政厅项目:"功能食品作物良种繁殖基地"（闽财指〔2018〕0983号）;海峡两岸农业技术合作中心专项经费（131910010）。

4. 福建省教育厅项目:"中国-爱尔兰国家合作食品物质学与结构中心"（闽财指〔2019〕0761号）;"全面赶超背景下的闽台高等教育比较研究"（K8118J05A）。

5. 福建农林大学科技创新平台经费:海峡两岸农业技术合作中心（PTJH13001）;福建省特种作物育种与利用工程技术研究中心（PTJH12015）。

本成果是在闽发改投资〔2011〕362号、K6ML002A、省财政厅131910010、131910011这四个项目研究的基础上取得的。

以各种形式支持农产品品质学研究和参加第四卷研究的人员有檀云坤、黄华康、林和平、刘健、赵振平、游宇飞、吴贤德、叶辉玲、严金静、庄祥生、林清泉、柯瑞清、丁中文、郑宝东、黄勤楼、陈君琛、陈炳佃、林金科、郑少泉、郑回勇、黄毅斌、童应满、王松良、郑亚凤、林冬梅、林长光、叶新福、郑开斌、胡娟、吴仁烨、廖银武、黄科、陈选阳、林荔辉、陈团生、王金英、夏法刚、许明、程祖锌、蒋家焕、林宗辉、廖素凤、曹晓华、林世强、黄昕颖、张涛、林燕、郭明殊、王坤、廖云茜、刘江洪、胡炎坤、石佳智、李志辉、王纬祥、卢礼斌、何琴、李清华、江川、翁国华、苏登、程立立、邹双全、陈国瑞、韩国勇、刘福辉、庄莉彬、何文广、汤行昊、余亚白、康延东、郑慧明、郑友义、郑惠永、郑金城、陈顺慈、康珈睿、郑浩、郑雯婧、朱逸涵、王诗文、修茹燕、谢翠萍、李晶晶、卓学铭、徐惠龙、陈旭、王玲、章杏、薛勇、王龙平、蒋孝艳、黄志伟、杨志坚、曹奕鸶、李松玉、唐雪峰、林俊城、李宾、何海华、赵普、王栋、黄学敏、涂良剑、苏永昌、李文萍、黄艺宁、颜霜飞、陈凌华、黄铃、罗霞峦、赵剑锋、林燕燕、谭梦、程先骄、陈鹏、陈晓端、郑德成、谢宁煜、余琦、陈孝敏、韦艳粉、郑朝阳、庞芳婷、周诗雯、伍培枫、程敏锋、林健、吴敏文、傅天龙、傅天甫、陈楠等,在此一并表示衷心的感谢! 特别感谢曹晓华全程协助收集了很多资料,做了大量的、细致的、繁杂的编辑、组织协调、录入和校对等工作。本书引用了很多国内外的文献资料和照片等,在此对作者们表示衷心的感谢。

《农产品品质学》涉及多学科多专业知识,限于笔者水平,有误之处敬请指正。

郑金贵

福建农林大学农产品品质研究所

目　录

卷 首 语

《依靠农业科技创新，着力提高人民生活品质》登载于福建省人民政府发展研究中心《发展研究》2021年第5期，该文系编辑部践行落实习近平总书记2021年3月来闽考察时提出的要求布置组稿的文章之一。文章提出了落实习近平总书记来考察时强调的"着力提高人民生活品质""在创造高品质生活上实现更大突破"的具体措施之一，即研发绿色、营养、保健、防病的功能食品。这就是编著《农产品品质学》第四卷（各论）的目的，期望对提高人民生活品质有裨益。

依靠农业科技创新　着力提高人民生活品质

福建省人民政府顾问、原福建农林大学校长　郑金贵

【内容提要】 本文主要研究在传承国学饮食智慧的基础上，集国内外农业与食品科技的现代研究成果，培育出具有抗病虫害抗污染特性、富含人体需要的营养素、对人体具有抗病功能特别是富含抗癌活性成分等系列农作物优良品种，生产卫生安全、全价营养、防病抗病功能的食品，从而有效提高人民的生活品质，达到"正气存内，邪不可干"的健康目标。本文还对农业科技创新提出若干建议。

【关键词】 农业科技创新；农作物优良品种；绿色食品；功能食品

习近平总书记来闽考察时指出，"人民健康是社会主义现代化的重要标志"，强调"着力提高人民生活品质"，"在创造高品质生活上实现更大的突破"。党的十九大报告指出：人们已经从"吃得饱、吃得好"到"吃得健康"转变。

吃得健康也是美好生活需要的重要内容。食物是"高品质生活""美好生活""健康"的重要载体。国际上，在加拿大召开的一次会议上就保持人类健康提出了健康的四大基石，第一就是"合理膳食"。中央文明办、卫健委特聘首席健康教育专家王陇德在"相约健康社区"巡讲时也将"合理膳食"摆在"五项健康基础"的第一位。

膳食的源头是农业，我们必须依靠农业科技创新，研发纯天然的现代食品，在创造高品质生活上实现突破，从而"促进人民健康"。

一、集国学饮食智慧和中外现代创新成果，研发纯天然的现代食品

众所周知，人类的食物消费由低级到高级大致分为3个阶段：第一，食饱阶段。生产力低下，食物生产量不够，饥不择食，求数量求吃饱。第二，食味阶段。随着生产力的提高，食物数量满足后，不少人就片面追求"色""香""味"，嗜好高动物蛋白、高动物脂肪、高糖分和油炸烘烤等食品，满足感官享受，导致很多人出现高血脂、高血糖、高血压、高尿酸等"富贵病"，甚至引发心脑血管病与肿瘤。第三，科学消费阶段。随

着人民生活水平的提高、食物营养科学知识和健康知识的普及与提升,人们的食物消费逐步进入科学消费阶段,也就是要求食物:卫生安全、绿色、无污染;富含人体需要的营养素;富含具有防病健身功能的活性物质。我们通过追求绿色、营养、防病的纯天然现代食品,提高人民的生活品质。

(一)卫生安全的绿色食品是人们最关切、最期盼的食品

国内外不少地区的农药使用量较多,比如英国,有机磷酸酯杀虫剂在市场上有 100 个品种,每年英国人用于购买杀虫剂的费用高达 4 亿英镑,相当于每个英国人每年使用 420 g 杀虫剂(不包括杀菌剂等其他化学品)。

习近平总书记高度重视食品卫生安全工作,早在 2001 年在福建工作时,就对食品的卫生安全提出严格的要求:"农业生产要推广绿色食品标准,加强病虫害生物防治,远离各种饲料药物添加剂,努力使生产出来的农产品都是无公害、无污染的产品。"经过多年的努力,我省蔬菜农药残留抽检合格率由 2001 年的 70% 提高到 2015 年的 95.6%;生猪瘦肉精抽检合格率由 2001 年的 30% 提高到 2015 年的 100%。

同时,我们还要发掘选育对病虫害抗性好、"抗丰优"兼备的农作物优良品种。抗性好就少发生甚至不发生病虫害,可以少施甚至不施农药。发掘选育不累积或少累积农药化肥残毒的优良品种。比如,我们在相同施肥水平下栽培市场上 40 个菠菜品种,"白大叶菠菜"茎叶累积致癌物质亚硝酸铵量是 115.1,而"泰国菠菜-8"高达 1985.5。又如,在相同栽培条件下"小白菜-D"这一品种叶片镉的累积量为 140.9,"小白菜-K"则达到 699.9。(以上单位均为 mg/1000 g)。可见从源头上努力发掘选育控制污染的优良品种的重要性。同时继续研制生物农药以及高效无毒的化学农药,使生产出来的食品达到卫生安全标准。

(二)食物的营养成分是食物的核心

由不同营养素组成的食物是人类生命活动的物质源泉。国内外现代研究表明:人类的健康普遍需要 41 种营养素,而且各营养素有相应的需求数量,人们摄入食物后在体内生成 4037 种酶,催化体内相应的代谢反应,产生 4000 多种物质来维持生命活动,维护人体这部最高端、最精密的"智慧载体"。若摄入的营养素不够,人体这部"机器"的某些部分就不能正常运转,若长期摄入不够就会导致亚健康甚至疾病。

国家卫计委(今国家卫健委)组织中国营养学会的专家们编写的《中国居民膳食指南(2016)》指出:平衡膳食模式是最大程度上保障人体营养需要和健康的基础,食物多样是平衡膳食模式的基本原则。每天的膳食应包括谷薯类、蔬菜水果类、畜禽鱼蛋奶类、大豆坚果类等食物。建议每天摄入 12 种以上食物,每周 25 种以上。

我们的祖先在《黄帝内经》中指出:"谷肉果菜,食养尽之;勿使过之,伤其正也。"(即谷肉果菜养护生命,但不能过量,不然会伤身体)《黄帝内经》还指出:"五谷为养,五肉为益,五果为助,五菜为充,气味合而服之,以补精益气。"(即食物要多样化,食物的营养素才会全面,才有利于健康)唐代孙思邈在《千金要方》中指出"安身之本,必资于食……不知食宜者,不足以存生也。"(即身体健康必须重视饮食,要摄取适宜的食物,才会健康)

国学的饮食智慧与现代中外最新研究成果都表明:食物多样化以及食物营养素全面、适量、平衡是饮食营养的核心,是现代食品的核心。

(三)食物具有防病抗病功能

中央文明办、卫健委特聘首席健康教育专家赵霖在"相约健康社区"巡讲精粹中指出:"面向 21 世纪的现代营养学提出了'功能食品'的概念。许多研究都显示出食品可以对机体的一个或多个靶目标功能产生有益的影响,所以西方科学界认识到食品是有功能的。1996 年,欧洲营养学界提出了'功能食品'的概念,并且界定了食品的有关功能。他们认为功能食品是新的发展方向,食用功能食品可以预防并有意义地减少某些慢性非传染性疾病(如代谢性疾病)的发生。"

美国对功能食品(营养疗效食品)的定义是:含有生物活性物质、可有效预防和治疗疾病、增进人体健

康的食品。欧盟对功能食品(特殊营养食品)的定义是:含有特殊营养成分或经过特殊的生产加工工艺,使其营养价值明显区别于一般食品的一类食品。中国高校食品学科的教科书中关于"功能食品"的表述是:功能性食品是以一种或多种可食性天然物质(植物、动物、微生物及其代谢产物)及其功能因子为主要原料,按相关标准和规定的要求进行设计,经一系列食品工程技术手段和工艺处理加工而成,既具有一般食品的营养和感官特性,又对人体具有特定生理调节和保健功能的一类食品。

现代国内外研究表明食物具有防病抗病功能。我们的祖先早在1500年前就开始总结应用并载入医学专著:唐代孙思邈《千金要方》指出"食能排邪而安脏腑,悦神爽志,以资血气。"(即食物能排除有害物质,从而使脏腑强壮,身心健康)西汉《黄帝内经》指出:"正气存内,邪不可干。"(即身体健康、免疫力强,各种疾病就不会伤害身体)元代朱震亨在《丹溪心法》中指出:"与其救疗于有疾之后,不若摄食于无疾之先。"(即若生病后求助医师治疗,不如平时没生病前就摄取防病的、维护健康的食物)

特别要指出的是,中央文明办、卫健委特聘首席健康教育专家徐光炜在"相约健康社区"巡讲精粹中指出:"饮食中不仅存在致癌因素,而且存在维生素C、维生素E、胡萝卜素,微量元素硒、锌、钼、碘等多种防癌抗癌物质。富含这些物质的食品有利于癌症的预防。大蒜和茶叶中都含有丰富的有利于预防癌症的活性成分。"

世界癌症基金会邀请了全世界200多位癌症专家历时5年审议相关文献50万篇后,形成一致建议,出版发行该领域最为权威和最有影响的报告——《食物、营养、身体活动和癌症预防》。该报告强调食物营养在癌症预防中的重要性;同时还指出,癌症发生发展的11个阶段中,每个阶段都有相应的抗癌活性成分(ACES)可抑制其发展。

(四)全食品促进健康

中外食品界还有一个备受关注的热点,华裔美国科学家刘瑞海在权威杂志《自然》上发表了著名的全食品论文。他发现,每100 g新鲜苹果中具有抗氧化功能的维生素C含量仅为5.7 mg,但其抗氧化活性水平与纯品的1500 mg维生素C相当,也就是说苹果维生素C潜在功效远比孤立消费形式的效果好,这可能是苹果中还有维生素C的协同和相加成分。

我们的研究也发现,本团队选育的高EGCG茶叶良种中EGCG占茶叶干重的比例为13%,与从美国购买的EGCG纯品(纯度为95%)做抑制肿瘤细胞的对比研究,两者的质量相同,茶叶组EGCG的含量只有纯品组的1/7,但茶叶组抑制率反而比纯品组高:对人白血病癌细胞的抑制率分别是88.35%和5.10%;对人结肠癌细胞的抑制率分别是99.64%和10.74%;对人肺癌细胞的抑制率分别是99.64%和7.85%;对人前列腺癌细胞的抑制率分别是89.38%和16.69%(以上生物统计都分别达到极显著水平)。可见,提取EGCG单一活性成分后,失去了茶叶体内与EGCG协同的成分,EGCG对癌细胞的抑制功能大大降低。

我们祖先的传统中药复方也是全植物中活性物质协同作用的体现。比如,传统中药复方"黄连解毒汤",在我国应用了几千年,却始终不显抗药性。现代科学研究发现,如果将"黄连解毒汤"中的每一个中药单方成分分别进行抑菌实验,细菌都可以识别;但是如果将该复方煎制的"黄连解毒汤"进行抑菌实验,细菌却无法识别。原因在于,中药复方这种多靶器官、多方位、多层次、不同作用点的攻击方式,使得细菌难以识别,无法形成抗药能力。

(五)培育系列农作物良种研发出的纯天然绿色营养功能食品

我们根据国学饮食智慧和现代国内外研究结果,在科技部的支持下,以国家支撑计划项目——"地方优异种质资源发掘与利用"为平台研发防瘤防癌的食品:首先研究出含有世界癌症基金会总结的32种抗癌功能成分的食物(农作物),再通过有性杂交育种方法选育出富含该活性成分的系列农作物优良品种。比如选育出青花菜(绿菜花)中萝卜硫素的含量达984.5的良种"福青1号"(普通青花菜中含量仅104.2

左右);同时还选育出富含抗癌活性成分的高 EGCG 茶叶良种,选育出富含硒的黑米良种、富含姜黄素的姜黄良种等共 13 种作物的良种,这些良种富含有世界癌症基金会发布的分别抑制癌症进一步发展的全部 32 种抗癌活性成分,并且都以全食品的形态设计"优化饲料 A"和"优化饲料 B"两个配方,经中国医学科学院动物实验(大鼠,140 d),结果表明:"对二乙基亚硝胺诱导肝癌模型大鼠的肝细胞癌变程度、肝功能指标,以及肝脏肿瘤生长数量和体积具有明显的预防效果,模型组肝细胞癌变率 90%,且普遍为中重度肝细胞癌变,'食用优化饲料 A'与'食用优化饲料 B'两组均未见明显肝癌病变,并且'食用优化饲料 B'的大鼠肝细胞病变程度比'食用优化饲料 A'的更加轻微。"(中国医学科学院实验报告 ILAS Study No. N-16-9001)

科技部邀请的院士专家组的验收报告指出:"发掘了 13 种富含有抗癌功能成分(世界癌症基金会认定)地方特色作物优异种质,以此资源研发'一种全价营养组合物及其制备方法',已获专利授权。"该发明专利摘要指出:"本发明公开了一种由 15 种天然食物按科学配方组成、含有人体必需的全部 41 种营养素及防瘤抑瘤功能成分的全价营养组合物及其制备方法。该组合物由全价营养米、配料包、高 EGCG 含量的茶叶包组成。该产品由纯天然食材组成,让人们在全价营养饮食中既能'扶正健身',又能'防瘤抑瘤'。"

总之,根据国学的饮食智慧和现代中外创新成果,我们在研发纯天然现代食品中取得了良好的开端,下一步将攻关完善,为提高人民生活品质做贡献。

二、依靠农业科技创新,提高人民生活品质的若干建议

(一)做好全员农业科学普及工作

建议组织专家深入社区农村巡讲,让广大人民群众及时学习最权威的、最有价值的农业科学知识。比如,有关膳食及健康的知识应首推《中国居民膳食指南(2016)》及中央文明办、卫健委主办的 11 本《相约健康社区行巡讲精粹》。

(二)鼓励支持重奖"把论文写在大地上"的科技人员,特别是中青年科技人员

近日,习近平总书记要求广大党员、干部和科技工作者向袁隆平同志学习,学习他以祖国和人民需要为己任、以奉献祖国和人民为目标、一辈子躬耕田野,脚踏实地把科技论文写在祖国大地上的崇高风范。研究出有价值的农业科技成果一般需要 5 年以上的艰辛努力,中青年科技工作者要在艰苦环境中坚持,要承受家庭与社会偏见等不同形式的压力,难度极大。建议设立阶段性进展奖(相当于设立爬高山时的"中途加油站"),并在评奖评优评职称中通用。

(三)建议大力扶持农业企业创新创造并产业化,特别是向科技企业选送科技特派员

向科技企业选送企业与科技人员双向选择的科技特派员,既可充分发挥科技人员研发的长处,又能努力发挥企业把成果产业化的长处。科技企业的科技特派员必须共享产业化成果的收益。科技型企业创新创造并产业化的成果特别是营造出"品牌"的,应给予一定的税收减免。

参考文献

[1]神农本草经 [M].柳长华,编. 北京:北京科学技术出版社,2016.

[2]黄帝内经 [M].王冰,注. 北京:中国古籍出版社,2003.

[3]孙思邈. 备急千金要方 [M]. 吴少祯,编.北京:中国医药科技出版社,2011.

[4]孟诜. 食疗本草 [M]. 郑州:中州古籍出版社,2013.

[5]朱震亨. 丹溪心法 [M]. 北京:人民卫生出版社,2005.

[6]忽思慧. 饮膳正要 [M]. 扬州:江苏广陵书社有限公司,2010.

[7]贾铭.饮食须知［M］.吴庆峰,张金霞,编.济南:山东画报出版社,2000.

[8]中国营养学会.中国居民膳食指南 2016［M］.北京:人民卫生出版社,2016.

[9]徐光炜.肿瘤可防可治[M].3 版.北京:人民卫生出版社,2003.

[10]王陇德.掌握健康钥匙[M].3 版.北京:人民卫生出版社,2011.

[11]赵霖.平衡膳食健康忠告[M].3 版.北京:人民卫生出版社,2011.

[12]陈君石.食物、营养、身体活动和癌症预防［M］.北京:中国协和医科大学出版社,2008.

[13]陈君石,闻芝梅,等.功能性食品的科学［M］.北京:人民卫生出版社,2002.

[14]孙长颢,凌文华,黄国伟,等.营养与食品卫生学[M].8 版.北京:人民卫生出版社,2017.

[15]吴翠珍,张先庚.营养与食疗学［M］.北京:中国中医药出版社,2000.

[16]阿部博幸.食物是好的医药［M］.游慧娟,译.海口:南海出版公司,2009.

[17]威廉·林兹·沃尔科特.食物就是最好的药［M］.袁毓莹,王淳,译.南京:译林出版社,2012.

[18]谢玲.摄入全食品促进健康［N］.中国食品报,2014-12-16.

[19]张小莺,孙建国,陈启和,等.功能性食品学[M].2 版.北京:科学出版社,2017.

（责任编辑:李胜平）

第一章

稻米品质

第一节　糙米品质

一、糙米的概述

稻谷是由稻壳和糙米两部分组成。

稻壳的主要成分是 40％的粗纤维（包括木质素和纤维素）、20％左右的五碳糖聚合物（主要为半纤维素）及 20％的灰分（其中二氧化硅占 94％～96％）及少量粗蛋白、粗脂肪等有机化合物。

糙米表面光滑，呈蜡状光泽，一般呈棕色或褐色。它由皮层、胚乳和胚三部分组成，皮层包围在胚和胚乳外面。糙米皮层的厚度，除受成熟度影响外，也因稻米的类型、品种的不同而有较大的差异。一般粳稻的皮层较薄，糯稻的皮层较厚，有色糙米粒的皮层比普通糙米粒的皮层厚。研究表明，糙米皮层富含维生素，铁、钙、锌等矿质营养元素，膳食纤维以及植酸等。胚乳主要由淀粉细胞组成。胚乳部分富含淀粉，是食用部分和功能食品的重要原料或配料。胚长约 2 mm，富集多种功能性的生理活性物质，如 γ-氨基丁酸、肌醇、谷维素、维生素 E、谷胱甘肽和 N-去氢神经酰胺等。

长期以来，绝大部分的稻米仅简单加工成精米（主产品）直接食用，而米糠等副产品基本未开发利用，造成了稻米资源的极大浪费。稻米米糠中富含有益人体健康的多种生理活性成分，在增强人体机能和代谢平衡上发挥重要作用。

在加工过程中，糙米皮层、胚的主要产品是米糠，占稻米质量的 5.0％～5.5％。米糠中含有脂肪、蛋白质、水溶性活性多糖、膳食纤维、谷维素、矿物质、植酸、肌醇及多种维生素。

米糠中的总油脂含量为 16.13％，其中中性油脂、糖脂和磷脂的含量分别为 75％、16％和 9％。中性油脂主要由三酰甘油和一酰甘油组成；糖脂主要成分为酰基化甾醇葡萄糖苷和双半乳糖基二酰基甘油；磷脂主要成分为磷脂酰乙醇胺、磷脂酰肌醇和磷脂酰胆碱。

米糠蛋白由 37％清蛋白、36％球蛋白、22％谷蛋白和 5％醇溶蛋白四种蛋白质组成。清蛋白和球蛋白中赖氨酸和色氨酸含量较高，明显高于稻米其他部位，弥补了谷物蛋白中赖氨酸的不足，大大提高了营养价值。米糠中活性多糖主要存在于水稻颖果碎片和颖片的细胞壁中，主要由鼠李糖、阿拉伯糖、木糖、甘露糖、葡萄糖及半乳糖等组成，一般与纤维素、半纤维素和果胶等成分形成复合物。米糠中的矿物质以磷含量最高，其次为钾、镁和铯，其余为钙、锰和锶，铁和钠含量最低。米糠中的磷主要存在于植酸、核酸和酪蛋白中，其中植酸中的磷占米糠总磷量的 89％左右。米糠中富含维生素 E 和维生素 B_1、维生素 B_2、维生素

B_4、维生素 B_6、维生素 B_{12} 及维生素 B_{13} 等 B 族维生素,但缺乏维生素 A 和维生素 C。

二、三种色稻米糠营养品质

章杏、郑金贵、王乌齐(2001)选择有代表性的 3 种种皮颜色的 34 个水稻品种为试验材料,研究其米糠的 3 种营养成分——氨基酸、脂肪酸和谷维素,比较这三种色稻的米糠及其在不同季节种植时的营养品质差异与变化趋势,从中筛选必需氨基酸、不饱和脂肪酸和谷维素含量较高而且较稳定的品种。研究结果(见表 1-1-1～表 1-1-9)如下:

表 1-1-1　不同色稻米糠各种氨基酸的差异(占米糠干重的比例,%)

氨基酸名称	白米米糠(W)	红米米糠(R)	黑米米糠(B)	差异显著性
天冬氨酸(Asp)	1.592±0.259	1.436±0.156	1.646±0.158	W>R* ,B>R*
酪氨酸(Tyr)	0.499±0.101	0.495±0.092	0.473±0.090	n.s
丝氨酸(Ser)	0.796±0.082	0.804±0.072	0.841±0.094	B>W*
谷氨酸(Glu)	2.608±0.593	2.781±0.337	2.773±0.359	n.s
脯氨酸(Pro)	0.487±0.594	0.361±0.045	0.363±0.056	n.s
甘氨酸(Gly)	0.857±0.100	0.835±0.114	0.917±0.111	B>R* ,B>W*
丙氨酸(Ala)	0.991±0.177	0.950±0.086	1.096±0.167	B>R** ,B>W*
胱氨酸(Cys)	0.373±0.068	0.357±0.050	0.375±0.074	n.s
组氨酸(His)	0.384±0.060	0.394±0.064	0.391±0.037	n.s
精氨酸(Arg)	1.214±0.192	1.214±0.174	1.132±0.144	n.s
缬氨酸(Vla)	0.842±0.076	0.818±0.074	0.879±0.088	B>R*
甲硫氨酸(Met)	0.207±0.047	0.226±0.047	0.236±0.061	B>W*
异亮氨酸(Ile)	0.544±0.065	0.554±0.069	0.597±0.067	B>W** ,B>R*
亮氨酸(Leu)	1.145±0.128	1.174±0.120	1.208±0.299	n.s
苏氨酸(Thr)	0.698±0.198	0.687±0.254	0.702±0.078	n.s
苯丙氨酸(Phe)	0.793±0.162	0.804±0.121	0.848±0.132	n.s
赖氨酸(Lys)	0.750±0.315	0.607±0.045	0.747±0.082	B>R** ,W>R*
样本数	$n=26$	$n=15$	$n=21$	

注:数据来自 3 种环境收获的稻米米糠样品的测定结果。"n.s"表示无显著差异(no significance,下同)。
据章杏、郑金贵、王乌齐(2001)

表 1-1-2　不同色稻米糠 TAA、NAA 和 Lys 含量(%)的差异(占米糠干重的比例,%)

项目	季节	白米米糠(W)	红米米糠(R)	黑米米糠(B)	差异显著性
TAA	福州早	14.560±1.274 (n=6)	15.297±0.803 (n=6)	14.673±0.645 (n=6)	n.s
	福州晚	15.170±0.187 (n=12)	13.663±1.318 (n=5)	15.938±1.587 (n=9)	B>R**
	龙海晚	14.499±0.680 (n=8)	14.629±1.024 (n=4)	14.677±0.345 (n=6)	n.s
	均值	14.822±1.634 (n=26)	14.574±1.214 (n=15)	15.217±1.246 (n=21)	n.s

续表

项目	季节	白米米糠(W)	红米米糠(R)	黑米米糠(B)	差异显著性
NAA	福州早	4.800±0.410 (n=6)	5.171±0.450 (n=6)	5.080±0.427 (n=6)	n.s
	福州晚	4.984±0.734 (n=12)	4.452±0.384 (n=5)	5.464±0.641 (n=9)	B>R** ,W>R*
	龙海晚	5.095±0.501 (n=8)	4.930±0.523 (n=4)	4.971±0.426 (n=6)	n.s
	均值	4.975±0.594 (n=26)	4.867±0.525 (n=15)	5.214±0.553 (n=21)	B>R*
Lys	福州早	0.646±0.029 (n=6)	0.610±0.060 (n=6)	0.688±0.079 (n=6)	B>R*
	福州晚	0.699±0.108 (n=12)	0.596±0.034 (n=5)	0.783±0.091 (n=9)	B,W>R** ,B>W*
	龙海晚	0.902±0.542 (n=8)	0.613±0.035 (n=4)	0.750±0.025 (n=6)	B>R**
	均值	0.749±0.314 (n=26)	0.606±0.044 (n=15)	0.746±0.082 (n=21)	B>R** ,W>R*

注:由于色氨酸未测,所以本表中的必需氨基酸(NAA)含量指的是其他 7 种必需氨基酸的总和。TAA:总氨基酸含量。
据章杏、郑金贵、王乌齐(2001)

表 1-1-3　不同季节栽培色稻米糠氨基酸含量排名前两位的品种(系)

项目	季节	白米米糠（W）	红米米糠（R）	黑米米糠（B）
TAA	福州早季	三七箩选 1 (16.918) JHZZ (14.760)	Dharial (16.433) 阿布里奥 (15.738)	矮血糯 (15.663) 岩紫糯 35 (15.294)
	福州晚季	新科 2 号 (18.843) IR30 (18.211)	阿布里奥 (15.058) Edakkadam (14.446)	罗旱紫谷 (18.717) 崇阳糯 (17.048)
	龙海晚季	78130 (15.623) 三七箩选 1 (15.247)	白石燕 A66 (15.963) 阿布里奥 (14.900)	闽紫香 (15.199) 矮血糯 (14.781)
BAA	福州早季	三七箩选 1 (5.602) JHZZ (4.808)	阿布里奥 (6.062) Dharial (5.190)	矮血糯 (5.701) 鸭血糯 (5.327)
	福州晚季	新科 2 号 (3.367) IR30 (6.002)	阿布里奥 (4.895) Edakkadam (4.659)	罗旱紫谷 (6.522) 崇阳糯 (6.124)
	龙海晚季	78130 (6.224) 福两优 63 (5.319)	白石燕 A66 (5.681) 阿布里奥 (4.891)	鸭血糯 (5.319) 闽紫香 (5.271)

续表

项目	季节	白米米糠（W）	红米米糠（R）	黑米米糠（B）
Lys	福州早季	JHZZ 0.686 三七筻选1 (0.657)	Ziukdo (0.680) Dharial (0.647)	矮血糯 (0.798) 岩紫糯35 (0.751)
	福州晚季	新科2号 (0.888) IR30 (0.873)	Edakkadam (0.649) 阿布里奥 (0.597)	罗旱紫谷 (0.907) 崇阳糯 (0.891)
	龙海晚季	78130 (2.127) T08 (1.263)	白石燕A66 (0.660) Edakkadam (0.617)	闽紫香 (0.794) 559125 (0.755)

注：由于色氨酸未测，所以本表中的必需氨基酸（NAA）含量指的是其他7种必需氨基酸的总和。

据章杏、郑金贵、王乌齐（2001）

表 1-1-4　不同季节栽培色稻氨基酸含量的稳定性比较

品种名称	TTA含量		NAA含量		Lys含量	
	平均值/%	变异系数	平均值/%	变异系数	平均值/%	变异系数
福两优63	13.198	0.066	4.345	0.083	0.604	0.082
培两优288	13.771	0.056	4.506	0.046	0.639	0.018
威优77	13.525	0.034	4.513	0.021	0.627	0.068
特优77	14.711	0.036	4.709	0.007	0.656	0.008
JHZZ	14.674	0.008	4.901	0.027	0.707	0.042
三七筻选1	17.139	0.018	5.596	0.001	0.659	0.005
鸭血糯	14.656	0.053	5.266	0.028	0.700	0.105
乌金早	15.295	0.089	5.336	0.136	0.779	0.131
矮血糯	16.193	0.046	5.690	0.003	0.803	0.008
罗旱紫谷	16.584	0.182	5.712	0.201	0.749	0.298
崇阳糯	15.618	0.129	5.314	0.215	0.761	0.242
岩紫糯35	14.666	0.061	4.960	0.063	0.734	0.032
平均	15.003	0.065	5.071	0.069	0.702	0.087

据章杏、郑金贵、王乌齐（2001）

表 1-1-5　三种色稻米糠脂肪含量和脂肪酸组成差异

项目	季节	白米米糠（W）	红米米糠（R）	黑米米糠（B）	差异显著性
脂肪含量/%	早季	2.762±0.173 (n=6)	2.577±0.133 (n=6)	2.977±0.446 (n=6)	n.s
	晚季	2.800±0.183 (n=12)	3.075±0.266 (n=4)	3.545±0.365 (n=10)	B>R**
	均值	2.787±0.176 (n=18)	2.778±0.300 (n=10)	3.311±0.482 (n=16)	n.s
不饱和脂肪酸比例/%	早季	81.012±0.842 (n=6)	79.284±1.606 (n=6)	79.484±3.121 (n=6)	n.s
	晚季	79.68±1.512 (n=12)	78.958±3.731 (n=4)	79.336±1.897 (n=10)	B>R** ,W>R*
	均值	80.124±1.451 (n=18)	79.153±2.470 (n=10)	79.397±2.270 (n=16)	B>R*
亚油酸比例/%	早季	45.418±2.636 (n=6)	45.218±1.950 (n=6)	46.231±4.255 (n=6)	B>R*
	晚季	43.863±3.836 (n=12)	40.62±36.570 (n=4)	43.461±3.182 (n=10)	B.W>R** ,B>W*
	均值	44.38±3.483 (n=18)	43.379±4.705 (n=10)	44.500±3.745 (n=16)	B>R** ,W>R*

注：数据来自福州早、晚两季，脂肪含量指米糠中脂肪占糙米干重的比例。

据章杏、郑金贵、王乌齐(2001)

表 1-1-6　三种色稻米糠脂肪含量、不饱和脂肪酸及亚油酸比例高的两个品种

项目	季节	白米米糠（W）	红米米糠（R）	黑米米糠（B）
脂肪含量	福州早季	威优 77 (3.020) JHZZ (2.865)	84VE330 (2.710) Edakkadam (2.655)	崇阳糯 (3.570) 鸭血糯 (2.980)
	福州晚季	78130 (3.100) 特优 77 (3.050)	559-99 (3.400) Edakkadam (3.100)	岩紫糯 35 (4.200) 天津 1032 (4.050)
不饱和脂肪酸比例	福州早季	三七箩选 1 (82.597) JHZZ (81.218)	Ziukdo (82.132) 白石燕 A66 (79.425)	崇阳糯 (83.300) 鸭血糯 (82.392)
	福州晚季	福两优 2186 (81.217) JHZZ (81.177)	加州红米 (81.681) 阿布里奥 (80.941)	崇阳糯 (82.169) 天津 1032 (80.653)

续表

项目	季节	白米米糠(W)	红米米糠(R)	黑米米糠(B)
亚油酸比例	福州早季	三七笋选1 (48.150) JHZZ (48.137)	白石燕 A66 (47.580) 阿布里奥 (47.330)	鸭血糯 (52.332) 559125 (48.665)
	福州晚季	三七笋选1 (47.261) (78130) (47.448)	加州红米 (42.953) 阿布里奥 (48.275)	罗旱紫谷 (45.869) 繁 299-35 (49.888)

注:数据来自福州早、晚两季,脂肪含量指米糠中脂肪占糙米干重的比例。

据章杏、郑金贵、王乌齐(2001)

表 1-1-7　不同季节各品种脂肪含量、脂肪酸组成的稳定性比较

品种名称	类型	脂肪含量		不饱和脂肪酸比例		亚油酸比例	
		均值/%	变异系数	均值/%	变异系数	均值/%	变异系数
福两优 63	白米	2.84	0.03	80.166	0.010	45.753	0.003
培两优 288	白米	2.67	0.042	79.266	0.028	37.398	0.143
威优 77	白米	2.96	0.029	80.657	0.007	44.967	0.025
JHZZ	白米	2.76	0.055	81.198	0.01	47.355	0.023
三七笋选 1	白米	2.60	0.026	81.766	0.014	47.706	0.013
Edakkadam	红米	2.88	0.109	75.338	0.035	37.693	0.182
阿布里奥	红米	2.82	0.118	79.866	0.019	47.804	0.014
559125	黑米	3.18	0.209	79.696	0.015	44.753	0.124
鸭血糯	黑米	3.32	0.143	78.783	0.065	47.573	0.142
矮血糯	黑米	3.11	0.200	78.505	0.009	46.493	0.064
罗旱紫谷	黑米	2.91	0.143	77.582	0.042	44.792	0.034
崇阳糯	黑米	3.54	0.096	82.735	0.010	41.225	0.035
岩紫糯 35	黑米	4.15	0.017	77.566	0.010	42.265	0.014
平均		3.06	0.094	79.471	0.021	44.290	0.063

据章杏、郑金贵、王乌齐(2001)

表 1-1-8　早、晚季三种色稻米糠谷维素含量(%)差异

季节	变幅	白米米糠(W)	红米米糠(R)	黑米米糠(B)	差异显著性
早季	1.79～4.28	2.97±0.98 (n=5)	2.31±0.44 (n=5)	4.04±0.42 (n=4)	B>R**,B>W*
晚季	1.87～3.01	2.84±0.67 (n=6)	2.44±0.95 (n=4)	3.96±0.59 (n=4)	B>W*,B>R*

据章杏、郑金贵、王乌齐(2001)

表 1-1-9　不同色稻米糠各种氨基酸含量的差异（占米糠干重的比例）

品种	福州早季谷维素含量/%	福州晚季谷维素含量/%
培两优 288	1.794	2.235
特优 77	3.593	2.796
JHZZ	4.280	4.035
阿布里奥	2.138	1.982
Edakkadam	2.109	1.851
乌金早	4.228	3.933

据章杏、郑金贵、王乌齐（2001）

（1）黑米米糠的赖氨酸含量极显著高于红米米糠，白米米糠的赖氨酸含量显著高于红米米糠；三种色稻间总氨基酸含量间差异不显著；有的白米品种的米糠赖氨酸含量和总氨基酸含量也相当高，甚至比某些黑米品种还要高。

就相同质量糙米而言，黑米米糠部分脂肪含量和亚油酸含量极显著高于白米米糠和红米米糠，而后二者之间无显著差异；三种色稻的不饱和脂肪酸比例间差异不显著。

黑米米糠的谷维素含量极显著高于白米米糠和红米米糠，而白米米糠和红米米糠之间无显著差异。

（2）"矮血糯"米糠的赖氨酸含量和必需氨基酸含量在早、晚两季的平均值最高，且早、晚季的含量较稳定；"崇阳糯"的不饱和脂肪酸比例最高，而且早、晚季含量较稳定；白米品种"JHZZ"和黑米品种的谷维素含量高，而且早、晚两季含量较稳定。

（3）同一品种在同一地点栽培的情况下，对于总氨基酸含量、6 种必需氨基酸含量、脂肪含量，福州晚季种植比福州早季种植高，但是对于米糠谷维素含量和亚油酸比例，早季种植一般都比晚季种植高。

三、水稻精米和米糠中矿质营养品质

王金英、江川、郑金贵（2002）选用有代表性的不同种皮颜色类型的 36 个水稻推广品种和种质资源（见表1-1-10），比较分析了在不同环境（季节、地点）条件下，精米与米糠中 Se、Cu、Fe、Zn、Ca 和 Mn 6 种矿质元素含量的差异、变化趋势及其相关性。结果（见表 1-1-11～表 1-1-17）表明：

表 1-1-10　供试的水稻品种名称

序号	品种名称	类型	序号	品种名称	类型	序号	品种名称	类型
1	福两优 63	白米	13	三七笋选 1	白米	25	阿布里奥	红米
2	培两优 288	白米	14	拉木加	白米	26	84VE33	红米
3	福两优 2186	白米	15	东南 201	白米	27	559125	黑米
4	威优 77	白米	16	新科 2 号	白米	28	鸭血糯	黑米
5	特优 77	白米	17	加州红米	红米	29	乌金早	黑米
6	汕优 63	白米	18	559-99	红米	30	矮雪糯	黑米
7	78130	白米	19	Dharial	红米	31	罗早紫谷	黑米
8	佳禾早占	白米	20	Edakkadam	红米	32	崇阳糯	黑米
9	IR30	白米	21	Fare Bardhi	红米	33	天津 1032	黑米
10	IR36	白米	22	Sam Kyung Zo	红米	34	岩紫糯 35	黑米
11	红毛稻子	白米	23	Ziuk do	红米	35	闽紫香	黑米
12	隆化大红欲	白米	24	白石燕 A66	红米	36	繁 299-35	黑米

据王金英、江川、郑金贵（2002）

表 1-1-11　精米和米糠中 6 种矿质元素的平均含量与变幅

部位	元素	平均含量/(μg/g)	变幅/(μg/g)	变异系数/%	极值品种序号与种植季节
精米	Se	0.024±0.007	0.009~0.065	31.051	17(S)~31(F)
	Cu	2.205±0.765	0.530~4.000	34.679	15(F)~23(F)
	Fe	6.025±2.926	1.430~18.130	48.554	24(T)~33(S)
	Zn	7.988±2.187	4.130~14.650	27.378	36(S)~12(T)
	Ca	65.809±24.840	24.000~138.250	37.745	5(T)~16(T)
	Mn	9.915±2.435	6.000~19.680	24.563	27(T)~32(T)
米糠	Se	0.061±0.013	0.031~0.110	20.475	12(S)~31(F)
	Cu	14.580±4.365	6.150~29.680	29.939	34(S)~9(F)
	Fe	62.189±17.337	27.650~104.130	27.879	18(S)~12(F)
	Zn	26.761±5.865	13.150~44.530	21.917	35(S)~12(F)
	Ca	297.221±118.463	102.560~671.130	39.857	23(F)~26(S)
	Mn	125.705±29.169	56.670~227.680	23.204	34(F)~3(S)

注：F、S、T 分别代表福州早季、福州晚季、龙海晚季。

据王金英、江川、郑金贵(2002)

表 1-1-12　精米中各元素含量较高、变异系数较低的品种(系)

元素	序号	品种名称	类型	含量/(μg/g)	变异系数/%
Se	25	阿布里奥	红米	0.032	19.01
	24	白石燕 A66	红米	0.031	22.58
	21	Fare Bardhi	红米	0.030	16.26
	14	拉木加	白米	0.029	15.37
Cu	23	Ziuk do	红米	3.34	17.89
	5	特优 77	白米	2.89	30.16
	4	威优 77	白米	2.84	21.27
	21	Fare Bardhi	红米	2.75	26.53
Fe	28	鸭血糯	黑米	9.69	22.75
	32	崇阳糯	黑米	8.45	45.06
	25	阿布里奥	红米	7.42	30.34
	21	Fare Bardhi	红米	6.85	27.61
Zn	12	隆化大红欲	白米	13.20	11.59
	32	崇阳糯	黑米	11.12	9.01
	29	乌金早	黑米	10.42	16.83
	33	天津 1032	黑米	9.45	13.75

续表

元素	序号	品种名称	类型	含量/(μg/g)	变异系数/%
Ca	27	559125	黑米	86.07	23.17
	31	罗旱紫谷	黑米	81.67	17.71
	7	78130	白米	79.31	14.93
	23	Ziuk do	红米	69.19	31.84
Mn	32	崇阳糯	黑米	18.82	4.74
	2	培两优 288	白米	12.75	14.78
	19	Dharial	红米	12.31	13.41
	33	天津 1032	黑米	11.65	13.28

据王金英、江川、郑金贵（2002）

表 1-1-13 米糠中各元素含量较高、变异系数较低的品种（系）

元素	序号	品种名称	类型	含量/(μg/g)	变异系数/%
Se	31	罗旱紫谷	黑米	0.093	16.06
	30	矮血糯	黑米	0.076	4.21
	21	Fare Bardhi	红米	0.073	12.67
	28	鸭血糯	黑米	0.071	17.13
Cu	2	培两优 288	白米	17.18	15.02
	21	Fare Bardhi	红米	15.68	4.07
	23	Ziuk do	红米	15.44	15.84
	12	隆化大红欲	白米	15.43	12.29
Fe	12	隆化大红欲	白米	83.46	26.99
	17	加州红米	红米	83.18	21.30
	1	福两优 63	白米	82.87	7.73
	2	培两优 288	白米	80.09	26.93
Zn	12	隆化大红欲	白米	36.49	19.95
	10	IR36	白米	32.63	15.70
	9	IR30	白米	32.56	9.58
	19	Dharial	红米	31.93	4.11
Ca	32	崇阳糯	黑米	512.04	21.81
	7	78130	白米	465.75	24.98
	28	鸭血糯	黑米	393.92	8.41
	20	Edakkadam	红米	348.17	38.8
Mn	32	崇阳糯	黑米	174.86	5.68
	7	78130	白米	168.97	18.59
	2	培两优 288	白米	167.33	16.14
	5	特优 77	白米	158.99	12.72

据王金英、江川、郑金贵（2002）

表 1-1-14　不同色稻精米、米糠中 6 种元素的含量比较(μg/g)

部位	元素	黑米(B) ($n=28$)	红米(R) ($n=30$)	白米(W) ($n=43$)	显著性
精米	Se	0.024 ± 0.010	0.026 ± 0.008	0.023 ± 0.005	n. s
	Cu	2.211 ± 0.597	2.173 ± 0.719	2.223 ± 0.897	n. s
	Fe	6.930 ± 3.474	5.740 ± 2.080	5.635 ± 2.979	n. s
	Zn	8.433 ± 2.168	8.060 ± 2.074	7.647 ± 2.267	n. s
	Ca	75.832 ± 25.260	59.224 ± 19.867	63.876 ± 26.165	B>W,R**
	Mn	10.192 ± 3.485	9.159 ± 1.968	10.262 ± 7.749	n. s
米糠	Se	0.065 ± 0.015	0.061 ± 0.013	0.060 ± 0.011	n. s
	Cu	15.000 ± 4.706	13.477 ± 3.556	15.076 ± 4.600	n. s
	Fe	62.980 ± 15.357	59.461 ± 18.141	63.586 ± 17.377	n. s
	Zn	27.477 ± 5.399	25.916 ± 5.081	26.903 ± 6.350	n. s
	Ca	330.810 ± 114.405	287.340 ± 114.786	282.243 ± 121.860	n. s
	Mn	119.739 ± 29.030	113.967 ± 15.505	137.779 ± 32.351	W >B,R**

据王金英、江川、郑金贵(2002)

表 1-1-15　不同环境不同色稻精米中 6 种元素的含量比较(μg/g)

季节	元素	黑米(B)	红米(R)	白米(W)	显著性
福州早季	Se	0.032 ± 0.014	0.028 ± 0.008	0.026 ± 0.004	n. s
	Cu	2.275 ± 0.765	2.258 ± 0.711	3.027 ± 0.767	W>B,R*
	Fe	5.336 ± 2.292	5.519 ± 2.641	5.726 ± 2.947	n. s
	Zn	9.046 ± 1.642	8.031 ± 1.451	7.833 ± 2.279	n. s
	Ca	60.876 ± 12.309	51.932 ± 9.443	52.459 ± 13.264	n. s
	Mn	11.688 ± 3.261	9.526 ± 2.325	10.779 ± 1.252	n. s
福州晚季	Se	0.019 ± 0.005	0.024 ± 0.010	0.024 ± 0.005	n. s
	Cu	2.387 ± 0.591	2.175 ± 0.897	1.941 ± 0.776	n. s
	Fe	7.723 ± 4.136	6.887 ± 1.269	6.187 ± 1.584	n. s
	Zn	7.320 ± 2.287	7.029 ± 1.858	6.874 ± 1.584	n. s
	Ca	66.767 ± 18.442	47.513 ± 12.905	58.379 ± 20.161	B > R**
	Mn	9.484 ± 3.254	8.303 ± 1.348	9.019 ± 1.486	n. s
龙海晚季	Se	0.023 ± 0.006	0.025 ± 0.004	0.020 ± 0.004	R > W*
	Cu	1.982 ± 0.411	2.085 ± 0.584	1.881 ± 0.731	n. s
	Fe	7.412 ± 3.434	4.815 ± 1.699	4.973 ± 3.724	n. s
	Zn	9.056 ± 2.151	9.121 ± 2.423	8.324 ± 2.729	n. s
	Ca	96.861 ± 25.977	78.227 ± 20.084	78.874 ± 33.058	n. s
	Mn	9.703 ± 3.843	9.647 ± 2.005	11.175 ± 1.639	n. s

据王金英、江川、郑金贵(2002)

表 1-1-16　不同环境不同色稻米糠中 6 种元素的含量比较（μg/g）

季节	元素	黑米（B）	红米（R）	白米（W）	显著性
福州早季	Se	0.070±0.021	0.061±0.018	0.058±0.009	n.s
	Cu	13.578±2.703	12.597±1.834	18.089±5.007	W>B,R*
	Fe	71.064±16.517	71.332±6.131	76.242±14.829	n.s
	Zn	28.640±6.325	26.411±3.539	29.270±9.214	n.s
	Ca	272.613±94.408	185.144±55.692	175.878±75.354	B>R,W**
	Mn	104.794±32.817	103.287±10.277	120.024±17.535	n.s
福州晚季	Se	0.064±0.009	0.058±0.009	0.058±0.014	n.s
	Cu	15.439±5.119	12.142±3.190	13.507±4.389	n.s
	Fe	64.049±12.741	60.209±15.007	61.787±16.090	n.s
	Zn	27.953±5.407	27.350±4.727	26.238±3.063	n.s
	Ca	356.627±146.856	360.709±130.055	367.628±116.204	n.s
	Mn	119.161±28.633	109.378±9.578	135.843±24.430	W>R*
龙海晚季	Se	0.062±0.014	0.063±0.010	0.063±0.007	n.s
	Cu	15.698±5.657	15.693±4.349	14.340±3.380	n.s
	Fe	55.445±12.516	46.843±21.531	55.313±14.325	n.s
	Zn	25.985±3.119	23.987±6.452	25.719±5.447	n.s
	Ca	351.550±80.852	316.166±62.697	276.261±86.905	B>W*
	Mn	132.272±22.301	129.237±12.966	154.047±41.239	n.s

据王金英、江川、郑金贵（2002）

表 1-1-17　不同环境下精米、米糠中 6 种元素含量比较

部位	元素	福州早季（F）	福州晚季（S）	龙海晚季（T）	显著性
精米	Se	0.028±0.009	0.023±0.007	0.022±0.005	F>S,T**
	Cu	2.570±0.816	2.130±0.768	1.968±0.602	F>S,T**
	Fe	5.553±2.599	6.808±2.696	5.625±3.304	n.s
	Zn	8.223±1.881	7.041±1.829	8.761±2.448	T,F>S**
	Ca	54.528±12.091	57.691±18.916	83.828±28.379	T>S,F**
	Mn	10.604±2.362	8.949±2.083	10.318±2.578	F,T>S**
米糠	Se	0.062±0.016	0.060±0.011	0.063±0.010	n.s
	Cu	15.056±4.368	13.664±4.380	15.115±4.318	n.s
	Fe	73.234±14.548	61.977±14.586	52.941±16.995	F>S,T**,S>T**
	Zn	28.149±7.142	27.024±4.275	25.300±5.629	n.s
	Ca	204.762±83.760	362.650±125.320	309.17±83.074	S>T,F**,T>F**
	Mn	110.384±21.767	123.858±24.941	140.737±31.852	T>S,F**,S>F**

据王金英、江川、郑金贵（2002）

（1）6 种矿质元素在米糠中的含量均显著高于其在精米中的含量。其中 Mn 在米糠中的含量是其在精米中含量的 12.69 倍，其次为 Fe 12.76 倍，Cu、Ca、Zn、Se 依次为 7.48 倍、5.07 倍、3.56 倍、2.71 倍。

（2）筛选出精米中多种元素含量高，且在 3 个不同环境下稳定的品种有："Fare Bardhi"富含 Se、Cu、Fe、Zn 元素且较稳定；"崇阳糯"Cu、Fe、Zn、Mn 矿质元素含量高且稳定；"培两优 288"中 Se、Cu、Mn 含量高且稳定。筛选出米糠中多种元素含量高且稳定的品种有："福两优 63"（Se、Fe、Mn），"培两优 288"（Cu、Fe、Mn），"特优 77"和"隆化大红欲"（Cu、Fe、Zn）等。

（3）黑米精米中 Ca 含量（平均 75.832 $\mu g/g$）极显著高于白米精米（63.876 $\mu g/g$）和红米精米（59.224 $\mu g/g$）；白米米糠中 Mn 含量（137.779 $\mu g/g$）极显著高于黑米米糠（119.739 $\mu g/g$）和红米米糠（113.967 $\mu g/g$）。其余各元素含量没有明显变化趋势（即差异不显著）。

（4）在 3 个不同环境条件下，精米、米糠中矿质元素含量均表现显著或极显著正相关的有：精米 Se 与米糠 Se；精米 Mn 与米糠 Mn；精米 Zn 与精米 Mn；米糠 Fe 与米糠 Zn。而米糠 Fe 与米糠 Ca 呈显著负相关。

四、功能型杂交稻组合抗氧化能力、降血脂活性的研究

功能型杂交稻主要是指胚、胚乳和米糠等部位中含有花色苷、黄酮等生理活性物质，具有调节人体各种代谢、满足普通消费群体及特殊消费群体需要的专用和保健性杂交稻组合。

谢翠萍、郑金贵（2013）通过比较 120 份不同杂交稻组合糙米和 106 份不同杂交稻精米的花色苷含量、总黄酮含量、总抗氧化能力、抑制羟自由基能力，研究筛选出了强抗氧化能力的杂交稻组合；选用农艺综合性状较好、功能活性成分含量较高的杂交稻组合的糙米和米糠进行动物试验，研究其抗氧化能力和降血脂活性。主要研究结果如下：

1. 不同杂交稻组合糙米与精米抗氧化作用研究

研究结果见表 1-1-18 和表 1-1-19，不同杂交稻组合糙米和精米的花色苷含量、总黄酮含量、总抗氧化能力（T-AOC）、抑制羟自由基能力（SFRC）的检测存在极显著差异，花色苷及黄酮类化合物主要存在于种皮中，糙米的抗氧化作用比精米强。本研究筛选出抗氧化作用最强的杂交稻组合为 1C429，其糙米的花色苷含量（色价）为 25.14±0.03，是对照组"甬优 9 号"的 139.67 倍；总黄酮含量为 4.42%±0.04%，是对照组"甬优 9 号"的 1.64 倍；总抗氧化能力（T-AOC）为 1246.63 U/g±8.89 U/g，是对照组"甬优 9 号"的 2.67 倍；抑制羟自由基能力（SFRC）为 228.47 U/g±2.96 U/g，是对照组"甬优 9 号"的 1.09 倍。

表 1-1-18　不同杂交稻组合糙米的花色苷含量、总黄酮含量、总抗氧化能力和抑制羟自由基能力的比较

序号	杂交稻组合	糙米率/%	花色苷含量（色价）	总黄酮含量/%	T-AOC/(U/g)	SFRC/(U/g)
1	甬优 9 号(CK)	65.00	0.18±0.04	2.70±0.03	466.51±2.66	209.81±1.52
2	OC01	76.12	5.01±0.01	3.55±0.04	171.85±1.04	634.10±4.45
3	OC02	77.35	10.71±0.18	3.85±0.06	355.56±2.60	209.52±3.27
4	OC03	77.25	9.47±0.08	3.86±0.06	481.57±4.12	185.96±2.72
5	OC10	76.40	7.97±0.01	3.55±0.09	511.89±3.76	579.37±2.53
6	OC11	76.40	4.15±0.09	3.18±0.13	481.89±3.43	559.98±7.87
7	OC12	77.86	5.12±0.05	3.13±0.08	642.45±4.63	1741.86±7.10
8	OC25	80.11	3.85±0.03	3.33±0.06	1052.71±5.20	1163.19±5.02
9	OC26	75.62	9.31±0.06	3.50±0.10	659.80±4.04	904.20±6.37
10	OC44	77.78	4.78±0.05	2.57±0.09	404.34±3.77	324.56±6.79
11	OC47	75.91	5.61±0.07	2.78±0.04	98.36±1.15	295.18±2.35

续表

序号	杂交稻组合	糙米率/%	花色苷含量（色价）	总黄酮含量/%	T-AOC/(U/g)	SFRC/(U/g)
12	OC48	78.28	2.80±0.11	2.59±0.05	650.13±5.55	355.81±5.51
13	OC56	78.66	0.44±0.05	2.66±0.04	233.04±4.93	913.31±5.75
14	OC57	79.25	4.66±0.06	3.07±0.05	511.54±5.18	487.86±4.84
15	OC58	78.82	3.91±0.03	2.52±0.04	499.55±4.53	213.26±4.87
16	OC59	78.98	3.59±0.04	2.84±0.02	410.00±3.46	217.36±2.01
17	OC63	78.16	0.37±0.04	3.57±0.05	409.88±3.21	1710.95±5.07
18	OC64	78.81	5.30±0.03	3.01±0.07	586.35±7.06	238.46±4.88
19	OC65	72.59	11.86±0.05	2.59±0.04	624.46±4.89	510.33±2.00
20	OC66	75.32	23.71±0.05	3.09±0.05	869.71±6.52	195.39±5.97
21	OC68	77.16	18.87±0.06	2.85±0.05	831.19±6.22	367.89±2.77
22	OC69	78.18	4.74±0.05	2.75±0.05	525.19±5.86	553.08±1.73
23	ZF-1	74.95	12.30±0.00	3.61±0.02	519.06±5.33	268.36±6.93
24	ZF-2	70.48	11.63±0.03	3.43±0.14	699.65±5.29	212.11±5.43
25	ZF-3	75.59	14.00±0.03	3.83±0.04	621.24±5.29	228.30±3.01
26	ZF-4	74.53	0.26±0.03	2.83±0.02	310.39±4.11	2199.46±6.45
27	ZF-5	74.09	1.17±0.01	3.49±0.13	898.70±8.17	244.67±5.14
28	1A1808	64.93	0.84±0.05	2.42±0.03	354.80±2.36	199.73±5.70
29	1A1809	61.25	0.58±0.01	2.53±0.07	343.70±7.91	259.29±6.36
30	1A1814	75.86	3.56±0.03	2.83±0.06	612.69±8.29	221.17±4.94
31	1A1815	72.29	3.69±0.04	2.76±0.10	557.25±6.30	179.39±2.99
32	1A1821	57.18	1.06±0.01	2.74±0.08	913.45±6.44	445.88±4.80
33	1A1823	61.92	0.64±0.01	2.74±0.10	687.42±3.66	261.81±4.08
34	1A1826	70.25	0.54±0.03	2.88±0.03	483.01±8.43	221.64±2.73
35	1A1827	63.58	1.30±0.01	2.85±0.06	499.84±6.29	533.36±5.07
36	1A1828	61.21	1.02±0.02	3.09±0.04	565.71±7.06	311.64±6.49
37	1A1836	71.66	0.71±0.01	3.15±0.08	581.24±2.40	261.68±4.13
38	1A1837	67.29	1.54±0.05	2.71±0.08	540.13±7.20	280.46±3.61
39	1A1847	67.11	1.63±0.04	2.39±0.04	441.57±7.40	550.95±5.36
40	1A1848	71.45	1.73±0.02	3.19±0.06	413.24±5.18	308.81±3.36
41	1A1849	70.03	1.95±0.04	2.71±0.02	421.46±7.19	735.43±4.49
42	1A1850	73.33	2.28±0.02	3.15±0.04	595.15±6.75	331.05±2.59
43	1A1851	69.44	2.87±0.01	2.75±0.05	577.62±7.30	144.01±5.52
44	1A1852	65.40	2.42±0.02	3.06±0.15	401.60±6.47	209.92±5.19
45	1A1853	64.90	0.73±0.01	2.51±0.05	396.40±4.84	211.88±5.99
46	1A1854	64.46	0.43±0.04	2.31±0.03	163.79±7.78	195.64±4.85
47	1A1855	62.11	0.50±0.03	2.26±0.15	377.69±7.46	191.56±4.61
48	1A1856	66.18	0.52±0.02	2.19±0.10	359.15±4.30	246.86±4.77

续表

序号	杂交稻组合	糙米率/%	花色苷含量（色价）	总黄酮含量/%	T-AOC/(U/g)	SFRC/(U/g)
49	1A1857	62.08	0.50±0.05	2.05±0.06	233.20±3.17	195.50±6.93
50	1A1859	58.06	1.86±0.03	2.40±0.03	408.73±5.90	226.15±5.16
51	1A1862	58.40	0.36±0.02	2.24±0.03	274.24±3.99	146.19±4.63
52	1A1963	68.15	0.57±0.03	2.51±0.04	344.07±8.38	245.32±5.27
53	1A1864	60.62	1.26±0.03	2.28±0.05	163.81±6.55	148.72±5.80
54	1A1865	60.67	0.88±0.02	2.34±0.07	400.83±7.42	214.47±4.41
55	1A1867	68.36	0.19±0.01	2.24±0.11	331.76±5.88	214.77±6.73
56	1A1868	69.21	0.98±0.02	2.77±0.10	432.03±4.30	1014.27±8.60
57	1A1869	58.19	1.34±0.04	2.43±0.06	401.70±4.00	247.93±3.61
58	1A1870	66.76	0.59±0.05	2.43±0.03	351.38±6.96	244.89±6.79
59	1A1871	73.31	0.73±0.03	2.52±0.09	543.92±3.43	139.00±3.66
60	1A1873	60.12	0.32±0.02	2.54±0.08	490.07±4.07	275.14±4.17
61	1A1874	59.64	1.30±0.02	2.61±0.06	614.28±5.29	193.34±1.46
62	1C420	66.92	3.36±0.03	3.98±0.11	1011.48±6.82	249.11±1.18
63	1C423	71.22	4.15±0.02	3.62±0.04	1030.39±7.16	223.88±5.19
64	1C424	72.95	3.35±0.01	3.91±0.07	1115.18±3.59	251.72±3.45
65	1C428	76.55	18.53±0.02	3.74±0.04	809.98±7.62	219.14±4.26
66	1C429	73.28	25.14±0.03	4.42±0.04	1246.63±8.89	228.47±2.96
67	1C485	75.50	24.41±0.04	4.28±0.02	1076.56±8.38	191.03±4.32
68	1C486	76.24	20.74±0.03	3.70±0.19	691.72±8.00	99.01±4.82
69	1C490	73.57	10.00±0.01	3.99±0.17	514.76±6.02	115.31±2.15
70	1C491	76.45	20.16±0.01	3.86±0.14	674.12±4.82	98.84±3.85
71	1C493	72.37	18.44±0.04	3.65±0.04	693.65±5.95	392.82±3.17
72	1C499	78.86	0.25±0.01	3.38±0.04	282.18±6.47	2753.68±4.68
73	1C501	76.56	21.73±0.02	4.02±0.11	853.23±5.58	188.14±6.87
74	1C504	74.58	23.17±0.01	4.24±0.04	1065.10±9.32	257.22±4.52
75	1C505	75.58	20.56±0.09	3.60±0.04	733.38±4.23	141.59±1.88
76	1C506	70.73	21.45±0.06	3.64±0.08	733.20±4.29	115.60±1.98
77	1C508	75.23	19.25±0.08	3.29±0.07	685.80±5.83	178.73±2.79
78	1C509	75.90	5.76±0.03	3.55±0.03	581.61±6.50	198.07±4.52
79	1B419	78.72	0.22±0.02	3.60±0.06	343.16±2.46	326.87±2.89
80	1B422	60.40	0.13±0.03	1.88±0.07	443.14±2.63	241.05±2.63
81	2B691	76.62	2.85±0.03	4.21±0.03	1550.34±8.45	226.13±6.50
82	2B692	75.82	3.45±0.03	4.83±0.10	1956.03±8.79	160.29±6.79
83	2B693	76.39	3.32±0.00	4.71±0.04	1640.62±8.98	179.57±5.94
84	2B694	76.60	3.01±0.06	4.32±0.03	1431.64±9.01	195.59±2.97
85	2B695	78.78	3.55±0.04	4.53±0.07	1784.69±6.83	219.32±3.19

续表

序号	杂交稻组合	糙米率/%	花色苷含量（色价）	总黄酮含量/%	T-AOC/(U/g)	SFRC/(U/g)
86	2B701	74.64	2.84±0.07	4.27±0.04	1363.08±8.90	242.50±5.79
87	2B702	73.95	2.37±0.08	3.92±0.08	1432.37±2.79	212.78±5.08
88	2B708	76.22	2.98±0.03	4.33±0.07	1543.63±7.30	226.48±3.69
89	2B709	72.13	2.18±0.04	3.44±0.06	1026.75±6.39	271.04±5.67
90	2B710	80.68	3.70±0.04	4.50±0.01	1433.61±5.27	238.32±2.44
91	2B711	73.53	2.16±0.04	3.78±0.03	1312.05±8.45	281.07±3.71
92	2B712	72.21	2.88±0.03	4.22±0.03	1462.62±8.99	155.77±3.41
93	2B713	75.98	3.07±0.04	4.11±0.04	1419.43±8.89	351.01±3.16
94	2B714	74.48	2.98±0.01	3.93±0.02	1477.71±4.31	160.33±4.72
95	2B715	74.50	3.04±0.04	4.18±0.02	482.83±7.59	195.64±5.54
96	2B716	77.07	3.72±0.02	4.31±0.07	355.83±5.03	773.59±4.92
97	2B719	76.78	2.43±0.02	3.72±0.04	397.45±6.91	254.88±2.18
98	2B720	72.60	2.18±0.02	3.75±0.03	470.95±5.53	228.83±2.77
99	2B723	75.50	2.53±0.02	4.18±0.09	574.64±7.06	742.02±5.80
100	2B724	76.67	2.33±0.03	4.26±0.04	491.37±8.08	724.15±5.58
101	2B727	75.46	2.73±0.04	3.94±0.10	403.49±1.04	2125.91±7.48
102	2B728	74.40	2.70±0.01	3.95±0.01	434.19±2.25	1217.11±3.71
103	2B729	77.30	1.68±0.03	4.01±0.04	533.79±6.85	328.80±4.91
104	2B730	73.70	1.71±0.01	3.73±0.08	1200.20±8.17	330.41±6.33
105	2B731	76.85	1.55±0.11	3.63±0.09	1077.99±5.85	219.59±5.07
106	2B732	75.25	1.76±0.04	3.64±0.05	1304.06±7.83	178.97±3.35
107	2B733	76.57	1.68±0.08	3.46±0.11	1243.22±6.18	212.69±4.93
108	2B735	74.91	1.74±0.03	3.49±0.04	1364.40±7.93	493.61±4.75
109	2B736	60.04	0.83±0.02	2.80±0.09	798.22±5.16	231.11±4.12
110	2B737	76.18	1.83±0.02	3.73±0.03	1330.97±8.54	1078.09±4.56
111	2B738	78.02	1.55±0.03	3.71±0.02	1713.40±9.34	212.02±4.35
112	2B739	67.63	1.39±0.04	3.92±0.09	1989.34±7.15	186.29±4.43
113	2B931	77.19	8.24±0.01	3.13±0.04	736.52±2.34	1083.40±7.79
114	2B932	76.41	5.16±0.03	2.93±0.05	403.92±4.92	803.67±3.78
115	2B934	78.63	11.96±0.10	3.12±0.09	143.65±3.71	427.98±4.48
116	2B935	78.82	0.87±0.01	2.64±0.10	226.30±2.83	1764.70±6.82
117	2B936	78.03	6.25±0.04	2.73±0.05	416.88±3.05	242.42±4.77
118	2B937	79.95	0.55±0.02	3.07±0.07	399.77±5.87	1081.09±8.06
119	2B948	76.05	4.91±0.07	4.44±0.07	800.72±7.53	705.57±6.67
120	9311	75.84	0.20±0.02	3.79±0.08	167.75±3.96	753.88±3.82

据谢翠萍、郑金贵（2013）

表 1-1-19　不同杂交稻组合精米的花色苷含量、总黄酮含量、总抗氧化能力和抑制羟自由基能力的比较

序号	杂交稻组合	精米率/%	花色苷含量（色价）	总黄酮含量/%	T-AOC/(U/g)	SFRC/(U/g)
1	甬优 9 号(CK)	51.2	0.13±0.01	1.10±0.03	212.60±2.48	595.53±11.40
2	OC01	65.79	1.49±0.05	1.24±0.04	184.12±3.16	5576.17±6.34
3	OC02	66.39	2.33±0.03	1.15±0.05	93.81±7.14	5406.00±8.49
4	OC03	68.34	2.88±0.04	1.18±0.07	216.89±3.93	5046.72±12.70
5	OC10	62.99	2.34±0.04	1.10±0.05	244.26±3.04	5729.15±7.74
6	OC11	64.17	1.19±0.04	1.06±0.02	208.72±2.35	5624.34±9.75
7	OC12	65.01	1.08±0.03	1.11±0.04	220.45±7.54	5723.69±3.83
8	OC26	66.08	3.08±0.03	1.16±0.05	257.47±4.82	4576.68±3.66
9	OC44	67.09	0.69±0.02	0.75±0.02	400.71±4.77	3990.63±9.91
10	OC56	70.73	0.36±0.04	0.65±0.01	110.59±0.25	4962.67±9.07
11	OC57	70.26	1.15±0.04	1.08±0.02	94.14±3.42	4147.25±13.20
12	OC58	69.31	0.90±0.06	0.89±0.02	94.00±6.72	4056.81±12.88
13	OC59	69.85	0.82±0.03	0.87±0.02	94.05±4.52	4847.44±13.32
14	OC66	64.34	9.43±0.04	1.25±0.05	70.27±3.21	4644.39±5.33
15	OC68	66.06	5.87±0.11	1.04±0.03	73.61±2.49	2795.27±12.45
16	OC69	67.71	1.14±0.02	0.86±0.02	53.24±3.86	3481.75±15.35
17	ZF-1	64.61	3.66±0.07	1.16±0.03	126.96±6.84	1221.60±5.81
18	ZF-2	63.67	3.93±0.02	1.25±0.03	65.37±3.91	2758.79±7.46
19	ZF-3	66.49	4.79±0.08	1.23±0.03	167.42±8.13	3663.20±10.44
20	ZF-4	66.91	0.44±0.04	0.64±0.01	49.19±4.17	1831.23±10.01
21	ZF-5	65.99	4.86±0.02	1.51±0.03	179.86±7.63	414.70±5.54
22	1A1808	58.16	0.22±0.03	1.01±0.04	167.29±4.54	3797.73±12.23
23	1A1809	55.39	0.23±0.02	0.93±0.07	126.79±6.03	2457.98±9.40
24	1A1814	63.03	0.54±0.02	0.64±0.00	163.90±4.21	1342.82±10.04
25	1A1815	59.78	0.66±0.02	0.76±0.01	167.82±4.14	3748.03±9.50
26	1A1821	50.95	0.24±0.01	0.63±0.02	143.42±4.32	738.87±2.47
27	1A1823	51.87	0.37±0.02	0.94±0.01	208.63±3.48	1169.42±7.51
28	1A1826	57.79	0.41±0.04	0.91±0.02	126.86±7.39	1880.99±10.16
29	1A1827	56.74	0.45±0.02	0.96±0.07	249.24±5.60	1289.83±11.49
30	1A1828	52.61	0.22±0.02	0.66±0.03	110.35±6.07	675.59±5.62
31	1A1836	59.58	0.58±0.01	0.66±0.01	192.39±5.60	4290.58±9.68
32	1A1847	57.3	0.51±0.06	0.64±0.01	241.27±8.53	3362.03±8.71
33	1A1848	60.96	0.73±0.04	0.93±0.04	192.51±5.48	1946.71±10.01
34	1A1849	57.94	0.97±0.03	0.55±0.05	106.25±2.69	5140.30±9.27

续表

序号	杂交稻组合	精米率/%	花色苷含量（色价）	总黄酮含量/%	T-AOC/(U/g)	SFRC/(U/g)
35	1A1850	61.42	1.05±0.02	0.92±0.05	85.86±4.57	4761.56±13.65
36	1A1851	58.95	0.66±0.01	0.80±0.03	114.38±6.91	3904.19±7.62
37	1A1852	57.65	0.61±0.01	0.84±0.02	167.57±5.81	4265.64±10.68
38	1A1853	52.12	0.45±0.02	0.60±0.02	73.73±2.27	4061.21±10.48
39	1A1855	52.92	0.22±0.01	0.87±0.01	73.53±4.48	4033.45±9.66
40	1A1856	49.96	0.45±0.03	0.61±0.03	114.44±7.38	3875.07±13.01
41	1A1857	49.61	0.26±0.02	0.71±0.02	94.09±3.78	3876.24±7.38
42	1A1859	50.31	0.86±0.06	0.92±0.03	188.33±3.88	4256.24±5.74
43	1A1862	48.66	0.26±0.03	0.94±0.01	191.95±4.35	3682.00±10.44
44	1A1963	54.79	0.53±0.03	0.86±0.03	209.11±3.95	4060.31±9.49
45	1A1864	49.08	0.76±0.06	0.69±0.02	151.62±3.81	4539.22±12.88
46	1A1865	52.78	1.04±0.08	0.83±0.02	180.67±3.08	2961.12±11.07
47	1A1867	53.16	0.48±0.02	0.71±0.04	147.57±4.40	3171.00±9.44
48	1A1869	51.36	0.57±0.03	0.84±0.03	233.41±4.24	4747.88±9.68
49	1A1871	53.62	0.32±0.03	0.66±0.04	73.42±2.13	4951.90±13.84
50	1A1873	50.85	0.35±0.03	0.72±0.01	135.03±4.93	2700.70±8.54
51	1A1874	51.08	0.35±0.03	0.72±0.05	118.69±3.33	4536.63±9.65
52	1C420	60.44	1.43±0.04	1.09±0.05	180.36±3.99	3841.51±13.30
53	1C423	62.65	1.03±0.05	1.22±0.01	151.17±5.71	4567.97±9.05
54	1C424	62.79	0.56±0.04	0.61±0.01	57.22±3.45	4674.25±8.24
55	1C428	68.81	1.76±0.01	0.74±0.02	114.66±3.85	5110.88±7.90
56	1C429	66.11	2.84±0.01	0.75±0.04	179.74±1.74	4233.58±12.05
57	1C485	63.76	1.86±0.06	0.76±0.01	114.58±3.83	4914.78±9.59
58	1C486	64.38	2.54±0.02	0.74±0.03	131.59±1.18	4144.56±6.55
59	1C490	52.64	0.72±0.04	0.66±0.03	123.01±2.36	4806.51±9.78
60	1C491	65.89	2.38±0.01	0.81±0.03	151.50±4.16	4717.53±8.82
61	1C493	62.16	1.60±0.01	0.68±0.03	110.18±4.43	3984.91±13.85
62	1C499	70.12	0.31±0.02	0.66±0.05	81.73±1.82	4773.45±10.61
63	1C501	61.88	0.83±0.01	0.60±0.02	85.91±4.57	5125.23±13.24
64	1C505	64.82	3.04±0.02	0.85±0.04	183.95±2.00	3715.90±9.99
65	1C506	64.16	2.86±0.01	0.95±0.02	184.20±2.21	4751.35±12.65
66	1C508	52.58	2.26±0.02	1.00±0.02	204.74±1.77	5345.01±7.54
67	1C509	62.69	0.69±0.03	1.03±0.04	159.73±4.89	4703.51±9.86
68	1B422	50.32	0.10±0.03	1.35±0.03	221.41±2.35	252.63±9.18

序号	杂交稻组合	精米率/%	花色苷含量（色价）	总黄酮含量/%	T-AOC/(U/g)	SFRC/(U/g)
69	2B691	68.16	1.20±0.00	1.10±0.02	233.25±4.67	5511.27±13.85
70	2B692	67.43	0.93±0.07	1.07±0.02	156.16±5.95	5364.59±11.29
71	2B693	63.71	0.55±0.03	0.65±0.01	131.38±5.60	5709.28±6.88
72	2B694	64.61	0.60±0.01	0.73±0.02	90.44±7.12	5636.37±7.97
73	2B695	65.62	0.51±0.02	0.85±0.02	135.67±2.33	5643.48±8.27
74	2B701	63.08	0.80±0.02	0.82±0.02	102.50±7.07	5597.77±5.67
75	2B702	64.16	0.72±0.05	0.86±0.03	184.82±2.43	5559.73±9.63
76	2B708	61.96	0.89±0.02	0.87±0.02	118.78±3.75	5448.23±5.23
77	2B709	62.97	0.62±0.28	0.90±0.04	139.74±3.81	3934.74±7.85
78	2B710	66.02	0.85±0.03	1.13±0.03	204.93±6.58	4710.71±13.59
79	2B711	61.74	0.58±0.07	0.79±0.02	127.10±2.39	4879.74±12.26
80	2B712	64.78	0.92±0.05	1.11±0.03	245.41±5.67	3605.27±10.63
81	2B713	64.00	0.90±0.03	0.85±0.01	139.56±3.50	5328.46±8.36
82	2B714	65.86	1.16±0.03	1.37±0.05	323.48±6.53	3882.71±7.83
83	2B715	64.69	1.16±0.03	1.33±0.03	368.31±5.11	3955.35±5.68
84	2B716	64.10	0.93±0.02	0.89±0.02	143.37±3.53	5474.61±9.74
85	2B719	69.12	0.67±0.05	1.02±0.02	208.77±2.50	5463.51±8.40
86	2B720	65.97	0.70±0.02	1.14±0.02	233.45±3.45	3409.45±3.93
87	2B723	64.23	0.36±0.06	0.56±0.03	65.41±3.72	5771.83±8.84
88	2B724	65.12	0.38±0.02	0.64±0.01	65.52±3.09	5644.64±2.77
89	2B727	62.94	0.23±0.02	0.46±0.01	32.84±3.77	6000.65±9.86
90	2B728	59.40	0.21±0.01	0.47±0.02	102.68±3.87	5947.77±4.20
91	2B729	62.88	0.23±0.02	0.52±0.01	57.44±3.83	5865.83±14.01
92	2B730	61.97	0.28±0.01	0.53±0.01	61.54±2.41	5781.55±7.87
93	2B731	64.35	0.42±0.02	0.46±0.01	20.54±1.17	5689.86±11.18
94	2B732	64.72	0.48±0.04	0.51±0.02	32.86±1.79	5980.47±13.14
95	2B733	60.40	0.62±0.05	0.42±0.01	28.74±1.90	6054.58±7.12
96	2B735	63.06	0.65±0.05	0.58±0.02	102.51±5.57	5189.14±4.17
97	2B736	63.42	0.41±0.01	0.48±0.02	61.54±0.06	5346.24±11.94
98	2B737	66.85	0.46±0.02	0.68±0.02	86.16±2.27	5899.30±9.07
99	2B738	63.61	0.36±0.02	0.49±0.01	69.77±4.95	5395.29±8.42
100	2B739	54.58	0.44±0.03	0.60±0.01	102.37±3.88	5196.41±6.76
101	2B931	67.53	3.41±0.04	1.28±0.01	282.60±1.14	4086.97±12.61
102	2B932	62.14	0.77±0.01	0.86±0.01	143.14±3.65	5229.65±8.45
103	2B934	64.24	0.47±0.04	0.66±0.03	89.88±3.44	5808.02±8.40
104	2B935	69.08	0.29±0.01	0.92±0.02	94.15±7.14	5482.43±11.96
105	2B936	69.14	0.36±0.02	0.45±0.03	106.40±7.30	5801.16±7.91
106	2B937	70.14	0.17±0.03	0.57±0.02	155.55±7.18	5708.80±5.09

据谢翠萍、郑金贵(2013)

2. 杂交稻组合抗氧化能力的研究

动物试验分组如下：第一组——空白对照组（基础饲料）；第二组——模型对照组（基础饲料）；第三组——2B948糙米组（饲料③：全米占普通饲料主要原料的 59.3%）；第四组——9311糙米组（饲料④：全米占普通饲料主要原料的 59.3%）；第五组——2B948 米糠组（饲料⑤：米糠占普通饲料主要原料的 59.3%）。动物试验研究结果表明，杂交稻组合 2B948 糙米组（第三组）对提高高脂小鼠的抗氧化能力水平的效果最好，其结果（见表 1-1-20～表 1-1-22）如下：

表 1-1-20 各试验组小鼠血清的抗氧化能力水平

组别	T-AOC/(U/mL)	T-SOD 活性/(U/mL)	GSH-Px 活性/(U/mL)	MDA 含量/(nmol/mL)
第一组	15.920±1.323[aA]	43.654±4.239[aA]	187.844±7.528[aA]	6.126±0.281[dC]
第二组	7.466±0.611[cC]	21.094±2.122[dB]	120.960±7.017[dD]	13.450±0.864[aA]
第三组	11.951±1.298[bB]	38.159±3.614[bA]	142.667±3.999[bB]	10.423±0.509[bcB]
第四组	12.173±1.346[bAB]	27.256±2.623[cB]	141.563±4.333[bB]	10.864±0.642[bB]
第五组	11.384±1.141[bBC]	22.260±2.657[cdB]	131.895±8.880[cC]	10.170±0.415[cB]

注：小写字母表示 5%显著水平，大写字母表示 1%极显著水平。
据谢翠萍、郑金贵（2013）

表 1-1-21 各试验组小鼠肝脏的抗氧化能力水平

组别	T-AOC/(U/mg prot)	T-SOD 活性/(U/mg prot)	GSH-Px 活性/(U/mg prot)	MDA 含量/(nmol/mg prot)
第一组	3.040±0.188[aA]	10.035±0.454[aA]	629.634±14.513[aA]	1.603±0.097[cC]
第二组	2.268±0.170[cC]	7.435±0.339[cC]	530.989±14.003[cC]	2.786±0.169[aA]
第三组	2.998±0.185[aA]	9.125±0.489[bB]	627.939±14.413[aA]	1.146±0.084[dD]
第四组	2.590±0.068[bB]	7.538±0.348[cC]	568.467±15.345[bB]	2.203±0.130[bB]
第五组	2.654±0.128[bB]	9.083±0.441[bB]	620.542±15.363[aA]	1.551±0.074[cC]

注：小写字母表示 5%显著水平，大写字母表示 1%极显著水平。
据谢翠萍、郑金贵（2013）

表 1-1-22 各试验组小鼠脾脏的抗氧化能力水平

组别	T-AOC/(U/mg prot)	T-SOD 活性/(U/mg prot)	GSH-Px 活性/(U/mg prot)	MDA 含量/(nmol/mg prot)
第一组	4.285±0.103[aA]	89.489±4.672[aA]	844.399±14.113[aA]	1.598±0.074[dD]
第二组	2.862±0.131[dC]	66.183±3.912[dD]	717.219±12.406[dD]	3.298±0.160[aA]
第三组	3.712±0.089[bB]	80.012±4.971[bB]	811.184±12.494[bB]	1.633±0.109[dD]
第四组	3.567±0.207[cB]	78.582±5.540[bBC]	799.686±13.436[bB]	2.452±0.117[bB]
第五组	3.738±0.167[bB]	73.980±4.732[cC]	775.730±14.618[cC]	2.066±0.128[cC]

注：小写字母表示 5%显著水平，大写字母表示 1%极显著水平。
据谢翠萍、郑金贵（2013）

（1）小鼠血清的抗氧化能力水平：

血清总抗氧化能力（T-AOC）为 11.951 U/mL±1.298 U/mL，比高脂模型组（第二组）提高了 60.07％；血清总超氧化物歧化酶（T-SOD）活性为 38.159 U/mL±3.614 U/mL，比高脂模型组提高了 80.90％；血清谷胱甘肽过氧化物酶（GSH-Px）活性为 142.667 U/mL±3.999 U/mL，比高脂模型组提高了 17.95％；血清丙二醛（MDA）含量为 10.423 nmol/mL±0.509 nmol/mL，比高脂模型组降低了 22.51％。

（2）小鼠肝脏的抗氧化能力水平：

肝脏 T-AOC 为 2.998 U/mg prot±0.185 U/mg prot，比高脂模型组提高了 32.19％；肝脏 T-SOD 活性为 9.125 U/mg prot±0.489 U/mg prot，比高脂模型组提高了 22.73％；肝脏 GSH-Px 活性为627.939 U/mg prot±14.413 U/mg prot，比高脂模型组提高了 18.26％；肝脏 MDA 含量为 1.146 nmol/mg prot±0.084 nmol/mg prot，比高脂模型组降低了 58.87％。

（3）小鼠脾脏的抗氧化能力水平：

脾脏 T-AOC 为 3.712 U/mg prot±0.089 U/mg prot，比高脂模型组提高了 29.70％；脾脏 T-SOD 活性为 80.012 U/mg prot±4.971 U/mg prot，比高脂模型组提高了 20.90％；脾脏 GSH-Px 活性为 811.184 U/mg prot±12.494 U/mg prot，比高脂模型组提高了 13.10％；脾脏 MDA 含量为 1.633 nmol/mg prot±0.109 nmol/mg prot，比高脂模型组降低了 50.49％。

3. 杂交稻组合降血脂活性的研究

动物研究结果表明，杂交稻组合 2B948 米糠组对改善小鼠的脂质代谢的效果最好。其结果（见表 1-1-23～表 1-1-25）如下：

表 1-1-23　各试验组小鼠的血脂含量水平

组别	TC 含量/(mmol/L)		TG 含量/(mmol/L)		LDL-C 含量/(mmol/L)		HDL-C 含量/(mmol/L)	
	试验前	35 d 后	试验前	35 d 后	试验前	35 d 后	试验前	35 d 后
第一组	2.158±0.338	1.007±0.131[dD]	1.841±0.732	0.865±0.177[cB]	2.290±0.710	1.323±0.138[cB]	0.996±0.266	1.531±0.151[aA]
第二组	3.608±0.786	2.680±0.257[aA]	1.987±1.658	1.829±0.181[aA]	1.964±0.569	2.394±0.177[aA]	0.832±0.295	0.834±0.008[bB]
第三组	3.612±0.876	2.097±0.326[bB]	1.589±0.456	1.299±0.129[bB]	1.975±0.556	2.411±0.236[aA]	1.010±0.697	1.497±0.170[aA]
第四组	3.603±0.829	1.947±0.230[bcBC]	1.776±1.101	0.943±0.081[cB]	2.018±1.206	2.211±0.213[abAB]	0.982±0.380	1.213±0.150[aAB]
第五组	3.617±0.802	1.671±0.253[cC]	2.333±2.564	1.020±0.123[bcB]	1.926±0.474	1.706±0.127[bcAB]	0.930±0.625	1.483±0.146[aA]

注：小写字母表示5％显著水平，大写字母表示1％极显著水平。

据谢翠萍、郑金贵（2013）

表 1-1-24　各试验组小鼠肝脏的脂质含量水平

组别	TC 含量/(mmol/L)	TG 含量/(mmol/L)	LDL-C 含量/(mmol/L)	HDL-C 含量/(mmol/L)
第一组	0.220±0.011[dD]	0.121±0.009[dD]	0.066±0.005[cC]	0.117±0.007[aA]
第二组	0.581±0.032[aA]	0.282±0.010[aA]	0.125±0.007[aA]	0.046±0.002[eD]
第三组	0.357±0.020[cC]	0.166±0.009[cC]	0.064±0.004[cC]	0.052±0.003[dC]
第四组	0.397±0.019[bB]	0.209±0.011[bB]	0.076±0.004[bB]	0.066±0.003[cC]
第五组	0.369±0.022[cC]	0.124±0.007[dD]	0.065±0.003[cC]	0.086±0.005[bB]

注：小写字母表示5％显著水平，大写字母表示1％极显著水平。

据谢翠萍、郑金贵（2013）

表 1-1-25　各试验组小鼠脾脏的脂质含量水平

组别	TC 含量/(mmol/L)	TG 含量/(mmol/L)	LDL-C 含量/(mmol/L)	HDL-C 含量/(mmol/L)
第一组	0.087 ± 0.004^{dC}	0.073 ± 0.005^{cC}	0.052 ± 0.004^{cB}	0.046 ± 0.003^{aA}
第二组	0.171 ± 0.010^{aA}	0.176 ± 0.010^{aA}	0.083 ± 0.005^{aA}	0.028 ± 0.002^{cC}
第三组	0.123 ± 0.009^{cB}	0.084 ± 0.006^{bB}	0.053 ± 0.004^{bcB}	0.044 ± 0.004^{aA}
第四组	0.131 ± 0.004^{bB}	0.082 ± 0.005^{bB}	0.057 ± 0.004^{bB}	0.033 ± 0.003^{bB}
第五组	0.092 ± 0.007^{dC}	0.074 ± 0.004^{cC}	0.056 ± 0.005^{bB}	0.045 ± 0.002^{aA}

注:小写字母表示 5%显著水平,大写字母表示 1%极显著水平。

据谢翠萍、郑金贵(2013)

(1) 小鼠的血脂含量水平:

血清总胆固醇(TC)含量为 1.671 mmol/L±0.253 mmol/L,比高脂模型组降低了 37.65%;血清三酰甘油(TG)含量为 1.020 mmol/L±0.123 mmol/L,比高脂模型组降低了 44.23%;血清低密度脂蛋白胆固醇(LDL-C)含量为 1.706 mmol/L±0.127 mmol/L,比高脂模型组降低了 28.74%;血清高密度脂蛋白胆固醇(HDL-C)含量为 1.483 mmol/L±0.146 mmol/L,比高脂模型组提高了 77.82%。

(2) 小鼠肝脏的脂质含量水平:

肝脏 TC 含量为 0.369 mmol/L±0.022 mmol/L,比高脂模型组降低了 36.49%;肝脏 TG 含量为 0.124 mmol/L±0.007 mmol/L,比高脂模型组降低了 56.03%;肝脏 LDL-C 含量为 0.065 mmol/L±0.003 mmol/L,比高脂模型组降低了 48.00%;肝脏 HDL-C 含量为 0.086 mmol/L±0.005 mmol/L,比高脂模型组提高了 86.96%。

(3) 小鼠脾脏的脂质含量水平:

脾脏 TC 含量为 0.092 mmol/L±0.007 mmol/L,比高脂模型组降低了 46.20%;脾脏 TG 含量为 0.074 mmol/L±0.004 mmol/L,比高脂模型组降低了 57.95%;脾脏 LDL-C 含量为 0.056 mmol/L±0.005 mmol/L,比高脂模型组降低了 32.53%;脾脏 HDL-C 含量为 0.045 mmol/L±0.002 mmol/L,比高脂模型组提高了 60.71%。

五、抗稻瘟病与优质的杂交水稻组合研究

卢礼斌、郑金贵等(2009)以福建省农业科学院水稻研究所特种稻课题组多年积累的恢复系为材料,通过抗稻瘟病的强优势恢复系的选育,初步培育出可减少使用或不使用农药的抗稻瘟病稻米优质的杂交稻新组合(新品系)。

采用病圃材料稻瘟病抗性鉴定筛选,结合高世代稳定材料恢复力测定与米质分析的方法,对福建上杭茶地早熟恢复系 46 份、中稻型恢复系 55 份、晚稻型恢复系 61 份,共计 162 份具代表性的材料进行鉴定筛选,获得 2 份高抗稻瘟病、26 份抗稻瘟病和 34 份中抗稻瘟病材料,共计 62 份。

对获得的 62 份材料进行进一步的室内苗期抗性鉴定,筛选到 27 份中抗(MR)的抗病恢复系材料。从中选取 21 份具代表性的抗稻瘟病材料与元丰 A 配组,对各组合进行主要农艺性状和米质品质分析。其中,综合性状较好的有元丰 A/8M19、元丰 A/8M26、元丰 A/8B59、元丰 A/8B62、元丰 A/8B89 和元丰 A/8D479等 6 个组合;米质品质化验分析结果显示,元丰 A/8M131、元丰 A/8B376、元丰 A/8B59 和元丰 A/8B90达国家三级优质标准,其中,元丰 A/8B59、元丰 A/8B90 达国家二级优质标准。总之,通过研究筛选出了抗瘟性好、米质优、产量综合性状较好的"元丰 A/8M131"和"元丰 A/8B59"2 个组合。

六、富硒糙米的研究

硒是人类必需的微量元素。人类从谷物食品中摄入的硒含量约为饮食总硒量的 70%。筛选、鉴定稻米富硒种质资源,进而育成富硒水稻新品种对人类健康具有重要意义。江川、郑金贵等(2004)以福建省生产上推广应用的水稻品种(组合)、特种稻和旱稻共 45 个种质资源为试验材料,在早、晚季不同环境条件下分析不同基因型水稻精米和米糠中硒含量的差异。在此基础上,分别选用 23 个水稻材料和 4 个不同类型水稻品种(组合)进行早、晚季喷施外源硒肥和晚季喷施不同浓度的外源硒肥试验,探讨外源硒肥对早、晚季水稻精米和米糠中硒含量以及不同浓度硒肥对糙米中硒、钙、铁和锌 4 种矿质元素含量以及稻谷产量性状的影响。主要结果如下:

(1)早、晚季种植的水稻精米硒含量没有显著差异。

(2)精米和米糠中硒含量分布遵循正态分布规律,表明水稻精米和米糠中硒含量是数量性状。

(3)不同基因型水稻品种精米和米糠中硒含量差异很大,不同品种具有不同的富硒能力。其中早季种植的 45 个水稻品种精米中硒的平均含量为 0.027 mg/kg,最高的是品种“罗旱紫谷”(0.065 mg/kg),最低的是“84VE303”(0.012 mg/kg),两者极差达 5.42 倍;米糠中硒的平均含量为 0.065 mg/kg,最高的是品种“IDSA6(IRAT216)”(0.131 mg/kg),最低的是“55599”(0.040 mg/kg),两者极差达 3.28 倍。晚季种植的 45 个水稻品种精米中硒的平均含量为 0.028 mg/kg,最高的是“罗旱紫谷”(0.068 mg/kg),最低的是“加州红米”(0.009 mg/kg),两者极差达 7.56 倍;米糠中硒的平均含量为 0.064 mg/kg,最高的是“IDSA6(IRAT216)”(0.142 mg/kg),最低的是“加州红米”(0.035 mg/kg),两者极差达 4.06 倍。早、晚季种植的精米中硒含量达 0.04 μg/g 以上的水稻品种有:早季的“罗旱紫谷”,晚季的“隆化大红欲”、“55599”、“Ziuk do”、“矮血糯”和“罗旱紫谷”,其中“罗旱紫谷”精米中硒含量最高,平均达 0.067 mg/kg。这些稻种资源可在以选育富硒含量的水稻品种以及采用分子生物学手段进行稻米富硒含量基因研究中加以利用。

(4)喷施外源硒肥精米和米糠中硒含量比对照有显著增加。其中早季精米、米糠中硒的平均硒含量分别为 0.631 mg/kg 和 1.336 mg/kg,精米中含量增加幅度为 3.19~40.13 倍,“红毛稻子”对硒的富集能力最强,从 0.023 mg/kg 增加到 0.923 mg/kg,米糠中硒含量增加幅度为 6.55~44.29 倍,“佳禾早占”米糠对硒的富集能力最强,从 0.046 mg/kg 增加到 2.015 mg/kg。晚季精米、米糠中硒的平均硒含量分别为 0.799 mg/kg 和 1.956 mg/kg,精米中含量增加幅度为 3.69~91.30 倍,“加州红米”精米对硒的富集能力最强,从 0.010 mg/kg 增加到 0.913 mg/kg,米糠中硒含量增加幅度为 9.164~76.09 倍,“IR60080-46A”米糠对硒的富集能力最强,从 0.054 mg/kg 增加到 4.109 mg/kg。晚季喷施外源硒肥的效果显著好于早季。

(5)喷施不同浓度硒肥对 4 个不同类型水稻品种(组合)糙米中硒、钙、铁和锌 4 种矿质元素含量以及产量性状的结果分析表明,水稻糙米中硒含量和外源硒浓度成极显著正相关;不同浓度硒肥对糙米中锌、铁、钙含量以及株高、穗长、穗粒数和千粒重的影响不明显,但明显影响结实率和产量,要使产量达最高的喷施最佳浓度为 11.1 mg/kg。

七、糙米黄酮的研究

黄酮类物质具有抗氧化、抗衰老、防血栓以及抗癌等生理功能,已成为当前保健食品开发研究中的一个热点。李清华、郑金贵(2004)以 64 个不同类型的水稻种质资源为材料,在早、晚季不同环境条件下分析

稻米精米和米糠中的黄酮含量,探讨不同季节对稻米黄酮含量的影响,并筛选鉴定出稻米富含黄酮的种质资源,主要结果如下:

(1)早、晚季稻米精米和米糠中黄酮含量有明显差异,早季精米中黄酮平均含量为 0.008 g/100 g,米糠中黄酮平均含量为 0.150 g/100 g,米糠中黄酮含量是精米的 18.75 倍;晚季精米中黄酮平均含量为 0.025 g/100 g,米糠中黄酮平均含量为 0.827 g/100 g,米糠中黄酮含量是精米的 33.08 倍;晚季精米和米糠中黄酮含量均高于早季,分别达 3.13 倍和 5.51 倍。

(2)早、晚季不同色稻品种精米和米糠中黄酮含量存在显著差异,早季黑米稻精米和米糠中黄酮含量分别为红米稻的 2.28 倍和 1.28 倍、为白米稻 16.00 倍和 8.83 倍,红米稻分别为白米稻的 7.00 倍和 6.87 倍;晚季黑米稻精米和米糠中黄酮含量分别为红米稻的 3.72 倍和 5.52 倍、为白米稻的 13.28 倍和 31.43 倍,红米稻分别为白米稻的 3.57 倍和 5.69 倍。早季白米、红米和黑米三种色稻米糠中黄酮含量分别为精米的 27.0 倍、26.5 倍和 47.0 倍,晚季白米、红米和黑米三种色稻米糠中黄酮含量分别是精米的 17.71 倍、28.24 倍和 41.91 倍。

(3)不同环境条件对不同色稻品种稻米黄酮含量的影响程度有所不同,晚季的白米稻品种米糠中黄酮含量是早季的 1.74 倍,红米稻品种精米和米糠中黄酮含量分别是早季的 0.88 倍和 1.27 倍,黑米稻品种精米和米糠中黄酮含量分别是早季的 1.72 倍和 7.15 倍。

(4)筛选鉴定出稻米富含黄酮的种质资源:“鸭血糯”在早季精米和米糠中黄酮含量最高,分别达 0.089 g/100 g 和 0.640 g/100 g;“黑米变 1”在晚季精米中黄酮含量最高,达 0.185 g/100 g;“MZS-1”在晚季米糠中黄酮含量最高,达 5.110 g/100 g。

参考文献

[1] 舒小丽,吴殿星,张宁,等. 稻米功能成分研究与育种[M]. 北京:中国农业出版社,2007.

[2] 章杏. 三种色稻米糠营养品质研究[D]. 福州:福建农林大学,2001.

[3] 王金英. 水稻精米和米糠中矿质营养品质的研究[D]. 福州:福建农林大学,2002.

[4] 谢翠萍. 功能型杂交稻组合抗氧化能力及降血脂活性的研究[D]. 福州:福建农林大学,2013.

[5] 卢礼斌. 抗稻瘟病优质杂交稻恢复系与新组合选育研究[D]. 福州:福建农林大学,2009.

[6] 江川. 不同环境下水稻籽粒硒含量的基因型差异研究[D]. 福州:福建农林大学,2004.

[7] 李清华. 不同环境条件下水稻籽粒黄酮含量的基因型差异研究[D]. 福州:福建农林大学,2004.

第二节 黑米品质

一、黑米的概述

黑米又名血米、乌米,是由禾本科植物稻(*Oryza sativa* L.)经长期培育形成的一类特色品种,脱去谷壳后天然色泽为黑色的糙米,黑色是由于色素(花青素)在果皮和种皮上沉积而成。黑米为米中珍品,素有"贡米""药米""长寿米"等美誉,营养丰富,并具有特殊的药用价值,总营养价值高于白米。黑米中含有丰富的蛋白质、氨基酸、植物油脂、纤维素、维生素和人体必需的微量元素等,还含有丰富的生物活性物质如黄酮类、花青素、生物碱、植物甾醇、强心苷、β-胡萝卜素等。黑米作为滋补珍品在我国历史悠久,《本草纲目》中记载黑米有滋阴补肾、健脾暖胃和明目活血等功效,民间常用黑米酿酒和煮粥饮用,作为产妇或虚弱病人的滋补品,也可与其他药物配伍治疗多种疾病。

近年来研究表明,黑米具有清除自由基、抗氧化、降血脂、预防动脉粥样硬化、抗肿瘤、保护脏器、调节免疫、抗过敏、预防糖尿病肾病、改善胰岛素敏感性和葡萄糖耐量、保护视网膜等生理功能。

二、黑米的功能

1. 抗氧化作用

黑米的食疗功能与黑米色素的抗活性氧能力有关,黑米色素是食品中较好的自由基清除剂之一。黑米色素是黄酮花色苷类化合物,分子结构中有酚羟基存在,其抗氧化作用则与酚羟基的存在有关。酚羟基是一类较为活泼的官能团之一,易被活性氧氧化,而表现出较强的抗活性氧化的能力。龙盛京(1999)的研究表明黑米色素对由细胞体系产生的活性氧有较大的消除作用,对非细胞体系产生的活性氧(过氧化氢、超氧阴离子自由基和羟自由基)也有一定的消除能力。肖湘等(2000)的研究也表明黑米色素对超氧阴离子自由基和羟基自由基均有良好的清除作用,还能明显地抑制卵黄脂蛋白多不饱和脂肪酸(PUFA)的过氧化。

张名位等(2005)分析了 242 份黑米品种的总抗氧化能力和清除活性氧自由基能力及其与总黄酮和花色苷含量的相关性。研究结果表明,黑米的总抗氧化能力和清除自由基能力分别与其中的总黄酮和花色苷含量之间呈现极显著($P<0.01$)正相关性,表明黑米的抗氧化作用与其中所含的黄酮和花色苷类物质关系密切。

张名位等(2005)还比较了黑米皮提取物中石油醚、氯仿、乙酸乙酯、正丁醇和水 5 种不同极性溶剂分部的抗氧化作用和成分差异。研究结果表明,5 种黑米皮提取物的不同极性分部均表现出较强的体外清除活性氧自由基、羟自由基和 DPPH 自由基的抗氧化作用,其强弱顺序为水部>正丁醇部>乙酸乙酯部>氯仿部=石油醚部(见表 1-2-1)。通过 GC-MS 和 HPLC 分析,黑米皮提取物的石油醚部和氯仿部成分以亚油酸、油酸、硬脂酸和棕榈酸等脂肪酸为主,由于其脂肪酸的不饱和程度较高,其抗氧化能力也较强;其乙酸乙酯、正丁醇和水部之间成分构成差异较大,主要为花色苷类物质,也就是说黑米皮中花色苷类化合物的抗氧化能力明显强于不饱和脂肪酸类。由此证实黑米皮中花色苷类化合物是其抗氧化作用最主要的活性成分。

表 1-2-1　黑米皮抗氧化提取物不同极性部分的体外清除活性自由基 EC_{50} (mg/L)

极性部分	羟自由基含量	活性氧自由基含量	DPPH 自由基含量
石油醚部	10.33 ± 1.21^{c}	11.82 ± 1.12^{c}	13.01 ± 1.22^{c}
氯仿部	11.08 ± 1.08^{c}	12.03 ± 1.31^{c}	11.92 ± 1.32^{c}
乙酸乙酯部	6.32 ± 0.62^{b}	7.32 ± 0.82^{b}	6.33 ± 0.76^{b}
正丁醇部	5.83 ± 0.43^{b}	5.43 ± 0.61^{a}	5.92 ± 0.71^{b}
水部	4.12 ± 0.42^{a}	5.12 ± 0.52^{a}	4.82 ± 0.62^{a}

注:数据后的英文字母表示差异显著性水平,纵向数据比较,字母相同表示差异不显著($P>0.05$),字母不相同表示差异达显著水平($P<0.05$)。半抑制浓度(EC_{50})为清除率达到 50% 的样品浓度,EC_{50} 越小,清除能力越强。

据张名位等(2005)

石娟等(2015)的研究表明黑米花青素具有提高小白鼠的体内抗氧化能力的作用,且纯化后的花青素体内抗氧化效果更好。实验中以生理盐水为载体,维生素 C 作为阳性对照,分别采用高、中、低三种剂量的黑米花青素粗提物及其纯化物,灌胃喂养小白鼠 30 d 后,测定小白鼠血清、肝脏、心脏和肾脏中总抗氧化能力(T-AOC)、超氧化物歧化酶(SOD)活性和谷胱甘肽过氧化物酶(GSH-Px)活性,丙二醛(MDA)和羟自由基含量。研究结果(见表 1-2-2～表 1-2-6)显示:黑米花青素能显著提高小白鼠体内的 T-AOC 水平和 SOD、GSH-Px 的活性,降低 MDA 和羟自由基的含量。

表 1-2-2　黑米花青素对总抗氧化能力的影响

组别	剂量/ (mg/kg)	总抗氧化能力			
		血清/(U/mL)	肝脏/(U/mg protein)	心脏/(U/mg protein)	肾脏/(U/mg protein)
对照组	—	122.93 ± 7.36	0.51 ± 0.06	0.27 ± 0.08	0.67 ± 0.05
维生素 C	50	109.13 ± 12.36	$0.90\pm0.07^{*}$	0.57 ± 0.08	0.89 ± 0.06
维生素 C	100	$146.91\pm18.31^{*}$	$1.28\pm0.09^{**}$	$1.08\pm0.13^{**}$	$0.94\pm0.08^{*}$
维生素 C	200	$175.06\pm7.69^{**}$	$1.16\pm0.02^{**}$	$1.65\pm0.06^{**}$	$1.12\pm0.09^{**}$
粗花青素	50	93.48 ± 5.32	0.61 ± 0.10	0.31 ± 0.05	0.59 ± 0.07
粗花青素	100	112.89 ± 4.63	$0.91\pm0.06^{*}$	$0.77\pm0.05^{*}$	$0.79\pm0.09^{*}$
粗花青素	200	$163.03\pm21.54^{**}$	$1.87\pm0.05^{**}$	$0.96\pm0.10^{**}$	0.69 ± 0.12
粗花青素纯化物	50	$172.24\pm7.82^{*}$	0.61 ± 0.03	$0.77\pm0.03^{*}$	$0.86\pm0.13^{*}$
粗花青素纯化物	100	$211.71\pm8.97^{**}$	$1.21\pm0.04^{**}$	$0.97\pm0.04^{**}$	$1.15\pm0.04^{**}$
粗花青素纯化物	200	$274.73\pm9.26^{**}$	$0.83\pm0.09^{**}$	$1.37\pm0.09^{**}$	$1.36\pm0.15^{**}$

注:* 与对照组比较,$P<0.05$;** 与对照组比较,$P<0.01$。

据石娟等(2015)

表 1-2-3　黑米花青素对 SOD 活性的影响

组别	剂量/ (mg/kg)	SOD 活性			
		血清/(U/mL)	肝脏/(U/mg protein)	心脏/(U/mg protein)	肾脏/(U/mg protein)
对照组	—	94.28 ± 6.54	111.39 ± 7.81	148.69 ± 4.27	96.30 ± 2.42
维生素 C	50	$108.63\pm7.14^{*}$	$156.99\pm5.32^{**}$	$187.79\pm8.72^{**}$	$155.46\pm7.46^{*}$
维生素 C	100	$127.38\pm8.23^{**}$	$161.76\pm8.38^{**}$	$234.04\pm5.93^{**}$	$224.04\pm9.74^{**}$
维生素 C	200	$168.42\pm8.03^{**}$	$174.34\pm6.29^{**}$	$290.87\pm6.36^{**}$	$319.74\pm6.58^{**}$

续表

组别	剂量/(mg/kg)	SOD 活性			
		血清/(U/mL)	肝脏/(U/mg protein)	心脏/(U/mg protein)	肾脏/(U/mg protein)
粗花青素	50	82.64±5.32*	143.03±7.13**	157.93±6.65	143.26±6.43
粗花青素	100	87.28±6.06*	155.46±8.73**	161.82±6.42	156.30±9.61*
粗花青素	200	92.31±4.95	160.36±8.51**	184.82±5.69**	181.21±5.36**
粗花青素纯化物	50	91.47±5.23	142.32±4.55**	163.82±4.98*	179.61±4.53**
粗花青素纯化物	100	98.31±5.17	166.19±4.28	216.98±4.26**	206.19±4.68**
粗花青素纯化物	200	101.57±6.89*	195.03±4.67	288.36±4.35**	273.42±8.79**

注:* 与对照组比较,$P<0.05$;** 与对照组比较,$P<0.01$。
据石娟等(2015)

表 1-2-4　黑米花青素对 GSH-Px 活性的影响

组别	剂量/(mg/kg)	GSH-Px 活性			
		血清/(U/mL)	肝脏/(U/mg prot)	心脏/(U/mg prot)	肾脏/(U/mg prot)
对照组	—	5.78±0.51	243.19±8.17	293.80±10.82	360.34±9.54
维生素 C	50	38.62±3.19**	345.14±6.27**	276.32±11.67*	423.08±10.07**
维生素 C	100	45.56±1.27**	292.36±13.06*	342.74±9.31**	752.26±11.75**
维生素 C	200	86.64±8.79**	331.98±7.46**	654.55±7.49**	837.88±19.24**
粗花青素	50	12.33±0.68*	240.02±12.37	291.52±13.28	380.87±8.52*
粗花青素	100	17.35±0.43*	423.29±9.83**	363.10±10.34**	402.74±9.37*
粗花青素	200	38.14±1.09**	469.07±6.89**	409.62±9.46**	409.53±7.69*
粗花青素纯化物	50	31.79±1.97**	296.42±6.58*	423.65±5.93**	438.76±10.09**
粗花青素纯化物	100	43.73±1.04**	572.77±9.54**	505.34±9.34**	523.81±13.59**
粗花青素纯化物	200	62.09±1.28**	564.67±8.45**	762.98±20.90**	585.16±11.88**

注:* 与对照组比较,$P<0.05$;** 与对照组比较,$P<0.01$。
据石娟等(2015)

表 1-2-5　黑米花青素对脂质氧化的抑制作用

组别	剂量/(mg/kg)	MDA 含量			
		血清/(U/mL)	肝脏/(U/mg prot)	心脏/(U/mg prot)	肾脏/(U/mg prot)
对照组	—	12.28±1.32	2.23±0.16	3.62±0.32	3.24±0.29
维生素 C	50	3.59±0.26**	1.76±0.13	2.81±0.24*	1.82±0.11**
维生素 C	100	3.26±0.63**	1.42±0.28*	2.49±0.31*	1.31±0.23**
维生素 C	200	2.64±0.49**	1.34±0.17**	1.53±0.14**	0.82±0.15**
粗花青素	50	4.42±0.81**	2.48±0.25	3.48±0.26*	2.17±0.16*
粗花青素	100	3.91±0.38**	1.92±0.19	2.67±0.19*	1.84±0.22**
粗花青素	200	2.28±0.41**	0.86±0.27**	2.79±0.28*	1.03±0.18**
粗花青素纯化物	50	3.11±0.29**	1.65±0.17*	2.74±0.23*	1.92±0.29*
粗花青素纯化物	100	1.57±0.23**	1.13±0.11**	1.62±0.17**	1.57±0.06**
粗花青素纯化物	200	0.92±0.12**	0.41±0.10**	1.15±0.13**	0.86±0.08**

注:* 与对照组比较,$P<0.05$;** 与对照组比较,$P<0.01$。
据石娟等(2015)

表 1-2-6　黑米花青素对羟自由基的抑制作用

组别	剂量/ (mg/kg)	羟自由基含量			
		血清/(U/mL)	肝脏/(U/mg prot)	心脏/(U/mg prot)	肾脏/(U/mg prot)
对照组	—	225.72±0.62	219.91±8.26	289.38±12.69	335.06±10.08
维生素 C	50	313.89±3.26*	341.59±5.93*	258.46±10.53*	429.57±11.23*
维生素 C	100	498.63±1.18**	298.65±9.68*	491.57±8.84**	635.26±12.16**
维生素 C	200	537.34±7.69**	687.23±8.21**	687.92±7.26**	773.88±20.45**
粗花青素	50	289.73±0.72*	302.89±11.73*	293.68±12.82	412.47±7.26*
粗花青素	100	426.58±0.34**	407.65±8.39**	492.24±10.56**	407.65±8.69**
粗花青素	200	528.66±1.17**	463.29±8.96**	539.35±9.58**	438.95±6.98**
粗花青素纯化物	50	308.92±1.86*	456.32±6.13**	505.21±6.18**	483.67±11.56**
粗花青素纯化物	100	567.32±1.16**	536.07±9.36**	574.83±9.49**	555.91±13.57**
粗花青素纯化物	200	624.37±1.28**	812.90±7.25**	758.36±18.87**	685.16±10.77**

注：* 与对照组比较，$P<0.05$；** 与对照组比较，$P<0.01$。
据石娟等（2015）

2. 降血脂、抗动脉粥样硬化

高脂血症（hyperlipidemia，HLP）是因脂肪代谢或运转异常使血浆的一种或多种脂质高于正常水平的疾病。HLP 与基因缺陷、饮食不当、内分泌失调等因素有关，其病因及发病机制目前尚不完全清楚，其中脂质代谢异常被认为是引发 HLP 的重要发病机制之一，针对脂质代谢异常的调节成为预防与治疗 HLP 及其慢性并发症的重要环节。降血脂西药起效快且疗效肯定，但其毒副作用大且价格昂贵；降血脂中药具有多途径、多环节、多靶点等优点，但因其毒副作用也无法长期服用；功能性食品兼有中药优点，且长期服用无毒副作用，在预防和治疗代谢性疾病方面具有独特优势。

姚树龙（2014）的研究表明黑米具有抑制胆固醇吸收的作用，且该作用可以归因于其中的花色苷。黑米中花色苷可以通过抑制胰脂肪酶活力、降低胆固醇溶解度以及减少胆固醇的摄取起到抑制胆固醇吸收的作用，从而具有调节血脂、预防高胆固醇血症的作用。

李希民（2007）的研究表明黑米食疗具有降低血脂的作用。试验中将原发性高脂血症患者 120 例，随机分为试验组和对照组，每组各 60 例，经统计学检验，两组的年龄、性别、血脂水平相近，差异无统计学意义（$P>0.05$）。两组都限食高脂肪、高胆固醇食物，禁用降脂药物。研究结果（见表 1-2-7）显示：试验组食用黑米食疗 2 个月后总胆固醇（TC）、三酰甘油（TG）水平均比试验前显著降低，对照组虽也较 2 个月前有所下降，但下降不明显。试验证明，经常食用黑米，降血脂作用显著，可起到预防心脑血管疾病的积极作用。

表 1-2-7　试验组试验前后血脂水平变化情况（$\bar{x}±s$）　　　　　　　　　单位：mmo/L

时间	TC 含量	TG 含量	LDL-C 含量	HDL-C 含量
试验前	6.94±2.12	6.34±3.24	2.86±0.81	1.03±0.31
试验后	5.36±1.19	3.36±1.56	2.67±0.42	1.72±0.35
P 值	<0.05	<0.05	>0.05	<0.05

据李希民（2007）

夏敏等（2003）的研究表明膳食黑米皮可改善 ApoE 基因缺陷小鼠胆固醇的代谢。在 ApoE 基因缺陷小鼠饲料（AIN-93）中添加 5% 黑米皮，喂养小鼠 16 周后，检测小鼠血清、肝脏和主动脉中胆固醇的水平。研究结果显示：阳性对照组与阴性对照组（C57BL/6J 小鼠，ApoE 基因未缺陷）相比，血脂水平显著升高，

说明 ApoE 基因敲除后，可造成一定程度的血脂代谢紊乱，大量胆固醇在机体内堆积。黑米皮可降低
ApoE 基因缺陷小鼠血清、肝脏和主动脉中总胆固醇（TC）的含量，提高血清中高密度脂蛋白胆固醇
（HDL-C）的含量，与白米皮相比具有显著性差异（见表 1-2-8、图 1-2-1 和图 1-2-2）。

表 1-2-8　不同试验小组小鼠血清中的胆固醇水平（$\bar{x}\pm s, n=10$）

组别	TC 含量/ （mmol/L）	LDL-C 含量/ （mmol/L）	HDL-C 含量/ （mmol/L）	LDL-C 含量/ HDL-C 含量
对照组	2.88±0.76[a]	0.28±0.08[a]	1.78±0.44[a]	0.16±0.04[a]
阳性组	15.68±2.64[b]	1.43±0.42[b]	2.36±0.29[b]	0.57±0.19[b]
黑米皮组	12.12±1.83[c]	0.75±0.25[c]	2.92±0.32[c]	0.34±0.17[c]
白米皮组	17.24±3.65[b]	1.32±0.56[b]	2.56±0.70[c]	0.45±0.18[b]

注：数值旁字母不同时表示组间有显著性差异，$P<0.05$。

据夏敏等（2003）

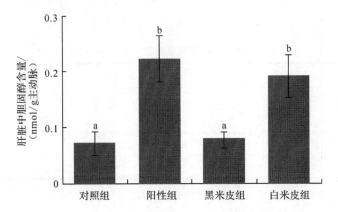

注：直方图上字母不同表示组间有显著性差异，$P<0.01$。

图 1-2-1　不同试验组小鼠肝脏中胆固醇含量的比较

据夏敏等（2003）

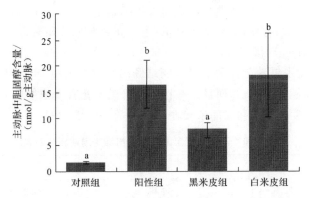

注：直方图上字母不同表示组间有显著性差异，$P<0.01$。

图 1-2-2　不同试验组小鼠主动脉中胆固醇含量的比较

据夏敏等（2003）

　　一氧化氮合酶（iNOS）主要是通过促进损伤部位的炎性反应和组织的坏死来促进动脉粥样硬化的发
展。夏敏等（2004）研究发现黑米皮组小鼠主动脉的 iNOS 活性和 iNOS mRNA 的表达量显著低于阳性组
和白米皮组（$P<0.05$），说明膳食黑米皮可抑制 ApoE 基因缺陷小鼠 iNOS mRNA 的表达，这可能是黑米
皮抗动脉粥样硬化作用的机制之一；研究还发现黑米皮组 ApoE 基因缺陷小鼠主动脉窦动脉粥样斑块面
积占管腔面积百分比的均值低于阳性组和白米皮组，差异有显著性（$P<0.05$），黑米皮组的主动脉窦动脉

粥样斑块面积分别比阳性组与白米皮组低48.42%和46.08%。由此说明,膳食黑米皮可以抑制ApoE基因缺陷小鼠动脉粥样斑块的形成,具有抗动脉粥样硬化作用。

3.抗肿瘤作用

血管生成是肿瘤生长和转移过程中的一个重要促进因素,而抗血管生成则是肿瘤治疗中的一个重要手段。于斌等(2009)研究表明黑米花青素(black rice anthocyanin)能够抑制HER-2/neu高表达人乳腺癌细胞株MDA-MB-453移植瘤血管生成,并可能由此而抑制瘤体的生长。以24只雌性BALB/c裸鼠建立MDA-MB-453细胞移植瘤模型,按照完全随机设计原则平均分入对照组、重组人内皮细胞生长因子(vascular endothelial growth factor,VEGF)组、黑米花青素组和联合组4个处理组,分别以VEGF和黑米花青素提取物进行单独和联合干预。研究结果显示:相对于对照组,黑米花青素组瘤体积、瘤组织微血管密度(microvessel density,MVD)和促血管生成因子MMP-2、MMP-9和uPA的表达水平均显著降低($P<0.05$),VEGF组上述指标则均有明显升高($P<0.05$),联合组上述指标同对照组之间均无显著差异。相对于VEGF组,黑米花青素组和联合组的上述指标均有显著降低($P<0.05$),其中黑米花青素组瘤体积有非常显著的降低($P<0.01$)(见表1-2-9)。与对照组相比,黑米花青素组核抗原Ki-67表达强阳性的细胞数显著减少,VEGF组核抗原Ki-67表达强阳性的细胞数显著增多。

表1-2-9 各组裸鼠移植瘤生长资料($n=6$)

组别	成瘤时间/d	成瘤率/%	瘤体积/cm³	体质量/g
对照组	5±1	100	2.82±0.51	17.2±0.92
VEGF组	5±2	100	4.47±1.41[a]	18.15±2.61
黑米花青素组	5±1	100	1.15±0.40[ab]	19.01±3.33
联合组	5±2	100	2.23±0.95[b]	17.21±3.04

注:与对照组相比,[a]$P<0.05$;与VEGF组相比,[b]$P<0.01$。

据于斌等(2009)

于斌等(2010)研究又表明黑米花色苷(black rice anthocyanins,BRA)可能通过对HER-2/neu及其下游EGFR/Ras/MAPK信号通路的阻断最终实现对HER-2/neu高表达人乳腺癌细胞株MDA-MB-453促血管生成因子表达的抑制作用。以黑米花色苷和表皮细胞生长因子(epithelial growth factor,EGF)单独或联合处理MDA-MB-453细胞株,研究结果显示:黑米花色苷能够显著抑制HER-2/neu和ERK-1/-2蛋白的磷酸化,阻止NF-κBp65向细胞核内转位,并在mRNA水平抑制各促血管生成因子的表达。

刘春远等(2014)研究发现黑米花青素可以抑制结肠癌细胞的增殖,将SW_{480}结肠癌细胞的细胞周期阻滞在G_2/M期,促进肿瘤细胞的凋亡,而且这些作用随着黑米花青素浓度的升高而增高、随着作用时间的延长而增强,有明显的浓度依赖性和时间依赖性(见表1-2-10、表1-2-11)。

表1-2-10 不同浓度黑米花青素组细胞周期百分率表

组别	各时段细胞周期百分率/%							
	12 h		24 h		48 h		60 h	
	G_1/S	G_2/M	G_1/S	G_2/M	G_1/S	G_2/M	G_1/S	G_2/M
0 μg/mL	91.1	9.9	89.4	10.6	90.6	9.4	88.8	11.2
50 μg/mL	78.5	21.5	73.2	27.2	70.0	30.0	68.1	31.9
100 μg/mL	66.3	33.7	60.8	39.2	55.7	44.3	51.1	48.9
150 μg/mL	61.4	39.6	54.2	45.8	50.5	49.5	47.8	52.2
200 μg/mL	58.2	41.8	51.8	48.2	46.0	54.0	42.3	57.7

据刘春远等(2014)

表 1-2-11　不同浓度黑米花青素组结肠癌细胞 SW$_{480}$凋亡情况表

组别	各时段细胞凋亡百分率/%			
	12 h	24 h	48 h	60 h
0 μg/mL	1.6	1.9	1.7	1.5
50 μg/mL	6.1	8.8	9.6	10.1
100 μg/mL	19.7	23.9	27.8	33.2
150 μg/mL	21.1	25.7	28.4	35.6
200 μg/mL	22.0	26.3	28.7	36.1

据刘春远等(2014)

罗丽萍(2013)研究表明黑米花青素成分可能通过与 ATP 竞争性结合人表皮生长因子受体-2(HER-2 受体,其过量表达,乳腺癌患者的癌细胞增殖快,易发生转移,预后较差),调节其磷酸化水平,降低促转移酶活性,从而削弱 HER-2 阳性乳腺癌细胞转移能力。

4. 保护脏器

侯方丽等(2009)研究表明黑米皮花色苷(BRA)对 CCl$_4$亚急性肝损伤小鼠具有保护作用,这一作用与其抗氧化活性有关。侯方丽等将 NIH 小鼠 60 只随机分为:对照组、CCl$_4$模型组,以及黑米花色苷低、中、高剂量组共 5 组。饲养前 3 周内,除对照组外的其他 4 个组动物均腹腔注射 CCl$_4$玉米油溶液。每周 2 次,共 3 周,诱导化学性亚急性肝损伤动物模型。饲养 7 周后,测定各组动物血清谷丙转氨酶(ALT)和谷草转氨酶水平(AST),血清和肝脏中脂质过氧化产物丙二醛(MDA)含量、抗氧化酶活性及总抗氧化能力,用 ELISA(酶联免疫吸附法)测定分析 BRA 对各组动物血清中 DNA 主要氧化产物 8-羟基脱氧鸟苷(8-hydroxy-2′-deoxyguanosine,8-OHdG)的影响,通过 HE 染色(hemotoxylin eosin staining,苏木精-伊红染色)观察肝组织病理学变化。研究发现:摄入 BRA 后的各剂量组,CCl$_4$诱导的亚急性肝损伤小鼠的 ALT、AST 活性较模型组显著降低($P < 0.05$)(见表 1-2-12);血清和肝脏中 MDA 的生成量显著减少($P < 0.05$),SOD,GSH-Px 活性明显增强($P < 0.05$),肝脏组织的总抗氧化能力(T-AOC)显著增强($P < 0.05$),摄入高剂量 BRA,8-OHdG 的含量显著降低($P < 0.05$)(见表 1-2-12～表 1-2-15);由 CCl$_4$引起的肝脏组织气球样变、脂肪变性、炎症浸润等病理学损伤,喂食 BRA 后,均可得到明显改善。

表 1-2-12　BRA 对 CCl$_4$亚急性肝损伤 3 周、7 周时小鼠血清肝酶活性的影响($\bar{x} \pm s, n = 12$)

组别	ALT/(U/L)		AST/(U/L)	
	3 周	7 周	7 周	3 周
正常组	369.13±77.348[b]	346.60±69.18[d]	289.13±69.41[b]	269.65±21.03[d]
模型组	2581.98±908.16[a]	2387.93±159.2[a]	1412.28±522.63[a]	1109.64±174.11[a]
低剂量组	2337.96±563.47[a]	1379.24±221.15[b]	1218.70±301.54[a]	639.44±22.81[b]
中剂量组	2120.63±448.93[a]	789.63±83.45[c]	1114.70±272.35[a]	536.03±69.40[bc]
高剂量组	2088.66±162.47[a]	583.36±55.10[c]	1120.93±146.29[a]	519.40±39.74[c]

注:在同一列,数字旁字母不同表示组间有显著差异,$P < 0.05$。
据侯方丽等(2009)

表 1-2-13　BRA 对 CCl_4 亚急性肝损伤时小鼠血清 MDA、SOD 和 8-OHdG 的影响($\bar{x}\pm s$, $n=12$)

组别	MDA/(nmol/mL)	SOD/(U/mL)	8-OHdG/(pg/mL)
正常组	10.78±0.35[b]	178.38±16.95[a]	4672.59±253.72[c]
模型组	14.67±1.46[a]	127.23±18.08[c]	6591.56±532.00[a]
低剂量组	11.18±0.71[b]	152.63±12.86[b]	6257.51±187.841[ab]
中剂量组	9.67±0.25[b]	156.70±20.01[ba]	6097.10±212.82[ab]
高剂量组	8.84±0.38[c]	173.20±10.44[a]	5833.45±214.54[b]

注:在同一列,数字旁字母不同表示组间有显著差异,$P<0.05$。

据侯方丽等(2009)

表 1-2-14　BRA 对 CCl_4 亚急性肝损伤时小鼠肝组织 MDA、SOD 和肝指数的影响($\bar{x}\pm s$, $n=12$)

组别	肝指数	MDA/(nmol/mg prot)	SOD/(U/mg prot)
正常组	4.12±0.05[c]	14.87±0.83[b]	341.57±19.28[a]
模型组	4.73±0.10[a]	21.21±0.63[a]	262.04±15.37[c]
低剂量组	4.44±0.09[b]	20.32±0.57[a]	274.71±13.76[c]
中剂量组	4.34±0.07[b]	16.24±0.81[b]	301.53±8.55[b]
高剂量组	4.21±0.03[c]	15.64±0.77[b]	322.42±6.64[a]

注:在同一列,数字旁字母不同表示组间有显著差异,$P<0.05$。

据侯方丽等(2009)

表 1-2-15　BRA 对 CCl_4 亚急性肝损伤时小鼠肝组织 T-AOC、GSH-Px、GSH 的影响($\bar{x}\pm s$, $n=12$)

组别	T-AOC/(U/mg prot)	GSH-Px/(U/mg prot)	GSH/(mg/g prot)
正常组	3.01±0.63[ac]	898.42±128.25[a]	110.50±27.42[a]
模型组	2.03±0.53[b]	642.90±119.69[b]	89.24±12.40[b]
低剂量组	2.61±0.50[bc]	831.83±79.94[a]	106.95±8.22[ab]
中剂量组	2.77±0.29[ac]	846.91±121.76[a]	104.05±17.19[ab]
高剂量组	3.24±0.57[a]	892.49±90.64[a]	113.66±20.45[a]

注:在同一列,数字旁字母不同表示组间有显著差异,$P<0.05$。

据侯方丽等(2009)

郝杰(2014)研究表明黑米花色苷提取物能通过清除体内的自由基,改善机体的氧化应激状态,对溴酸钾($KBrO_3$)诱导的氧化应激性肾毒性和拘束负荷诱发的应激性肝毒性发挥保护作用。

5.免疫调节作用

刘明达等(2010)研究表明黑米花色苷对大鼠血液和巨噬细胞生化指标有重要的免疫调节作用。将雌性 SD(Sprague-Dawleg)大鼠 24 只,随机分为对照组和黑米花色苷低(BAL,25 mg/kg、中(BAM,50 mg/kg)、高(BAH,100 mg/kg)剂量组 4 组。除对照组给生理盐水外,另三组分别给予相应剂量的黑米花色苷,连续 30 d。实验结束时,从股动脉取血,用生化方法测定巨噬细胞内乳酸脱氢酶(LDH)、酸性磷酸酶(ACP)、超氧化物歧化酶(SOD)活力及丙二醛(MDA)含量,并进一步观察巨噬细胞摄取中性红的能力。研究结果显示:黑米花色苷组大鼠血液中尿素氮(BUN)、尿酸(UA)、三酰甘油(TG)、总胆固醇(TC)、低密度脂蛋白(LDL)水平都有不同程度的降低,腹腔巨噬细胞(peritoneal macrophage,PM)内 ACP、LDH 活力显著升高,PM 和肺泡巨噬细胞(alveolar macrophage,AM)内 SOD 活力升高,MDA 水平降低,而且能显著增强 PM、AM 的吞噬能力。

石娟等(2015)研究表明黑米花青素对试验小白鼠具有免疫调节作用,且纯化后的花青素免疫调节效果更好。试验中以生理盐水为载体,维生素 C 作为阳性对照,分别采用高、中、低三种剂量的黑米花青素粗提物及其纯化物,灌胃喂养小白鼠 30 d 后,测定小白鼠的脾和胸腺指数。研究结果(见表 1-2-16)显示:黑米花青素能增加小白鼠的脾和胸腺指数。

表 1-2-16　黑米花青素对胸腺和脾脏指数的影响

组别	脾指数/(mg/g)	胸腺指数/(mg/g)
对照组	5.18 ± 0.11	4.06 ± 0.08
粗花青素低剂量组	4.92 ± 0.15	4.28 ± 0.06
粗花青素中剂量组	$5.65\pm0.10^{**}$	4.46 ± 0.04
粗花青素高剂量组	$5.57\pm0.16^{**}$	$4.65\pm0.07^{**}$
粗花青素纯化物低剂量组	5.23 ± 0.13	$4.89\pm0.09^{**}$
粗花青素纯化物中剂量组	$5.74\pm0.09^{**}$	$4.93\pm0.04^{**}$
粗花青素纯化物高剂量组	$6.03\pm0.12^{**}$	$5.12\pm0.03^{**}$

注:[*] 与对照组比较,$P<0.05$;[**] 与对照组比较,$P<0.01$。
据石娟等(2015)

6.抗过敏作用

李良昌等(2011)研究表明黑米花色苷提取物(AEBR)具有抗过敏作用,此作用与抑制肥大细胞脱颗粒及炎性介子的释放有关。动物试验显示,AEBR 高、中剂量组(300 mg/kg、150 mg/kg)明显抑制大鼠被动皮肤过敏反应(PCA)试验,抑制率分别为 49.71%、30.40%(见表 1-2-17)。细胞试验结果(见表 1-2-18)显示,AEBR 高、中剂量组(100 μg/L、50 μg/L)明显抑制组胺的释放(抑制率分别为 75.56%、44.76%)、细胞内钙摄入(抑制率分别为 64.75%、44.56%)以及肿瘤坏死因子(TNF-α)[黑米花色苷提取物(25 μg/L、50 μg/L、100 μg/L)给药 10 min 使 TNF-α 蛋白表达分别下降 7.8%、80% 与 85%]、白细胞介素-6 (IL-6)[黑米花色苷提取物(25 μg/L、50 μg/L、100μg/L)给药 10 min 使 IL-6 蛋白表达分别下降 5.6%、77% 与 84.1%]的释放($P<0.05$)。

表 1-2-17　黑米花色苷提取物对被动皮肤过敏反应的影响($\bar{x}\pm s, n=10$)

组别	AEBR/(mg/kg)	伊文思蓝/(μg/g)	抑制率/%
正常组	0	57.28 ± 6.10	—
模型组	0	246.59 ± 11.53^{a}	—
花色苷组	50	220.13 ± 11.98	10.23
花色苷组	150	174.85 ± 10.86^{b}	30.40
花色苷组	300	122.43 ± 7.89^{b}	49.71
氮卓斯汀	10	116.21 ± 7.73^{b}	54.42

注:与正常组比较,[a]$P<0.05$;与模型组比较,[b]$P<0.05$。
据李良昌等(2011)

表 1-2-18　黑米花色苷提取物对肥大细胞生长及对组胺释放、钙摄入量的抑制作用($\bar{x}\pm s, n=10$)

组别	AEBR/(μg/kg)	吸光度(A_{570})	组胺量/(μg/mL)	组胺抑制率/%	钙摄入量/(nmol/mL)	钙摄入抑制率/%
正常组	0	0.91 ± 0.50	0.16 ± 0.02	—	59.51 ± 2.10	—
模型组	0	0.93 ± 0.32	1.45 ± 0.18^{a}	—	214.85 ± 6.54^{a}	—
花色苷组	25	1.01 ± 0.41	1.18 ± 0.16	17.58	177.25 ± 4.23	18.87
花色苷组	50	1.04 ± 0.62	0.81 ± 0.18^{b}	44.76	110.10 ± 4.07^{b}	44.56
花色苷组	100	1.12 ± 0.46	0.39 ± 0.42^{b}	75.56	77.85 ± 4.35^{b}	64.75
花色苷组	10	1.13 ± 0.52	0.35 ± 0.63^{b}	77.58	69.63 ± 4.08^{b}	67.71

注:与正常组比较,[a]$P<0.05$;与模型组比较,[b]$P<0.05$。
据李良昌等(2011)

7. 降低血糖、预防糖尿病肾病

董波等（2016）研究发现黑米矢车菊色素可通过降低自发性糖尿病（GK）大鼠的摄食量、体重、血糖、血脂、糖化血红蛋白等来减轻糖尿病的进展，有预防糖尿病肾病的作用。将 25 周龄雄性 GK 大鼠随机分为两组，每组 12 只，矢车菊组用 10％葡萄糖的矢车菊色素-3-葡萄糖苷溶液（600 mg/L）饲喂 8 周，对照组只饲喂 10％葡萄糖溶液。每天测摄食量，每周测体重、血糖、血脂、血胆固醇等指标。8 周后处死全部大鼠，取血测糖化血红蛋白、肾脏器指数，观察肾病理损伤程度。研究结果（见表 1-2-19、表 1-2-20）显示：矢车菊组 GK 大鼠的摄食量、体重、血糖、糖化血红蛋白、血脂、肾脏器指数较对照组均降低，差异有统计学意义（$P<0.05$）；矢车菊组肾脏病理损伤较对照组明显减轻。

表 1-2-19　两组大鼠空腹血糖（FBG）、血三酰甘油（TG）、血总胆固醇（TC）的比较（mmol/L,$\bar{x}\pm s$）

鼠龄（周）	FBG		TG		TC	
	矢车菊组	对照组	矢车菊组	对照组	矢车菊组	对照组
26	7.72±2.15	7.65±2.30	1.08±0.21	0.98±0.18	3.30±0.22	3.41±0.25
27	8.35±2.08	9.05±2.45	1.25±0.23	1.38±0.25	3.43±0.26*	4.11±0.28
28	8.95±1.96*	12.23±2.31	1.23±0.18	1.44±0.23	3.40±0.27*	4.24±0.31
29	10.08±2.35*	12.42±2.60	1.33±0.24	1.46±0.25	3.53±0.26*	4.48±0.35
30	9.56±1.87*	12.38±2.55	1.26±0.22*	1.56±0.30	4.03±0.29*	4.47±0.35
31	10.78±2.21	11.55±2.12	1.34±0.25*	1.62±0.33	4.34±0.35*	4.81±0.46
32	9.43±1.90*	12.44±3.13	1.42±0.26*	1.76±0.36	4.38±0.31*	5.41±0.44
33	9.44±2.45*	13.67±3.58	1.39±0.22*	1.88±0.35	4.44±0.37*	5.09±0.38

注：与对照组比较，* $P<0.05$。

据董波等（2016）

表 1-2-20　两组大鼠左肾质量、左肾脏器系数、糖化血红蛋白（GHbA1c）的比较（$\bar{x}\pm s$）

组别	左肾质量/g	左肾脏器指数	GHbA1c/％
矢车菊组	2.35±0.22*	0.7298±0.0831*	5.23±0.82*
对照组	3.32±0.27	0.9379±0.1063	6.46±0.89

注：与对照组比较，* $P<0.05$。

据董波等（2016）

8. 改善胰岛素敏感性和葡萄糖耐量

郭红辉等（2008）研究表明黑米花色苷提取物（AEBR）可预防和改善果糖引起的大鼠胰岛素抵抗及葡萄糖耐量异常，这可能与其抗氧化作用有关。将 48 只 SD 大鼠分成 4 组（每组 12 只）：对照组，喂 AIN-93G 饲料 8 周；果糖组，喂高果糖饲料 8 周，果糖为唯一碳水化合物来源，其余与基础饲料同；花色苷组，喂添加 AEBR（5 g/kg）的高果糖饲料 8 周；花色苷治疗组，喂高果糖饲料 4 周后开始添加上述 AEBR，治疗 4 周。观察膳食添加花色苷对大鼠血液氧化应激水平、胰岛素敏感性和葡萄糖耐量的影响。研究结果发现：摄入 AEBR 能预防果糖引起的胰岛素抵抗；显著降低果糖喂养大鼠血液中脂质过氧化产物丙二醛（MDA）和氧化型谷胱甘肽（GSSG）的含量（见表 1-2-21），改善大鼠胰岛素敏感性和葡萄糖耐量（见表 1-2-22），但 AEBR 干预 4 周不能消除高胰岛素血症。

表 1-2-21　AEBR 对果糖喂养大鼠的抗氧化作用

组别	MDA/ (μmol/L)	GSSG/ (μmol/L)	GSH/ (μmol/L)	GSSG/GSH ($\times 10^2$)
对照组	4.2 ± 0.4^a	10.3 ± 1.1^a	414.8 ± 50.0	2.6 ± 0.2^a
果糖组	7.4 ± 0.4^b	17.0 ± 1.6^b	365.8 ± 17.5	4.7 ± 0.5^b
花色苷组	4.7 ± 0.5^a	9.6 ± 1.3^a	432.5 ± 54.5	2.2 ± 0.2^a
花色苷治疗组	4.7 ± 0.4^a	11.2 ± 1.4^a	407.6 ± 27.0	2.8 ± 0.4^a

注:在同一列,数字旁字母不同表示组间有显著差异,$P<0.05$。

据郭红辉等(2008)

表 1-2-22　AEBR 对果糖喂养大鼠胰岛素敏感性的影响

组别	血糖/(mmol/L)		血清胰岛素含量/(μIU/mL)		胰岛素敏感性	
	4 周	8 周	4 周	8 周	4 周	8 周
对照组	5.6 ± 0.17	5.4 ± 0.17^a	8.8 ± 0.7^a	9.6 ± 1.7^a	2.2 ± 0.2^a	2.3 ± 0.3^a
果糖组	5.7 ± 0.21	6.4 ± 0.20^b	19.8 ± 1.6^b	15.6 ± 2.6^b	5.0 ± 0.3^b	4.4 ± 0.4^b
花色苷组	5.4 ± 0.15	5.3 ± 0.28^a	10.1 ± 2.1^a	10.2 ± 2.5^a	2.4 ± 0.3^a	2.4 ± 0.3^a
花色苷治疗组	5.4 ± 0.18	5.6 ± 0.21^a	19.5 ± 2.6^b	13.5 ± 2.8^b	4.7 ± 0.4^b	3.4 ± 0.3^c

注:在同一列,数字旁字母不同表示组间有显著差异,$P<0.05$。

据郭红辉等(2008)

9. 保护视网膜

陈玮等(2010)研究表明黑米花青素(BRACs)对大鼠视网膜光化学损伤(RPD)具有明显的防护效应。研究结果显示:光照后大鼠视网膜内 MDA 含量逐渐增加,BRACs 干预能降低光照大鼠 MDA 含量($P<0.05$);同时光照降低了 SOD、GSH-Px、GST 活性,BRACs 干预能升高光照大鼠抗氧化酶活性($P<0.05$)。这些结果说明 BRACs 在 RPD 中具有其较强的抗氧化和抗凋亡能力,并可能通过该作用发挥防护效应。

三、黑米的研究成果

黑米又称"贡米",其核心成分花色苷具有抗氧化、抗动脉硬化、防瘤抑瘤等功能,具有很高的营养和保健价值。福建农林大学农产品品质研究所程祖锌、郑金贵选育的高花色苷软皮黑米、两系杂交稻良种——"黑两优 11 号",具有三大特色:①稻谷产量高,亩产可达 $423\sim510.5$ kg(普通品种为 184 kg 左右);②软皮,易煮熟,煮后黏稠柔软、Q 弹;③花色苷是普通品种的 2.5 倍("黑两优 11 号"达 183.5 mg/100 g,普通品种为 73.3 mg/100 g)。

黑米稻种资源丰富,但黑米产量普遍较低,核心成分花色苷不同品种间差异很大,为此研究筛选花色苷含量高、具有高抗氧化能力、显著抗肿瘤能力的黑米品种具有重要意义。李晶晶、郑金贵(2010)通过比较 48 份不同基因型黑米的总抗氧化能力(T-AOC)、抑制羟自由基能力(SFRC)、总黄酮含量及花色苷色价,筛选出抗氧化活性最高的品种;比较不同年份、季节黑米品种及黑米与红米、白米抗氧化作用的差异。通过提取、纯化等方法得到较纯的黑米抗氧化提取物(AEBR),并以此进行动物试验,探讨该抗氧化物的抗氧化作用及抗肿瘤功能。主要结果如下:

(1)通过正交试验得到黑米花色苷的最佳提取条件为:料液比 1∶100,浸提温度 40℃,浸提时间 15 h,提取剂为 1.5%(体积分数)盐酸甲醇;通过正交试验得 AEBR 最佳提取条件为:料液比 1∶100,浸提温度 80℃,浸提时间 3 h,乙醇浓度 80%。

(2)从表 1-2-23 可知,48 个不同基因型黑米的抗氧化作用差异显著,其 T-AOC、SFRC、总黄酮含量及花色苷色价均存在极显著差异,且 T-AOC 和 SFRC、总黄酮含量及花色苷色价均存在显著的正相关性。研究筛选得到抗氧化作用最优的黑米品种为 38 号品种,其 T-AOC 为 638.78 U/g±4.37 U/g,是对照品种(CK)的 1.2 倍;SFRC 为 315.2 U/g±3.73 U/g,是 CK 的 1.4 倍;总黄酮含量为 5.286 g/100 g±0.13 g/100 g,是 CK 的 1.21 倍;花色苷色价为 30.71±1.76,是 CK 的 1.61 倍。年份对黑米抗氧化作用影响均不显著,季节的影响达到显著水平,且晚季显著高于早季。黑米和红米的抗氧化作用明显高于白米。

表 1-2-23 不同基因型黑米品种的抗氧化作用及总黄酮和花色苷含量的比较

序号	品种代号	T-AOC/(U/g)	SFRC/(U/g)	总黄酮含量/(g/100 g)	花色苷色价
1	Nantan84(CK)	532.02±3.74	224.43±2.27	4.379±0.11	19.08±0.53
2	9A20	248.28±2.59	84.19±2.48	1.77±0.07	5.71±0.12
3	9A706	499.26±3.80	151.51±3.87	3.733±0.15	12.22±1.03
4	9A527	254.63±3.41	90.22±2.50	2.173±0.12	6.66±0.12
5	9A142	212.81±2.55	60.9±1.74	1.715±0.09	3.88±1.19
6	9A751	438.69±2.89	150.28±2.39	3.77±0.12	11.85±1.00
7	584	366.50±2.70	147.36±1.73	3.651±0.13	11.81±0.99
8	9A119	311.34±3.38	100.56±2.23	2.733±0.12	7.81±0.09
9	9A113	252.00±2.73	89.3±2.87	2.135±0.08	5.82±0.05
10	9A207	214.06±2.33	65.29±1.56	1.8±0.09	4.14±0.12
11	9A213	130.05±2.14	74.14±2.00	1.922±0.09	4.54±0.07
12	9A344	227.45±2.16	59.62±1.99	1.52±0.09	3.77±0.08
13	9A782	230.10±2.73	85±2.10	1.673±0.07	5.42±0.03
14	9A200	99.64±2.92	33.28±2.49	1.073±0.03	10.13±0.31
15	9A615	225.33±2.80	86.03±1.91	1.099±0.09	4.41±0.18
16	9A121	508.38±3.62	219.59±3.58	3.912±0.14	15.18±0.46
17	9A220	106.41±3.26	66.1±1.79	1.93±0.08	3.41±0.07
18	9A188	96.35±1.62	39.06±1.91	1.197±0.09	1.32±0.06
19	9A625	248.28±3.17	86.59±3.03	1.116±0.03	4.5±0.15
20	9A712	483.70±3.06	217.95±2.27	4.231±0.09	16.16±1.00
21	9A139	275.57±2.37	95.36±1.82	2.119±0.10	6.36±0.13
22	587	241.17±3.77	90.21±3.01	2.135±0.09	5.79±0.11
23	581	283.75±3.30	88.01±2.09	2.206±0.09	6.75±0.13
24	9A523	176.45±3.52	59.2±2.58	1.214±0.09	3.3±0.05
25	9A518	130.05±3.05	53.4±1.43	1.342±0.06	2.49±0.10
26	9A528	307.44±2.52	102.31±2.36	2.23±0.08	7.77±0.18
27	9A512	456.72±2.01	159.22±3.73	3.778±0.11	13.2±0.62
28	9A525	495.57±3.49	220.03±3.97	4.292±0.11	17.13±0.64

序号	品种代号	T-AOC/(U/g)	SFRC/(U/g)	总黄酮含量/(g/100 g)	花色苷色价
29	9A524	567.49±3.51	254.3±2.18	4.83±0.08	26.45±1.36
30	9A515	513.80±2.40	220.12±2.35	4.475±0.12	18.77±0.88
31	9A511	498.33±3.63	222.79±3.06	4.377±0.11	18.66±0.86
32	9A521	614.43±2.23	230.12±3.75	4.796±0.15	23.26±1.51
33	9A510	476.40±2.75	162.1±2.63	3.832±0.12	13.86±1.33
34	9A536	153.7±2.75	82.7±1.41	2.022±0.09	4.63±0.13
35	9A507	378.33±3.20	120.63±2.36	2.234±0.10	9.2±0.11
36	9A513	183.75±2.29	46.82±1.32	1.518±0.04	2.65±0.13
37	9A514	153.70±2.96	28.67±0.64	1.097±0.04	1.21±0.09
38	9A721	638.78±4.37	315.2±3.73	5.286±0.13	30.71±1.76
39	9A531	349.26±3.48	76.89±2.45	2.166±0.13	6.07±0.18
40	9A516	189.16±2.74	58.7±1.59	1.655±0.13	2.43±0.07
41	9A520	241.87±2.91	69.98±2.49	1.913±0.0	4.46±0.14
42	9A519	166.40±3.03	50.6±1.31	1.57±0.03	2.48±0.07
43	9A522	189.16±2.74	53.48±1.39	1.62±0.02	2.85±0.09
44	9A529	236.45±2.75	83.42±1.58	2.197±0.04	5.23±0.19
45	9A530	362.99±2.52	119.2±2.20	3.297±0.06	9.65±0.23
46	9A534	301.93±2.20	93.24±1.89	3.155±0.13	7.15±0.13
47	9A537	261.87±2.43	97.82±1.72	2.16±0.02	6.96±0.11
48	580	378.33±3.73	131±2.04	3.653±0.13	10.54±0.22

据李晶晶、郑金贵(2010)

(3)通过对比 8 种大孔树脂对 AEBR 的吸附率和解吸率,得到纯化黑米花色苷的最佳大孔吸附树脂为 NKA-Ⅱ,其在第 17.5～67.5 分钟纯化效果最佳,达 81.82%。经大孔树脂 NKA-Ⅱ纯化后,花色苷色价及 T-AOC 均大幅度提高。本试验研究筛选得到经纯化后 AEBR 提取率最高的黑米品种是 8B456,提取率达 2.495%。

(4)通过以三个黑米品种不同剂量的 AEBR 进行动物试验,探讨该抗氧化物的抗氧化作用。将试验鼠随机分组为 11 组,每组 6 只。A 品种 AEBR:低剂量组[A1:50 mg/(kg·d)]、中剂量组[A2:100 mg/(kg·d)]和高剂量组[A3:200 mg/(kg·d)];B 品种 AEBR:低剂量组[B1:50 mg/(kg·d)]、中剂量组[B2:100 mg/(kg·d)]和高剂量组[B3:200 mg/(kg·d)];C 品种 AEBR:低剂量组[C1:50 mg/(kg·d)]、中剂量组[C2:100 mg/(kg·d)]和高剂量组[C3:200 mg/(kg·d)];另设空白对照组:以生理盐水灌胃和黑米皮组(P:饲料掺 1/3 黑米皮喂养)。每天灌胃 1 次,连续 30 d,自由进食与饮水。试验结果(见表 1-2-24～表 1-2-27)表明,AEBR 能显著提高老鼠血清和肝脏的 T-AOC、SFRC 及 T-SOD 水平,并降低 MDA 含量,且抗氧化效果与提取物浓度呈剂量效应。但等剂量、不同基因型黑米的提取物对老鼠血清、肝脏 T-AOC、SFRC、MDA 和 T-SOD 的影响没有显著的品种间差异,表明 AEBR 的纯度较高,效果较一致。喂养黑米皮试验组也有一定的抗氧化作用,但没 AEBR 高剂量组抗氧化效果好。

表 1-2-24　各试验组动物血清、肝脏的总抗氧化能力(T-AOC)

试验组	剂量/[mg/(kg·d)]	血清/(U/mL)	肝脏/(U/mg prot)
A1	50	7.365±0.22[gF]	1.420±0.03[eE]
A2	100	7.843±0.19e[DE]	1.627±0.03[dD]
A3	200	8.490±0.31[cC]	1.997±0.17[aA]
B1	50	7.713±0.18[efEF]	1.450±0.03[eE]
B2	100	8.130±0.20[dCD]	1.700±0.05[cC]
B3	200	9.395±0.06[aA]	2.035±0.08[aA]
C1	50	7.473±0.19[fgF]	1.407±0.02[eE]
C2	100	7.873±0.26[deDE]	1.667±0.14[cdCD]
C3	200	9.038±0.34[bB]	2.000±0.06[aA]
P	—	8.407±0.19[cC]	1.837±0.02[bB]
CK	—	6.742±0.11[hG]	1.416±0.06[eE]

注：小写字母表示 $P<0.05$；大写字母表示 $P<0.01$。
据李晶晶、郑金贵(2010)

表 1-2-25　各试验组动物血清、肝脏的抑制羟自由基能力(SFRC)

试验组	剂量/[mg/(kg·d)]	血清/(U/mL)	肝脏/(U/mg prot)
A1	50	621.280±4.58[gE]	75.385±1.19[dD]
A2	100	640.190±4.38[fD]	88.313±2.15[cC]
A3	200	700.520±4.01[bA]	92.203±1.91[abABC]
B1	50	627.580±4.41[gE]	75.463±1.57[dD]
B2	100	666.300±2.42[dC]	89.860±1.28[bcBC]
B3	200	707.720±5.13[aA]	95.045±3.33[aA]
C1	50	625.780±3.41[gE]	73.367±1.27[dD]
C2	100	647.395±3.73[eD]	88.246±2.16[cC]
C3	200	704.120±5.68[abA]	92.645±2.34[abAB]
P	—	687.910±4.78[cB]	89.070±2.67[cBC]
CK	—	583.465±3.16[hF]	74.810±1.62[dD]

注：小写字母表示 $P<0.05$；大写字母表示 $P<0.01$。
据李晶晶、郑金贵(2010)

表 1-2-26　各试验组动物血清、肝脏的丙二醛(MDA)含量

试验组	剂量/[mg/(kg·d)]	血清/(nmol/mL)	肝脏/(nmol/mg prot)
A1	50	6.67±0.13[bA]	1.96±0.08[bB]
A2	100	6.17±0.11[cdBC]	1.67±0.04[cC]
A3	200	5.83±0.12[efDE]	1.21±0.05[deDE]
B1	50	6.33±0.12[cB]	1.87±0.07[bB]
B2	100	6.15±0.10[cdBC]	1.63±0.04[cC]
B3	200	5.42±0.09[gF]	1.13±0.05[eE]
C1	50	6.67±0.20[bA]	1.91±0.11[bB]
C2	100	6.16±0.14[cdBC]	1.66±0.08[cC]
C3	200	5.69±0.19[fEF]	1.18±0.04[deDE]
P	—	6.00±0.16[deCD]	1.27±0.07[dD]
CK	—	6.95±0.13[aA]	2.15±0.03[aA]

注：小写字母表示 $P<0.05$；大写字母表示 $P<0.01$。
据李晶晶、郑金贵(2010)

表 1-2-27　各试验组动物血清、肝脏的总超氧化物歧化酶活性(T-SOD)

试验组	剂量/[mg/(kg·d)]	血清/(U/mL)	肝脏/(U/mg prot)
A1	50	144.32 ± 2.40^{fD}	106.76 ± 2.77^{eD}
A2	100	176.51 ± 1.80^{eC}	112.55 ± 0.87^{cBC}
A3	200	226.74 ± 3.58^{bA}	124.51 ± 2.59^{aA}
B1	50	146.62 ± 2.81^{fD}	109.88 ± 1.09^{dCD}
B2	100	180.96 ± 2.11^{dC}	115.39 ± 3.31^{bB}
B3	200	231.40 ± 3.00^{aA}	126.09 ± 3.08^{aA}
C1	50	146.58 ± 1.24^{fD}	109.14 ± 1.81^{dD}
C2	100	177.73 ± 1.64^{gC}	113.58 ± 1.58^{bcB}
C3	200	228.51 ± 2.33^{abA}	125.78 ± 2.91^{aA}
P	—	220.34 ± 1.40^{cB}	122.26 ± 1.62^{aA}
CK	—	117.03 ± 2.00^{gE}	90.73 ± 1.23^{fE}

注:小写字母表示 $P<0.05$;大写字母表示 $P<0.01$。

据李晶晶、郑金贵(2010)

(5)通过动物实验研究了黑米粉提取的抗氧化物质(AEBR)抗肿瘤的作用。将实验鼠随机分组为 5 组,每组 8 只。AEBR 低剂量组 50 mg/(kg·d)、中剂量组 100 mg/(kg·d)和高剂量组 200 mg/(kg·d);另设空白对照组(以生理盐水灌胃)和环磷酰胺组[20 mg/(kg·d)]。接种 S_{180} 腹水肿瘤细胞后 24 h 内灌胃 AEBR,每天灌胃 1 次,连续 7 d,自由进食与饮水。试验结果(见表 1-2-28)表明,AEBR 对 S_{180} 肿瘤小鼠具有一定的抑制效果,各剂量组的抑瘤率与剂量呈正相关关系,高剂量组抑瘤率达 32.17%。由表 1-2-29 可知,同时 AEBR 能显著提高 S_{180} 肿瘤小鼠的胸腺指数、脾指数,高剂量 AEBR 组的胸腺指数达 2.162 mg/g±0.163 mg/g,脾指数达 5.298 mg/g±0.332 mg/g,分别是环磷酰胺组的 1.28 倍、1.35 倍,表明 AEBR 能提高 S_{180} 肿瘤小鼠机体的免疫能力。

表 1-2-28　AEBR 对小鼠 S_{180} 肉瘤体内生长的影响($\bar{x}\pm s$, $n=8$)

组别	剂量/[mg/(kg·d)]	死亡数量/只	小鼠增重/g	瘤重/g	抑瘤率/%
空白对照组	—	1	7.843 ± 0.306^{bB}	1.733 ± 0.042^{aA}	—
环磷酰胺组	20	0	6.079 ± 0.208^{cC}	0.728 ± 0.039^{eE}	58.02
低剂量组	50	0	7.799 ± 0.136^{bB}	1.517 ± 0.031^{bB}	12.48
中剂量组	100	0	8.165 ± 0.588^{bB}	1.374 ± 0.016^{cC}	20.71
高剂量组	200	0	9.050 ± 0.460^{aA}	1.176 ± 0.032^{dD}	32.17

注:小写字母表示 $P<0.05$;大写字母表示 $P<0.01$。

据李晶晶、郑金贵(2010)

表 1-2-29　各实验组药剂对 S_{180} 荷瘤小鼠免疫器官的影响($\bar{x}\pm s$, $n=8$)

组别	剂量/[mg/(kg·d)]	死亡数量/只	胸腺指数/(mg/g)	脾指数/(mg/g)
空白对照组	—	0	1.718 ± 0.037^{cC}	4.608 ± 0.120^{bC}
环磷酰胺组	20	1	1.695 ± 0.056^{cC}	3.917 ± 0.251^{cD}
低剂量组	50	0	1.919 ± 0.096^{bB}	4.793 ± 0.201^{bBC}
中剂量组	100	0	2.076 ± 0.130^{aA}	5.105 ± 0.207^{aAB}
高剂量组	200	0	2.162 ± 0.163^{aA}	5.298 ± 0.332^{aA}

注:小写字母表示 $P<0.05$;大写字母表示 $P<0.01$。

据李晶晶、郑金贵(2010)

　　卓学铭、郑金贵(2012)通过测定黑米提取物的花色苷含量、总黄酮含量、总抗氧化能力、抑制羟自由基能力,结合高效液相色谱技术,分析了黑米花色苷含量和组分的基因型差异,筛选出了花色苷含量较高的黑米品种;同时研究了黑米花色苷类化合物调节血脂和血糖的作用,为黑米资源的进一步开发和利用提供理论支持。主要研究结果如下:

　　(1)花色苷含量的基因型差异研究。本研究使用盐酸甲醇溶液作为提取剂,以超声加热辅助提取黑米中的花色苷类化合物。通过正交试验确定黑米花色苷的最佳提取工艺为:料液比1∶100、提取温度40℃、提取时间15 h,提取剂(盐酸甲醇溶液)浓度1.0%;黑米总抗氧化物的最佳提取工艺为:料液比1∶100、提取温度80℃、提取时间3 h,提取剂(乙醇溶液)浓度80%。检测结果显示,不同基因型黑米品种在花色苷含量、总黄酮含量、总抗氧化能力、抑制羟自由基能力之间均存在极显著差异。黑米的花色苷含量与总黄酮含量、总抗氧化能力、羟自由基能力之间均存在正相关性。其中,黑米品种1A882的花色苷含量、总黄酮含量、总抗氧化能力、抑制羟自由基能力分别为43.14±0.14、5.64 g/100 g±0.13 g/100 g、654.67 U/g±2.76 U/g、392.86 U/g±1.26 U/g,分别是对照黑米品种1A887(黑珍米)的5.78倍、2.02倍、3.25倍、2.86倍,均为含量最高的品种(见表1-2-30)。不同季节种植条件对黑米花色苷含量的有显著影响,晚季黑米花色苷含量、总黄酮含量、总抗氧化能力、抑制羟自由基能力分别是早季的1.08倍、1.24倍、1.11倍、1.07倍;而年份因素对黑米花色苷含量没有影响。

表1-2-30　不同基因型黑米的花色苷含量、总黄酮含量、总抗氧化能力、抑制羟自由基能力的比较

序号	品种代号	花色苷色价/ (U/g)	总黄酮含量/ (g/100 g)	总抗氧化能力/ (U/g)	抑制羟自由基能力/ (U/g)
1	1A842	23.04±0.46	3.79±0.05	334.40±2.81	298.56±1.96
2	1A843	23.14±0.74	4.02±0.07	483.73±3.14	312.46±1.75
3	1A845	4.00±0.34	2.79±0.15	264.53±3.81	138.49±2.60
4	1A848	27.90±0.68	4.57±0.11	560.00±2.38	372.13±2.87
5	1A849	31.08±0.76	5.02±0.13	506.67±2.31	327.13±1.57
6	1A850	9.60±0.06	3.00±0.06	310.13±2.22	101.45±1.77
7	1A851	9.42±0.08	3.36±0.01	339.47±2.03	164.64±1.48
8	1A852	9.82±0.08	2.87±0.14	304.00±2.10	149.06±1.69
9	1A853	8.22±0.36	3.26±0.01	238.13±2.91	135.07±1.41
10	1A854	10.30±0.34	2.98±0.11	319.20±2.67	120.84±2.53
11	1A855	7.30±0.30	3.36±0.10	262.40±2.34	122.39±2.05
12	1A856	11.76±0.92	3.21±0.09	286.67±2.26	192.20±1.57
13	1A857	15.76±0.76	3.31±0.12	292.80±1.93	183.99±1.52
14	1A858	18.28±0.06	3.62±0.12	342.40±2.22	271.12±1.93
15	1A859	5.02±0.08	2.38±0.06	232.00±1.81	73.08±1.71
16	1A860	19.92±1.16	3.79±0.09	461.07±2.12	287.38±0.80
17	1A861	4.74±0.40	3.07±0.15	232.00±1.98	86.05±0.76
18	1A862	11.20±0.76	3.00±0.04	262.40±2.36	149.39±0.91
19	1A864	6.78±0.22	3.25±0.12	264.53±2.38	123.73±1.01
20	1A866	38.08±0.86	4.93±0.08	524.80±2.41	338.80±1.21
21	1A868	10.58±1.22	2.91±0.13	272.53±2.57	183.49±1.17

续表

序号	品种代号	花色苷色价/ （U/g）	总黄酮含量/ （g/100 g）	总抗氧化能力/ （U/g）	抑制羟自由基能力/ （U/g）
22	1A870	22.50±6.36	4.44±0.13	344.53±1.24	313.42±0.89
23	1A871	21.08±1.00	4.47±0.12	342.40±2.83	291.19±0.66
24	1A872	12.24±0.48	3.74±0.02	267.47±2.24	105.15±0.85
25	1A873	7.20±0.70	3.24±0.15	226.93±2.22	134.80±0.86
26	1A874	10.68±0.34	3.05±0.07	324.27±2.50	174.31±0.75
27	1A875	10.98±0.14	3.70±0.07	268.53±2.19	158.31±1.00
28	1A876	25.40±0.08	4.21±0.03	430.67±2.62	336.31±0.90
29	1A877	6.76±0.26	2.81±0.06	228.00±2.43	100.67±0.47
30	1A878	10.32±0.54	3.26±0.14	291.73±2.12	140.59±0.90
31	1A879	15.24±0.08	3.17±0.07	321.33±2.31	243.89±1.18
32	1A880	23.72±0.20	4.12±0.09	353.60±2.26	342.95±1.14
33	1A881	14.24±1.08	3.26±0.10	292.80±2.30	213.12±1.62
34	1A882	43.14±0.14	5.64±0.13	654.67±2.76	392.86±1.26
35	1A884	7.72±0.07	3.26±0.01	309.07±1.05	153.37±1.60
36	1A885	22.64±0.60	3.74±0.09	380.00±2.17	339.16±1.59
37	1A886	8.92±0.58	3.12±0.04	309.07±2.81	110.45±1.10
38	1A887	7.46±0.28	2.79±0.02	201.60±2.79	137.36±0.85
39	1A888	11.06±0.80	3.55±0.11	299.20±2.88	171.58±1.14
40	1A889	32.44±0.68	4.91±0.13	440.80±2.60	328.40±1.32
41	1A890	9.32±0.74	3.45±0.05	312.00±1.48	127.03±1.04
42	1A893	25.38±0.66	4.47±0.11	387.47±1.74	307.41±1.13
43	1A894	12.48±0.64	3.71±0.13	257.33±1.05	113.39±1.14
44	1A897	27.26±0.04	4.29±0.05	426.67±1.02	348.53±1.03
45	1A898	22.22±0.70	3.69±0.04	327.20±2.09	308.92±1.60
46	1A899	26.72±0.66	4.21±0.01	456.80±2.90	357.29±1.63
47	1A900	2.58±0.06	2.41±0.02	263.47±1.67	85.03±1.93
48	1A901	14.30±0.70	3.10±0.03	322.67±1.52	247.17±1.88
49	1A902	15.34±0.76	3.83±0.01	372.00±1.57	259.46±1.24
50	1A903	12.88±0.32	3.38±0.11	370.93±2.12	211.88±1.55
51	1A904	22.04±0.28	4.27±0.02	472.27±2.28	347.68±1.33
52	1A905	16.24±0.20	4.05±0.02	356.80±2.40	247.68±2.62
53	1A906	15.42±0.82	3.70±0.04	331.47±2.93	224.95±1.94
54	1A907	16.94±0.16	4.02±0.03	397.33±1.40	248.63±1.55
55	1A908	22.68±0.06	3.88±0.10	392.27±2.02	316.42±1.57

续表

序号	品种代号	花色苷色价/ (U/g)	总黄酮含量/ (g/100 g)	总抗氧化能力/ (U/g)	抑制羟自由基能力/ (U/g)
56	1A909	30.82±0.58	4.74±0.02	561.60±1.95	368.52±1.85
57	1A911	7.28±0.46	3.23±0.01	268.53±2.09	187.56±1.48
58	1A912	19.80±0.45	4.19±0.14	358.67±1.14	275.45±1.73
59	1A913	17.16±0.12	4.00±0.06	362.67±1.91	198.04±1.75
60	1A914	15.46±0.38	3.82±0.12	372.53±1.33	222.42±1.05
61	1A915	17.88±0.98	3.86±0.07	348.53±1.49	266.95±1.12
62	1A916	11.40±0.64	3.21±0.09	341.07±2.72	183.02±1.28
63	1A918	2.16±0.12	2.25±0.04	263.47±1.71	104.30±2.09
64	1A919	1.90±0.10	2.24±0.09	232.00±0.91	115.47±1.19
65	1A923	3.16±0.44	2.46±0.03	253.33±1.43	96.30±1.00
66	1A924	20.12±0.45	3.93±0.02	426.13±1.11	307.56±1.08
67	1A927	19.02±0.62	4.30±0.07	454.40±1.01	307.29±1.33
68	1A928	22.48±0.30	4.36±0.04	471.20±2.36	369.40±1.21
69	1A929	22.06±0.56	4.30±0.11	411.47±3.06	370.91±1.04
70	1A930	7.38±0.16	2.84±0.14	226.93±2.19	146.80±0.77
71	1A931	1.72±0.02	2.27±0.03	206.67±2.43	117.58±1.08
72	1A932	2.38±0.23	2.61±0.12	221.87±2.59	81.63±0.93
73	1A933	10.90±0.20	2.79±0.12	297.33±1.73	171.70±1.80
74	1A934	16.88±0.24	4.08±0.14	318.13±1.36	220.27±1.33
75	1A935	6.67±0.48	2.60±0.12	238.13±2.34	85.87±1.69
76	1A936	21.72±0.74	3.71±0.10	333.33±2.10	357.29±2.33
77	1A938	11.30±0.70	3.21±0.03	315.20±2.47	154.22±1.87
78	1A939	3.88±0.06	3.06±0.03	264.00±1.73	98.04±1.56
79	1A940	9.36±0.81	3.24±0.03	304.00±0.74	174.53±2.14
80	1A941	20.60±0.14	3.67±0.05	440.80±2.47	211.79±1.73
81	1A943	27.36±0.81	4.59±0.07	471.20±1.36	276.97±1.23
82	1A945	19.56±0.38	4.31±0.12	405.33±1.85	313.94±1.55
83	1A946	18.56±0.31	3.88±0.08	394.40±1.85	295.13±1.28
84	1A947	17.68±0.22	3.69±0.01	386.13±1.11	304.54±1.02
85	1A948	13.24±0.03	3.48±0.02	334.40±3.16	224.52±0.72
86	1A949	8.04±0.10	3.45±0.03	202.67±2.81	136.92±0.91
87	1A950	21.22±0.91	3.88±0.02	427.73±3.21	343.66±2.50
88	1A951	11.38±0.67	3.17±0.04	286.67±1.19	105.15±1.63
89	1A953	11.64±0.34	2.79±0.10	319.20±1.52	124.27±1.12

续表

序号	品种代号	花色苷色价/ (U/g)	总黄酮含量/ (g/100 g)	总抗氧化能力/ (U/g)	抑制羟自由基能力/ (U/g)
90	1A954	11.04±0.26	2.72±0.12	282.67±1.75	146.67±1.53
91	1A956	7.46±0.32	2.50±0.07	261.33±2.61	127.97±1.51
92	1A957	8.72±0.22	2.69±0.06	267.47±1.56	84.09±1.63
93	1A958	12.56±0.81	2.81±0.11	285.60±1.86	173.08±1.60
94	1A959	12.96±0.12	3.21±0.13	322.13±1.93	166.95±1.08
95	1A960	3.30±0.20	2.60±0.14	225.07±1.78	96.24±0.74
96	1A961	12.26±0.36	3.34±0.10	301.87±1.89	176.99±1.47
97	1A962	26.82±0.38	4.45±0.02	521.87±2.28	327.01±0.96
98	1A963	36.24±0.41	4.61±0.11	499.47±1.55	321.06±0.66
99	1A964	15.70±0.57	3.69±0.12	361.87±2.11	240.63±1.84
100	1A967	5.62±0.24	2.96±0.10	232.00±1.22	87.42±1.25

据卓学铭、郑金贵（2012）

（2）黑米花色苷组分的基因型差异研究。黑米（红米）花色苷提取液通过抽滤、减压蒸发、石油醚萃取等步骤，得到纯化后的黑米（红米）花色苷提取物粉末，平均提取率为 2.142%。通过高效液相色谱分析，不同基因型黑米（红米）花色苷的主要组分均为矢车菊素-3-O-葡萄糖苷（Cyanidin-3-O-glucoside），其质量分数占 85% 以上。其中，黑米品种 1A882 的矢车菊素-3-O-葡萄糖苷含量最高，达到 12.15 mg/g，是对照黑米品种 1A887（黑珍米）的 1.96 倍。

（3）不同基因型黑米花色苷调节血脂和血糖作用的研究。动物试验的结果（见表 1-2-31 和表 1-2-32）表明，以黑米（红米）花色苷提取物和黑米（红米）米糠这两种富含花色苷类的物质作为受试物，饲喂高血脂和高血糖模型的小鼠，其血脂和血糖水平比模型组显著改善。其中，饲喂高剂量的黑米 1A882 米糠（米糠与基础饲料的配比为 2∶1）的试验组小鼠效果最为显著，其总胆固醇含量比模型组降低 31.33%，低密度脂蛋白胆固醇含量比模型组降低 29.03%，高密度脂蛋白胆固醇含量比模型组上升 19.23%，三酰甘油含量比模型组降低 6.13%，血糖含量比模型组降低 23.45%。总体而言，饲喂黑米的试验组各项指标均优于饲喂红米的试验组，饲喂米糠的试验组各项指标均优于饲喂花色苷提取物的试验组。以上结果说明，黑米（红米）花色苷类化合物可以起到有效调节血脂和血糖的作用，且优于红米。

表 1-2-31　不同试验组小鼠的血脂水平（$\bar{x}\pm s$，$n=6$）　　　　　　单位：mmol/L

序号	组号	TC	LDL-C	HDL-C	TG
1	A1	3.38±0.06 **	0.47±0.02 **	0.63±0.04 **	3.14±0.06 **
2	A2	3.03±0.03 **	0.45±0.04 **	0.62±0.05 **	3.10±0.06 **
3	A3	2.93±0.02 **	0.46±0.03 **	0.65±0.05 **	3.11±0.06 **
4	A4	2.87±0.05 **	0.44±0.02 **	0.66±0.04 **	3.06±0.04 **
5	B1	3.42±0.06 **	0.55±0.04 **	0.60±0.04	3.15±0.09 **
6	B2	3.15±0.04 **	0.51±0.04 **	0.65±0.04 **	3.12±0.05 **
7	B3	3.28±0.03 **	0.47±0.03 **	0.64±0.05 **	3.15±0.09 **
8	B4	3.13±0.07 **	0.45±0.04 **	0.63±0.04 **	3.07±0.07 **

续表

序号	组号	TC	LDL-C	HDL-C	TG
9	C1	3.91±0.05	0.55±0.03 **	0.58±0.03	3.22±0.05
10	C2	3.67±0.04 **	0.56±0.03 **	0.57±0.05	3.16±0.04 **
11	C3	3.59±0.08 **	0.57±0.02	0.64±0.04 **	3.20±0.07
12	C4	3.32±0.07 **	0.52±0.04 **	0.61±0.04 **	3.11±0.06 **
13	D1	3.98±0.03	0.59±0.04	0.60±0.04	3.22±0.04
14	D2	3.89±0.02	0.58±0.05	0.58±0.04	3.19±0.07
15	D3	3.95±0.07	0.58±0.02	0.60±0.03	3.24±0.05
16	D4	3.77±0.05 **	0.57±0.04	0.60±0.02	3.20±0.08
17	E(模型组)	4.18±0.05	0.62±0.03	0.52±0.04	3.26±0.04
18	F(对照组)	2.77±0.04 **	0.41±0.02 **	0.69±0.02 **	2.96±0.06 **

注:A 为黑米品种 1A882,A1 和 A2 分别为其花色苷提取物低[50 mg/(kg·d)]、高[100 mg/(kg·d)]剂量组;A3 和 A4 分别为其米糠低、高剂量组(米糠与基础饲料的配制比例分别为 1∶1 和 2∶1);B 为黑米品种 1A887、C 红米品种 1C669,D 为红米品种 1E142。B1、B2、B3、B4,C1、C2、C3、C4,D1、D2、D3、D4 与 A1、A2、A3、A4 类同。模型组 E(饲喂高脂饲料),对照组 F(饲喂基础饲料)。

* 与模型组有显著差异($P<0.05$);** 与模型组有极显著差异($P<0.01$)。下表同。

据卓学铭、郑金贵(2012)

表 1-2-32　不同试验组小鼠的血糖水平($\bar{x}\pm s$, $n=6$)

序号	组号	血糖含量/(mmol/L)
1	A1	4.74±0.04 **
2	A2	4.48±0.05 **
3	A3	4.58±0.05 **
4	A4	4.44±0.06 **
5	B1	4.89±0.05 **
6	B2	4.53±0.05 **
7	B3	4.57±0.06 **
8	B4	4.54±0.03 **
9	C1	5.49±0.04
10	C2	5.35±0.08
11	C3	5.22±0.06
12	C4	4.91±0.04 **
13	D1	5.65±0.09
14	D2	5.05±0.06 **
15	D3	5.73±0.04
16	D4	5.71±0.06
17	E(模型组)	5.80±0.07
18	F(对照组)	4.33±0.04 **

据卓学铭、郑金贵(2012)

王诗文、郑金贵(2016)通过对稻米花色苷含量差异,花色苷与总黄酮、总抗氧化能力、抑制羟自由基能力、颜色值、稻米粒型以及千粒重间的相关性,以及花色苷性状的杂种优势及配合力进行研究,以建立快速的稻米花色苷含量评定体系,并为选育富含花色苷的杂交水稻组合(品种)提供理论依据。研究结果如下:

(1)稻米花色苷含量差异的研究。研究表明,4D693(黑米)的稻米花色苷含量高达 250.17 mg/100 g,是推广品种黑珍米(75.97 mg/100 g)的 3.29 倍;不同季节种植条件对稻米花色苷含量有影响,晚季种植的黑米花色苷含量较中季高,均值是中季黑米的 2.07 倍;不同年份种植条件对稻米花色苷含量也有影响,2014 年晚季种植水稻的稻米花色苷含量较 2013 年晚季高,其黑米、红米、白米的花色苷含量均值分别是2013 年的 4.61 倍、1.79 倍、3.89 倍。

(2)稻米花色苷含量及其他性状/指标的相关性研究。研究表明黑米、红米的花色苷含量与总黄酮含量、总抗氧化能力均为正相关关系,而与抑制羟自由基能力相关性不显著。L^*(亮度)、a^*(红绿值)、b^*(黄蓝值)、C(色度值)值与稻米花色苷含量呈极显著负相关($P<0.01$),相关系数分别为 -0.682、-0.631、-0.705 及 -0.771。稻米粒宽和千粒重与稻米花色苷含量呈极显著负相关,相关系数分别为-0.449、-0.450。综合结果表明低 L^*、a^*、b^*、C 值而高 H_0 值(色相角)的黑米,C 值高的红米富含花色苷。短粒且千粒重小的黑米,粒长长的红米花色苷含量高。

(3)稻米花色苷含量的杂种优势分析。试验采用 3×6 不完全双列杂交,方差分析表明亲本及杂交组合的稻米花色苷含量之间存在极显著差异($P<0.01$),其中 N84、黑 MH86、R36 的花色苷含量显著高于其他亲本,1892S×N84、78S×N84、57S×N84 杂交组合的花色苷含量显著高于其他组合。杂种优势与配合力分析结果显示杂交一代花色苷含量偏向于含量低的亲本。亲本的一般配合力差异达到极显著水平,其中 N84 的一般配合力效应最高,可作为选育富含花色苷杂交水稻组合(品种)的优良亲本;杂交组合的特殊配合力差异也达到极显著水平,其中 1892S×N84 组合的特殊配合力效应最大,1892S×R36 组合次之。

程祖锌、郑金贵(2018)对国内外引进的 95 份黑米种质的花色苷含量、总黄酮含量及抗氧化能力进行了研究,发掘富含花色苷的优异种质资源;并以此为亲本,选育富含花色苷的黑米两系不育系,通过物理诱变的方法选育富含花色苷的黑米两系不育系,配组高产、高功能成分的黑米两系杂交稻;通过对黑米杂交稻亲本的农艺性状和功能成分性状的配合力分析,了解黑米稻农艺性状、功能成分性状的遗传规律;并通过转录组学研究高花色苷黑米高效累积花色苷的可能机理。主要研究成果如下:

(1)对 95 份不同基因型黑米种质资源功能成分进行了评价,结果(见表 1-2-33、图 1-2-3~图 1-2-5)表明,不同基因型黑米的花色苷色价、总黄酮含量、T-AOC 及 SFRC 均存在极显著差异,而且黑米的 T-AOC 和花色苷色价、总黄酮含量、SFRC 均存在显著的正相关关系。研究发掘出抗氧化能力最强的黑米为品系"1C917",其花色苷色价为 59.98 U/g±0.57 U/g,是黑珍米(CK)的 5.93 倍;总黄酮含量为 6.79 g/100 g±0.13 g/100 g,是 CK 的 1.93 倍;T-AOC 为 632.18 U/g±1.4 U/g,是 CK 的 2.77 倍;SFRC 为 1339.52 U/g±2.29 U/g,是 CK 的 6.64 倍。

(2)以发掘出的高花色苷黑米优异种质资源 1C917 为父本,白米不育系品 272S 为母本,选育出了生育期适中、分蘖力强、柱头外露率高、米质优异、不育期长、临界温度低、富含花色苷与总黄酮的黑米稻两系不育系 4 个;60Co-γ 射线辐射诱变白米稻强恢复系,选育出了植株健壮、分蘖力强、糙米黝黑、富含花色苷和黄酮的黑米恢复系 5 个;配组出了产量比白米对照天优华占增产且富含功能成分的黑米杂交稻组合 9 个,产量最高的组合为 D18S/R401,达 638.02 kg/亩±8.64 kg/亩,比天优华占增产 6.72%,其花色苷色价达 27.65 U/g±0.63 U/g,是对照黑珍米的 3.00 倍,其总黄酮含量达 2.15 g/100 g±0.11 g/100 g,是对照黑珍米的 1.71 倍。

（3）对黑米杂交水稻亲本农艺性状和功能成分性状配合力进行了分析,结果表明,供试组合间 8 个农艺性状和 2 个功能成分性状的配合力方差存在极显著差异,组合间存在着真实的遗传差异;除结实率性状主要受组合特殊配合力的影响、有效穗主要受亲本一般配合力的影响外,其他农艺性状和功能成分性状受亲本一般配合力和组合特殊配合力的控制,存在加性效应和非加性效应;株高、有效穗、每穗总粒数、每穗实粒数、花色苷含量、总黄酮含量等 6 个性状受不育系影响更大,穗长、结实率、千粒重、单株产量等 4 个农艺性状受父本影响更大;8 个农艺性状的狭义遗传力大小顺序为株高＞千粒重＞穗长＞每穗总粒数＞每穗实粒数＞单株产量＞单株有效穗数＞结实率;功能成分性状的狭义遗传力大小顺序为:花色苷＞总黄酮;黑米两系不育系 D40S 农艺性状和功能成分性状的 GCA、SCA 都较好,是个理想的黑米两系不育系。

（4）对不同花色苷含量水稻抽穗后三个时期的糙米进行了转录组测序,共获得 21 233 个 clean reads;通过对转录组的整体特征分析发现,早期的三组样品的基因表达水平总体较低,晚期的三组样品表达水平总体较高;在灌浆早期阶段,DB、MB 有 256 个相同的上调差异表达基因,457 个下调表达基因;在灌浆中期阶段,DB、MB 有 2186 个相同的上调差异表达基因,516 个下调表达基因;在灌浆后期阶段,DB、MB 有 403 个相同的上调差异表达基因,207 个下调表达基因;通过 GO 富集分析及相关基因差异表达分析,推测 LOC_Os11g32650、LOC_Os03g60509、LOC_Os11g02440、LOC_Os12g02370、LOC_Os01g08100、LOC_Os01g08090、LOC_Os01g08110、LOC_Os06g09240 可能为花色苷高效累积的关键结构基因,LOC_Os01g67054、LOC_Os05g43170、LOC_Os08g33710、LOC_Os08g44870、LOC_Os08g06100 可能是花色苷的高效累积的重要协同基因。

表 1-2-33　不同基因型黑米品种的抗氧化作用及总黄酮和花色苷含量的比较

序号	本季代号	花色苷色价/(U/g)	总黄酮含量/(g/100 g)	T-AOC/(U/g)	SFRC/(U/g)
1	1C307	47.36±0.64	5.07±0.09	404.57±2.13	870.44±2.96
2	1C314	58.30±0.36	6.14±0.28	526.04±2.65	1039.47±1.83
3	1C306	57.54±0.82	5.90±0.15	455.95±1.34	979.52±3.31
4	1C748	47.34±0.57	5.31±0.08	405.46±1.19	968.75±2.82
5	1C294	37.08±0.70	4.58±0.07	336.20±1.23	622.39±2.86
6	1C308	56.63±0.87	5.71±0.03	583.17±0.54	1045.76±1.37
7	1C297	56.55±0.52	5.86±0.10	608.22±1.65	1012.44±1.78
8	1C316	46.50±0.66	5.26±0.10	455.34±4.48	958.61±2.62
9	1C295	34.90±0.27	4.15±0.07	261.29±1.69	344.11±2.20
10	1C856	53.26±0.10	6.11±0.07	526.04±0.91	1113.24±2.21
11	1C749	35.65±1.41	3.96±0.10	241.46±1.47	293.46±1.00
12	1C786	51.28±0.85	5.92±0.06	468.79±1.56	1004.81±2.24
13	1C92	50.88±2.54	6.66±0.16	472.93±1.50	1118.35±2.81
14	1C130	42.61±0.38	4.66±0.09	355.55±1.87	656.72±1.49
15	1C286	49.50±0.97	5.47±0.05	443.21±2.46	1019.82±1.75
16	1C101	45.78±1.35	4.99±0.05	393.36±2.10	828.65±2.45
17	1C869	49.12±0.87	5.54±0.06	436.45±3.03	917.23±3.32
18	1C917	59.98±0.57	6.79±0.13	632.18±1.44	1339.52±2.29
19	1C855	47.72±0.36	5.59±0.12	447.59±1.28	911.44±1.34

序号	本季代号	花色苷色价/ (U/g)	总黄酮含量/(g/100 g)	T-AOC/(U/g)	SFRC/(U/g)
20	1C236	47.70±0.66	5.06±0.10	393.25±0.92	897.13±1.67
21	1C850	47.04±0.29	5.46±0.15	434.10±2.32	774.29±2.26
22	1C852	36.66±0.46	4.14±0.04	284.66±3.34	272.92±1.87
23	1C911	46.38±0.39	5.22±0.15	449.90±1.13	802.34±1.93
24	1C821	46.15±0.65	5.09±0.05	396.36±2.11	749.16±0.53
25	1C826	46.12±1.76	4.91±0.19	366.52±0.35	746.64±2.37
26	1C847	45.90±3.28	5.19±0.06	423.57±3.23	829.78±2.68
27	1C848	45.66±0.28	4.99±0.08	379.42±1.01	757.14±0.88
28	1C102	45.64±0.10	5.00±0.04	377.17±1.43	862.74±3.03
29	1C787	47.64±0.31	5.08±0.13	449.62±1.97	1007.75±2.23
30	1C645	45.56±0.89	4.93±0.19	399.01±0.85	763.12±1.60
31	1C100	45.08±0.55	4.78±0.04	386.74±1.77	741.27±2.43
32	1C854	44.80±0.37	4.94±0.14	366.21±0.79	731.65±1.70
33	1C853	40.60±0.50	4.37±0.06	297.67±2.92	345.45±0.79
34	1C914	43.88±0.22	4.78±0.11	374.27±1.46	725.88±2.74
35	1C866	43.66±1.11	4.65±0.04	374.06±0.47	733.69±1.62
36	1C104	43.50±0.15	4.63±0.09	355.42±1.60	639.22±2.19
37	1C851	43.16±1.09	4.85±0.18	379.78±1.06	705.78±1.45
38	1C691	43.13±0.57	4.57±0.03	358.14±1.73	665.72±1.19
39	1C831	45.60±0.48	5.02±0.11	412.26±1.15	819.12±3.50
40	1C865	22.46±0.20	3.73±0.08	215.30±1.78	189.42±0.90
41	1C688	42.38±0.26	4.37±0.07	309.83±0.97	628.70±1.28
42	1C877	42.38±0.08	4.62±0.02	357.57±1.79	627.14±1.45
43	1C312	41.62±0.97	4.38±0.06	364.08±2.81	598.75±1.12
44	1C858	45.54±0.34	5.03±0.04	376.06±1.17	657.36±1.64
45	1C732	40.70±0.30	4.62±0.06	358.91±1.94	503.87±1.82
46	1C860	40.00±0.25	4.24±0.09	311.63±0.67	635.23±3.11
47	1C884	49.58±0.48	5.66±0.16	474.51±2.07	1157.57±2.67
48	1C903	39.56±0.14	4.55±0.15	319.75±1.11	637.33±2.01
49	1C183	36.16±0.19	4.08±0.03	241.17±3.06	274.77±0.71
50	1C861	19.70±1.18	3.58±0.06	240.56±2.50	228.06±2.10
51	1C885	37.40±0.35	4.35±0.08	335.62±2.43	489.12±1.53
52	1C827	36.98±0.10	4.03±0.16	278.92±1.87	335.33±2.95
53	1C862	36.94±0.12	4.19±0.12	266.41±1.35	250.66±1.42

续表

序号	本季代号	花色苷色价/(U/g)	总黄酮含量/(g/100 g)	T-AOC/(U/g)	SFRC/(U/g)
54	1C867	36.26±0.94	4.45±0.02	314.04±1.93	502.55±1.67
55	1C775	46.13±0.27	4.95±0.07	386.22±0.69	679.53±1.28
56	1D69	35.70±0.47	3.54±0.03	234.14±2.33	262.91±3.86
57	1C789	35.26±0.17	4.12±0.15	290.64±1.27	461.54±1.77
58	1C106	34.18±0.25	4.11±0.11	259.84±1.50	362.24±2.09
59	1C863	33.84±0.45	4.57±0.09	294.96±1.09	402.66±1.15
60	1C915	33.78±0.13	3.62±0.06	176.18±2.04	210.43±1.72
61	1C788	33.70±0.34	3.55±0.08	227.69±2.35	252.07±1.44
62	1C287	31.30±0.16	3.88±0.13	279.25±2.18	393.32±1.16
63	1C139	49.02±0.68	5.80±0.03	475.41±1.41	1198.13±2.57
64	1C835	28.53±0.14	4.21±0.11	253.10±2.57	348.32±0.90
65	1C684	27.92±0.21	3.50±0.09	180.02±0.90	161.41±1.18
66	1C681	17.43±0.18	3.21±0.09	145.78±3.16	141.23±2.05
67	1C113	26.82±0.41	4.04±0.04	284.76±1.63	430.06±1.02
68	1C115	26.78±0.15	3.62±0.09	189.64±1.82	255.35±1.85
69	1C675	26.42±0.37	3.74±0.13	223.10±0.75	231.84±2.21
70	1C793	25.36±0.07	3.49±0.04	177.18±1.51	218.35±4.24
71	1C682	24.58±0.22	3.08±0.15	150.29±0.45	149.17±0.85
72	1C814	23.12±0.11	3.12±0.19	166.59±1.53	129.40±2.24
73	1C794	22.72±0.22	3.83±0.06	261.42±3.23	257.37±1.95
74	1C899	21.16±0.29	3.58±0.05	170.80±1.88	215.34±2.21
75	1C900	21.14±0.22	3.83±0.06	285.41±1.37	423.41±1.38
76	1C331	18.68±0.15	2.26±0.11	127.37±1.25	125.24±4.28
77	1C894	11.12±0.35	3.10±0.09	132.94±2.13	78.04±2.65
78	1C45	10.70±0.32	3.29±0.04	165.42±3.73	176.20±2.80
79	1C882	10.46±0.22	3.27±0.02	133.26±0.47	138.43±1.81
80	1C808	10.09±0.31	3.43±0.28	189.52±1.77	230.92±2.48
81	1C800	9.36±0.06	3.15±0.07	101.02±1.53	115.61±1.85
82	1C95	8.78±0.19	3.25±0.12	138.74±1.27	133.68±2.31
83	1C909	23.78±0.15	3.67±0.16	242.16±3.15	230.23±2.77
84	1C674	8.38±0.42	3.27±0.05	170.81±1.49	159.84±1.54
85	1C51	7.66±0.13	3.41±0.05	158.28±1.43	203.13±3.15
86	1C694	7.52±0.23	2.72±0.08	63.33±1.18	112.83±2.29
87	1C644	7.36±0.14	3.24±0.12	133.40±1.41	120.62±2.44

续表

序号	本季代号	花色苷色价/ (U/g)	总黄酮含量/(g/100 g)	T-AOC/(U/g)	SFRC/(U/g)
88	1C905	7.30±0.21	3.32±0.13	234.20±0.83	223.24±4.63
89	1C880	7.17±0.23	3.23±0.07	137.41±1.33	122.14±1.32
90	1C919	6.24±0.18	2.94±0.03	107.60±1.10	119.64±2.32
91	1C813	5.24±0.21	3.02±0.07	51.24±1.90	114.07±2.67
92	1C902	4.88±0.26	3.07±0.40	146.39±2.14	107.54±2.47
93	1C816	4.82±0.15	3.02±0.26	56.83±1.23	104.15±2.13
94	1C746	2.37±0.06	2.93±0.20	120.11±1.84	114.13±1.68
95	黑珍米(CK1)	10.12±0.15	3.52±0.05	227.85±1.18	201.85±1.29
96	天优华占(CK2)	1.43±0.16	1.44±0.11	143.57±2.12	14.42±1.57
97	9311	1.34±0.19	1.34±0.10	134.41±1.33	13.35±1.04
98	蜀恢527	0.84±0.13	0.84±0.02	83.62±1.12	8.44±1.15

据程祖锌、郑金贵(2018)

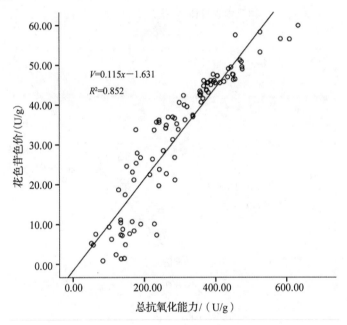

图 1-2-3　黑米 T-AOC 与花色苷色价的相关性

据程祖锌、郑金贵(2018)

　　徐惠龙、郑金贵等(2013)以本课题组选育的高花色苷黑米良种"福紫681"的糙米皮(黑米皮)和红米良种"福红819"的糙米皮(红米皮),以及从多种食用菌中筛选出具有调血脂功效的红菇、灵芝、竹荪等为材料,通过比较这五种农产品对高脂饮食大鼠血脂水平的影响,从中筛选出黑米皮为降血脂疗效最为显著的农产品。接着以黑米皮为材料,观察其对高脂血症模型大鼠脂代谢、氧化应激、脏器组织病变等方面的影响,并进一步从脂质吸收、合成、转化及调控等方面探讨降血脂作用的分子机制,以期为治疗高脂血症脂质代谢紊乱提供科学依据。主要研究结果如下:

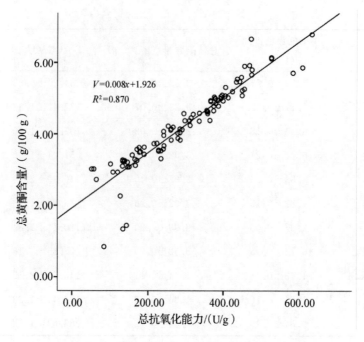

图 1-2-4 黑米 T-AOC 与总黄酮含量的相关性

据程祖锌、郑金贵(2018)

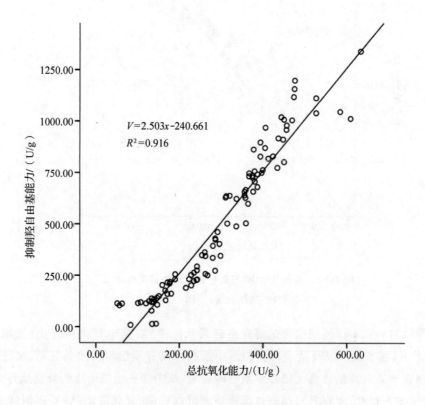

图 1-2-5 黑米 T-AOC 与 SFRC 的相关性

据程祖锌、郑金贵(2018)

（1）五种农产品对高脂饮食大鼠血脂水平的影响。通过长期高脂饮食喂养建立 HLP 大鼠模型，该试验模型动物表现为毛色偏黄、体重增加较快、不好动、血清 TC（总胆固醇）和 TG（三酰甘油）升高，符合高脂血症的临床特点。应用黑米皮、红米皮、红菇、灵芝、竹荪对 HLP 大鼠实验 8 周，以辛伐他汀作为阳性对照药，观察高脂血症大鼠体重和血清 TC、TG 水平的变化。结果（见表 1-2-34、表 1-2-35）表明：①高脂血症大鼠灌胃辛伐他汀、黑米皮、红米皮、红菇、灵芝和竹荪 1～7 周，大鼠体重增长均呈现逐渐增加趋势，但与模型组相比，其体重增长速度趋缓；在 7～8 周，只有黑米皮组的大鼠体重下降，而其他各组体重仍然继续增加；8 周后，辛伐他汀、黑米皮、红米皮、红菇、灵芝和竹荪组体重增幅分别降低 26.26％、33.16％、39.40％、34.97％、32.15％ 和 6.19％。由此说明，上述 5 种农产品均可以降低食用高脂饲料大鼠的体重，其中黑米皮对控制大鼠体重效果最为显著。②辛伐他汀、黑米皮、红菇、灵芝、竹荪均能不同程度降低 HLP 大鼠血清的 TC、TG 含量，其中 TC 分别下降了 18.97％、17.82％、35.06％、27.41％、36.78％，TG 分别下降 52.00％、57.33％、8％、10.06％、54.67％，而红米皮则升高血清的 TC 和 TG 含量，其值分别为 12.07％、18.67％。以上实验数据表明，黑米皮对大鼠血脂水平的综合调制效果最为显著，能够更好地改善 HLP 大鼠脂质代谢异常的作用。

表 1-2-34　不同给药组对高脂饲料诱导大鼠体重的影响（$\bar{x} \pm s$, $n=10$）　　　　单位:g

组别	给药前	给药 1 周	给药 2 周	给药 3 周	给药 4 周
正常组	474.8±36.71	505.86±38.16[#]	534.43±35.12[#]	550.00±42.30[#]	557.00±44.59[#]
模型组	497.13±27.54	557.50±32.65[*]	582.88±36.65[*]	610.25±36.79[*]	622.25±37.27[*]
阳性组	454.67±20.33	494.17±24.84[#]	504.00±35.70[#]	504.83±34.30[#]	513.17±35.58[#]
黑米皮组	478.17±18.12	513.00±34.36[#]	529.67±41.99[#]	552.17±38.29[#]	562.00±25.94[#]
红米皮组	469.83±19.55	500.67±35.15[#]	505.67±49.61[#]	527.00±50.86[#]	535.50±53.29[#]
红菇组	488.80±43.32	537.40±56.62	537.80±50.34	563.40±45.98	572.60±50.97
灵芝组	472.33±28.03	513.17±43.76	524.50±38.38[#]	544.33±36.38[#]	553.00±38.36[#]
竹荪组	456.20±10.01	486.00±8.69[#]	492.20±23.71[*#]	518.20±32.02[#]	539.80±30.21[#]
正常组	571.14±46.78[#]	590.29±55.00[#]	598.57±51.91[#]	616.57±56.31[#]	141.71±23.41[#]
模型组	638.00±38.96[*]	658.00±40.00[*]	672.25±42.72[*]	694.88±43.08[*]	197.75±22.53[*]
阳性组	532.17±32.07[#]	553.83±25.22[#]	580.00±24.36[#]	600.50±24.56[#]	145.83±19.82[#]
黑米皮组	578.83±30.71[#]	596.33±35.35[#]	613.83±41.96[#]	610.33±37.11[#]	132.17±31.83[#]
红米皮组	549.33±53.29[#]	566.50±49.38[#]	583.33±48.26[#]	589.67±53.73[#]	129.20±37.79[#]
红菇组	586.20±58.93	600.80±61.71[#]	612.40±42.77[#]	617.40±43.20[#]	128.60±30.47[#]
灵芝组	575.33±46.78[#]	590.50±47.14[#]	595.50±52.16[#]	606.50±50.00[#]	134.17±34.47[#]
竹荪组	563.40±36.90[#]	591.00±38.07[#]	613.40±39.26[#]	623.60±46.57[#]	185.50±35.78[*]

注:与正常组比较，[*] $P<0.05$；与模型组比较，[#] $P<0.05$；n 表示大鼠数量。

据徐惠龙、郑金贵（2013）

表 1-2-35　不同给药组对高脂饲料诱导大鼠血清 TC 和 TG 的影响($\bar{x}\pm s$, $n=10$)

组别	TC/(mmol/L)	TG/(mmol/L)
正常组	1.12±0.26[#]	0.50±0.18[#]
模型组	1.74±0.42[*]	0.75±0.14[*]
阳性组	1.39±0.19[*#]	0.36±0.14[#]
黑米皮组	1.43±0.17[*#]	0.32±0.13[#]
红米皮组	1.95±0.24[*]	0.89±0.22[*]
红菇组	1.13±0.22[#]	0.69±0.14[*]
灵芝组	1.31±0.29[#]	0.67±0.16
竹荪组	1.10±0.25[#]	0.34±0.13[#]

注:与正常组比较,[*] $P<0.05$;与模型组比较,[#] $P<0.05$;n 表示大鼠数量。

据徐惠龙、郑金贵(2013)

(2)黑米皮对高脂饮食大鼠脂代谢的影响。分别以 0.09 g/mL 和 0.045 g/mL 剂量的黑米皮混悬液 20 mL/kg 对 HLP 模型大鼠试验 8 周,以辛伐他汀作为阳性对照药,观察黑米皮对 HLP 模型大鼠体重变化、血脂水平、载脂蛋白、氧化应激、FFA(游离脂肪酸)水平及粪便脂质的影响。结果(见表 1-2-36～表1-2-41)表明:①黑米皮给药 8 周后,大鼠体重增加得到明显的抑制,并且与剂量呈正相关;与模型组相比较,黑米皮高、低剂量组体重增幅分别降低了 33.16% 和 24.00%。②高、低剂量的黑米皮均能显著降低大鼠的降低血清 TC、TG、AI(动脉硬化指数)、ApoB(载脂蛋白 B)水平,上升 HDL-C(高密度脂蛋白胆固醇)、ApoA1(载脂蛋白 A1)含量,并且与剂量呈正相关。其中 TC 分别下降了17.82% 和 19.54%,TG 分别下降了57.33% 和 17.33%,AI 值分别降低了 39.81% 和 23.65%,ApoB 分别降低 30.83% 和 30.83%,同时 HDL-C 分别提高了 24.24% 和 3.03%,ApoA1 分别升高了 73.68% 和 68.42%。③高、低剂量的黑米皮能够明显降低血清 MDA(丙二醛)含量,升高(超氧化物歧化酶 SOD)、(过氧化氢酶 CAT)、(谷胱甘肽过氧化物酶 GSH-Px)活性;其中 MDA 含量比模型组分别降低了 33.24% 和 28.92%,与正常组接近;SOD 活性比模型组分别上升了 28.60% 和 32.46%,与正常组无明显差异;CAT 活性比模型组分别上升了 101.16% 和 97.69%,接近正常组;GSH-Px 活性比模型组分别上升了 32.46% 和 28.60%,显著高于正常组。④高、低剂量的黑米皮能够明显降低血清 FFA、粪便 TC,升高粪便 TG 含量。其中 FFA 含量略高于正常组,分别比模型组分别降低了 31.54% 和 39.08%,粪便 TC 分别比模型组降低 36.75% 和 53.23%,TC 含量分别比模型组升高 20.37% 和 5.56%。

表 1-2-36　黑米皮对高脂血症模型大鼠体重的影响($\bar{x}\pm s$, $n=10$)　　　　　　　　　单位:g

组别	给药前	给药 8 周	体重增幅
正常组	474.86±36.71	616.57±56.31[#]	141.71±23.41[#]
阳性组	454.67±20.33	600.50±24.56[#]	145.83±19.82[#]
黑米皮低剂量组	464.14±19.97	614.43±30.79[#]	150.29±22.82[#]
黑米皮高剂量组	478.17±18.12	610.33±37.11[#]	132.17±31.83[#]
模型组	497.13±27.54	694.88±43.08[*]	197.75±22.53[*]

注:与正常组比较,[*] $P<0.05$;与模型组比较,[#] $P<0.05$;n 表示大鼠数量。

据徐惠龙、郑金贵(2013)

表 1-2-37　黑米皮对高脂血症模型大鼠血脂的影响($\bar{x} \pm s$, $n=10$)

组别	TC/(mmol/L)	TG/(mmol/L)	LDL-C/(mmol/L)	HDL-C/(mmol/L)	AI
正常组	1.12±0.26[#]	0.50±0.18[#]	1.03±0.18	0.47±0.07[#]	1.41±0.49[#]
阳性组	1.41±0.19[*#]	0.36±0.14[#]	1.06±0.15	0.42±0.06[#]	2.39±0.52[*#]
黑米皮低剂量组	1.40±0.09[#]	0.62±0.22	0.94±0.12	0.34±0.06[*]	3.26±0.74[*#]
黑米皮高剂量组	1.43±0.40[*#]	0.32±0.13[#]	1.01±0.14	0.41±0.06[#]	2.57±0.65[*#]
模型组	1.74±0.42[*]	0.75±0.14[*]	1.08±0.16	0.33±0.04[*]	4.27±0.78[*]

注：与正常组比较，[*] $P<0.05$；与模型组比较，[#] $P<0.05$；n 表示大鼠数量，AI=(TC−HDL-C)/HDL-C。

据徐惠龙、郑金贵(2013)

表 1-2-38　黑米皮对高脂血症模型大鼠血清 **ApoA1** 和 **ApoB** 水平的影响($\bar{x} \pm s$, $n=10$)

组别	ApoA1/(g/L)	ApoB/(g/L)
正常组	0.035±0.0030[#]	0.065±0.016[#]
阳性组	0.034±0.0064[#]	0.076±0.018[#]
黑米皮低剂量组	0.032±0.0038[#]	0.083±0.011[#]
黑米皮高剂量组	0.033±0.0078[#]	0.083±0.017[#]
模型组	0.019±0.0028[*]	0.12±0.021[*]

注：与正常组比较，[*] $P<0.05$；与模型组比较，[#] $P<0.05$；n 表示大鼠数量。

据徐惠龙、郑金贵(2013)

表 1-2-39　黑米皮对各组大鼠血清氧化应激的影响($\bar{x} \pm s$)

组别	n	CAT/(U/mL)	GSH-Px/(U/mL)	SOD/(U/mL)	MDA/(nmol/mL)
正常组	10	3.88±0.57[#]	645.31±55.09[#]	144.49±35.65[#]	5.05±1.17[#]
阳性组	10	3.75±0.33[#]	585.31±32.70[#]	116.99±15.08[#]	4.39±1.30[#]
黑米皮低剂量组	10	3.42±0.34[#]	623.02±41.62[#]	123.44±18.78[#]	5.26±1.61[#]
黑米皮高剂量组	10	3.48±0.45[#]	732.25±47.46[*#]	119.84±18.78[#]	4.94±1.21[#]
模型组	10	1.73±0.59[*]	537.38±35.29[*]	93.19±12.87[*]	7.40±1.01[*]

注：与正常组比较，[*] $P<0.05$；与模型组比较，[#] $P<0.05$，n 表示大鼠数量。

据徐惠龙、郑金贵(2013)

表 1-2-40　黑米皮对各组大鼠血清 FFA 的影响($\bar{x} \pm s$)

组别	n	FFA/(μmol/L)
正常组	10	402.18±140.33[#]
阳性组	10	539.13±72.75[#]
黑米皮低剂量组	10	430.43±62.25[#]
黑米皮高剂量组	10	483.70±92.87[#]
模型组	10	706.52±108.04[*]

注：与正常组比较，[*] $P<0.05$；与模型组比较，[#] $P<0.05$；n 表示大鼠数量。

据徐惠龙、郑金贵(2013)

表 1-2-41　黑米皮对高脂血症大鼠粪便 TC、TG 含量的影响($\bar{x} \pm s$)

组别	n	TC/(mmol/L)	TG/(mmol/L)
正常组	10	0.26±0.14#	0.38±0.024#
阳性组	10	3.14±0.32*#	0.56±0.073*
黑米皮低剂量组	10	2.84±0.42*#	0.57±0.16*
黑米皮高剂量组	10	2.10±0.36*#	0.65±0.080*#
模型组	10	4.49±0.26*	0.54±0.10*

注:与正常组比较,* $P<0.05$;与模型组比较,# $P<0.05$;n 表示大鼠数量。

据徐惠龙、郑金贵(2013)

(3)黑米皮对高脂饮食大鼠脏器组织的保护作用。试验采用 HLP 大鼠模型研究黑米皮对脏器的保护作用,试验 56 d 后,测定各组大鼠血清谷丙转氨酶(ALT)、谷草转氨酶(AST)、过氧化氢酶(CAT)、谷胱甘肽过氧化物酶(GSH-Px)和超氧化物歧化酶(SOD)的活性及游离脂肪酸(FFA)的浓度,通过 HE 染色观察肝脏、腹主动脉和心脏病理学变化。研究结果(见表 1-2-42)发现:与模型组相比较,黑米皮组 ALT 活性下降了 64.50%,AST 活性下降了 41.79%,FFA 浓度降低了 31.54%,CAT 活性升高了 101.16%,GSH-Px 活性升高了 36.26%,SOD 活性升高了 28.60%;黑米皮减轻了大鼠肝脏、主动脉的脂肪性病变程度,而心脏并未有病理改变。研究表明黑米皮可以提高机体抗氧化能力,减轻肝脏、主动脉细胞及其他组织的损伤。

表 1-2-42　大鼠血清生化指标的变化[1]

组别	ALT 活性/(U/L)	AST 活性/(U/L)	FFA 浓度/(nmol/mL)
正常组	18.88±5.26	53.80±11.63	402.18±140.33
模型组	34.82±9.08*	74.88±9.77*	706.52±108.04*
红米皮组	29.69±11.44*#	62.46±12.89#	413.04±84.75#
黑米皮组	12.36±2.94*#	43.59±8.27#	483.70±92.87#
正常组	3.88±0.57	645.31±55.09	144.49±35.65
模型组	1.73±0.59*	537.38±35.29*	93.19±12.87*
红米皮组	2.51±0.30#	607.35±68.52#	102.77±16.36
黑米皮组	3.48±0.45#	732.25±47.46#	119.84±18.78#

注:[1] 与正常组比较,* 表示 $P<0.05$;与模型组比较,# 表示 $P<0.05$。

据徐惠龙、郑金贵等(2015)

(4)黑米皮改善高脂饮食大鼠脂质代谢作用的分子机制研究。

1)应用 RT-PCR(逆转录-聚合酶链反应)法检测 FAS(脂肪酸合成酶)、LCAT(卵磷脂胆固醇脂酰基转移酶)、HMG-CoA reductase(羟甲基戊二酰辅酶 A 还原酶)、CYP7A1(胆固醇 7α-羟化酶)及 PPARα(过氧化物增殖激活物受体-α)mRNA 转录水平,结果表明:黑米皮试验 8 周后,大鼠肝脏组织的 PPARα、CYP7A1 mRNA 转录水平显著上调,HMG-CoA reductase mRNA 转录水平显著下调,LACT mRNA 转录水平呈上调的趋势,FAS mRNA 转录水平呈下调的趋势。

2)应用免疫组化法观察肝脏 FAS、LCAT 蛋白表达,结果表明:黑米皮试验 8 周后,大鼠肝脏 LACT 蛋白翻译水平呈上调趋势,而 FAS 蛋白翻译水平呈下调趋势。

3)用 Western 印记法(Western blotting,又称蛋白质印记法、免疫印记法)检测肝脏 HMG-CoA reductase、CYP7A1 及 PPARα 蛋白表达,结果表明:黑米皮试验 8 周后,大鼠肝脏的 PPARα、CYP7A1 蛋白翻译水平显著上调,HMG-CoA 还原酶蛋白翻译水平显著下调。提示黑米皮可能通过抑制 HMG-CoA 还原酶的表达,激活 PPARα 表达,刺激 CYP7A1 基因启动子,使 CYP7A1 表达上调,改善脂质代谢异常,进而起到降血脂作用。

富含花色苷的发芽黑米速食粥是选用富含花色苷的特种稻黑米发芽后再进一步地进行深加工制得的产品。黑米种皮的花色苷是一种天然色素,有抗氧化、抗炎、降血脂以及抑制肿瘤生成等保健功效;发芽糙米中富含的 γ-氨基丁酸(GABA)具有促进长期记忆、生长激素分泌、降压、抗惊厥和改善脑机能等保健功能。

修茹燕、郑金贵(2016)利用实验室丰富的种质资源,筛选出富含花色苷的特种稻黑米良种 2D657,目的是把黑米加工成一款富含花色苷和 GABA 的复合功能型速食米粥,选用花色苷含量高的黑米原料,通过发芽富集 GABA,采用配套的加工工艺。加工后的发芽黑米速食粥香味浓郁,顺滑爽口,品质良好,开水冲泡 5 min 即可食用,具有一定的抗氧化作用且富含花色苷及 GABA,解决了黑米难以蒸煮、难以消化和吸收的问题。主要结果如下:

(1)发掘出富含花色苷的特种稻黑米种质资源。对 46 个水稻品种的花色苷含量进行比较,研究发现,不同水稻品种糙米花色苷的含量范围在 0.65 mg/100 g～235.06 mg/100 g 之间,不同品种花色苷含量差异很大,花色苷含量最高的是 5C727 和 4D769,分别为白米对照品种 5B561 的 358 倍、362 倍,为红米对照品种 5B642 的 46 倍。并从中发掘出来农艺性状优且富含花色苷的特种稻黑米"2D657",其花色苷含量达 190.44 mg/100 g,为白米对照品种 5B561 的 293 倍,为红米对照品种 5B642 的 37 倍。

(2)研究出了富含花色苷黑米的最优发芽工艺。以富含花色苷的特种稻黑米良种 2D657 为原材料,进行单因素试验,以浸泡温度、浸泡时间、发芽温度、发芽时间为考察因素,以 GABA 含量和花色苷含量为测定指标,采用四因素三水平的正交试验设计进行黑米富含花色苷的发芽工艺优化,并对其进行综合评分,使发芽黑米中的 GABA 含量和花色苷含量最大化,研究出来了最佳工艺条件:浸泡温度 29 ℃,浸泡时间 22 h,发芽温度 30℃,发芽时间 26 h。在此工艺参数下测得 GABA 含量 23.51 mg/100 g,花色苷含量 110.69 mg/100 g。

(3)以 2D657 发芽后的糙米(未经烘干)为原料,采用三因素五水平的二次通用旋转组合试验设计原理,以保温时间、二次蒸煮加水倍数[加水体积(mL)对大米质量(g)的倍数]、热风干燥温度作为试验因素,把花色苷含量、GABA 含量和感官评分为试验指标安排试验,建立了以花色苷含量(Y_1)、GABA 含量(Y_2)、感官评分(Y_3)为目标函数的数学模型,响应值和各因素的相关回归模型为:

$$Y_1 = +58.78 - 3.18B - 2.82C - 1.75A^2 - 3.33B^2 - 1.26C^2$$
$$Y_2 = +14.98 - 0.27A - 0.80B - 0.39C - 0.71A^2 - 0.91B^2 - 0.46C^2$$
$$Y_3 = +79.77 + 3.08A - 1.86B + 1.79C - 3.47AC + 3.60BC - 4.20A^2 - 3.16B^2 - 3.94C^2$$

由方差分析得出,对速食米粥中花色苷含量和 GABA 含量影响最大的因素是二次蒸煮加水倍数,对速食米粥感官评分影响最大的是保温时间。

(4)根据二次通用旋转组合设计原理,优化富含花色苷的发芽黑米速食粥的工艺参数,保证速食米粥良好感官的同时使产品花色苷和 GABA 含量损失少,获得富含花色苷的发芽黑米速食粥的最优工艺条件为:保温时间 82 min,二次蒸煮加水倍数 1.3,热风干燥温度 78℃。在此工艺条件下制得的富含花色苷的发芽黑米速食粥的花色苷含量为 60.08 mg/100 g,GABA 的含量为 15.27 mg/100 g,感官评分为好,香味浓郁,顺滑爽口,品质良好,开水冲泡 5 min 即可食用。

(5)对 10 份不同品种的黑米与富含花色苷的特种稻黑米良种 2D657 加工前和加工后的花色苷含量、总抗氧化能力、抑制羟自由基能力进行分析,不同黑米种质之间花色苷含量、总抗氧化能力和抑制羟自由基能力差异很大。研究发现,黑米花色苷含量与抗氧化能力和抑制羟自由基能力之间有较高的相关性,表明黑米的花色苷是抗氧化的重要物质基础。富含花色苷的特种稻黑米良种 2D657 不管是在加工前还是加工后其总抗氧化能力、抑制羟自由基能力都高于其他品种。选择 2D657 加工即可得到抗氧化能力为 235 U/g、抑制羟自由基能力为 81 U/g 的富含花色苷的发芽黑米速食粥。

陈旭、郑金贵(2017)以课题组选育出花色苷含量较高的"福紫 60"黑米为主要原料,复配其他具有降血脂功能的农产品,采用挤压加工技术,研发出了具有降脂保肝作用的复配速食米。通过响应面优化了复配速食米的生产工艺条件,测定了复配速食米的食味品质,并研究了其对高脂血症大鼠血脂水平的影响及肝脏组织的保护作用,得到以下结论:

(1)在单因素的试验基础上,根据响应面法得出复配速食米最优工艺为:机筒温度 118 ℃,加水量 26%,螺杆转速 127 r/min。按此挤压工艺得到产品复水率为 258%,与响应面预测结果基本一致。

(2)以传统工艺速食米作为参考,研究了最优工艺条件下不同复水时间对复配速食米的理化特性和食味品质的影响,结果表明:①挤压能增加复配速食米的直链淀粉含量与胶稠度,同时其吸水性指数和水溶性指数也明显增长。②在相同复水时间下,复配速食米硬度、弹性和咀嚼度较小,而黏度较大。与传统工艺速食米相比,复配速食米的感官评分较高。

(3)研究了复配速食米对高脂血症大鼠血脂水平的影响,结果(见表 1-2-43~1-2-45)表明:①与高脂模型组相比,饲喂复配速食米 8 周显著降低大鼠体重及进食量($P<0.01$)。②与高脂模型组相比,饲喂复配速食米 8 周显著降低速食米组大鼠血清 TC、TG 和 LDL-C 水平,分别降低了 28.57%、32.05% 和 14.51%,HDL-C 提高了 34.28%($P<0.01$)。

表 1-2-43 复配速食米对高脂血症大鼠体重的影响

组别	n	第 0 周	第 4 周	第 12 周
正常组	10	230.25±9.18	292.67±18.35	560.67±42.82▲
模型组	10	231.25±9.70	301.00±22.90	606.18±41.65*
阳性组	10	234.17±10.00	301.92±17.02	523.00±70.41*▲▲
速食米组	10	230.67±9.44	301.67±20.76	496.08±44.70**▲▲

注:与正常组比较,* $P<0.05$,** $P<0.01$;与模型组比较,▲ $P<0.05$,▲▲ $P<0.01$。
据陈旭、郑金贵(2017)

表 1-2-44 复配速食米对高脂血症大鼠进食量的影响

时间(w)	正常组	模型组	阳性组	速食米组
1	15.46±0.37	12.82±0.84	12.76±0.74	12.97±0.65
2	18.76±0.79	14.71±0.53	14.89±0.56	14.15±0.98
3	21.35±0.90	17.68±1.51	17.67±0.67	17.32±1.16
4	23.86±1.26	17.82±1.00	18.07±0.89	18.17±1.24
5	23.20±0.71	18.93±1.79	19.70±0.89	18.82±1.27
6	26.06±1.05	22.73±1.38	21.90±1.26	21.08±1.17
7	25.47±1.17	21.49±1.64	21.33±1.63	20.25±0.64
8	27.60±1.35	22.94±0.64	21.00±0.61▲	21.05±0.85▲
9	27.81±1.24	24.89±1.53	22.34±0.61▲▲	21.39±0.91▲▲
10	30.12±0.98	26.64±1.22	23.60±1.84▲▲	23.60±0.76▲▲
11	30.39±0.98	25.75±0.41	22.41±1.26▲▲	21.65±1.41▲▲
12	31.12±0.94	28.02±1.57	22.13±0.65▲▲	19.87±0.41▲▲

注:与模型组比较,▲ $P<0.05$,▲▲ $P<0.01$。
据陈旭、郑金贵(2017)

表 1-2-45　复配速食米对高脂血症大鼠血脂水平的影响

组别	n	血脂（mmol/L）			
		TC	TG	HDL-C	LDL-C
正常组	10	2.36±0.68▲▲	0.56±0.05▲▲	1.12±0.12▲▲	0.54±0.09▲▲
模型组	10	3.43±0.74**	0.78±0.10**	0.70±0.02**	0.71±0.07**
阳性组	10	2.73±0.58▲	0.52±0.09▲▲	0.78±0.06**▲▲	0.68±0.07**
速食米组	10	2.45±0.74▲▲	0.53±0.06▲▲	0.94±0.03**▲▲	0.62±0.07*▲

注：与正常组比较，*$P<0.05$，**$P<0.01$；与模型组比较，▲$P<0.05$，▲▲$P<0.01$。

据陈旭、郑金贵(2017)

（4）研究了复配速食米对高脂血症大鼠肝脏组织的保护作用，结果（见表 1-2-46～表 1-2-48）表明：①与高脂模型组相比，饲喂复配速食米 8 周显著降低肝脏重量、肝脏指数和脂肪指数（$P<0.01$）。②与高脂模型组相比，饲喂复配速食米 8 周显著降低速食米组大鼠肝脏的 TC、TG 和 LDL-C 含量，分别下降了 71.45%、58.13% 和 52.80%（$P<0.01$）。③与高脂模型组相比，饲喂复配速食米 8 周显著降低大鼠血清肝功能指标 ALT（谷丙转氨酶）和 AST（谷草转氨酶）活性（$P<0.01$），分别降低了 41.39% 和 27.43%。④HE 病理组织学观察显示，模型组大鼠肝细胞脂质变性明显，多数脂肪滴形成空泡，出现明显脂肪肝，并可见肝细胞变性坏死等现象，说明高脂大鼠模型建立成功。阳性组肝脏脂肪性病变较模型组轻微；速食米组大鼠肝细胞排列整齐，未见脂肪滴空泡，未见肝细胞变性坏死，其肝细胞形态接近正常肝细胞，病变程度比阳性组轻，说明复配速食米能明显改善肝脏脂肪性病变。

表 1-2-46　复配速食米对高脂血症大鼠脂肪指数及肝脏指数的影响

组别	n	脂肪指数/%	肝脏指数/%
正常组	10	4.27±1.33	2.48±0.20▲▲
模型组	10	4.95±1.43	4.20±0.60**
阳性组	10	4.30±0.94	4.05±0.52**
速食米组	10	3.82±1.28▲	3.23±1.24*▲▲

注：与正常组比较，*$P<0.05$，**$P<0.01$；与模型组比较，▲$P<0.05$，▲▲$P<0.01$。

据陈旭、郑金贵(2017)

表 1-2-47　复配速食米对高脂血症大鼠肝脏脂质水平的影响

组别	n	脂质/（μmol/g prot）		
		TC	TG	LDL-C
正常组	10	45.80±4.64▲▲	120.66±9.17▲▲	26.37±6.51▲▲
模型组	10	165.95±19.21**	176.10±9.76**	66.06±10.38**
阳性组	10	113.69±11.92**▲▲	130.48±13.40▲▲	69.10±10.26**
速食米组	10	47.38±8.03▲▲	73.73±9.64**▲▲	31.18±7.67▲▲

注：与正常组比较，*$P<0.05$，**$P<0.01$；与模型组比较，▲$P<0.05$，▲▲$P<0.01$。

据陈旭、郑金贵(2017)

表 1-2-48　复配速食米对高脂血症大鼠血清 ALT 和 AST 活性的影响

组别	肝功能酶学指标（U/L）	
	ALT	AST
正常组	8.76±1.08▲	14.43±1.29▲
模型组	10.34±0.98*	16.70±1.31*
阳性组	9.64±1.37	16.17±1.45*
速食米组	6.06±1.07**▲▲	12.12±1.51*▲▲

注：与正常组比较，* $P<0.05$，** $P<0.01$；与模型组比较，▲ $P<0.05$，▲▲ $P<0.01$。
据陈旭、郑金贵（2017）

以上研究成果表明花色苷具有抗氧化、抗动脉硬化、防瘤抑瘤等功能，可见选育出具有高花色苷的黑米品种具有重要意义。因此，郑金贵教授课题组一直致力于选育出花色苷含量更高的黑米品系，新选育出多种高花色苷黑米品系（见表 1-2-49），其中高花色苷黑米新品系"9D553"花色苷含量最高，高达 39.2 mg/100 g，是推广品种（泰黑香 9 号）的 2.82 倍。

表 1-2-49　高花色苷黑米新品系花色苷含量

样品名称	花色苷/（mg/100 g）
泰黑香 9 号（推广品种 CK）	13.9
9D283	15.1
9D521	37.6
9D522	38.1
9D553	39.2
9D558	37.5
9D289	38.8

注：福建省农业科学院农业质量标准与检测技术研究所 N201000-N201006。
据程祖锌、林荔辉、郑金贵测定（2020）

叶新福、郑金贵（2009）测定了 24 个黑米、红米、常规白米的水稻品种中的糙米和糙米皮（米糠）中的黄酮含量，结果（见表 1-2-50 和表 1-2-51）表明，品种之间黄酮含量呈极显著差异，含量最高的品种是黑米——闽紫香 2 号（MZX2，3867 mg/kg），是平均数的 3.70 倍，是最低的 63 倍，是推广品种"佳禾早占"的 50.0 倍。早季水稻品种糙米中黄酮含量介于 37～680 mg/kg 之间，平均为 252 mg/kg。米糠中黄酮含量介于 276～6100 mg/kg 之间，平均为 1999 mg/kg。晚季水稻品种糙米中黄酮含量介于 61～5867 mg/kg 之间，平均为 1212 mg/kg。米糠中黄酮含量介于 605～51 123 mg/kg 之间，平均为 9911 mg/kg。品种之间糙米黄酮含量呈极显著差异。早、晚季米糠中黄酮含量均高于糙米。

表 1-2-50　早季水稻品种糙米和米糠中黄酮含量（2006）

品种	糙米黄酮含量/（mg/kg）	米糠黄酮含量/（mg/kg）	稻种类型
D23	37	315	白米
D51	84	702	白米
D82	57	499	白米
台粳 9 号	44	362	白米
B310	79	733	白米
B312	72	559	白米
78130	129	787	白米
佳禾早占	60	425	白米
汕优 63	64	635	白米
Ⅱ优明 86	146	978	白米
H128	52	506	白米

品种	糙米黄酮含量/(mg/kg)	米糠黄酮含量/(mg/kg)	稻种类型
H136	138	402	白米
H326	37	276	白米
H431	58	359	白米
S103	314	2853	红米
S117	440	3763	红米
S157	467	3830	红米
S219	482	4373	红米
S339	485	4619	红米
MZX1	632	5500	黑米
MZX2	680	6100	黑米
鸭血糯	622	5400	黑米
矮血糯	347	3218	黑米
罗旱紫谷	527	4718	黑米

据叶新福、郑金贵(2009)

表 1-2-51　晚季水稻品种糙米和米糠中黄酮含量(2006)

品种	糙米黄酮含量/(mg/kg)	米糠黄酮含量/(mg/kg)	稻种类型
D23	61	605	白米
D51	64	627	白米
D82	72	710	白米
台粳9号	94	901	白米
B310	100	903	白米
B312	84	800	白米
78130	315	1187	白米
佳禾早占	78	687	白米
汕优63	70	680	白米
Ⅱ优明86	71	709	白米
H128	97	936	白米
H136	99	938	白米
H326	190	1807	白米
H431	146	1437	白米
S103	543	3023	红米
S117	1275	5872	红米
S157	1323	5948	红米
S219	1168	7491	红米
S339	1065	8522	红米
MZX1	3164	45 569	黑米
MZX2	3867	51 123	黑米
鸭血糯	3300	28 644	黑米
矮血糯	3017	26 129	黑米
罗旱紫谷	4835	42 604	黑米

据叶新福、郑金贵(2009)

对黑米品种闽紫香 2 号(MZX2)进行了利用技术的进一步研究,研究结果如下:

(1)高黄酮黑糯香型"闽紫香 2 号(MZX2)"选育。以总黄酮含量高达 2052~3346 mg/kg 的闽紫香 1 号为亲本,Co-60 辐射培育农艺性状好、营养保健品质含量高的"闽紫香 2 号",克服了闽紫香 1 号子母穗不均匀的缺点,主穗与分蘖穗均匀,提高了结实率和千粒重,产量可达 501.22 kg/亩,比对照闽紫香 1 号高 16%。同时闽紫香 2 号的主穗、分蘖穗的结实率、千粒重和整精米率均较平衡,库源流协调,产量提高。闽紫香 2 号具有闽紫香 1 号较好的品质性状。闽紫香 2 号的直链淀粉(1%)、蛋白质(11.43%)、总氨基酸(9.13%)、黄酮(3963.89 mg/kg)、Fe(46.82 mg/kg)、Zn(23.21 mg/kg)、Ca 含量(157.85 mg/kg),与闽紫香 1 号相比均有所改善。不同年份闽紫香 2 号的黄酮含量测定保持较高的含量:2005 年 3963.89 mg/kg,2006 年 3867.0 mg/kg,2008 年 4671.82 mg/kg±7.90 mg/kg。DNA 指纹鉴定结果表明培育成的闽紫香 2 号是新种质。

(2)闽紫香 2 号发芽糙米利用与品质研究。以闽紫香 1 号、闽紫香 2 号、福建省生产上应用的品种组合甬优 6 号、佳辐占、东南 201、汕优 63 和福建市场销售的丰源 978、吉林黑米等 10 个水稻品种(品系)为材料,研究米糠、精米、糙米和发芽糙米的 γ-氨基丁酸含量差异。结果(见表 1-2-52)表明,闽紫香 2 号 2008 年、2007 年收获稻谷加工的发芽糙米 γ-氨基丁酸含量,居前两位,含量分别是 89.15 mg/kg±1.43 mg/kg、80.33 mg/kg±0.80 mg/kg,闽紫香 1 号为 61.66 mg/kg±1.13 mg/kg,居第三位。闽紫香 2 号 γ-氨基丁酸含量比平均值(50.97 mg/kg)增加 74.91%,比市场销售发芽糙米 HM(45.76 mg/kg±1.34 mg/kg)提高 94.82%,比含量最低的 FY978(20.82 mg/kg±0.60 mg/kg)提高 328.19%。同一品种,不同收获季节对 γ-氨基丁酸合成造成影响,闽紫香 2 号 2007 年收获的糙米做成发芽糙米比 2008 年收获的含量下降 10.98%;同一品种,不同加工处理方法 γ-氨基丁酸含量差异显著,发芽糙米>糙米>精米,10 个品种间平均 γ-氨基丁酸含量分别是:50.9840 mg/kg、13.7250 mg/kg 和 5.2390 mg/kg。

表 1-2-52 γ-氨基丁酸测定总体测定结果 单位:mg/100 g

品种代号	品种(品系)	精米	糙米	发芽糙米	米糠
MZX1	闽紫香 1 号	7.30 ± 0.16^b	15.17 ± 0.36^d	61.66 ± 1.13^C	28.61 ± 0.32^C
MZX2	闽紫香 2 号	7.69 ± 0.47^a	21.82 ± 0.97^a	89.15 ± 1.43^A	31.97 ± 0.53^A
MZX2－2007	闽紫香 2 号(2007 年收)	6.87 ± 0.17^c	19.52 ± 0.70^b	80.33 ± 0.80^B	30.37 ± 0.61^B
YY6	甬优 6 号	$3.49\pm0.08i$	8.52 ± 0.34^g	26.26 ± 0.46^I	12.34 ± 0.15^F
JLHM	吉林黑米	5.37 ± 0.12^e	17.41 ± 0.98^c	58.03 ± 0.72^D	21.00 ± 0.27^D
JFZ	佳辐占	4.24 ± 0.08^g	10.52 ± 0.60^f	41.78 ± 0.54^G	12.67 ± 0.11^F
DN201	东南 201	3.86 ± 0.07^h	9.10 ± 0.04^g	37.79 ± 1.19^H	21.32 ± 0.05^D
FY978	丰源 978	2.58 ± 0.10^j	7.35 ± 0.50^h	20.82 ± 0.60^J	11.57 ± 0.09^G
SY63	汕优 63	4.86 ± 0.07^f	14.58 ± 0.60^d	48.26 ± 0.55^E	28.13 ± 0.05^C
CK	CK	6.13 ± 0.09^d	13.26 ± 0.12^e	45.76 ± 1.34^F	16.53 ± 0.47^E

注:表中同列不同小写字母表示其标示的均值差异达到 0.05 的显著水平,不同大写字母表示其标示的均值差异达到 0.01 的显著水平。

据叶新福、郑金贵(2009)

以闽紫香 1 号、闽紫香 2 号、甬优 6 号、吉林黑米和佳辐占为材料,研究米糠、精米、糙米和发芽糙米中的黄酮、蛋白质、氨基酸、IP6、膳食纤维、还原糖的含量。紫闽香 2 号发芽糙米中黄酮含量达到 8603.82 mg/kg,是佳辐占发芽糙米的 4.5 倍,是对照市场销售 HM 发芽糙米(655.11 mg/kg)的 13.13 倍。闽紫香 1 号发芽糙米含量达 6463.78 mg/kg。

对五个品种发芽糙米中蛋白质和氨基酸进行分析,结果表明:不同品种蛋白质含量、氨基酸总量、必需氨基酸总量不同,品种间存在显著差异,最高的都是闽紫香 2 号;蛋白质含量、氨基酸总量、必需氨基酸总量均呈现发芽糙米粉＞糙米粉＞精米粉；精米中，第一限制性氨基酸赖氨酸闽紫香 2 号含量最高，达 0.55％±0.04％，发芽后，各品种的赖氨酸含量提高，闽紫香 2 号提高最多，提高 19.57％。

对维生素、还原糖、膳食纤维等营养成分的分析，结果表明发芽糙米维生素 B_1 是精米的 1.7 倍，维生素 B_2 是精米的 2.7 倍，膳食纤维是精米的 7.08 倍。

米糠作为稻谷碾米加工过程中的主要副产物，占整个糙米的 8％～10％，本研究表明具有很高的营养价值，以闽紫香 2 号为例，其米糠中 GABA、蛋白质、总氨基酸、必需氨基酸、赖氨酸、维生素 B_1、维生素 B_2、还原糖、黄酮、膳食纤维等含量分别是精米的 4.15 倍、1.71 倍、1.65 倍、1.69 倍、2.18 倍、2.81 倍、3.24 倍、11.62 倍、115.33 倍、18.00 倍。

闽紫香 2 号发芽糙米的食用价值与 CK 即福建省优质品种"佳辐占"的商品大米比较，其发芽糙米的 GABA、蛋白质、总氨基酸、必需氨基酸、赖氨酸、维生素 B_1、维生素 B_2、还原糖、黄酮、膳食纤维等含量分别是 CK 的 21.13 倍、1.38 倍、1.88 倍、1.97 倍、2.20 倍、4.16 倍、7.54 倍、50.94 倍、392.87 倍和 12.00 倍。

水稻内生菌是指生存在水稻体内却不会对水稻产生明显危害的微生物，包括真菌、细菌、放线菌等。水稻内生菌能产生纤维素酶等酶类物质，还能改善水稻品质，提高水稻产量，增加水稻的固氮能力，提高水稻抗性等。

薛勇、郑金贵（2012）从四种特种稻种子中分离得到内生真菌和细菌，并对从黑米分离的部分菌株进行了 ITS 或 16SrDNA 分析；研究了 8 种内生菌对黑米抗氧化能力的影响，为利用内生菌改善黑米品质的研究奠定了基础。主要结果如下：

（1）特种稻种子内生真菌的分离鉴定：从四种特种稻种子中分离得到共 50 个内生真菌菌株，对其中的 19 个菌株进行 ITS 分析，结果表明这 19 个菌株属于 *Gibberella*、*Dothideomycete*、*Alternaria*、*Cochliobolus*、*Arthrinium*、*Phaeosphaeria*、*Colletotrichum*、*Fusarium*、*Phoma* 等 9 个属。

（2）特种稻种子内生细菌的分离鉴定：从四种特种稻种子中分离得到共 35 个内生细菌菌株，对其中 9 个菌株进行 16SrDNA 分析，结果表明这 9 个菌株属于 *Pantoea*、*Microbacterium*、*Xanthomonas*、*Curtobacterium* 等 4 个属。

（3）特种稻种子内生菌对黑米抗氧化能力的影响：选取黑米的 8 种内生菌，喷施抽穗期的两个黑米品种。结果（见表 1-2-53～1-2-56）表明：8 个菌株都能显著提高黑米"1C902"的总抗氧化能力，其中最高可提高 6.3 倍，提高量为 832.838 U/g；有 6 个菌株能显著提高黑米"1C902"的抑制羟自由基能力，其中最高可提高 130％，提高量为 1855.348 U/g；有 3 个菌株能显著提高黑米"1C903"的总抗氧化能力，其中最高可提高 110％，提高量为 946.455 U/g；有 4 个菌株能显著提高黑米"1C903"的抑制羟自由基能力，其中最高可提高 82.14％，提高量为 848.19 U/g。

表 1-2-53　8 种内生菌喷施后水稻"1C902"的总抗氧化能力

样品	总抗氧化能力/(U/g)	提高量/(U/g)	提高率/％
1C902(CK)	130.589±4.912	0.000	0.000
1C902-POB14-7	520.687±15.314	390.098	298.722
1C902-POB14-10	862.173±18.183	731.584	560.218
1C902-POB15-1	779.375±14.121	648.786	496.815
1C902-POB15-11	636.109±25.907	505.520	387.107
1C902-POB15-15	963.427±24.621	832.838	637.754
1C902-NOB15-9	330.591±11.087	200.001	153.153
1C902-NOB15-2	659.776±8.552	529.187	405.231
1C902-NOB14-2	623.672±10.137	493.083	377.584

据薛勇、郑金贵（2012）

表 1-2-54　8 种内生菌喷施后水稻"1C902"的抑制羟自由基能力

样品	抑制羟自由基能力/(U/g)	提高量/(U/g)	提高率/%
1C902-2(CK)	1416.698±50.025	0.000	0.000
1C902-POB14-7	1183.895±32.815	−232.804	−16.433
1C902-POB14-10	2223.711±44.056	807.013	56.964
1C902-POB15-1	960.833±44.787	−455.865	−32.178
1C902-POB15-11	2486.655±155.090	1069.956	75.525
1C902-POB15-15	1924.625±97.156	507.927	35.853
1C902-NOB15-9	1808.586±34.052	391.888	27.662
1C902-NOB15-2	3272.046±122.211	1855.348	130.963
1C902-NOB14-2	2279.423±116.993	862.725	60.897

据薛勇、郑金贵(2012)

表 1-2-55　8 种内生菌喷施后水稻"1C903"的总抗氧化能力

样品	总抗氧化能力/(U/g)	提高量/(U/g)	提高率/%
1C903(CK)	859.063±33.247	0.000	0.000
1C903-POB14-7	1456.800±59.680	597.738	69.580
1C903-POB14-10	1028.613±39.736	169.549	19.736
1C903-POB15-1	779.373±35.875	−79.690	−9.276
1C903-POB15-11	770.150±0.770	−88.913	−10.350
1C903-POB15-15	1805.520±83.130	946.455	110.173
1C903-NOB15-9	987.633±77.538	128.567	14.966
1C903-NOB15-2	450.730±66.759	−408.333	−47.532
1C903-NOB14-2	530.157±21.707	−328.904	−38.286

据薛勇、郑金贵(2012)

表 1-2-56　8 种内生菌喷施后水稻"1C903"的抑制羟自由基能力

样品	均值/(U/g)	提高量/(U/g)	提高率/%
1C903(CK)	1032.627±33.581	0.00	0.000
1C903-POB14-7	330.139±20.942	−702.49	−68.029
1C903-POB14-10	854.504±63.187	−178.12	−17.250
1C903-POB15-1	1880.816±42.453	848.19	82.139
1C903-POB15-11	1477.235±58.098	444.61	43.056
1C903-POB15-15	840.082±36.367	−192.55	−18.646
1C903-NOB15-9	953.513±380846	−79.11	−7.661
1C903-NOB15-2	1599.025±36.886	566.40	54.850
1C903-NOB14-2	1228.633±100.410	196.01	18.981

据薛勇、郑金贵(2012)

参考文献

[1]权美平,王砚. 黑米营养成分及药用生理作用的研究现状[J]. 价值工程,2011(18):326.

[2]王丽华,叶小英,李杰勤,等. 黑米、红米的营养保健功效及其色素遗传机制的研究进展[J]. 种子,2006(5):50-54.

[3]曾惠琴,张艳明,金辉. 黑米色素稳定性研究[J]. 食品研究与开发,2014(19):17-20.

[4]傅翠真. 黑米功能食品的开发利用[J]. 中国粮油学报,1993(A9):44-45,50.

[5]龙盛京. 化学发光分析法测定黑米色素抗氧化作用[J]. 分析试验室,1999(4):80-83.

[6]肖湘,卢刚,张捷,等. 黑色食品色素清除活性氧功效及抗氧化活性[J]. 药物生物技术,2000(2):112-115.

[7]张名位,郭宝江,池建伟,等. 不同品种黑米的抗氧化作用及其与总黄酮和花色苷含量的关系[J]. 中国农业科学,2005(7):1324-1331.

[8]张名位,郭宝江,池建伟,等. 黑米皮提取物的体外抗氧化作用与成分分析[J]. 中国粮油学报,2005(6):49-54.

[9]石娟,张曼莉,孙汉巨,等. 黑米花青素体内抗氧化研究[J]. 食品工业科技,2015(5):348-351,369.

[10]姚树龙. 黑米花色苷类成分对胆固醇吸收的影响及机制研究[D]. 上海:华东理工大学,2014.

[11]李希民. 黑米食疗降脂作用的观察与分析[J]. 中国实用医药,2007(35):157-158.

[12]夏敏,马静,唐志红,等. 膳食黑米皮对apoE基因缺陷小鼠胆固醇代谢的影响[J]. 食品科学,2003(1):114-118.

[13]CROMHEEKE K M, KOCKX M M, DE MEYER G R, et al. Inducible nitric oxide synthase colocalizes with signs of lipid oxidation/peroxidation in human atherosclerotic plaques[J]. Cardiovascular research, 1999,43(3):744-754.

[14]BUTTERY L D, SPRINGALL D R, CHESTER A H, et al. Inducible nitric oxide synthase is present within human atherosclerotic lesions and promotes the formation and activity of peroxynitrite[J]. Laboratory investigation: a journal of technical methods and pathology, 1996,75(1):77-85.

[15]夏敏,唐志红,朱惠莲,等. 膳食黑米皮抑制载脂蛋白E基因缺陷小鼠动脉粥样斑块的形成[J]. 中国自然医学杂志,2004(1):1-4.

[16]于斌,余小平,易龙,等. 黑米花青素对HER-2/neu高表达人乳腺癌细胞株MDA-MB-453移植瘤血管生成的影响[J]. 第三军医大学学报,2009(22):2206-2209.

[17]于斌,余小平,易龙,等. 黑米花色苷抑制人乳腺癌细胞促血管生成因子表达的机制[J]. 营养学报,2010(6):545-550.

[18]刘春远,赵豹猛,蒋宏,等. 黑米花青素对结肠癌细胞增殖、细胞周期及凋亡的影响[J]. 中华结直肠疾病电子杂志,2014(6):464-468.

[19]罗丽萍. 黑米花青素抗HER-2阳性乳腺癌细胞转移及分子机制研究[D]. 成都:西南交通大学,2013.

[20]侯方丽,张瑞芬,张名位,等. 黑米花色苷对四氯化碳亚急性肝损伤的保护作用及其机制[J]. 营养学报,2009(3):254-258,262.

[21]郝杰. 黑米花色苷抗应激性肝、肾组织毒性作用及黑老虎果花色苷成分的研究[D]. 苏州:苏州大学,2014.

[22]刘明达,钱松,金丽琴. 黑米花色素苷对大鼠血液生化指标和巨噬细胞功能影响的研究[J]. 营养学报,2010(1):68-71.

[23]李良昌,延光海,秦向征,等. 黑米花色苷提取物对大鼠抗过敏作用[J]. 中国公共卫生,2011(5):613-615.

[24]董波,徐珣,刘胜兵,等. 黑米矢车菊色素对自发性糖尿病大鼠代谢及肾损伤的影响[J]. 中国当代医药,2016(2):4-7.

[25]郭红辉,胡艳,刘驰,等. 黑米花色苷对果糖喂养大鼠的抗氧化及胰岛素增敏作用[J]. 营养学报,2008(1):85-87.

[26]陈玮,凌文华,李茂全,等. 黑米花青素在大鼠视网膜光化学损伤中的抗氧化作用研究[J]. 营养学报,2010
(4):341-344,349.

[27]李晶晶. 黑米抗氧化作用的基因型差异及抑制动物肿瘤研究[D]. 福州:福建农林大学,2010.

[28]卓学铭. 黑米花色苷组分的基因型差异及调节血脂和血糖作用的研究[D]. 福州:福建农林大学,2012.

[29]王诗文. 稻米花色苷优异种质资源及其杂种优势的研究[D]. 福州:福建农林大学,2016.

[30]程祖锌. 高花色苷黑米两系杂交稻的选育及其遗传机理的研究[D]. 福州:福建农林大学,2018.

[31]徐惠龙. 黑米糙米皮对大鼠脂代谢的影响及其分子机制研究[D]. 福州:福建农林大学,2013.

[32]徐惠龙,杨志坚,程祖锌,等. 红、黑米皮对高脂血症模型大鼠脏器组织的保护作用[J]. 福建农林大学学报
(自然科学版),2015(2):188-192.

[33]修茹燕. 富含花色苷的发芽黑米速食粥及体外抗氧化研究[D]. 福州:福建农林大学,2016.

[34]陈旭. 复配速食米加工工艺及调脂保肝作用研究[D]. 福州:福建农林大学,2017.

[35]叶新福. 不同基因型稻米营养保健品质及其利用技术研究[D]. 福州:福建农林大学,2009.

[36]薛勇. 特种稻种子内生菌的分离鉴定及其功能研究[D]. 福州:福建农林大学,2012.

第三节 红米品质

一、红米的概述

红米(red rice)是一种接近于野生稻的禾本科稻属(*Oryza*)杂草稻,因其种皮呈红色而得名。红米稻属于特种稻米,较普通稻米营养更丰富,红米中除了含有丰富的氨基酸、蛋白质、纤维素、维生素(A、D、E、B_1、B_2、B_6、B_{12})以及 Ca、Fe、Zn、Se、Mg、Cu、P、K 等人体所需的元素外,还含有大量的生物活性物质如黄酮、花色苷、花青素、原花青素、生物碱、甾醇、强心苷、β-胡萝卜素等。红米微量元素的含量比普通白米高 0.5~3 倍,Fe 元素含量明显高于白米和紫米,因此红米又有补血米、长寿米的美誉,长期食用有预防贫血、改善睡眠,提高机体免疫力及延年益寿的作用。红米中含有谷氨酸脱羧酶,可将谷氨酸转化为活性成分 γ-氨基丁酸(GABA),因此,红米是一种优良的 γ-氨基丁酸来源。有研究表明,红糙米的硒含量平均值显著大于白糙米,红米的富硒能力更强于白米,而硒元素具有预防癌症、延缓衰老、护肝造血等功能。近年来,研究表明红米可降低心血管疾病、癌症、2 型糖尿病、肥胖等慢性病的发病率。

二、红米的功能

1. 降血脂和胆固醇

陈起萱等(2000)研究表明红米可减小试验兔的主动脉脂质斑块面积,其抗动脉粥样硬化作用机制之一可能是通过提高 HDL 和 ApoA1 水平,促进胆固醇的逆转运,加速体内胆固醇清除。试验将 24 只雄性新西兰兔随机分为两组,每组 8 只。饲含胆固醇 5 g/kg、猪油 35 g/kg、米粉(分别为白米和红米)300 g/kg 的混合饲料。10 周后,由心脏取血后处死动物,摘取心脏、主动脉、肝脏和肾脏。测定主动脉脂质斑块面积、血脂水平。试验结束时两组动物的心、肝和肾脏质量(g/kg)无显著性差异($P > 0.05$)(见表 1-3-1)。红米组斑块面积显著低于白米组($P < 0.05$)(见表 1-3-2)。血清中 TG、TC、LDL-C、ApoB 和 ApoA1/ApoB 在两组间没有显著性差异($P > 0.05$),但红米组的 HDL-C 和 ApoA1 显著高于白米组($P < 0.05$)(见表 1-3-3)。

表 1-3-1 实验前后脏器质量及脏体质量比 ($n = 8$)

组别	体重/kg		心脏		肝脏		肾脏	
	实验前	第 10 周	体重/g	脏体比/(g/kg)	体重/g	脏体比/(g/kg)	体重/g	脏体比/(g/kg)
白米组	1.90	2.92	5.97	2.04	117	40.1	14.4	4.93
红米组	1.92	2.76	5.52	2.00	102	37.0	13.4	4.86

据陈起萱等(2000)

表 1-3-2 主动脉斑块面积占主动脉表面积的百分比 ($\bar{x} \pm s$)

组别	n	主动脉斑块面积/cm²	主动脉总面积/cm²	比值/%
白米组	8	6.54±3.11	14.59±1.48	0.45±0.19
红米组	7[1]	3.77±2.41	15.61±1.02	0.24±0.17[2]

注:[1] 表示有一条动脉被剪断;[2] 表示与白米组比较,$P < 0.05$(SNK)。

据陈起萱等(2000)

表 1-3-3 血脂及载脂蛋白水平 ($\bar{x}\pm s$)

| 组别 | n | 血脂/(mmol/L) | | | | 载脂蛋白 | | AI | ApoA1/ApoB |
		TG	TC	LDL-C	HDL-C	ApoA1	ApoB		
白米组	8	1.48±0.47	15.72±4.04	13.19±3.59	1.87±0.68	0.45±0.05	0.15±0.03	7.99±2.48	3.11±0.62
红米组	8	1.96±0.94	16.71±5.52	13.36±4.63	2.72±0.80[2]	0.57±0.05[2]	0.15±0.06	5.14±1.68[2]	4.64±2.66
P 值		0.486	0.445	0.646	0.044	0.001	0.255	0.035	0.219

注:[1] 表示有一只动物未能取到血;[2] 表示与白米组比较,$P<0.05$(SNK)。

据陈起萱等(2000)

玉万国等(2018)研究发现红米花色苷具有降低胆固醇微团溶解度的作用,红米花色苷主要成分矢车菊素-3-葡萄糖苷(Cy-3-G)含量越高,降低胆固醇溶解作用越强;研究表明红米花色苷通过抑制胰脂肪酶和降低胆固醇微团溶解度来起到调节血脂的作用。

Pradini 等(2017)采用非随机对照临床预试验方法,将 36 例 2 型糖尿病患者分为治疗组和对照组,实验 6 d,治疗组早、晚餐给予红米,而对照组没有任何干预。结果显示:治疗组实验前后的平均胆固醇水平分别为 23 569 mg/dL 和 19 856 mg/dL,对照组实验前后平均胆固醇水平分别为 23 572 mg/dL 和 25 650 mg/dL,提示红米可以有效地降低 2 型糖尿病患者的总胆固醇水平。

Park 等(2014)研究发现食用富含多酚的红米可以显著降低小鼠血清低密度脂蛋白胆固醇水平和肝脏三酰甘油、总胆固醇的水平,糙米对胆固醇代谢也有类似的影响,但红米的影响明显高于糙米。

2. 抗癌

Koide 等(1996)在研究接种 Meth/A 淋巴瘤细胞的 Balb/C 小鼠存活时间时发现,用红米喂养的小鼠的存活时间显著长于用白色普通大米或市售标准食品喂养的小鼠。Upanan 等(2019)研究发现红米胚芽和麸皮提取物中富含原花青素,该提取物可以抑制人肝癌 HepG2 细胞的增殖,诱导细胞凋亡。Pintha 等(2015)研究表明红米中富含原花青素的部分可抑制和细胞外基质降解有关的蛋白质以及细胞间黏附分子-1 和白细胞介素-6 的表达,降低抑制胶原蛋白酶和人基质金属蛋白酶-9 的活性,减少 MDA-MB-231 人乳腺癌细胞的迁移和入侵。Chen 等(2012)利用 HPLC-PDA 测定了红米中酚类、花青素和原花青素的含量,进一步研究发现红米麸对白血病、宫颈癌和胃癌细胞有很强的抑制作用,提示红米有潜力作为一种供人类食用的功能性食品。

3. 降血糖

食用白米使一些亚洲人患 2 型糖尿病的风险增加。红米为低血糖指数食物,富含多酚和膳食纤维,血糖高宜吃红米,餐后血糖升高较慢,有助于改善糖尿病患者的健康状况。

马静等(2002)探讨了红米、黑米、小米、荞麦米对人体血糖的影响。试验选择 14 例健康志愿者作为研究对象,每天进食一种谷物;以白米作为食物参照标准,每份谷物均含碳水化合物 50 g。测定空腹及餐后 30 min、60 min、120 min、180 min 共 5 个时点的血糖值,计算血糖指数。研究结果显示:将参照标准白米的血糖指数定为 100,各种试验谷物的血糖指数分别为红米 68.54±32.93,荞麦米 76.01±30.56,小米 94.18±26.83,黑米 98.80±32.17,红米的血糖指数显著低于黑米和小米。研究结果表明,红米为低血糖指数(GI)食物。

Chee-Hee 等(2016)对三种杂交红米品种(UKMRC9、UKMRC10、UKMRC11)和三种商品稻米(泰国红米、巴斯马蒂白米、茉莉花白米)的餐后血糖反应进行了比较,研究结果表明低 GI、富含多酚的杂交红米 UKMRC9 对血糖和胰岛素负荷最低,可替代白米改善亚洲人的饮食质量。

郭晓宇等(2019)研究表明红米花色苷具有体外降糖活性,对 α-葡萄糖苷酶和 α-淀粉酶具有体外抑制作用。Boue 等(2016)的研究也表明红米麸皮提取物富含原花青素,具有体外降糖活性,能同时抑制 α-淀粉酶和 α-葡萄糖苷酶的活性。

胡柏(2015)研究发现在淀粉消化过程中,红米多酚(RRP)浓度越高,其对猪胰 α-淀粉酶(PPA)、α-葡萄糖苷酶、麦芽糖酶、蔗糖酶活性抑制作用越强,红米多酚能降低白米的淀粉体外消化率,红米的淀粉体外消化率低于白米及脱皮红米;在葡萄糖吸收过程中,红米多酚可以通过抑制小肠钠钾 ATP 酶活性,达到抑制小肠葡萄糖吸收作用。动物实验研究表明在红米多酚的短期作用下,健康小鼠摄入不同米粉后血糖变化基本类似,链脲佐菌素诱导的糖尿病小鼠摄入白米及脱皮红米后血糖高于摄入红米及白米+RRP 后血糖;长期灌胃红米多酚或红米米糠的链脲佐菌素诱导的糖尿病小鼠体重略微增长或稳定,与阴性组相比,多饮多尿症状的恶化得到有效控制,血糖降低或增加速度变慢,糖耐量得到了改善,肝脏抗氧化功能及糖代谢功能增强,胰岛素分泌增多、敏感性增强,胰岛细胞凋亡减缓,胰岛形态得到保持,胰岛细胞被一定程度地保护。

Tantipaiboonwonga 等(2017)研究表明摄入红米提取物(RRE)可降低糖尿病大鼠血液中的葡萄糖、三酰甘油和胆固醇的水平,提示每天食用红米或红米提取物作为食物补充剂可以预防糖尿病。

4.抗氧化

大量研究认为,人类的衰老与氧自由基的损伤作用有关,随着年龄的逐渐增长,人体内抗氧化酶的活性下降,从而易导致疾病和衰老。红米是现有文献报道各种谷物中抗氧化活性较强的品种,对许多慢性疾病都有抑制治疗作用,红米中的花青素、多酚和黄酮等活性成分是天然的抗氧化剂,在清除自由基和活性氧方面起着重要的作用。

梁元可(2018)通过抗氧化活性测定,发现红米花青素在螯合亚铁离子、清除羟基自由基和 DPPH 自由基的过程中表现优于维生素 C,具有极高的抗氧化活性。

马静等(1999)在普通大鼠饲料中加 30% 红米粉,对照组加入 30% 白米粉,连续喂养 45 d 后取血进行抗氧化指标测定,结果(见表 1-3-4)表明添加红米粉喂养的红米组大鼠血清超氧化物歧化酶(SOD)和谷胱甘肽过氧化物酶(GSH-Px)均显著高于对照组($P < 0.05$),提示红米可提高抗氧化能力和防治由氧自由基引起的疾病。

表 1-3-4　血清 GSH-Px 和 SOD 活性

	白米组	红米组
GSH-Px	102.76 ± 2.75	114.09 ± 4.78**
SOD 活性/(NU/mL)	210.84 ± 32.09	248.79 ± 47.59*

注:* $P < 0.05$(t-test);** $P < 0.01$(t-test)。

据马静等(1999)

陈起萱等(2001)用加红米粉与白米粉的饲料喂养新西兰兔的实验中发现:与白米组相比较,红米组的主动脉脂质斑块面积和肝活性氧(ROS)显著降低($P < 0.05$);而血清和肝总抗氧化能力(T-AOC)均显著增高($P < 0.05$);红细胞超氧化物歧化酶(SOD)活性也显著增高($P < 0.05$)。

柴军红等(2017)以红米为原料,采用醇提法从红米中提取色素,并对其进行了体外抗氧化活性的研究。实验结果表明:红米色素对超氧阴离子自由基的最高清除率达 81.13%;·OH 自由基的清除率达到 71.43%;对 DPPH 自由基的清除率达到 93.40%。提示红米色素具有良好的抗氧化能力。

龚二生(2018)对不同颜色全谷物大米(红米、黑米、糙米)和精白米游离和结合多酚的组成、含量和抗氧化活性进行了对比研究。研究结果表明,红米游离多酚、结合多酚、黄酮含量仅次于黑米,精白米最低,红米游离黄酮含量贡献了总多酚含量的 81.0%,但是结合黄酮含量最高的是红米,其次是黑米、糙米、精白米,红米结合黄酮含量贡献了总多酚含量的 21.7%。红米总的体外抗氧化活性、细胞抗氧化活性也仅次于黑米。红米的生育酚和生育三烯酚的含量最高,其次是黑米、糙米和精白米。

Kim 等(2014)发现红米具有较好的抗氧化活性,且该性能与其矢车菊素-3-O-葡萄糖苷、芍药素葡萄糖苷、原花青素和儿茶酸的含量呈正相关。

5.抗炎

红米提取物具有抗炎的作用,Limtrakul 等(2016)发现红米极性提取物可以抑制脂多糖诱导的 Raw264.7 细胞中白细胞介素-6、肿瘤坏死因子和 NO 的产生,同时抑制炎症酶、诱导型一氧化氮合酶和环氧合酶-2 的表达,此外还可通过抑制细胞核中 AP-1 和 NF-κB 转录因子的激活达到抗炎效果。

Callcott 等(2018)发现红米多酚提取物可以降低肥胖人群血浆中丙二醛和 TNF-α 的浓度,可以减轻肥胖相关的氧化应激和炎症。

6.减肥

红米具有控制体重的作用,一方面是因为红米含有 1.11% 左右的膳食纤维,高于普通大米,让人具有更强的饱腹感,进食红米等于间接控制食量,令人不易长胖;另一方面,红米中所含有的多酚类物质也具有抑制脂肪吸收的作用。

7.护肤

Limtrakul 等(2016)研究表明红米提取物(RRE)具有清除自由基的作用,能显著增加紫外线照射下人皮肤成纤维细胞胶原和透明质酸的合成。此外,RRE 显著抑制 UVB 诱导的 MMP-1 的表达、MMP-2 和胶原酶活性,RRE 能降低 UVB 诱导的 IL-6 和 IL-8 的产生以及 NF-κB 和 AP-1 的活化。提示红米提取物 RRE 对 UVB 引起的皮肤老化具有保护作用。

三、红米的研究成果

徐惠龙、郑金贵等(2013)研究了功能稻红米良种"福红 819"的米皮对高脂血症大鼠血脂的调节作用。健康雄性 SD 大鼠 50 只,应用高脂饲料喂养方法建立高脂血症动物模型,红米皮灌胃治疗 56 d,取血处死动物,取肝脏和脂肪。生化法检测大鼠血清 TG、TC、LDL-C、和 HDL-C 水平。结果(见表 1-3-5~表 1-3-7)显示:经红米皮干预治疗后,与模型组相比较,大鼠体重增幅降低了 39.40%,肝指数降低了 16.89%,脂肪指数降低了 20.86%。红米皮组 HDL-C 水平提高 48.48%,AI 降低 29.21%。提示红米皮能不同程度影响高脂血症大鼠血清 TG、TC、LDL-C 和 HDL-C 水平,对实验性高血脂的形成具有一定的预防控制效应。

表 1-3-5　各组别对大鼠体质量的影响 ($n=10$)

组别	体重/g		体重增幅/g
	给药前	给药 8 周	
正常组	474.86±36.71	616.57±56.31[b]	141.71±23.41[b]
模型组	497.13±27.54	694.88±43.08[a]	197.75±22.53[a]
阳性组	454.67±20.33	600.50±24.56[b]	145.83±19.82[b]
红米皮组	469.83±19.55	589.67±53.73[b]	119.83±40.85[b]

注:[a] 表示与正常对照组比较,$P<0.05$;[b] 表示与高脂模型组比较,$P<0.05$。

据徐惠龙、郑金贵等(2013)

表 1-3-6　各组别对大鼠肝和脂肪指数的影响($n=10$)

组别	肝指数	脂肪指数
正常组	2.47±0.14[b]	2.69±0.66[b]
模型组	3.67±0.13[ab]	3.50±0.61[a]
阳性组	3.10±0.15[ab]	1.88±0.36[ab]
红米皮组	3.10±0.19[ab]	2.77±0.43[b]

注:[a] 表示与正常对照组比较,$P<0.05$;[b] 表示与高脂模型组比较,$P<0.05$。

据徐惠龙、郑金贵等(2013)

表 1-3-7　各组别大鼠血脂的影响（$n=10$）　　　　　　　单位：mmol/L

组别	TC	TG	LDL-C	HDL-C	AI
正常组	1.12±0.26[b]	0.50±0.18[b]	1.03±0.18	0.47±0.07[b]	1.41±0.49[b]
模型组	1.74±0.42[a]	0.75±0.14[a]	1.08±0.16	0.33±0.04[a]	4.27±0.78[ab]
阳性组	1.41±0.19[ab]	0.36±0.14[b]	1.06±0.15	0.42±0.06[b]	2.39±0.52[ab]
红米皮组	1.95±0.24[a]	0.89±0.22[a]	1.16±0.14	0.49±0.08[b]	3.02±0.57[ab]

注：[a] 表示与正常对照组比较，$P<0.05$；[b] 表示与高脂模型组比较，$P<0.05$。

据徐惠龙、郑金贵等（2013）

糙米经过发芽后，活性成分 γ-氨基丁酸（GABA）的含量可达到发芽前的 2.3 倍，从而具有活化脑血流、增强脑细胞代谢、改善肝功能、防止肥胖和降低血压等功效。

苏登、郑金贵（2015）挖掘了 2 份富含 GABA 优异红米稻种质资源，优化了红米 3D955 富含 GABA 的发芽条件，并对发芽糙米速食粥加工工艺进行了研究，主要结果如下：

（1）从 69 份不同类型水稻中筛选出发芽糙米中富含 GABA 的优异种质资源 3 份，其中排名前二的为红米品种 3D955 和 3D921，第 3 名为黑米品种 3D946，其发芽后的 GABA 含量分别为 20.4 mg/100 g、18.01 mg/100 g 和 17.93 mg/100 g，分别是对照品种汕优 63 的 1.44、1.26 和 1.25 倍。

（2）通过单因素试验和正交设计试验，研究了浸泡时间、浸泡温度、发芽时间和发芽温度四因素对红米品种 3D955 发芽后 GABA 含量的影响，研究发现糙米富含 GABA 的最佳发芽条件为：30℃的水温下浸泡 12 h，然后在 30℃的温度下发芽 18 h。在此条件下该发芽红米的 GABA 含量是未优化前的 1.12 倍。

（3）分别对 69 份水稻品种发芽糙米加工成的速食粥进行了理化性质分析和感官评价（见表 1-3-8），筛选出 3 个最适合加工成发芽糙米速食粥的品种：3D987、3D957 和 3D955。在糙米发芽后的三个理化性质（直链淀粉含量、胶稠度和总蛋白含量）中，直链淀粉是决定饮食和蒸煮品质的最重要的参数之一，直链淀粉对发芽糙米速食粥的感官评价有极显著的影响，且呈负相关。其中 3D955 为红米品种，不仅适宜加工成速食粥，且其发芽糙米中的 GABA 含量高达 20.4 mg/100 g，是 69 个供试品种中 GABA 含量最高的。同时建立了发芽糙米速食粥的加工工艺：原料稻米→除杂，风选→砻谷→筛选→浸泡→发芽→一次蒸煮→加水浸泡→二次蒸煮→脱水→热风干燥→成品。

表 1-3-8　稻米发芽后理化性质和速食粥感官评价得分表

品种	直链淀粉/%	总蛋白/%	胶稠度/mm	复水率（20分）	外观（20分）	气味（20分）	黏着性（20分）	口感（20分）	综合（100分）
3D947	10.058	6.75	7.832	11.5	9.57	10.03	10.03	8.56	49.69
3D950	4.737	7.32	12.9	12.03	10.09	9.92	11.92	9.38	53.34
3D952	5.881	7.56	11.733	10.08	13.52	9.36	12.38	10.13	55.47
3D962	15.141	8.36	12.7	9.55	10.52	12.45	11.47	9.45	53.44
3D852	16.581	8.12	7.567	8.76	10.0	10.9	12.95	10.16	52.77
3D976	15.077	9.67	11.267	9.54	12.45	9.86	13.7	9.54	55.09
3D1004	9.491	8.53	6.7	8.9	12.54	10.52	13.92	8.95	54.83
3D855	7.991	8.48	10.533	7.2	14.92	11.53	14.35	10.2	58.2
3D946	8.458	8.32	6.7	10.68	10.8	10.9	10.9	11.03	54.31
3D858	18.071	10.6	7.32	10.8	8.27	11.35	12.63	8.78	51.83
3D921	7.351	6.89	5.43	8.2	12.74	10.38	10.36	9.24	50.92
3D982	9.437	7.21	8.263	9.85	10.42	10.33	10.05	10.32	50.97
3D978	9.868	8.58	9.066	9.56	10.82	11.56	12.53	11.05	55.52
台南 11	7.876	9.09	7.3	8.84	12.85	11.64	10.48	8.03	51.84
3D944	7.463	7.83	11.023	11.2	11.24	11.54	11.84	9.46	55.28

续表

品种	直链淀粉 /%	总蛋白 /%	胶稠度 /mm	复水率 (20分)	外观 (20分)	气味 (20分)	黏着性 (20分)	口感 (20分)	综合 (100分)
3D983	13.131	7.71	6.166	12.95	10.54	10.7	9.76	10.24	54.19
3D956	8.491	8.62	4.37	9.63	8.52	9.95	11.9	10.16	50.16
3D934	5.397	8.7	6.33	11.16	9.09	10.56	12.63	9.67	53.11
3D995	15.227	7.9	7.433	8.5	11.68	11.63	10.56	11.05	53.42
3D945	11.209	8.21	9.2667	9.54	9.67	10.67	12.96	10.59	53.43
3D975	7.56	9.32	11.533	12.1	7.46	12.18	8.08	9.66	49.48
3D987	7.948	9.63	7.86	14.91	9.48	14.61	11.36	13.02	63.38
3D958	3.598	9.82	6.734	10.5	10.23	10.92	11.92	10.65	54.22
3D932	12.272	6.51	7.8	10.68	10.41	11.68	12.68	10.47	55.92
3D981	16.971	7.83	9.268	8.98	9.8	10.86	11.68	9.29	50.61
3D960	10.06	9.31	7.4	9.74	12.06	10.9	13.9	9.36	55.96
3D959	11.414	7.09	10.18	9.65	11.35	10.19	11.59	10.35	53.13
3D937	8.882	8.51	10.63	10.1	9.82	11.64	10.76	11.08	53.4
3D972	14.774	7.81	5.8	9.95	11.45	10.67	9.65	9.57	51.29
3D991	6.736	7.26	12.733	9.68	11.59	11.92	13.95	8.36	55.5
3D918	14.479	6.75	6.65	10.9	12.26	11.63	10.34	10.29	55.42
3D943	17.97	9.62	3.16	8.85	8.68	10.67	11.6	11.02	50.82
3D955	7.385	8.3	8.03	14.74	12.63	14.85	12.95	12.56	67.73
3D994	9.202	7.84	4.133	10.62	12.43	9.93	11.53	10.39	54.9
3D939	11.108	7.7	9.4	9.2	10.21	11.78	10.37	9.78	51.34
3D1101	7.969	8.47	10.43	10.4	10.75	10.86	10.58	10.14	52.73
3D1014	4.414	8.98	8.6	8.7	12.54	11.82	8.92	9.74	51.72
3D969	10.676	7.73	10.13	10.6	9.65	11.08	12.09	10.62	54.04
3D1015	12.658	8.22	6.433	9.63	10.22	10.17	11.78	10.42	52.22
3D908	11.624	8.4	7.236	10.6	7.95	11.53	10.43	9.61	50.12
3D1016	11.108	7.62	4.63	10.42	11.85	10.38	10.08	8.98	51.71
3D1088	7.969	6.78	5.72	10.2	10.15	11.67	13.57	9.63	55.22
3D1085	4.414	7.87	10.8	10.42	9.86	10.58	10.1	9.34	50.3
3D1080	6.203	9.35	8.34	9.26	11.4	11.45	12.65	10.66	55.42
3D928	6.456	9.62	12.6	9.7	10.46	10.89	13.99	11.14	56.18
3D850	5.749	9.06	3.366	11.85	8.78	11.65	11.58	10.08	53.94
3D1024	13.433	8.67	6.56	10.9	10.5	10.38	9.76	10.35	51.89
3D1082	10.642	8.57	7.83	10.28	10.43	11.85	11.85	10.74	55.15
3D965	6.462	8.27	11.067	9.2	10.62	11.84	12.04	8.63	52.33
3D1086	9.875	7.31	9.233	11.62	9.56	11.96	12.45	11.55	57.14
3D1090	12.431	7.61	6.36	10.82	10.06	13.06	13.05	11.05	58.04
3D957	4.695	8.65	10.52	13.01	8.56	15.64	13.54	13.65	64.4
3D902	1.893	8.51	11.3	14.54	10.37	16.05	14.65	12.86	68.47
3D865	8	8.81	9.787	10.91	10.28	11.37	9.7	7.58	49.84
3D997	8.215	7.65	12.16	9.54	13.25	10.63	10.28	6.78	50.48
3D984	7.876	6.38	6.52	10.65	7.68	11.56	12.06	8.06	50.01
3D926	6.2	7.35	12.46	11.4	8.32	12.68	12.28	9.18	53.86
3D938	8.32	9.4	7.37	11.7	9.54	11.52	13.02	10.09	55.87
3D954	3.45	8.1	8.35	14.96	10.85	15.63	13.73	12.78	67.95
3D1027	3.495	8.23	9.3	9.31	11.46	10.52	7.62	9.35	48.26
3D967	9.278	8.72	5.87	9.5	7.74	12.02	12.62	8.47	50.35

品种	直链淀粉/%	总蛋白/%	胶稠度/mm	复水率(20分)	外观(20分)	气味(20分)	黏着性(20分)	口感(20分)	综合(100分)
3D910	8.651	7.56	6.39	11.65	9.95	11.75	12.72	9.05	55.12
3D971	7.671	7.35	6.727	12.08	10.34	10.64	11.68	9.68	54.42
3D1011	14.731	9.0	5.567	11.54	10.5	11.92	8.9	7.23	50.09
3D961	9.278	9.36	7.85	12.58	10.35	9.04	12.04	10.12	54.13
3D929	4.274	8.43	4.724	13.62	10.23	11.36	13.33	10.24	58.78
3D924	7.053	7.08	6.451	11.87	8.52	11.06	10.06	9.85	51.36
3D916	8.473	6.77	13.33	15.23	9.73	10.97	13.87	8.18	57.98
2号	4.772	7.8	8.7	12.62	9.86	10.35	8.25	9.65	50.73

据苏登、郑金贵(2015)

程立立、郑金贵(2016)以54份水稻品种(52份红米,2份黑米)为材料,在其生长齐穗期喷施100 mg/kg的亚硒酸钠溶液,研究出富硒能力强且加工成速食粥后感官评价好的红米优异种质资源,并采用响应面法优化了速食粥加工工艺参数,同时研究了红米速食粥的抗氧化能力。结果如下:

(1)硒含量测定结果(见表1-3-9)和感官评定结果(见表1-3-10)表明,红米品种中,4D1253综合表现最优,富硒后硒含量为0.855 5 mg/kg(最高为0.912 1 mg/kg,最低为0.258 2 mg/kg),加工后的速食粥产品感官综合评分为56.2分(最高为57.7分,最低为36.7分)。

表1-3-9 54个不同品种糙米中硒含量

序号	品种	处理组/(mg/kg)	对照组/(mg/kg)	增加倍数
1	4D1048	0.303 6±0.003 3	0.021 1±0.004 5	13.39
2	4D1049	0.610 8±0.006 9	0.042 8±0.004 0	13.27
3	4D1051	0.435 8±0.002 0	0.029 8±0.002 1	13.62
4	4D1052	0.483 5±0.001 5	0.034 3±0.003 1	13.10
5	4D1055	0.524 7±0.001 4	0.037 5±0.011 4	12.99
6	4D1061	0.258 2±0.004 8	0.019 4±0.006 7	12.31
7	4D1063	0.531 0±0.006 6	0.041 0±0.007 7	11.95
8	4D1064	0.542 8±0.007 8	0.041 6±0.008 4	12.05
9	4D1066	0.666 8±0.006 4	0.042 3±0.007 5	14.76
10	4D1069	0.470 0±0.009 2	0.040 9±0.007 1	10.49
11	4D1070	0.415 2±0.009 7	0.040 3±0.008 8	9.30
12	4D1072	0.356 9±0.005 7	0.037 8±0.003 7	8.44
13	4D1073	0.533 5±0.011 0	0.035 6±0.001 8	13.98
14	4D1074	0.434 3±0.008 4	0.031 6±0.006 4	12.74
15	4D1075	0.436 1±0.010 4	0.032 9±0.002 5	12.26
16	4D1076	0.481 1±0.002 9	0.035 1±0.004 5	12.71
17	4D1080	0.553 6±0.004 4	0.038 3±0.005 6	13.46
18	4D1081	0.532 2±0.008 2	0.036 7±0.004 2	13.50
19	4D1082	0.364 9±0.003 2	0.023 1±0.007 5	14.80

续表

序号	品种	处理组/(mg/kg)	对照组/(mg/kg)	增加倍数
20	4D1083	0.631 1±0.004 3	0.041 1±0.006 6	14.36
21	4D1091	0.494 1±0. 005 4	0.035 9±0.003 3	12.76
22	4D1093	0.374 4±0.010 8	0.024 7±0.002 2	14.16
23	4D1248	0.502 2±0.001 6	0.034 9±0.007 6	13.39
24	4D1253	0.855 5±0.009 2	0.055 8±0.004 6	14.33
25	4D1254	0.832 7±0.003 9	0.054 3±0.004 6	14.34
26	4D1255	0.662 0±0.012 7	0.042 5±0.005 1	14.58
27	4D1257	0.908 8±0.001 2	0.060 4±0.009 3	14.05
28	4D1258	0.737 0±0.007 9	0.049 7±0.004 1	13.83
29	4D1263	0.839 4±0.006 8	0.051 1±0.004 8	15.43
30	4D1265	0.725 7±0.008 3	0.048 2±0.011 3	14.06
31	4D1266	0.626 7±0.010 6	0.041 8±0.006 6	13.99
32	4D1267	0.668 5±0.011 0	0.037 9±0.002 9	16.64
33	4D1269	0.716 8±0.010 0	0.045 7±0.004 3	14.68
34	4D1270	0.458 9±0.006 0	0.032 1±0.008 1	13.30
35	4D1271	0.751 0±0.011 6	0.048 6±0.012 9	14.45
36	4D1272	0.854 3±0.013 5	0.054 9±0.003 0	14.56
37	4D1273	0.912 1±0.010 1	0.064 7±0.004 0	13.10
38	4D1274	0.902 9±0.010 1	0.062 3±0.007 0	13.49
39	4D1277	0.610 1±0.002 4	0.039 8±0.010 8	14.33
40	4D1278	0.650 5±0.007 2	0.044 3±0.003 4	13.68
41	4D1279	0.556 7±0.008 6	0.037 7±0.006 8	13.77
42	4D1305	0.572 2±0.007 5	0.038 1±0.011 4	14.02
43	4D1306	0.396 1±0.009 6	0.022 5±0.007 5	16.63
44	4D1307	0.475 8±0.009 9	0.030 7±0.008 3	14.50
45	4D1308	0.406 6±0.010 9	0.029 4±0.008 4	12.83
46	4D1309	0.610 0±0.010 1	0.041 1±0.004 0	13.84
47	4D1310	0.645 5±0.009 6	0.044 7±0.004 1	13.44
48	4D1311	0.456 6±0.009 7	0.036 4±0.005 9	11.54
49	4D1313	0.629 0±0.002 7	0.041 9±0.002 4	14.01
50	4D1314	0.610 8±0.007 1	0.039 7±0.006 9	14.39
51	4D1345	0.818 8±0.003 0	0.057 4±0.003 0	13.27
52	4D1347	0.750 9±0.007 5	0.050 2±0.011 7	13.96
53	4D1357(黑)	1.303 0±0.011 1	0.071 9±0.005 7	17.12
54	4D1256(黑)	0.364 9±0.004 6	0.021 7±0.009 3	15.82

据程立立、郑金贵(2016)

表 1-3-10　红米速食粥感官评定得分表

| 品种 | 外观结构(20分) | | 气味(20分) | 适口性(40分) | | 弹性(20分) | 综合评分 (100分) |
	色泽(10分)	米粒形态 (10分)		黏稠性 (20分)	软硬度 (20分)		
4D1048	7.4±0.57	7.6±0.73	11.2±0.45	9.8±0.57	12.2±0.29	9.5±0.62	57.7±0.97
4D1049	6.5±0.37	6.7±0.69	11.7±0.20	7.4±0.24	9.5±0.37	7.1±0.37	48.9±1.31
4D1051	7.8±0.42	8.2±0.16	10.5±0.25	7.3±0.19	11.6±0.23	9.0±0.71	54.4±1.20
4D1052	7.4±0.37	7.7±0.20	9.9±0.24	7.5±0.60	11.0±0.29	8.6±0.37	52.1±0.25
4D1055	6.8±0.47	6.7±0.70	10.2±0.22	7.7±0.23	11.8±0.48	7.7±0.34	50.9±0.57
4D1061	7.7±0.64	7.6±0.34	12.1±0.16	7.0±0.70	10.0±0.14	7.0±0.36	51.4±1.24
4D1063	7.4±0.22	6.7±0.73	11.7±0.44	9.1±0.12	9.8±0.20	7.2±0.33	51.9±1.25
4D1064	7.6±0.16	7.6±0.32	11.4±0.14	8.9±0.53	9.6±0.41	7.4±0.69	52.5±0.62
4D1066	7.2±0.59	6.5±0.25	9.0±0.47	7.8±0.19	12.3±0.46	7.7±0.34	50.5±1.04
4D1069	7.1±0.58	7.2±0.48	9.9±0.35	7.6±0.41	11.1±0.12	9.7±0.44	52.6±0.74
4D1070	6.6±0.54	7.8±0.31	10.0±0.80	7.8±0.28	11.1±0.24	7.4±0.90	50.7±0.34
4D1072	6.7±0.39	7.6±0.32	12.0±0.85	7.0±0.65	11.8±0.59	9.0±0.39	54.1±0.23
4D1073	7.8±0.41	7.6±0.46	10.3±0.27	6.8±0.56	9.8±0.41	8.9±0.21	51.2±0.47
4D1074	6.7±0.63	7.9±0.66	10.1±0.47	6.8±0.12	5.3±0.51	5.5±0.57	42.3±0.60
4D1075	6.0±0.65	8.1±0.63	12.4±0.62	7.3±0.19	11.0±0.20	7.4±0.69	52.2±1.34
4D1076	7.5±0.16	6.2±0.10	11.3±0.79	7.6±0.51	11.1±0.33	8.6±0.20	52.3±0.57
4D1080	6.3±0.25	7.2±0.23	9.0±0.21	7.7±0.19	9.0±0.21	7.3±0.19	46.5±0.62
4D1081	6.5±0.23	8.0±0.68	9.6±0.21	6.9±0.64	12.4±0.35	7.7±0.46	51.1±1.23
4D1082	6.9±0.20	6.8±0.74	10.6±0.31	6.9±0.28	9.8±0.44	10.0±0.48	51.0±1.38
4D1083	7.0±0.34	7.3±0.26	11.0±0.28	6.7±0.41	12.0±0.36	9.1±0.12	53.1±0.56
4D1091	7.5±0.25	6.7±1.01	9.5±0.14	6.5±0.80	12.4±0.54	7.8±0.21	50.4±0.60
4D1093	7.2±0.49	7.0±0.45	9.8±0.23	9.2±0.23	11.4±0.58	9.2±0.14	53.8±0.53
4D1248	7.7±0.28	7.9±0.43	10.1±0.21	7.5±0.64	11.5±0.64	7.3±0.21	52.0±0.81
4D1253	7.1±0.25	7.7±0.12	10.6±0.29	9.1±0.27	11.8±0.42	9.9±0.40	56.2±0.89
4D1254	7.8±0.58	6.6±0.35	9.2±0.32	9.1±0.22	10.0±0.35	9.1±0.25	51.8±1.24
4D1255	6.2±0.44	6.8±0.39	10.4±0.39	7.7±0.37	9.4±0.07	9.7±0.54	50.2±1.39
4D1257	7.3±0.58	8.2±0.79	9.5±0.53	5.5±0.37	5.6±0.16	5.3±0.19	41.4±0.45
4D1258	6.9±0.28	7.2±0.16	11.3±0.67	7.8±0.28	9.1±0.40	9.2±0.14	51.5±1.38
4D1263	7.6±0.16	5.0±0.14	10.8±0.34	6.4±0.27	6.2±0.25	6.0±0.25	42.0±0.83
4D1265	6.7±0.85	7.4±0.62	11.2±0.35	8.9±0.60	11.4±0.58	9.2±0.25	54.8±1.42
4D1266	7.1±0.38	7.1±0.20	10.7±0.60	8.6±0.25	10.7±0.29	7.3±0.25	51.5±1.22
4D1267	6.9±0.23	7.8±0.23	9.7±0.28	8.3±0.90	9.9±0.29	9.0±0.38	51.6±0.83
4D1269	6.4±0.14	6.8±0.53	9.6±0.21	4.5±0.10	4.9±0.79	4.5±0.48	36.7±0.53

续表

品种	外观结构(20分)		气味(20分)	适口性(40分)		弹性(20分)	综合评分(100分)
	色泽(10分)	米粒形态(10分)		黏稠性(20分)	软硬度(20分)		
4D1270	6.1±0.64	7.3±0.44	9.7±0.20	8.7±0.75	11.1±0.45	8.9±0.29	51.8±1.40
4D1271	7.6±0.28	6.6±0.32	10.1±0.41	7.1±0.51	9.9±0.39	8.8±0.21	50.1±0.45
4D1272	7.4±0.36	6.6±0.51	9.5±0.66	7.4±0.21	10.1±0.23	8.5±0.29	49.5±0.60
4D1273	7.3±0.52	6.2±0.95	11.6±0.26	6.7±0.37	11.8±0.54	7.9±0.44	51.5±0.42
4D1274	7.8±0.79	7.3±0.60	9.1±0.25	6.8±0.48	10.4±0.54	7.3±0.20	48.7±1.57
4D1277	6.7±0.69	7.5±0.32	12.2±0.16	6.9±0.75	10.7±0.49	9.0±0.50	53.0±0.89
4D1278	7.7±0.38	7.6±0.34	9.1±0.35	4.9±0.16	4.4±0.16	4.5±0.25	38.2±0.68
4D1279	7.2±0.75	7.2±0.51	9.6±0.12	7.8±0.22	11.8±0.31	8.1±0.46	51.7±1.17
4D1305	7.1±0.37	7.2±0.35	10.6±0.19	8.5±0.45	9.1±0.16	8.7±0.16	51.2±1.25
4D1306	6.7±0.49	6.8±0.37	11.4±0.47	7.7±0.25	11.5±0.29	9.7±0.24	53.8±1.33
4D1307	7.0±0.14	7.1±0.51	11.2±0.52	6.6±0.46	9.8±0.56	7.8±0.32	49.5±0.70
4D1308	7.5±0.17	7.8±0.19	10.5±0.21	9.2±0.39	11.6±0.16	9.5±0.46	56.1±0.64
4D1309	6.6±0.39	6.6±0.57	10.9±0.32	4.2±0.23	4.3±0.45	4.7±0.45	37.3±0.82
4D1310	6.2±0.52	6.4±0.33	9.8±0.16	6.7±0.16	10.9±0.84	10.5±0.75	50.5±0.94
4D1311	6.0±0.58	7.6±0.40	11.0±0.23	6.8±0.19	9.8±0.27	9.1±0.20	50.3±1.13
4D1313	7.1±0.46	6.4±0.56	11.2±0.38	7.3±0.21	9.2±0.46	9.0±0.57	50.2±1.07
4D1314	6.6±0.59	6.7±0.68	10.5±0.16	9.2±0.10	10.4±0.52	9.6±0.40	53.0±0.45
4D1345	7.0±0.17	7.5±0.54	10.6±0.53	7.4±0.35	12.4±0.40	7.4±0.21	52.3±0.92
4D1347	7.5±0.23	7.6±0.23	10.1±0.25	8.3±0.27	12.5±0.66	9.1±0.22	55.1±0.61

据程立立、郑金贵(2016)

(2) 富硒红米中硒含量与其颜色相关性分析结果显示,硒含量与颜色值 a_r^* 有显著(0.01<P<0.05)正相关性,相关系数为 0.289;而与总色差 ΔE_r^* 有极显著(P<0.01)的负相关性,相关性系数为−0.508。

(3) 通过单因素试验研究加工工艺对红米品种 4D1253 加工成速食粥后感官评定得分的影响,并且采用响应面法优化得出加工工艺参数为:高压汽蒸时间 $A=15.0$ min、一次微波时间 $B=140.0$ s、二次微波时间 $C=150.0$ s。按此加工工艺参数制作出的产品感官评价得分为 62.5 分,与响应面预测结果基本一致。

(4) 红米速食粥体外抗氧化能力测定结果表明,当样品提取液浓度为 10 mg/mL 时,4D1253 号富硒速食粥对 DPPH 自由基的清除率为 56.8%,比非富硒普通速食粥高 14.4%。而该品种富硒速食粥的总抗氧化能力和·OH 清除能力分别为 0.63 U/mg、0.93 U/mg,比非富硒普通速食粥(0.70 U/mg、1.02 U/mg)略弱;超氧阴离子自由基清除率为 25.3%,也略低于非富硒普通速食粥(30.6%)。

王诗文、郑金贵(2016)对在相同种植条件下的同一期 66 份水稻进行了研究,结果显示,黑米的花色苷含量均值最高,约为红米的 2.73 倍、白米的 43.66 倍,总体上,红米的花色苷含量仅次于黑米、远高于白米,但红米仍是一种优良的花色苷来源。进一步研究结果显示,红米花色苷含量与总黄酮含量、总抗氧化能力为正相关关系。

参考文献

[1]刘守坎,陈孝赏.红米的营养价值及其开发利用[J].上海农业科技,2008(5):41.

[2]严菊,罗凯,刘志,等.我国红米资源的开发现状及应用前景[J].农技服务,2020,37(2):85-88.

[3]张美,杨登想,张丛兰,等.不同品种大米营养成分测定及主成分分析[J].食品科技,2014,39(8):147-152.

[4]魏毅,靳西彪,杨海亮,等.红米色素与微量元素硒之间关系的初步研究[J].种子,2010,29(5):1-4.

[5]张名位,彭仲明,杜应琼,等.特种稻米主要矿质元素含量的遗传效应研究[C].北京:中国农业科学技术出版社,1999:314-319.

[6]吴国泉,叶阿宝,张启华,等.舟山红米的特征特性及米质分析[J].中国稻米,2005(5):15.

[7]徐惠龙,程祖锌,杨志坚,等.糙米皮对高脂血症大鼠血脂水平的影响[J].现代食品科技,2013,29(1):38-41.

[8]陈起萱,凌文华,马静,等.黑米和红米对兔主动脉脂质斑块面积和血脂的影响[J].卫生研究,2000(3):170-171.

[9]玉万国,陈云芳,黎华圣,等.红米花色苷的制备及对胆固醇消化吸收的影响[J].广西科技大学学报,2018,29(2):103-109.

[10]PRADINI W U, MARCHIANTI A C N, RIYANTI R. The effectiveness of red rice to decrease total cholesterol in type 2 DM patients[J]. JOURNAL AMS, 2017, 3(1): 7-12.

[11]YONGSOON P, EUN-MI P, EUN-HYE K, et al. Hypocholesterolemic metabolism of dietary red pericarp glutinous rice rich in phenolic compounds in mice fed a high cholesterol diet[J]. Nutrition Research and Practice,2014,8(6): 632-637.

[12]KOIDE T, KAMEI H, HASHIMOTO Y, et al. Antitumor effect of hydrolyzed anthocyanin from grape rinds and red rice[J]. Cancer biotherapy & radiopharmaceuticals,1996,11(4): 273-277.

[13]SUPRANEE U, SUPACHAI Y, PILAIPORN T, et al. The proanthocyanidin-rich fraction obtained from red rice germ and bran extract induces HepG2 hepatocellular carcinoma cell apoptosis[J]. Molecules,2019,24(4):813.

[14]KOMSAK P, SUPACHAI Y, PORNNGARM L. Proanthocyanidin in red rice inhibits MDA-MB-231 breast cancer cell invasion via the expression control of invasive proteins[J]. Biological and Pharmaceutical Bulletin,2015,38(4): 571-581.

[15]CHEN M H, CHOI S H, KOZUKUE N, et al. Growth-inhibitory effects of pigmented rice bran extracts and three red bran fractions against human cancer cells: relationships with composition and antioxidative activities[J]. Journal of Agricultural and Food Chemistry,2012,60(36): 9151-9161.

[16]苏新明.血糖高宜吃红米、荞麦[N].医药养生保健报,2008-03-17(8).

[17]马静,夏颖,吴聪娥,等.摄入不同谷物对人体血糖的影响[J].食品科学,2002(5):127-130.

[18]CHEE-HEE S, KHUN-AIK C, ANKITTA M, et al. Evaluating crossbred red rice variants for postprandial glucometabolic responses: a comparison with commercial varieties[J]. Nutrients, 2016, 8(5):308.

[19]郭晓宇,胡宇恒,古丽斯坦·阿不来提,等.红米中花色苷的提取工艺及其体外降糖活性研究[J].新疆医科大学学报,2019,42(11):1464-1468.

[20]BOUE STEPHEN M, DAIGLE KIM W, CHEN M H, et al. Antidiabetic potential of purple and red rice (Oryza sativa L.) bran extracts[J]. Journal of Agricultural and Food Chemistry,2016,64(26):5345-5353.

[21]胡柏.红米多酚降血糖作用的研究[D].无锡:江南大学,2015.

[22]TANTIPAIBOONWONGA P, PINTHAA K, CHAIWANGYENA W, et al. Anti-hyperglycaemic and anti-hyperlipidaemic effects of black and red rice in streptozotocin-induced diabetic rats[J]. Science Asia,

2017，43(5)：281-288.

[23]梁元可. 富硒红米营养品质的评价及动物实验[D]. 雅安：四川农业大学，2018.

[24]陈起萱，凌文华，梅节，等. 黑米和红米抗动脉硬化和抗氧化作用初步研究[J]. 营养学报，2001(3)：246-249.

[25]柴军红，何婷婷，宋红霜. 红米色素抗氧化研究[J]. 中国林副特产，2017(5)：25-26.

[26]龚二生. 糙米多酚组分及其抗氧化活性研究[D]. 南昌：南昌大学，2018.

[27]KIM G R，JUNG E S，LEE S，et al. Combined mass spectrometry-based metabolite profiling of different pigmented rice (*Oryza sativa* L.) seeds and correlation with antioxidant activities[J]. Molecules，2014，19 (10)：15673-15686.

[28]LIMTRAKUL P，YODKEEREE S，PITCHAKARN P，et al. Anti-inflammatory effects of proanthocyanidin-rich red rice extract via suppression of MAPK，AP-1 and NF-κB pathways in Raw 264. 7 macrophages[J]. Nutrition Research and Practice，2016，10(3)：251-258.

[29]CALLCOTT E T，THOMPSON K，OLI P，et al. Coloured rice-derived polyphenols reduce lipid peroxidation and pro-inflammatory cytokines ex vivo[J]. Food & function，2018，9(10)：5169-5175.

[30]马静，陈起萱，凌文华. 红、黑米的保健功效研究[J]. 食品科学，2000(12)：139-140.

[31]王立，朱璠，王发文，等. 红米的健康作用及综合利用[J]. 食品与机械，2019，35(9)：226-232.

[32]LIMTRAKUL P，YODKEEREE S，PUNFA W，et al. Inhibition of the MAPK signaling pathway by red rice extract in UVB-irradiated human skin fibroblasts[J]. Natural product communications，2016，11(12)：1934578X1601101226.

[33]苏登. 发芽糙米富含 GABA 的杂交稻良种及速食粥工艺研究[D]. 福州：福建农林大学，2015.

[34]程立立. 富硒红米速食粥原料、加工工艺及体外抗氧化研究[D]. 福州：福建农林大学，2016.

[35]王诗文. 稻米花色苷优异种质资源及其杂种优势的研究[D]. 福州：福建农林大学，2016.

第四节　高抗性淀粉稻米

一、抗性淀粉的概述

稻米的胚乳是人类食用水稻的主要部位,稻米胚乳中含 62%~86% 淀粉。作为一种重要的碳水化合物,淀粉为人类提供了能量和营养,长期以来一直被认为在人体中会被完全吸收利用。直到 1983 年,英国生理学家 Hans Englyst 在进行膳食纤维的定量研究时,发现了一种不能被人体小肠消化的淀粉,并将其命名为抗性淀粉(resistant starch,RS)。现在对抗性淀粉的定义主要是指在健康人的小肠中不能被酶解,但在肠胃道结肠中可以被细菌 100% 发酵和重吸收的一类淀粉及其衍生物。

淀粉是由直链淀粉和支链淀粉组成的晶体结构。其中直链淀粉主要存在于淀粉晶体的不定形区,而支链淀粉主要存在于淀粉晶体的结晶区。当有淀粉酶存在时,便与直链淀粉组成的不定形区结合,并开始起酶解作用,最终破坏了淀粉的晶体结构。而抗性淀粉是在加热破坏原有晶体结构后,直链淀粉在冷却过程中产生新的淀粉晶体结构,新的结晶紧密相连,不被酶解。

抗性淀粉并非一类完全相同的物质,根据抗性淀粉的来源和形成的过程,可将抗性淀粉分为四个大类:

(1)RS1,物理包埋淀粉(physically trapped starch)。RS1 淀粉本身并不具有抗淀粉酶酶解的能力,而是埋藏在细胞壁、蛋白质之中或者在机械加工过程中发生包埋作用,这种物理性屏蔽使得这类淀粉与淀粉酶不能直接接触,从而不被分解。RS1 的淀粉颗粒一般较大,多存在于粗碾磨的谷类、豆类中,食物机械加工或饮食咀嚼等物理作用容易改变它的含量。

(2)RS2,抗性淀粉颗粒(resistant starch granule)。RS2 具有天然的抗酶解作用,是一类具有一定粒型、粒度的淀粉颗粒。它的抗消化性来源于其较大的密度和直链淀粉形成的 B 型晶体结构,在未经过加热破坏结晶结构时,致密的结构使得淀粉不被淀粉酶酶解。RS2 主要存在于一些生的淀粉中,如绿的香蕉、生的土豆和玉米。这类淀粉在经过加热糊化后,其抗酶解作用会消失。

(3)RS3,回生淀粉(retrograded starch)。RS3 也称为老化淀粉,是淀粉在经过加热后,晶体结构、聚合度和化学键发生改变,之后的冷却过程中重新形成新结晶的一类淀粉。新的结晶结构具有的致密结构和一定的化学键,使得淀粉酶无法接近或作用于淀粉。回生淀粉主要分为两种,一种是由支链淀粉的凝固沉淀形成的 SR3a,另一种是由直链淀粉的凝固沉淀形成的 SR3b。SR3a 形成后再次经过加热处理会破坏它的结晶结构,从而加热后不具抗酶解作用;SR3b 形成后即使经多次加热处理仍不会破坏它的结晶结构,因此 SR3b 的抗淀粉酶性强于 SR3a。RS3 多存在于经糊化冷却后的食品中,如煮熟冷却的米饭、马铃薯、玉米和面包中。食品的直链淀粉含量、含水量、加热速率和冷却速率等因素都会影响 RS3 的含量。

(4)RS4,化学改性淀粉(chemically modified starch)。RS4 是由化学变性或基因改造的作用,使得存在酶抑制剂、改变分子结构或者引入化学官能团等,从而产生抗酶解性的一类淀粉。化学变性主要有乙醚、磷酸盐和酯类等化学试剂的作用;基因改造如转基因作物,导入具有空间位阻的保护基因。

在四类抗性淀粉中除了 RS4 外,其他三类抗性淀粉都与植物自然存在的淀粉含量和固有的特性有重要的关系,因此可利用遗传育种的方法提高稻米的抗性淀粉含量。其中 RS3 具有较好的市场开发潜能,市场上关于高抗性淀粉的食品多为 RS3 型。

抗性淀粉在健康人体的小肠中不被酶解吸收,可降低升高的血糖值、预防和控制糖尿病;在胃肠道中被细菌消化产生的短链脂肪酸可以降低血脂、促进矿物质的吸收;还可以控制人的体重、预防和治疗肠道疾病等。1988 年被联合国粮农组织(FAO)和世界卫生组织(WHO)称为"是碳水化合物与人体健康关系研究中一项最重要的成果"。由于抗性淀粉与水溶性膳食纤维(DF)有很多相似的生理功能,已被 FAO 列为新型的膳食纤维,但是随着研究的不断深入,发现抗性淀粉比膳食纤维具有更广泛、更优越的生理功能。

二、抗性淀粉的功能

1. 对餐后血糖值和胰岛素水平的控制

抗性淀粉在胃中和小肠中不被消化,从而减少了餐后葡萄糖等可溶性糖的生成和吸收,起到控制餐后血糖迅速升高的作用。关于抗性淀粉控制餐后血糖值和胰岛素水平的研究,国内外学者已经有较多的报道,他们的研究结果也较为一致:抗性淀粉能控制餐后血糖的迅速升高、可降低胰岛素的分泌量。

Muir 等人利用缓慢吸收法,在对含淀粉食物的实验中发现,抗性淀粉降低了餐后血糖值和胰岛素的分泌量,对 2 型糖尿病的控制有较好的效果;王竹等人的研究发现,食用抗性淀粉后胰岛素升高的幅度显著($P<0.05$)低于食用葡萄糖或可消化淀粉,食用抗性淀粉的消化峰值显著($P<0.05$)低于食用葡萄糖或可消化淀粉,但是经过 30 h 消化,抗性淀粉转化的能量与其他两个组别基本一致,说明抗性淀粉可维持餐后血糖稳态、控制胰岛素升高,也可以较完全地被吸收利用。

Diane 等人通过测定食用等量不同食品一定时间内的血糖高峰值和胰岛素水平,结果显示:在 60 min 内,食用抗性淀粉组别人员的血糖高峰值明显低于其他食用完全消化淀粉和天然淀粉的组别,在 90 min 内,食用抗性淀粉组别人员的胰岛素水平也明显低于其他两个组别。白建江等人比较了高抗性淀粉含量的"降糖稻 1 号"和低抗性淀粉含量"金丰"对 2 型糖尿病大鼠血糖值的影响,发现高抗性淀粉稻米能较好地控制 2 型糖尿病大鼠血糖值的升高。

2. 降低血清胆固醇和三酰甘油含量

关于抗性淀粉降低血清中胆固醇、三酰甘油含量以及它的作用机制,国内外的研究人员已经做了较多的研究,多数学者认为抗性淀粉能降低血清中的胆固醇和三酰甘油含量,它的作用主要是通过增加粪便和类固醇的排泄实现的。

Han 等人通过给大鼠喂养含抗性淀粉的豆类,发现喂养富含抗性淀粉的豆类的大鼠血浆中不同胆固醇明显低于对照组,而肝中的相关基因水平明显升高,表明抗性淀粉通过增加控制胆固醇代谢的基因水平,从而促进胆固醇的代谢,降低血清中胆固醇水平;国内学者丁玉琴等人也发现,喂养抗性淀粉的 2 型糖尿病大鼠血脂含量显著下降;Lopez 等人通过观察大鼠盲肠的肥大和短链脂肪酸的积累,发现食用抗性淀粉能降低血清的胆固醇和三酰甘油水平;张文青等人的报道与 Han 等人的研究相似,认为提高相关基因的表达从而降低血清胆固醇和三酰甘油水平,是抗性淀粉降血脂的作用机制。

3. 促进矿物质的吸收

抗性淀粉与水溶性膳食纤维有很多相似的生理功能,但是膳食纤维因为含有植酸这个抗营养因子,影响人体对矿物质、维生素的吸收。而抗性淀粉不仅不含植酸,不影响矿物质的吸收,并且能促进矿物质的吸收。

对于抗性淀粉能促进矿物质吸收及其机制,很多学者也做了这方面的研究。李敏等人认为抗性淀粉在大肠中被细菌发酵产生短链脂肪酸降低了肠道的 pH 值,增加了矿物质的溶解量,从而促进矿物质的吸收,同时短链脂肪酸能使得盲肠的壁面扩大,增加了矿物质与上皮细胞的接触面积,加速了矿物质的吸收;杨参等人通过给大鼠喂养含 6.1% 和 10.8% 甘薯抗性淀粉的饲料,结果显示,喂养 6.1% 和 10.8% 甘薯抗性淀粉饲料的大鼠血清中的矿物质镁、锌等都有显著的提高;Lina 等人通过测定喂食抗性淀粉一定时间大鼠的股骨中矿物质含量,与对照组对比表明,抗性淀粉明显提高了大鼠股骨中的锌等矿物质的含量;王竹等人研究了喂养一般饲料、高糖饲料和高糖含抗性淀粉饲料大鼠的锌营养状况,研究结果证明:抗性淀粉在增加粪便排出量的同时却不增加锌的排出量,高糖抗性淀粉饮食的大鼠的锌营养水平也正常,说明抗性淀粉能很好地促进矿物质的吸收。

4. 预防肠癌,保护肠道

抗性淀粉在大肠中被益生菌微生物发酵,产生短链脂肪酸和一些气体。产生的气体可以使粪便疏松,增加了粪便的体积,从而防治便秘,保护肠道;抗性淀粉的发酵为细菌的生存提供了能量,避免了细菌对蛋白质的分解产生有害物质;短链脂肪酸中的丁酸能预防癌细胞的产生,预防肠癌。

Ranhostra 等人在喂养大鼠时添加了适量的抗生素,抗生素可以促进肠道正常细菌的大量繁殖,最后测得大鼠的粪便增加了 18 倍;而在喂食抗性淀粉与一般淀粉的对比实验中,发现喂食抗性淀粉的大鼠粪便比对照组增加了 6 倍;Phillips 等人通过对比食用高抗性淀粉食品和食物低抗性淀粉食品两组人粪便的指标,发现食用高抗性淀粉食品组的粪便 pH 值降低了 0.6,质量明显增加,而短链脂肪酸中的丁酸含量显著升高了。Ahmad 等人通过给小鼠灌胃可以抑制丁酸氧化的硫酸葡聚糖,使得丁酸不能为结肠黏膜提供能量,最终诱导小鼠得了结肠炎。Bauer 等人的研究发现丁酸能抑制癌症早期变化的结肠或直肠上皮细胞过量增生和转化,达到预防直肠癌作用;徐发贵等人对 150 名大肠癌患者和 300 名进行流行病学的统计和调查,发现甘薯等抗性淀粉含量较高的食物能预防大肠癌的发生。

5. 控制体重,利于减肥

抗性淀粉与膳食纤维一样,可以减缓肠道分解、吸收碳水化合物的速度,产生的短链脂肪酸可以增加人饱腹感,减少进食量,控制体重。抗性淀粉还可以促进脂肪的氧化、分解和排出,起到减轻体重的作用。

de Roos 等人通过对食用高抗性淀粉食品的志愿者饱腹感进行观察记录,发现食用高抗性淀粉食品的人比食用一般面包的人饱腹感更明显,在进食后 70~120 min 内食欲较低。Holly 等人让志愿者分别食用抗性淀粉、低纤维松饼、聚葡萄糖和混合燕麦纤维 4 种食物,最后发现食用抗性淀粉和玉米糠组别的人餐后饱腹感最强。于淼等人利用抗性淀粉较高的甘薯喂养大鼠,发现胆固醇和三酰甘油的含量降低了,促进脂质的代谢作用,减少了能量的贮存。

三、高抗性淀粉稻米的研究成果

抗性淀粉是一类在健康人体的小肠中不被吸收,而在大肠中被细菌发酵利用的淀粉。抗性淀粉具有控制血糖、降低血脂、防治肠癌和促进矿物质吸收等重要生理功能。水稻是世界上三大主要粮食作物之一,我国超过 2/3 人口以米饭为主食,但是其抗性淀粉含量只有 1%~3%。目前,人们每天抗性淀粉摄入量远低于 25 g 的健康生活需求。

王龙平、郑金贵(2014)在建立适合稻米抗性淀粉含量测定方法的基础上,对高抗性淀粉水稻优异种质资源进行了筛选、杂种优势分析和加工利用研究,为高抗性淀粉水稻的培育和高抗性淀粉食品的开发奠定了一定基础。主要研究结果如下:

(1) 改进测定食品抗性淀粉的 Goni 法,建立一套适合稻米抗性淀粉含量测定的方法。优化后的测定方法条件为:①沸水浴 20 min;②保温 10 min;③放置 15 min;④蛋白酶去除蛋白质;⑤去除可消化淀粉条件:淀粉酶量 200 μL、摇床时间 14 h;⑥转化抗性淀粉条件:缓冲液 4 mL、糖化酶 100 μL、摇床温度 56℃、摇床转速 200 r/min 和摇床时间 80 min。利用该方法测得的稻米抗性淀粉含量准确、重复性好。

(2) 测定 92 份水稻的稻米抗性淀粉含量,分析了抗性淀粉含量与其他 9 个理化性质的相关性。结果(见表 1-4-1)表明:92 份水稻种质资源中,抗性淀粉含量与直链淀粉具有极显著($P<0.01$)的正相关,相关系数 $r=0.699$;与胶稠度呈极显著($P<0.01$)负相关,相关系数$=-0.513$;与蛋白质中的醇蛋白呈极显著性($P<0.01$)负相关,相关系数$=-0.313$。获得 2 份高抗性淀粉水稻种质资源:2D657、57S,其抗性淀粉

含量分别为 7.11%、6.20%。

（3）利用 CNⅡ 遗传交配设计，分析水稻抗性淀粉的遗传方差和杂种优势。结果表明：水稻的稻米中抗性淀粉含量遗传加性方差 V_A＝1.182 6，显性方差 V_D＝0.055，抗性淀粉的遗传以加性作用为主，占总遗传方差的 95.59%。在亲本中，57S 的一般配合力（GCA）最高，正向效应值为 0.78；在各组合的特殊配合力（SCA）中，华 1A/GR9、57S/DN201 的特殊配合力最高，分别为 0.37、0.31。选用 57S 为亲本，可获得抗性淀粉含量较高的杂交组合。

（4）设计、优化以高直链淀粉稻米为原料的速食粥加工工艺。加工工艺：原料稻米→除杂→一次蒸煮→浸泡→二次蒸煮→摆盘→冷冻→热风干燥→成品。72 份原料稻米的直链淀粉与速食粥感官品质分数呈极显著（$P<0.01$）正相关性，相关系数＝0.473（见表 1-4-2 和表 1-4-3）。优化高抗性淀粉速食粥加工工艺：一次蒸煮加水比例 1.1（mL/g），蒸煮时间 7 min，浸泡加水比例 3.6（mL/g）浸泡时间 3 h，二次蒸煮加水比例 1.1（mL/g）；二次蒸煮时间 10 min，冷冻温度 −11 ℃，热风干燥温度 75℃。优化后抗性淀粉含量提高 17.52%。

表 1-4-1　稻米抗性淀粉含量与其他理化性质之间的相关性

相关性及显著性	抗性淀粉	直链淀粉	胶稠度	最高黏度	最低黏度	衰减值	清蛋白	球蛋白	醇蛋白	谷蛋白
抗性淀粉		0.699**	−0.513**	−0.168	−0.205*	0.139	−0.028	−0.060	−0.313**	−0.073
直链淀粉	0.699**		−0.624**	−0.192	−0.229*	0.141	−0.159	−0.105	−0.135	−0.099
胶稠度	−0.513**	−0.624**		0.124	0.170	−0.156	0.129	−0.004	0.108	0.085
最高黏度	−0.168	−0.192	0.124		0.939**	−0.007	−0.050	0.079	0.009	−0.059
最低黏度	−0.205*	−0.229*	0.17	0.939**		−0.350**	−0.001	0.020	0.064	−0.076
衰减值	0.139	0.141	−0.156	−0.007	−0.350**		−0.135	0.157	−0.163 2	0.061
清蛋白	−0.028	−0.159	0.129	−0.05	−0.001	−0.135		0.322**	−0.063	−0.093
球蛋白	−0.06	−0.105	−0.004	0.079	0.02	0.157	0.322**		−0.157	−0.133
醇蛋白	−0.313**	−0.135	0.108	0.009	0.064	−0.163 2	−0.063	−0.157		0.053
谷蛋白	−0.073	−0.099	0.085	−0.059	−0.076	0.061	−0.093	−0.133	0.053	

据王龙平、郑金贵（2014）

表 1-4-2　稻米理化性质和速食粥感官评价得分表

品种	直链淀粉/%	胶稠度/mm	总蛋白/%	复水率（25 分）	外观（25 分）	黏着性（25 分）	加工（25 分）	综合（100 分）
1A820	22.186	27.30	7.32	18.30	18.65	12.03	17.36	48.98
1C681	20.359	51.00	6.89	19.03	17.92	13.92	16.48	50.87
2A1381	4.742	87.67	7.54	10.08	9.88	14.36	14.63	34.32
2A1382	6.451	77.13	8.21	9.65	10.23	12.46	13.25	32.34
2A1383	6.59	89.17	7.8	8.96	11.54	14.95	14.26	35.45
2A1384	0.696	101.67	7.41	10.54	10.85	15.68	13.44	37.07
2A1385	6.407	94.70	9.23	11.91	11.46	15.92	13.95	39.29
2A1386	6.528	84.33	8.02	11.27	10.74	16.35	14.20	38.36
2A1387	6.393	81.07	7.95	10.66	12.45	12.90	12.03	36.01
2A1388	4.65	85.34	7.77	10.84	12.62	14.36	11.58	37.82

品种	直链淀粉/%	胶稠度/mm	总蛋白/%	复水率(25分)	外观(25分)	黏着性(25分)	加工(25分)	综合(100分)
2A1389	6.663	87.07	7.38	11.2	13	12.36	16.24	36.56
2D498	4.89	116.23	10.24	9.83	12.95	12.03	12.3	34.81
2D499	13.33	114.87	10.21	11.56	13.41	14.5	12.15	39.47
2D500	18.02	86.53	9.78	12.84	10.62	12.84	16.03	36.3
2D501	14.49	76.37	9.07	13.2	11.63	13.94	12.36	38.77
2D503	22.34	49.53	8.43	16.95	14.68	11.76	15.24	43.39
2D504	22.84	74.63	7.93	12.63	13.95	13.95	13.26	40.53
2D505	17.53	83.23	9.13	11.14	12.75	14.63	15.27	38.52
2D506	23.52	83.5	8.26	16.58	14.54	12.36	15.85	43.48
2D507	14.24	107.63	9.53	13.54	11.95	14.69	13.49	40.18
2D508	14.15	109.7	9.48	12.11	12.67	12.08	12.68	36.86
2D509	8.61	125.17	9.76	13.91	10.95	14.36	13.02	39.22
2D510	11.3	118	8.37	10.54	13.85	13.92	14.55	38.31
2D511	18.95	77.17	6.06	12.67	12.75	15.86	13.67	41.28
2D512	13.59	103.07	5.99	10.98	12.46	14.68	13.09	38.12
2D513	16.6	116.97	7.63	12.74	13.4	15.9	12.3	42.04
2D514	12.99	119.2	6.51	11.56	13.06	13.69	14.05	38.31
2D515	15.32	106.7	8.81	12.01	10.28	12.76	16.8	35.05
2D516	20.35	74.73	7.33	14.92	13.01	11.65	13.57	39.58
2D517	11.71	112.1	6.91	11.36	12.43	16.95	12.36	40.74
2D518	15.42	116.97	7.34	14.97	12.92	12.68	14.69	40.57
2D519	15.26	99.23	7.83	10.85	11.63	14.67	13.05	37.15
2D520	13.77	97.87	8.09	12.74	12.46	14.95	13.6	40.15
2D521	12.18	107.5	7.77	13.62	10.3	14.3	14.89	38.22
2D522	18.39	59.1	7.51	11.21	12.57	12.87	12.98	36.65
2D523	18.34	129.97	6.83	13.49	12.98	12.89	12.34	39.36
2D524	24.24	66.27	7.31	16.74	15.65	11.92	14.64	44.31
2D525	7.2	105.43	6.73	11.62	13.34	15.09	12.52	40.05
2D526	15.76	92.43	7.01	10.63	10.62	13.87	14.24	35.12
2D527	21.99	104.9	8.17	13.6	11.09	12.93	12.61	37.62
2D528	7.37	110.37	8.34	10.22	14.39	12.38	12.92	36.99
2D529	12.58	89.73	9.10	14	12.37	16.57	10.36	42.94
2D530	14.84	96.67	8.92	14.21	10.46	12.5	13.47	37.17
2D531	19.9	77.33	8.53	13.26	11.48	14.65	15.68	39.39
2D532	21.61	87.53	8.72	11.07	13.73	15.99	14.84	40.79
2D533	5.87	128.97	8.23	11.85	12.91	14.85	12.06	39.61
2D534	5.96	134.53	8.77	10.95	12.3	12.36	11.25	35.61

续表

品种	直链淀粉/%	胶稠度/mm	总蛋白/%	复水性(25分)	外观(25分)	黏着性(25分)	加工(25分)	综合(100分)
2D535	15.07	129.8	8.47	14.28	14.06	14.85	15.34	43.19
2D537	14.39	113.67	9.39	13.21	13.85	15.04	12.62	42.1
2D538	12.86	103.93	9.56	13.62	12.32	14.95	13.85	40.89
2D539	15	114.27	7.72	14.28	13.95	15.06	12.95	43.29
2D540	11.6	99.4	8.53	13.01	13.59	15.84	13.75	42.44
2D541	12.47	93.23	8.88	11.54	14.26	16.95	12	42.75
2D542	12.78	86.47	8.29	12.91	10.58	12.3	13.56	35.79
2D543	15.59	84.23	9.28	9.45	12.36	12.68	15.48	34.49
2D544	10.52	103.1	7.48	10.65	12.43	14.06	14.06	37.14
2D545	15.19	96.07	9.79	12.04	12.21	14.28	16.08	38.53
2D546	0.11	134.1	8.22	11.71	11.57	15.02	11.39	38.3
2D547	0.5	128.53	7.40	12.06	12.09	15.73	11.78	39.88
2D548	24.19	83.33	6.63	16.31	15.25	10.62	15.95	42.18
2D549	21.68	67.8	7.93	12	13.82	14.92	16.37	40.74
2D550	23.49	93.2	7.89	13.62	12	14.72	14.35	40.34
2D551	25.85	95.27	8.25	14.03	14.45	13.69	19.38	42.17
2D552	27.06	84.8	7.75	14.54	15.64	10.9	14.23	41.08
2D553	23.53	114.57	6.65	15.85	16.92	14.04	15.32	46.81
2D554	21.18	74.97	7.72	13.62	13.6	15.33	13.2	42.55
2D555	14.22	90.57	9.09	11.87	10.27	12.56	14.85	34.7
2D556	10.1	108.37	8.62	15.23	14.64	15.87	12.08	45.74
2D557	12.95	125.33	9.74	12.62	12.92	10.25	14.65	35.79
2D558	11.39	92.43	9.98	10.65	13.62	15.8	12.84	40.07
2D559	12.46	104.1	7.81	11.43	14.85	16.5	14.79	42.78
2D560	12.77	104.63	8.84	11.95	13.94	14.06	10.89	39.95

据王龙平、郑金贵(2014)

表 1-4-3 稻米理化性质和速食粥感官评价相关性分析

相关性	直链淀粉	胶稠度	总蛋白	复水率	外观	黏着性	加工	综合
直链淀粉	1	−0.461**	−0.155	0.616**	0.467**	−0.299*	0.507**	0.473**
胶稠度	−0.461**	1	0.171	−0.317**	−0.266*	0.19	−0.410**	−0.240*
总蛋白	−0.155	0.171	1	−0.172	−0.236*	−0.027	−0.099	−0.236*
复水性	0.616**	−0.317**	−0.172	1	0.575**	−0.253*	0.328**	0.781**
外观	0.467**	−0.266*	−0.236*	0.575**	1	−0.104	0.23	0.809**
黏性	−0.299*	0.19	−0.027	−0.253*	−0.104	1	−0.294*	0.253*
加工	0.507**	−0.410**	−0.099	0.328**	0.23	−0.294*	1	0.181
综合	0.473**	−0.240*	−0.236*	0.781**	0.809**	0.253*	0.181	1

据王龙平、郑金贵(2014)

蒋孝艳、郑金贵(2015)对现有的食品抗性淀粉含量检测方法进行系统的对比研究,确立测定稻米抗性淀粉含量的专用方法——熟化检测法。用该法测定85份两系杂交稻及其亲本稻米的抗性淀粉含量并进行杂种优势和配合力分析,发掘富含抗性淀粉的稻米品种,并与其他稻米性状进行相关性分析,同时优化了稻米抗性淀粉制备工艺,主要研究结果如下:

(1)通过模拟人体进食米饭后的消化过程,研究获得了稻米抗性淀粉测定的专用方法——熟化检测法,其检测过程为:大米粉碎过100筛;取适量过筛米粉用85%甲醇脱脂;电磁炉蒸煮20 min室温冷却;去除蛋白质,37℃振荡16 h以上去除可消化淀粉;糖化抗性淀粉转化为葡萄糖,间接测定稻米抗性淀粉的含量。

(2)熟化法检测85份杂交稻米和18份水稻亲本的抗性淀粉含量,发现亲本及其杂交一代的抗性淀粉含量存在显著性差异($P<0.01$),其中78S和272S的抗性淀粉含量显著高于其他亲本,57S×红MH86、78S×红MH86和272S×红MH86杂交组合的抗性淀粉含量显著高于其他组合;杂种优势与配合力分析显示78S×1B370,57S×黑MH63、78S×黑MH63和272S×黑MH63具有较明显的杂种优势效应;红MH86一般配合力最高,78S×1B370的特殊配合力效应最高;黑MH63、红MH86、78S可作为高抗性淀粉水稻品系选育的优良亲本。

表1-4-4 参试亲本抗性淀粉含量

编号	亲本	抗性淀粉含量/%			
		I	II	III	平均值
1	红MH86[H]	5.98	5.87	6.01	5.95
2	黑MH86	3.42	3.36	3.40	3.39
3	黑MH63[G]	3.35	3.23	3.31	3.30
4	红9311	4.06	3.88	3.98	3.97
5	红宝石	5.04	4.86	4.97	4.96
6	Red1	3.82	3.79	3.80	3.80
7	OC88[D]	3.98	3.77	3.87	3.87
8	1B370[F]	4.74	4.67	4.71	4.71
9	超38	5.12	4.96	5.06	5.05
10	超60	3.96	3.85	3.92	3.91
11	Basmati	4.30	4.32	4.27	4.30
12	N84[E]	3.60	3.54	3.57	3.57
13	福8[I]	5.09	4.95	4.89	4.98
14	57S[A]	6.09	6.01	5.87	5.99
15	78S[B]	6.61	5.96	6.60	6.39
16	272S[C]	6.40	6.38	6.43	6.40
17	528S	3.70	3.65	3.72	3.69
18	广占63S	4.19	4.12	3.96	4.09

据蒋孝艳、郑金贵(2015)

表 1-4-5　亲本抗性淀粉含量方差分析

变异来源	平方和	df	均方	F	显著性
亲本组间	54.343	17	3.197	252.809	0.000
亲本组内	0.455	36	0.013		
总数	54.798	53			

据蒋孝艳、郑金贵(2015)

表 1-4-6　杂交一代抗性淀粉含量方差分析

变异来源	平方和	df	均方	F	显著性
组间	142.441	43	3.313	76.796	0.000
组内	3.796	88	0.043		
总数	146.237	131			

据蒋孝艳、郑金贵(2015)

(3)稻米抗性淀粉含量与其品质相关与回归分析结果(见表 1-4-7)表明:抗性淀粉含量与直链淀粉含量呈极显著正相关,与胶稠度呈极显著负相关($P<0.01$),与稻米淀粉总含量、糙米率、精米率相关性不显著;多元线性回归分析结果显示,相关分析的指标中,胶稠度对抗性淀粉含量的影响最大,其次是直链淀粉＞糙米率＞淀粉总量。

表 1-4-7　稻米品质相关性分析

		抗性淀粉含量	直链淀粉	淀粉含量	胶稠度	糙米率	精米率
抗性淀粉含量	相关系数	1.000	0.354**	0.060	−0.043	0.191**	−0.076
	Sig.		0.000	0.153	0.303	0.000	0.067
直链淀粉	相关系数	0.354**	1.000	−0.003	−0.315**	0.123**	−0.149**
	Sig.	0.000		0.942	0.000	0.003	0.000
淀粉含量	相关系数	0.060	−0.003	1.000	0.225**	−0.172**	−0.045
	Sig.	0.153	0.942		0.000	0.000	0.286
胶稠度	相关系数	−0.043	−0.315**	0.225**	1.000	−0.153**	−0.019
	Sig.	0.303	0.000	0.000		0.000	0.647
糙米率	相关系数	0.191**	0.123**	−0.172**	−0.153**	1.000	−0.036
	Sig.	0.000	0.003	0.000	0.000		0.389
精米率	相关系数	−0.076	−0.149**	−0.045	−0.019	−0.036	1.000
	Sig.	0.067	0.000	0.286	0.647	0.389	

注:Sig.表示显著性。
据蒋孝艳、郑金贵(2015)

(4)研究确立了酸化与高压蒸煮复合法制备稻米抗性淀粉的最佳工艺参数:淀粉乳浓度为 33%(以米粉计),酸化最适 pH＝5,110 ℃高压蒸煮 20 min,室温自然冷却,抗性淀粉最高获得率为 17.72%。

参考文献

[1]MUIR J，NIBA L. Resistant starch：a potential functional food ingredient[J]. Nutrition and Food Science,

2002(2):3262-3267.

[2]王竹,杨月欣,周瑞华,等.抗性淀粉的代谢及对血糖的调节作用[J].营养学报,2003,2(25):190-194.

[3]DIANE A A, PARCHURE A A. Effect of food processing treatments on generation of resistant starch Brown Ian L. Applications and uses of resistant starch [J]. Journal of AOAC International, 2004, 8(73): 727-732.

[4]白建江,朱辉明,李丁鲁,等.高抗性淀粉稻米对 GK 糖尿大鼠的血糖和血脂代谢的影响[J].中国食品学报, 2012,9(12):16-20.

[5]张文青,张月明,郑灿龙.抗性淀粉临床降糖降脂效果观察[J].中华医学研究杂志,2006,6(7):732-734.

[6]HAN K H, FUKUSHIMAM, KATOT, et al. Enzyme-resistant fractions of beans lowered serum cholesterol and increased sterol excretions and hepatic mRNA levels in rats [J]. Lipid, 2003,38(9):919-924.

[7]丁玉琴,孔三图,郑锦锋.2 型糖尿病大鼠血糖血脂水平与抗性淀粉的相关性[J].中国临床康复,2005,9 (15):92-93.

[8]LOPEZ H W, LEVRAT-VERNY M A, COUDRAY C,et al. Class 2 resistant starches lower plasma and liver lipids and improve mineral retention in rats[J]. J Nutr,2001,131(4):1283-1289.

[9]张文青,张月明,郑灿龙.抗性淀粉临床降糖降脂效果观察[J].中华医学研究杂志,2006,6(7):732-734.

[10]李敏,杨晓光,朴建华.抗性淀粉生理功能的研究进展[J].卫生研究,2008,37(5):640-643.

[11]杨参,阚建全,陈宗道,等.抗性淀粉及其生理功能研究进展[J].粮食科技与经济,2003,28(3):41-12.

[12]LINA Y, HIROO S. Effects of dietary zinc levels, phytic acid and resistant starch on zinc bioavailability in rats [J]. Eur J Nutr, 2005,44(6):384-391.

[13]王　竹,门建华,杨月欣,等.抗性淀粉对大鼠锌营养状况的影响[J].营养学报,2002,24(2):167-170.

[14]RANHOTRA G S, GELROTH J A, ASTROTII J A, et al. Effect of resistant starch on intestinal responses in rats [J]. Cereal Chemistry, 1991,68(2):130-132.

[15]PHILLIPS W K. Effects of chemical modification on in vitro rate and extent of food starch digestion: an attempt to discover a slowly digested starch[J]. Journal of Agriculture and Food Chemistry,1999,47:4178-4183.

[16]AHMAD M S, KRISHNAN S, RAMAKRISHNA B S, et al. Butyrate and glucose metabolism by colonocytes in experimental colitis in mice [J]. Gut,2000,46(4):493-499.

[17]BAUERMM, FLORIAN S, MULLER S K, et al. Dietary resistant starch type 3 prevents tumor induction by 1, 2-dimethylhydrazine and alters proliferation, apoptosis and dedifferentiation in rat colon [J]. Carcinogenesis,2006,27(9):1849-1859.

[18]廖玫珍,姜宝法,许传辉,等. 载脂蛋白 E 基因多态性与冠心病的关系[J]. 实用预防医学, 2004(4): 691-692.

[19]DE ROOS N, HEIJNEN M L, DE GRAAF C, et al. Resistant starch has little effect on appetite, food intake and insulin secretion of healthy young men[J]. Eur J Clin Nutr,1995,49(7):532-541.

[20]WILLIS H J, ELDRIDGE A I, BEISEIGEL J, et al. Greater satiety response with resistant starch an corn bran in human subjects[J]. Nutrition Research,2009,29(2):100-105.

[21]王龙平. 高抗性淀粉水稻优异种质资源研究与利用[D].福州:福建农林大学,2014.

[22]蒋孝艳. 两系杂交水稻抗性淀粉的研究[D].福州:福建农林大学,2015.

第五节 营养功能米研究进展

一、人参皂苷功能稻米研究进展

人参皂苷是名贵中药人参的核心活性成分,具有增强免疫力、抗肿瘤、抗动脉硬化、保护心肌作用等。前人研究表明,人参皂苷与水稻甾醇具有相似的代谢途径。人参皂苷属于植物次生代谢产物中的三萜皂苷,即植物类异戊二烯代谢途径三萜类合成代谢支路的产物(图 1-5-1),2,3-环氧角鲨烯环化酶(2,3-oxidosqualene cyclase,OSC)是三萜皂苷生物合成的限速酶。水稻中的甾醇与人参属中的三萜皂苷,生物合成的前体均为 2,3-环氧角鲨烯,但人参中的 OSC 主要包含达玛烯二醇合成酶(DS)和 β-香树脂醇合成酶(β-AS),它们分别催化 2,3-环氧角鲨烯合成达玛烷型四环三萜类和齐墩果酸型五环三萜类的前体——达玛烯二醇和 β-香树脂醇;而水稻中的 OSC 主要是环阿屯醇合成酶(cycloartenol synthase,CS),它催化 2,3-环氧角鲨烯合成植物甾醇的前体——环阿屯醇。由此可见,水稻和人参中 OSC 基因及其编码酶的差异导致了 2,3-环氧角鲨烯合成不同的产物。通过基因工程手段,将人参皂苷生物合成途径的关键酶基因转入主食水稻,使之产生人参皂苷的代谢支路(图 1-5-2),可创制出稻米含有人参皂苷的转基因水稻——"人参稻"。

黄志伟、许明、郑金贵等(2015)利用 RT-PCR 技术,从韩国高丽参中克隆出人参皂苷生物合成途径上游的 2 个关键酶基因:β-香树脂醇合酶基因 β-AS(2286 bp)、达玛烷烯二醇合成酶基因 DS(2310 bp)。并将其与水稻胚乳特异表达启动子 pGt1 进行连接,分别构建出 β-AS 基因和 DS 基因的双 T-DNA 植物表达载体。通过农杆菌介导法,将上述 2 个植物表达载体分别转入优质水稻品种"台粳 9 号"中,共获得阳性转基因植株 132 株,其中 68 株含有人参 β-AS 基因,64 株含有人参 DS 基因。

以齐墩果酸(Oleanolic acid,Ole)为标样,采用 HPLC 法对表达量最高的 4 个转 β-AS 基因水稻株系(A10、A30、A37、A43)进行稻米皂苷元含量的检测,结果表明:4 个转基因植株中,齐墩果酸的含量为 8.3~11.5 mg/100 g(干重),而阴性植株和非基因对照的稻米均未检测出齐墩果酸(图 1-5-3)。据王佳等(2015)报道,人参根部的齐墩果酸型皂苷 R0 含量为 214 mg/100 g。

研究创制得到的人参皂苷功能稻米,其人参皂苷(齐墩果酸)含量最高可以达到 11.5 mg/100 g,是人参的 5.4%。每食用 500 g 这种人参皂苷功能稻米,相当于人体摄入了 27 g 人参。

分别以 20(S)-原人参二醇[20(S)-protopanaxadiol,PPD]、20(S)-原人参三醇[20(S)-protopanaxatriol,PPT]和达玛烯二醇(dammarenediol-Ⅱ,DAD)为标样,采用 HPLC 法对表达量最高的 4 个转 DS 基因水稻株系(D6、D22、D24、D36)进行稻米皂苷元和达玛烯二醇含量的测定,结果表明:在 T2 代转基因株系 D6、D22、D24、D36 的稻米中,PPD 的含量为 0.39~0.59 mg/g,PPT 的含量为 0.25~0.37 mg/g,DAD 的含量为 0.06~0.43 mg/g,而阴性植株和非基因对照的稻米中均未检测出皂苷元 PPD、PPT 和达玛烯二醇(图 1-5-4)。据张念洁等(2015)报道,人参中的原人参二醇(PPD)含量为 130 mg/100 g。

研究创制得到的人参皂苷功能稻米,其人参皂苷(原人参二醇)含量最高可以达到 0.59 mg/100 g,是人参的 0.45%。每食用 500 g 这种人参皂苷功能稻米,相当于人体摄入了 2.25 g 人参。

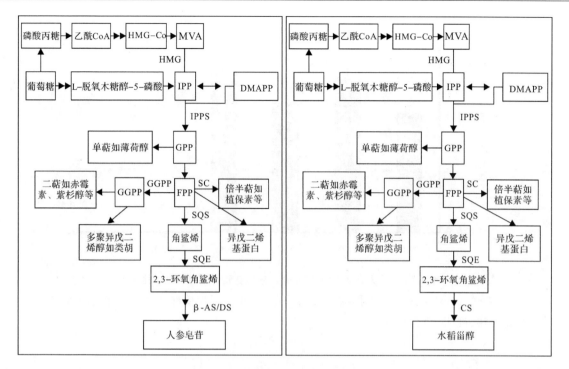

图 1-5-1　人参皂苷和水稻甾醇的合成代谢途径

注:HMG-CoA—3-羟基-3-甲基戊二酰辅酶 A;MVA—甲羟戊酸;IPP—异戊烯二磷酸;DMAPP—3,3-二甲基丙烯基二磷酸;GPP—二甲基辛烯二磷酸;FPP—法尼基二磷酸;GGPP—二甲基辛烯二甲基辛烯二磷酸;HMGR—HMG-CoA 还原酶;IPPS—GPP 合成酶;MC—单萜环化酶;FPPS—FPP 合成酶;SC—倍半萜环化酶;GGPPS—GGPP 合成酶;SQS—角鲨烯合成酶;SQE—角鲨烯环氧化酶;CS—环阿屯醇合成酶;LUS—羽扇豆醇合成酶;LS—羊毛甾醇合成酶;α-AS—α-香树脂醇合成酶;DS—达玛烯二醇合成酶;β-AS—β-香树脂醇合成酶

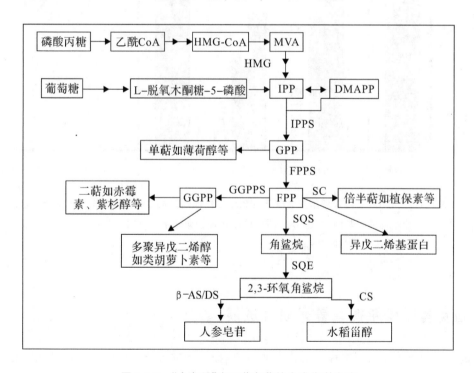

图 1-5-2　"人参稻"中三萜皂苷的合成代谢支路

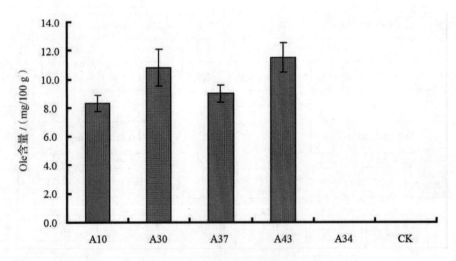

图 1-5-3　转人参 β-AS 基因水稻稻米皂苷元含量的 HPLC 检测

注：A10、A30、A37、A43 为不同的转基因株系，A34 为阴性植株，CK 为非转基因对照。

据黄志伟、许明、郑金贵等（2015）

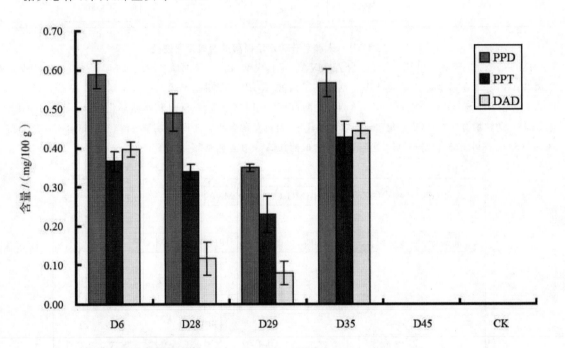

图 1-5-4　转人参 DS 基因水稻稻米皂苷元（PPD、PPT）和达玛烯二醇（DAD）含量的 HPLC 检测

注：D6、D22、D24、D36 为不同的转基因株系，D45 阴性植株，CK 为非转基因对照，PPD：20（S）-原人参二醇；
PPT：20（S）-原人参三醇；DAD：达玛烯二醇。

据黄志伟、许明、郑金贵等（2015）

二、籽粒苋氨基酸平衡营养米研究进展

人体对氨基酸的吸收是根据人体新陈代谢的需要，按比例进行的。由于构成人体组织细胞的蛋白质的氨基酸有一定的比例，所以人们对每种必需氨基酸的需要也有一定数量和比例的要求。联合国粮农组织规定 8 种人体必需氨基酸的比例为：亮氨酸 17.2%、异亮氨酸 12.9%、缬氨酸 14.1%、赖氨酸 12.5%、苏氨酸 10%、蛋氨酸 10.7%、苯丙氨酸 19.5%、色氨酸 3.1%。若某种食物的氨基酸的构成与参考蛋白质

相比,其中最感含量不足的一种必需氨基酸称为该食物的限制氨基酸,若有 2 种以上含量不足,则以其不足的程度大小,依次称为第一限制氨基酸、第二限制氨基酸、第三限制氨基酸等。动物性蛋白质食品中,含有人体必需的 8 种氨基酸的构成比例与人体所需的比例基本一致,不含有限制氨基酸,其中鸡蛋清中的氨基酸的 40% 是必需氨基酸,通常被看作是理想的参考蛋白质。而植物性蛋白质食品中,8 种必需氨基酸构成比例则不然,通常含有某种限制氨基酸。因此,植物蛋白质的营养价值,取决于它的各种氨基酸含量及其相互平衡,尤其是 8 种人体不能合成的必需氨基酸的含量。

稻米(尤其是精米)的人体必需氨基酸含量偏低,因而其营养不够完全(FAO,1993)。比如:一般水稻品种中,稻米的赖氨酸含量平均为 4.0 g/16 g(N)左右,与世界卫生组织(WHO,1973)推荐的 5.5 g/16 g(N)的指标仍相差较远(见表 1-5-1)。故赖氨酸被认为是稻米蛋白质中的第一限制性必需氨基酸。除此之外,苏氨酸也相对较少,是第二限制性氨基酸,其次为蛋氨酸与色氨酸。据 Hegsted 等(1974)的研究,在稻米中添加 0.2% 赖氨酸和 0.1% 的苏氨酸,可明显改善喂食动物体内蛋白质的质量,尤其是体现在促进其生长速度上。如果能在现在水平上将赖氨酸含量提高 20%～30%,即从 4.0 g/16 g(N)提高到 5.0 g/16 g(N)左右,使其接近 WHO(1973)推荐的 5.5 g/16 g(N)的指标,对改善以稻米为主食的我国人民的营养状况将有重要作用。

表 1-5-1　禾谷类作物籽粒中的蛋白质含量及其氨基酸组成(Juliano,1985)

组成	蛋白质含量/%	可利用蛋白质[a]/%	蛋白质利用率[a]/%	蛋白全氮消化率[a]/%	生物价[a]	赖氨酸[b]	苏氨酸[b]	蛋氨酸+胱氨酸[d]	色氨酸[b]
糙米	8.5	6.3	74	99.7	74	3.8	3.6	3.9	1.1
小麦	12.3	6.5	53	96.0	55	2.3	2.8	3.6	1.0
玉米	11.4	6.6	58	95.0	61	2.5	3.2	3.9	0.6
大麦	12.8	7.9	62	88.0	70	3.2	2.9	3.9	1.1
粟	13.4	7.5	56	93.0	60	2.7	3.2	3.6	1.3
高粱	9.6	4.8	50	84.8	59	2.7	3.3	2.8	1.0
黑麦	10.1	5.9	59	77.0	78	3.7	3.3	3.7	1.0
燕麦	10.8	6.4	59	84.1	70	4.0	3.6	4.8	0.9
WHO[c]						5.5	6.0	3.5	1.0

注:[a] 老鼠蛋白平衡试验的结果;[b] 单位为 g/16 g(N);[c] WHO(1973)推荐指标;[d] 苏氨酸与苯丙氨酸之和。

长期以来,人们一直采用传统的育种方法如辐射育种和常规远缘杂交育种等手段来改善稻米的蛋白质营养品质,尽管取得了一定进展,但也存在几个明显的不足之处:①选育效率低,而且在突变的同时往往会携带一些不利性状如半不育、胚乳垩白增大等。②只能改变个别储藏蛋白的组分,而很难提高总蛋白质的含量。③更为重要的是,对于稻米中赖氨酸含量提高的作用不大,也很难改进必需氨基酸的组成使之达到一个理想的比例。因此,要进一步提高稻米的蛋白质含量及其营养价值,寻找更优质的蛋白资源,采取更有效的育种途径是很必要的(刘巧泉等,2008)。

基因工程技术的发展为改良稻米种子蛋白质营养品质提供了一条有效的途径,通常的做法是将植物体内分子量较小且富集含硫氨基酸、赖氨酸等的蛋白质基因转入水稻,或者改变种子储藏蛋白基因使其产生改进的氨基酸组成并导入水稻,使其稳定遗传或表达。Zheng 等(1995)通过 PEG 法将分别来自菜豆和豌豆的球蛋白基因导入水稻,通过对再生植株的种子进行分析表明,上述基因在水稻种子胚乳中成功表达,其中菜豆球蛋白约占胚乳蛋白质总量的 4%。高越峰等(2001)使用玉米 Ubi 强启动子驱动四棱豆高赖氨酸蛋白基 WBLRP 在水稻中表达,结果表明,大部分转基因水稻植株的叶片赖氨酸含有都有所提高,但由于使用的启动子是组成型启动子,结果仅提高了转基因水稻叶片中的赖氨酸含量,未能达到改良稻米营养品质的目的。刘巧泉(2002)以水稻胚乳特异性表达的谷蛋白 Gt1 和醇溶蛋白 RP5 的基因 5′上游区序列为启动子,构建含有四棱豆高赖氨酸蛋白(WBLRP) cDNA 的嵌合基因,并且以 Gt1 基因的信号肽编码序列为例研究了储藏蛋白信号肽序列对 WBLRP 基因表达和积累的影响。结果表明水稻谷蛋白 Gt1 启动子和醇溶蛋白 RP5 启动子可以指导 WBLRP 基因在转基因水稻种子中高效表达,两者之间没有明显的差别;含 Gt1 信号肽编码序列的 WBLRP 嵌合基因的转录水平明显高于不含此序列的转基因水稻植株,说明水稻谷蛋白信号肽序列的存在可促进外源蛋白质基因在转基因水稻种子中的转录。Lee 等(2003)将芝麻中富含蛋氨酸的 2S 清蛋白的基因导入水稻台农 67 号中,在 T2 代转基因水稻株系中,最高株系种子的 Met 含量达 0.37%,比非转基因 CK 的 0.21%提高了 76%。

从已有的研究资料可以发现,尽管基因工程在改良稻米蛋白质营养品方面已取得了一定进展,但主要集中在分离并转移富含单个特定氨基酸的蛋白质基因来改良水稻的营养品质上。虽然异源优质蛋白基因的转移和表达使稻米中的某个氨基酸含量提高了,但其他必需氨基酸含量却仍然较低,而且这些异源蛋白往往具有过敏原。

籽粒苋(Amaranthus spp.)是苋科(Amaranthus)苋属(Amaranthceae)的一年生草本植物,又称粒用苋,包括千穗谷(Amaranthus hypochondriacus L.)、绿穗苋(Amaranthus hybridus L.)、红苋(Amaranthus cruentus L.)、尾穗苋(Amaranthus caudatus L.)、繁穗苋(Amaranthus paniculatus L.)等。籽粒苋作为一种新型的一年生粮食、饲料、蔬菜兼用型作物,不仅具有适应性广、抗逆性强、光合效率高、产量潜力大等特点,而且其种子和茎叶中蛋白质含量高、氨基酸组成平衡,尤其是赖氨酸、矿物质、维生素含量也异常丰富。被国外农学家誉为 21 世纪向人们提供高质量的蛋白质、赖氨酸的"未来谷物"(孙鸿良,2002;岳绍先等,1987)。印度国家植物基因组研究所 Raina A 和 Datta A(1992)从千穗谷籽粒苋的种子中分离出一种必需氨基酸比例十分平衡的 AmA1 蛋白,该蛋白中 8 种人体必需氨基酸的含量均超过 FAO/WHO 推荐的理想蛋白质标准(见表 1-5-2),并且属于单基因编码的种子储藏蛋白,便于将该蛋白编码基因成功转到其他作物中。此外,AmA1 蛋白是没有过敏原的,对人体安全。

表 1-5-2　AmA1 蛋白基因推导的必需氨基酸组成与 WHO 推荐标准的比较

氨基酸	各氨基酸占总氨基酸的百分比/%	
	AmA1 蛋白基因*	WHO 推荐标准
色氨酸(Trp)	3.6	1.0
甲硫氨酸/半胱氨酸(Met/Cys)	3.9	3.5
苏氨酸(Thr)	5.1	4.0
异亮氨酸(Ile)	6.1	4.0
缬氨酸(Val)	5.2	5.0
赖氨酸(Lys)	7.5	5.5
苯丙氨酸/酪氨酸(Phe/Tyr)	13.7	6.0
亮氨酸(Leu)	9.2	7.0

注:* 根据序列推导出每一种氨基酸的总残基数量及各自的分子量计算。
据许明、郑金贵(2011)

Chakraborty 等(2000)将 AmA1 蛋白基因导入马铃薯中,在转基因马铃薯块茎的细胞质和液泡等中都有该蛋白的积累,可溶性总蛋白质中的蛋氨酸、赖氨酸、半胱氨酸和酪氨酸等必需氨基酸含量都有所提高,提高幅度在 1.5~3 倍之间。Tamas 等(2009)利用小麦胚乳特异性表达强启动子 1Bx17 HMW-GS 来驱动 AmA1 基因在转基因小麦胚乳中表达,结果不仅显著增加了小麦种子中的必需氨基酸含量,而且还改变了小麦面粉中的谷蛋白/醇溶蛋白(Gli/Glu)、谷蛋白聚合体粒度大小相对分布(UPP%)以及高分子量谷蛋白/低分子量谷蛋白的比率(HMW/LMW),从而提高了小麦面粉的品质。

许明、郑金贵(2011)利用农杆菌介导法,将水稻胚乳特异表达启动子pGt1与籽粒苋种子储藏蛋白基因AmA1连接,并转入水稻"台粳9号"中,获得94个独立的转化株系,对其中表达量较高的5个株系种子的蛋白质和氨基酸含量及千粒重进行测定,结果表明:与未转基因对照相比,转基因水稻种子中蛋白质含量为9.22%～10.78%,比对照提高了8.22%～25.63%,平均提高了14.93%;但转基因种子的千粒重呈下降趋势,在不同的株系中下降的幅度不同(5.63%～11.97%),平均下降了8.77%(见表1-5-3)。

表 1-5-3　转 AmA1 基因水稻的种子总蛋白含量及千粒重

株系代号	蛋白质含量		千粒重	
	g/100 g 种子干重	增加/%	降低/%	g
PA2	13.78±0.22	36.17	23.78±0.31	5.63
PA3	12.95±0.20	27.96	22.95±0.44	8.93
PA4	11.33±0.13	11.96	24.33±0.17	3.45
PA8	11.68±0.14	15.42	21.68±0.21	13.97
PA10	11.22±0.13	10.87	22.22±0.38	11.83
平均	12.19	20.45	22.99	8.77
对照	10.12±0.14		25.2±0.25	

据许明、郑金贵(2011)

进一步分析了这5个株系种子的必需氨基酸相对含量(即每种必需氨基酸占种子干重的百分比)。结果表明,5个转基因株系种子中赖氨酸含量为0.52%～0.62%,比对照提高了15.56%～37.78%;苏氨酸含量为0.49%～0.60%,比对照提高了13.95%～39.53%;甲硫氨酸含量为0.19%～0.26%,比对照提高了5.56%～44.44%;其他必需氨基酸如缬草氨酸、异亮氨酸、亮氨酸、苯丙氨酸也均有不同幅度的提高(见表1-5-4)。

表 1-5-4　转 AmA1 嵌合基因水稻种子中的必需氨基酸含量

必需氨基酸	氨基酸含量[g/100 g(种子干重)]					
	CK	株系 PA2	株系 PA3	株系 PA4	株系 PA8	株系 PA10
赖氨酸	0.45±0.01	0.62±0.02	0.62±0.02	0.54±0.01	0.53±0.01	0.52±0.01
苏氨酸	0.43±0.01	0.60±0.02	0.58±0.01	0.50±0.01	0.50±0.02	0.49±0.02
甲硫氨酸	0.18±0.02	0.26±0.06	0.20±0.02	0.19±0.02	0.23±0.07	0.21±0.03
缬草氨酸	0.76±0.05	1.02±0.02	1.01±0.03	0.87±0.01	0.88±0.01	0.87±0.02
异亮氨酸	0.51±0.01	0.71±0.02	0.71±0.02	0.60±0.01	0.61±0.01	0.59±0.02
亮氨酸	1.05±0.05	1.49±0.03	1.45±0.04	1.24±0.02	1.25±0.02	1.23±0.02
苯丙氨酸	0.68±0.02	0.97±0.05	0.95±0.02	0.82±0.03	0.82±0.05	0.81±0.01

据许明、郑金贵(2011)

三、人乳铁蛋白功能稻米研究进展

乳铁蛋白(lactoferrin)是转铁蛋白家族的一员,在哺乳动物和人类许多器官和组织中广泛分布,在乳

汁中含量可以达到 $1 \sim 6$ mg/mL，是乳汁的主要蛋白质之一，在新生儿抵抗传染病方面起着重要作用。

人乳铁蛋白对铁离子具有很强的螯合能力，对机体中铁离子的平衡具有重要调节作用。当机体铁离子浓度较高时，它可通过螯合作用把游离铁离子吸附贮存起来，降低铁离子浓度，以减少游离铁离子引发自由基生成而造成机体伤害。在必要时，又把铁离子释放出来，从而使机体新陈代谢不受影响。乳铁蛋白除了对铁离子具有调节作用之外，还具有其他许多生物学功能，主要包括如下几个方面：

1. 促进铁的吸收

乳铁蛋白具有结合并转运铁的能力，可以用于增强作物吸收铁能力，还可以提高人体对植物铁的生物利用率。一些研究证实，铁饱和乳铁蛋白是膳食中铁质转移的一种有效形式。因而在婴儿配方中常加入乳铁蛋白来改善体内铁质的平衡，此外，乳铁蛋白在膳食补充剂、运动饮料、妇女食品中也有广泛应用。

2. 抗菌

由于乳铁蛋白具有极强的铁螯合能力，可以吸附对铁敏感病原微生物周围的铁离子，从而抑制病原微生物的生长。乳铁蛋白还可以通过氨基末端的强阳离子结合区域，与革兰氏阴性菌或某些真菌脂多糖(lipopolysaccharide)结合，增加其细胞膜的通透性，导致脂多糖及细胞质流失，从而引起病原菌死亡。

Dial 等(1998)通过体外试验与活体试验证明，乳铁蛋白对幽门螺杆菌只有剧烈抑杀作用。Bhimani 等(1999)研究表明饲喂乳铁蛋白可降低老鼠饮水中葡萄球菌对肾脏感染的 $40\% \sim 60\%$，细菌数减少 $80\% \sim 88\%$。此外乳铁蛋白还对酵母及肠道寄生虫也有疗效，如霍乱、大肠杆菌、*Shigella flexneri*、葡萄球菌、假单胞菌、白色假丝酵母等(Percival et al. , 1997；Kuwata et al. , 1998)。

3. 提高机体免疫力

乳铁蛋白几乎人体全身都有分布，并在所有的分泌物(包括唾液、眼泪、支气管分泌物、鼻腺分泌物、胆汁、胰液等)中出现，是免疫反应的必需因子。在许多免疫细胞如淋巴细胞、单核细胞及巨噬细胞表面上都有乳铁蛋白的特异受体，这些受体直接参与自然杀伤细胞的活力调节。

Zhang 等(1999)以老鼠为对象，研究一种会引起严重败血症的内毒素(一种脂多糖)与乳铁蛋白的协同作用，结果表明，饲喂人乳铁蛋白可以大大降低因内毒素引起的老鼠死亡率，并提高老鼠的免疫能力。Lee 等(1999)以小猪为实验对象，当小猪注射内毒素型大肠杆菌并饲喂乳铁蛋白，只有 17% 死亡；如不饲喂乳铁蛋白，小猪死亡率升高至 74%。此外，乳铁蛋白对肠道健康、维持肠道正常功能具有重要作用，它可能大大地减少全身和肠道炎症。如，当婴儿或成年动物饲喂乳铁蛋白时，肠道内的有益菌群显著增加，有害菌(如大肠杆菌、链球菌、梭菌等)有所下降，起到了调整肠道生态平衡，减少炎症诱发物质的释放(Kruzel et al. , 1998)。

4. 抗病毒

乳铁蛋白可与病毒上乳铁蛋白受体直接结合，阻止病毒感染健康细胞。例如，Swart 等(1998)体外试验表明，乳铁蛋白可与 HIV-1 和 HIV-2 的 gp120 受体 V3 环紧密结合，阻止病毒与细胞融合，从而阻止病毒进一步入侵。另外，乳铁蛋白还可以间接调动机体免疫能力杀死病毒或抑制病毒入侵。如感染 HIV-1 的病人，血浆中乳铁蛋白随病性发展而下降(Defer et al. , 1995)。此外，乳铁蛋白还可以阻止 HIV 和巨细胞病毒(cytomegalovirus)复制，防止单纯疱疹病毒(herpes simplex virus)感染健康细胞(Superti et al. , 1997；Harmsen et al. , 1995；Swart et al. , 1998)。

5. 抗癌

Tsuda 等(1998)和 Ushida 等(1998)把小鼠或老鼠暴露于致癌物偶氮甲烷(azoxymethane)，同时给小鼠饲喂牛乳铁蛋白，鼠肠道息肉产生大大减少。Yoo 等(1997)向患癌小鼠饲喂乳铁蛋白或乳铁蛋白肽段，结果小鼠肿瘤数量减少，肿瘤内血管形成得到抑制。此外，他们还发现乳铁蛋白能明显地抑制肝和肺癌细胞的转移。另一个研究发现乳铁蛋白可以有效抑制人胰腺肿瘤的生长，因而被认为可用于胰腺肿瘤治疗辅剂(Sakamoto et al. , 1998)。

6. 抗氧化

乳铁蛋白能抑制铁诱导的脂质过氧化所产生的硫代巴比妥酸和丙二醛,还能降解酵母中的转运RNA,具有核糖核酸酶的活性,且能抑制超氧阴离子的形成,因而都可降低人体内自由基对动脉血管壁弹性蛋白的破坏,达到预防和治疗动脉粥样硬化和冠心病的目的(Stella et al.,1995)。

人乳铁蛋白(human lactoferrin,hLF)分子量为 76～80 kD,由一条含有 673 个氨基酸的肽链组成,具有多种生物学功能,不仅可以提高铁营养,还具有广谱抗病菌、调节机体免疫反应等功能,该生物学功能若能为水稻所利用,将大大增加稻米内铁的生物有效性。

为了使人乳铁蛋白 hLF 在水稻种子中高效表达,许明、郑金贵(2011)等根据水稻密码子的偏好性对人乳铁蛋白基因 hLF 序列进行了优化设计,在不改变 hLF 氨基酸序列的前提下,调整并去除了 hLF 基因序列中会影响基因转录、翻译效率及 mRNA 稳定性的序列元件,同时对该基因的 5′端和 3′端进行了适当修饰:hLF 基因经优化后,编码区核苷酸序列与原来一致性为 76.3%,692 个密码子中有 431 个被改变,总的 G+C 含量和密码子第三位 G+C 含量分别由原来的 53.82%、59.88%提高到 56.28%、66.38%;原基因中存在的 3 个 PPSS 序列和 3 处 AT 富集区全部被去除。并将其 5′端的信号肽替换成谷蛋白基因 GluB-1 的信号肽序列,在 3′端添加了一段内质网滞留信号 KDEL 序列和两个终止密码子 TGATAA。在此基础上,采用农杆菌介导法,将序列优化设计人乳铁蛋白基因 hLF 转入水稻台粳 9 号中,共获得 PCR 阳性植株 178 株。

参考文献

[1]王佳,郑培和,许世泉,等.人参、西洋参不同部位中齐墩果酸型皂苷含量的对比分析[J].特产研究,2015(2):23-29.

[2]张念洁,曲新苒,刘洪亮.人参和酶解人参中的人参二醇和人参三醇的含量比较[J].食品研究与开发,2015,36(6):28-30.

[3]HUANG Z W, LIN J C, CHENG Z X, et al. Production of dammarane-type sapogenins in rice by expressing dammarenediol-II synthase gene from Panax ginseng C A Mey[J]. Plant Science, 2015(239):106-114.

[4]HUANG Z W, LIN J C, CHENG Z X, et al. Production of oleanane-type sapogenin in transgenic rice via expression of β-amyrin synthase gene from Panax japonicus C A Mey[J]. BMC Biotechnology, 2015, 15(1): 45.

[5]王红梅,刘巧泉,顾铭洪.稻米蛋白营养品质及其遗传改良[J].植物生理学通讯,2007,43(2):391-396.

[6]刘巧泉,辛世文,顾铭洪.基因工程改良作物种子蛋白营养品质的策略及其研究进展[J].分子植物育种,2007,5(3):301-308.

[7]刘巧泉.基因工程技术提高稻米赖氨酸含量[D].扬州:扬州大学,2002.

[8]钱前.水稻基因设计育种[M].北京:科学出版社,2007.

[9]孙鸿良.优质高产耐旱一年生粮饲兼用作物:籽粒苋[M].北京:台海出版社,2000.

[10]岳绍先,孙鸿良,常碧影,等.籽粒苋的营养成分及其应用潜力[J].作物学报,1987,13(2):151-155,158.

[11]许明.籽粒苋 AmA1 基因和人乳铁蛋白基因转化水稻的研究[D].福州:福建农林大学,2011.

[12]高越峰,荆玉祥,沈世华,等.高赖氨酸蛋白基因导入水稻及可育转基因植株的获得[J].植物学报,2001,43(5):506-511.

[13]CHAKRABORTY S, CHAKRABORTY N, DATTA, A, et al. Increased nutritive value of transgenic potato by expressing a non-alergenic seed albumin gene from Amaranthus hypochondriacus[J]. Proceedings of the National Academy of Sciences of the United States of America,2000,97(7):3724-3729.

[14]CHAKRABORTY S, CHAKRABORTY N, AGRAWAL L, et al. Next generation protein rich potato by

expressing a seed protein gene AmA1 as a result of proteome rebalancing in transgenic tuber[J]. Proceedings of the National Academy of Sciences of the United States of America,2010,107 (41): 17533-17538.

[15]FAO (Food and Agricultural Organization). Rice in human nutrition[J]. Rome: Food and Agriculture Organization, 1993:162.

[16]HEGSTED D M,JULIANO B O. Difficulties in assessing the nutritional quality of rice proteins[J]. Journal of Nutrition,1974,104 (5): 772-781.

[17]LEE T T, WANG M C, HOU C W, et al. Accumulation of a sesame 2S albumin enhances methionine and cysteine levels of transgenic rice seeds[J]. Biosci Biotech Biochem,2003,67(8):1699-1705.

[18]TAMÁS C, KISGYÖRGY B N, RAKSZEGI M,et al. Transgenic approach to improve wheat (*Triticum aestivum* L.) nutritional quality[J]. Plant Cell Rep, 2009,28(7):1085-1094.

[19]ZHENG Z, SUMI K, TANAKA K, et al. The bean seed storage protein β-phaseolin is synthesized, processed,and accumulated in the vacuolar type-Ⅱ protein bodies of transgenic rice endosperm[J]. Plant Physiology,1995,109(3):777-786.

[20]DIAL E J,HALL L R,SERNA H,et al. Antibiotic properties of bovine lactoferrin on Helicobacter pylori [J]. Digestive Diseases and Sciences,1998,43(12):2750-2756.

[21]BHIMANI R S, VVENDROV Y, FURMANSKI P. Influence of lactoferrin feeding and injection against systemic staphylococcal infections in mice[J]. Journal of Applied Microbiology,1999,86(1):135-144.

[22]PERCIVAL M. Intestinal Health[J]. Clin Nutri Insights. 1997,5(5): 1-6.

[23]KUWATA H, YIP T T,TOMITA M,et al. Direct evidence of the generation in human stomach of an antimicrobial peptide domain (lactoferricin) from ingested lactoferrin[J]. Biochim Biophys Acta, 1998,1429 (1):129-141.

[24]ZHANG G H,MANN D M,TSAI C M. Neutralization of endotoxin in vitro and in vivo by a human lactoferrin-derived peptide[J]. Infection and Immunity,1999,67(3):1353-1358.

[25]LEE W J, FARMER J L, HILTY M, et al. The protective effects of lactoferrin feeding against endotoxin lethal shock in germfree piglets[J]. Infection and Immunity,1999,66(4):1421-1426.

[26]KRUZEL M L, HARARI Y,CHEN CY,et al. The gut: a key metabolic organ protected by lactoferrin during experimental systemic inflammation in mice[J]. Adv Exp Med Biol, 1998, 443:167-173.

[27]SWART P J,KUIPERS E M,SMIT C,et al. Lactoferrin: antiviral activity of lactoferrin[J]. Advances in Experimental Medicine and Biology,1998,443:205-213.

[28]DEFER M C,DUGAS B,PICARD O,et al. Impairment of circulating lactoferrin in HIV-1 infection[J]. Cellular and Molecular Biology(Noisy-le-Grand), 1995,41(3):417-421.

[29]SUPERTI F, AMMENDOLIA M G,VALENTI P,et al. Antirotaviral activity of milk proteins: lactoferrin prevents rotavirus infection in the enterocyte-like cell line HT-29[J]. Med Microbiol Immunol (Berl), 1997,186(2/3):83-91.

[30]HARMSEN M C,SWART P J,DE BETHUNE M P,et al. Antiviral effects of plasma and milk proteins: lactoferrin shows potent activity against both human immunodeficiency virus and human cytomegalovirus replication in vitro[J]. International Journal of Infectious Diseases,1995,172(2):380-388.

[31]TSUDA H, SEKINE K, NAKAMURA J, et al. Inhibition of azoxymethane initiated colon tumor and aberrant crypt foci development by bovine lactoferrin administration in F344 rats [J]. Advances in Experimental Medicine and Biology, 1998, 443:273-284.

[32]USHIDA Y, SEKINE K, KUHARA T,et al. Inhibitory effects of bovine lactoferrin on intestinal polyposis in the Apc(Min) mouse[J]. Cancer Letters,1998,134(2):141-145.

[33]YOO Y C,WATANABE S,WATANABE R,et al. Bovine lactoferrin and lactoferricin,a peptide derived

from bovine lactoferrin, inhibit tumor metastasis in mice[J]. Japanese Journal of Cancer Research,1997, 88(2):184-190.

[34]SAKAMOTO N. Antitumor effect of human lactoferrin against newly established human pancreatic cancer cell line SPA[J]. Gan To Kagaku Ryoho,1998,25(10):1557-1563.

[35]STELLA V, POSTAIRE E. Evaluation of the antiradical protector effect of multifermented milk serum with reiterated dosage in rats[J]. C R Seances Soc Biol Fil,1995,189(6):1191-1197.

第二章

杂粮品质

第一节　玉米品质

一、玉米的概述

玉米(*Zea mays* L.)是禾本科玉米属一年生草本植物,又称玉蜀黍、棒子、六谷、芦黍、苞谷、苞米、玉茭、珍珠米等。玉米分普通玉米和特用玉米,其中特用玉米包括甜玉米、糯玉米、高油玉米、高赖氨酸玉米、高淀粉玉米、笋用玉米、青饲玉米和爆裂玉米等。玉米营养价值高,含有大量的淀粉、蛋白质、脂肪、糖类、黄酮类、生物碱类、纤维素等养分,还含有硒、铜、锰、锌、钙、钾、玉米黄色素及各种维生素等营养物质。现代药理研究证明,玉米具有显著的抗氧化、抗癌、抗疲劳、增强免疫、抗肿瘤、降血糖、降脂、护肝等生物活性。

二、玉米的功能

1. 抗氧化

张沛敏等(2016)通过比较山西省农业科学院高粱研究所6个不同鲜食玉米品种(迪甜6号、晋超甜1号、超甜1825、美玉糯13、都市丽人、京科糯2000)的玉米浸膏的Fe^{3+}还原力和羟自由基($\cdot$OH)、超氧阴离子($O_2^-\cdot$)、1,1-二苯基-2-三硝基苯肼(1,1-diphenyl-2-picrylhydrazyl,DPPH)自由基清除率,评价了其抗氧化活性,并探讨了抗氧化活性与玉米总酚的相关性。研究表明超甜1825的Fe^{3+}还原力最强,迪甜6号清除$\cdot$OH、$O_2^-\cdot$、DPPH自由基能力较强,抗氧化活性与玉米总酚含量呈正相关。

林巍等(2018)试验测定分析了玉米浆的组成成分,并对其抗氧化活性进行了评价。结果表明,玉米浆中固形物含量为38.4%,其中大部分为蛋白质,占干物质的62.58%;所含蛋白分子量较小,集中在14.4 kDa以下,氨基酸种类齐全,是一种优质植物蛋白。抗氧化活性评价发现玉米浆对DPPH自由基和ABTS自由基均具有较强的清除作用,同时具有很强的氧自由基吸收能力。

李雍等(2019)研究了玉米肽对乙醇氧化损伤模型小鼠的抗氧化作用,将实验动物依据其体重随机分为五组:正常对照组、模型对照组,以及玉米肽低剂量组、中剂量组和高剂量组,除玉米肽的各剂量组外均灌胃给药酪蛋白。30 d后玉米肽各剂量组及模型组均灌胃50%乙醇以造模氧化损伤小鼠模型,并摘取肝脏及摘眼球取血以测定各指标:丙二醛(MDA)含量、超氧化物歧化酶(SOD)活力、谷胱甘肽过氧化物酶(GSH-Px)活力、谷胱甘肽(GSH)含量和肝组织蛋白质羰基(PC)含量。实验结果(见表2-1-1~表2-1-5)显示:受试样品能显著提升实验动物机体内SOD,GSH-Px抗氧化酶的活力和抗氧化物质GSH的含量($P<$ 0.01),并显著降低MDA和肝组织中PC含量($P<0.05$)。研究结果表明,玉米肽对乙醇氧化损伤模型小

鼠具有抗氧化作用。

表 2-1-1　玉米肽对小鼠抗氧化物质 GSH 的影响（$\bar{x}\pm$SD，$n=10$）

组别	全血/（g/L）	肝脏/（mg/g prot）
空白对照组	0.23±0.04	1.42±0.35
模型对照组	0.19±0.04#	0.71±0.07#
玉米肽低剂量组	0.23±0.04*	0.77±0.08
玉米肽中剂量组	0.23±0.04*	1.00±0.24*
玉米肽高剂量组	0.22±0.025**	1.25±0.23

注：#、*表示较之正常对照组/模型对照组 $P<0.05$，差异显著；**表示较之正常对照组/模型对照组 $P<0.01$，差异极显著。

据李雍等（2019）

表 2-1-2　玉米肽对小鼠抗氧化酶 SOD 活力的影响（$\bar{x}\pm$SD，$n=10$）

组别	血清/（U/mL）	肝脏/（U/mg prot）
空白对照组	104.32±7.11	248.50±24.57
模型对照组	95.52±5.38#	202.80±13.84##
玉米肽低剂量组	101.72±2.96	217.40±17.19##
玉米肽中剂量组	103.40±4.00*	220.00±11.96##*
玉米肽高剂量组	98.97±7.35	231.61±20.56##**

注：#、*表示较之正常对照组/模型对照组 $P<0.05$，差异显著；##、**表示较之正常对照组/模型对照组 $P<0.01$，差异极显著。

据李雍等（2019）

表 2-1-3　玉米肽对小鼠抗氧化酶 GSH-Px 活力的影响（$\bar{x}\pm$SD，$n=10$）

组别	全血/（U/mL）	肝脏/（U/mg prot）
空白对照组	573.70±43.53	584.68±35.13
模型对照组	444.65±46.41##	420.32±25.81##
玉米肽低剂量组	526.04±38.41#**	461.87±56.52##
玉米肽中剂量组	607.74±28.88**	467.40±66.09###*
玉米肽高剂量组	594.39±48.61**	563.16±67.10**

注：#、*表示较之正常对照组/模型对照组 $P<0.05$，差异显著；##、**表示较之正常对照组/模型对照组 $P<0.01$，差异极显著。

据李雍等（2019）

表 2-1-4　玉米肽对小鼠脂质过氧化物 MDA 含量的影响（$\bar{x}\pm$SD，$n=10$）

组别	血清/（nmol/mL）	肝脏/（nmol/mg prot）
空白对照组	5.05±2.55	2.57±0.56
模型对照组	6.68±2.00	6.40±0.64##
玉米肽低剂量组	5.95±2.49	6.35±1.47##
玉米肽中剂量组	5.19±2.02	6.00±1.69##
玉米肽高剂量组	4.40±0.99*	5.59±0.83##

注：*表示较之模型对照组 $P<0.05$，差异显著；##表示较之正常对照组 $P<0.01$，差异极显著。

据李雍等（2019）

表 2-1-5　玉米肽对小鼠肝脏蛋白质羰基含量的影响($\bar{x}\pm$SD,$n=10$)

组别	PC/(nmol/mg prot)
空白对照组	2.89±0.58
模型对照组	5.51±1.16##
玉米肽低剂量组	3.72±1.41*
玉米肽中剂量组	3.61±1.89*
玉米肽高剂量组	3.61±1.40*

注:* 表示较之模型对照组 $P<0.05$,差异显著;## 表示较之正常对照组 $P<0.01$,差异极显著。

据李雍等(2019)

朱敏等(2014)以不同基因型紫玉米籽粒中提取的花青素粗提液为研究对象,分析比较紫玉米籽粒总酚、花青素的相对含量,并对提取物的还原能力、清除超氧阴离子自由基、羟基自由基的能力进行测定,同时分析了紫玉米籽粒中总酚和花青素含量与体外抗氧化性的关系。结果表明,不同紫玉米品种花青素、总酚含量、还原力及清除羟基自由基和超氧阴离子自由基能力存在显著的基因型差异,其中 FS7011 花青素、总酚含量最高。紫玉米籽粒花青素和总酚含量与其还原力、清除羟基自由基及超氧阴离子自由基能力呈显著正相关。紫玉米富含花青素,具有较强的抗氧化作用,可用于开发天然抗氧化剂。

2. 抗癌

近年来,癌症发病率显著增长,抗癌成为医学界最受关注的研究课题之一。现代科学研究表明,玉米具有重要的抗癌保健功能。因此,玉米的研究与开发成为国内外研究热点,越来越受到人们的关注。

于慧等(2017)通过体外实验,探究了玉米黄色素对人胃腺癌细胞(BGC-823)生长的抑制作用。用玉米黄色素处理 BGC-823 细胞,并进行形态学观察和 MTT 法(四甲基偶氮唑盐法)细胞存活率检测,初步考察其抗癌活性。实验结果:用细胞形态学观察及 MTT 细胞活力检测显示,玉米黄色素能够有效抑制 BGC-823 细胞的生长,当加入 1.00 mg/mL 玉米黄色素,细胞存活率变为 22.1%,与空白组比较差异极显著,并且随玉米黄色素剂量的升高,对细胞抑制效果增强,呈现剂量效应关系。由此得出结论:玉米黄色素对 BGC-823 细胞生长具有较强的抑制作用。

徐伟丽等(2015)通过体外实验,研究了玉米麸皮多糖对人结肠癌 HT-29 细胞增殖的抑制作用。采用 MTT、倒置显微镜观察、分裂指数、集落形成方法测定细胞活力。结果(见表 2-1-6 和表 2-1-7)表明,水提玉米麸皮多糖能够抑制 HT-29 细胞有丝分裂数和集落形成率,并呈时间和剂量效应。

表 2-1-6　水提玉米麸皮多糖处理对 HT-29 细胞分裂指数的影响($\bar{x}\pm s$, $n=4$)

组别	癌细胞有丝分裂数		分裂指数/%		抑制率/%	
	24 h	48 h	24 h	48 h	24 h	48 h
对照	556.0±4.7	786.0±3.8	27.8	39.3	—	—
0.1 g/L	506.1±3.2	630.0±4.1	25.3	31.5	9.0	19.8
0.2 g/L	434.2±2.7	366.0±3.4*	21.7	18.3	21.9	53.4
0.10 g/L	328.0±3.1*	252.3±2.2*	16.4	12.6	41.0	67.9

注:与对照组相比,* $P<0.05$。

表 2-1-7　水提玉米麸皮多糖处理对 HT-29 细胞集落形成能力的影响($\bar{x}\pm s$, $n=4$)

组别	集落数/孔		集落形成率/%		抑制率/%	
	24 h	48 h	24 h	48 h	24 h	48 h
对照	28.5±4.0	29.6±3.3	15.1	15.9	—	—
0.01 g/L	22.0±3.1	18.1±2.1*	11.5	10.1	23.8	36.5
0.02 g/L	13.1±2.6*	9.7±1.1*	8.6	6.9	43.0	56.6
0.10 g/L	7.6±1.9*	4.6±1.3*	3.1	1.9	79.5	88.1

注:与对照组相比,* $P<0.05$。

据徐伟丽等(2015)

李晓玲等(2014)通过体外实验,研究了玉米黄色素对人卵巢透明癌细胞 ES-2 的侵袭、迁移、凋亡及周期的影响。MTT 法检测玉米黄色素作用于 MDA-MB-231、PC-3、ES-2 和 A549 细胞后的细胞活性;分别通过 Transwell 体外侵袭试验、Transwell 体外迁移试验、流式细胞术检测玉米黄色素干扰对人卵巢透明癌细胞 ES-2 的侵袭能力、迁移能力、细胞凋亡和细胞周期的影响。结果(见表 2-1-8 和表 2-1-9)显示:玉米黄色素对上述几种肿瘤细胞的生长均有抑制作用,其中对 ES-2 影响最为显著。当给药浓度达到 100 μg/mL 时,对细胞的侵袭和迁移抑制率分别为 52.59% 和 55.76%;流式细胞术检测结果表明,玉米黄色素浓度增加至 100 μg/mL 时,G_1 期、S 期和 G_2 期细胞分别为 85.33%、11.64%、3.21%,更多的 ES-2 细胞被阻断在 G_1 期,且细胞凋亡率增加到 13.85%。综上所述,玉米黄色素能够诱导 ES-2 细胞发生凋亡,阻断细胞周期,并抑制细胞的侵袭和迁移。

李江涛等(2013)研究了玉米肽(CPs)体内外的抗肿瘤作用。选用人肝癌 HepG2 细胞进行体外实验,经 CPs 处理 HepG2 细胞后,借助透射电镜观察细胞形态学变化;在激光共聚焦显微镜下观察细胞内 Ca^{2+} 浓度的变化;选用 BABL/c 小鼠进行体内实验,接种小鼠肝癌系 H_{22} 细胞,考察 CPs 对 H_{22} 荷瘤小鼠瘤质量、免疫器官指数、血清 SOD 活性及肝脏 MDA 含量的影响。结果:透射电镜观察显示,CPs 作用 48 h 后,HepG2 细胞形态变化明显;同时细胞内的 Ca^{2+} 浓度增加;CPs 中、高剂量组能抑制 H_{22} 荷瘤小鼠体内的肿瘤生长($P<0.05$;$P<0.01$),CPs 各剂量组均能增加小鼠胸腺指数,并提高小鼠脾脏指数、血清中 SOD 活性($P<0.01$),降低其肝脏内 MDA 含量($P<0.01$)。由此得出结论:CPs 在体外具有诱导细胞凋亡作用,体内有抑制肿瘤增殖的作用。

表 2-1-8 CPs 对 H_{22} 荷瘤小鼠肿瘤生长抑制的影响($\bar{x}\pm s$, $n=10$)

组别	剂量/[mg/(kg·d)]	体质量变化量/g	肿瘤质量/g	抑制率/%
模型组	0	3.35±1.08	1.69±0.49	
CTX 阳性对照组	20	2.26±1.37**	0.85±0.34**	49.09
CPs 低剂量组	100	3.14±0.98	1.48±0.47	12.51
CPs 中剂量组	200	3.05±1.66	1.19±0.31*	29.52
CPs 高剂量组	400	3.12±0.97	1.04±0.23**	39.90

注:* 与模型组比较,差异显著($P< 0.05$);** 与模型组比较,差异极显著($P< 0.01$)。下同。

据李江涛等(2013)

表 2-1-9 CPs 对 H_{22} 荷瘤小鼠血清内 SOD 活性及肝脏内 MDA 含量影响($\bar{x}\pm s$, $n=10$)

组别	剂量/[mg/(kg·d)]	血清 SOD 活力/(U/mL)	肝脏 MDA 含量/(nmol/mg)
模型组	—	211.83±14.58	102.32±8.37
CPs 低剂量组	100	384.03±24.11**	67.18±6.94**
CPs 中剂量组	200	418.56±23.24**	66.83±8.51**
CPs 高剂量组	400	533.20±31.57**	64.32±9.78**
CTX 阳性对照组	20	152.83±19.01	94.45±5.30

据李江涛等(2013)

刘婷等(2011)研究了玉米乙醇提取物(YM-J)和玉米多糖(YM-S)的体外和体内抗肿瘤活性。试验采用 MTT 法测定 YMJ、YM-S 对人肿瘤细胞株 BGC-823 和 SMMC-7721 的体外抑制作用,计算 IC_{50};分别采用人胃癌 BGC803 裸鼠移植瘤模型和 H_{22} 小鼠肝癌移植瘤模型,灌胃 YM-J、YM-S,剂量分别为 400 mg/kg,200 mg/kg,1 次/d(胃癌 BGC803 连续 19 d,小鼠肝癌连续 10 d),检测其体内抗肿瘤作用。体外试验结果表明:YM-J 和 YM-S 对人胃癌细胞 BGC-823 细胞有较强的抑制作用,IC_{50} 分别为 24.16 mg/mL、12.61 μg/mL;YM-J 和 YM-S 对人肝癌细胞 SMMC-7721 的抑制作用较弱,IC_{50} 分别为 127.42 mg/mL、1352.72 μg/mL。体内试验结果(见表 2-1-10 和表 2-1-11)表明:在人胃癌 BGC803 裸鼠移植瘤模型和 H_{22} 肝癌模型,YM-J 均可明显抑制肿瘤生长,抑制率最高分别为 40.27% 和 44.69%。YM-S 对 H_{22} 肝癌有一定抑瘤作用,抑瘤率38.89%,但对人胃癌BGC803裸鼠移植瘤的抑瘤率最高为25.96%。得出结论:玉米乙醇提取物YM-J和玉米多糖YM-S在体外和体内均具有一定的抗肿瘤活性,其中乙醇提取物对肝癌和胃癌的抑制作用较强。

表 2-1-10　玉米提取物对人胃癌 BGC803 肿瘤抑制率的影响($\bar{x} \pm s$, $n=8$)

组别	剂量/(mg/kg)	体质量/g	瘤质量/g	肿瘤系数	抑制率/%
模型	—	18.75±1.76	1.344±0.170	7.169±0.641	—
环磷酰胺	30	18.05±0.84	0.519±0.090[3]	2.872±0.468[3]	59.94
YM-J	400	19.74±1.54	0.854±0.342[2]	4.282±1.556[3]	40.27
	200	19.88±1.36	1.156±0.604	5.738±2.754	19.96
YM-S	400	19.13±1.95	1.025±0.435	5.308±2.009[1]	25.96
	200	19.68±1.19	1.108±0.306	5.692±1.746	20.60

据刘婷等(2011)

注:1)、2)、3)分别代表与模型组比较为 $P<0.05$、$P<0.01$、$P<0.001$。

表 2-1-11　玉米提取物对 H_{22} 实体瘤的抑制作用($\bar{x} \pm s$)

组别	剂量/(mg/kg)	体质量/g		瘤质量/g	肿瘤系数	抑制率/%
		给药前	给药后			
模型	—	21.28±0.96(14)	34.08±3.26(14)	1.41±0.39	4.14±0.39	—
环磷酰胺	30	21.16±1.02(13)	28.54±1.95(13)	0.35±0.17	1.23±0.55	70.29
YM-J	400	21.06±0.81(12)	32.96±3.33(12)	0.76±0.26[3]	2.29±0.68[3]	44.69
	200	20.97±0.80(12)	31.46±2.93(12)	0.96±0.28[2]	3.10±1.01[1]	25.12
YM-S	400	21.20±0.94(12)	32.82±3.07(12)	0.85±0.44[2]	2.53±1.17[2]	38.89
	200	21.14±1.09(12)	32.12±2.92(12)	1.01±0.44[1]	3.10±1.30[1]	25.12

注:(　)内为动物数。

据刘婷等(2011)

3. 抗疲劳

玉米肽是以玉米蛋白粉为原料,在碱性蛋白酶催化下,进行部分水解,经过离心、层析等手段进行分离纯化,然后进行喷雾干燥,得到的低分子量的寡肽混合物,具有抗疲劳作用。

吴翊馨等(2014)研究了玉米肽对脑卒中康复患者生化指标及运动能力的影响,为玉米肽作为天然运动营养补剂提供依据。选取2013年9月—2014年6月中国医科大学附属第二医院收治的男性脑卒中患者24例,采用随机数字表法分为实验组12例和对照组12例。均在康复训练后独立进行太极拳训练3个月,实验组口服玉米肽4周,对照组口服安慰剂4周。分别测试治疗前后生化指标,包括血清血红蛋白、肌酸激酶、超氧化物歧化酶(SOD)、丙二醛(MDA)、睾酮水平及10 m步行时间。结果(见表2-1-12)表明,治疗前两组血红蛋白、肌酸激酶、SOD、MDA、睾酮水平及10 m步行时间,差异均无统计学意义($P>0.05$);治疗后实验组较对照组肌酸激酶、MDA水平降低,血红蛋白、SOD、睾酮水平升高,10 m步行时间缩短($P<0.05$)。从而得出结论:服用玉米肽治疗脑卒中康复患者,生化指标及运动能力改善,提示玉米肽具有清除自由基抑制过氧化损伤的功能和提高运动能力,促进疲劳恢复的作用。

表 2-1-12　两组治疗前后观察指标比较($\bar{x} \pm s$)

组别	例数	血红蛋白/(g/L)		肌酸激酶/(U/L)		SOD/(μU/L)		MDA/(μmol/L)		睾酮/(ng/dL)		10 m步行时间/s	
		治疗前	治疗后	治疗前	治疗后	治疗前	治疗后	治疗前	治疗后	治疗前	治疗后	治疗前	治疗后
对照组	12	152±12	153±12	222±34	436±21	126±13	129±12	4.28±0.32	4.33±0.23	379±35	391±36	311±41	251±73
试验组	12	152±12	163±12	219±22	352±25	130±14	142±14	4.32±0.42	2.44±0.56	381±38	462±47	312±39	209±65
t 值		0.080	2.102	0.257	8.912	0.725	2.442	0.262	10.815	0.134	4.764	0.061	2.488
P 值		0.937	0.047	0.800	0.000	0.476	0.023	0.795	0.000	0.894	0.000	0.952	0.020

据吴翊馨等(2014)

高淑杰等(2011)探讨了不同剂量玉米肽对小鼠抗氧化作用,为玉米肽在运动领域作为抗疲劳的营养物质提供了实验依据。分别以低、中、高(120 mg/kg、230 mg/kg、690 mg/kg)三个剂量的玉米肽给予小鼠连续灌胃20 d,对照组灌胃蒸馏水0.2 mL/d,20 d后测定小鼠的负重力竭游泳时间、定量运动负荷后的肝糖原(Gn)含量、血浆尿素氮(BUN)含量、股四头肌超氧化物歧化酶(SOD)活性和股四头肌丙二醛(MDA)含量。结果(见表2-1-13~表2-1-16)表明,低、中、高剂量玉米肽均不同程度延长小鼠的负重力竭游泳时间,降低运动后BUN的含量,提高体内肝Gn含量;低、中、高剂量玉米肽均显著增加运动后股四头肌SOD活性,减少股四头肌MDA含量,且呈剂量反应关系;负重力竭游泳时间与SOD活性呈正相关,与MDA含量呈负相关。由此得出结论:①低、中、高剂量玉米肽可以显著改善机体的抗氧化能力,减少运动时自由基生成,减弱自由基对机体的损伤,且呈现剂量-反应关系。②低、中、高剂量玉米肽具有抗疲劳和提高机体运动能力的功效,且呈现剂量-反应关系。③本实验研究为玉米肽在运动科学领域的应用提供了理论依据,玉米肽作为一种新型抗疲劳营养补剂将具有重要的应用前景。

表 2-1-13　玉米肽对各组小鼠负重力竭游泳时间影响的比较

组别	负重力竭游泳时间/min
运动对照组(A)	20.09±3.81
低剂量组(B)	26.25±4.73
中剂量组(C)	28.14±6.42*
高剂量组(D)	31.89±6.18**

注:* 与 A 比较 $P<0.05$;** 与 A 比较 $P<0.01$。

据高淑杰等(2011)

表 2-1-14　玉米肽对各组小鼠肝 Gn 含量和血浆 BUN 含量影响的比较

组别	Gn/(mg/g)	BUN/(mmol/L)
安静对照组(AA)	17.32±0.61**	5.43±0.38**
运动对照组(A)	7.61±0.42	8.73±0.42
低剂量组(B)	8.52±0.68*	8.10±0.61
中剂量组(C)	9.45±0.68**#	7.84±0.46**
高剂量组(D)	12.54±0.36***#△△	7.09±0.56***#△

注:* 与 A 组比较 $P<0.05$,** 与 A 组比较 $P<0.01$;# 与 B 组比较 $P<0.05$,## 与 B 组比较 $P<0.01$;△ 与 C 组比较 $P<0.05$。

据高淑杰等(2011)

表 2-1-15　玉米肽对小鼠股四头肌 SOD 活性和 MDA 含量影响的比较

组别	SOD/(U/mg prot)	MDA/(nmol/mg prot)
安静对照组(AA)	93.54±2.01*	44.57±1.28**
运动对照组(A)	87.64±3.42	67.46±1.26
低剂量组(B)	103.01±3.00**	62.43±1.59**
中剂量组(C)	111.32±4.48***##	59.64±1.73***##
高剂量组(D)	125.85±1.78***#△△	48.41±1.72***#△△

注:* 与 A 组比较 $P<0.05$,** 与 A 组比较 $P<0.01$;## 与 B 组比较 $P<0.01$;△△ 与 C 组比较 $P<0.01$。

据高淑杰等(2011)

表 2-1-16　各指标相关分析

	Gn	BUN	SOD	MDA
游泳时间	0.752**	−0.665**	0.482**	−0.439*
SOD	0.839**	−0.697**	—	−0.966**
MDA	−0.886**	0.692**	−0.966**	—

注：* $P<0.05$；** $P<0.01$。

据高淑杰等（2011）

李晶（2004）研究了玉米肽抗疲劳作用的实验。选取昆明种雄性小鼠，6～8 周龄，体重 18～22 g。将小鼠随机分为四组，每组 12 只。对照组、低剂量、中剂量组和高剂量组，饲养受试物量分别对应为：0 g/kg、0.3 g/kg、0.5 g/kg 和 1.5 g/kg 的玉米肽，对照组给同体积的蒸馏水。每 10 g 体重给药 0.2 mL，采取灌胃法，连续给予受试物 28 d 后，测定小鼠游泳时间、小鼠爬杆时间、血乳酸、血中尿素氮、肝糖原含量和脑内谷氨酸（Glu）和 γ-氨基丁酸（GABA）含量。结果（见表 2-1-17～表 2-1-19）表明，玉米肽能增强小鼠游泳耐力，延长爬杆时间，降低血乳酸、血中尿素氮含量，提高肝糖原含量和肌糖原含量。

表 2-1-17　玉米肽对小鼠游泳时间、爬杆时间、血清尿素氮、肝糖原和肌糖原含量的影响（$\bar{x}\pm SD$,$n=12$）

组别	小鼠数	游泳时间/s	爬杆时间/s	尿素氮含量（肝脏）/(mg/dL)	肝糖原（肝脏）/%	肌糖原（肌肉）/%
对照组	12	287±36	296±107	26.2±1.9	0.7±0.4	0.29±0.03
低剂量组	12	301±41	667±136***	25.3±1.7	0.7±0.5	0.31±0.04
中剂量组	12	382±54*	698±155***	22.9±2.3*	1.7±0.6**	0.45±0.04*
高剂量组	12	443±68**	1156±248***	22.1±2.1**	2.5±1.1***	0.48±0.05**

注：与对照组相比较 * $P<0.05$，** $P<0.01$，*** $P<0.001$。

据李晶（2004）

表 2-1-18　玉米肽对小鼠血乳酸的影响（$\bar{x}\pm SD$, $n=12$）

组别	小鼠数	游泳前	游泳后 0 min	游泳后 15 min	游泳后 60 min
对照组	12	24.8±5.4	45.6±4.4	29.8±6.3	17.7±3.2
低剂量组	12	23.6±4.7	41.2±5.3	24.6±3.4	16.9±4.3
中剂量组	12	22.8±3.6	40.8±4.9	24.8±3.3	16.6±3.9
高剂量组	12	22.9±4.1	34.6±4.5**	22.7±3.1*	15.9±3.6

注：与对照组相比较 * $P<0.05$，** $P<0.01$。

据李晶（2004）

表 2-1-19　玉米肽对小鼠脑中 Glu 和 GABA 的影响（$\bar{x}\pm SD$,$n=12$）

	小鼠数	Glu	GABA
对照组	12	44.2±7.9	7.12±1.7
低剂量组	12	45.7±8.1	7.41±2.2
中剂量组	12	66.8±11.2*	10.11±2.3*
高剂量组	12	68.4±9.9*	11.21±3.1*

注：与对照组相比较 * $P<0.05$。

据李晶（2004）

陈红漫等(2019)以小白鼠为实验动物,建立小鼠疲劳模型,探讨了脱色素玉米活性肽缓解疲劳的细胞生化机制。根据脱色素活性肽的药理作用,采用运动训练学方法研究了脱色素玉米活性肽对小鼠耐力及抗疲劳能力的影响。结果(见表 2-1-20～表 2-1-22)表明,脱色素玉米活性肽高剂量组(0.075 g/mL)能显著增加小鼠游泳时间、延长爬杆时间及常压耐缺氧时间($P<0.01$),增加肝糖原、肌糖原含量($P<0.01$),降低血清和肝组织中血清尿素氮(BUN)浓度、乳酸脱氢酶(LDH)活力($P<0.01$)。说明脱色素玉米活性肽在增强机体负荷的适应能力、抵抗疲劳产生和加速消除疲劳等方面具有明显作用。

表 2-1-20　脱色素玉米活性肽对小鼠爬杆时间、负重游泳时间、常压耐缺氧时间的影响($n=10$)

组别	小鼠数	爬杆时间/s	负重游泳时间/s	常压耐缺氧时间/min
对照	10	383±20	427±10	41.58±0.88
低剂量组	10	490±22**	464±11*	42.64±1.04
中剂量组	10	773±41**	520±15**	46.92±1.31**
高剂量组	10	1551±92**	609±17**	51.11±2.01**

注:对照组灌胃生理盐水;低剂量组活性肽灌胃 0.025 g/mL;中剂量组活性肽灌胃 0.050 g/mL;高剂量组活性肽灌胃 0.075 g/mL。* 和 ** 表示与对照组比较,差异分别达 0.05 和 0.01 显著水平。

据陈红漫等(2019)

表 2-1-21　脱色素玉米活性肽对小鼠肝糖原和肌糖原含量的影响($n=10$)

组别	小鼠数	肝糖原含量/(mg/g)	肌糖原含量/(mg/g)
对照	10	13.44±0.15	1.39±0.03
低剂量组	10	15.10±0.22**	1.43±0.02**
中剂量组	10	16.24±0.34**	1.69±0.03**
高剂量组	10	16.52±0.20**	1.78±0.04**

注:组别见表 2-1-20 注。* 和 ** 表示与对照组相比差异分别达 0.05 和 0.01 显著水平。

据陈红漫等(2019)

表 2-1-22　脱色素玉米活性肽对小鼠血清、肝脏匀浆液中 BUN 浓度、LDH 活力的影响($n=10$)

组别	小鼠数	血清 BUN/(mmol/L)	血清 LDH/(U/L)	肝脏 BUN/(mmol/L)	肝脏 LDH/(U/g)
对照	10	13.13±0.21	5529.68±47.61	1.87±0.05	1222.50±26.14
低剂量组	10	12.16±0.17**	5406.03±40.19	1.85±0.02	1210.35±17.95
中剂量组	10	11.39±0.13**	5322.25±85.29**	1.60±0.02**	1195.25±15.37**
高剂量组	10	10.57±0.08**	5287.88±96.74**	1.58±0.02**	1192.7 6±18.25**

注:组别见表 2-1-20 注。* 和 ** 表示与对照组相比差异分别达 0.05 和 0.01 显著水平。LDH 活力:1000 mL 血清(1 g 组织蛋白)在 37 ℃与基质作用 15 min,在反应体系中产生 1 μmol 丙酮酸为 1 个单位。

据陈红漫等(2019)

4.免疫调节

吴晓刚等(2010)研究了玉米粗多糖对小鼠细胞免疫及非特异性免疫功能的影响。小鼠以 0.026 7 g/kg、0.267 g/kg、0.8 g/kg 玉米粗多糖灌胃 30 d 后,分别进行迟发型变态反应试验、碳廓清试验、ConA 诱导的小鼠脾淋巴细胞转化试验、腹腔巨噬细胞吞噬鸡红细胞试验。结果(见表 2-1-23 和表 2-1-24)表明:玉米粗多糖能增强小鼠迟发型变态反应,能提高小鼠单核－巨噬细胞的碳廓清能力,对小鼠 ConA 诱导的脾淋巴细胞转化能力和腹腔巨噬细胞吞噬鸡红细胞能力无明显影响。由此得到结论:玉米粗多糖可提高小鼠细胞免疫功能,增强小鼠碳廓清能力。

表 2-1-23　玉米粗多糖对小鼠脏器系数的影响($\bar{x}\pm s$, $n=12$)

分组	剂量/(g/kg)	体重/g	脾脏系数/(mg/g)	胸腺系数/(mg/g)
空白对照	—	36.4±1.0	4.67±0.33	2.93±0.10
	0.0267	36.8±1.6	4.65±0.22	2.87±0.10
玉米粗多糖	0.267	36.9±1.0	4.76±0.36	2.89±0.12
	0.800	37.0±1.6	4.81±0.17	2.94±0.11

据吴晓刚等(2010)

表 2-1-24　玉米粗多糖对小鼠免疫功能的影响($\bar{x}\pm s$, $n=12$)

分组	剂量/(g/kg)	足跖肿胀度/mm	淋巴细胞增殖能力 A	碳廓清吞噬指数 a	鸡红细胞吞噬率/%	鸡红细胞吞噬指数
空白对照	—	0.48±0.06	0.158±0.022	6.66±0.39	35.6±4.3	0.42±0.05
	0.0267	0.51±0.08	0.168±0.025	6.85±0.44	36.4±8.2	0.45±0.07
玉米粗多糖	0.267	0.55±0.07[1]	0.173±0.051	6.88±0.36	36.3±8.5	0.44±0.06
	0.800	0.58±0.06[2]	0.180±0.020	6.97±0.24[1]	37.6±5.1	0.47±0.06

注:与空白对照组比较[1] $P<0.05$,[2] $P<0.01$。

据吴晓刚等(2010)

张晶莹等(2010)采用小鼠脾细胞抗体生成试验、半数溶血值(HC_{50})的测定,观察了 0.026 7 g/kg、0.267 g/kg、0.8 g/kg 剂量的玉米多糖胶囊对小鼠体液免疫功能的影响。结果:通过小鼠脾细胞抗体生成试验观察到 0.8 g/kg 剂量的玉米多糖胶囊能促进小鼠脾细胞抗体产生;从表 2-1-25 可知,通过 HC_{50} 的测定观察到 0.267 g/kg、0.8 g/kg 剂量的玉米多糖胶囊能提高小鼠 HC_{50}。由此得出结论:玉米多糖能够提高小鼠体液免疫调节功能。

表 2-1-25　玉米多糖胶囊对小鼠抗体生成细胞与半数溶血值(HC_{50})的影响($\bar{x}\pm s$)

剂量组/(g/kg)	n	溶血空斑数($\times10^3$/全脾)	样品 HC_{50}
阴性对照组	12	181.7±9.9	168±11
0.026 7	12	186.9±14.0	175±15
0.267	12	189.3±13.0	178±7[1]
0.8	12	193.0±10.7[1]	182±8[2]

注:与阴性对照组比较,[1] $P<0.05$;[2] $P<0.01$。

据张晶莹等(2010)

母海成等(2011)探讨了玉米粗多糖对免疫低下小鼠免疫功能的影响。实验将 ICR 小鼠随机分成为正常对照组、环磷酰胺模型组,以及玉米粗多糖低、高剂量组(50 mg/kg、100 mg/kg,连续灌胃 7 d)。腹腔注射环磷酰胺制备小鼠免疫低下模型,检测小鼠的脾脏指数、胸腺指数和小鼠单核—巨噬细胞吞噬指数。结果(见表 2-1-26 和表 2-1-27)表明:玉米粗多糖可显著增加免疫低下小鼠的脾脏指数($P<0.05$),并显著提高免疫低下小鼠的单核—巨噬细胞吞噬指数($P<0.001$)。由此得到结论:玉米粗多糖可提高免疫功能低下小鼠的单核—巨噬细胞功能。

表 2-1-26　玉米多糖对免疫低下小鼠脏器指数的影响($\bar{x}\pm s$)

组别	n	剂量/(mg/kg)	胸腺指数/(mg/g)	脾脏指数/(mg/g)
正常对照	10	—	3.0±0.54[2]	4.16±0.87[1]
模型	12	—	1.02±0.35	2.73±0.54
玉米粗多糖	12	50	1.28±0.35	3.33±0.48[1]
	12	100	1.15±0.37	2.90±0.42

注：与模型组比较[1]$P<0.05$，[2]$P<0.001$。

据母海成等(2011)

表 2-1-27　玉米多糖对免疫低下小鼠单核—巨噬细胞功能的影响($\bar{x}\pm s$，$n=8$)

组别	剂量/(mg/kg)	吞噬指数
正常对照	—	4.36±0.52[1]
模型	—	3.82±0.36
玉米粗多糖	50	4.01±0.56
	100	4.88±0.67[2]

注：与模型组比较[1]$P<0.05$，[2]$P<0.001$。

据母海成等(2011)

张鸣镝等(2007)用胰蛋白酶水解玉米胚芽蛋白，研究了玉米胚芽蛋白酶解物对小鼠体内的免疫调节作用。研究结果(见表 2-1-28～表 2-1-31)表明，玉米胚芽蛋白酶解物能显著提高正常小鼠的免疫脏器指数、腹腔巨噬细胞的吞噬百分率、吞噬指数和淋巴细胞的转化功能活性，促进溶血素的形成。结果提示：玉米胚芽蛋白酶解物能提高机体的免疫功能，是一种很好的非特异性免疫激活剂。

表 2-1-28　玉米胚芽蛋白酶解物对正常小鼠免疫器官重量的影响

组别	剂量/[mg/(kg·d)]	小鼠数量(只)	脾脏指数(mg/10 g)	胸腺指数(mg/10 g)
低剂量组	50	10	39.06±3.47*	30.99±4.68*
中剂量组	150	10	46.19±6.32**	34.06±5.24**
高剂量组	250	10	50.07±9.78**	36.35±6.17**
对照组	—	10	35.25±4.56	28.31±4.31

注：与对照组比较，进行显著性检验，*$P<0.05$，**$P<0.01$。

据张鸣镝等(2007)

表 2-1-29　玉米胚芽蛋白酶解物对正常小鼠腹腔巨噬细胞吞噬作用的影响

组别	剂量[mg/(kg·d)]	吞噬百分数/%	吞噬指数
低剂量组	50	64.01±2.98**	0.77±0.03**
中剂量组	150	72.04±6.12**	0.91±0.06**
高剂量组	250	70.92±4.37**	1.01±0.05**
对照组	—	41.15±3.62	0.41±0.02

注：与对照组比较，进行显著性检验，*$P<0.05$，**$P<0.01$。

据张鸣镝等(2007)

表 2-1-30　玉米胚芽蛋白酶解物对正常小鼠脾淋巴细胞增殖作用的影响

组别	剂量/[mg/(kg·d)]	加 ConA OD 值	未加 ConA OD 值	SI
低剂量组	50	0.182±0.14**	0.086±0.21	2.116**
中剂量组	150	0.204±0.22**	0.078±0.12	2.615**
高剂量组	250	0.211±0.17**	0.084±0.09	2.512**
对照组	—	0.111±0.06	0.079±0.15	1.405

注：与对照组比较，进行显著性检验，* $P<0.05$，** $P<0.01$。

据张鸣镝等（2007）

表 2-1-31　玉米胚芽蛋白酶解物对小鼠血清溶血素的影响

组别	小鼠数量/只	剂量/[mg/(kg·d)]	HC_{50}
低剂量组	10	50	75.52±22.98
中剂量组	10	150	114.96±37.52**
高剂量组	10	250	129.04±16.03**
对照组	10	—	61.52±20.13

注：与对照组比较，进行显著性检验，* $P<0.05$，** $P<0.01$。

据张鸣镝等（2007）

许美艳等（2010）探讨了玉米胚芽油对小鼠免疫功能的影响。将 192 只雌性 KM 小鼠随机均分为 4 个免疫组，每个免疫组的 48 只小鼠再均分为阴性对照组以及玉米胚芽油低、中、高剂量组，阴性对照组灌胃花生油，玉米胚芽油实验组的剂量分别为 1.67 mL/kg、3.33 mL/kg、10.00 mL/kg，连续灌胃 30 d，测定各项免疫指标。实验结果（见表 2-1-32～表 2-1-35）表明：与阴性对照组比较，玉米胚芽油低、高剂量组可提高小鼠的足跖肿胀度（$P<0.05$，$P<0.01$）；低、中、高剂量组均能提高小鼠抗体生成细胞数（$P<0.01$）；高剂量组可增强小鼠单核－巨噬细胞碳廓清能力（$P<0.01$）；低、中、高剂量组均能增强小鼠腹腔巨噬细胞吞噬鸡红细胞能力（$P<0.01$）；中、高剂量组可增强小鼠的 NK 细胞活性（$P<0.01$，$P<0.05$）；低、中、高剂量组对小鼠的脾脏/体质量比值、胸腺/体质量比值、小鼠的血清溶血素水平和脾淋巴细胞增殖能力没有明显影响（$P>0.05$）。从而得出结论：玉米胚芽油具有增强小鼠免疫力的作用。

表 2-1-32　玉米胚芽油对 DTH 和淋巴细胞增殖能力的影响（$n=12$，$\bar{x}±s$）

组别	足跖肿胀度/mm	淋巴细胞增殖能力 $D(\lambda)$
阴性对照组	0.30±0.08	0.269±0.132
低剂量组	0.42±0.11*	0.281±0.111
中剂量组	0.42±0.15	0.260±0.082
高剂量组	0.48±0.07**	0.271±0.098

注：与阴性对照组比较，* $P<0.05$，** $P<0.01$；D 为吸光度值。

据许美艳等（2010）

表 2-1-33　玉米胚芽油对小鼠抗体生成细胞数的影响（$n=12$，$\bar{x}±s$）

组别	溶血空斑数（$\times10^3$/全脾）	半数溶血值（HC_{50}）
阴性对照组	19.3±4.1	69.13±11.37
低剂量组	27.3±4.4**	64.82±10.93
中剂量组	30.1±6.4**	71.98±9.50
高剂量组	30.5±7.5**	67.17±10.15

注：与阴性对照组比较，** $P<0.01$。

据许美艳等（2010）

表 2-1-34　玉米胚芽油对小鼠单核—巨噬细胞功能的影响($n=12$, $\bar{x}\pm s$)

组别	碳廓清能力吞噬指数	鸡红细胞吞噬百分率/%	鸡红细胞吞噬指数
阴性对照组	4.94±0.48	28.9±7.3	0.48±0.12
低剂量组	5.55±0.70	40.3±10.3*	0.75±0.15**
中剂量组	5.52±0.89	44.3±8.8**	0.77±0.11**
高剂量组	6.05±0.80**	40.7±7.2**	0.75±0.11**

注：与阴性对照组比较，$^*P<0.05$，$^{**}P<0.01$。

据许美艳等(2010)

表 2-1-35　玉米胚芽油对小鼠 NK 细胞活性及小鼠脏器/体质量比值的影响($n=12$, $\bar{x}\pm s$)

组别	NK 细胞活性/%	脾脏/体质量比值/(g/100 g)	胸腺/体质量比值/(g/100 g)
阴性对照组	24.6±5.7	0.65±0.11	0.25±0.05
低剂量组	31.4±8.9	0.65±0.09	0.22±0.04
中剂量组	38.8±6.2**	0.62±0.11	0.26±0.05
高剂量组	37.4±10.8	0.63±0.13	0.23±0.04

注：与阴性对照组比较，$^*P<0.05$，$^{**}P<0.01$。

据许美艳等(2010)

赵晓燕等(2010)通过动物实验,研究了紫玉米花色苷对小鼠免疫功能的影响。结果(见表 2-1-36～表 2-1-39)表明,在饲喂小鼠不同剂量(0.23 g/kg、0.47 g/kg、1.40 g/kg)的紫玉米花色苷 32 d 后,与对照组比较,中剂量组的紫玉米花色能提高小鼠淋巴细胞转化能力和小鼠的抗体生成细胞数($P<0.05$);高剂量组的紫玉米花色能提高小鼠淋巴细胞的转化能力、小鼠的抗体生成细胞数和半数溶血值($P<0.05$),并且紫玉米花色苷对小鼠的体重、脾脏和胸腺未显示出不良的影响。结果提示紫玉米花色苷可有效提高小鼠的免疫能力。

表 2-1-36　紫玉米花色苷对小鼠体重的影响

处理	第一批体重/g		第二批体重/g		第三批体重/g		第四批体重/g	
	前	后	前	后	前	后	前	后
CK	20.4±1.0	33.4±2.6	20.3±1.0	20.3±1.0	20.4±0.7	31.8±2.0	20.3±0.8	20.3±0.8
低剂量	20.4±0.9	34.4±3.2	20.4±0.8	20.4±0.8	20.3±0.8	32.8±2.9	20.3±0.7	20.3±0.7
中剂量	20.4±0.7	32.0±2.3	20.4±1.0	20.4±1.0	20.3±0.6	33.6±2.1	20.3±0.5	20.3±0.5
高剂量	20.4±1.0	32.1±1.8	20.4±0.8	20.4±0.8	20.3±0.5	32.7±2.5	20.3±0.5	20.3±0.5

据赵晓燕等(2010)

表 2-1-37　紫玉米花色苷对小鼠迟发型变态反应和淋巴细胞增殖能力的影响

处理	足跖肿胀程度/mm	淋巴细胞增殖能力(OD 值)
CK	0.58±0.13	0.06±0.04
低剂量	0.59±0.21	0.11±0.07
中剂量	0.68±0.15	0.12±0.05*
高剂量	0.71±0.17	0.12±0.05*

注：* 表示同列中在 $P<0.05$ 水平上的差异显著性。

据赵晓燕等(2010)

表 2-1-38　紫玉米花色苷对小鼠单核—巨噬细胞吞噬功能的影响

处理	鸡红细胞吞噬率/%	鸡红细胞吞噬指数	碳廓清能力/吞噬指数(a)
CK	20±5	0.40±0.12	6.75±0.65
低剂量	25±9	0.51±0.27	7.46±0.79
中剂量	26±9	0.53±0.26	7.15±0.70
高剂量	25±7	0.44±0.14	7.35±0.81

据赵晓燕等(2010)

表 2-1-39　紫玉米花色苷对小鼠 NK 细胞活性的影响

处理	NK 细胞活性/%	NK 细胞活性(平方根反正弦转换值)
CK	31.5±4.0	0.60±0.04
低剂量	31.0±5.0	0.59±0.05
中剂量	33.8±5.0	0.62±0.05
高剂量	30.4±5.3	0.58±0.06

据赵晓燕等(2010)

林巍等(2019)研究了玉米肽对慢性酒精中毒小鼠免疫功能的影响,以昆明小鼠为实验动物,设玉米肽高、中、低剂量组,以及正常对照组和酒精模型组,连续饲喂 5 个月,然后测定实验小鼠免疫器官指数和血清细胞因子水平,以及血清和肝脏组织中氧化应激相关指标,并取脾脏和胸腺制作 HE 病理学组织切片,观察组织病变程度,评价其免疫功能。结果显示:玉米肽可改善慢性酒精中毒小鼠的脾脏和胸腺的损伤状况,其改善效果与剂量呈正相关(见表 2-1-40),玉米肽还可显著提高小鼠血清 TNF-α、IL-6、IFN-γ(见表 2-1-41)和 SOD 水平,降低血清及肝脏 MDA 含量($P<0.05$)。长期酒精饲喂可导致小鼠免疫功能降低,玉米肽能够通过调节细胞因子水平,以及改善机体氧化应激状态增强机体免疫功能。

表 2-1-40　玉米肽对慢性酒精中毒小鼠体重、脾脏指数和胸腺指数的影响($\bar{x}\pm s$)

组别	n	脾脏指数/(mg/g)	胸腺指数/(mg/g)	终体重/g
正常对照组	11	2.4±0.6[a]	2.2±0.9[a]	52.77±1.11[a]
酒精模型组	12	2.9±0.7[b]	2.0±0.5[a]	44.99±1.24[b]
低剂量组	12	2.5±0.6[ab]	2.2±1.0[a]	46.59±1.26[b]
中剂量组	12	2.2±0.5[a]	2.3±1.0[a]	44.70±1.12[b]
高剂量组	12	2.5±0.4[ab]	2.2±0.9[a]	44.78±1.14[b]

注:不同小写字母表示同列数据间差异显著,$P<0.05$。

据林巍等(2019)

表 2-1-41　玉米肽对慢性酒精中毒小鼠血清细胞因子的影响

组别	TNF-α/(pg/mL)	IFN-γ/(pg/mL)	IL-6/(pg/mL)
正常对照组	567.94±68.76[a]	632.25±90.03[a]	115.27±5.72[a]
酒精模型组	340.39±67.06[c]	412.48±70.14[c]	64.56±11.88[c]
低剂量组	393.91±59.29[c]	477.86±80.25[b]	66.16±10.98[c]
中剂量组	473.77±76.01[b]	482.63±67.91[b]	72.47±10.82[bc]
高剂量组	505.56±78.31[ab]	594.65±70.24[a]	80.60±8.64[b]

注:不同小写字母表示相同列数据间差异显著,$P<0.05$。

据林巍等(2019)

5. 降血糖和血脂

玉米活性多糖(corn active polysaccharide,CAP)是以玉米皮为原料,经分离、超临界 CO_2 流体萃取、高温高压瞬间挤出等处理而制得的具有一定膨胀力、吸水性、持水性和生理活性的多糖类化合物。张艳荣等(2005)研究了玉米活性多糖(CAP)对糖尿病小鼠的降血糖作用。实验将小鼠 50 只随机分为空白对照组、四氧嘧啶模型组和 CAP3.50 g/kg、1.75 g/kg、0.88 g/kg 3 个剂量组,每天给予 CAP 1 次,连续 15 d,于第 6 天除空白对照组外,各组小鼠均尾静脉注射四氧嘧啶生理盐水溶液 80 mg/kg,空白对照组尾静脉注射同体积生理盐水。末次给药前 16 h 各组所有小鼠饥饿,末次给药后 1 h,于小鼠眼球采血,分离血清,采用全自动生化分析仪测血糖含量;立即处死小鼠,取肝脏测小鼠肝糖原含量。另取 60 只小鼠,分组方法同上,每天给予 CAP 1 次,连续 10 d。除空白对照组外,其余各组均在末次给予 CAP 后 1 h 腹腔注射盐酸肾上腺素 250 μg/kg,30 min 后断头取血,测血糖含量,取肝组织测肝糖原含量。结果表明:CAP 3.50 g/kg 对四氧嘧啶糖尿病小鼠血糖升高有明显的抑制作用($P<0.05$),对四氧嘧啶糖尿病小鼠肝糖原含量有明显的降低作用($P<0.05$),且 CAP 3.50 g/kg 优于 1.75 g/kg。3.50 g/kg、1.75 g/kg 和 0.88 g/kg 剂量组对肾上腺素小鼠血糖升高均有明显的抑制作用($P<0.001$、$P<0.01$ 和 $P<0.05$),对肾上腺素造成小鼠肝糖原降低有明显的升高作用,且 3.50 g/kg 优于 1.75 g/kg。结果提示:CAP 对四氧嘧啶致糖尿病小鼠及肾上腺素血糖升高小鼠具有明显的降血糖作用。

王言(2010)通过动物实验,研究了活性玉米皮膳食纤维的降血脂活性。实验利用 Wistar 大鼠建立高脂血症模型后,饲喂活性玉米皮膳食纤维并测定其血脂与胆固醇的变化,研究其降血脂的作用。结果(见表 2-1-42～表 2-1-45)表明,活性玉米皮膳食纤维具有十分有效的降血脂活性,可非常显著地降低高脂血症大鼠 41.4% 的血清总胆固醇(TC)和 56.5% 的血清低密度脂蛋白胆固醇(LDL-C),显著降低高脂血症大鼠 20.7% 的血清总三酰甘油(TG),略微降低高脂血症大鼠 2.8% 的血清高密度脂蛋白胆固醇(HDL-C)。

表 2-1-42　各组大鼠血清总胆固醇(TC)比较($\bar{x}\pm s$)

	空白对照组	模型对照组	玉米皮膳食纤维组	山西膳食纤维
TC 浓度(mmol/L)	1.92±0.34	13.20±9.36	7.73±3.40**	13.87±9.51

注:与模型对照组比,* $P<0.05$,** $P<0.01$。

据王言(2010)

表 2-1-43　各组大鼠血清总三酰甘油(TG)比较($\bar{x}\pm s$)

	空白对照组	模型对照组	玉米皮膳食纤维组	山西膳食纤维
TG 浓度(mmol/L)	1.18±0.34	0.82±0.14	0.65±0.02*	0.99±0.68

注:与模型对照组比,* $P<0.05$,** $P<0.01$。

据王言(2010)

表 2-1-44　各组大鼠血清高密度脂蛋白胆固醇(HDL-C)($\bar{x}\pm s$)

	空白对照组	模型对照组	玉米皮膳食纤维组	山西膳食纤维
HDL-C 浓度(mmol/L)	0.68±0.17	2.46±0.43	2.39±0.48	2.34±0.23

注:与模型对照组比,* $P<0.05$,** $P<0.01$。

据王言(2010)

表 2-1-45　各组大鼠血清低密度脂蛋白胆固醇(LDL-C)($\bar{x}\pm s$)

	空白对照组	模型对照组	玉米皮膳食纤维组	山西膳食纤维
LDL-C 浓度(mmol/L)	1.06±0.17	9.55±7.80	4.15±2.58**	10.32±9.09

注:与模型对照组比,* $P<0.05$,** $P<0.01$。

据王言(2010)

于德泉等(2012)探讨了玉米胚 SOD 提取物对糖尿病大鼠血糖及主要脏器抗氧化能力的影响。实验将成年雄性 Wistar 大鼠 36 只,随机分为以下 6 组:①正常对照组;②糖尿病模型组:腹腔注射四氧嘧啶175 mg/kg,连续两天;③二甲基双胍对照组:糖尿病模型＋灌服 10 mg/kg 盐酸二甲基双胍;④SOD 高剂量组:糖尿病模型＋灌服 0.3 g SOD 提取物;⑤SOD 中剂量组:糖尿病模型＋灌服 0.18 g SOD 提取物;⑥SOD 低剂量组:糖尿病模型＋灌服 0.06 g SOD 提取物。连续 3 周,动态监测血糖、血清总胆固醇和三酰甘油。45 d 后处死动物,提取血清,采用硫代巴比妥酸法测定脂质过氧化产物丙二醛(MDA)含量;DTNB法测定还原型谷胱甘肽(GSH)含量;黄嘌呤氧化酶法测定超氧化物歧化酶(SOD)活力。结果(见表 2-1-46～表 2-1-49)表明:不同剂量的玉米胚 SOD 提取物对四氧嘧啶所致高血糖模型大鼠具有明显的降低血糖作用,可降低血清中总胆固醇和三酰甘油,并使血清 MDA 水平降低,抗氧化物质 GSH 含量增加,SOD 活力升高。结果提示:玉米胚 SOD 提取物具有一定的降低血糖、血脂功效,可能与增加机体抗氧化能力有关。

表 2-1-46　玉米胚 SOD 提取物对四氧嘧啶所致高血糖模型大鼠血糖影响的动态变化($\bar{x}\pm s$)　单位:mmol/L

组别	n	1 d	7 d	22 d	45 d
糖尿病模型组	6	19.29±9.55	16.4±7.30	13.06±2.68	11.86±1.83
SOD 低剂量组	6	10.51±2.68	6.82±1.20*	4.67±0.48*	4.25±0.71*
SOD 中剂量组	6	8.93±2.08	6.87±1.36*	4.47±0.27*	3.93±0.60*
SOD 高剂量组	6	9.77±2.46	6.52±0.57*	4.35±0.24*	3.87±0.22*
二甲基双胍对照组	6	14.22±4.03	10.57±2.73*	4.32±0.21*	4.07±1.15*
正常对照组	6	4.15±0.29 *	4.38±0.56*	4.55±0.29*	4.12±0.65*

注:* 与糖尿病模型组比较 $P<0.05$。
据于德泉等(2012)

表 2-1-47　玉米胚 SOD 提取物对四氧嘧啶所致高血糖模型大鼠总胆固醇(TC)的影响

组　别	吸光度值	
	22 d	45 d
糖尿病模型组	1.3	1.1
SOD 低剂量组	2.2	1.4
SOD 中剂量组	2.1	1.2
SOD 高剂量组	2.3	1.4
二甲基双胍对照组	1.8	1.3
正常对照组	2.5	2.4

注:* 与二甲基双胍组比较 $P<0.05$。
据于德泉等(2012)

表 2-1-48　玉米胚 SOD 提取物对四氧嘧啶所致高血糖模型大鼠三酰甘油(TG)的影响

组　别	吸光度值	
	22 d	45 d
糖尿病模型组	0.69	0.38
SOD 低剂量组	0.72	0.55
SOD 中剂量组	0.76	0.57
SOD 高剂量组	0.71	0.46
二甲基双胍对照组	0.52	0.32
正常对照组	0.55	0.68

注:* 与糖尿病模型组比较 $P<0.05$。
据于德泉等(2012)

表 2-1-49　玉米胚 SOD 提取物对四氧嘧啶所致高血糖模型大鼠血清 MDA、GSH 及 SOD 的影响($\bar{x}\pm s$)

单位：mmol/L

组别	n	MDA	GSH	SOD
糖尿病模型组	6	3.57±0.71	5.74±1.04	134.42±24.02
SOD 低剂量组	6	2.45±1.16*	8.08±1.10*	169.95±14.82*
SOD 中剂量组	6	1.89±0.42*	9.46±2.13*	169.76±9.15*
SOD 高剂量组	6	288±0.53*	10.43±3.99*	175.04±11.61*
二甲基双胍对照组	6	4.28±0.20	7.83±1.88	114.41±41.03
正常对照组	6	7.75±0.89*	7.09±0.80	132.82±11.01

注：* 与糖尿病模型组比较 $P<0.05$。

据于德泉等（2012）

高翔等（2005）通过人体实验，研究 QKX 玉米胚芽油胶囊的辅助降血脂功能。采用实验流行病学方法将患者按血清总胆固醇水平随机分为试食组和对照组，试食组服用受试样品，对照组服用与受试样品外观相似的安慰剂，连续服用一段时间后，观察两组患者血脂的变化。结果（见表 2-1-50～表 2-1-53）表明：试食组实验后平均血清总胆固醇、血清三酰甘油含量显著低于实验前，且显著低于对照组，两者降低有效率显著高于对照组；试食组实验后血清高密度脂蛋白胆固醇含量与对照组比较差异无显著性；试食组实验前后各项安全性指标未见异常。提示 QKX 玉米胚芽油胶囊对人体具有辅助降血脂作用，且无毒性作用。

表 2-1-50　QKX 玉米胚芽油胶囊对血清总胆固醇含量($\bar{x}\pm s$)的影响

组别	例数	试食前/(mmol/L)	试食后/(mmol/L)	t 值	P 值	降低百分比/%
试食组	57	6.42±0.93	5.50±0.75	9.79	0.00	14.27
对照组	51	6.15±0.60	6.17±0.61	0.44	0.66	−0.36
t 值		1.77	5.06			
P 值		0.08	0.00			

据高翔等（2005）

表 2-1-51　QKX 玉米胚芽油胶囊降低血清中脂类的有效率

功效性指标	组别	有效数	无效数	合计	有效率/%	χ^2 值	P 值
▯TC	试食组	42	15	57	73.68		
	对照组	0	51	51	0.00	61.49	0.0000
	合 计	42	66	108	38.90		
TG	试食组	35	22	57	61.40		
	对照组	8	43	51	15.69	23.48	0.0000
	合 计	43	65	108	39.81		

据高翔等（2005）

表 2-1-52　QKX 玉米胚芽油胶囊对血清三酰甘油含量($\bar{x}\pm s$)的影响

组别	例数	试食前/(mmol/L)	试食后/(mmol/L)	t 值	P 值	降低百分比/%
试食组	57	3.57±2.68	2.40±1.40	3.82	0.000 5	32.80
对照组	51	2.24±0.80	2.37±0.83	1.18	0.246 5	−6.10
t 值		2.91	0.11			
P 值		0.004 8	0.914 7			

据高翔等（2005）

表 2-1-53　QKX 玉米胚芽油胶囊对血清高密度脂蛋白胆固醇含量的影响($\bar{x} \pm s$)

组别	例数	试食前/(mmol/L)	试食后/(mmol/L)	t 值	P 值	降低百分比/%
试食组	57	1.90 ± 0.58	1.87 ± 0.48	0.30	0.764 1	−1.58
对照组	51	1.98 ± 0.39	2.06 ± 0.51	0.89	0.375 7	4.04
t 值		0.83	1.66			
P 值		0.407 8	0.108 7			

据高翔等(2005)

马爱勤等(2010)研究了玉米胚芽油的辅助降血脂作用。将 162 名高脂血症志愿者随机分为实验组、阳性对照组、阴性对照组等 3 组,其中,实验组采用玉米胚芽油替代午餐、晚餐烹调用油(每餐 10 mL);阳性对照组采用××牌玉米胚芽油胶囊每日午餐、晚餐后各 1 粒;阴性对照组只做体检,不进行任何干预,观察期 45 d。结果(见表 2-1-54~表 2-1-56):通过实验组自身比较及实验组与空白对照组组间比较可得,血清胆固醇、三酰甘油均存在显著性差异($P<0.01$),血清高密度脂蛋白未见显著性差异($P>0.05$)。实验组与阳性对照组比较发现,血清总胆固醇、三酰甘油降低幅度略大,但未见显著性差异。实验组血清胆固醇有效率、三酰甘油有效率及总有效率明显高于空白对照组,差异均存在显著性($P<0.01$);高于阳性对照组,但未见显著性差异($P>0.05$)。在实验期间受试者的精神、睡眠、饮食、大小便、血压、各项临床指标等均未见异常,也未见其他不良反应。依据人体降血脂试食试验结果判定标准,玉米油具有辅助降血脂功能,未见毒副作用。

表 2-1-54　试食对血生化指标的影响($\bar{x} \pm SD$)

项目		尿素/(mmol/L)	氮肌酐/(μmol/L)	血糖/(mmol/L)	白蛋白/(g/L)	总胆红素/(μmol/L)	谷草转氨酶/(U/L)	谷丙转氨酶/(U/L)
正常值		$2.90 \sim 8.20$	$62.0 \sim 115.0$	$3.90 \sim 6.10$	$34.0 \sim 48.0$	$2.00 \sim 24.00$	$8.00 \sim 40.00$	$5.00 \sim 40.00$
试验组	试食前	5.59 ± 1.46	90.06 ± 16.99	$41.61 \pm 4.13^*$	16.58 ± 5.35	25.47 ± 8.89	21.59 ± 9.84	5.57 ± 0.93
($n=56$)	试食后	5.80 ± 1.41	89.45 ± 16.56	$41.22 \pm 3.78^\triangle$	15.51 ± 4.85	24.31 ± 8.39	21.49 ± 8.93	5.33 ± 0.88
阳性对照组	试食前	5.50 ± 1.60	87.24 ± 16.37	$40.59 \pm 4.08^*$	15.59 ± 4.50	23.97 ± 8.38	23.36 ± 9.44	5.36 ± 0.72
($n=54$)	试食后	5.33 ± 1.37	90.01 ± 14.21	$41.30 \pm 3.91^\triangle$	14.88 ± 5.26	25.13 ± 7.71	23.11 ± 10.06	5.55 ± 0.76
空白对照组	试食前	5.61 ± 1.47	88.88 ± 14.07	$40.76 \pm 3.72^*$	15.68 ± 5.06	22.84 ± 8.92	21.87 ± 9.94	5.58 ± 0.85
($n=52$)	试食后	5.80 ± 1.67	89.41 ± 15.98	$40.72 \pm 4.04^\triangle$	15.79 ± 5.06	22.68 ± 8.96	23.77 ± 9.37	5.60 ± 0.87

注:* 试食前血糖组间 $P=0.27$;试食前后血糖三组自身比较依次分别为 $P=0.08$、0.26、0.50。
据马爱勤等(2010)

表 2-1-55　试食对血清 TC、TG、HDL-C 的影响($\bar{x} \pm SD$,单位:mmol/L)

		TC		TG		HDL-C	
试验组	试食前	5.76 ± 0.90	$0.00^\star$	4.00 ± 2.59	$0.00^\star$	1.24 ± 0.35	$0.2^\star$
($n=56$)	试食后	$4.93 \pm 0.86(13.31)^*$		$2.94 \pm 1.73(28.25)^*$		$1.31 \pm 0.30(0.061)^\triangle$	
阳性对照组	试食前	5.75 ± 0.95	0.00	4.23 ± 2.60	0.00	1.21 ± 0.37	$0.08^\star$
($n=54$)	试食后	$5.09 \pm 0.85(9.54)^*$		$3.33 \pm 2.00(22.80)^*$		$1.31 \pm 0.39(0.097)^\triangle$	
空白对照组	试食前	5.87 ± 0.98	$0.85^\star$	3.60 ± 2.29	$0.27^\star$	1.28 ± 0.30	$0.18^\star$
($n=52$)	试食后	$5.85 \pm 1.02(-0.47)^*$		$4.00 \pm 2.28(-9.44)^*$		$1.33 \pm 0.29(0.070)^\triangle$	

注:组间:试食前 $P=0.52$、0.39、0.53,试食后 $P=0.00$、0.01、0.71。$\star$ 为组内 P 值;* ()内为试食前后降低百分数;$\triangle$ ()内为试食前后降低 mmol/L。
据马爱勤等(2010)

表 2-1-56　试食对血清 TC、TG、HDL-C 有效率的影响

	总人数	有效人数			TC、TG 总有效率/%
		TC	TG	HDL-C	
实验组	56	39(69.6)	33(58.9)	23(41.1)	64.3
阳性对照组	54	24(44.4)	30(55.6)	31(57.4)	50
空白对照组	52	6(11.5)	17(32.7)	26(50.0)	22.1
P 值		0.00	0.013	0.23	0.00

注:*（　）内为试食后有效率。

据马爱勤等(2010)

许美艳等(2012)研究表明玉米胚芽油有辅助降血脂的功能。实验分为动物实验和人体试食试验,前者是将 60 只大鼠随机分成 6 组,除空白对照组外,各组在喂养高脂饲料的同时,阳性对照组、高脂模型组、各剂量组分别给予非诺贝特液、食用花生油、不同剂量玉米胚芽油,35 d 后观察大鼠血脂水平变化。后者是将 108 名志愿者随机分为实验组(56 人)和对照组(52 人),实验组采用玉米胚芽油代替午餐、晚餐烹调用油(每餐 10 mL);对照组不进行任何干预,45 d 后检测试验者各项指标。结果表明:动物实验(见表 2-1-57 和表 2-1-58)中,阳性对照组和低、中、高剂量组大鼠的胆固醇、三酰甘油均低于高脂模型组;高密度脂蛋白胆固醇均高于高脂模型组。与高脂模型组比较,阳性对照组和低、中、高剂量组的血清胆固醇分别下降 18.77%、10.77%、16.92%、17.54%,血清三酰甘油分别下降 27.54%、9.84%、14.10%、22.62%,血清高密度脂蛋白胆固醇分别上升 0.66 mmol/L、0.28 mmol/L、0.34 mmol/L、0.38 mmol/L。人体试食试验(见表 2-1-59～表 2-1-63)中,试食后,实验组血清胆固醇降低 14.41%,三酰甘油降低 26.50%,实验组自身及与对照组比较,差异均有统计学意义(P<0.05)。实验组血清胆固醇、三酰甘油有效率分别为 69.64%、58.93%,总有效率 64.29%,明显高于阴性对照组,差异均有统计学意义(P<0.01)。实验组高密度脂蛋白胆固醇上升 0.07 mmol/L,但组间无显著差异(P>0.05)。

表 2-1-57　玉米胚芽油对大鼠体重的影响($\bar{x}\pm s$)

组别	初期体重/g	中期体重/g	末期体重/g
空白对照组	165.07±7.81	281.90±30.45	316.84±24.09
高脂模型组	162.21±5.71	321.22±12.2	360.22±16.91
阳性对照组	164.34±9.63	316.61±15.54	355.92±17.91
低剂量组	165.33±3.72	324.28±15.77	364.48±18.46
中剂量组	161.12±5.65	318.55±19.06	352.85±19.90
高剂量组	160.35±4.74	321.42±18.14	361.17±19.05

据许美艳等(2012)

表 2-1-58　玉米胚芽油对高血脂大鼠 TC、TG、HDL-C 的影响($\bar{x}\pm s$)

组别	TC/(mmol/L)	TG/(mmol/L)	HDL-C/(mmol/L)
空白对照组	2.67±0.14	2.50±0.14	1.44±0.21
高脂模型组	3.25±0.15 [b]	3.05±0.17 [b]	1.24±0.17 [a]
阳性对照组	2.64±0.17 [*]	2.21±0.13 [*]	1.90±0.18 [*]
低剂量组	2.90±0.15 [*△]	2.75±0.20 [*△]	1.52±0.20 [*△]
中剂量组	2.70±0.14 [*]	2.62±0.22 [*△]	1.58±0.14 [*△]
高剂量组	2.68±0.16 [*]	2.36±0.18 [*△]	1.62±0.11 [*△]

注:与空白对照组比较,[a] P<0.05,[b] P<0.01;与高脂模型组比较,[*] P<0.01;与阳性对照组比较,[△] P<0.01。

据许美艳等(2012)

表 2-1-59　玉米胚芽油降低血清 TC 的作用($\bar{x} \pm s$)

组别	试食前 TC/(mmol/L)	试食后 TC/(mmol/L)	P 值(自身)	降低百分比/%
试验组	5.76±0.90	4.93±0.86	<0.01	14.41
对照组	5.87±0.98	5.85±1.02	0.85	0.34
P 值(组间)	0.52	<0.01	—	—

据许美艳等(2012)

表 2-1-60　玉米胚芽油降低血清 TG 的作用($\bar{x} \pm s$)

组别	试食前 TG/(mmol/L)	试食后 TG/(mmol/L)	P 值(自身)	降低百分比/%
试验组	4.00±2.59	2.94±1.73	<0.01	26.50
对照组	3.60±2.29	4.00±2.28	0.27	−11.11
P 值(组间)	0.39	0.02		

据许美艳等(2012)

表 2-1-61　玉米胚芽油升高血清 HDL-C 的作用($\bar{x} \pm s$)

组别	试食前 HDL-C/(mmol/L)	试食后 HDL-C/(mmol/L)	P 值(自身)	上升值
试验组	1.24±0.35	1.31±0.30	0.20	0.07
对照组	1.28±0.30	1.33±0.29	0.18	0.05
P 值(组间)	0.56	0.92	—	—

据许美艳等(2012)

表 2-1-62　对血清 TC 有效率、TG 有效率、HDL-C 有效率的影响

指标	组别	有效数	无效数	有效率/%	P 值
TC	实验组	39	17	69.64	<0.01
	对照组	6	46	11.54	
TG	实验组	33	23	58.93	<0.01
	对照组	17	35	32.69	
HDL-C	实验组	23	33	41.07	0.35
	对照组	26	26	50.00	

据许美艳等(2012)

表 2-1-63　玉米胚芽油对血清 TC、TG 总有效率的影响

组别	n	有效数	无效数	有效率/%	P 值
试验组	112	72	40	64.29	<0.01
对照组	104	23	81	22.12	

据许美艳等(2012)

6.保护肝脏

刘雪姣等(2015)通过动物实验,研究了玉米低聚肽对 CCl_4 所致小鼠急性肝损伤的保护作用。实验对小鼠经口灌胃 200 mg/(kg·d)、400 mg/(kg·d)、800 mg/(kg·d)的玉米低聚肽进行肝损伤前预防,30 d 后,以 10 mL/kg 的剂量一次性灌胃 0.5% 的 CCl_4,16 h 后测定小鼠的肝指数、肝组织中丙二醛(MDA)、超氧化物歧化酶(SOD)、谷胱甘肽过氧化物酶(GSH-Px);血清中谷丙转氨酶(ALT)、谷草转氨

酶(AST),光镜下观察肝组织学变化。结果(见表 2-1-64～表 2-1-66)显示,玉米低聚肽中、高剂量组均能显著降低 CCl_4 所致急性肝损伤小鼠的 ALT、AST 和 MDA 水平($P<0.05$),提高 SOD 和 GSH-Px 活力($P<0.05$),且明显促进肝功能恢复,光镜下可见玉米低聚肽明显改善肝组织损伤程度,但对肝指数无明显影响。这些结果表明玉米低聚肽对 CCl_4 所致小鼠急性肝损伤有保护作用。

表 2-1-64　玉米低聚肽对肝组织中 MDA、SOD、GSH-Px 活性的影响

组别	剂量[mg/(kg·d)]	MDA	SOD	GSH-Px
正常组	—	2.13 ± 0.62	165.27 ± 44.52	238.33 ± 9.04
CCl_4 模型组	—	2.84 ± 0.68^a	159.74 ± 50.33	177.88 ± 25.23^a
阳性对照组	60	1.98 ± 0.27^b	179.59 ± 60.05	248.13 ± 4.06
低剂量组	200	2.42 ± 0.31^b	118.82 ± 59.13	518.98 ± 38.79^{bbb}
中剂量组	400	1.81 ± 0.30^b	180.07 ± 13.84	793.52 ± 20.46^{bbb}
高剂量组	800	2.21 ± 0.58^b	172.59 ± 22.70	481.98 ± 20.46^{bbb}

注:[a]与正常组比较有显著性差异($P<0.05$);[b]与 CCl_4 模型组比较有显著性差异($P<0.05$);[bbb]与 CCl_4 模型组比较有极显著差异($P<0.001$)。—:表示无添加。

据刘雪姣等(2015)

表 2-1-65　玉米低聚肽对血清中 AST 和 ALT 的影响

组别	剂量[mg/(kg·d)]	AST/(U/L)	ALT/(U/L)
正常组	—	5.0 ± 2.39	11.90 ± 3.99
CCl_4 模型组	—	11.56 ± 2.66^{aa}	66.71 ± 1.27^{aa}
阳性对照组	60	8.2 ± 1.30^b	25.58 ± 6.44^b
低剂量组	200	11.70 ± 4.25	50.02 ± 7.04
中剂量组	400	9.25 ± 2.73^b	55.63 ± 7.38
高剂量组	800	5.10 ± 2.02^{bbb}	65.15 ± 2.17

注:[a]与正常组比较有显著性差异($P<0.05$);[b]与 CCl_4 模型组比较有显著性差异($P<0.05$);[aa]与正常组比较有显著性差异($P<0.01$);[bbb]与 CCl_4 模型组比较有极显著性差异($P<0.001$)。

据刘雪姣等(2015)

表 2-1-66　玉米低聚肽对小鼠质量及肝指数的影响

组别	始体质量/g	终体质量/g	体质量变化/g	肝质量/g	肝指数/(mg/g)
正常组	21.94 ± 1.10	37.15 ± 2.43	15.21 ± 1.33	1.46 ± 0.11	39.30 ± 0.05
CCl_4 模型组	21.41 ± 1.11	37.63 ± 2.17	16.22 ± 1.06	1.52 ± 0.10	40.39 ± 0.18
阳性对照组	21.63 ± 0.83	37.88 ± 1.28	16.25 ± 0.45	1.56 ± 0.20	41.18 ± 0.31
低剂量组	21.79 ± 0.98	37.73 ± 2.70	15.94 ± 1.72	1.46 ± 0.16	38.70 ± 0.33
中剂量组	21.11 ± 1.48	36.74 ± 1.77	15.63 ± 0.29	1.50 ± 0.28	40.83 ± 0.12
高剂量组	21.03 ± 1.13	37.46 ± 1.01	15.63 ± 0.29	1.52 ± 0.11	38.30 ± 0.65

据刘雪姣等(2015)

赵娟娟等(2018)研究了富硒玉米肽(selenium-enriched corn peptide,SeCP)对扑热息痛(acetaminophen,APAP)代谢相关酶的影响及其对肝损伤的防护作用。实验利用碱醇液提取玉米蛋白,经酶解和超滤制备分子质量小于 5 kDa 的混合玉米肽。建立扑热息痛致小鼠肝损伤模型,测定小鼠肝脏

指数、血清谷草转氨酶(aspartate aminotransferase，AST)活力、肝脏中细胞色素 P4502E1(cytochrome P4502E1，CYP2E1)、细胞色素 P4501A2(cytochrome P4501A2，CYP1A2)、谷胱甘肽巯基转移酶(glutathione S-transferase，GST)、尿苷二磷酸葡萄糖醛酸转移酶(uridine diphosphate-dependent glycosyltransferase，UGT)质量浓度、磺基转移酶(sulfotransferase，ST)、谷胱甘肽过氧化物酶(glutathione peroxidase，GSH-Px)活力及还原型谷胱甘肽(glutathione，GSH)含量，HE 染色观察肝脏病理学变化。结果：与模型组相比，SeCP 组小鼠其肝脏中的 CYP2E1、CYP1A2、UGT 质量浓度及 ST 活力显著降低($P<0.05$)，GSH 含量、GST 质量浓度及 GSH-Px 活力显著提高($P<0.05$)，肝脏指数和血清中 AST 活力明显降低，肝脏病理学情况显著改善。结果提示：SeCP 对过量扑热息痛致肝损伤的防护作用效果显著性优于亚硒酸钠＋玉米肽，即有机硒与玉米肽有良好的协同保肝作用。

林兵等(2016)探讨了玉米肽对酒精性肝损伤大鼠的保护作用。实验将 SPF 级雌性大鼠随机分为 5 组：对照组、模型组和玉米肽干预组(3 组剂量分别为 0.225 g/kg、0.45 g/kg、0.9 g/kg)，连续 4 周以乙醇 6 g/(kg·d)造成大鼠酒精性肝损伤模型，并给予玉米肽干预，测定各组体重变化和血清转氨酶、病理、抗氧化酶等指标，分析各组间的差异。结果(见表 2-1-67～表 2-1-70)：摄入酒精后大鼠一般生活状况和血清转氨酶指标发生均产生了明显改变($P<0.05$)，玉米肽干预对饮酒大鼠的一般状况有一定的改善，可以逆转饮酒导致大鼠的转氨酶水平升高，改善肝组织病理学异常，提高血清超氧化物歧化酶活性并降低丙二醛水平($P<0.05$)，但是体重、谷胱甘肽过氧化物酶、肝乙醇脱氢酶(ADH)等没有观察到明显的改变。提示玉米肽对大鼠酒精性肝损伤具有一定的保护作用，可能与改善机体氧化应激有关。

表 2-1-67　玉米肽对饮酒大鼠体重的影响

组别	n	第1日体重/g	第8日体重/g	第15日体重/g	第22日体重/g	第29日体重/g
对照组	10	232.89±12.15	249.80±13.03	266.98±12.11	279.90±13.27	288.91±17.27
模型组	11	233.35±11.03	235.59±17.04	251.27±17.26*	262.18±14.72*	271.39±13.44*
玉米肽低剂量组	8	234.35±12.19	238.94±11.12	256.88±11.85	269.00±10.52	277.00±13.38
玉米肽中剂量组	10	233.14±14.62	235.00±14.94	250.85±12.51	267.30±15.04	281.60±14.07
玉米肽高剂量组	10	234.52±12.51	240.45±16.00	250.50±.13.39	262.65±16.70	273.22±18.58

注：与对照组相比，* $P<0.05$。
据林兵等(2016)

表 2-1-68　玉米肽对大鼠血清转氨酶的作用

组别	n	ALT/IU	AST/IU
对照组	10	42.79±5.12	26.49±15.04
模型组	11	51.52±7.83*	47.01±15.58*
玉米肽低剂量组	8	46.22±6.25	28.71±17.30#
玉米肽中剂量组	10	44.53±7.75	16.17±12.79#
玉米肽高剂量组	10	40.48±7.06#	28.68±12.38#

注：与对照组相比，* $P<0.05$；与模型组相比，# $P<0.05$。
据林兵等(2016)

表 2-1-69 玉米肽对大鼠氧化应激系统的影响

组别	n	SOD/(U/mL)	MDA/(nmol/mL)	GSH-PX/U
对照组	10	101.66±36.18	6.11±6.38	634.26±521.0
模型组	11	81.57±31.46[*]	21.66±8.93[**]	906.67±665.9
玉米肽低剂量组	8	149.46±13.75[##]	20.13±9.72	668.89±291.4
玉米肽中剂量组	10	119.81±17.13[##]	17.66±8.80	335.19±389.6
玉米肽高剂量组	10	123.41±8.38[##]	9.02±6.59[#]	418.93±162.2

注:与对照组相比,[*] $P<0.05$,[**] $P<0.01$;与模型组相比,[#] $P<0.05$,[##] $P<0.01$。

据林兵等(2016)

表 2-1-70 玉米肽对大鼠肝 ADH 和 MDA 水平的作用

组别	n	ADH/(U/mg prot)	MDA/(nmol/mg prot)
对照组	10	12.86±5.27	1.41±0.34
模型组	11	17.50±8.76	1.77±0.68
玉米肽低剂量组	8	16.71±4.79	1.55±0.48
玉米肽中剂量组	10	16.16±4.84	1.44±0.65
玉米肽高剂量组	10	14.61±3.22	1.43±0.99

据林兵等(2016)

三、玉米的研究成果

褪黑素(melatonin,MT)是一种吲哚类色胺(N-乙酰-5-甲氧基色胺),最早是从牛的松果体中发现的。褪黑素是一种生物进化保留分子,广泛存在于包括人类在内的动物、植物和原核生物中。褪黑素是一种抗氧化作用很强的内源性自由基清除剂,而且通过食用含有褪黑素的食物,可使其进入动物和人体中,起到清除体内自由基、提高机体免疫功能、延缓衰老和改善睡眠等功效。

玉米中含有褪黑素,王金英、郑金贵(2009)以玉米(*Zea mays* L.)、水稻(*Oryza sativa* L.)、燕麦(*Avena sativa* L.)作为实验材料,研究探索出了一种农作物籽粒中褪黑素的有效分离、提取方法和建立测定作物籽粒中有效成分褪黑素的高效液相色谱法分析方法;分析测定了玉米、水稻、燕麦三种作物间、品种间籽粒中褪黑素含量及其差异;研究提高了玉米籽粒褪黑素含量的外源调控诱导配套技术。主要研究结果如下:

(1)建立测定作物籽粒中褪黑素的高效液相色谱法-荧光检测(HPLC-FD)分析方法,结果表明,褪黑素在 0.01~1.20 mg/kg 浓度范围内,线性关系良好,其标准曲线的回归方程为 $Y=643\,436X-2446.1$,$R^2=0.999\,8$,平均回收率达 94.11%。所需测定条件:Alltima C18,4.6 mm×250 mm 不锈钢柱为色谱柱,50 mmol/L Na_2HPO_4/H_3PO_4 缓冲液(pH 4.5):甲醇=50:50 为流动相,流速为 1 mL/min,进样量 10 μL,激发光波长为 280 nm,发射光波长为 348 nm。研究出玉米籽粒中褪黑素分离、提取效率较高的方法,超声功率为 800 W 左右,超声时间 30~60 min 的破碎籽粒处理,可使籽粒细胞中的褪黑素有效成分得到较为充分释放并溶于甲醇溶剂中。

(2)研究测定 132 份玉米品种的籽粒、145 份水稻品种的糙米和 35 份燕麦品种的籽粒中褪黑素含量。结果(见表 2-1-71)表明,132 份玉米种子中 74 份(占测试总数 56.06%)没能检测到 MT 含量(含量低于 10 ng/g,检测不出,将其视为 0 含量),58 份玉米 MT 含量在 10 ng/g 以上,平均含量为 96.5 ng/g,变幅为 0~2034 ng/g,MT 最高玉米品种 YM056,为 2034 ng/g,是玉米平均 MT 水平的 21.08 倍;燕麦平均为 98.7 ng/g,变幅为 0~568 ng/g,含量最高的燕麦品种是 OAT07,为 568 ng/g,是燕麦平均 MT 水平的

5.75 倍;水稻平均为 16.0 ng/g,变幅为 0～264 ng/g,MT 最高水稻品种 SD001,为 264 ng/g,是水稻平均 MT 水平的 16.5 倍。表现出不同作物种间、同一种作物不同品种间 MT 含量都存在很大的差异。

表 2-1-71　58 份玉米品种(系)的褪黑素含量

玉米品种	MT 含量/(ng/g)	玉米品种	MT 含量/(ng/g)	玉米品种	MT 含量/(ng/g)
YM056	2034	YM031	41	YM-N06	21
YM049	1981	YM129	41	YM-N14	21
YM054	1110	YM143	39	YM159	20
YM115	983	YM057	37	YM042	19
YM046	803	YM-N24	37	YM-N13	19
YM-N01	803	YM-N04	35	YM150	18
YM047	614	YM155	35	YM-N07	18
YM-N02	614	YM038	33	YM-N11	18
YM055	529	YM004	32	YM-N18	18
YM163	446	YM-N21	32	YM034	17
YM139	425	YM148	29	YM-N19	17
YM0.32	325	YM007	28	YM140	16
YM-N03	325	YM-N23	27	YM-N17	16
YM151	233	YM037	26	YM-N22	16
YM033	172	YM-N05	26	YM-N16	15
YM142	142	YM040	25	YM009	14
YM149	81	YM-N12	24	YM-N10	14
YM144	78	YM-N08	23	YM-N09	11
YM035	62	YM-N15	22		
YM004	60	YM-N20	22		

注:* 平均值:219.7;标准差:425.9;变异系数(CV,%):193.9。
据王金英、郑金贵(2009)

(3)玉米苗期(六叶一心)进行外源诱导处理,诱导 5 d 后分别取玉米叶片测定 MT 含量,结果表明,用 3 号配方(诱导物 ID01,浓度为 150 mg/kg)和 4 号配方(诱导物 ID01,浓度为 300 mg/kg),对供试 6 个玉米品种的诱导效果均较佳,平均提高玉米叶片 MT 含量分别达 50.59% 和 69.05%。而其他配方诱导效果只对特定的品种有显著效果,如 1 号配方(诱导物 ID01,浓度为 5 mg/kg)和 2 号配方(诱导物 ID01,浓度为 50 mg/kg)对玉米品种 YM148、YM115 和 YM139 效果显著;5 号配方(诱导物 ID02,浓度 166.7 mg/kg)对玉米品种 YM056 提高 23.08%;6 号配方(诱导物 ID02,浓度 1667 mg/kg)和 7 号配方(诱导物 ID02、浓度 10 000 mg/kg)对玉米品种 YM056、YM049 和 YM115 有显著效果,而对其他品种效果并不显著。玉米苗期进行外源诱导处理,成熟时玉米籽粒中 MT 含量与对照差异均不显著。

(4)玉米灌浆期进行外源诱导处理,于成熟期时(诱导处理 15 d 后)分别测定玉米籽粒、玉米苞叶和叶片中的 MT 含量,结果表明:①不同配方对玉米籽粒 MT 含量的影响:7 号配方(诱导物 ID02,浓度 10 000 mg/kg)、8 号配方(诱导物 ID02,浓度 25 000 mg/kg)、6 号配方(诱导物 ID02,浓度 1667 mg/kg)可使 4 份玉米品种籽粒平均 MT 含量分别提高 15.43%、10.21% 和 9.86%;不同配方对不同玉米品种的诱导效果不同,玉米品种 YM139 用 10 号配方、11 号配方、9 号配方、4 号配方、3 号配方、7 号配方、6 号配方诱导处理效果显著,分别提高 25.20％、24.28％、22.06％、16.48％、13.01％、12.29％、10.74％;YM115 用 11 号配方,10 号配方,7 号配方诱导后,分别提高 12.44％、11.77％和 11.08％;YM056 用 7 号配方和 6 号配方诱导分别提高 13.57％和 12.05％;YM049 用 7 号配方和 6 号配方诱导分别提高 20.27％和 10.75％。②不同配方对玉米苞叶 MT 含量的影响:3 号配方(诱导物 ID01,浓度 150 mg/kg)、4 号配方(诱导物 ID01,浓度 300 mg/kg)可使玉米苞叶 MT 平均含量分别提高 15.44％和 10.70％。其中,3 号配方对玉米品种 YM115、YM139、YM056 和 YM049 苞叶 MT 含量分别提高 19.89％、17.73％、17.11％和 11.28％;2 号配方(诱导物 ID01,浓度 50 mg/kg)使玉米品种 YM115 和 YM139 苞叶 MT 含量分别提高 15.94％和 13.01％;4 号配方使 YM056 苞叶 MT 含量提高 16.08％;8 号配方使 YM139 苞叶 MT 含量提高 10.33％。③不同配方对玉米叶片 MT 含量的影响:4 号配方、3 号配方和 2 号配方均能提高玉米叶片 MT 含量,平均含量分别提高 18.71％、18.48％和 9.63％。

(5)玉米不同器官,MT 含量相差很大,含量高低顺序:籽粒＞苞叶＞叶片＞根。其中,籽粒含量大大高于苞叶和叶片,苞叶和叶片含量相差不大,根部 MT 含量很低,用 HPLC 检测不到。

参考文献

[1]王艳.玉米苞叶中黄酮类化合物的研究[D].长春:吉林大学,2010.

[2]袁建敏,王茂飞,卞晓毅,等.玉米的化学成分含量及影响因素研究进展[J].中国畜牧杂志,2016(11):69-72.

[3]张沛敏,邵林生,王俊花,等.不同品种鲜食玉米的营养成分及抗氧化活性比较[J].玉米科学,2016,24(4):110-115.

[4]林巍,李丽,景艳,等.玉米浆成分分析及其抗氧化活性研究[J].食品工业,2018,39(10):173-176.

[5]李维,林峰,秦勇,等.玉米肽对乙醇氧化损伤模型小鼠的抗氧化作用研究[J].食品研究与开发,2019,40(15):31-35.

[6]朱敏,史振声,李凤海.紫玉米籽粒花青素粗提液抗氧化活性研究[J].食品工业科技,2014,35(22):87-90.

[7]于慧,刘美佳,刘剑利,等.玉米黄色素提取工艺优化及其抗癌活性研究[J].食品与机械,2017(3):139-144.

[8]徐伟丽,崔鹏举,鲁兆新,等.玉米麸皮多糖对人结肠癌 HT-29 细胞增殖的抑制作用[J].哈尔滨工业大学学报,2015(2):62-66.

[9]李晓玲,王世清,徐同成,等.玉米黄色素对人卵巢透明癌细胞 ES-2 侵袭、迁移、凋亡及周期的影响[J].现代食品科技,2014(2):1-5.

[10]李江涛,张久亮,何慧,等.玉米肽体内外抗肿瘤活性[J].食品科学,2013,34(15):223-227.

[11]刘婷,李春英,梁爱华,等.玉米提取物的抗肿瘤作用研究[J].中国实验方剂学杂志,2011(18):210-214.

[12]吴翊馨,姚吴刚,苏胜林,等.玉米肽对脑卒中康复患者生化指标及运动能力的影响研究[J].中国全科医学,2014,17(33):3929-3931.

[13]高淑杰,吴翊馨,张肃.玉米肽抗运动疲劳的实验研究[C].智能信息技术应用学会,2011:360-363.

[14]李晶.玉米肽抗疲劳作用的实验研究[J].食品与机械,2004(1):11-12,27.

[15]陈红漫,杜国丰,田秀艳,等.脱色素玉米活性肽对小鼠抗运动性疲劳的影响[J].江苏农业学报,2009,25(3):592-595.

[16]吴晓刚,张琨,邹梅,等.玉米粗多糖对小鼠免疫功能的影响[J].中国实验方剂学杂志,2010,16(17):187-188.

[17]张晶莹,高峰,孙兰,等.玉米多糖胶囊对小鼠机体免疫功能的影响[J].中国卫生工程学,2010,9(4):260-261.

[18]母海成,金在久,施溯筠.玉米粗多糖对免疫低下小鼠免疫功能的影响[J].中国实验方剂学杂志,2011,17(20):227-229.

[19]张鸣镝,管骁,姚惠源.玉米胚芽蛋白酶解物对小鼠免疫功能的影响[J].食品科学,2007(2):302-305.

[20]许美艳,宋勇莉,迟玉聚,等.玉米胚芽油对小鼠免疫功能的影响[J].山东大学学报(医学版),2010,48(6):126-129.

[21]赵晓燕,张超,马越,等.紫玉米花色苷对小鼠免疫功能的影响[J].湖北农业科学,2010(8):1933-1936.

[22]林巍,高健,王晓杰,等.玉米肽对慢性酒精中毒小鼠免疫功能的影响[J].食品工业科技,2020,41(1):279-283.

[23]张艳荣,陈丽娜,王大为.玉米活性多糖对糖尿病小鼠的降血糖作用[J].吉林大学学报(医学版),2005(6):846-848.

[24]王言.玉米皮膳食纤维的制备、功能活化及活性的研究[D].长春:吉林大学,2010.

[25]于德泉,逯晓波,刘秋芳,等.玉米胚SOD提取物对糖尿病大鼠血糖、血脂及血清氧化应激状态的影响[J].现代生物医学进展,2012,12(33):6422-6425.

[26]高翔,周蓉,张立实.玉米胚芽油辅助降血脂作用人群试验研究[J].现代预防医学,2005(6):598-599.

[27]马爱勤,李峰,张鲁杰,等.玉米胚芽油辅助降血脂效果临床观察[J].中国食物与营养,2010(6):67-69.

[28]刘雪姣,徐卫东,马海乐,等.玉米低聚肽对CCl_4所致小鼠急性肝损伤的保护作用研究[J].中国农业科技导报,2015(5):162-167,161.

[29]赵娟娟,熊汇竹,刘维维,等.富硒玉米肽对扑热息痛致小鼠肝损伤的防护作用[J].食品科学,2018,39(11):201-206.

[30]林兵,马小陶,王亚非,等.玉米肽对酒精性肝损伤大鼠的作用研究[J].医学研究杂志,2016,45(3):135-138.

[31]王金英.三种粮食作物高MT含量的种质资源及外源诱导研究[D].福州:福建农林大学,2009.

第二节　甘薯品质

一、甘薯的概述

甘薯[*Dioscorea esculenta*（Lour.）Burkill]又名红薯、白薯、红芋、甜薯、地瓜等,属于旋花科薯蓣属甘薯种,是世界上重要的粮食作物之一。甘薯的皮有淡红、红、红紫、淡黄、黄褐和白色等,薯肉颜色有白、黄、杏黄、紫、橘红等。食用部分主要为块根,在我国许多地区,除了块根之外,甘薯茎叶也被当作蔬菜食用,因此,它既可以当主食,也可以当副食食用,长期以来一直是我国居民膳食结构中的重要组成部分。甘薯块根及茎叶中均含有许多具有特殊生物活性的物质,如糖蛋白、胰蛋白酶抑制剂、凝集素、花青素、咖啡酰奎宁酸、香豆素、膳食纤维、类胡萝卜素等。

近年来研究表明甘薯具有抗癌抗肿瘤、增强人体免疫力、抗氧化、降血糖、降血脂、降胆固醇、减轻肝损伤、减肥、保护神经改善记忆、抑菌、润肠通便、促进骨骼发育、防辐射、抗疲劳等多种保健功效。

二、甘薯的功能

1.抗癌、抗肿瘤

甘薯中多种成分具有抗癌作用。首先,甘薯中含有丰富的胡萝卜素,可以有效地消除自由基,从而预防癌症和动脉硬化的发生。其次,甘薯中的 DHEA(dehydroepiandrosterone,脱氢表雄酮)这种活性化学物质具有很强的抗氧化性和保健性,能预防结肠癌和乳腺癌的发生。对动物的乳腺癌、肠癌有特殊疗效。另外甘薯中还含有丰富的纤维素,可以稀释脂肪浓度,减少致癌物质对人体的危害;同时又可以促进肠道蠕动,减少致癌物质与肠黏膜的接触,从而防止直肠癌的发生。甘薯含有特殊的激素类物质——类固醇,有防止和缓解血癌、乳腺癌的作用。

叶小利等(2005)研究了紫色甘薯多糖对 S_{180} 荷瘤小鼠肿瘤的体内抑制、免疫器官的影响。实验结果(见表 2-2-1、表 2-2-2)表明:紫色甘薯多糖对 S_{180} 荷瘤小鼠的抑瘤率可达 40% 左右($P<0.01$);低剂量的紫色甘薯多糖与 5-氟尿嘧啶(5-FU)配伍使用,能提高荷瘤小鼠抑瘤率,对 5-FU 所致的荷瘤小鼠胸腺、脾脏质量萎缩有明显的保护作用,对白细胞的减少有一定的拮抗作用。

表 2-2-1　紫色甘薯多糖对荷瘤 S_{180} 小鼠肿瘤的抑制作用

组别	剂量/(mg/kg)	瘤质量/g	抑制率/%
荷瘤对照组	—	2.18±0.48	—
5-FU 组	25	1.20±0.35	45[**]
甘薯多糖低剂量组	200	1.48±0.33	32[*]
甘薯多糖中剂量组	400	1.37±0.34	37[*]
甘薯多糖高剂量组	600	1.26±0.22	42[**]
多糖低剂量组+5-FU	200+25	1.06±0.26	51[**]

注:与荷瘤对照组相比,[*] $P<0.05$,[**] $P<0.01$。

据叶小利等(2005)

表 2-2-2　紫色甘薯多糖对荷瘤小鼠胸腺和脾指数的影响

组别	剂量/(mg/kg)	小鼠体质量/g	胸腺指数($\bar{x}\pm s$)	脾指数($\bar{x}\pm s$)
空白对照组	—	26.8±2.2	0.025±0.005	0.145±0.021
荷瘤对照组	—	25.8±1.9	0.098±0.017	0.140±0.016
5-FU 组	25	22.3±1.6	0.019±0.011△	0.098±0.029△
甘薯多糖低剂量组	200	24.1±1.5	0.052±0.010	0.138±0.037
甘薯多糖中剂量组	400	23.8±1.6	0.033±0.004*	0.118±0.029*
甘薯多糖高剂量组	600	22.7±2.5	0.023±0.003*	0.120±.031*
多糖低剂量组＋5-FU	200＋25	21.8±1.2	0.040±0.002**	0.122±0.027**

注:与5-FU相比,* $P<0.05$,** $P<0.01$;与空白对照组相比,△ $P<0.05$。

据叶小利等(2005)

刘主等(2007)研究了甘薯糖蛋白组分(SPG-1)对肝癌 22(H_{22})荷瘤小鼠的抗肿瘤作用及免疫调节作用。通过给小鼠灌胃给药,研究 SPG-1 对 H_{22} 荷瘤小鼠的抑瘤率、存活期、肿瘤细胞有丝分裂指数和脾脏指数、胸腺指数、腹腔巨噬细胞活性的影响。结果(见表 2-2-3～表 2-2-7)显示:SPG-1 对 H_{22} 实体瘤小鼠具有明显的抑瘤作用($P<0.05$),对 H_{22} 腹水瘤小鼠具有明显的延长存活期作用($P<0.05$),对 H_{22} 腹水瘤小鼠的肿瘤细胞有丝分裂具有非常明显的抑制作用($P<0.01$);SPG-1 能明显增加 H_{22} 实体瘤小鼠的脾脏指数($P<0.01$)、胸腺指数($P<0.05$),能明显增强 H_{22} 实体瘤小鼠的腹腔巨噬细胞活性($P<0.01$)。可见 SPG-1 对 H_{22} 荷瘤小鼠具有明显的抗肿瘤作用且能明显增强 H_{22} 荷瘤小鼠的免疫功能。

表 2-2-3　SPG-1 对 H_{22} 实体瘤小鼠瘤重的影响($\bar{x}\pm s$)

组别	剂量/[mg/(kg·d)]	n	平均瘤重/g	抑制率/%
模型对照组		11	1.299±0.332	
低剂量 SPG-1 组	25	11	1.003±0.298*	22.78
高剂量 SPG-1 组	50	11	0.904±0.255*	30.41

注:与模型对照组相比,* $P<0.05$。

据刘主等(2007)

表 2-2-4　SPG-1 对 H_{22} 腹水瘤小鼠生存时间的影响($\bar{x}\pm s$)

组别	剂量/[mg/(kg·d)]	n	生存时间/d	生命延长/%
模型对照组(NS)		8	15.8±2.1	
低剂量 SPG-1 组	25	9	17.6±2.5	11.39
高剂量 SPG-1 组	50	9	18.9±2.4*	19.62

注:与模型对照组相比,* $P<0.05$。

据刘主等(2007)

表 2-2-5　SPG-1 对 H_{22} 腹水瘤小鼠肿瘤细胞有丝分裂的影响($\bar{x}\pm s$)

组别	剂量/[mg/(kg·d)]	n	分裂中期细胞数	细胞分裂指数($\bar{x}\pm s$)	抑制率/%
模型对照组(NS)		8	8.31	16.62±2.06	
低剂量 SPG-1 组	25	9	6.27	12.54±1.28**	24.55
高剂量 SPG-1 组	50	8	4.79	9.58±1.04**	42.36

注:与模型对照组相比,** $P<0.01$。

据刘主等(2007)

表 2-2-6　SPG-1 对 H_{22} 实体瘤小鼠脾、胸腺指数的影响($\bar{x}\pm s$)

组别	剂量/[mg/(kg·d)]	n	脾指数/(mg/g)	胸腺指数/(mg/g)
模型对照组(NS)		11	5.62±0.95	1.191±0.31
低剂量 SPG-1 组	25	11	6.59±1.01*	1.485±0.33*
高剂量 SPG-1 组	50	12	7.50±1.09**	1.593±0.34*

注:与模型对照组相比,* $P<0.05$,** $P<0.01$。

据刘主等(2007)

表 2-2-7　SPG-1 对 H_{22} 实体瘤小鼠腹腔巨噬细胞活性的影响($\bar{x}\pm s$)

组别	剂量/[mg/(kg·d)]	n	吞噬百分数/%	吞噬指数
模型对照组(NS)		8	25.63±3.58	0.355±0.047
低剂量 SPG-1 组	25	8	38.38±4.26**	0.628±0.069**
高剂量 SPG-1 组	50	9	46.50±4.83**	0.785±0.076**

注:与模型对照组相比,** $P<0.01$。

据刘主等(2007)

　　赵国华等(2003)从甘薯中分离纯化得出甘薯多糖 SPPS-I-Fr-II,然后对 B_{16} 黑色素瘤细胞或 Lewis 肺癌细胞的小鼠注射一定量的多糖(低剂量组 50 mg/kg,中等剂量组 150 mg/kg,高剂量组 250 mg/kg)。结果(见表 2-2-8)表明:低剂量的 SPPS-I-Fr-II 对 Lewis 肺癌有显著的抑制作用,但对黑色素 B_{16} 无明显抑制作用,等于或高于 150 mg/kg 的 SPPS-I-Fr-II 对 B_{16} 黑色素瘤和 Lewis 肺癌的抑制效果都达到了极显著水平,且中等剂量(150 mg/kg)作用最佳。

表 2-2-8　SPPS-I-Fr-II 的抗肿瘤活性

肿瘤类型	组别	瘤重($\bar{x}\pm s$)/mg	抑制率/%
B_{16} 黑色素瘤	对照组	1447±143	
	低剂量组	1258±104	11.2
	中等剂量组	992±113[bc]	31.4
	高剂量组	1146±1147[a]	20.8
Lewis 肺癌	对照组	1882±147	
	低剂量组	1553±141[a]	17.5
	中等剂量组	1197±87[bc]	36.4
	高剂量组	1406±114[bc]	25.3

注:[a] 与对照组比较达显著水平($P<0.05$),[b] 与对照组比较达极显著水平($P<0.01$),[c] 与低剂量组比较达显著水平($P<0.05$)。

据赵国华等(2003)

　　罗丽萍等(2006)研究了甘薯叶柄藤类黄酮即薯蔓黄酮(FSPV)对瘤株和动物的抗肿瘤作用。实验从薯蔓(叶、柄、藤)中提取 FSPV,用 MTT 法研究 FSPV 对 4 种瘤株生长的抑制作用;以动物移植性肿瘤肉瘤 S_{180} 为模型,以环磷酰胺为阳性对照,以生理盐水为阴性对照,观察 FSPV 对动物的抗肿瘤作用。实验结果(见表 2-2-9、表 2-2-10)表明:FSPV 能显著抑制 4 种瘤株的生长,并呈一定的剂量浓度关系;尤其对人早幼粒白血病细胞(HL_{60})瘤株效果最佳。FSPV 对 S_{180} 荷瘤小鼠有较强的抑瘤作用($P<0.05$),并以中剂量(400 mg/kg)的抑瘤率最高。综上得出结论,FSPV 对 4 种瘤株和移植性 S_{180} 肉瘤小鼠具有抗肿瘤作用。

表 2-2-9　FPSV 对 4 种瘤株细胞生长的抑制率

样品	终浓度/ (μg/mL)	抑制率/%			
		人早幼粒白血病 细胞	人低分化胃腺 癌细胞(BGC-823)	人肝癌细胞 (SMMC-7721)	人肺癌细胞 (A549)
FSPV	2	0.88	20.51	0.00	13.19
	20	70.95	15.31	2.85	13.95
	200	69.38	90.43	90.56	79.42
顺铂(DDP)	1	71.29	10.78	—	27.52
	10	94.45	94.87	—	92.79
	100	95.84	94.11	—	94.23
费尿嘧啶(5-FU)	1	—	—	42.06	—
	10	—	—	70.67	—
	100	—	—	92.41	—

据罗丽萍等(2006)

表 2-2-10　FSPV 对 S_{180} 荷瘤小鼠的瘤重的影响($\bar{x} \pm s$, $n = 10$)

组别	剂量/(mg/kg)	小鼠体重/g		平均肿瘤/g	抑制率/%
		给药前	给药后		
NS 对照	0	18.40±2.51	22.67±3.84	1.14±0.47	—
高剂量	800	17.7±1.37	18.3±2.83*	0.79±0.23	30.73
中剂量	400	18.52±1.67	21.85±2.49	0.59±0.21	48.53*
低剂量	200	19.43±2.07	22.51±3.39	1.07±0.39	4.91
阳性对照组	30	19.11±1.96	17.33±2.78**	0.23±0.27**	79.49**

注：** $P < 0.01$，* $P < 0.05$，与 NS 对照组相比较。阳性对照组为药物环磷酰胺，NS 对照为生理盐水。

据罗丽萍等(2006)

　　王关林等(2006)研究了甘薯花青苷色素(SPAC)的抑肿瘤作用。通过体外实验测定了 SPAC 对小鼠血清及皮肤超氧化物歧化酶(SOD)活性、抑制 S_{180} 生长和血谷胱甘肽过氧化物酶(GSH-Px)活性与丙二醛(MDA)生成的作用。结果(见表 2-2-11、表 2-2-12)表明：小鼠灌胃 SPAC 后的血清和皮肤细胞中 SOD 活力分别提高 27.30% 和 13.50%；SPAC 对小鼠肉瘤 S_{180} 有抑制作用，最高抑瘤率达到 43.12%；与对照组相比，在用 SPAC 的抑瘤组小鼠血清中 GSH-Px 和 SOD 活性明显提高，MDA 降低。综上，SPAC 具有抑肿瘤作用，其在食品中具有一定的开发潜力。

表 2-2-11　SPAC 对小鼠肉瘤 S_{180} 的抑制作用($n = 10$, $\bar{x} \pm s$)

组别	剂量/[mg/(kg·d)]	肿瘤抑制率/%		体重变化/%
BC	0	—	—	15.05
NC	0	1.553 6±0.16	—	8.8
SPAC	100	1.239 5±0.23	20.22	4.6
	250	1.043 0±0.19	32.86	1.0
	500	0.728 3±0.14	53.12	18.88

注：BC—空白对照；NC—阴性对照。

据王关林等(2006)

表 2-2-12　SPAC 对小鼠血清 GSH-Px、SOD 活性和 MDA 含量的影响($n=10$,$\bar{x}\pm s$)

组别	剂量/[mg/(kg·d)]	GSH-Px/EU	SOD/(U/mL)	MDA/(μmol/L)
BC	0	520.75±4.87	417.93±55.87	25.17±5.89
NC	0	548.74±13.47	207.92±49.21	31.24±6.32[a]
SPAC	100	474.77±7.93	274.46±52.52	27.61±8.13
	250	490.78±8.96[a]	327.48±45.85[a]	25.94±4.67
	500	506.31±19.29[b]	481.35±59.91[b]	26.12±6.62

注:[a] 与对照组比较达显著水平($P<0.05$);[b] 与对照组比较达极显著水平($P<0.01$);BC—空白对照;NC—阴性对照。

据王关林等(2006)

李卫林等(2018)探讨观察了紫甘薯花色苷对膀胱癌 BIU87 细胞增殖的影响。实验从紫甘薯中提取花色苷的浓缩液,以不同浓度(100 μg/mL、200 μg/mL、400 μg/mL、800 μg/mL)的花色苷干预 BIU87 细胞 48 h,通过细胞形态学观察以及细胞计数试剂盒(CCK-8 法)检测花色苷对 BIU87 细胞的增殖抑制作用,流式细胞术(FCM)检测细胞凋亡率。结果显示:随着花色苷浓度的升高 BIU87 细胞数量减少、细胞体积缩小、细胞间隙增大、细胞黏附性变差、细胞形态变形。CCK-8 法检测显示不同浓度的花色苷对 BIU87 细胞均有显著的增殖抑制作用(见表 2-2-13)。FCM 结果显示,100 μg/mL、200 μg/mL、400 μg/mL、800 μg/mL 花色苷浓度组的凋亡率分别为 7.31%、11.11%、25.96%、36.28%,随着花色苷浓度的升高,凋亡率逐渐增大。综上所述,紫甘薯花色苷可通过诱导细胞凋亡抑制膀胱癌 BIU87 细胞的增殖,且具有剂量-反应依赖性。

表 2-2-13　花色苷处理 BIU87 细胞后测得的 A 值和抑制率($\bar{x}\pm s$,%)

组别	对照组	100 μg/mL	200 μg/mL	400 μg/mL	800 μg/mL
A_{450} 值	1.60±0.19	1.24±0.07*	1.15±0.11*	0.90±0.08*	0.56±0.09*
抑制率(%)	—	22.5	28.1	43.8	68.1

注:与对照组相比,* $P<0.05$;抑制率=(1—实验组 OD450/对照组 OD450)×100%。

据李卫林等(2018)

2.增强免疫力

20 世纪 70 年代以来,药用研究发现多糖及糖复合物参与和介导了细胞各种生命现象的调节,特别是免疫功能的调节。甘薯富含多糖、甘薯糖蛋白(SPG)、薯蔓多糖(PSPV)、咖啡酰奎宁酸等生物活性成分。糖蛋白是一类由糖类与蛋白中氨基酸以共价键结合而成的结合蛋白,甘薯糖蛋白广泛存在于甘薯块根中,具有增强机体免疫力功能。

蔓薯是甘薯的地上部分,即叶、柄、藤三部分。蔓薯多糖(PSPV)具有促进单核巨噬细胞系统吞噬功能的作用,可增强小鼠的非特异性免疫功能,同时也可极显著地增强小鼠的特异性体液免疫功能。咖啡酰奎宁酸是一种由奎宁酸和咖啡酸以酯键连接形成的天然酚酸类化合物。Xia 等研究表明,咖啡酰奎宁酸表现出很强的清除 DPPH 自由基活性,异绿原酸 A 则具有抗 HIV-1 病毒活性,而 3,4,5-三咖啡酰奎宁酸在所有咖啡酰奎宁酸中具有最强的抗 HIV 活性。

梁婧婧等(2013)研究了甘薯糖蛋白(SPG)对高脂血症大鼠的体重及各种脏器指数的影响。研究结果(见表 2-2-14、表 2-2-15)显示:甘薯糖蛋白可以降低高脂血症大鼠的肝脏/体重比值,提高动物的机体免疫能力,且对肝脏、胸腺、脾脏、肾脏、心脏等器官无明显的影响。

表 2-2-14　甘薯水溶性糖蛋白对高脂血症大鼠肝脏、胸腺、脾脏与体重比值的影响

组别	肝脏/体重	胸腺/体重	脾脏/体重
正常对照组	3.58 ± 0.26^a	0.17 ± 0.038^a	0.18 ± 0.016^a
高脂模型组	4.24 ± 0.27^b	0.15 ± 0.011^a	0.14 ± 0.014^b
低 SPG 组	4.12 ± 0.25^c	0.16 ± 0.020^a	0.20 ± 0.024^a
中 SPG 组	3.87 ± 0.18^c	0.15 ± 0.018^a	0.20 ± 0.042^a
高 SPG 组	3.64 ± 0.20^a	0.16 ± 0.015^a	0.19 ± 0.058^a

注:不同小写字母表示 0.05 水平的差异显著,相同字母表示差异不显著。

据梁婧婧等(2013)

表 2-2-15　甘薯水溶性糖蛋白对高脂血症大鼠肾脏、心脏与体重比值的影响

组别	肾脏/体重	心脏/体重
正常对照组	0.68 ± 0.035^a	0.37 ± 0.044^a
高脂模型组	0.70 ± 0.027^b	0.36 ± 0.062^a
低 SPG 组	0.72 ± 0.057^c	0.38 ± 0.050^a
中 SPG 组	0.69 ± 0.045^c	0.37 ± 0.034^a
高 SPG 组	0.69 ± 0.077^a	0.36 ± 0.029^a

注:不同小写字母表示 0.05 水平的差异显著,相同字母表示差异不显著。

据梁婧婧等(2013)

阚建全等(2000)研究了经 DEAE52 和 Sephadex G100 柱层析纯化的北京 2 号甘薯糖蛋白的免疫调节作用。结果(见表 2-2-16～表 2-2-18)表明:甘薯糖蛋白浓度达 50 $\mu g/mL$ 时可促进植物血凝素(phytohaemgglutinin,PHA)对人外周血淋巴细胞转化,100 $\mu g/mL$ 或者 150 $\mu g/mL$ 时可显著提高 PHA 刺激的人外周血淋巴细胞转化,刺激指数分别达到 6.5 和 4.5($P<0.05$)。腹腔注射甘薯糖蛋白 80 mg/(kg·d)可促进小鼠腹腔巨噬细胞的吞噬功能,吞噬指数和吞噬百分数均高于其他组($P<0.05$);另外,小鼠脾指数、胸腺指数的测定也得到同样的结果;小鼠脾脏、胸腺光镜和电镜下观察发现,随着甘薯糖蛋白剂量增加,脾淋巴小结增多扩大,胞腺 T 细胞线粒体增多,这些结果都表明甘薯糖蛋白有明显的增强免疫调节的作用。

表 2-2-16　甘薯糖蛋白对 PHA 人外周血淋巴细胞转化的影响

甘薯糖蛋白 (0.0 $\mu g/mL$)	PHA(0.0 $\mu g/mL$) cpm	刺激指数	PHA(0.2 $\mu g/mL$) cpm	刺激指数	PHA(1.0 $\mu g/mL$) cpm	刺激指数
0	200 ± 8^a	1.0	863 ± 81^b	4.3	$13\ 370\pm1220^b$	62
30	193 ± 23^a	1.0	210 ± 6^a	1.1	290 ± 52^a	1.5
50	648 ± 18^c	3.0	540 ± 70^c	2.4	712 ± 70^a	3.6
100	1300 ± 67^c	6.5	1120 ± 82^d	5.6	850 ± 76^a	4.3
150	900 ± 32^d	4.5	642 ± 40^c	3.1	550 ± 22^a	2.5
200	470 ± 28^b	2.3	231 ± 62^a	1.1	440 ± 31^a	2.2
400	150 ± 21^a	0.8	200 ± 13^a	1.0	142 ± 12^a	0.7

注:表中数据为三次测定的平均值;SPG 为甘薯糖蛋白,SI 为刺激指数;表中同列数值肩注字母完全不同者表示差异显著($P<0.05$),肩注字母相同者表示差异不显著($P>0.05$)。

据阚建全等(2000)

表 2-2-17　甘薯糖蛋白对小鼠腹腔巨噬细胞吞噬功能的影响

组别	鼠数	剂量/[mg/(kg·d)]	吞噬百分数/%	吞噬指数/%
A	10	0	10.67 ± 2.53^a	0.23 ± 0.06^a
B	10	50	14.56 ± 1.02^a	0.30 ± 0.04^a
C	10	80	22.01 ± 1.81^c	0.42 ± 0.04^c
D	10	100	16.20 ± 2.18^b	0.34 ± 0.02^b

注:表中数据为三次测定的平均值;SPG 为甘薯糖蛋白,SI 为刺激指数;表中同列数值肩注字母完全不同者表示差异显著($P<0.05$),肩注字母相同者表示差异不显著($P>0.05$)。

据阚建全等(2000)

表 2-2-18　甘薯糖蛋白对小鼠脾脏和胸腺质量的影响

组别	鼠数	剂量/[mg/(kg·d)]	脾指数/(mg/g)	胸腺指数/(mg/g)
A	10	0	6.37 ± 0.51^a	3.26 ± 0.25^a
B	10	50	8.81 ± 0.48^b	3.38 ± 0.36^a
C	10	80	9.27 ± 1.60^c	3.69 ± 0.41^a
D	10	100	6.34 ± 0.37^a	3.42 ± 0.49^a

注:表中数据为三次测定的平均值;SPG 为甘薯糖蛋白,SI 为刺激指数;表中同列数值肩注字母完全不同者表示差异显著($P<0.05$),肩注字母相同者表示差异不显著($P>0.05$)。

据阚建全等(2000)

高荫榆等(2006)研究了薯蔓多糖(PSPV)对动物的非特异性免疫和特异性体液免疫调节作用。采用碳粒廓清实验研究 PSPV 对正常和免疫低下小鼠的非特异性免疫功能;血清溶血素测定法研究 PSPV 的特异性体液免疫功能。结果(见表 2-2-19～表 2-2-21)表明:PSPV 可提高正常和免疫低下小鼠的廓清指数 K 和吞噬指数 α,800 mg/kg 剂量的 PSPV 可显著提高小鼠血清的血清溶血素 HC_{50}。由此得出结论:薯蔓多糖(PSPV)具有促进单核巨噬细胞系统吞噬功能的作用,增强小鼠的非特异性免疫功能,同时也可极显著地增强小鼠的特异性体液免疫功能。

表 2-2-19　PSPV 对正常小鼠碳粒廓清能力的影响($\bar{x}\pm s, n=10$)

组别	剂量/(mg/kg)	体重/g	肝脾重/g	廓清指数(K)
生理盐水组		24.57 ± 4.04	1.44 ± 0.13	0.036 ± 0.012
LPSPV	400	26.33 ± 3.96	1.83 ± 0.35	$0.051\pm0.016^{**}$
HPSPV	800	24.55 ± 3.01	1.61 ± 0.22	$0.055\pm0.014^{**}$
黄芪精组	800	26.80 ± 2.88	1.79 ± 0.32	$0.054\pm0.011^{**}$

注:$^{**}P<0.05$,$^{***}P<0.01$(与生理盐水组相比);LPSPV 表示低剂量蔓薯多糖,HPSPV 表示高剂量薯蔓多糖。

据高荫榆等(2006)

表 2-2-20　对正常小鼠血清溶血素的影响($\bar{x}\pm s, n=10$)

组别	剂量/(mg/kg)	HC_{50}值	变化率/%
生理盐水组		381.75 ± 45.13	
LPSPV	400	367.15 ± 65.47	-3.82
HPSPV	800	$488.03\pm31.76^{**}$	27.84
黄芪精	800	$448.54\pm33.48^{**}$	17.50

注:$^{**}P<0.05$,$^{***}P<0.019$(与生理盐水组相比);LPSPV 表示低剂量蔓薯多糖,HPSPV 表示高剂量薯蔓多糖。

据高荫榆等(2006)

表 2-2-21　PSPV 对免疫功能低下小鼠碳粒廓清能力的影响

组别	剂量/(mg/kg)	数目	α
正常对照组	/	10	4.30 ± 0.77
阴性对照组(CTX)	100	10	2.35 ± 0.85
LPSPV	400	10	3.02 ± 0.91**
HPSPV	800	10	3.53 ± 0.82**
黄芪精	800	10	3.97 ± 0.89**

注：** $P<0.05$(与阴性对照组相比)；除正常对照组外，其余4组均皮下注射100 mg/kg 环磷酰胺，造成免疫低下模型。LPSPV 表示低剂量蔓薯多糖，HPSPV 表示高剂量蔓薯多糖。

据高荫榆等(2006)

3. 抗氧化

申婷婷等(2015)研究了紫甘薯花色苷对高脂膳食诱导氧化损伤仓鼠的保护作用及其机制。将40只仓鼠随机分为对照组，以及 0.2%、0.4%、0.8%紫甘薯花色苷组($n=10$)，测定血清、脑及肝脏中总超氧化物歧化酶(SOD)、谷胱甘肽过氧化物酶(GSH-Px)、过氧化氢酶(CAT)活力及氧化产物丙二醛(MDA)含量，荧光定量 RT-PCR 法检测肝脏中抗氧化酶基因的表达水平。结果(见表 2-2-22)显示：血清及脑中氧化产物 MDA 含量紫甘薯花色苷组较对照组显著减少($P<0.05$)，紫甘薯花色苷组血清中 GSH-Px、CAT和肝脏中总 SOD 酶活力较对照组显著升高($P<0.05$)；RT-PCR 结果显示，紫甘薯花色苷显著上调仓鼠肝脏中 CuZn-SOD、GSH-PX 酶 mRNA 的表达($P<0.05$)，0.2%、0.8%组血红素加氧酶1(HO-1)基因的表达水平较对照组显著升高($P<0.05$)。说明紫甘薯花色苷对仓鼠氧化损伤有保护作用，其机制可能为上调抗氧化酶的表达水平，从而增加抗氧化酶活力。

表 2-2-22　紫薯花色苷对仓鼠血清、肝脏及脑中抗氧化酶活力及氧化产物 MDA 含量的影响

| | | 对照组 | 紫甘薯花色苷组 | | |
			0.2%	0.4%	0.8%
血清	SOD/(U/mL)	104.17 ± 7.63	102.48 ± 10.10	100.49 ± 10.17	101.62 ± 12.79
	GSH-PX/(U/mL)	421.31 ± 40.01	537.48 ± 42.13*	517.65 ± 44.97*	523.63 ± 49.20*
	CAT/(U/mL)	10.03 ± 3.18	15.71 ± 4.23*	14.69 ± 4.69*	13.79 ± 4.05*
	MDA/(nmol/mL)	14.49 ± 3.12	11.96 ± 1.48*	12.84 ± 2.09*	12.94 ± 1.70*
肝脏	SOD/(U/mg prot)	105.04 ± 7.16	152.24 ± 47.97*	142.16 ± 41.68*	144.89 ± 50.63*
	GSH-PX/(U/mg prot)	167.66 ± 27.98	161.79 ± 28.94	160.24 ± 11.60	166.28 ± 11.60
	CAT/(U/mg prot)	30.57 ± 7.40	29.25 ± 5.40	28.16 ± 6.85	31.60 ± 6.56
	MDA/(nmol/mg prot)	0.53 ± 0.10	0.54 ± 0.05	0.58 ± 0.08	0.42 ± 0.09*
脑	SOD/(U/mg prot)	67.19 ± 3.91	63.57 ± 7.50	74.99 ± 14.99	72.84 ± 14.73
	MDA/(nmol/mg prot)	1.30 ± 0.19	1.06 ± 0.28*	1.08 ± 0.12**	1.09 ± 0.19*

注：与对照组相比，* $P<0.05$；与对照组相比，** $P<0.01$。

据申婷婷等(2015)

刘主等(2008)研究了甘薯糖蛋白组分 SPG-1 纯品对 H_{22} 荷瘤小鼠肝、肾组织及血清中超氧化物歧化酶(SOD)、过氧化氢酶(CAT)活力和丙二醛(MDA)含量的影响。结果(见表 2-2-23～表 2-2-25)显示，SPG-1 对 H_{22} 荷瘤小鼠肝、肾组织及血清中 SOD、CAT 活力有明显的增强作用($P<0.05$ 或 $P<0.01$)，对 H_{22} 荷瘤小鼠肝、肾组织及血清中 MDA 的含量有明显的降低作用($P<0.05$ 或 $P<0.01$)。这些结果表明

甘薯糖蛋白 SPG-1 对 H_{22} 荷瘤小鼠具有明显的体内抗氧化作用。

表 2-2-23　SPG-1 对 H_{22} 荷瘤小鼠肝、肾组织及血清中 SOD 活性的影响

组别	剂量/(mg/kg)	n	肝/(U/mg prot)	肾/(U/mg prot)	血清/(U/mL)
模型对照组	0	12	130.56±9.33	118.38±10.12	88.14±7.93
低剂量组	25	12	166.76±10.62**	127.95±10.55*	96.42±8.59*
高剂量组	50	12	201.86±15.79**	142.29±11.71**	141.43±8.84**

注:与模型对照组相比,* $P<0.05$,** $P<0.01$。
据刘主等(2008)

表 2-2-24　SPG-1 对 H_{22} 荷瘤小鼠肝、肾组织及血清中 CAT 活性的影响

组别	剂量/(mg/kg)	n	肝/(U/mg prot)	肾/(U/mg prot)	血清/(U/mL)
模型对照组	0	12	32.41±3.90	45.05±4.11	10.92±1.38
低剂量组	25	12	40.07±4.03**	47.08±4.86	17.11±2.73**
高剂量组	50	12	43.37±4.05**	50.64±5.67*	18.02±2.84**

注:与模型对照组相比,* $P<0.05$,** $P<0.01$。
据刘主等(2008)

表 2-2-25　SPG-1 对 H_{22} 荷瘤小鼠肝、肾组织及血清中 MDA 含量的影响

组别	剂量/(mg/kg)	n	肝/(U/mg prot)	肾/(U/mg prot)	血清/(U/mL)
模型对照组	0	12	3.27±0.77	1.89±0.47	4.32±0.63
低剂量组	25	12	2.64±0.69*	1.42±0.32*	3.67±0.59*
高剂量组	50	12	2.30±0.61**	1.40±0.44*	3.53±0.57**

注:与模型对照组相比,* $P<0.05$,** $P<0.01$。
据刘主等(2008)

田春宇等(2007)研究了甘薯多糖(PSP)的抗氧化作用。结果(见表 2-2-26)显示:甘薯多糖能显著提高荷瘤小鼠中血清超氧化物歧化酶(SOD)的活性,降低丙二醛(MDA)含量。

表 2-2-26　甘薯多糖对荷瘤小鼠 SOD 活性和 MDA 含量的影响

分组	剂量/[mg/(kg·d)]	SOD 活性/(NU/mL)	MDA 含量/(μmol/mL)
无瘤无药	—	30.5±13.5	5.307±0.65
有瘤无药	—	110.8±17.7	8.676±2.01
	50	127.5±16.5	5.537±1.32
有瘤给药	250	139.0±16.8	5.106±0.78
	500	147.0±16.3	4.446±0.91

据田春宇等(2007)

王杉等(2005)研究了紫薯色素(PSA)对老龄小鼠的抗氧化和抗衰老作用。每日对每组 10 只 13 月龄的老龄小鼠连续灌服不同剂量紫薯色素(100 mg/kg、500 mg/kg、1000 mg/kg),测定 3 d、10 d、18 d 时血清总抗氧化能力(T-AOC);测定 30 d 时脂质过氧化物丙二醛(MDA)含量、超氧化物歧化酶(SOD)和谷胱甘肽过氧化物酶(GSH-Px)活性,而且与维生素 E 阳性参照组、成年小鼠和空白对照组进行比较。结果表明:PSA 显著改善老龄小鼠血清 T-AOC,且低剂量 PSA(100 mg/kg)的改善效果随给药时间的增加而加强;PSA 非常显著抑制老龄小鼠血清中 MDA 的生成和提高血清中 SOD 和全血 GSH-Px 的活性;每天灌服 PSA 100 mg/kg 剂量的作用效果相当于等量维生素 E,而 SOD 与 GSH-Px 活性的水平与成年小鼠差别不大。由此得出结论:紫甘薯花青素具有抗生物氧化作用,可延缓衰老。

王红等(2015)研究表明紫甘薯提取物(purple sweet potato extract,PSPE)能够有效增强果蝇体内的抗氧化能力,延长果蝇寿命,其作用机制可能与升高内源性抗氧化基因的表达有关。王红等研究了 PSPE 对高脂膳食饲喂果蝇寿命的影响,将 2 d 龄雌性果蝇随机分为五组,正常组培养于普通培养基中,高脂组于添加 10% 猪油的高脂培养基中培养,实验组分别在添加 PSPE 0.5 mg/mL、1.0 mg/mL、2.0 mg/mL 的高脂培养基中培养,每 3 d 更换新鲜培养基,统计果蝇存活率,并计算果蝇平均寿命及最高寿命。测定果蝇体内相关抗氧化酶活力及其基因表达水平。结果(见表 2-2-27～表 2-2-29)显示:PSPE 可以明显延长果蝇的平均寿命及最高寿命。1.0 mg/mL PSPE 能够显著升高果蝇体内铜锌超氧化物歧化酶(CuZn-superoxide dismutase,CuZn-SOD)、过氧化氢酶(CAT)活力($P<0.05$),降低丙二醛(MDA)及蛋白质羰基(protein carbonyl,PCO)含量($P<0.01$);0.5 mg/mL PSPE 显著升高果蝇 CuZn-SOD、Mn-SOD 以及 CAT mRNA 表达水平($P<0.05$),2.0 mg/mL 剂量组显著升高果蝇 CuZn-SOD 及 Nrf2 mRNA($P<0.05$)表达水平。

表 2-2-27　PSPE 对果蝇寿命的影响

基因	PSPE/(mg/mL)	体重/μg	平均寿命/d	最大寿命/d
正常组	—	1310.76±77.18	59.97±2.18	69.46±3.32
高脂饮食组	—	1330.78±61.30	52.62±1.93##	59.28±1.94#
紫甘薯提取物	0.5	1274.32±49.93	53.47±2.06	62.73±2.17
	1.0	1275.38±62.88	56.85±2.14*	64.61±1.79*
	2.0	1326.16±75.86	59.16±1.69*	66.34±2.36**

注:与正常组相比,# $P<0.05$,## $P<0.01$;与高脂饮食组相比,* $P<0.05$,** $P<0.01$。

据王红等(2015)

表 2-2-28　PSPE 对果蝇 CuZn-SOD、Mn-SOD、CAT 活力及 MDA、PCO 含量的影响

基因	PSPE/(mg/mL)	CuZn-SOD/(U/mg prot)	Mn-SOD/(U/mg prot)	CAT/(U/mg prot)	MDA/(nmol/mg prot)	PCO/(nmol/mg prot)
正常组	0	42.33±2.82	45.97±2.07	14.85±1.78	2.77±0.22	7.89±0.56
高脂饮食组	0	37.50±3.59#	40.81±1.53##	8.75±1.53##	4.07±0.25##	10.78±0.55##
紫甘薯提取物	0.5	39.34±2.99	41.74±2.21	9.85±1.62	3.58±0.30	10.39±0.35
	1.0	41.39±3.17*	41.02±2.59	11.11±1.57*	3.46±0.25**	8.88±0.75**
	2.0	42.22±1.97*	41.01±4.05	12.11±1.76*	3.37±0.27**	8.01±0.33**

注:与正常组相比,# $P<0.05$,## $P<0.01$;与高脂饮食组相比,* $P<0.05$,** $P<0.01$。

据王红等(2015)

表 2-2-29　PSPE 对黑腹果蝇 CuZn-SOD、Mn-SOD、CAT、MTH、Nrf2 mRNA 表达水平的影响

	正常组	高脂饮食组	0.5 mg/mL	1.0 mg/mL	2.0 mg/mL
CuZn-SOD	1.00±0.21	0.75±0.13#	1.02±0.17*	1.3±0.34**	1.35±0.36**
Mn-SOD	1.00±0.25	0.68±0.15#	1.00±0.20*	1.09±0.24*	1.11±0.26*
CAT	1.00±0.21	0.75±0.12#	0.97±0.18*	1.10±0.21*	1.11±0.26*
MTH	1.00±0.23	1.40±0.21#	1.24±0.27	1.19±0.35	1.07±0.24*
Nrf2	1.00±0.23	0.89±0.22#	1.10±0.34*	1.19±0.20*	1.23±0.25*

注:与正常组相比,# $P<0.05$,## $P<0.01$;与高脂饮食组相比,* $P<0.05$,** $P<0.01$。

据王红等(2015)

高秋萍(2011)研究了紫心甘薯多糖(PPSP)的体内外抗氧化活性。采用 OH·、DPPH 自由基和还原力反应体系,检测紫心甘薯多糖的体外抗氧化活性,并与维生素 C 进行比较。建立链脲佐菌素(STZ)诱导糖尿病大鼠模型,测定并比较 PPSP 组与模型组的肝脏和胰腺内丙二醛(MDA)含量、还原型谷胱甘肽(GSH)和总抗氧化(T-AOC)活性。结果:体外抗氧化试验表明,随着紫心甘薯多糖浓度增加,其还原力、OH·和 DPPH 自由基清除率均有所增加。当 PPSP 浓度为 250 μg/mL 时,表现出较强的还原力,对 OH·和 DPPH·的清除率分别为 92.2% 和 60.2%,其中对 OH·清除率明显高于维生素 C,对 DPPH 自由基清除率接近维生素 C 清除水平。按 PPSP 低、中、高剂量(分别为 100 mg/kg、200 mg/kg 和 400 mg/kg)灌胃,结果表明大鼠肝脏和胰腺组织内的 MDA 含量都有明显降低,GSH 和 T-AOC 活性都有明显升高。肝脏切片结果显示中剂量多糖能有效减少糖尿病所致的肝脏细胞损伤。由此得出结论:紫心甘薯多糖具有较强的体内外抗氧化活性。

4.预防心血管疾病

红薯和紫甘薯都含有多种天然矿物质、β-胡萝卜素、叶酸、维生素 C 和维生素 B 等,这些成分有助于预防心血管疾病。钾有助于人体细胞液体和电解质平衡,维持正常血压和心脏功能。β-胡萝卜素和维生素 C 有抗脂质氧化、预防动脉粥样硬化的作用。补充叶酸和维生素 B 有助于降低血液中高半胱氨酸水平,高半胱氨酸可损伤动脉血管,是心血管疾病的独立危险因素。紫甘薯中丰富的花青素具有保护血细胞正常的柔韧性,增强机体血液循环,维持血管壁的正常功能。

Kobayashi 等(2005)以紫甘薯提取物喂养患高血压小鼠,血管收缩明显得到改善。抑制血管紧张素转化酶(ACE)活性对人类预防和治疗高血压具有重要的指标意义。Yamakawa 等(1998)比较了各种肉质甘薯对 ACE 的抑制效果,研究表明,紫甘薯的抑制效果最好。低密度脂蛋白(LDL)的氧化作用可以导致动脉粥样硬化,Kobayashi 等(2005)发现,花色苷色素可以显著抑制诱导 LDL 氧化和参与动脉粥样硬化的各种氧化酶的活性。Miyazaki 等(2008)以大白鼠进行动物实验,结果表明,紫甘薯花色苷可以使得动脉粥样斑块的面积减少一半。

高血压是一种以动脉压升高为特征,可伴有心脏、血管、脑和肾等器官功能性或器质性改变的一种高发病率、高并发症、高致残率的全身性疾病,严重威胁着人们的健康和生活质量。血压长期过高可导致动脉粥样硬化,尤其是冠状动脉硬化,缩小血管腔,使管壁增厚血流缓慢最终引发局部组织缺血和坏死。血压升高引起脑内细、小动脉的病变和痉挛,脑部组织缺血,小动脉破裂出血和毛细血管通透性增加,而发生血性脑卒中和脑水肿。

王硕等(2015)研究了甘薯蛋白酶解产物即甘薯蛋白肽对高血压的降血压活性。本实验采用胃蛋白酶水解甘薯蛋白制备血管紧张素转化酶(ACE)抑制肽,并同时探讨了甘薯蛋白肽对原发性高血压大鼠血压的影响。甘薯蛋白肽对原发性高血压大鼠具有短期和长期降压功效。一次给药三个剂量组的甘薯蛋白肽即 600 mg/kg、1500 mg/kg 和 2000 mg/kg,最大降幅均出现在灌胃 4 h 后,分别为 23.59 mmHg、16.91 mmHg、16.18 mmHg。随后血压值开始回升,给药 12 h 之后数值基本恢复到原有水平。长期给药 24 d 甘薯蛋白肽,6 d 之后三个剂量组自发性高血压小鼠(SHR)的收缩压(SBP)与空白对照组相比均有显著性差异($P<0.05$),分别降低了 13.01 mmHg、10.54 mmHg、8.46 mmHg。其中灌胃甘薯蛋白肽低剂量组(600 mg/kg)与中剂量组(1500 mg/kg)的血压下降值无显著差异($P<0.05$)。随后各剂量组的 SBP 均随着时间的延长而有不同程度的上升,这是因为随着 SHR 鼠龄的增长其 SBP 会随之上升。在 24 d 内,各剂量组的 SBP 均显著低于空白组($P<0.05$),结果表明:SHR 血压的动态变化是随着实验组的长期给药保持下降且效果平稳,因此服用甘薯多肽具有长期降压的功效。

Mio 等(2005)通过实验研究发现了患有自发性高血压的大鼠经单一喂食紫甘薯花青素 400 mg/kg,2 h 后收缩压明显下降,并且一直持续 8 h;长期(8 周)喂食紫甘薯花青素,也有降压作用。

动脉粥样硬化(atherosclerosis,AS)是心血管疾病形成的主要原因。心血管病已成为我国居民死亡的主要原因,近年来以动脉粥样硬化为基础的缺血性心血管病(包括冠心病和缺血性脑卒中)发病率正在升高,而高脂血症形成和血管内皮细胞损伤是 AS 发生的重要因素。过高的血脂水平是导致冠状动脉粥样硬化的重要诱因,因此降低血脂、减少脂质在血管壁的沉积是预防动脉粥样硬化发生的重要途径。

杨立民等(1995)曾报道了日本营养学家发现甘薯中含有一种独特的黏液蛋白多糖,具有防止动脉粥样硬化,减慢人体器官老化速度等作用。

郭素芬等(2004)探讨了甘薯糖蛋白对家兔实验性动脉粥样硬化形成的影响。实验将40只新西兰白兔随机分为正常组(饲以普通饲料)、高脂组(饲以胆固醇饲料)、低剂量甘薯糖蛋白(简称低剂量)组[饲以胆固醇饲料＋糖蛋白 0.06 g/(kg・d)]和高剂量甘薯糖蛋白(简称高剂量)组[饲以胆固醇饲料＋糖蛋白 0.1 g/(kg・d)]。在实验开始时和第12周时分别检测血清总胆固醇(TC)、三酰甘油(TG)、低密度脂蛋白胆固醇(LDL-C)、高密度脂蛋白胆固醇(HDL-C)、超氧化物歧化酶(SOD)和丙二醛(MDA)含量。第12周末处死动物,行主动脉病理形态学观察。结果(见表2-2-30、表2-2-31)显示:实验前各组血清检测指标无明显差异。实验第12周,高脂组、低剂量组和高剂量组总胆固醇、三酰甘油、低密度和高密度脂蛋白胆固醇以及丙二醛含量均高于或明显高于正常组。正常组、高脂组、低剂量组和高剂量组的总胆固醇分别为 1.27 mmol/L±0.73 mmol/L、20.26 mmol/L±0.13 mmol/L、15.27 mmol/L±0.83 mmol/L 和 11.28 mmol/L±1.62 mmol/L;三酰甘油分别为 0.85 mmol/L±0.18 mmol/L、1.85 mmol/L±0.35 mmol/L、1.71 mmol/L±0.28 mmol/L 和 1.51 mmol/L±0.11 mmol/L;低密度脂蛋白胆固醇分别为 0.50 mmol/L±0.07 mmol/L、18.99 mmol/L±2.65 mmol/L、14.27 mmol/L±3.04 mmol/L 和 12.13 mmol/L±3.56 mmol/L;高密度脂蛋白胆固醇分别为 0.54 mmol/L±0.11 mmol/L、0.75 mmol/L±0.10 mmol/L、0.81 mmol/L±0.06 mmol/L和 0.94 mmol/L±0.08 mmol/L;丙二醛分别为 3.51 mmol/L±0.27 mmol/L、4.53 mmol/L±0.34 mmol/L、4.13 mmol/L±0.18 mmol/L 和 3.83 mmol/L±0.26 mmol/L,($P<0.01$);但与高脂组比,低剂量组和高剂量组的上述指标除高密度脂蛋白胆固醇升高外,其他的都轻度下降或明显下降($P<0.01$)。高脂组、低剂量组和高剂量组超氧化物歧化酶活性比对照组降低,对照组为 424±34,高脂组为156±16,低剂量组为 186±21,高剂量组为 231±6,($P<0.01$);但低剂量组和高剂量组的该项指标较高脂组分别为轻度升高和明显升高($P<0.01$)。低剂量组和高剂量组动物主动脉斑块面积明显小于高脂组,高脂组 0.47±0.08,低剂量组 0.34±0.05,高剂量组 0.29±0.06($P<0.05$ 或 $P<0.01$)。结果提示,甘薯糖蛋白具有抗家兔主动脉粥样硬化形成的作用,并且这种作用具有一定的量效关系。

表 2-2-30　甘薯糖蛋白对血清总胆固醇(TC)、三酰甘油(TG)、低密度脂蛋白胆固醇(LDL-C)和
高密度脂蛋白胆固醇(HDL-C)的影响($\bar{x}±s, n=10$)　　　　单位:mmol/L

分组	TC		TG		LDL-C		HDL-C	
	第0周	第12周	第0周	第12周	第0周	第12周	第0周	第12周
正常组	1.28±0.12	1.27±0.73	0.84±0.14	0.85±0.18	0.45±0.04	0.50±0.07	0.53±0.12	0.54±0.11
高脂组	1.27±0.88	20.26±0.13[a]	0.86±0.08	1.85±0.35[a]	0.46±0.11	18.99±2.65[a]	0.54±0.09	0.75±.10[a]
低剂量组	1.28±0.37	15.27±0.83[ab]	0.86±0.03	1.71±0.28[a]	0.4±0.08	14.27±3.04[ab]	0.52±0.10	0.81±0.06[d]
高剂量组	1.28±0.23	11.28±1.62[ab]	0.85±0.14	1.51±0.11[ab]	0.43±.04	12.13±3.56[ab]	0.53±0.08	0.94±0.77[cd]

注:与正常组比较[a]$P<0.01$,与高脂组比较[b]$P<0.01$,与高脂组比较[c]$P<0.05$,与正常组比较[d]$P<0.05$。
据郭素芬等(2004)

表 2-2-31　甘薯糖蛋白对超氧化物歧化酶(SOD)及血清丙二醛(MDA)的影响($\bar{x}±s, n=10$)　单位:mmol/L

分组	SOD		MDA	
	第0周	第12周	第0周	第12周
正常组	452±35	424±34	3.43±0.32	3.51±0.27
高脂组	441±32	156±16[a]	3.39±0.39	4.53±0.34[a]
低剂量组	424±34	186±21[a]	3.45±0.37	4.13±0.18
高剂量组	450±32	231±6[ab]	3.41±0.52	3.83±0.26[bc]

注:与正常组比较[a]$P<0.01$,与高脂组比较[b]$P<0.01$,与正常组比较[c]$P>0.05$。
据郭素芬等(2004)

李亚娜等(2002)研究了甘薯糖蛋白(SPG)对高脂血症大鼠的降血脂作用。实验将 40 只正常健康大鼠,以基础饲料适应 1 周后,按体重随机等分为 5 组。SPG 低、中、高剂量组每日上午分别给动物腹腔注射(ip)SPG 5 mg/kg、10 mg/kg、15 mg/kg,对照组动物下午灌胃(po)生理盐水 10 mL/kg,高脂血症组和 SPG 各组分别 po 脂肪乳剂 10 mL/kg,并给喂基础饲料。继续 10 d 后,所有动物禁食 12 h,不禁水。此后,腹腔注射戊巴比妥钠 50 mg/kg,麻醉后从颈总动脉取血,将全血离心分离上层血清为测试样品。结果(见表 2-2-32～表 2-2-34)显示:SPG 能同时降低血清总胆固醇(TC)、三酰甘油(TG)的含量和 TC/TG 比值,与高脂组比,差别显著。高剂量组效果更为明显。高、中剂量 SPG 组能明显地增加高密度脂蛋白胆固醇(HDL-C)的浓度,与高脂组对照比,分别增加了 54.1% 和 77.8%。同时减少了 LDL-C 的浓度,使 AI (LDL-C/HDL-C)明显降低。由此表明,SPG 降低血清胆固醇的效应,主要表现在升高 HDL-C 和降低 LDL-C。脂肪乳剂能促进肝脏 TC 增加,肝脏 TG 蓄积,与正常组比 $P < 0.05$。ip 高、中剂量 SPG 后,能明显降低高脂血症大鼠肝脏中 TC 和 TG 含量,而且使肝脏 TC/TG 比值显著降低($P < 0.05$)。这可能是由于 SPG 能显著降低血清 TC 引起。卵磷脂胆固醇酰基转移酶(LCAT)的活性决定 HDL-C 的生成量,活性降低时影响 TC 的消除过程,将造成 TC 积聚,促使 AS 形成。综上所述,SPG 通过提高 LCAT 活性来促进 HDL(高密度脂蛋白)清除胆固醇,从而有利于动脉粥样硬化和冠心病的防治。SPG 使 LCAT 活性升高的原因,可能是促进肝脏制造 LCAT 分子;或因直接提供了比卵磷脂更有利于酶作用的底物。

表 2-2-32　SPG 对高脂血症大鼠血清 TC、TG 和 TC/TG 的影响($\bar{x} \pm s$)

组别	n	TC/(mmol/L)	TG/(mmol/L)	TC/TG
对照组	8	2.04±0.15	0.71±.09	1.14±1.82
高脂血症 SPG	8	7.34±0.67	1.98±0.18	2.23±0.132
低剂量组	8	4.43±0.46[b]	1.27±0.20[a]	1.35±0.34[b]
中剂量组	8	2.96±0.59[b]	1.11±0.13[a]	1.01±0.32[b]
高剂量组	8	1.77±0.29[b]	0.96±0.14[a]	0.64±0.21[b]

注:[a] 与高脂血症组比较差异显著($P < 0.05$),[b] 与高脂血症组比较差异极显著($P < 0.01$)。
SPG—甘薯糖蛋白。
据李亚娜等(2002)

表 2-2-33　SPG 对大鼠血清 HDL-C、LDL-C 和 AI 的影响($\bar{x} \pm s$)

组别	HDL-C/(mmol/L)	LDL-C/(mmol/L)	AI(LDL-C/HDL-C)
对照组	1.24±0.41	0.62±0.32	0.51±0.86
高脂血症 SPG	0.11±0.30	5.49±1.28	4.94±1.59
低剂量组	1.38±0.25	4.66±1.20	3.38±1.22
中剂量组	1.51±0.18[a]	4.41±0.98	2.80±1.42[a]
高剂量组	1.99±0.17[a]	3.91±0.62	1.97±0.27[a]

注:[a] 与高脂血症组比较表示差异显著($P < 0.05$);动脉硬化指数(AI):AI=LDL-C/HDL-C。
据李亚娜等(2002)

表 2-2-34　SPG 对高脂血症大鼠肝脏脂质含量及血清 LCAT 活性的影响($\bar{x}\pm s$)

组别	n	TC/(mmol/g)	TG/(mmol/g)	TC/TG	LCAT
对照组	8	1.13±0.21	2.32±0.37	0.87±0.31	49.42±5.43
高脂血症 SPG	8	6.89±0.66[b]	5.80±0.71[b]	1.16±0.29[b]	21.2±6.72[c]
低剂量组	8	4.23±0.40	5.08±0.29	0.85±0.13	32.90±5.65[c]
中剂量组	8	2.92±0.34[a]	3.90±0.38	0.74±0.17[a]	39.87±7.04[a]
高剂量组	8	1.84±0.24[a]	3.72±0.28[a]	0.59±0.14[a]	45.68±7.31[a]

注:[a] 与高脂血症组比较差异极显著($P<0.01$),[b] 与对照组比较差异极显著($P<0.01$)。

据李亚娜等(2002)

华松等(2006)研究了甘薯糖蛋白对小鼠血脂水平的影响。实验建立高脂血小鼠模型,先用含 8.0% 猪油的高脂鼠料诱导小鼠成为高脂血,再将其平均分为 4 组,一组用普通鼠料饲养作为对照,其他三组分别用含 0.5%、1.0% 及 1.5% 甘薯糖蛋白的鼠料饲养,在第 15 天和第 30 天对每只小鼠采血测定其中的三酰甘油(TG)及血清总胆固醇(TC)的浓度。结果(见表 2-2-35~表 2-2-37)表明,用含 1.0% 甘薯糖蛋白的鼠料饲养 15 d 就能明显降低高脂血模型小鼠血液中的血清总胆固醇水平,继续饲养 30 d 能显著降低其中的三酰甘油水平;如果用含 1.5% 甘薯糖蛋白的鼠料饲喂,则只需 15 d 就能同时降低两者的水平。结合上述,甘薯糖蛋白具有显著降低高脂血模型小鼠血脂的作用。

表 2-2-35　高脂饲料诱导结果

饲料种类	样本数	血脂浓度/(mmol/L)		体重/g	
		TG	TC	实验前	实验后
普通料	40	0.51±0.15[a]	2.11±0.40[c]	17.6±2.1[e]	20.3±2.3[f]
高脂料	40	1.15±0.13[b]	4.43±.36[d]	17.1±1.6[e]	20.8±1.9[f]

注:[a、b、c、d]差异极显著($P<0.01$);[e、f]差异显著($P<0.05$)。

据华松等(2006)

表 2-2-36　SPG 对小鼠血液 TC 浓度的影响

饲料种类	样本数	第 15 天 TC 浓度/(mmol/L)	第 30 天 TC 浓度/(mmol/L)
普通料	10	4.30±0.27[a]	4.35±0.23[a]
治疗料 I	10	4.04±0.15[ab]	3.98±0.34[ab]
治疗料 II	10	3.81±0.31[b]	3.80±0.43[b]
治疗料 III	10	2.76±0.54[c]	2.23±0.29[c]

注:在同一列或同一行不同字母表示差异极显著($P<0.01$)。

据华松等(2006)

表 2-2-37　SPG 对小鼠血液 TG 浓度的影响

饲料种类	样本数	第 15 天 TG 浓度/(mmol/L)	第 30 天 TG 浓度/(mmol/L)
普通料	10	1.17±0.19[a]	1.19±0.22[a]
治疗料 I	10	1.15±0.26[ab]	0.98±0.21[ab]
治疗料 II	10	1.08±0.18[ab]	0.84±0.13[b]
治疗料 III	10	0.87±0.14[b]	0.76±0.18[bc]

注:在同一列或同一行不同字母表示差异极显著($P<0.01$)。

据华松等(2006)

于森等(2012)研究了甘薯抗性淀粉(SPRS)在大鼠形成高脂血症过程中的降血脂及促进肝损伤修复的作用。实验将健康成年 SD 大鼠,雌雄各半,40 只随机分为 4 组——正常对照组(NG)、高脂模型组(HL)、甘薯抗性淀粉低剂量组(SPRSL)、甘薯抗性淀粉高剂量组(SPRSH)。正常对照组饲喂基础饲料,高脂模型组饲喂高脂饲料,甘薯抗性淀粉组在高脂饲料的基础上分别给予甘薯抗性淀粉 10 g/(kg·d)、20 g/(kg·d),45 d后测定大鼠血清中总胆固醇(TC)、三酰甘油(TG)、低密度脂蛋白胆固醇(LDL-C)、高密度脂蛋白胆固醇(HDL-C)的含量及观察肝脏组织细胞形态变化。结果(见表 2-2-38～表 2-2-40)表明:甘薯抗性淀粉能显著降低 TC、TG、LDL-C 水平,提高 HDL-C 水平;甘薯抗性淀粉组肝细胞变性和坏死现象明显轻于高脂模型组。由此可以得到:甘薯抗性淀粉对高脂饲料致高脂血症大鼠的血脂水平有较好的调节作用,并明显改善大鼠的肝功能。

表 2-2-38 甘薯抗性淀粉对高血脂大鼠体质量的影响($\bar{x}\pm s, n=10$)

组别	实验前体质量/g	实验后体质量/g	体质量变化/g
NG	201.67±1.53	257.00±4.40	55.33±2.89
HL	202.33±4.73	262.33±5.51*	63.33±4.93*
SPRSL	201.00±2.00	259.00±3.46	58.00±2.04
SPRSH	202.01±3.21	256.21±2.43	57.34±3.06

注:* 与正常对照组比较,差异显著($P<0.05$);** 与正常对照组比较,差异极显著($P<0.01$);▲与高脂模型组比较,差异显著($P<0.05$);▲▲与高脂模型组比较,差异极显著($P<0.01$)。

据于森等(2012)

表 2-2-39 甘薯抗性淀粉对大鼠血清中 TC 和 TG 含量的影响($\bar{x}\pm s, n=10$)

组别	TC/(mmol/L)	TG/(mmol/L)
NG	1.83±0.09	0.50±0.21
HL	3.88±0.1**	1.26±0.14**
SPRSL	3.51±0.07**▲▲	1.01±.09**▲▲
SPRSH	2.94±0.28**▲▲	0.91±0.17**▲▲

注:* 与正常对照组比较,差异显著($P<0.05$);** 与正常对照组比较,差异极显著($P<0.01$);▲与高脂模型组比较,差异显著($P<0.05$);▲▲与高脂模型组比较,差异极显著($P<0.01$)。

据于森等(2012)

表 2-2-40 甘薯抗性淀粉对大鼠血清中 HDL-C、LDL-C 含量及 AI 的影响($\bar{x}\pm s, n=10$)

组别	HDL-C/(mmol/L)	LDL-C/(mmol/L)	AI
NG	1.16±0.08	0.44±0.17	0.38±0.23
HL	0.90±0.11*	1.18±0.36**	1.31±0.38**
SPRSL	1.01±0.25	1.03±0.26**	1.02±0.33**▲
SPRSL	1.09±0.15▲	0.92±0.04**▲	0.84±0.29**▲▲

注:* 与正常对照组比较,差异显著($P<0.05$);** 与正常对照组比较,差异极显著($P<0.01$);▲与高脂模型组比较,差异显著($P<0.05$);▲▲与高脂模型组比较,差异极显著($P<0.01$)。AI 为 LDL-C 含量与 HDL-C 含量的比值。

据于森等(2012)

Ishida 等(2000)通过实验证实甘薯叶中的水溶性膳食纤维可以降低小白鼠肝部的胆固醇含量和血清中的血脂。

桂余等(2014)探讨了甘薯渣纤维素粒度对去势大鼠降血脂效果的影响。实验选用 40 只雌性 SD 大鼠随机分为 5 组,其中一组大鼠进行伪切除手术作对照,另外四组大鼠做双侧卵巢切除手术,基础饲料喂养恢复 1 周后,分为空白组、普通纤维素组、超微纤维素组和纳米纤维素组,实验期 28 d 后解剖,测定血浆和肝脏中脂质指标。体外检测 3 种粒度纤维素的消化性和吸附性能。结果(见表 2-2-41～表 2-2-45)显示:3 种粒度纤维素对油脂、胆固醇和胆酸钠都有较强吸附,对油脂和胆酸钠的吸附能力随纤维素粒度减少而增加。3 种纤维素均降低双侧卵巢切除大鼠血浆总胆固醇(TC)、三酰甘油(TG)、低密度脂蛋白胆固醇(LDL-C)浓度和动脉硬化指数(AI)以及肝脏中总脂肪、三酰甘油的浓度。纤维素粒度与双侧卵巢切除大鼠血浆总胆固醇、三酰甘油、低密度脂蛋白胆固醇浓度呈正相关性。由此得到结论,减小纤维素粒度有利于增加纤维素对油脂和胆酸盐的吸附能力,提高纤维素降低双侧卵巢切除大鼠血脂的效果。

表 2-2-41　不同纤维素粒度体外消化性和吸附性

指标	普通纤维素	超微纤维素	纳米纤维素
体外消化率/%	20.63 ± 0.00^a	19.46 ± 0.37^a	15.43 ± 0.84^b
油脂吸附性/(g/g)	5.79 ± 0.24^a	6.02 ± 0.14^a	6.71 ± 0.17^b
胆固醇吸附性/(mg/g)	14.23 ± 0.52^a	14.69 ± 0.05^{ab}	15.61 ± 0.09^b
胆酸钠吸附性/(mg/g)	2.27 ± 0.06^a	3.20 ± 0.14^{ab}	4.15 ± 0.09^b

注:不同字母表示组间存在显著性差异($P<0.05$)。

据桂余等(2014)

表 2-2-42　不同粒度纤维素对去势大鼠体质量和采食量的影响

指标	伪切除组	双侧卵巢切除组			
		空白组	普通纤维素组	超微纤维素组	纳米纤维素组
4 周体质量增加量/g	$29.75\pm6.27^*$	41.75 ± 10.31^a	55.12 ± 11.26^b	50.25 ± 10.49^{ab}	47.25 ± 13.25^{ab}
4 周采食量/g	$356.15\pm13.24^*$	392.95 ± 45.12^a	413.23 ± 41.96^b	405.71 ± 44.93^b	396.23 ± 50.72^{ab}
饲料效率/%	$0.083\pm0.025^*$	0.105 ± 0.014^a	0.133 ± 0.016^b	0.125 ± 0.029^{ab}	0.119 ± 0.025^{ab}

注:* 伪切除组与双侧卵巢切除空白组相比具有显著性差异($P<0.05$);同行小写字母不同表示组间存在显著性差异($P<0.05$)。

据桂余等(2014)

表 2-2-43　不同粒度纤维素对去势大鼠盲肠总质量和内容物质量的影响

指标	伪切除组	双侧卵巢切除组			
		空白组	普通纤维素组	超微纤维素组	纳米纤维素组
盲肠总质量/g	$2.30\pm0.31^*$	2.07 ± 0.33^a	2.96 ± 0.75^b	3.09 ± 1.03^b	3.25 ± 0.62^b
盲肠内容物质量/g	$2.01\pm0.20^*$	1.70 ± 0.30^a	2.83 ± 0.61^b	2.56 ± 0.82^{bc}	2.73 ± 0.61^{bc}
盲肠壁面积/cm²	14.46 ± 2.41	15.95 ± 3.17^a	19.78 ± 1.57^{ab}	19.15 ± 5.26^{ab}	26.07 ± 7.16^b
4 d 粪便干质量/g	1.26 ± 0.76	1.26 ± 0.43^a	4.23 ± 0.79^b	4.83 ± 1.00^{bc}	5.72 ± 1.70^c

注:* 伪切除组与双侧卵巢切除空白组相比具有显著性差异($P<0.05$);同行小写字母不同表示组间存在显著性差异($P<0.05$)。

据桂余等(2014)

表 2-2-44 不同粒度纤维素对去势大鼠血脂的影响

指标	伪切除组	双侧卵巢切除组			
		空白组	普通纤维素组	超微纤维素组	纳米纤维素组
TC/(mmol/L)	1.30±0.15*	1.73±0.14[a]	1.75±0.09[a]	1.66±0.09[ab]	1.56±0.21[b]
TG/(mmol/L)	0.29±0.02*	0.40±0.07[a]	0.34±0.03[b]	0.32±0.02[bc]	0.31±0.01[bc]
HDL-C/(mmol/L)	0.42±0.06	0.51±0.06	0.50±0.05	0.48±0.06	0.48±0.08
LDL-C/(mmol/L)	0.13±0.01*	0.17±0.03[a]	0.16±0.02[a]	0.15±0.02[ab]	0.14±0.01[b]
non-HDL-C/(mmol/L)	0.88±0.10*	1.22±0.11[a]	1.24±0.07[a]	1.19±0.09[ab]	1.08±0.16[b]
AI	2.10±0.19*	2.40±0.04	2.49±0.31	2.54±0.43	2.27±0.32

注:*伪切除组与双侧卵巢切除空白组相比具有显著性差异($P<0.05$);同行小写字母不同表示组间存在显著性差异($P<0.05$)。

据桂余等(2014)

表 2-2-45 不同粒度纤维素对去势大鼠肝脂的影响

指标	伪切除组	双侧卵巢切除组			
		空白组	普通纤维素组	超微纤维素组	纳米纤维素组
肝脏系数	0.031±0.003	0.029±0.002	0.028±0.002	0.029±0.003	0.027±0.003
肝脏脂肪含量/(mg/g)	51.91±4.94*	66.74±18.93[a]	50.07±7.28[b]	54.56±9.39[b]	52.14±5.40[b]
TC 含量	0.14±0.07*	0.23±0.09	0.21±0.08	0.20±0.07	0.20±0.07
TG 含量	0.48±0.12*	0.67±0.14[a]	0.51±0.13[b]	0.50±0.12[b]	0.49±0.12[b]

注:*伪切除组与双侧卵巢切除空白组相比具有显著性差异($P<0.05$);同行小写字母不同表示组间存在显著性差异($P<0.05$)。

据桂余等(2014)

陆红佳等(2015)探讨了纳米甘薯渣纤维素对糖尿病大鼠血糖及血脂的影响。实验选用 40 只雄性 SD 大鼠随机分组为 5 组,其中一组大鼠喂食基础饲料作为空白组,另外四组采用链脲佐菌素(streptozotocin,STZ)诱导大鼠建立糖尿病模型,分为模型对照组(MC 组)、普通甘薯渣纤维素组(OC 组)、微晶甘薯渣纤维素组(MCC 组)和纳米甘薯渣纤维素组(CNC 组),实验期 28 d,测定大鼠体质量、采食量、空腹血糖、糖化血清蛋白、血清胰岛素、肝糖原及血脂水平等指标。结果(见表 2-2-46、表 2-2-47)显示:模型对照组大鼠的采食量、空腹血糖、糖化血清蛋白、血脂水平均显著高于空白组($P<0.05$),体质量、胰岛素和肝糖原含量明显下降($P<0.05$),说明造模成功,糖尿病大鼠表现出相应的症状。喂食不同粒度甘薯渣纤维素的糖尿病大鼠,其体质量、血清胰岛素和肝糖原水平有所增加,而空腹血糖、糖化血清蛋白、血脂水平等都有所下降,其中喂食纳米甘薯纤维素的糖尿病大鼠指标变化具有显著性差异($P<0.05$)。综上所述得出,从甘薯渣纤维素粒度分析可以看出,随着甘薯渣纤维素粒度的减小,其对糖尿病大鼠血糖血脂的调节作用愈加明显,其中纳米甘薯渣纤维素具有较好的调节血糖、血脂水平的作用。

表 2-2-46 纳米甘薯渣纤维素对糖尿病大鼠体质量的影响($\bar{x}\pm s,n=8$)   单位:g

时间	空白组	糖尿病组			
		MC 组	OC 组	MCC 组	CNC 组
第 0 周(初始)	212.29±13.11	213.43±7.11	213.38±13.71	213.14±11.94	213.86±11.25
第 2 周	255.43±11.69*	205.86±7.67	210.50±13.17	213.50±12.14	214.50±14.50
第 3 周	310.43±23.09*	207.33±12.12[a]	218.71±14.50[ab]	220.83±15.98[ab]	229.83±15.55[b]

注:*空白组与模型对照组(MC 组)相比,差异显著($P<0.05$);同行小写字母不同表示糖尿病组内(MC 组、OC 组、MCC 组、CNC 组)相比差异显著($P<0.05$)。

据陆红佳等(2015)

表 2-2-47　纳米甘薯渣纤维素对糖尿病大鼠血脂水平的影响($x\pm s, n=8$)　　单位:mmol/L

血脂	空白组	糖尿病组			
		MC 组	OC 组	MCC 组	CNC 组
TC	$1.34\pm0.18^*$	1.45 ± 0.12^a	1.42 ± 0.08^{ab}	1.38 ± 0.09^{ab}	1.36 ± 0.07^b
TG	$0.34\pm0.05^*$	0.43 ± 0.05^a	0.40 ± 0.08^{ab}	0.39 ± 0.05^{ab}	0.38 ± 0.04^b
HDL-C	$0.56\pm0.07^*$	0.37 ± 0.07	0.43 ± 0.07	0.44 ± 0.08	0.49 ± 0.11
LDL-C	$0.11\pm0.02^*$	0.19 ± 0.05^a	0.18 ± 0.03^{ab}	0.17 ± 0.03^b	0.16 ± 0.03^b

注:* 空白组与模型对照组(MC 组)相比,差异显著($P<0.05$);同行小写字母不同表示糖尿病组内(MC 组、OC 组、MCC 组、CNC 组)相比差异显著($P<0.05$)。

据陆红佳等(2015)

陈伟平等(2011)观察了紫心甘薯对高脂血症大鼠脂质代谢及氧化应激的影响,并探讨其可能的作用机制。实验将 40 只雄性 SD 大鼠按体重及血脂水平分为 4 组——正常对照组、高脂对照组、紫心甘薯高剂量组和紫心甘薯低剂量组,分别饲以不同饲料。于第 3 周和第 6 周末测血清脂质水平及氧化应激指标。结果(见表 2-2-48~表 2-2-51)显示:首先,第 3 周末,紫心甘薯高剂量组大鼠血清总胆固醇(TC)、三酰甘油(TG)显著低于高脂对照组;紫心甘薯低剂量组大鼠血清 TG 显著低于高脂对照组,而 TC 较高脂对照组无显著性差异。这些变化一直持续到第 6 周末。其次,第 3 周末,紫心甘薯高、低剂量组血清高密度脂蛋白胆固醇(HDL-C)均显著高于高脂对照组,而低密度脂蛋白胆固醇(LDL-C)和动脉粥样硬化指数(AI)则显著低于高脂对照组。这些变化一直持续到第 6 周末。最后,第 6 周末,紫心甘薯高、低剂量组血清超氧化物歧化酶(SOD)活性较高脂对照组明显增高,而丙二醛(MDA)水平明显降低;肝脏超氧化物歧化酶(SOD)、还原型谷胱甘肽(GSH)水平显著高于高脂对照组,而 MDA 水平则显著低于高脂对照组。综上可知,紫心甘薯具有明显降血脂的功效,并能有效改善高脂血症大鼠氧化应激。

表 2-2-48　紫心甘薯对各实验组血清 TC 和 TG 的影响

组别	n	TC/(mmol/L)			TG/(mmol/L)		
		第 0 周	第 3 周	第 6 周	第 0 周	第 3 周	第 6 周
正常组	10	1.44 ± 0.13	$1.44\pm0.18^{**}$	$1.53\pm0.54^{**}$	0.57 ± 0.24	$0.59\pm0.24^{**}$	$0.57\pm0.06^{**}$
紫心甘薯高剂量组	10	1.48 ± 0.21	$1.99\pm0.21^*$	$2.01\pm0.39^*$	0.57 ± 0.25	$0.72\pm0.49^{**}$	$0.71\pm0.02^{**}$
紫心甘薯低剂量组	10	1.49 ± 0.18	2.04 ± 0.10	2.15 ± 0.32	0.54 ± 0.14	$0.83\pm0.45^{**}$	$0.81\pm0.03^{**}$
高脂对照组	10	1.45 ± 0.23	2.21 ± 0.21	2.58 ± 0.63	0.52 ± 0.21	1.10 ± 0.49	1.29 ± 0.31

注:与高脂对照组相比,** $P<0.01$,* $P<0.05$。

据陈伟平等(2011)

表 2-2-49　紫心甘薯对各实验组血清 HDL-C 和 LDL-C 及 AI 的影响

组别	n	HDL-C/(mmol/L)		LDL-C/(mmol/L)		AI	
		第 3 周	第 6 周	第 3 周	第 6 周	第 3 周	第 6 周
正常组	10	$1.01\pm0.35^{**}$	$1.07\pm0.09^{**}$	$0.31\pm0.12^{**}$	$0.31\pm0.03^{**}$	$0.47\pm0.14^{**}$	$0.46\pm0.18^{**}$
紫心甘薯高剂量组	10	$0.93\pm0.27^{**}$	$0.93\pm0.01^{**}$	$0.92\pm0.17^{**}$	$0.89\pm0.03^{**}$	$1.17\pm0.15^{**}$	$1.32\pm0.35^{**}$
紫心甘薯低剂量组	10	$0.91\pm0.26^{**}$	$0.90\pm0.04^{**}$	$0.97\pm0.15^*$	$0.91\pm0.02^{**}$	$1.23\pm0.11^{**}$	$1.55\pm0.15^{**}$
高脂对照组	10	0.82 ± 0.20	0.83 ± 0.21	1.18 ± 0.63	1.18 ± 0.04	1.81 ± 0.21	2.25 ± 0.63

注:与高脂对照组相比,** $P<0.01$,* $P<0.05$。

据陈伟平等(2011)

表 2-2-50 紫心甘薯对各实验组血清 SOD 活性和 MDA 含量的影响

组别	n	SOD/(U/mL)		MDA/(mmol/mL)	
		第 0 周	第 6 周	第 0 周	第 6 周
正常组	10	118.13±9.20	116.70±7.38**	2.86±0.43	3.15±0.26**
紫心甘薯高剂量组	10	114.73±8.85	96.43±4.48**	2.93±0.42	4.60±0.36**
紫心甘薯低剂量组	10	113.83±10.07	95.25±5.31**	2.86±0.25	5.03±0.51**
高脂对照组	10	114.01±5.59	86.86±4.86	2.84±0.33	6.09±0.44

注:与高脂对照组相比,** $P<0.01$。

据陈伟平等(2011)

表 2-2-51 肝脏 SOD 活性和 MDA、GSH 水平

组别	n	SOD/(U/mg prot)	MDA/(nmol/mg prot)	GSH/(mg/g prot)
正常组	10	122.32±11.34**	1.87±0.42**	57.33±3.81**
紫心甘薯高剂量组	10	109.89±5.14*	2.67±0.72**	52.86±2.38**
紫心甘薯低剂量组	10	108.11±4.93*	3.01±1.02**	48.82±4.37**
高脂对照组	10	99.13±11.81	4.66±0.82	43.13±3.67

注:与高脂对照组相比,** $P<0.01$,* $P<0.05$。

据陈伟平等(2011)

5.保护肝脏

甘薯中含有大量具有生物活性的黄酮类化合物,对肝脏损伤具有保护作用,有研究表明紫心甘薯的多糖同样也具备保护肝脏的作用。日本科学家的动物实验表明,给肝损伤的兔子连续 5 d 饮用紫红薯汁,结果显示,血液中后损伤指标谷草转氨酶(AST)、谷氨酸丙氨酸氨基转移酶(GPT)、乳酸脱氢酶(LDH)水平降低,表明饮用紫红薯汁可修复肝损伤。

叶淑雅等(2013)研究了紫心甘薯总黄酮对 CCl_4 肝损伤小鼠保护作用。将 60 只小鼠随机分为 6 组,每组 10 只,设定空白组(正常组)、模型组、紫心甘薯总黄酮组(高、中、低剂量组分别为 400 mg/kg、200 mg/kg 和 100 mg/kg)和阳性对照组(联苯双酯 150 mg/kg)。用 CCl_4 花生油溶液建肝损伤模型,后测定小鼠脏器指数,血清中的谷丙转氨酶(ALT)、谷草转氨酶(AST)和乳酸脱氢酶(LDH)的水平,以及肝脏组织中超氧化物歧化酶(SOD)的活性和丙二醛(MDA)的含量。结果(见表 2-2-52～表 2-2-54)显示:紫心甘薯总黄酮组各组谷丙转氨酶(ALT)、谷草转氨酶(AST)、乳酸脱氢酶(LDH)的活性和肝组织中超氧化物歧化酶(SOD)、丙二醛(MDA)的水平与模型对照组相比均具有显著性差异($P<0.05$)。由此可以得出结论,紫心甘薯总黄酮对 CCl_4 诱导的小鼠急性肝损伤具有一定的保护作用,其机制可能与清除氧自由基和抗脂质过氧化有关。

表 2-2-52 紫心甘薯总黄酮对小鼠脏器指数的影响($\bar{x}\pm s, n=10$)

组别	给药剂量/(mg/kg)	肝脏指数/(mg/g)	脾脏指数/(mg/g)
空白组	—	42.48±6.84*	4.45±0.18**
CCl_4 模型组	10	49.87±5.13#	5.12+0.60##
联苯双酯组	150	46.28±2.13*	4.64±0.27*
紫心甘薯高剂量组	400	46.27±1.53*	4.68±0.21*#
紫心甘薯中剂量组	200	46.61±1.45*	4.70±0.23*#
紫心甘薯低剂量组	100	47.43±1.64#	4.73±0.25*#

注:与空白组相比较,# $P<0.05$;与模型组相比较,* $P<0.05$;与模型组相比较,** $P<0.01$;与空白组相比较,** $P<0.01$。

据叶淑雅等(2013)

表 2-2-53　药物等对小鼠血清中 AST、ALT 和 LDH 的影响($\bar{x}\pm s$, $n=10$)

组别	AST/(IU/L)	ALT/(IU/L)	LDH/(U/g)
空白组	38.05±10.01	85.58±12.24	1227.51±101.48
CCl₄ 模型组	47.40±9.70#	114.30±15.96##	1479.10±141.11##
联苯双酯组	38.80±8.07*	93.00±12.81**	1180.21±109.01**
紫心甘薯总黄铜 400 mg/kg 组	36.07±7.63**	151.43±21.69*	1194.45±96.71**
紫心甘薯总黄铜 200 mg/kg 组	32.64±8.17*	157.99±15.14**	1088.75±88.23**#
紫心甘薯总黄酮 100 mg/kg 组	34.22±6.49**	148.98±17.03**	976.52±82.40**##

注:与空白组相比较,# $P<0.05$;与模型组相比较,* $P<0.05$;与模型组相比较,** $P<0.01$;与空白组相比较,** $P<0.01$。

据叶淑雅等(2013)

表 2-2-54　药物等对小鼠肝组织中 SOD 和 MDA 的影响($\bar{x}\pm s$, $n=10$)

组别	给药剂量/(mg/kg)	SOD/(U/mg)	MDA/(mg/mL)
空白组	—	256.64±32.58	1.08±0.07
CCl₄ 模型组	10	104.21±10.39##	2.20±0.08##
联苯双酯组	150	198.41±11.86**	1.89±0.06**##
紫心甘薯高剂量组	400	170.97±13.52**	1.66±0.08**##
紫心甘薯中剂量组	200	129.76±9.94**	1.98±0.09**##
紫心甘薯低剂量组	100	115.45±12.30**	2.04±0.08**##

注:与空白组相比较,# $P<0.05$;与模型组相比较,* $P<0.05$;与模型组相比较,** $P<0.01$;与空白组相比较,** $P<0.01$。

据叶淑雅等(2013)

刘少华等(2012)研究了甘薯花色素苷对力竭运动所致小鼠肝脏氧化应激的保护作用。实验选取了60 只雄性昆明种小鼠,随机分为空白对照组、模型组及甘薯花色素苷低、中、高剂量组。空白组和模型组给予生理盐水,甘薯花色素苷低(1 mg/mL)、中(2 mg/mL)、高(4 mg/mL)剂量组和模型组在给药 30 min 后进行递增负荷的游泳运动训练 4 周,于末次给药 30 min 后,进行负重游泳训练至力竭。力竭后迅速取血及肝脏,测定肝功能指标。结果(见表 2-2-55～表 2-2-57)显示:甘薯花色素苷各剂量组小鼠力竭运动时间明显长于模型组;模型组小鼠血清谷丙转氨酶(ALT)、谷草转氨酶(AST)和乳酸脱氢酶(LDH)明显高于空白对照组,总胆固醇(TC)含量与空白对照组无明显差别。由此得出结论,甘薯花色素苷中、高剂量组能明显抑制力竭运动小鼠的 ALT、AST 升高和 LDH 的降低,并且抑制由于力竭运动所致肝细胞凋亡,降低肝细胞内活性氧含量,提高线粒体膜电位。

表 2-2-55　甘薯花色素苷对力竭运动小鼠肝功能的影响($\bar{x}\pm s$)

组别	ALT/(U/L)	AST/(U/L)	TC/(mmol/L)	LDH/(U/L)
空白对照组	25.06±3.81	49.57±5.23	4.01±0.32	13.25±1.48
模型组	47.02±5.60▲	152.60±7.81▲	3.75±0.17	4.24±0.55▲
甘薯花色素苷低剂量组	42.78±2.11	127.16±5.29	3.40±0.16	6.69±0.37
甘薯花色素苷中剂量组	33.86±3.27●	82.64±8.51●	3.83±0.25	8.17±0.58●
甘薯花色素苷高剂量组	30.74±1.17#	73.37±9.27#	3.57±0.19	10.94±1.62#

注:与空白对照组相比较,▲$P<0.01$;与模型组相比较,●$P<0.05$;与模型组相比较,# $P<0.01$;$n=12$。

据刘少华等(2012)

表 2-2-56　甘薯花色素苷对力竭运动小鼠肝细活性氧(ROS)产生量的影响($\bar{x} \pm s$)

组别	吸光度值
对照组	367±23
模型组	527±45[▲]
甘薯花色素苷低剂量组	362±26[●]
甘薯花色素苷中剂量组	393±38[#]
甘薯花色素苷高剂量组	428±35[#]

注:与空白对照组相比较,[▲] $P<0.01$;与力竭运动模型组相比较,[●] $P<0.05$;与力竭运动模型组相比较,[#] $P<0.01$;$n=12$。

据刘少华等(2012)

表 2-2-57　甘薯花色素苷对力竭运动小鼠肝细胞线粒体膜电位的影响($\bar{x} \pm s$)

组别	吸光度值
对照组	321±31
模型组	653±58[▲]
甘薯花色素苷低剂量组	379±36[●]
甘薯花色素苷中剂量组	408±42[#]
甘薯花色素苷高剂量组	470±45[#]

注:与空白对照组相比较,[▲] $P<0.01$;与力竭运动模型组相比较,[●] $P<0.05$;与力竭运动模型组相比较,[#] $P<0.01$;$n=12$。

据刘少华等(2012)

闫倩倩等(2012)研究了紫甘薯花青素对乙醇性肝损伤的预防保护作用。将雄性 ICR 小鼠 60 只,随机分成正常对照组、急性乙醇肝损伤模型、水飞蓟宾阳性对照组(90 mg/kg)及紫甘薯花青素低、中、高剂量组(90 mg/kg、120 mg/kg、150 mg/kg)共 6 组。测定各组小鼠血清中谷丙转氨酶(ALT)、谷草转氨酶(AST)的含量,肝脏组织中超氧化物歧化酶(SOD)、谷胱甘肽转移酶(CST)、过氧化氢酶(CAT)的活性以及谷胱甘肽(GSH)的含量。结果(见表 2-2-58、表 2-2-59)表明:紫甘薯花青素各剂量组均能不同程度降低急性乙醇肝损伤小鼠血清中 ALT($P\pm0.05$)、AST 的活性($P<0.05$),升高组织中 SOD($P<0.05$)、GST($P<0.05$)、CAT($P>0.05$)的活性及 GSH($P>0.05$)的含量。由此说明紫甘薯花青素对乙醇引起的急性肝损伤具有很好的保护作用。

表 2-2-58　紫甘薯花青素对乙醇性肝损伤小鼠 ALT、AST 水平的影响($n=10$)

组别	ALT/(U/L)	AST/(U/L)
正常组	28.2±1.5[a]	78.3±3.9[a]
低剂量组	51.5±6.5[b]	83.7±6.9[a]
中剂量组	33.5±3.5[a]	81.3±3.2[a]
高剂量组	28.8±1.3[a]	79.0±12.0[a]
阳性对照组	32.1±3.4[a]	80.4±8.9[a]
模型组	150.5±9.2[c]	199.3±52.3[b]

注:肩注不同字母表示不同组之间差异显著($P<0.05$)。

据闫倩倩等(2012)

表 2-2-59　花青素对乙醇性肝损伤小鼠 GSH、SOD、GST、CAT 水平的影响($n=10$)

组别	GSH/(mg/g prot)	SOD/(U/mg prot)	GST/(U/mg prot)	CAT/(U/g prot)
正常组	2.060 ± 0.005^e	357.5 ± 37.1^f	30.57 ± 0.40^d	506.42 ± 43.01^e
低剂量组	1.190 ± 0.059^b	282.0 ± 15.8^d	19.88 ± 2.31^b	332.13 ± 52.37^a
中剂量组	1.247 ± 0.257^b	277.7 ± 13.1^b	25.98 ± 1.10^c	348.26 ± 29.24^b
高剂量组	1.367 ± 0.187^c	306.1 ± 13.3^e	32.60 ± 3.01^e	455.84 ± 40.65^d
阳性对照组	1.576 ± 0.322^d	279.0 ± 14.2^c	32.20 ± 1.16^e	370.95 ± 24.76^c
模型组	1.040 ± 0.045^a	216.0 ± 15.0^a	18.95 ± 0.54^a	331.10 ± 25.00^a

注：肩注不同字母表示不同组之间差异显著($P<0.05$)。

据闫倩倩等(2012)

亢泽春等(2010)研究了甘薯黄酮对 CCl_4 所致肝细胞损伤的保护作用及其初步作用机制。采用了体外培养人正常肝细胞株 HL7702，MTT 法测定甘薯黄酮对 HL7702 细胞活性的影响；建立 CCl_4 损伤肝细胞模型，测定甘薯黄酮对 CCl_4 损伤肝细胞增殖活性、谷丙转氨酶(ALT)、谷草转氨酶(AST)、丙二醛(MDA)和超氧化物歧化酶(SOD)含量的变化；琼脂糖凝胶电泳法检测甘薯黄酮对 CCl_4 损伤肝细胞凋亡的影响。结果表明，甘薯黄酮在一定剂量范围($1\sim1000$ $\mu g/mL$)内对肝细胞无毒性，超过一定剂量(3000 $\mu g/mL$)时，具有细胞毒性；甘薯黄酮可以抑制 CCl_4 所致肝细胞活性降低，能明显抑制 CCl_4 损伤后 ALT、AST、MDA 水平的升高和 SOD 活性的减弱(见表 2-2-60)；400 $\mu g/mL$ 甘薯黄酮能减轻 CCl_4 所致的肝细胞凋亡。从而得出结论：甘薯黄酮对体外培养正常人肝细胞株的安全剂量范围是 $1\sim1000$ $\mu g/mL$。甘薯黄酮在安全剂量范围内能保护 CCl_4 诱导的 HL7702 细胞损伤，减轻 CCl_4 所致细胞凋亡。

表 2-2-60　甘薯黄酮对 CCl_4 损伤肝细胞 ALT、AST、MDA 和 SOD 水平的影响

组别	ALT/(U/L)	AST/(U/L)	MDA/(mol/mL)	SOD/(U/mg prot)
空白对照组	5.62 ± 0.18	10.54 ± 0.12	2.44 ± 0.15	3.8 ± 0.48
CCl_4 模型组	$17.22\pm0.25^\#$	$33.24\pm0.24^\#$	$5.39\pm0.34^\#$	1.24 ± 0.55
甘薯黄酮 100 $\mu g/mL$ + CCl_4 模型组	13.14 ± 0.18	26.35 ± 0.19	4.11 ± 0.51	1.69 ± 0.37
甘薯黄酮 200 $\mu g/mL$ + CCl_4 模型组	$8.51\pm0.16^\triangle$	$17.36\pm0.38^\triangle$	$2.85\pm0.41^\triangle$	$3.17\pm0.58^\triangle$
甘薯黄酮 400 $\mu g/mL$ + CCl_4 模型组	$10.29\pm0.27^*$	$21.17\pm0.28^*$	$3.34\pm0.39^*$	$2.94\pm0.62^*$
甘薯黄酮 800 $\mu g/mL$ + CCl_4 模型组	12.11 ± 0.23	22.99 ± 0.33	4.28 ± 0.29	1.88 ± 0.42
甘薯黄酮 1000 $\mu g/mL$ + CCl_4 模型组	12.98 ± 0.21	25.87 ± 0.25	4.56 ± 0.27	1.76 ± 0.35

注：与空白对照相比，$^\#P<0.01$；与 CCl_4 模型组相比，$^*P<0.05$；与 CCl_4 模型组相比，$^\triangle P<0.01$。

6. 降血糖

糖尿病(diabetes mellitus，DM)是一种多病因的代谢疾病，表现为慢性高血糖伴随因胰岛素分泌或作用缺陷引起的糖、脂肪和蛋白质代谢紊乱。糖尿病是一种需要终身治疗的慢性疾病，血糖控制不好将会引起多种并发症。研究发现，甘薯的膳食纤维、蛋白、花色苷均有降血糖的作用。

大量的实验研究结果表明，甘薯糖蛋白(SPG)对胰岛素不足糖尿病模型以及胰岛素抵抗糖尿病模型均具有特殊的抗糖尿病活性；对四氧嘧啶糖尿病模型小鼠血糖均具有明显降低作用。

Kusano-Shuichi 等(2000)研究发现白皮甘薯(WSSP)的抗糖尿病活性小鼠的高血胰岛素含量在喂养 WSSP 3 周、4 周、6 周、8 周后分别降低了 23%、26%、50%和 60%，在耐葡萄糖实验中经过 7 周的实验血液中血糖含量得到了有效的控制，通过口服 WSSP 后血液中的三酰基甘油酯和游离脂肪酸的含量显著降低。钱建亚等(2005)实验证明，甘薯糖蛋白(SPG)在 STZ 诱导胰岛素缺乏糖尿病鼠中显示出降血糖功

效,对正常鼠有增强血液胰岛素活性的作用。Yoshiko等(2005)研究发现,白皮甘薯具有降血糖作用和免疫增强活性。刘主等(2008)也通过动物实验证明甘薯糖蛋白具有明显的免疫增强功能和降血糖作用。

刘主等(2006)研究了甘薯糖蛋白组分(SPG-1)对正常小鼠和四氧嘧啶诱导的糖尿病小鼠血糖的影响。实验经过水溶提取、乙醇沉淀、离子交换层析、凝胶过滤层析等步骤,从广薯98中分离到甘薯糖蛋白组分SPG-1。甘薯糖蛋白SPG-1对正常小鼠血糖水平影响:用昆明种小白鼠50只,均分为5组,每组10只,雌雄各半,分别为正常对照组[灌胃生理盐水(NS)]、第二组阳性(消渴丸)对照组、低浓度甘薯糖蛋白组、中浓度甘薯糖蛋白组和高浓度甘薯糖蛋白组,连续7 d,末次灌胃前动物禁食(不禁水)12 h,末次灌胃后2 h各鼠眼眶采血,用葡萄糖氧化酶法测血糖;甘薯糖蛋白对四氧嘧啶糖尿病模型小鼠血糖影响:用昆明种小白鼠,空腹24 h后,腹腔注射四氧嘧啶200 mg/kg,3 d后,禁食5 h,尾静脉采血用葡萄糖氧化酶法测血糖,选取血糖10~20 mmol/L作为实验性糖尿病模型小鼠,取糖尿病模型小鼠50只,随机均分为5组,每组10只,雌雄各半,分别为正常对照组[灌胃生理盐水(NS)]、第二组阳性(消渴丸)对照组、低浓度甘薯糖蛋白组、中浓度甘薯糖蛋白组和高浓度甘薯糖蛋白组,连续7 d,末次灌胃前动物禁食(不禁水)12 h,末次灌胃后2 h各小鼠眼眶采血,用葡萄糖氧化酶法测血糖。通过灌胃给药,研究表明SPG-1对正常小鼠的血糖没有明显影响($P>0.05$),对四氧嘧啶诱导的糖尿病小鼠具有明显($P<0.01$)的降血糖功能(见表2-2-61~表2-2-62)。

表 2-2-61 SPG-1 对正常小鼠血糖水平的影响($\bar{x}\pm s$)

组别	剂量/[mg/(kg·d)]	n	血糖浓度
模型对照组(NS)		8	6.90±0.86
阳性对照组(消渴丸)	50	9	5.78±0.71*
低浓度 SPG-1 组	25	9	6.66±0.81
中浓度 SPG-1 组	50	9	6.42±0.85
高浓度 SPG-1 组	100	9	6.34±0.83

注:* $P>0.05$,与模型对照组比较。

据刘主等(2006)

表 2-2-62 SPG-1 对四氧嘧啶糖尿病模型小鼠血糖水平的影响($\bar{x}\pm s$)

组别	剂量/[mg/(kg·d)]	n	血糖浓度
模型对照组(NS)		8	18.51±4.53
阳性对照组(消渴丸)	50	9	9.07±1.98**
低剂量 SPG-1 组	25	9	9.28±1.89**
中剂量 SPG-1 组	50	9	7.01±1.75**
高剂量 SPG-1 组	100	9	6.72±1.63**

注:** $P<0.01$,与模型对照组比较。

据刘主等(2006)

鲍诚等(2012)研究了由双酶法提取的紫甘薯花色苷的降血糖功效。通过动物实验,探索了紫甘薯花色苷对正常小鼠餐后血糖的影响。实验结果(见表2-2-63、表2-2-64)表明:紫甘薯花色苷高、中剂量组可有效抑制餐后血糖的升高。将四氧嘧啶诱导的高血糖小鼠模型按血糖分组,连续给药30 d后,研究紫甘薯花色苷对高血糖小鼠血糖的影响,结果显示:紫甘薯花色苷高、中剂量组可显著缓解血糖升高,血清抗氧化指标超氧化物歧化酶(SOD)、丙二醛(MDA)、谷胱甘肽过氧化物酶(GSH-Px)的测定结果显示,高、中剂量组与模型组相比可显著改善体内抗氧化体系。综上所述,紫甘薯花色苷通过其强有力的抗氧化活性,控制血糖的升高,达到降血糖的效果。

表 2-2-63　正常小鼠餐后血糖（($\bar{x} \pm s$)）

组别	血糖/（mmol/L）			
	空腹 12 h 后	灌淀粉 0.5 h 后	灌淀粉 0.5 h 后	灌淀粉 2 h 后
空白组	7.24±1.08	25.12±4.08	23.89±5.41	13.47±2.66
低剂量（25 mg/kg）	7.29±1.07	21.83±5.36	18.57±4.66*	14.13±1.88
中剂量（50 mg/kg）	7.43±0.88	15.12±2.79**	15.86±2.49**	12.13±1.23
高剂量（75 mg/kg）	7.27±1.03	11.29±2.60**	12.00±1.8**	11.25±1.87
阳性对照组（18.75 mg/kg）	7.24±1.03	9.68±1.09**	9.72±1.115**	7.84±0.68**

注：** $P < 0.01$，* $P < 0.05$ 与空白组比较。

据鲍诚等（2012）

表 2-2-64　小鼠血清抗氧化指标测定结果

组别	MDA/（nmol/mg prot）	SOD/（U/mg prot）	GSH-Px/（U/mg prot）
空白组	9.25±2.94	200.26±29.06	613.06±32.24
高剂量组（50 mg/kg）	20.57±3.04**	179.59±29.92**	513.29±96.00**
中剂量组（25 mg/kg）	22.81±4.01*	167.77±30.24*	481.10±95.73*
低剂量组（12.5 mg/kg）	25.33±2.92	158.85±27.31	435.39±94.27
模型组	27.58±4.66**	151.77±25.84##	391.35±53.15##

注：## $P < 0.01$，与空白对照比较；** $P < 0.01$，* $P < 0.05$，与模型组比较。

据鲍诚等（2012）

马淑青等（2010）探讨了紫甘薯花色苷（APSP）调节链脲佐菌素（STZ）诱导的糖尿病大鼠血糖作用，为预防糖尿病提供依据。实验将雄性 SD 大鼠 80 只稳定饲养 1 周后，随机取 70 只大鼠用 STZ 造糖尿病模型。大鼠分为正常对照、糖尿病模型、二甲双胍阳性（metformin）及 0.5%、1.0%、2.0% APSP 共 6 组，每组 10 只。自由饮食，每天定时灌胃：对照和模型组灌胃蒸馏水，二甲双胍阳性组灌胃 2.0% 二甲双胍，0.5%、1.0% 和 2.0% APSP 组分别灌胃 0.5%、1.0% 和 2.0% APSP，灌胃量均为 1 mL/100 g。实验期 7 周，每周称重 1 次，2 周测血糖 1 次。7 周末夜间禁食 12 h，股动脉取血，分离血清，−70 ℃保存用于各项指标测定。结果表明，造模 1 周后和实验结束时模型组血糖显著高于对照组（$P < 0.01$），说明糖尿病造模成功。灌胃 7 周，各治疗组血糖仍显著高于对照组（$P < 0.01$），但与模型组比，各治疗组血糖显著降低（$P < 0.01$），以二甲双胍和 1.0% APSP 组较好；二甲双胍组虽有很好的降血糖效果，但对肝脏和血脂有不利的影响。综上，APSP 可改善糖尿病大鼠血糖、血脂异常，促进糖代谢和脂代谢的良性循环，可能与其保护肝脏的功能有关，其机制尚不清楚，需进一步研究。

陆红佳（2015）研究了纳米甘薯渣纤维素对糖尿病大鼠降血糖功效及其机理。实验选用 40 只雄性大鼠，然后随机分为 5 组，其中一组大鼠喂食基础饲料作为正常组，另外四组采用链脲佐菌素（STZ）诱导大鼠建立糖尿病模型组，分别为对照组、普通甘薯渣纤维素组（OC）、微晶甘薯渣纤维素组（MCC）和纳米甘薯渣纤维素组（CNC），实验期 28 d。结果表明：糖尿病对照组大鼠的采食量、空腹血糖、糖化血清蛋白、血脂、肝脂均显著高于空白组（$P < 0.05$），体重、胰岛素和肝糖原含量明显下降（$P < 0.05$），其胰岛素形态也发生改变，说明造模成功。喂食不同粒度甘薯渣纤维素的糖尿病大鼠的体重、血清胰岛素、肝糖原和肝脏中甘油激酶（GK）和过氧化物酶体增殖物活化受体（PPAR）的表达量有所增加，而空腹血糖、糖化血清蛋白、血脂、肝脂和肝脏中葡萄糖转运蛋白-2（GLUT2）、葡萄糖-6-磷酸酶（G-6-Pase）和磷酸烯醇丙酮酸羧激酶（PEPCK）的表达量等都有所下降，其中喂食纳米甘薯纤维素的大鼠的变化具有显著性，并且其显著性上调了肝脏中 GK 和 PPAR-P 蛋白和 mRNA 的表达量（$P < 0.05$）。说明纳米甘薯渣纤维素具有较好的

调节糖尿病大鼠血糖血脂的作用,其降糖机理可能是通过减缓机体对葡萄糖的吸收,降低空腹血糖值,改善糖耐量,同时增加机体对胰岛素敏感性和胰岛素分泌量,促进肝糖原合成,调节肝脏中糖脂代谢的平衡,起到降血糖的作用。

7.减肥作用

张毅等(2016)鉴定了"宁紫薯1号"花青素(PSPC)组成成分,探索了紫甘薯花青素对高脂诱导肥胖的预防效果并探讨其分子机制。通过液质联用技术分析紫甘薯新品种"宁紫薯1号"的花青素组分;采用pH示差法测定制备的样品中总花青素含量。建立因脂肪摄入过多导致机体产生营养性肥胖的动物模型,并灌胃不同剂量的紫甘薯花青素比较其预防肥胖效果。每周定时测量大鼠禁食6 h后的体重,通过试剂盒检测大鼠血清样品血糖(Glu)、三酰甘油(TG)、总胆固醇(TC)的含量,采用酶联免疫法检测瘦素(leptin)含量。通过荧光定量RT-PCR法检测下丘脑样品瘦素及其受体的mRNA表达,采用Western印记法检测瘦素及其下游蛋白的信号表达。结果显示:分离鉴定出11种PSPC组分,其中10种为已知的矢车菊素和芍药素酰基化衍生物。体重指标(见表2-2-65)直接表明高剂量花青素组预防肥胖效果最好,中剂量组其次,效果最差的为低剂量组;紫甘薯花青素各剂量组大鼠血糖、三酰甘油和总胆固醇的3项血生化指标均趋于正常水平,有效预防肥胖的发生。血清瘦素检测结果显示,高脂组比对照组多释放65.50%;低剂量、中剂量和高剂量紫甘薯花青素组血清瘦素含量与高脂组相比均显著下降。同时不同剂量紫甘薯花青素组下丘脑中瘦素及瘦素受体的mRNA表达均显著高于高脂组。而高剂量紫甘薯花青素组可以调节下丘脑中瘦素信号,从而降低下游腺苷酸活化蛋白激酶α(AMPKα)的磷酸化。从而得出结论,高剂量紫甘薯花青素可以通过调节下丘脑中leptin/AMPKα信号通路有效抑制高脂诱导肥胖的形成。

表 2-2-65　不同组别大鼠的体重增长

周数	对照组 CK	高脂组 HFD	高脂/低剂量紫甘薯花青素组 HFD (100 mg/kg PSPC)	高脂/低剂量紫甘薯花青素组 HFD/ (200 mg/kg PSPC)	高脂/低剂量紫甘薯花青素组 HFD/ /(100 mg/kg PSPC)
0	147.9±5.1	148.5±6.5	148.3±9.5	148.8±10.0	148.5±9.4
1	195.8±5.7	211.7±12.8#	202.7±7.5	202.3±13.5	200.3±12.4*
2	241.5±7.5	271.5±11.5##	262.0±10.3	260.3±15.5	254.2±12.4*
3	253.4±6.9	304.8±8.7##	296.9±9.0	291.6±13.2*	284.3±15.3**
4	277.8±6.9	347.6±15.6##	326.9±12.6*	320.9±16.6*	307.6±22.6**
5	314.5±10.4	378.0±24.9##	352.9±12.6*	347.4±16.0*	335.3±17.8**
6	331±16.5	405.0±19.6##	384.0±7.2*	371.6±16.3**	358.2±20.1**

注:结果以平均值±标准差表示。与高脂组相比,* $P<0.05$,** $P<0.01$;与对照组相比,# $P<0.05$,## $P<0.01$。
据张毅等(2016)

杨解顺等(2012)研究了水提紫甘薯色素废渣对大鼠的减肥作用,将SD大鼠适应性喂养3 d后随机分为6组,以不同剂量给受试物经口灌胃,模型组、阳性对照组及低、中、高3个剂量组每组动物每日给予等量的高脂饲料(饲料给予量以多数动物吃完为原则),空白组普通饲料给予量与高脂饲料相同;低、中、高3个剂量组给予不同剂量的受试样品,阳性对照组给盐酸西布曲明溶液,空白组、模型组给予相同体积的蒸馏水。结果(见表2-2-66~表2-2-68)表明:各组动物日平均摄食量无统计学差异($P>0.05$)。阳性组和中、高剂量组体重低于模型组,中、高剂量组终末体重较模型组分别降低10.9%、9.7%,总增重较模型组分别降低25.4%、26.9%。阳性组和中、高剂量组体脂重量低于模型组,分别降低24.8%、20.6%、21.6%。阳性组和低、中、高剂量组脂/体比与模型组相比,有下降趋势,但无统计学差异($P>0.05$)。本实验结果说明,水提紫甘薯色素废渣具有减肥作用。

表 2-2-66　水提紫甘薯色素废渣动物减肥实验剂量设计

分组	剂量设计	相当于人推进摄入量倍数
空白组	蒸馏水	0
模型组	蒸馏水	0
阳性对照组	盐酸西布曲明片 $1.67\ mg/(kg \cdot d)$	10
低剂量组	受试物 $1.25\ mg/(kg \cdot d)$	4
中剂量组	受试物 $2.5\ g/(kg \cdot d)$	8
高剂量组	受试物 $5.0\ g/(kg \cdot d)$	16

据杨解顺等(2012)

表 2-2-67　水提紫甘薯色素废渣对 SD 大鼠体重的影响　　　　　　　　　　　　　　　单位:g

分组	n	初始体重	终末体重	总增重
空白组	10	174.9 ± 9.2	226.3 ± 10.0	51.6 ± 11.7
模型组	10	174.2 ± 9.0	$284.2 \pm 17.6^{**}$	110.0 ± 19.6
阳性对照组	10	175.2 ± 10.8	$239.9 \pm 16.4^{\triangle\triangle}$	$64.7 \pm 15.88^{\triangle\triangle}$
低剂量组	9	176.5 ± 10.0	272.5 ± 10.1	$95.8 \pm 16.6^{**}$
中剂量组	9	170.9 ± 13.1	$253.3 \pm 17.6^{\triangle\triangle}$	$82.1 \pm 19.8^{**}$
高剂量组	9	175.9 ± 14.1	$256.7 \pm 16.5^{\triangle\triangle}$	$80.4 \pm 10.9^{**}$

注:与空白对照组相比,$^{**}P<0.01$;与模型组相比,$^{\triangle\triangle}P<0.01$。

据杨解顺等(2012)

表 2-2-68　水提紫甘薯色素废渣对 SD 大鼠体脂以及脂/体比的影响

分组	n	体脂质量/g	脂/体比/%
空白组	10	2.55 ± 0.60	1.12 ± 0.25
模型组	10	$5.01 \pm 0.77^{**}$	$1.76 \pm 0.25^{**}$
阳性对照组	10	$3.77 \pm 0.63^{\triangle\triangle}$	1.57 ± 0.21
低剂量组	9	4.36 ± 0.96	1.61 ± 0.39
中剂量组	9	$3.98 \pm 0.95^{\triangle\triangle}$	1.56 ± 0.31
高剂量组	9	$3.93 \pm 0.92^{\triangle\triangle}$	1.53 ± 0.34

注:与空白对照组相比,$^{**}P<0.01$;与模型组相比,$^{\triangle\triangle}P<0.01$。

据杨解顺等(2012)

8. 保护神经,改善记忆

甘薯中的花青素是一种很好的天然色素,有保护神经和改善记忆等功能,也是很好的天然色素。

Lu 等(2012)研究了紫甘薯色素对软骨藻酸诱导的小鼠认知功能障碍的影响。结果表明,紫薯色素通过刺激雌激素受体介导的线粒体生物合成的信号,可明显抑制内质网应激诱导的细胞凋亡,阻止神经元的丢失和恢复记忆相关蛋白的表达,逆转软骨藻酸引起的认知功能障碍。

Cho 等(2003)采用紫甘薯的乙醇提取物喂养小白鼠 1 周,采用被动回避实验观察到实验组小鼠的被动躲避能力与对照组相比明显增强,并进一步分析指出紫甘薯花色苷可以抑制小鼠脑浆中的脂质过氧化作用,这可能是其记忆功能增强的原因所在。另外,D-半乳糖是人体产生的代谢物质,若 D-半乳糖含量过高其降解产物会对大脑皮质神经细胞的突触蛋白造成损伤,使得学习和记忆能力下降,Wu 等(2008)研究发现对大白鼠喂食紫甘薯色素可以使 D-半乳糖造成的突触蛋白损伤得到修复,从而恢复大白鼠的空间记忆能力和学习能力。

孙晓等(2011)探讨了紫甘薯花青素对小鼠学习记忆能力的影响。通过建立小鼠脑组织慢性炎症模型,用紫甘薯花青素连续灌喂,对照组灌喂生理盐水,通过开场测试、一次性被动回避测试两种行为学模型观察小鼠学习记忆能力的变化。结果:通过灌喂紫甘薯花青素(purple sweet potato color,PSPC)后,PSPC+LPS组的小鼠与细菌脂多糖(LPS)组的小鼠相比,在总路程、速度、理毛、贴壁和站立等4个方面的能力都有显著的升高($P<0.001$);记忆保持潜伏期显著增高($P<0.001$)。综上得到结论,紫甘薯花青素对LPS致炎小鼠学习记忆能力具有保护作用。

王正等(2014)探讨了研究紫甘薯花青素(purple sweet potato color,PSPC)对高流量透析(HFD)诱导的肥胖小鼠脑部神经炎症损伤的影响及分子机制。实验利用HFD(high fat diet)建立肥胖小鼠神经炎症模型,方法:ICR(Institute of Cancer Research)雄性小鼠100只,按随机数字表法随机分为4组,每组25只,分别为:正常对照组、HFD组、HFD+PSPC组、PSPC组。HFD+PSPC组、PSPC组灌喂PSPC 700 mg/(kg·d),正常对照组、HFD组灌喂同等体积的0.9%的生理盐水,连续喂养灌喂20周,每周两次称量小鼠空腹体重。于第20周进行行为学检测,行为学检测之后立即断颈处死,取脑,分别检测海马与前脑皮质中的环氧化酶-2(COX-2)在不同处理组的小鼠脑组织中的蛋白表达水平。结果显示:HFD处理的小鼠体重有显著的升高,而PSPC能够有效改善上述症状,显著改善HFD诱导的小鼠自发活动能力和学习记忆能力的下降,显著抑制HFD诱导的小鼠海马和前脑皮质COX-2的蛋白表达水平增加。提示PSPC具有神经保护作用,可能的机制是抑制炎症相关蛋白的表达,从而起到抗炎作用。

邵盈盈等(2013)探讨了紫心甘薯总黄酮(PSPF)对 D-半乳糖致衰老小鼠学习记忆能力的影响及对小鼠脑组织氧化损伤的保护作用。方法:ICR小鼠随机分为6组($n=10$):正常组(NC),模型组,维生素C组[100 mg/(kg·d)],PSPF低、中、高[50 mg/(kg·d),100 mg/(kg·d),200 mg/(kg·d)]剂量组。除正常组外,小鼠颈背部皮下注射 D-半乳糖1 g/(kg·d)连续42 d,建立亚急性衰老模型,从造模第2周开始分别灌胃给予各组相应药物。42 d后采用Morris水迷宫法测定衰老小鼠学习记忆能力,同时测定小鼠脑组织丙二醛(MDA)含量、超氧化物歧化酶(SOD)和谷胱甘肽过氧化物酶(GSH-Px)活性。结果(见表2-2-69、表2-2-70)显示:与模型组相比,PSPF中、高剂量组能明显改善小鼠的衰老体征,缩短逃避潜伏期和空间搜索实验中第一次到达平台所在区域的时间($P<0.05$),增加穿越平台所在区域的次数($P<0.05$,$P<0.01$),并能有效提高衰老小鼠脑组织SOD和GSH-Px活性,降低MDA含量($P<0.05$,$P<0.01$),呈现量效依赖关系。综上可以得到结论,PSPF能改善 D-半乳糖致衰老小鼠的学习记忆能力,具有延缓衰老的作用,其作用机制可能与机体抗氧化酶活性增加,清除自由基、抗氧化能力提高相关。

表 2-2-69　PSPF 对衰老小鼠空间搜索实验结果的影响($\bar{x}\pm s$)

组别	剂量/(mg/kg)	n	首次穿越平台时间/s	穿越平台次数
NC	—	10	17.5 ± 12.3	6.0 ± 2.1
D-gal model	—	10	45.7 ± 31.6^a	2.8 ± 2.0^b
Vit C	100	10	16.3 ± 12.6^c	4.1 ± 1.5^a
低剂量组	50	10	35.8 ± 37.6^a	3.0 ± 1.9^b
中剂量组	100	9	25.8 ± 39.9	6.1 ± 3.4^c
高剂量组	200	9	16.9 ± 9.7^c	6.3 ± 3.0^d

注:与正常组比较,[a]$P<0.05$,[b]$P<0.01$;与模型组比较,[c]$P<0.05$,[d]$P<0.01$。NC组用生理盐水,D-gal model为半乳糖组,Vit C为维生素C组。

据邵盈盈等(2013)

表 2-2-70 PSPF 对衰老小鼠脑组织中 MDA 含量、SOD 及 GSH-Px 活性的影响($\bar{x} \pm s$)

组别	剂量/(mg/kg)	例数/例	SOD/(U/mg)	MDA/(nmol/mg)	GSH-PX/(U/mg)
NC	—	10	66.7±8.2	0.58±0.07	19.3±2.8
D-gal	—	10	38.2±20.5[b]	0.75±0.14[a]	12.2±3.0[b]
Vit C	100	10	53.5±13.5	0.65±0.09	17.6±2.0[d]
低剂量组	50	10	42.2±5.4[b]	0.60±0.11[c]	12.4±3.4[b]
中剂量组	100	9	44.3±8.2[a]	0.53±0.16[d]	16.4±2.2[ac]
高剂量组	200	9	55.3±8.2[c]	0.52±0.13[d]	19.7±2.1[d]

注：与正常组比较，[a]$P<0.05$，[b]$P<0.01$；与模型组比较，[c]$P<0.05$，[d]$P<0.01$。NC 组用生理盐水，D-gal model 为半乳糖组，Vit C 为维生素 C 组。

据邵盈盈等(2013)

孙丽华等(2010)研究了甘薯的冻干粉及其提取物对 32 周龄 KM 雌性小鼠学习记忆能力的影响和作用。所有小鼠被分为空白对照组、甘薯冻干粉组、甘薯乙醇提取物组、甘薯精制物组，当受试物浓度分别以甘薯冻干粉 750 mg/kg、甘薯乙醇提取物 250 mg/kg、甘薯精制物 250 mg/kg 剂量连续灌胃 6 周后采用电击跳台和水迷宫试验测试各组小鼠学习记忆能力及各组血清、脑中的谷胱甘肽过氧化物酶(GSH-Px)、超氧化物歧化酶(SOD)、乙酰胆碱转移酶(ChAT)、乙酰胆碱酯酶(AchE)、5-羟色胺(5-HT)、去甲肾上腺素(NE)、丙二醛(MDA)和单胺氧化酶(MAO)水平。结果(见表 2-2-71～表 2-2-77)显示：实验组与空白对照组相比，均能提高小鼠学习记忆能力和 GSH-Px、SOD、ChAT、5-HT、NE 含量并降低 MDA、AChE、MAO 含量。说明这 3 种物质可能通过抑制抗氧化损伤、降低 TChE，提高中枢胆碱能神经功能以及抑制 MAO，提高单胺类神经递质含量，从而改善小鼠的学习记忆功能。

表 2-2-71 小鼠跳台试验结果($\bar{x} \pm s$, $n=12$)

组别	错误次数/次			潜伏期/min		
	训练	24 h 后测验	1 周后消退试验	训练	24 h 后测验	1 周后消退试验
空白对照组	2.27±1.79	1.55±2.21	0.73±1.27	22.92±8.50	98.80±75.36	111.42±52.0
甘薯冻干粉组	1.33±1.12*	0.33±0.50*	0.27±0.47	173.14±88.42**	152.73±28.60*	156.70±28.64*
甘薯乙醇提取物组	1.70±0.95*	0.82±1.25	0.18±0.40*	188.15±68.73**	156.53±22.37*	170.64±7.66**
甘薯乙醇精制物组	2.27±1.27	0.27±0.47*	0.25±0.45	201.79±43.10**	164.51±15.36**	160.95±17.39**

注：** $P<0.01$，* $P<0.05$，相比较于空白对照组。

据孙丽华等(2010)

表 2-2-72 小鼠水迷宫试验结果($\bar{x} \pm s$, $n=12$)

组别	5 次总错误次数/次	5 次总到达时间/s	2 min 内小鼠到达的比例/%
空白对照组	44.67±8.99	378.99±59.28	27.27
甘薯冻干粉组	22.78±5.59**	227.07±73.50**	70.00
甘薯乙醇提取物组	17.75±5.56**	192.96±30.87**	81.82
甘薯乙醇精制物组	16.00±4.27**	181.16±52.46**	91.67

注：** $P<0.01$，相比较于空白对照组。

据孙丽华等(2010)

表 2-2-73　小鼠血清中 GSH-Px、SOD 活性和 MDA 的含量($\bar{x}\pm s, n=12$)

组别	GSH-Px/U	SOD/(U/mg prot)	MDA/(nmol/mg prot)
空白对照组	60.38±9.72	152.37±25.86	2.82±0.60
甘薯冻干粉组	82.67±17.52**	201.41±10.86**	2.34±0.40*
甘薯乙醇精制物组	121.07±12.99**	204.54±15.65**	2.30±0.25*

注:** $P<0.01$,* $P<0.05$,相比较于空白对照组。
据孙丽华等(2010)

表 2-2-74　小鼠大脑中 GSH-Px、SOD 活性和 MDA 的含量($\bar{x}\pm s, n=12$)

组别	GSH-Px/U	SOD/(U/mg prot)	MDA/(nmol/mg prot)
空白对照组	18.66±6.24	8.32±1.90	1.83±0.59
甘薯冻干粉组	27.62±3.72**	13.03±1.82**	0.78±0.72**
甘薯乙醇提取物组	30.78±5.67**	12.28±1.22*	0.37±0.31**
甘薯乙醇精制物组	36.53±8.12**	13.10±2.13**	0.46±0.34**

注:** $P<0.01$,* $P<0.05$,相比较于空白对照组。
据孙丽华等(2010)

表 2-2-75　小鼠大脑中 ChAT、AChE 的含量($\bar{x}\pm s, n=12$)

组别	ChAT/(IU/g)	AChE/(U/mg prot)
空白对照组	153.27±24.57	1.66±0.54
甘薯冻干粉组	426.56±93.84**	1.57±0.21
甘薯乙醇提取物组	301.45±55.13**	1.68±0.25
甘薯乙醇精制物组	408.96±125.62**	1.48±0.25*

注:** $P<0.01$,* $P<0.05$,相比较于空白对照组。
据孙丽华等(2010)

表 2-2-76　小鼠血清中 ChAT、AChE 的含量($\bar{x}\pm s, n=12$)

组别	ChAT/(IU/g)	AChE/(U/mg prot)
空白对照组	60.40±14.52	97.37±6.78
甘薯冻干粉组	87.55±13.69**	62.01±16.70**
甘薯乙醇提取物组	80.34±18.12*	71.47±8.71**
甘薯乙醇精制物组	70.16±16.06*	60.40±8.49**

注:** $P<0.01$,* $P<0.05$,相比较于空白对照组。
据孙丽华等(2010)

表 2-2-77　小鼠大脑中 MAO、5-HT 和 NE 的含量($\bar{x}\pm s, n=12$)

组别	MAO/(U/mg prot)	5-HT(ng/mL)	NE/(ng/mL)
空白对照组	13.22±2.87	145.26±18.10	63.59±8.86
甘薯冻干粉组	11.60±2.22	194.81±23.39**	74.37±9.97**
甘薯乙醇提取物组	12.16±1.66	172.74±14.89*	80.77±10.09**
甘薯乙醇精制物组	10.55±1.15*	274.92±50.49**	131.34±37.10**

注:** $P<0.01$,* $P<0.05$,相比较于空白对照组。
据孙丽华等(2010)

9.抑菌作用

研究人员发现紫色甘薯在抑菌方面也表现出很好的作用。岳静等(2005)对紫色甘薯色素体外抑菌性进行初探发现,紫色甘薯花青素能够很好地抑制金黄色葡萄球菌(G^+),较好地抑制大肠杆菌(G^-),并且随着色素溶液浓度的增大,抑菌效果趋于更明显。谢丽玲等(1996)研究发现红薯叶提取物对大肠杆菌、枯草杆菌、金黄色葡萄球菌、白色葡萄球菌、普通变形杆菌均有明显的抑制作用。这些研究都反映了紫色甘薯花色苷具有抑制细菌生长的作用,同时也给人们今后对花色苷色素的提取、保存指明了注意事项。推测紫色甘薯色素汁可作为一种新型的无毒杀菌剂和防腐剂而广泛应用于食品、医药卫生等行业。

王关林等(2005)研究了甘薯块根花青素(sweet potato anthocyanin,SPAC)的抑菌作用和机理。研究发现SPAC对3种常见致病菌均有抑菌作用,并与其浓度呈正相关。通过电镜观察、SDS-PAGE分析及生长曲线比较表明,SPAC抑菌机理是通过SPAC与细胞中的蛋白或酶结合,使其变性失活,抑制对数生长期的细胞分裂,而后使细胞质固缩、解体,导致细胞死亡。

高莹等(2007)确定了甘薯叶提取物提取的工艺条件:温度100 ℃,时间2 h,料液比为1:30,乙醇浓度为95%。实验用所得的提取物对几种常见的食品微生物进行抑菌活性测定。结果(见表2-2-78、表2-2-79)显示:甘薯叶提取物对大肠杆菌的抑菌作用显著,且对大多数供试菌的最小抑菌浓度(MIC)值在50~100 μg/mL之间。综上可知,甘薯叶提取物对大肠杆菌、金黄色葡萄球菌及枯草杆菌有较强的抑制作用,因此在食品防腐和医药领域开发前景广阔。

表 2-2-78　甘薯叶抽提物对不同菌种的抑菌直径

供试菌种	抑菌圈的直径/mm			
	D_1	D_2	D_3	D_4
金黄色葡萄球菌	17.2	17.5	17.5	17.4
枯草芽孢杆菌	13.0	12.8	12.5	12.8
大肠杆菌	19.6	19.4	19.5	19.5
酿酒酵母	10.7	11.6	11.1	11.1
根霉	—	—	—	—
毛霉	8.5	8.7	9.0	8.7

据高莹等(2007)

表 2-2-79　甘薯叶抽提物最小抑菌浓度(MIC)的测定结果

供试菌种	甘薯叶提取物浓度/(μg/mL)							
	200	100	50	25	12.5	6.25	3.175	0
金黄色葡萄球菌	－	－	－	＋	＋＋	＋＋＋	＋＋＋＋	＋＋＋＋
枯草芽孢杆菌	－	－	＋	＋＋	＋＋＋	＋＋＋	＋＋＋＋	＋＋＋＋
大肠杆菌	－	－	－	＋	＋＋	＋＋＋	＋＋＋＋	
酿酒酵母	－	－	＋	＋＋	＋＋＋	＋＋＋	＋＋＋＋	＋＋＋＋
根霉	＋＋	＋＋	＋＋	＋＋＋	＋＋＋	＋＋＋＋	＋＋＋＋	＋＋＋＋
毛霉	＋	＋	＋＋	＋＋＋	＋＋＋＋	＋＋＋＋	＋＋＋＋	＋＋＋＋

注:"－"表示无菌生长;"＋"表示有少量菌落生长;"＋＋"表示有不超过1/3平皿面积的菌落生长;"＋＋＋"表示有不超过1/2平皿面积的菌落生长;"＋＋＋＋"表示有超过1/2平皿面积的菌落生长。

据高莹等(2007)

韩永斌等(2008)研究了紫甘薯花色苷色素抑制大肠杆菌、金黄色葡萄球菌、啤酒酵母和黑曲霉的作用及机理。结果(见表2-2-80)显示:紫甘薯花色苷色素对大肠杆菌及金黄色葡萄球菌均有抑制作用,并与其浓度呈正相关,而对啤酒酵母和黑曲霉无抑制作用。透射电镜观察和大肠杆菌生长曲线表明,该色素的抑菌作用可能是通过增强细胞膜的通透性,使细胞异常生长,抑制对数生长期的细胞分裂,使细胞质稀薄、细胞解体。SDS-PAGE分析表明,紫甘薯花色苷对大肠杆菌蛋白表达影响不明显,未见特征性条带的消失,仅对部分蛋白质合成量有影响。

表 2-2-80 紫甘薯花色苷最小抑菌浓度(MIC)的测定结果

供试菌种	花色苷浓度/(μg/mL)								
	800	400	200	100	50	25	12.5	6.25	3.125
大肠杆菌	−	+	+	+	+	+	+	+	+
金黄色葡萄球菌	−	−	−	+	+	+	+	+	+
啤酒酵母	+	+	+	+	+	+	+	+	+
黑曲霉	+	+	+	+	+	+	+	+	+

注:"−"表示无菌种生长;"+"表示有菌生长。

据韩永斌等(2008)

王世宽等(2010)探讨了有效提取和利用甘薯叶中的绿原酸,对提取工艺进行优化,并对绿原酸的抗菌活性进行研究。实验利用正交试验得到绿原酸最佳提取条件,根据液体培养基吸光度值的变化确定绿原酸对菌体的最小抑菌浓度。结果(见表2-2-81)显示,甘薯叶中绿原酸的最佳提取条件是:乙醇浓度60%,料液比1:30,超声时间50 min,超声温度50 ℃;抑菌效果:甘薯叶提取物绿原酸对植物乳杆菌、葡萄球菌、汉逊酵母、大肠杆菌、金黄色葡萄球菌均有抑制作用;最低抑菌浓度分别为1000 μg/mL、1000 μg/mL、500 μg/mL、250 μg/mL、200 μg/mL。综上可得,甘薯叶中含有绿原酸,并且绿原酸具有很强的抗菌作用,作为食品添加剂有很好的发展前景。

表 2-2-81 最低抑菌浓度(MIC)试验结果

供试菌种	甘薯叶中绿原酸的浓度/(μg/mL)						
	0	50	125	200	250	500	1000
植物乳杆菌	+	+	+	+	+	+	−
葡萄球菌	+	+	+	+	+	+	−
汉逊酵母	+	+	+	+	+	−	−
大肠杆菌	+	+	+	+	−	−	−
金黄色葡萄球菌	+	+	+	−	−	−	−

注:"−"表述无菌种生长;"+"表示有菌生长。

据王世宽等(2010)

陈婵等(2014)研究了紫色甘薯原花青素对大肠杆菌、沙门氏菌、金黄色葡萄球菌以及青霉菌的抑菌作用。结果(见表2-2-82~表2-2-84)显示:紫色甘薯的原花青素对大肠杆菌、沙门氏菌、金黄色葡萄球菌具有良好的抑菌效果,与其浓度呈正相关,对青霉菌的抑制效果不显著。10 mg/mL紫色甘薯原花青素对所试大肠杆菌、金黄色葡萄球菌以及沙门氏菌的抑菌效果与0.5 μg/mL的尼泊金乙酯以及5 μg/mL的苯甲酸钠相当,但不如5 μg/mL山梨酸钾。

表 2-2-82　10 mg/mL 紫色甘薯原花青素对不同供试菌抑菌作用的影响

菌种	抑菌圈大小/mm		
	紫色甘薯原花青素	无菌生理盐水	80％乙醇
大肠杆菌	14.4±0.15[B]	—	6.1±0.1[A]
金黄色葡萄球菌	15.5±0.2[B]	—	6.2±0.01[A]
沙门氏菌	17.1±0.3[A]	—	6.2±0.12[A]
青霉菌	—	—	—

注:实验数据为3次重复试验平均值,抑菌圈大小包括了无菌滤纸片的直径(6 mm),同列结果上标不同大写字母者表示显著极显著($P<0.01$),"一"为无抑菌作用。

据陈婵等(2014)

表 2-2-83　不同质量浓度紫色甘薯原花青素对供试菌的抑菌效果

紫色甘薯原花青素质量浓度/(mg/mL)	大肠杆菌/mm	金黄色葡萄球菌/mm	沙门氏菌/mm	青霉菌/mm
0.00	—	—	—	—
5.05	8.3±0.06	10.6±0.2	15.9±0.3	—
10.50	15.5±0.21	20.50.26	24.6±0.26	—
15.25	20.±20.15	28.3±0.15	30.3±0.15	—
20.34	28.9±0.15	35.4±0.26	40.4±0.28	6.1±0.11
40.36	39.2±0.1	42.5±0.2	50.5±0.15	8.1±0.15

注:实验数据为3次重复试验平均值,抑菌圈大小包括了无菌滤纸片的直径(6 mm),同列结果上标不同大写字母者表示显著极显著($P<0.01$),"一"为无抑菌作用。

据陈婵等(2014)

表 2-2-84　紫色甘薯原花青素、尼泊金乙酯、苯甲酸钠、山梨酸抑菌作用的比较

防腐剂	大肠杆菌	金黄色葡萄球菌	沙门氏菌	青霉菌
紫色甘薯原花青素	14.5±0.15[C]	15.5±0.15[B]	27.2±0.16[A]	—
尼泊金乙酯	10.1±0.21[D]	15.6±0.15[C]	10.4±0.16[B]	30.2±0.25[A]
苯甲酸钠	10.4±0.06[D]	13.6±0.21[C]	22.3±0.19[B]	40.5±0.11[A]
山梨酸钾	18.4±0.11[D]	19.6±0.14[C]	35.6±0.05[B]	47.6±0.15[A]

注:实验数据为3次重复试验平均值,抑菌圈大小包括了无菌滤纸片的直径(6 mm),同列结果上标不同大写字母者表示显著极显著($P<0.01$),"一"为无抑菌作用。

据陈婵等(2014)

张赟彬等(2007)以最小抑菌浓度、最小杀菌浓度及抑菌率为指标测定甘薯多酚提取液对食品中常见微生物的抑菌活性,并研究温度、pH 等对提取液抑菌活性的影响。结果显示:甘薯多酚提取液对大肠杆菌、金黄色葡萄球菌、蜡样芽孢杆菌等几种细菌有较强的抑制作用,尤其对金黄色葡萄球菌的抑菌效果最为明显,而对枯草杆菌、啤酒酵母、产黄青霉、黑曲霉等仅在高浓度时才表现出一定的抑制作用。甘薯多酚提取液有较好的热稳定性,在 pH 为 4～5 时,对大肠杆菌、金黄色葡萄球菌和枯草杆菌的抑菌作用最强。

10.润肠通便,保护肠道健康

当代《中华本草》中描述,甘薯可以"宽肠胃,通便秘,主治肠燥便秘"。甘薯在蒸煮过程中,部分淀粉发生变化,与生食相比可增加 35％ 以上的膳食纤维,有效刺激肠道的蠕动,促进人体排泄。在切甘薯时其皮下渗出的白色液体,含有紫茉莉苷,有治疗习惯性便秘的功效。

吴鑫宝(2015)探讨了紫甘薯花青素对大鼠放射性肠损伤是否具有保护作用。将 54 只健康雄性 SD 大鼠随机分为空白组、照射组、实验组,空白组:不进行腹部照射,实验第二天开始连续 14 d 予以生理盐水 (0.9% NaCl)20 mL 灌胃,每日 1 次;照射组:实验第一天用^{60}Co γ 射线行腹部照射,总剂量为 9 Gy,照射后第二天开始连续 14 d 予以生理盐水(0.9% NaCl)20 mL 灌胃,每日 1 次;实验组:实验第一天用^{60}Co γ 射线行腹部照射,总剂量 9 Gy,照射后第二天开始连续 14 d 以紫甘薯花青素 700 mg/kg(溶于 20 mL 生理盐水)剂量灌胃,每日 1 次。分别于实验开始后第 3、7、14 天三个时间段每组随机取 6 只大鼠取出小肠组织,测定组织超氧化物歧化酶(SOD)、丙二醛(MDA)、一氧化氮(NO)以及血浆二胺氧化酶(DAO)含量以了解组织氧化损伤的情况,原位末端标记法(TUNEL)观察肠黏膜细胞凋亡,并观察小肠组织病理学改变。结果(见表 2-2-85~表 2-2-88)显示:在各时间段,血清 DAO、组织 NO、MDA 含量实验组均低于照射组,高于空白组($P<0.01$);SOD 活性实验组大于照射组,低于空白组($P<0.01$)。组间比较,实验开始后第 3、7、14 日,空白组血浆 DAO 含量、NO 含量、SOD 活性、MDA 含量无显著性差异($P>0.05$);实验组 DAO 含量第 3 天>第 7 天>第 14 天,NO 浓度第 3 天>第 7 天>第 14 天,SOD 活力第 3 天<第 7 天<第 14 天,MDA 含量第 3 天>第 7 天>第 14 天($P<0.05$)。各组大鼠小肠组织细胞凋亡指数变化情况结果(见表 2-2-89)显示:空白组的细胞凋亡指数(AI)约为 4.62%,而照射组的细胞凋亡指数(AI)达 19.78%,两者差异有统计学意义($P<0.05$);实验组细胞凋亡指数(AI)为 14.36%,较照射组明显下降,差异有统计学意义($P<0.05$)。各组大鼠小肠病理切片结果可见:空白组镜下肠黏膜厚度均匀,绒毛结构完整,排列整齐,隐窝与腺体结构清晰,黏膜下无血管扩张及淤血,细胞排列紧密。照射组肠黏膜绒毛大量脱落,黏膜和腺体明显损伤,空泡样改变,肠隐窝失去正常结构,黏膜下层可见明显血管扩张及淤血;实验组肠黏膜绒毛轻度水肿,上皮细胞稍脱落,腺体和隐窝结构基本正常,黏膜下轻度血管扩张,较照射组明显减轻;紫甘薯花青素在一定程度上减轻了肠组织放射损伤情况。组间比较,空白组第 3 天、第 7 天、第 14 天病理无明显差异性改变。照射组第 3 天较第 7 天血管扩张明显,黏膜出血较多,腺体损伤较重;第 14 天较第 7 天黏膜出血减少,但腺体未修复。实验组第 3 天较第 7 天血管稍扩张,绒毛轻度水肿,但腺体和隐窝结构基本正常;第 14 天较第 7 天小肠腺体结构正常,有少量炎症细胞浸润。从而得出结论:紫甘薯花青素能使 SD 大鼠放射肠损伤后的血清 DAO 含量降低,降低小肠组织中 NO、MDA 含量,提高组织 SOD 活性,细胞凋亡指数明显下降。

表 2-2-85　血浆 DAO 活力变化($n=6,\bar{x}\pm s$)　　　　　　　　单位:U/L

组别	实验第 3 天	实验第 7 天	实验第 14 天
空白组	31.21±5.06	29.62±17.34	25.39±14.64
照射组	226.50±26.36△	236.77±79.24△	227.53±58.19△
实验组	75.972±9.84#	50.06±9.87#○	35.75±9.44#☆

注:△表示同一时间点照射组与空白对照相比 $P<0.01$;#表示同一时间点实验组与照射组相比 $P<0.01$;○表示实验组第 3 天和第 7 天相比 $P<0.01$;☆表示实验组第 7 天和第 14 天相比 $P<0.05$。

据吴鑫宝等(2015)

表 2-2-86　小肠组织 NO 浓度变化($n=6,\bar{x}\pm s$)　　　　　　　单位:μmol/g prot

组别	实验第 3 天	实验第 7 天	实验第 14 天
空白组	1.160±0.193	0.991±0.330	1.004±0.473
照射组	16.029±0.820△	15.214±1.425△★	14.327±1.228△※
实验组	8.441±0.586#	6.464±1.412#○	4.082±0.789※☆

注:△表示同一时间点,照射组与空白对照相比 $P<0.01$;#表示同一时间点,实验组与照射组相比 $P<0.01$;○表示实验组第 7 天和第 3 天相比 $P<0.01$,差异有显著性;☆表示实验组第 7 天和第 14 天相比 $P<0.01$,差异有显著性;★表示照射组第 7 天和第 3 天相比 $P>0.05$,无统计学意义;※表示照射组第 14 天和第 7 天相比 $P>0.05$,无统计学意义。

据吴鑫宝等(2015)

表 2-2-87　小肠组织 MDA 含量变化($n=6$,$\bar{x}\pm s$)　　　　　　　单位:μmol/L

组别	实验第 3 天	实验第 7 天	实验第 14 天
空白组	1.219±0.473	1.066±0.461	1.803±0.658
照射组	35.912±1.846△	37.894±5.307△	37.571±2.283△
实验组	16.857±0.754#	14.653±1.542#○	7.93±1.443#☆

注:△表示同一时间点,照射组与空白对照相比 $P<0.01$;#表示同一时间点,实验组与照射组相比 $P<0.01$;○表示实验组第 3 天和第 7 天相比 $P<0.05$,有统计学意义;☆表示实验组第 7 天和第 14 天相比 $P<0.01$,差异具有显著性。

据吴鑫宝等(2015)

表 2-2-88　小肠组织活力值 SOD 变化($n=6$,$\bar{x}\pm s$)　　　　　　　单位:U/mg prot

组别	实验第 3 天	实验第 7 天	实验第 14 天
空白组	106.521±9.814	92.101±8.058	95.401±4.520
照射组	23.432±1.113△	33.877±6.000△	32.683±6.141△
实验组	41.586±2.881#	54.988±5.909#○	78.11±12.008#☆

注:△表示同一时间点,照射组与空白对照相比 $P<0.01$;#表示同一时间点,实验组与照射组相比 $P<0.01$;○表示实验组第 3 天和第 7 天相比 $P<0.01$;☆表示实验组第 7 天和第 14 天相比 $P<0.01$。

据吴鑫宝等(2015)

表 2-2-89　小肠组织细胞凋亡指数　　　　　　　单位:%

组别	实验第 3 天	实验第 7 天	实验第 14 天
空白组	5.90±3.64	5.47±2.34	6.42±5.63
照射组	25.74±5.88△	22.07±4.21△	21.08±3.42△
实验组	15.88±2.86#	12.93±1.69#○	9.92±1.64#☆

注:△表示同一时间点,照射组与空白对照相比 $P<0.01$;#表示同一时间点,实验组与照射组相比 $P<0.05$;○表示实验组第 3 天和第 7 天相比 $P<0.01$;☆表示实验组第 7 天和第 14 天相比 $P<0.01$。

据吴鑫宝等(2015)

起德丽等(2013)研究了水提紫甘薯色素废渣的通便保健功能,建立小鼠小肠蠕动抑制模型,分组见表 2-2-90。结果(见表 2-2-91～表 2-2-93)表明,高剂量组墨汁推进率高于模型组,墨汁推进率增加 10.3%,而低、中剂量组墨汁推进率有增加的趋势。各剂量组首粒排黑便时间有降低趋势。中、高剂量组黑便粒数高于模型组,6 h 内排黑便粒数分别增加 5.9(63.4%)、4.4(47.3%)。各剂量组黑便质量和每粒黑便平均重量高于模型组,6 h 内排黑便质量分别增加 120.5 mg(89.4%)、226.4 mg(168.0%)、233.8 mg(173.5%),各剂量组每粒黑便平均质量较模型组分别增加 4.9 mg(32.9%)、7.3 mg(49.0%)、12.3 mg(82.6%),因此水提紫甘薯色素废渣具有一定的通便功能。

表 2-2-90　水提紫甘薯色素废渣动物通便实验剂量设计

分组	剂量设计	相当于人推进摄入量倍数
空白组	蒸馏水	0
模型组	蒸馏水	0
阳性对照组	酚酞片 2.5 mg/(kg·d)	10
低剂量组	受试物 2.5 mg/(kg·d)	8
中剂量组	受试物 5.0 mg/(kg·d)	16
高剂量组	受试物 10.0 mg/(kg·d)	32

据起德丽等(2013)

表 2-2-91 水提紫甘薯色素废渣对小鼠小肠运动实验墨汁推进率的影响

分组	n	推进距离/cm	小肠总长/cm	墨汁推进率/%	墨汁推进率 $X=\sin^{-1}\sqrt{P}$
空白组	10	28.4±4.9	47.7±4.6	59.6±8.6	0.88±0.09
模型组	11	19.2±5.7	49.4±4.2	38.5±10.2	0.67±0.11**
阳性对照组	11	21.3±4.3	47.3±3.3	44.8±7.2	0.73±0.07**
低剂量组	14	20.4±5.0	48.9±2.3	41.8±10.1	0.70±0.10**
中剂量组	15	19.1±4.6	47.0±4.2	40.5±8.9	0.69±0.09**
高剂量组	14	23.7±4.7△	48.6±4.7	48.8±7.9	0.77±0.08**·△△

注：** 表示与空白组相比 $P<0.01$；△ 表示与模型组相比 $P<0.05$；△△ 表示与模型组相比 $P<0.01$。

据起德丽等(2013)

表 2-2-92 水提紫甘薯色素废渣对排便实验小鼠体重的影响

分组	n	初始体重/g	终末体重/g
空白组	11	22.9±1.4	31.6±1.8
模型组	12	21.8±1.8	31.2±2.2
阳性对照组	13	22.2±0.9	30.2±2.0
低剂量组	14	21.4±1.7	29.4±1.6*·△
中剂量组	15	21.7±1.4	30.4±1.8
高剂量组	14	21.3±1.2	29.4±1.5*·△

注：* 表示与空白组相比 $P<0.05$；b—与模型组相比 $P<0.05$。

据起德丽等(2013)

表 2-2-93 水提紫甘薯色素废渣小鼠排便实验结果

分组	n	首粒排黑便时间/min	黑便粒数	黑便质量/mg	每粒黑便平均质量/mg
空白组	11	141.4±25.1	18.0±4.8	282.7±78.3	16.3±3.9
模型组	12	208.2±41.3**	9.3±2.9**	134.8±44.8**	14.9±5.6
阳性对照组	13	177.3±28.8**·△	16.4±4.6△△	298.5±71.5△△	19.1±5.7
低剂量组	14	197.1±29.7**	13.1±3.3**	255.3±60.1△△	19.8±2.7△
中剂量组	15	188.4±25.8**	15.2±4.4△△	361.2±103.5*·△△	22.2±8.6**·△△
高剂量组	14	207.1±30.0**	13.7±3.6*·△△	368.6±103.9*·△△	27.2±6.9**·△△

注：* 表示与空白组相比 $P<0.05$；** 表示与空白组相比 $P<0.01$；△ 表示与模型组相比 $P<0.05$；△△ 表示与模型组相比 $P<0.01$。

据起德丽等(2013)

杨解顺等(2011)研究了水提紫甘薯色素废渣通便保健功能。分别以 2.5 g/(kg·d)、5 g/(kg·d)、10 g/(kg·d)受试物经口给予小鼠 10 d，相当于成人推荐摄入量(100 g/标准人日)的 8、16、32 倍。结果(见表 2-2-94、表 2-2-95)表明：模型组与空白组相比，墨汁推进率、首粒排黑便时间、6 h 排黑便粒数及黑便质量均具有统计学差异($P<0.01$)，表明模型建立成功；墨汁推进率，高剂量组与模型对照组相比，差异有统计学意义($P<0.05$)，而低、中剂量组墨汁推进率有增加的趋势，但无统计学差异($P<0.05$)。首粒排黑便时间方面，各剂量组首粒排黑便时间有降低趋势，但无统计学差异($P<0.05$)。黑便粒数方面，中、高剂量组与模型组相比，差异有统计学意义($P<0.01$)。黑便总重，各剂量组与模型组相比，差异有统计学意义($P<0.01$)。与模型对照组相比，3 个剂量组能不同程度地提高墨汁推进率、缩短首粒排黑便时间、增加黑

便粒数,说明水提紫甘薯色素废渣对便秘模型小鼠具有一定的增加肠蠕动和促进排便的作用。

表 2-2-94　水提紫甘薯色素废渣对小鼠小肠运动实验墨汁推进率的影响

分组	n	推进距离/cm	小肠总长/cm	墨汁推进率/%	墨汁推进率 $X=\sin^{-1}\sqrt{P}$
空白组	10	28.4±4.9	47.7±4.6	59.6±8.6	0.883±0.087
模型对照组	11	19.2±5.7	49.4±4.2	38.5±10.2	0.667±0.107[aa]
阳性对照组	11	21.3±4.3	47.3±3.3	44.8±7.2	0.733±0.073[aa]
低剂量组	14	20.4±5.0	48.9±2.3	41.8±10.1	0.701±0.104[aa]
中剂量组	15	19.1±4.6	47.0±4.6	40.5±8.9	0.689±0.092[aa]
高剂量组	11	23.7±4.7[b]	48.6±4.7	48.8±7.9	0.773±0.080[aabb]

注:[aa]表示与空白组相比 $P<0.01$;[bb]表示与模型对照组相比 $P<0.01$。

据杨解顺等(2011)

表 2-2-95　水提紫甘薯色素废渣小鼠排便实验结果

分组	n	首粒排黑便时间/min	黑便粒数	黑便质量/mg	每粒黑便平均质量/mg
空白组	11	141.5±25.1	18.0±4.8	282.7±78.3	16.3±3.9
模型对照组	12	208.2±41.3[aa]	9.3±2.9[aa]	134.8±44.8[aa]	14.9±5.6
阳性对照组	13	177.3±28.8[aa,b]	16.4±4.6[bb]	298.5±71.5[bb]	19.1±5.7
低剂量组	14	197.1±29.7[aa]	13.1±3.3[aa]	255.3±60.1[bb]	19.8±2.7
中剂量组	15	188.4±25.8[aa]	15.2±4.4[bb]	361.2±103.5[a,bb]	22.2±8.6[aa,bb]
高剂量组	14	207.1±30.0[aa]	13.7±3.6[a,bb]	368.6±103.9[a,bb]	27.2±6.9[aa,bb]

注:[a]表示与空白组相比 $P<0.05$;[aa]表示与空白组相比 $P<0.01$;[b]表示与模型对照组相比 $P<0.05$;[bb]表示与模型对照组相比 $P<0.01$。

据杨解顺等(2011)

陆红佳等(2015)探讨了纳米甘薯渣纤维素对高脂膳食大鼠肠道内环境及形态的影响。实验选用 40 只成年雄性 SD 大鼠随机分为 5 组,其中一组大鼠喂食基础饲料(正常组),另外四组大鼠喂食高脂饲料和添加不同粒度甘薯渣纤维素的高脂饲料,分为对照组、普通甘薯渣纤维素组(OC 组)、微晶甘薯渣纤维素组(MCC 组)和纳米甘薯渣纤维素组(CNC)组,实验期 28 d 后解剖,测定大鼠采食量、体质量、盲肠组织和盲肠内容物相关指标、粪便干质量、小肠液干质量和总胆汁酸含量、小肠形态等。结果(见表 2-2-96～表 2-2-98)表明:纳米薯渣纤维素可以显著降低高脂膳食大鼠体质量和盲肠游离氨含量,显著升高盲肠组织各项指标、盲肠内容物短链脂肪酸含量、pH 值以及小肠液总胆汁酸含量($P<0.05$),同时具有增加小肠绒毛长度及肌层厚度的作用。由此得出结论:随着甘薯渣纤维素粒度的减小,其对肠道内环境及形态作用愈加明显,说明纳米甘薯渣纤维素能有效降低雄性 SD 大鼠体质量,提高其肠道健康。

表 2-2-96　纳米甘薯渣纤维素对大体质量增加量、采食量和饲料效率的影响

指标	空白组	高膳食组			
		对照组	普通甘薯渣纤维素组	微晶甘薯渣纤维素组	纳米甘薯渣纤维素组
体质量增加量/g	118.86±18.37*	159.75±13.12[a]	149.12±28.81[ab]	137.63±27.22[b]	129.00±13.63[b]
采食量	477.0±20.51*	526.69±43.00	545.21±39.09	531.21±25.51	531.96±8.41
饲料效率/(g/g)	0.25±0.04*	0.30±0.02	0.27±0.05	0.26±0.03	0.26±0.01

注:* 表示空白组与对照组相比有显著差异($P<0.05$);同行小写字母不同表示高脂膳食见差异显著($P<0.05$)。

据陆红佳等(2015)

表 2-2-97　纳米甘薯渣纤维素对大鼠盲肠内容物和粪便量的影响($\bar{x}\pm s, n=8$)

指标	空白组	高膳食组			
		对照组	普通甘薯渣纤维素组	微晶甘薯渣纤维素组	纳米甘薯渣纤维素组
盲肠内容物质量/g	2.40±0.28	2.08±0.19[a]	2.75±0.38[b]	2.85±0.28[b]	3.25±0.55[c]
盲肠内容物含水量/%	81.52±5.26	79.37±4.51[a]	83.92±3.13[b]	85.27±4.03[bc]	88.68±2.63[c]
盲肠内容物 pH	7.37±0.21[※]	7.12±0.21[a]	7.69±0.17[b]	7.71±0.15[b]	7.92±0.24[c]
粪便干质量/(g/d)	0.43±0.07	0.40±0.03[a]	1.48±0.18[b]	1.67±0.12[bc]	1.82±0.23[c]

注：* 表示空白组与对照组相比有显著差异($P<0.05$)；同行小写字母不同表示高脂膳食见差异显著($P<0.05$)。
据陆红佳等(2015)

表 2-2-98　纳米甘薯渣纤维素对大鼠盲肠内容物含量的影响

指标	空白组	高膳食组			
		对照组	普通甘薯渣纤维素组	微晶甘薯渣纤维素组	纳米甘薯渣纤维素组
乙酸含量/(μmol/g)	41.26±4.62	36.91±9.30[a]	42.66±4.27[ab]	44.60±4.09[b]	45.89±4.53[b]
丙酸含量/(μmol/g)	18.28±1.65[*]	14.73±2.09[a]	19.03±3.34[b]	19.85±3.42[b]	21.84±2.92[b]
异丁酸含量/(μmol/g)	1.26±0.18[*]	0.92±0.29[a]	1.36±0.10[b]	1.41±0.14[b]	1.44±0.11[b]
丁酸含量/(μmol/g)	3.69±0.56	3.14±0.54[a]	4.21±0.59[b]	4.37±0.89[b]	4.66±0.73[b]
总短链脂肪酸含量/(μmol/g)	63.80±3.70[*]	54.55±8.54[a]	64.37±8.50[b]	69.51±5.46[bc]	73.05±5.01[c]

注：* 表示空白组与对照组相比有显著差异($P<0.05$)；同行小写字母不同表示高脂膳食见差异显著($P<0.05$)。
据陆红佳等(2015)

11. 促进骨骼发育

吴小玉等(2011)对甘薯提取物有效化学成分进行了鉴定，并观察了各有效成分对破骨细胞形成分化的影响。实验采用高效液相色谱对甘薯提取物有效成分进行鉴定，同时采用 3 种不同细胞培养系，观察甘薯提取物 4 种有效成分对破骨细胞形成分化的影响。结果显示：甘薯提取物有效成分包括咖啡酸、绿原酸、异构绿原酸和奎宁酸。在 4 种有效成分中，咖啡酸对破骨细胞形成分化的影响最大，直接抑制破骨细胞的形成和分化，而奎宁酸未显示出有效的抑制作用。由此得出结论：甘薯提取物 4 种有效成分对破骨细胞形成分化均有影响，其中咖啡酸影响最大，对破骨细胞形成分化的抑制作用最强。

吴小玉等(2009)探讨了甘薯提取物对新生大鼠骨生理状态的影响，实验选生后 5 d 龄 SD 大鼠 10 只，随机分为两组。采用腹腔内注射药物的方法，通过软 X 线摄影及组织学分析，观察甘薯提取物对新生大鼠骨生理状态的影响。结果显示：甘薯提取物水溶性部分在经腹腔内注射给药后，不仅显示出位于长管骨(胫骨)皮质骨骨髓腔侧的破骨细胞数明显减少，而且长管骨骨密度增高。由此得出结论，甘薯提取物不仅抑制新生儿大鼠长管骨内破骨细胞的形成，同时增加骨密度。

唐全勇等(2012)观察了咖啡酸对破骨细胞形成分化及组织蛋白酶 K 基因表达的影响，分析了甘薯提取物咖啡酸对破骨细胞性骨吸收的抑制机制。唐全勇等采用了 3 种不同细胞培养系，观察咖啡酸对破骨细胞形成分化的影响，同时利用逆转录-聚合酶链反应(RT-PCR)技术观察咖啡酸对组织蛋白酶 K 基因表达的抑制作用。结果显示：咖啡酸在 3 种不同细胞培养系中均显示出直接抑制破骨细胞形成和分化的作用，根据半定量 RT-PCR 基因表达分析，咖啡酸对 RANKL 受体 RANK mRNA 的表达完全无影响，但显著抑制了组织蛋白酶 K 的表达。从而得出结论，甘薯提取物有效成分咖啡酸不仅能直接抑制破骨细胞的形成及分化，而且可显著抑制组织蛋白酶 K 的表达，其可能是甘薯提取物抑制破骨细胞性骨吸收的作用机制。

唐全勇等(2010)探讨了甘薯提取物对佐剂性关节炎及其骨破坏的抑制作用。实验中建立大鼠佐剂性关节炎模型,采用经口灌注药物(甘薯提取物水溶性部分)方法,通过大鼠踝关节肿胀程度测量,长管骨X线照相及组织学表现,观察甘薯提取物对佐剂性关节炎及其骨破坏的抑制作用。结果表明:甘薯提取物水溶性部分在经口灌注给药后,不仅显示出关节软组织炎症得到改善,而且关节骨组织破坏也得到明显抑制。得出结论,甘薯提取物不仅抑制佐剂性关节炎软组织炎症,同时抑制骨破坏。

12. 抗疲劳作用

随着社会发展,抗疲劳的有效药物需求越来越大,抗疲劳物研究较多。一类是营养强化食品,如糖、脂肪、蛋白质、氨基酸、维生素类和钙、磷、硒、锌等,它们主要充当营养物质补充,抗疲劳能力有限。二类主要是抗疲劳天然活性成分,主要特点是抗疲劳作用明显,但其功能因子或功能因子的结构尚未确定。近些年来,天然活性成分在抗疲劳方面以其毒副作用低、效果明显等优势受到国内外学者的广泛重视。

熊斌等(2017)为了研究紫色甘薯醇提物的抗疲劳效应,设计小鼠运动耐力实验,检测小鼠血液生化指标和小鼠骨骼肌核蛋白PGC-1α蛋白表达的影响。结果显示:20 mg/mL、10 mg/mL组小鼠的运动耐力有显著性延长($P<0.01$),表明紫色甘薯醇提物可以提高肌肉的耐力。生化检测结果(见表2-2-99、表2-2-100)表明,10 mg/mL、20 mg/mL组能降低血清尿素(BUN)、丙二醛(MDA)、血乳酸(LD)的含量($P<0.05$),能显著增加肝糖原存储量($P<0.01$),显著提高总超氧化物歧化酶(T-SOD)的活性($P<0.01$)。Western印记检测结果显示,静止状况下,PGC-1α表达提高了3%;运动状况下,PGC-1α表达提高了6.81%。实验结果提示,紫色甘薯醇提物能提高小鼠体内抗氧化能力,增加糖原含量,降低代谢产物累积,提高PGC-1α蛋白表达来提高小鼠体内能量代谢,达到抗疲劳功能。

表2-2-99　紫色甘薯醇提物对小鼠代谢的影响

实验分组	BUN/(nmol/L)	MDA/(nmol/mg prot)	LD/(mmol/L)
阴性对照组	8.65±1.01##	1.08±0.71##	12.25±7.61##
阳性对照组	10.96±4.54**	3.08±1.99**	15.08±4.44
5 mg/mL组	9.01±1.56	0.50±0.86**##	11.77±9.08
10 mg/mL组	8.17±1.20*##	0.98±0.59##	8.20±3.56*#
20 mg/mL组	5.15±1.44***##	0.61±0.29**##	7.98±4.28*#

注:* 表示与阴性对照组比较;# 表示与阳性对照组比较。* 表示 $P<0.05$,** 表示 $P<0.01$;# 表示 $P<0.05$,## 表示 $P<0.01$。阴性对照组给予1 mL 蒸馏水灌胃,阳性对照组给予1 mL 蒸馏水灌胃并每天进行疲劳训练(25 r/min,1 h,每天训练一次)。其他三组每天给予1 mL 紫色甘薯醇提物灌胃,浓度按照紫色甘薯醇提物中花青苷的量设置3个浓度组(5 mg/mL、10 mg/mL、20 mg/mL)。

据熊斌等(2017)

表2-2-100　紫色甘薯醇提物对小鼠肝糖原和抗氧化能力的影响

实验分组	n	肝糖原/(mg/g)	T-SOD/(U/g prot)
阴性对照组	8	3.13±1.38##	135.49±23.93##
阳性对照组	8	2.82±0.87**	123.51±49.30**
5 mg/mL组	8	3.25±0.36	138.36±37.30**
10 mg/mL组	8	5.56±2.14**##	158.14±14.97**##
20 mg/mL组	8	3.99±2.18*#	167.96±30.91**##

注:* 表示与阴性对照组比较;# 表示与阳性对照组比较。* 表示 $P<0.05$,** 表示 $P<0.01$;# 表示 $P<0.05$,## 表示 $P<0.01$。阴性对照组给予1 mL 蒸馏水灌胃,阳性对照组给予1 mL 蒸馏水灌胃并每天进行疲劳训练(25 r/min,1 h,每天训练一次)。其他三组每天给予1 mL 紫色甘薯醇提物灌胃,浓度按照紫色甘薯醇提物中花青苷的量设置3个浓度组(5 mg/mL、10 mg/mL、20 mg/mL)。

据熊斌等(2017)

熊斌等(2016)研究了紫色甘薯醇提物对蛙骨骼肌收缩、舒张的影响,筛选出蛙骨骼肌收缩、曲线共性因子作为骨骼肌研究抗疲劳指标,为蛙骨骼肌作为初步检测抗疲劳物方法提供依据。设计力竭实验,结果(见表 2-2-101)表明:紫色甘薯醇提物能提高小鼠的运动能力,同时降低血液中血清尿素(BUN)、血乳酸(LD)、丙二醛(MDA)含量,提高糖原储备。提示紫色甘薯醇提物具有抗疲劳效应。

表 2-2-101　紫色甘薯醇提物对小鼠抗疲劳效应

实验分组	n	力竭时间/min	BUN/(mmol/L)	MDA/(nmol/mg prot)	肝糖原/(mg/g)	LD/(mmol/L)
阴性对照组	8	84.50±16.72	8.65±1.01	1.08±0.71	3.13±1.38	12.25±7.61
5 mg/mL	8	96.70±25.30	9.01±1.56	0.50±0.86**	3.25±0.36	11.77±9.08
10 mg/mL	8	128.09±24.24	8.17±1.20*	0.98±0.59	5.65±2.14**	8.20±3.56*
20 mg/mL	8	131.64±30.73	5.15±1.44**	0.61±0.29**	3.99±2.18*	7.98±4.28*

注:设置阴性对照组(灌胃生理盐水)和 3 个浓度组(5 mg/mL、10 mg/mL、20 mg/mL);统计学差异显著水平:* $P<0.05$;** $P<0.01$。

据熊斌等(2016)

13. 防辐射

江雪等(2010)研究了在 ^{137}Cs-γ 射线单次辐射下,紫甘薯多糖对小鼠辐射损伤的保护作用及机制。实验通过将小鼠被分为五组,即对照组、辐射模型组,以及多糖高、中、低剂量组。小鼠在照射前 1 d,以及照后 3 d、14 d 检测外周血白细胞总数 3 次。在照后 14 d,处死小鼠,观察多糖对小鼠的胸腺系数和脾脏系数、胸骨骨髓细胞的微核率、脾结节数的影响,测定小鼠血清中的超氧化物歧化酶(SOD)、过氧化氢酶(CAT)活性和丙二醛(MDA)含量,肝、肾组织中的 SOD、谷胱甘肽过氧化物酶(GSH-PX)、CAT 活性和 MDA 含量各项抗氧化指标。结果实验表明(见表 2-2-102~表 2-2-105),在 4 Gy ^{137}Cs-γ 射线辐射情况下,与辐射模型组进行比较,紫甘薯多糖对小鼠外周血白细胞总数、胸腺系数、脾脏系数、胸骨骨髓细胞的微核率、脾结节数都有显著提高;显著提高小鼠血清中 SOD 活性,提高脾、肾组织中 SOD、GSH-Px 和 CAT 活性,降低小鼠血清、脾、肾组织中 MDA 含量。结论:紫甘薯多糖在体内对 ^{137}Cs-γ 射线辐射损伤小鼠具有保护作用。

表 2-2-102　紫甘薯多糖对辐射小鼠外周血白细胞的影响

组别	白细胞数(×10⁹/L)		
	照射前	照后第 3 日	照后第 14 日
对照组	5.87±0.87	5.85±1.18	5.74±0.32
^{137}Cs-γ 模型组	5.75±1.14	1.9±0.28[A]	0.89±0.23[A]
高剂量组	5.62±0.92	2.64±0.43[b]	2.82±0.79[B]
中剂量组	5.24±1.12	3.04±0.48[B]	2.42±0.72[b]
低剂量组	5.54±1.07	1.95±0.36	1.34±0.80

注:$n=10$,Mean±SD。[A] $P<0.01$,与对照组相比;[B] $P<0.01$,与模型组相比;[b] $P<0.05$,与模型组相比。

据江雪等(2010)

表 2-2-103　紫甘薯多糖对辐射小鼠骨髓细胞微核率的影响

组别	微核率/%
对照组	0.57±0.79
^{137}Cs-γ 模型组	18.71±4.54[a]
高剂量组	8.86±3.63[b]
中剂量组	10.71±1.80[b]
低剂量组	15.14±2.79

注:$n=10$,Mean±SD。[a] $P<0.01$,与对照组相比;[b] $P<0.01$,与模型组相比。

据江雪等(2010)

表 2-2-104　紫甘薯多糖对辐射小鼠胸腺指数和脾脏指数的影响

组别	脾脏指数/(mg/g)	胸腺指数/(mg/g)
对照组	3.52±0.37	1.16±0.13
^{137}Cs-γ 模型组	1.28±0.23[a]	0.78±0.07[a]
高剂量组	2.24±0.26[bCd]	1.03±0.18[bd]
中剂量组	1.88±0.27[b]	0.98±0.10[b]
低剂量组	1.67±0.18[b]	0.88±0.04[b]

注:$n=10$,Mean±SD。[a]$P{\leqslant}0.01$,与对照组相比;[b]$P{\leqslant}0.01$,与模型组相比;[b]$P<0.05$,与模型组相比;[c]$P<0.01$,与低剂量组相比;[d]$P<0.05$,与中剂量组相比。

据江雪等(2010)

表 2-2-105　紫甘薯多糖对辐射小鼠脾结节数(CFU-S)的影响

组别	脾结节数/个
对照组	0
^{137}Cs-γ 模型组	2.83±1.93
高剂量组	77.17±9.20[A]
中剂量组	66.33±7.39[Ab]
低剂量组	58.83±6.18[Ab]

注:$n=10$,Mean±SD。[a]$P<0.01$,与模型组相比;[b]$P<0.05$,与高剂量组相比。

据江雪等(2010)

三、甘薯的研究成果

天然 β-胡萝卜素对人体的健康有重要的作用。它有很强的抗氧化性,可降低多种癌症特别是肺癌的发病率,据研究,食用 β-胡萝卜素含量高的天然食物的人群比食用 β-胡萝卜素含量低的食物的人群患肺癌的可能性低 7 倍;同时它又是重要的营养素,可作为维生素 A 原,在体内可根据需要转化为维生素 A。随着科学消费意识的增强,高 β-胡萝卜素含量的天然食品越来越受到人们的青睐。

福建农林大学陈选阳、郑金贵等发掘的甘薯优异种质"JY-1",β-胡萝卜素含量 16.0 mg/100 g,比普通品种(3.8 mg/100 g)高 3.2 倍。

脱氢表雄酮(DHEA)是人体内合成多种激素的前体,被称为激素之母,具有防衰、抗癌、增强免疫力等作用。DHEA 是甘薯的主要品质成分之一,杨志坚、郑金贵(2008)建立并优化了甘薯 DHEA 的检测体系,并研究了不同基因型、不同生育时期、不同部位、不同薯肉色对甘薯 DHEA 含量的影响,结果如下:

1. 甘薯 DHEA 检测体系的建立与优化

用 DHEA 的标准品,根据影响测定的色谱条件,配制不同浓度梯度的标准品溶液,经 HPLC 检测,筛选出最佳的色谱条件为:检测波长 215 nm,流动相为甲醇-水(体积比为 7∶3),流动相的流速为 0.8 mL/min,柱温为 35 ℃。用建立好的测定体系,以 SP4 材料,设计四因素三水平正交试验,对甘薯 DHEA 的提取工艺进行优化,得到最佳提取工艺:超声破碎时间 60 min,料液比 1∶3,用二氯甲烷萃取的次数为 3 次,加水次数为 4 次。

2. 甘薯 DHEA 的影响因素研究

(1)不同基因型对甘薯 DHEA 含量有显著影响。本实验检测了 205 份不同基因型的甘薯品种 DHEA 的含量,结果(见表 2-2-106)表明甘薯品种间的 DHEA 含量有显著差异,DHEA 含量最高的品种为 SP1,其 DHEA 含量为 752.98 $\mu g/100\ g$,是对照品种金山 57 的 2.55 倍;另外检测了 8 份不同基因型叶菜专用型甘薯叶片、叶柄的 DHEA 含量,叶片 DHEA 含量最高的品种为 SP246(福薯 76),其 DHEA 含量为 3.59 $\mu g/100\ g$,叶柄中 DHEA 含量最高的品种为 SP244,是对照品种福薯 76 叶柄的 1.81 倍(见表 2-2-107)。

表 2-2-106 205 个不同基因型甘薯品种块根 DHEA 含量

品种名称	DHEA 含量/($\mu g/100\ g$)	品种名称	DHEA 含量/($\mu g/100\ g$)
SP1	752.98	SP104	32.07
SP2	690.22	SP105	32.00
SP3	550.62	SP106	31.96
SP4	381.82	SP107	31.85
SP5(金山 57)	295.84	SP108	31.54
SP6	186.42	SP109	31.31
SP7	177.98	SP110	31.00
SP8	166.96	SP111	30.95
SP9	159.80	SP112	30.81
SP10	147.62	SP113	30.64
SP11	129.14	SP114	30.66
SP12	109.06	SP115	29.92
SP13	104.74	SP116	29.84
SP14	102.62	SP117	29.81
SP15	94.02	SP118	29.62
SP16	92.82	SP119	29.23
SP17	91.46	SP120	29.22
SP18	90.04	SP121	29.21
SP19	82.06	SP122	29.18
SP20	78.04	SP123	29.00
SP21	73.08	SP124	28.97
SP22	71.36	SP125	28.82
SP23	70.66	SP126	28.74
SP24	70.50	SP127	28.36
SP25	69.48	SP128	28.36
SP26	68.66	SP129	28.24
SP27	68.22	SP130	28.23
SP28	66.24	SP131	28.11
SP29	64.32	SP132	28.10
SP30	62.30	SP133	28.00
SP31	60.64	SP134	27.96

续表

品种名称	DHEA 含量/(μg/100 g)	品种名称	DHEA 含量/(μg/100 g)
SP32	57.24	SP135	27.91
SP33	55.24	SP136	27.84
SP34	54.58	SP137	27.81
SP35	54.44	SP138	27.65
SP36	52.92	SP139	27.48
SP37	52.32	SP140	27.21
SP38	51.42	SP141	27.13
SP39	50.88	SP142	27.08
SP40	50.52	SP143	27.00
SP41	50.11	SP144	26.95
SP42	49.33	SP145	26.87
SP43	49.29	SP146	26.83
SP44	48.21	SP147	26.73
SP45	48.08	SP148	26.62
SP46	47.38	SP149	26.47
SP47	46.76	SP150	26.37
SP48	46.61	SP151	26.33
SP49	46.51	SP152	25.86
SP50	45.97	SP153	25.83
SP51	45.82	SP154	25.27
SP52	45.71	SP155	25.00
SP53	44.69	SP156	24.96
SP54	44.62	SP157	24.95
SP55	44.39	SP158	24.90
SP56	44.20	SP159	24.90
SP57	44.16	SP160	24.89
SP58	43.98	SP161	24.85
SP59	43.88	SP162	24.85
SP60	43.57	SP163	24.78
SP61	42.45	SP164	24.68
SP62	42.34	SP165	24.64
SP63	42.36	SP166	24.59
SP64	41.77	SP167	24.53
SP65	41.64	SP168	24.46
SP66	41.55	SP169	24.48

品种名称	DHEA 含量/(μg/100 g)	品种名称	DHEA 含量/(μg/100 g)
SP67	41.04	SP170	24.47
SP68	40.83	SP171	24.43
SP69	40.62	SP172	24.36
SP70	49.87	SP173	24.35
SP71	49.57	SP174	24.33
SP72	40.85	SP175	24.29
SP73	40.39	SP176	24.21
SP74	40.14	SP177	23.92
SP75	38.20	SP178	23.90
SP76	38.00	SP179	23.89
SP77	37.90	SP180	23.83
SP78	37.62	SP181	23.76
SP79	37.20	SP182	19.53
SP80	37.00	SP183	18.46
SP81	37.00	SP184	17.39
SP82	36.9	SP185	17.34
SP83	36.68	SP186	16.29
SP84	36.71	SP187	16.27
SP85	36.32	SP188	15.26
SP86	34.80	SP189	15.17
SP87	34.70	SP190	14.99
SP88	34.40	SP191	14.94
SP89	34.20	SP192	14.86
SP90	34.10	SP193	13.78
SP91	34.00	SP194	12.57
SP92	34.00	SP195	11.49
SP93	33.58	SP196	11.42
SP94	33.20	SP197	10.47
SP95	33.18	SP198	10.39
SP96	33.14	SP199	10.34
SP97	33.09	SP200	9.92
SP98	33.03	SP201	8.41
SP99	33.00	SP202	8.28
SP100	32.89	SP203	8.06
SP101	32.58	SP204	7.32
SP102	32.40	SP205	0
SP103	32.30		

据杨志坚、郑金贵(2008)

表 2-2-107　叶菜专用型甘薯叶片和叶柄中 DHEA 含量　　　　　　单位：μg/100 g

品种	叶片				叶柄			
	Ⅰ	Ⅱ	Ⅲ	均值	Ⅰ	Ⅱ	Ⅲ	均值
SP238	2.74	2.63	2.61	2.66	0.78	1.81	1.59	1.39
SP239	0.88	0.9	0.85	0.88	0.71	0.81	0.76	0.76
SP240	0.56	0.62	0.57	0.58	0.21	0.42	0.48	0.37
SP241	0.76	0.72	0.77	0.75	0.36	0.38	0.35	0.36
SP242	2.21	2.1	2.48	2.26	1.21	1.25	1.19	1.22
SP244	3.42	3.57	3.58	3.52	2.12	2.32	2.41	2.28
SP245	2.05	1.94	2.12	2.04	1.68	2.86	1.33	1.96
SP246(福薯76)	3.5	3.36	3.92	3.59	1.37	1.15	1.25	1.26

据杨志坚、郑金贵(2008)

（2）不同生育时期对甘薯 DHEA 含量有显著的影响。实验结果表明甘薯生育后期薯肉和薯皮 DHEA 的含量均显著高于生育中期；在薯肉中生育后期 DHEA 含量是中期的 1.81 倍，而在薯皮中后期 DHEA 含量是前期的 7.77 倍（见图 2-2-1）。

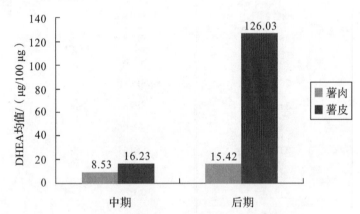

图 2-2-1　不同生育时期薯肉与薯皮 DHEA 含量的对比

据杨志坚、郑金贵(2008)

（3）不同部位甘薯 DHEA 含量存在显著差异，实验结果表明在不同部位中其含量高低依次为：薯皮（均值为 126.03μg/100 g）、薯肉（均值为 16.23 μg/100 g）、叶片（均值为 5.74 μg/100 g）、叶柄（均值 2.55 μg/100 g）。

（4）本实验测定了紫色、红色、黄色、白色等不同薯肉色的甘薯块根的 DHEA 含量，发现甘薯块根颜色与其 DHEA 含量没有明显的相关关系。

胡萝卜素、赤霉素、叶绿素和醌类等物质的共同前体是 GGPP(牻牛儿基牻牛儿基焦磷酸)，GGPP 普遍存在于高等植物中。β-胡萝卜素的生物合成以 GGPP 为起点，经八氢番茄红素合成酶(PSY)、八氢番茄红素脱氢酶(PDS)、ξ-胡萝卜素脱氢酶(ZDS)和番茄红素 β-环化酶(LYC-B)4 个酶的缩合、脱氢和环化，生成了 β-胡萝卜素。红心甘薯含有丰富的 β-胡萝卜素。为能获得具有自主知识产权的 β-胡萝卜素生物合成系列酶基因，改良甘薯、水稻等作物的品质，陈选阳、郑金贵(2005)进行了克隆甘薯 β-胡萝卜素生物合成系列酶基因和相关研究，主要结果如下：

（1）研究改良了甘薯块根总 RNA 提取的方法，分离到高质量的甘薯块根总 RNA，逆转录成 cDNA

后,从中克隆了β-胡萝卜素合成途径4个系列酶基因的保守序列,经过实验,获得了一种分离甘薯块根总RNA的方法,排除了块根中大量次生物质的干扰,分离到了高质量的红心甘薯金山72块根总RNA。以总RNA逆转录的cDNA为模板,用扩增同源序列的简并引物,PCR扩增出了甘薯β-胡萝卜素生物合成4个系列酶基因psy,pds,zds,lyc-b的保守序列。

(2)获得了甘薯β-胡萝卜素合成途径4个酶全长cDNA。采用cDNA末端快速扩增(RACE)技术获得了甘薯β-胡萝卜素生物合成途径4个系列酶的cDNA序列,结果如下:①psy:全长cDNA共1500 bp,包含一个1314 bp的ORF,编码438个氨基酸残基,推导的氨基酸序列与辣椒、番茄和甜橙psy同源性分别达78%、76%和75%。还从甘薯基因组DNA中用PCR方法克隆到了全长psy基因,总长2082 bp,有3个内含子,长度分别为98 bp、133 bp与359 bp。②pds:全长cDNA共2185 bp,包含一个1719 bp的ORF,编码572个氨基酸残基,推导的氨基酸序列与番茄、辣椒和苦瓜的pds同源性分别达83%、82%和80%。③zds:全长cDNA共2057 bp,包含一个1773 bp的ORF,编码591个氨基酸残基,推导的氨基酸序列与辣椒、番茄和向日葵的zds同源性分别达85%、85%和84%。④lyc-b:全长cDNA共1844 bp,包含一个1503 bp的ORF,编码501个氨基酸残基,推导的氨基酸序列与烟草、番茄和辣椒的lyc-b同源性分别达82%、83%和83%。

(3)分别构建了甘薯β-胡萝卜素合成4个系列酶基因的植物表达载体,转化烟草,获得了转基因植株。为鉴定基因功能,将克隆到的四个系列酶基因,分别构建到带有35S启动子和T-nos终止子表达盒的载体pCAMBIA2300-PT上,获得了植物表达载体pCAMBIA2300PT-psy、pCAMBIA2300PT-pds、pCAMBIA2300PT-zds和pCAMBIA2300PT-lyc,用冻融法分别导入农杆菌后,用农杆菌介导法转化烟草。用含100 mg/L Kan的筛选培养基筛选后,提取抗性植株基因组DNA,用PCR法进行鉴定,获得了转甘薯psy的烟草15株,转甘薯pds的烟草12株,转甘薯zds的烟草6株,转甘薯lyc-b的烟草18株。

(4)研究了甘薯β-胡萝卜素合成4个系列酶基因在甘薯块根中的差异表达与β-胡萝卜素含量的关系。以本研究克隆的4个甘薯β-胡萝卜素合成系列酶基因的保守序列为模板,随机引物法用DIG标记了4个基因的探针。提取甘薯金山57和金山72生育前期和后期的块根总RNA,进行斑点杂交,检测各基因的相对表达强度,同期提取并用HPLC测定块根β-胡萝卜素含量:①金山57在生育后期四个基因,特别是psy,表达比前期弱,相对应地,生育后期β-胡萝卜素含量为2.016 mg/g,也比前期10.096 mg/g低,仅为前期的20%左右。②金山72生育后期各基因的表达强于生育前期,后期β-胡萝卜素含量为50.688 mg/g,比前期38.112 mg/g高。③两品种相比较,整个生育时期,金山72β-胡萝卜素合成四个酶基因的表达强度大大强于金山57,金山72块根β-胡萝卜素含量也显著高于金山57。

参考文献

[1]江阳,孙成均.甘薯的营养成分及其保健功效研究进展[J].中国农业科技导报,2010(4):56-61.

[2]夏春丽,于永利,张小燕.甘薯的营养保健作用及开发利用[J].食品工程,2008(3):28-31.

[3]国鸽,张靖杰,李鹏高.甘薯中主要生物活性成分研究进展[J].食品安全质量检测学报,2017,8(2):533-538.

[4]康明丽.甘薯与甘薯食品的开发[J].山西食品工业,2001(3):19-20.

[5]叶小利,李学刚,李坤培.紫色甘薯多糖对荷瘤小鼠抗肿瘤活性的影响[J].西南师范大学学报(自然科学版),2005(2):333-336.

[6]刘主,朱必凤,彭凌,等.甘薯糖蛋白SPG-1抗肿瘤及免疫调节作用研究[J].食品科学,2007(5):312-316.

[7]赵国华,李志孝,陈宗道.甘薯多糖SPPS-I-Fr-II组分的结构与抗肿瘤活性[J].中国粮油学报,2003(3):59-61.

[8]罗丽萍,高荫榆,洪雪娥,等.甘薯叶柄藤类黄酮的抗肿瘤作用研究[J].食品科学,2006,27(8):248-250.

[9]王关林,岳静,苏冬霞,等.甘薯花青苷色素的抗氧化活性及抑肿瘤作用研究[J].营养学报,2006(1):71-74.

[10]李卫林,季广华,章新展,等.紫甘薯花色苷对膀胱癌BIU87细胞增殖的影响及其机制探讨[J].中华医学

杂志,2018,98(6):457-459.

[11]高荫榆,罗丽萍,洪雪娥,等.甘薯叶柄藤多糖的免疫调节作用研究[J].食品科学,2006(6):200-202.

[12]GEYER H, GEYER R. Strategies for analysis of glycoprotein glycosylation[J]. Biochimica et Biophysica Acta: Proteins and Proteomics, 2006, 1764(12): 1853-1869.

[13]龚魁杰.甘薯糖蛋白研究进展[J].食品科学,2007,28(6):359-362.

[14]XIA D Z, SHI J Y, GONG J Y, et al. Antioxidant activity of Chinese mei(*Prunus mume*) and its active phytochemicals [J]. J Med Plant Res, 2010,4(12): 1156-1160.

[15]HU Z, CHEN D, DONG L, et al. Prediction of the interaction of HIV-1 integrase and its dicaffeoylquinic acid inhibitor through molecular modeling approach [J]. Ethn Dis, 2010, 20(1 Suppl 1): 45-49.

[16]TAMURA H, AKIOKA T, UENO K, et al. Anti-human immunodeficiency virus activity of 3,4,5-tricaffeoylquinic acid in cultured cells of lettuce leaves [J]. Mol Nutr Food Res, 2006, 50(4/5): 396-400.

[17]梁婧婧,苏锡辉,史铁嘉,等.甘薯糖蛋白对高血脂大鼠体重及脏器指数的影响[J].食品研究与开发,2013(3):9-11.

[18]阚建全,阎磊,陈宗道.甘薯糖蛋白的免疫调节作用研究[J].西南农业大学学报,2000,22(3):257-260.

[19]申婷婷,刘素稳,孙振欧,等.紫甘薯花色苷对高脂膳食氧化损伤仓鼠的保护作用机制[J].中国食品添加剂,2015(1):55-59.

[20]刘主,朱必凤,邹佩贞,等.甘薯糖蛋白SPG-1对H_{22}荷瘤小鼠的体内抗氧化作用[J].江苏农业科学,2008(1):207-209.

[21]田春宇,王关林.甘薯多糖抗氧化作用研究[J].安徽农业科学,2007(35):11356,11401.

[22]王杉,邓泽元,曹树稳,等.紫薯色素对老龄小鼠抗氧化功能的改善作用[J].营养学报,2005(3):245-248.

[23]王红,陈纯,王轶菲,等.紫甘薯提取物对高脂饲喂果蝇的抗氧化作用机制[J].中国食品添加剂,2015(10):77-81.

[24]高秋萍.紫心甘薯多糖的提取与生物活性研究[D].杭州:浙江大学,2010.

[25]孔芳,高勇,薛正莲,等.紫甘薯的营养保健功能及研究进展[J].安徽农学通报,2013,19(5):11-13.

[26]KOBAYASHI M, OKT T, MASUDA M, et al. Hypotensive effect of antho-yanin-rich extract from purple-fleshed sweet potato cultivar "Ayamurasa-ki" in spontaneously hypertensive rats [J]. Nippon Shokuhin Kagaku Kogaku Kaishi, 2005, 52(1): 41-44.

[27]YAMAKAWA O, SUDA I, YOSHIMOTO M. Development and utilization of sweet potato cultivars with high anthocyanin content[J]. Journal of Food and Food Ingredients, 1998, 178: 70-79.

[28]MIYAZAKI K, MAKINO K, IWADATE E, et al. Anthoeyanins from purpsweet potato *Ipomoea batatas* cultivar *Ayamurasaki* suppress the development of atherosclerotic lesions and both enhancements of oxidative stress and soluble vascular cell adhesion molecule-1 in apolipotrotein E-deficient mice[J]. Journal of Agricultural and Food Chemistry, 2008, 56(23):11485-11495.

[29]何胜生.紫甘薯的功能性质及产品开发研究[J].安徽农业科学,2013,41(3):1288-1290.

[30]王硕.甘薯ACE抑制肽的制备及其降血压活性研究[D].北京:中国农业科学院,2011.

[31]KOBAYASHI M, OKI T, MASUDA M, et al. Hypotensive effect of antho-yanin-rich extract from purple-fleshed sweet potato cultivar "Ayamurasaki" in spontaneously hypertensive rats[J]. Nippon Shokuhin Kagaku Kogaku Kaishi, 2005, 52(1): 41-44.

[32]郭素芬,唐晓云,王玉梅,等.甘薯糖蛋白对动脉粥样硬化家兔血脂和一氧化氮影响的实验研究[J].牡丹江医学院学报,2005,26(6):4-8.

[33]中国成人血脂异常防治指南制订联合委员会.中国成人血脂异常防治指南[J].中华心血管病杂志,2007,35(5):390-419.

[34]王洪云,孙健,钮福祥,等.甘薯的功能成分及其药用价值[J].中国食物与营养,2013,19(12):59-62.

[35]杨立明,陈赐民.浅谈甘薯综合开发利用[J].国外农学(杂粮作物),1995(2):44-45,55.

[36]郭素芬,包海花,李志强.甘薯的抗家兔主动脉粥样硬化形成作用[J].中国动脉硬化杂志,2004(1):23-26.

[37]李亚娜,阚建全,陈宗道,等.甘薯糖蛋白的降血脂功能[J].营养学报,2002(4):433-434.

[38]华松,贾战生,武浩,等.甘薯糖蛋白对小鼠血脂水平的影响[J].中国农学通报,2006(4):1-3.

[39]于淼,邬应龙.甘薯抗性淀粉对高脂血症大鼠降脂利肝作用研究[J].食品科学,2012(1):244-247.

[40]ISHIDA H, SUZUNO H, SUGIYAMA N, et al. Nutritive evaluation on chemical components of leaves, stalks and stems of sweet potatoes(*Ipomoea batatas* poir)[J]. Food Chem, 2000, 68(3):359-367.

[41]桂余,陆红佳,张端莉,等.甘薯渣纤维素粒度对去势大鼠血脂降低效果的影响[J].食品科学,2014(5):218-222.

[42]陆红佳,游玉明,刘金枝,等.纳米甘薯渣纤维素对糖尿病大鼠血糖及血脂水平的影响[J].食品学,2015(21):227-232.

[43]陈伟平,毛童俊,樊林,等.紫心甘薯对高脂血症大鼠脂质代谢及氧化应激的影响[J].浙江大学学报(医学版),2011,40(4):360-364.

[44]YOSHIMOTO M. New trends of processing and use of sweet potato in Japan[J]. Farming Japan,2001(1):35-36.

[45]叶淑雅,李向荣,邵盈盈.紫心甘薯总黄酮对CCl_4诱导的小鼠急性肝损伤的保护作用[J].浙江大学学报(医学版),2013(6):649-653,684.

[46]刘少华,李金莲,张树平,等.甘薯花色素苷对力竭运动小鼠肝脏氧化应激的影响[J].时珍国医国药,2012(10):2538-2540.

[47]闫倩倩,周玉珍,张雨青.紫甘薯花青素对小鼠急性乙醇性肝损伤的预防保护作用[J].江苏农业科学,2012(5):265-266.

[48]陆红佳.纳米甘薯渣纤维素降血糖血脂的功效及其分子机理的研究[D].重庆:西南大学,2015.

[49]王金亭.甘薯糖蛋白化学结构及其生物学活性[J].粮食与油脂,2010(5):1-2.

[50]KUSANO S, ABE H. Antidiabetic activity of white shinned sweet potato(*Ipomoea batatas* L.) in obese zucker fatty rats[J]. Biological and Pharmaceutical Bulletin,2000,23(1):23-26.

[51]钱建亚,刘栋,孙怀昌.甘薯糖蛋白功能研究:体外抗肿瘤与 Ames 实验[J].食品科学,2005,26(12):216-218.

[52]YOSHIKO M, SHUICHI K, HIROSHI D, et al. Effects on immune response of antidiabetic ingredients from white-skinned sweet potato(*Ipomoea batatas* L.)[J]. Nutrition, 2005, 21(3):358-362.

[53]刘主,朱必风,彭凌,等.甘薯糖蛋白降血糖与抗氧化作用研究[J].食品科学,2008,29(11):582-584.

[54]刘主,彭凌,朱必风,等.甘薯糖蛋白 SPG-1 的分离纯化及其降血糖作用研究[J].食品研究与开发,2006(11):68-72.

[55]鲍诚,汤海宾,申京宇.紫甘薯花色苷降血糖功效研究[J].中国食品工业,2012(11):62-63.

[56]马淑青,吕晓玲,范辉.紫甘薯花色苷对糖尿病大鼠血糖和血脂的影响[J].营养学报,2010,32(1):88-90.

[55]张毅,王洪云,钮福祥,等."宁紫薯1号"花青素组分鉴定及其对大鼠高脂诱导肥胖的预防效果[J].中国农业科学,2016,49(9):1787-1802.

[58]杨解顺,尚建华,殷建忠,等.水提紫甘薯色素废渣对肥胖大鼠减肥功效的研究[J].现代食品科技,2012,28(12):1648-1651.

[59]LU J, WU D M, ZHENG Y L, et al. Purple sweet potato color attenuates domoic acid-induced cognitive deficits by promoting estrogen receptor-α-mediated mitochondrial biogenesis signaling in mice[J]. Free Radical Biology & Medicine,2012,52(3):646-659.

[60]CHO J, JONG S K, PHAM H L, et al. Antioxidant and memory enhancing effects of purple sweet potato anthocyanin and cordyceps mushroom extract[J]. Archives of Pharmacal Research, 2003, 26(10):821-825.

[61] WU D M, LU J, ZHENG Y L, et al. Purple sweet potato color repairs D-galactose-induced spatial learning and memory impairment by regulating the expression of synaptic proteins[J]. Neurobiology of Learning and Memory, 2008, 90(1): 19-27.

[62] 彭强, 高彦祥, 袁芳. 紫甘薯及其花色苷的研究与开发进展[J]. 食品科学, 2010, 31(23): 401-405.

[63] 孙晓, 王正, 阮杰, 等. 紫甘薯花青素对 LPS 致炎小鼠学习记忆能力的保护作用[J]. 医学研究杂志, 2011 (11): 111-113.

[64] 王正, 孙晓, 郑元林, 等. 紫甘薯花青素对高脂饮食导致小鼠脑部炎症反应的保护作用[J]. 医学研究杂志, 2014(4): 118-121.

[65] 邵盈盈, 李向荣, 李杰, 等. 紫心甘薯总黄酮对 D-半乳糖致衰老小鼠学习记忆的影响[J]. 中国医院药学杂志, 2013(16): 1330-1333.

[66] 孙丽华, 刘臻, 刘冬英, 等. 甘薯及其提取物辅助改善小鼠学习记忆功能实验研究[J]. 药物生物技术, 2010, 17(2): 157-161.

[67] 岳静, 方宏筠. 紫甘薯红色素体外抑菌性初探[J]. 辽宁农业科学, 2005(2): 47.

[68] 谢丽玲, 佘纲哲, 李剑欢, 等. 红薯叶提取物对五种致病菌的抑制作用[J]. 汕头大学学报(自然科学版), 1996: 77-84.

[69] 王关林, 岳静, 李洪艳, 等. 甘薯花青素的提取及其抑菌效果分析[J]. 中国农业科学, 2005, 38(11): 2321-2326.

[70] 高莹, 张坤生, 任云霞. 甘薯叶提取物提取工艺及其抑菌作用的研究[J]. 食品研究与开发, 2007, 28(1): 74-78.

[71] 韩永斌, 朱洪梅, 顾振新, 等. 紫甘薯花色苷色素的抑菌作用研究[J]. 微生物学通报, 2008, 35(6): 913-917.

[72] 王世宽, 许艳丽, 潘明, 等. 甘薯叶中绿原酸的提取及抑菌作用的研究[J]. 安徽农业科学, 2010, 38(11): 5862-5863, 5876.

[73] 陈婵, 丁玲, 黄琼, 等. 紫色甘薯原花青素抑菌效果的研究[J]. 食品研究与开发, 2014(12): 12-14, 23.

[74] 张赟彬, 孙晔, 龚钢明. 甘薯多酚提取液的抑菌试验研究[J]. 食品与机械, 2007(5): 87-89.

[75] 赵祉强, 李晓龙. 甘薯的保健功能及茎叶的综合利用途径[J]. 中国果菜, 2018, 38(2): 5-7, 19.

[76] 吴鑫宝. 紫甘薯花青素对大鼠放射性肠损伤作用的实验研究[D]. 衡阳: 南华大学, 2015.

[77] 起德丽, 王琦, 殷建忠, 等. 水提紫甘薯色素废渣促进小鼠通便作用的研究[J]. 现代食品科技, 2013(1): 59-62, 67.

[78] 杨解顺. 水提紫甘薯色素废渣减肥、通便保健功能评价及产品开发研究[D]. 昆明: 昆明医学院, 2011.

[79] 陆红佳, 张磊, 刘金枝, 等. 纳米甘薯渣纤维素对高脂膳食大鼠肠道内环境及形态的影响[J]. 食品科学, 2015, 36(5): 172-178.

[80] 吴小玉, 唐全勇, 屈鹏飞, 等. 甘薯提取物有效成分鉴定及其对破骨细胞形成分化的影响[J]. 河北医药, 2011, 33(7): 985-987.

[81] 吴小玉, 贾志宇, 唐全勇, 等. 甘薯提取物对新生大鼠骨生理状态的影响[J]. 河北医科大学学报, 2009, 30(12): 1300-1301, 1372.

[82] 唐全勇, 贾志宇, 赵云转, 等. 咖啡酸对破骨细胞形成及组织蛋白酶 K 基因表达的抑制[J]. 中国组织工程研究, 2012, 16(46): 8561-8565.

[83] 唐全勇, 杨威, 贾志宇, 等. 甘薯提取物对佐剂性关节炎及其骨破坏的抑制作用[J]. 河北医科大学学报, 2010, 31(3): 303-306.

[84] 熊斌, 王杨科, 尚书凤, 等. 紫色甘薯醇提物抗疲劳机制研究[J]. 中国食品添加剂, 2017(1): 65-70.

[85] 熊斌, 陶小丹, 王杨科. 蛙骨骼肌检测紫色甘薯醇提物抗疲劳效应研究[J]. 陕西理工学院学报(自然科学版), 2016, 32(5): 69-73, 79.

[86] 江雪, 吕晓玲, 李津, 等. 紫甘薯多糖对辐射的防护作用[J]. 食品与生物技术学报, 2010(5): 665-669.

[87] 郑金贵, 张宗文, 马晓岗, 等. 地方特色作物种质资源发掘与创新利用[J]. 中国科技成果, 2019(1): 15-16.

[88]杨志坚.甘薯 DHEA 检测体系及其含量的影响因素研究[D].福州:福建农林大学,2008.

[89]陈选阳.甘薯(*Ipomoea batatas* L.)β-胡萝卜素合成途径系列酶基因的克隆及相关研究[D].福州:福建农林大学,2005.

第三节 黑豆(大豆)品质

一、黑豆的概述

黑豆,为豆科植物大豆[*Glycine max*(L.) Merr.]的黑色种子,又称乌豆,黑豆味甘性平,有很高的营养价值和保健功能。黑豆中蛋白质含量高达 36%~40%,高于肉类、鸡蛋和牛奶,是人类理想的蛋白质营养源,有"植物蛋白之王"的美称。黑豆含有 18 种氨基酸(包括人体必需的 8 种氨基酸)和 19 种油酸,不饱和脂肪酸含量高达 80%,含有人体必需的维生素 B_1、维生素 B_2、烟酸、维生素 C,以及微量元素铁、锰、锌、铜、钼、硒等,还含有丰富的膳食纤维、黑豆多糖、花青素、黄酮、染料木素、大豆苷元等功能成分。近年来,科学研究表明黑豆具有抗氧化、抗衰老、护肝补肾、降血脂、降血糖、抗肿瘤、抑菌、抗疲劳、增强免疫和提高记忆力等作用。

二、黑豆的功能

1. 抗氧化

王常青等(2010)采用蛋白酶复合水解黑豆分离蛋白制备黑大豆多肽(BSP),将 50 只昆明小鼠随机分为五组(对照组、模型组、维生素 C 阳性组和低剂量组、高剂量组),除对照组外,其余四组分别腹腔注射 400 mg/(kg·d)D-半乳糖建立氧化衰老模型,多肽组分别灌胃 BSP[400 mg/(kg·d)、800 mg/(kg·d)],实验周期 56 d。实验结束后,处死小鼠,取脾、肾、肝脏及胸腺称质量,计算脏器指数;测定血清及肝脏中丙二醛(MDA)含量和谷胱甘肽过氧化物酶(GSH-Px)活性以及肝脏脂褐质(LPF)含量。结果(见表 2-3-1~表 2-3-4)表明,BSP 能使小鼠胸腺指数和脾脏指数升高,血清和肝脏 MDA 含量明显下降,GSH-Px 活力显著提高;并且使肝组织中 LPF 含量明显下降。提示 BSP 能显著提高亚急性衰老小鼠的抗氧化能力,尤以高剂量组效果最好。

表 2-3-1 BSP 对小鼠脏器指数的影响($n=10$)

组别	剂量/ [mg/(kg·d)]	胸腺指数/ mg/kg	脾脏指数/ mg/kg	肾脏指数/ mg/kg	肝脏指数/ mg/kg
对照组	0	6.48±1.03[b]	7.11±1.25[b]	1.48±2.88	4.57±0.22[b]
模型组	0	4.74±0.63	4.64±0.71	1.45±0.94	4.21±0.31
维生素 C 阳性组	400	5.2±1.30[b]	6.05±1.15[b]	1.47±0.55	4.65±0.34[b]
低剂量组	400	5.3±2.63[a]	7.44±1.62[b]	1.43±0.50	4.38±0.41[a]
高剂量组	800	6.16±1.54[b]	8.02±2.57[b]	1.46±2.46	4.55±0.53[b]

注:[a] 与模型组相比,差异显著($P<0.05$);[b] 与模型组相比,差异极显著($P<0.01$)。

据王常青等(2010)

表 2-3-2 BSP 对小鼠血清和肝脏 MDA 含量的影响($n=10$)

组别	剂量/[mg/(kg·d)]	MDA 含量	
		血清/(nmol/mL)	肝脏/(nmol/mg prot)
对照组	0	15.18 ± 0.57^{b}	10.45 ± 0.32^{b}
模型组	0	22.64 ± 0.72	15.81 ± 0.93
维生素 C 阳性组	400	16.64 ± 0.46^{b}	11.13 ± 0.58^{b}
低剂量组	400	19.56 ± 0.51^{a}	14.23 ± 0.29^{a}
高剂量组	800	17.14 ± 0.53^{b}	12.46 ± 0.46^{b}

注：[a] 与模型组相比,差异显著($P<0.05$)；[b] 与模型组相比,差异极显著($P<0.01$)。
据王常青等(2010)

表 2-3-3 BSP 对小鼠血清和肝脏 GSH-Px 活力的影响($n=10$)

组别	剂量/[mg/(kg·d)]	GSH-Px 活力	
		血清/(U/mL)	肝脏/(U/mg prot)
对照组	0	1326 ± 31^{b}	1105 ± 27^{b}
模型组	0	1175 ± 42	916 ± 36
维生素 C 阳性组	400	1680 ± 23^{b}	1340 ± 27^{b}
低剂量组	400	1357 ± 25^{a}	1170 ± 20^{b}
高剂量组	800	1522 ± 18^{b}	1294 ± 52^{b}

注：[a] 与模型组相比,差异显著($P<0.05$)；[b] 与模型组相比,差异极显著($P<0.01$)。
据王常青等(2010)

表 2-3-4 BSP 对肝脏 LPF 含量的影响($n=10$)

组别	剂量/[mg/(kg·d)]	肝脏 LPF 含量/(μg/g)
对照组	0	1.37 ± 0.03^{b}
模型组	0	1.66 ± 0.08
维生素 C 阳性组	400	1.31 ± 0.05^{b}
低剂量组	400	1.50 ± 0.04^{a}
高剂量组	800	1.35 ± 0.03^{b}

注：[a] 与模型组相比,差异显著($P<0.05$)；[b] 与模型组相比,差异极显著($P<0.01$)。
据王常青等(2010)

　　黑豆中多种活性成分具有抗氧化功能。曹柏营等(2019)以黑豆为原料,利用单因素试验和响应面试验优化了黑豆花青素提取工艺条件并评价了其体外抗氧化活性,试验结果表明,黑豆花青素的最佳提取条件为:乙醇浓度 60%、温度 60 ℃、提取 3 h,料液比 1∶15(g/mL),黑豆花青素得率为(1.101±0.101)mg/g,黑豆花青素对 DPPH 自由基、羟基自由基和铁离子螯合剂的清除率分别为 61.96%、84.82% 和 93.09%,提示黑豆花青素具有较强的抗氧化活性,可以作为天然抗氧化剂进行开发。王萌等(2007)对黑豆提取物抗氧化性能的研究表明,与抗坏血酸相比,黑豆提取物具有较强的 DPPH 自由基清除能力、超氧阴离子自由基清除能力、抗脂质体氧化能力及还原能力。任梦瑶等(2018)研究表明黑豆中多酚类物质在最佳提取条件下获取的粗提液的 DPPH 清除率为 12.33%。李霄等(2017)研究表明黑豆皂苷具有良好的清除自由基的能力,且抗氧化能力与皂苷质量浓度相关性显著。

　　张星(2017)通过超高效液相对黑豆异黄酮组分进行了分析,确定其中含有染料木苷、染料木素、大豆苷元、大豆苷四种成分,接着对黑豆异黄酮组分的抗氧化活性进行了研究:将纯化后的黑豆异黄酮成分的还原性能力等四项抗氧化性能分别与 BHT 进行比较。结果表明,黑豆异黄酮质量浓度达 300 μg/mL 时,其对羟自由基的清除率为 52.43%,当质量浓度达 300 μg/mL 时,其对 DPPH 的清除率为 76.01%,黑豆异黄酮对超氧阴离子自由基的清除效果则会随着质量浓度的升高而下降,其还原能力也要明显弱于 BHT。

赵巧玲等(2017)通过对 DPPH 自由基的清除能力比较不同黑豆品种皮中花色苷的抗氧化活性,结果表明,参试材料的花色苷抗氧化能力在 0.011~4.391 mg/L,IC_{50} 平均为 1.499 mg/L。青黑豆种皮中花色苷抗氧化活性最高,IC_{50} 为 0.011 mg/L;武乡小黑豆 IC_{50} 最大,为 4.391 mg/L,说明其抗氧化活性最低。

2.抗衰老

张瑞芬等(2007)研究了黑大豆种皮提取物(black soybean coat extract,BSCE)对老龄小鼠的抗氧化和延缓衰老作用。以 10 月龄雄性昆明种小鼠为研究对象,灌胃给予 BSCE 0 g/L、10 g/L、30 g/L、50 g/L,6 周后处死所有动物,收集血清、肝脏和脑组织,测定血清中超氧化物歧化酶(SOD)、谷胱甘肽过氧化物酶(GSH-Px)活性和丙二醛(MDA)含量,脑和肝脏中的 B 型单胺氧化酶(MAO-B)活性及皮肤中羟脯氨酸(Hyp)含量。结果(见表 2-3-5、表 2-3-6)表明,摄入 50 g/L BSCE 后,老龄小鼠血清 SOD 活性和皮肤 Hyp 明显增加,而血清 MDA 生成量和脑组织 MAO-B 活性则显著性低于对照组。提示大豆皮提取物具有抗氧化生物活性,对延缓衰老可能有一定作用。

表 2-3-5　血清抗氧化酶活性及 MDA 含量($\bar{x}\pm s$)

黑大豆种皮提取物/(g/L)	SOD/ (nmol/mL)	GSH-Px/ (U/mL)	MDA/ [U/(mL·min)]
0	7.68±1.70	161.10±21.50	402.80±107.88
10	7.24±0.61	173.79±37.63	412.60±70.26
30	6.20±1.61	175.83±34.10	454.86±70.57
50	5.13±0.90[a]	185.40±28.74[a]	495.28±70.71

注:[a] 表示与对照组相比,差异显著($P<0.05$)

据张瑞芬等(2007)

表 2-3-6　肝、脑组织中 MAO-B 活性和皮肤 Hyp 含量($\bar{x}\pm s$)

黑大豆种皮提取物/ (g/L)	B 型单胺氧化酶/[U/(h·mg)]		皮肤中羟脯氨酸 (μg/mg prot)
	脑	肝脏	
0	10.11±2.82	10.85±5.02	0.58±0.14
10	9.82±1.60	9.75±4.53	0.78±2.25
30	9.11±2.12	9.51±4.18	0.74±0.25
50	6.41±1.10[a]	12,80±2.42	1.04±0.17[a]

注:[a] 表示与对照组相比,差异显著($P<0.05$)

据张瑞芬等(2007)

孙振欧等(2016)研究了黑豆皮提取物(black soybean coat extract,BSCE)对果蝇寿命的影响及其作用机制。实验以雄性黑腹果蝇为动物模型,饲喂添加 0 mg/mL、0.5 mg/mL、1.5 mg/mL、4.5 mg/mL BSCE 的培养基,统计果蝇寿命,测定果蝇体内超氧化物歧化酶(SOD)、过氧化氢酶(CAT)活力、丙二醛(MDA)及蛋白质羰基的含量。实时 PCR 法测定果蝇体内 SOD、CAT、Nrf2 及 MTH 的 mRNA 表达水平。结果(见表 2-3-7~表 2-3-11)显示,饲喂 BSCE 可以显著延长果蝇的平均寿命(1.5 mg/mL、4.5 mg/mL、

$P<0.05$);饲喂 4.5 mg/mL BSCE 可以显著升高果蝇体内 Cu-Zn-SOD(铜锌超氧化物歧化酶)、Mn-SOD(锰超氧化物歧化酶)和 CAT 活力($P<0.05$)并极显著降低蛋白质羰基含量和 MDA 含量($P<0.01$)。实时 PCR 结果显示,给予 4.5 mg/mL BSCE 能够显著上调 Mn-SOD、CAT mRNA 表达水平($P<0.05$)且极显著上调 Cu-Zn-SOD、Nrf2 mRNA 表达水平($P<0.01$)。因此,黑豆皮提取物可以通过升高内源性抗氧化酶 SOD 和 CAT 活性延长果蝇寿命,且其调节机制与 MTH 基因有一定联系。

表 2-3-7 黑豆皮提取物对果蝇寿命的影响

黑豆皮提取物/(mg/mL)	体重/μg	平均寿命/d	最高寿命/d
0	1127.37±11.2	47.60±1.04	65.86±1.56
0.5	1121.69±8.4	50.35±1.23	71.45±1.29
1.5	1119.18±9.3	53.61±1.38*	76.98±1.37*
4.5	1126.49±7.9	55.50±1.45**	80.13±1.14*

注:与对照组相比较,* 表示 $P<0.05$;** 表示 $P<0.01$。

据孙振欧等(2016)

表 2-3-8 双氧水急性实验

黑豆皮提取物/(mg/mL)	平均寿命/d	最高寿命/d
0	14.19±1.34	22.50±1.67
0.5	15.91±1.87	24.26±1.98
1.5	17.70±1.56*	26.02±1.09*
4.5	19.47±1.45*	27.66±1.73*

注:与对照组相比较,* 表示 $P<0.05$;** 表示 $P<0.01$。

据孙振欧等(2016)

表 2-3-9 百草枯急性实验

黑豆皮提取物/(mg/mL)	平均寿命/d	最高寿命/d
0	23.03±1.16	39.81±1.38
0.5	25.86±1.32	44.17±1.16
1.5	28.52±1.25*	47.22±1.27*
4.5	31.26±1.41*	56.87±1.09*

注:与对照组相比较,* 表示 $P<0.05$;** 表示 $P<0.01$。

据孙振欧等(2016)

表 2-3-10 黑豆皮提取物对果蝇体内 Cu-Zn-SOD、Mn-SOD、CAT 活性、MDA 含量和蛋白质羰基含量的影响

组别	空白	黑豆皮提取物		
		0.5 mg/mL	1.5 mg/mL	4.5 mg/mL
Cu-Zn-SOD/(U/mg pro)	47.60±2.34	50.20±1.21*	50.01±1.83*	51.03±2.09*
Mn-SOD/(U/mg pro)	45.97±4.58	46.92±4.57	49.91±4.77	54.79±5.05*
CAT/(U/mg pro)	18.26±1.50	18.58±2.69	19.74±2.16	21.01±2.72*
MDA/(nmol/mg pro)	2.57±0.31	2.33±0.38	2.18±0.21 *	1.72±0.34**
蛋白羰基值/(nmol/mg pro)	6.10±0.28	5.14±0.27	3.02±0.42*	2.32±0.36**

注:与对照组相比较,* 表示 $P<0.05$;** 表示 $P<0.01$。

据孙振欧等(2016)

表 2-3-11 黑豆皮提取物对果蝇体内 Cu-Zn-SOD、Mn-SOD、CAT、Nrf2、MTH mRNA 表达的影响

组别	空白	黑豆皮提取物		
		0.5 mg/mL	1.5 mg/mL	4.5 mg/mL
Cu-Zn-SOD/RP49	1.00±0.25	1.04±0.23	1.27±0.13	1.52±0.31
Mn-SOD/RP49	1.00±0.15	1.12±0.28	1.20±0.19	1.29±0.25*
CAT/RP49	1.00±0.16	1.08±0.22	1.25±0.32	1.32±0.21*
核转录因子/RP49	1.00±0.24	1.24±0.34	1.42±0.22*	1.58±0.37**
玛士撒拉/RP49	1.00±0.27	0.93±0.29	0.95±0.28	0.93±0.21

注:与对照组相比较,* 表示 $P<0.05$;** 表示 $P<0.01$。
据孙振欧等(2016)

宋岩(2013)在黑豆花色苷的体内动物实验中,建立衰老模型小鼠,选取维生素 E 作为对照,考察纯化后黑豆花色苷对衰老小鼠的保护作用。实验过程中,检测全血中的 T-AOC 和血清、肝脏和脑组织中 SOD、GSH-Px、MDA 活性和蛋白质羰基含量,实验结果显示:纯化后黑豆花色苷灌胃的小鼠与衰老模型组小鼠比较,体内 T-AOC 增加,SOD 和 GSH-Px 活性升高,MDA 和蛋白质羰基含量明显下降,并且黑豆花色苷的中剂量组与维生素 E 的结果相近,之间没有差异显著性,高剂量组优于维生素 E 组,表明黑豆花色苷提取物的抗衰老作用明显。

3. 护肝补肾作用

刘晓芳等(2008)建立小鼠肝损伤模型,黑豆红色素提取物 0.12 g/kg、0.24 g/kg 灌胃给药,观察了对肝损伤小鼠血清谷丙转氨酶(ALT)和谷草转氨酶(AST)活性、肝脏指数、肝脏丙二醛(MDA)水平、超氧化物歧化酶(SOD)和谷胱甘肽过氧化物酶(GSH-Px)活性的影响。实验结果(见表 2-3-12、表 2-3-13)表明,黑豆红色素提取物可降低乙醇诱导急性肝损伤小鼠血清 ALT 和 AST 活性,降低乙醇和 CCl_4 两种诱导急性肝损伤小鼠肝脏 MDA 水平,升高肝脏 SOD 活性,而对肝脏 GSH-Px 含量影响较小,这说明黑豆红色素提取物具有保护肝脏的作用,其作用可能与抗氧化作用有关。

表 2-3-12 黑豆色素提取物对乙醇诱导的急性肝损伤的影响($\bar{x}\pm s$, $n=10$)

组别	剂量/(g/kg)	ALT/(U/L)	AST/(U/L)	SOD/(nmol/mg prot)	MDA/(nmol/mg prot)	GSH-Px/(nmol/mg prot)	肝脏指数/(mg/g)
正常对照组	—	43.5±8.4[2]	160.9±21.1[1]	65.4±7.4[2]	22.0±6.1[2]	68.8±15.8	45.9±9.6
模型对照组	—	68.9±19.3	193.5±31.1	39.8±11.2	63.3±21.7	63.7±20.3	53.7±8.9
黑豆红色提取物	0.12	52.5±6.0[1]	170.1±14.5[1]	48.2±11.9	37.5±9.4[2]	68.5±16.9	46.6±6.0
	0.24	54.3±10.1	160.2±15.9[2]	55.1±9.1[2]	32.3±7.8[2]	78.1±13.2	46.2±6.5

注:与模型对照组比较[1] $P<0.05$,[2] $P<0.01$。
据刘晓芳等(2008)

表 2-3-13 黑豆色素提取物对 CCl_4 诱导的急性肝损伤的影响($\bar{x}\pm s$, $n=10$)

组别	剂量/(g/kg)	ALT/(U/L)	AST/(U/L)	SOD/(nmol/mg prot)	MDA/(nmol/mg prot)	GSH-Px/(nmol/mg prot)	肝脏指数/(mg/g)
正常对照组	—	62.6±23.5[2]	168.2±20.5[2]	68.4±16.2[2]	31.9±5.9[2]	69.1±13.2[1]	42.2±6.6
模型对照组	—	1539.6±331.1	800.3±80.3	43.3±9.9	56.8±9.7	55.1±11.8	48.9±5.2
黑豆红色提取物	0.12	1536.0±243.8	738.8±103.4	53.2±5.5[1]	45.6±7.3[2]	57.8±6.9	49.9±8.0
	0.24	1435.7±256.8	691.1±181.0	62.4±12.2[2]	43.3±8.8[2]	55.6±6.6	42.4±7.1

注:与模型对照组比较[1] $P<0.05$,[2] $P<0.01$。
据刘晓芳等(2008)

温小媛(2016)采用水提法提取黑豆多糖,进行体内护肝实验。通过 CCl_4 诱导产生的肝损伤小鼠模型,小鼠随机分为 6 组,每组 10 只。剂量分组的方案为:Ⅰ组是正常对照组,每天灌胃 0.2 mL 的生理盐水(剂量为 10 mL/kg);Ⅱ组是 CCl_4 模型组,每天灌胃 0.2 mL 的生理盐水(剂量为 10 mL/kg);Ⅲ组是水飞蓟素阳性药物对照组,每天灌胃 0.2 mL 的 Silymarin 溶液(剂量为 100 mL/kg);Ⅳ～Ⅵ组是黑豆多糖处理组,每天灌胃 0.2 mL 的黑豆多糖溶液(剂量分别为 100 mg/kg、200 mg/kg 和 400 mg/kg),连续灌胃 4 周。体内护肝活性实验结果(见表 2-3-14～表 2-3-17)表明,相比于 CCl_4 模型组,黑豆多糖处理组不仅可以显著抑制血清中谷草转氨酶(AST)、谷丙转氨酶(ALT)、碱性磷酸酶(ALP)水平的升高,而且可以显著提高肝组织中超氧化物歧化酶、过氧化物酶、谷胱甘肽过氧化物酶、谷胱甘肽还原酶、谷胱甘肽和总抗氧化能力的水平;此外,还可以显著降低肝组织中的丙二醛水平,而高剂量组黑豆多糖的护肝效果可与水飞蓟素相媲美。提示黑豆多糖具有很好的抗氧化活性,同时,对 CCl_4 诱导的急性肝损伤有潜在的保护作用。

表 2-3-14 黑豆多糖对小鼠体重和肝脏指数的影响

组别	体重/g	肝脏指数/(g/100 g)
Ⅰ[*]	35.78±1.03	5.44±0.19[bc]
Ⅱ	35.63±1.31	5.87±0.19[a]
Ⅲ	34.93±1.24	5.36±0.13[bc]
Ⅳ	33.91±1.91	5.55±0.17[b]
Ⅴ	34.38±1.39	5.46±0.07[bc]
Ⅵ	34.81±1.74	5.31±0.11[c]

注:Ⅰ[*] 为正常对照组;Ⅱ 为 CCl_4 模型组;Ⅲ 为 100 mg/kg 水飞蓟素+CCl_4;Ⅳ 为 100 mg/kg 黑豆多糖+CCl_4;Ⅴ 为 200 mg/kg 黑豆多糖+CCl_4;Ⅵ 为 400 mg/kg 黑豆多糖+CCl_4。每个值以均数±标准差表示。[a,b,c,d] 表示不同组间的显著性差异 $P<0.05$。下表 2-3-15～表 2-3-17 同。

据温小媛(2016)

表 2-3-15 黑豆多糖对小鼠血清中 ALT、AST 和 ALP 活力的影响

组别	ALT/(U/L)	AST/(U/L)	ALP/(U/L)
Ⅰ[*]	34.69±4.80[e]	42.16±4.90[e]	76.61±6.59[e]
Ⅱ	170.12±11.86[a]	167.24±13.90[a]	129.86±13.70[a]
Ⅲ	71.95±8.95[d]	81.54±7.44[cd]	92.41±6.19[c]
Ⅳ	122.28±7.11[b]	138.93±11.43[b]	104.67±8.63[b]
Ⅴ	89.73±8.29[c]	89.29±11.39[c]	89.10±10.29[cd]
Ⅵ	69.47±5.18[d]	71.38±6.26[d]	79.80±9.15[de]

据温小媛(2016)

表 2-3-16 黑豆多糖对小鼠肝组织中抗氧化酶活力的影响

组别	SOD/(U/mg)	CAT/(U/mg)	GSH-Px/(U/mg)	谷胱甘肽还原酶/(U/mg)
Ⅰ[*]	42.90±3.65[a]	50.63±4.69[a]	347.21±16.88[a]	82.47±6.84[a]
Ⅱ	31.18±3.03[d]	28.27±1.61[c]	195.59±12.29[e]	51.00±5.74[c]
Ⅲ	37.28±4.31[bc]	49.94±3.84[a]	274.08±11.15[c]	63.59±4.59[b]
Ⅳ	31.67±2.70[d]	31.75±2.81[c]	200.25±15.76[e]	53.31±7.71[bc]
Ⅴ	35.36±3.21[cd]	40.74±3.37[b]	244.77±16.33[d]	59.22±7.68[bc]
Ⅵ	40.79±3.37[a]	47.36±5.17[a]	299.47±11.25[b]	68.51±4.74[b]

据温小媛(2016)

表 2-3-17　黑豆多糖对小鼠肝组织中 **MDA、GSH** 含量和总抗氧化能力水平的影响

组别	MDA/(nmol/mg)	GSH/(nmol/mg)	总抗氧化能力/(U/mg)
Ⅰ [*]	1.31 ± 0.18^{d}	4.18 ± 0.89^{a}	5.38 ± 0.68^{a}
Ⅱ	2.63 ± 0.27^{a}	1.20 ± 0.25^{d}	2.17 ± 0.57^{d}
Ⅲ	1.46 ± 0.09^{d}	3.47 ± 0.28^{abc}	4.35 ± 0.45^{b}
Ⅳ	2.22 ± 0.11^{b}	2.73 ± 0.54^{c}	3.20 ± 0.45^{c}
Ⅴ	1.73 ± 0.11^{c}	3.13 ± 0.22^{bc}	4.03 ± 0.21^{b}
Ⅵ	1.43 ± 0.07^{d}	3.63 ± 0.60^{ab}	4.43 ± 0.44^{b}

据温小媛(2016)

史群有(1997)用黑豆汤治疗肝性腹水 36 例,其中,男 28 例,女 8 例。予黑豆汤,药用:黑大豆 60 g、白术 20 g、茯苓 60 g、金钱草 15 g、泽兰 10 g、明矾 20 g、杏仁 12 g。水煎服,每日 1 剂,连服 1 个月。疗效评定标准参考中国人民解放军总后勤部卫生部编《临床疾病诊断依据治愈好转标准》,基本治愈:24 例;好转:10 例;无效:2 例。总有效率为 94.4%。

翟硕(2018)通过动物实验进行了黑豆皮花色苷对顺铂诱发大鼠急性肾损伤修复的研究。实验对大鼠进行低[30 mg/(kg·d)]、中[150 mg/(kg·d)]、高[750 mg/(kg·d)]三个黑豆皮花色苷剂量灌胃,正常组与顺铂模型组灌胃蒸馏水,持续 12 d。实验第 10 天,顺铂模型组、花色苷(低、中、高)组分别一次性腹腔注射顺铂 7.5 mg/kg(以体质量计),正常组大鼠注射等量生理盐水。测定各组大鼠血清尿素氮(BUN)、肌酐(Scr)含量、病理检测以及 Western 印迹测定。结果:与正常组比较,黑豆皮花色苷(低、中、高)组对顺铂所致大鼠血清尿素氮(BUN)、肌酐(Scr)升高有明显抑制作用;HE 染色显示顺铂模型组上皮细胞脱落、肾小管严重受损、存在淤血、肾小管结构破坏以及空泡变性,黑豆皮花色苷(低、中、高)组大鼠肾脏上述改变减轻。Western 印迹结果显示,与正常组相比,模型组大鼠肾组织 Bax、Caspase-3、Bcl-2 表达上调;花色苷组上述指标有明显改善。提示黑豆皮花色苷对顺铂诱发大鼠肾损伤具有保护作用,其机制可能与黑豆皮花色苷降低脂质过氧化物,升高抗氧化酶活力有关。

4. 降血脂和血糖

Kwon 等(2007)对大鼠进行高脂膳食实验,研究表明,黑豆种皮中提取的花青素具有抗肥胖、降血脂的功效。

陈萍等(2016)研究了黑豆皮花青素对高血脂大鼠的血脂水平和抗氧化能力的影响,结果(见表 2-3-18~表 2-3-21)表明:黑豆皮花青素对脾脏指数和肝脏指数的增加有一定的抑制作用,但能提高心脏指数;黑豆皮花青素能降低大鼠血清总胆固醇(TC)、三酰甘油(TG)、低密度脂蛋白胆固醇(LDL-C)和载脂蛋白 B(ApoB)水平,降低动脉粥样硬化指数 AI_1、AI_2 和肝组织丙二醛(MDA)的含量,提高大鼠血清高密度脂蛋白胆固醇(HDL-C)、载脂蛋白 A1(ApoA1)含量。说明黑豆皮花青素对大鼠降低血脂有显著的作用。

表 2-3-18　大鼠血脂水平的变化($\bar{x}\pm s$)　　　　　　　　　　单位:mmol/L

分组	TC	TG	HDL-C	LDL-C
对照组	1.655 ± 0.058	0.751 ± 0.092	1.390 ± 0.113	0.217 ± 0.026
高脂组	2.450 ± 0.131^{a}	1.108 ± 0.112^{a}	1.089 ± 0.120^{a}	0.375 ± 0.44^{a}

注:[a] 表示与对照组相比差异极显著($P<0.01$)。
据陈萍等(2016)

表 2-3-19　黑豆皮花青素对大鼠血脂水平的影响($\bar{x}\pm s$, $n=8$)　　　　　　　单位:mmol/L

分组	TC	TG	HDL-C	LDL-C
对照组	1.781±0.174	0.745±0.121	1.338±0.141	0.231±0.041
模型组	2.487±0.201[a]	1.001±0.133[a]	1.112±0.152[a]	0.381±0.052[a]
低剂量组	2.327±0.282[a]	0.914±0.151[a]	1.208±0.186[a]	0.316±0.068[b]
中剂量组	2.208±0.143[c]	0.851±0.077[c]	1.399±0.111[c]	0.291±0.061[bc]
高剂量组	2.109±0.224[c]	0.832±0.089[c]	1.412±0.163[c]	0.282±0.057[c]

注:[a] 表示与对照组相比差异极显著($P<0.01$);[b] 表示与对照组相比差异显著($P<0.05$);[c] 表示与模型组相比差异极显著($P<0.01$)。

据陈萍等(2016)

表 2-3-20　黑豆皮花青素对大鼠血清载脂蛋白和动脉粥样硬化指数的影响($\bar{x}\pm s$, $n=8$)

分组	ApoA1/(mmol/L)	ApoB/(mmol/L)	AI$_1$	AI$_2$
对照组	0.082 98±0.011	0.132 4±0.031	0.283 1±0.21	0.166 5±0.029
模型组	0.053 34±0.011[a]	0.291 3±0.058[a]	1.236 5±0.33[a]	0.342 8±0.053[a]
低剂量组	0.060 21±0.012[a]	0.249 9±0.059[a]	0.926 3±0.55[a]	0.262 0±0.049[a]
中剂量组	0.065 66±0.015[b]	0.199 8±0.044[c]	0.578 3±0.27[c]	0.208 0±0.043[c]
高剂量组	0.073 96±0.012[c]	0.161 3±0.037[c]	0.493 6±0.38[c]	0.199 9±0.039[c]

注:[a] 表示与对照组相比差异极显著($P<0.01$);[b] 表示与对照组相比差异显著($P<0.05$);[c] 表示与模型组相比差异极显著($P<0.01$)。

据陈萍等(2016)

表 2-3-21　黑豆皮花青素对大鼠肝脏、心脏、脾脏指数的影响

分组	肝脏指数	心脏指数	脾脏指数
对照组	2.322±0.12	0.308 5±0.018	0.175 8±0.016
模型组	2.699±0.15[a]	0.271 3±0.020[a]	0.198 8±0.012[a]
低剂量组	2.635±0.19[b]	0.278 9±0.019[b]	0.187 2±0.015
中剂量组	2.564±0.19[d]	0.288 8±0.023[d]	0.186 0±0.018
高剂量组	2.530±0.16[d]	0.296 8±0.019[d]	0.182 8±0.017[d]

注:[a] 表示与对照组相比差异极显著($P<0.01$);[b] 表示与对照组相比差异显著($P<0.05$);[c] 表示与模型组相比差异极显著($P<0.01$);[d] 表示与模型组相比差异显著($P<0.05$).

据陈萍等(2016)

　　黑豆肽能抑制动物体内对膳食中胆固醇的吸收,具有一定的辅助降血脂功效。刘恩岐等(2013)进行了黑豆肽辅助降血脂实验。实验小鼠喂食基础饲料 5 d 以适应实验环境,然后分为基础饲料组、高脂饲料组、黑豆肽组(分为低、中、高 3 个剂量),基础饲料组继续喂食普通饲料,其他组喂食高脂饲料 20 d,建立高脂动物模型。建模后样品低、中、高剂量组分别灌胃黑豆肽 250 mg/(kg·d)、500 mg/(kg·d)、1000 mg/(kg·d),高脂饲料组继续喂食高脂饲料。灌胃 30 d,小鼠末次灌胃黑豆肽后禁食 12 h,摘眼球取血,测定总胆固醇(TC)、三酰甘油(TG)、高密度脂蛋白胆固醇(HDL-C)含量。研究结果显示,由表 2-3-22 可知,成功建立了以高胆固醇为特征的高血脂小鼠模型;由表 2-3-23 可知,对小鼠灌胃剂量为 1000 mg/(kg·d)

时,黑豆肽对高血脂小鼠血清中总胆固醇(TC)、总三酰甘油(TG)和低密度脂蛋白胆固醇(LDL-C)+极低密度脂蛋白胆固醇(VLDL-C)浓度降低极为显著($P<0.01$)。

表 2-3-22　喂食高脂饲料 20 d 后小鼠的血脂水平($\bar{x}\pm s$, $n=20$)

单位:mmol/L

组别	TC	TG	HDL-C	LDL-C+VLDL-C
基础饲料组	2.05±0.34	1.36±0.13	0.70±0.11	1.35±0.26
高脂饲料组	4.65±0.74**	1.38±0.18	1.48±0.17**	3.17±0.62**

注:* 表示与基础饲料组相比,有显著性差异($P<0.05$);** 表示与基础饲料组相比,有极显著性差异($P<0.01$)。

据刘恩岐等(2013)

表 2-3-23　黑豆肽对小鼠血清血脂水平的影响($\bar{x}\pm s$, $n=20$)

单位:mmol/L

组别	TC	TG	HDL-C	LDL-C+VLDL-C
基础饲料组	2.69±0.30	1.44±0.32	1.28±0.18	1.41±0.21
高脂饲料组	4.59±0.80	2.17±0.27	1.60±0.13	2.99±0.82
黑豆肽低剂量组	4.32±0.28	1.62±0.10**	1.54±0.11	2.64±0.35
黑豆肽中剂量组	4.06±0.15	1.56±0.15**	1.49±0.07	2.56±0.17
黑豆肽高剂量组	2.38±0.42**	1.48±0.17**	1.36±0.24*	1.00±0.43**

注:* 表示与高脂饲料组相比,有显著性差异($P<0.05$);** 表示与高脂饲料组相比,有极显著性差异($P<0.01$)。

据刘恩岐等(2013)

张炳文等(2003)以黑豆调质品进行体内动物实验,研究其降脂功能。40 只小鼠以基础饲料适应喂养 5 d 后,取尾血测定血 TG,以 TG 水平随机分为 4 组:正常对照组、高血脂模型对照组、低剂量实验组、高剂量实验组。正常对照组小鼠饲喂基础饲料;高血脂模型对照组饲喂高脂饲料:2%胆固醇+10%猪油+0.3%胆盐+88%基础饲料;低、中、高剂量实验组小鼠均饲喂高脂饲料,同时每 1 d 用蒸馏水配制的黑豆粉 0.5 mL 悬浊液按剂量灌胃。检测血清总胆固醇(TC)、血清三酰甘油(TG)、血清高密度脂蛋白胆固醇(HDL-C)、动脉硬化指数(AI)指标。结果(见表 2-3-24、表 2-3-25)表明,两个实验组小鼠血清 TC 均低于模型组($P<0.05$),其中以中、高剂量组的效果最好(检测含量为 4.48 mmol/L、4.49 mmol/L),比模型组降低了 35.7%、35.4%。与对照组相比,模型组小鼠 TG 明显升高($P<0.05$),各实验组小鼠 TG 均较模型组下降,只有中、高剂量组达到了显著性水平($P<0.05$)。与对照组相比,模型组小鼠的血清 LDL-C 明显升高,达到了 3.70 mmol/L。各剂量实验组小鼠血清 LDL-C 均低于模型组,分别降低了 25.9%($P<0.05$)、47.8%、47.6%($P<0.05$),以中剂量组(检测含量为 1.90 mmol/L)为最低。提示调质黑豆粉具有良好的降血脂效果。

表 2-3-24　各组小鼠 TC、TG 测定结果

组别	n	TC/(mmol/L)	TG/(mmol/L)
对照组	10	3.67±0.52	0.98±0.08
模型组	10	6.99±0.61*	3.12±0.10*
低剂量组	10	5.17±0.36*△	2.31±0.06
中剂量组	10	4.48±0.32*△#	1.53±1.01△
高剂量组	10	4.49±0.27*△#	1.56±0.09△

注:* 表示与对照组相比差异显著($P<0.05$);△ 表示与模型组相比差异显著($P<0.05$);# 表示与低剂量组相比差异显著($P<0.05$)。

据张炳文等(2003)

表 2-3-25　各组小鼠血清 HDL-C、LDL-C 及动脉硬化指数

组别	n	HDL-C/(mmol/L)	LDL-C/(mmol/L)	AI
对照组	10	2.31±0.52	1.66±0.09	0.53±0.03
模型组	10	2.21±0.65	3.70±0.10**	2.17±0.11**
低剂量组	10	2.27±0.36	2.75±0.06*△	1.61±0.16*△
中剂量组	10	2.39±0.23	1.91±0.08△#	0.90±0.11△#
高剂量组	10	2.38±0.27	1.93±0.09△#	0.91±0.12△#

注：* 表示与对照组相比差异显著（$P<0.05$），** 表示与对照组相比差异极显著（$P<0.01$）；△ 表示与模型组相比差异显著（$P<0.05$）；# 表示与低剂量组相比差异显著（$P<0.05$）。

据张炳文等(2003)

张继曼等(2011)研究了黑豆皮花色苷(black soybean anthocyanin,BSA)的降血糖效果。对不同组的正常小鼠和利用四氧嘧啶造模的实验性糖尿病小鼠分别进行相应浓度的黑豆皮花色苷腹腔注射，并测定血糖、超氧化物歧化酶(SOD)、丙二醛(MDA)、过氧化氢酶(CAT)、谷胱甘肽过氧化物酶(GSH-Px)以及胰岛素含量。结果(见表 2-3-26～表 2-3-31)表明，黑豆皮花色苷能降低糖尿病小鼠的血糖和血清中的 MDA 与 CAT 的含量，提高血清中 SOD 和 GSH-Px 的含量，同时提高了血清中胰岛素的含量。

表 2-3-26　各组间血糖值的比较($\bar{x}±s$)

组别	空白组	高血糖组	高剂量组	中剂量组	低剂量组
血糖含量/(mmol/L)	6.2±0.69**	≥33.33	16.0±1.31**	21.3±2.58**	30.7±2.04*

注：各取 6 只小鼠进行比较。各组均与高血糖组相比，** 表示与高血糖组相比差异极显著（$P<0.01$）；* 表示与高血糖组相比差异显著（$P<0.05$）。

据张继曼等(2011)

表 2-3-27　各组间 SOD 活性的比较($\bar{x}±s$)

组别	空白组	高血糖组	高剂量组	中剂量组	低剂量组
SOD 活性/(U/mL)	162.8±23.23**	31.83±9.18	117.07±12.27**	87.89±8.69**	60.8±8.09**

注：各取 6 只小鼠进行比较。各组均与高血糖组相比，** 表示与高血糖组相比差异极显著（$P<0.01$）；* 表示与高血糖组相比差异显著（$P<0.05$）。每毫升反应液中 SOD 抑制率达 50% 时所对应的 SOD 量为一个 SOD 活力单位(U)。

据张继曼等(2011)

表 2-3-28　各组间 MDA 含量的比较($\bar{x}±s$)

组别	空白组	高血糖组	高剂量组	中剂量组	低剂量组
MDA 含量/(nmol/L)	3.62±1.11**	20.99±4.51	6.81±1.38**	9.29±0.53**	11.96±1.13**

注：各取 6 只小鼠进行比较。各组均与高血糖组相比，** 表示与高血糖组相比差异极显著（$P<0.01$）；* 表示与高血糖组相比差异显著（$P<0.05$）。

据张继曼等(2011)

表 2-3-29　各组间 CAT 活性的比较($\bar{x}±s$)

组别	空白组	高血糖组	高剂量组	中剂量组	低剂量组
CAT 活性/(U/mL)	431.19±3.31**	214.3±18.79	386.63±11.28**	358.62±12.25**	297.80±8.64*

注：各取 6 只小鼠进行比较。各组均与高血糖组相比，** 表示与高血糖组相比差异极显著（$P<0.01$）；* 表示与高血糖组相比差异显著（$P<0.05$）。每毫升血清或血浆每秒钟分解 1 μmol 的 H_2O_2 的量为一个活力单位。

据张继曼等(2011)

表 2-3-30 各组间 GSH-Px 活性的比较($\bar{x}\pm s$)

组别	空白组	高血糖组	高剂量组	中剂量组	低剂量组
GSH-Px 活性 (活力单位)	2866.67±240.84**	1364.99±51.02	2336.36±209.76**	1956.38±103.24**	1503.03±63.68*

注:各取 6 只小鼠进行比较。各组均与高血糖组相比,** 表示与高血糖组相比差异极显著($P<0.01$);* 表示与高血糖组相比差异显著($P<0.05$)。规定每 0.1 mL 血清在 37 ℃反应 5 min,扣除非酶促反应作用,使反应体系中谷胱甘肽浓度降低 1 μmol/L 为一个酶活力单位。

据张继曼等(2011)

表 2-3-31 各组间胰岛素含量的比较($\bar{x}\pm s$)

组别	空白组	高血糖组	高剂量组	中剂量组	低剂量组
胰岛素/(μIU/mL)	35.8±7.22**	7.03±1.17	21.73±3.04**	15.51±2.75**	10.82±1.86*

注:各取 6 只小鼠进行比较。各组均与高血糖组相比,** 表示与高血糖组相比差异极显著($P<0.01$);* 表示与高血糖组相比差异显著($P<0.05$)。

据张继曼等(2011)

5. 抑制肿瘤

白金晶(2018)研究了黑豆皮中花青素(black soybean coats anthocyanin,BSCA)抑制肝癌的分子机制。实验用不同浓度的 BSCA 处理 HepG 2 细胞与 SMMC7721 细胞后,使用 Western 印记技术和 qRT-PCR 对 JAK2/STAT3 信号通路中的 JAK2、STAT3、p-JAK2、p-STAT3 的蛋白水平以及基因水平的表达情况加以检测,同时使用 Western 印记方法检测了凋亡途径中相关蛋白 PARP、Caspase-3、Bcl-2、Bax、p53、p63 等的表达情况。结果表明,p-JAK2、p-STAT3、Bcl-2、Caspase-3 的表达量均随作用浓度及时间的增加而降低,p53、p63 的表达量逐渐升高。由此得出,黑豆皮花青素 BSCA 能促进凋亡相关蛋白的表达而抗凋亡相关蛋白的表达受到了一定程度的抑制。另外,对 JAK2 采取 shRNA 干扰后,JAK2 蛋白的表达明显下调,再将黑豆皮花青素 BSCA 作用于 shJAK2 细胞株后,结果显示出黑豆皮花青素 BSCA 对 shJAK2 细胞中 JAK2 表达的抑制效果更为明显。由此得出黑豆皮花青素 BSCA 可通过抑制 JAK2/STAT3 信号通路致使肝癌 Hep G2、SMMC7721 细胞发生凋亡。

李新(2015)采用 MTT 法研究了黑豆皮花青素对不同肿瘤细胞的增殖抑制作用,研究结果表明,黑豆皮花青素对 3 种癌细胞的增殖呈现出不同程度的抑制作用,但均呈剂量依赖性。黑豆皮花青素对 HepG2 的增殖抑制作用要强于 MCF-7 和 HCT-116,当样品浓度达到 500 μg/mL 时,对 HepG2 的抑制率为 56%,而此浓度对正常肠上皮细胞 FHC 的生长也产生了抑制作用;当样品浓度为 0～250 μg/mL 时,对 FHC 的生长没有影响,对 HepG2 细胞的增殖抑制率达到 44.7%。

Do 等(2007)在对韩国女性摄入水果、蔬菜和豆制品与预防乳腺癌发生的关系进行了研究,结果表明,摄入大量煮过的豆(黄豆和黑豆)可降低患乳腺癌的概率。

6. 抑菌

苏适等(2020)研究表明黑豆异黄酮浓度低于 0.25 mg/mL 时,对短小芽孢杆菌、枯草芽孢杆菌、金黄色葡萄球菌、酵母菌和大肠杆菌 5 种菌株的生长均无抑制作用;浓度在 0.5～1.75 mg/mL 对金黄色葡萄球菌的生长有较明显的抑制作用;浓度在 0.75～1.75 mg/mL 对短小芽孢杆菌、枯草芽孢杆菌的生长有较明显的抑制作用。表明在一定浓度范围内,黑豆异黄酮的抑菌作用随着浓度的升高而增强。

张星(2017)进行了黑豆异黄酮纯化物抑菌活性的研究,实验证明黑豆异黄酮纯化物对大肠杆菌、金黄色葡萄球菌、沙门氏菌、枯草芽孢杆菌均有不同程度的抑制作用,它们的抑菌圈分别达到 16.5 mm、9.0 mm、18.1 mm、14.4 mm。从抑制程度上来看,黑豆异黄酮对金黄色葡萄球菌、枯草芽孢杆菌、大肠杆菌和沙门氏菌的抑制作用的强弱依次为低度抑制、中度抑制、高度抑制、高度抑制。

张花利等(2011)发现黄酮粗提物对大肠杆菌、金黄色葡萄球菌、枯草芽孢杆菌均有不同程度的抑制作用,最低抑菌浓度分别为 40.0 mg/mL、2.5 mg/mL 和 5.0 mg/mL。

7.抗疲劳

刘恩岐等(2013)通过超滤与大孔吸附树脂分离黑豆蛋白酶解产物,获得体外抗氧化活性较强的黑豆肽,测定其相对分子质量分布和氨基酸组成;将小鼠随机分为空白对照组、谷胱甘肽(GSH)阳性对照组和黑豆肽低、中、高剂量组 5 组,进行缓解体力疲劳动物实验。结果(见表 2-3-32～表 2-3-35)表明,相对分子质量<3000、以体积分数 75%乙醇洗脱的黑豆肽具有相对最强的 DPPH 清除率;黑豆肽中、高剂量组小鼠负重游泳时间、血乳酸和肝糖原含量与空白组差异极显著($P<0.01$),但达到缓解体力疲劳同等效果的灌胃剂量约是 GSH 的 5～10 倍;抗氧化黑豆肽的相对分子质量约在 450～920 之间,具有 Phe、Val、Pro、Met 疏水性氨基酸和 Thr、Cys、His 等含量较高的氨基酸组成特点,可以延缓由自由基引发的疲劳。

表 2-3-32　黑豆肽超滤分离组分的 DPPH 自由基清除率比较($\bar{x}\pm s$)

相对分子质量(M_r)	>10 000	5000～10 000	3000～5000	<3000
DPPH 自由基清除率/%	25.06±0.52	31.07±0.67	37.41±0.78	51.06±0.92

据刘恩岐等(2013)

表 2-3-33　黑豆肽大孔树脂吸附分离组分的 DPPH 自由基清除率比较($\bar{x}\pm s$)

洗脱乙醇体积分数/%	25	50	75	100
DPPH 自由基清除率/%	33.06±0.52	50.07±0.67	71.41±0.91	61.06±0.72

据刘恩岐等(2013)

表 2-3-34　黑豆肽对小鼠负重游泳时间的影响($\bar{x}\pm s$, $n=8$)

组别	空白对照组	GSH 阳性对照组	低剂量组	中剂量组	高剂量组
负重游泳时间/min	104.83±11.07	160.16±28.73**	148.50±20.12*	167.50±25.95**	194.83±25.98**

注:* 表示与空白对照组相比,差异显著($P<0.05$);** 表示与空白对照组相比,差异极显著($P<0.01$)。
据刘恩岐等(2013)

表 2-3-35　黑豆肽对小鼠血乳糖、血清尿素氮与肝糖原含量的影响($\bar{x}\pm s$, $n=8$)　　单位:mmol/L

组别	血乳糖含量	血清尿素氮含量	肝糖原含量
空白对照组	37.96±3.78	7.87±0.85	12.41±0.13
GSH 阳性对照组	35.49±1.08	7.65±0.69	14.47±0.28**
低剂量组	34.79±1.11	7.70±0.99	14.62±0.36**
中剂量组	23.20±0.30**	7.23±0.66	17.87±1.02**
高剂量组	18.44±1.91**	6.78±0.89	21.96±0.42**

注:* 表示与空白对照组相比,差异显著($P<0.05$);** 表示与空白对照组相比,差异极显著($P<0.01$)。
据刘恩岐等(2013)

8.增强机体免疫作用

龙海涛(2005)观察了黑豆对小鼠免疫功能的调节作用。实验采用正常小鼠和环磷酰胺致免疫功能低下的模型小鼠为研究对象,检测黑豆低、中、高不同剂量(10 mg/d、50 mg/d、100 mg/d)组小鼠胸腺指数、脾指数,腹腔巨噬细胞吞噬率,血清溶血素含量,脾的 T 细胞增殖能力和脾细胞产生 IL-2 能力等指标。研究结果显示:①黑豆能对抗环磷酰胺引起的免疫抑制,对小鼠免疫功能有增强作用。a. 与正常对照组比较,黑豆各组均可使模型小鼠的脾指数恢复至正常水平;低、中剂量黑豆组可使模型小鼠巨噬细胞吞噬功能、溶血素水平与正常小鼠无统计学差异,$P>0.05$;中剂量黑豆组对免疫抑制小鼠的 IL-2 水平有明显恢复作用,与正常对照组无统计学差异,$P>0.05$。提示黑豆可使模型小鼠免疫功能恢复接近正常水平。

b. 与阴性对照组比较,低、中剂量黑豆组可使模型小鼠胸腺指数、脾指数、巨噬细胞吞噬功能有所恢复,$P<0.05$;各组黑豆对模型小鼠溶血素水平、淋巴细胞增殖能力、IL-2 水平有明显提高作用,$P<0.05$。②黑豆对小鼠免疫功能的增强作用与黄芪相似,个别指标(淋巴细胞增殖能力)弱于黄芪。③黑豆剂量与免疫作用有关。综上所述,黑豆具有增强小鼠免疫器官指数及巨噬细胞吞噬功能,并对体液免疫、细胞免疫、脾细胞产生 IL-2 能力有明显促进作用,提示黑豆是一种免疫增强剂,可改善机体异常的免疫状态,调节免疫系统失衡。

9. 提高记忆力

Shinomiya 等(2005)进行了摄入黑豆种皮提取物大鼠的迷宫实验,结果得出黑豆种皮提取物的食入可有效提高老鼠的记忆力和学习能力,尤其是长期记忆力。

三、黑豆(大豆)的研究成果

大豆具有较高的营养保健价值,富含多种人体必需氨基酸和不饱和脂肪酸,是植物蛋白和优质油脂营养的主要来源。大豆籽粒中所含有的人体必需的脂肪酸如亚油酸、油酸、亚麻酸等不饱和脂肪酸,对于合成磷脂、形成细胞结构、维持一切组织的正常功能、合成前列腺素都是必需的;另外还可以使胆固醇脂化,从而降低体内血清和肝脏的胆固醇水平,有益于心血管系统。此外还含有与抗癌有关的功能性物质,如卵磷脂、异黄酮等。

黄昕颖、程祖锌、郑金贵对大豆(黑豆)的异黄酮的含量作了研究(见表 2-3-36 和表 2-3-37)。

表 2-3-36　不同品种大豆发芽前与发芽 4 d 异黄酮的含量

	发芽前异黄酮含量/$(\mu g/g)$	发芽 4 d 异黄酮含量/$(\mu g/g)$
大润发黑豆	3826.36±22.31	4611.98±30.34
大润发黄豆	3192.24±13.71	5142.42±42.76
红豆	860.72±14.38	1753.63±20.54
黑豆	5344.14±69.94	6320.23±57.53
小金黄	3475.55±32.56	6069.48±47.19
小黄豆	2453.24±49.86	5519.35±6.38
鲁豆一号	2370.06±7.75	3929.23±65.28
皖豆 15	1942.5±6.38	4250.71±50.47
巨丰大豆	2220.57±10.04	4091.98±33.3
中黄 13	2678.68±34.57	4231.83±44.9

据黄昕颖、程祖锌、郑金贵(2016)

表 2-3-37　黑豆发芽 0～10 d 异黄酮含量

黑豆发芽天数/d	异黄酮含量/$(\mu g/g)$
0	5156.88±108.43
2	4922.2±10.11
3	6077.11±37.63
4	6210.53±20.54
5	7789.79±92.57
6	7733.53±99.52
7	8371.27±61.99
8	9516.54±48.72
9	10 334.7±100.37
10	11 150.45±132.34

据黄昕颖、程祖锌、郑金贵(2016)

辅酶 Q10(coenzyme Q10,CoQ10)又称泛醌或维生素 Q 或维生素辅酶 Q10,是一种脂溶性的醌类化合物,辅酶 Q10 作为细胞中线粒体的重要成分之一,是细胞呼吸链上的一种递氢体,是细胞自身产生的天然抗氧化剂和细胞代谢激活剂,是人体普遍缺少并具有重要生理生化功能的活性物质,具有清除自由基能力,对心血管疾病具有一定的治疗功能。

何琴、郑金贵(2009)研究了大豆辅酶 Q10 的提取技术及富辅酶 Q10 大豆种质资源,研究结果如下:

(1)采用分子模拟方法预测了辅酶 Q10 的分子性质及其功能。建立了辅酶 Q10 在真空状态下 300 K 时的优势构型并通过分子体系中电荷分布的计算,推测出辅酶 Q10 分子的活性位点主要是两个醌基。

(2)采用 HPLC-MS/MS 定性分析了初步提取的大豆辅酶 Q10,明确从大豆中获得的提取物为辅酶 Q10;进一步研究并建立了大豆辅酶 Q10 最佳提取技术条件,即提取溶剂为异丙醇,超声功率 400 W,超声/间隔时间为 6 s/6 s,超声次数为 50 次。该提取体系具有良好的重现性和回收率。

(3)研究测定了 32 份不同来源的大豆种质资源中辅酶 Q10 的含量。结果(见表 2-3-38)表明:32 份大豆种质资源中辅酶 Q10 含量最高的为大豆野生种,其中野生种"23-333"的辅酶 Q10 含量最高,达到 34.03 μg/g,为推广品种"福豆 310"(含量为 7.20 μg/g)的 4.73 倍,其次是野生种"23-262"和"23-260",分别为 29.87 μg/g 和 22.76 μg/g;栽培品种中,"桂早 2 号"辅酶 Q10 含量最高,达到 23.58 μg/g,是推广品种"福豆 310"的 3.28 倍,推广品种"福豆 310"含量最低(含量为 7.20 μg/g);野生种辅酶 Q10 的含量明显高于各栽培品种,野生种的平均含量为 28.89 μg/g 是栽培种(平均含量为 11.67 μg/g)的 2.48 倍;野生种之间的含量差异明显小于栽培种的,来源不同的品种间辅酶 Q10 的含量差异达到显著或极显著水平。

表 2-3-38　32 份大豆资源的辅酶 Q10 含量

品种名称	辅酶 Q10 含量/(μg/g)	品种名称	辅酶 Q10 含量/(μg/g)
汀香豆 03-11	11.87±0.18	桂早 2 号	23.58±0.53
福豆 8 号	11.76±0.02	中黄 13	10.90±0.43
福豆 310(CK)	7.20±0.31	赣豆 4 号	10.65±0.14
陕野选 300	10.92±0.28	浙 5702-31	9.80±0.12
闽豆 1 号	10.10±0.20	奥春 05-2	12.09±0.88
奥春 04-5	9.93±0.18	桂早 1 号	10.92±1.25
98B5-1	8.39±0.12	福豆 234	12.95±1.12
黄沙豆	8.38±0.06	23-333(野)	34.03±0.18
楚秀	9.14±0.06	早生枝豆	20.28±0.36
青大粒 1 号	12.46±0.01	23-260(野)	22.76±0.12
闽豆 2 号	11.91±0.31	23-262(野)	29.87±0.33
青酥 2 号	8.23±0.09	75-5	8.34±0.14
奥春 04-6	10.53±0.30	白乌枝豆	12.21±0.39
浙春 3 号	11.09±0.82	2808	15.95±0.09
桂 0118-1	10.90±0.31	泸 23-9	11.18±0.12
科选 2 号	11.24±0.30	闽豆 3 号	15.37±0.15
平均值			13.28

据何琴、郑金贵(2009)

参考文献

[1]秦琦,张英蕾,张守文.黑豆的营养保健价值及研究进展[J].中国食品添加剂,2015(7):145-150.

[2]王常青,任海伟,王海凤,等.黑豆多肽对 D-半乳糖衰老小鼠抗氧化能力的影响[J].食品科学,2010,31(3):262-266.

[3]曹柏营,张雅婷,孙睿彤,等.黑豆花青素提取及抗氧化活性研究[J].食品研究与开发,2019,40(6):94-99.

[4]王萌,阮美娟.黑豆提取物抗氧化性的研究[J].食品科技,2007(3):123-125.

[5]任梦瑶,汪莎莎,高涵,等.黑豆中多酚类物质的提取及抗氧化活性检测[J].现代食品,2018(19):91-94.

[6]李霄,薛成虎,弓莹,等.响应面分析法优化黑豆中皂苷的提取工艺及其抗氧化性研究[J].食品工业科技,2017,38(9):235-241.

[7]张星.超声波微波辅助提取黑豆异黄酮及其生物活性的研究[D].长春:吉林农业大学,2017.

[8]赵巧玲,陈晓梅,赵晋忠,等.黑豆种皮花色苷含量及抗氧化活性的测定[J].山西农业科学,2017,45(8):1240-1243,1267.

[9]张瑞芬,黄昉,徐志宏,等.黑豆皮提取物抗氧化和延缓衰老作用研究[J].营养学报,2007,29(2):160-162.

[10]孙振欧,王晓彬,王红,等.黑豆皮提取物升高内源抗氧化酶延长果蝇寿命[J].食品研究与开发,2016,37(18):11-14,48.

[11]宋岩.黑豆花色苷提取、纯化及体内外抗氧化研究[D].哈尔滨:东北农业大学,2013.

[12]刘晓芳,徐利,刘娜,等.黑芝麻和黑豆色素提取物对急性肝损伤的保护作用[J].中国实验方剂学杂志,2008,14(5):68-70.

[13]温小媛.黑豆多糖的提取、结构及其对小鼠急性肝损伤的保护作用研究[D].扬州:扬州大学,2016.

[14]史群有.黑豆汤治疗肝性腹水36例[J].辽宁中医杂志,1997(11):19.

[15]翟硕.黑豆皮有效成分的提取及其对肾损伤修复的研究[D].长春:长春工业大学,2018.

[16]KWON S H,AHN I S,KIM S O,et al. Anti-obesity and hypolipidemic effects of black soybean anthocyanins[J]. Journal of Medicinal Food,2007,10(3):552-556.

[17]陈萍,张保石.黑豆皮花青素降血脂及抗氧化效果[J].河北大学学报(自然科学版),2016,36(5):524-528.

[18]刘恩岐,巫永华,张建萍.黑豆肽的分离纯化及其辅助降血脂作用[J].食品科学,2013(19):248-252.

[19]张炳文,蔺新英.黑豆调质制品及其降血脂功能的研究[J].食品科学,2003(9):122-124.

[20]张继曼,文汉.黑豆皮花色苷的降血糖作用及其机理的研究[J].食品工业科技,2011,32(3):374-377.

[21]白金晶.黑豆皮花青素对肝癌细胞的作用及分子机理研究[D].太原:山西大学,2018.

[22]李新.黑豆皮花青素性质及抑制肿瘤细胞增殖的研究[D].太原:山西大学,2015.

[23]DO M H,LEE S S,JUNG P J,et al. Intake of fruits,vegetables,and soy foods in relation to breast cancer risk in Korean women:a case control study[J]. Nutr Cancer,2007,57(1):20-27.

[24]苏适,黎莉,王双侠,等.超声辅助离子液体提取黑豆异黄酮及其抑菌活性研究[J].食品研究与开发,2020,41(4):32-37.

[25]张花利,冯进,董晓娜,等.黑豆皮中黄酮提取及粗提物抑菌效果研究[J].大豆科学,2011,30(3):497-501.

[26]刘恩岐,李华,巫永华,等.黑豆肽的抗氧化活性与缓解体力疲劳作用[J].食品科学,2013,34(11):273-277.

[27]龙海涛.黑豆对小鼠免疫功能影响的实验研究[D].佳木斯:佳木斯大学,2005.

[28]SHINOMIYA K,TOKUNAGA S,SHIGEMOTO Y,et al. Effect of seed coat extract from black soybeans on radialmaze performancein rats[J]. Clin Exp Pharmcol Physiol,2005,32(9):757-660.

[29]何琴.大豆辅酶Q10的提取技术及种质资源研究[D].福州:福建农林大学,2009.

第四节 蚕豆品质

一、蚕豆的概述

蚕豆(*Vicia faba* L.)是豆科(Leguminosae)蝶形花亚科(papilionoideae)野豌豆族(Vicieae)野豌豆属(*Vicia* L.)下唯一的栽培种,一年生(春播)或越年生(秋播)草本植物,又名胡豆、佛豆、罗汉豆等。

蚕豆具有较高的营养价值,高蛋白、低脂肪、富淀粉。淀粉含量44%~47%,蛋白质含量24%~30%,在豆类中仅次于大豆,居第二位,显著高于其他植物蛋白源,且不含胆固醇。并且,其氨基酸含量和组成也接近于人体和动物所需要的最适比例,特别是赖氨酸含量比谷类作物高出3倍。蚕豆中的钙,有利于骨骼对钙的吸收与钙化,能促进人体骨骼的生长发育。蚕豆中微量元素含量较高,尤其是磷、镁、硒的含量远远高于青豆、菜豆、豇豆和扁豆。蚕豆的维生素含量也较高,成熟蚕豆中B族维生素含量显著高于其他豆类品种,而未成熟蚕豆则富含维生素A和维生素C。蚕豆中还含有丰富的胆石碱,有改善记忆和健脑的功能。蚕豆皮中的膳食纤维有降低胆固醇、促进肠蠕动的作用。蚕豆也是抗癌食品之一,可预防肠癌。

Guggenheim(1913)第一次从蚕豆中分离出左旋多巴,同时测得蚕豆荚壳中左旋多巴含量为0.25%。Birkmayer等(1961)发现小剂量左旋多巴对帕金森病有治疗效应,使得吃蚕豆替代性治疗帕金森病成为可能。

左旋多巴英文名称 *L*-dopa,化学名称为 *L*-3,4-二羟基苯丙氨酸(*L*-3,4-dihydroxyphenylalanine)。*L*-dopa为体内合成多巴胺及去甲肾上腺素等神经递质的前体物质,在临床上主要用于改善帕金森病症状,还可用于治疗弱视、肝昏迷、心力衰竭、促进骨折早期愈合等。

二、左旋多巴的功能

1.改善帕金森病症状

帕金森病(Parkinson's disease,PD) 又称震颤麻痹症,是一种进行性锥体外系功能障碍的中枢神经系统退行性疾病,临床上以运动障碍、震颤和肌肉强直为最突出症状。如不及时治疗,病情会慢性进行性加重,导致晚期全身僵硬,活动受限,生活质量明显下降。帕金森病分为五类:原发性、动脉硬化性、老年性、脑炎后遗症性及化学药物中毒性,后四类类似原发性帕金森病的症状,故又称为帕金森综合征(Parkinsonism)。帕金森病是中、老年人群常见的中枢神经系统变性疾病之一,一般在50~65岁开始发病,发病率随年龄增长而逐渐增加,60岁发病率约为1‰,70岁发病率达3‰~5‰,我国目前大概有170多万人患有这种疾病。

帕金森病的病因及病机尚不清楚,多数学者支持多巴胺缺失学说。该学说认为帕金森病是因纹状体内缺乏多巴胺(DA)所致,其原发因素是黑质内多巴胺能神经元退行性病变。黑质中多巴胺能神经元发出上行纤维到达纹状体(尾核及壳核),与纹状体神经元形成突触,释放多巴胺,对脊髓前角运动神经元起抑制作用;另一方面,尾核中胆碱能神经元与尾-壳核神经元形成突触,释放乙酰胆碱(ACh),对脊髓前角运动神经元起兴奋作用。正常时两种递质处于平衡状态,共同参与运动功能调节(图2-4-1)。帕金森病是由于黑质中多巴胺能神经元变性、数目减少,纹状体内多巴胺含量减少,黑质-纹状体通路多巴胺能神经功能减弱,胆碱能神经功能则相对占优势,从而出现帕金森病的肌张力增高等临床症状。

Ehringer等(1960)首次发现帕金森病患者纹状体内多巴胺耗竭,当患者黑质多巴胺能神经元减少

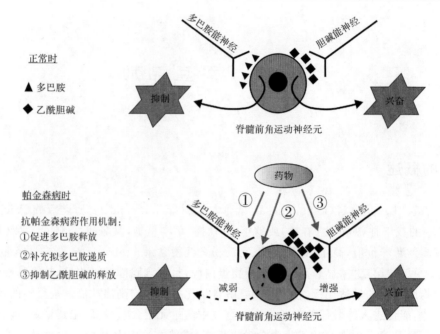

图 2-4-1 帕金森病的发病及抗帕金森病药作用机制

50%以上,多巴胺浓度减少 80%则出现临床症状。随即想到用人工合成的多巴胺来替代减少了的递质,但均未成功,这是由于无论是口服的还是静脉给予多巴胺都不能通过脑的一道屏障——血脑屏障,因而不能到达脑部。此后通过进一步的研究,科学家们发现多巴胺的前体物质 L-dopa 能够通过血脑屏障,补充 L-dopa 可使患者的临床症状明显改善,这一发现立即成为帕金森病治疗中的一个重要里程碑。Birkmayer 等(1961)和 Barbeau 等(1962)报道小剂量 L-dopa 对帕金森病有治疗效应,Cotzias 等(1967)的研究结果表明口服大剂量 L-dopa(3~8 g/d)的疗效更为显著,因此 20 世纪 60 年代起确立了 L-dopa 替代治疗的基本原则。随后研究发现 L-dopa 联合多巴脱羧酶抑制剂能减少外周副反应、提高疗效,使 L-dopa 在 70 年代中期成为治疗帕金森病的金标准。

1973 年,美多芭(L-dopa 与脱羧酶抑制剂苄丝肼)经 FDA 批准上市。依 2009 年中华医学会神经病学分会帕金森病及运动障碍学组公布的《中国帕金森病治疗指南(第二版)》中的帕金森病早期治疗策略(见图 2-4-2),可明显看出虽然治疗帕金森病已有 DR 激动剂(多巴胺受体激动剂)、MAO-B 抑制剂(单胺氧化酶 B 型抑制剂)或加用维生素 E、金刚烷胺和(或)苯海索,但不管是有认知障碍还是无认知障碍的患者,均需复方 L-dopa(苄丝肼左旋多巴、卡比多巴左旋多巴)或加儿茶酚-氧位-甲基转移酶(COMT)抑制剂进行治疗。

将 L-dopa 应用于帕金森病的治疗,数十年来一直是治疗帕金森病最有效的药物。L-dopa 治疗前后,帕金森病的死亡率降低,略延长患者预期寿命。然而,连续服用 10 年以上,相当部分患者出现难以控制的运动波动以及情绪、精神症状。长期服用 L-dopa 出现的疗效波动首先表现为每次服药后作用降低,以后发展为突然出现的开关现象。引起疗效波动可能因为每次使用 L-dopa 后作用维持的时间缩短以及达到作用所需剂量提高。

2. 治疗弱视

L-dopa 能穿过血脑屏障后再转化为多巴胺,是多巴胺的一种前体。多巴胺是中枢神经系统重要的神经递质。研究表明:视觉敏感度、色觉、视力、空间信号等视觉神经多方面受到多巴胺的影响,其中多巴胺从突触前膜的释放与视网膜的照明度呈正相关。多巴胺能影响水平细胞感视野的特性以及水平细胞间的缝隙连接,改变节细胞的反应,从而影响锥体细胞和杆体细胞的光适应性运动,参与脑的视成像过程。

Gottlob 等(1990)首次将单次剂量左旋多巴/卡比多巴用于弱视,发现服药后视力、对比敏感度、注视暗点均有所好转。1995 年 Leguire 等应用 L-dopa 联合卡比多巴治疗儿童弱视,并予部分遮盖(3 h/d)治

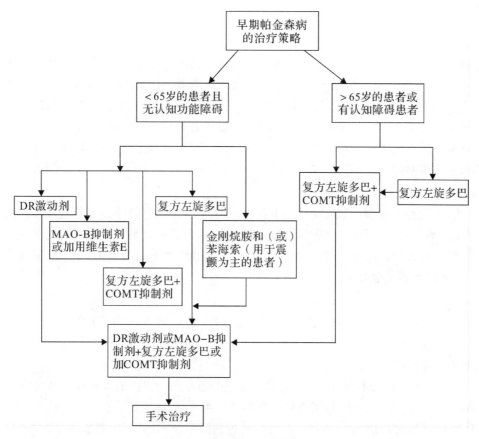

图 2-4-2 帕金森病早期治疗策略

疗,共计治疗 7 d。结果表明在治疗期间平均视力增加 2 行;研究表明视力改善与 L-dopa 有关,其中斜视性弱视和屈光参差性弱视眼的视力改善程度基本一致。

诸力伟等(2009)利用思利巴(主要成分是 L-dopa)联合综合疗法治疗弱视患儿 46 例。结果表明,服药 3 个月后轻度弱视患者的矫正视力均提高到 0.8 以上。中度弱视患者中 3 例矫正视力达到 0.8 以上,8 例矫正视力达到 0.6 以上,2 例矫正视力勉强提高 1 行。重度弱视患者只有 1 例矫正视力勉强提高了 1 行。视力进步者,即治疗有效者共计 36 例,占 78.3%。

吴小影等(2000)对 36 例(63 眼)4.4~14 岁经遮盖治疗未愈,视力稳定 6 个月无变化的患儿予以 L-dopa 联合卡比多巴治疗。结果表明,L-dopa 联合卡比多巴能有效提高难治性弱视患儿视力,视力提高维持时间至少 6 周,融合、立体视觉及黄斑光敏感度保持稳定。

刘岚等(2005)应用 L-dopa 联合卡比多巴治疗单眼弱视儿童 80 例,弱视程度轻度 3 例(3.75%),中度 49 例(61.25%),重度 28 例(35%)。结果表明 L-dopa 联合卡比多巴对弱视眼的视功能有改善作用,治疗后 P-VEP(图形视觉诱发电位)潜时显著缩短,波幅值明显上升。

3.促进骨折早期愈合

汤文辉等(2005)通过对 468 例不同部位和类型的骨折患者分别给予伤科接骨片、L-dopa、L-dopa 合用伤科接骨片治疗。结果表明,L-dopa 能促进骨折早期骨痂生长,促进骨折愈合,与伤科接骨片联用有协同作用。

4.治疗肝昏迷

肝昏迷时,肝脏对蛋白质的代谢产物苯乙胺和酪胺的氧化解毒功能减弱,生成"伪递质"——羟苯乙醇胺和苯乙醇胺,取代了正常递质去甲肾上腺素(NA),使神经功能紊乱。使用 L-dopa 后,在脑内转化成多巴胺,并进一步转化成 NA,与伪递质相竞争,纠正神经传导功能的紊乱,使患者由昏迷转为苏醒。邬晓婷等(2004)通过对 41 例肝性脑病(肝昏迷)患者的治疗,结果表明 L-dopa 治疗肝性脑病疗效可靠,同时建议治疗肝性脑病应在消除诱因,减少肠内毒物生成吸收的基础上选择 L-dopa 及降氨药物。

5. 治疗心力衰竭

蔡兆斌等(1999)通过用 0.24~0.75 g L-dopa 治疗充血性心力衰竭 42 例,一个疗程(4 周)后,临床显效率为 62%,总有效率为 90%。应用 L-dopa 治疗心力衰竭有效,可能与 L-dopa 转化为多巴胺,兴奋心脏 $β_1$ 受体,且激活多巴胺受体,减少左心室后负荷有关。L-dopa 的上述作用与静注多巴胺作用过程十分相似,除直接通过兴奋心肌 $β_1$ 受体发挥强心作用外,还可激活血管(脑血管、冠状血管、肾脏及肠系膜)上的多巴胺受体(DA_2),激动交感神经末梢的突触前 DA_2 受体,减少甲肾上腺素释放,扩张外周血管,降低心脏负荷,从而改善心脏功能。

6. 治疗消化性溃疡病

有研究认为,消化性溃疡病伴恶心症状的患者,尿中去甲肾上腺素及多巴胺含量降低,迷走神经和交感神经失去平衡。而 L-dopa 可加强交感神经张力和反应,恢复迷走神经与交感神经的平衡。对 30 例消化性溃疡病患者进行 L-dopa 治疗,治疗后患者经 X 线检查,十二指肠龛影消失 73.3%、胃龛影消失 60%,且较治疗前多巴和多巴胺排泄增加。

7. 治疗溢乳症

据临床观察,L-dopa 可通过抑制下丘脑促甲状腺激素释放激素,从而降低催乳素的分泌,而控制溢乳。

8. 治疗神经肌肉障碍性疾病

车承福(1983)应用安坦加 L-dopa(0.25 g/次,3 次/d)治疗同一家族的 3 例痉挛性截瘫患者,2~6 个月后,能自行走动,且跟踪治疗 2 年,效果更好。林剑峰运用 L-dopa 治疗病龄 1~8 年的畸形性肌张力不全患儿 12 例,L-dopa 每次剂量 125 mg,每天 2 次,与进餐同服,2~5 d 每次剂量增加 100~125 mg,每天最大剂量增加到 2 g,有效率达到 75%。

9. 治疗某些脑梗死后精神症状

缺乏多巴胺可能是脑梗死后出现某些精神症状的原因。L-dopa 快速进入脑组织后,可迅速转变成多巴胺,弥补了脑内多巴胺不足,从而明显改善精神症状。刁继泉(1988)应用 L-dopa 治疗脑梗死后精神症状患者 10 例,改善者 9 例,有效率达到 90%。

10. 治疗毛发脱落

口服 L-dopa 后,可能增加血液到组织的儿茶酚胺浓度,从而促进毛发的生长。内服 L-dopa 1 g/d,分 3 次服,治疗毛发脱落患者有效率为 55%。

11. 促进小儿生长发育

张庆栓(2006)对垂体功能低下患儿 6 例进行 L-dopa 治疗(15 mg/kg,6 h 一次,内服),6 个月后,其中 5 例患儿生长速度明显加快。其血清生长激素(GH)水平升高,表明该药通过促进生长激素的分泌,加快骨和软骨的生长发育。

三、蚕豆的研究成果

福建农林大学农产品品质研究所郑开斌、郑金贵(2012)在收集大量蚕豆种质资源并分析蚕豆不同部位 L-dopa 含量的基础上,对高 L-dopa 含量的蚕豆花优异种质进行筛选、品种选育及其利用进行了研究。主要结果如下:

(1)建立了一套稳定、精确的蚕豆花 L-dopa 含量 HPLC 检测体系:色谱柱为 CAPCELL PAK CR 柱(150 mm×4.6 mm,5 μm),流动相为乙腈-0.1%甲酸溶液(体积比为 5∶95),检测波长 280 nm,流速 1.0 mL/min,进样量 20 μL,柱温 30 ℃。该方法 L-dopa 在 1~160 μg/mL 范围内线性关系良好($R^2=0.999\,9$),精密度良好、24 h 稳定性良好、重现性较好,加样回收率满足 HPLC 分析方法的要求。

L-dopa 微溶于水,易溶于稀酸溶液,不同的溶剂对蚕豆花 L-dopa 提取效果有明显差异(表 2-4-1),以 0.1 mol/L 醋酸提取的蚕豆花 L-dopa 含量测定结果最高(8.162%),0.1 mol/L 盐酸提取的最低(4.149%),确定以 0.1 mol/L 的醋酸作为蚕豆花 HPLC 测定的样品前处理提取溶剂。

表 2-4-1 不同溶剂提取蚕豆花 L-dopa 测定结果

提取溶剂	平均含量/%
0.1 mol/L HCl	4.149
0.1% H_3PO_4	4.459
0.1 mol/L HAc	8.162
0.1% HCOOH	7.962

注:表中含量为 3 次实验平均数。

据郑开斌、郑金贵(2012)

从表 2-4-2 可以看出,在 20 min 内,随着超声时间的延长,蚕豆花 L-dopa 测定含量明显增加,当超声时间超过 20 min,超声时间的延长对蚕豆花 L-dopa 含量的测定结果没有明显差异,从经济、效率角度考虑,蚕豆花 L-dopa 超声提取时间掌握在 20~25 min 为宜。

表 2-4-2 不同超声提取时间对蚕豆花 L-dopa 含量的测定结果

处理	超声提取时间/min	含量/%		平均含量/%
1	10	4.125 5	5.463 7	4.794 6
2	15	4.385 4	5.737 4	5.061 4
3	20	7.428 3	7.668 9	7.548 6
4	25	7.292 9	7.487 3	7.390 1
5	30	7.379 1	7.491 8	7.435 4
6	35	7.283 5	7.673 6	7.478 5
7	40	7.253 1	7.893 7	7.573 7
8	45	7.240 8	7.557 8	7.399 3
9	50	7.416 9	7.504 1	7.460 5

据郑开斌、郑金贵(2012)

(2)研究了蚕豆植株不同部位 L-dopa 的含量。结果(见表 2-4-3、表 2-4-4)表明,蚕豆植株不同部位的 L-dopa 含量以花最高、子叶最低,含量大小顺序为:花>叶片>荚壳>茎秆>种皮>子叶。叶片、荚壳、茎秆、种皮、子叶中 L-dopa 含量分别仅为花中含量的 23.1%、11.72%、4.35%、0.71% 和 0.08%(见表 2-4-3);白花 L-dopa 含量比浅紫花高 35.6%、比紫花高 94.3%,浅紫花比紫花高 43.3%,说明蚕豆花 L-dopa 含量随花色加深而降低(见表 2-4-4)。

表 2-4-3　蚕豆不同部位 *L*-dopa 含量测定结果

资源编号	*L*-dopa 含量/%					
	花	叶	荚壳	茎	种皮	子叶
1	8.242	0.354	0.257	0.019	0.080	0.006
2	9.805	0.977	0.656	0.313	0.026	0.009
3	5.119	0.501	0.321	0.045	0.017	0.000
4	3.562	0.709	0.943	0.098	0.064	0.005
5	4.501	1.619	0.697	0.475	0.052	0.007
6	5.247	2.981	0.975	0.361	0.022	0.000
7	6.208	1.798	0.783	0.129	0.014	0.002
8	6.537	2.221	0.335	0.541	0.058	0.005
9	4.430	0.608	1.020	0.106	0.062	0.006
10	6.500	2.129	1.063	0.530	0.034	0.009
平均	6.015 1	1.389 7	0.705 0	0.261 7	0.042 9	0.004 9
相对值	100	23.10	11.72	4.35	0.71	0.08

注:表中数据为 3 次样品的平均含量。

据郑开斌、郑金贵(2012)

表 2-4-4　不同花色蚕豆花 *L*-dopa 含量比较

	品种数	平均含量/%	标准差	变异系数	最高含量	最低含量
白花	23	5.955	1.962	32.95%	10.63	3.87
浅紫花	53	4.392	0.736	16.76%	5.64	2.63
紫花	21	3.065	1.608	52.46%	5.60	0.53

据郑开斌、郑金贵(2012)

(3)对 97 份种质资源蚕豆花的 *L*-dopa 含量进行了 2 年的重复检测和相关性分析。结果(见表 2-4-5)显示,同一种质资源的 *L*-dopa 含量不同年份间存在一定差异,但每份种质资源的变化趋势基本一致,2 年间的 *L*-dopa 含量相关系数 $R^2=0.967\,4^{**}$,达到极显著相关。说明不同种质资源间蚕豆花 *L*-dopa 含量的差异性是稳定的。

表 2-4-5　97 份蚕豆品种不同年份种植的蚕豆花 *L*-dopa 含量

种植年份	品种	平均数	中位数	众数	标准差	极差
2010 年	97	4.31	4.16	3.22	1.6555	10.5
2011 年	97	4.64	4.74	3.45	1.6441	10.4

据郑开斌、郑金贵(2012)

(4)对 3425 份种质资源蚕豆花的 *L*-dopa 含量进行检测和评价。结果表明,蚕豆花 *L*-dopa 含量在种质资源间存在极显著差异,最高含量达到 12.36%(见表 2-4-6),最低的只有 0.08%(见表 2-4-7),相差 154.5 倍。从 3425 份蚕豆花 *L*-dopa 含量的分布区间来看,*L*-dopa 含量在 2%~6% 之间的种质资源占 79.6%,含量在 7% 以上的占 4.1%,含量在 8% 以上的占 1.7%,含量在 9% 以上的仅占 0.7%(见表 2-4-8)。

表 2-4-6 蚕豆种质资源的蚕豆花 *L*-dopa 含量

资源编号	*L*-dopa 含量/%	资源编号	*L*-dopa 含量/%	资源编号	*L*-dopa 含量/%	资源编号	*L*-dopa 含量/%	资源编号	*L*-dopa 含量/%
4275	12.36	3522	9.89	731	8.74	617	8.39	3574	8.07
4277	11.86	4101	9.67	709	8.67	1970	8.37	946	8.06
1696	11.83	2846	9.31	734	8.66	255	8.31	649	8.06
3520	11.50	3527	9.22	24	8.60	4145	8.30	602	8.02
484	10.46	3206	9.18	700	8.58	955	8.29	753	7.99
2202	10.43	483	9.14	1577	8.56	21	8.20	3205	7.98
732	10.39	2970	9.11	2357	8.56	941	8.17	3753	7.98
197	10.31	3668	9.09	3288	8.51	944	8.17	847	7.95
2334	10.19	485	9.07	653	8.50	2111	8.16	3745	7.95
3526	10.13	1196	9.06	1479	8.49	662	8.14	1710	7.95
501	10.07	3280	8.92	3311	8.44	211	8.11	2098	7.94
1168	10.04	26	8.78	1569	8.41	701	8.09	670	7.93
720	10.00	271	8.78	220	8.39	27	8.09	952	7.93

据郑开斌、郑金贵(2012)

表 2-4-7 蚕豆种质资源的蚕豆花 *L*-dopa 含量

资源编号	*L*-dopa 含量/%	资源编号	*L*-dopa 含量/%	资源编号	*L*-dopa 含量/%	资源编号	*L*-dopa 含量/%	资源编号	*L*-dopa 含量/%
3043	1.10	1405	0.94	1146	0.72	2389	0.53	3037	0.32
2653	1.09	2116	0.92	172	0.72	1170	0.52	2853	0.31
1683	1.09	1510	0.91	1148	0.70	1567	0.50	1787	0.30
1507	1.09	1155	0.90	1154	0.70	216	0.50	3854	0.29
2233	1.06	1150	0.89	1323	0.69	1157	0.48	3125	0.29
1514	1.05	1474	0.88	2055	0.69	1999	0.46	3204	0.25
2106	1.04	1189	0.87	1378	0.66	2044	0.45	372	0.25
1158	1.03	1132	0.83	1147	0.63	3093	0.44	1133	0.25
2381	1.03	3146	0.81	1655	0.63	3961	0.40	3702	0.24
1475	1.03	1139	0.78	1663	0.62	805	0.40	1482	0.22
2086	1.02	1889	0.76	1144	0.61	1520	0.38	1151	0.19
2105	1.01	1149	0.76	1506	0.54	1182	0.36	1171	0.15
2213	0.98	1153	0.72	1524	0.53	1794	0.32	1456	0.08

据郑开斌、郑金贵(2012)

表 2-4-8　3425 份资源蚕豆花 L-dopa 含量的频率分布

L-dopa 含量/%	资源数	百分比/%	累积百分率/%	统计数据
0~1	25	0.73	0.73	
1~2	226	6.60	7.33	
2~3	644	18.8	26.13	
3~4	835	24.38	50.51	
4~5	757	22.10	72.61	平均含量 4.15%
5~6	489	14.28	86.89	标准差 1.6296
6~7	273	7.97	94.86	最低含量 0.08%
7~8	118	3.45	98.31	最高含量 12.36%
8~9	34	0.99	99.30	中位数 3.98%
9~10	12	0.35	99.65	
10~11	8	0.23	99.88	
11~12	3	0.09	99.97	
12~13	1	0.03	100.00	

据郑开斌、郑金贵（2012）

（5）从种质资源中筛选出大粒、白花蚕豆品种"陵西一寸"，于 2010 年通过福建省品种认定。"陵西一寸"蚕豆花 L-dopa 含量 8.40%，豆荚亩产 755.6 kg，比对照"阔白"增产 28.1%。按照系统选育程序选育出大粒、白花蚕豆品种"大朋一寸"。"大朋一寸"蚕豆花 L-dopa 含量 8.02%，豆荚亩产 815 kg。并发现这两个品种花蕾的 L-dopa 含量较高（见表 2-4-9）。

表 2-4-9　蚕豆小花生理发育进程对 L-dopa 含量的影响

品种	发育程度	2010 年	2011 年	2 年平均
陵西一寸	花蕾	9.120	9.255	9.188
	开放	7.251	7.394	7.322
大朋一寸	花蕾	8.322	8.425	8.374
	开放	7.037	7.201	7.119

据郑开斌、郑金贵（2012）

（6）研究了不同干燥温度和贮存温度对蚕豆花 L-dopa 含量的影响。结果（见表 2-4-10～表 2-4-13）表明：①蚕豆花 L-dopa 含量随着干燥温度的上升而降低。40℃烘干的含量为 8.09%，比 55℃、70℃、85℃和 100℃的分别高 10.7%、28.8%、35.7%和 51.5%；45℃微波真空干燥的含量为 8.40%，比 50℃、55℃、60℃和 65℃的分别高 10.3%、25.6%、32.0%和 62.0%。55℃冻干的含量 7.93%，比 75℃的高 12.0%。②蚕豆花室温下贮存 6 个月，L-dopa 含量降低 42.7%；16℃环境下贮存 6 个月，L-dopa 含量降低 14.1%；0℃以下贮存 6 个月，L-dopa 含量与贮存前无显著差异。

表 2-4-10　不同烘干温度对蚕豆花 L-dopa 含量的影响

烘干温度/℃	L-dopa 含量/%			5%显著水平	1%极显著水平
	重复Ⅰ	重复Ⅱ	平均		
40	8.262	7.926	8.094	a	A
55	7.548	7.078	7.313	b	B
70	6.216	6.352	6.284	c	C
85	6.009	5.923	5.966	c	CD
100	5.356	5.329	5.342	d	D

据郑开斌、郑金贵（2012）

表 2-4-11　不同微波温度对蚕豆 L-dopa 的影响(微波功率 600 W)

温度/℃	L-dopa 含量/%				
	重复Ⅰ	重复Ⅱ	重复Ⅲ	重复Ⅳ	平均
45	8.671 552	8.409 769	8.526 141	8.003 903	8.403[aA]
50	7.514 409	7.493 183	7.971 084	7.502 378	7.620[bB]
55	6.672 944	6.498 18	6.929 371	6.658 271	6.690[cC]
60	6.557 297	6.298 18	6.330 584	6.271 677	6.364[cC]
65	4.812 863	4.403 27	6.016 582	5.513 638	5.187[dD]

据郑开斌、郑金贵(2012)

表 2-4-12　冻干温度对蚕豆花 L-dopa 含量的影响

冻干温度/℃	L-dopa 含量/%	变化率/%
55	7.926	24.78
75	7.078	11.43
晒干(CK)	6.352	—

据郑开斌、郑金贵(2012)

表 2-4-13　不同环境温度下贮存 6 个月的 L-dopa 含量变化

贮存环境	L-dopa 含量/%			
	重复Ⅰ	重复Ⅱ	重复Ⅲ	平均
贮存前	8.569	8.069	8.105	8.248[Aa]
0℃下冷冻	7.995	8.021	7.687	7.901[Aa]
16℃低温存放	7.481	7.115	7.098	7.231[Bb]
室温存放	5.816	5.740	5.778	5.778[Cc]

据郑开斌、郑金贵(2012)

(7)对蚕豆花的食用安全性进行了初步研究。通过小鼠蓄积性毒性试验,结果显示,当小鼠日粮中添加 16.7% 的蚕豆花全组分,小鼠日增重比对照显著减少,表现出一定的毒性,但脏器系数无显著差异。当小鼠日粮中添加 1.5%～4.5% 的蚕豆花全组分,小鼠的净增重、脏器系数与对照均无显著差异,对小鼠无蓄积性毒副作用。以 4.5% 剂量折算,相当于体重 60 kg 的成人日摄入蚕豆花 74.25 g 为安全剂量,该摄入量约含植物源 L-dopa 5.2 g(帕金森病患者 L-dopa 日维持量为 2～6 g)。

(8)比较了不同配方的蚕豆花茶及其冲泡参数对茶汤中 L-dopa 浓度的影响。结果表明:蚕豆花茶配方、料水比对首道茶汤 L-dopa 浓度的影响显著,而冲泡时间的影响不显著。蚕豆花茶的最佳配方为:蚕豆花 70%～80%,枸杞 20%～30%,该配方的蚕豆花茶加水 30 倍、浸泡 3 min,首道茶汤的 L-dopa 浓度为 0.126 mg/mL。不同冲泡次数茶汤 L-dopa 浓度测定结果(见表 2-4-14)表明,第一、第二道茶汤 L-dopa 浓度最高,均显著高于第三道茶汤和极显著高于第四、第五道茶汤。从实际应用来看,第四道、第五道茶汤浓度仅为第三道茶汤的 14.8% 和 3.7%,建议冲泡 3 次为宜。

表 2-4-14　不同冲泡次数茶汤 L-dopa 浓度比较　　　　　　　　　　　单位:%

冲泡次数	重复Ⅰ	重复Ⅱ	重复Ⅲ	平均
第 1 道茶汤	0.012 3	0.013 1	0.011 7	0.012 4[ABa]
第 2 道茶汤	0.012	0.012 3	0.013 5	0.012 6[Aa]
第 3 道茶汤	0.010 5	0.011	0.011	0.010 8[Bb]
第 4 道茶汤	0.001	0.002 7	0.001 2	0.001 6[Cc]
第 5 道茶汤	0.000 6	0.000 2	0.000 5	0.000 4[Cd]

据郑开斌、郑金贵(2012)

蚕豆花 L-dopa 含量远高于蚕豆籽粒,也是至今发现 L-dopa 含量最高的植物性资源,开发利用蚕豆花 L-dopa 资源具有积极的意义。以蚕豆花配制蚕豆花茶,使用简便,茶汤 L-dopa 浓度可以达到 0.126 mg/mL,以一包 5 g 蚕豆花茶(含蚕豆花 3.5 g),每次用 150 mL 开水冲泡,连续 3 次,可以补充植物源 L-dopa 53.7 mg。

曹奕莺、郑金贵(2010)研究建立了蚕豆 L-dopa 的检测体系,研究了蚕豆品种间、部位间 L-dopa 含量的差异以及不同生育时期、不同干燥方式等对蚕豆 L-dopa 含量的影响,研究结果如下:

(1)建立了 HPLC 法分析检测蚕豆中 L-dopa 含量的检测体系:色谱柱 CAPCELL PAK CR,检测波长 280 nm,流动相乙腈-0.1%甲酸溶液(体积比为 5∶95),流速 1 mL/min,进样量 10 μL,柱温 35 ℃。

(2)分析检测了 197 个品种蚕豆花、52 个品种蚕豆青籽粒和 32 个品种蚕豆苗 L-dopa 的含量(见表 2-4-15~表 2-4-17):197 个品种蚕豆花 L-dopa 含量变化范围为 3.987%~10.181%(干重),L-dopa 含量最高品种是 C001,含量为 19.723%,是对照品种"陵西一寸"含量(16.208%)的 1.47 倍;52 个品种蚕豆青籽粒 L-dopa 含量变化范围为 0.009%~0.095%(8.79~95.12 mg/100 g,干重),L-dopa 含量最高品种是 C118,含量为 0.095%(95.12 mg/100 g),是对照品种"陵西一寸"含量(0.034%)的 2.80 倍;32 个品种蚕豆苗 L-dopa 含量变化范围为 4.393%~7.640%(干重),含量最高的品种是 C205,含量为 7.640%,是对照品种"陵西一寸"含量(5.534%)的 1.38 倍。

表 2-4-15　不同品种蚕豆花 L-dopa 含量的分光光度法测定结果

品种代号	L-dopa 含量/%	品种代号	L-dopa 含量/%
C001	19.723	C100	14.859
C002	18.632	C101	14.849
C003	18.502	C102	14.835
C004	18.208	C103	14.827
C005	17.988	C104	14.825
C006	17.613	C105	14.811
C007	17.273	C106	14.810
C008	17.153	C107	14.794
C009	17.105	C108	14.792
C010	17.088	C109	14.779
C011	17.002	C110	14.776
C012	16.961	C111	14.768
C013	16.939	C112	14.743
C014	16.938	C113	14.740
C015	16.870	C114	14.719
C016	16.725	C115	14.683
C017	16.561	C116	14.680
C018	16.540	C117	14.656
C019	16.485	C118	14.588
C020	16.431	C119	14.574
C021	16.415	C120	14.569
C022	16.403	C121	14.519

续表

品种代号	L-dopa 含量/%	品种代号	L-dopa 含量/%
C023	16.301	C122	14.514
C024	16.247	C123	14.500
C025	16.218	C124	14.486
陵西一寸(CK)	16.208	C125	14.485
C027	16.187	C126	14.481
C028	16.177	C127	14.442
C029	16.113	C128	14.428
C030	16.112	C129	14.411
C031	16.101	C130	14.399
C032	16.090	C131	14.399
C033	16.080	C132	14.370
C034	16.079	C133	14.356
C035	16.063	C134	14.342
C036	16.048	C135	14.328
C037	16.016	C136	14.271
C038	16.016	C137	14.228
C039	16.994	C138	14.201
C040	15.984	C139	14.172
C041	15.954	C140	14.115
C042	15.915	C141	14.100
C043	15.900	C142	14.087
C044	15.823	C143	14.086
C045	15.814	C144	14.085
C046	15.787	C145	14.074
C047	15.760	C146	14.061
C048	15.728	C147	14.058
C049	15.727	C148	14.043
C050	15.695	C149	14.014
C051	15.682	C150	14.002
C052	15.660	C151	13.988
C053	15.650	C152	13.977
C054	15.640	C153	13.972
C055	15.610	C154	13.972
C056	15.578	C155	13.972
C057	15.578	C156	13.930

续表

品种代号	L-dopa 含量/%	品种代号	L-dopa 含量/%
C058	15.574	C157	13.902
C059	15.544	C158	13.873
C060	15.532	C159	13.857
C061	15.521	C160	13.832
C062	15.521	C161	13.800
C063	15.505	C162	13.789
C064	15.491	C163	13.748
C065	15.490	C164	13.742
C066	15.478	C165	13.670
C067	15.467	C166	13.661
C068	15.459	C167	13.598
C069	15.458	C168	13.583
C070	15.419	C169	13.563
C071	15.360	C170	13.552
C072	15.347	C171	13.442
C073	15.323	C172	13.381
C074	15.311	C173	13.319
C075	15.268	C174	13.290
C076	15.262	C175	13.287
C077	15.256	C176	13.263
C078	15.247	C177	13.244
C079	15.228	C178	13.241
C080	15.177	C179	13.232
C081	15.165	C180	13.069
C082	15.158	C181	13.022
C083	15.097	C182	13.020
C084	15.095	C183	13.007
C085	15.070	C184	12.960
C086	15.029	C185	12.957
C087	15.014	C186	12.790
C088	15.012	C187	12.757
C089	15.007	C188	12.701
C090	14.954	C189	12.673
C091	14.928	C190	12.201
C092	14.912	C191	11.815

续表

品种代号	*L*-dopa 含量/%	品种代号	*L*-dopa 含量/%
C093	14.906	C192	11.603
C094	14.899	C193	11.601
C095	14.891	C194	11.524
C096	14.878	C195	11.411
C097	14.869	C196	11.069
C098	14.864	C197	11.024
C099	14.862	均值	14.876

据曹奕莺、郑金贵(2010)

表 2-4-16 不同品种蚕豆青籽粒 **L-dopa** 含量

品种代号	*L*-dopa 含量/(mg/100 g)	品种代号	*L*-dopa 含量/(mg/100 g)
C118	95.12	C051	32.22
C178	84.05	C121	32.17
C184	81.67	C179	29.02
C129	80.85	C192	28.01
C168	79.76	C187	27.75
C104	64.04	C097	26.76
C142	63.64	C146	25.87
C068	58.94	C144	24.26
C091	56.63	C197	24.09
C004	55.08	C127	23.30
C095	54.48	C101	21.88
C161	51.79	C041	19.09
C139	51.16	C103	18.27
C138	48.82	C170	17.86
C078	48.58	C040	15.25
C030	47.16	C147	14.90
C125	45.06	C024	14.26
C069	44.73	C181	14.05
C164	43.26	C076	14.01
C145	42.90	C019	13.07
C060	41.85	C198	12.96
C029	40.06	C088	12.30
C122	38.12	C137	12.14
C135	37.13	C124	11.32
C065	36.76	C096	10.54
陵西一寸(CK)	33.98	C193	8.79
		均值	37.11

据曹奕莺、郑金贵(2010)

表 2-4-17　不同品种蚕豆苗 *L*-dopa 含量

品种代号	*L*-dopa 含量/%	品种代号	*L*-dopa 含量/%
C205	7.640	C147	5.722
C206	7.434	C170	5.597
C207	7.428	陵西一寸(CK)	5.534
C104	7.180	C136	5.507
C044	7.049	C095	5.321
C160	7.015	C168	5.305
C204	6.980	C138	5.302
C199	6.923	C078	5.117
C106	6.828	C203	5.091
C153	6.782	C210	5.054
C202	6.443	C113	5.018
C201	6.253	C116	4.786
C027	5.959	C123	4.679
C157	5.957	C075	4.615
C030	5.930	C200	4.504
C208	5.726	C209	4.393
		平均	5.909

据曹奕莺、郑金贵(2010)

（3）研究了蚕豆发芽和出苗过程中 *L*-dopa 含量的变化趋势：蚕豆种子在发芽过程中，*L*-dopa 含量均呈先降低（0 d），后升高（3 d，对照品种）的趋势；蚕豆种子在出苗过程中 *L*-dopa 含量均呈先升高（0 d），后降低（3 d，对照品种）的趋势。

（4）研究了不同部位蚕豆苗 *L*-dopa 含量差异，不同时期、不同部位蚕豆花 *L*-dopa 含量差异：结果表明不同部位中：蚕豆苗＞蚕豆根＞蚕豆籽粒；不同时期中：花蕾期＞开花期；同一花序不同小花 *L*-dopa 含量之间无显著差异。

（5）研究了干燥方式对蚕豆花 *L*-dopa 含量的影响：40℃烘干条件下，*L*-dopa 含量与冻干相比无显著差异。烘干温度越高，蚕豆花 *L*-dopa 含量降低幅度越大。100℃烘干条件下，蚕豆花 *L*-dopa 含量（3.470%）仅为冻干处理（7.419%）含量的 38.48%～46.77%。

参考文献

[1]郑卓杰,王述民,宗绪晓,等.中国食用豆类学[M].北京:中国农业出版社,1997.

[2]GUGGENHEIM M. Dioxyphenylalanine: a new amino acid from *Vicia faba*[J]. Z Physiol Chem, 1913, 88: 276.

[3]BIRKMAYER W, HORNYKIEWICZ O. Der *L*-3,4-dioxyphenylalanin (DOPA) Effekt bei der Parkinson-Akinese [J]. Wien Klin Wschr, 1961, 73:787-788.

[4]李雪琴,裘爱泳.蚕豆生理活性物质研究进展[J].粮食与油脂,2002(7):34-35.

[5]方克勤.中医食疗在护理健康教育中的应用[J].长春中医药大学学报,2009,25(3):423-424.

[6]王熙卿.左旋多巴的合成[J].医药工业,1980(1):4-5.

［7］马培奇.帕金森氏病治疗药物发展现况及临床应用［J］.上海医药,2009,30(10):471-473.

［8］姚丽.姑息护理对帕金森老年患者生活质量的影响［C］//中华护理学会.中华护理学会全国第12届老年护理学术交流暨专题讲座会议论文汇编.［出版者不详］,2009:83-85.

［9］EHRINGER H, HORNYKIEWICZ O. Verteilung von noradrenalin und dopamin（3-hydroxytyramin）im gehirn des menschen und ihr verhalten bei erkrankungen des extrapyramidalen systems［J］. Wien Klin Wschr,1960,38:1236-1239.

［10］BARBEAU A, SOURKES T L, MURPHY C F. Les catecholamines dansla maladie de Parkinson［J］. Monoamines et Systeme Nerveux Central. Georg et cie S. A. , Génève, 1962:247-262.

［11］COTZIAS G C, VAN WOERT M H, SCHIFFER L M. Aromatic amino acids and modification of Parkinsonism［J］. N Engl J Med, 1967, 276(7):374-379.

［12］王新德.左旋多巴治疗帕金森病的回顾和展望［J］.中华老年医学杂志,2004,23(2):129-131.

［13］中华医学会神经病学分会帕金森病及运动障碍学组.中国帕金森病治疗指南(第二版)［J］.中华神经科杂志,2009,42(5):352-355.

［14］韩源,吴彤霞.弱视药物治疗进展［J］.国外医学眼科学分册,1999,23(1):34-36.

［15］GOTTLOB I, STANGLER ZUSCHROTT E. Effect of levodopa on contrast sensitivity and scotomas in human amblyopia［J］. Invest Ophthalmol Vis Sci, 1990, 31(4):776.

［16］LEGUIRE L E, WALSON P D, ROGERS G L. Levodopa/carbidopa treatment for amblyopia in older children［J］. J Pediatr Ophthalmol Strabismus, 1995, 32(3):143.

［17］诸力伟,杨莅,许国忠.思利巴治疗大龄弱视儿童的疗效［J］.实用医学杂志,2009,25(2):283-284.

［18］吴小影,刘双珍,徐和平.左旋多巴联合卡比多巴治疗儿童弱视远期疗效［J］.中国实用眼科杂志,2000,18(6):374-376.

［19］刘岚,陶自珍,陈艳华.左旋多巴联合卡比多巴治疗儿童单眼弱视的临床观察［J］.医学临床研究,2005,22(4):538-539.

［20］汤文辉,罗亦雄,黄慧姬.左旋多巴促进骨折早期愈合的临床研究［J］.广州医药,2005,36(2):37-39.

［21］邹晓婷.左旋多巴治疗肝性脑病临床分析［J］.临床医药实践杂志,2004,13(11):843-844.

［22］蔡兆斌.左旋多巴治疗充血性心力衰竭［J］.新药与临床,1990,25(6):46-47.

［23］何跃.多巴胺激动药耐受的垂体泌乳素腺瘤的研究进展［J］.中国临床神经外科杂志,2006,11(3):183.

［24］高焕民,胡聪.左旋多巴治疗弱视的新进展［J］.国外医学眼科学分册,1997,21(2):103.

［25］车承福.左旋多巴临床治愈家族性痉挛性截瘫3例［J］.实用内科杂志,1983,3(1):22-23.

［26］刁继泉.左旋多巴治疗某些脑梗塞后精神症状(附10例报告)［J］.实用医学杂志,1988(4):13.

［27］曾庆烜.斑秃患者临床症状体征与中医证型相关性的研究［D］.长沙:湖南中医学院,2003.

［28］张庆栓.诊治筋膜间隔区综合征几个问题讨论(附22例报告)［C］//中国中西医结合学会骨伤科专业委员会.第十四届全国中西医结合骨伤科学术研讨会论文集.［出版者不详］,2006:568-569.

［29］郑开斌.蚕豆花高L-dopa含量优异种质的发掘及其利用研究［D］.福州:福建农林大学,2012.

［30］曹奕鸢.蚕豆左旋多巴(L-dopa)含量的研究［D］.福州:福建农林大学,2010.

第五节 食用豆类(含花生)品质

一、食用豆类的概述

食用豆类(food legumes)是人类三大食用作物禾谷类、豆类、薯类之一,是以收获籽粒或嫩荚供人类食用的豆科作物的统称。它主要包括豌豆、绿豆、蚕豆、小豆、普通菜豆、豇豆、小扁豆、四棱豆、利马豆、木豆、鹰嘴豆等。豆科作物花生也在这一节阐述。食用豆类在农作物中的地位相当重要,仅次于禾谷类,在人类的膳食结构中位于第二位,为地球上大多数的居民特别是穷困的人提供了所需的蛋白类营养,被人类称为"穷人的肉食"。

作为人类三大食用作物之一,食用豆类中含有丰富的营养物质,主要是蛋白质、脂肪、多种矿质元素以及多种维生素。它们经过处理后,抑制了其中胰蛋白酶、生长抑制素以及血细胞凝集素的活性,不仅提高了口感,同时也提高了人体对营养成分的吸收率。

食用豆类为禾谷类主食增加了蛋白质含量,并有可能提高人类禾谷类主食的营养状况。禾谷类的蛋白质缺少某些必需氨基酸,特别是赖氨酸。而另一方面,有报道说豆类含有适量的赖氨酸,如青豌豆富含赖氨酸。食用豆类的蛋白质多为球蛋白类,这种的蛋白主要由两种蛋白质组成,根据各自的沉降系数分别被命名为 7S 和 11S 球蛋白。

在常见食用豆类中,碳水化合物的含量一般在 55%～70%,其中淀粉占 40%～60%。碳水化合物的组成各异,主要包括低聚糖、淀粉以及多种非淀粉类多糖。

食用豆类中脂肪含量相对较低,一般在 0.5%～3.6%,但差异较大,如不同蚕豆及豌豆品种,其粗脂肪含量从 15～20 g/kg 不等,其组成以不饱和脂肪酸为主,又含有人体的必需脂肪酸,有助于预防心血管疾病的发生。

食用豆类中还含有多种矿物元素,根据其功能特性分为四类:以还原态存在的氮和硫,以氧化阴离子存在的磷、硼和硅,钠、钾、镁、钙、锰、氯,以及参与氧化还原反应的铁、铜、铂和锌,它们对于人体健康也是必需的。豆类发芽后,维生素 C 含量显著提高,是一种具有广阔前景的绿色蔬菜。

在此特别介绍藤豆的营养成分,藤豆含有丰富蛋白质,18 种氨基酸种类齐全,配比均衡,其中必需氨基酸的含量高达 50%以上,是营养价值比大豆蛋白更高的优质蛋白质资源。另外,藤豆还含有对人体有益的钾、钠、钙、镁、铁、锰、锌、铜、磷、硒等数十种无机元素。

食用豆类中含有大量的植物次生代谢物,也被称为生物活性物质,如被称为抗营养因子的缩合单宁、蛋白酶抑制剂、生物碱、凝集素、嘧啶苷、皂素,以及多糖、黄酮类化合物等。它们对人及动物发挥了各种不同的效果,有些影响是正面的,有些是负面的,或者二者兼有。

对于大多数豆类作物来说,发芽是一种降低植物次生代谢物含量,进而降低对人体负面影响的有效方法。例如,25℃条件下萌发 24 h、48 h、72 h,蚕豆中缩合单宁酸的水平分别降低 56%、58%、60%。经过隔夜浸泡之后,在 16℃～17℃条件下发芽 7 d,蚕豆中蚕豆苷和伴蚕豆苷的含量分别降低了 84%、100%,而且当用 3%的过氧化氢溶液处理蚕豆种子 1 h,蚕豆苷的含量会降低 92%。此外,一些食用豆类中的低聚糖在萌发期间也有所降低,例如,研究发现一些食用豆类种子在萌发 48 h 后,其中的 α-半乳糖苷(棉子糖、水苏糖和毛蕊花糖)水平较之前降低 100%,相反,蔗糖含量有所增加。

GABA(γ-氨基丁酸)是脑组织最重要的神经递质之一,作为一种重要的抑制性神经递质,在神经元的代谢中起核心作用。GABA 还参与体内生物体内的代谢活动,发挥重要的生物功能,如健脑、降低血压、治疗癫痫、防止动脉硬化、改善糖尿病、增加神经营养等功能。翟玮玮发现黑豆中几乎不含 GABA,而发芽后 γ-GABA 含量显著增加。另有研究表明,发芽的豇豆、黄豆中含有 GABA。

20 世纪 90 年代,白藜芦醇因为"法国悖论"而被人们广泛关注,科学家们的研究也纷纷证实,红酒中含有丰富的天然多酚类物质——白藜芦醇;随后美国科学家研究发现,花生中也含有这种物质,且含量远高于葡萄酒中,达到 27.2 μg/g。花生发芽后其白藜芦醇含量迅速增加,化验分析表明,花生芽里的白藜芦醇含量是花生仁的 100 倍,花生芽因富含白藜芦醇而身价大增。花生芽菜被专家指为芽苗菜中营养和保健价值最大的品种之一。

二、食用豆类的功能

1. 抗癌和抗肿瘤

人类临床研究表明,蛋白酶抑制剂以及凝集素除了具有抗营养作用外,在抗癌方面也发挥了一定的作用。例如,豆类的一种蛋白酶抑制剂能有效预防和抑制体外诱导型致癌物的增殖,同时对动物体内的癌变亦有作用。此外,在体外,通过对人体直肠癌细胞施以 Bowman-Birk 蛋白酶抑制剂发现,这种蛋白酶抑制剂对癌细胞具有抑制性,并呈剂量效应。同时,凝集素已经被证实可以促进肠道上皮细胞增殖,从而抑制肿瘤的生长。例如,对于人的一个结肠癌细胞系,从蚕豆中提取出的凝集素能够刺激细胞分化形成腺体的类似结构,正是这种结构降低了结肠癌细胞的增长速度,并且抑制了不受控细胞的增生。

豆中富含黄酮类物质,如染料木黄酮和大豆黄酮,体外实验证明染料木黄酮和大豆黄酮一样可以抑制肿瘤细胞增殖,而大豆黄酮的抑制作用弱一些。

2. 抗氧化和抗衰老

赖富饶(2010)的研究结果表明,豆皮粗多糖 MHP 和纯化组分 MHP1 和 MHP2 的体外抗氧化活性随浓度的增大而增强,且纯化组分 MHP1 表现出比粗多糖 MHP 更强的抗氧化活性。

龙盛京等(1999)用化学发光的方法,研究了黑豆粗多糖对全血化学发光和活性氧的抑制作用,结果发现,黑豆粗多糖对全血化学发光有较强的抑制作用,对 H_2O_2、·OH 的清除作用具有量效关系,表明黑豆粗多糖对吞噬细胞具有免疫抑制作用,并具有抗衰老功效。

李琼等(2009)发现芸豆种子中的黄酮类化合物对清除超氧阴离子自由基(O_2^-·)以及羟基自由基(·OH)有一定的效果,通过乙醇提取,其黄酮类化合物含量达 23.8 μg/g;李琼(2011)还探讨了芸豆不同发芽阶段生物类黄酮对 DPPH 自由基的清除效率,结果表明芸豆不同发芽阶段的黄酮对 DPPH 自由基的清除率均大于相同浓度维生素 C 溶液,证明芸豆黄酮具有较强的清除自由基能力。

3. 降血糖、血脂和胆固醇

李燕(2007)的研究表明,异黄酮可能是鹰嘴豆中主要降血糖、调血脂的成分,而增强机体的抗氧化能力可能是其降糖、调脂的主要机制。

赖富饶(2010)的研究还发现豆皮多糖具有明显的调节血脂作用,进食豆皮多糖可降低高脂血症发生的风险。

小鸡、小鼠、大鼠以及猴子等动物实验已表明,皂苷的有利之处在于它能降低血液中胆固醇水平。这为降低动物及人的心脏病发病率提供了可能性。

4. 抗疲劳

汪建红等(2009)探讨了鹰嘴豆多糖的抗疲劳生物功效及其机制,采用水浸提法提取鹰嘴豆多糖后进行小鼠实验,结果显示,鹰嘴豆多糖能延长小鼠的负重游泳时间,增强小鼠血清和肝脏的 SOD 活性,降低 MDA 含量,提高肝糖原、肌糖原储备量,降低小鼠运动后血清尿素和血乳酸水平,表明鹰嘴豆多糖具有明显的抗疲劳功能。

5. 抑菌

尽管豆科粮食作物中的三萜皂苷和生物碱对人体及动物是有害的,但它们具有抑菌作用,对一些真菌,如紫斑病菌、圆斑病菌、尖孢镰刀菌和曲霉菌,也有抵抗作用。除此之外,鹰嘴豆碱、白羽扇豆碱以及狭叶碱对多种细菌都表现出一定的抑制效应,如大肠杆菌、绿脓杆菌、苏云金芽孢杆菌以及金黄色葡萄杆菌。另外,有研究表明,在体外,一些多酚类能够阻止产肠毒素大肠杆菌的毒素与正常细胞的结合,并能阻止其对小肠毛状缘或者接受体的毒性,这充分显示了单宁对病原菌的抗菌效果,而产肠毒素大肠杆菌(Enterotoxingenic *E. coli*,ETEC)是引起发展中国家婴儿腹泻的重要病因,也是儿童、成人以及旅游者腹泻的病因之一。

在此特别介绍藤豆的药用和保健功能,藤豆的药用和保健功能显著,特别是对高胆固醇症,具有调节血清胆固醇水平的功能,对心脑血管也有很好的保健功效。郑鸿雁等(2007)的研究表明,藤豆蛋白能够明显增强小鼠的细胞免疫和体液免疫功能。孙秀娥等(2006)研究了藤豆多糖对小鼠免疫系统的影响,结果表明其多糖能明显增强小鼠B淋巴细胞和T淋巴细胞的增殖,促进其巨噬细胞的吞噬能力和溶血素抗体的生成。国内研究表明,大豆蛋白经酶解制成多肽后,不仅水溶性大大提高,加工性能改善,而且具有易吸收、抗原性低等特点,可以降低胆固醇,具有大豆蛋白本身所不具备的营养特性和生物功能。吴润娇等(2006)通过动物喂养试验,建立高胆固醇模型,研究了藤豆多肽的生物保健功能,发现藤豆多肽具有降低血清胆固醇的作用,并具有一定的抗氧化作用。

三、食用豆类的研究成果

食用豆类(food legumes)在农作物中的地位相当重要,仅次于禾谷类,在人类的膳食结构中位于第二位,被称为"穷人的肉食"。李松玉、郑金贵(2012)研究了其营养功能成分,主要研究内容与结果如下:

1. 藤豆等15个豆类籽粒营养功能成分的研究

研究了12个品种15种豆类籽粒(见表2-5-1):总糖含量最高的是藤豆04,含量为34.18%,是最低"红豆01"含量(13.88%)的2.46倍;可溶性蛋白含量最高的是"黑豆01",含量为26.19%,是最低"豌豆01"含量(4.78%)的5.49倍;粗脂肪含量最高的是"红豆01",含量为19.15%,是最低含量"藤豆02"(0.07%)的274倍;可溶性固形物含量最高的是"黄豆01",含量为71.31%,是最低含量"玉豆01"(23.63%)的3.02倍。15份材料中,粗多糖含量最高的是"眉豆01",含量为10.08%,是最低含量"花生01"(0.82%)的12.3倍;总黄酮含量最高的是"豇豆01",为10.06 mg/g,是最低含量"豌豆01"(2.59 mg/g)的3.89倍。GABA含量最高的是"藤豆01",含量为569.35 μg/g,"蚕豆01"次之(161.33 μg/g),"眉豆01""玉豆01""花生01"三个品种籽粒中未检测到GABA。

对藤豆的毒理学安全评价进行了初步研究(见表2-5-2),其MTD(maximum tolerated dose,最大耐受剂量)>5.0 g/kg,属于安全无毒级。

表 2-5-1　藤豆及 12 个对照品种营养、功能成分测定结果

编号	品种	总糖/%	可溶性蛋白质/%	粗脂肪/%	可溶性固形物/%
1	藤豆01	25.35±0.69	8.50±0.07	1.23±0.09	46.83±0.65
2	藤豆02	26.87±1.53	9.92±0.06	0.07±0.01	44.78±0.64
3	藤豆04	34.18±0.05	11.66±0.01	1.38±0.12	46.77±1.11
4	眉豆01	17.94±0.85	7.61±0.11	0.11±0.01	46.14±0.66
5	小扁01	27.67±1.30	9.04±0.24	1.30±0.02	35.95±0.66
6	黄豆01	26.20±0.46	16.22±0.18	0.58±0.04	71.31±1.25
7	黄豆02	25.39±0.42	13.95±0.18	0.64±0.06	61.77±0.65
8	红豆01	13.88±0.82	8.19±0.06	19.15±1.61	35.78±0.65
9	黑豆01	19.32±0.11	26.19±0.04	14.81±0.45	55.60±1.27

编号	品种	总糖/%	可溶性蛋白质/%	粗脂肪/%	可溶性固形物/%
10	绿豆 01	32.17±0.82	12.47±0.16	14.14±0.72	54.56±0.62
11	豌豆 01	22.47±0.75	4.77±0.01	1.69±0.15	31.38±0.65
12	蚕豆 01	31.76±0.65	10.74±0.20	0.68±0.14	42.94±0.64
13	玉豆 01	31.02±0.52	6.52±0.07	1.26±0.21	23.63±1.13
14	豇豆 01	16.74±1.38	8.04±0.18	7.41±1.02	38.01±1.72
15	花生 01	28.33±1.12	11.95±0.11	4.02±0.19	37.91±0.65
	平均值	25.29	11.05	4.58	44.89

编号	品种	粗多糖/%	总黄酮/(mg/g)	GABA/(μg/g)
1	藤豆 01	2.390±0.110	3.149±0.027	569.353
2	藤豆 02	7.407±0.201	3.903±0.012	20.105
3	藤豆 04	8.832±0.102	4.724±0.153	52.715
4	眉豆 01	10.078±0.136	6.358±0.080	—
5	小扁 01	5.843±0.368	5.419±0.030	5.790
6	黄豆 01	0.958±0.177	4.917±0.126	42.900
7	黄豆 02	1.345±0.045	4.642±0.007	17.972
8	红豆 01	4.962±0.303	2.708±0.058	38.964
9	黑豆 01	1.675±0.131	5.352±0.419	27.331
10	绿豆 01	3.239±0.321	3.748±0.360	8.872
11	豌豆 01	6.813±0.267	2.587±0.441	24.803
12	蚕豆 01	3.665±0.077	6.476±0.396	161.330
13	玉豆 01	4.989±0.102	3.713±0.035	—
14	豇豆 01	3.297±0.136	10.064±0.274	40.777
15	花生 01	0.820±0.049	5.498±0.043	—
	平均值	4.420	4.884	84.243

注：—表示未检测到该物质。

据李松玉、郑金贵(2012)

表 2-5-2 小鼠对藤豆粉的最大耐受量试验

组别	动物数/只	初始体重/g	结束体重/g	死亡动物数/只
Control	9	20.47±1.59	28.15±2.29	0
藤豆	9	20.57±1.06	28.63±3.08	0

据李松玉、郑金贵(2012)

2. 豆类籽粒和芽苗菜 GABA 的研究

研究了红豆、黑豆、绿豆、黄豆四种豆类的 13 个品种籽粒和 1~7 d 芽苗菜中 GABA 含量(见表 2-5-3)。籽粒中,GABA 含量最高的品种是 B01,为 1021.625 μg/g,是最低品种 G04(211.234 μg/g)的 4.84 倍。1~7 d 的芽苗菜中,GABA 含量最高的是 Y02 生长 7 d 的芽苗菜,含量为 3050.35 μg/g,是含量最低(267.87 μg/g)生长 2 d 的红豆 R03 芽苗菜的 11.39 倍。绿豆 G03 生长 3 d 的芽苗菜中 GABA 含量提高幅度最大,是籽粒的 7.63 倍。13 个豆类第 5 日的芽苗菜中 GABA 含量平均值最高,为 1610.17 $\mu g/g$。13 个豆类芽苗中 GABA 含量在 5 d 内呈上升趋势,5~7 d 变化趋于平缓。

表 2-5-3　不同品种 0~7 d 生长期间 GABA 含量　　　　　　单位:$\mu g/g$

种类	品种	籽粒(0 d)	1 d	2 d	3 d	4 d
黑豆	B01	1021.625	1185.624	1089.537	1455.902	2440.538
	B02	952.840	1467.782	1498.382	1551.219	1745.234
	B03	541.525	784.254	833.247	1212.005	1344.930
	B04	599.075	737.330	1166.199	846.243	1449.417
红豆	R01	703.420	728.281	797.051	1754.141	1673.678
	R02	367.279	327.089	515.370	971.686	1433.194
	R03	298.837	352.679	267.867	714.065	915.963
黄豆	Y01	291.765	399.495	1147.513	1266.811	1142.241
	Y02	948.434	852.377	688.939	782.009	1637.430
绿豆	G01	291.452	1173.046	1357.495	1158.990	906.020
	G02	283.646	961.251	1412.879	1357.171	1154.579
	G03	261.761	1445.134	1571.932	1997.746	1569.521
	G04	211.234	900.542	1179.780	1196.635	1146.880
平均值		520.992	870.376	1040.476	1251.125	1427.663

种类	品种	5 d	6 d	7 d	均值
黑豆	B01	2223.811	1968.221	2155.265	1692.565
	B02	2434.925	1997.012	1497.549	1643.118
	B03	2403.529	2018.621	2526.213	1458.040
	B04	1744.469	2121.633	1555.562	1277.491
红豆	R01	556.837	1551.716	1538.077	1162.900
	R02	1361.749	1046.075	1043.151	883.199
	R03	1476.783	975.759	1140.919	767.859
黄豆	Y01	1588.809	2146.794	1629.971	1201.675
	Y02	2070.341	2479.868	3050.350	1563.719
绿豆	G01	954.266	948.310	963.218	969.100
	G02	1484.368	1186.592	1155.580	1124.508
	G03	1150.918	1001.960	793.288	1224.033
	G04	1481.438	1059.383	787.265	995.395
平均值		1610.173	1577.073	1525.877	

据李松玉、郑金贵(2012)

　　研究了红豆、绿豆、黄豆、黑豆 4 种豆类 7 d 龄芽苗菜的不同部位 GABA 的含量(见图 2-5-1)。红豆 R02 芽苗菜根中 GABA 含量最高,为 3180.196 $\mu g/g$,是含量最低(919.978 $\mu g/g$)的绿豆 G01 芽苗菜根的 3.46 倍。红豆芽苗菜各部位 GABA 含量:根>籽粒>芽苗,且均高于其他三种豆类。

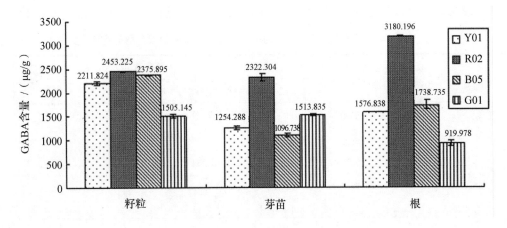

图 2-5-1　四种豆类芽苗菜不同部位 GABA 的含量

据李松玉、郑金贵(2012)

3. 花生籽粒和芽苗菜中白藜芦醇含量的研究

研究了花生白藜芦醇的两种检测方法和参数，以 HPLC 的分析方法为宜，实验色谱条件下，进样量 5 μL，达到较好的分析结果，在 0～8 mg/L 范围内线性关系良好，加样回收率满足 HPLC 分析方法的要求。

研究了影响花生芽苗菜白藜芦醇含量的因素。在 80 ℃烘干温度下，白藜芦醇含量达到最高。

分析 15 个品种花生籽粒和 1～5 d 的花生芽芽苗菜中白藜芦醇的含量。花生籽粒中，白藜芦醇含量最高的品种是 H06，达 0.399 μg/g，是平均值(0.096 μg/g)的 4.16 倍。1～5 d 的花生芽苗菜中，H11 发芽 5 天的花生芽苗菜中白藜芦醇含量最高，为 73.274 μg/g，与含量最低的发芽 1 d 的 H02 花生芽苗菜(0.056 μg/g)相差 1307.46 倍；H14 第 5 天的花生芽苗菜中白藜芦醇含量提高幅度最大，是未发芽籽粒的 879.28 倍。不同品种花生芽的不同部位中白藜芦醇含量存在差异，平均值大小为：根＞茎＞豆瓣。H15 根中白藜芦醇含量最高，为 168.221 μg/g，H10 茎中白藜芦醇含量最低，为 0.590 μg/g。

表 2-5-4　不同品种 0～5 d 的花生芽中白藜芦醇的含量

品种	(籽粒)0 d	1 d	2 d	3 d	4 d	5 d
H01	0.120	0.281	0.543	2.300	2.874	1.947
H02	0.140	0.056	8.102	5.522	2.633	4.389
H03	0.120	1.753	4.350	7.911	2.339	13.642
H04	0.100	0.089	4.706	8.893	2.697	3.925
H05	0.080	2.882	3.964	4.524	6.352	3.065
H06	0.399	0.064	4.061	2.086	2.497	4.868
H07	—	2.615	4.701	6.144	2.962	5.469
H08	0.060	6.642	8.129	3.973	3.234	7.679
H09	0.220	2.980	3.701	2.544	2.243	6.050
H10	—	0.141	8.389	2.574	1.869	1.511
H11	—	0.605	2.652	2.593	2.094	73.274
H12	—	3.645	3.448	1.971	3.017	7.107
H13	—	3.829	4.169	8.681	10.861	14.024
H14	0.060	2.150	4.474	4.011	4.791	52.693
H15	0.140	0.479	11.658	4.681	2.777	6.554
平均值	0.096	1.881	5.136	4.561	3.549	13.747

注：—表示未检测到该物质。

据李松玉、郑金贵(2012)

黄昕颖、程祖锌、郑金贵对花生根、茎、豆瓣中白藜芦醇的含量进行了研究,研究结果如表 2-5-5 所示。

表 2-5-5　不同品种 0~12 d 的花生根、茎、豆瓣中白藜芦醇的含量

品种名称	部位	白藜芦醇含量/(μg/g)				
		12 d	9 d	6 d	3 d	0 d
0591-4-7-CS1	根	79.25	89.71	−1.51	−1.82	—
	茎	15.71	10.58	5.44	4.31	—
	豆瓣	−0.86	−0.86	7.13	−0.86	−0.86
油油-188	根	22.76	45.49	−0.92	−1.27	—
	茎	18.04	5.14		6.01	—
	豆瓣	−0.86	−0.86	6.40	4.09	−0.86
B11	根	51.12	−0.86	−1.03	−1.91	—
	茎	21.87	5.28	2.94	4.68	—
	豆瓣	−0.86	447.82	1.25	4.86	−0.86
A4-6-CS1-3-2-2-2-2-2-3-CS1	根	220.60	−0.86	43.40	−1.35	—
	茎	13.88	3.99	4.18	4.32	—
	豆瓣	−0.86	−0.86	−0.86	−0.86	−0.86
A1-11-2-1-4-CS1	根	50.95	7.71	32.82	−1.75	—
	茎	19.82	10.91	3.62		—
	豆瓣	−0.86	−0.86	4.17	−0.86	2.59
闽花 6 号	根	19.21	−0.86	−1.25	−2.37	—
	茎	38.22	−0.86	3.93	−0.88	—
	豆瓣	−0.86	−0.86	4.72	3.29	−0.86
泉花 551	根	185.26	107.03	73.53	−1.57	—
	茎	39.05	7.30	11.16	5.98	—
	豆瓣	3.73	−0.86	−0.86	4.32	−0.86
泉花 7 号	根	68.51	−0.86	−1.29	−1.66	—
	茎	44.00	−0.86	3.02	4.72	—
	豆瓣	−0.86	−0.86	−0.86	−0.86	−0.86
A1-5-7-5-7	根	5.81	30.43	−0.89	−1.74	—
	茎	19.56	5.33	3.93	4.98	—
	豆瓣	−0.86	−0.86	−0.86	4.92	−0.85
豫花 15	根	125.27	−0.86	−0.86	−0.86	—
	茎	16.15	17.8	4.39	4.87	—
	豆瓣	−0.86	−0.86	−0.86	−0.85	−0.85

注:数值为负,表示未检测出。

据黄昕颖、程祖锌、郑金贵(2015)

参考文献

[1]郑卓杰.中国食用豆类学[M].北京:中国农业出版社,1997.

[2]宗绪晓.食用豆类高产栽培与食品加工[M].北京:中国农业科学技术出版社,2002.

[3]宗绪晓,关键平.食用豆类的植物学特征、营养化及产业化[J].资源与生产,2003(11):28-30.

[4]AMJAD I,KHALIL I A,SHAH H. Nutritional yield and amino acid profile of rice protein as influenced by nitrogen fertilizer[J]. Sarhad Journal of Agriculture,2003(19):127-134.

[5]FARZANA W, KHALIL I A. Protein quality of tropical food legumes[J]. Journal of Science and Technology,1999(23):13-19.

[6]CASEY R,DOMONEY C,ELLIS N. Legume storage proteins and their genes[J]. Oxford Surveys of Plant Molecular and Cell Biology,1986(3):1-95.

[7]IQBAL A,KHALIL I A,ATEEQ N,et al. Nutritional quality of important food legumes[J]. Food Chemistry, 2006(97):331-335.

[8]王鹏,任顺成,王国良.常见食用豆类的营养特点及功能特性[J].食品研究与开发,2009(12):171-174.

[9]CHAMP M M J. Non-nutrient bioactive substances of pulses[J]. Nutrition,2002(88):307-319.

[10]JAMROZ D,KUBIZNA J. Harmful substances in legume seeds-their negative and beneficial properties[J]. Vet Sci,2008(11):389-404.

[11]ALONSO R, AGUIRRE A, MARZO F. Effects of extrusion and traditional processing methods on antinutrients and in vitro digestibility of protein and starch in faba and kidney beans[J]. Food Chem,2000 (68):159-165.

[12]JAMALIAN J. Removal of favism-inducing factors vicine and convicine and the associated effects on the protein content and digestibility of fababeans(*Vicia faba* L.)[J]. Sci Food Agric,1999(79):1909-1914.

[13]郭晓娜,朱永义,朱科学.生物体内γ-氨基丁酸的研究[J].氨基酸和生物源,2003,25(2):70-72.

[14]渠岩,王夫杰,李平兰,等.γ-氨基丁酸及其在大豆发酵食品中的研究进展[J].中国酿造,2010(3):1-2.

[15]翟玮玮,焦宇知.黑豆发芽过程中蛋白质及γ-氨基丁酸的变化及发芽条件的优化[J].食品科学,2009,30 (19):51-54.

[16]张莉力,许云贺.培养条件对大豆芽中γ-氨基丁酸含量的影响[J].食品科技,2008,33(2):34-35.

[17]申迎宾,范子剑,麻浩.响应面法优化发芽豇豆积累γ-氨基丁酸工艺条件的研究[J].食品科学,2010,31 (2):10-16.

[18]CLEMENTE A, GEE J M, JOHNSON I T, et al. Pea (*Pisum sativum* L.) protease inhibitors from the Bowman-Birk class influence the growth of human colorectal adenocarcinoma HT29 cells in vitro[J]. Agric Food Chem,2005(53):8979-8986.

[19]赖富饶.豆皮水溶性多糖的结构与功能性质研究[D].广州:华南理工大学,2010.

[20]龙盛京,马文力,农冠荣.黑豆色素及多糖对全血化学发光和活性氧的抑制作用[J].食品科学,1999(9): 9-12.

[21]李琼,施兴凤,李学辉,等.芸豆种子黄酮类化合物的抗氧化性研究[J].种子,2009(12):77-79.

[22]李琼.芸豆不同发芽阶段生物类黄酮对DPPH自由基的清除效率研究[J].安徽农业科学,2011,39(20): 12072-12074.

[23]李燕.鹰嘴豆异黄酮和皂苷的同步提取、分离纯化及其降糖调脂作用的研究[D].乌鲁木齐:新疆农业大 学,2007.

[24]JAMROZ D, KUBIZNA J. Harmful substances in legume seeds-their negative and beneficial properties[J]. Vet Sci,2008(11):389-404.

[25]赖富饶.豆皮水溶性多糖的结构与功能性质研究[D].广州:华南理工大学,2010.

[26]汪建红,张婷,张蔚佼.鹰嘴豆多糖抗疲劳生物功效及其机制研究[J].食品工业,2009(5):1-3.

[27]JUL L B,FLENGMARK P,GYLLING M, et al. Lupin seed (*Lupinus albus* and *Lupinus luteus*) as a protein source for fermentation use[J]. Ind Crop Prod,2003(18):199-211.

[28]郑鸿雁,昌友权,孙秀娥,等.多年生藤本豆蛋白对小鼠免疫功能的影响[J].食品科学,2007,28(9):526-528.

[29]孙秀娥,昌友权,吴润娇,等.多年生藤本豆多糖对小鼠免疫功能的研究[J].食品科学,2006,27(12):739-741.

[30]吴润娇,昌友权,任保国,等.多年生藤本豆多肽保健功能的研究[J].食品科学,2006,27(12):733-734.

[31]李松玉.食用豆科作物籽粒和芽苗菜营养功能成分的研究[D].福州:福建农林大学,2012.

第三章

食药兼用作物品质

第一节　薏苡仁品质

一、薏苡仁的概述

薏苡(*Coix lacryma-jobi* L.)是禾本科薏苡属植物,薏苡仁又名苡米、菩提子、胶念珠、六谷米等,是薏苡干燥成熟的种仁。薏苡仁中主要含有淀粉、蛋白质、脂肪、多糖,此外,还含丰富的 B 族维生素和磷、铁、钙、锌、钾等多种矿物质,其营养价值在禾本科植物中占第一位,被誉为"世界禾本科植物之王"。现代药理学研究表明,薏苡仁具有抗肿瘤、免疫调节、抗炎、降血糖血脂、抗氧化、防辐射等方面的生物活性。

二、薏苡仁的功能

1. 抗肿瘤

薏苡仁在体内、体外都有明显的抗癌效果,特别是在预防癌症方面有很好的效果。1957 年,日本学者中山宗春首次发现荷瘤小鼠腹腔注射薏苡仁乙醇提取物能抑制 Ehrlich 腹水癌细胞的增殖,延长动物生存时间。随后他又证实用乙醚脱脂的薏苡仁丙酮提取液也具有抑制小鼠 Ehrlich 腹水癌细胞的作用。近些年来研究表明,薏苡仁总提取物对晚期原发性肝癌患者的免疫功能有促进作用,并对患者的肝癌细胞有较好的毒性作用;对吉田肉瘤具有杀灭作用,并能使瘤细胞核分裂停止于中期;也能通过抑制细胞增殖和诱导细胞凋亡来直接抑制 SGC-7901 胃癌细胞的生长,对胃癌有一定的治疗作用;还对非小细胞肺癌多药耐药基因有一定的影响,可用于肺癌的辅助治疗。薏苡仁乙醇提取物对艾氏腹水癌小鼠腹腔注射,每日给药 10.3 mg,连续 7 d,能抑制艾氏腹水癌细胞增殖,可明显延长小鼠生存期;若在皮下注射,24 h 内小鼠腹水变透明,肿瘤细胞几乎完全消失。

Chang 等(2003)采用了薏苡仁提取物饲养烟草致癌物 4-(甲基亚硝胺基)-1-(3-吡啶)-1-丁酮(NNK)诱导的肺癌小鼠,发现薏苡仁甲醇提取物有抑制肺癌细胞增殖、诱导肺癌细胞凋亡的效果。Li 等(2011)分别采用了薏苡麸皮、薏苡麸皮乙醇提取物和麸皮提取残渣饲喂腹腔内注射过结肠癌诱变剂 1,2-二甲基肼(DMH)的雄性大鼠试验,发现所有样品均有早期抑制结肠癌前期病变的作用。Wang 等(2013)研究发现了发芽薏苡仁的多酚提取物对 HepG2 人体肝癌细胞具有明显的增殖抑制作用。蔡烈涛等(2010)证实了薏苡仁油软胶囊对移植于裸鼠的人体前列腺肿瘤 PC-3M 可起到直接抑制作用,单用薏苡仁油软胶囊 3 个剂量组对移植于裸鼠的人体前列腺肿瘤 PC-3M 抑瘤率分别为 44.50%、40.52%、28.44%,对前列腺癌的生长有明显抑制作用。

谭兵等(2014)探讨了注射用薏苡仁油(康莱特)在晚期非小细胞肺癌(NSCLC)患者化疗中的作用。实验将126例接受紫杉醇联合顺铂方案化疗的晚期NSCLC患者随机分为治疗组和对照组,各63例,治疗组在化疗期间每日给予注射用薏苡仁油200 mL辅助治疗,对照组为单纯化疗组。比较两组患者的血象及临床症状改变情况,并观察两组患者的治疗有效率、中位生存期及1年生存率。结果显示,治疗组和对照组的治疗有效率分别为42.9%和33.3%,中位生存期和1年生存率分别为10.6个月和8.2个月、45.1%和33.6%($P<0.05$)。治疗组Ⅲ/Ⅳ度[其中骨髓象:白细胞计数≥4.0×10^9/L为正常,$(3.0\sim3.9)\times10^9$/L为Ⅰ度下降,$(2.0\sim2.9)\times10^9$/L为Ⅱ度下降,$(1.0\sim1.9)\times10^9$/L为Ⅲ度下降,$<1.0\times10^9$/L为Ⅳ度下降]白细胞下降比例为19.0%,较对照组(33.3%)明显降低($P<0.05$)。提示注射用薏苡仁油在晚期NSCLC化疗中作为支持治疗有明显的协同增效作用,可改善晚期患者的生存质量,延长生存时间。

王心丽等(2013)观察了薏苡仁提取物加放、化疗治疗老年食管癌、肺癌的治疗效果及与使用剂量的关系。试验选取经手术或病理确诊老年食管癌、肺癌84例患者,随机分为两组:观察组41例,在放疗(化疗)治疗基础上联合应用薏苡仁提取物,100 mL或200 mL静滴,每日1次,连续2周,停1周,每3周为1个周期,共两周期;对照组43例使用放疗(化疗),同时予以5%葡萄糖500 mL加维生素C等静滴,每日1次,连续2周,停1周后重复;两组患者采用常规分割放射治疗。结果(见表3-1-1~表3-1-5)显示,观察组近期总有效25例(61.0%),对照组近期总有效22例(51.2%),两组比较差异无统计学意义($P>0.05$)。两组胃肠道反应、骨髓抑制、放射性肺炎、放射性食管炎行相关分析,差异有统计学意义($P<0.05$);观察组使用薏苡仁提取物剂量为100 mL/d和200 mL/d者KPS评分变化分别为22例(84.6%)和13例(86.7%),体重变化分别为23例(92.0%)和14例(93.3%),较对照组24例(55.8%)和29例(67.4%),差异有统计学意义($P<0.05$)。使用100 mL/d与200 mL/d剂量者KPS评分或体重变化比较差异无统计学意义($P>0.05$)(可信区间包含0)。放疗计划完成率观察组为92.7%,对照组为81.4%,两组比较差异无统计学意义($P>0.05$);化疗计划完成率观察组为90.2%,对照组为72.1%,两组比较差异有统计学意义($P<0.05$)。毒副作用引起的治疗间断时间观察组为1.35 d±0.27 d,对照组为3.32 d±1.04 d,两组比较差异有统计学意义($P<0.05$)。综上可得,薏苡仁提取物可减轻放、化疗引起毒副反应,放、化疗不良反应严重程度随薏苡仁提取物剂量增加而下降。

表3-1-1 两组化学治疗局部不良反应比较

组别	剂量	胃肠道反应/例		统计结果	骨髓抑制/例				统计结果
		1~2级	3~4级		Ⅰ级	Ⅱ级	Ⅲ级	Ⅳ级	
对照组	0 mL/d	21	15	$\gamma=-0.265$	15	13	9	6	$\gamma=-0.234$
观察组	100 mL/d	13	3	$P<0.05$	11	7	2	2	$P<0.05$
	200 mL/d	7	1		6	3	1	0	

注:进行相关性分析,$\gamma<0$,有负相关性;$P<0.05$,相关具有统计学意义。
据王心丽等(2013)

表3-1-2 两组放射治疗局部不良反应比较

组别	剂量	放射性肺炎/例		统计结果	放射性食管炎/例		统计结果
		1~2级	3~4级		1~2级	3~4级	
对照组	0 mL/d	19	14	$\gamma=-0.281$	22	20	$\gamma=-0.257$
观察组	100 mL/d	10	3	$P<0.05$	13	4	$P<0.05$
	200 mL/d	5	0		5	1	

注:进行相关性分析,$\gamma<0$,有负相关性;$P<0.05$,相关具有统计学意义。
据王心丽等(2013)

表 3-1-3　观察组与对照组 KPS 评分及体重变化比较

组别	剂量	KPS 评分		统计结果	体重		统计结果
		提高(稳定)/例	下降/%		提高(稳定)/例	下降/%	
对照组	0 mL/d	24(55.8)	19	$\chi^2 = 7.374$	28(67.4)	14	$\chi^2 = 6.615$
观察组	100 mL/d	22(84.6)	4	$P < 0.05$	23(92.0)	3	$P < 0.05$
	200 mL/d	13(86.7)	2		14(93.3)	1	

据王心丽等(2013)

表 3-1-4　放化疗应用不同剂量康莱特时 KPS 评分及体重变化比较

组别	95%可信区间	
	KPS 评分	体重
100 mL/d 与对照组比较*	(0.034 4,0.541 6)	(0.028,0.464)
200 mL/d 与对照组比较*	(0.025 5,0.592 5)	(0.023 4,0.494 6)
200 mL/d 与 100 mL/d 比较#	(−0.254 7,0.296 7)	(−0.191 7,0.217 7)

注:*组间比较差异有统计学意义,可信区间不包含0;#组间比较差异无统计学意义,可信区间包含0。
据王心丽等(2013)

表 3-1-5　两组治疗计划完成率、放疗间断时间

组别	剂量	治疗计划完成率/%		放疗间断时间 $(\bar{x} \pm s)$/d
		放疗	化疗	
观察组		92.7%(38/41)	90.2%(37/41)*	1.35±0.27*
	100 mL/d	92.3%(24/26)	88.5%(23/26)	1.46±0.29
	200 mL/d	93.3%(14/15)	93.3%(14/15)	1.18±0.25
对照组	0 mL/d	81.4%(35/43)	72.1%(31/43)	3.32±1.04

注:与对照组相比,*$P < 0.05$。
据王心丽等(2013)

　　孟丽娟等(2012)研究了培美曲塞联合薏苡仁油注射液治疗老年晚期非小细胞肺癌(NSCLC),试验将47 例老年晚期 NSCLC 患者随机分为治疗组 24 例,用培美曲塞 500 mg/kg,第 1 天静脉滴注,每 3～4 周为一周期,同时给予薏苡仁油注射液 10 g,第 1 天至第 15 天静脉滴注;对照组 23 例,单药培美曲塞化疗。结果显示治疗组和对照组有效率(RR)分别为 41.6%、39.1%,肿瘤控制率(TGCR)分别为 70.8%、69.6%,差异无统计学意义($P > 0.05$);两组患者对不良反应均可耐受,治疗组耐受性及生存质量均高于对照组,差异有统计学意义($P < 0.05$)。由此可知,老年晚期 NSCLC 患者可从单药一线培美曲塞中获益,培美曲塞联合薏苡仁油注射液可减轻化疗相关不良反应,改善患者生存质量。

　　尹震宇等(2012)探讨了薏苡仁酯(coixenolide)对高龄恶性肿瘤患者外周血调节性 T 细胞(Treg)的作用。检测 30 例 80 岁以上老年恶性肿瘤患者(肿瘤组)薏苡仁酯治疗前后外周血 Treg 占总 $CD4^+$ T 细胞($CD4^+$ 调节性 T 细胞是一组具有免疫抑制功能的 T 细胞亚群)比例和血 IL-2 mRNA 变化,并与 30 例健康老年人(对照组)进行比较。结果:肿瘤组外周 Treg 占总 $CD4^+$ T 细胞比例、血 IL-2 mRNA 水平均明显高于对照组($P < 0.01$)。肿瘤组外周血 Treg 比例与血 IL-2 mRNA 水平呈正相关($\gamma = 0.921$,$P < 0.01$)。肿瘤组在薏苡仁酯治疗 2 个周期后,外周血 Treg、IL-2 mRNA 水平较治疗前明显下降($P < 0.01$)。提示薏苡仁酯可能通过下调 IL-2 分泌和 Treg 数目解除免疫抑制而发挥抗肿瘤作用。

　　沈丰等(2016)探讨了薏苡仁提取物对 C57 小鼠肝癌模型 IL-6 的抑制作用。试验使用化学致癌物质二乙基亚硝胺(DEN)建立肝癌小鼠模型,将自行繁育后选取出生 15 d 的雄性 C57 小鼠 52 只随机分为

4 组:空白对照组($n=8$),于小鼠出生第 15 天腹腔内注射生理盐水 2 mL/kg,每日 1 次,每月注射 21 d,共 8 个月;DEN 组($n=16$),于小鼠出生第 15 天腹腔内注射 DEN(25 mg/kg)1 次;DEN+康莱特组($n=18$),于小鼠出生第 15 天腹腔内注射 DEN(25 mg/kg)1 次,48 h 后该组小鼠开始腹腔注射康莱特注射液 2 mg/(kg·d),每月注射 21 d,共 8 个月;康莱特对照组($n=10$),于鼠出生第 17 天开始腹腔注射康莱特注射液 2 mg/(kg·d),每月注射 21 d,共 8 个月。分别于小鼠出生的第 15、17、60、120、180 天以及第 240 天时采集四组小鼠鼠尾血,采用 Elisa 法检测血清 IL-6 水平的变化;标本制作和 HE 染色后光镜下观察 C57 小鼠肝癌模型形成过程中的成瘤率、肿瘤生长及肝脏组织的病理学改变。结果显示,C57 小鼠腹腔注射薏苡仁提取物注射液后肝癌模型成瘤率为 55.6%,明显低于 DEN 组的 87.5%($P<0.01$);肿瘤直径为(0.3±0.05)cm,明显低于 DEN 组的(0.8±0.06)cm($P<0.01$);C57 小鼠在接受薏苡仁提取物治疗后血清 IL-6 水平明显低于 DEN 组($P<0.01$)(见表 3-1-6)。由此可知,薏苡仁提取物能有效抑制 C57 小鼠肝癌模型的成瘤率及肿瘤的生长,能降低血清 IL-6 水平。

表 3-1-6　各组小鼠出生后不同时相血清 IL-6 检测结果($\bar{x}\pm s$)

组别	n	IL-6/(pg/mL)					
		第 15 天	第 17 天	第 60 天	第 120 天	第 180 天	第 240 天
空白对照组	8	8.0±1.51	8.5±0.81	9.0±0.80	10.0±1.22	8.5±0.83	9.0±0.85
DEN 组	16	9.1±0.40	162.2±14.2*	132.0±12.1*	98.0±9.50*	86.0±5.60*	90.0±4.54*
DEN+康莱特组	18	9.5±0.52	168.0±11.2*	65.2±6.08*△	45.3±5.45*△	53.1±5.46*△	43.2±4.34*△
康莱特对照组	10	12.2±0.87	12.5±1.04	15.1±1.07	10.0±1.20	9.2±0.52	8.0±1.04

注:同时相与空白对照组及康莱特对照组比较,*△$P<0.01$;同时相与 DEN+康莱特组比较,△$P<0.01$。
据沈丰等(2016)

康敏等(2013)探讨了薏苡仁提取物在体内对鼻咽癌细胞裸鼠移植瘤的抑制作用。试验将移植人鼻咽癌 CNE1 细胞的 60 只 BALA/C-nu/nu 裸鼠随机分为 3 组——薏苡仁治疗组(50 mg/kg)、空白对照组、环磷酰胺(CTX,0.2 μg/kg)治疗组,定期检测裸鼠的体质量及肿瘤体积,给药一个疗程(30 d)后解剖获取肿瘤组织,称量瘤体质量,计算抑瘤率。运用 HE 染色方法观察药物作用后肿瘤组织细胞形态学的改变。动物实验结果(见表 3-1-7)表明,薏苡仁对 CNE1 裸鼠移植瘤有明显的抑瘤作用,抑瘤率为 22.1%(与对照组比较,$P<0.01$)。HE 染色结果显示,薏苡仁能杀伤鼻咽癌细胞,对肿瘤细胞分裂有抑制作用。由此可知,薏苡仁提取物在体内具有抑制鼻咽癌裸鼠移植瘤生长的作用。

表 3-1-7　薏苡仁对 CNE1 裸鼠体质量及移植瘤的影响($\bar{x}+s,n=10$)

组别	体质量/g		瘤体积/cm³		瘤重/g	抑瘤率/%	RTV	T/C/%
	治疗前	治疗后	治疗前	治疗后				
对照组	21.6±1.1	29.0±1.4	0.412±0.080	13.713±2.641	14.27±0.52	—	33.3±5.9	—
薏苡仁组	20.2±0.9	26.8±2.5△	0.501±0.102	10.722±1.801△	11.12±1.25△	22.1	21.4±4.5*	64.3
环磷酰胺组	21.8±1.1	25.6±1.7*	0.458±0.034	5.198±0.384*	5.47±0.40*	61.7	11.3±3.0*	33.9

注:各组与对照组比较,△$P<0.05$,*$P<0.01$。其中 RTV 为肿瘤相对体积,RTV=V_t/V_0(V_t 为实验结束时瘤体的体积,V_0 为瘤体的初始体积);T/C 为相对肿瘤增殖率,T/C=RTV 处理组/RTV 对照组×100%。
据康敏等(2013)

陆蕴等(1999)研究了薏苡仁油的抗肿瘤作用及其作用机制。实验选用 S_{180} 肉瘤及 HAC 肝癌小鼠移植性肿瘤模型,将 60 只小鼠随机分为六组,分别为空白对照组(蒸馏水)、阳性对照组(CTX 20 mg/kg)、溶剂对照组(色拉油)和薏苡仁油 0.9 g/kg、1.8 g/kg、5.4 g/kg 剂量组,检测小鼠的瘤重和抑瘤率,测定小鼠 NK 细胞活性和小鼠腹腔巨噬细胞吞噬鸡红细胞能力。结果(见表 3-1-8～表 3-1-11)显示,薏苡仁油

5.4 g/kg对小鼠移植性 S_{180} 肉瘤抑制率两次实验均达到30%以上,1.8 g/kg、5.4 g/kg 对小鼠移植性 HAC 肝癌抑制率两次试验亦均达到30%以上,表明其对小鼠 S_{180} 肉瘤及 HAC 肝癌有明显的抑瘤效应;薏苡仁油1.8 g/kg 剂量组对小鼠腹腔巨噬细胞吞噬鸡红细胞的吞噬率有显著增加作用,薏苡仁油 5.4 g/kg 对小鼠 NK 细胞活性也有显著增强作用。由此可知,薏苡仁油对小鼠 S180 肉瘤及 HAC 肝癌有明显的抑瘤效应,且薏苡仁油发挥抗肿瘤作用的机制与调节机体的免疫功能、提高机体的免疫监视作用有关。

表 3-1-8　薏苡仁油抑制小鼠 S_{180} 肉瘤试验(第一次)

组别	鼠数/只		瘤重/g	抑瘤率/%	
	始	终		与空白对照比较	与溶剂对照比较
空白对照	10	10	2.58±0.94	—	−7.5
阳性对照	10	10	0.19±0.09*#	92.6	92.1
溶剂对照	10	10	2.40±0.54	7.0	—
0.9 g/kg 薏苡仁油	10	10	1.98±0.48	23.3	17.5
1.8 g/kg 薏苡仁油	10	10	1.57±0.41*#	39.2	34.6
5.4 g/kg 薏苡仁油	10	10	1.57±0.66*#	39.2	34.6

注:与空白对照组比较* $P<0.05$;与溶剂对照组比较# $P<0.05$。
据陆蕴等(1999)

表 3-1-9　薏苡仁油抑制小鼠 S_{180} 肉瘤试验(第二次)

组别	鼠数/只		瘤重/g	抑瘤率/%	
	始	终		与空白对照比较	与溶剂对照比较
空白对照	10	10	2.03±0.53	—	6.0
阳性对照	10	10	0.18±0.11 *#	91.1	91.7
阳性对照	10	10	0.18±0.11 *#	91.1	91.7
溶剂对照	10	10	2.16±0.42	−6.4	—
0.9 g/kg 薏苡仁油	10	10	1.84±0.75	9.4	14.8
1.8 g/kg 薏苡仁油	10	10	1.60±0.58*#	21.2	25.9
5.4 g/kg 薏苡仁油	10	10	1.38±0.26 *#	32.0	36.1

注:与空白对照组比较* $P<0.05$;与溶剂对照组比较# $P<0.05$。
据陆蕴等(1999)

表 3-1-10　薏苡仁油抑制小鼠 HAC 肝癌试验(第一次)

组别	鼠数/只		瘤重/g	抑瘤率/%	
	始	终		与空白对照比较	与溶剂对照比较
空白对照	10	10	1.93±0.34	—	−11.6
阳性对照	10	10	0.36.±0.12 *#	81.4	79.2
溶剂对照	10	10	1.73±0.60	10.4	—
0.9 g/kg 薏苡仁油	10	10	1.30±0.71	32.6	24.9
1.8 g/kg 薏苡仁油	10	10	1.02±0.59 *#	47.2	41.0
5.4 g/kg 薏苡仁油	10	10	0.99±0.49*#	48.7	42.8

注:与空白对照组比较* $P<0.05$;与溶剂对照组比较# $P<0.05$。
据陆蕴等(1999)

表 3-1-11　薏苡仁油抑制小鼠 HAC 肝癌试验(第二次)

组别	鼠数/只		瘤重/g	抑瘤率/%	
	始	终		与空白对照比较	与溶剂对照比较
空白对照	10	10	1.77±0.45	—	-4.7
阳性对照	10	10	0.32±0.17 *#	81.9	81.1
溶剂对照	10	10	1.69±0.57	4.5	—
0.9 g/kg 薏苡仁油	10	10	1.34±0.59	24.3	20.7
1.8 g/kg 薏苡仁油	10	10	0.59±0.60 *#	46.3	43.8
5.4 g/kg 薏苡仁油	10	10	0.95±0.58 *#	46.3	43.8

注:与空白对照组比较 * $P<0.05$;与溶剂对照组比较 # $P<0.05$。

据陆蕴等(1999)

熊美华等(2018)研究了薏苡仁油对喉癌细胞株 Hep-2 侵袭和迁移能力的影响。试验用含不同浓度 (0 μmol/L、25 μmol/L、50 μmol/L、100 μmol/L、200 μmol/L、400 μmol/L、800 μmol/L、1600 μmol/L)薏苡仁油的培养基分别培养人喉癌细胞株 HEp-2 24 h、48 h、72 h、96 h,采用 CCK8 法(细胞计数试剂盒法)观察薏苡仁油对 Hep-2 细胞的抑制率。采用细胞划痕实验和 Transwell 侵袭实验检测细胞的迁移、侵袭能力;Western 印记检测侵袭迁移相关蛋白的表达情况;采用 SPSS17.0 软件对数据进行统计学处理,以 $P<0.05$ 为差异具有统计学意义。结果:薏苡仁油抑制喉癌细胞株 HEp-2 的增殖,其抑制效应呈剂量-时间依赖性;薏苡仁油对喉癌细胞株 Hep-2 的半数抑制浓度(IC_{50})为:165.2～650.2 μmol/L;经薏苡仁油作用后 HEp-2 细胞的侵袭和迁移能力降低,差异具有统计学意义($P<0.05$);薏苡仁油(100 μmol/L、200 μmol/L)作用后,与对照组相比,Vimentin(波形蛋白)、Slug(锌指转录因子)、pERK1/2(磷酸化细胞外调节蛋白激酶)的表达下调;E-cad(上皮钙黏蛋白)的表达升高;ERK1/2(细胞外调节蛋白激酶)的表达不变。由此可知,薏苡仁油可抑制喉癌细胞株 HEp-2 的侵袭和迁移能力。

许健等(2012)研究了薏苡仁油(康莱特注射液)体外对人原位胰腺癌 BxPC-3 细胞生长和血管生长因子的影响,探讨了薏苡仁油抗肿瘤作用机制。实验将薏苡仁油作用于 BxPC-3 细胞后,经瑞氏染色观察细胞形态,Hoechst 33258 荧光染色、DNA 梯度电泳观察细胞凋亡;流式细胞仪检测细胞周期的变化;ELISA 法检测血管内皮生长因子(VEGF)、成纤维细胞生长因子(bFGF)的变化。结果显示,薏苡仁油(2 mg/mL,20 μL/mL)作用于 BxPC-3 细胞后,瑞氏染色可见细胞出现典型的凋亡小体,Hoechst 33258 荧光染色可见 BxPC-3 细胞出现特征性凋亡变化,琼脂糖电泳观察到明显的细胞凋亡特征性 DNA 梯形条带;细胞周期阻滞在 G_0/G_1 期(见表 3-1-12);细胞上清液中 VEGF、bFGF 的表达水平明显下调(见表 3-1-13)。提示薏苡仁油能影响 BxPC-3 细胞生长周期,导致细胞周期阻滞,下调 VEGF 和 bFGF 的表达水平,可能对抑制胰腺癌细胞的扩散产生一定作用。

表 3-1-12　薏苡仁油对 BxPC-3 细胞周期的影响($\bar{x}\pm s$,$n=3$)

组别	ρ/(mg/mL)	细胞周期分布/%		
		G_0/G_1	S	G_2/M
对照组	—	73.64±2.63	14.15±2.99	12.20±1.42
薏苡仁油	0.5	77.36±0.40	12.98±0.82	9.67±0.50
	1.0	78.88±0.29*	11.68±0.30	9.44±0.50
	2.0	81.63±0.27**	12.08±0.72	6.29±0.46 **

注:与对照组比较:* $P<0.05$;** $P<0.01$。

据许健等(2012)

表 3-1-13　薏苡仁油对 BxPC-3 细胞 bFGF 和 VEGF 表达的影响($\bar{x}\pm s, n=3$)

组别	ρ/(mg/mL)	bFGF/(pg/mL)			VEGF/(pg/mL)		
		24 h	48 h	72 h	24 h	48 h	72 h
对照组	—	2.731±0.130	3.877±0.160	4.840±0.196	2.201±0.075	3.090±0.163	3.498±0.047
薏苡仁油	0.5	2.071±0.086*	2.314±0.111***	2.931±0.049	1.993±0.043*	1.209±0.098***	2.518±0.083**
	1.0	1.698±0.049**	1.681±0.270***	2.436±0.651**	1.201±0.010***	0.978±0.067**	2.894±0.134*
	2.0	1.325±0.037**	1.307±0.061***	1.924±0.061***	1.181±0.054***	1.083±0.049***	2.723±0.088*

注:与对照组比较: $^*P<0.05$; $^{**}P<0.01$; $^{***}P<0.001$。

据许健等(2012)

尹蓓珮等(2012)研究了薏苡仁油注射液(KLT)对人体肝癌 SMMC-7721 的体外抗肿瘤作用及机制。试验在人肝癌 SMMC-7721 细胞模型上采用 CCK-8(细胞计数试剂盒法)细胞增殖试验、划痕试验、Transwell 小室穿膜试验、Matrigel 克隆形成试验观察 KLT 对细胞增殖、迁移及侵袭的影响;应用流式细胞术检测 KLT 对肿瘤细胞周期及细胞凋亡的影响;Western 印记检测 KLT 对肿瘤细胞中目的基因的表达情况。结果显示,经 KLT 作用后的人肝癌细胞生长、迁移及侵袭功能被抑制;流式细胞术检测发现 KLT 处理的肝癌细胞阻滞于 G_2/M 期,细胞晚期凋亡较明显;KLT 上调了 cyclinB1 的表达,下调了 cyclinD1、cyclinE 的表达。由此可知,KLT 在体外对肝癌细胞具有良好的抗肿瘤活性,其作用机制可能与其诱导的细胞周期阻滞、细胞凋亡、抑癌基因的上调、癌基因的下调有关。

蔡琼等(2010)研究了薏苡仁油对人胰腺癌 BxPC-3 细胞的增殖影响及相关微环境因素作用,探讨了其可能的肿瘤作用机制,为胰腺癌的中西医结合治疗提供实验依据。试验设计分组研究即空白对照组(0 mL/L)、药物高剂量组(20 mL/L)、药物中剂量组(10 mL/L)及药物低剂量组(5 mL/L),将薏苡仁油作用于人胰腺癌 BxPC-3 细胞,通过 MTT 法观察细胞增殖状况;收集与 MTT 法等条件分组培养的细胞培养液上清做 IL-18 ELISA。结果显示,体外培养的 BxPC-3 细胞经薏苡仁油作用后,增殖受到明显抑制,作用具有浓度依赖性,加药组中以 20 mL/L 薏苡仁油剂量组的作用最佳,有效作用最佳时间段在 36 h 左右;薏苡仁油加药组对 IL-18 的蛋白表达水平显著高于空白对照组($P<0.05$),表达水平具有浓度依赖性,48 h 达到最高峰值后随即下降。由此可知,薏苡仁油具有抗人胰腺癌 BxPC-3 细胞增殖作用,可短暂性上调 BxPC-3 细胞 IL-18 的表达。

2.增强免疫力

周岩飞等(2018)探讨了薏苡仁油对小鼠免疫功能的影响。分别以低、中、高剂量薏苡仁油(0.17 g/kg、0.33 g/kg、1.00 g/kg)和食用植物油连续经口灌胃 ICR 小鼠 30 d,测定胸腺指数与脾指数,并进行脾淋巴细胞转化试验、迟发型变态反应试验、血清溶血素试验和抗体生成细胞检测、碳廓清试验、腹腔巨噬细胞吞噬鸡红细胞试验和自然杀伤(NK)细胞活性试验。结果(见表 3-1-14～表 3-1-18)表明:高剂量(1.00 g/kg)组能显著增强脾淋巴细胞增殖能力[以刀豆蛋白 A(ConA)诱导]和迟发型变态反应[以二硝基氟苯(DNFB)诱导],升高小鼠血清溶血素水平,增强小鼠抗体生成能力和 NK 细胞活性。证明薏苡仁油具有增强免疫力作用。

表 3-1-14　血清溶血素试验结果($\bar{x}\pm s$)

剂量/(g/kg)	动物数/只	抗体积数	P
0.00	10	58.6±9.2	—
0.17	10	59.2±9.9	0.908
0.33	10	61.4±10.1	0.591
1.00	10	75.1±15.7*	0.003

注: * 表示与对照组相比 $P<0.05$。

据周岩飞等(2018)

表 3-1-15　抗体生成细胞检测试验结果($\bar{x}\pm s$)

剂量/(g/kg)	动物数/只	溶血空斑数/[(10^3 个(全脾)]	P
0.00	10	80.96±16.64	—
0.17	10	84.64±20.60	0.635
0.33	10	89.79±15.44	0.258
1.00	10	99.36±15.61*	0.022

注：*表示与对照组相比 P<0.05。
据周岩飞等(2018)

表 3-1-16　脾淋巴细胞转化试验结果($\bar{x}\pm s$)

剂量/(g/kg)	动物数/只	OD 差值	P
0.00	10	0.154±0.039	—
0.17	10	0.146±0.016	0.635
0.33	10	0.156±0.031	0.258
1.00	10	0.194±0.034*	0.022

注：*表示与对照组相比 P<0.05。
据周岩飞等(2018)

表 3-1-17　NK 细胞活性试验结果($\bar{x}\pm s$)

剂量/(g/kg)	动物数/只	NK 细胞活性/%	转换值 X	P
0.00	10	2.22±2.17	0.12±0.02	—
0.17	10	11.83±1.59	0.12±0.02	0.679
0.33	10	11.52±1.74	0.12±0.02	0.458
1.00	10	14.39±2.66	0.14±0.03*	0.026

注：*表示与对照组相比 P<0.05。
据周岩飞等(2018)

表 3-1-18　迟发型变态反应试验结果($\bar{x}\pm s$)

剂量/(g/kg)	动物数/只	左右耳肿胀度差/mg	P
0.00	10	20.7±1.3	—
0.17	10	21.2±1.2	0.436
0.33	10	20.6±1.5	0.876
1.00	10	21.4±1.6*	0.027

注：*表示与对照组相比 P<0.05。
据周岩飞等(2018)

屈中玉等(2017)探讨了注射用薏苡仁油对大肠癌术后患者免疫功能和无进展生存期的影响。将 118 例大肠癌术后患者随机按数字表法分为对照组和观察组，每组各 59 例。对照组给予 FOLFOX4 方案(奥沙利铂 85 mg/m²，静脉滴注，第 1 天；亚叶酸钙 400 mg/m²，静脉滴注，第 1、2 天；5-氟尿嘧啶 400 mg/m²，静脉滴注，第 1、2 天，隔 2 h 后，以 600 mg/m² 持续静脉滴入 22 h，第 1、2 天。每 2 周重复 1 次，共进行 12 次)化疗，观察组在对照组基础上加用注射用薏苡仁油静脉滴注，共治疗 6 个疗程。疗程结束后每 2 个月对患者进行一次随访。观察记录两组患者无进展生存(PFS，患者从治疗开始至第 1 次发生疾病进展或者是死亡的时间)和生存率,评价生存质量(参照卡氏评分标准分为提高:评分增加≥10 分;稳定:评分增加±10 分;降低:评分减少≥10 分。治疗前后各评价 1 次),检测 T 淋巴细胞亚群(包括 CD3$^+$、CD4$^+$、CD8$^+$ 和 CD4$^+$/CD8$^+$)、血清免疫球蛋白[包括免疫球蛋白 G(IgG)、IgA、IgM 指标,采用免疫透射比浊法检测,治疗前后各检测 1 次]及肿瘤标志物[癌胚抗原(CEA)、CA125、结肠癌特异性抗原-3(CCSA-3)]水平,进行不良反应评估(参照抗癌药物急性、亚急性不良反应分度标准)。结果(见表 3-1-19～表 3-1-23)表明:观察组 PFS 长于对照组,两组比较,差异有统计学意义(P±0.01);治疗后观察组生存质量优于对照组,两组比较,差异有统计学意义($P<0.05$);治疗后观察组患者血清 CD3$^+$、CD4$^+$ 和 CD4$^+$/CD8$^+$ 均高于对照组,CD8$^+$ 低于对照组,两组比较,差异有统计学意义($P<0.01$);治疗后观察组患者血清 IgG、IgA、IgM 水平高于对照组,CEA、CA125 和 CCSA-3 水平低于对照组,且化疗导致的不良反应程度较轻,两组比较,差异有统计学意义($P<0.05$)。从而得出结论:注射用薏苡仁油联合 FOLFOX4 治疗大肠癌术后患者,能延长 PFS,提高患者免疫功能和生存质量,减轻化疗药物不良反应,降低相关肿瘤标志物水平,疗效显著。

表 3-1-19 两组患者 PFS 和生存率比较($\bar{x}\pm s$)

组别	n	随访时间/月	PFS/月	存活/例	生存率/%
对照组	59	17.8±5.5	9.2±3.8	48	81.36
观察组	59	18.2±5.7	13.5±3.9*	52	88.14

注:与对照组比较,* $P<0.05$。
据届中玉等(2017)

表 3-1-20 两组患者生存质量比较

组别	n	提高/例	稳定/例	降低/例	有效率/%
对照组	59	20	23	16	72.88
观察组	59	31	21	7	88.14*

注:与对照组比较,* $P<0.05$。
据届中玉等(2017)

表 3-1-21 两组患者治疗前后 T 淋巴细胞亚群水平比较($\bar{x}\pm s$)

组别	n	时间	CD3$^+$/%	CD4$^+$/%	CD8$^+$/%	CD4$^+$/ CD8$^+$
对照组	59	治疗前	44.57±5.56	34.13±4.92	37.52±5.14	0.90±0.21
	59	治疗后	49.18±6.15*	38.58±5.82*	34.15±4.71*	1.09±0.30*
观察组	59	治疗前	44.72±5.61	33.92±4.77	36.90±5.29	0.89±0.22
	59	治疗后	55.76±6.94*#	42.74±6.63*#	30.55±4.18*#	1.43±0.47*#

注:与治疗前比较,* $P<0.01$;与对照组治疗后比较,# $P<0.01$。
据届中玉等(2017)

表 3-1-22 两组患者治疗前后 IgG、IgA、IgM 变化情况比较($\bar{x}\pm s$)

组别	n	时间	IgG/(g/L)	IgA/(g/L)	IgM/(g/L)
对照组	59	治疗前	7.73±1.59	1.20±0.31	1.42±0.45
	59	治疗后	8.67±1.81*	1.52±0.43*	1.73±0.51*
观察组	59	治疗前	6.81±1.65	1.18±0.32	1.36±0.45
	59	治疗后	10.41±2.28*#	1.85±0.54*#	2.10±0.57*#

注:与治疗前比较,* $P<0.01$;与对照组治疗后比较,# $P<0.01$。
据届中玉等(2017)

表 3-1-23　两组患者治疗前后血清 CEA、CA125 和 CCSA-3 水平比较($\bar{x}\pm s$)

组别	n	时间	CEA/(μg/L)	CA125/(U/mL)	CCSA-3/(μg/L)
对照组	59	治疗前	13.57±2.76	61.82±12.53	91.04±19.64
	59	治疗后	7.63±1.95*	37.55±8.61*	40.58±13.77*
观察组	59	治疗前	13.85±2.91	63.53±13.72	95.15±20.35
	59	治疗后	5.72±1.33*#	29.48±6.28*#	27.83±11.69*#

注:与治疗前比较,* $P<0.01$;与对照组治疗后比较,# $P<0.01$。

据屈中玉等(2017)

任雯(2017)探讨了反复发作性尖锐湿疣(CA)治疗中薏苡仁汤加减对细胞炎性因子及免疫功能的影响。应用随机数字表法,将 70 例反复发作性 CA 患者分为对照组及观察组,每组 35 例。对照组接受常规西医治疗,观察组接受常规西医治疗联合薏苡仁汤加减治疗。分析两组患者细胞炎性反应及免疫功能变化情况(检测 T 淋巴细胞亚群,包括 CD3$^+$、CD4$^+$、CD8$^+$ 等);评价两组患者的治疗效果;观察两组患者不良反应情况。结果(见表 3-1-24～3-1-25)表明:治疗后,两组患者白细胞介素-2(IL-2)、白细胞介素-6(IL-6)、CD3$^+$、CD4$^+$ 百分比较治疗前明显升高,肿瘤坏死因子(TNF-α)及 CD8$^+$ 较治疗前明显下降;且观察组各指标较对照组变化更明显,差异有统计学意义($P<0.05$)。同时,治疗后,观察组临床治疗总有效率(94.29%)高于对照组的 77.14%($P<0.05$)。而两组间不良反应发生率比较无统计学差异($P<0.05$)。从而得出结论,薏苡仁汤加减可显著改善反复发作性 CA 患者的细胞炎性反应及免疫功能情况,并可在一定程度上改善临床治疗效果。

表 3-1-24　两组细胞炎性反应因子变化比较($\bar{x}\pm s$)

组别	例数	IL-2/(μg/L)		IL-6/(pg/L)		TNF-α/(μg/L)	
		治疗前	2个月后	治疗前	2个月后	治疗前	2个月后
对照组	35	4.73±1.06	5.36±1.07	3.22±0.81	4.27±0.83	2.92±0.22	1.16±0.18
观察组	35	4.81±1.31	6.09±1.12	3.32±0.87	6.36±0.61	2.91±0.32	0.88±0.26
t 值		−0.280	−2.788	−0.497	−12.003	0.152	5.238
P 值		0.779	0.007	0.620	0.000	0.879	0.000

据任雯(2017)

表 3-1-25　两组免疫功能指标变化比较($\bar{x}\pm s$)

组别	例数	CD3$^+$/%		CD4$^+$/%		CD8$^+$/%	
		治疗前	2个月后	治疗前	2个月后	治疗前	2个月后
对照组	35	56.63±5.36	60.66±4.77	28.97±6.62	35.51±5.19	32.63±2.36	28.11±2.36
观察组	35	56.71±6.02	67.79±5.21	28.85±7.02	40.76±5.71	32.71±2.28	25.06±2.52
t 值		−0.058	−5.97	0.073	−4.025	−0.144	5.226
P 值		0.953	0.000	0.941	0.000	0.885	0.000

据任雯(2017)

王彦芳等(2017)研究了薏苡仁多糖不同组分对脾虚水湿不化大鼠模型免疫功能的影响。采用高脂低蛋白加力竭游泳法复制脾虚水湿不化大鼠模型,检测模型大鼠体质量、血清蛋白[血清总蛋白(TP)和白蛋白(ALB)]、胸腺指数、脾脏指数、血清免疫分子[血清干扰素 γ(IFN-γ)、白介素-2(IL-2)、白介素-4(IL-4)、免疫球蛋白 G(IgG)、免疫球蛋白 A(IgA)、补体 C3 水平]。结果(见表 3-1-26～表 3-1-29)表明:给药干预后,与模型对照组比较,粗多糖组和多糖组分Ⅰ组大鼠体质量,血清蛋白,胸腺指数,脾脏指数,血清 IFN-γ、IL-2、IgG、IgA、C3 含量显著升高($P<0.05$,$P<0.01$),IL-4 含量显著降低($P<0.05$)。从而得出结论:薏苡仁多糖不同组分能改善脾虚水湿不化大鼠免疫功能,其中多糖组分Ⅰ作用显著。其机制可能与恢复 Th1/Th2 平衡,提高免疫球蛋白等的水平有关。

表 3-1-26　各组大鼠体质量、胸腺指数及脾脏指数的比较($\bar{x}\pm s$, $n=8$)

组别	体质量/g	胸腺指数	脾脏指数
空白对照组	326.98±49.59	1.53±0.23	3.37±0.98
模型对照组	200.21±10.98**	1.19±0.27**	2.59±0.22**
粗多糖组	236.55±8.83△	1.48±0.16△△	3.18±0.17△
多糖组分Ⅰ组	235.58±30.92△	1.57±0.14△△	3.20±0.14△
多糖组分Ⅱ组	220.18±13.94	1.26±0.19	2.87±0.28

注:与空白对照组比较,* $P<0.05$,** $P<0.01$;与模型对照组比较,△ $P<0.05$,△△ $P<0.01$。
据王彦芳等(2017)

表 3-1-27　各组大鼠血清蛋白的比较($\bar{x}\pm s$, $n=8$)

组别	TP/(g/L)	ALB/(g/L)
空白对照组	64.76±2.50	30.30±2.68
模型对照组	56.70±1.63**	21.86±1.20**
粗多糖组	62.43±2.52△△	24.98±1.93△△
多糖组分Ⅰ组	62.41±3.45△△	26.11±2.17△△
多糖组分Ⅱ组	57.93±4.76	24.69±2.19△

注:与空白对照组比较,* $P<0.05$,** $P<0.01$;与模型对照组比较,△ $P<0.05$,△△ $P<0.01$。
据王彦芳等(2017)

表 3-1-28　各组大鼠血清 IFN-γ、IL-2 及 IL-4 的比较($\bar{x}\pm s$, $n=8$)

组别	IFN-γ/(pg/mL)	IL-2/(pg/mL)	IL-4/(pg/mL)
空白对照组	39.43±10.55	727.84±164.11	53.26±11.45
模型对照组	25.44±8.67**	526.22±123.60**	68.42±13.61**
粗多糖组	37.52±9.51△	694.89±126.89△	56.84±11.01△
多糖组分Ⅰ组	37.72±16.34△	676.27±237.53△	55.43±13.38△
多糖组分Ⅱ组	32.55±5.00	590.57±71.93	62.00±3.98

注:与空白对照组比较,* $P<0.05$,** $P<0.01$;与模型对照组比较,△ $P<0.05$,△△ $P<0.01$。
据王彦芳等(2017)

表 3-1-29　各组大鼠 IgG、IgA、C3 的比较($\bar{x}\pm s$, $n=8$)

组别	IgA/(μg/mL)	IgG/(mg/mL)	C3/(μg/mL)
空白对照组	154.04±32.10	6.74±1.22	395.76±8337
模型对照组	112.85±25.41**	5.23±0.82**	303.99±55.26**
粗多糖组	143.11±26.25△	6.32±0.90△	378.50±74.38△
多糖组分Ⅰ组	142.81±48.08△	6.35±1.74△	376.54±114.75△
多糖组分Ⅱ组	124.57±14.54	5.71±0.50	321.64±39.77

注:与空白对照组比较,* $P<0.05$,** $P<0.01$;与模型对照组比较,△ $P<0.05$,△△ $P<0.01$。
据王彦芳等(2017)

徐俊丽等(2016)观察了采用细胞免疫治疗联合注射用薏苡仁油(康莱特)对老年肝癌患者 T 细胞亚群及疾病预后的影响。选取 2014 年 1 月至 2015 年 12 月收治的老年原发性肝癌患者 84 例,随机分为治疗组及对照组各 42 例。对照组给予每日静脉滴注康莱特 200 mL,21 d 为 1 个疗程。治疗组同样剂量同样方法给予康莱特联合细胞免疫[树状突细胞－细胞因子诱导的杀伤细胞(DC-CIK),7 d 为 1 个疗程]治疗。均治疗 2 个疗程。治疗结束后观察两组患者治疗前后的 T 细胞亚群水平变化[包括 CD3$^+$、CD4$^+$、CD8$^+$、CD4$^+$/CD8$^+$ 和自然杀伤(NK)细胞],并对患者的生存质量进行行为状态评分(KPS),对疼痛情况进行评定[原有疼痛变为无痛为完全缓解(CR),原有中重度疼痛减轻为部分缓解(PR),原有疼痛程度不变为无变化(NC),原有疼痛加重为进展(PD),(CR＋PR)/原疼痛总例数×100%＝总有效率(RP)]。结果(见表 3-1-30～表 3-1-32)表明:治疗前治疗组和对照组的 CD3$^+$、CD4$^+$、CD8$^+$、CD4$^+$/CD8$^+$ 比值和自然杀伤(NK)细胞比较,差异无统计学意义(P 均>0. 05),治疗后治疗组的 CD4$^+$、CD4$^+$/CD8$^+$ 比值和 NK 细胞升高、CD8$^+$ 降低,且 CD4$^+$、CD4$^+$/CD8$^+$ 比值和 NK 细胞均高于对照组治疗后,差异均有统计学意义(P 均>0.05)。治疗组 KPS 评分改善率为 66.7%,对照组为 45.2%,治疗组 KPS 行为评分明显优于对照组(P<0.05);治疗组疼痛缓解总有效率为 66.7%,对照组为 45.2%,治疗组疼痛缓解情况明显优于对照组(P<0.05)。从而得出结论,细胞免疫治疗联合康莱特对老年肝癌患者有良好的临床疗效,可提高患者免疫功能,改善疾病的预后。

表 3-1-30　两组治疗前后 T 细胞亚群水平比较($\bar{x}\pm s$)

组别	例数	CD3$^+$/%	CD4$^+$/%	CD8$^+$/%	CD4$^+$/CD8$^+$	NK/%
治疗组治疗前	42	61.1±6.1	28.4±2.3	21.3±7.4	1.2±0.3	16.4±6.2
对照组治疗前	42	59.2±7.3	29.3±7.1	20.1±6.4	1.1±0.2	17.9±6.3
P 值		±0.05	±0.05	±0.05	±0.05	±0.05
治疗组治疗后	42	67.4±5.8	40.3±8.8*	17.2±6.2*	1.8±0.6*	26.1±8.4*
对照组治疗后	42	60.1±6.4	30.1±6.2	19.8±7.1	1.4±0.8	19.5±7.4
P 值		±0.05	±0.05	±0.05	±0.05	±0.05

注:与本组治疗前比较,* P<0.05。

据徐俊丽等(2016)

表 3-1-31　两组治疗后 KPS 评分的比较($n=42$)

组别/例	改善/例	稳定/例	下降/例
治疗组	28(66.7%)	9(21.4%)	5(11.9%)
对照组	19(45.2%)	10(23.8%)	13(30.9%)
P 值		<0.05	

注:括号中为所占比例。

据徐俊丽等(2016)

表 3-1-32　两组治疗后疼痛缓解情况的比较($n=42$)

组别	CR/例	PR/例	NC/例	PD/例
治疗组	10(23.8%)	18(42.9%)	9(21.4%)	5(11.9%)
对照组	9(21.4%)	10(23.8%)	13(30.9%)	10(23.8%)
P 值		±0.05		

注:括号中为所占比例。

据徐俊丽等(2016)

吕峰等(2013)通过动物试验,探讨了薏苡仁多糖对免疫功能低下小鼠的保护作用。用环磷酰胺(Cy)

建立免疫抑制小鼠模型,以生理盐水为正常对照。通过薏苡仁多糖对小鼠免疫器官指数、半数溶血值(HC_{50})、抗体生成细胞、腹腔巨噬细胞吞噬指数及淋巴细胞增殖反应的调节,观察其对免疫系统的影响。结果(见表 3-1-33~表 3-1-35)表明:薏苡仁多糖能显著抑制免疫功能低下小鼠的脾脏指数和胸腺指数的缩小;增强巨噬细胞吞噬指数及淋巴细胞增殖反应;提高血清半数溶血值,纠正免疫功能紊乱现象。从而得出结论,薏苡仁多糖对免疫抑制模型小鼠有较好的免疫功能恢复作用。

表 3-1-33　薏苡仁多糖对小鼠体重与免疫脏器指数的影响($\bar{x}\pm s$, $n=10$)

组别	体重/g	脾脏指数/%	胸腺指数/%
正常组	33.27±1.61	0.82±0.21	0.17±0.02
模型组	25.00±1.43**	0.49±0.07**	0.12±0.01**
1000 mg/(kg·d)薏苡仁多糖	27.57±1.86**##	1.13±0.08**##	0.21±0.02**##
500 mg/(kg·d)薏苡仁多糖	26.21±1.47**	1.00±0.04**##	0.17±0.02##
250 mg/(kg·d)薏苡仁多糖	25.90±1.24**	0.86±0.07##	0.13±0.02**

注:与模型组相比## $P<0.01$;与正常组相比** $P<0.01$。

据吕峰等(2013)

表 3-1-34　薏苡仁多糖对小鼠细胞免疫功能的影响($\bar{x}\pm s$, $n=10$)

组别	刺激指数(SI)/%	腹腔巨噬细胞吞噬细胞
正常组	1.63±0.06	1.4±0.90
模型组	0.09±1.40**	1.02±0.00*
1000 mg/(kg·d)薏苡仁多糖	2.17±0.18**##	3.23±0.07**##
500 mg/(kg·d)薏苡仁多糖	1.76±0.11**##	2.00±0.04**##
250 mg/(kg·d)薏苡仁多糖	1.40±0.13##	1.44±0.02##

注:与模型组相比## $P<0.01$;与正常组相比** $P<0.01$。

据吕峰等(2013)

表 3-1-35　薏苡仁多糖对小鼠体液免疫功能的影响($\bar{x}\pm s$, $n=10$)

组别	半数溶血值(HC_{50})	抗体生成细胞(A_{OD})
正常组	117.74±4.67	0.590±0.033
模型组	63.4±4.58**	0.224±0.025**
1000 mg/(kg·d)薏苡仁多糖	105.93±4.80**##	0.531±0.037**##
500 mg/(kg·d)薏苡仁多糖	83.16±4.09**##	0.478±0.02**##
250 mg/(kg·d)薏苡仁多糖	75.24±3.60**##	0.326±0.036**##

注:与模型组相比## $P<0.01$;与正常组相比** $P<0.01$。

据吕峰等(2013)

叶敏(2006)通过动物试验,探讨了薏苡仁水提液对免疫功能低下小鼠的免疫调节作用。先给予小鼠腹腔注射环磷酰胺以建立小鼠免疫功能低下模型,然后将薏苡仁水提液按 10 g/kg、5 g/kg 和 2.5 g/kg 三种剂量连续给三组小鼠灌胃 10 d,观察薏苡仁水提液对免疫低下小鼠免疫器官质量指数、白细胞数量、腹腔巨噬细胞吞噬率与吞噬指数、T 淋巴细胞酯酶阳性率和血清溶血素 HC_{50} 等试验指标的影响。结果(见表 3-1-36~表 3-1-38)表明:薏苡仁水提液能显著拮抗环磷酰胺所致免疫功能低下小鼠的免疫器官重量减轻和白细胞数量减少,明显增加小鼠腹腔巨噬细胞的吞噬百分率及吞噬指数,显著增加血清溶血素含量,且能明显提高 T 淋巴细胞酯酶阳性率。从而得出结论,薏苡仁水提液对机体免疫功能具有较好的增强作用,表现为体液免疫、细胞免疫和非特异免疫功能的改变。

表 3-1-36　薏苡仁水提液对免疫抑制小鼠免疫器官质量指数和白细胞数目的影响($\bar{x} \pm s$, $n=10$)

组别	剂量/(g/kg)	胸腺指数/(mg/10 g)	脾脏指数/(mg/10 g)	白细胞数/(个/mm³)
正常组		34.29±4.78**	42.52±10.01**	6140±529**
模型组		9.49±4.95	28.25±6.01	2660±352
小剂量组	2.5	25.28±7.27*	28.82±3.17	3334±692*
中剂量组	5.0	28.83±9.66**	30.36±5.54	4290±433**
大剂量组	10.0	33.90±9.20**	36.38±8.92*	4972±488**

注:与模型组比较,* $P<0.05$,** $P<0.01$,t 检验。

据叶敏(2006)

表 3-1-37　薏苡仁水提液对免疫抑制小鼠腹腔巨噬细胞吞噬功能的影响($\bar{x} \pm s$, $n=10$)

组别	剂量/(g/kg)	吞噬百分率/%	吞噬指数
正常组		42.48±4.67**	7.37±2.09**
模型组		15.58±3.12	2.96±1.08
小剂量组	2.5	20.41±2.92**	4.59±1.52*
中剂量组	5.0	31.19±5.76**	5.52±2.05**
大剂量组	10.0	36.03±3.24**	6.84±1.62**

注:与模型组比较,* $P<0.05$,** $P<0.01$,t 检验。

据叶敏(2006)

表 3-1-38　薏苡仁水提液对免疫抑制小鼠 T 淋巴细胞百分率的影响($\bar{x} \pm s$, $n=10$)

组别	剂量/(g/kg)	HC_{50}	T 淋巴细胞阳性率/%
正常组		66.59±13.22**	45.60±6.81**
模型组		26.61±7.63	14.92±3.23
小剂量组	2.5	34.414±10.56*	19.45±5.15**
中剂量组	5.0	45.95±20.27*	30.88±3.95**
大剂量组	10.0	61.42±71.22**	36.36±4.72**

注:与模型组比较,* $P<0.05$,** $P<0.01$,t 检验。

据叶敏(2006)

李珊等(2011)考察了薏米黄酒对机体免疫的调节作用。将 ICR 小鼠随机分为三组:对照组、模型组和给药组。首先对模型组和给药组注射环磷酰胺造模,0.15 mL/(d·只),连续 3 d,第 4 天开始对照组和模型组灌胃生理盐水 0.3 mL/(d·只),给药组灌胃薏米黄酒 0.3 mL/(d·只),连续灌胃 14 d。第 1、4、18 天对各组小鼠称重;第 18 天处死小鼠解剖取脾脏、胸腺称重并计算脏器系数。结果(见表 3-1-39)表明:给药组脾脏系数高于对照组,差异有统计学意义($P<0.05$),胸腺系数高于对照组和模型组,差异均有统计学意义($P<0.05$)。从而得出结论:该薏米黄酒对机体免疫有一定的调节作用。

表 3-1-39 薏米黄酒对小鼠免疫器官影响($\bar{x} \pm s$)

组别	n	脾脏系数/%	胸腺系数/%
给药组	10	0.505±0.062[a]	0.145±0.013[ab]
模型组	10	0.532±0.052[a]	0.120±0.011[a]
对照组	10	0.478±0.044	0.132±0.012

注:与对照组相比[a]$P<0.05$;与模型组相比[b]$P<0.05$。

据李珊等(2011)

苗明三(2002)通过动物试验,观察了薏苡仁多糖对小鼠免疫功能的影响。采用环磷酰胺(Cy)复制出小鼠免疫低下模型,分 4 组分别灌服大、小剂量薏苡仁多糖水溶液及同体积蒸馏水,每天给药 1 次,连续 7 d,并另设空白对照组。结果(见表 3-1-40、表 3-1-41)表明:薏苡仁多糖可显著提高免疫低下小鼠腹腔巨噬细胞的吞噬百分率和吞噬指数,促进溶血素及溶血空斑形成,促进淋巴细胞转化。从而得出结论:薏苡仁多糖有很好的免疫兴奋作用。

表 3-1-40 薏苡仁多糖对 Cy 致免疫低下小鼠腹腔巨噬细胞吞噬功能的影响($\bar{x} \pm s$)

组别	动物数/只	剂量/(g/kg)	吞噬百分率/%	吞噬指数
空白对照组	10		42.6±2.0**	0.58±0.06**
模型组	10		28.1±3.5	0.40±0.04
香菇多糖组	10	0.05	35.5±3.5**	0.49±0.07**
薏苡仁多糖组	10	0.4	39.1±3.5**	0.55±0.07**
薏苡仁多糖组	10	0.2	37.9±4.2**	0.52±0.05**

注:与模型组比**$P<0.01$。

据苗明三(2002)

表 3-1-41 薏苡仁多糖对 Cy 致免疫低下小鼠溶血素溶血孔板形成及淋巴细胞转化的影响($\bar{x} \pm s$)

组别	动物数/只	剂量/(g/kg)	溶血素形成(OD)	淋巴细胞转化/%	例数/个	溶血空斑形成(OD)
空白对照组	10		0.098±0.014**	40.6±3.8**	5	0.140±0.025**
模型组	10		0.043±0.008	30.1±6.1	5	0.101±0.011
香菇多糖组	10	0.05	0.054±0.012*	49.0±5.6**	5	0.147±0.020**
薏苡仁多糖组	10	0.4	0.072±0.16**	56.8±6.7**	5	0.153±0.020**
薏苡仁多糖组	10	0.2	0.057±0.013*	55.6±4.8	5	0.132±0.012**

注:与模型组比**$P<0.01$。

据苗明三(2002)

徐梓辉等(2001)通过动物试验,探讨了薏苡仁多糖对实验性糖尿病大鼠红细胞免疫黏附功能及 T 淋巴细胞亚群的影响。利用小剂量链尿佐菌素加喂高热量饲料,建立试验性Ⅱ糖尿病大鼠模型,观察薏苡仁多糖对模型大鼠红细胞免疫黏附及 T 淋巴细胞亚群的作用。结果(见表 3-1-42、表 3-1-43)表明:试验性糖尿病大鼠与正常组比较,红细胞 C3b 受体花环率(E-C3bRR)水平下降 34.60%,红细胞免疫复合物花环率(E-ICR)增加 63.44%,T 淋巴细胞亚群 CD3、CD4、CD8 分别下降了 25.17%、25.61%、16.31%,两组比较均有显著性差异($P<0.05$ 或 $P<0.01$)。经薏苡仁多糖治疗后,以上各值均有不同程度的恢复($P<0.05$或 $P<0.01$)。从而得出结论:试验性糖尿病大鼠存在红细胞免疫黏附功能及 T 淋巴细胞亚群异常,

薏苡仁多糖能够改善这种异常状态,这可能与薏苡仁多糖的降血糖作用及免疫调节作用有关。

表 3-1-42 薏苡仁多糖对试验性糖尿病大鼠红细胞免疫黏附功能的影响($\bar{x}\pm s$)

组别	n	E-C3bRR/%	E-ICR/%
正常组(N)	10	6.56±2.06	3.11±1.90
模型组(C)	8	4.29±2.46*	5.08±2.76*
薏苡仁组(L)	8	6.63±2.49▲	5.15±2.46
薏苡仁组(M)	9	6.96±1.52▲	5.37±2.35
薏苡仁组(H)	9	7.18±0.83▲	6.21±1.42▲

注:与正常组比较,* $P<0.05$;与模型组比较,▲ $P<0.05$。

据徐梓辉等(2001)

表 3-1-43 薏苡仁多糖对试验性糖尿病大鼠 T 淋巴细胞亚群的影响($\bar{x}\pm s$)

组别	n	CD3/%	CD4/%	CD8/%	CD4/CD8
正常组(N)	10	42.04±7.41	38.22±5.27	24.47±2.66	1.56±0.51
模型组(C)	8	31.46±8.03*	28.43±4.51*	20.48±3.03*	1.39±0.53*
薏苡仁组(L)	8	32.66±7.38	31.13±5.12	21.62±2.93	1.43±0.48
薏苡仁组(M)	9	35.95±7.22	33.81±5.43▲	22.52±3.12	1.50±0.50
薏苡仁组(H)	9	39.27±6.55▲	34.43±4.60▲▲	23.12±3.40▲	1.49±0.44

注:与正常组比较,* $P<0.05$;与模型组比较,▲ $P<0.05$,▲▲ $P<0.01$。

据徐梓辉等(2001)

3. 抗炎镇痛

王俊霞等(2018)观察了薏苡仁提取物(ESC)对 BALB/c 特应性皮炎(AD)模型小鼠的疗效,探讨其可能的作用机制。将 SPF 级雌性纯系 BALB/c 小鼠 40 只,随机分为空白组(8 只)和模型组(32 只)。模型组应用 2,4-二硝基氯苯(DNCB)和丙酮、橄榄油溶液构建 AD 模型。造模完成后,空白组 8 只、模型组 8只小鼠立即处死,模型组另 24 只小鼠随机分为模型对照组、ESC 组、基质组三组。模型对照组不予任何处理,ESC 组、基质组背部及耳部分别外涂薏苡仁提取物和基质每日 1 次,连续 28 d。每天肉眼观察皮损变化;测厚仪检测造模前、造模完成时及末次给药后 12 h 小鼠左耳皮损厚度;末次给药后 12 h,处死三组小鼠,摘眼球取血,分离血清,并于背部皮损处取组织标本。组织切片后行 HE 染色和甲苯胺蓝染色观察皮损炎症细胞浸润情况;免疫组化法检测水通道蛋白 3(AQP3)、Toll 样受体(TLR)2、4 表达变化;ELISA法检测血清 IgE、白细胞介素-4(IL-4)和干扰素 γ(IFN-γ)水平。结果(见表 3-1-44、表 3-1-45)表明:治疗28 d后,ESC 组小鼠皮损好转,其临床症状评分(1.50±0.58)低于模型对照组(2.50±0.58)($P<0.05$),左耳部皮损厚度[(0.314±0.01)mm]低于模型对照组[(0.34±0.01)mm]($P<0.05$),每高倍视野下浸润的肥大细胞数亦低于模型对照组(28.94±1.28)($P<0.05$)。免疫组化显示,ESC 组水通道蛋白 3(AQP3)及 TLR2 和 TLR4 表达水平低于模型对照组,AQP3 棘层表达减少。ESC 组小鼠血中总 IgE、IL-4水平低于模型对照组,IFN-γ 水平高于模型对照组,差异均有统计学意义($P<0.05$)。从而得出结论,外用薏苡仁提取物对特应性皮炎模型小鼠皮损有治疗作用,可能是通过调节血清 IgE、IL-4 及 IFN-γ 水平和影响 AQP3 及 TLR2 和 TLR4 表达发挥作用。

表 3-1-44　特应性皮炎小鼠临床症状评分、皮损厚度、真皮肥大细胞浸润程度比较($\bar{x}\pm s$)

组别	n	临床症状评分	鼠耳厚度/mm	浸润肥大细胞数/个(400 倍视野)
模型对照组	8	2.50 ± 0.58	0.33 ± 0.01^b	28.94 ± 1.28
薏苡仁提取物组	8	1.50 ± 0.58^a	0.31 ± 0.01^{ab}	15.18 ± 1.64^a
基质组	8	2.25 ± 0.50	0.28 ± 0.01	28.08 ± 2.15
F 值		7.20	16.10	8.40
P 值		±0.001	±0.001	±0.01

注:与模型对照组比较,$^a P<0.05$;与基质组比较,$^b P<0.05$。

据王俊霞等(2018)

表 3-1-45　各组小鼠血清中 IgE、IL-4、IFN-γ 水平比较($\bar{x}\pm s$)

组别	IgE/(ng/L)	IL-4/(ng/L)	IFN-γ/(ng/L)
空白组	5.81 ± 1.30	62.12 ± 13.02	64.11 ± 6.15
模型组	9.06 ± 0.99^a	96.86 ± 1.82^a	42.20 ± 6.45^a
模型对照组	11.30 ± 0.51	98.34 ± 9.03	43.65 ± 1.87
薏苡仁提取物组	6.800 ± 1.25^b	53.81 ± 4.17^b	70.18 ± 10.94^b
基质组	10.64 ± 0.12	91.95 ± 5.68	44.93 ± 1.20

注:$n=8$;与空白组比较,$^a P<0.05$;与模型对照组比较,$^b P<0.05$。

据王俊霞等(2018)

郑红霞等(2016)通过动物试验,研究了薏苡仁酯对类风湿关节炎(CIA)的影响,并探讨其作用机制。从 25 只小鼠随机选取 5 只为正常组,剩余 20 只小鼠进行 CIA 造模,成功后随机均分为造模对照组和薏苡仁酯组各 10 只。薏苡仁酯组予薏苡仁酯注射液 25 mL/kg,正常组及造模对照组注射生理盐水 25 mL/kg,每天 1 次,共用药 21 d。用药后对各组关节炎进行评分,计算关节炎指数(各组所有小鼠关节炎分数的总和/该组小鼠的只数),并应用流式细胞术测定小鼠外周血 $Foxp3^+ CD4^+ CD25^+$ Treg 比例。结果(见表 3-1-46、表 3-1-47)表明:与正常组比较,造模对照组关节炎指数明显升高($P<0.01$),薏苡仁酯组较造模对照组小鼠关节炎指数明显下降($P<0.01$)。与正常组比较,造模对照组 $Foxp3^+ CD4^+ CD25^+$ Treg 水平均明显下降($P<0.01$),薏苡仁酯组较造模对照组用药后 $Foxp3^+ CD4^+ CD25^+$ Treg 水平明显升高,差异有统计学意义($P<0.01$)。从而得出结论,薏苡仁酯能上调 CIA 小鼠 $Foxp3^+ CD4^+ CD25^+$ Treg 比例,可能在 CIA 的发病中具有一定的免疫调节作用。

表 3-1-46　各组小鼠关节炎指数结果比较($\bar{x}\pm s$)

组别	n	关节炎指数
正常	5	0.0 ± 0.0
造模对照	10	$15.0\pm1.33^*$
薏苡仁酯	10	$8.6\pm1.26^\triangle$

注:与正常组比较,$^* P<0.01$;与造模对照组比较,$^\triangle P<0.01$。

表 3-1-47　各组 $Fox3^+ CD4^+ CD25^+$ Treg 比例结果比较($\%, \bar{x}\pm s$)

组别	n	$Fox3^+ CD4^+ CD25^+$ Treg
正常	5	1.724 ± 0.640
造模对照	10	$0.117\pm0.033^*$
薏苡仁酯	10	$0.221\pm0.022^\triangle$

注:与正常组比较,$^* P<0.01$;与造模对照组比较,$^\triangle P<0.01$。

吴建方等(2015)探讨了薏苡仁提取物的抗炎、镇痛、镇静作用。试验采用冷水浸提和热水煎煮两种方法提取薏苡仁的有效部位,分别记作样品 A 和样品 B;同时选取 60 只小鼠随机分为 5 组,分别为样品 A 高剂量组(3.75 g/kg,$n=12$)、低剂量组(0.75 g/kg,$n=12$),样品 B 高剂量组(3.75 g/kg,$n=12$)、低剂量组(0.75 g/kg,$n=12$)以及对照组($n=12$),通过二甲苯致小鼠耳胀试验、热板法、滚笼法测定比较两种样品的抗炎、镇痛和镇静作用。结果(见表 3-1-48~表 3-1-50)显示,样品 A 高剂量组镇痛和镇静作用与对照组比较差异有统计学意义($P<0.05$),样品 A 高剂量组与低剂量组抗炎作用与对照组比较差异均无统计学意义($P>0.05$);样品 B 抗炎作用与对照组比较,高剂量组与对照组相比差异有统计学意义($P<0.01$),低剂量组与对照组相比差异有统计学意义($P<0.05$);样品 B 高剂量组镇痛作用与对照组相比,差异有统计学意义($P<0.05$);样品 B 高剂量组镇静作用与对照组相比,差异有统计学意义($P<0.01$)。综上可知,薏苡仁提取物具有一定的抗炎、镇痛、镇静作用,但是作用强度与给药剂量和提取方法有关。

表 3-1-48　薏苡仁提取物抗炎作用比较($n=12$, $\bar{x}\pm s$)

组别	剂量/(g/kg)	耳郭肿胀度
样品 A	3.75	29.7±7.2
	0.75	31.4±11.3
样品 B	3.75	10.6±5.4[b]
	0.75	21.3±11.3[a]
对照组	—	38.9±14.2

注:与对照组相比较[a] $P<0.05$,与对照组相比较[b] $P<0.01$。
据吴建方等(2015)

表 3-1-49　薏苡仁提取物镇痛作用比较($n=12$, $\bar{x}\pm s$)

组别	剂量/(g/kg)	痛阈/s	舔足次数/(次/min)
样品 A	3.75	29.7±6.6	8.3±3.1[a]
	0.75	17.5±4.9	14.6±4.5
样品 B	3.75	33.7±5.5	6.9±2.2[a]
	0.75	30.2±5.1	12.6±4.1
对照组	—	29.7±4.6	15.2±4.3

注:与对照组相比较[a] $P<0.05$。
据吴建方等(2015)

表 3-1-50　薏苡仁提取物镇静作用比较($n=12$, $\bar{x}\pm s$)

组别	剂量/(g/kg)	滚笼次数/次
样品 A	3.75	33.2±3.6[a]
	0.75	74.5±7.9
样品 B	3.75	29.3±2.8[b]
	0.75	41.5±4.5
对照组	—	50.2±4.9

注:与对照组相比较[a] $P<0.05$,与对照组相比较[b] $P<0.01$。
据吴建方等(2015)

陶小军等(2015)观察了薏苡仁油对小鼠的抗炎消肿作用。实验将 50 只昆明种健康小白鼠随机分为 5 组,每组 10 只,分别为食用油对照组(10 mL/kg)、阿司匹林组(0.5 g/kg)、薏苡仁油组(3.0 g/kg、1.5 g/kg、

0.75 g/kg），各组小鼠每天灌胃给药 1 次，连续 5 d，末次给药后 12 h，用游标卡尺测量小鼠左后足跖厚度，用 10%鸡蛋清致炎，致炎后 20 min、40 min、60 min、80 min 测量足跖厚度，计算足跖肿胀度；用二甲苯均匀涂抹于小鼠右耳内外两侧，致其耳郭肿胀，左耳为空白对照，20 min 后脱颈椎处死，用 6 mm 打孔器分别在双侧耳在同一部位打圆耳片，以电子天平称重，计算耳郭肿胀度；在小鼠尾静脉注射 0.5%伊文思蓝生理盐水溶液 10 mL/kg，20 min 后脱颈椎处死，收集腹腔液测定吸光度（A），分别考察薏苡仁油对小鼠的抗炎消肿作用。结果（见表 3-1-51、表 3-1-52）显示，与对照组比较，薏苡仁油 3.0 g/kg 组和 1.5 g/kg 组在 60 min、薏苡仁油 3 个剂量组在 80 min 时能显著降低小鼠足跖肿胀度，阿司匹林组在 40 min、60 min、80 min 时也能明显降低小鼠足跖肿胀度（$P<0.05$ 或 $P<0.01$）；薏苡仁油 3.0 g/kg 组和阿司匹林组能显著抑制二甲苯引起的小鼠耳郭肿胀；薏苡仁油 1.5 g/kg 组和 0.75 g/kg 组虽有减小耳郭肿胀度的趋势，但无统计学显著性差异（$P>0.05$）；薏苡仁油 3.0 g/kg 组、1.5 g/kg 组和阿司匹林组的吸光度显著降低，表明其能显著抑制醋酸所致的小鼠腹腔毛细血管通透性增高（$P<0.05$）。因此，薏苡仁油有一定抗炎消肿作用，该作用可能与降低毛细血管通透性有关。

表 3-1-51　薏苡仁油对蛋清致小鼠足跖肿胀的影响（$n=10$，$\bar{x}\pm s$）

组别	剂量	不同时间足跖的肿胀度/%			
		20 min	40 min	60 min	80 min
食用油对照组	10 mL/kg	31.8±3.5	22.1±2.2	16.3±2.3	12.6±2.6
薏苡仁油组	3.0 g/kg	30.6±3.0	20.3±3.4	12.0±2.0*	5.2±0.9#
	1.5 g/kg	29.7±4.1	21.6±4.3	13.1±3.5*	7.0±1.5#
	0.75 g/kg	31.9±3.5	21.9±1.9	14.6±2.0	8.8±1.2#
阿司匹林组	0.5 g/kg	26.9±6.6	16.8±5.5*	10.0±5.1#	4.7±3.2#

注：与食用油对照组比较，* $P<0.05$，# $P<0.01$。足跖肿胀度=（不同时间足跖厚度－致炎前足跖厚度）/致炎前足跖厚度×100%。

据陶小军等（2015）

表 3-1-52　薏苡仁油对二甲苯致小鼠耳郭肿胀和对醋酸所致小鼠腹腔毛细血管通透性的影响（$n=10$，$\bar{x}\pm s$）

组别	剂量	耳郭肿胀度/%	吸光度（A）
食用油对照组	10 mL/kg	38.8±14.1	0.512±0.121
薏苡仁油组	3.0 g/kg	21.2±11.4#	0.347±0.103*
	1.5 g/kg	29.8±7.1	0.383±0.100*
	0.75 g/kg	31.5±11.2	0.415±0.122
阿司匹林组	0.5 g/kg	10.5±5.3#	0.239±0.094*

注：与食用油对照组比较，* $P<0.05$，# $P<0.01$。耳郭肿胀度=（肿胀右耳郭重－正常左耳郭重）/正常左耳郭重×100%。

据陶小军等（2015）

李红艳等（2013）比较了薏苡仁两种水提取物的抗炎、镇痛、镇静作用。试验采用热水煎煮和冷水浸提两种方法分别提取薏苡仁有效部位（记作样品 1 和样品 2）。将 50 只小鼠（雌雄各半）随机分为 5 组，每组 10 只，即样品 1 高、低剂量组（3.75 g/kg、0.75 g/kg），样品 2 高、低剂量组（3.75 g/kg、0.75 g/kg）和对照组。对照组给予等体积蒸馏水。连续给药 5 d。末次给药 1 h 后，以二甲苯 50 μL/只均匀涂抹于小鼠右耳内外两侧，以左耳为空白对照，用 6 mm 打孔器分别在双侧耳同一部位打下圆耳片称重，计算耳郭肿胀度；以游标卡尺测量小鼠左后足跖厚度，随后以微量注射器注入 1%角叉菜胶 30 μL/只致炎，分别测量致炎后 1~4 h 足跖厚度，计算足跖肿胀度，通过二甲苯致小鼠耳肿胀和角叉菜胶致小鼠足肿胀试验比较两种样品抗炎作用;将金属桶放入(55±1)℃水浴锅中,挑选雌性小鼠放入金属桶底板上,以放到底板上至首次舔后足的时间为痛阈,测定每只鼠的痛阈,筛选痛阈为 10～60 s 为实验对象,末次给药 1 h 后,将鼠放入(55±1)℃的金属桶底板上,测定每只鼠的痛阈及 1 min 内舔足次数,通过热板法小鼠镇痛实验比较两种样品镇痛作用;将小鼠放入滚笼中,计数 1 min 内小鼠走步所带动滚笼转动的圈数,弃反复训练后滚笼转动 10 圈以下者。末次给药 1 h 后,将鼠分别放入滚笼中,计数 1 min 内滚笼转动圈数,通过滚笼法比较两种样品镇静作用。结果(见表 3-1-53～表 3-1-55)显示,与对照组比较,样品 1 高剂量组(3.75 g/kg)和低剂量组(0.75 g/kg)耳肿胀度均有显著差异($P<0.01$),说明薏苡仁热水煎煮提取物对二甲苯致小鼠耳肿胀具有抑制作用;样品 2 高、低剂量组与对照组比较耳肿胀度虽有一定抑制趋势,但均无显著差异;与对照组比较,样品 1 高剂量组在 3 h、4 h 均能显著降低小鼠足跖肿胀度,其中高剂量组在 2 h 即有显著作用($P<0.01$);样品 2 高剂量组在 3 h、4 h 有降低足跖肿胀度作用,低剂量在 4 h 时有一定作用($P<0.05$);样品 1 与样品 2 高剂量组均可减少小鼠舔足次数,且二者作用无显著差异;两种样品对热板法致小鼠痛阈均无明显影响;样品 1 高剂量组可明显降低小鼠滚笼次数($P<0.01$),低剂量组有降低趋势,但无统计学差异;样品 2 高剂量组可降低小鼠滚笼次数($P<0.05$),低剂量无降低作用反有升高趋势。综上可得,薏苡仁具有抗炎、镇痛、镇静作用,作用强度与提取方法和给药剂量有关。

表 3-1-53　薏苡仁水提取物的抗炎作用($n=10,\bar{x}\pm s$)

组别	剂量/(g/kg)	耳郭肿胀度/%	足跖的肿胀度/%			
			1 h	2 h	3 h	4 h
样品 1	3.75	10.5±5.3**	26.9±4.6	16.8±5.6*	10.0±5.1**	4.7±0.9**
	0.75	21.2±11.4*	30.6±3.0	20.3±6.4	12.0±2.0*	5.2±0.8**
样品 2	3.75	29.8±7.1	29.7±5.1	21.6±4.3	13.1±3.5*	7.0±0.8*
	0.75	31.5±11.2	31.9±6.5	21.9±3.9	14.6±2.0	8.8±0.6*
对照组	—	38.8±14.1	31.8±4.8	22.1±4.2	16.3±2.3	12.6±2.0

注:与对照组比较,* $P<0.05$,** $P<0.01$。

据李红艳等(2013)

表 3-1-54　薏苡仁水提取物的镇痛作用($n=10,\bar{x}\pm s$)

组别	剂量/(g/kg)	痛阈/s	舔足次数/次
样品 1	3.75	33.8±5.4	6.9±2.1
	0.75	30.2±5.0	12.5±4.0
样品 2	3.75	29.8±6.5	8.3±3.0
	0.75	17.4±4.8	14.6±4.4
对照组	—	29.6±4.5	15.1±4.1

注:与对照组比较,* $P<0.05$。

据李红艳等(2013)

表 3-1-55　薏苡仁水提取物的镇痛作用($n=10,\bar{x}\pm s$)

组别	剂量/(g/kg)	滚笼次数/次
样品 1	3.75	29.2±2.6**
	0.75	41.4±4.3
样品 2	3.75	33.1±3.5*
	0.75	74.3±7.8
对照组	—	50±4.8

注:与对照组比较,* $P<0.05$,** $P<0.01$。

据李红艳等(2013)

李彦龙等(2013)通过动物试验,观察了薏苡仁水提液对三硝基苯磺酸(TNBS)致溃疡性结肠炎(UC)大鼠的作用及对血清促炎因子(IL-6)、抗炎因子(IL-10)水平的影响。将大鼠随机分为6组,即空白组,模型组,薏苡仁水提液高、中、低剂量组,柳氮磺吡啶组(用于炎症性肠病治疗)。TNBS灌肠11 d以产生大鼠UC模型后,灌服相应药物治疗14 d。结果(见表3-1-56、表3-1-57)表明:薏苡仁水提液能显著改善TNBS致UC大鼠的一般状态,减轻其结肠组织病理学损伤。模型组大鼠结肠黏膜DAI(疾病活动指数评分)比正常组明显增高(P<0.01)。而各给药组较模型组DAI和CMDI(结肠病理形态学改变)均有不同程度的降低(P<0.01),IL-6与模型组相比均有不同程度的降低(P<0.01),而IL-10与模型组相比均有所升高(P<0.01),但薏苡仁水提液低剂量组与其他各给药组相比P<0.01。从而得出结论,薏苡仁水提液对UC大鼠损伤的肠黏膜有明显的修复作用,可通过抑制肠道免疫反应,减少促炎因子和增加抑炎因子的表达,调节促炎因子与抗炎因子间的平衡而发挥其抗炎作用。

表 3-1-56　各组大鼠 DAI 和 CMDI 评分的比较 ($n=10, \bar{x} \pm s$)

组别	剂量/(g/kg)	DAI	CMDI
空白对照组	—	0.00±0.00	0.38±0.52
模型对照组	—	7.50±0.84*	2.63±0.74*
柳氮磺吡啶组	0.27	3.92±1.63△	1.50±1.20△
薏苡仁水提液	5.4	2.45±0.85△	1.38±0.52△
	2.7	3.80±1.85△	1.75±0.71△
	1.35	5.80±1.92	2.50±1.20

注:与空白组比较,*P<0.01;与模型组比较,△P<0.01。
据李彦龙等(2013)

表 3-1-57　各组大鼠血清中 IL-10、IL-6 含量的比较 ($n=10, \bar{x} \pm s$)

组别	剂量/(g/kg)	IL-10	IL-6
空白对照组	—	58.41±3.92	60.57±7.82
模型对照组	—	46.23±3.25*	175.10±9.20*
柳氮磺吡啶组	0.27	72.85±3.39△#	83.10±8.42△#
薏苡仁水提液	5.4	72.63±3.59△#	82.81±7.62△#
	2.7	72.21±9.46△#	82.47±8.20△#
	1.35	53.56±4.19△	106.56±8.83△

注:与空白组比较,*P<0.01;与模型组比较,△P<0.01;与薏苡仁水提液低剂量组比较,#P<0.01。
据李彦龙等(2013)

4.降血糖和血脂

日本的羽野寿等(1959)研究发现了给正常兔皮下注射0.5 g/kg薏苡仁油(乙醚提取物)可引起血糖下降,注射2~4 h时血糖降至最低,10 h时恢复,皮下注射丙酮酸钠能迅速对抗薏苡仁油的降糖作用。此后用薏苡仁水提物试验,发现腹腔注射10 g/kg后7 h和12 h时,对正常小鼠都有明显降血糖作用,降低率分别为37%和29%。Takahashi等(1986)深入研究发现薏苡仁多糖A、B、C(coixan A、B、C)是其降糖活性成分,其中薏苡仁多糖A降血糖作用最强,腹腔注射10 mg/kg、30 mg/kg和100 mg/kg后7 h时血糖分别降低44%、55%和60%,24 h时分别下降5%、9%和27%。薏苡仁多糖A也剂量依赖性降低四氧嘧啶性高血糖小鼠的血糖,腹腔注射10 mg/kg、30 mg/kg、100 mg/kg后7 h时分别下降12%、39%和74%,24 h时分别下降10%、28%和33%。Park等(1988)研究发现了在基础饲料中添加15%薏苡仁外皮或15%薏苡仁外壳,喂饲自发性高血压大鼠27周,与基础饲料组比较,显著降低动脉粥样硬化指数和β-

脂蛋白水平,升高高密度脂蛋白胆固醇水平,轻度降低血压。喂薏苡仁加高脂饲料大鼠较只喂高脂饲料大鼠,血浆和肝胆固醇水平、肝三酰甘油水平显著降低,粪便中三酰甘油、肝和粪便中磷脂水平显著升高,而血浆和粪便中胆汁酸以及粪便中胆固醇水平无明显变化。

方向毅(2017)分析研讨了薏苡仁提取物薏苡仁多糖治疗糖尿病疾病的临床影响。试验采用随机抽签方式,从方向毅所在医院 2014 年 5 月至 2016 年 3 月期间收治的糖尿病患者中抽取 60 例纳入讨论中,60 例患者按入院单双顺序分 30 例对照组和 30 例研究组,对照组接受常规性治疗,给予二甲双胍药物治疗,每日口服 3 次,每次 0.5 mg,药物最高用量可加至 2 mg。研究组在对照组治疗基础上给予薏苡仁提取物薏苡仁多糖进行治疗,煎汤内服 10~30 g,每日 3 次。对比研讨两组治疗结果。结果(见表 3-1-58、表 3-1-59)显示,研究组不良反应总发生率(3.33%)比对照组(23.33%)低,组间数据有统计学意义($P<0.05$)。对比两组患者治疗后空腹血糖、糖化血红蛋白、餐后 2 h 血糖指数,研究组比对照组优,组间数据有统计学意义($P<0.05$)。因此可知,临床治疗糖尿病可采用薏苡仁提取物薏苡仁多糖进行治疗,各指标得到显著改善,应用推广价值高。

表 3-1-58　两组患者不良反应发生状况比较

组别	例数/%	高血糖/%	腹胀/%	饥饿感/%	总发生/%
研究组	30	0(0.00)	1(3.33)	0(0.00)	1(3.33)
对照组	30	2(6.67)	2(6.67)	3(10.00)	7(23.33)
χ^2	—	—	—	—	17.311 4
P	—	—	—	—	0.000 0

据方向毅(2017)

表 3-1-59　两组患者治疗后各指数状况比较($\bar{x}\pm s$)

组别	例数/例	空腹血糖/(mmol/L)	糖化血红蛋白/%	餐后 2 h 血糖/(mmol/L)
研究组	30	7.2±0.8	6.6±1.7	10.7±2.5
对照组	30	8.2±0.8	7.2±1.8	12.5±2.5
t	—	4.841 2	1.327 3	2.788 5
P	—	0.000 0	0.000 0	0.007 1

据方向毅(2017)

徐梓辉等(2000)研究了如何从薏苡仁中分离提取薏苡仁多糖,并观察其对多种模型小鼠血糖水平的影响。试验采用四氧嘧啶、肾上腺素尾静脉注射建立高血糖小鼠模型,取正常小鼠 50 只,随机分 5 组,每组 10 只,给药组分别按要求灌胃(ig) 100 mg/kg 和 200 mg/kg 以及腹腔注射(ip) 50 mg/kg 和 100 mg/kg 薏苡仁多糖,对照组予等体积生理盐水,给药后 0 h、2 h、7 h,尾静脉取血,血糖仪测定血糖水平,试验采用热水提取、低温减压浓缩、三氯醋酸法去蛋白、流水透析、Sephadex G-75 柱层析等方法进行测定。结果显示,被提取的薏苡仁多糖是鼠李糖、阿拉伯糖、甘露糖、半乳糖和葡萄糖组成,分子量约为 1.5×10^4,产率为 0.125%;动物试验结果(见表 3-1-60~表 3-1-62)显示:口服给予薏苡仁多糖对正常小鼠无明显降血糖作用;腹腔给予薏苡仁多糖剂量在 50 mg/kg 和 100 mg/kg 时,能降低正常小鼠、四氧嘧啶糖尿病模型小鼠和肾上腺素高血糖小鼠的血糖水平($P<0.05$,$P<0.01$),且呈现一定的量效关系。因此可知,薏苡仁多糖对正常及高血糖模型小鼠均有降血糖作用,其降血糖作用与给药途径有关。

表 3-1-60　薏苡仁多糖对正常小鼠血糖水平的影响($\bar{x}\pm s$)

组别	剂量/(mg/kg)	n	相对血糖水平/%		
			0 h	2 h	7 h
对照组		10	100	95.2±9.15	88.8±9.47
薏苡仁多糖组	100(ig)	10	100	93.5±11.12	86.5±10.34
薏苡仁多糖组	200(ig)	10	100	91.6±10.37	83.6±9.89
薏苡仁多糖组	50(ip)	10	100	86.7±9.63*	66.8±9.52**
薏苡仁多糖组	100(ip)	10	100	68.3±8.12**	47.6±9.41**

注:与空白对照组相比较,* $P<0.05$,** $P<0.01$。

据徐梓辉等(2000)

表 3-1-61　薏苡仁多糖对四氧嘧啶诱导的高血糖小鼠血糖水平的影响($\bar{x}\pm s,n=10$)

组别	剂量/(mg/kg)	血糖水平/(mmol/L)			
		0 h	2 h	7 h	24 h
正常组	生理盐水	5.93±0.98	5.74±0.62	4.93±0.61	3.67±1.57
对照组	生理盐水	17.86±3.97**	17.75±3.21**	15.62±3.54**	13.52±3.91**
薏苡仁多糖组	50	19.14±3.68**	16.70±2.89**▲	12.41±2.72**▲	11.26±3.19**▲
薏苡仁多糖组	100	18.09±3.17**	14.80±2.51**▲	9.27±2.33**▲▲	9.16±2.78**▲▲

注:与正常组相比较,** $P<0.01$;与对照组相比较,▲$P<0.05$,▲▲$P<0.01$。

据徐梓辉等(2000)

表 3-1-62　薏苡仁多糖对肾上腺素高血糖小鼠血糖水平的影响($\bar{x}\pm s,n=10$)

组别	剂量/(mg/kg)	Adr/(μg/kg)	血糖水平/(mmol/L)
正常组	生理盐水		5.63±0.61
对照组	生理盐水	20	10.6±1.81**▲
薏苡仁多糖组	50	20	7.62±0.69▲
薏苡仁多糖组	100	20	6.83±0.83▲▲

注:与正常组相比较,** $P<0.01$;与对照组相比较,▲$P<0.05$,▲▲$P<0.01$。

据徐梓辉等(2000)

孟利娜(2018)探究了薏苡仁蛋白和多糖对 2 型糖尿病模型小鼠体重变化、血液糖脂水平、肝肾脾组织和胰岛形态的影响作用。试验将 SPF 级雄性昆明小鼠 150 只随机分组,每 12 只为一组,共分 12 组并从中随机挑选一组作为正常组(normal control,NC),正常组喂食普通小鼠饲料,每天灌胃等量生理盐水。其余分组喂食高糖高脂饲料,建立 2 型糖尿病的小鼠模型,再将成模小鼠随机分为模型组(DC):以普通饲料喂养,每天灌胃等量无菌生理盐水;阳性对照组(PC):以普通饲料喂养,每天灌胃 2 mg/kg 格列美脲;薏苡仁蛋白组:以普通饲料喂养,高剂量组(APH)、中剂量组(APM)、低剂量组(APL)每天分别灌胃 300 mg/kg、200 mg/kg、100 mg/kg 薏苡仁蛋白悬浮液;薏苡仁多糖组:以普通饲料喂养,高剂量组(APOH)、中剂量组(APOM)、低剂量组(APOL)每天分别灌胃 100 mg/kg、50 mg/kg、25 mg/kg 薏苡仁多糖溶液;薏苡仁蛋白多糖混合组:以普通饲料喂养,高剂量组(AMH)、中剂量组(AMM)、低剂量组(AML)每天分别灌胃 167 mg/kg、100 mg/kg、50 mg/kg 薏苡仁蛋白多糖混合溶液。记录小鼠的体重及其各脏器质量,收集血糖空腹数据并比较其水平,测定小鼠血脂的总胆固醇(TC)、三酰甘油(TG)、低密度脂蛋白胆固醇(LDL-C)、高密度脂蛋白胆固醇(HDL-C),HE 染色观察肝脏病理学改变。结果(见表 3-1-63～表 3-1-65)显示,4 周灌胃结束后,各组小鼠体重发生了不同的变化趋势;NC、DC、APL、APOL 与 AML 小鼠体重均出现不断上升的趋势,其中 NC、APL、APOL 与 AML 体重增长幅度较 DC 小,PC、APM、APH、APOM、

APOH、AMM 与 AMH 组体重则出现下降的趋势，AML 显著低于模型组($P<0.05$)，其他各组均极显著低于模型组($P<0.01$)；正常组小鼠血糖值轻微升高后稳定在一定的水平，PC、APM、APH、APOM、APOH、AMM 与 AMH 处理组小鼠血糖较模型组极显著降低($P<0.01$)。APL、APOL、AML 三组小鼠的空腹血糖值也呈现明显的下降趋势，且显著低于模型对照组($P<0.05$)；模型组小鼠各脏器指数显著高于 NC 以及 PC 组($P<0.05$)。相比于模型组，各灌胃组都一定程度上表现了降低脏器指数的功效。APL、APOL、AML 虽然脏器指数有所下降，但只有肝脏体现显著性差异($P<0.05$)，脾脏、肾脏与模型组差异不显著，无统计学意义。APM 与 AMM 对脏器指数的降低作用接近阳性对照组，改善脏器指数的效用具有显著性($P<0.05$)，APOM 效果略次之；与模型组对比，APH、APOH、AMH 降低脏器指数的效果极其显著($P<0.01$)，其效用略优于阳性对照，能够维持到正常水平；同时，各试验组小鼠胰岛形态对比模型组有明显的改善，APOL 与 APL 组中，胰岛受损相对于模型组已有所改善，体积和细胞数目有所增加，但仍出现局灶性坏死与充血，胰岛边界较模糊，形状不规则；APL 组中，胰岛明显有所充盈，胞浆分明，有少量局灶性坏死痕迹，边界较清晰；APM、APOM、AMM 三组胰岛结构基本恢复正常，只有少量炎性细胞浸润，胰岛细胞增多，形态接近正常状态，细胞分布均匀，但仍有部分核固缩现象，胰岛边界清晰明了，APOM、AMM 组有局灶性坏死的痕迹，但已基本修复；APOH、AMH 组胰岛已恢复至正常状态，胰岛形态圆润，边界清晰，但 APOH 有少量炎性细胞浸润，AMH 有部分局灶性坏死；APH 组与阳性对照组及正常组小鼠胰岛基本无差异，细胞排列整齐，染色清晰，已无明显破坏痕迹；对比正常小鼠 TC、TG、LDL-C 和 HDL-C 水平，模型组小鼠血脂中 TC、TG 和 LDL-C 含量显著($P<0.05$)，HDL-C 显著降低($P<0.05$)，呈现典型高血脂症状，说明糖尿病模型建立成功；阳性对照组中，PC 中的 TC、TG、LDL-C 含量较模型组显著降低($P<0.05$)，HDL-C 明显高于模型组($P<0.01$)，接近正常值。APOL 改善血脂效果最差，但仍能显著性降低 TC、TG 含量，提高 HDL-C 含量($P<0.05$)，但 LDL-C 水平与正常组仍存在显著性差异($P<0.05$)；APM、APOM、AMM 组血脂水平已基本接近正常值，对比模型组 TC、TG 含量显著降低($P<0.01$)，HDL-C 含量显著提高($P<0.01$)；APH、APOH、AMH 组 TC、TG 水平均显著低于 DC 组($P<0.05$)，且 HDL-C 水平显著高于 DC 组($P<0.05$)，其中 TC、TG 水平甚至显著低于正常组($P<0.05$)，证明患病小鼠高血脂症状得到改善。综上可知，薏苡仁蛋白和多糖灌胃能够有效降低患病小鼠血糖指数、脏器指数以及血脂水平，能够有效调节糖尿病小鼠的血糖代谢从而降低糖尿病小鼠的血糖水平和血脂水平。

表 3-1-63　各处理组小鼠空腹血糖水平($n=12$)

组别	空腹血糖/(mmol/L)			
	第 1 周	第 2 周	第 3 周	第 4 周
NC	8.04 ± 1.20^{B}	8.15 ± 0.98^{B}	8.35 ± 0.74^{B}	8.25 ± 0.54^{B}
DC	19.37 ± 1.78^{A}	20.40 ± 2.00^{A}	15.61 ± 2.09^{A}	14.22 ± 1.34^{A}
PC	$15.15\pm2.00^{A,B}$	$16.74\pm1.58^{A,B}$	$13.61\pm1.36^{A,B}$	$11.90\pm0.97^{A,B}$
APL	18.59 ± 0.97^{A}	19.40 ± 1.33^{A}	15.65 ± 1.71^{A}	12.96 ± 1.40^{A}
APM	18.29 ± 1.85^{A}	18.69 ± 1.87^{A}	15.15 ± 1.84^{A}	$11.56\pm1.61^{A,B}$
APH	$15.70\pm1.34^{A,B}$	$15.97\pm1.46^{A,B}$	$13.32\pm1.23^{A,B}$	$10.92\pm1.37^{A,B}$
APOL	19.09 ± 1.26^{A}	19.60 ± 1.30^{A}	16.17 ± 1.09^{A}	13.12 ± 1.32^{A}
APOM	8.24 ± 1.05^{A}	18.88 ± 1.39^{A}	15.84 ± 1.36^{A}	$12.08\pm1.28^{A,B}$
APOH	17.44 ± 1.22^{A}	$17.71\pm1.26^{A,B}$	$14.00\pm1.12^{A,b}$	$11.50\pm0.78^{A,B}$
AML	$18.90\pm1.51^{A,b}$	19.41 ± 1.62^{A}	15.51 ± 1.67^{A}	13.11 ± 1.57^{A}
AMM	18.20 ± 1.89^{A}	18.76 ± 2.29^{A}	$14.44\pm2.02^{A,b}$	$11.70\pm1.33^{A,B}$
AMH	17.15 ± 1.32^{A}	$17.40\pm1.32^{A,B}$	$13.49\pm1.25^{A,B}$	$11.15\pm1.22^{A,B}$

注：结果数据表示为平均值±标准差，与正常组比较$^{A}P<0.01$，与模型组比较$^{b}P<0.05$，与模型组比较$^{B}P<0.01$。

据孟利娜(2018)

表 3-1-64　各组糖尿病小鼠的脏器指数($n=12$)

组别	肝脏指数/%	脾脏脂数/%	肾脏指数/%
NC	4.98 ± 0.47^{B}	0.30 ± 0.07^{B}	1.51 ± 0.12^{B}
DC	6.5 ± 0.17^{A}	0.83 ± 0.22^{A}	1.86 ± 0.26^{A}
PC	5.03 ± 0.49^{B}	0.36 ± 0.12^{B}	$1.38\pm0.17^{a,B}$
APL	5.50 ± 0.65^{b}	0.68 ± 0.11^{A}	1.73 ± 0.10
APM	5.18 ± 0.76^{B}	0.43 ± 0.12^{B}	1.53 ± 0.23^{b}
APH	4.71 ± 0.41^{B}	0.31 ± 0.08^{B}	$1.40\pm0.09^{a,B}$
APOL	5.51 ± 0.44^{b}	0.79 ± 0.15^{A}	1.83 ± 0.09^{a}
APOM	5.40 ± 0.47^{B}	0.54 ± 0.09^{b}	$1.56\pm0.17^{a,b}$
APOH	5.35 ± 0.57^{B}	0.40 ± 0.17^{B}	$1.42\pm0.09^{a,B}$
AML	5.56 ± 0.46^{b}	0.80 ± 0.28^{A}	1.68 ± 0.15
AMM	4.9 ± 0.28^{B}	0.40 ± 0.17^{B}	$1.45\pm0.12^{a,B}$
AMH	$4.56\pm0.63^{a,B}$	0.32 ± 0.09^{B}	$1.31\pm0.17^{a,B}$

注:结果数据表示为平均值±标准差,与正常组比较$^{a}P<0.05$,与正常组比较$^{A}P<0.01$,与模型组比较$^{b}P<0.05$,与模型组比较$^{B}P<0.01$。

据孟利娜(2018)

表 3-1-65　各处理组小鼠血清血脂水平($n=12$)

组别	TC/(mmol/L)	TG/(mmol/L)	HDL-C/(mmol/L)	LDL-C/(mmol/L)
NC	2.88 ± 0.29^{B}	2.71 ± 0.22^{B}	2.75 ± 0.11^{B}	0.67 ± 0.15^{b}
DC	5.31 ± 0.21^{A}	4.02 ± 0.09^{A}	2.06 ± 0.08^{A}	1.27 ± 0.05^{a}
PC	$3.59\pm0.30^{A,B}$	2.70 ± 0.23^{B}	2.74 ± 0.04^{B}	0.49 ± 0.19^{B}
APL	$4.25\pm0.20^{A,B}$	$3.51\pm0.28^{A,b}$	$2.39\pm0.12^{A,B}$	0.91 ± 0.12
APM	$3.38\pm0.17^{A,B}$	$1.96\pm0.30^{A,B}$	2.76 ± 0.08^{B}	0.80 ± 0.46
APH	2.45 ± 0.17^{B}	$1.69\pm0.10^{A,B}$	$3.19\pm0.04^{A,B}$	0.50 ± 0.28^{B}
APOL	$4.81\pm0.21^{A,B}$	$3.42\pm0.24^{A,b}$	2.23 ± 0.23^{A}	1.17 ± 0.08^{a}
APOM	$3.87\pm0.07^{A,B}$	2.89 ± 0.23^{B}	2.52 ± 0.11^{B}	1.07 ± 0.12
APOH	$3.48\pm0.20^{A,B}$	$2.22\pm0.15^{a,B}$	2.90 ± 0.06^{B}	0.61 ± 0.17^{B}
AML	$4.53\pm0.13^{A,B}$	3.15 ± 0.18^{B}	$2.47\pm0.16^{A,B}$	1.06 ± 0.35
AMM	$3.85\pm0.14^{A,B}$	2.44 ± 0.36^{B}	$3.07\pm0.02^{A,B}$	0.86 ± 0.32
AMH	$3.37\pm0.11^{A,B}$	$1.72\pm0.45^{A,B}$	2.87 ± 0.10^{B}	0.54 ± 0.29^{B}

注:结果数据表示为平均值标准差,与正常组比较$^{a}P<0.05$,与正常组比较$^{A}P<0.01$,与模型组比较$^{b}P<0.05$,与模型组比较$^{B}P<0.01$。

据孟利娜(2018)

易辉等(2013)研究了薏苡仁水提物对高血脂模型大鼠的保护作用。试验建立喂饲大鼠高脂乳剂 60 d以复制大鼠高血脂模型。将模型大鼠分为正常对照(等容生理盐水)组、模型(等容生理盐水)组、阿托伐他汀钙片(3 mg/kg)组与薏苡仁水提物高、中、低剂量(400 mg/kg、200 mg/kg、10 mg/kg)组。测定大鼠血清高密度脂蛋白胆固醇(HDL-C)、低密度脂蛋白胆固醇(LDL-C)、总胆固醇(TC)和三酰甘油(TG)与肝脏

TC、TG 的含量；观察大鼠肝细胞病理变化。结果(见表 3-1-66、表 3-1-67)显示，与正常对照组比较，模型组大鼠血清 HDL-C 含量显著减少，TG、LDL-C、TC 含量显著增加($P<0.01$)，肝脏 TC、TG 含量显著增加($P<0.01$)；与模型组比较，薏苡仁水提物高、中剂量组大鼠血清 HDL-C 含量显著增加，TG、LDL-C、TC 含量显著减少($P<0.01$ 或 $P<0.05$)，肝脏 TC、TG 含量显著减少($P<0.01$ 或 $P<0.05$)。与正常对照组比较，模型组大鼠肝细胞明显脂肪变性；与模型组比较，薏苡仁水提物高、中剂量组大鼠肝细胞脂肪变性程度明显减轻。从而得出结论，薏苡仁水提物对高血脂模型大鼠有较好的保护作用，其机制与调节相关生化指标、改善肝细胞形态有关。

表 3-1-66　薏苡仁水提物对模型大鼠血清生化指标的影响($\bar{x}\pm s, n=10$)

组别	剂量/(mg/kg)	HDL-C/(mmol/L)	LDL-C/(mmol/L)	TC/(mmol/L)	TG/(mmol/L)
正常对照组		1.96 ± 0.33	0.31 ± 0.07	0.42 ± 0.11	2.14 ± 0.36
模型组		$1.08\pm0.21^*$	$1.42\pm0.86^*$	$0.71\pm0.29^*$	$2.67\pm0.75^*$
阿托伐他汀钙片组	3	$1.78\pm0.25^{\#\#}$	$0.48\pm0.12^{\#\#}$	$0.47\pm0.16^{\#\#}$	$2.21\pm0.29^{\#\#}$
薏苡仁水提物高剂量组	400	$1.52\pm0.22^{\#\#}$	$0.85\pm0.29^{\#\#}$	$0.53\pm0.24^{\#\#}$	$0.36\pm0.31^{\#\#}$
薏苡仁水提物中剂量组	200	$1.39\pm0.28^{\#}$	$1.07\pm0.54^{\#}$	$0.64\pm0.20^{\#}$	$2.48\pm0.27^{\#}$
薏苡仁水提物低剂量组	100	1.17 ± 0.34	1.29 ± 1.03	0.69 ± 0.37	2.62 ± 0.62

注：与正常对照组比较：$^*P<0.01$；与模型组比较：$^{\#}P<0.05$，$^{\#\#}P<0.01$。
据易辉等(2013)

表 3-1-67　薏苡仁水提物对模型大鼠肝脏生化指标的影响($\bar{x}\pm s, n=10$)

组别	剂量/(mg/kg)	TC/(mmol/L)	TG/(mmol/L)
正常对照组		0.76 ± 0.07	1.30 ± 0.17
模型组		$1.94\pm0.35^*$	$2.23\pm0.38^*$
阿托伐他汀钙片组	3	$0.92\pm0.06^{\#\#}$	$1.65\pm0.26^{\#\#}$
薏苡仁水提物高剂量组	400	$1.26\pm0.14^{\#\#}$	$1.89\pm0.23^{\#}$
薏苡仁水提物中剂量组	200	$1.69\pm0.23^{\#}$	$2.04\pm0.21^{\#}$
薏苡仁水提物低剂量组	100	1.85 ± 0.38	2.17 ± 0.35

注：与正常对照组比较：$^*P<0.01$；与模型组比较：$^{\#}P<0.05$，$^{\#\#}P<0.01$。
据易辉等(2013)

5.抗氧化

李艳玲等(2012)通过了人体实验，研究了薏苡仁的抗氧化作用。收集天津医科研究生院 2010 年 11 月—2011 年 3 月期间住院的诊断为脑卒中的患者 40 例，均分为两组，对照组使用肠内营养液，研究组使用营养制剂中添加炒制后的薏苡仁粉，用量用法相同。肠内营养第一天给予 500 mL，分 4~6 次推注，每次间隔 3 h，若无反应，第二天使用肠内营养液浓度增加，分 6 次推注，每次间隔 2.5~3 h；持续治疗 10 d。结果(见表 3-1-68)表明，薏苡仁可增强机体抗氧化防御系统及改善肠黏膜通透性。

表 3-1-68　两组治疗前、后抗氧化指标比较($\bar{x}\pm s$)

组别	n	MDA/(μmol/L)		SOD/(μU/L)	
		治疗前	治疗后	治疗前	治疗后
对照组	19	8.51 ± 0.52	8.23 ± 0.42	61.33 ± 5.15	64.42 ± 5.20
研究组	18	8.39 ± 0.59	$8.05\pm0.41^*$	62.15 ± 5.23	$66.15\pm5.45^{\#}$

注：*、$^{\#}$分别为研究组与治疗前后比较 $P<0.05$。
据李艳玲等(2012)

徐磊等(2017)研究了发芽对薏米营养组成、理化特性及生物活性的影响。40 只 SPF 级 C57BL/6J 雄性小鼠(4～5 周龄),经基础饲料适应性喂养 1 周后,随机分成 4 组,分别标记为基础饲料组(NFD)、高脂饲料组(HFD)、高脂饲料添加 20% 薏米组(HFDR)和高脂饲料添加 20% 发芽薏米组(HFDG)。结果(见表 3-1-69)表明:摄食发芽薏米能明显改善小鼠氧化应激状态,显著提高血清和肝脏中超氧化物歧化酶(SOD)、谷胱甘肽过氧化物酶(GSH-Px)、过氧化氢酶(CAT)的活性,增强总抗氧化能力(T-AOC)($P<$ 0.05),同时显著降低丙二醛(MDA)的含量($P<0.05$)。从而得出结论,发芽薏米能够显著提高小鼠血清的抗氧化水平。

表 3-1-69　发芽薏米对高脂膳食小鼠血清抗氧化水平的影响

分组	SOD/ (U/mL)	GSH-Px/ (U/mL)	CAT/ (U/mL)	MDA/ (mmol/L)	T-AOC/ (U/mL)
NFD	200.32±15.34[a]	701.23±45.67[a]	3.63±0.13[a]	8.01±0.52[c]	10.23±0.52[a]
HFD	154.45±20.32[b]	531.24±56.12[b]	2.34±0.20[c]	11.23±0.67[a]	7.89±0.41[b]
HFDR	169.67±10.89[b]	589.34±45.23[b]	2.54±0.15[c]	10.45±0.48[a]	8.31±0.23[b]
HFDG	181.29±14.56[ab]	688.77±50.23[a]	3.01±0.19[b]	9.12±0.43[b]	9.94±0.69[a]

注:位于同一列中标有不同字母表示数值之间差异显著($P<0.05$)。

据徐磊等(2017)

吕峰等(2008)观察了薏苡仁多糖对小鼠的抗氧化作用,并探讨其机制。以 ICR 清洁级小鼠为研究对象,腹腔注射 CCl_4 造模。以维生素 E 为阳性对照,给药组[薏苡仁纯多糖低、中、高剂量(250 mg/kg、500 mg/kg、1000 mg/kg)]和薏苡仁粗多糖低、中、高剂量(250 mg/kg、500 mg/kg、1000 mg/kg)分别先经灌胃 28 d 进行预防。以全血超氧化物歧化酶(SOD)与谷胱甘肽过氧化物酶(GSH-Px)活性、还原型谷胱甘肽(GSH)浓度、血清总抗氧化能力(T-AOC)反映抗氧化功能。结果(见表 3-1-70)表明:与模型组相比,薏苡仁多糖可显著增强小鼠 SOD、GSH-Px 活性,薏苡仁多糖能有效提高其内源性抗氧化酶活性,及时清除氧自由基,防止因 CCl_4 肝损伤造成的脂质过氧化对细胞组织的伤害。从而得出结论,薏苡仁多糖能显著增强小鼠的抗氧化功能,其机制可能与提高机体的抗氧化酶活性和 GSH 浓度,对抗脂质过氧化反应有关。

表 3-1-70　不同组别全血抗氧化酶活性、GSH 浓度和血清 T-AOC 的变化($\bar{x}\pm s, n=10$)

组别	T-AOC/(U/mL)	GSH/(U/mL)	GSH-Px/(U/mL)	SOD/(U/mL)
正常组	343.86±80.56	356.60±67.40	1240.62±348.57	279.79±33.26
模型组	112.0±29.90[c]	166.22±23.40[c]	483.48±112.65[c]	131.36±58.32[c]
维生素 E 组	311.48±49.73[b]	298.07±62.87[b]	1234.02±193.19[b]	254.68±31.65[b]
250 mg/kg 薏苡仁纯多糖	166.79±11.73[b]	197.47±8.38[b]	721.20±176.63[b]	203.76±23.97[b]
500 mg/kg 薏苡仁纯多糖	200.51±12.57[b]	258.98±21.13[b]	871.70±142.61[b]	253.34±29.44[b]
1000 mg/kg 薏苡仁纯多糖	297.23±45.36[b]	290.42±39.59[b]	1150.44±204.52[b]	312.81±32.23[b]
250 mg/kg 薏苡仁粗多糖	146.31±15.99[a]	197.05±29.10[a]	540.93±87.54[a]	195.00±21.57[a]
500 mg/kg 薏苡仁粗多糖	196.43±20.56[b]	219.03±13.39[b]	836.27±105.48[b]	248.06±39.00[b]
1000 mg/kg 薏苡仁粗多糖	232.06±34.11[b]	258.79±25.69[b]	965.55±105.06[b]	272.75±33.71[b]

注:与模型组相比,[a]$P<0.05$,[b]$P<0.01$;与对照组相比[c]$P<0.01$。

据吕峰等(2008)

李志(2019)采用了响应面法优化了薏苡仁中黄酮的超声波辅助乙醇提取工艺,同时对薏苡仁总黄酮的抗氧化活性进行了测定。结果表明:薏苡仁总黄酮的最佳提取工艺条件为乙醇浓度85%、超声时间40 min、料液比1:25(质量与体积之比)、超声功率250 W。在此条件下,薏苡仁总黄酮提取率为0.53%,而所建模型的预测值为0.57%,两者基本吻合,表明数学模型与实际情况能较好拟合。研究还发现薏苡仁总黄酮对DPPH自由基具有良好的清除作用,同时具有较强的抗氧化能力,两方面的活性强度都与薏苡仁总黄酮质量浓度呈量效关系。

刘想等(2017)以薏苡仁为原料,研究了薏苡仁多糖对超氧阴离子自由基、羟基自由基及DPPH自由基的抗氧化清除能力。将维生素C的抗氧化能力作为参照,研究多糖质量浓度与抗氧化能力的关系。结果表明:当质量浓度为5 mg/mL时,对超氧阴离子自由基、羟基自由基以及DPPH自由基的抗氧化清除能力分别为44.81%、10.12%、29.25%,且随着薏苡仁多糖质量浓度的增加其抗氧化能力越强。

吴映梅等(2014)研究了科学的方法制作出的薏苡仁饮料的抗氧化活性。以薏苡仁为主要原料研制饮料,通过测定饮料清除DPPH自由基和超氧阴离子自由基的能力对薏苡仁饮料的抗氧化能力进行评价。结果表明:制得的薏苡仁饮料,1 mL饮料清除DPPH自由基的能力相当于0.15 mg的抗坏血酸,超氧阴离子自由基清除率为28.6%。从而得出结论,薏苡仁饮料中的抗氧化物质具有一定的抗氧化活性,薏苡仁饮料是一种优质的保健饮料,对人体有一定的保健功能。

曾海龙等(2011)通过测定薏苡仁多糖对超氧阴离子自由基、羟基自由基、DPPH自由基的清除能力,结果表明:薏苡仁多糖对超氧阴离子自由基的清除能力较强,当薏苡仁多糖液浓度为5 mg/kg时,其清除率可达到43.30%。其次是对DPPH自由基的清除能力,而对羟基自由基的清除能力最差,当薏苡仁多糖浓度为5 mg/kg时,清除率仅有7.12%。以维生素C对照,薏苡仁多糖对自由基的清除能力弱于维生素C对自由基的清除能力。

6.防辐射

肖志勇等(2015)探讨了薏苡仁油对小鼠的辐射保护作用。实验将40只实验小鼠随机分为辐射模型对照组及薏苡仁油低、中、高剂量组,每组10只,分别灌胃玉米油及薏苡仁油0.15 g/kg、0.30 g/kg、0.90 g/kg,连续14 d。以3 Gy剂量射线^{60}Co对小鼠进行一次性全身照射,观察比较各组小鼠实验前后体质量增长情况、外周血白细胞计数及射线照射后骨髓细胞DNA含量、血清溶血素水平。结果(见表3-1-71~表3-1-73)显示,薏苡仁油能增加射线照射后小鼠外周血白细胞数及骨髓细胞DNA含量,并可升高小鼠血清溶血素水平,对小鼠的体质量增长无影响。从而得出结论,薏苡仁油具有较好的辐射保护作用。

表3-1-71　薏苡仁油对小鼠外周血白细胞水平影响的比较($\bar{x} \pm s$)　　　　　单位:10^9 个/L

组别	n	照射前	照射后第3天	照射后第14天
辐射模型对照组	10	7.7±1.5	4.8±0.8[a]	6.6±0.8
薏苡仁油低剂量组	10	7.7±1.1[b]	4.9±0.7[b]	6.9±0.9
薏苡仁油中剂量组	10	7.8±1.2[b]	5.1±1.0[b]	7.1±1.5
薏苡仁油高剂量组	10	7.8±1.2[b]	5.2±1.1[b]	7.8±0.8[c]

注:与本组照射前比较,[a]$P<0.05$;与辐射模型对照组比较,[b]$P>0.05$,[c]$P<0.05$。

据肖志勇等(2015)

表3-1-72　薏苡仁油对小鼠骨髓细胞DNA含量的影响($\bar{x} \pm s$)

组别	n	OD值
辐射模型对照组	10	0.15±0.04
薏苡仁油低剂量组	10	0.16±0.03
薏苡仁油中剂量组	10	0.17±0.04
薏苡仁油高剂量组	10	0.19±0.03[a]

注:与辐射模型对照组比较,[a]$P<0.05$。

据肖志勇等(2015)

表 3-1-73　薏苡仁油对小鼠血清溶血素水平的影响($\bar{x}\pm s$)

组别	n	抗体积数
辐射模型对照组	10	67.8±15.8
薏苡仁油低剂量组	10	77.2±15.9
薏苡仁油中剂量组	10	95.4±26.2[a]
薏苡仁油高剂量组	10	128.9±24.3[a]

注：与辐射模型对照组比较，[a]$P<0.05$。

据肖志勇等(2015)

李启杰等(2013)研究了薏苡仁水提液对受辐射小鼠外周血白细胞、骨髓有核细胞数量及微核率变化的影响，并检测白细胞介素(IL-1 和 IL-2)、超氧化物歧化酶(SOD)基因的变化以探讨其抗辐射损伤的作用机制。实验将辐射模型小鼠按随机数字表随机分为薏苡仁水提液高(灌胃 0.88 g/kg)、中(灌胃 0.44 g/kg)、低(灌胃 0.22 g/kg)剂量组，以及空白对照组(生理盐水)、辐射对照组(生理盐水)和阳性对照组(灌胃刺五加水提液)，每组 30 只，模型小鼠均给予^{60}Co-γ射线 3 Gy，一次性全身照射 150 s。对辐射后小鼠外周血白细胞、骨髓有核细胞计数，计算微核率，逆转录-聚合酶链反应(RT-PCR)检测 IL-1、IL-2、SOD 基因的变化，对实验结果进行统计学分析。结果(见表 3-1-74～表 3-1-76)显示，随薏苡仁水提液剂量的加大，受照射小鼠骨髓有核细胞数不断增多，且微核数呈降低趋势；高剂量组与空白对照组相比，照射后第 7 天小鼠外周血白细胞数差异无统计学意义($P>0.05$)，且 3 个剂量组外周血白细胞数均高于辐射对照组，差异有统计学意义($P<0.01$)；薏苡仁水提液高、中剂量组 IL-1、IL-2、SOD 基因的相对表达量均高于空白对照组和辐射对照组($P<0.01$)。从而得出结论，薏苡仁水提液可能具有促使骨髓有核细胞快速释放、加快外周血白细胞数量恢复进度的作用，且具有降低受辐射小鼠骨髓有核细胞和外周血淋巴细胞微核率的作用；再者，薏苡仁水提液可上调受辐射小鼠机体 SOD、IL-1、IL-2 的表达水平，具有增强自由基清除、抗辐射和免疫保护调节的作用。

表 3-1-74　各组小鼠骨髓有核细胞和外周血白细胞计数($n=15$，$\bar{x}\pm s$)

组别	灌胃剂量/(g/kg)	照射后第 7 天骨髓有核细胞/($\times10^7$/mL)	外周血白细胞/(10^9/L)		
			照射前第 3 天	照射后第 3 天	照射后第 7 天
空白对照组	—	4.10±0.31	14.42±1.11	14.34±1.09	14.39±1.23
辐射对照组	—	1.90±0.28*	14.33±1.20	6.77±0.61*	7.20±0.54*
阳性对照组	0.60	2.85±0.25*#	14.47±0.93	8.94±0.39*#	10.72±0.68*#
高剂量组	0.88	2.44±0.17*#	14.29±1.29	11.30±0.85*#	13.23±1.08#
中剂量组	0.44	1.93±0.29*	14.45±1.06	9.74±0.87*#	10.69±0.61*#
低剂量组	0.22	1.53±0.19*	14.28±1.31	7.91±0.44*#	8.24±0.59*#

注：与空白对照组相比，*$P<0.01$；与辐射对照组相比，#$P<0.01$。

据李启杰等(2013)

表 3-1-75　各组小鼠骨髓有核细胞和外周血白细胞微核计数($n=15$)

组别	骨髓有核细胞			外周血白细胞		
	细胞数/个	微核数/个	微核率/%	细胞数/个	微核数/个	微核率/%
空白对照组	1000	1.40±0.24	1.4	1000	2.20±0.47	2.2
辐射对照组	1000	18.80±3.27*	18.8	1000	20.20±3.75*	20.2
阳性对照组	1000	5.20±0.96*#	5.2	1000	4.40±1.25*#	4.4
高剂量组	1000	2.80±0.73*#	2.8	1000	4.00±1.20*#	4.0
中剂量组	1000	4.20±1.19*#	4.2	1000	5.20±0.88*#	5.2
低剂量组	1000	4.80±1.01*#	4.8	1000	5.60±1.47*#	5.6

注：与空白对照组相比，*$P<0.01$；与辐射对照组相比，#$P<0.01$。

据李启杰等(2013)

表 3-1-76　各组小鼠外周血白细胞 SOD、IL-1、IL-2 基因相对表达量（$n=15, \bar{x} \pm s$）

组别	ΔCt(SOD)	ΔCt(IL-1)	ΔCt(IL-2)
空白对照组	0.19±0.09	0.46±0.17	4.42±1.15
辐射对照组	0.23±0.08	0.19±0.10	2.19±0.57
阳性对照组	0.36±0.12	0.30±0.10	23.18±6.21*#
高剂量组	2.33±0.99*#	3.89±1.25*#	19.42±4.81*#
中剂量组	0.58±0.17*#	2.03±0.75*#	15.14±3.13*#
低剂量组	0.45±0.11*#	0.48±0.13#	8.37±1.90*#

注：与空白对照组相比，* $P<0.01$；与辐射对照组相比，# $P<0.01$。
据李启杰等（2013）

三、薏苡仁的研究成果

夏法刚、郑金贵（2013）对所搜集到的 90 份薏苡种质资源的总抗氧化能力、抑制羟自由基能力两项生化指标进行了测定研究，结果如表 3-1-77 所示，不同薏苡种质资源的总抗氧化能力和抑制羟自由基能力差异比较大，其中总抗氧化能力最高的薏苡种质资源为 1 号（采集自建宁），最高达到 763.90 U/g，总抗氧化能力最低的薏苡种质为 50 号（采集自建瓯），最低达到 223.90 U/g，最高是最低的 3.41 倍。抑制羟自由基能力最低的是 30 号（采集自龙岩），抑制羟自由基能力为 154.63 U/g，最高的为 3 号（采集自清流），抑制能力达 423.31 U/g，是 30 号的 2.74 倍。

表 3-1-77　不同薏苡种质的总抗氧化能力、抑制羟自由基能力的比较

薏苡种质序号	总抗氧化能力/(U/g)	抑制羟自由基能力/(U/g)	薏苡种质序号	总抗氧化能力/(U/g)	抑制羟自由基能力/(U/g)
1	763.90±1.30	384.57±1.53	17	601.90±1.39	341.32±0.86
2	675.40±2.91	398.66±1.52	18	646.43±2.61	367.32±2.18
3	691.97±0.40	423.31±1.01	19	639.57±2.78	347.13±0.58
4	581.37±2.42	338.78±2.15	20	264.87±2.28	165.38±1.65
5	593.00±2.12	345.43±2.01	21	373.80±2.33	190.49±1.24
6	604.60±2.44	359.45±0.98	22	371.60±3.85	187.49±1.01
7	575.90±3.01	324.64±1.46	23	391.90±3.25	208.59±1.86
8	652.90±3.37	378.06±1.15	24	354.30±2.45	155.45±1.46
9	667.13±2.91	367.78±1.36	25	460.57±2.70	200.63±1.09
10	640.40±2.44	347.84±2.91	26	477.27±0.85	246.51±2.28
11	641.00±2.02	358.33±1.25	27	495.80±4.52	268.31±1.40
12	617.97±3.03	332.23±2.07	28	470.40±2.38	233.31±2.28
13	635.70±2.26	328.97±1.15	29	483.70±4.53	258.17±0.56
14	600.43±2.86	334.56±1.57	30	356.47±1.75	154.63±1.60
15	638.00±2.48	336.48±1.16	31	561.77±3.56	289.49±3.15
16	625.87±2.30	315.62±1.07	32	565.57±1.75	392.56±0.51

薏苡种质序号	总抗氧化能力/(U/g)	抑制羟自由基能力/(U/g)	薏苡种质序号	总抗氧化能力/(U/g)	抑制羟自由基能力/(U/g)
33	552.20±4.52	277.55±1.00	62	549.43±2.57	286.41±0.74
34	546.87±1.65	270.82±1.63	63	579.50±2.71	302.63±1.21
35	451.10±3.27	193.37±1.39	64	485.30±2.74	268.45±0.78
36	471.87±3.07	240.36±2.36	65	622.90±1.40	367.23±1.99
37	469.57±2.87	237.55±1.06	66	572.30±4.48	292.58±0.71
38	440.37±2.80	227.36±1.37	67	535.77±2.59	267.98±1.87
39	479.43±1.90	250.18±0.84	68	626.77±2.78	324.78±0.56
40	550.30±5.63	265.43±0.67	69	452.37±2.87	237.16±0.86
41	533.10±2.15	245.23±0.75	70	507.67±3.37	292.14±3.63
42	547.40±2.05	311.21±0.54	71	602.70±0.80	342.84±2.11
43	503.53±2.06	297.66±1.39	72	440.30±2.80	275.67±1.91
44	480.80±2.61	247.53±0.62	73	589.50±2.57	267.26±2.35
45	392.00±2.71	198.92±1.08	74	572.07±3.69	259.26±0.87
46	600.23±1.90	354.62±2.56	75	482.60±2.82	256.78±2.08
47	530.23±2.67	325.94±0.84	76	527.47±2.71	281.94±1.39
48	501.20±2.51	284.43±1.00	77	334.70±2.41	182.17±1.22
49	381.30±2.01	186.76±0.87	78	382.07±2.94	231.18±0.63
50	223.90±3.40	176.72±1.14	79	457.07±2.89	276.25±1.09
51	263.00±4.46	180.31±1.96	80	475.33±0.91	281.63±1.05
52	452.20±2.95	263.96±2.06	81	527.90±1.51	312.14±1.27
53	255.07±1.65	192.75±0.88	82	567.90±2.99	318.77±1.93
54	523.97±1.70	314.59±1.06	83	504.97±3.01	278.17±2.25
55	541.57±1.85	296.12±0.86	84	406.43±2.75	232.76±1.86
56	518.73±4.40	289.43±1.52	85	542.37±2.39	276.26±2.06
57	462.97±4.75	281.39±0.86	86	568.50±2.55	308.34±1.02
58	239.50±4.90	189.26±1.36	87	504.47±1.00	272.34±1.64
59	266.07±1.65	157.36±0.92	88	574.87±1.29	291.23±1.42
60	669.60±4.25	396.27±1.05	89	584.17±3.98	322.19±0.92
61	613.50±1.10	316.48±2.00	90	442.07±3.09	243.72±1.07

注:表中数据为平均数±标准差。

据夏法刚、郑金贵(2013)

夏法刚、郑金贵(2013)还对 90 份薏苡种质资源的油脂含量进行了测定,测定结果(见表 3-1-78)表明,不同薏苡种质资源的油脂含量有显著差异($P<0.05$),其中 22 号种质的含量最高,达 9.98%,是最低种质 38 号(4.15%)的 2.40 倍。对 5 份薏苡种质不同部位的油脂含量的测定结果表明,同一薏苡种质不同部位的油脂含量存在很大差异,其中种仁最高,平均为 8.50%;叶次之,平均为 1.93%;再次为种壳和茎秆;

根中含量最低,仅 0.47%。

表 3-1-78　不同薏苡种质的油脂含量比较

种质序号	油脂含量/%	种质序号	油脂含量/%	种质序号	油脂含量/%
1	7.47	31	7.55	61	7.77
2	8.24	32	7.12	62	8.47
3	8.52	33	6.23	63	9.02
4	8.28	34	5.47	64	7.25
5	7.28	35	7.33	65	9.89
6	7.12	36	7.39	66	7.95
7	7.27	37	5.60	67	8.14
8	8.31	38	4.15	68	8.95
9	9.83	39	8.84	69	7.77
10	9.33	40	5.08	70	8.23
11	5.48	41	5.04	71	7.80
12	7.41	42	4.99	72	8.24
13	6.38	43	6.28	73	4.97
14	8.41	44	8.38	74	7.54
15	6.34	45	8.03	75	4.37
16	9.04	46	6.80	76	7.57
17	7.96	47	7.83	77	8.88
18	7.26	48	8.41	78	8.95
19	7.36	49	8.42	79	5.63
20	7.63	50	8.94	80	9.30
21	6.96	51	8.94	81	7.79
22	9.98	52	8.34	82	9.80
23	5.89	53	8.77	83	8.44
24	6.30	54	7.50	84	8.86
25	7.79	55	9.33	85	7.97
26	7.47	56	8.34	86	7.43
27	6.98	57	8.71	87	7.10
28	6.36	58	8.89	88	8.24
29	5.30	59	8.77	89	8.64
30	8.38	60	9.03	90	8.54

据夏法刚、郑金贵(2013)

参考文献

[1]陆雅丽,王明力,闫岩. 薏苡仁综合开发利用[J]. 中国食物与营养,2013(4):64-66.

[2]赵婕,王明力,汤翠,等.薏苡仁功能活性成分的研究进展[J].食品工业科技,2016(18):374-377,383.

[3]吴岩,原永芳.薏苡仁的化学成分和药理活性研究进展[J].华西药学杂志,2010(1):111-113.

[4]杨红亚,王兴红,彭谦.薏苡仁生物转化条件优化及其抗肿瘤活性研究[J].成都中医药大学学报,2007(1):58-60.

[5]八木晟.薏苡仁的抗癌、消炎活性[J].国外医药:植物药分册,1989,4(2):75.

[6]温晓蓉.薏苡仁化学成分及抗肿瘤活性研究进展[J].辽宁中医药大学学报,2008(3):135-138.

[7]CHANG H C, HUANG Y C, HUNG W C. Antiproliferative and chemopreventive effects of adlay seed on lung cancer in vitro and in vivo[J]. Journal of Agricultural and Food Chemistry, 2003, 51(12):3656-3660.

[8]LI S C,CHEN C M,LIN S H,et al. Effects of adlay bran and its ethanolic extract and residue on preneoplastic lesions of the colon in rats[J]. Journal of the Science of Food & Agriculture, 2011, 91(3):547-552.

[9]WANG L, CHEN J, XIE H, et al. Phytochemical profiles and antioxidant activity of adlay varieties[J]. Journal of Agricultural and Food Chemistry, 2013, 61(21):5103-5113.

[10]蔡烈涛,尹蓓,刘畅,等.薏苡仁油软胶囊对移植于裸鼠的人体前列腺肿瘤 PC-3M 的抑制作用[J].中国现代应用药学,2010,27(12):1080-1083.

[11]谭兵,吴府容,白玉,等.注射用薏苡仁油在晚期非小细胞肺癌化疗中的作用[J].肿瘤学杂志,2014,20(6):460-463.

[12]王心丽,仇晓军,赵洪瑜,等.薏苡仁在减轻老年食管癌肺癌联合放化疗中毒副反应的作用[J].交通医学,2013,27(1):16-20.

[13]孟丽娟,樊卫飞,杨民,等.薏苡仁油注射液联合培美曲塞一线治疗老年晚期非小细胞肺癌的疗效分析[J].实用老年医学,2012,26(1):35-37.

[14]尹震宇,郭美姿,陈晓琳,等.薏苡仁酯对高龄恶性肿瘤患者 Treg 细胞的影响[J].江苏医药,2012(4):405-408.

[15]沈丰,孙少华,吴红伟,等.薏苡仁提取物对 C57 小鼠肝癌模型 IL-6 抑制作用的实验研究[J].中国普外基础与临床杂志,2016,23(1):38-41.

[16]康敏,王仁生,刘文其,等.薏苡仁提取物体内抑制鼻咽癌细胞生长的作用研究[J].中国医药指南,2013,11(8):463-464.

[17]陆蕴,张仲苗,章荣华.薏苡仁油抗肿瘤作用研究[J].中药药理与临床,1999(6):21-23.

[18]熊美华,谌建平,操润琴,等.薏苡仁油对喉癌细胞侵袭迁移能力的影响[J].当代医学,2018,24(8):15-18.

[19]许健,沈雯,孙金权,等.薏苡仁油对人原位胰腺癌 BxPC-3 细胞生长及 VEGF 和 bFGF 表达的影响[J].中草药,2012,43(4):724-728.

[20]尹蓓珮,严萍萍,刘畅,等.薏苡仁油注射液对人体肝癌 SMMC-7721 细胞株体外抗肿瘤作用及机制研究[J].现代肿瘤医学,2012(4):693-698.

[21]蔡琼,许健,沃兴德.薏苡仁油对人胰腺癌 BxPC-3 细胞影响 IL-18 表达的体外实验研究[J].中医研究,2010,23(7):11-14.

[22]周岩飞,金凌云,王琼,等.薏苡仁油对小鼠免疫功能影响的研究[J].中国油脂,2018,43(10):77-81.

[23]屈中玉,陶海云,李印,等.注射用薏苡仁油对大肠癌术后患者免疫功能及无进展生存期的影响[J].中医学报,2017,32(7):1161-1164.

[24]任雯.薏苡仁汤加减对反复发作性尖锐湿疣患者细胞炎性反应及免疫功能的影响[J].临床和实验医学杂志,2017,16(5):499-501.

[25]王彦芳,季旭明,赵海军,等.薏苡仁多糖不同组分对脾虚水湿不化大鼠模型免疫功能的影响[J].中华中医药杂志,2017,32(3):1303-1306.

[26]徐俊丽,张明丽.细胞免疫治疗联合注射用薏苡仁油对老年肝癌患者 T 细胞亚群及疾病预后的影响[J].中国临床研究,2016,29(8):1054-1056.

[27]吕峰,林勇毅,陈代园.薏苡仁活性多糖对小鼠的免疫调节作用[J].中国食品学报,2013,13(6):20-25.

[28]叶敏.薏苡仁水提液对免疫抑制小鼠免疫功能的影响[J].安徽医药,2006(10):727-729.

[29]李珊,吴海,申可佳,等.薏米黄酒对机体免疫及肠道功能的调节作用研究[J].现代生物医学进展,2011,11(12):2251-2253,2257.

[30]苗明三.薏苡仁多糖对环磷酰胺致免疫抑制小鼠免疫功能的影响[J].中医药学报,2002(5):49-50.

[31]徐梓辉,周世文,黄文权,等.薏苡仁多糖对实验性糖尿病大鼠红细胞免疫、T淋巴细胞亚群的影响[J].湖南中医学院学报,2001(1):17-19.

[32]王俊霞,杨子微,车雅敏,等.薏苡仁提取物对BALB/c小鼠特应性皮炎模型的疗效观察及机制探讨[J].中华皮肤科杂志,2018,51(8):609-613.

[33]郑红霞,章伟明,周红娟,等.薏苡仁酯对胶原诱导性关节炎小鼠Foxp3$^+$CD4$^+$CD25$^+$调节性T细胞影响的研究[J].中国中西医结合杂志,2016,36(3):348-350.

[34]吴建方.薏苡仁提取物的抗炎、镇痛、镇静作用研究[J].转化医学电子杂志,2015,2(12):56-57.

[35]陶小军,闫宇辉,徐志立,等.薏苡仁油抗炎消肿作用研究[J].辽宁中医药大学学报,2015,17(1):45-46.

[36]李红艳,曹阳,陶小军,等.薏苡仁水提取物的抗炎、镇痛、镇静作用研究[J].亚太传统医药,2013,9(12):58-60.

[37]李彦龙,伍春,廖志峰,等.薏苡仁水提液对溃疡性结肠炎大鼠血清IL-6、IL-10的影响[J].辽宁中医药大学学报,2013(9):42-45.

[38]羽野寿,大津喜一.ハトムギの諸成分に関する藥理學的研究(第1報)薏苡仁油に関する研究[J].药学杂志,1959,79(11):1412-1423.

[39]TAKAHASHI M,KONNO C,HIKINO H. Isolation and hypoglycemic activity of coixan A,B and C, glycans of *Coix lachryma-jobi* var. *ma-yuen* seeds[J]. Planta Med,1986(1):64-65.

[40]PARK Y,SUZUKI H,LEE Y S,et al. Effect of coix on plasma,liver,and fecal lipid components in the rat fed on lard-or soybean oil-cholesterol diet[J]. Biolchem Med Metab Biol,1988,39(1):11-17.

[41]方向毅.探讨薏苡仁提取物薏苡多糖对治疗糖尿病的影响研究[J].世界最新医学信息文摘,2017,17(6):94,96.

[42]徐梓辉,周世文,黄林清.薏苡仁多糖的分离提取及其降血糖作用的研究[J].第三军医大学学报,2000(6):578-581.

[43]孟利娜.薏苡仁蛋白依赖IKK/NF-κB通道控制炎症及改善2型糖尿病胰岛素抵抗作用[D].合肥:合肥工业大学,2018.

[44]易辉,林含露,柯洪.薏苡仁水提物对高血脂模型大鼠的保护作用研究[J].中国药房,2013(31):2899-2901.

[45]李艳玲.薏苡仁联合肠内营养对脑卒中患者肠屏障功能的影响[D].天津:天津医科大学,2012.

[46]徐磊.发芽对薏米营养组成、理化特性及生物活性的影响[D].无锡:江南大学,2017.

[47]吕峰,黄一帆,池淑芳,等.薏苡仁多糖对小鼠抗氧化作用的研究[J].营养学报,2008,30(6):602-605.

[48]夏法刚.薏苡种质资源遗传多样性及药食品质研究[D].福州:福建农林大学,2013.

[49]李志.超声波提取薏苡仁中总黄酮工艺及抗氧化活性的研究[J].四川理工学院学报(自然科学版),2019,32(1):16-23.

[50]刘想,刘振春.薏苡仁多糖抗氧化能力的研究[J].农产品加工,2017(2):12-14.

[51]吴映梅,王明力,李姗姗.薏苡仁饮料抗氧化活性的研究[J].安徽农业科学,2014,42(16):5246-5247,5275.

[52]曾海龙.薏苡仁多糖提取、纯化及流变学特性和抗氧化研究[D].南昌:南昌大学,2011.

[53]肖志勇,吴黎敏,方丽金.薏苡仁油对小鼠辐射保护作用的研究[J].湖南中医杂志,2015,31(3):152-153,157.

[54]李启杰,吴苹,夏增亮,等.薏苡仁水提液抗辐射损伤作用机制的研究[J].华西医学,2013,28(8):1211-1214.

第二节　山药品质

一、山药的概述

山药(*Dioscorea opposita* Thunb.)别名怀山药、淮山药、淮山,是一种多年生缠绕草质藤本植物,为薯蓣科薯蓣属(*Dioscorea* L.)植物。山药根茎肉质洁白,营养丰富,兼食用、药用为一体。山药块茎中主要含有淀粉、蛋白质、游离氨基酸等营养成分及多糖、多巴胺、盐酸山药碱、山药素、尿囊素、腺苷、胆碱、甾醇类等功能保健成分和一些微量元素。

山药中所含的黏液蛋白是一种多糖蛋白质的混合物,能预防心血管系统的脂肪沉积,保护动脉血管过早硬化;能预防肝、肾结缔组织的萎缩;能保持消化道、呼吸道及关节腔的润滑。

山药富含18种氨基酸(包括8种人体必需氨基酸),谷氨酸的含量最高,精氨酸含量也较高,其次为丝氨酸和天冬氨酸。谷氨酸具有健脑作用,能促进脑细胞的呼吸,有利于脑组织中氨的排除,经人体吸收后可由中枢神经系统中的谷氨酸脱羧酶催化生成 GABA 作用于延髓的循环中枢,有持续降低血压的作用;脯氨酸是体内胶质合成的原料;亮氨酸能促进胃液分泌;天门冬氨酸能治疗肝病和胆汁分泌障碍等。

山药多糖是目前公认的从山药中分离提取获得的重要活性成分,山药多糖具有健脾胃、益肺肾、抗突变、调免疫、降血糖、抗衰老等多种功能,且粗多糖比纯多糖更具活性。

尿囊素(allantoin)属咪唑类杂环化合物,是山药的重要活性成分之一。尿囊素具有镇静、局部麻醉等作用,可促进组织细胞生长,加快伤口愈合,外用促进皮肤溃疡面和伤口愈合等。山药中的尿囊素具有抗刺激,促进上皮生长、消炎、抑菌等作用,常于治疗手足皲裂、鱼鳞病、多种角化皮肤病。由于良好的临床治疗效果,尿囊素正被作为外用制剂广泛应用。此外,尿囊素还具有抑制流感病毒的功效,能用于保护损伤的胃黏膜,在治疗糖尿病、骨髓炎、肝硬化及癌症方面也发挥了重要功效。

山药中含有 P、Fe、Zn、Cu、Co、K、Na、Ca 等元素,微量元素对体内多种酶有激活作用,对蛋白质和核酸的合成、免疫过程乃至细胞的繁殖均有直接或间接作用。

山药黏液是山药的主要活性成分之一,由黏液蛋白和多糖组成的复合物。具有抗氧化性、免疫增强活性、降压作用、抗菌、抗肿瘤、降血脂作用等生物活性,不同品种的山药黏液成分、氨基酸含量、单糖含量的不同,对山药的活性会产生影响。

山药中还有一种叫脱氢表雄酮(DHEA)的成分,它是一种 C19 类固醇激素,由肾上腺和性腺(睾丸、卵巢)分泌,被认为是睾酮和雌二醇性激素的前体,并且是循环系统中最丰富的甾类激素之一。在人体内,DHEA 大部分以硫酸盐(DHEA-S)的形式存在,对维持人体内分泌环境、保持正常体能和性机能、延长人的生理和心理寿命等发挥着极其重要的作用。专家通过大量临床试验证明:人体许多退行性疾病都与 DHEA 的分泌减少有关,并且通过补充 DHEA,可以提高生理机能、延缓衰老,甚至能够预防和治疗多种中老年人常见的疾病。

近年来,研究表明山药具有增强免疫、抗氧化、抗衰老、调节脾胃、降血糖、降血脂、抗肿瘤、调节肠道菌群、促进生长、护肝、护肾、护脑、抗疲劳、抑菌抗病毒等作用。

二、山药的功能

1.调节免疫

山药多糖是目前公认的山药主要活性成分,可刺激或调节免疫系统的功能,对体液免疫、细胞免疫和非特异性免疫功能都有增强作用。

徐增莱等（2007）探讨了淮山药粗多糖对小鼠的免疫调节作用。实验中小鼠灌胃给予不同剂量（200 mg/kg、400 mg/kg 和 800 mg/kg）的淮山药多糖，每日 1 次，连续 8 d，进行 ConA 诱导的小鼠脾淋巴细胞转化实验（MTT 法）、血清溶血素测定（半数溶血值法）、小鼠碳廓清实验。研究结果显示：山药多糖具有增强小鼠淋巴细胞增殖能力、促进小鼠抗体生成和增强小鼠碳廓清能力的作用。提示淮山药多糖具有一定的免疫功能增强作用。

樊乃境等（2020）研究了山药蛋白肽对免疫能力低下小鼠的免疫调节作用。试验采用环磷酰胺（cyclophospamide，Cy）皮下注射构建免疫功能低下小鼠模型，通过口腔灌胃低、中、高不同剂量的山药蛋白肽，并与空白对照组、阴性对照组相比较，通过免疫器官、免疫细胞、免疫活性物质三方面探讨了山药蛋白肽对免疫能力低下小鼠的免疫调控作用和作用机制。研究结果表明，山药蛋白肽含有极其丰富的疏水性氨基酸和碱性氨基酸；在小鼠免疫器官方面，Cy 构建免疫能力低下小鼠模型的免疫器官指数指标显著降低，脾脏发生明显的病理学变化，山药蛋白肽能促进免疫器官指数的提高，并且对脾脏病理学变化有显著改善作用；在小鼠免疫细胞方面，Cy 阴性对照组的乳酸脱氧酶（lactic dehydrogenase，LDH）和酸性磷酸酶（acid phosphatase，ACPase）活性、淋巴细胞增殖能力显著下降，山药蛋白肽能显著提高 LDH、ACPase 酶活性和淋巴细胞增殖能力；在小鼠免疫活性物质方面，Cy 阴性对照组的细胞因子（IL-1α、IL-6、IFN-γ）和免疫球蛋白（IgG、IgM）水平均显著低于正常组，山药蛋白肽能显著提升 IL-1α、IL-6、IFN-γ 水平和 IgG、IgM 水平，这表明山药蛋白肽能通过激活和保护免疫系统中的免疫器官、免疫细胞和免疫活性物质发挥免疫调节作用，进而增强机体的免疫防御能力。

陈写书等（2009）观察了山药多糖干预对 4 周大强度训练大鼠外周血 T 淋巴细胞亚群和脾 NK 细胞功能的影响。实验将雄性 SD 大鼠随机分为安静对照组、单纯运动组、山药多糖运动组，单纯运动组和山药多糖运动组进行大强度训练，山药多糖运动组每天补充山药多糖，安静对照组和单纯运动组补充等量的生理盐水。研究结果（见表 3-2-1、表 3-2-2）显示：单纯运动组大鼠 CD3+、CD4+、CD4+/CD8+ 比值明显低于安静对照组（$P<0.01$），CD8+ 无明显变化（$P>0.05$），单纯运动组 NK 细胞的活性明显低于安静对照组（$P<0.01$）。山药多糖运动组的 CD3+（$P<0.05$）、CD4+（$P<0.01$）、CD4+/CD8+ 比值（$P<0.05$）明显高于单纯运动组，CD8+ 无明显变化（$P>0.05$），山药多糖运动组 NK 细胞的活性明显高于单纯运动组（$P<0.05$）。提示长时间大强度运动使机体的免疫功能受到抑制，而山药多糖能明显拮抗大强度运动引起的免疫抑制。

表 3-2-1　4 周大强度训练对大鼠外周血 T 淋巴细胞亚群与脾 NK 细胞的影响

	CD3+/%	CD4+/%	CD8+/%	CD4+/%	NK 细胞(cpm)值
安静对照组	66.68±2.27	42.54±2.47	25.92±1.93	1.65±0.18	4322±161
单纯运动组	56.52±2.45*	32.88±2.40*	25.47±1.86	1.30±0.15*	5259±143*

据陈写书等（2009）

表 3-2-2　山药多糖干预对 4 周大强度训练大鼠外周血 T 淋巴细胞亚群与脾 NK 细胞的影响

	CD3+/%	CD4+/%	CD8+/%	CD4+/%	NK 细胞(cpm)值
单纯运动组	56.52±2.45	32.88±2.40	25.47±1.86	1.30±0.15	5259±143
山药多糖运动组	59.02±2.16△	38.04±2.09△*	25.74±1.90	1.49±0.16△	5008±218△

注：△ 表示单纯运动组与山药多糖运动组存在显著性差异，$P<0.05$；△* 表示单纯运动组与山药多糖运动组存在非常显著性差异，$P<0.01$。

据陈写书等（2009）

张红英等（2010）研究了山药多糖对猪繁殖与呼吸综合征（PRRSV）灭活苗免疫抗体和猪外周血 T 细胞亚群的影响。实验选择 35 d 龄断奶仔猪 16 只，随机分为 4 组，将山药多糖分别以 17.1 mg/kg 和 8.55

mg/kg 两个剂量和猪 PRRSV 灭活苗同时注射,于免疫后 7 d、14 d、24 d、34 d、44 d、54 d、69 d、79 d 采血,ELISA 方法检测猪 PRRSV 抗体水平,流式细胞术检测猪外周血中 T 淋巴细胞亚群的变化。研究结果表明,山药多糖可显著提高 PRRSV 灭活苗免疫猪外周血 CD3$^+$ 和 CD8$^+$ 细胞数量,在免疫 34 d 后,两个剂量的山药多糖均可显著提高 PRRSV 灭活苗免疫抗体水平。山药多糖可以作为免疫增强剂与 PRRSV 灭活苗联合使用。

曾祥海(2014)研究了山药多糖对正常小鼠与实邪证模型小鼠免疫功能的影响。实验将 40 只 ICR 小鼠随机均分为正常对照(等容生理盐水)组与山药多糖高、中、低剂量(400 mg/kg、200 mg/kg、100 mg/kg)组;40 只实邪证模型小鼠随机均分为实邪证模型(等容生理盐水)组与山药多糖高、中、低剂量(400 mg/kg、200 mg/kg、100 mg/kg)组,另以 10 只 ICR 小鼠为正常对照(等容生理盐水)组,均灌胃给药,每天 1 次,连续 4 周。进行碳粒廓清实验,绵羊红细胞诱导小鼠迟发型变态反应,测定小鼠血清白细胞介素-2(IL-2)含量。研究结果显示:与正常对照组比较,山药多糖高、中剂量组小鼠廓清指数(K)、吞噬指数(α)、足肿胀程度、血清 IL-2 含量增加,差异有统计学意义($P<0.05$);与实邪证模型组比较,山药多糖高剂量组小鼠 K、α、足肿胀程度、血清 IL-2 含量减少,差异有统计学意义($P<0.05$)。提示山药多糖对正常小鼠免疫力有促进作用,但对实邪证模型小鼠免疫力则有削弱作用。

2.抗氧化

刘苏伟等(2019)比较了不同品种山药多糖含量及体外抗氧化活性。实验采用酶解法提取山药多糖,通过比色法测定多糖含量及体外抗氧化活性。研究结果显示:不同品种的山药,多糖含量不同。体外抗氧化实验结果显示,多糖浓度在 0.1~1.2 mg/L 之间时 3 种自由基清除率均呈上升趋势。DPPH 自由基清除结果显示,麻山药的清除率最高,达到 58.44%,牛腿山药最低,仅为 36.97%;·OH 清除结果显示,铁棍山药的清除率最高,达到 65.19%,牛腿山药最低,为 30.97%;O_2^-· 清除率结果显示,铁棍山药的清除率最高,达到 30.84%,牛腿山药最低,为 12.53%。6 个品种的山药多糖在 3 种自由基的清除率方面均低于维生素 C。提示山药多糖含量越高,抗氧化能力越强。可供药用的山药品种不论是多糖含量还是抗氧化能力明显优于仅有食用历史的山药品种。

钟灵等(2015)研究表明,山药多糖能显著提高痴呆模型小鼠脑系数、Na$^+$-K$^+$-ATP 酶和 Mg^{2+}-ATP 酶活性,以及血清超氧化物歧化酶(SOD)和过氧化氢酶(CAT)活力,显著降低丙二醛(MDA)含量。

孙设宗等(2009)研究结果(见表 3-2-3、表 3-2-4)表明:山药多糖能降低 CCl$_4$ 损伤小鼠血清谷丙转氨酶(ALT)和谷草转氨酶(AST)活性,对小鼠肝、肾、心肌、脑组织体内外有抗氧化作用,尤其对心肌、肾脏、肝脏抗氧化作用较强。

表 3-2-3　山药多糖对 CCl$_4$ 肝损伤小鼠血清 ALT、AST 活性的影响($\bar{x}\pm s$)

组别	n	ALT 活性/(U/L)	AST 活性/(U/L)
正常对照组	8	44±7.64**	49.75±7.61**
病理模型组	8	277.3±66.09	300.6±124.71
50 mg 山药多糖保护组	8	175.3±142.4*	122.5±101.15**
100 mg 山药多糖保护组	8	166.66±119.7*	206±135.95*
200 mg 山药多糖保护组	8	241±102.91	254±129.68

注:与模型组比较,* $P<0.05$,** $P<0.01$。

据孙设宗等(2009)

表 3-2-4　山药多糖对小鼠血清、脑、心、肾及肝脏 MDA 含量的影响($\bar{x}\pm s$)

组别	n	肝 MDA/(nmol/mg prot)	肾 MDA/(nmol/mg prot)	心 MDA/(nmol/mg prot)	脑 MDA/(nmol/mg prot)	血清 MDA/(nmol/mg prot)
1	8	6.56±1.28	8.79±2.62	10.33±2.62	4.23±0.24	3.195±0.399
2	8	4.05±1.68*	2.4±0.32*	3.77±0.58*	3.59±1.14	2.76±0.346
3	8	4.09±1.97*	3.71±0.39*	3.47±0.52*	3.76±0.32*	2.88±0.552
4	8	4.29±0.746*	3.99±1.4*	2.41±0.056*	2.49±0.12	2.69±0.496
5	8	4.33±0.871*	3.59±1.11*	2.14±0.13*	2.37±0.22*	2.208±0.67*

注：与病理造模组比较，* $P<0.001$。1 组：模型组；2 组：正常对照组；3 组：50 mg 山药多糖保护组；4 组：100 mg 山药多糖保护组；5 组：200 mg 山药多糖保护组。

据孙设宗等（2009）

何新蕾（2014）研究结果表明，铁棍山药多糖肽具有较好的还原能力，高于对照组（维生素 C），而且对 DPPH 自由基有较强清除能力，随着铁棍山药多糖肽质量浓度的增加，其清除能力逐渐增强，明显高于对照组（维生素 C）。

孟永海等（2020）采用超声波辅助纤维素酶法提取山药中总多酚，并对其 DPPH 自由基清除、ABTS 自由基清除和总还原能力进行了测定，研究结果表明山药总多酚提取液对 DPPH 自由基、ABTS 自由基有较好的清除能力，山药中多酚类成分具有优良的抗氧化活性。

3. 抗衰老作用

现代医学研究表明，山药的活性成分主要是山药多糖，试验研究证实，山药多糖能提高动物体内超氧化物歧化酶的活性，加速自由基的清除，进而起到延缓机体衰老的作用。

魏娜等（2016）研究表明，不同浓度的山药粗多糖均具有抗衰老作用，能显著提高果蝇的半数寿命；1.5% 的山药粗多糖提高雌雄果蝇平均寿命和最高寿命。

郑素玲等（2007）探讨了山药粗提液对亚急性衰老小鼠胸腺、脾脏组织结构的影响。试验将 30 只小鼠随机分为青年对照组（A 组）、衰老组（B 组）和衰老用药组（C 组）。衰老组及衰老用药组腹腔内注射 0.5% D-半乳糖[50 mg/(kg·d)]，连续 8 周，建立衰老模型。第 5 周开始衰老用药组灌胃山药粗提液[50 mg/(kg·d)]，连续 4 周。第 8 周试验结束对小鼠进行颈椎处死，应用分析天平对胸腺、脾脏称重，并进行常规石蜡切，小鼠的胸腺、脾外观形态有显著改善；与衰老组相比，胸腺指数、脾指数明显提高；组织切片观察显示用药组胸腺皮质/髓质比例显著提高，脾白髓比例增大。提示山药粗提液对小鼠脾脏胸腺组织结构有一定的保护作用，可延缓老龄小鼠免疫器官的衰老进程。

梁亦龙等（2010）以果蝇为动物模型，对山药多糖进行了抗氧化防衰老的研究。试验中给 30 d 龄果蝇饲喂山药多糖 10 d 后处死，测定果蝇匀浆的超氧化物歧化酶（SOD）活性、过氧化氢酶（CAT）活性和丙二醛（MDA）含量。研究结果（见表 3-2-5、表 3-2-6）显示：各山药多糖浓度组的雌蝇 SOD 活性上升，雄蝇 MDA 含量降低，雄蝇 CAT 活性升高，与对照组相比差异有显著性；3 mg/100 g 浓度组雌雄果蝇与对照组比较可延长平均寿命和平均最高寿命。提示山药多糖可以提高果蝇的抗氧化能力，抑制脂质过氧化，延长果蝇寿命。

表 3-2-5　山药多糖对果蝇抗氧化力的影响($\bar{x}\pm s$, $n=5$)

组别	SOD/(NU/mL) 雌	SOD/(NU/mL) 雄	MDA/(nmol/mL) 雌	MDA/(nmol/mL) 雄	CAT/(U/mL) 雌	CAT/(U/mL) 雄
对照	298.11±15.13	412.21±12.03	2.11±0.16	1.38±0.14	29.81±2.13	412.21±12.03
0.5 mg/100 g 山药多糖	318.11±12.12	352.25±12.03	2.21±0.13	1.14±0.13	33.31±1.23	412.21±12.03
1.0 mg/100 g 山药多糖	335.67±14.15	398.91±19.83	2.08±0.11	1.02±0.15	35.19±1.63	412.21±12.03
3.0 mg/100 g 山药多糖	358.71±15.3	412.55±13.03	1.98±0.14	0.98±0.08	38.11±1.45	412.21±12.03

注：与对照组相比 $P<0.05$。

据梁亦龙等（2010）

表 3-2-6 山药多糖对果蝇寿命的影响

组别	平均寿命/d		平均最高寿命/d	
	雌	雄	雌	雄
对照	50.2 ± 10.13	52.1 ± 10.25	70.9 ± 7.27	71.2 ± 3.57
0.5 mg/100 g 山药多糖	51.2 ± 11.14	53.2 ± 10.08	72.5 ± 3.45	73.2 ± 6.33
1.0 mg/100 g 山药多糖	52.5 ± 11.33	54.6 ± 11.15	73.1 ± 4.12	74.4 ± 5.25
3.0 mg/100 g 山药多糖	56.5 ± 11.33	56.7 ± 11.46	79.2 ± 4.26	78.3 ± 6.25

注:与对照组相比 $P<0.05$。

据梁亦龙等(2010)

陈晓军等(2011)研究了山药口服液的抗衰老作用。试验采用果蝇寿命实验、小鼠炭粒廓清实验、雄性小鼠交配能力实验观察山药口服液延缓衰老、延长寿命,提高免疫功能,提高性活力的抗衰老作用。研究结果显示:山药口服液能延长雄性和雌性果蝇平均寿命;增强小鼠单核巨噬细胞系统的吞噬功能;提高雄性小鼠的交配能力。提示山药口服液具有延缓衰老、延长寿命,提高免疫功能,提高性活力的抗衰老作用。

4.调节脾胃功能

山药是一味补中益气药,具有补脾养胃、生津之功效,临床广泛用于治疗脾胃虚弱证。

郭菊珍等(2011)观察了以山药为主的药粥治疗婴幼儿非感染性腹泻病的疗效。试验采用自拟山药薏苡仁粥治疗婴幼儿非感染性腹泻。研究结果显示:治疗婴幼儿非感染性腹泻 64 例,总有效率 95.3%。提示药粥具有健脾止泻,消食化积,养胃生津的功效。

李树英等(1994)研究表明,山药可以促进正常大鼠胃排空运动和肠推进,也能明显对抗苦寒泻下药引起的大鼠胃肠运动亢进。通过胃肌电图显示:山药可降低大鼠胃电慢波幅,同时能明显对抗大黄所引起的慢波波幅升高。彭成等(1990)用灌服食醋的方法,建立了大鼠脾虚动物模型,并研究了山药粥对脾虚大鼠的作用,结果表明山药粥对大鼠脾虚的形成有良好的预防作用,对脾虚大鼠模型有一定的改善作用。沈亚芬等(2010)研究了鲜山药提取物对乙酸致大鼠胃溃疡黏膜的保护作用及机制。试验结果表明,各提取物组均可使溃疡面积缩小,降低溃疡指数,改善充血、水肿等病理变化,并呈剂量依赖关系,说明鲜山药提取物能促进胃黏膜的修复。

罗鼎天等(2010)观察了怀山药对急性酒精性胃黏膜损伤大鼠的治疗作用及对胃黏膜细胞内环氧合酶-2(COX-2)表达的影响。试验将 50 只大鼠分为 5 组,分别为正常组(A 组)、模型组(B 组)、施维舒(药物对照)组(C 组)、怀山药低剂量组(D 组)及高剂量组(E 组)等。观察并比较了各组胃黏膜的损伤情况,取胃组织进行免疫组化处理后观察并比较各组胃黏膜 COX-2 表达。研究结果显示:怀山药组的胃黏膜损伤指数显著低于模型组($P<0.01$),怀山药高剂量组的胃黏膜损伤指数显著低于施维舒组($P<0.05$)(见表 3-2-7);怀山药组胃黏膜组织细胞内的 COX-2 表达水平显著高于正常组($P<0.01$)。提示怀山药对急性酒精性胃黏膜损伤大鼠的胃黏膜具有保护作用,其机制可能与上调急性酒精性胃黏膜损伤大鼠的胃黏膜细胞内 COX-2 的表达有关。

表 3-2-7 各组大鼠胃黏膜损伤指数(Guth 评分法)及胃黏膜损伤抑制率比较($\bar{x}\pm s$)

组别	Guth 积分	损伤抑制率/%
A 组	0.00 ± 0.00	
B 组	115.00 ± 42.88[1]	
C 组	78.05 ± 33.99[2]	32.17
D 组	81.09 ± 15.59[3]	29.57
E 组	35.39 ± 29.34[3][4][6]	69.57

注:与 A 组比较[1] $P<0.01$;与 B 组比较[2] $P<0.05$,[3] $P<0.01$;与 C 组比较[4] $P<0.05$;与 D 组比较[6] $P<0.01$。

据罗鼎天等(2010)

罗鼎天等(2014)观察了怀山药多糖对胃溃疡大鼠的治疗作用,研究了怀山药多糖对胃溃疡大鼠胃组织碱性成纤维细胞生长因子(bFGF)水平的影响。试验将50只大鼠随机分为五组,分别为空白组、模型组、怀山药多糖组、替普瑞酮组和怀山药多糖＋替普瑞酮组。观察并比较了各组胃溃疡的愈合情况,取胃组织匀浆检测并比较bFGF水平。研究结果(见表3-2-8、表3-2-9)显示:怀山药多糖组的溃疡指数显著低于模型组($P<0.01$);怀山药多糖组的胃组织bFGF水平显著高于空白组($P<0.01$)和模型组($P<0.05$)。提示怀山药多糖具有良好的胃黏膜保护作用,其机制可能与上调胃溃疡大鼠胃组织bFGF水平有关。

表 3-2-8　各组大鼠溃疡指数及抑制率($\bar{x}\pm s$)

组别	例数/只	溃疡指数	溃疡抑制率/%
空白组	10	0	—
模型组	9	41.901 1±18.805 93[1]	—
怀山药多糖组	9	16.733 3±6.459 16[2]	60.14
替普瑞酮组	9	17.372 2±6.850 06[2]	58.54
怀山药多糖＋替普瑞酮组	8	16.557 5±5.771 44[2]	60.48

注:与空白组比较,[1] $P<0.01$;与模型组比较,[2] $P<0.01$。

据罗鼎天等(2014)

表 3-2-9　各组大鼠胃组织 bFGF 水平($\bar{x}\pm s$)

组别	例数/只	bFGF/(pg/mL)
空白组	10	25.528 7±3.305 94
模型组	9	31.528 9±4.855 97[1]
怀山药多糖组	9	38.060 4±5.495 01[1][3]
替普瑞酮组	9	40.516 2±4.474 39[1][2]
怀山药多糖＋替普瑞酮组	8	38.807 0±5.102 38[1][2]

注:与空白组比较,[1] $P<0.01$;与模型组比较,[2] $P<0.01$,[3] $P<0.05$。

据罗鼎天等(2014)

沈金根等(2010)研究了鲜山药提取物对乙酸致大鼠胃溃疡黏膜的保护作用及可能机制。试验采用放射免疫法观察鲜山药提取物对实验性大鼠胃溃疡愈合时血清表皮生长因子(EGF)的影响。研究结果(见表3-2-10、表3-2-11)显示:与模型组比较,鲜山药提取物高、中剂量组和施维舒组均可提高血清表皮生长因子EGF含量($P<0.01$);提取物高剂量组与施维舒组比较无显著性差异($P>0.05$),但从数值上看,提取物高剂量组比施维舒组高。提示鲜山药提取物抗溃疡作用可能与提高黏液层质量和提高血清EGF含量相关。

表 3-2-10　各组大鼠溃疡指数及抑制率计算结果比较($\bar{x}\pm s$)

组别	n	溃疡指数/mm^2	溃疡抑制率/%
正常组	10	—	—
模型组	10	18.33±2.18	—
提取物高剂量组	10	5.20±1.38*▲	71.63
提取物中剂量组	10	7.87±1.11*	57.06
提取物低剂量组	9	13.51±2.60*	26.30
施维舒组	10	4.58±1.21*	75.01

注:与模型组比较,* $P<0.01$;与施维舒组比较,▲$P>0.05$。

据沈金根等(2010)

表 3-2-11　各组大鼠血清 EGF 结果比较 ($\bar{x}\pm s$)

组别	n	EGF/(ng/mL)
正常组	10	0.890±0.122
模型组	10	0.743±0.202
提取物高剂量组	10	1.156±0.233[*▲]
提取物中剂量组	10	0.982±0.106[*▲]
提取物低剂量组	9	0.747±0.135[△]
施维舒组	10	1.087±0.182[*]

注：与模型组比较，[*] $P<0.01$；与施维舒组比较，[▲] $P>0.05$；与模型组比较，[△] $P>0.05$。

据沈金根等(2010)

金佳熹等(2020)观察了新鲜山药提取物对胃溃疡小鼠溃疡指数、黏膜形态结构及血清超氧化物歧化酶(SOD)、谷胱甘肽过氧化物酶(GSH-Px)、丙二醛(MDA)、一氧化氮(NO)表达的影响，探讨了其防治胃溃疡的作用机制。实验将 100 只小鼠随机分为空白对照组、模型组、施维舒组、鲜山药提取物高剂量、鲜山药提取物低剂量共 5 组；空白对照组和模型组灌胃生理盐水，其余三组灌胃实验药物，灌胃 45 d。之后对除空白对照组外的其他四组用消炎痛(2.5 mg/mL)进行一次性灌胃建立胃溃疡模型，7 h 后处死全部小鼠。取血检测血清 SOD、GSH-Px 活性及 NO、MDA 蛋白表达；测定溃疡指数，计算溃疡抑制率；取全胃制备胃组织病理切片，HE 染色，观察黏膜组织形态改变。研究结果显示：与模型组比较，鲜山药提取物高剂量组、低剂量组和施维舒组均可减轻消炎痛所致的胃溃疡(见表 3-2-12)，胃组织炎细胞浸润及腺体破坏程度较轻；鲜山药提取物高剂量组可降低血清 MDA、NO 表达，增加 SOD、GSH-Px 表达含量($P<0.05$)。提示鲜山药提取物具有预防急性胃溃疡保护胃黏膜的作用，其机制可能与减少 MDA、NO 含量，增加 SOD、GSH-Px 表达，发挥抗氧化应激作用有关。

表 3-2-12　各组溃疡指数和溃疡抑制率比较($\bar{x}\pm s$, $n=20$)

组别	用药剂量/(g/kg)	胃溃疡指数/mm²	胃溃疡抑制率/%
空白对照组	—	0	100
模型组	—	5.73±1.83[*]	0
山药低剂量组	2.5	3.74±1.36[**]	34.7
山药高剂量组	7.5	1.63±0.32[#**]	71.5
施维舒阳性组	0.02	1.27±0.38[#]	77.8

注：与空白对照组比较，[*] $P<0.01$；与模型组比较，[#] $P<0.05$；与施维舒阳性组比较，[**] $P<0.05$。

据金佳熹等(2020)

苗得庆等(2020)通过网络药理学探讨了山药治疗胃溃疡的作用机制。试验利用 TCMSP 数据库获取山药的主要化学成分，经 Swiss Target Prediction 数据库对预测靶点进一步补充。借助 DisGeNET、OMIM 和 Malacard 数据库获取胃溃疡相关的潜在作用靶点，采用 String 数据库建立蛋白互作网络(PPI)，使用 DAVID 数据库分析 GO 功能及 KEGG 通路，通过 Cytoscape V3.7.2 软件构建山药化学成分-靶点网络、山药化学成分-胃溃疡-靶点网络和 PPI 网络。研究结果显示：从山药中筛选出 15 个化学成分和 118 个靶点，与胃溃疡相关的作用靶点 213 个，山药治疗胃溃疡涉及 13 个交集靶点。山药治疗胃溃疡主要涉及不饱和脂肪酸代谢、细胞增殖调节、免疫系统发育、MAP 激酶活性等生物学过程和 HIF-1 信号通路、VEGF 信号通路、TNF 信号通路等。由此得出结论：山药治疗胃溃疡涉及多个靶点、生物学过程和信号通路，为其药理机制研究提供新的思路和理论参考。

5.降血糖和血脂

李新萍等(2018)研究结果(见表 3-2-13、表 3-2-14)表明山药多糖可有效改善糖尿病小鼠的血糖和血脂代谢紊乱情况,可显著降低糖尿病小鼠体内的血糖(GLU)、总胆固醇(TC)、三酰甘油(TG)及低密度脂蛋白胆固醇(LDL-C),缓解体重减轻的状况,效果与格列本脲相当。提示山药多糖具有有效调节糖尿病小鼠糖脂代谢紊乱的作用。

表 3-2-13 山药多糖对糖尿病小鼠体重和血糖的影响($\bar{x}\pm s$, $n=10$)

组别	体重/g		血糖/(mmol/L)	
	治疗前	治疗后	治疗前	治疗后
空白对照组	25.18 ± 1.56	29.76 ± 0.98	6.11 ± 0.45	6.18 ± 0.33
模型对照组	24.67 ± 2.24	$25.85\pm1.18^{\triangle}$	16.25 ± 1.51	$16.33\pm1.46^{\triangle}$
格列本脲组	24.51 ± 1.73	$28.11\pm0.51^{*}$	16.16 ± 1.21	$14.22\pm1.19^{*}$
山药多糖高剂量	24.27 ± 2.25	$28.45\pm1.11^{*}$	16.23 ± 1.36	$14.33\pm1.61^{*}$
山药多糖中剂量	24.65 ± 2.06	$28.33\pm0.66^{*}$	16.47 ± 1.62	$14.61\pm1.19^{*}$
山药多糖低剂量	24.86 ± 1.70	26.77 ± 0.93	16.19 ± 1.34	15.13 ± 1.23

注:与空白对照组比较,$^{\triangle}P<0.05$;与模型对照组比较,$^{*}P<0.05$。

据李新萍等(2018)

表 3-2-14 山药多糖对糖尿病小鼠血脂的影响($\bar{x}\pm s$, $n=10$)

组别	TC/(mmol/L)	TG/(mmol/L)	LDL-C/(mmol/L)
空白对照组	2.53 ± 0.50	1.20 ± 0.11	0.92 ± 0.15
模型对照组	$4.02\pm0.25^{\triangle}$	$1.85\pm0.05^{\triangle}$	$1.62\pm0.11^{\triangle}$
格列本脲组	$2.86\pm0.37^{**}$	$1.34\pm0.06^{**}$	$1.01\pm0.10^{**}$
山药多糖高剂量	$2.97\pm0.50^{**}$	$1.40\pm0.12^{**}$	$1.12\pm0.32^{**}$
山药多糖中剂量	$3.17\pm0.56^{**}$	$1.46\pm0.24^{**}$	$1.27\pm0.29^{**}$
山药多糖低剂量	$3.45\pm0.72^{*}$	$1.61\pm0.13^{*}$	$1.39\pm0.08^{*}$

注:与空白对照组比较,$^{\triangle}P<0.05$;与模型对照组比较,$^{*}P<0.05$,$^{**}P<0.01$。

据李新萍等(2018)

杨宏莉等(2010)探讨了山药多糖对 2 型糖尿病大鼠糖代谢及关键酶己糖激酶(HK)、琥珀酸脱氢酶(SDH)及苹果酸脱氢酶(MDH)活性的影响,为山药多糖对 2 型糖尿病治疗的研究提供依据。实验采用高热量饮食并结合小剂量链脲佐菌素(STZ)腹腔注射的方法制备实验性 2 型糖尿病大鼠模型,分成正常对照组、糖尿病模型组、山药多糖治疗组(100 mg/kg、70 mg/kg、40 mg/kg 3 个剂量组)和阳性对照组(二甲双胍,100 mg/kg)共 6 组,治疗 4 周;然后检测 HK,SDH 和 MDH 活性。研究结果(见表 3-2-15、表 3-2-16)显示:与糖尿病模型组比较,山药多糖显示明显的降血糖作用;山药多糖中、高剂量组的 2 型糖尿病大鼠的 HK、SDH、MDH 活性与模型组比较有极显著性差异($P<0.001$);山药多糖低剂量组除 HK 的活性与模型组比较有显著差异外($P<0.05$),SDH 和 MDH 活性都无显著差异($P>0.05$)。提示山药多糖对 2 型糖尿病的治疗机制之一可能是山药多糖直接或间接地提高了糖代谢或关键酶的酶活性。

表 3-2-15 山药多糖对大鼠空腹血糖的影响($\bar{x}\pm s$)

组别	药物剂量/(mg/kg)	n	血糖值/(mmol/L)		
			造型前	治疗前	治疗后
正常对照组		10	6.53±0.7	6.71±1.2	6.64±0.8
糖尿病模型组		10	6.46±0.5	16.54±1.1##	15.91±0.7
山药多糖治疗组	40	10	6.49±1.0	16.74±0.6##	12.6±0.8**
	70	10	6.62±0.9	16.49±1.4##	12.1±1.1**
	100	10	6.57±0.6	16.51±1.3##	11.8±1.0**
二甲双胍组	100	10	6.60±0.7	16.68±0.9##	13.1±1.2**

注:与造型前比较,## $P<0.01$;与治疗前比较,** $P<0.01$。
据杨宏莉等(2010)

表 3-2-16 山药多糖对 2 型糖尿病大鼠 HK、SDH、MDH 活性的影响($\bar{x}\pm s$)

组别	药物剂量/(mg/kg)	n	HK/(U/g prot)	SDH/(U/g prot)	MDH/(U/g prot)
正常对照组	0	10	19.28±2.4	7.36±1.12	16.59±2.78
糖尿病模型组	0	10	3.12±2.7	2.34±1.07	6.57±1.98
山药多糖治疗组	40	10	5.76±1.9	2.56±1.16	8.27±2.41
	70	10	16.78±2.1	5.94±1.09	12.98±2.36
	100	10	17.25±2.5	6.12±1.17	13.57±2.07
二甲双胍组	100	10	18.48±2.2	6.23±1.10	14.26±2.11

注:与正常对照组比较,与造型前比较,*** $P<0.001$,** $P<0.01$,* $P<0.05$;与模型组比较,### $P<0.001$,## $P<0.01$,# $P<0.05$。
据杨宏莉等(2010)

王淑静(2016)探讨了山药多糖对糖尿病患者的降血糖和降血脂作用。试验选用 42 名 2 型糖尿病患者,随机分成 4 组,对照组、低剂量给药组、中剂量给药组和高剂量给药组,给药组连续服用 8 周,比较各组血糖和血脂指标的差异。研究结果(见表 3-2-17~表 3-2-19)显示:与对照组比较,低剂量组、中剂量组和高剂量组的糖脂指标差异显著;高剂量组的糖脂指标明显优于低剂量组和中剂量组,有统计学意义($P<0.01$ 或 $P<0.05$)。提示山药多糖具有明显的降血糖作用,高剂量效果更佳。

表 3-2-17 试验前受试者基本情况统计表($n=40$)

指标	对照组	低剂量组	中剂量组	高剂量组
人数/人	9	11	10	10
年龄/岁	50.2±4.41	48.3±6.33	47.7±5.20	49.1±5.44
病程/年	0.85±0.12	0.74±0.24	0.81±0.18	0.79±0.20
BMI/(kg/m²)	26.61±2.11	27.32±2.21	26.72±2.02	27.43±1.91
FBG/(mmol/L)	7.63±0.05	7.61±0.07	7.68±0.11	7.67±0.12
2 h PG/(mmol/L)	14.22±0.78	13.88±0.81	14.05±0.83	13.95±0.84
GSP/(mmol/L)	4.11±0.40	4.08±0.62	4.09±0.55	4.13±0.46
HbA1c/%	7.26±0.22	7.21±0.24	7.32±0.18	7.28±0.25
TC/(mmol/L)	6.47±1.52	6.52±1.43	6.52±1.47	6.53±1.50
TG/(mmol/L)	2.02±0.81	2.03±0.75	2.03±0.68	2.06±0.72
HDL/(mmol/L)	1.15±0.31	1.18±0.32	1.16±0.34	1.15±0.33
LDL/(mmol/L)	3.57±0.82	3.61±0.75	3.56±0.87	3.63±0.89

注:BMI—体重指数;FBG—空腹血糖;2 h PG—餐后 2 小时血糖;GSP—糖化血清蛋白;HbA1c—糖化血红蛋白;TC—总胆固醇;TG—三酰甘油;HDL—高密度脂蛋白;LDL—低密度脂蛋白。
据王淑静(2016)

表 3-2-18　受试者实验后各组指标比较统计表 （$n=40$）

指标	对照组	低剂量组	中剂量组	高剂量组
BMI/(kg/m²)	26.32±2.51	24.11±2.32◇	23.92±2.41◇	22.42±2.32◇◇◆☆
FBG/(mmol/L)	7.55±0.06	7.05±0.05	6.94±0.07	5.87±0.11◇◆☆
2 h PG/(mmol/L)	13.97±0.53	10.42±0.64◇	10.24±0.73◇	7.85±0.81◇◇◆☆
GSP/(mmol/L)	4.03±0.41	2.96±0.52◇	2.85±0.61◇	2.03±0.42◇◇
HbA1c/%	7.58±0.24	7.11±0.18	6.71±0.13◇◆	6.53±0.12◇◆

注：与对照组比较，◇◇ $P<0.01$，◇ $P<0.05$；与低剂量组比较，◆◆ $P<0.01$，◆ $P<0.05$；与中剂量组比较，☆☆ $P<0.01$，☆ $P<0.05$。

据王淑静（2016）

表 3-2-19　受试者实验后各组指标比较统计表 （$n=40$）

指标	对照组	低剂量组	中剂量组	高剂量组
TC/(mmol/L)	6.38±1.47	5.47±1.35◇	4.87±1.46◇◇◆	4.65±1.45◇◇
TG/(mmol/L)	2.03±0.73	1.71±0.69◇	1.68±0.71◇	1.43±0.63◇◇◆☆
HDL/(mmol/L)	1.17±0.34	1.36±0.27◇	1.47±0.32◇◇◆	1.52±0.35◇◇◆
LDL/(mmol/L)	3.58±0.77	2.65±0.80◇	2.63±0.82◇	2.25±0.87◇◇◆☆

注：与对照组比较，◇◇ $P<0.01$，◇ $P<0.05$；与低剂量组比较，◆◆ $P<0.01$，◆ $P<0.05$；与中剂量组比较，☆☆ $P<0.01$，☆ $P<0.05$。

据王淑静（2016）

苏瑾等（2015）研究了山药多糖对人肝癌 HepG2 细胞葡萄糖消耗能力和胰岛素抵抗的影响。试验采用胰岛素（1×10^{-7} mol/L）持续作用于 HepG2 细胞 24 h 以复制细胞胰岛素抵抗模型。将正常 HepG2 细胞分为正常对照（常规培养液）组、二甲双胍（0.01 mg/mL）组与山药多糖高、中、低浓度（质量浓度分别为 1.00 mg/mL、0.10 mg/mL、0.01 mg/mL）组；将胰岛素抵抗 HepG2 细胞分为模型（常规培养液）组、二甲双胍（0.01 mg/mL）组与山药多糖高、中、低浓度（质量浓度分别为 1.00 mg/mL、0.10 mg/mL、0.01 mg/mL）组，另设正常对照（正常细胞，常规培养液）组。加入相应药物后作用 24 h，倒置显微镜下观察正常细胞与模型细胞的形态；测定细胞葡萄糖消耗量（ΔGC），MTT 法测定单位细胞 ΔGC（ΔGC/OD）。研究结果显示：与正常对照组比较，山药多糖高、中、低浓度组正常细胞 ΔGC 增加，ΔGC/OD 升高，差异有统计学意义（$P<0.01$）；模型组细胞 ΔGC 减少，ΔGC/OD 降低，差异有统计学意义（$P<0.01$）。与模型组比较，山药多糖高、中、低浓度组细胞 ΔGC 增加，ΔGC/OD 升高，差异有统计学意义（$P<0.01$）。正常 HepG2 细胞与胰岛素抵抗 HepG2 细胞的形态未见明显差异。提示山药多糖能改善 HepG2 细胞的葡萄糖消耗能力，并且可以增强细胞对胰岛素的敏感性，具有体外降糖作用。

赵彬彬等（2020）报道，全山药及山药多糖、山药皂苷和尿囊素都对妊娠糖尿病产生降血糖效果，但全山药的降糖作用要比单一山药功能性成分降糖效果好，且生山药中所保留的具有降糖作用的功能性成分最多。同时，山药具有安胎、止妊娠腹痛吐泻的功效。

杜妍妍等（2017）观察了山药多糖对妊娠糖尿病小鼠的影响。试验采用链脲佐菌素（STZ）诱导复制妊娠糖尿病小鼠模型。将造模成功的妊娠糖尿病模型小鼠随机分为模型组、山药多糖低剂量组、山药多糖中剂量组和山药多糖高剂量组，并以正常妊娠小鼠作为正常组，每组 10 只。山药多糖低、中、高各剂量组小鼠分别灌胃山药多糖的浓度为 100 mg/(kg·d)、200 mg/(kg·d)、400 mg/(kg·d)，模型组及正常组均以同体积的生理盐水灌胃，持续 14 d。分别于给药的第 0 天、第 7 天和第 14 天检测其空腹血糖情况，在给药的第 0 天和第 14 天称量小鼠体质量，记录各组小鼠的饮食和饮水量。测定胰岛素水平，计算胰岛素抵抗指数(HOMA-IR),测定血清总胆固醇(TC)、三酰甘油(TG)、高密度脂蛋白胆固醇(HDL-C)水平。处死孕鼠后剥离胎鼠,计数胎鼠数量、胎鼠重量及胎盘质量。研究结果(见表 3-2-20～表 3-2-25)显示:与正常组比较,模型组小鼠在第 0 天时,体质量较低;在第 14 天时,体质量显著升高;模型组小鼠 24 h 摄食量、24 h 饮水量、空腹血糖值、血清胰岛素水平、胰岛素抵抗指数及血清 TC、TG 水平显著升高,HDL-C 水平明显降低,模型组胎鼠重量和胎盘重量显著升高,差异均有统计学意义($P<0.05$,$P<0.01$)。与模型组比较,在第 7 天时,山药多糖中、高剂量组小鼠空腹血糖值显著降低;在第 14 天时,山药多糖低、中、高各剂量组小鼠空腹血糖值显著降低;山药多糖各剂量组小鼠 24 h 摄食量、24 h 饮水量、血清胰岛素水平、胰岛抵抗指数、小鼠体质量、血清 TC 水平、血清 TG 水平显著降低,胎鼠重量和胎盘重量均有所下降,HDL-C 显著升高,差异均有统计学意义($P<0.05$,$P<0.01$)。提示山药多糖有改善妊娠糖尿病小鼠血糖情况的作用,其机制可能与改善胰岛素抵抗、调节脂质代谢有关。

表 3-2-20 各组小鼠 24 h 饮水量、进食量比较($\bar{x}\pm s$, $n=10$)

组别	剂量/(g/kg)	24 h 饮水量/mL	24 h 进食量/g
正常组	—	27.00±1.581	17.00±0.255
模型组	—	74.60±2.408①	26.34±0.945①
山药多糖低剂量组	0.1	61.00±1.225②	22.86±0.546②
山药多糖中剂量组	0.2	52.20±1.483②	21.72±0.536③
山药多糖高剂量组	0.4	44.00±3.808③	20.40±0.495③

注:与正常组比较,①$P<0.01$;与模型组比较,②$P<0.05$,③$P<0.01$。
据杜妍妍等(2017)

表 3-2-21 各组小鼠空腹血糖比较($\bar{x}\pm s$, $n=10$)

组别	剂量/(g/kg)	空腹血糖/(mmol/L)		
		第 0 天	第 7 天	第 14 天
正常组	—	3.81±0.659	5.16±0.698	5.80±0.489
模型组	—	16.30±0.459①	16.44±0.523①	16.40±0.665①
山药多糖低剂量组	0.1	16.83±0.709	16.47±0.560	15.16±0.430②
山药多糖中剂量组	0.2	16.66±0.720	15.35±0.510②	13.72±0.510②
山药多糖高剂量组	0.4	16.75±0.886	12.72±0.965②	10.95±0.675②

注:与正常组比较,①$P<0.01$;与模型组比较,②$P<0.05$。
据杜妍妍等(2017)

表 3-2-22 各组小鼠血清胰岛素水平比较($\bar{x}\pm s$, $n=10$)

组别	剂量/(g/kg)	胰岛素水平/(U/mL)	HDMA-IR
正常组	—	20.36±1.592	2.256±0.669
模型组	—	54.77±2.640①	40.13±2.726①
山药多糖低剂量组	0.1	41.13±2.465②	27.70±1.656②
山药多糖中剂量组	0.2	31.12±2.396②	18.96±1.449②
山药多糖高剂量组	0.4	24.67±1.817②	12.03±1.467②

注:与正常组比较,①$P<0.01$;与模型组比较,②$P<0.01$。
据杜妍妍等(2017)

表 3-2-23　各组小鼠血清胰岛素水平比较($\bar{x}\pm s$, $n=10$)

组别	剂量/(g/kg)	体质量/g	
		第 0 天	第 14 天
正常组	—	17.84±0.554	25.31±0.825
模型组	—	16.34±0.490[①]	27.80±0.716[①]
山药多糖低剂量组	0.1	16.05±0.495	26.56±0.542[②]
山药多糖中剂量组	0.2	15.93±0.625	25.46±0.825[②]
山药多糖高剂量组	0.4	16.14±0.378	24.24±0.914[②]

注：与正常组比较，[①]$P<0.05$；与模型组比较，[②]$P<0.05$。

据杜妍妍等(2017)

表 3-2-24　各组小鼠血脂水平比较($\bar{x}\pm s$, $n=10$)

组别	剂量/(g/kg)	TG/(mmol/L)	TC/(mmol/L)	HDL-C/(mmol/L)
正常组	—	1.15±0.072	1.69±0.075	1.23±0.060
模型组	—	1.91±0.091[①]	2.20±0.102[①]	0.62±0.049[①]
山药多糖低剂量组	0.1	1.59±0.052[②]	1.81±0.067[②]	0.77±0.043[②]
山药多糖中剂量组	0.2	1.45±0.043[②]	1.69±0.064[②]	0.87±0.090[②]
山药多糖高剂量组	0.4	1.33±0.044[②]	1.53±0.072[②]	1.00±0.084[②]

注：与正常组比较，[①]$P<0.05$；与模型组比较，[②]$P<0.05$。

据杜妍妍等(2017)

表 3-2-25　各组小鼠胎鼠数量、胎鼠质量及胎盘质量比较($\bar{x}\pm s$, $n=10$)

组别	剂量/(g/kg)	胎鼠数量/只	胎鼠质量/g	胎盘质量/g
正常组	—	5.3±0.949	0.79±0.047	0.113 5±0.001
模型组	—	5.1±1.370	0.91±0.041[①]	0.127 3±0.009[①]
山药多糖低剂量组	0.1	5.4±1.430	0.83±0.036[②]	0.116 9±0.002[②]
山药多糖中剂量组	0.2	5.2±0.789	0.77±0.038[②]	0.115 6±0.001[②]
山药多糖高剂量组	0.4	5.0±0.943	0.85±0.037[②]	0.114 2±0.006[②]

注：与正常组比较，[①]$P<0.05$；与模型组比较，[②]$P<0.05$。

据杜妍妍等(2017)

　　金蕊等(2016)研究了山药粗多糖(rhizoma dioscoreae polysaccharide,RDP)对链脲佐菌素(STZ)诱导的 1 型糖尿病大鼠的血糖血脂、口服葡萄糖耐受量以及肝脏、肾脏氧化应激损伤的影响。与糖尿病模型对照组相比,糖尿病给药组在连续灌胃 RDP[80 mg/(kg·d),240 mg/(kg·d)]4 周后,大鼠血糖(BG)、血脂(TC、TG、LDL-C)、血清糖化血红蛋白(HbAlc)以及肝脏脂质过氧化产物丙二醛(MDA)水平均有显著降低,而血清高密度脂蛋白(HDL-C)以及肾脏谷胱甘肽过氧化物酶(GSH-Px)活性显著增加,且呈现剂量依赖性。此外,RDP 能够提高糖尿病大鼠口服葡萄糖耐受能力。

　　赵长英等(2011)研究了山药多糖对实验性糖尿病小鼠的预防及治疗作用。试验建立试验性糖尿病小鼠模型,观察山药对四氧嘧啶糖尿病小鼠血糖的影响,观察预防给药对四氧嘧啶引起的小鼠血糖升高的影响。治疗作用研究结果(见表 3-2-26～表 3-2-28)表明,各剂量组与模型组比较,在降低糖尿病小鼠血糖、控制体重减轻、提高糖耐受量方面有显著性差异,与阳性药物对照组比较无统计学意义。预防作用研究结果(见表 3-2-29、表 3-2-30)表明,各剂量组与空白对照组比较,在预防血糖升高、控制体重减轻方面有显著性差异。提示山药多糖可显著降低四氧嘧啶糖尿病小鼠的血糖,且预防给药能对抗四氧嘧啶引起的小鼠血糖升高。

表 3-2-26 山药多糖对小鼠体重的影响($\bar{x}\pm s$, $n=10$)

单位:mg

组别	造模前	给药后 0 d	给药后 7 d	给药后 14 d
空白对照组	20.6±1.3	22.8±1.4	25.7±1.1	27.2±1.0
模型组	20.3±1.1	18.7±1.7△	14.7±1.3△	13.6±0.9△
低剂量组	20.7±1.0	18.6±1.0△	15.2±0.9△	14.6±1.4△
中剂量组	20.5±1.3	18.2±1.9△	16.7±1.0△	15.3±1.4△▲
高剂量组	20.6±1.4	18.2±0.8△	17.3±1.2△▲	16.8±1.1△▲
阳性药物对照组	20.3±1.2	18.3±1.5△	16.4±1.3△▲	15.1±1.2△▲

注:与空白对照组比较,△$P<0.05$;与模型组比较,▲$P<0.05$。

据赵长英等(2011)

表 3-2-27 各组小鼠空腹血糖值比较($\bar{x}\pm s$, $n=10$)

单位:mmol/L

组别	造模前	给药前	给药后 14 d
空白对照组	5.38±0.94	5.25±1.23	5.32±0.77
模型组	5.42±1.21	15.51±4.93△	19.43±4.19△
低剂量组	5.52±1.14	15.42±4.37△	17.54±4.21△▲
中剂量组	5.69±1.09	15.58±4.80△	15.30±4.29△▲▲
高剂量组	5.35±1.10	15.45±5.11△	14.79±5.08△▲▲
阳性药物对照组	5.81±1.35	15.83±5.33△	14.87±5.16△▲▲

注:与空白对照组比较,△$P<0.01$;与模型组比较,▲$P<0.05$,▲▲$P<0.01$。

据赵长英等(2011)

表 3-2-28 各组小鼠糖耐量比较($\bar{x}\pm s$, $n=10$)

单位:mmol/L

组别	0 min	60 min	120 min
空白对照组	5.32±0.77	8.33±2.16	7.84±2.42
模型组	19.43±4.19△	29.04±2.19△	26.63±4.31△
低剂量组	17.54±4.21△	28.33±3.71△	24.86±4.52△
中剂量组	15.30±4.29△▲	24.75±4.12△▲	21.81±3.87△▲
高剂量组	14.79±5.08△▲	23.79±5.33△▲	21.38±4.64△▲
阳性药物对照组	14.87±5.16△▲	24.11±5.40△▲	21.17±4.93△▲

注:与空白对照组比较,△$P<0.01$;与模型组比较,▲$P<0.05$。

据赵长英等(2011)

表 3-2-29 造模前后各组小鼠体重比较($\bar{x}\pm s$, $n=10$)

单位:m/g

组别	静脉注射四氧嘧啶前	静脉注射四氧嘧啶后
空白对照组	26.3±1.9	18.2±1.1
预防低剂量组	26.8±2.0	24.3±2.2△
预防中剂量组	27.1±2.3	26.8±2.0△
预防高剂量组	26.6±2.1	27.9±1.7△

注:与空白对照组比较,△$P<0.05$。

据赵长英等(2011)

表 3-2-30　造模前后各组小鼠空腹血糖值比较($\bar{x}\pm s$,$n=10$)　　　　单位:mmol/L

组别	静脉注射四氧嘧啶前	静脉注射四氧嘧啶后
空白对照组	5.35±1.45	15.83±4.56
预防低剂量组	5.12±1.63	9.91±2.73[△]
预防中剂量组	5.23±1.02	8.72±2.91[△]
预防高剂量组	5.67±1.34	8.26±2.64[△]

注:与空白对照组比较,[△]$P<0.05$。

据赵长英等(2011)

高启禹等(2011)探讨了山药多糖对四氧嘧啶诱导的糖尿病小鼠血糖及血脂的作用及其与剂量大小的关系。试验随机选取健康小鼠连续 2 d 腹腔注射四氧嘧啶(150 mg/kg)建立糖尿病模型(空腹血糖值＞11.1 mmol/L),将小鼠分为正常空白对照组、模型对照组、高剂量山药多糖处理组、低剂量山药多糖处理组,前两组每日灌胃等体积的生理盐水,山药多糖高、低剂量组分别灌胃 400 mg/kg 与 200 mg/kg 的山药多糖,连续灌胃 12 d 后分别测定各组小鼠血糖、总胆固醇(TC)、三酰甘油(TG)、高密度脂蛋白胆固醇(HDL-C)水平。研究结果(见表 3-2-31、表 3-2-32)表明:山药多糖能显著降低造模小鼠的血糖、血脂,而且高剂量的山药多糖降血糖、血脂效果更明显。

表 3-2-31　山药多糖对糖尿病小鼠血糖的影响　　　　单位:mmol/L

组别	腹腔注射四氧嘧啶前
空白对照组	4.276[*]±1.135
模型对照组	11.512±0.955
高剂量山药多糖处理组	6.196[*]±0.655
低剂量山药多糖处理组	8.702[*]±1.947

注:与模型对照组相比,差异显著([*]$P<0.05$)。

据高启禹等(2011)

表 3-2-32　山药多糖对糖尿病小鼠血脂的影响　　　　单位:mmol/L

组别	HDL-C	TC	TG
空白对照组	1.057±0.136	2.125[*]±0.421	3.336[*]±0.614
模型对照组	1.044±0.282	2.992±0.425	4.657±0.943
高剂量山药多糖处理组	1.099±0.205	2.531±0.459	2.519[*]±0.368
低剂量山药多糖处理组	0.998±0.235	2.699±0.657	4.282±0.989

注:与模型对照组相比,差异显著([*]$P<0.05$)。

据高启禹等(2011)

朱明磊等(2010)探讨了山药多糖对糖尿病小鼠的降血糖作用。试验将小鼠随机分成正常对照组、山药多糖组和优降糖组等 3 个不同的试验小组。小鼠经腹腔注射四氧嘧啶建立糖尿病模型小鼠,并以优降糖作阳性对照,以山药多糖连续灌胃给药 15 d。研究结果(见表 3-2-33、表 3-2-34)显示:山药多糖对糖尿病小鼠的血糖有明显降低作用。提示山药多糖具有明显的降低血糖作用。

表 3-2-33　山药多糖对各组试验小鼠空腹血糖的影响($\bar{x}\pm s$)

组别	动物数	空腹血糖/(mmol/L)		
		造模前	治疗前	治疗后
对照组	20	5.43±1.28	5.51±1.43	5.35±1.34
优降糖组	20	5.39±1.27	12.39±1.35[a]	6.53±1.29[b]
山药多糖组	20	5.46±1.35	12.74±1.63[a]	6.69±1.37[b]

注:与模型前比较,[a]$P<0.01$,与治疗前比较,[b]$P<0.01$。

据朱明磊等(2010)

表 3-2-34　山药多糖对各组实验小鼠糖耐量的影响($\bar{x}\pm s$)

组别		血糖水平/(mmol/L)		
		0 min	60 min	120 min
对照组	治疗前	5.37±1.42	8.17±1.85	7.44±2.01
	治疗后	5.62±1.19	8.38±1.74	7.39±1.87
优降糖组	治疗前	12.28±1.27	15.85±2.06	13.51±2.21
	治疗后	6.65±1.43[c]	11.98±1.29[c]	8.83±1.27[c]
山药多糖组	治疗前	12.61±1.34	16.13±2.29	13.73±2.27
	治疗后	6.39±1.26[c]	12.01±2.11[c]	9.04±1.63[c]

注:同时间内各组与治疗前比较,[c]$P<0.01$。

据朱明磊等(2010)

何云(2008)探讨了山药多糖对四氧嘧啶诱导的糖尿病大鼠的降糖作用及其与剂量的关系。试验将正常大鼠和四氧嘧啶致高血糖模型大鼠随机分成正常对照组、模型对照组、二甲双胍组及山药多糖大、中、小剂量共 6 组。二甲双胍组每日灌服二甲双胍 0.8 mg/(kg・只),山药多糖组分别灌胃 50 mg/kg、75 mg/kg、100 mg/kg 三种剂量的山药多糖;正常对照组与模型对照组大鼠每日灌服等体积的生理盐水。灌胃 15 d 后,分别测定进入试验程序的各组大鼠血糖水平。研究结果(见表 3-2-35)显示:山药多糖能显著降低造模大鼠的血糖,而且大剂量的山药多糖降糖更明显,其降糖效果与剂量呈一定关系。提示山药多糖能降低四氧嘧啶所致大鼠的血糖水平,其降糖作用随给药剂量的增加而增加。

表 3-2-35　各试验组大鼠血糖水平比较($\bar{x}\pm s$)

分组	动物数	血糖水平/(mmol/L)		
		造模前	造模后	治疗后
正常对照组	10	5.89±0.58	6.12±0.87	6.24±1.04
模型对照组	10	6.02±0.71	12.23±1.08[△]	11.77±1.91[△△]
山药多糖小剂量组	10	5.92±0.65	12.56±1.17[△]	9.86±1.83[△△]
山药多糖中剂量组	10	5.74±1.02	12.75±1.36[△]	9.22±1.46[△△]
山药多糖高剂量组	10	5.87±1.09	13.03±1.29[△]	8.27±1.55[△△]
二甲双胍组	10	5.79±1.16	12.96±1.30[△]	8.05±1.37[△△]

注:造模前比较,[△]$P<0.01$;与正常对照组比较,[△△]$P<0.01$。

据何云(2008)

6.抗肿瘤

许远征等(2020)探讨了山药多糖对肿瘤小鼠的抗肿瘤作用和免疫调节作用的研究。试验选取 C57BL/6 小鼠,Lewis 肺癌细胞,随机分成正常对照组(NC)、高剂量组(HD)、中等剂量组(MD)、低剂量组(LD)，每组 10 只，接种 0.2 mL Lewis 肺癌肿瘤细胞悬液，LD、MD 和 HD 组每天分别灌胃给予 50 mg/kg、150 mg/kg 和 250 mg/kg 的山药多糖一次，NC 和 BC 组给予等量的生理盐水，连续 7 d。研究结果（见表 3-2-36～表 3-2-38）显示：小鼠体内 T 淋巴细胞增殖能力显著降低，从剂量上观察，采用中剂量的疗效最佳，其 T 淋巴细胞增殖能力为(28 185±1145)min，均显著高于对照组[(28 236±1030)min]、肿瘤小鼠组[(1480±1420)min]、低剂量组[(19 226±1038)min]和高剂量组[(27 685±1159)min]，且调节使具有明显双向性。小鼠体内 NK 细胞的活性显著降低，给予山药多糖后，低剂量组[(7.6±0.8)%]仍不能恢复至对照组水平[(13.3±1.32)%]，而中剂量组[(14.5±1.14)%]、高剂量组[(12.6±1.45)%]均能达到对照组更高或基本相同水平，可良好增强细胞免疫功能，比较有统计学意义($P<0.05$)；小鼠经处理后剥离实体肿瘤进行称重计算抑瘤率，表明山药多糖可抑制肿瘤的生长，对肿瘤的抑制率高达64.00%。肿瘤小鼠 IL-2[(0.86±0.14)U/mL] 和 TNF-α 水平明显下降($P<0.05$)，但山药多糖可显著提高肿瘤小鼠 IL-2 和 TNF-α 水平，剂量越高，肿瘤小鼠 IL-2 和 TNF-α 水平恢复越接近正常。提示山药多糖可有效抑制小鼠体内肿瘤的生长，并具有显著免疫调节的效用。

表 3-2-36　山药多糖对肿瘤小鼠免疫调节作用的影响($\bar{x}±s$, $n=10$)

组别	T 淋巴细胞增殖能力/min	NK 细胞活性/%
对照组	28 236±1030	13.30±1.32
肿瘤小鼠组	14 680±1420	7.60±0.80 [a]
低剂量组	19 226±1038 [a]	10.61±1.12 [a]
中剂量组	28 185±1145 [ab]	14.5±1.14 [ab]
高剂量组	27 685±1159 [b]	12.6±1.45 [bc]

注：与对照组比较[a] $P<0.05$；与低剂量组比较[b] $P<0.05$；与中剂量组比较[c] $P<0.05$。
据许远征等(2020)

表 3-2-37　山药多糖对实验性肿瘤生长影响($\bar{x}±s$)

山药多糖剂量/(mg/kg)	例数	肿瘤质量/mg	抑制率/%
0	10	2051±198	0
50	10	2028±134 [a]	7.62 [a]
150	10	1005±100 [ab]	56.70 [ab]
250	10	868±100 [ab]	64.00 [ab]

注：与 0 mg/kg 组比较[a] $P<0.05$；与 50 mg/kg 组比较[b] $P<0.05$；与 150 mg/kg 组比较[c] $P<0.05$。
据许远征等(2020)

表 3-2-38　山药多糖对小鼠淋巴细胞 IL-2 和 TNF-α 诱生与活性

组别	(A)	IL-2 活性/(U/mL)	TNF-α/%
对照组	0.546±0.020	3.58±0.40	—
肿瘤小鼠组	0.824±0.068 [a]	0.86±0.14 [a]	—
低剂量组	0.698±0.062 [a]	2.30±1.02 [ac]	20
中剂量组	0.465±0.042 [cd]	4.42±1.46 [cc]	40 [c]
高剂量组	0.469±0.040 [c]	4.02±1.02 [c]	40

注：与对照组比较[a,b] $P<0.05$；与肿瘤小鼠组比较[c] $P<0.05$；与低剂量组比较[d,e] $P<0.05$。
据许远征等(2020)

孙雯雯等(2017)观察了山药提取物联合树突状细胞-细胞因子诱导的杀伤细胞(DC-CIK)疗法对结肠癌 HT29 细胞干细胞荷瘤裸鼠的治疗效果。试验建立 Balb/c 裸鼠结肠癌干细胞荷瘤模型,随机分为 4 组,对照组、DC-CIK 组、山药提取物组、山药提取物联合 DC-CIK 组(联合治疗组),每组 10 只。其中 DC-CIK 组、联合治疗组裸鼠在肿瘤干细胞接种第 4 天后通过尾 iv 1×10^6 个 DC-CIK 细胞给予治疗,每周 2 次,共 3 周;山药提取物组和联合治疗组,按山药提取物 125 mg/kg 给药,每天 ig 给药 1 次,共 3 周;对照组以等体积生理盐水代替。各组裸鼠在治疗 3 周期间每 2 d 测量瘤体大小及裸鼠体质量,治疗结束后处死裸鼠,取出瘤体称质量,并计算抑瘤率,RT-PCR 法检测瘤组织中信号通路关键基因的表达水平。研究结果(见表 3-2-39)显示:治疗结束后,山药提取物组、DC-CIK 组、联合治疗组的瘤体质量明显低于对照组,其中,联合治疗组抑瘤率为 51.26%。在信号通路关键基因的表达水平变化方面,联合治疗组与 DC-CIK 组、山药提取物组相比,PI3K/Akt 通路中关键基因 PI3KR1,Wnt/β-catenin 通路中关键基因 Wnt1,Notch 通路中关键基因 Notch1 的 mRNA 表达均有所下调,DC-CIK 组和山药提取物组相比,各基因 mRNA 表达变化差异不显著。提示对结肠癌 HT29 细胞干细胞荷瘤裸鼠模型,山药提取物联合 DC-CIK 抑瘤效果最佳。

表 3-2-39 各组对 HT29 结肠癌干细胞荷瘤裸鼠瘤体积和瘤质量比较($\bar{x}\pm s$, $n=10$)

组别	瘤质量/g	抑瘤率/%	肿瘤体积/mm³
对照	5.93±0.46	—	324.06±22.36
DC-CIK	4.10±0.41*△	30.86	261.12±11.89*△
山药提取物	3.79±0.40*△	36.09	209.36±18.03*△
联合治疗	2.89±0.35*	51.26	100.55±15.43*

注:与对照组比较:* $P<0.05$;与联合治疗组比较:△ $P<0.05$。

据孙雯雯等(2017)

孙浩等(2020)研究了山药提取物联合树突细胞-细胞因子诱导的杀伤细胞(DC-CIK)对荷 MDA-MB-231 乳腺癌干细胞瘤裸鼠的治疗效果。试验制备荷 MDA-MB-231 乳腺癌干细胞 Balb/c 裸鼠模型,随机分为 4 组,每组 8 只:对照组裸鼠尾静脉注射(iv)生理盐水,0.2 mL/次,2 次/周;DC-CIK 组裸鼠在肿瘤干细胞接种 4 d 后尾 iv 1×10^6 个 DC-CIK 细胞,2 次/周,给药 3 周;山药提取物组裸鼠 ig 山药提取物 125 mg/kg,0.2 mL/d,给药 3 周;山药提取物联合 DC-CIK 组裸鼠 ig 山药提取物 125 mg/kg,0.2 mL/d,同时尾 iv 1×10^6 个 DC-CIK 细胞,2 次/周,给药 3 周。各组裸鼠在治疗 3 周期间每 2 d 测量瘤体大小及裸鼠体质量,治疗结束后处死裸鼠,取出瘤体称质量;qRT-PCR 法检测瘤组织中 Akt 信号通路中关键原癌基因 c-Myc 表达水平。研究结果显示:治疗结束后,各组裸鼠瘤体生长速率为山药提取物联合 DC-CIK 组<DC-CIK 组和山药提取物组<对照组。山药提取物联合 DC-CIK 组、DC-CIK 组和山药提取物组的裸鼠情绪始终平稳,进食进水正常,活动自如;对照组裸鼠精神萎靡,活动减弱,进食进水减少,于第 3 周开始活动受阻,瘤体破溃。各给药组裸鼠瘤体中 c-Myc 基因与对照组相比均有所下调。提示对荷 MDA-MB-231 乳腺癌干细胞瘤裸鼠治疗效果中,各给药组裸鼠肿瘤生长均受到明显抑制,其中以山药提取物联合 DC-CIK 组效果最佳。

7.调节肠道菌群,促进生长

张金洲等(2020)探讨了山药多糖对仔猪生长性能与肠道菌群的影响。试验采用 90 头杜×长×大三元杂交断奶仔,随机分为 5 组,分别在基础日粮中添加 0、0.01%、0.05%、0.1%、0.2% 的山药多糖,每组 3 个重复,每个重复 6 头,预试期 7 d,正试期 40 d。饲养试验结束后,测定仔猪日平均采食量、平均日增重、料重比与腹泻率,以及十二指肠、空肠、回肠与盲肠内容物的乳酸杆菌、大肠杆菌与沙门氏菌数量。研究结果显示:添加山药多糖组各项测定指标均优于对照组。与对照组相比,0.01%、0.05%、0.1%、0.2%山药多糖组平均日增重分别提高了 13.61%、20.39%、26.47%、23.53%($P<0.05$);日平均采食量分别提高了 10.69%、12.98%、14.15%、16.56%($P<0.05$);料重比分别降低了 3.55%($P>0.05$)、7.11%($P<$

0.05)、10.66%（$P<0.05$）、6.60%（$P<0.05$）；腹泻率分别降低了 29.11%、48.45%、54.31%、51.87%（$P<0.05$）。与对照组相比,添加山药多糖组十二指肠、空肠、回肠和盲肠中乳酸杆菌的数量提高,大肠杆菌与沙门氏菌的数量降低；其中,添加 0.05%、0.1%、0.2%山药多糖组的乳酸杆菌、大肠杆菌与沙门氏菌数量与对照组相比均有显著差异（$P<0.05$）。因此,仔猪日粮中添加适当剂量的山药多糖具有调节肠道菌群,提高免疫力,促进生长的作用。

高启禹等（2015）分析了山药多糖对昆明种小鼠的生长性能及盲结肠乳酸杆菌、双歧杆菌、肠杆菌及肠球菌的影响。试验选取 48 只健康昆明种小鼠,雌雄各半,分为空白对照组（灌胃生理盐水）、山药多糖高剂量组（400 mg/kg）、中剂量组（200 mg/kg）和低剂量组（100 mg/kg）,每天对小鼠体重及采食量进行准时记录。采集第 28 天的小鼠盲结肠,检测肠道菌群变化。研究结果显示:当灌胃高、中剂量山药多糖 28 d 时,小鼠体重与对照组相比有统计学意义（$P<0.05$）；同时,在高剂量的小鼠盲结肠内,肠杆菌与肠球菌的菌群数量与对照之间存在显著差异（$P<0.01$）,而双歧杆菌和乳酸杆菌的增殖与对照相比,在高剂量和中剂量组均有统计学意义（$P<0.01$ 或 $P<0.05$）。提示长期灌胃山药多糖对小鼠的生长性能和肠道菌群有显著影响,在抑制条件致病菌的同时,显著促进了益生菌的增殖。

8. 保护肝脏

孙设宗等（2011）探讨了山药多糖对 CCl_4 肝损伤小鼠 NO、TNF-α 含量的影响。试验将昆明种小鼠 50 只随机分正常对照组,病理模型组,山药多糖高、中、低浓度组。山药多糖高、中、低浓度组每天按体重 30 mg/kg、60 mg/kg、120 mg/kg 山药多糖灌胃,饲养 8 d,末次灌胃 2 h,对照组腹腔注射调和油溶液,其余各组腹腔注射 0.15% CCl_4 调和油溶液,24 h 眼球取血分离血清,测定谷丙转氨酶（ALT）活性。处死小鼠取出肝脏称重计算肝体指数,制备肝匀浆,按试剂盒要求测定丙二醛（MDA）、一氧化氮合酶（NOS）、NO、肿瘤坏死因子（TNF-α）的含量。研究结果显示:山药多糖可抑制实验性肝损伤所致炎性反应,降低肝体指数,降低血清中 ALT 活性（$P<0.05$）；降低肝脏 MDA、NOS、NO 和 TNF-α 的含量（$P<0.01$）。提示山药多糖可通过降低 MDA、NO 和 TNF-α 的含量对 CCl_4 肝损伤有保护作用。

慎晓飞（2018）研究发现,中剂量（150 mg/kg）和高剂量（250 mg/kg）的山药多糖能改善环磷酰胺所致的肝脏指数和白细胞计数损伤,并且改善了肝组织病理学损伤。

周庆峰等（2019）观察了山药多糖对急性酒精中毒小鼠的解酒作用。试验分别给小鼠灌食不同剂量的山药多糖,30 min 后灌胃 56 度白酒（按 40 mL/kg）,灌胃结束后测定行为学指标（醉酒耐受时间、醉酒持续时间）,进一步分析血液中乙醇、乙醛质量浓度,检测肝组织中乙醇脱氢酶（ADH）、超氧化物歧化酶（SOD）活性,以及血清中谷丙转氨酶（ALT）、谷草转氨酶（AST）活性,以探讨山药多糖对急性酒精中毒小鼠的解酒作用。研究结果（见表 3-2-40～表 3-2-43）显示:与模型对照组相比,山药多糖能显著延长醉酒耐受时间,缩短睡眠时间,降低乙醇和乙醛质量浓度,一定程度上提高肝组织中 ADH、SOD 活性和降低血清中 ALT、AST 活性。提示山药多糖对小鼠醉酒有较好的解酒护肝作用,其作用主要是通过减轻酒精导致的肝细胞损伤来实现。

表 3-2-40　小鼠醉酒模型的建立

灌酒量/(mL/10 g)	耐受时间/min	醉酒时间/min	醉酒率/%	死亡率/%
0.1	61.62±11.13	176.51±23.29	53	0
0.2	52.71±12.32	231.47±28.36	60	0
0.3	43.82±8.95	269.42±25.27	73	0
0.4	36.61±9.26	297.45±24.58	100	0
0.5	31.53±7.57	313.26±31.62	100	0

据周庆峰等（2019）

表 3-2-41　山药多糖对小鼠醉酒潜伏期和醉酒时间的影响

组别	醉酒潜伏期/min	醉酒时间/min
模型组	37.2 ± 11.3	286.48 ± 21.46
低剂量给药组	$48.4 \pm 9.5^*$	$231.25 \pm 23.36^{**}$
中剂量给药组	$55.7 \pm 11.2^{**}$	$217.59 \pm 19.27^{**}$
高剂量给药组	$63.6 \pm 8.2^{**}$	$215.45 \pm 20.58^{**}$

注：与模型组比较，$^*P<0.05$，$^{**}P<0.01$。

据周庆峰等（2019）

表 3-2-42　山药多糖对醉酒小鼠乙醇和乙醛浓度的影响

组别	乙醇/(mg/mL)	乙醛/(μg/mL)
模型组	2.75 ± 0.31	52.07 ± 16.39
低剂量给药组	$2.28 \pm 0.45^*$	$39.52 \pm 13.71^{**}$
中剂量给药组	$1.94 \pm 0.28^{**}$	$32.83 \pm 12.26^{**}$
高剂量给药组	$1.87 \pm 0.34^{**}$	$28.67 \pm 11.85^{**}$

注：与模型组比较，$^*P<0.05$，$^{**}P<0.01$。

据周庆峰等（2019）

表 3-2-43　山药多糖对醉酒小鼠肝脏 AST、ALT、ADH 和 SOD 活性的影响

组别	AST/(U/L)	ALT/(U/L)	ADH/(U/mg)	SOD/(U/mg)
空白组	35.14 ± 13.96	31.68 ± 9.16	28.16 ± 4.02	251.38 ± 21.69
模型组	$61.49 \pm 15.13^{**}$	$51.28 \pm 10.24^{**}$	$19.07 \pm 3.42^{**}$	$147.27 \pm 22.57^{**}$
低剂量给药组	$54.37 \pm 14.21^{\triangle\triangle}$	$16.84 \pm 8.56^{\triangle}$	$24.26 \pm 4.65^{\triangle}$	$186.52 \pm 21.63^{\triangle\triangle}$
中剂量给药组	$45.94 \pm 13.28^{\triangle\triangle}$	$39.23 \pm 8.15^{\triangle\triangle}$	$26.53 \pm 3.73^{\triangle\triangle}$	$203.71 \pm 18.94^{\triangle\triangle}$
高剂量给药组	$44.62 \pm 13.52^{\triangle\triangle}$	$40.76 \pm 7.29^{\triangle\triangle}$	$25.25 \pm 3.17^{\triangle\triangle}$	$211.26 \pm 19.38^{\triangle\triangle}$

注：与空白组比较，$^{**}P<0.01$；与模型组比较，$^{\triangle}P<0.05$，$^{\triangle\triangle}P<0.01$。

据周庆峰等（2019）

宋俊杰等（2018）探究了山药多糖对小鼠肝缺血再灌注损伤肝脾组织的影响。试验中将 SPF 级 KM 小鼠 32 只，随机分为对照组（C 组）、盐水＋肝缺血再灌注损伤组（N 组）、山药多糖中剂量＋肝缺血再灌注损伤组（M 组）、山药多糖高剂量＋肝脏缺血再灌注损伤组（H 组），每组 8 只。山药多糖中剂量为 60 mg/kg，高剂量为 120 mg/kg。在缺血再灌注模型制作前分别给予不同剂量的山药多糖灌胃，每日 1 次，共 14 d，正常对照组和盐水组则给予等容量的生理盐水。再灌注 24 h 后，处死全部小鼠，测定脾脏指数和肝脏指数，HE 染色观察小鼠肝和脾组织病理学改变。研究结果（见表 3-2-44）显示：与 N 组相比，M 组及 H 组的肝指数降低（$P<0.05$）。与 N 组相比，M 及 H 组的肝组织病理学损伤轻微，且病理学评分降低（$P<0.05$）。与 C 组相比，N 组的脾指数增高（$P<0.05$）。与 N 组相比，M 组和 H 组的脾指数降低，且 M 组的降低较明显（$P<0.05$）。与 N 组相比，M 组及 H 组脾组织病理学的损伤减轻。提示中剂量及高剂量的山药多糖对肝缺血再灌注损伤中的肝和脾组织损伤有保护作用。

表 3-2-44　各组肝和脾指数($\bar{x}\pm s$)

组别	肝指数/%	脾指数/%
C 组	4.37±0.21	0.22±0.09
N 组	4.73±0.43*	0.48±0.18*
M 组	4.56±0.27#	0.44±0.19
H 组	4.14±0.18#△	0.31±0.08#△

注:与 M 组相比,△$P<0.05$;与 N 组相比,#$P<0.05$;与 C 组相比,*$P<0.05$。

据宋俊杰等(2018)

何新蕾等(2014)研究铁棍山药($D.opposita$ Thunb. cv. Tiegun)多糖对 CCl_4 诱导的小鼠急性肝损伤的保护作用,取 72 只昆明小鼠随机分为对照组,CCl_4 模型组,阳性对照(联苯双酯)组,铁棍山药多糖低、中、高剂量组,每组 12 只,灌胃处理后使用 CCl_4 制备急性肝损伤小鼠模型,观察各组形态学变化,同时测定生化指标。试验结果(见表 3-2-45、表 3-2-46)显示,经铁棍山药多糖处理的小鼠的肝损伤程度明显轻于模型组,铁棍山药多糖能降低小鼠血清中谷丙转氨酶(ALT)和谷草转氨酶(AST)含量,提高超氧化物歧化酶(SOD)、谷胱甘肽过氧化物酶(GSH-Px)的活性,降低丙二醛(MDA)、一氧化氮(NO)、肿瘤坏死因子(TNF-α)的含量。结果表明铁棍山药多糖对 CCl_4 所诱导的小鼠肝损伤起到一定的保护作用。

表 3-2-45　铁棍山药多糖对肝损伤小鼠血清 AST 和 ALT 的影响及肝组织中 SOD、GSH-Px 活性及 MDA 含量的影响($\bar{x}\pm s$, $n=12$)

组别	ALT/(U/L)	AST/(U/L)	SOD/(U/g)	MDA/(nmol/mg)	GSH-Px/(U/g)
正常对照组	34.52±11.75	37.28±9.43	84.12±8.27	3.12±0.85	156.89±14.97
CCl_4 模型组	414.72±65.31*	316.56±27.65*	18.97±4.13*	12.54±3.07*	65.75±8.24*
阳性对照组	198.90±51.06**★	214.92±16.52**★	66.47±11.06☆★	6.87±1.09**★	148.78±8.27☆★
铁棍山药多糖低剂量组	257.94±39.65**★	275.36±27.36**#	52.18±5.48*	7.06±1.41**★	118.56±12.46☆★
铁棍山药多糖中剂量组	143.87±28.77**★	168.64±19.88**★	69.34±8.37☆★	5.89±1.22☆★	134.27±19.38☆★
铁棍山药多糖高剂量组	46.13±12.85☆★	65.63±21.87**★	78.22±10.45☆★	4.32±0.99☆★	147.35±12.91☆

注:与正常对照组比较,☆$P<0.05$,*$P<0.01$;与模型组比较,#$P<0.05$,★$P<0.01$。

据何新蕾等(2014)

表 3-2-46　铁棍山药多糖对肝损伤小鼠肝组织中 NO、TNF-α 含量的影响($\bar{x}\pm s$, $n=12$)

组别	NO/(μmol/g prot)	TNF-α/(ng/mL)
正常对照组	3.11±0.28	1.42±0.32
CCl_4 模型组	5.87±0.66*	2.44±0.75*
阳性对照组	3.89±0.92★	1.53±0.51☆★
铁棍山药多糖低剂量组	4.23±0.45☆#	1.90±0.28**#
铁棍山药多糖中剂量组	2.88±0.69☆#	1.72±0.61☆#
铁棍山药多糖高剂量组	2.26±0.80**★	1.48±0.77★

注:与正常对照组比较,☆$P<0.05$,*$P<0.01$;与模型组比较,#$P<0.05$,★$P<0.01$。

据何新蕾等(2014)

孙延鹏等(2010)探讨了山药多糖对卡介苗(BCG)与脂多糖(LPS)致小鼠免疫性肝损伤的保护作用。实验将昆明种小鼠分为对照组、模型组,以及山药多糖高、中、低剂量保护组,第 1 天,模型组与保护组经尾静脉注射 BCG,保护组每天分别按体重 30 mg/kg、60 mg/kg、120 mg/kg 山药多糖 ig 一次,第 12 天末次灌胃 2 h,模型组与山药多糖高、中、低保护组经尾静脉注射 LPS。16 h 后取小鼠称重,于眼球取血,测定小鼠血清中谷丙转氨酶(ALT)、谷草转氨酶(AST)活性;处死小鼠,计算肝脏指数和脾脏指数;制备肝匀浆,测定肝组织中丙二醛(MDA)、谷胱甘肽(GSH)含量及超氧化物歧化酶(SOD)和谷胱甘肽过氧化物酶(GSH-Px)活性。研究结果显示:与模型组比较,山药多糖各剂量可降低小鼠肝指数、脾脏指数及降低血清 ALT、AST 活性($P<0.05$);降低 MDA 的含量,增加 GSH 含量和 GSH-Px 活性。提示山药多糖对BCG 和 LPS 诱导的小鼠免疫性肝损伤有保护作用。

9. 保护肾脏

洪志华等(2015)探讨了淮山药灌胃预处理对大鼠肾脏缺血再灌注损伤的可能保护作用。试验将 48 只 34 周龄雄性 SD 大鼠随机分为缺血再灌注淮山药灌胃预处理组(淮山药组,$n=24$)和缺血再灌注无菌生理盐水灌胃对照组(生理盐水组,$n=24$)。淮山药组、生理盐水组在缺血再灌注损伤前连续灌胃 5 d。分别于再灌注损伤后 2 h、12 h、24 h、48 h 四个时间点随机选淮山药组、生理盐水组各 6 只大鼠再次手术行下腔静脉采血和收获肾脏标本。测定血清肌酐(Scr)、尿素氮(BUN)以及血清丙二醛(MDA)含量。肾组织常规病理切片 HE 染色光镜下参照 Paller 评分标准进行评分,TUNEL 法检测细胞凋亡。研究结果显示:再灌注后 12 h、24 h、48 h,同时间点淮山药组与生理盐水组比较,其血清 Scr、BUN 含量显著下降[BUN 12 h:(15.30 ± 2.60) mmol/L 比 (22.07 ± 4.57) mmol/L,24 h:(19.56 ± 3.89) mmol/L 比 (34.75 ± 6.32) mmol/L,48 h:(14.72 ± 2.99) mmol/L 比 (20.16 ± 2.40) mmol/L;Scr 12 h:(56.38 ± 8.70) μmol/L 比 (98.72 ± 12.37) μmol/L,24 h:(81.53 ± 10.17) μmol/L 比 (128.52 ± 17.30) μmol/L;48 h:(55.01 ± 9.71) μmol/L 比 (80.72 ± 11.13) μmol/L。$P<0.05,P<0.01$]。再灌注后 2 h、12 h、24 h,淮山药组血清 MDA 含量较同时间点生理盐水组显著下降[2 h:(4.74 ± 0.50) nmol/L 比 (7.45 ± 1.03) nmol/L,12 h:(6.19 ± 0.68) nmol/L 比 (10.52 ± 1.57) nmol/L,24 h:(5.16 ± 0.58) nmol/L 比 (6.93 ± 1.32) nmol/L。$P<0.05,P<0.01$]。肾组织学评分于再灌注后 12 h、24 h、48 h,同时间点淮山药组较生理盐水组有显著减低[12 h:(7.50 ± 0.55)分比(8.50 ± 0.55)分,24 h:(6.17 ± 0.75)分比(7.50 ± 1.05)分,48 h:(4.17 ± 0.75)分比(5.50 ± 1.05)分。$P<0.05$]。再灌注后 2 h 就有凋亡细胞出现,12 h 时可见大量凋亡细胞脱落到肾小管腔中,此时间点淮山药组凋亡细胞数较生理盐水组明显减少[(10.17 ± 2.14)个/HPF 比 (13.67 ± 2.94)个/HPF,$P<0.05$]。提示淮山药灌胃预处理可以减轻缺血再灌注模型大鼠肾组织氧化损伤和减少肾小管上皮细胞凋亡的发生,降低血清 Scr、BUN 和 MDA 水平,有效保护肾功能。

杨宏莉等(2010)研究表明山药多糖对 2 型糖尿病大鼠肾病具有预防作用。试验采用链脲佐菌素(STZ)腹腔注射的方法复制 2 型糖尿病大鼠模型,用山药多糖干预治疗 4 周,检测血清胰岛素及胰高血糖素、肾组织胰岛素受体(InsR)、胰岛素受体底物 1(IRS-1)、磷脂酰肌醇-3-激酶(PI-3K)的表达水平。研究结果显示:山药多糖可显著升高模型大鼠胰岛素水平($P<0.01$),显著降低胰高血糖素水平($P<0.01$),显著升高模型大鼠肾组织 InsR、IRS-1、PI-3K 表达水平($P<0.05$)。

谭春琼(2014)探讨了山药多糖治疗大鼠糖尿病肾病的作用。试验将 SD 大鼠 40 只随机分为 4 组($n=10$):对照组、模型组、苯那普利组和山药多糖组。复制糖尿病肾病大鼠模型,试验第 10 周统一处死大鼠,测定大鼠肾重/体重、血糖(BS)、血脂及肾功能。研究结果显示:山药多糖能显著降低肾重/体重、血糖(BS)和血脂,改善肾功能。提示山药多糖具有治疗糖尿病肾病的作用。

唐群等(2013)探讨了山药多糖预处理对大鼠肾缺血再灌注损伤的保护作用及机制。试验选择健康雄性 SD 大鼠 30 只,随机分为 3 组:假手术组、肾缺血再灌注损伤组、山药多糖预处理组,每组各 10 只,复制大鼠肾缺血再灌注损伤模型,山药多糖预处理组,于造模前 1 周给予 200 mg/kg 山药多糖灌胃。肾缺血再灌注 6 h 后检测血清尿素氮(BUN)、血清肌酐(Scr)的含量,测定肾组织超氧化物歧化酶(SOD)、谷胱甘肽过氧化物酶(GSH-Px)活性及丙二醛(MDA)的含量。研究结果显示:与假手术组相比,肾缺血再灌注损伤组和山药多糖预处理组血清 BUN、Scr 含量升高($P<0.01$),肾组织 SOD、GSH-Px 活性降低($P<0.01$),MDA 含量升高($P<0.01$);与肾缺血再灌注损伤组相比,山药多糖预处理组的血清 BUN、Scr 含量

降低（$P<0.01$），肾组织 SOD、GSH-Px 活性升高（$P<0.01$），MDA 水平降低（$P<0.01$）。提示山药多糖预处理能改善肾缺血再灌注损伤，其机制与山药多糖抗氧化作用有关。

表 3-2-47 山药多糖预处理对大鼠肾缺血再灌注血清 BUN、Scr 含量的影响（$\bar{x}\pm s$, $n=10$）

组别	BUN /(μmol/L)	Scr/(μmol/L)
假手术组	7.94±0.48	51.62±4.27
肾缺血再灌注组	14.45±1.65**	162.42±12.58**
山药多糖预处理组	11.32±1.04**△△	125.74±9.89**△△

注：与假手术组比较，** $P<0.01$；与肾缺血再灌注组比较，△△ $P<0.01$。
据唐群等（2013）

表 3-2-48 山药多糖预处理对大鼠肾缺血再灌注组织 SOD、GSH-Px 活性及 MDA 含量的影响（$\bar{x}\pm s$, $n=10$）

组别	SOD /(U/mg)	GSH-Px /(U/mg)	MDA/(nmol/mg)
假手术组	54.24±4.58	187.94±10.48	2.24±0.34
肾缺血再灌注组	28.36±2.46**	142.41±8.55**	6.58±0.56**
山药多糖预处理组	39.21±2.89**△△	169.38±8.54**△△	4.74±0.49**△△

注：与假手术组比较，** $P<0.01$；与肾缺血再灌注组比较，△△ $P<0.01$。
据唐群等（2013）

张文杰等（2021）观察了山药多糖治疗肥胖糖尿病肾病大鼠的效果，并探讨了其对肾功能、肠道微生态的影响。试验以高脂饮食、肾切除＋腹腔注射 STZ 建立肥胖糖尿病肾病大鼠模型，分为 5 组，另取 8 只正常 SD 大鼠记为正常组。阳性药组予以 10 mg/kg 洛丁新灌胃，低剂量组、中剂量组和高剂量组分别予以 50 mg/kg、100 mg/kg、200 mg/kg 山药多糖灌胃，模型组与正常组均予以等量生理盐水灌胃，每天 1 次，共 30 d。对比治疗前后体质量、尿蛋白、肾功能、肠道菌群变化。研究结果（见表 3-2-49、表 3-2-50）显示：治疗后阳性药组和三剂量组体质量、尿蛋白、血清肌酐（Scr）、血清尿素氮（BUN）水平均下降，且均低于模型组，模型组则均高于正常组，差异均有统计学意义（$P<0.05$）；治疗后模型组厚壁菌门、毛螺菌属、韦荣球菌属、芽孢杆菌属、类芽孢杆菌属、酸梭菌属相对丰度下降，阳性药组和山药多糖三剂量组则升高，且治疗后模型组厚壁菌门、毛螺菌属、韦荣球菌属、芽孢杆菌属、类芽孢杆菌属、酸梭菌属相对丰度均低于正常组；拟杆菌门、变形菌门、拟杆菌属、埃希菌属、志贺菌属、沙门菌属相对丰度及治疗后组间变化趋势相反，上述差异均有统计学意义（$P<0.05$），且山药多糖的作用呈剂量依赖性。提示山药多糖可减轻肥胖糖尿病肾病大鼠的体重，改善肾功能，还可调节肠道微生态，其作用呈剂量依赖性。

表 3-2-49 各组大鼠体质量、尿蛋白含量变化

组别	例数	体质量/g		尿蛋白含量/(mg/L)	
		治疗前	治疗后	治疗前	治疗后
正常组	8	201.25±20.60	203.48±21.59	626.13±55.14	628.39±59.28
模型组	8	360.39±32.45	410.47±34.58	1252.58±101.46	1485.78±119.87
阳性药组	9	358.79±31.83	279.15±25.43	1250.89±103.75	869.74±85.83
低剂量组	10	361.28±31.35	300.38±30.36	1253.69±111.37	1052.53±96.41
中计量组	9	359.87±31.35	280.26±26.39	1251.80±115.06	871.28±89.35
高剂量组	9	360.48±33.51	251.28±24.67	1251.45±105.89	701.41±82.23
F 值		19.306	254.718	22.893	159.742
P 值		<0.001	<0.001	<0.001	<0.001

注：与治疗前比较，[a] $P<0.05$；与正常组比较，[b] $P<0.05$；与模型组比较，[c] $P<0.05$；与阳性药组比较，[d] $P<0.05$；与低剂量组比较，[e] $P<0.05$；与中剂量组比较，[f] $P<0.05$。
据张文杰等（2021）

表 3-2-50　各组大鼠肾功能的变化

组别	例数	Scr/(μmol/L)		BUN/(mmol/L)	
		治疗前	治疗后	治疗前	治疗后
正常组	8	69.12±7.86	71.33±8.15	5.15±0.57	5.20±0.61
模型组	8	131.86±11.38[b]	149.87±13.54[ab]	11.32±2.00[b]	14.33±2.09[ab]
阳性药组	9	130.28±12.20[b]	96.74±9.98[abc]	11.28±2.02[b]	8.01±1.42[abc]
低剂量组	10	130.87±12.59[b]	110.52±10.47[abcd]	11.35±2.11[b]	9.85±1.82[abcd]
中计量组	9	131.06±12.40[b]	95.38±9.69[abce]	11.33±2.09[b]	7.95±1.33[abce]
高剂量组	9	131.96±11.55[b]	80.57±9.04[abcdef]	11.30±2.01[b]	6.60±0.97[abcdef]
F 值		16.519	181.307	17.892	196.551
P 值		<0.001	<0.001	<0.001	<0.001

注：与治疗前比较，[a]$P<0.05$；与正常组比较，[b]$P<0.05$；与模型组比较，[c]$P<0.05$；与阳性药组比较，[d]$P<0.05$；与低剂量组比较，[e]$P<0.05$；与中剂量组比较，[f]$P<0.05$。

据张文杰等(2021)

10. 保护脑部

彭啸宇等(2019)探究了山药多糖对大鼠脑缺血再灌注损伤的影响。试验将 SD 大鼠随机分为假手术组、模型组，以及山药多糖 1.0 g/kg、2.0 g/kg、3.0 g/kg 组和尼莫地平 20 mg/kg 组。通过线栓阻断法建立大鼠右侧大脑缺血再灌注模型，从各组脑梗死体积、TUNEL 染色、脑组织氧化应激水平(MDA、SOD、MDA)以及炎症因子(IL-10、IL-1β、TNF-α)等方面考察山药多糖对脑缺血再灌注大鼠的影响及作用机制。研究结果(见表 3-2-51～表 3-2-54)显示：山药多糖能够改善脑缺血再灌注损伤，且呈现剂量依存关系，2 g/kg、3 g/kg 山药多糖组缺血再灌注损伤大鼠的脑梗死面积显著降低，TUNEL 阳性细胞数显著减少，同时 SOD 和 GSH 含量显著增高、MDA 含量显著降低，而山药多糖各组均能够显著降低 IL-10、IL-1β 和 TNF-α 的水平。提示山药多糖能够有效减少缺血再灌注损伤大鼠脑梗死面积，其作用机制与抑制神经元细胞凋亡，改善脑组织抗氧化能力及抑制炎性细胞因子过度表达有关。

表 3-2-51　山药多糖对 I/R 大鼠脑梗死面积的影响($\bar{x}\pm s$, $n=6$)

组别	剂量 /(g/kg)	脑梗死百分比/%
假手术组		12.8±0.4**
模型对照		45.9±10.0
山药多糖	1	43.8±11.1
山药多糖	2	32.3±8.6*
山药多糖	3	28.2±10.3**
尼莫地平	20×10^{-3}	21.1±9.2**

注：与模型组相比，* $P<0.05$，** $P<0.01$。

据彭啸宇等(2019)

表 3-2-52　山药多糖对 I/R 大鼠脑组织 SOD、GSH 活性和 MDA 含量的影响($\bar{x}\pm s$, $n=10$)

组别	剂量/(g/kg)	SOD /(U/mg prot)	MDA/(nmol/mg prot)	GSH/(μmol/L)
假手术组		128±22**	7.0±0.9**	17.7±3.4**
模型对照		62±14	15.3±1.3	8.7±1.1
山药多糖	1	72±12	13.1±1.7	9.7±1.8
山药多糖	2	83±19*	11.1±1.6	10.2±2.1*
山药多糖	3	94±12*	10.1±1.7	12.7±1.6**
尼莫地平	20×10^{-3}	109±19**	8.1±1.6**	14.2±2.3**

注：与模型组相比，* $P<0.05$，** $P<0.01$。

据彭啸宇等(2019)

表 3-2-53　山药多糖对 I/R 大鼠脑组织 IL-10、IL-1β 和 TNF-α 水平的影响($\bar{x}\pm s$, $n=10$)

组别	剂量/(g/kg)	IL-10 /(ng/L)	IL-1β/(ng/L)	TNF-α/(ng/L)
假手术组		282±13**	13.7±1.2**	6.9±1.2**
模型对照		125±13	29.3±1.7	19.2±1.9
山药多糖	1	198±16	23.3±1.8	17.3±1.3
山药多糖	2	214±18*	20.1±1.2**	12.0±1.2**
山药多糖	3	224±17**	16.1±1.5**	9.1±1.6**
尼莫地平	20×10^{-3}	243±17**	15.7±1.5**	8.8±1.5**

注:与模型组相比,* $P<0.05$,** $P<0.01$。
据彭啸宇等(2019)

表 3-2-54　山药多糖对脑组织细胞凋亡的影响($\bar{x}\pm s$, $n=3$)

组别	剂量/(g/kg)	凋亡率/%
假手术组		10.6±2.9**
模型对照		68.7±18.7
山药多糖	1	50.4±12.2*
山药多糖	2	43.1±15.2*
山药多糖	3	32.3±12.3**
尼莫地平	20×10^{-3}	26.2±9.6**

注:与模型组相比,* $P<0.05$,** $P<0.01$。
据彭啸宇等(2019)

向勤等(2013)探讨了山药多糖抗神经细胞缺氧性凋亡作用,以期为缺氧性脑病的治疗药物开发与应用提供实验依据。试验分为正常对照组、凋亡诱导组、山药多糖 0.025 g/L 组、山药多糖 0.05 g/L 组、山药多糖 0.1 g/L 组、山药多糖 0.25 g/L 组。采用"Neurobasal+B27"体外神经细胞无血清培养,免疫细胞化学鉴定神经细胞,MTT 法测定药物毒性,Annexin V/PI 双染流式细胞仪及 Hochest33342 荧光染色检测细胞凋亡。研究结果显示:山药多糖在 2.0 g/L 之内预处理神经细胞对其无毒性作用,山药多糖在 0.05～0.1 g/L 范围显著地改善缺氧对神经细胞生长的抑制,0.025～0.25 g/L 范围内显著地抑制缺氧复氧诱导的神经细胞早期凋亡。提示山药多糖在一定浓度范围内具有抗缺氧复氧诱导的细胞早期凋亡作用。

11. 抗疲劳

王丹等(2016)研究了山药对 90 min 游泳(Ⅰ组)和力竭游泳恢复(Ⅱ组)后小鼠体力疲劳缓解及抗氧化作用。与安静对照组相比,Ⅰ、Ⅱ组中运动组尿素氮升高,肝糖原降低,Ⅰ组中血乳酸升高,Ⅱ组中血乳酸降低,Ⅰ组间差异显著($P<0.05$);Ⅰ、Ⅱ组心、脑中超氧化物歧化酶(SOD)差异不显著($P>0.05$),肝中 SOD 显著降低($P<0.05$),肝和心中丙二醛(MDA)变化差异不显著($P>0.05$),其中Ⅱ组脑内 MDA 显著增加($P<0.05$)。与运动组相比,Ⅰ、Ⅱ组中山药剂量组的尿素氮差异不显著($P>0.05$),Ⅰ组血乳酸显著降低($P<0.05$),Ⅱ组差异不显著($P>0.05$),肝糖原升高,其中Ⅰ组山药高剂量和Ⅱ组山药各个剂量组呈显著性差异($P<0.05$);Ⅰ组中山药低、高剂量组和Ⅱ组中山药低剂量组肝中 SOD 显著升高($P<0.05$);Ⅰ组山药中、高剂量组肝中 MDA 和Ⅱ组山药中剂量组、脑中 MDA 显著下降($P<0.05$)。山药在两组中都以调节肝糖原为靶点缓解体力疲劳,对两组小鼠不同器官的抗氧化水平调节方式不同。

郑素玲(2009)研究了山药水煎液对亚急性衰老小鼠游泳耐力及某些生理指标的影响。试验将 30 只小鼠随机分为青年对照组(A)、衰老模型组(B)和衰老用药组(C)。B、C 组腹腔注射 D-半乳糖 100 mg/

(kg·d),连续60 d,建立衰老模型。A组腹腔注射生理盐水100 mg/(kg·d)。第46天C组灌胃山药水煎液100 mg/(kg·d),A、B组灌胃等体积蒸馏水,连续15 d。第61天进行力竭游泳实验,观察并记录力竭游泳时间,后断头采血,测定红细胞数量,血尿素氮、血红蛋白含量,并称小鼠脾脏、胸腺质量,计算相关脏器指数。研究结果显示:与B组比较,C组小鼠力竭游泳时间显著延长($P<0.05$)(见表3-2-55)、BUN含量降低($P<0.01$),血红蛋白含量、胸腺、脾脏指数上升($P<0.05$)。提示山药水煎液可以改善老龄小鼠的游泳耐力,并对免疫器官的组织结构起保护作用,在一定程度上延缓了小鼠的衰老进程。

表3-2-55　3组小鼠运动时间比较

组别	力竭游泳时间/min
A	112.15±9.08
B	91.13±13.17*
C	108.12±7.34#

注:与A组比较 * $P<0.05$,与B组比较 # $P<0.05$。

据郑素玲(2009)

王永明(2010)研究表明山药提取物可清除过度训练所产生的自由基,显著提高大鼠机体的抗氧化能力,延缓运动中疲劳的发生,提高大鼠运动能力。

周庆峰等(2014)探讨了铁棍山药多糖成分对体力疲劳的缓解作用。试验配制不同浓度的山药多糖溶液,将50只小鼠随机分为山药多糖低、中、高3个剂量组(50 mg/kg、100 mg/kg、200 mg/kg)和空白对照组,分别每天灌胃给药,给药14 d后检测小鼠负重游泳时间以及缺氧存活时间,测定血清尿素、肝糖原含量,明确铁棍山药多糖的抗疲劳和耐缺氧作用。研究结果(见表3-2-56~表3-2-58)显示:铁棍山药多糖能有效延长小鼠的游泳时间和耐缺氧时间,降低运动后血清尿素的增量,显著增加运动小鼠肝糖原的储备。提示一定剂量的山药多糖对小鼠有明显的抗疲劳、抗缺氧作用。

表3-2-56　铁棍山药多糖对小鼠力竭游泳时间的影响($\bar{x}\pm s$)

组别	剂量/(g/kg)	力竭游泳时间
空白对照组	—	572.91±153.25
铁棍山药多糖高剂量组	0.20	791.74±108.63**&&
铁棍山药多糖中剂量组	0.10	768.47±98.24**&&
铁棍山药多糖低剂量组	0.05	693.36±144.87**

注:与空白对照组比较,** $P<0.01$;与铁棍山药多糖低剂量组比较,&& $P<0.01$;$n=10$。

据周庆峰等(2014)

表3-2-57　铁棍山药多糖对小鼠肝糖原和尿素氮含量的影响($\bar{x}\pm s$)

组别	剂量/(g/kg)	肝糖原/(mg/g)	尿素氮/(mmol/L)
空白对照组	—	4.76±1.13	15.18±2.24
铁棍山药多糖高剂量组	0.20	5.94±1.24**	12.35±2.11**&&
铁棍山药多糖中剂量组	0.10	6.12±0.89**	13.19±1.96**
铁棍山药多糖低剂量组	0.05	5.65±1.07**	13.64±2.16**

注:与空白对照组相比,** $P<0.01$;与铁棍山药多糖中剂量组比较,&& $P<0.01$;$P>0.05$,表示没有显著性差异。

据周庆峰等(2014)

表 3-2-58　铁棍山药多糖对小鼠耐缺氧能力的影响($\bar{x}\pm s$)

组别	剂量/(g/kg)	耐缺氧存活时间/min
空白对照组	—	27.52±3.61
铁棍山药多糖高剂量组	0.20	31.64±4.25[**&&]
铁棍山药多糖中剂量组	0.10	30.26±3.87[**]
铁棍山药多糖低剂量组	0.05	27.31±4.48

注:与空白对照组相比,[**]$P<0.01$;与铁棍山药多糖中剂量组比较,[&&]$P<0.01$;$P>0.05$,表示没有显著性差异。

据周庆峰等(2014)

12.抑菌抗病毒

于莲等(2014)进行了山药多糖抗菌活性的研究。研究结果表明,山药多糖对金黄色葡萄球菌、大肠杆菌、白念珠菌、枯草芽孢杆菌均有一定的抑菌效果,对肠炎沙门氏菌的抑菌效果不明显。

马霞等(2013)采取一步醇沉和分步醇沉法提取 4 种山药多糖 CYPS 总、CYPS40、CYPS60、CYPS80。为研究山药多糖体外抗 PPV 活性,首先用 MTT 法测定山药多糖对 PK-15 的安全浓度;然后分别从 125 $\mu g/mL$ 倍比稀释 5 个浓度,将 4 种山药多糖以先加山药多糖再加病毒的方式加至 PK-15 培养体系中,用 MTT 法检测山药多糖对 PPV 感染 PK-15 的影响;实时 PCR 方法检测 PK-15 培养体系中 PPV 含量,观察山药多糖对 PK-15 清除 PPV 能力的影响。研究结果显示,在 7.812 5 $\mu g/mL$ 范围内山药多糖组 A570 值和 PPV 含量分别显著高于和低于对照组,表明山药多糖可以增强 PK-15 抵抗 PPV 感染和清除 PPV 能力。山药多糖的这种作用效果与其浓度和醇沉浓度有关,山药多糖浓度越高则效果越好,分子量段以 CYPS80 的增强细胞活性和抗 PPV 感染效果最好。

13.其他作用

王丽娟等(2010)以东莨菪碱和乙醇分别造成小鼠学习记忆获得障碍和记忆再现障碍,采用迷津法和跳台法观察并比较了怀山药和吡拉西坦对小鼠学习记忆能力的影响。研究结果显示:怀山药(20 g/kg 和 30 g/kg)及吡拉西坦(0.2 g/kg)均可使小鼠逃避伤害刺激的反应速度加快,错误次数明显减少,遭电击时间缩短(与模型组比较,$0.01<P<0.05$),两药的效果相近($P>0.05$)。因此,怀山药对小鼠的学习和记忆障碍有改善作用。

贾朝娟等(2009)探讨了山药对卵巢切除所致大鼠骨质疏松症的治疗作用,并通过观察其对 OB 和 MSC OPG、RANKL 蛋白及其 mRNA 表达的影响,探索其作用机理。试验将 60 只雌性 Wistar 大鼠随机分为 5 组,即空白对照组、假手术组、模型组、阳性对照组和山药组,每组 12 只。摘除大鼠双侧卵巢 1 个月后,灌胃给予山药水煎剂,共给药 3 个月。采用骨组织形态计量学的方法对大鼠胫骨不脱钙骨切片进行形态计量;采用免疫组化和原位杂交的方法分别检测 OB 和 MSC OPG、RANKL 蛋白及其 mRNA 的表达。研究结果显示:与模型组比较,山药组大鼠胫骨 TBV 显著增高,TRS 以及 TFS、MAR、OSW 和 mAR 均明显降低;同时 OB 和 MSC OPG 蛋白和 mRNA 表达皆显著增高,而 RANKL 蛋白和 mRNA 表达皆显著降低。提示山药对卵巢切除所致的骨质疏松症具有明显的治疗作用,能促进 OB 和 MSC OPG 的表达并抑制 RANKL 的表达,是其能够治疗骨质疏松症的机理之一。

刘改枝等(2021)基于网络药理学探讨了山药活性成分抗老年期痴呆的潜在作用机制。试验通过中药系统药理学技术平台(TCMSP)收集并筛选山药的活性成分及其对应靶标蛋白。利用 Uniprot 数据库获取山药活性成分对应的靶标基因,并与通过 GeneCards 数据库所获得的老年期痴呆疾病基因做映射,获得山药调节老年期痴呆的潜在作用靶点。利用 Cytoscape 3.7.2 软件构建山药的活性成分-作用靶点网络。通过 String 平台构建作用靶点之间的互作关系,并导入 Cytoscape 3.7.2 软件构建靶蛋白互作关系网络(PPI)。通过 Metascape 分析平台,对山药治疗老年期痴呆的作用靶点进行 GO 分析和 KEGG 通路富集分析。研究结果显示:从山药中筛选出 12 个有效活性成分,包括薯蓣皂苷元、海风藤酮、豆甾醇、荜茇明宁碱等;74 个作用靶点,与老年期痴呆有关的作用靶点 48 个,关键靶点 6 个,包括 AKT1、VEGFA、PTGS2、NOS3、TP53、ESR1;涉及 6 条主要信号通路,包括神经活性配体-受体相互作用、癌症途径、血清素能突触、长寿调节途径、雌激素信号途径、可卡因成瘾。这些作用通路可能是山药活性成分防治老年期痴呆的活性依据。

三、山药的研究成果

山药中的类激素——脱氢表雄酮(DHEA),具有抗衰老、抗致癌、抗肥胖症、抗糖尿病等功效。唐雪峰、郑金贵(2010)研究收集了河南、福建、山西、江西等地的 41 个山药品种(见表 3-2-59),从中提取DHEA,筛选出高 DHEA 的优异山药种质,并对山药 DHEA 提取物进行体内抗肿瘤试验和体内抗氧化试验,研究结果如下。

表 3-2-59　山药种质资源

序号	品种名称	来源	序号	品种名称	来源
1	TG-1	河南温县农科所	22	长汀山药	产地引种
2	铁棍 2 号	河南温县农科所	23	龙岩新罗	产地引种
3	栾川野山药	河南温县农科所	24	龙岩河田	产地引种
4	云野山药	河南温县农科所	25	尤溪淮山	福建农林大学
5	豫淮 1 号	河南温县农科所	26	野生山药	福建农林大学
6	豫淮 2 号	河南温县农科所	27	福金 1 号	福建农林大学
7	河南野山药	河南温县农科所	28	福金 2 号	福建农林大学
8	WK-3	河南温县农科所	29	尤溪山药	福建农林大学
9	山西太古	河南温县农科所	30	林博士后供	福建农林大学
10	偃野 1 号	河南温县农科所	31	福州淮山	福建农林大学
11	偃野 2 号	河南温县农科所	32	网室 1 号	福建农林大学
12	武陟 1 号	河南温县农科所	33	网室 2 号	福建农林大学
13	武陟 2 号	河南温县农科所	34	南平武夷山	南平农科所
14	清源山药	河南温县农科所	35	南平淮山	南平农科所
15	嵩野 1 号	河南温县农科所	36	南平金薯	南平农科所
16	嵩野 2 号	河南温县农科所	37	江西山薯	南平农科所
17	日本圆山药	河南温县农科所	38	江西红薯	南平农科所
18	野山药	河南温县农科所	39	江西纤杆子薯	南平农科所
19	山西平遥	产地引种	40	硬壳薯	南平农科所
20	龙岩 1 号	产地引种	41	六月薯	南平农科所
21	龙岩 2 号	产地引种			

据唐雪峰、郑金贵(2010)

1. DHEA 检测条件和山药 DHEA 提取工艺的优化

高效液相色谱法检测 DHEA 的最佳条件:波长 215 nm,流动相为甲醇-水(体积比为 75:25),柱温30℃,流速 0.8 mL/min。以"TG-1"为材料,进行单因素和正交试验,确定最佳提取工艺为:以水为发酵溶剂,料液比 1:20,60℃水浴 48 h,加入 2% 发酵液体积的浓硫酸,90℃水浴 24 h,以 20% 的 NaOH 中和并烘干后,石油醚索氏提取 24 h,浓缩定容。在此工艺下提取并测得"TG-1"中 DHEA 含量为 5.73 mg/100 g。

2. 高 DHEA 山药种质资源的研究

筛选出块根中 DHEA 含量最高的品种是"WK-3"(8.15 mg/100 g),是河南推广品种"铁棍 2 号"(对照)的 2.21 倍(见表 3-2-60);块根皮中 DHEA 含量最高的品种为"TG-1"(25.63 mg/100 g),是"铁棍 2 号"(对照)的 2.03 倍(见表 3-2-61);山药豆(学名:零余子,地上部的繁殖器官,占块根产量的 5%~10%)中 DHEA 含量最高的品种为"LC 山药",达 7.57 mg/100 g,比其块根(4.37 mg/100 g)高 73.23%(见表 3-2-62)。

表 3-2-60　不同山药品种块根中 DHEA 含量

排名	品种名称	DHEA 含量/(mg/100 g)	排名	品种名称	DHEA 含量/(mg/100 g)
1	WK-3	8.15	22	嵩野 2 号	1.58
2	太古山药	6.16	23	豫淮 2 号	1.36
3	TG-1	5.73	24	云野山药	1.31
4	河南野山药	4.42	25	日本圆	1.03
5	LC 山药	4.37	26	林博士后供	1.03
6	尤溪淮山	4.28	27	纤杆子薯	1.02
7	豫淮 1 号	4.15	28	嵩野 1 号	0.81
8	野生山药	3.79	29	龙岩 2 号	0.72
9	铁棍 2 号	3.68	30	南平金薯	0.67
10	武陟 1 号	3.15	31	六月薯	0.61
11	武陟 2 号	2.94	32	栾川野山药	0.61
12	江西山薯	2.88	33	福金 2 号	0.53
13	龙岩新罗	2.80	34	野山药	0.53
14	龙岩 1 号	2.60	35	福州淮山	0.40
15	偃野 1 号	2.52	36	网室 2 号	0.36
16	江西红薯	2.44	37	网室 1 号	0.34
17	山西平遥	2.29	38	南平武夷山	0.29
18	福金 1 号	2.05	39	尤溪山药	0.29
19	南平淮山	1.86	40	硬壳薯	0.26
20	偃野 2 号	1.73	41	清源山药	0.20
21	龙岩河田	1.59			

据唐雪峰、郑金贵(2010)

表 3-2-61　不同山药品种块根皮中 DHEA 含量

排名	品种名称	DHEA 含量/(mg/100 g)	排名	品种名称	DHEA 含量/(mg/100 g)
1	TG-1	25.63	6	尤溪淮山	14.53
2	WK-3	19.47	7	野生山药	14.08
3	太古山药	17.10	8	河南野山药	13.82
4	豫淮 1 号	16.48	9	铁棍 2 号	12.61
5	LC 山药	16.14	10	武陟 1 号	12.63

续表

排名	品种名称	DHEA 含量/(mg/100 g)	排名	品种名称	DHEA 含量/(mg/100 g)
11	江西山薯	11.69	27	嵩野 1 号	3.73
12	偃野 1 号	11.04	28	林博士后供	3.26
13	江西红薯	9.68	29	龙岩 2 号	3.04
14	武陟 2 号	9.49	30	六月薯	2.86
15	南平淮山	9.31	31	南平金薯	1.98
16	龙岩新罗	8.98	32	栾川野山药	1.47
17	山西平遥长	8.77	33	野山药	1.21
18	龙岩 1 号	8.47	34	福金 2 号	1.10
19	福金 1 号	7.46	35	福州淮山	0.91
20	云野山药	7.08	36	网室 2 号	0.87
21	嵩野 2 号	6.07	37	南平武夷山	0.86
22	豫淮 2 号	5.87	38	尤溪山药	0.73
23	偃野 2 号	5.64	39	网室 1 号	0.45
24	龙岩河田	4.57	40	硬壳薯	0.43
25	纤杆子薯	4.24	41	清源山药	0.32
26	日本圆	4.15			

据唐雪峰、郑金贵(2010)

表 3-2-62　不同山药品种零余子中 DHEA 含量

排名	品种名称	部位	DHEA 含量/(mg/100 g)	零余子中 DHEA 含量的增幅/%
1	LC 山药	零余子	7.57	73.23%
		块根	4.37	
2	铁棍山药	零余子	4.23	−26.18%
		块根	5.73	
3	野生山药	零余子	4.20	10.82%
		块根	3.79	
4	林博士后供山药	零余子	1.44	39.81%
		块根	1.03	

据唐雪峰、郑金贵(2010)

3.山药 DHEA 提取物的体内抗肿瘤试验

构建小鼠 S_{180} 荷瘤模型,取 DHEA 标准品和"WK-3"(河南)、"CT 山药"(福建)、"江西山薯"三种高 DHEA 山药进行抗肿瘤研究。研究结果见表 3-2-63、表 3-2-64,以 2.08 mg/(kg・d)剂量条件灌胃,"WK-3"试验组 DHEA 提取物的抑瘤率最高,达 34.72%(抗肿瘤药物环磷酰胺为 49.28%)。各试验组均能极显著地提高肿瘤小鼠的胸腺指数和脾脏指数,"WK-3"组的提高幅度最大,其胸腺指数为 3.44 mg/g,比对照组(2.33 mg/g)高 47.64%;脾脏指数为 10.58 mg/g,比对照组(8.23 mg/g)高 28.55%。同时,各试验组的抗肿瘤效果均呈剂量效应关系。

表 3-2-63　山药 DHEA 对 S_{180} 肿瘤生长的影响($\bar{x}\pm s, n=8$)

组别	给药途径	剂量/ [mg/(kg·d)]	鼠数/只		小鼠增重/ g	平均瘤重/ g	抑瘤率/ %
			给药前	给药后			
对照组	ip	—	8	7	9.14±0.35	1.63±0.11	—
环磷酰胺	ip	20	8	8	6.33±0.32**	0.83±0.22**	49.28
	ip	0.416	8	8	9.09±0.51	1.50±0.06	7.78
DHEA 标准品	ip	1.248	8	8	8.87±0.26	1.44±0.08	11.62
	ip	2.08	8	6	8.52±0.49	1.27±0.20*	22.09
	ip	0.416	8	8	9.07±0.25	1.38±0.36	15.13
WK-3	ip	1.248	8	8	8.87±0.24	1.26±0.11*	22.94
	ip	2.08	8	8	8.55±0.45	1.06±0.08**	34.72
	ip	0.416	8	8	9.18±0.49	1.39±0.17	14.45
LC 山药	ip	1.248	8	8	8.76±0.42	0.30±0.24	20.27
	ip	2.08	8	8	8.66±0.33	1.19±0.15*	27.23
	ip	0.416	8	8	8.98±0.63	1.39±0.12	14.99
江西山薯	ip	1.248	8	8	8.75±0.35	1.28±0.27	21.27
	ip	2.08	8	8	8.54±0.45	1.17±0.14*	28.49

注：与对照组比较，* $P<0.05$，** $P<0.01$

据唐雪峰、郑金贵(2010)

表 3-2-64　山药 DHEA 提取物对 S_{180} 肿瘤小鼠免疫器官的影响($\bar{x}\pm s, n=8$)

组别	给药途径	剂量/ [mg/(kg·d)]	鼠数/只	胸腺指数/ (mg/g)	脾脏指数/ (mg/g)
对照组	ip	—	7	2.33±0.22	8.23±0.28
环磷酰胺	ip	20	8	2.34±0.12	6.60±0.29
	ip	0.416	8	3.01±0.12**	9.28±0.10**
DHEA 标准品	ip	1.248	8	3.14±0.06**	9.62±0.12**
	ip	2.08	6	3.21±0.05**	9.76±0.12**
	ip	0.416	8	3.31±0.31**	9.55±0.28**
WK-3	ip	1.248	8	3.23±0.33**	9.93±0.35**
	ip	2.08	8	3.44±0.22**	10.58±0.41**
	ip	0.416	8	3.17±0.15**	9.88±0.26**
LC 山药	ip	1.248	8	3.28±0.18**	9.76±0.19**
	ip	2.08	8	3.42±0.20**	10.47±0.13**
	ip	0.416	8	3.08±0.09**	9.74±0.22**
江西山薯	ip	1.248	8	3.18±0.13**	9.86±0.31**
	ip	2.08	8	3.36±0.23**	10.46±0.36**

注：与对照组比较，* $P<0.05$，** $P<0.01$。

据唐雪峰、郑金贵(2010)

4.山药 DHEA 提取物的体内抗氧化试验

研究结果见表 3-2-65～表 3-2-69，以黑腹果蝇为对象，"WK-3"实验组（DHEA 提取物浓度为 0.005%，100 mL 培养基需从 61.35 g 山药中提取 DHEA）的寿命延长效果最好：雄果蝇平均寿命（62.17d）比对照组延长 14.42%，平均最高寿命（73.67 d）延长 17.55%；雌果蝇的平均寿命（65.33 d）比对照组延长 16.46%，平均最高寿命（76.63 d）延长 20.36%。"WK-3"（DHEA 浓度为 0.005%）组对果蝇超氧化物歧化酶（SOD）含量和总抗氧化能力（T-AOC）提高幅度最大：雄果蝇 SOD（4.27 U/mg）比对照组提高 11.58%，T-AOC（0.56 U/mg）提高 30.23%；雌果蝇 SOD（3.89 U/mg）比对照组提高 15.67%，T-AOC（0.51 U/mg）提高 36.94%。"CT 山药"（浓度 0.005%）组对雄果蝇丙二醛（MDA）含量的降低幅度最大，达 19.31%，"WK-3"（浓度 0.005%）组对雌果蝇 MDA 含量的降低幅度最大，达 18.11%。

表 3-2-65　山药 DHEA 提取物对果蝇寿命的影响

组别	浓度/%	半数死亡时间/d		平均寿命/d		平均最高寿命/d	
		雄	雌	雄	雌	雄	雌
对照组	—	47.63±3.63	48.43±3.03	54.33±2.52	56.10±1.85	62.67±2.08	63.67±2.08
DHEA 标准品	0.001	50.33±4.04	50.70±3.04	56.67±3.51	59.67±1.15	65.67±3.06	67.67±2.52
	0.003	52.23±4.10	52.77±5.13	60.33±3.06	62.67±4.04*	70.00±2.65	71.33±3.21*
	0.005	52.73±4.29	52.67±2.89	60.83±3.75	63.00±3.46*	72.67±2.08**	72.00±4.00**
WK-3	0.001	50.50±4.00	50.67±4.04	56.00±4.58	60.67±1.53	68.67±3.51	69.00±4.58
	0.003	54.27±4.75	56.33±4.51*	60.93±2.10	63.67±5.51*	72.10±4.15**	73.67±2.52**
	0.005	56.73±3.61*	57.33±2.52*	62.17±1.44*	65.33±2.31**	73.67±3.06**	76.63±3.07**
LC 山药	0.001	49.33±3.20	51.87±2.20	57.33±4.16	59.00±1.00	66.67±2.31	68.83±0.29
	0.003	54.80±4.33	54.67±4.04	60.70±1.87	63.33±4.04*	71.37±2.28**	71.77±3.22*
	0.005	56.20±3.27*	56.70±4.46*	61.67±3.79*	64.33±3.79*	72.67±2.08**	73.73±4.65**
江西山薯	0.001	49.43±2.08	50.43±2.98	56.33±4.73	59.67±2.31	65.67±4.04	68.00±3.61
	0.003	53.73±3.13	55.37±2.47*	60.13±2.76	63.00±1.73*	70.33±4.16	71.00±3.00*
	0.005	55.00±3.10*	56.20±3.70*	61.07±4.56	63.67±5.13*	71.67±2.52**	72.30±3.04**

注：与对照组比较，* P<0.05，** P<0.01。

据唐雪峰、郑金贵（2010）

表 3-2-66　山药 DHEA 提取物对果蝇寿命的延长率

组别	浓度/%	半数死亡时间延长率/%		平均寿命延长率/%		平均最高寿命延长率/%	
		雄	雌	雄	雌	雄	雌
对照组	—	—	—	—	—	—	—
DHEA 标准品	0.01	5.68	4.69	4.30	6.36	4.78	6.28
	0.03	9.66	8.95	11.05	11.71	11.70	12.04
	0.05	10.71	8.75	11.97	12.30	12.37	13.08
WK-3	0.01	6.03	4.62	3.07	8.14	9.57	8.37
	0.03	13.93	16.32	12.15	13.49	15.05	15.70
	0.05	19.11	18.38	14.42	16.46	17.55	20.36
LC 山药	0.01	3.58	7.10	5.53	5.17	6.38	8.11
	0.03	15.05	12.88	11.72	12.89	13.88	12.72
	0.05	17.99	17.08	13.50	14.68	15.95	15.81
江西山薯	0.01	3.79	4.14	3.69	6.36	4.78	6.80
	0.03	12.81	14.32	10.62	12.30	12.23	11.51
	0.05	15.47	16.04	12.40	13.49	14.36	13.55

注：与对照组比较，* P<0.05，** P<0.01。

据唐雪峰、郑金贵（2010）

表 3-2-67　山药 DHEA 提取物对果蝇 SOD 活性的影响

组别	浓度/%	雄性		雌性	
		SOD/(U/mg)	SOD 提高率/%	SOD/(U/mg)	SOD 提高率/%
对照组	—	3.83±0.15	—	3.36±0.12	—
DHEA 标准品	0.001	3.83±0.12	−0.06	3.47±0.06	3.37
	0.003	4.07±0.05	6.37	3.66±0.10**	9.03
	0.005	4.18±0.08**	9.17	3.74±0.06**	11.21
WK-3	0.001	4.02±0.04	4.97	3.45±0.10	2.68
	0.003	4.21±0.10**	9.85	3.72±0.04**	10.62
	0.005	4.27±0.10**	11.58	3.89±0.13**	15.67
LC 山药	0.001	3.95±0.09	3.19	3.50±0.10	4.17
	0.003	4.15±0.11**	8.27	3.66±0.10**	9.03
	0.005	4.19±0.13**	9.48	3.76±0.13**	11.81
江西山薯	0.001	3.83±0.05	0.00	3.47±0.07	3.17
	0.003	4.09±0.17	6.67	3.66±0.08**	9.03
	0.005	4.25±0.18**	10.97	3.79±0.10**	12.90

注：与对照组比较，* $P<0.05$，** $P<0.01$。

据唐雪峰、郑金贵(2010)

表 3-2-68　山药 DHEA 提取物对果蝇 MDA 含量的影响

组别	浓度/%	雄性		雌性	
		MDA/(nmol/mL)	MDA 降低率/%	MDA/(nmol/mL)	MDA 降低率/%
对照组	—	5.23±0.12	—	4.97±0.08	—
DHEA 标准品	0.001	5.16±0.05	1.27	4.82±0.11	3.09
	0.003	4.89±0.09**	6.56	4.61±0.10**	7.18
	0.005	4.64±0.11**	11.28	4.33±0.11**	12.81
WK-3	0.001	5.10±0.09	2.55	4.79±0.09	3.55
	0.003	4.78±0.10**	8.67	4.49±0.16**	9.66
	0.005	4.54±0.11**	13.26	4.07±0.11**	18.11
LC 山药	0.001	5.11±0.11	2.36	4.83±0.08	2.75
	0.003	4.54±0.13**	13.26	4.51±0.10**	9.19
	0.005	4.22±0.09**	19.31	4.25±0.07**	14.42
江西山薯	0.001	5.12±0.09	2.04	4.85±0.08	2.48
	0.003	4.69±0.08**	10.26	4.46±0.07**	10.26
	0.005	4.59±0.07**	12.30	4.23±0.08**	14.82

注：与对照组比较，* $P<0.05$，** $P<0.01$。

据唐雪峰、郑金贵(2010)

表 3-2-69　山药 DHEA 提取物对果蝇总抗氧化能力的影响

组别	浓度/%	雄性		雌性	
		T-AOC 值/(U/mg)	T-AOC 提高率/%	T-AOC 值/(U/mg)	T-AOC 提高率/%
对照组	—	0.43±0.02	—	0.37±0.03	—
DHEA 标准品	0.001	0.46±0.05	7.75	0.40±0.02	9.01
	0.003	0.50±0.04	17.05	0.46±0.03	23.42
	0.005	0.52±0.04**	20.16	0.47±0.01**	27.03
WK-3	0.001	0.47±0.02	9.30	0.41±0.05	11.71
	0.003	0.52±0.02**	20.93	0.46±0.02	24.32
	0.005	0.56±0.03**	30.23	0.51±0.04**	36.94
LC 山药	0.001	0.47±0.02	10.08	0.40±0.05	9.01
	0.003	0.52±0.03**	21.71	0.42±0.01	13.51
	0.005	0.54±0.04**	24.81	0.47±0.05**	26.13
江西山薯	0.001	0.47±0.05	9.53	0.40±0.05	8.11
	0.003	0.52±0.01**	20.16	0.45±0.04	21.62
	0.005	0.53±0.05**	23.26	0.46±0.04	25.23

注:与对照组比较,* $P<0.05$,** $P<0.01$。

据唐雪峰、郑金贵(2010)

参考文献

[1]景娴,江海,杜欢欢,等.我国山药研究进展[J].安徽农业科学,2016,44(15):114-117.

[2]李晓静,马凡怡.山药黏液的研究进展[J].广东化工,2020,47(7):104-106.

[3]徐增莱,汪琼,赵猛,等.淮山药多糖的免疫调节作用研究[J].时珍国医国药,2007(5):1040-1041.

[4]樊乃境,王冬梅,高悦,等.山药蛋白肽对免疫能力低下小鼠的免疫调节作用[J].食品与发酵工业,2020,46(6):101-107.

[5]陈写书,柳爱莲,王永明,等.山药多糖对4周大强度训练大鼠T淋巴细胞亚群和NK细胞的影响[J].浙江体育科学,2009,31(6):114-116.

[6]张红英,王学兵,崔保安,等.山药多糖对PRRSV灭活苗免疫猪抗体和T细胞亚群的影响[J].华北农学报,2010,25(2):236-238.

[7]曾祥海.山药多糖对正常小鼠与实邪证模型小鼠免疫功能的影响[J].中国药房,2014,25(23):2125-2127.

[8]刘苏伟,张骆琪,高素霞,等.不同品种山药多糖含量及体外抗氧化活性研究[J].中华中医药杂志,2019,34(12):5938-5941.

[9]钟灵,王振富.山药多糖对老年性痴呆小鼠抗氧化能力的影响[J].中国应用生理学杂志,2015,31(1):42-43,48.

[10]孙设宗,张红梅,赵杰,等.山药多糖对小鼠肝、肾、心肌和脑组织抗氧化作用的研究[J].现代预防医学,2009,36(8):1445-1447.

[11]何新蕾.铁棍山药多糖肽提取及抗氧化作用研究[J].食品工业,2014,35(6):143-146.

[12]孟永海,孟祥瑛,付敬菊,等.超声波协同酶解法对山药总多酚提取及抗氧化活性影响研究[J].辽宁中医药大学学报,2020,22(4):63-66.

[13]庄乾竹.抗衰老,吃山药[J].饮食科学,2007(3):25.

[14]魏娜,霍秀文,张佳佳,等.山药粗多糖对果蝇寿命及繁殖力的影响[J].营养学报,2016,38(4):405-407.

[15]郑素玲,王艳华,吴朝晖.山药对老龄小鼠免疫器官组织结构的影响[J].中国老年学杂志,2007(19):
    1881-1882.

[16]梁亦龙,曾垂省,王允,等.山药多糖的抗衰老作用研究[J].广东化工,2010,37(11):37-38.

[17]陈晓军,张颖,李燕婧,等.山药口服液抗衰老作用的实验研究[J].云南中医中药杂志,2011,32(11):74-75.

[18]郭菊珍,秦亚茹.山药为主治疗婴幼儿非感染性腹泻64例[J].陕西中医,2011,32(7):803.

[19]李树英,陈家畅,苗利军,等.山药健脾胃作用的研究[J].中药药理与临床,1994(1):19-21,16.

[20]彭成,欧芳春,罗光宇,等.大鼠脾虚造模及山药粥对其影响的实验研究[J].成都中医学院学报,1990(4):
    38-42,44.

[21]沈亚芬,沈金根,朱曙东.鲜山药提取物对实验性胃溃疡大鼠血清胃泌素的影响[J].中国中医药科技,
    2010,17(3):195.

[22]罗鼎天,朱曙东.怀山药对急性胃黏膜损伤大鼠组织内环氧合酶-2表达的影响[J].中国中西医结合消化杂
    志,2010,18(5):319-321.

[23]罗鼎天,陆其明,杨志宏,等.怀山药多糖对大鼠胃溃疡的疗效及胃组织碱性成纤维细胞生长因子水平的影
    响[J].中国中西医结合消化杂志,2014,22(10):574-576.

[24]沈金根,沈亚芬,朱曙东.鲜山药提取物对实验性胃溃疡大鼠血清表皮生长因子的影响[J].中华中医药学
    刊,2010,28(9):1986-1988.

[25]金佳熹,周冰玉,李柳蓉,等.新鲜山药提取物对小鼠胃溃疡的预防作用研究[J].中国比较医学杂志,2020,
    30(3):8-13.

[26]苗得庆,袁小洁,杨家旺,等.基于网络药理学探讨山药治疗胃溃疡的作用机制[J].湖北民族大学学报(医
    学版),2020,37(4):11-15.

[27]李新萍,周书琦,徐丽丽,等.山药多糖的提取及其对糖尿病小鼠的影响研究[J].黑龙江医药,2018,31(1):
    20-22.

[28]杨宏莉,张宏馨,李兰会,等.山药多糖对2型糖尿病大鼠HK SDH及MDH活性的影响[J].辽宁中医药大
    学学报,2010,12(1):39-40.

[29]王淑静.山药多糖对2型糖尿病患者降糖脂作用的实验研究[J].山东工业技术,2016(24):236-237.

[30]苏瑾,焦钧,于莲,等.山药多糖对人肝癌HepG2细胞葡萄糖消耗能力及胰岛素抵抗的影响[J].中国药房,
    2015,26(4):458-460.

[31]赵彬彬,葛莉,赖玉婷,等.山药及其功能性成分对妊娠期糖尿病作用的研究进展[J].中西医结合护理(中
    英文),2020,6(5):81-85.

[32]杜妍妍,蒋平平,游艳婷,等.山药多糖对妊娠期糖尿病小鼠的影响[J].新中医,2017,49(9):1-4.

[33]金蕊,程银祥,韩凤梅,等.山药多糖对Ⅰ型糖尿病大鼠血糖血脂及肝肾氧化应激的影响[J].湖北大学学报
    (自然科学版),2016,38(4):298-302.

[34]赵长英,朱伟,胡琼丹,等.山药多糖对实验性糖尿病小鼠的治疗及预防作用[J].深圳中西医结合杂志,
    2011,21(3):133-135.

[35]高启禹,徐光翠,仇云鹏.山药多糖对四氧嘧啶致糖尿病小鼠血糖和血脂的影响[J].黑龙江畜牧兽医,2011
    (13):136-137.

[36]朱明磊,唐微,官守涛.山药多糖对糖尿病小鼠降血糖作用的实验研究[J].现代预防医学,2010,37(8):
    1524,1527.

[37]何云.山药多糖降血糖作用的实验研究[J].华北煤炭医学院学报,2008(4):448-449.

[38]许远征,庞红利,李洪影,等.山药多糖对肿瘤小鼠的抗肿瘤作用和免疫调节作用的研究[J].医药论坛杂
    志,2020,41(9):8-10,15.

[39]孙雯雯,窦金霞,张琳,等.山药提取物联合DC-CIK细胞疗法对结肠癌HT29干细胞荷瘤裸鼠的体内抗肿
    瘤研究[J].中草药,2017,48(7):1362-1368.

[40]孙浩,李宏峰,宋林,等.山药提取物联合树突细胞-细胞因子诱导的杀伤细胞对荷MDA-MB-231乳腺癌干

　　　　细胞瘤裸鼠的治疗作用研究[J].现代药物与临床,2020,35(12):2312-2316.

[41]张金洲,苗志国,赵伟鑫,等.山药多糖对仔猪生长性能与肠道菌群的影响[J].中国饲料,2020(23):57-61.

[42]高启禹,赵英政,张凌波,等.山药多糖对昆明种小鼠生长性能及肠道菌群的影响[J].中国老年学杂志,
　　　　2015,35(20):5685-5687.

[43]孙设宗,赵杰,官守涛,等.山药多糖对 CCl_4 肝损伤小鼠自由基、TNF-α含量的影响[J].山西医科大学学
　　　　报,2011,42(6):452-454.

[44]慎晓飞.山药多糖对环磷酰胺致小鼠肝损伤的保护作用[D].开封:河南大学,2018.

[45]宋俊杰,陈英,范军朝,等.山药多糖对小鼠肝缺血再灌注损伤中的肝脾组织的保护作用[J].实用医药杂
　　　　志,2018,35(4):343-346.

[46]何新蕾,郭小慧,尹丽.铁棍山药多糖对四氯化碳诱导的急性小鼠肝损伤的保护作用[J].氨基酸和生物资
　　　　源,2014,36(2):44-47.

[47]孙延鹏,李露露,刘震坤,等.山药多糖对小鼠免疫性肝损伤的保护作用[J].华西药学杂志,2010,25(1):
　　　　26-28.

[48]洪志华,周云.淮山药灌胃预处理对大鼠肾脏缺血再灌注损伤保护作用的实验研究[J].浙江中西医结合杂
　　　　志,2015,25(7):644-646,650,717.

[49]杨宏莉,张宏馨,王燕,等.山药多糖对 2 型糖尿病大鼠肾病的预防作用研究[J].中国药房,2010,21(15):
　　　　1345-1347.

[50]谭春琼.山药多糖对大鼠糖尿病肾病的治疗作用[J].中国应用生理学杂志,2014,30(5):437-438.

[51]唐群,吴华,雷久士.山药多糖预处理对大鼠肾缺血再灌注损伤的抗氧化保护作用[J].中国医药导报,
　　　　2013,10(9):21-22,24.

[52]张文杰,赖星海,陈佳薇.山药多糖治疗肥胖糖尿病肾病大鼠的效果观察及对其肾功能和肠道微生态的影
　　　　响[J].中国微生态学杂志,2021,33(1):37-42.

[53]彭啸宇,石峥,梁晨,等.山药多糖对大鼠脑缺血再灌注损伤的保护作用[J].中药药理与临床,2019,35(2):
　　　　60-63.

[54]向勤,胡微煦,蒲明,等.山药多糖对神经细胞毒性及抗缺氧/复氧诱导的神经细胞凋亡的影响[J].中药药
　　　　理与临床,2013,29(3):94-97.

[55]王丹,高永欣,冯小雨,等.山药对小鼠体力疲劳缓解及抗氧化作用的研究[J].河南工业大学学报(自然科
　　　　学版),2016,37(1):88-94.

[56]郑素玲.山药改善老龄小鼠游泳耐力的研究[J].安徽农业科学,2009,37(35):17526-17527.

[57]王永明.山药提取物对 4 周大强度训练大鼠血清和部分组织抗氧化能力影响的研究[D].开封:河南大
　　　　学,2010.

[58]周庆峰,姜书纳,马亢,等.铁棍山药多糖抗疲劳及耐缺氧作用研究[J].时珍国医国药,2014,25(2):
　　　　284-285.

[59]于莲,张俊婷,马淑霞,等.山药多糖提取工艺优化及其抗菌活性研究[J].中成药,2014,36(6):1194-1198.

[60]马霞,刘永录,李利红,等.山药多糖对 PK-15 细胞抗细小病毒感染能力的影响[J].郑州牧业工程高等专科
　　　　学校学报,2013,33(4):6-8.

[61]王丽娟,李杰,张允,等.怀山药对小鼠学习记忆能力的影响[J].食品科学,2010,31(3):243-245.

[62]贾朝娟,鞠大宏,刘梅洁,等.山药对卵巢切除大鼠骨质疏松症的治疗作用及其机理探讨[J].中国中医基础
　　　　医学杂志,2009,15(4):268-271.

[63]刘改枝,朱奕林,许杜娟,等.山药活性成分抗老年痴呆症的网络药理学作用机制探讨[J].中药新药与临床
　　　　药理,2021,32(3):374-382.

[64]唐雪峰.高脱氢表雄酮山药种质资源及其抗肿瘤和抗氧化的研究[D].福州:福建农林大学,2010.

第三节　莲子品质

一、莲子的概述

莲子是睡莲科莲属多年生草本植物莲(*Nelumbo nucifera* Gaertn.)的成熟种子,又称莲实、莲米、莲肉、莲蓬子等,种子寿命可达千年以上。莲子是我国重要的特产经济资源,我国四大莲子品系福建建莲、广昌白莲、湖南湘莲、武义宣莲在国内外享有盛誉。我国莲子分布较广,据福建农林大学农产品品质研究所调查显示,福建、江西、浙江、湖南、江苏、湖北、河北、台湾等省均有商业栽培,其中以福建、江西两省为主要产区,福建建宁和江西广昌享有"中国建莲之乡"和"中国白莲之乡"的美誉。莲子营养丰富,药用价值也非常高,除了含有蛋白质、脂质、碳水化合物、维生素类、无机盐类和水等六大类40多种,还含有黄酮、多糖、超氧化物歧化酶(SOD)等生物活性成分,已列入我国卫生部(现卫健委)公布的首批既是食品又是药品的名单中。莲子心(plumula nelumbinis)是莲子中的干燥幼叶及胚根,具有清心安神、止咳化痰、止血抗炎等功效。莲子心中的化学成分主要为生物碱类,此外还有黄酮类、多糖类和挥发油等成分。

科学研究表明,莲子和莲子心具有抗氧化、抗衰老、降血糖降血脂、降血压、调节胃肠功能、增强免疫力、抗炎抑菌抗病毒、保护肝肺肾、镇静催眠、抑癌、抗心律失常等多种药理作用。

二、莲子的功能

1.抗氧化

中国科学院植物所李耀东等(2000)研究了种龄580年±70年的古莲子与现代莲子ABA含量和SOD活性的比较,结果表明莲子的皮(果皮和种皮)中ABA含量均很高,胚芽中SOD活性高,有利于莲子的休眠和增强其抗逆性,并保持了胚的生命力。中山大学黄上志等(2000)比较了莲子、豇豆、绿豆、玉米、花生、菜心等6种植物种子的胚或胚轴SOD活性和热稳定性,研究表明,莲子有超常的耐高温性并含有耐高温SOD,这与莲子中耐高温Fe-SOD有关,这些特性在植物中是极为罕见的。韩山师范学院丁利君等(2002)以超声波提取莲子中水溶性多糖,该水溶性多糖对羟自由基具有显著的清除作用。

黄素英等(2010)以茶多酚和维生素C为对照,采用Fenton反应法研究莲子多酚对羟自由基的清除作用;采用邻苯三酚自氧化法研究莲子多酚对超氧阴离子自由基的清除作用。结果表明:在本实验含量范围内,莲子多酚对羟自由基和超氧阴离子自由基具有一定的清除能力;在含量相同的情况下,莲子多酚对超氧阴离子自由基的清除能力比对照茶多酚和维生素C强,对羟自由基的清除能力比茶多酚和维生素C弱。对莲子多酚抗油脂自动氧化能力进行研究的结果表明,莲子多酚具有一定的抗油脂氧化活性。

高居易等(2003)从红花建莲(*Nelumbo nucifera* Gaertn. Fujian)的莲子中提取出了具有生物活性的糖蛋白(GLP),并进行了清除自由基作用的研究。用60%(NH₄)₂SO₄饱和溶液沉淀蛋白质,经ConA-Sepharose 4B亲和层析柱分离,Sephadex G-150凝胶层析柱纯化,得到2个组分的糖蛋白,分子量分别为25 kD的GLP-Ⅰ和92.5 kD的GLP-Ⅱ,后者为其主要成分。GLP中蛋白质含量是58.8%,总糖含量是36.4%。薄层色谱(TLC)和气相色谱(GC)分析结果:GLP-Ⅰ是由 L-鼠李糖、D-木糖、D-甘露糖和D-葡萄糖组成。其中性糖摩尔比:1.08:0.92:2.54:4.15。GLP-Ⅱ是由L-鼠李糖、D-木糖、D-甘露糖、L-阿拉伯糖、D-半乳糖、D-葡萄糖和D-葡萄糖醛酸组成,其中性糖摩尔比:1.25:1.03:2.85:0.94:3.16:4.65。药理试验表明:两种糖蛋白均有清除自由基的作用,而GLP-Ⅱ清除能力大于GLP-Ⅰ。

　　邓添华等（2012）用热水浸提、乙醇沉淀、Sevag 法除蛋白分离得到水溶性莲子粗多糖。经十六烷基三甲基溴化铵（CTAB）沉淀，硼酸反应以及 Sephadex G-150 层析纯化，得到 3 种莲子多糖 SN1、SN2、SN3。用气相色谱、红外光谱、紫外光谱分析其化学结构。结果表明：SN1 主要由葡萄糖、半乳糖组成，含 α-D-吡喃葡萄糖环；SN2 主链为葡聚糖，并含有其他 4 种单糖；SN3 含 7 种单糖，并推测是一种酸性氨基多糖或蛋白多糖。体外抗氧化活性实验表明莲子多糖具有一定的清除自由基能力，且清除超氧阴离子自由基的能力较强。

　　莲心碱（liensinine，LIE）是从莲子心中提取分离得到的双苄基异喹啉类生物碱。余万桂等（2013）研究了莲心碱对大鼠局灶性脑缺血/再灌注损伤的抗氧化作用。将 40 只大鼠随机分为 5 组——对照组、模型组，以及莲心碱低、中、高剂量（舌静脉注射莲心碱 1.5 mg/kg、3 mg/kg、6 mg/kg）组，每组 8 只。采用线栓法阻塞大鼠大脑中动脉 2 h 再灌注 24 h 制备脑缺血再灌注模型，观察莲心碱对大鼠局灶性脑缺血 2 h 再灌注 24 h 后神经功能障碍、脑水肿及脑梗死范围以及脑组织能量物质 ATP、葡萄糖无氧酵解产物以及体内自由基清除剂 SOD、GSH 和脂质过氧化产物 MDA 等生化物质的影响。结果（见表 3-3-1～表 3-3-4）表明：与对照组神经功能评分（0.00 ± 0.00）比较，模型组神经功能评分（3.69 ± 0.85）显著增高；与模型组比较，莲心碱中剂量组神经功能评分（2.05 ± 1.23）显著降低，莲心碱高剂量组神经功能评分（1.96 ± 1.21）显著降低（$P < 0.01$）。与对照组脑缺血体积比较，模型组脑缺血体积（$28.91\% \pm 3.71\%$）显著增加；而莲心碱低剂量组、中剂量组、高剂量组脑缺血体积分别为 $25.36\% \pm 3.52\%$、$10.33\% \pm 2.87\%$、$9.91\% \pm 2.61\%$。与模型组比较，莲心碱低剂量组脑缺血体积无明显缩小，莲心碱中、高剂量组脑缺血体积明显缩小。与对照组脑组织含水量（$77.33\% \pm 4.34\%$）比较，模型组脑组织含水量（$86.55\% \pm 5.45\%$）明显高于假手术组（$P < 0.01$），而莲心碱低剂量组、中剂量组、高剂量组脑组织含水量分别为 $83.17\% \pm 4.68\%$、$80.03\% \pm 4.59\%$、$79.12\% \pm 4.45\%$；与模型组相比，莲心碱中剂量组、高剂量组脑组织含水量明显减少。与对照组大鼠血清 SOD 活性（$61.44 \text{ U/mL} \pm 15.23 \text{ U/mL}$）、GSH-Px 活性（$225.91 \text{ U/mL} \pm 8.81 \text{ U/mL}$）、MDA 含量（$5.3 \text{ nmol/mL} \pm 0.80 \text{ nmol/mL}$）比较，模型组大鼠血清 SOD 活性（$28.38 \text{ U/mL} \pm 14.98 \text{ U/mL}$）、GSH-Px 活性（$176.87 \text{ U/mL} \pm 8.12 \text{ U/mL}$）均显著降低（$P < 0.01$），MDA 含量（$8.2 \text{ nmol/mL} \pm 0.90 \text{ nmol/mL}$）显著升高（$P < 0.01$）；与模型组比较，莲心碱中剂量组大鼠血清中 SOD 活性（$54.23 \text{ U/mL} \pm 18.32 \text{ U/mL}$）显著升高，莲心碱高剂量组大鼠血清中 SOD 活性（$57.12 \text{ U/mL} \pm 17.51 \text{ U/mL}$）显著升高（$P < 0.01$）；莲心碱中、高剂量组大鼠血清中 GSH-Px 活性（$199.61 \text{ U/mL} \pm 12.67 \text{ U/mL}$、$206.13 \text{ U/mL} \pm 14.16 \text{ U/mL}$）均显著升高（$P < 0.01$）；莲心碱中、高剂量组大鼠血清中 MDA 含量为（$6.7 \text{ nmol/mL} \pm 0.80 \text{ nmol/mL}$、$6.1 \text{ nmol/mL} \pm 0.81 \text{ nmol/mL}$）显著降低（$P < 0.01$）。与对照组比较，模型组脑组织内三磷酸腺苷（ATP）含量（$1.45 \text{ μmol/g} \pm 0.16 \text{ μmol/g}$）明显降低，脑组织内乳酸（LA）含量（$8.84 \text{ μmol/g} \pm 0.45 \text{ μmol/g}$）明显升高。与模型组比较，莲心碱中剂量组脑组织内 ATP 含量（$1.76 \text{ μmol/g} \pm 0.22 \text{ μmol/g}$）显著升高，莲心碱高剂量组脑组织内 ATP 含量（$1.89 \text{ μmol/g} \pm 0.23 \text{ μmol/g}$）显著升高；莲心碱中、高剂量组脑组织内 LA 含量（$6.14 \text{ μmol/g} \pm 0.34 \text{ μmol/g}$、$5.89 \text{ μmol/g} \pm 0.31 \text{ μmol/g}$）明显降低。表明莲心碱能显著改善大鼠的神经系统损伤症状，增强血清 SOD 和 GSH-Px 活性、减少 MDA 含量，大鼠脑组织内 ATP 含量显著升高，而 LA 含量明显降低。综上可知，莲心碱能显著提高局灶性脑缺血/再灌注大鼠的抗氧化能力。

表 3-3-1　莲心碱对大鼠脑缺血再灌注损伤神经功能障碍的影响（$\bar{x} \pm s$）

组别	剂量/(mg/kg)	鼠数/只	神经功能评分
空白对照		8	$0.00 \pm 0.00^{**}$
模型对照		8	3.69 ± 0.85
莲心碱	1.5	8	2.83 ± 1.31
莲心碱	3	8	$2.05 \pm 1.23^{*}$
莲心碱	6	8	$1.96 \pm 1.21^{**}$

注：与模型组比较，$^{*} P < 0.05$，$^{**} P < 0.01$（下同）。

据余万桂等（2013）

表 3-3-2　LIE 对大鼠脑缺血再灌注损伤脑缺血体积和脑含水量的影响($\bar{x}\pm s,n=8$)

组别	剂量/(mg/kg)	脑缺血体积	脑含水量/%
空白对照		0.00±0.00**	77.33±4.34**
模型对照		28.91±3.71	86.55±5.45
莲心碱低剂量组	1.5	25.36±3.52	83.17±4.68
莲心碱中剂量组	3	10.33±2.87**	80.03±4.59*
莲心碱高剂量组	6	9.91±2.61**	79.21±4.48*

注:与模型组比较,* $P<0.05$,** $P<0.01$。

据余万桂等(2013)

表 3-3-3　莲心碱对大鼠血清 SOD、GSH-Px 活性及 MDA 含量的影响($\bar{x}\pm s,n=8$)

组别	剂量/(mg/kg)	SOD/(U/mL)	GSH-Px/(U/mL)	MDA/(nmol/mL)
空白对照		61.44±15.23**	225.91±8.81**	5.3±0.80**
模型对照		23.38±14.98	176.87±8.12	8.2±0.90
莲心碱低剂量组	1.5	33.13±15.12	185.36±8.41	7.3±0.86
莲心碱中剂量组	3	54.23±18.32	199.61±12.67**	6.7±0.80*
莲心碱高剂量组	6	57.12±17.51*	206.13±14.16**	6.1±0.81**

注:与模型组比较,* $P<0.05$,** $P<0.01$。

据余万桂等(2013)

表 3-3-4　莲心碱对大鼠脑组织 ATP 和 LA 含量的影响($\bar{x}\pm s$)

组别	剂量/(mg/kg)	ATP/(μmol/g)	LA/(μmol/g)
空白对照		2.76±0.21**	3.13±0.23**
模型对照		1.45±0.16	8.84±0.45
莲心碱低剂量组	1.5	1.56±0.19	8.36±0.42
莲心碱中剂量组	3	1.76±0.22*	6.14±0.34**
莲心碱高剂量组	6	1.89±0.23**	5.89±0.31**

注:与模型组比较,* $P<0.05$,** $P<0.01$。

据余万桂等(2013)

异莲心碱(isoliensinine)是与莲心碱同属莲子心主成分的另一双苄基异喹啉类生物碱。刘斯灵等(2011)探讨了异莲心碱对 D-半乳糖致衰老小鼠抗氧化的作用。试验选取昆明种成年小鼠 50 只,随机将其分为空白组、模型组,以及异莲心碱低剂量组(10 mg/kg)、高剂量组(20 mg/kg)及维生素 C(Vitamin C)对照组,测定小鼠体重和肝脏指数,以小鼠血清和肝脏组织中的超氧化物歧化酶(SOD)、谷胱甘肽过氧化物酶(GSH-Px)的活性及 MDA 含量为指标,考察异莲心碱在体内的抗氧化性能。结果(见表 3-3-5～表 3-3-7)表明:与空白组比较,模型组小鼠体重和肝脏指数明显下降,分别为 32.87 g 和 3.87 mg/g;血清和肝脏组织 SOD 和 GSH-Px 活性明显降低,其值分别为 247 U/mL、408 U/mL 和 358、319 U/mg prot;MDA 含量为 20.62 nmol/mL 和 13.01 nmol/mg prot,明显增加($P<0.01$);与模型组比较,异莲心碱 20 mg/kg 可明显拮抗小鼠体重和肝脏指数的降低、增强血清和肝脏组织 SOD 和 GSH-Px 活性、减少 MDA 含量(P<0.01),其值分别为 36.29 g、4.53 mg/g、305 U/mL、459 U/mL、438 U/mg prot、355 U/mg prot 和 16.47 nmol/mL。异莲心碱低剂量组小鼠肝脏组织 GSH-Px 活性为 333 U/mg prot,与模型组比较差异无统计学意义。由此可知,异莲心碱能显著提高 D-半乳糖致衰老小鼠的抗氧化能力。

表 3-3-5　异莲心碱对小鼠体重及肝脏指数的影响($\bar{x}\pm s$)

组别	只数	剂量/(mg/kg)	体重/g	肝脏指数/(mg/g)
空白对照	10	—	39.75 ± 2.62^b	4.72 ± 0.46^b
模型对照	10	—	32.37 ± 1.48	3.87 ± 0.22
异莲心碱低剂量组	10	10	33.88 ± 1.67^a	4.11 ± 0.31^a
异莲心碱高剂量组	10	20	36.29 ± 1.39^b	4.53 ± 0.41^b
维生素 C 对照组	10	20	37.82 ± 1.54^b	4.68 ± 0.45^b

注：与模型组比较，$^a P<0.05$，$^b P<0.01$。

据刘斯灵等（2011）

表 3-3-6　异莲心碱对小鼠血清 SOD、GSH-Px 活性及 MDA 含量的影响($\bar{x}\pm s$)

分组	只数	剂量/(mg/kg)	SOD/(U/mL)	GSH-Px/(U/mL)	MDA/(nmol/mL)
空白对照	10	—	324 ± 26^b	475 ± 31^b	14.33 ± 0.88^b
模型对照	10	—	247 ± 18	408 ± 17	20.62 ± 1.14
异莲心碱低剂量组	10	10	278 ± 14^b	422 ± 11^a	18.81 ± 0.82^b
异莲心碱高剂量组	10	20	305 ± 19^b	459 ± 29^b	16.47 ± 0.79^b
维生素 C 对照组	10	20	319 ± 31^b	472 ± 33^b	14.96 ± 1.27^b

注：与模型组比较，$^a P<0.05$，$^b P<0.01$。

据刘斯灵等（2011）

表 3-3-7　异莲心碱对小鼠肝脏组织 SOD、GSH-Px 活性及 MDA 含量的影响($\bar{x}\pm s$)

分组	只数	剂量/(mg/kg)	SOD/(U/mL)	GSH-Px/(U/mL)	MDA/(nmol/mL)
空白对照	10	—	445 ± 35^b	376 ± 31^b	8.77 ± 0.92^b
模型对照	10	—	358 ± 37	319 ± 28	13.01 ± 1.34
异莲心碱低剂量组	10	10	387 ± 31^a	333 ± 17	11.22 ± 0.87^b
异莲心碱高剂量组	10	20	438 ± 32^a	355 ± 26^b	9.36 ± 0.95^b
维生素 C 对照组	10	20	459 ± 41^b	381 ± 27^b	8.52 ± 0.91^b

注：与模型组比较，$^a P<0.05$，$^b P<0.01$。

据刘斯灵等（2011）

　　异莲心碱还具有显著的抗脂质过氧化作用。王辉等（2005）研究了异莲心碱对大鼠肝匀浆脂质过氧化的影响。用硫代巴比妥酸（TBA）法测定了异莲心碱对大鼠肝匀浆自氧化及维生素 C-Fe^{2+} 系统诱导引起的脂质过氧化产物 MDA 的含量。结果（见表 3-3-8、表 3-3-9）表明，异莲心碱能显著抑制大鼠肝匀浆自氧化及维生素 C-Fe^{2+} 系统诱导所产生 MDA 的含量，且呈现出一定的量效关系，达到 50% 抑制率所需药物浓度（IC_{50}）分别为 0.67 g/L 和 1.05 g/L。

表 3-3-8　异莲心碱对大鼠肝匀浆自发性氧化产物 MDA 的影响($\bar{x}\pm s, n=5$)

组别	MDA/(nmol/g)	抑制率/%	r	IC_{50}/%
对照	138.8 ± 5.7			
0.08 g/L 异莲心碱	102.3 ± 4.4^a	26.3		
0.16 g/L 异莲心碱	90.3 ± 3.8^a	34.1		
0.32 g/L 异莲心碱	80.2 ± 3.2^a	42.2	0.998 6	0.67
0.64 g/L 异莲心碱	71.2 ± 2.1^a	48.7		
1.28 g/L 异莲心碱	58.6 ± 2.6^a	57.8		

注：与对照组比较，$^a P<0.01$。

据王辉等（2005）

表 3-3-9　异莲心碱对维生素 C-Fe^{2+} 诱导的大鼠肝匀浆氧化产物 MDA 的影响（$\bar{x}\pm s, n=5$）

组别	MDA/(nmol/g)	抑制率/%	r	IC$_{50}$/%
对照	205.2±9.6			
0.08 g/L 异莲心碱	185.5±7.3[a]	9.6		
0.16 g/L 异莲心碱	168.1±7.1[a]	18.1		
0.32 g/L 异莲心碱	147.2±5.2[a]	28.3	0.9969	1.05
0.64 g/L 异莲心碱	122.6±5.0[a]	40.2		
1.28 g/L 异莲心碱	97.5±4.1[a]	52.5		

注：与对照组比较，[a] $P<0.01$。

据王辉等（2005）

陈静等（2008）研究了莲子心乙醇提取液对氧自由基的清除作用及其对脂质过氧化反应的抑制作用。莲子心乙醇提取液对 Fenton 体系产生的羟自由基·OH（见表 3-3-10）和邻苯三酚自氧化产生的超氧阴离子自由基 O_2^-·（见表 3-3-11）均有清除作用，半数清除量（IC$_{50}$）分别为 0.195 g/mL 和 0.461 g/mL；莲子心乙醇提取液对小鼠肝、肾组织匀浆自发性脂质过氧化的影响表明（见表 3-3-12、表 3-3-13），不同浓度的莲子心乙醇提取液对小鼠离体肝、肾组织中的 MDA 生成均有抑制作用，且随浓度的增大而增强。莲子心乙醇提取液清除小鼠肝组织中 MDA 的 IC$_{50}$ 为 3.996 mg/mL，清除肾组织中 MDA 的 IC$_{50}$ 为 4.527 mg/mL。

表 3-3-10　莲子心乙醇提取液对·OH 的清除作用（$n=6$）

样品浓度/(g/mL)	$\Delta A_{580\,nm}$	清除率/%	R^2	IC$_{50}$/(g/mL)
对照	0.080 2±0.003 1	—		
0.05	0.071 8±0.003 3*	10.47		
0.10	0.062 7±0.003 1*	21.82		
0.15	0.051 3±0.002 7*	36.03	0.993 6	0.195
0.20	0.041 5±0.002 9*	48.25		
0.25	0.027 7±0.002 9*	65.46		
0.30	0.013 8±0.001 9*	82.79		

注：与对照组比较，* $P<0.01$。

据陈静等（2008）

表 3-3-11　莲子心乙醇提取液对 O_2^-· 的清除作用（$n=6$）

样品浓度/(g/mL)	$\Delta A_{420\,nm}/\Delta T$	清除率/%	R^2	IC$_{50}$/(g/mL)
对照	0.060 8±0.000 4	—		
0.15	0.055 7±0.000 3*	8.39		
0.20	0.053 1±0.000 4*	12.66		
0.25	0.048 5±0.000 5*	20.23	0.994 7	0.461
0.30	0.044 1±0.000 7*	27.47		
0.35	0.039 3±0.000 2*	35.36		
0.40	0.035 4±0.000 5*	41.78		

注：与对照组比较，* $P<0.01$。

据陈静等（2008）

表 3-3-12　莲子心乙醇提取液对小鼠肝组织自发性脂质过氧化的影响($n=6$)

样品浓度/(mg/mL)	A_{532nm}	清除率/%	R^2	IC$_{50}$/(g/mL)
对照	0.966±0.004	—		
1	0.891±0.003*	7.76		
2	0.778±0.004*	19.46		
3	0.632±0.004*	34.58	0.997 1	3.996
4	0.472±0.004*	51.14		
5	0.341±0.003*	64.70		

注:与对照组比较,* $P<0.01$。

据陈静等(2008)

表 3-3-13　莲子心乙醇提取液对小鼠肾组织自发性脂质过氧化的影响($n=6$)

样品浓度/(mg/mL)	A_{532nm}	清除率/%	R^2	IC$_{50}$/(g/mL)
对照	1.192±0.003	—		
1	1.102±0.005*	7.55		
2	0.971±0.004*	18.54		
3	0.793±0.003*	33.47	0.996 6	4.527
4	0.672±0.004*	43.62		
5	0.536±0.005*	55.03		

注:与对照组比较,* $P<0.01$。

据陈静等(2008)

Rai 等(2006)以 CCl$_4$ 和维生素 E 为对照,研究莲子水醇提取物的体内抗氧化活性,在小鼠急性毒性试验中,莲子水醇提取物均能显著提高大鼠肝和肾中的 SOD 和过氧化物酶活性,降低硫代巴比妥酸反应物质的含量。

Sujay(2006)从体外、体内模型中研究了莲子醇水提取物的抗氧化活性。研究发现,其中酚类物质含量达到 7.61%±0.04%(质量分数),发现其有很强的抗氧化作用。

2.抗衰老

黄国城等(1994)以通芯建莲为原料,研磨 100 目粉,配成 0.5%、1%浓度的平底培养基饲养果蝇。结果表明,1%莲子剂量能极显著延长两性果蝇成虫的平均寿命,与对照组比较,其延长幅度为 36.4%(雄性)、33.4%(雌性),雄蝇最高寿命延长幅度更大,达 56.8%,并且雄性果蝇给药 40 d 后,脂褐素含量下降 53.0%。

苗明三等(2005)观察了莲子多糖对 D-半乳糖所致衰老小鼠抗氧化作用的影响。用 D-半乳糖所致衰老小鼠进行试验,从第 1 天开始,分别灌服大、小剂量的莲子多糖水溶液,香菇多糖片混悬液和同体积生理盐水,每天给药 1 次,连续给药 30 d。另有 1 组动物每天颈背部皮下注射生理盐水,作为空白对照。结果(见表 3-3-14、表 3-3-15)发现,莲子多糖可显著提高衰老小鼠血中的超氧化物歧化酶(SOD)、过氧化氢酶(CAT)、谷胱甘肽过氧化物酶(GSH-Px)活性,显著降低血浆、脑及肝匀浆过氧化脂质(LPO)水平,表明莲子多糖能提高某些酶的活性,有较好的抗衰老作用。

表 3-3-14　莲子多糖对衰老模型小鼠血 SOD、CAT、GSH-Px 活力的影响($\bar{x}\pm s$)

组别	动物数/只	剂量/(g/kg)	SOD/(U/L)	CAT($\times 10^{-4}$)	GSH-Px/(U/L)
空白对照组	10		2032±691[2]	2.962±0.401[2]	13.1±3.5[2]
模型组	10		962±493	1.713±0.401	79.1±2.6
香菇多糖组	10	0.1	1434±527[2]	3.040±0.557[2]	12.5±2.9[1]
小剂量莲子多糖组	10	0.2	1822±768[2]	3.476±0.764[2]	13.7±3.5[2]
大剂量莲子多糖组	10	0.4	1685±744[2]	2.885±0.553[2]	13.9±2.0[2]

注：与模型组相比，[1] $P<0.05$，[2] $P<0.01$。

据苗明三等(2005)

表 3-3-15　莲子多糖对衰老模型小鼠血浆、脑匀浆、肝匀浆中 LPO 水平的影响($\bar{x}\pm s$)

组别	动物数/只	剂量/(g/kg)	血浆 LPO 水平	脑匀浆 LPO 水平	肝匀浆 LPO 水平
空白对照组	10		0.151±0.043[2]	0.199±0.033[2]	0.158±0.028[1]
模型组	10		0.276±0.062	0.412±0.085	0.199±0.048
香菇多糖组	10	0.1	0.197±0.038[2]	0.235±0.053[2]	0.166±0.024
小剂量莲子多糖组	10	0.2	0.152±0.035[2]	0.260±0.074[2]	0.167±0.021
大剂量莲子多糖组	10	0.4	0.192±0.041[2]	0.150±0.058[2]	0.155±0.022[1]

注：与模型组相比，[1] $P<0.05$，[2] $P<0.01$。

据苗明三等(2005)

　　张延秀(2013)研究了不同浓度莲子多糖对果蝇组织匀浆总抗氧化能力(T-AOC)、超氧阴离子自由基、羟自由基、丙二醛(MDA)、过氧化氢酶(CAT)和超氧化物歧化酶(SOD)的影响。实验结果(见表 3-3-16～表 3-3-21)表明，培养基中添加 0.25% 莲子多糖能显著提高雄性果蝇的抗超氧阴离子自由基能力，极显著提高雌性果蝇清除羟自由基能力，提高率分别为 18.20%、5.13%。添加 0.5% 莲子多糖能够显著提高雄性果蝇和雌性果蝇的总抗氧化能力，提高率分别为 27.66%、11.54%；显著提高雄性果蝇的 CAT 活性，提高率为 22.17%；显著提高雄性果蝇的 SOD 活性，极显著提高雌性果蝇的 SOD 活性，提高率分别为 19.91% 和 22.37%；极显著提高雄性果蝇的抗超氧阴离子自由基能力，提高率为 21.92%；极显著提高雌性果蝇清除羟自由基能力，提高率为 8.88%。添加 1% 莲子多糖能显著提高雄性果蝇的抗超氧阴离子自由基能力，提高率为 12.14%。莲子多糖能增强黑腹果蝇抗氧化能力，可清除体内自由基，并减少脂质过氧化产物 MDA 的生成，因此具有一定的抗衰老功能。

表 3-3-16　莲子多糖对果蝇组织匀浆 T-AOC 的影响　　　　　　　　　　　单位：U/mg

组别	♂	♀
对照组	0.52±0.01	0.47±0.07
低剂量组	0.55±0.01	0.53±0.03
中剂量组	0.58±0.05*	0.60±0.03*
高剂量组	0.56±0.03	0.57±0.03

注：与对照组比较，* $P<0.05$。

据张延秀(2013)

表 3-3-17　莲子多糖对果蝇组织抗超氧阴离子自由基的影响　　　　　　单位：U/g

组别	♂	♀
对照组	218.94±6.78	216.52±11.73
低剂量组	258.78±6.55*	241.16±14.16
中剂量组	266.94±7.44**	241.15±11.88
高剂量组	245.51±3.15*	233.32±5.66

注：与对照组比较，* $P<0.05$，** $P<0.01$。

据张延秀(2013)

表 3-3-18　莲子多糖对果蝇组织匀浆中 MDA 含量的影响　　　　　　单位：nmol/mg

组别	♂	♀
对照组	3.92±0.05	3.34±0.02
低剂量组	3.63±0.08	3.08±0.04
中剂量组	3.25±0.03	2.76±0.04
高剂量组	3.54±0.01	3.02±0.16

据张延秀(2013)

表 3-3-19　莲子多糖对果蝇组织匀浆抑制羟自由基能力的影响　　　　　　单位：U/mg

组别	♂	♀
对照组	12.87±0.17	13.85±0.11
低剂量组	13.32±1.83	14.56±0.02**
中剂量组	14.19±1.35	15.08±0.15**
高剂量组	13.44±0.59	14.17±0.06

注：与对照组比较，* $P<0.05$，** $P<0.01$。

据张延秀(2013)

表 3-3-20　莲子多糖对果蝇组织匀浆 CAT 活性的影响　　　　　　单位：U/mg

组别	♂	♀
对照组	2.21±0.11	2.43±0.17
低剂量组	2.64±0.04*	2.73±0.15
中剂量组	2.70±0.08*	2.76±0.05
高剂量组	2.51±0.08	2.61±0.08

注：与对照组比较，* $P<0.05$。

据张延秀(2013)

表 3-3-21　莲子多糖对果蝇组织匀浆总 SOD 活性的影响　　　　　　单位：U/mg

组别	♂	♀
对照组	4.42±0.13	4.47±0.08
低剂量组	4.51±0.21	4.62±0.08
中剂量组	5.30±0.14*	5.47±0.12**
高剂量组	4.76±0.14	4.78±0.16

注：与对照组比较，* $P<0.05$，** $P<0.01$。

据张延秀(2013)

夏琨（2012）研究了莲子分离蛋白的抗衰老活性。试验建立 D-半乳糖致衰老的动物模型，分为正常组、模型组、高剂量组、低剂量组以及阳性对照组，测定血液以及肝脏、心脏、肾脏中的抗氧化指标［包括丙二醛（MDA）、过氧化氢酶（CAT）、总超氧化物歧化酶（SOD）、谷胱甘肽过氧化物酶（GSH-Px）的酶活力］以及皮肤中的羟脯氨酸的含量。结果（见表 3-3-22）显示，高剂量的莲子分离蛋白［500 mg/(kg・d)］能明显降低血液与内脏组织中的 MDA 含量，能显著提高 CAT、GSH-Px、SOD 的活力以及皮肤中的羟脯氨酸含量（$P < 0.05$），而低剂量［100 mg/(kg・d)］的作用不显著（$P > 0.05$），但与模型组相比还是有一定的作用，阳性对照组［300 mg/(kg・d)］的作用几乎介于两者之间，符合理论的剂量关系，且莲子分离蛋白对抗氧化酶的作用力大小为：CAT＞SOD＞GSH-Px。通过石蜡切片后的细胞观察，得出模型组中细胞核内含物明显增多、染色深，高剂量组与阳性对照组均能明显改善此现象，但低剂量组改善作用不显著，进一步证实了前面所测指标的准确性。

表 3-3-22　血液中各指标的变化

组别	MDA 含量/(nmol/mL)	GSH-Px 活力（酶活力单位）	SOD 活力/(U/mL)	CAT 活力/(U/mL)
正常组	7.847±0.235	506.139±18.470	129.978±4.088	23.956±0.891
模型组	8.294±0.25	450.891±26.604	94.489±1.637*	20.059±0.846
低剂量组	8.129±0.166	425.149±21.003	97.669±2.864	21.687±0.543
高剂量组	6.788±0.235#	647.723±20.988*##	134.439±2.701#	24.516±0.368
阳性对照组	6.365±0.118*##	543.762±27.271	116.56±1.298	22.969±0.841

注：与正常组相比，* $P < 0.05$，** $P < 0.01$；与模型组相比，# $P < 0.05$，## $P < 0.01$。

据张夏琨（2012）

3. 降血糖和血脂

潘扬等（2003）观察了莲子心及甲基莲心碱（neferine，Nef）对链脲佐菌素（streptozotocin，STZ）和高糖高脂制作的大鼠糖尿病及肥胖模型的影响，并与二甲双胍（metformin，Met）作为对照。试验采用 STZ（30 mg/kg）一次性腹腔注射（ip）后给予高糖高脂饮食 8 周造模，莲子心乙醇提取物 500 mg/kg（生药）、Nef 10 mg/kg 灌胃给药 1 个月（分别为 EtOH-Ex 组和 Nef 组）。结果（见表 3-3-23、表 3-3-24）显示：Nef 组用药后空腹血糖（FBG）显著低于给药前及模型组（$P < 0.01$），与 Met 组相当，莲子心组空腹血糖低于模型组（$P < 0.05$）；莲子心组的总胆固醇（TC）、三酰甘油（TG）和低密度脂蛋白胆固醇（LDL-C）显著低于模型组（$P < 0.05$，$P < 0.01$），而 Nef 组的 TC、TG 显著低于模型组（$P < 0.05$，$P < 0.01$）。提示莲子心及 Nef 对实验性糖尿病及肥胖大鼠有一定的降低血糖及调节血脂作用。

表 3-3-23　糖尿病及肥胖大鼠用药前后空腹血糖水平比较（$\bar{x} \pm s$）

组别	n	空腹血糖/(mmol/L)	
		治疗前	治疗后
正常组	10	5.08±1.29	5.69±1.16
模型组	8	15.03±4.10△△	13.06±3.43△△
Met 组	7	15.49±3.09△△	9.37±2.29**##
EtOH-Ex 组	8	15.45±3.70△△	12.30±1.87*
Nef 组	8	15.20±3.53△△	10.24±2.65**##

注：与正常组比，△△ $P < 0.01$；与治疗前比，* $P < 0.05$，** $P < 0.01$；治疗后与模型组比，## $P < 0.01$。

据潘扬等（2003）

表 3-3-24　对糖尿病及肥胖大鼠血脂的影响($\bar{x}\pm s$)

组别	n	TC/(mmol/L)	TG/(mmol/L)	LDL-C/(mmol/L)
正常组	10	4.56±1.14	2.43±0.59	2.76±1.58
模型组	8	9.72±1.41△△	4.78±1.07△	6.12±1.38△△
Met 组	7	7.77±2.54	2.87±0.31**	5.76±2.23
EtOH-Ex 组	8	6.32±1.60**	2.65±0.26**	4.45±1.04*
Nef 组	8	7.41±2.05*	2.99±0.49**	4.72±1.53

注:与正常组比,△$P<0.05$,△△$P<0.01$;与模型组比,*$P<0.05$,**$P<0.01$。

据潘扬等(2003)

　　潘扬等(2005)对中药莲子心降血糖的活性部位进行了筛选研究。试验对药材莲子心进行提取分离,得到70%乙醇提取物(EtOH-Ex)、总生物碱(total alkaloids,TAlk)类成分及总黄酮(total flavones,TFla)类成分。以这3个部位分别给四氧嘧啶造模的糖尿病小鼠灌胃,观察它们对升高的小鼠血糖值的影响。结果(见表 3-3-25):乙醇提取物组与总生物碱组对四氧嘧啶造成的小鼠血糖值升高有明显的拮抗作用,其血糖值与空白组及给药前自身血糖值相比,有显著性差异($P<0.05$,$P<0.01$);总黄酮组作用则不明显,其血糖值与空白组及给药前自身血糖值相比,无显著性差异($P>0.05$)。提示莲子心中降血糖的活性部位为生物碱类成分而非黄酮成分。

表 3-3-25　各组小鼠空腹血糖值的比较($\bar{x}\pm s$,$n=10$)

组别	剂量/(g/kg)	空腹血糖/(mmol/L)	
		治疗前	治疗后
正常组	—	6.9±1.7	5.9±0.9
模型组	—	18.6±3.5△△	17.1±1.8△△
TAlk 组	10	18.4±3.9△△	12.0±2.1**##
TFla 组	10	18.3±3.3△△	15.8±3.1
EtOH-Ex 组	10	18.8±3.8△△	14.1±3.1**#

注:与正常组比,△△$P<0.01$;与用药前比,**$P<0.01$;与模型组比,#$P<0.05$,##$P<0.01$。

据潘扬等(2005)

　　吴小南等(2000)研究了莲芯茶对高脂大鼠抗氧化及调节血脂的作用。以莲子芯为原料制成莲芯茶,以60只Wistar大鼠为对象建立高脂动物模型,Wistar大鼠60只分5组,每组12只(雌6,雄6)。空白对照组,每日饲以普通饲料(脂肪含量10%以下),饮自来水;阳性对照组,每日饲以高脂饲料,饮自来水;低剂量观察组,每日饲以高脂饲料,饮泡制的低浓度莲芯茶;中剂量观察组,每日饲以高脂饲料,饮泡制的中浓度莲芯茶;高剂量观察组,每日饲以高脂饲料,饮泡制的高浓度莲芯茶。观察饮喂莲芯茶8周后血清过氧化脂质(LPO)、红细胞超氧化物歧化酶(SOD)、血清三酰甘油(TG)和总胆固醇(TC)的变化。结果(见表 3-3-26、表 3-3-27)表明,莲芯茶对高脂大鼠具有降低 LPO 和提高 SOD 的作用,对高脂饲料诱导的 TG 和 TC 升高具有降低作用。

表 3-3-26　5 组大鼠 LPO、SOD 分析测定值($\bar{x}\pm s$)

分组	动物数	LPO/(mmol/L)	SOD/(U/mL)
空白对照组	12	2.18±0.27	258.33±14.25
阳性对照组	12	3.78±0.31*	174.26±12.17*
低浓度观察组	12	3.52±0.29*	182.22±13.46*
中浓度观察组	12	2.49±0.31#	190.57±15.48*
高浓度观察组	12	2.38±0.24#	267.35±16.42#

注:经 Newman-Keuls 检验,与空白对照组比较*$P<0.05$;与阳性对照组比较#$P<0.05$。

据吴小南等(2000)

表 3-3-27 5 组大鼠 TG、TC 分析测定值($\bar{x}\pm s$)

分组	动物数	TG/(mmol/L)	TC/(U/mL)
空白对照组	12	0.536±0.247	2.41±0.39
阳性对照组	12	2.614±0.587*	8.45±0.76*
低浓度观察组	12	2.248±0.412*	6.92±0.67*
中浓度观察组	12	1.983±0.378*	4.46±0.56*#
高浓度观察组	12	0.891±0.306#	3.13±0.60#

注：经 Newman-Keuls 检验，与空白对照组比较 * $P<0.05$；与阳性对照组比较 # $P<0.05$。

据吴小南等(2000)

王琦(2018)进行了莲子抗性淀粉对糖尿病小鼠降血糖功效及剂量效应的研究。试验通过高脂高糖饲料和 STZ 注射诱导 2 型糖尿病小鼠。与对照组比较，莲子抗性淀粉低、中、高剂量(5%、10%和15%)组糖尿病小鼠的空腹血糖水平分别下降了 16.0%、32.0%和33.6%，具有极显著性差异($P<0.01$)。莲子抗性淀粉还能有效提高糖尿病小鼠的葡萄糖耐量，提高外周组织对胰岛素的敏感性，改善胰岛素抵抗。糖尿病小鼠血脂测定结果(见表 3-3-28)表明，低、中、高剂量的莲子抗性淀粉的干预能有效恢复糖尿病引发的血脂代谢紊乱，其血清总胆固醇(TC)值分别下降了 9.8%、19.8%和28.1%，血清三酰甘油(TG)值分别下降了 24.7%、33.3%和37.6%，同时，高密度脂蛋白胆固醇(HDL-C)含量提高了 24.3%～40.7%。莲子抗性淀粉的降血糖功效随着剂量的增加而提高，然而中、高剂量组的功效差异不显著。综上所述，中剂量(10%)莲子抗性淀粉是能有效发挥降血糖功效的最适宜剂量。

表 3-3-28 莲子抗性淀粉对糖尿病小鼠血脂的影响

组别	血脂/(mmol/L)			
	TG	TD	HDL-C	LDL-C
NC	0.86±0.21	3.19±0.19	2.51±0.25	0.62±0.29
DC	1.86±0.19	5.19±0.85	1.40±0.21	1.98±0.32
RS5	1.40±0.23	4.68±0.25	1.82±0.17	1.61±0.34
RS10	1.24±0.17	4.16±0.16	1.74±0.26	1.45±0.31
RS15	1.16±0.27	3.73±0.37	1.97±0.27	1.31±0.29

注：* 表示与 DC 组比较，具有显著性差异($P<0.05$)；** 表示与 DC 组比较，具有极显著性差异($P<0.01$)。

据王琦(2018)

李秋哲(2015)以高脂喂养及腹腔注射 STZ 诱导的 2 型糖尿病实验小鼠动物模型，研究了莲子心总黄酮对血糖的影响。结果表明，莲子心总黄酮可明显降低小鼠的血糖水平，并提高糖耐受量和胰岛素水平，此外，莲子心总黄酮还具有调节血脂水平的作用。

王振宇(2019)以莲子为原料，通过碱法提取莲子中结合酚类物质(lotus seed bound phenolics，LBP)，并以高脂饮食诱导的肥胖小鼠为模型，研究了 LBP 的体内抗肥胖作用。全部小鼠适应 1 周后，被分为 4 组：正常饮食组(ND)、高脂饮食组(HFD)、高脂饮食＋LBP 组(HFD＋LBP)和高脂饮食＋绿原酸组(HFD＋CGA，阳性对照)。HFD＋LBP 和 HFD＋CGA 组小鼠分别按照 400 mg/(kg • d)和 150 mg/(kg • d)剂量灌胃，试验周期为 6 周。实验结束后，取血浆、肝脏、附睾脂肪用于后续分析。结果(见表 3-3-29、表 3-3-30)表明：LBP 可减少高脂饮食诱导小鼠血浆的脂质水平，抑制脂肪组织肥大和肝脏内脂质沉积。此外，相较于 HFD 组，LBP 处理可促进高脂膳食诱导肥胖小鼠脂肪组织 AMPK 磷酸化，同时下调与脂肪生成相关基因 PPARγ、C/EBPα、SREBP-1c、LPL、FAS、AP2 和 GPR43 的 mRNA 表达量和上调 adiponectin 表达。综上，LBP 产生抗肥胖作用的机制可能与其激活了 AMPK 信号通路有关。

表 3-3-29　灌胃 LBP 6 周对小鼠血脂水平的影响

组别	ND	HFD	HFD+LBP	HFD+CGA
TG/(mmol/L)	1.37±0.28[b]	1.88±0.15[a]	1.43±0.39[b]	1.39±0.20[b]
TC/(mmol/L)	4.09±0.50[c]	5.78±0.75[a]	4.71±0.82[bc]	5.19±0.62[ab]
LDL-C/(mmol/L)	0.34±0.11[b]	0.55±0.10[a]	0.39±0.07[b]	0.43±0.07[b]
HDL-C/(mmol/L)	1.92±0.06[b]	2.10±0.09[b]	2.60±0.24[a]	2.48±0.27[a]
LDL-C/HDL-C	0.19±0.01[b]	0.29±0.04[a]	0.15±0.03[b]	0.18±0.0[b]

注：表中数据为平均数±标准差。每行中不同上标字母表示差异显著，$P<0.05$。

据王振宇（2019）

表 3-3-30　灌胃 LBP 6 周对小鼠血浆 AST、ALT、BUN 影响

组别	ND	HFD	HFD+LBP	HFD+CGA
ALT/(U/L)	32.50±7.14[a]	45.00±9.63[a]	36.50±9.33[a]	35.75±4.79[a]
AST/(U/L)	119.00±8.16[b]	140.22±14.14[a]	116.00±13.47[b]	118.40±17.61[b]
BUN/(mmol/L)	8.11±0.53[ab]	8.41±0.92[a]	7.60±0.47[b]	7.52±1.01[b]

注：表中数据为平均数±标准差。每行中不同上标字母表示差异显著，$P<0.05$。

据王振宇（2019）

Pan 等（2009）研究表明甲基莲心碱（Neferine，Nef）与罗格列酮在降低空腹血糖、胰岛素、甘油三酯、肿瘤坏死因子和加强抗胰岛素的小鼠的胰岛素敏感性方面有相似的效果，从而证明莲子心具有抗肥胖的作用。

4. 降血压

陆曙等（2008）探讨了中药莲子心中两种异喹啉生物碱——莲心碱（liensinine，Lien）和莲心季铵碱（lotusine，Lot）的降压效果以及对肾性高血压大鼠（RHR）左室肥厚（LVH）的逆转作用。二肾一夹造成RHR 模型，动物随机分为 6 组：①正常组（未造模，SD-C），不给药；②模型组（RHR-C），不给药；③Lien低剂量组（L-Lien），给予 Lien 10 mg/(kg·d)；④Lien 高剂量组（H-Lien），给予 Lien 20 mg/(kg·d)；⑤Lot低剂量组（L-Lot），给予 Lot 10 mg/(kg·d)；⑥Lot 高剂量组（H-Lot），给予 Lot 20 mg/(kg·d)。口服给予 Lien 和 Lot 治疗 10 周，观察治疗前后血压变化情况，并以左室质量与体质量比（LVW/BW）和左室结构参数为指标测定药物对 RHR 的 LVH 的逆转情况。结果（见表 3-3-31、表 3-3-32）表明，Lien 和Lot 均能对肾性高血压大鼠进行有效降压，左室壁（LVW）厚度和室中隔（SI）厚度均得到显著回降。说明Lien 和 Lot 对 RHR 大鼠具有降血压作用并对其左室肥厚具有一定的逆转作用。

表 3-3-31　对肾性高血压大鼠血压的影响($\bar{x}\pm s, n=6$)

组别	剂量/(mg/kg)	治疗前/kPa	治疗后/kPa			
			第1周	第4周	第7周	第10周
SD-C	—	16.0±0.8	16.1±0.8	15.7±0.9	16.3±0.8	16.5±1.2
RHR-C	—	24.4±1.5[△△]	24.2±0.8	24.2±0.8	24.9±1.3	25.3±1.3
L-Lien	10	24.2±1.4[△△]	23.7±1.2	21.1±0.9**	20±1.3**	18.9±1.0**
H-Lien	20	23.6±0.9[△△]	20.4±1.3**	18.0±1.9**	17.2±1.4**	17.3±1.0**
L-Lot	10	23.8±1.4[△△]	24.0±1.3	21.3±0.8**	21.3±0.8**	21.3±1.4**
H-Lot	20	23.9±1.6[△△]	20.7±1.8**	21.3±1.7**	21.3±1.5**	21.2±1.4**

注：与 SD-C 组比，[△△] $P<0.01$；与 RHR-C 组比，** $P<0.01$。

据陆曙等（2008）

表 3-3-32　用药 10 周后各组药物对肾性高血压大鼠左室结构的影响($\bar{x}\pm s,n=6$)

组别	剂量/(mg/kg)	LVW/BW/(mg/g)	SI 厚度/mm	LVW 厚度/mm
SD-C	—	1.98±0.25	2.92±0.14	2.53±0.15
RHR-C	—	2.97±0.3	3.28±0.12	2.95±0.14
L-Lien	10	2.1±0.26	3.24±0.13	2.91±0.17
H-Lien	20	2.00±0.31	3.16±0.14	2.79±0.14
L-Lot	10	2.09±0.32	3.17±0.12	3.00±0.17
H-Lot	20	1.81±0.31	3.07±0.17	2.68±0.14

注:与 SD-C 组比,## $P<0.01$;与 RHR-C 组比, * $P<0.05$,** $P<0.01$。

陆曙等(2008)、胡文淑等(1990)在正常大鼠、猫以及肾性高血压大鼠、DOCA 盐型高血压大鼠、自发性高血压大鼠等多种实验模型上观察到甲基莲心碱(Nef)能有效地降低各种动物的血压,且随着剂量的增加,其作用加强、作用时间延长,表明 Nef 是一有效的抗高血压药物。同时,他们在研究 Nef 对正常及高血压大鼠血流动力学影响时,观察到 Nef 对降低舒张压的作用明显大于收缩压,并且在猫后肢恒速灌流实验中,使用无外周降压效应的小剂量(0.6 mg/kg)Nef,能明显降低后肢的血管阻力,因此认为 Nef 对血管平滑肌有直接扩张作用。另外在离体血管环实验发现 Nef 能拮抗高钾所致的血管收缩也进一步证实 Nef 具有扩血管作用。

5. 调节胃肠功能

吴小南等(2005)探讨了发酵莲子乳(LMFP)对胃肠道运动、吸收的调节作用。小鼠按体质量区组随机分组并以蒸馏水、不同药物及不同浓度的 LMFP 进行相应干预。左旋精氨酸腹腔注射建模,测定胃及小肠酚红残留率及胃组织一氧化氮(NO)含量;复方地芬诺酯灌胃制造便秘模型,观测炭末排出时间、黑便排出量、质量及含水率;皮下注射小剂量利血平建模,计算小肠推进率、尿木糖排出量。结果(见表 3-3-33～表 3-3-36)表明 LMFP 对胃肠运动具有双向调节作用,可缓解便秘症状,促进小肠吸收功能。

表 3-3-33　发酵莲子乳对小鼠胃排空及胃组织 NO 含量的影响

组别	n	胃酚红残留率/%	胃组织 NO 浓度/(μmol/g prot)
阴性对照组	8	26.16±5.90[c]	19.20±6.48[d]
模型组(L-Arg)组	8	34.76±9.15[a]	38.33±9.82[b]
250 mL/L LMFP 干预组	8	22.78±6.95[d]	26.13±4.95[d]
500 mL/L LMFP 干预组	8	27.12±5.73[c]	29.59±13.11[a]
750 mL/L LMFP 干预组	8	30.02±9.59	30.81±11.04[a]
阳性对照组(吗丁啉组)	8	22.82±5.63[d]	26.33±4.06[d]

注:与阴性对照组比较,[a] $P<0.05$,[b] $P<0.01$;与模型组比较,[c] $P<0.05$,[d] $P<0.01$。
据吴小南等(2005)

表 3-3-34　发酵莲子乳对小鼠小肠推进功能的影响

组别	n	第5、6段小肠总酚红含量/%	第4、5、6段小肠总酚红含量/%	第3、4、5、6段小肠总酚红含量/%
阴性对照组	8	25.10±11.31[d]	39.01±12.74[c]	51.54±8.93[c]
模型组(L-Arg)组	8	9.40±9.36[b]	21.75±15.05[a]	40.64±7.86[a]
250 mL/L LMFP 干预组	8	13.82±13.92[a]	33.62±11.73	48.25±11.71
500 mL/L LMFP 干预组	8	12.92±7.34[a]	41.89±13.62[d]	55.90±9.63[d]
750 mL/L LMFP 干预组	8	19.59±9.54	37.90±11.97[c]	49.97±8.61
阳性对照组(吗丁啉组)	8	9.57±8.23[b]	41.47±16.32[d]	57.76±12.22[d]

注:与阴性对照组比较,[a] $P<0.05$,[b] $P<0.01$;与模型组比较,[c] $P<0.05$,[d] $P<0.01$。
据吴小南等(2005)

表 3-3-35　发酵莲子乳对小鼠炭末排出时间、6 h 粪便排出个数及质量、黑便含水率的影响

组别	n	炭末排出时间/min	黑便质量/g	黑便个数	黑便含水率/%
阴性对照组	8	102.38±28.35[d]	0.82±0.20[d]	24.25±9.74	33.08±2.14[d]
模型组(L-Arg)组	8	175.50±24.04[b]	0.37±0.13[b]	17.88±5.67	19.67±2.53[b]
250 mL/L LMFP 干预组	8	133.63±18.28[ad]	0.68±0.16[d]	26.00±6.85	39.72±3.06[bd]
500 mL/L LMFP 干预组	8	113.25±26.25[d]	0.82±0.23[d]	27.25±8.45	42.48±3.07[bd]
750 mL/L LMFP 干预组	8	141.75±25.95[bc]	0.55±0.44	25.75±16.05	40.58±4.29[bd]

注:与阴性对照组比较,[a]$P<0.05$,[b]$P<0.01$;与模型组比较,[c]$P<0.05$,[d]$P<0.01$;[e]$P=0.010$,Kruskal-Wallis H Test:$\chi^2=13.207$。

据吴小南等(2005)

表 3-3-36　发酵莲子乳对小鼠小肠推进百分率、5 h 尿液木糖排出量的影响

组别	n	小肠推进百分率/%	5 h 尿液木糖排出量/mg
阴性对照组	8	85.74±11.13[c]	11.30±2.04[d]
利血平模型组	8	97.64±5.68[a]	7.86±1.71[b]
500 mL/L LMFP 干预组	8	93.35±12.75	10.54±2.48[c]
1000 mL/L LMFP 干预组	8	79.93±14.52[d]	12.24±2.15[d]
健胃消食片干预组	8	93.78±6.79	9.10±1.94[a]

注:与阴性对照组比较,[a]$P<0.05$,[b]$P<0.01$;与模型组比较,[c]$P<0.05$,[d]$P<0.01$。

据吴小南等(2005)

发酵莲子乳通过调节肠道菌群,增强肠道免疫机能等方式保护胃肠黏膜屏障。吴小南等(2008)研究了发酵莲子乳(LMFP)保护小鼠肠黏膜屏障功效。将 60 只清洁级 ICR 小鼠随机分为 5 组,分别是阴性对照组和模型组给予蒸馏水,发酵莲子乳组、莲子匀浆组、发酵乳组,分别给予相应干预物。末次灌胃后腹腔注射细菌脂多糖(LPS)6 mg/kg,阴性对照组给予等体积/体重蒸馏水,18 h 后处死小鼠,采集样本检测指标。结果(见表 3-3-37～表 3-3-40)表明,与阴性对照组比较,各组小鼠均出现不同程度的萎靡症状,甚至死亡,其中模型组最严重,发酵莲子乳组症状最轻;与模型组比较,发酵莲子乳可明显升高小鼠外周血白细胞总数和肠道分泌型免疫球蛋白 A(SIgA)含量,有效维持肠道内乳酸杆菌菌量,降低 LPS 所升高的血浆肿瘤坏死因子(TNF-α)水平($P=0.01$),抑制大肠埃希菌过度繁殖($P=0.001$),且发酵莲子乳功效优于发酵乳。

表 3-3-37　不同组别小鼠外周血白细胞计数($\bar{x}\pm s$)

组别	n	白细胞计数/(10^9/L)
阴性对照组	12	10.72±1.52
模型组	9	6.12±1.01[a]
发酵莲子乳组	11	9.92±1.33[c]
莲子匀浆组	10	7.01±1.39
发酵乳组	11	7.67±1.51[b]

注:与阴性对照组比较,[a]$P<0.01$;与模型组比较,[b]$P<0.05$,[c]$P<0.01$。

据吴小南等(2005)

表 3-3-38　不同组别小鼠血浆 TNF-α 水平($\bar{x}\pm s$)

组别	n	血浆 TNF-α 水平/(pg/mL)
阴性对照组	12	583±181
模型组	9	2093±350[a]
发酵莲子乳组	11	1612±413[b]
莲子匀浆组	10	1881±310
发酵乳组	11	1827±273

注：与阴性对照组比较，[a]$P<0.01$；与模型组比较，[b]$P<0.05$。

据吴小南等(2005)

表 3-3-39　不同组别小鼠肠道 SIgA 含量($\bar{x}\pm s$)

组别	n	肠道 SIgA 含量/(μg/mL)
阴性对照组	12	201.25±30.09
模型组	9	148.67±22.81[a]
发酵莲子乳组	11	187.82±20.94[c]
莲子匀浆组	10	168.90±33.77
发酵乳组	11	178.79±18.18[b]

注：与阴性对照组比较，[a]$P<0.01$；与模型组比较，[b]$P<0.05$，[c]$P<0.01$。

据吴小南等(2005)

表 3-3-40　不同组别小鼠盲肠内乳酸杆菌和大肠埃希菌菌落数($\bar{x}\pm s$)

组别	n	乳酸杆菌/(lgCFU/g)	大肠埃希菌/(lgCFU/g)
阴性对照组	12	8.62±0.19	6.21±0.16
模型组	9	6.80±0.31[a]	7.29±0.17[a]
发酵莲子乳组	11	8.23±0.24[b]	7.03±0.11[b]
莲子匀浆组	10	7.03±0.16	7.21±0.23
发酵乳组	11	7.79±0.34[b]	7.16±0.12

注：与阴性对照组比较，[a]$P<0.01$；与模型组比较，[b]$P<0.01$。

据吴小南等(2005)

林姗(2016)以高直链玉米淀粉 HAMS 为阳性对照组，研究了莲子抗性淀粉对小鼠肠道菌群及代谢影响。结果显示：莲子抗性淀粉对小鼠的生长、发育无不良影响；其中，中剂量和高剂量组抗性淀粉能够控制小鼠饮食、减少体重增加、降低饲料效率，提高矿物质 Ca、Mg、Fe 的表观吸收率。莲子抗性淀粉的摄入可显著影响小鼠的肠道菌群结构，降低小鼠肠道菌群的多样性；降低具有致病能力的菌群 Porphyromonadaceae、*Helicobacter*、Rikenellaceae、*Clostridium* 数量，增加产短链脂肪酸的菌群 *Butyrivibrio*、*Stomatobaculum* 数量。通过收集不同喂养时期的小鼠粪便，发现中剂量及高剂量莲子抗性淀粉使得小鼠肠道中乙酸、丙酸、丁酸、异丁酸以及乳酸含量都有不同程度的提高，且高于空白组(NC)以及阳性对照组(HAMS)。小鼠粪便中乳杆菌和双歧杆菌数量分析结果显示莲子抗性淀粉能促进乳杆菌和双歧杆菌增殖，且优于高直链玉米淀粉组。说明莲子抗性淀粉能够促进肠道益生菌的增殖，提高益生菌产短链脂肪酸的能力，尤其是产丁酸含量的提高，从而促进机体健康。

曾绍校等(2009)研究莲子淀粉对双歧杆菌的增殖作用，结果表明，用莲子淀粉替代培养基中的葡萄糖，双歧杆菌增殖显著，且增殖效果接近异麦芽低聚糖。

陈婵(2007)研究发现,莲子中含有促进双歧杆菌增殖的多糖,对调整人体肠道微生物平衡,促进身体健康有重要作用。

卢旭(2012)经研究后发现,莲子低聚糖是一种有效的双歧杆菌增殖因子,对青春型双歧杆菌体外增殖效果极为显著($P<0.01$),同时能够缩短培养基中双歧杆菌的生长停滞期,减少胆酸对双歧杆菌造成的伤害,具有较好的耐消化特性。因此莲子淀粉、多糖、低聚糖都具备了作为新型双歧因子开发的潜力。

6. 增强免疫力

马忠杰等(1995)以湖北产莲子经粉碎配成不同浓度莲子粉饲料喂养大鼠,胸腺皮质中 T 淋巴细胞数显著高于对照组,提示莲子粉有一定增强免疫力的作用。

苗明三等(2008)研究了莲子多糖对免疫抑制小鼠机体免疫功能影响。取 6 只小鼠作为正常对照组,剩余 24 只小鼠建立免疫抑制模型,分别于第 1、2、3 天腹腔注射环磷酰胺 75 mg/kg,造模后随机分为 4 组,大、小剂量莲子多糖组分别灌服 400 mg/kg、200 mg/kg 莲子多糖水溶液,香菇多糖组灌服 100 mg/kg 香菇多糖混悬液,模型组灌服等体积生理盐水。每天给药 1 次,连续给药 7 d。结果表明,莲子多糖可提高免疫抑制小鼠腹腔巨噬细胞和脾细胞分泌的白细胞介素-1α、白细胞介素-2 活性,促进经刀豆素 A 或脂多糖刺激的脾细胞增殖,并降低血清可溶性白细胞介素-2 受体水平,具有较好的增强免疫效果。

Mukherjee 等(2010)通过白细胞计数、嗜中性粒细胞黏附试验、巨噬细胞吞噬反应、迟发型超敏反应等免疫学方法评价莲子提取物的免疫调节能力,证明莲子提取物能够通过改变机体内免疫学参数以刺激机体提高防御能力;相对于空白对照组,莲子处理组的白细胞计数和淋巴细胞总数均有显著上升,中性粒细胞数有所减少;尼龙纤维黏附的中性粒细胞的比例达到 63.22%,亦观察到巨噬细胞吞噬反应和超敏反应。

7. 抗炎、抑菌、抗病毒

王晶晶等(2018)研究了 8 种莲子心水提物(LPWE)的抗炎活性。采用反相高效液相色潜法(RP-HPLC)分析 8 种莲子心水提物中黄酮类化合物,结果夏佛塔苷(含量为 0.97%～1.47%)是所有水提物中含量最高的黄酮类化合物。以脂多糖(LPS)刺激小鼠腹腔巨噬细胞(RAW264.7)建立炎症模型,评价莲子心水提物和夏佛塔苷的抗炎活性,分析其含量与抗炎活性的相关性。结果(见表 3-3-41～表 3-3-43)表明,40 μg/mL 和 80 μg/mL 莲子心水提物可显著降低炎性介质 NO 的释放量和炎性因子TNF-α的分泌量,且对 NO 释放量的抑制作用呈现剂量依赖性。当莲子心水提物含量为 80 μg/mL 时,其对 NO 的抑制作用与其含有的夏佛塔苷量呈显著正相关($R^2=0.974$;$P<0.05$)。研究表明 8 种莲子心水提物均具有抗炎作用,夏佛塔苷是其关键抗炎活性成分。提示选择夏佛塔苷含量较高的莲子心,可获得更好的抗炎效果。

表 3-3-41　不同浓度样品与 LPS 共处理组对 RAW264.7 巨噬细胞 NO 释放量的影响

样品编号	NO 含量/(μmol/L)					
	阴性	LPS	LPS-DEX	LPS+20	LPS+40	LPS+80
1	5.1±0.4**	34.0±0.3	25.5±0.8**	31.3±0.7	28.5±0.4**	25.2±0.8**
2	5.5±0.2**	23.1±0.5	16.3±0.5**	19.6±0.1*	18.8±0.1**	17.1±0.5**
3	5.4±0.1**	22.7±.01	16.7±0.2**	19.2±0.2*	16.6±0.2**	15.9±0.4**
4	5.8±0.1**	23.1±0.5	18.1±0.3**	19.9±0.4*	18.5±0.6**	15.8±0.7**
5	7.6±0.4**	15.5±0.4	12.0±0.3**	14.4±0.4	12.7±0.3**	12.3±0.4**
6	4.7±0.5**	33.9±0.3	24.4±0.7**	33.2±0.1	29.5±0.3**	26.2±0.4**
7	6.9±0.2**	21.3±0.1	16.0±0.1**	19.7±0.7	17.4±0.4**	16.9±0.2**
8	5.3±0.4**	34.0±0.3	24.1±0.4**	29.8±0.5**	27.0±0.4**	26.3±0.1**

注:与 LPS 处理组相比,* $P<0.05$;** $P<0.01$。

据王晶晶等(2018)

表 3-3-42　不同浓度样品与 LPS 共处理组对 RAW264.7 巨噬细胞 TNF-α 分泌量的影响

样品编号	TNF-α 分泌量/(μmol/L)					
	阴性	LPS	LPS-DEX	LPS+20	LPS+40	LPS+80
1	146±9	179±4	153±1	184±13	174±3	178±6
2	217±10	218±10	186±1	204±2	193±11	227±20
3	190±10	260±10	209±24	192±9	175±16	216±5
4	246±9	304±20	261±25	278±11	249±8	322±12
5	208±4	250±21	196±15	245±16	233±15	206±17
6	191±6	228±3	215±5	189±2	199±12	223±11
7	239±9	269±6	253±7	250±12	247±5	261±5
8	239±9	329±14	298±13	256±8	283±4	284±5

注：与 LPS 处理组相比，* $P<0.05$；** $P<0.01$。

据王晶晶等（2018）

表 3-3-43　NO 抑制率与夏佛塔苷含量相关性分析

因素	Pearson 相关系数	P 值
夏佛塔苷含量与 80 μg/mL+LPS 组	0.974*	0.026
40 μg/mL+LPS 组与 80 μg/mL+LPS 组	0.758*	0.029

据王晶晶等（2018）

田文月（2019）对莲子心总黄酮、总生物碱化学成分进行系统研究的基础上，研究了中药莲子心体外抗氧化、体内抗炎活性研究。实验采用回流提取技术对莲子心药材中的成分进行提取，通过阳离子交换树脂及大孔吸附树脂对莲子心总黄酮、总生物碱部分进行富集；采用 HPLC、UV、UPLC-ESI-Q-TOF-MS 等技术手段对分离得到的莲子心总黄酮、总生物碱进行指纹图谱初步鉴定，定量分析总黄酮、总生物碱的含量以及定性分析总黄酮、总生物碱的化学成分；采用 DPPH、ORAC、FRAP 方法进行抗氧化活性分析；采用 TPA 诱导小鼠耳肿胀模型探究莲子心总黄酮、总生物碱部位的抗炎活性。结果：采用 HPLC、UV 法对 13 个不同产地的莲子心总黄酮、总生物碱的指纹图谱和含量进行了比较研究，发现不同产地莲子心总黄酮、总生物碱部分化学成分类似，但含量差别较大；借助 UPLC-ESI-Q-TOF-MS 技术手段，从湖南湘潭产地莲子心总黄酮、总生物碱部分初步分析鉴定得到 38 个黄酮类化合物（包括 20 个黄酮碳苷类、15 个黄酮氧苷类和 3 个苷元类化合物）和 30 个生物碱类化合物（包括 15 个单苄基四氢异喹啉类生物碱、5 个双苄基四氢异喹啉类生物碱、8 个阿朴啡类生物碱、1 个原阿朴啡类生物碱和 1 个异喹啉酮类生物碱），其中两个新化合物（isococlaurine-5′-O-pentoside、coclaurine-5′-O-pentoside）在本研究中首次推断得到；抗氧化结果表现为不同产地莲子心总黄酮、总生物碱均表现出很强的抗氧化活性，抗氧化能力与莲子心总黄酮、总生物碱含量呈正相关关系；抗炎活性结果显示为相同条件下莲子心总黄酮、总生物碱部位均比莲子心醇提物显示出更好的抗炎能力。

李慧等（2018）对洪湖野生莲子心水提物中黄酮类化合物进行分析，研究了其对 RAW264.7 小鼠巨噬细胞炎性介质 NO 产生的影响。采用高效液相色谱法、高效液相色谱-质谱联用法从莲子心水提物中共分离出 20 种黄酮类化合物，包括夏佛塔苷含量达到(12.89±0.03) μg/mg 等黄酮碳苷 11 种；包括芦丁等黄酮氧苷 7 种；黄酮双 O-C-糖苷 2 种。其中 5 种黄酮碳苷、2 种黄酮氧苷和 2 种双 O-C-糖苷黄酮首次从莲子心中被发现。以脂多糖刺激 RAW264.7 小鼠巨噬细胞建立炎症模型，发现在 20～80 μg/mL 质量浓度范围，莲子心水提物对 NO 产生的抑制作用随其浓度的增加而增强；莲子心水糖蛋白(20 μg/mL)、夏佛塔苷(1.4 μg/mL)具有显著抑制脂多糖刺激下细胞炎性介质 NO 产生的作用($P<0.05$)，表明洪湖野生莲子

心水提物中除糖蛋白外,夏佛塔苷也是有效抑制炎性介质 NO 产生的重要活性组分。

Liu 等(2004)为辨别莲子对组织发炎的治疗作用,通过生物活性追踪分馏过程,研究了 6 种中草药的乙醇提取物对人体外周血单核细胞(PBMC)的体外增殖效应。结果显示,从莲子提取物中分离的 NN-B-4 具有显著抑制植物血凝素所激活 PBMC 的增殖的作用。

黄素英(2010)以茶多酚为对照,研究了莲子多酚的抑菌活性。结果显示:莲子多酚对金黄色葡萄球菌、沙门氏菌、大肠杆菌、枯草芽孢杆菌和李斯特氏菌 5 种菌种均有抑制作用,但对绿木霉和黑霉两种真菌抑制作用不显著;一定温度处理对莲子多酚的抑菌活性影响不大。在 pH 5~8 范围内,改变 pH 值不影响莲子多酚抑菌活性。莲子多酚对金黄色葡萄球菌、枯草芽孢杆菌和李斯特氏菌的最低抑菌浓度分别为 0.3 mg/mL、0.4 mg/mL 和 0.4 mg/mL,对大肠杆菌和沙门氏菌的最低抑菌浓度分别为 0.8 mg/mL 和 0.9 mg/mL。

Kuo 等(2005)研究了 10 种传统中草药的醇提取物对 1 型单纯疱疹病毒(HSV-1)增殖抑制效果后发现,从莲子中分离得到的丁醇组分 NN-B-5 能显著抑制 HSV-1 在海拉细胞中的增殖活动,且半数死亡的抑制剂浓度(IC_{50})为$(21.3\pm1.6)\mu g/mL$,为进一步研究其抑制机制,Kuo 采用聚合酶链式反应(PCR)和 Southern 印迹技术探讨了 HSV-1 的即刻早期基因表达,结果发现,NN-B-5 对感染细胞蛋白 ICP0 、ICP4 的 mRNA 转录的抑制以及病毒代谢产物积累的减少可能是病毒增殖抑制的主要原因,此次发现将对某些癌症特别是宫颈癌的研究有着重要意义。

8. 保护肝肺肾

吴小南等(2006)研究了发酵莲子乳(LMFP)对急性 CCl_4 肝毒性的保护作用,检测 LMFP 上清液对体外肝匀浆过氧化脂质生成量的影响。干预 14 d,一次性腹腔注射 0.1% CCl_4 造模,测定肝脏损伤及抗氧化指标,肝组织切片 HE 染色及免疫组化观察。结果(见表 3-3-44~表 3-3-45)表明,LMFP 于体外可抑制正常肝匀浆及经半胱氨酸、硫酸亚铁激发肝匀浆过氧化脂质(LPO)的生成;与模型组比较,LMFP 干预组肝细胞肿胀,局灶坏死,炎细胞浸润等病理损伤减轻,Bcl-2 表达增强;肝匀浆乳酸脱氢酶(LDH)活力降低,LPO 生成显著减少,超氧化物歧化酶(SOD)活性增加($P<0.05$)。

表 3-3-44　各干预组小鼠肝体比、血清 GPT 活力、肝匀浆 LDH 活力比较($n=8$)

组别	肝重/体重/%	ALT/(U/L)	LDH/(U/g prot)
阴性对照组	4.406±0.502	135.512±9.115	1877.685±267.083[d]
CCl_4 模型组	6.168±0.631	136.867±4.962	2390.245±507.176[b]
25% 发酵莲子乳组	6.492±0.358	135.512±6.912	1858.442±306.837[d]
50% 发酵莲子乳组	6.703±0.110	132.122±4.058	1862.992±404.109[d]
100% 发酵莲子乳组	6.361±0.125	125.681±9.610[ad]	1660.362±343.679[d]
维生素 E 组	6.171±0.585	117.478±8.044[bd]	1856.635±389.575[d]

注:与阴性对照组比较,[a]$P<0.05$,[b]$P<0.01$;与 CCl_4 模型组比较,[c]$P<0.05$,[d]$P<0.01$。

据吴小南等(2006)

表 3-3-45　发酵莲子乳对小鼠肝匀浆 LPO、GSH 水平,血清 SOD 活力的影响($n=8$)

组别	LPO/(μmol/g prot)	GSH/(g/g prot)	SOD/(U/g)
阴性对照组	4.828±1.728[d]	0.917±0.021 8	0.149 8±0.023 5
CCl_4 模型组	7.894±3.090[b]	0.063 8±0.017 0	0.128 8±0.040 8
25% 发酵莲子乳组	3.935±1.005[d]	0.072 9±0.008 8	0.191 5±0.047 7[ad]
50% 发酵莲子乳组	3.649±1.806[d]	0.075 0±0.014 6	0.205 0±0.042 6[bd]
100% 发酵莲子乳组	3.247±0.996[d]	0.078 7±0.013 6	0.213 5±0.037 2[bd]
维生素 E 组	2.157±0.723[bd]	0.078 3±0.023 7	0.192 3±0.024 8[ad]

注:与阴性对照组比较,[a]$P<0.05$,[b]$P<0.01$;与 CCl_4 模型组比较,[c]$P<0.05$,[d]$P<0.01$。

据吴小南等(2006)

高天娇等(2014)研究了莲子心醇提物对大鼠肝纤维化的保护作用并探讨了其可能机制。实验将雄性 SD 大鼠 32 只,随机分为 4 组——正常对照组、模型组、莲子心高剂量组(浓度 1000 mg/kg 的莲子心醇提物按 10 mL/kg 灌胃,每日 1 次)、莲子心低剂量组(浓度 500 mg/kg 的莲子心醇提物按 10 mL/kg 灌胃,每日 1 次),每组 8 只。采用 CCl_4 腹腔注射诱导大鼠肝纤维化。采用生化分析仪检测大鼠血清谷丙转氨酶(ALT)、谷草转氨酶(AST)、白蛋白(ALB)水平;采用比色法检测肝组织中超氧化物歧化酶(SOD)、丙二醛(MDA)、羟脯氨酸(Hyp)水平;采用 HE 染色及 Masson 染色观察肝组织纤维化程度;采用免疫组化法检测肝组织中 α 平滑肌肌动蛋白(α-SMA)的表达。结果(见表 3-3-46、表 3-3-47)表明:①与正常对照组比较,模型组大鼠血清 ALT 及 AST 明显升高,ALB 明显降低(均 $P<0.05$),莲子心醇提取物治疗后,ALT 及 AST 低于模型组,ALB 高于模型组($P<0.05$)。②与正常对照组比较,模型组大鼠肝脏可见明显的胶原沉积,并有假小叶形成,肝脏炎症活动度及纤维化程度严重,肝脏 Hyp 含量亦明显升高($P<0.05$),而给予莲子心醇提物治疗后,胶原沉积明显减少,未见明显的假小叶,肝脏炎症活动度及纤维化程度减轻,肝脏 Hyp 含量亦明显降低($P<0.05$)。③与正常对照组比较,模型组大鼠肝脏 MDA 明显升高,SOD 明显降低(均 $P<0.05$);莲子心醇提物治疗后,MDA 降低,SOD 升高(均 $P<0.05$)。④与正常对照组比较,模型组大鼠肝脏 α-SMA 表达明显升高($P<0.05$),莲子心醇提物治疗后,α-SMA 表达明显降低($P<0.05$)。

表 3-3-46　莲子心醇提物对肝纤维化大鼠血清 ALT、AST 及 ALB 的影响($\bar{x}\pm s$)

组别	n	ALT/(U/L)	AST	ALB/(g/L)
正常对照	8	43.38±9.81	102.0±11.81	37.68±3.08
模型	8	121.12±24.05*	276.50±24.00*	30.69±1.33*
莲子心高剂量	8	65.50±8.32△	125.75±16.32△	36.09±1.42△
低剂量	8	90.25±14.70△▲	145.88±12.20△▲	33.39±3.43△▲

注:与正常对照组比较,* $P<0.05$;与模型组比较,△ $P<0.05$;与莲子心高剂量组比较,▲ $P<0.05$。
据高天娇等(2014)

表 3-3-47　莲子心醇提物对肝纤维化大鼠肝组织 SOD、MDA、Hyp、α-SMA 的影响($\bar{x}\pm s$)

组别	n	SOD/(U/mg prot)	MDA/(nmol/mg prot)	Hyp/(μg/mg)	α-SMA
正常对照	8	27.42±1.31	6.96±1.20	0.44±0.10	0.12±0.01
模型	8	18.49±1.34*	14.66±1.61*	1.17±0.18*	0.21±0.02*
莲子心高剂量	8	23.84±1.52△	8.43±1.35△	0.56±0.04△	0.14±0.01△
莲子心低剂量	8	22.32±1.27△▲	9.52±0.68△▲	0.73±0.10△▲	0.15±0.01△▲

注:与正常对照组比较,* $P<0.05$;与模型组比较,△ $P<0.05$;与莲子心高剂量组比较,▲ $P<0.05$。
据高天娇等(2014)

施京红等(2016)研究了莲子心的抗脂质过氧化作用及对肝纤维化的影响。试验将 SPF 级雄性 SD 大鼠 48 只随机分为 6 组——正常对照组、模型组、秋水仙碱阳性对照组及莲子心高、中、低剂量组,每组 8 只。除正常对照组外,其余各组大鼠腹腔注射 20% CCl_4 溶液 2 mL/kg 造模,首次加倍,每周 2 次,共 8 周。同时分别给予各组大鼠按 10 mL/kg 灌胃相应药物,连续给药 8 周后称量体质量及肝质量,计算肝脏系数,检测血清谷丙转氨酶(ALT)、谷草转氨酶(AST)、ALB 及肝组织 SOD、MDA、羟脯氨酸(Hyp)水平,观察肝组织肝纤维化并进行分级。结果(见表 3-3-48~表 3-3-50)表明,与模型组比较,莲子心各组肝脏系数及血清 ALT、AST 显著降低;肝组织中 MDA、Hyp 显著降低,SOD 显著升高;莲子心中、高剂量组血清 ALB 显著升高;组织病理学观察显示莲子心各组肝纤维化程度明显改善。提示莲子心能减轻肝细胞损伤,保护肝细胞,并具有一定的抗肝纤维化作用。清除氧自由基、抗脂质过氧化可能是其抗肝纤维化作用机制之一。

表 3-3-48　莲子心对肝纤维化大鼠体质量及肝脏系数的影响($\bar{x}\pm s,n=8$)

组别	剂量/(mg/kg)	实验前体质量/g	实验末体质量/g	肝脏系数/%
正常对照	—	201.43±11.23	405.90±31.60	2.65±0.32
模型组	—	209.52±17.81	329.63±29.07**	3.89±0.26**
秋水仙碱组	0.1	198.82±13.25	365.52±26.78#	2.91±0.33##
莲子心低剂量	500	211.20±21.37	368.35±22.90#	2.89±0.36##
莲子心中剂量	1000	206.35±15.32	352.46±25.14	3.12±0.41##
莲子心高剂量	1500	203.71±16.15	355.76±24.62	3.49±0.31#

注:与正常对照组比较,** $P<0.01$;与模型组比较,# $P<0.05$,## $P<0.01$。
据施京红等(2016)

表 3-3-49　莲子心对肝纤维化大鼠血清 AST、ALT、ALB 的影响($\bar{x}\pm s,n=8$)

组别	剂量/(mg/kg)	AST/(U/L)	ALT/(U/L)	ALB/(g/L)
正常对照	—	115.75±11.76	49.63±8.92	38.56±3.07
模型组	—	395.46±42.61**	209.31±29.24**	30.78±3.3**
秋水仙碱组	0.1	207.23±32.56##	101.44±20.45##	36.33±2.87##
莲子心低剂量	500	198.10±29.40##	94.53±17.57##	37.10±2.15##
莲子心中剂量	1000	227.45±24.74##	121.78±23.51##	34.17±1.89#
莲子心高剂量	1500	278.62±34.10##	167.24±27.54#	32.89±2.35

注:与正常对照组比较,** $P<0.01$;与模型组比较,# $P<0.05$,## $P<0.01$。
据施京红等(2016)

表 3-3-50　莲子心对肝纤维化大鼠肝组织 SOD、MDA、Hyp 水平的影响($\bar{x}\pm s,n=8$)

组别	剂量/(mg/kg)	SOD/(U/mg)	MDA/(nmol/mg)	Hyp/(μg/g)
正常对照	—	137.25±21.56	3.60±0.76	210.78±23.15
模型组	—	62.45±25.74**	7.45±0.87**	415.71±38.78**
秋水仙碱组	0.1	110.62±19.84##	4.01±0.65##	265.35±25.36##
莲子心低剂量	500	108.10±18.52##	3.87±0.68##	253.78±26.17##
莲子心中剂量	1000	94.71±18.10#	4.35±0.90##	301.53±30.52##
莲子心高剂量	1500	78.46±23.65#	6.01±1.08#	338.42±35.23##

注:与正常对照组比较,** $P<0.01$;与模型组比较,# $P<0.05$,## $P<0.01$。
据施京红等(2016)

彭燕(2017)研究了莲子心总生物碱毒性及对 CCl_4 急性肝损伤的保护作用。一次性给予给药组昆明小鼠(10 只)口服灌胃量 2000 mg/kg 莲子心总碱,对照组昆明小鼠(10 只)给予同等剂量 0.3%羧甲基纤维素钠,密切观察 72 h 内两组小鼠的表现中毒症状以评价其急性毒性。SD 大鼠随机分为 6 组,分别作为空白对照组,模型组,阳性对照组(水飞蓟素 200 mg/kg),莲子心总生物碱低、中、高剂量(100 mg/kg、200 mg/kg、400 mg/kg)组,以 CCl_4 为诱导剂进行肝损伤诱导,造模 24 h 后再禁食 16 h,检测大鼠血清中谷丙转氨酶(ALT)、碱性磷酸酶(ALP)、总胆红素(TBIL)、谷草转氨酶(AST)水平,肝组织匀浆液中超氧化物歧化酶(SOD)、过氧化氢酶(CAT)、谷胱甘肽过氧化物酶(GSH-Px)以及丙二醛(MDA)活性,同时测定肝脏系数,并观察肝脏组织病理切片。结果表明:对于昆明小鼠莲子心总生物碱安全剂量可高达 2000 mg/ (kg·d)。100 mg/kg、200 mg/kg、400 mg/kg 莲子心总生物碱可改善模型组大鼠肝脏系数,逆转受损大鼠血清中 ALT、AST、ALP 以及 TBIL 水平($P<0.05$),恢复受损肝组织中氧化酶 SOD、CAT、GSH-Px 的含量,降低 MDA 水平($P<0.05$),各指标变换趋势与剂量呈相关性。提示莲子心总生物碱具有较高的安全性以及对急性肝损伤具有保护作用。

Sohn 等(2003)通过测定 DPPH 自由基的减少量来评价莲子乙醇提取物(ENN)的抗氧化作用,采用 CCl_4 和黄曲霉素 B_1 导致的肝细胞毒性模型来测试护肝作用。结果显示,ENN 具有潜在的自由基清除能力,半数抑制浓度为 6.49 mg/mL;ENN 抑制受 CCl_4 损伤的肝细胞中血清酶和细胞毒性的产生,同时,黄曲霉素 B_1 的基因毒性和细胞毒性也能受到抑制,且具有量效关系。这表明 ENN 的防肝损伤与其抗氧化性可能有一定的联系。

李艳晓等(2017)比较了莲子心提取物(LE)水洗脱(LEWW)和醇洗脱(LEAW)对博来霉素诱导小鼠肺纤维化(PF)的作用。实验经气管一次性滴注博来霉素复制 PF 小鼠模型,给予 2 种 LE 灌胃 21 d 后,解剖肺脏,苏木精-伊红染色(HE 染色)法观察小鼠肺组织炎症程度并进行炎症评分,Masson 染色观察 PF 程度,计算肺系数,检测血清还原型谷胱甘肽(GSH)、一氧化氮(NO),用逆转录-聚合酶链反应(RT-PCR)检测转化生长因子 $β_1$(TGF-$β_1$)、α 平滑肌肌动蛋白(α-SMA)、胶原蛋白Ⅰ、胶原蛋白Ⅲ mRNA 表达水平,酶联免疫吸附法检测肺组织匀浆 TGF-$β_1$、α-SMA 及羟脯氨酸(Hyp)的蛋白表达水平。结果(见表3-3-51～表 3-3-54)表明,与模型组比较,LEWW 和 LEAW 组 GSH 在血清中含量均升高,NO 含量降低;肺组织匀浆中 TGF-$β_1$、α-SMA、Hyp 含量降低($P<0.05$)。提示 LE 对博来霉素所致 PF 小鼠有一定防治作用,其机制可能与 LE 抗氧化、抑制胶原蛋白形成及下调 TGF-$β_1$ 有关。

表 3-3-51　各组小鼠炎症及纤维化程度评分($n=7$,分,$\bar{x}±s$)

组别	肺泡炎症评分	纤维化程度评分
正常组	0.45±0.05	1.62±0.07
模型组	2.47±0.18	3.24±0.35
维生素 C 组	1.72±0.21	2.71±0.22
地塞米松组	1.30±0.17	2.36±0.14
LEWW 组	1.55±0.16	2.47±0.21
LEAW 组	1.32±0.08	2.55±0.19
F 值	107.113	87.230
P 值	0.013	0.025

据李艳晓等(2017)

表 3-3-52　各组小鼠体重、肺湿重及肺系数比较($n=7$,$\bar{x}±s$)

组别	剂量/(mg/kg)	体重/g	肺湿重/g	肺系数
正常组	100	28.58±1.36	0.198 9±0.012	0.533 9±0.037 6
模型组	100	21.12±0.92	0.251 4±0.019	0.816 5±0.056 5
维生素 C 组	100	24.25±0.77	0.215 8±0.017	0.713 5±0.046 9
地塞米松组	2	24.25±1.26	0.228 0±0.002 2	0.643 4±0.082 6
LEWW 组	100	24.65±1.21	0.218 2±0.015	0.668 3±0.018 8
LEAW 组	100	25.13±0.88	0.219 3±0.020	0.663 1±0.168 2
F 值		15.162	10.318	54.126
P 值		0.025	0.039	0.027

据李艳晓等(2017)

表 3-3-53　各组小鼠血清中 GSH、NO 浓度比较($n=7$, $\bar{x} \pm s$)

组别	GSH/(μmol/L)	NO/(μmol/L)
正常组	33.56±7.74	2.71±0.72
模型组	28.99±4.81	8.36±0.25
维生素 C 组	39.95±8.02	6.03±0.68
地塞米松组	44.06±10.64	4.22±0.33
LEWW 组	43.15±11.18	4.07±0.51
LEAW 组	34.47±6.96	3.16±0.27
F 值	132.104	42.172
P 值	0.041	0.016

据李艳晓等(2017)

表 3-3-54　各组小鼠肺组织 TGF-β_1、胶原蛋白 I 及胶原蛋白 III mRNA 表达水平比较($n=7$, $\bar{x} \pm s$)

组别	TGF-β_1 mRNA	α-SMA mRNA	胶原蛋白 I mRNA	胶原蛋白 III mRNA
正常组	0.74±0.06	0.58±0.03	0.60±0.012	1.01±0.09
模型组	1.15±0.12	1.24±0.11	1.29±0.11	1.12±0.15
维生素 C 组	0.77±0.07	0.86±0.06	1.23±0.17	1.19±0.14
地塞米松组	1.20±0.16	0.82±0.09	0.71±0.1	1.03±0.08
LEWW 组	0.79±0.11	1.05±0.12	1.38±0.15	0.78±0.07
LEAW 组	0.64±0.08	0.77±0.58	0.76±0.02	0.79±0.16
F 值	23.142	45.834	76.164	42.186
P 值	0.019	0.036	0.012	0.002

据李艳晓等(2017)

邓碧(2015)研究发现莲子心提取物可能通过减弱肾脏 NADPH 氧化酶活性,减弱肾脏的氧化应激,发挥肾脏保护作用。其中,莲子心提取物中主要成分甲基莲心碱、异莲心碱能减弱高糖刺激下的肾脏细胞 NADPH 氧化酶活性。

9.镇静催眠作用

据贺玉琢(2006)报道,日本古谷祥子研究发现莲子心富含的甲基莲心碱(Nef)可抑制小鼠的自发运动,表明其具有镇静作用。实验动物为雄性 ICR 系小鼠(25~30 g),腹腔内注射给予甲基莲心碱或地西泮。实验表明,地西泮与甲基莲心碱均可减少小鼠的自发运动量,均明显延长硫喷妥钠所致持续睡眠的时间,并有降低体温的作用。但是地西泮可引起运动协调障碍,对士的宁及印防己毒素诱发的痉挛有抗痉挛作用,而 Nef 则未观察到上述作用。上述结果表明,甲基莲心碱具有中枢抑制作用。

刘曼华(2018)研究了不同剂量的莲子心水提取物和醇提取物的镇静催眠作用。实验采用阈上剂量和阈下剂量戊巴比妥钠诱导小鼠睡眠,考察不同剂量的莲子心提取物对小鼠自主活动的影响,探讨莲子心的镇静催眠药理作用。结果(见表 3-3-55、表 3-3-56)表明:与空白组比较,莲子心醇提物和水提物的高、中、低剂量组均能明显提高小鼠入睡率。高、中剂量组可延长小鼠的睡眠持续时间,抑制小鼠的自主活动,其中醇提取物高剂量组的抑制作用较水提取物更加明显。提示莲子心提取物具有镇静催眠作用,且有一定的剂量依赖性。

表 3-3-55　不同剂量戊巴比妥钠对 ICR 雄性小鼠睡眠的影响（$n＝10$）

剂量/(mg/kg)	入睡小鼠数量/只	入睡率/%
25	0	0
30	2	20
35	10	100
40	10	100
50	10	100

据刘曼华(2018)

表 3-3-56　莲子心提取物对戊巴比妥钠诱导小鼠睡眠潜伏期和睡眠持续时间的影响（$n＝10$）

组别	剂量/(mg/kg)	睡眠潜伏期/min	睡眠持续时间/min
空白对照组	0	4.02±1.26	40.63±20.62
阳性对照组	2.0	4.75±2.69	121.3±32.55
莲子心醇提取物	100	5.02±1.01	27.11±13.73
	200	3.98±1.36	69.89±35.17
	400	5.15±1.88	102.13±43.11
莲子心水提取物	100	4.12±0.98	29.21±11.95
	200	4.92±1.76	76.67±46.09
	400	4.23±1.03	91.34±40.15

注：与空白对照组比较，* $P<0.05$，** $P<0.01$，*** $P<0.001$。

据刘曼华(2018)

10.抑癌

李亚雄(2019)通过体外和体内实验探究了莲心碱对胰腺癌细胞增殖、周期和凋亡的影响，并初步探究了其可能的分子机制。实验采用 CCK-8 法检测莲心碱对两株胰腺癌细胞系 MIA PaCa-2 和 PANC-1 细胞增殖的影响。克隆形成实验检测莲心碱对 MIA PaCa-2 和 PANC-1 细胞克隆形成能力的影响。流式细胞术及 Hoechst 33342 染色法检测莲心碱对 MIA PaCa-2 和 PANC-1 细胞周期及凋亡的影响。蛋白质免疫印迹实验检测细胞周期相关蛋白(CDK 2 和 Cyclin A)和细胞凋亡相关蛋白(活化型 Caspase-9、活化型 Caspase-3、剪切型 PARP、Bcl-2、Bax)的表达。裸鼠皮下成瘤实验在动物水平检测莲心碱对人胰腺癌细胞成瘤的影响。结果：莲心碱可抑制 MIA PaCa-2 和 PANC-1 细胞的增殖能力和克隆形成能力，且这种抑制作用呈现剂量及时间依赖性。莲心碱可使 MIA PaCa-2 和 PANC-1 细胞阻滞于 S 期并促进其凋亡。经莲心碱处理后，随莲心碱处理浓度的升高，MIA PaCa-2 和 PANC-1 细胞中活化型 Caspase-9、活化型 Caspase-3、剪切型 PARP、Bax 表达水平逐渐升高，而 Bcl-2 表达水平及其与 Bax 表达水平的比值逐渐降低。莲心碱抑制裸鼠皮下瘤的生长，且抑制水平随莲心碱处理浓度的增高而增高。以上结果提示莲心碱抑制人胰腺癌 MIA PaCa-2 和 PANC-1 细胞的增殖，并诱导这两种胰腺癌细胞发生 S 期阻滞及凋亡。此作用是通过调控细胞周期相关蛋白的表达和影响细胞线粒体凋亡途径而发生的。

彭燕等(2017)研究了莲子心总生物碱对人肝癌 HepG2 细胞的抑制作用。实验采用 CCK-8 试剂盒研究莲子心总生物碱对 HepG2 细胞生长的影响，运用流式细胞仪检测细胞的凋亡率。结果表明：作用时间相同时，随着给药浓度的增加，莲子心总生物碱对 HepG2 细胞增殖的抑制率增加，呈现出剂量依赖性，72 h 时，莲子心总生物碱对 HepG2 细胞的半抑制浓度（IC_{50}）为 1.501 $\mu g/mL$；在同一浓度下，随着作用时间的延长，莲子心总生物碱对 HepG2 细胞增殖的抑制率呈上升趋势，其中 72 h 时，10 $\mu g/mL$ 莲子心总生物碱 HepG2 细胞增殖的抑制率达到 72%。不同浓度的莲子心总生物碱作用于人肝癌细胞后，HepG2 细胞凋亡率明显升高,并呈剂量依赖性,与空白对照组比较,差异有统计学意义($P<0.05$),其中 20 μg/mL 莲子心总生物碱对 HepG2 细胞凋亡率达 85.6%。提示莲子心总生物碱能诱导细胞的凋亡,对人肝癌 HepG2 细胞的增殖有明显的抑制作用。

11. 抗心律失常

张京梅等(2009)从药材莲子心中提取生物碱类活性成分,对主要成分进行分离鉴定,并对其抗心律失常药效进行了初步研究。莲子心药材选用酸性乙醇搅拌提取;采用柱层析的方法分离、纯化;初步对结扎冠状动脉诱导的大鼠的心律失常活性作用进行探讨。结果显示:从莲子心药材提取的总生物碱中分离得到 3 个生物碱类成分,为莲心碱、异莲心碱、甲基莲心碱。药效实验表明:莲子心总生物碱大、中剂量组明显延长室速发生时间及缩短室速持续时间(见表 3-3-57)。提示莲子心总生物碱具有抗结扎冠状动脉诱导的大鼠心律失常的作用。

表 3-3-57 总碱对心律失常发生出现时间及持续时间的影响($\bar{x}\pm s, n=8$)

组别	剂量/(mg/kg)	室速发生时间/s	室速持续时间/s
模型组	—	63.5±10.7	303.7±98.3
地奥心血康组	270	346.0±55.8[2)	47.3±17.4[2)
莲子心总生物碱组	100	354.0±117.5[2)	28.7±21.2[2)
	50	179.8±96.2[1)	61.5±30.4[2)
	25	137.3±1.1	309.5±63.4

注:与模型组相比较,[1) $P<0.05$,[2) $P<0.01$。

据张京梅等(2009)

三、莲子的研究成果

郑宝东、郑金贵(2004)收集了我国具代表性的 22 种野生及栽培莲子种质资源(见表 3-3-58),分布范围为东经 110°45′~119°43′,北纬 25°58′~39°07′。研究了其外观品质、营养及保健品质、加工品质和遗传多样性,从而建立莲子种质资源数据库及资源图谱,并实现品质研究的实践应用。主要研究成果如下:

表 3-3-58 莲子品种的编号、名称及来源地

编号	品种	来源地	编号	品种	来源地
lz1	建宁花排莲	福建建宁	lz12	湘白莲	湖南湘潭
lz2	建宁莲 3 号	福建建宁	lz13	武昌莲	湖北宜城
lz3	宁化莲	福建宁化	lz14	洪湖莲(家生)	湖北洪湖
lz4	建瓯莲	福建建瓯	lz15	洪湖莲(野生)	湖北洪湖
lz5	建瓯太空莲	福建建瓯	lz16	美人红莲	江苏宝应
lz6	广昌常规莲	江西广昌	lz17	大紫红莲	江苏宝应
lz7	广昌莲 2 号	江西广昌	lz18	江苏洪湖莲	江苏宝应
lz8	广昌莲 3 号	江西广昌	lz19	江苏水选 1 号	江苏宝应
lz9	广昌莲 4 号	江西广昌	lz20	武义宣莲	浙江武义
lz10	广昌莲 5 号	江西广昌	lz21	里叶红花莲	浙江建德
lz11	广昌星空牡丹	江西广昌	lz22	白洋淀野生莲	河北保定

据郑宝东、郑金贵(2004)

(1)外观品质是鲜莲国内外贸易主要的质量指标,当时尚未有国家和国际标准。对 5 项外观品质指标纵径、横径、纵横径比、每百克粒数、单蓬生莲率进行了研究,利用电子扫描技术,建立莲子种质资源实物图谱。外观品质研究结果表明,莲子品种间纵横径比差异显著,莲子每百克粒数与反其食味品质的直链淀粉(AC)含量差异最大,变异系数均高达 30% 以上。收集到的两个野生品种白洋淀野生莲和野生洪湖莲 AC 含量最小,分别为 6.151% 和 7.578%。品质间相关性研究表明,莲子外观品质中的每百克粒数、单蓬生莲率与食味品质存在极显著的相关性($r>0.6$,$n=22$),每百克粒数越多,即莲子越小,食味品质越好,为鲜莲国家标准的制定提供重要依据。莲子纵横径比,每百克粒数与多酚氧化酶(PPO)活性有显著的正相关($r>0.49$);横径与 PPO 活性有极显著的负相关($r=-0.622\,9$),即莲子越小,PPO 活性越高,该成果为选择适宜加工品种提供依据。

(2)营养品质研究结果(见表 3-3-59～表 3-3-61)表明:

1)莲子中的碳水化合物和蛋白质含量较高,碳水化合物平均含量达 24.3%,最大值为 31.9 g/100 g 鲜重(里叶红花莲),最小值为 9.0 g/100 g(鲜重,下同)(野生洪湖莲),最大值是最小值的 3.5 倍。蛋白质平均含量达到 7.8%,远高于同是硬果类的新鲜板栗(含蛋白质 4.0%、水分 53.0%)、菱(含蛋白质 3.6%、水分 69.2%)和白果(含蛋白质 6.4%、水分 53.7%),最大值为 10.2 g/100 g(广昌莲 4 号),最小值为 3.8 g/100 g(家生洪湖莲),最大值是最小值的 2.6 倍。因此可以说莲子属于蛋白质含量较高的食物。莲子中脂肪含量较低,平均值为 0.4 g/100 g,最大值为 0.8 g/100 g(建宁花排莲),最小值为 0.2 g/100 g(广昌莲 4 号、广昌莲 5 号、野生洪湖莲),最大值是最小值的 4 倍。品种间差异较大,变异系数高达 36.9%。莲子中粗纤维含量平均值为 1.0 g/100 g,最大值为 1.2 g/100 g(广昌莲 3 号、广昌莲 4 号、广昌星空牡丹、武义宣莲、里叶红花莲),最小值为 0.8 g/100 g(宁化莲、家生洪湖莲),最大值是最小值的 1.5 倍,差异不大。莲子中灰分平均值为 1.6 g/100 g,最大值为 2.0 g/100 g(家生洪湖莲、野生洪湖莲),最小值为 0.9 g/100 g(里叶红花莲),最大值是最小值的 1.2 倍。

表 3-3-59　莲子主要营养成分的含量　　　　　　　　　　　　　　单位:g/100 g

品种	水分	碳水化合物	蛋白质	脂肪	粗纤维	灰分
lz1	57.8	30.9	8.6	0.8	1.0	1.9
lz2	60.9	28.8	7.8	0.7	1.1	1.8
lz3	66.5	24.0	7.4	0.6	0.8	1.5
lz4	64.7	25.5	7.8	0.4	0.9	1.6
lz5	61.2	28.4	8.4	0.4	1.0	1.6
lz6	61.0	28.8	7.9	0.6	1.0	1.7
lz7	60.9	27.5	9.5	0.3	1.1	1.8
lz8	57.5	30.9	9.6	0.2	1.2	1.8
lz9	57.5	30.2	10.2	0.2	1.2	1.8
lz10	67.8	22.1	8.2	0.2	1.0	1.7
lz11	65.1	24.1	8.8	0.4	1.0	1.6
lz12	60.6	27.8	9.3	0.5	1.1	1.8
lz13	70.4	20.2	7.3	0.4	1.0	1.7
lz14	85.2	9.8		0.3	0.8	0.9
lz15	85.4	9.0	4.5	0.2	1.0	0.9
lz16	62.0	27.6	8.1		1.0	1.8
lz17	73.7	18.4	6.2	0.4	0.9	1.3
lz18	72.8	18.9	6.4	0.5	0.9	1.4

续表

品种	水分	碳水化合物	蛋白质	脂肪	粗纤维	灰分
lz19	67.0	23.5	7.4	0.5	1.0	1.6
lz20	59.5	30.1	8.0	0.6	1.2	1.8
lz21	56.2	31.9	9.3	0.6	1.2	2.0
lz22	73.8	17.2	7.0	0.5	1.0	1.5
平均值	65.8	24.3	7.8	0.4	1.0	1.6
最小值	56.2	9.0	3.8	0.2	0.8	0.9
最大值	85.4	31.9	10.2	0.8	1.2	2.0
R	29.2	22.9	6.4	0.6	0.4	1.1
CV/%	12.3	26.1	19.6	36.9	12.1	17.3

据郑宝东、郑金贵(2004)

2)在22种不同品种的新鲜莲子中,各微量营养素的差异均较大,其中,维生素C含量的差异最大,变异系数高达79%。维生素C含量最高的建宁莲3号(134.5 mg/kg)是含量最低的武昌莲(5.7 mg/kg)的23倍。而维生素C不仅在人体内具有重要的生理作用,而且由于其具高度的还原性质具有抗氧化作用可以抑制莲子中的多酚类物质的氧化褐变,因而鲜莲中维生素C的含量在鲜莲的加工中有重要的参考价值。维生素E是氧自由基的清道夫,它与其他抗氧化物质以及抗氧化酶包括超氧化物歧化酶和谷胱甘肽过氧化物酶等一起构成体内抗氧化系统,保护生物膜及其他蛋白质免受自由基攻击。莲子中维生素E含量的平均值为4.6 mg/kg,含量最高的广昌莲4号(6.8 mg/kg)是含量最低的武昌莲(2.8 mg/kg)的2.4倍。维生素B_1含量平均值达2.24 mg/kg,含量最高的里叶红花莲(3.56 mg/kg)是含量最低的家生洪湖莲(0.73 mg/kg)的4.9倍;维生素B_2含量平均值为0.13 mg/kg,含量最高的建瓯太空莲(0.21 mg/kg)是含量最低的江苏水选1号(0.06 mg/kg)的3.5倍;维生素B_6含量平均值为3.03 mg/kg,含量最高的建瓯莲(4.56 mg/kg)是含量最低的野生洪湖莲(1.62 mg/kg)的2.8倍;所有品种的维生素A和维生素D都未检出,所有品种的硒含量都小于0.01 mg/kg。莲子中钙含量的平均值为445 mg/kg,含量最高的武昌莲(1139 mg/kg)是含量最低的白洋淀野生莲(211 mg/kg)的5.4倍;莲子中磷含量的平均值为1715 mg/kg,含量最高的里叶红花莲(2157 mg/kg)是含量最低的家生洪湖莲(785 mg/kg)的2.7倍;莲子中铁含量的平均值为13 mg/kg,含量最高的品种是建宁花排莲和湘白莲(18 mg/kg),含量最低的品种是家生洪湖莲和野生洪湖莲(5 mg/kg);锌对生长发育、智力发育、免疫功能、物质代谢和生殖功能等均具有重要的作用,莲子中锌含量的平均值为13 mg/kg,含量最高的美人红莲(21 mg/kg)是含量最低的家生洪湖莲(5 mg/kg)的2.6倍。莲子的氨基酸组成齐全,但是品种间的差异很大。必需氨基酸总量占氨基酸总量平均为28%,绝大多数莲子品种的赖氨酸(Lys)含量在必需氨基酸组成中最高,Lys占氨基酸总量平均达到6.3%,其中,白洋淀野生莲Lys含量最高,为219.9 mg/kg,占氨基酸总量的7.9%;广昌常规莲含量最低,为61.8 mg/kg。因此鲜莲在一些特定人群的饮食中具有一定的意义,可以补充赖氨酸摄取的不足,提高蛋白质的吸收率。而蛋氨酸和胱氨酸含量远远低于其他氨基酸的含量,因此含硫氨基酸是莲子的第一限制性氨基酸。

表3-3-60 莲子微量营养素的含量

单位:mg/kg

品种	维生素B_1	维生素B_2	维生素B_6	维生素C	维生素E	Ca	P	Fe	Zn
lz1	2.89	0.11	3.97	67.5	5.8	487	1969	18	16
lz2	1.84	0.15	2.68	134.5	2.8	464	1941	16	12
lz3	2.48	0.13	3.49	15.6	3.6	304	1653	12	15

续表

品种	维生素 B_1	维生素 B_2	维生素 B_6	维生素 C	维生素 E	Ca	P	Fe	Zn
lz4	2.64	0.20	4.56	63.3	4.2	304	1939	13	12
lz5	1.75	0.21	3.66	14.9	3.9	319	1813	13	14
lz6	2.98	0.07	4.16	67.1	4.8	309	1979	12	16
lz7	1.86	0.17	3.62	17.1	4.9	564	2072	17	15
lz8	1.99	0.12	3.61	28.3	5.9	604	1944	15	15
lz9	2.05	0.10	3.40	31.7	6.8	556	1780	17	14
lz10	1.46	0.09	2.56	36.4	4.6	408	1787	11	11
lz11	1.61	0.07	3.29	32.0	4.1	361	2032	11	12
lz12	3.22	0.15	3.72	20.4	5.4	289	1530	18	14
lz13	2.71	0.16	1.88	5.7	2.8	1139	785	9	15
lz14	0.73	0.13	1.82	15.3	5.2	247	840	5	5
lz15	0.81	0.16	1.62	13.7	4.6	310	1789	5	9
lz16	3.10	0.14	2.54	56.6	4.4	794	1386	15	21
lz17	1.74	0.09	1.94	27.3	3.3	437	1471	9	11
lz18	1.90	0.10	2.20	22.3	3.0	357	1651	12	12
lz19	3.38	0.06	2.62	85.4	5.1	547	2019	11	16
lz20	2.67	0.13	3.33	22.9	5.7	355	2157	13	11
lz21	3.56	0.15	4.20	78.6	4.7	423	1551	15	17
lz22	1.89	0.18	1.80	10.6	5.1	211	1551	11	13
平均值	2.24	0.13	3.03	39.4	4.6	445	1715	13	13
最小值	0.73	0.06	1.62	5.7	2.8	211	785	5	5
最大值	3.56	0.21	4.56	134.5	6.8	1139	2157	18	21
R	2.83	0.15	2.94	128.8	4.0	928	1372	13	16
CV/%	34.1	31.1	28.9	79.0	22.6	45.5	20.4	28.2	24.0

据郑宝东、郑金贵(2004)

表 3-3-61　莲子的必需氨基酸的含量

品种	Val	Met	Lys	Ile	Leu	Phe	Thr	EAA	TAA	EAA/TAA/%
lz1	90.1	4.4	118.9	58.6	113.9	73.1	106.4	565.4	2067.0	27.35
lz2	112.0	4.5	139.4	72.6	123.3	97.7	127.6	677.1	2268.5	29.85
lz3	60.0	3.2	72.3	35.8	63.0	28.2	66.6	329.1	2311.8	14.24
lz4	111.8	2.3	125.4	77.0	121.9	101.6	123.6	663.6	2070.8	32.05
lz5	95.8	0.2	110.0	65.1	108.4	94.0	108.4	581.9	1653.1	35.20
lz6	53.4	0.3	61.8	36.8	71.1	58.3	28.8	310.5	1484.7	20.91
lz7	95.2	2.7	176.3	69.2	121.1	96.6	105.2	666.3	2965.3	22.47
lz8	94.7	1.5	162.6	68.3	120.6	95.5	102.2	645.4	2340.2	27.58

续表

品种	Val	Mel	Lys	Ile	Leu	Phe	Th	EAA	TAA	EAA/TAA/%
lz9	77.9	6.6	130.7	53.4	97.6	74.2	82.0	522.4	2024.3	25.81
lz10	88.2	1.6	136.1	61.5	102.8	82.2	97.6	570.0	2163.1	26.35
lz11	65.6	4.1	110.8	45.7	82.4	60.0	72.4	441.0	2722.7	16.20
lz12	120.3	9.5	174.5	83.1	145.8	102.8	117.6	753.6	2544.5	29.62
lz13	155.8	22.3	210.6	89.5	144.1	124.4	160.5	907.2	2961.6	30.63
lz14	90.0	0.0	103.3	59.4	84.6	90.5	86.4	514.2	1765.6	29.12
lz15	133.3	0.0	162.0	82.9	110.8	140.7	117.5	747.2	2681.4	27.87
lz16	129.4	12.3	176.7	72.9	114.9	115.2	135.2	756.6	2177.5	34.75
lz17	112.2	2.9	156.2	63.8	103.0	112.8	107.2	658.1	2167.6	30.36
lz18	114.8	3.2	149.0	73.4	124.5	103.8	107.2	675.9	2478.2	27.27
lz19	122.7	7.8	177.3	48.5	70.1	121.3	136.0	683.7	2261.7	30.23
lz20	98.2	1.2	111.5	55.4	92.3	108.7	113.8	581.1	1863.4	31.18
lz21	101.8	8.2	126.3	65.1	119.4	87.4	114.4	622.6	1814.6	34.31
lz22	157.5	8.0	219.9	89.0	133.4	147.8	156.4	912.0	2774.2	32.87
平均值	103.7	4.9	141.4	64.9	107.7	96.2	107.9	626.6	2252.8	28.01
最小值	53.4	0	61.8	35.8	63	28.2	28.8	310.5	1484.7	14.24
最大值	157.5	22.3	219.9	89.5	145.8	147.8	160.5	912.0	2965.3	35.20
R	104.1	22.3	158.1	53.7	82.8	119.6	131.7	601.5	1480.6	20.96
CV/%	25.6	104.0	27.6	22.8	20.8	27.8	26.6	23.2	17.9	19.3

据郑宝东、郑金贵(2004)

(3)保健品质的研究(见表 3-3-62)表明,莲子中多糖含量平均为 7.45 mg/g,含量最高的品种为建宁花排莲,比有代表性种质资源平均值高 78.8%,比含量最低的品种(武昌莲)高 158.1%;莲子中总黄酮含量平均 374 mg/kg,含量最高的莲子品种"广昌莲 3 号"(664 mg/kg)比平均值高 77.5%,比含量最低的品种家生洪湖莲(167 mg/kg)高 297.6%;超氧化物歧化酶(SOD)活性平均 7.80 U/mg,活性最高的品种建欧太空莲(18.00 U/mg prot)比平均值高 130.8%,比活性最低的品种江苏洪湖莲(3.18 U/mg prot)高 466%。研究出保持莲子营养成分的最佳食品加工技术——单体速冻(IQF),经 IQF 后的莲子其 SOD 在冻藏 1 年后仍能保持 80% 的活性,而干莲只保留约 30% 的活性。蒸煮加工会破坏莲子的 SOD 活性,速冻鲜莲蒸煮至可食用状态后,其 SOD 活性仍为干莲蒸煮后 SOD 活性的 2 倍。

表 3-3-62 不同品种莲子中功效成分的测定

品种	多糖含量/(mg/g)	总黄酮含量/(mg/kg)	SOD 活性/(U/mg prot)
lz1	13.32	473	7.10
lz2	6.96	520	9.57
lz3	6.84	348	6.72
lz4	6.90	453	10.34
lz5	7.74	415	18.0

续表

品种	多糖含量/(mg/g)	总黄酮含量/(mg/kg)	SOD 活性/(U/mg prot)
lz6	7.80	243	6.98
lz7	7.20	234	8.53
lz8	7.92	664	6.47
lz9	6.96	511	8.02
lz10	7.50	587	3.36
lz11	8.94	568	8.53
lz12	8.28	473	6.47
lz13	5.16	243	10.09
lz14	6.48	167	3.36
lz15	5.76	186	6.57
lz16	5.64	243	8.53
lz17	6.86	301	8.23
lz18	7.02	253	3.18
lz19	7.86	253	9.05
lz20	8.52	272	6.96
lz21	7.04	568	7.50
lz22	7.26	253	8.02
平均值	7.45	374	7.80
最小值	5.16	167	3.18
最大值	13.32	664	18.00
R	1.59	156.63	3.10
CV/%	12.68	41.88	39.78

据郑宝东、郑金贵(2004)

(4)加工品质研究(见表 3-3-63)表明,与莲子深加工有关的加工品质有:直链淀粉(AC)含量、多酚氧化酶(PPO)活性、过氧化物酶(POD)活性及多酚含量。莲子中 POD 活性较低,大部分品种的 POD 活性在6~100 U/g 之间,品种间差异较大,其中江苏美人红莲酶活性最低,为 31.66 U/g,白洋淀野生莲活性最高,为 145.00 U/g,平均达 91.2 U/g,远远低于梨(1700~4250 U/g)、苹果(780~1610 U/g)和辣根(56 900 U/g)等果蔬的 POD 活性。研究表明,莲子在储藏过程中不易出现因 POD 活性而引起的氧化异味。在速冻莲子生产过程中可采用不热烫工艺。莲子 PPO 活性高,不同品种 PPO 活性差异较大,在220~680 U/g 之间,其平均活性高达 516 U/g。速冻莲子加工及储藏过程因 PPO 引起的酶促褐变是影响质量的主要因素,如何抑制其酶促褐变是速冻加工的技术关键。PPO 活性最大的品种白洋淀野生莲(680 U/g)是活性最小品种广昌太空莲 3 号(220 U/g)的 3 倍,PPO 活性与产地及是否野生品种均没有明显关系,可优先选用广昌太空莲 3 号作为速冻莲子加工的原料。莲子品种间 AC 差异大,平均为 14.81%,AC 最高的品种浙江里叶红花莲,为 21.25%,两个野生品种野生洪湖莲与白洋淀野生莲 AC 最低,分别为6.151%和 7.578%,是优良的莲子汁加工原料。经诱变育种而成的太空莲之间的 AC 也存在较大差异,其含量范围在 11.88%~20.14%之间,平均为 15.8%,高于供试品种 AC 平均值。

表 3-3-63 22 个莲子品种中与加工品质有关的 5 个指标

品种	总淀粉比重/%	直链淀粉比重/%	多酚/(mg/g)	PPO/(U/g)	POD/(U/g)
lz1	46.70	19.60	3.71	480	106.66
lz2	58.99	19.85	3.25	500	128.33
lz3	61.13	16.99	3.30	500	56.66
lz4	37.29	17.56	3.70	480	120.00
lz5	35.69	20.14	3.15	360	128.33
lz6	38.89	17.94	3.46	560	78.33
lz7	39.58	12.85	3.83	540	68.33
lz8	32.03	16.44	3.25	220	83.33
lz9	23.42	13.65	3.33	640	120.00
lz10	37.01	11.88	3.83	540	101.66
lz11	38.64	17.30	3.36	380	125.00
lz12	46.89	13.95	2.90	460	81.66
lz13	46.36	9.27	3.08	620	58.33
lz14	29.17	9.63	2.09	640	38.33
lz15	10.22	7.58	2.22	560	56.66
lz16	43.41	12.29	3.18	460	31.66
lz17	60.65	12.58	2.59	460	90.00
lz18	56.21	13.19	3.14	500	63.33
lz19	49.84	17.26	3.52	620	121.66
lz20	34.90	18.54	3.72	540	145.00
lz21	43.29	21.25	3.14	620	61.66
lz22	30.11	6.15	3.02	680	14.66
平均值	40.93	14.81	3.22	516	91.21
最小值	10.22	6.15	2.09	220	31.66
最大值	61.13	21.25	3.83	680	145.00
R	0.12	0.04	0.46	107	34.21
CV/%	32.47	30.99	15.22	21.23	39.78

据郑宝东、郑金贵(2004)

(5)应用同工酶生化指标和 RAPD 遗传多态性进行莲子的聚类分析表明:莲子存在丰富的遗传多样性,不同品种之间存在着一定的遗传差异,没有遗传背景完全相同的品种,品种间遗传差异大小与地域差异没有直接关系,同一地区不同品种间的遗传差异甚至超过不同地区间的遗传差异。RAPD 聚类分析表明,供试莲子品种可分为 5 类,其中江苏水选 1 号、福建建宁莲 3 号、福建建瓯莲分别单独为一类,其他 19 种聚为二类。该研究为莲子育种提供重要的信息资源。

(6)基于莲子营养品质,研究应用乳酸菌发酵技术,研制出一种质地、口感优良,并具有乳酸发酵及莲子清香风味的莲子乳酸乳新产品,按保健食品功能学评价程序,经动物实验表明,一定浓度的莲子发酵乳对小鼠胃排空率及小肠推进具有显著的促进作用,从而推断莲子发酵乳可能具有治疗便秘、功能型消化不良等胃肠功能异常的功效,作为改善胃肠道功能保健品将极具前景。

(7)研究我国莲子种质资源淀粉含量及构成,并选择 7 个省份有代表性的 7 个品种,按吸纳最佳加工条件(60 MPa 均质,亲水性稳定剂)制成莲子汁,观察 1 年保质期内淀粉返生情况,以 5‰返生(离心 3000 r/min 2 min 沉淀量)为上限,采用逐步回归法,建立直链淀粉含量,保质期及淀粉返生率关系数学模型:

$$Y=1.236\ 8\exp(2.001\times10^{-2}B-7.56\times10^{-5}B^2+9.955\times10^{-8}B^3+5.819C^{-1}-104.718C^{-2}+382.53C^{-3})$$

回归系数 $r=0.984$,将加工品质与保质期量化,可准确预测不同莲子品种制作莲子汁的保质期,填补国内该项研究空白,具有重要的实践应用价值,同时为淀粉类农产品加工饮料提供极为重要的参考价值。

(8)与速冻莲子生产密切相关的加工品质为 PPO 活性,通过对 PPO 动力学特性的研究,确定 PPO 作用条件,进而研究出速冻莲子加工与储藏过程中导致莲子褐变的 PPO 活性抑制的技术方法,在此基础上建立 HACCP 体系,以有效控制产品质量,实现加工品质与加工工艺优化决策的有机结合。

参考文献

[1] 赵文亚. 莲子的营养保健功能及开发利用[J]. 食品工程,2007(3):37-39.

[2] 郑宝东. 中国莲子(*Nympheaceae Nelumbo* Adans)种质资源主要品质的研究与应用[D]. 福州:福建农林大学,2004.

[3] 赵秀玲,党亚丽. 莲子心化学成分及其提取、药理作用的研究进展[J]. 食品科学,2018,39(23):329-336.

[4] 曾绍校,陈秉彦,郭泽镔,等. 莲子生理活性的研究进展[J]. 热带作物学报,2012,33(11):2110-2114.

[5] 李曜东,魏玉凝,徐本美. 古莲子与现代莲子 ABA 含量和 SOD 活性的比较研究[J]. 植物学通报,2000(5):439-442.

[6] 黄上志,汤学军,芦春斌,等. 莲子超氧物歧化酶的特性分析[J]. 植物生理学报,2000(6):492-496.

[7] 丁利君,周国栋,韩山. 莲子水溶性糖的提取及其对自由基清除能力的研究[J]. 食品科学,2002(8):252-254.

[8] 黄素英,郑宝东. 莲子多酚的抗氧化活性[J]. 福建农林大学学报(自然科学版),2010,39(1):94-97.

[9] 高居易,陈彦. 建宁莲子糖蛋白的分离、纯化及清除自由基作用[J]. 武汉植物学研究,2003(2):175-178.

[10] 邓添华,张静,黄达彬,等. 莲子多糖的结构分析及抗氧化活性[J]. 生物加工过程,2012,10(6):47-50.

[11] 余万桂,张恒文,杨涛,等. 莲心碱对大鼠局灶性脑缺血/再灌注损伤的抗氧化作用[J]. 中药药理与临床,2013,29(2):32-35.

[12] 刘斯灵,郝亚荣,秦健,等. 异莲心碱对 D-半乳糖致衰老小鼠抗氧化作用的研究[J]. 中国医药导报,2011,8(20):5-6,9.

[13] 王辉,杨柳,杨俊,等. 异莲心碱对大鼠肝匀浆脂质过氧化的影响[J]. 中国医院药学杂志,2005(5):402-404.

[14] 陈静,张敏,郑铁松. 莲子心乙醇提取液体外抗氧化活性的研究[J]. 食品科学,2008,29(9):48.

[15] RAI S, WAHILE A, MUKHERJEE K, et al. Antioxidant activity of *Nelumbo nucifera* (sacred lotus) seeds [J]. Journal of Ethnopharmacology, 2006, 104(3): 322-327.

[16] 黄国城,施少捷,郑强. 莲子对果蝇寿命的影响[J]. 中国现代应用药学,1994,11(2):14.

[17] 苗明三,徐瑜玲,方晓艳. 莲子多糖对衰老模型小鼠抗氧化作用的研究[J]. 中国现代应用药学,2005(1):11-12.

[18] 张延秀. 莲子多糖抗衰老功能及其分子机制的研究[D]. 福州:福建农林大学,2013.

[19] 夏琨. 莲子分离蛋白对小鼠抗衰老作用的研究[D]. 南京:南京师范大学,2012.

[20] 潘扬,尚文斌,王天山,等. 莲子心及 Nef 对实验性糖尿病及肥胖大鼠模型的影响[J]. 南京中医药大学学报,2003(4):217-219.

[21] 潘扬,蔡宝昌,杨光明,等. 莲子心降血糖活性部位的筛选研究[J]. 南京中医药大学学报,2005(4):243-244.

[22] 吴小南,黄芳,汪家梨. 莲芯茶对高脂大鼠抗氧化及调节血脂作用的初步观察[J]. 中国公共卫生,2000(9):25-26.

[23] 王琦. 莲子抗性淀粉降血糖功效及其机理研究[D]. 福州:福建农林大学,2018.

[24]李秋哲.莲子心黄酮结构分析及其降血糖活性研究[D].福州:福建农林大学,2015.

[25]王振宇.莲子结合酚对3T3-L1细胞和肥胖小鼠脂质代谢的影响及作用机制的研究[D].福州:福建农林大学,2019.

[26]PAN Y, CAI B C, WANG K L, et al. Neferine enhances insulin sensitivity in insulin resistant rats[J]. Journal of Ethnopharmacology,2009,124(1):98-102.

[27]陆曙,潘扬,陶冉,等.莲心碱与莲心季铵碱对肾性高血压大鼠左室肥厚逆转作用的比较[J].南京中医药大学学报,2008(5):327-329.

[28]胡文淑,郭莲军,冯秀玲,等.甲基莲心碱的降压作用[J].中国药理学与毒理学杂志,1990,4(2):107-110.

[29]胡文淑,郭莲军,冯秀玲,等.甲基莲心碱对正常及高血压大鼠血流动力学的影响[J].中国药理学与毒理学杂志,1989,3(17):43-48

[30]胡文淑,郭莲军.甲基莲心碱降低血压及扩张血管作用的分析[J].中国药理学与毒理学杂志,1991,5(2):111-112.

[31]吴小南,陈洁,汪家梨,等.发酵莲子乳对小鼠胃肠道运动、吸收功能的调节作用[J].世界华人消化杂志,2005(21):2535-2539.

[32]吴小南,陈忠龙,陈洁,等.发酵莲子乳对小鼠肠粘膜屏障保护作用[J].中国公共卫生,2008(6):675-677.

[33]林姗.莲子抗性淀粉分级分离及其益生元作用的研究[D].福州:福建农林大学,2016.

[34]曾绍校,林鸳缘,郑宝东.莲子及莲子淀粉对双歧杆菌增殖作用的影响[J].福建农林大学学报(自然科学版),2009,38(4):417-419.

[35]陈婵.莲子多糖提取及其结构性质的研究[D].福州:福建农林大学,2007.

[36]卢旭.莲子低聚糖对双歧杆菌增殖效应的研究[D].福州:福建农林大学,2012.

[37]马忠杰,王惠琴.莲子的抗衰老实验研究[J].中草药,1995,26(2):81-82.

[38]苗明三,杨亚蕾,方晓艳.莲子多糖增强环磷酰胺致免疫抑制小鼠机体免疫功能[J].中国组织工程研究与临床康复,2008,12(53):10477-10480.

[39]MUKHERJEE D, KHATUA T N, VENKATESH P, et al. Immunomodulatory potential of rhizome and seed extracts of *Nelumbo nucifera* Gaertn[J]. Journal of Ethnopharmacology,2010,128(2):490-494.

[40]王晶晶,李慧,潘思轶,等.8种莲子心水提物中夏佛塔苷含量及其抗炎活性分析[J].中国食品学报,2018,18(3):291-298.

[41]田文月.莲子心总黄酮、总生物碱化学成分及体内外活性研究[D].广州:广东工业大学,2019.

[42]李慧,潘思轶,徐晓云.莲子心水提物中黄酮类化合物的结构及其对RAW264.7小鼠巨噬细胞NO生成的影响[J].中国食品学报,2018,18(2):44-54.

[43]LIU C P, TSAI W J, LIN Y L. The extracts from *Nelumbo nucifera* suppress cell cycle progression, cytokine genes expression, and cell proliferation in human peripheral blood mononuclear cells[J]. Life Sciences,2004,75(6):699-716.

[44]黄素英.莲子多酚提取及其抗氧化抑菌活性的研究[D].福州:福建农林大学,2010.

[45]KUO Y C, LIN Y L, LIU C P. Herpes simple virus type 1 propagation in hela cells interrupted by *Nelumbo nucifera*[J]. Journal of Biomedical Science,2005,12(6):1021-1034.

[46]吴小南,林建银,陈洁,等.发酵莲子乳对小鼠急性CCl_4肝毒性保护作用[J].中国公共卫生,2006(12):1488-1490.

[47]高天娇,董蕾,史海涛,等.莲子心醇提物抗四氯化碳诱导大鼠肝纤维化的实验研究[J].中国中西医结合杂志,2014(12):1476-1480.

[48]施京红,赵秋菊,丁辉,等.莲子心对肝纤维化大鼠的抗脂质过氧化作用研究[J].中药材,2016,39(8):1869-1872.

[49]彭燕,杨小青,张翔,等.莲子心总碱毒性和对四氯化碳急性肝损伤的保护作用[J].中国医药导报,2017,14(13):25-28,49.

[50]SOHN D H，KIM Y C，OH S H．Hepatoprotective and free radical scavenging effects of *Nelumbo nucifera*[J]．Phytomedicine，2003，10(2/3)：165-169．

[51]李艳晓,高颖,王火,等.莲子心提取物对博来霉素致小鼠肺纤维化的干预作用研究[J].中国现代医学杂志,2017,27(3):1-6.

[52]邓碧.莲子心提取物对糖尿病大鼠肾脏保护作用及其机制研究[D].成都:成都医学院,2015.

[53]贺玉琢.莲子心甲基莲心碱的中枢作用[J].国际中医中药杂志,2006(2):113.

[54]刘曼华,蒋跃平,刘斌,等.莲子心镇静催眠作用研究[J].中南药学,2018,16(12):1698-1700.

[55]李亚雄.莲心碱诱导胰腺癌细胞发生 S 期阻滞和凋亡及其机制探究[D].太原:山西医科大学,2019.

[56]彭燕,张玲莉,杨小青,等.莲子心总生物碱对人肝癌细胞的抑制作用[J].中国药师,2017,20(6):1009-1012.

[57]张京梅,李鹏跃,王岚,等.莲子心总生物碱的提取分离及药效学初步研究[J].中国实验方剂学杂志,2009,15(6):26-28.

[58]郑宝东,郑金贵,曾绍校.我国主要莲子品种营养成分的分析[J].营养学报,2003(2):153-156.

[59]郑宝东,郑金贵,曾绍校.我国主要莲子品种中三种功效成分的研究[J].营养学报,2004(2):158-160.

[60]郑宝东,郑金贵.应用同工酶遗传标记莲子的亲缘关系分析[J].中国食品学报,2003(z1):79-83.

[61]郑宝东,郑金贵,曾绍校.中国莲子种质资源遗传多样性的 RAPD 分析[J].中国食品学报,2006(1):138-143.

[62]郑宝东,郑金贵.莲子乳酸菌发酵工艺[J].福建农业大学学报,2004(2):254-257.

第四节　核桃品质

一、核桃的概述

核桃（*Juglans regia* L.）又名胡桃、羌桃，属胡桃科胡桃属核桃种。核桃味甘性平，微苦微涩，核桃仁含有丰富的蛋白质、不饱和脂肪酸及维生素、矿物质，还含有许多对人体有特殊生理功效的生物活性物质，如最适宜人体健康的 ω-3 脂肪酸、褪黑素、生育酚等，具有健脑益智、抗氧化、预防心血管疾病、防癌、保护神经系统等功能。核桃脂肪含量最高，其中主要成分是不饱和脂肪酸，约占总量的 90%，含有 ω-6 系列的亚油酸和 ω-3 系列的 α-亚麻酸，比率恰好是 4∶1，为最适宜人体健康平衡比率。必需脂肪酸——亚油酸为普通菜籽油含量的 3~4 倍，有"动脉清道夫"的美誉，避免胆固醇在体内沉积，对预防心血管疾病有显著疗效。

二、核桃的功能

1. 健脑益智

近年来，大量研究表明了核桃多酚在核桃健脑益智功效中可能发挥重要作用。研究发现核桃仁多酚提取物对 H_2O_2（200 $\mu mol/L$）和 $A\beta_{1\sim42}$（75 $\mu mol/L$）诱导的 PC12 细胞损伤具有显著的保护作用。

占核桃脂肪酸组成比例较大的亚油酸和 α-亚麻酸，以及核桃中富含的多种微量矿物元素尤其是锌，是人体大脑组织细胞及脑垂体的主要构成成分。此外，亚油酸和亚麻酸能帮助人体新陈代谢废物的排出，被称为"血液的净化剂"，从而发挥为大脑提供新鲜血液，保持大脑生理功能的作用。

现代营养学与药理学研究表明核桃对脑老化具有很好的保护作用，增加核桃摄食对 AD（阿尔茨海默病）等神经退行性疾病具有良好的防治作用。在用脂多糖诱导炎症反应的 BV2 细胞模型中发现核桃多酚提取物具有良好的抗炎及细胞保护作用。这些损伤因素被认为是 AD 发生的重要诱因。陈超等（2010）用 $CoCl_2$ 处理 SH-SY5Y 细胞模拟细胞缺氧损伤模型，发现了核桃多酚提取物对损伤的 SH-SY5Y 细胞有一定的保护作用。提示了核桃多酚对 $A\beta$ 毒性蛋白、炎症及缺氧损伤等条件引起的神经细胞损伤均具有保护作用。此外，在体内动物模型上，周丽莎等（2010）发现了核桃仁的丙酮提取物具有较好的防治 AD 的作用，其作用机理可以与 AD 模型小鼠脑内的乙酰胆碱、乙酰胆碱转移酶和乙酰胆碱酯酶活性提高有关。Haider 等（2018）研究发现了核桃浸提液能明显改善经东莨菪碱诱导大鼠的记忆障碍和氧化应激水平。

付艾妮等（2015）用 Meynert 基底核注射 $A\beta_{1\sim40}$ 建立了 AD 模型大鼠，对造模成功后的大鼠分组，分别灌胃给予核桃仁丙酮提取物、乙醇提取物、水提取物，灌胃剂量为 3 g/kg，以 Morris 水迷宫评价大鼠学习记忆能力，用透射电镜观察神经元超微结构，结果显示核桃仁丙酮提取物具有较好的防治 AD 的作用。上述实验从体外细胞水平和体内动物水平上表明了核桃多酚具有良好的预防 AD 的作用，其作用机理可能与自由基诱导的氧化损伤的保护作用、抗炎作用和提高体内乙酰胆碱酯酶活性有关。虽然目前核桃多酚从多方面都表现出神经保护作用，但多限于体外培养的人体细胞和动物模型的研究上，作用机理也尚未深入具体靶点的研究，所以对核桃多酚预防 AD 等神经保护作用的研究还存在很大的研究空间。

核桃仁与食用真菌金耳的提取物制成的速溶粉含有 γ-亚麻酸、鞘脂等多种保护神经细胞的物质。李久长等（2005）研究了核桃仁与金耳速溶粉对大鼠缺血性脑功能障碍的作用。将 24 只大鼠随机分为伪手术组、生理盐水组、保健剂量组、治疗剂量组 4 组进行脑缺血实验，第一组自由取食，后三组分别灌喂生理盐水 0.3 g/300 g、核桃仁与金耳速溶粉溶液 0.3 g/300 g、核桃仁与金耳速溶粉溶液 0.5 g/300 g,每天两次,观察其行为变化。10 d 后断头取脑,进行大脑超氧化物歧化酶(SOD)、ATP 酶、过氧化脂质(LPO)指标的检测。结果(见表 3-4-1、表 3-4-2)表明,治疗剂量组大鼠 3 d 后有明显恢复,治疗剂量组比生理盐水组的 SOD、ATP 酶活性明显提高,治疗剂量组比生理盐水组的 LPO 含量明显降低($P<0.05$)。对照组的 SOD 值低于其余各组,其中比治疗剂量组低 1.43,二者之间差异显著。保健剂量组与治疗剂量组两组的 SOD 值均高于伪手术组。治疗剂量组的各项 ATP 酶活性指标与对照组相比,均有一定程度的提高,其中 Na^+-K^+-ATP 酶和 Mg^{2+}-ATP 酶两项指标差异显著。对照组大鼠组织中 LPO 含量高于伪手术组,治疗剂量组与对照组之间差异显著。SOD 对机体的氧化和抗氧化平衡起至关重要的作用,它能清除超氧阴离子自由基保护细胞免受损伤,防止神经元的损伤;LPO 来衡量机体受氧化损害的程度,LPO 含量越大,细胞氧化程度也越大,从而得出结论:核桃仁与金耳速溶粉对脑缺血造成的脑组织严重受损现象,具有预防和治疗的功效,可能是通过增强消除氧自由基来保护脑组织损伤。

表 3-4-1　不同组 ATP 酶活力的变化

	对照/ (NU/μg prot/mL)	保健剂量/ (NU/μg prot/mL)	治疗剂量/ (NU/μg prot/mL)
Na^+-K^+-ATP 酶	0.512±0.044	0.564±0.072	0.623±0.109*
Mg^{2+}-ATP 酶	0.377±0.039	0.419±0.074	0.477±0.074*
Ca^{2+}-ATP 酶	0.159±0.062	0.204±0.126	0.217±0.067
Ca^{2+}-ATP 酶	0.199±0.039	1.197±0.077	0.246±0.094

注:与对照组相比 * $P<0.05$。
据李久长等(2005)

表 3-4-2　不同组间抗氧化性的比较

指标	伪手术组/ (NU/μg prot/mL)	对照/ (NU/μg prot/mL)	保健剂量/ (NU/μg prot/mL)	治疗剂量/ (Nu/μg pro/mL)
SOD	21.96±2.53	19.57±3.79	22.57±2.86	23.39±1.53*
LPO	0.794±0.150	0.917±0.108	0.808±0.079	0.730±0.116*

注:与对照组相比 * $P<0.05$。
据李久长等(2005)

王安绪等(2018)通过了人群干预研究,观察了核桃对学生记忆的作用。王安绪等采用了随机对照双盲的试验设计,将 120 名学校、家长和学生自己均知情同意的初中生,年龄 12.6～14.0 岁,随机分为核桃干预组和安慰剂对照组,每日服用 2 罐产品(240 mL/罐),连续饮用 30 d。干预组学生每日补充核桃植物蛋白饮料,相当于 24 g 核桃,对照组给予外形包装口感均与受试样品相似的安慰剂产品。试验前后分别使用中国科学院心理研究所编制的临床记忆量表检测记忆水平。结果显示,在干预后,干预组的指向记忆、联想学习和图像自由回忆的测验量表分及记忆商高于试验前,且均有显著性差异($P<0.01$)。与对照组比较结果表明,干预组的指向记忆、联想学习、无意义图形再认和人像特点联想回忆测验量表分和记忆商均高于对照组,且均有显著性差异($P<0.01$)。因此可知,核桃植物蛋白饮料具有辅助改善记忆功能的作用。

田粟等(2016)通过了人群试食试验,评价了核桃植物蛋白饮料改善记忆的功能。田粟等采用了随机对照双盲的试验设计,将 120 名大学生随机分为对照组和试验组,试验组饮用核桃植物蛋白饮料,对照组饮用外形包装口感均与受试样品相同的产品,每日 2 罐(240 mL/罐),连续饮用 60 d。试验前、后分别使用中国科学院心理研究所编制的临床记忆量表评价记忆水平。结果表明,试验组的男生和女生在饮用核桃植物蛋白饮料后,指向记忆年龄量表分均高于对照组($P<0.05$)。试验前、后自身对照结果(见表 3-4-3～

表 3-4-5)表明,在排除迁移学习和心理暗示的影响后,试验组明显改善了图像自由记忆、人像特点回忆和记忆商方面的记忆水平($P<0.05$)。因此可知,核桃植物蛋白饮料具有一定改善记忆的功能。

表 3-4-3 对照组男生和试验组男生试验前后各分测验年龄量表分和记忆商的比较(自身对照)

测试项目	对照组男生($n=19$)			试验组男生($n=19$)		
	试验前	试验后	提高程度[a]/%	试验前	试验后	提高程度[a]/%
指向记忆	18.63±4.99	21.00±3.94**	12.72	21.16±3.79	24.05±4.17**	13.66
联想学习	27.92±3.99	31.32±5.48**	12.18	25.24±6.82	29.79±5.35**	18.03
图像自由记忆	22.42±8.21	25.26±6.35	12.67	20.53±6.36	24.05±3.37*	17.14
无意义图形再认	24.05±4.67	25.79±4.94	7.23	21.74±6.91	23.10±5.86	6.26
人像特点回忆	18.58±5.91	20.53±6.14	10.50	16.74±7.20	20.26±4.34	21.03
记忆商	109.63±12.69	116.37±13.54**	6.15	108.37±9.61	115.74±9.31**	6.80

注:[a] 提高程度(%)=(试验后量表分均数－试验前量表分均数)/试验前量表分均数×100%;** 与试验前比较:$P<0.01$;* 与试验前比较:$P<0.05$。

据田粟等(2016)

表 3-4-4 对照组女生和试验组女生试验前后各分测验年龄量表分和记忆商的比较(自身对照)

测试项目	对照组女生($n=41$)			试验组女生($n=41$)		
	试验前	试验后	提高程度[a]/%	试验前	试验后	提高程度[a]/%
指向记忆	20.29±5.07	21.27±4.23	4.83	21.98±4.71	23.36±4.14	6.27
联想学习	28.28±4.54	32.51±5.24**	14.96	28.55±3.92	31.46±4.45**	10.19
图像自由记忆	22.93±6.08	22.56±5.51	−1.61	22.49±6.40	24.49±6.26	8.89
无意义图形再认	25.24±4.44	23.51±5.71	−6.85	25.06±4.11	23.20±6.43	−7.42
人像特点回忆	20.10±5.28	19.83±5.30	−1.34	18.56±5.72	20.76±5.05	11.85
记忆商	112.76±11.48	112.63±10.67	0.12	112.59±9.82	116.29±11.88*	3.28

注:[a] 提高程度(%)=(试验后量表分均数－试验前量表分均数)/试验前量表分均数×100%;** 与试验前比较:$P<0.01$;* 与试验前比较:$P<0.05$。

据田粟等(2016)

表 3-4-5 对照组全体和试验组全体试验前后各分测验年龄量表分和记忆商的比较(自身对照)

测试项目	对照组全体($n=60$)			试验组全体($n=60$)		
	试验前	试验后	提高程度[a]/%	试验前	试验后	提高程度[a]/%
指向记忆	19.77±5.06	21.18±4.11*	7.13	21.72±4.43	23.58±4.13**	8.56
联想学习	28.17±4.34	32.13±5.30**	14.06	27.50±5.20	30.93±4.77**	12.47
图像自由记忆	22.77±6.76	23.42±5.87	2.85	21.87±6.40	24.35±5.48**	11.34
无意义图形再认	24.87±4.51	24.23±5.54	−2.57	24.01±5.33	23.17±6.20	3.50
人像特点回忆	19.62±5.48	20.05±5.54	2.19	17.98±6.23	20.60±4.80*	14.57
记忆商	111.77±11.86	113.82±11.67	1.83	111.25±9.87	116.12±11.06**	4.48

注:与试验前比较:$P<0.05$。

据田粟等(2016)

虞立霞等(2015)探讨了核桃乳对小鼠学习记忆的改善作用。实验采用初断乳昆明幼鼠40只,体重11~14 g,随机分为正常对照组和核桃乳(walnut milk,WM)干预组,每组20只。WM组每天灌胃给予核桃乳(相当于核桃摄取量为 3 g/kg),对照组灌胃给予等体积水,实验期为 6 周。采用旷场实验、避暗实验及八臂迷宫实验分别检测小鼠的自发活动、被动逃避学习记忆及空间学习记忆能力,对比研究核桃对小鼠认知功能的改善作用。结果(见表 3-4-6、表 3-4-7)显示,与对照组对比,核桃乳干预后小鼠的自主活动能力提高、探索活性增强($P<0.05$),被动逃避学习记忆能力有增加趋势,空间学习记忆能力明显提高($P<0.05$)。综上可知核桃乳可显著提高小鼠的学习记忆能力。

表 3-4-6 核桃乳对小鼠旷场行为的影响($\bar{x}\pm s,n=20$)

组别	总格数	外周格数	中央格数	竖立次数
对照组	79.85±9.78	56.50±6.77	23.35±3.68	11.80±1.92
WM 组	120.20±10.29*	85.90±8.49*	34.30±3.01*	23.25±2.99*

注:与对照组相比较 * $P<0.05$。

据虞立霞等(2015)

表 3-4-7 核桃干预对小鼠被动逃避记忆能力的影响($\bar{x}\pm s,n=20$)

组别	潜伏期/s	错误次数
对照组	203.65±25.28	1.35±0.36
WM 组	211.15±20.99	1.40±0.31

据虞立霞等(2015)

张清安等(2006)研究了核桃油对小鼠学习记忆能力的影响。实验用不同剂量核桃油给小鼠灌胃,每天 1 次,连续 2 周,在被动回避装置上测定小鼠的逃避潜伏期(EL,小鼠从开始通电至跳上平台的时间)和跳台潜伏期(SDL,小鼠跳上平台后停留的时间),在复杂迷宫上测定小鼠的觅食时间。结果(见表 3-4-8～表 3-4-11)显示,核桃油可使 SDL 延长 30.4%～102.5%,使 EL 缩短 35.3%～58.9%,使迷宫觅食时间减少 3.3%～37%,并能明显改善亚硝酸钠和乙醇引起的记忆损害。因此,核桃油可明显改善小鼠学习记忆能力。

表 3-4-8 核桃油对小鼠被动回避反应中 SDL 和 EL 的影响

组别	核桃油剂量/[mL/(kg·d)]	SDL/s	EL/s
对照组	17	39±23	17±6
低剂量组	9	56±21	11±4[a]
中剂量组	17	71±33[Ab]	8±5[A]
高剂量组	33	7±30[Ab]	7±3[Ab]

注:同列数据后不同大小写字母分别表示 $P=0.01,P=0.05$ 水平下差异显著和极显著;其中 a(A)表示与对照组对比,b(B)表示与低剂量组相比,c(C)表示与中剂量组比较。

据张清安等(2006)

表 3-4-9 核桃油对 $NaNO_2$ 引起记忆损害小鼠 SDL 和 EL 的影响($n=10,\bar{x}\pm s$)

组别	核桃油剂量/[mL/(kg·d)]	SDL/s	EL/s
对照组	17	35±20	13±7
亚硝酸钠阳性对照组	17	15±10[a]	21±10[a]
	9	30±19[d]	20±12[a]
核桃油和亚硝酸钠组	17	34±22[D]	15±12[d]
	33	43±20[abcD]	13±10[bcd]

注:d(D)表示与亚硝酸钠阳性对照组比较,d、D 分别表示在 $P=0.05,P=0.01$ 水平下差异显著和极显著,其他同表 3-4-8。

据张清安等(2006)

表 3-4-10　核桃油对小鼠在迷宫中觅食时间的影响($n=10$, $\bar{x}\pm s$)

组别	核桃油剂量/[mL/(kg·d)]	觅食时间/s
对照组	17	238±53
核桃油低剂量组	9	230±43
核桃油中剂量组	17	180±40[ab]
核桃油高剂量组	33	150±50[AB]

注:同列数据后不同大小写字母分别表示 $P=0.01$, $P=0.05$ 水平下差异显著和极显著;其中 a(A)表示与对照组对比,b(B)表示与低剂量组相比。

据张清安等(2006)

表 3-4-11　核桃油对记忆再现障碍小鼠觅食时间的影响($n=10$, $\bar{x}\pm s$)

组别	核桃油剂量/[mL/(kg·d)]	觅食时间/s
对照组	17	243±60
乙醇阳性对照组	17	385±50[A]
	9	332±110[a]
核桃油加乙醇组	17	301±80[ab]
	33	258±70[ba]

注:同列数据后不同大小写字母分别表示 $P=0.01$, $P=0.05$ 水平下差异显著和极显著;其中 a(A)表示与对照组对比,b(B)表示与低剂量组相比。

据张清安等(2006)

赵海峰等(2004)观察了核桃提取物(从青核桃中提取出的以瓜氨酸为主要成分的多种氨基酸混合物,瓜氨酸是 NO 的前体物质,NO 是一种神经递质)改善小鼠学习与记忆的作用。实验方法将 40 只雌性小鼠随机分为 1 个对照组和 3 个剂量组(100 mg/kg、200 mg/kg 和 400 mg/kg),连续喂养 30 d 后,进行水迷宫试验,一次性回避跳台试验,脑总蛋白、乙酰胆碱酯酶、NO 水平的测定。结果见表 3-4-12~表 3-4-14。水迷宫实验显示:中剂量组与其他组之间有显著差异,错误次数最少,潜伏期最短;一次性回避跳台实验:中、高剂量组与其他组学习错误次数有差别,中、高剂量组之间无差别,而记忆错误次数及潜伏期结果显示中剂量组与其他剂量组有差异。脑内的 NO 和乙酰胆碱酯酶的水平随着剂量增大而增高,各组之间无差异。总蛋白水平各组之间无差异。因此可知,核桃提取物在一定的剂量范围内可以提高发育期小鼠的神经递质如 NO 的水平,具有改善小鼠学习与记忆的作用。

表 3-4-12　核桃提取物对小鼠跳台试验的结果($n=10$)

组别	学习错误次数/次	24 h 后跳台结果	
		潜伏期/s	错误次数/次
对照组	1.3±0.67	87.0±9.02	1.3±1.42
100 mg/kg组	1.0±0.62	81.5±9.10	1.9±1.02
200 mg/kg组	0.5±0.71*	97.8±40.31*	0.4±0.70*
400 mg/kg组	0.5±0.71*	98.1±139.46	1.63±0.08

注:与对照组比较* $P<0.05$。

据赵海峰等(2004)

表 3-4-13　核桃提取物对小鼠水迷宫实验的结果($n=10$)

组别	学习错误次数/次	潜伏期/s
对照组	2 ± 0.82	114.7 ± 33.72
100 mg/kg 组	1.5 ± 0.85	91.4 ± 35.06
200 mg/kg 组	$0.70\pm0.67^*$	$68.5\pm33.67^*$
400 mg/kg 组	$1.20\pm0.63^*$	86.6 ± 16.56

注:与对照组比较 * $P<0.05$。

据赵海峰等(2004)

表 3-4-14　小鼠脑内神经递质检测结果($n=10$)

组别	NO/(mmol/L)	乙酰胆碱酯酶/(mmol/L)	总蛋白/(g/L)
对照组	0.123 ± 0.067	4.08 ± 1.07	3.66 ± 1.059
100 mg/kg 组	0.084 ± 0.084	4.12 ± 1.47	3.44 ± 1.117
200 mg/kg 组	$0.194\pm0.030^*$	4.26 ± 1.76	3.33 ± 0.674
400 mg/kg 组	$0.220\pm0.041^*$	4.45 ± 1.63	3.82 ± 0.911

注:与对照组比较 * $P<0.05$。

据赵海峰等(2004)

杜倩等(2017)探讨了核桃肽(walnut peptide,WP;是通过生物酶解技术从核桃中获得具有显著活性的小分子物质)对幼年小鼠学习记忆能力的改善作用及其机制。杜倩等选用北京大学医学部实验动物科学部提供的 48 只初断乳 C57BL/6J 雄性小鼠,随机分成 4 组——空白对照组和低(110 mg/kg)、中(220 mg/kg)、高(440 mg/kg)3 个剂量 WP 组,每组 12 只,干预 30 d 后进行开阔场试验、Morris 水迷宫试验、跳台试验和穿梭箱试验,观察小鼠的自主活动能力及情绪反应、空间记忆能力和主动及被动回避能力。结果见表 3-4-15～表 3-4-17。Morris 水迷宫试验结果显示,WP 高剂量组小鼠的逃避潜伏期较空白对照组明显缩短,WP 中、高剂量组在目标象限停留时间和穿越平台次数较空白对照组明显增加,差异均有统计学意义。跳台实验 24 h 测试中,与空白对照组相比,WP 低、高剂量组错误次数减少,三个干预组停留潜伏期均增长,5 d 后测试中,WP 中剂量组对电击的记忆消退较慢,差异均有统计学意义。穿梭箱实验中,与空白对照组相比,WP 低、中、高干预组小鼠的主动回避次数增多,受到电击次数减少。WP 剂量组血清 SOD 及 GSH-Px 活性高于空白对照组,MDA 水平低于空白对照组,差异均有统计学意义。综上可得,WP 可以增强幼年小鼠学习和空间记忆能力、主动及被动回避能力,也可能具有延缓小鼠学习记忆的衰退的作用,其机制可能与 WP 的抗氧化性有关。

表 3-4-15　WP 对幼鼠自主活动能力和情绪反应的影响($\bar{x}\pm s,n=48$)

组别	战力次数	跨格次数	进入中央格次数	中央格停留时间/s
空白对照组	22.01 ± 0.40	147.50 ± 39.50	3.80 ± 2.40	6.17 ± 3.13
WP 低剂量组	15.50 ± 10.90	119.70 ± 30.50	2.10 ± 2.20	2.98 ± 3.13
WP 中剂量组	12.80 ± 8.30	103.80 ± 27.70	3.40 ± 2020	7.25 ± 4.55
WP 高剂量组	18.00 ± 7.00	132.00 ± 31.50	1.90 ± 1.60	3.95 ± 2.39

据杜倩等(2017)

表 3-4-16　WP 对 Morris 水迷宫空间探索实验的影响($\bar{x}\pm s, n=48$)

组别	目标象限停留时间/s	穿越平台次数
空白对照组	18.08±12.37	1.30±1.50
WP 低剂量组	20.60±8.46	1.60±1.80
WP 中剂量组	32.36±13.53*	3.70±3.30*
WP 高剂量组	27.16±11.18	4.80±3.60*

注:与空白对照组比较,* $P<0.05$。

据杜倩等(2017)

表 3-4-17　WP 对幼鼠血清抗氧化指标的影响($\bar{x}\pm s$)

组别	血清 SOD/(pg/mL)	血清 GSH-Px/(U/L)	血清 MDA/(nmol/L)
空白对照组	31.93±5.58	459.83±87.6	4.01±0.56
WP 低剂量组	49.52±5.17*	692.50±83.86*	1.85±0.46*
WP 中剂量组	36.54±6.01*	665.04±83.53*	2.29±0.51*
WP 高剂量组	50.69±5.58*	618.76±79.03*	2.76±0.46*

注:与空白对照组比较,* $P<0.05$。

据杜倩等(2017)

樊永波等(2013)研究了核桃饼粕对大鼠学习、记忆和抗氧化功能的影响及其相关机制。将 64 只大鼠随机分成 8 组——正常饲料组(NF)、大豆饼粕 2.5 g/(kg·d)组(SM)、核桃油 2.5 mL/(kg·d)组(WO)、核桃仁 3.0 g/(kg·d)组(WN)和核桃饼粕 1.0 g/(kg·d)、2.0 g/(kg·d)、3.0 g/(kg·d)、4.0 g/(kg·d)组(WM1、WM2、WM3、WM4),连续喂养 60 d,测定大鼠脑组织超氧化物歧化酶(SOD)、丙二醛(MDA)、乙酰胆碱酯酶(AChE)和一氧化氮合酶(NOS)的含量。结果(见表 3-4-18~表 3-4-20):适量喂食核桃饼粕可明显改善大鼠在跳台及 Morris 水迷宫实验中的成绩,可明显提高大鼠脑组织 SOD 活性,降低 MDA 含量,增强 AChE 的活性。结论:核桃饼粕能明显改善大鼠学习、记忆能力和抗氧化功能。

表 3-4-18　核桃饼粕对大鼠跳台实验学习的影响($\bar{x}\pm s, n=8$)

组别	学习成绩		记忆成绩	
	反应期/s	错误次数	潜伏期/s	错误次数
NF	32.60±31.93	1.33±1.03	44.00±10.35	1.17±0.40
SM	16.60±13.87	2.00±1.23	77.50±13.73	1.14±0.38
WO	37.00±27.34	1.83±1.17	48.001±0.27	1.00±0.71
WN	33.33±24.10	1.17±0.41	103.12±12.57	0.50±0.05[ac]
WM1	25.83±12.55	1.50±1.05	188.25±12.40[ae]	0.43±0.05[ac]
WM2	27.60±18.82	1.00±0.71	124.12±14.63	0.50±0.05[ac]
WM3	11.33±5.64[e]	1.29±0.95	174.25±13.43[a]	0.40±0.05[ac]
WM4	15.00±7.16	1.43±0.54	80.87±13.53	0.83±0.07

注:[a] 表示与 NF 比较,有显著性差异($P<0.05$);[c] 表示与 SM 比较,有显著性差异($P<0.05$);[e] 表示与 WO 比较,有显著性差异($P<0.05$)。

据樊永波等(2013)

表 3-4-19　核桃饼粕对大鼠 Morris 水迷宫实验学习的影响（$\bar{x}\pm s$，$n=8$）

组别	逃避潜伏期/s	有效时间/s	穿越平台次数
NF	45.85±3.16	18.72±9.58	1.50±0.22
SM	54.35±6.69	25.88±2.38	1.00±0.09
WO	38.49±5.32	31.98±7.71[a]	3.83±1.94[bd]
WN	15.39±6.97[bde]	36.67±9.29[b]	4.00±0.82[bd]
WM1	24.91±6.05[ad]	35.17±2.33[a]	3.67±0.34[ad]
WM2	21.13±8.17[ad]	32.42±4.91[a]	2.50±0.05
WM3	20.10±7.86[ad]	34.23±8.53[a]	3.50±0.05[ad]
WM4	24.19±5.93[ad]	31.75±9.68[a]	3.17±0.32[ac]

注：[a] 与 NF 比较，有显著性差异（$P<0.05$）；[b] 与 NF 比较，有极显著性差异（$P<0.01$）；[c] 与 SM 比较，有显著性差异（$P<0.05$）；[d] 与 SM 比较，有极显著性差异（$P<0.01$）；[e] 与 WO 比较，有显著性差异（$P<0.05$）。

据樊永波等（2013）

表 3-4-20　核桃饼粕对大鼠脑组织中 SOD、AChE、NOS 活性及 MDA 含量的影响

组别	SOD 活性/(U/mg)	MDA 含量/(nmol/mg)	AChE/(U/mg)	NOS 活性/(U/mg)
NF	90.59±41.39	1.12±0.28	0.54±0.07	1.74±1.41
SM	104.83±16.11	0.85±0.21	0.61±0.10[f]	2.07±1.39[g]
WO	103.95±16.76	0.89±0.21	0.55±0.11	1.44±1.41
WN	94.72±14.91	0.80±0.39	0.51±0.04	0.52±0.06
WM1	115.81±21.67	0.95±0.26	0.65±0.09[agh]	1.90±0.60
WM2	122.82±38.34[af]	0.88±0.28	0.53±0.05	2.54±0.24[eg]
WM3	120.59±8.81[a]	0.62±0.27[b]	0.65±0.14[agh]	2.34±0.24[g]
WM4	116.23±11.08	0.93±0.40	0.59±0.03	1.57±0.12

注：[a] 与 NF 比较，有显著性差异（$P<0.05$）；[b] 与 NF 比较，有极显著性差异（$P<0.01$）；[e] 与 WO 比较，有显著性差异；[f] 与 WN 比较，有显著性差异（$P<0.05$）；[g] 与 WN 比较，有极显著性差异（$P<0.01$）；[h] 与 WM2 比较，有显著性差异（$P<0.05$）。

2. 抗氧化

Reiter 等（2005）发现了核桃坚果中含有 2.5～4.5 ng/g 的褪黑素，并证明核桃是褪黑素的天然来源。褪黑素是一种吲哚类激素，化学名称为 N-乙酰基-5-甲氧基色胺（N-acetyl-5-methoxytryp tamine），在人和动物体内，褪黑素合成于松果体，具有延缓人体衰老的功能，俗称"脑白金"。褪黑素可有效清除人体内生理生化反应中产生的大量自由基，并可抑制过氧化氢引起的过氧化脂含量的升高。动物实验表明，饲喂核桃后，血液中褪黑素的含量会增加 3 倍，而且抗氧化活性有所增强。

程鹏等（2018）研究了核桃提取物的抗氧化活性。利用羟自由基清除实验和 DPPH 自由基清除实验检测核桃提取物的体外抗氧化活性，利用秀丽线虫模型研究核桃提取物体内抗氧化活性。结果：核桃提取物对羟自由基和 DPPH 自由基都具有清除作用，在浓度 500 μg/mL 时对羟自由基和 DPPH 自由基的清除率分别达到了 50% 和 80%，同时核桃提取物还可以延长秀丽线虫在氧化胁迫条件下的存活时间。从而得出结论：核桃提取物具有体外清除自由基的活性，同时也具有体内抗氧化活性。

汤慧民等（2018）采用单因素试验和正交试验对核桃壳多糖的微波辅助提取工艺进行优化，并对其抗氧化活性进行研究。结果表明：微波辅助提取核桃壳多糖的最优工艺条件为料液比 1∶40，微波提取温度 70 ℃，微波提取时间 6 min。在最优工艺条件下，核桃壳多糖提取率为 2.24%。核桃壳多糖对羟基自由

基和超氧阴离子自由基均表现出较好的清除能力,且在一定范围内对二者的清除作用呈现良好的量效关系。

江城梅等(1995)的研究结果(见表 3-4-21～表 3-4-23)表明,大鼠随年龄增长,血浆及肝、脑组织中过氧化脂质(LPO)含量升高,饲喂核桃仁 3 个月后的老龄大鼠与对照组相比,血清 LPO 含量下降,红细胞中超氧化物歧化酶(SOD)活性增高,肝、脑组织匀浆体外培养,加核桃仁试管中的 LPO 明显低于对照组。

表 3-4-21　核桃仁对试管组织中 LPO 含量的影响($\bar{x}\pm s$)

组别	n	肝/(nmol/g)	脑/(nmol/g)
对照	8	2022.50±319.54**	2468.00±176.23**
半胱氨酸＋硫酸亚铁	8	3490.00±204.80	3200.00±195.96
核桃仁＋半胱氨酸＋硫酸亚铁	8	2740.00±409.60**	2085.00±300.85**

注:与半胱氨酸＋硫酸亚铁组比较,** $P<0.01$。
据江城梅等(1995)

表 3-4-22　核桃仁对老龄大鼠体内 LPO 的影响($\bar{x}\pm s$)

组别	n	血浆/(nmol/mL)	肝/(nmol/g)	脑/(nmol/g)
成年鼠	8	9.67±1.51*	690.00±89.22*	503.33±34.45**
老龄鼠	8	13.13±3.98	787.50±131.76	600.00±66.82
喂核桃仁老龄鼠	8	10.29±3.75*	844.80±105.50	506.26±73.02**

注:与老龄鼠比,* $P<0.05$,** $P<0.01$。
据江城梅等(1995)

表 3-4-23　核桃仁对 SOD 活性的影响($\bar{x}\pm s$)

组别	n	SOD/(U/mL)
成年鼠	8	496.12±17.56*
老龄鼠	8	463.01±35.39
喂核桃仁老龄鼠	8	503.33±32.87*

注:与老龄鼠比,* $P<0.05$。
据江城梅等(1995)

核桃多酚具有良好的抗氧化作用。核桃种皮虽然只有整个核桃的 5%,但其酚类物质含量占核桃总酚含量的 93%～97%。

张泽生等(2017)研究了核桃内种皮多酚提取物对 D-半乳糖致衰小鼠抗氧化能力的影响。采用 ICR 小鼠 60 只,随机分为 5 组,每组 12 只,对模型对照组和剂量组采取颈部皮下注射 D-半乳糖[120 mg/(kg·d)]制造衰老模型,低、中、高剂量组分别灌胃 200 mg/(kg·d)、400 mg/(kg·d)、800 mg/(kg·d)的核桃内种皮多酚提取物,模型组灌胃等量的生理盐水。8 周后,取血液和组织进行检测,测定血清、肝脏和脑组织中超氧化物歧化酶(SOD)、过氧化氢酶(CAT)、谷胱甘肽过氧化物酶(GSH-Px)活力和总抗氧化能力(T-AOC)及丙二醛(MDA)的含量。结果(见表 3-4-24～表 3-4-26)显示,与模型组相比,核桃内种皮多酚提取物可显著提高小鼠血清、肝脏和脑组织中 SOD、CAT、GSH-Px 和 T-AOC 活力,并降低 MDA 含量。从而得出结论,核桃内种皮多酚提取物可减轻 D-半乳糖导致的氧化损伤,具有一定的抗氧化能力,此抗氧化能力与提取物中富含多酚成分(其重要成分为鞣花酸、没食子酸、丁香酸等)有关。

表 3-4-24　内种皮多酚提取物对 D-半乳糖致衰小鼠血清抗氧化指标的影响（$M\pm SD$，$n=10$）

组别	SOD/(U/100 mL)	CAT/(U/mL)	T-AOC/(U/mL)	GSH-Px/(U/mL)	MDA/(nmol/mL)
正常对照	36.33±1.28	15.13±3.41	4.49±0.28	269.40±12.80	8.06±0.68
模型对照	32.50±0.78##	5.76±1.00##	3.18±0.27##	225.77±19.38##	10.04±1.82#
低剂量	35.19±1.25**	10.31±2.65	3.50±0.62	281.88±14.55**	7.96±0.33*
中剂量	35.36±1.28**	13.17±1.59**	4.14±0.36**	293.70±15.27**	7.09±1.01**
高剂量	35.76±1.01**	15.28±1.59**	4.63±0.33**	306.21±8.00**	7.71±0.91**

注：与空白组相比，# $P<0.05$，## $P<0.01$；与模型组相比，* $P<0.05$，** $P<0.01$。

据张泽生等（2017）

表 3-4-25　内种皮多酚提取物对 D-半乳糖致衰小鼠肝脏抗氧化指标的影响（$M\pm SD$，$n=10$）

组别	SOD/(U/mg prot)	CAT/(U/mg prot)	T-AOC/(U/mg prot)	GSH-Px/(U/mg prot)	MDA/(nmol/mg prot)
正常对照	32.20±2.27	86.32±6.91	0.38±0.03	123.91±6.75	1.22±0.24
模型对照	25.07±1.29##	70.22±3.06##	0.28±0.03##	87.85±14.61##	2.26±0.39##
低剂量	28.84±2.16	77.05±2.49	0.32±0.04	120.24±7.75**	2.17±0.27
中剂量	31.27±2.69**	81.65±3.91**	0.36±0.02*	133.69±5.27**	1.77±0.13
高剂量	32.61±3.35**	78.96±3.50	0.38±0.03**	154.25±7.16**	2.20±0.22

注：与空白组相比，# $P<0.05$，## $P<0.01$；与模型组相比，* $P<0.05$，** $P<0.01$。

据张泽生等（2017）

表 3-4-26　内种皮多酚提取物对 D-半乳糖致衰小鼠脑抗氧化指标的影响（$M\pm SD$，$n=10$）

组别	SOD/(U/mg prot)	CAT/(U/mg prot)	T-AOC/(U/mg prot)	GSH-Px/(U/mg prot)	MDA/(nmol/mg prot)
正常对照	32.20±2.27	3.51±0.25	0.38±0.03	1274.36±118.11	4.15±0.81
模型对照	25.07±1.29##	3.21±0.48	0.28±0.03##	923.59±162.18##	4.98±0.42
低剂量	28.84±2.16	3.18±0.24	0.32±0.04	1230.64±85.90**	4.04±0.36
中剂量	31.27±2.69**	3.22±0.41	0.36±0.02*	1395.60±85.20**	3.77±0.79
高剂量	32.61±3.35**	3.51±0.53	0.38±0.03**	1406.97±138.27**	4.08±0.79

注：与空白组相比，# $P<0.05$，## $P<0.01$；与模型组相比，* $P<0.05$，** $P<0.01$。

据张泽生等（2017）

赵聪（2016）研究了核桃种皮的抗氧化活性。选用 D-半乳糖衰老模型的小鼠，分别灌胃 50 mg/(kg·d)、100 mg/(kg·d)、200 mg/(kg·d)剂量的核桃种皮多酚水溶液，同时灌胃茶多酚进行对照研究。结果（见表 3-4-27～表 3-4-31）表明，核桃种皮多酚可能能够抑制脂肪的形成，降低脑细胞的凋亡率，降低脑和肝细胞中活性氧（ROS）水平，减少不饱和脂肪酸的氧化，保护脑细胞免受损伤。同时还可能有效显著提高脑组织、血清和肝脏中的总抗氧化能力（T-AOC）及过氧化氢酶（CAT）、超氧化物歧化酶（SOD）的活力，降低脑组织、肝脏和血清中的丙二醛（MDA）含量，同时提高脑组织和肝脏中的谷胱甘肽过氧化物酶活力。核桃种皮多酚的抗氧化作用效果有一定的剂量依赖性，相同浓度下与茶多酚的作用效果相当。

表 3-4-27　**D-半乳糖衰老小鼠脑细胞和肝细胞 ROS 水平**

组别	脑细胞 ROS 水平/MFI	肝细胞 ROS 水平/MFI
正常组	21.27±1.06[a]	17.10±0.68[a]
模型组	33.04±1.65[c]	28.78±1.44[d]
低剂量组	31.40±1.57[c]	25.18±1.26[c]
中剂量组	26.36±1.32[b]	22.76±1.14[b]
高剂量组	24.80±1.24[b]	20.85±1.04[b]
茶多酚组	25.06±1.25[b]	21.66±1.08[b]

注：采用 Duncan's multiple range test 方法分析，同一列不同字母表示显著性差异（$P<0.05, n=3$）。

据赵聪（2016）

表 3-4-28　**脑组织、血清和肝脏中 T-AOC 水平**

组别	脑组织/(U/mL)	血清/(U/mL)	肝脏/(U/mL)
正常组	1.58±0.08[d]	1.38±0.07[e]	5.79±0.29[b]
模型组	0.59±0.03[a]	0.51±0.03[a]	5.05±0.25[a]
低剂量组	0.61±0.03[a]	0.61±0.03[b]	5.38±0.27[ab]
中剂量组	0.87±0.04[b]	0.74±0.04[c]	5.40±0.27[ab]
高剂量组	1.15±0.06[c]	0.84±0.04[d]	5.68±0.28[b]
茶多酚组	0.93±0.05[b]	0.70±0.04[c]	5.37±0.27[ab]

注：采用 Duncan's multiple range test 方法分析，同一列不同字母表示显著性差异（$P<0.05, n=5$）。

据赵聪（2016）

表 3-4-29　**脑组织、血清和肝脏中 CAT 活性**

组别	脑组织/(U/mL)	血清/(U/mL)	肝脏/(U/mL)
正常组	13.02±0.65[d]	53.89±2.69[d]	5.01±0.25[d]
模型组	10.24±0.51[a]	22.89±1.14[a]	2.85±0.14[a]
低剂量组	10.88±0.54[ab]	29.07±1.45[b]	3.02±0.15[a]
中剂量组	11.67±0.58[bc]	45.77±2.29[c]	3.89±0.19[b]
高剂量组	12.25±0.61[cd]	49.47±2.47[c]	4.28±0.21[c]
茶多酚组	11.58±0.58[bc]	46.28±2.31[c]	4.11±0.21[b]

注：采用 Duncan's multiple range test 方法分析，同一列不同字母表示显著性差异（$P<0.05, n=5$）。

据赵聪（2016）

表 3-4-30　**脑组织、血清和肝脏中 SOD 活性**

组别	脑组织/(U/mL)	血清/(U/mL)	肝脏/(U/mL)
正常组	128.26±6.41[e]	154.89±6.24[c]	134.21±4.21[d]
模型组	68.19±3.14[a]	71.68±3.58[a]	70.90±3.50[a]
低剂量组	79.54±3.98[b]	138.68±6.93[b]	98.75±4.94[a]
中剂量组	91.20±4.56[c]	137.10±6.86[b]	114.11±5.71[b]
高剂量组	108.66±5.43[d]	148.63±7.43[b]	121.84±6.59[c]
茶多酚组	100.41±5.02[d]	138.63±6.93[b]	115.11±5.76[b]

注：采用 Duncan's multiple range test 方法分析，同一列不同字母表示显著性差异（$P<0.05, n=5$）。

据赵聪（2016）

表 3-4-31　脑组织、血清和肝脏中 MDA 含量

组别	脑组织/(mmol/mg)	血清/(mmol/mg)	肝脏/(mmol/mg)
正常组	0.86 ± 0.04^a	4.74 ± 0.44^a	2.58 ± 0.18^a
模型组	1.42 ± 0.07^d	12.39 ± 0.62^c	4.14 ± 0.21^d
低剂量组	1.15 ± 0.06^c	6.64 ± 0.33^b	3.60 ± 0.18^c
中剂量组	1.01 ± 0.05^b	6.30 ± 0.32^b	3.57 ± 0.18^c
高剂量组	0.97 ± 0.05^b	5.69 ± 0.28^b	3.05 ± 0.15^b
茶多酚组	0.98 ± 0.05^b	6.40 ± 0.32^b	3.52 ± 0.18^c

注：采用 Duncan's multiple range test 方法分析，同一列不同字母表示显著性差异（$P<0.05$，$n=5$）。

据赵聪（2016）

李煦（2015）研究了核桃仁提取物、核桃仁脱脂粉提取物及核桃油的抗氧化活性。40 只昆明小鼠用 D-半乳糖建造衰老模型，随机分为空白对照组、模型对照组、维 C 阳性对照组、核桃仁提取物组（WE）[0.5 g/(kg·d)]、脱脂核桃粉提取物组（DWE）[0.2 g/(kg·d)]和核桃油组（WO）[2 g/(kg·d)]。饲养 42 d 后，测定小白鼠血清、肾脏、脑、肝脏和心脏中谷胱甘肽过氧化物酶（GSH-Px）活力、过氧化氢酶（CAT）、超氧化物歧化酶（SOD）活力、总抗氧化能力（T-AOC）和丙二醛（MDA）含量。结果（见表 3-4-32～表 3-4-36）表明核桃各提取物都能增强抗氧化剂活力，降低 MDA 含量。由此得出结论，核桃仁、核桃油及脱脂核桃粉部位都具有较好的抗氧化作用。

表 3-4-32　核桃各提取物对小鼠 MDA 含量的影响（$n=8$，$x\pm SD$）

组别	血清/(nmol/mL)	肝/(nmol/mg prot)	脑/(nmol/mg prot)	心脏/(nmol/mg prot)	肾脏/(nmol/mg prot)
空白组	25.54 ± 7.86	27.66 ± 5.74	32.01 ± 2.87	7.43 ± 1.99	21.71 ± 3.89
模型组	36.96 ± 11.39^{bc}	36.03 ± 7.20^{bc}	39.58 ± 8.14^{ac}	13.61 ± 2.47^{ac}	28.14 ± 2.78^{ac}
阳性组	21.20 ± 7.35^a	31.07 ± 4.36	25.05 ± 1.91^a	4.34 ± 1.07^a	18.72 ± 2.58^a
DWE 组	11.96 ± 4.20^a	30.33 ± 5.41	23.85 ± 3.73^a	3.92 ± 1.30^a	20.12 ± 1.81^a
WE 组	16.85 ± 3.39^a	26.08 ± 5.24^a	24.95 ± 3.92^a	4.18 ± 1.45^a	18.78 ± 4.03^a
WO 组	13.04 ± 3.77^a	25.22 ± 5.03^a	22.03 ± 3.67^a	3.75 ± 1.15^a	18.44 ± 2.84^a

注：与模型组比较$^a P<0.01$；与模型组比较$^b P<0.05$；空白组与模型组比较$^c P<0.05$。

据李煦（2015）

表 3-4-33　核桃各提取物对小鼠 SOD 活性的影响（$n=8$，$x\pm SD$）

组别	血清/(U/mL)	肝/(U/mg prot)	脑/(U/mg prot)	心脏/(U/mg prot)	肾脏/(U/mg prot)
空白组	260.10 ± 21.07	1304.11 ± 73.56	567.68 ± 73.87	468.54 ± 63.35	669.82 ± 58.43
模型组	217.85 ± 14.87^{bc}	1138.73 ± 47.58^{bc}	469.66 ± 55.42^{bc}	351.71 ± 66.94^{ac}	566.93 ± 42.90^{ac}
阳性组	269.34 ± 25.87^a	1335.85 ± 79.19^b	633.80 ± 91.45^a	444.54 ± 29.96^b	681.84 ± 58.39^a
DWE 组	307.63 ± 13.16^a	1359.71 ± 59.40^a	585.72 ± 40.34^b	511.97 ± 57.14^a	684.04 ± 35.56^a
WE 组	258.78 ± 24.61^b	1362.99 ± 127.99^a	633.84 ± 68.44^a	523.24 ± 61.42^a	756.15 ± 40.81^a
WO 组	266.70 ± 45.08^b	1425.23 ± 181.83^a	635.97 ± 75.92^a	562.30 ± 96.81^a	707.30 ± 34.55^a

注：与模型组比较$^a P<0.01$；与模型组比较$^b P<0.05$；空白组与模型组比较$^c P<0.05$。

据李煦（2015）

表 3-4-34 核桃各提取物对小鼠 GSH-Px 活性的影响($n=8$, $x\pm$SD)

组别	血清/(U/mL)	肝/(U/mg prot)	脑/(U/mg prot)	心脏/(U/mg prot)	肾脏/(U/mg prot)
空白组	555.00±79.28	573.53±35.74	479.26±56.99	397.31±52.32	1535.61±155.37
模型组	436.07±84.76[bc]	426.68±40.63[bc]	372.33±50.96[bc]	24..53±31.87[ac]	1216.85±161.80[ac]
阳性组	659.06±87.20[a]	635.50±92.11[a]	480.04±51.16[a]	439.95±94.86[a]	1535.30±146.40[a]
DWE组	1164.51±170.76[a]	1253.33±188.11[a]	528.05±42.36[b]	449.91±66.65[a]	1441.23±137.25[a]
WE组	966.29±162.68[a]	1678.53±155.41[a]	514.87±107.23[a]	424.24±58.14[a]	1420.43±100.11[a]
WO组	951.43±184.73[a]	1552.38±196.88[a]	515.76±61.29[a]	504.85±41.75[a]	1523.14±100.14[a]

注:与模型组比较[a]$P<0.01$;与模型组比较[b]$P<0.05$;空白组与模型组比较[c]$P<0.05$。
据李煦(2015)

表 3-4-35 核桃各提取物对小鼠 CAT 活性的影响($n=8$, $x\pm$SD)

组别	血清/(U/mL)	肝/(U/mg prot)	脑/(U/mg prot)	心脏/(U/mg prot)	肾脏/(U/mg prot)
空白组	29.96±4.23	49.28±2.32	4.68±1.02	45.61±8.13	75.83±4.08
模型组	20.65±5.8[bc]	39.85±3.63[ac]	2.29±0.68[bc]	34.34±7.13[ac]	60.83±6.00[ac]
阳性组	31.32±5.55[b]	50.67±4.94[a]	4.27±1.18[b]	57.62±11.18[a]	76.63±4.77[a]
DWE组	35.86±12.19[a]	50.83±5.44[a]	9.28±2.8[a]	50.71±8.76[a]	72.36±5.68[a]
WE组	32.46±6.96[b]	49.93±5.25[a]	7.61±1.96[a]	54.04±7.41[a]	73.22±5.78[a]
WO组	29.73±6.72	51.01±6.41[a]	8.76±1.61[a]	52.29±13.38[a]	76.71±5.08[a]

注:与模型组比较[a]$P<0.01$;与模型组比较[b]$P<0.05$;空白组与模型组比较[c]$P<0.05$。
据李煦(2015)

表 3-4-36 核桃各提取物对小鼠 CAT 活性的影响($n=8$, $x\pm$SD)

组别	血清/(U/mL)	肝/(U/mg prot)	脑/(U/mg prot)	心脏/(U/mg prot)	肾脏/(U/mg prot)
空白组	3.48±0.59	20.79±2.50	3.68±0.83	3.01±0.84	2.23±0.82
模型组	1.35±0.53[ac]	13.66±1.17[ac]	2.64±0.67[ac]	0.85±0.26[ac]	0.85±0.35[ac]
阳性组	3.33±0.81[b]	19.46±2.15[b]	4.55±0.70[a]	3.93±1.30[a]	3.31±0.81[a]
DWE组	6.02±1.65[a]	20.47±2.51[a]	4.69±0.57[a]	3.80±0.50[a]	2.84±0.63[a]
WE组	5.78±1.41[a]	24.72±4.94[a]	4.38±0.64[a]	4.18±0.78[a]	2.87±0.67[a]
WO组	5.54±1.97[a]	24.97±6.91[a]	4.18±0.85[a]	4.65±0.82[a]	3.22±0.78[a]

注:与模型组比较[a]$P<0.01$;与模型组比较[b]$P<0.05$;空白组与模型组比较[c]$P<0.05$。
据李煦(2015)

核桃多肽是核桃蛋白经过酶解处理获得的分子量较低的化合物,具有较强的抗氧活性。郝常艳(2014)研究了核桃多肽抗氧化活性。将 50 只小鼠适应环境性饲养 1 周后随机分成 2 个对照组(每日灌0.9%的生理盐水)和 3 个剂量组(1 g/kg、2 g/kg、3 g/kg,相当于人体推荐量的 10、20、30 倍),每组 10 只。灌胃给药后,测定了实验动物血中谷胱甘肽过氧化物酶(GSH-Px)的活性及血液和肝脏中丙二醛(MDA)的含量。结果(见表 3-4-37~表 3-4-39)显示:实验动物 GSH-Px 活性测定结果呈阳性,MDA 含量测定结果也呈阳性,从而可以判定核桃多肽抗氧化功能动物实验结果呈阳性,说明其具有良好的抗氧化能力(依据《保健食品检验与评价技术规范实施手册》抗氧化功能呈阳性的判定方法）。

表 3-4-37　不同剂量核桃多肽对小鼠血中 GSH-Px 活性的影响结果

剂量组	动物数/只	血中 GSH-Px 活性/(U/mL)
对照组	10	4.83±0.819
100 mg/kg	10	6.74±0.630*
200 mg/kg	10	5.54±0.743
300 mg/kg	10	4.90±0.501

注：与对照组相比，* $P<0.05$，** $P<0.01$。

据郝常艳(2014)

表 3-4-38　不同剂量核桃多肽对小鼠血中 MDA 含量的影响结果

剂量组	动物数/只	血中 MDA 含量/(mmol/mL)
空白对照组	10	7.88±0.234
造模对照组	10	9.86±0.613**（与空白对照比）
100 mg/kg	10	8.76±0.877（与造模对照组相比）
200 mg/kg	10	8.44±0.700（与造模对照组相比）
300 mg/kg	10	8.58±0.109*（与造模对照组相比）

注：与对照组相比，* $P<0.05$，** $P<0.01$。

据郝常艳(2014)

表 3-4-39　不同剂量核桃多肽对小鼠肝脏组织中 MDA 含量的影响结果

剂量组	动物数/只	组织中 MDA 含量/(mmol/mg)
空白对照组	10	0.73±0.027
造模对照组	10	1.82±0.076**（与空白对照比）
100 mg/kg	10	1.34±0.174（与造模对照组相比）
200 mg/kg	10	1.37±0.060*（与造模对照组相比）
300 mg/kg	10	0.91±0.158**（与造模对照组相比）

注：与对照组相比，* $P<0.05$，** $P<0.01$。

据郝常艳(2014)

　　不饱和脂肪酸是脑组织细胞结构脂肪的良好来源，具有良好的抗氧化和抗衰老作用。核桃油可清除体内导致机体衰老的自由基，增强机体抗氧化能力。张清安等(2004)研究了核桃油对小鼠肝脏与脑组织的抗氧化作用。取 40 只 ICR 雄性小鼠，体重均衡随机分为 4 组，即正常对照组(NC)核桃油低、中、高剂量组[LD 9 mL/(kg·d)、MD 17 mL/(kg·d)、HD 33 mL/(kg·d)]，每组 10 只，各组均饲以基础饲料、自由饮水。正常对照组(NC)灌胃等量生理盐水。小鼠体内实验表明(见表 3-4-40～表 3-4-43)，适量核桃油可显著降低小鼠脑、肝组织中丙二醛(MDA)含量，明显提高肝、脑组织的总抗氧化能力(T-AOC)，以及超氧化物歧化酶(SOD)和过氧化氢酶(CAT)等抗氧化物质活性，从而增强机体抗氧化能力，延缓衰老。

表 3-4-40　核桃油对肝、脑组织 T-AOC 影响($n=10$, $\bar{x}\pm s$)

组别	剂量/ [mL/(kg·d)]	T-AOC/(U/mg prot)	
		肝组织	脑组织
NC	0	2.70±0.93	2.39±0.72
LD	9	5.54±2.44[a]	2.76±0.51
MD	17	6.28±1.65[b]	4.90±0.81[bc]
HD	33	5.14±2.04[a]	3.53±0.74[ad]

注:NC—正常对照组,LD—低剂量组,MD—中剂量组,HD—高剂量组。与 NC 比较,[a]$P<0.05$,[b]$P<0.01$;与 LD 比较,[c]$P<0.01$;与 MD 比较,[d]$P<0.05$。

据张清安等(2004)

表 3-4-41　核桃油对肝、脑组织中 SOD 活性的影响($n=10$, $\bar{x}\pm s$)

组别	剂量/ [mL/(kg·d)]	SOD 活性/(U/mg prot)	
		肝组织	脑组织
NC	0	144.74±17.94	71.99±13.65
LD	9	148.74±10.24	78.50±5.30[a]
MD	17	151.23±7.13	96.84±12.80[bc]
HD	33	337.96±32.22[bd]	88.38±9.20[a]

注:NC—正常对照组,LD—低剂量组,MD—中剂量组,HD—高剂量组。与 NC 比较,[a]$P<0.05$,[b]$P<0.01$;与 LD 比较,[c]$P<0.01$;与 MD 比较,[d]$P<0.01$。

据张清安等(2004)

表 3-4-42　核桃油对肝、脑组织中 CAT 活性的影响($n=10$, $\bar{x}\pm s$)

组别	剂量/ [mL/(kg·d)]	CAT 活性/(U/mg prot)	
		肝组织	脑组织
NC	0	15.75±0.84	8.09±0.58
LD	9	15.91±1.12	8.62±0.84
MD	17	16.75±2.07	9.08±0.74[a]
HD	33	16.65±2.23	9.22±0.89[a]

注:NC—正常对照组,LD—低剂量组,MD—中剂量组,HD—高剂量组。与 NC 比较,[a]$P<0.05$。

据张清安等(2004)

表 3-4-43　核桃油对肝、脑组织中 MDA 含量影响($n=10$, $\bar{x}\pm s$)

组别	剂量/ [mL/(kg·d)]	MDA 含量/(nmol/mg prot)	
		肝组织	脑组织
NC	0	19.18±3.48	12.21±2.35
LD	9	15.55±3.88	6.64±3.09[a]
MD	17	6.73±2.56[ad]	7.11±0.75[ab]
HD	33	2.52±0.79[acd]	2.87±0.62[acd]

注:NC—正常对照组,LD—低剂量组,MD—中剂量组,HD—高剂量组。与 NC 比较,[a]$P<0.01$;与 LD 比较,[b]$P<0.05$;与 LD 比较,[c]$P<0.01$;与 MD 比较,[d]$P<0.01$。

据张清安等(2004)

范学辉等(2004)研究了核桃油对小鼠体内抗氧化性。以不同剂量[9 mL/(kg•d)、17 mL/(kg•d)、33 mL/(kg•d)]核桃油连续给小鼠灌胃,3 周后检测小鼠肝、脑组织中总抗氧化能力(T-AOC),以及超氧化物歧化酶(SOD)、过氧化氢酶(CAT)和谷胱甘肽过氧化物酶(GSH-Px)的活性。结果(见表 3-4-44、表3-4-45)表明:与对照组相比,17 mL/(kg•d)核桃油可显著(P<0.05)提高小鼠肝、脑组织中 T-AOC、SOD、CAT、GSH-Px 的活力,表明该剂量核桃油可以提高酶的抗氧化作用,且剂量达 33 mL/(kg•d)时效果最好。由此得出结论,核桃油对小鼠肝、脑组织中 T-AOC 及 SOD、CAT、GSH-Px 等抗氧化物质活性有显著提高作用。

表 3-4-44　核桃油对小鼠肝、脑组织 T-AOC 的影响($n=10$,$\bar{x}\pm s$)

组别	核桃油剂量/[mL/(kg•d)]	T-AOC/(U/mg)	
		肝组织	脑组织
正常对照组	0	2.70±0.93	2.39±0.72
低剂量组	9	5.54±2.4[a]	2.76±0.51
中剂量组	17	6.28±1.65[A]	4.90±0.81[AB]
高剂量组	33	5.14±2.04[a]	3.53±0.74[ac]

注:同列数据后不同大小写字母分别表示在 $P=0.01$、$P=0.05$ 水平下差异显著;其中 a(A)表示与正常对照组相比,b(B)表示与低剂量组相较,c(C)表示与中剂量组相比。

据范学辉等(2004)

表 3-4-45　核桃油对小鼠体内抗氧化酶活性的影响($n=10$,$\bar{x}\pm s$)

组别	核桃油剂量/[mL/(kg•d)]	SOD 活性		CAT 活性		GSH-Px 活性	
		肝组织	脑组织	肝组织	脑组织	肝组织	脑组织
正常对照组	0	144.74±17.94	71.99±13.65	15.75±0.84	8.09±0.58	55.01±7.31	45.41±4.16
低剂量组	9	148.74±10.24	78.50±5.30[a]	15.91±1.12	8.62±0.84	64.72±7.11[a]	45.26±1.87
中剂量组	17	151.23±7.13	96.84±12.80[Ab]	16.75±2.07	9.08±0.74[a]	65.29±4.73[a]	49.81±2.26[ab]
高剂量组	33	337.96±32.22[AC]	88.38±9.20[a]	16.65±2.23	9.22±0.89[a]	72.04±4.34[Abc]	52.98±4.28[ab]

注:同列数据后不同大小写字母分别表示在 $P=0.01$、$P=0.05$ 水平下差异显著;其中 a(A)表示与正常对照组相比,b(B)表示与低剂量组相较,c(C)表示与中剂量组相比。

据范学辉等(2004)

3.预防心血管疾病

研究表明,核桃多酚化合物对心血管疾病有潜在的防治作用,主要体现在降低血脂作用上。核桃仁多酚能有效地抑制血浆中的低密度脂蛋白的氧化,对预防动脉粥样硬化和改善血脂絮乱有很好的作用。而且核桃饼粕多酚纯化物还可通过降低谷氨酸钠诱导的肥胖小鼠的体重、Lee 指数、脂肪指数,以及血清 TG、TC、LDL-C 水平和提高 HDL-C、脂联素水平,来改善小鼠体内的血脂紊乱。Shimoda 等(2009)研究还发现了核桃仁多酚通过增强肝脏中过氧化物酶体脂肪酸 β 氧化来降低小鼠体内三酰甘油水平,有效地改善高脂血症。核桃多酚能显著降低体内血中的胆固醇、TG 的含量和 LDL-C 水平,是其降血脂的主要机理。

相关研究表明,核桃中的其他成分也具有预防心血管疾病的功能。

Wang 等(2014)在对核桃蛋白水解物中纯化鉴定血管紧张素转换酶(angiotensin converting enzyme,ACE)的研究中发现了核桃蛋白水解产物中存在着一种新的 ACE 抑制肽即 p-la1,表明核桃蛋白水解产物对心脑血管疾病也具有预防及辅助治疗作用。ACE 是一种二肽羧肽酶,具有调节血压及保护心血管的功能。

戚登斐等(2019)以冷榨核桃油为原料,利用尿素包合法分离纯化核桃油中亚油酸,同时以雄性昆明小鼠为实验动物,评价了其降血脂功能。实验通过单因素实验确定分离纯化亚油酸的工艺条件为包合时间24 h、包合温度5 ℃、95％乙醇与尿素体积质量比值为5、混合脂肪酸与尿素质量比值为0.3,在此条件下得到的产品中亚油酸纯度为80.21％。降血脂功能评价结果表明:亚油酸具有降低高脂小鼠体重、肝重、肝脏系数及血清总胆固醇(TC)、三酰甘油(TG)水平,提高血液高密度脂蛋白胆固醇(HDL-C)水平,降低低密度脂蛋白胆固醇(LDL-C)水平及动脉硬化指数(AI)的能力。

杨子明等(2015)研究了核桃多肽对 D-半乳糖诱导的老年小鼠血脂水平的影响。实验采用 D-半乳糖建立小鼠亚急性衰老模型,测定小鼠血脂水平以及血清、大脑的抗氧化功能。结果(见表3-4-46、表3-4-47)显示:与衰老模型组小鼠比较,植物蛋白水解专用酶制得的核桃多肽组能够降低总胆固醇(TC)、三酰甘油(TG)、低密度脂蛋白胆固醇(LDL-C)含量,碱性蛋白酶制得的核桃多肽组能够使高密度脂蛋白胆固醇(HDL-C)含量升高;与衰老模型组小鼠比较,核桃多肽各酶解组均能提高小鼠大脑总抗氧化能力(T-AOC)、超氧化物歧化酶(SOD)活性,植物蛋白水解专用酶组能降低小鼠大脑丙二醛(MDA)含量。因此可知,核桃多肽能够降低 D-半乳糖诱导的老年小鼠血脂水平,提高其抗氧化能力。

表 3-4-46　核桃多肽对小鼠血脂水平的影响($\bar{x}\pm s, n=10$)

组别	TC/(mmol/L)	TG/(mmol/L)	HDL-C/(mmol/L)	LDL-C/(mmol/L)
对照组	1.94±0.30	1.73±0.33	1.17±0.08	1.38±0.16
模型组	2.33±0.20*	2.05±0.29*	1.13±0.08	1.53±0.12*
酶一组	1.88±0.22#	1.31±0.20##	1.23±0.09	1.36±0.17#
酶二组	2.14±0.28	1.96±0.28	1.24±0.13	1.61±0.11
碱性组	2.16±0.29	1.84±0.32	1.21±0.14	1.47±0.14
木瓜组	2.22±0.22	1.77±0.45	1.38±0.12#	1.56±0.21

注:* 与对照组比较,差异显著($P<0.05$);** 与对照组比较,差异极显著($P<0.01$);# 与模型组比较,差异显著($P<0.05$);## 与模型组比较,差异极显著($P<0.01$)。

据杨子明等(2015)

表 3-4-47　核桃多肽对小鼠大脑抗氧化能力的影响($\bar{x}\pm s, n=10$)

组别	T-AOC 活性/(U/g)	SOD 活性/(U/g)	MDA 含量/(nmol/g)
对照组	76.67±5.90	300.16±19.31	95.28±12.39
模型组	65.33±4.64*	267.99±36.95*	115.32±20.06*
酶一组	100.27±11.08##	331.41±55.56#	66.97±16.52##
酶二组	96.60±4.31##	325.44±63.62#	103.45±21.81
碱性组	86.53±3.47#	299.80±33.09#	112.10±20.71
木瓜组	88.53±4.60#	324.66±9.57#	108.37±22.38

注:* 与对照组比较,差异显著($P<0.05$);** 与对照组比较,差异极显著($P<0.01$);# 与模型组比较,差异显著($P<0.05$);## 与模型组比较,差异极显著($P<0.01$)。

据杨子明等(2015)

核桃油中亚油酸、亚麻酸等不饱和脂肪酸含量丰富,亚油酸能与胆固醇结合成酯,促进胆固醇的转运,抑制肝脏内源性胆固醇的合成,并促进其降解为胆酸而排泄,因而有良好的降脂作用。李建科等(2005)研究了利用不同剂量的核桃油对小鼠进行实验,探讨了其对血脂水平的影响。结果(见表3-4-48、表3-4-49)表明,核桃油实验组小鼠的血清三酰甘油(TG)、总胆固醇(TC)和动脉硬化指数(AI)均不同程度低于高脂模型组,而高密度脂蛋白(HDL-C)却显著高于高脂模型组。因此,核桃油确有显著降低血脂和降低动脉硬化危险性的作用。

表 3-4-48 核桃油对小鼠血清 TG 及 TC 含量的影响($\bar{x}\pm s$)

组别	n	TG/(mmol/L)	TC/(mmol/L)
空白对照组	7	1.27±0.237*	4.33±0.486*
高脂模型组	7	1.70±0.326	5.78±0.973
低剂量组	7	0.92±0.273*	4.07±0.891*
中剂量组	7	0.63±0.281**	4.49±0.917*
高剂量组	5	0.60±0.280**	4.35±0.975**

注:$P<0.05$,** $P<0.01$,*** $P<0.001$,为各组与高脂模型组比较。
据李建科等(2005)

表 3-4-49 核桃油对小鼠高 HDL-C、LDL-C 含量和 AI 的影响($\bar{x}\pm s$)

组别	n	HDL-C/(mmol/L)	LDL-C/(mmol/L)	AI
空白对照组	7	2.89±0.124**	1.86±0.411	0.50±0.142**
高脂模型组	7	1.64±0.279	2.89±0.840	2.52±0.354
低剂量组	7	2.14±0.298*	2.41±0.732	0.90±0.282**
中剂量组	7	2.45±0.329*	2.93±0.735	0.83±0.207**
高剂量组	5	2.20±0.341*	3.67±0.795	0.97±0.351**

注:* $P<0.05$,** $P<0.01$,为各组与高脂模型组比较。AI=HDL-C/LDL-C。
据李建科等(2005)

杨栓平等(2001)观察了不同剂量核桃油和核桃油加维生素 E(核桃油复合 VE)对大鼠血脂和动脉粥样硬化的作用。实验采用 80 只 Wistar 大鼠,雌雄各半,用高脂饲料制作动物高脂血症和动脉粥样硬化模型,然后将动物分为 5 组——核桃油低、高剂量(0.3 g/kg、1 g/kg)组,核桃油复合 VE(核桃油和维生素 E 的比例为每 3 g 核桃油中含 0.2 g 维生素 E)低、高剂量组(0.3 g/kg、1 g/kg),对照组(以 1 mL/kg 生理盐水灌胃),实验各组均每天灌胃油剂一次,连续 4 周。结果(见表 3-4-50、表 3-4-51)显示:①核桃油和核桃油复合维生素 E 对大鼠摄食及生长发育均无影响。②核桃油能明显降低雄性高脂血症大鼠血中的总胆固醇(TC)、三酰甘油(TG)水平,升高载脂蛋白 A1(ApoA1)水平,明显降低雌性高脂血症大鼠血中的 TG 水平,升高其 ApoA1。③核桃油复合维生素 E 能显著降低雄性高脂血症大鼠血中的 TC、低密度脂蛋白胆固醇(LDL-C)水平,高剂量核桃油复合维生素 E 还能升高其血浆高密度脂蛋白胆固醇(HDL-C)、提高动物的抗动脉粥样硬化指数(AAI);对雌性大鼠除与雄性大鼠有类似的作用之外,还能明显降低血中 TG 和载脂蛋白 B(ApoB)水平。综上可得,核桃油和核桃油复合 VE 均有不同程度地降低大鼠血脂及改善动脉粥样硬化的作用。

表 3-4-50 实验大鼠对血浆 TC 和 TG 含量的影响($n=8$,$\bar{x}\pm s$)

组别	剂量/(g/kg)	TC/(mmol/L)		TG/(mmol/L)	
		0 d	28 d	0 d	28 d
对照组♂		5.89±1.06	2.63±0.13	1.11±0.23	0.85±0.08
核桃油组♂	1.0	6.45±1.59	2.16±0.30ᵃ	1.06±0.19	0.40±0.07ᵇ,ᶜ
核桃油组♂	0.3	5.73±1.28	2.13±0.42ᵃ	0.93±0.24	0.42±0.09ᵇ,ᶜ
核桃油复合 VE 组♂	1.0	7.21±2.15	1.97±0.26ᵇ	0.89±0.37	0.77±0.14
核桃油复合 VE 组♂	0.3	6.57±1.93	2.21±0.35ᵃ	1.19±0.33	0.86±0.29

续表

组别	剂量/(g/kg)	血浆胆固醇/(mmol/L)		血浆三酰甘油/(mmol/L)	
		0 d	28 d	0 d	28 d
对照组♀		6.13±1.18	2.19±0.09	0.91±0.22	1.28±0.15
核桃油组♀	1.0	6.36±1.43	1.97±0.25	1.15±0.31	0.59±0.13[b,c]
核桃油组♀	0.3	5.76±1.08	1.99±0.22	1.09±0.27	1.00±0.23[a]
核桃油复合 VE 组♀	1.0	6.28±1.75	1.66±0.10[b,d]	0.96±0.17	0.89±0.15[b]
核桃油复合 VE 组♀	0.3	5.97±1.38	1.97±0.27	1.21±0.34	0.75±0.29[b]

注:♂表示雄性,♀表示雌性;与对照组比较,[a]$P<0.05$,[b]$P<0.01$;与其他组比较,[c]$P<0.01$,[d]$P<0.05$。

据杨栓平等(2001)

表 3-4-51　实验对血浆 HDL-C、LDL-C、ApoA1、ApoB、AAI 的影响($n=8$,$\bar{x}\pm s$)

组别	剂量/(g/kg)	HDL-C/(mmol/L)	LDL-C/(mmol/L)	ApoA1/(g/L)	ApoB/(g/L)	AAI
对照组♂		1.02±0.12	1.29±0.13	58.9±4.7	28.9±4.9	0.36±0.019
核桃油组♂	1.0	0.99±0.27	1.06±0.29	66.4±4.4[a]	26.9±2.1	0.42±0.051
核桃油组♂	0.3	0.88±0.20	1.21±0.16	58.0±6.3	41.2±2.7	0.47±0.077
核桃油复合 VE 组♂	1.0	1.31±0.17[a]	0.94±0.21	64.4±6.8	36.1±6.8	0.68±0.083[b]
核桃油复合 VE 组♂	0.3	1.01±0.24	1.02±0.14a	63.3±3.4	38.0±7.1	0.46±0.073
对照组♀		0.90±0.16	0.92±0.13	63.0±5.5	36.9±2.7	0.37±0.017
核桃油组♀	1.0	0.95±0.90	1.01±0.14	67.7±9.3[a]	38.6±8.2	0.49±0.031
核桃油组♀	0.3	1.00±0.17	0.91±0.21	58.4±5.6	36.8±4.0	0.51±0.039
核桃油复合 VE 组♀	1.0	1.24±0.12[a]	0.67±0.06[a]	62.1±5.7	33.4±3.5[a]	0.59±0.034[a]
核桃油复合 VE 组♀	0.3	0.92±0.09	0.95±0.29	60.9±7.5	32.5±3.9[a]	0.46±0.066

注:♂表示雄性,♀表示雌性;与对照组比较,[a]$P<0.05$,[b]$P<0.01$;与其他组比较,[c]$P<0.01$,[d]$P<0.05$。

据杨栓平等(2001)

4. 降血糖

经过国内外大量的研究表明,核桃对 2 型糖尿病患者有一定的保护作用,核桃中含有适量脂肪,可以改善 2 型糖尿病患者血脂状况。来自哈佛大学的 Pan 等(2013)研究发现,如果每周吃两次核桃,2 型糖尿病的患病危险性会降低 24%。尤其女性,核桃的摄入量越高,其患 2 型糖尿病发病率就会越低,具有显著相关性。Ma 等(2010)在关于核桃对 2 型糖尿病患者内皮功能的影响的研究中发现了富含核桃的营养膳食可以改善 2 型糖尿病患者的内皮依赖性血管舒张功能。此外,还有多项研究显示,长期食用核桃对 2 型糖尿病代谢参数均具有显著的积极影响。

杜侃莹(2017)研究了核桃多肽对 α-葡萄糖苷酶的抑制作用,确定核桃多肽对 α-葡萄糖苷酶的抑制率,明确核桃多肽对 2 型糖尿病模型小鼠的降糖效果,并对该多肽进行了分离纯化。实验建立小鼠 2 型糖尿病模型,按低、中、高剂量(分别为 200 mg/kg、500 mg/kg 和 800 mg/kg)灌胃小鼠,每周测量饮水量及体重变化,连续灌胃 30 d 后,禁食不禁水 8 h 眼球取血,取肝脏并测定相关降糖指标。结果显示,中、高剂量组核桃多肽可显著降低模型小鼠血糖血脂($P<0.05$),通过测定模型小鼠胰岛素含量、肝糖原含量及肝葡萄糖激酶含量初步推测核桃多肽的降糖途径为改善胰岛素抵抗情况,显著性提高($P<0.05$)肝脏葡萄糖激酶活力和增加肝糖原含量,从而使血液中葡萄糖减少,起到降糖作用。因此,核桃多肽不仅具有降糖

作用,还可以治疗由糖尿病引起的血管类疾病。

李丽(2016)研究了以药食两用的核桃作为原料,以复合酶酶解法制备的核桃多肽作为研究对象,考察了核桃蛋白及多肽的降糖活性。实验采用 SPF 级雄性昆明小鼠 60 只。随机抽取 8 只小鼠作为空白组,喂普通饲料,28 d 后,腹腔注射 1.0% STZ 溶液(柠檬酸盐缓冲液溶解,130 mg/kg),空白组按照相同方法和体积给予柠檬酸盐缓冲液,3 d 后重复上述操作一次,尾静脉取血,测定空腹血糖值。每次注射及取样前均需禁食 12 h。如果血糖值 ≥ 7.0 mmol/L,则认为 T2DM 小鼠造模成功。然后再将小鼠随机分成空白组、模型组、阳性对照组、蛋白组和多肽组 5 组,每组 8 只,其中空白组为用普通饲料喂养的正常小鼠,而其他四组为用高糖高脂饲料喂养的造模成功小鼠。阳性对照组、蛋白组和核桃组每天一次分别按 200 mg/kg 灌胃盐酸二甲双胍、核桃蛋白溶液、核桃多肽溶液,空白组和模型组均每天一次灌胃等体积生理盐水。给实验小鼠灌胃给药,连续给药 28 d,每周尾静脉取血测空腹血糖,采血前禁食不禁水 12 h。给药第 28 d,所有实验小鼠禁食不禁水 6 h,进行糖耐量试验。尾静脉取血作为 0 h 的血糖值,每只小鼠灌胃给予 2 g/kg 的葡萄糖溶液,并在 0.5 h、1 h、1.5 h、2 h 后尾静脉取血测血糖。再进行测定血液中血清总胆固醇(TC)和血清三酰甘油(TG)。结果(见表 3-4-52、表 3-4-53)表明,在分别给予核桃蛋白和多肽后,血糖监测发现,与模型组对比,核桃蛋白和多肽能显著降低小鼠血糖,且与阳性对照药盐酸二甲双胍的效果接近,表明我们所提取的核桃蛋白和多肽具有较好的降血糖效果。葡萄糖耐量实验结果显示阳性对照药盐酸二甲双胍、核桃蛋白和多肽能够显著改善 T2DM 小鼠进食后对葡萄糖的调节能力,能够有效地控制葡萄糖水平;对小鼠血清中 TC、TG 含量的测定,表明核桃蛋白和多肽能显著降低血清中 TC、TG 水平,具有改善糖尿病发病过程中糖脂代谢功能障碍的作用,降低患糖尿病、高血脂、冠心病等病症的概率。综上可得,核桃蛋白和核桃多肽对糖尿病所致的心脏、肝脏及肾脏病变具有一定的改善作用,能够减轻糖尿病并发症,这也为核桃的药用价值进一步提供了理论支持。

表 3-4-52　口服糖耐量实验结果($\bar{x} \pm s, n=8$)　　　　　　　　　　　　单位:mmol/L

组别	0 h	0.5 h	1 h	2 h
空白组	4.3±0.85	11.8±0.67	8.5±1.14	6.1±1.53
模型组	9.0±1.12	16.0±0.89	15.7±2.05	14.8±1.67
阳性对照组	8.4±0.89	14.6±1.26	8.7±1.29	6.8±1.46
蛋白组	8.3±1.14	14.3±1.13	9.6±1.03	7.7±1.46
多肽组	8.7±0.32	15.0±1.82	9.3±0.84	7.5±1.13

据李丽(2016)

表 3-4-53　血液样本的 TG、TC 含量($n=8$)　　　　　　　　　　　　单位:μmol/L

组别	TG	TC
空白组	1.45±0.17	2.43±0.14
模型组	4.74±0.06*	3.98±0.23*
阳性对照组	1.84±0.11*#	2.47±0.12#
蛋白组	2.52±0.09*#	3.04±0.26*#
多肽组	2.47±0.16*#	2.85±0.17*#

注:与对照组比较,* $P<0.05$;与模型组相比,# $P<0.05$。

据李丽(2016)

5.预防癌症

核桃中含有一种天然特殊高活性物质——褪黑素,它是一种吲哚类激素,研究认为,褪黑素能减少癌症发生,消除对肿瘤生长的刺激作用,对多种肿瘤有较好的抑制作用。美国加州大学戴维斯分校的研究者发现:每天食用一些核桃能抵御前列腺癌。富含坚果及其油脂的饮食能延缓小鼠体内肿瘤的生长。此外,食用核桃还能降低胆固醇,增加胰岛素的敏感性,起到预防糖尿病的作用。核桃含有大量能促进健康的化学物质,被视为一种天然的超级食品。它所含有的 Ω-3 脂肪酸已经被证实能预防乳腺癌和心脏病。研究者给老鼠分别喂食了整个的核桃、核桃油和类似核桃的脂肪,时间长达 18 周。实验结果显示:前两种食物能降低胆固醇含量,延缓前列腺肿瘤的生长;相比之下,最后一种食物并未产生这样的效应。这就证实了坚果中含有的其他有益成分起到了这种改善作用。此外,食用核桃还能增加脂联素和一种名为 PSP94 肿瘤抑制物的含量,并降低环氧酶-2(是前列腺素合成所必需的酶)的含量。

核桃存在一种小分子萘醌——胡桃醌,对氧化偶氮甲烷诱发大鼠肠内肿瘤有抑制作用,可增强解毒过程的阶段 II 类酶苯醌还原酶和谷胱甘肽转移酶的活性,防止化学诱导产生肠癌。同时胡桃醌是肽基-脯氨酰基异构酶(Pinl),有希望成为肿瘤预防药物。此外,胡桃醌在体外能对抗人结肠癌 HCT-15 细胞、人白血病 HL-60 细胞、人白血病阿霉素耐药 HL-60R 细胞的更多种肿瘤细胞。有研究者报道了胡桃醌细胞毒性与强烈诱导 ROS 形成和耗尽细胞谷胱甘肽有关。还有研究者的诱导人胃癌 SGC-7901 细胞凋亡作用的研究表明,胡桃醌能显著提高细胞内 ROS 水平,Bcl-2 蛋白表达显著下调,而 Bax 蛋白表达明显上调。

近年来,核桃多酚对肿瘤细胞的抑制作用引起了人们极大的兴趣,使其逐渐成为该领域的研究热点,其机制可能涉及抑制肿瘤细胞的增殖、诱导肿瘤细胞凋亡及细胞因子的产生等,目前研究主要集中在核桃仁、核桃壳及核桃青皮多酚的抗肿瘤效应。司传领等(2010)以柔红霉素为对照,发现了核桃青皮单宁对急性淋巴母细胞白血病 T(Molt-4 细胞)具有显著的抑制作用。Anderson 等(2010)研究发现了核桃仁多酚和纯化鞣花酸可通过抑制肿瘤细胞的增殖和细胞因子的产生来起到抗癌的作用。有学者发现,核桃多酚提取物抗癌活性强弱与癌症种类有关。在对核桃仁、核桃壳和核桃叶提取物的抗癌研究中发现,核桃仁提取物对肾癌细胞的抑制效果最好,而核桃叶提取物则对结肠癌细胞抑制效果最强。从上述实验可以看出核桃多酚对肾癌和结肠癌等多种癌细胞有很好的抑制作用。

王爽等(2017)探讨了核桃青皮提取物抑制 Lewis 肺癌细胞增殖的作用机制。培养 Lewis 肺癌细胞,用 0 μg/L、2 μg/L、4 μg/L 和 8 μg/L 核桃青皮提取物处理肿瘤细胞 24 h 和 48 h,MTT 法检测药物对肿瘤细胞生长的作用;流式细胞术分析 0 μg/L、2 μg/L、4 μg/L 和 8 μg/L 核桃青皮提取物对肿瘤细胞增殖周期的影响。MTT 结果(见表 3-4-54)显示,核桃青皮提取物明显地抑制肺癌细胞的增殖,0 μg/L、2 μg/L、4 μg/L 和 8 μg/L 核桃青皮提取物作用 24 h 和 48 h 均会抑制 Lewis 肺癌细胞的增殖,与对照组比较,24 h 时 4 μg/L 和 8 μg/L 浓度组差异有统计学意义($P<0.05$),48 h 时 2 μg/L、4 μg/L 和 8 μg/L 浓度组差异均有统计学意义($P<0.05$)。流式细胞术结果显示,核桃青皮提取物的浓度升高,Sub G_1 期细胞的比例增加,与对照组比较,8 μg/L 组 Lewis 肺癌细胞的比例明显增加($P<0.05$),G_0/G_1 期细胞比例升高,S 期与 G_2/M 期细胞的比例减少。由此得出结论:核桃青皮提取物可通过诱导细胞凋亡而抑制 Lewis 肺癌细胞的增殖。

表 3-4-54　核桃青皮提取物抑制 Lewis 肺癌细胞的增殖比较

组别	例数	生长抑制率/%	
		24 h	48 h
0 μg/L 组	5	100.0±01.45	100.00±2.18
2 μg/L 组	5	85.38±4.88	79.23±6.32
4 μg/L 组	5	71.43±5.53	54.85±3.98
8 μg/L 组	5	50.62±6.17	31.46±7.61

注:与对照组(0 μg/L 组),* $P<0.05$。
据王爽等(2017)

6.抗疲劳

乌兰等(2018)探讨了核桃肽对雄性小鼠的抗疲劳作用。实验采用 SPF 级雄性 ICR 小鼠 240 只,按体重随机分为5组,分别为空白对照组、乳清蛋白组(220 mg/kg)和3个核桃肽干预组(110 mg/kg、220 mg/kg、440 mg/kg)。每日经饮水给予受试样品30 d,进行负重游泳实验测定各组小鼠负重游泳力竭时间,采用全自动生化仪测定各组小鼠血清尿素氮含量和乳酸脱氢酶活力,采用紫外分光光度计法检测各组小鼠血乳酸水平,采用试剂盒检测各组小鼠肝、肌糖原含量。结果(见表3-4-55~表3-4-57)显示,核桃肽可提高乳酸脱氢酶活性,降低血乳酸和血清尿素氮含量,提高肌糖原储备量,显著延长负重游泳时间。提示核桃肽具备一定的缓解疲劳的作用。

表 3-4-55　核桃肽对小鼠血乳酸的影响($\bar{x}\pm s, n=12$)　　　　　　　　　　　　单位:mg/L

组别	游泳前血乳酸值	游泳后 0 min 血乳酸值	游泳后 20 min 血乳酸值	血乳酸曲线下面积
空白对照组	4240.48±1295.49	7302.38±1383.25	7700.00±1102.50	207 738.10±25 954.21
乳清蛋白组	5664.94±1523.43	7283.12±1128.88	5709.09±1287.67	194 662.34±27 169.33
低剂量组	6378.57±980.03	7633.33±768.57	5273.81±567.71[a]	199 130.95±9942.78
中剂量组	6735.71±2072.46	8835.71±1128.23	5019.05±570.30[ab]	216 404.76±24 982.36
高剂量组	6895.24±1895.07	6930.95±1694.36	4759.52±663.10[ab]	186 035.71±24 646.60[c]

注:[a] 与空白对照组比较差异具有显著性($P<0.01$);[b] 与乳清蛋白对照组比较差异具有显著性($P<0.01$);[c] 与空白对照组比较差异具有显著性($P<0.05$)。

据乌兰等(2018)

表 3-4-56　核桃肽对小鼠血清生化指标的影响($\bar{x}\pm s, n=12$)

组别	尿素氮/(mmol/L)	乳酸脱氢酶/(U/L)	血糖/(mmol/L)
空白对照组	21.13±12.38	1971.29±578.62	6.15±2.82
乳清蛋白组	14.17±5.05	1307.71±333.03	8.43±1.71
低剂量组	16.57±11.16	1834.26±810.03[c]	5.82±1.61[d]
中剂量组	11.99±1.63[b]	1384.14±399.12	5.33±2.22[d]
高剂量组	12.56±1.28[a]	1277.23±347.05	5.19±1.90[d]

注:[a] 与空白对照组比较差异有显著性($P<0.05$);[b] 与空白对照组比较差异有显著性($P<0.01$);[c] 与乳清蛋白对照组比较差异有显著性($P<0.05$);[d] 与乳清蛋白对照组比较差异有显著性($P<0.01$)。

据乌兰等(2018)

表 3-4-57　核桃肽对小鼠肝糖原、肌糖原的影响($\bar{x}\pm s, n=12$)

组别	肝糖原含量/(mg/g)	肌糖原含量/(mg/g)
空白对照组	4.72±2.74	2.24±0.50
乳清蛋白组	7.66±2.37	2.63±0.35
低剂量组	6.25±1.64	2.40±0.44
中剂量组	5.25±1.28	3.06±1.22[a]
高剂量组	5.55±2.04	2.26±0.58

注:[a] 与空白对照组比较差异有显著性($P<0.05$)。

据乌兰等(2018)

段心妍(2014)以核桃为原料,提取核桃肽,探究了核桃肽抗疲劳的作用。实验将健康雄性大鼠50只,随机分安静对照组、运动对照组、低剂量肽组、中剂量肽组、高剂量肽组,每日进行游泳训练,6周后进行力竭游泳并记录力竭时间。力竭游泳结束24 h,检测血样中的血乳酸(LD)、血尿素氮(BUN)、血红蛋白(Hb)。结果(见表3-4-58、表3-4-59)显示,中、高剂量肽组的游泳力竭时间显著高于运动对照组($P<0.01$),低剂量组的力竭时间高于运动对照组,但不具显著差异($P>0.05$)。休息24 h,高、中、低剂量肽组的血乳酸含量均显著低于运动对照组($P<0.01$),其中高剂量组的血乳酸与安静对照组的含量很接近;高、中、低剂量肽组的血尿素氮含量显著低于运动对照组($P<0.01$);而高、中、低剂量肽组的血红蛋白显著高于运动对照组($P<0.01$),其中,高、中剂量肽组的血红蛋白含量显著高于安静对照组。综上可知,补充核桃肽延长了大鼠力竭游泳的时间,加速了肌肉中乳酸的清除,减少了血清中尿素氮的产生,提高了血红蛋白再生的能力,表明核桃肽可以有效促进运动疲劳的恢复。

表 3-4-58　安静对照组与运动对照组大鼠 LD、BUN、Hb 比较

组别	LD/(mmol/L)	BUN/(mmol/L)	Hb/(g/L)
安静对照组	3.57±0.30	8.09±0.02	135.82±1.84
运动对照组	13.02±0.31[##]	9.54±0.01[#]	123.46±4.09[##]

注:与安静对照组比较,[#] $P<0.05$,[##] $P<0.01$。

据段心妍(2014)

表 3-4-59　各运动组大鼠游泳力竭时间

组别	力竭时间/min
运动对照组	169.25±26.25
低剂量肽组	200.00±32.67
中剂量肽组	249.50±39.00[**]
高剂量肽组	267.00±24.67[**]

注:与运动对照组比较,[*] $P<0.05$,[**] $P<0.01$;与安静对照组比较,[#] $P<0.05$,[##] $P<0.01$。

据段心妍(2014)

贾靖霖(2014)通过小鼠负重游泳实验,研究了核桃多肽的抗疲劳作用。实验选取训练合格的 48 只小鼠随机分为对照组(A 组)和核桃多肽低剂量组[B 组,剂量 200 mg/(kg·d)]、核桃多肽中剂量组[C 组,剂量 400 mg/(kg·d)]、核桃多肽高剂量组[D 组,剂量 800 mg/(kg·d)],每组 12 只。对照组灌服生理盐水,各实验组连续灌服 30 d 后,测定其血清和组织中乳酸、肌糖原、肝糖原和尿素氮含量,观察其对小鼠负重游泳实验的影响。结果(见表 3-4-60~表 3-4-62)表明,经过 30 d 的实验,各实验组小鼠负重游泳力竭时间均极显著延长($P<0.01$),血清尿素氮的含量均极显著下降($P<0.01$)。高剂量组血清乳酸含量极显著下降($P<0.01$),中剂量组和低剂量组血清乳酸含量均显著下降($P<0.05$)。组织中肌糖原含量均极显著升高($P<0.01$),肝糖原含量均显著升高($P<0.05$)。提示核桃多肽具有较好的抗疲劳功效。

表 3-4-60　核桃多肽对小鼠负重游泳时间的影响($n=12$)

组别	A 组	B 组	C 组	D 组
负重游泳时间/min	9.67±0.67[Bc]	21.67±0.50[Ab]	28.67±0.94[Aa]	31.33±0.33[Aa]

注:同一行中右上角标有不同小写字母的数据之间差异显著($P<0.05$),标有不同大写字母的数据之间差异极显著($P<0.01$)。

据贾靖霖(2014)

表 3-4-61　核桃多肽对小鼠乳酸和尿素氮含量的影响($n=12$)

组别	A 组	B 组	C 组	D 组
乳酸/(mmol/L)	7.58±0.07[Aa]	6.73±0.15[ABb]	6.53±0.18[ABbc]	5.87±0.24[Bc]
尿素氮/(mmol/L)	4.83±0.19[Aa]	3.58±0.23[Bb]	2.90±0.20[Bbc]	2.69±0.12[Bc]

注:同一行中右上角标有不同小写字母的数据之间差异显著($P<0.05$),标有不同大写字母的数据之间差异极显著($P<0.01$)。

据贾靖霖(2014)

表 3-4-62　核桃多肽对小鼠肌糖原和肝糖原的影响($n=12$)

组别	A组	B组	C组	D组
肌糖原/(mmol/L)	1.43±0.01[Bc]	2.52±0.02[Ab]	3.11±0.09[Ab]	5.44±0.04[Aa]
肝糖原/(mmol/L)	8.83±0.08[Ab]	9.88±0.12[Aa]	10.09±0.16[Aa]	10.55±0.16[Aa]

注:同一行中右上角标有不同小写字母的数据之间差异显著($P<0.05$),标有不同大写字母的数据之间差异极显著($P<0.01$)。

据贾靖霖(2014)

7. 护肝作用

核桃和核桃油都具有很好的抗氧化作用,在肝脏脂肪代谢中具有护肝作用。Bedim Bati 等(2015)研究了核桃膳食对慢性乙醇造成小鼠肝脏损害的保护作用,通过对肝脏损害的血清标记酶和氧化产物进行的分析测定表明,10%核桃膳食组小鼠表现出较低的谷草转氨酶、谷丙转氨酶、谷胱甘肽转肽酶和乳酸脱氢酶活性,并能恢复丙二醛和抗氧化体系间的不平衡,核桃发挥了良好的抗氧化剂作用,减少了脂肪的氧化和乙醇诱导的自由基产生,从而保护了肝脏免受氧化损伤。

Fink 等(2014)的研究表明核桃油在肝脏变性中起到了调节作用。研究采用了 Zucker 瘦鼠和肥胖鼠,分别设计了 14%、8%的核桃油膳食和 14%的猪油膳食,结果表明,14%的核桃油膳食能降低胖鼠肝脏脂肪、三酰甘油,与之平行地降低了脂蛋白脂肪酶的信使核糖核酸(mRNA)表达,增加了瘦鼠和胖鼠微粒体三酰甘油转移蛋白 mRNA,此外,也降低了胆固醇水平。研究结果指出,核桃油是肝脏变性、非酒精性脂肪肝致病机理启动进程的调节因子,能抑制肝脏中脂肪的积累,增加三酰甘油转移蛋白基因表达。

8. 改善睡眠

褪黑素是一种吲哚类激素,是人体大脑松果体分泌的一种诱导自然睡眠的物质,直接影响着人的睡眠情况。而核桃是褪黑素的天然来源。美国得克萨斯州立大学健康科学中心学院一项新的研究表明,核桃含相当多的褪黑素,有助于入眠。

王帅等(2017)研究了核桃对小鼠睡眠功能的影响及其作用机制,采用了 BALB/C 健康清洁级雄性小鼠,每天经口灌胃给予核桃仁去皮衣研磨膏状物(3.33 g/kg、6.67 g/kg、10.00 g/kg),对小鼠睡眠功能进行评价。结果(见表 3-4-63、表 3-4-64)表明,空白对照组(0 g/kg)及各剂量组在给予受试物 60 min 内,均未发生直接睡眠现象。经口给予小鼠去皮衣核桃仁 30 d 后,与 0 g/kg 组比较,该受试物在 6.67 g/kg 组能缩短巴比妥钠诱导的小鼠睡眠潜伏期($P<0.05$);10.00 g/kg 组能延长戊巴比妥钠诱导的小鼠睡眠时间($P<0.05$),能缩短巴比妥钠诱导的小鼠睡眠潜伏期($P<0.01$);高剂量组小鼠脑组织中褪黑素显著增加。从而得出结论,每日摄入核桃量 6.67~10.0 g/kg 具有改善小鼠睡眠功能的作用。

表 3-4-63　去皮衣核桃仁对戊巴比妥钠诱导睡眠时间的影响($\bar{x}±s,n=15$)

组别	睡眠时间/min	显著性
0 g/kg	26.8±5.5	—
3.33 g/kg	28.0±6.3	0.940
6.67 g/kg	29.4±7.9	0.608
10.00 g/kg	34.2±8.3	0.015

据王帅等(2017)

表 3-4-64　去皮衣核桃仁对巴比妥钠睡眠潜伏期的影响($\bar{x}\pm s, n=15$)

组别	睡眠延迟/min	显著性
0 g/kg	41.2±5.8	—
3.33 g/kg	40.6±4.5	0.985
6.67 g/kg	25.1±6.6	0.025
10.00 g/kg	33.1±7.6	0.002

据王帅等(2017)

9.抑菌作用

核桃茎皮的乙醚提取物对金黄色葡萄球菌、变异链球菌、大肠杆菌、铜绿假单胞菌及致病性酵母菌有抑制作用;核桃叶的水提取物对炭疽杆菌、白喉杆菌有强大的杀伤作用,且在体外能中和破伤风及白喉毒素;核桃叶的提取物对金黄色葡萄球菌、枯草芽孢杆菌、蜡状芽孢杆菌、大肠杆菌和黑根霉也具有较强的抑菌作用。核桃青皮的提取物不仅对水稻纹枯、棉花立枯、油菜菌核、小麦纹枯等供试植物病原真菌具有较好的抑菌活性,而且对枯草芽孢杆菌、金黄色葡萄球菌等供试细菌也具有较好的抑制作用。在核桃分心木粗提物的抑菌活性研究中发现,四种提取液都具有不同程度的抑菌活性,核桃分心木乙醇提取液比水提取液具有更明显的抑菌效果;乙醇提取液和乙醇水后提取液浓度在12.5%时对所有供试菌种均有抑制效果;水提取液和乙醇后水提取液则在25%时才对所有供试菌种有抑制作用。

Pereira 等(2007)研究表明了核桃叶酚类化合物对革兰氏阳性菌和芽孢杆菌具有很好的抑制作用。张琴研究发现了核桃叶水浸提液对棉花枯萎病菌菌丝的生长有一定的抑制作用,且存在明显剂量效应关系。不同部位的核桃多酚抑菌能力有一定差异,研究发现核桃青皮总黄酮的抑菌效果较核桃叶总黄酮的抑制效果显著。

三、核桃富含营养功能成分的优异种质(品种)

张琦等(2011)研究结果见表 3-4-65。由表 3-4-65 可知,不同品种核桃仁中所含脂肪酸的组成一样,都含有棕榈酸、油酸、亚油酸、α-亚麻酸、硬脂酸 5 种主要脂肪酸,含量由高到低顺序为:亚油酸＞油酸＞α-亚麻酸＞棕榈酸＞硬脂酸。亚油酸含量占总脂肪含量的 50% 以上,"辽核 3 号"最高,达 70.30%;"晋龙 2 号"最低,为 51.14%。油酸含量"晋龙 2 号"最高,为 34.23%;"鲁光"最低,为 10.89%。α-亚麻酸含量最高的是"中林 1 号",为 13.23%;最低的是"晋龙 2 号",为 5.74%。

不同品种核桃仁的各种脂肪酸含量存在较大差异。亚油酸含量变幅为 51.14%～70.30%,变异系数为 9.6%;油酸含量变幅为 10.89%～34.23%,变异系数为 33.4%,差异最大;α-亚麻酸含量变幅为 5.74%～13.23%,变异系数为 21.8%;硬脂酸含量变幅为 2.16%～4.31%,变异系数为 17.5%;棕榈酸含量变幅为 4.92%～8.24%,变异系数为 15.3%。20 种核桃仁饱和脂肪酸的变幅为 7.88%～11.47%,变异系数为 11.6%;不饱和脂肪酸变幅为 88.53%～92.12%,变异系数为 1.2%。可见,20 个核桃品种饱和脂肪酸之间差异较大;不饱和脂肪酸之间差异较小,总量相对稳定。有研究表明,不饱和脂肪酸特别是多不饱和脂肪酸在保护大脑和神经系统、降低血液胆固醇和血脂、预防心血管疾病等方面意义重大。值得注意的是,20 种核桃的不饱和脂肪酸含量均在 90% 左右。而人体在摄取脂肪酸时,除了考虑其绝对摄取量,还应考虑各种脂肪酸含量的摄取平衡,即 ω-3 系列与 ω-6 系列比例的平衡。而 20 种核桃仁 ω-6 系列与 ω-3 系列比值分别为:"晋龙 1 号"7.8,"晋龙 2 号"8.9,"中林"1 号 4.7,"中林 2 号"8.2,"中林 3 号"8.5,"中林 5 号"8.1,"中林 6 号"6.1,"西扶 1 号"8.3,"西林 2 号"7.1,"西林 3 号"8.2,"辽核 1 号"5.8,"辽核 3 号"7.7,"扎 343"为 8.4,"京 746"为 6.5,"香玲"6.3,"丰辉"11.8,"绿波"7.0,"薄丰"6.8,"鲁光"

6.0,"温 185"为 7.1。说明 20 个核桃品种的亚油酸(ω-6)/α-亚麻酸(ω-3)基本符合联合国粮农组织提出的人类膳食中 ω-6/ω-3 的推荐值[(5～10)∶1]。

表 3-4-65　不同品种核桃仁脂肪酸的组成及相对含量　　　　　　　　　　单位:%

品种	棕榈酸	油酸	硬脂酸	亚油酸	α-亚麻酸	饱和脂肪酸	不饱和脂肪酸	单不饱和脂肪酸	多不饱和脂肪酸
晋龙 1 号	4.93	24.00	3.16	60.18	7.73	8.09	91.91	24.00	67.91
晋龙 2 号	4.92	34.23	3.97	51.14	5.74	8.89	91.11	34.23	56.88
中林 1 号	5.31	16.66	3.07	61.73	13.23	8.38	91.62	16.66	74.96
中林 2 号	8.24	19.08	3.06	62.02	7.59	11.30	88.70	19.08	69.61
中林 3 号	6.10	18.24	2.23	65.70	7.73	8.33	91.67	18.24	73.43
中林 5 号	7.19	12.58	2.29	69.37	8.58	9.48	90.52	12.58	77.94
中林 6 号	5.96	14.44	3.12	65.68	10.79	9.08	90.92	14.44	76.48
西扶 1 号	6.36	14.15	3.36	67.92	8.21	9.72	90.28	14.15	76.13
西林 2 号	6.51	32.16	2.85	51.27	7.21	9.36	90.64	32.16	58.48
西林 3 号	6.87	18.74	2.16	64.39	7.83	9.03	90.97	18.74	72.23
辽核 1 号	5.45	22.49	2.85	58.98	10.23	8.30	91.70	22.49	69.21
辽核 3 号	6.02	11.74	2.83	70.30	9.12	8.84	91.16	11.74	79.42
扎 343	6.48	29.72	4.31	53.18	6.30	10.79	89.21	29.72	59.49
京 746	7.60	21.48	3.15	58.69	9.08	10.75	89.25	21.48	67.77
香玲	6.91	15.24	3.10	64.48	10.27	10.01	89.99	15.24	74.75
丰辉	7.32	14.96	3.29	68.62	5.80	10.62	89.38	14.96	74.42
绿波	7.96	21.45	3.50	58.69	8.38	11.47	88.53	21.45	67.08
薄丰	6.96	25.84	2.95	55.99	8.25	9.92	90.08	25.84	64.24
鲁光	6.15	10.89	2.48	68.99	11.48	8.64	91.36	10.89	80.48
温 185	5.04	20.87	2.84	62.46	8.79	7.88	92.12	20.87	71.24

据张琦等(2011)

晏梦溪等(2022)研究结果见表 3-4-66。由表 3-4-66 可知,20 种新鲜核桃的主要脂肪酸组成成分一致,分别是棕榈酸、硬脂酸、油酸、亚油酸、亚麻酸、花生酸、顺-11-二十碳烯酸,不同种类新鲜核桃脂肪酸含量具有显著性差异($P<0.05$)。饱和脂肪酸含量为 9.09%～12.90%,变异系数为 8.92%,不饱和脂肪酸含量为 87.10%～90.91%,变异系数为 1.07%,说明四川成都核桃脂肪酸含量变异系数小,较稳定。油酸含量最高的品种是"陇南 15 号"(29.13%);亚油酸、花生酸、顺-11-二十碳烯酸含量最高的品种均是"广丰 1 号",分别为 63.040%、0.163%、0.274%,脂肪酸组分以油酸和亚油酸等不饱和脂肪酸为主。卵磷脂变异系数相对较小,为 11.12%;卵磷脂含量最高的品种是"西洛 3 号"(0.457 g/100 g)。结果表明:花生酸的变异系数最大(27.84%),亚油酸的变异系数最小(5.76%);"孝核 1 号"的不饱和脂肪酸含量显著高于其他品种($P<0.05$),总量达 90.91%,"广丰 1 号"的亚油酸和顺-11-二十碳烯酸的含量均显著高于其他品种($P<0.05$)。

表 3-4-66　20 种新鲜核桃脂肪酸和卵磷脂组成及含量　　　　　单位：%

样品	棕榈酸	硬脂酸	油酸	亚油酸	亚麻酸	花生酸	顺-11-二十碳烯酸	卵磷脂	SFA	UFA
南核 1 号	7.97[a]	2.81[gh]	15.46[t]	59.87[i]	13.65[b]	0.075[h]	0.175[g]	0.406[f]	10.85[h]	89.15[i]
温 185	7.40[cde]	2.27[j]	15.62[s]	58.86[j]	15.62[a]	0.052[i]	0.162[i]	0.435[c]	9.73[o]	90.27[c]
扎 346	6.90[hi]	2.82[gh]	23.78[h]	57.77[l]	8.53[j]	0.065[i]	0.142[i]	0.443[c]	9.78[n]	90.22[d]
孝核 1 号	6.30[jk]	2.70[hi]	24.19[g]	58.15[k]	8.39[k]	0.085[i]	0.185[f]	0.442[c]	9.09[q]	90.91[a]
西扶 1 号	7.29[def]	2.75[h]	17.97[o]	60.14[h]	11.60[d]	0.085[g]	0.168[h]	0.417[e]	10.12[l]	89.88[f]
西林 3 号	7.05[g]	2.99[gh]	23.07[i]	57.32[m]	9.31[g]	0.096[f]	0.172[h]	0.446[b]	10.13[l]	89.87[f]
西洛 3 号	7.23[defg]	2.28[j]	20.27[k]	60.77[d]	9.18[i]	0.064[i]	0.203[e]	0.457[a]	9.58[p]	90.42[b]
川早 1 号	6.40[ij]	3.93[de]	28.95[b]	51.51[t]	8.91[i]	0.078[h]	0.223[c]	0.331[n]	10.41[k]	89.59[g]
川早 2 号	7.97[a]	4.88[a]	19.49[l]	61.00[c]	6.37[q]	0.104[ef]	0.187[f]	0.396[g]	12.96[a]	87.10[o]
青川 1 号	7.31[de]	3.93[ef]	27.28[d]	53.62[r]	7.56[o]	0.091[g]	0.209[d]	0.351[l]	11.34[d]	88.66[l]
中林 5 号	7.17[defg]	2.43[ij]	16.89[p]	60.23[g]	12.88[c]	0.122[d]	0.272[a]	0.433[d]	9.73[o]	90.27[c]
旺核 2 号	6.56[hij]	4.59[ab]	25.17[f]	57.07[n]	6.26[r]	0.120[d]	0.231[c]	0.390[h]	11.27[f]	88.73[k]
元源早	7.10[fg]	4.32[bc]	27.60[c]	52.48[s]	8.15[m]	0.123[d]	0.228[d]	0.319[o]	11.55[c]	88.45[m]
鲁光	7.75[ab]	2.87[gh]	26.10[e]	54.87[p]	8.05[n]	0.140[b]	0.218[d]	0.334[n]	10.76[j]	89.24[h]
新早丰	7.79[a]	3.12[g]	19.05[n]	60.30[f]	9.39[g]	0.128[c]	0.216[d]	0.428[d]	11.04[g]	88.96[j]
广丰 1 号	7.44[cd]	3.70[ef]	15.88[r]	63.04[a]	9.51[f]	0.163[a]	0.274[a]	0.376[i]	11.30[e]	88.70[k]
广丰 2 号	7.44[cd]	4.36[bc]	16.85[q]	62.75[b]	8.22[l]	0.114[e]	0.263[b]	0.389[i]	11.92[b]	88.08[n]
扎 71	7.56[bc]	3.84[ef]	19.09[m]	60.60[e]	8.50[j]	0.127[c]	0.274[a]	0.372[j]	11.53[c]	88.47[m]
陇南 15 号	6.14[k]	3.60[ef]	29.13[a]	53.98[q]	6.83[p]	0.117[d]	0.208[e]	0.343[m]	9.86[m]	90.14[e]
盐源早	6.66[h]	4.05[cd]	21.46[j]	56.29	11.23[e]	0.100[e]	0.220[d]	0.356[k]	10.80[i]	89.20[h]
变异系数	7.52	23.57	21.41	5.76	26.02	27.84	18.24	11.12	8.92	1.07

注：同列字母不同表示有显著性差异（$P<0.05$）；SFA 表示饱和脂肪酸；UFA 表示不饱和脂肪酸。

据晏梦溪等（2022）

参考文献

[1]李敏,刘媛,孙翠,等.核桃营养价值研究进展[J].中国粮油学报,2009(6):166-170.

[2]黄黎慧,黄群,孙术国,等.核桃的营养保健功能与开发利用[J].粮食科技与经济,2009(4):48-50.

[3]杨红亚.阴阳双补方及各拆方对 PC12 细胞氧化损伤的保护作用及对 PLC-γ_1—PKCα—PLD 信号转导通路影响的研究[D].郑州:河南中医学院,2005.

[4]MUTHAIYAH B, ESSA M M, CHAUHAN V, et al. Protective effects of walnut extract against amyloid beta peptide-induced cell death and oxidative stress in PC12 cells[J]. Neurochemical Research,2011,36(11):2096-2103.

[5]齐格勒,小法勒.现代营养学[M].闻芝梅,陈君石,主译.7 版.北京:人民卫生出版社,1998.

[6]马毅.现代药理学[M].天津:天津科学技术出版社,2008.

[7]WILLIS L M, BIELINSKI D F, FISHER D R, et al. Walnut extract inhibits LPS-induced activation of Bv-2 microglia via internalization of TLR4: possible involvement of phospholipase D2[J]. Inflammation, 2010,

33(5):325-333.

[8]陈超.育亨宾及野核桃叶化学成分研究[D].武汉:华中科技大学,2010.

[9]周丽莎,朱书秀,望庐山.核桃仁提取物对老年痴呆模型大鼠 Ach、ChAT 及 AchE 活性的影响[J].中国医院药学杂志,2011,31(6):446-449.

[10]HAIDER S,BATOOL Z,AHMAD S,et al. Walnut supplementation reverses the scopolamine-induced memory impairment by restoration of cholinergic function via mitigating oxidative stress in rats:a potential therapeutic intervention for age related neurodegenerative disorders.[J].Metabolic Brain Disease,2018,33(1):39-51.

[11]付艾妮,朱书秀,艾永循,等.核桃仁提取物对阿尔茨海默病模型大鼠学习记忆能力和海马区神经元的保护作用[J].医药导报,2015(6):722-725.

[12]李久长,刘诚,马挺军.核桃仁与金耳速溶粉对大鼠缺血性脑功能障碍的作用[J].食品科学,2005(12):219-220.

[13]王安绪,王永献,高洁,等.补充核桃对学生记忆作用的随机双盲对照研究[J].中国食品添加剂,2018(9):101-106.

[14]田粟,冯冬颖,姚奎章,等.核桃植物蛋白饮料改善记忆人群试食试验研究[J].中国食品学报,2016(3):36-41.

[15]虞立霞,王伟光,洪燕.核桃乳改善学习记忆的实验研究[J].饮料工业,2015(2):17-19.

[16]张清安,李建科,范学辉.核桃油对小鼠学习记忆能力的影响[J].陕西师范大学学报(自然科学版),2006(4):89-91.

[17]赵海峰,李学敏,肖荣.核桃提取物对改善小鼠学习和记忆作用的实验研究[J].山西医科大学学报,2004(1):20-22.

[18]杜倩,乌兰,刘睿,等.核桃肽对幼年小鼠学习记忆能力的影响[J].中国生育健康杂志,2017,28(6):538-543.

[19]樊永波,陶兴无,马琳,等.核桃饼粕对大鼠学习、记忆和抗氧化功能的影响[J].食品科学,2013,34(17):323-326.

[20]REITER R J,MANCHESTER L C,TAN D X,et al. Melatonin in walnuts:Influence on levels of melatonin and total antioxidant capacity of blood[J].Nutrition,2005,21(9):920-924.

[21]JAROS D,PARTSCHEFELD C,HENLE T,et al. Transglutaminase in dairy products:chemistry,physics,applications[J].Journal of Texture Study,2006,37(2):113-155.

[22]程鹏,余雪松,黄泽波.核桃提取物的抗氧化活性研究[J].中国保健营养,2018,28(13).

[23]汤慧民,李茂兴.微波辅助提取核桃壳多糖及其抗氧化活性研究[J].中国油脂,2018,43(5):123-126.

[24]江城梅,丁昌玉,赵红,等.核桃仁对大鼠体内外脂质过氧化的影响[J].蚌埠医学院学报,1995,20(2):81-82.

[25]DIANA O L,DAMIÁN M M,MILTON P,et al. Phenolics from walnut(*Juglans regia* L.) kernels:antioxidant activity and interactions with proteins[J].Food Chemistry,2008,107(2):607-612.

[26]张泽生,王霄然,王田心,等.核桃内种皮提取物的体内抗氧化活性研究[J].中国食品添加剂,2017(1):110-114.

[27]赵聪.核桃种皮多酚的提纯鉴定及抗氧化活性研究[D].天津:天津科技大学,2016.

[28]李煦.核桃仁抗氧化、降血压作用及提取工艺研究[D].贵阳:贵州师范大学,2015.

[29]郝常艳.核桃多肽的制备条件优化及其抗氧化活性研究[D].太原:山西大学,2014.

[30]张清安,李建科,李泽珍.核桃油对小鼠肝脏与脑组织的抗氧化作用[J].营养学报,2004,26(5):408-409.

[31]范学辉,李建科,张清安,等.核桃油对小鼠体内抗氧化酶活性及总抗氧化能力的影响[J].西北农业科技大学学报(自然科学版),2004,32(11):121-122.

[32]WENZEL J, SAMANIEGO C S, WANG L, et al. Antioxidant potential of Juglans nigra, black walnut, husks extracted using supercritical carbon dioxide with an ethanol modifier[J]. Food Science & Nutrition, 2017, 5(2):223.

[33]梁杏. 核桃饼粕多酚提取纯化及其抗氧化和降脂活性初步研究[D]. 昆明:云南中医学院,2016.

[34]SHIMODA H, TANAKA J, KIKUCHI M, et al. Effect of polyphenol-rich extract from walnut on diet-induced hypertriglyceridemia in mice via enhancement of fatty acid oxidation in the liver[J]. Journal of Agricultural and Food Chemistry, 2009, 57(5):1786-1792.

[35]WANG C, SONG W, JIANG L, et al. Purification and identification of an ACE-inhibitory peptide from walnut protein hydrolysate[J]. European Food Research and Technology, 2014, 239(2):333-338.

[36]戚登斐,张润光,韩海涛,等.核桃油中亚油酸分离纯化技术研究及其降血脂功能评价[J].中国油脂,2019, 44(2):104-108.

[37]杨子明,刘金磊,颜小捷,等.核桃多肽对D-半乳糖诱导老年小鼠血脂水平的影响[J].食品科学,2015(9): 181-184.

[38]李建科,张清安,沈杰,等.核桃油对小鼠血脂及胆固醇的影响[J].食品与生物技术学报,2005(5):77-79.

[39]杨栓平,常学锋,王志平,等.核桃油和核桃油复合维生素E对大鼠血浆脂质的影响[J].营养学报,2001 (3):267-270.

[40]TAPSELL L C, GILLEN L J, PATCH C S, et al. Including walnuts in a low-fat/modified-fat diet improves HDL cholesterol-to-total cholesterol ratios in patients with type 2 diabetes[J]. Diabetes Care, 2004, 27(12):2777-2783.

[41]PAN A, SUN Q, MANSON J E, et al. Walnut consumption is associated with lower risk of type 2 diabetes in women[J]. Journal of Nutrition, 2013, 143(4):512-518.

[42]MA Y, BA J M, KATZ D L. Effects of walnut consumption on endothelial function in type 2 diabetic subjects: a randomized controlled crossover trial. Diabetes Care 2010[J]. Diabetes Care, 2010, 33(2):227-232.

[43]杜侃莹.核桃多肽降血糖功能效果研究[D].长春:吉林农业大学,2017.

[44]李丽.核桃多肽防治糖尿病物质基础及作用机制研究[D].武汉:武汉工程大学,2016.

[45]臧恒佳.每天吃把核桃不易患前列腺癌[J].抗癌,2014,27(4):48.

[46]李钧,曲中原,邹翔,等.胡桃醌抗肿瘤作用研究进展[C]//中国药理学会.中国药理学会生化与分子药理学专业委员会转化医学研讨会论文集.哈尔滨:哈尔滨商业大学,2010:34-35.

[47]天津科技大学.核桃青皮总单宁的制备及其在抗肿瘤药物中的应用:中国,CN200910070038.5[P].2010-01-06.

[48]ANDERSON K C, TEUBER S S. Ellagic acid and polyphenolics present in walnut kernels inhibit in vitro human peripheral blood mononuclear cell proliferation and alter cytokine production. [J]. Annals of the New York Academy of Sciences, 2010, 1190(1):86-96.

[49]CARVALHO M, FERREIRA P J, MENDES V S, et al. Human cancer cell antiproliferative and antioxidant activities of Juglans regia L.[J]. Food & Chemical Toxicology, 2010, 48(1):441-447.

[50]王爽,王树鹏,杨淑艳,等.核桃青皮提取物抑制小鼠Lewis肺癌细胞增殖的作用[J].中国农村卫生事业管理,2017,37(4):483-484.

[51]乌兰,刘睿,杜倩,等.核桃肽对小鼠的抗疲劳作用[J].中国食物与营养,2018,24(12):50-54.

[52]段心妍.核桃肽对雄性大鼠抗疲劳作用的研究[D].太原:太原理工大学,2014.

[53]贾靖霖,蒲云峰,李虎,等.核桃多肽抗疲劳作用的研究[J].食品工业科技,2014(7):340-342.

[54]BATI B, CELIK I, DOGAN A. Determination of hepatoprotective and antioxidant role of walnuts against ethanol-induced oxidative stress in rats[J]. Cell Biochemistry and Biophysics,2015,71(2):1191-1198.

[55]FINK A，CORINNA E，RÜFER，et al. Dietary walnut oil modulates liver steatosis in the obese Zucker rat [J]. European Journal of Nutrition，2014，53(2)：645-660.

[56]王帅,戴涟漪,库雪晶,等.核桃营养组成与保健功能研究进展[J].中国酿造,2016(6):30-34.

[57]李荷.核桃的养生功效[J].农业知识,2014(34):61.

[58]王帅,李汉洋,戴涟漪,等.核桃改善小鼠睡眠功能及其作用机制研究[J].营养学报,2017(2):189-193.

[59]吕海宁,折改梅,吕扬.核桃和核桃楸的化学成分及生物活性的研究进展[J].华西药学杂志,2010,25(4): 489-493.

[60]翟梅枝,李晓明,林奇英,等.核桃叶抑菌成分的提取及其抑菌活性[J].西北林学院学报,2003,18(4): 89-91.

[61]翟梅枝,王磊,何文君,等.核桃青皮乙醇提取物抑菌活性研究[J].西北植物学报,2009,29(12): 2542-2547.

[62]高莉,王艳梅,帕提古丽·马合木提.核桃分心木粗提物抑菌活性的研究[J].食品科学,2008,29(11): 69-71.

[63] PEREIRA J A，OLIVEIRA I，SOUSA A. Walnut (*Juglans regia* L.) leaves：phenolic compounds， antibacterial activity and antioxidant potential of different cultivars. [J]. Food & Chemical Toxicology：An International Journal Published for the British Industrial Biological Research Association，2007，45(11)： 2287-2295.

[64]张琴,刘占文,李艳宾,等.核桃叶水浸提液对棉花生长及棉花枯萎病菌的化感效应[J].生态科学,2017,36 (1):165-169.

[65]郭琪.核桃叶、青皮中黄酮类化合物的初步分离及其活性研究[D].咸阳:西北农林科技大学,2008.

[66]张琦,程滨,赵瑞芬,等.不同品种核桃仁的脂肪酸与氨基酸含量分析[J].山西农业科学,2011,39(11): 1165-1169.

[67]晏梦溪,刘婧玮,徐珂鹏,等.20种新鲜核桃脂肪酸与卵磷脂品质分析[J].食品与机械,2022,38(1):52-56.

第五节　芝麻品质

一、芝麻的概述

黑芝麻(Semen Sesami Nigrum)为胡麻科植物芝麻(*Sesamum indicum* L.)的干燥成熟种子,又名乌麻、油麻、脂麻、交麻,古称胡麻、巨胜。我国芝麻产量居世界之首,俗有"芝麻王国"之称。芝麻是一年生草本植物,其种子芝麻有黑、白两色,入药多用黑芝麻。在我国,黑芝麻资源非常丰富,分布也很广泛,全国各地均有栽培,据不完全统计,全国现已有黑芝麻品种资源近1000份,特别是河南、湖北、安徽、江西、河北、山东、四川为我国芝麻的重要产区,占全国芝麻总面积的80%以上。

芝麻的药用始载于汉末的《名医别录》,属上品。远在公元5世纪时,著名药物学家陶弘景称"胡麻,八谷之中,惟此为良"。黑芝麻的健美、乌发、美容、抗衰老功效,为历代本草所推崇。在历代中医药典籍中记载:黑芝麻味甘性平,入肺脾肝肾经,有滋养肝肾、润燥滑肠的功能,用于治疗虚风眩晕、瘫痪、大便燥结、病后虚羸、须发早白、皮肤发枯、妇人乳少、经阻等症。具有补肝肾、益精血、养五脏、生津乌发、延缓衰老等作用。黑芝麻于1987年10月被列入卫生部颁布的第一批药食兼用资源名单。

二、黑芝麻的化学成分

每100 g黑芝麻含蛋白质20.8 g、脂肪50.8 g、卵磷脂0.56 g、烟酸7.3 mg、硫胺素0.85 mg、叶酸18.45 mg、核黄酸0.81 mg、维生素E 5.14 mg和少量的维生素B_6、维生素C。同时还含有钙、磷、铁等多种微量元素,以及丰富的芝麻素(sesamin)、芝麻醇(sesamol)、芝麻林素(sesamolin)、胡麻苷(pedalin)、芝麻糖(sesamose)、黑芝麻色素等重要的活性成分。另外,黑芝麻中还含有一定量的多缩戊糖、葡萄糖、半乳糖、果糖、蔗糖、细胞色素C、卵磷脂、胆碱、β-谷甾醇、菜油甾醇和豆甾醇。

1. 脂肪酸

在黑芝麻脂肪的组成中,亚油酸含量平均为45.8%,变幅为37.9%～52.5%;油酸含量平均为39.8%,变幅为32.7%～49.6%;硬脂酸含量平均为4%～9%;棕榈酸含量为9.6%;不饱和脂肪酸油酸和亚油酸的含量较高,均超过40.0%,两者总和达85.0%,其中人体必需的不饱和脂肪酸亚油酸占40.0%。

2. 蛋白质及氨基酸

黑芝麻中蛋白质类型包括α-球蛋白、β-球蛋白、13S球蛋白、白蛋白和谷蛋白。黑芝麻蛋白质是完全蛋白质,其氨基酸有16种,即精氨酸、组氨酸、半胱氨酸、苯丙氨酸、苏氨酸、亮氨酸、异亮氨酸、赖氨酸、蛋氨酸、色氨酸、天冬氨酸、丝氨酸、谷氨酸、甘氨酸、丙氨酸、酪氨酸等。人体必需的8种氨基酸有6种高于鸡蛋,2种与鸡蛋接近,蛋氨酸和色氨酸等含硫氨基酸比其他植物蛋白高,容易被人体吸收利用,是一种理想的植物蛋白资源。

3. 矿物元素

黑芝麻还含有丰富的矿物质。黑芝麻比白芝麻的矿质元素含量更丰富,在常量元素中,磷的含量两个品种相近,钠的含量比白芝麻相对降低74.0%,钾、钙、镁3种元素含量分别比白芝麻增加34.6%、25.8%和43.6%;在微量元素中,铁含量比白芝麻增加57.6%,锌含量比白芝麻增加45.6%,铜含量比白芝麻增加 22.9％,黑芝麻含有丰富的与生殖功能密切相关的矿物质锰元素比白芝麻增加更显著,达 14 倍;超微量元素硒含量比白芝麻增加 15.8％。黑芝麻中的矿物质元素含量比谷类作物、豆类作物、菜籽、花生等均高。

4. 芝麻素和黑芝麻色素

作为芝麻特征成分的木酚素类化合物,在芝麻中含量为 0.5％～1.0％,此类化合物中芝麻素约占 50％以上,其次是芝麻林素,而其他几种木酚素的含量甚微。最近 10 多年来,有关芝麻木酚素(芝麻素)的生理功能的研究取得较大进展,显示它具有降低胆固醇、抗高血压、抗菌及抗氧化、保护肝脏、抑制乳腺癌以及免疫激活等重要生理作用。黑芝麻色素也是黑芝麻中非常重要的活性成分,具有较强的自由基清除能力。提取后的黑芝麻色素可添加于食品、医药、保健品、洗发用品等当中,以强化产品的功能特性。

三、黑芝麻的药理作用

白金权(2020)对芝麻素的功能作了综述。

1. 抗氧化

氧化应激是指自由基的过量产生扰乱抗氧化平衡的稳态。自由基的产生和去除处于平衡状态,而这种平衡状态是由"氧化还原"这一机制维持的。过量的活性氧可以破坏脂质、蛋白质或者 DNA,扰乱细胞的正常功能,导致各种疾病的发生,如阿尔茨海默病、帕金森病等。研究发现芝麻素可以清除自由基,而且在体内也有抗氧化活性。

Waralee 等研究发现芝麻素能够抑制 H_2O_2 诱导的人神经母细胞瘤活性氧(ROS)的产生和升高过氧化氢酶(CAT)、超氧化物歧化酶(SOD)的活性,保护细胞免受氧化应激的损伤。同时发现 H_2O_2 能够降低 Sirt1 和 Sirt3 水平,但是芝麻素能够逆转这种改变。推断芝麻素能够影响 Sirt1-Sirt3-Foxo3a 信号轴减轻 H_2O_2 引起的氧化损伤。同时研究发现 H_2O_2 处理后细胞凋亡增加与胱天蛋白酶-3/7 活化、Bax 上调和 Bcl-2 下调有关,芝麻素能够逆转这些变化降低细胞凋亡水平,可以作为抗凋亡药物。同样 Fan 等指出 Sirt3 是芝麻素抑制作用的靶点,能够使小鼠主动脉缩窄手术诱导的心脏 Sirt3 和 SOD 恢复正常,通过降低 ROS 水平阻断心脏重构依赖 Sirt3。

2. 调脂

Liang 等的实验表明芝麻素有利于调脂,降低胆固醇。芝麻素剂量依赖性下调 NPC1L1、ACAT2、MTP、ABCG5 和 ABCG8 的 mRNA,对参与胆固醇吸收相关蛋白、酶的基因表达有影响。芝麻素对 LDL-C 受体 mRNA 和肝 SREBP2 无影响,CYP7A1 的 mRNA 呈现剂量依赖性上升,HMG-CoA 还原酶和 LXRα 的 mRNA 呈现剂量依赖性下降,提示芝麻素降低胆固醇与下调胆固醇吸收相关的甾醇转运体基因有关。Helli 等临床研究发现补充芝麻素显著降低类风湿性关节炎患者血清中 MDA 水平,增高 TAC 水平。患者的体重、体质指数(BMI)、收缩压也显著下降,表明芝麻素可以降低类风湿性关节炎患者的心血管危险因素水平。

3. 保护肝肾功能

研究发现芝麻素可以显著逆转肝纤维化小鼠 ALT、AST 和总胆红素的升高,诱导 SOD 和 GSH-Px 抗氧化活性的升高,显著降低 IL-6 和 COX-2 的升高。芝麻素能够明显抑制 NF-κB 的活性,阻止其从胞质向核组分转移,具有良好的肝保护和抗纤维化作用。Guo 等研究发现芝麻素能使阿霉素诱导大鼠血清 ALT、AST、ALP、尿素氮和肌酐水平有不同程度下降,可有效地保护肝肾功能;同时芝麻素可以明显降低阿霉素诱导的肝肾组织中 MDA 和 4-羟基壬烯醛含量,增加抗氧化酶 SOD、CAT 和 GPX 在肝肾组织中的活性。提示芝麻素能够通过抑制氧化应激减轻阿霉素诱导的肝肾毒性。Rousta 等研究发现不同浓度芝麻素对脂多糖诱导小鼠急性肾损伤具有保护作用,显著降低血清尿素氮和肌酐水平;对脂多糖诱导的 SOD 活性、过氧化氢酶活性、MDA 含量、谷胱甘肽含量、肾组织中 Nrf2 水平的升高均有显著降低作用,但对亚硝酸盐含量无显著影响;同时芝麻素能够使脂多糖诱导产生的 NF-κB、Toll 样受体 4、COX$_2$、DNA 断裂、TNF-α、IL-6 水平异常恢复正常,表明芝麻素可以通过减轻肾脏氧化应激、炎症和凋亡来抵制脂多糖诱导的急性肾损伤。Cao 等的研究发现芝麻素对氟诱导的鲤鱼肾脏损伤和凋亡有明显的剂量依赖性下降,能够抑制肾脏 ROS 的产生和抑制氧化应激;对氟暴露组鱼肾脏胱天蛋白酶-3 活性有明显的抑制作用,降低肾脏中 p-JNK 蛋白的水平,显示芝麻素通过 JNK 信号通路保护肾脏氧化应激和凋亡。

4.抗炎

研究表明芝麻素具有抗炎的功能。TNF-α 在类风湿性关节炎的形成过程中有着重要作用。Khansai 等探究发现在芝麻素可以显著降低人原发性滑膜成纤维细胞系 IL-6 和 IL-1 mRNA 的表达,表明芝麻素能抑制 TNF-α 诱导的促炎细胞因子 mRNA 表达。

Ahmad 等研究发现芝麻素显著降低糖尿病小鼠的血糖水平,增加了小鼠体重,并且 iNOS mRNA 和蛋白质水平有所下降;同时芝麻素能够降低视网膜小胶质细胞的活化减轻视网膜损伤;明显降低 TNF-α 和 ICAM-1 的 mRNA 水平,减少糖尿病视网膜炎症因子的释放。

5.保护心血管系统

高血压是心脑血管疾病的危险因素,据估计到 2025 年全球高血压的患病人数将超过 15 亿。研究表明膳食中富含多不饱和脂肪酸和维生素 E 将有利于降低高血压和心脑血管发病率。芝麻富含多不饱和脂肪酸、植物甾醇、木脂素和维生素 E,对血压有一定的降低作用。

李伟(2015)研究结果表明:①芝麻素可以有效地降低 SHR 自发性高血压大鼠血压,改善主动脉内膜的病理损伤,提高主动脉内皮依赖性的舒张能力。②芝麻素可能通过增强 SHR 主动脉 NO 生物活性改善血管内皮功能障碍,来降低高血压。其机制可能是通过上调 Phospho-eNOS 蛋白和抑制 eNOS 二聚体的破坏来提高 NO 生物合成;还可能通过下调 p47phox 蛋白和改善 eNOS 脱偶联来减少 O$_2^-$·的产生,从而降低 NO 氧化失活。

Li 等的研究发现芝麻素可使自发性高血压大鼠心脏质量、左室质量、心肌细胞大小、左室质量/体重与心脏质量/体重比值降低,线粒体和肌纤维损伤明显减轻,收缩压升高抑制,心脏损害改善。同时芝麻素能提高 T-AOC,降低心脏 MDA 含量和硝基酪氨酸水平,抑制左室中 TGF-β_1 的蛋白水平和 mRNA 表达。Thuy 等的研究表明口服芝麻素 4 周可以明显改善链脲佐菌素诱导的 1 型糖尿病患者心率、血压及 QT 间期的变化。以上的研究结果表明了芝麻素具有潜在的保护心血管系统功能。

6.抗肿瘤

张淑琴等研究发现芝麻素明显抑制肝癌细胞 HepG2 增殖,其抑制增殖效果呈现浓度依赖性,并且芝麻素提高了肝癌细胞 G$_2$/M 期细胞比例,诱导肝癌细胞 G$_2$/M 期阻滞,从而无法进入分裂期,抑制其增殖。张东旭等的研究发现芝麻素能明显抑制小鼠移植性 S$_{180}$ 瘤体的生长,并且芝麻素与化疗药物环磷酰胺或者 5-氟尿嘧啶联合应用于肿瘤的治疗具有明显的协同增效作用。同时芝麻素使骨髓有核细胞数和外周血白细胞数明显回升,与环磷酰胺协同增效的同时对环磷酰胺有一定的减毒作用。芝麻素的抗癌作用主要体现在抗增殖、促凋亡、抗转移和促进自噬等方面,这可能与芝麻素选择性参与 NF-κB、STAT3、JNK、ERK1/2、p38 MAPK、PI3K/AKT、胱天蛋白酶-3 以及 P53 信号通路有关。但是目前关于芝麻素抗癌机制还不是很清楚,有待于进一步研究。Cavuturu 等的研究显示芝麻素可以竞争抑制 β-胡萝卜素/Tcf4 复合物的形成,阻断与结肠癌相关的典型 Wnt 信号通路。

7.神经保护

马少博(2020)报道:芝麻素增加了 APP/PS1 转基因小鼠脑部突触功能相关蛋白表达,减少了 Aβ 积累,改善了认知障碍。芝麻素的神经保护作用可能依赖于其抑制神经炎症并激活 AKT/IDE 途径。芝麻素具有神经保护作用,可促进脑健康。

蒋德旗(2011)研究表明:芝麻素在阿尔茨海默病(AD)、帕金森病(PD)、抑郁、焦虑和多种脑损伤中显示出一定的预防或治疗前景。现有细胞实验与动物实验结果均表明,芝麻素可以阻断或干扰神经系统疾病发生发展中的多个过程,通过减轻炎症、抑制氧化应激和细胞凋亡等途径表现出神经保护效应,其作用分子机制主要概括为以下几个方面:①芝麻素可拮抗 ROS 介导的细胞毒性、抑制 JNK 和 p38 MAPK 磷酸化、调控线粒体凋亡通路降低 Bax/Bcl-2 比率和下调 Caspase-3 表达,抑制神经元凋亡。②芝麻素通过抑制 iNOS 表达和 ROS 生成、增强 SOD 活性,减轻氧化应激损伤。③芝麻素通过 NF-κB 信号转导调节免疫功能、抑制胶质细胞过度活化、减少多种炎症因子表达,抵抗神经炎症损伤。④芝麻素可拮抗谷氨酸受体、减少谷氨酸释放和钙离子内流,缓解兴奋性神经毒性伤害。⑤芝麻素可减少 Aβ 聚集与寡聚体形成,拮抗其神经毒性;还可抑制紧密连接蛋白丢失,保持血脑屏障完整性。

芝麻素是一种主要存在于芝麻籽中的木脂素,现已被证明主要通过其抗氧化应激和抗炎特性对多种神经退行性疾病和脑损伤模型具有保护作用,是一种优良的神经保护剂。

8.黑芝麻总黄酮抗氧化、抗衰老

王荣(2020)报道:通过建立 D-半乳糖致小鼠亚急性衰老模型,评价了黑芝麻总黄酮的体内抗氧化作用。研究结果表明:黑芝麻总黄酮能延长衰老小鼠负重游泳时间,增加脑指数,改善衰老小鼠脑组织的损伤;黑芝麻总黄酮能显著增加血清中 GSH-Px 活力,显著增加血清和脑组织中 T-SOD 活力,同时降低 MDA 含量。以上结果表明黑芝麻总黄酮通过抗氧化发挥抗衰老活性。

9.黑芝麻黑色素具有清除自由基、升高肝脏 SOD 活性的功能

单良等研究黑芝麻黑色素的清除自由基能力时发现,在相同浓度（0.50 mg/mL）下,黑芝麻黑色素均具有清除 DPPH 自由基、O_2^-·自由基和·OH 自由基的能力,且清除能力随着黑色素浓度的增加而增强;清除 DPPH 自由基的能力低于 BHT、TBHQ、BHA、维生素 C 等常见的抗氧化剂,清除羟自由基·OH 能力高于 BHA 和维生素 U,但低于 TBHQ。龙盛京等采用硅胶柱层析法分离得到两个黑芝麻黑色素组分 A 和 B;研究发现,黑芝麻色素能抑制全血化学发光,并且具有量效关系;黑芝麻色素还具有一定的清除 H_2O_2 的作用,对非细胞体系产生的 O_2^-·自由基有不同程度的清除作用,并具有量效关系,其中,黑芝麻色素 B 的作用最强,黑芝麻色素 A 的作用次之;同时还发现,黑芝麻色素有不同程度清除·OH 的作用,并呈量效关系,黑芝麻色素 B 的清除作用较 A 的作用大。刘晓芳等的实验结果表明,黑芝麻黑色提取物可降低乙醇或四 CCl_4 诱导的急性肝损伤小鼠血清 ALT 和 AST 活性,减小肝系数;降低肝脏 MDA 水平和升高肝脏 SOD 活性。

参考文献

[1]白金权,黄艺锦,魏肖宇,等.芝麻素药理作用研究进展[J].吉林医药学院学报,2020,41(3):217-219.

[2]李伟.芝麻素改善自发性高血压大鼠主动脉 NO 生物活性的机制研究[D].芜湖:皖南医学院硕士学位论文,2015.

[3]马少博,李铃,刘志刚,等.膳食补充芝麻素对 APP/PS1 转基因小鼠认知障碍的改善作用及机制[J].中国食品学报,2020,20(6):1-10.

[4]蒋德旗,莫娟凤,宾水连,等.芝麻素神经保护作用及相关机制的研究进展[J].食品工业科技,2022(16):1-10.

[5]王荣,赵佳,冯怡,等.黑芝麻总黄酮的体内抗氧化作用研究[J].中国油脂,2020,45(7):42-44,66.

第六节　亚麻籽品质

一、亚麻籽的概述

亚麻籽,又称胡麻籽,是亚麻科亚麻属一年或多年生草本植物亚麻(*Linum usitatissimum* L.)的种子。亚麻是世界上重要的经济作物,亚麻种子含油量高,营养丰富,可以入药,产量在油料作物中居世界第七位;其纤维品质优良,被称为"纤维皇后"。亚麻籽中含有大量不饱和脂肪酸、亚麻籽胶(膳食纤维)、亚麻木酚素、黄酮、蛋白质、氨基酸、矿物元素、维生素等营养成分,其中 α-亚麻酸占油量 45%～60%,蛋白质中氨基酸种类齐全,必需氨基酸含量高达 5.16%,因有亚麻胶、亚麻籽油、亚麻蛋白以及木酚素 4 种主要功能成分,使得亚麻籽具有防癌抗癌、预防心血管疾病、降血糖、增强免疫力、抗氧化、抗疲劳等多种功效。美国国家癌症研究所(NCI)将亚麻列入六大抗癌植物研究对象之一。

二、亚麻籽的功能

1.抗肿瘤

亚麻籽富含木酚素、α-亚麻酸和可溶性膳食纤维等具有抗肿瘤作用的生物活性成分,对乳腺癌、前列腺癌、结肠癌等的治疗和预防有重要意义。木酚素和 α-亚麻酸是其中最主要的两种,与亚麻籽的抗肿瘤作用有着密不可分的联系。木酚素具有抗雌激素作用,因为其代谢产物肠二醇和肠内酯与 17β-雌二醇的结构相似,它们能通过与雌激素受体 ER(尤其是 ER-β)竞争性结合,影响类甾醇性激素的新陈代谢,从而抑制雌激素引起的肿瘤形成。其次,亚麻籽和木酚素可以通过改变雌激素依赖途径和生长因子信号途径影响肿瘤的生长。

α-亚麻酸及其衍生物 EPA 和 DHA 具有预防肿瘤发生和抑制肿瘤细胞增殖的作用。Zhu 等(1995)研究表明,EPA、DHA 能预防妇女(尤其是绝经期妇女)乳腺癌的发生。Huang 等(1996)研究发现,α-亚麻酸、EPA、DHA 具有预防结肠癌发生的作用。Kato 等(2002)研究发现,n-3 脂肪酸(α-亚麻酸、EPA 和 DHA)具有抑制肿瘤细胞增殖的作用。

Adlercreutz(2002)研究表明,木酚素能促进肠内酯(ED)和肠二醇(EL)产生,当血浆中的肠二醇浓度为 30～70 nmol/L 时有抑制人体乳腺癌细胞的生长,减少乳房肿瘤的大小和其产生概率的作用。

王晓蕾等(2007)研究了分离、纯化亚麻籽木酚素——开环异落叶松树脂酚二葡萄糖苷(SDG)及其对裸鼠乳腺移植瘤生长的影响。实验从亚麻籽中提取、纯化 SDG,高效液相色谱分析其纯度;选用人乳腺癌细胞株 MDA-MB-231 对裸鼠进行异种移植;第 6 周将移植成功的裸鼠随机分为 3 组:对照组(BD 组)、SDG 组(含 10%亚麻籽当量的 SDG 饲料)和亚麻籽组(FS 组,含 10%亚麻籽饲料)。每周测量瘤体大小并计算瘤表面积,同时记录裸鼠体重、摄食量。第 10 周处死动物,测量瘤体质量、瘤块大小,记录肿大淋巴结数。肝脏、肺脏进行病理切片检查。结果:获得纯度为 88.0%的 SDG 产品;与对照组相比,SDG、亚麻籽两组肿瘤表面积、瘤块质量、瘤体积明显降低($P<0.05$),肿大淋巴结有所减少(见表 3-6-1)。各组动物体重及摄食量无明显差别,肝、肺均未见肿瘤转移。由此得出结论:SDG 可抑制裸鼠 MDA-MB-231 细胞乳腺移植瘤的生长。

表 3-6-1　各组平均瘤质量、瘤块体积及腹腔平均肿大淋巴结数（$\bar{x}\pm s$，$n=5$）

组别	肿瘤体积/mm³	肿瘤质量/g	平均肿大淋巴结数/(个/只)
BD	1489.70±256.33	2.19±0.18	2.76
SDG	639.35±110.52[1]	1.01±0.15[1]	1[2]
FS	459.28±110.04[1]	0.83±0.05[1]	2[2]

注：与 BD 组相比：[1] $P<0.05$，[2] $P>0.05$
据王晓蕾等（2007）

　　刘珊等（2015）探讨了亚麻籽木酚素预防乳腺癌的作用及机制。分别采用基础饲料（BD 组）和添加亚麻籽木酚素的饲料（FS 组）喂养大鼠 2 周后，通过二甲基苯蒽灌胃复制乳腺癌模型大鼠，连续观察并测定两组大鼠瘤体的体积和质量，采用免疫组织化学技术分别检测和比较两组大鼠乳腺癌组织中 PCNA、Her-2、Ki-67 的表达。结果（见表 3-6-2、表 3-6-3）显示：BD 组大鼠乳腺癌的发生率及瘤体重量和体积均较 FS 组更高（$P<0.05$）。FS 组乳腺癌组织中 Ki-67、Her-2、PCNA 阳性表达率均较 BD 组显著降低（$P<0.01$）。综上可得结论，亚麻籽木酚素可发挥预防乳腺癌的效应，该效用可能与其降低 Ki-67、Her-2、PCNA 的表达有关。

表 3-6-2　两组体表可触及的乳腺癌瘤体平均质量及体积的比较（$\bar{x}\pm s$）

组别	肿瘤病例数/组案例数量	肿瘤平均质量/g	肿瘤体积/mm³
BD	5/12	14.12±0.81	6262.63±323.20
FS	1/12	2.21±0.17	1043.58±102.10

据刘珊等（2015）

表 3-6-3　BD 组及 FS 组乳腺癌组织中 PCNA、Her-2、Ki-67 的表达情况

BD	乳腺癌细胞				FS	乳腺癌细胞			
	−	+	++	阳性表达率/%		−	+	++	阳性表达率/%
Ki-67	9	9	12	70.0	Ki-67	1	1	0	50.0*
PCNA	3	9	18	90.0	PCNA	1	1	0	50.0*
Her-2	16	9	5	46.7	Her-2	1	0	1	50.0*

注：与 BD 组相比较，* $P<0.05$；"−"表示无阳性，"+"表示有微弱的阳性反应，"++"表示有强烈的阳性反应。
据刘珊等（2015）

　　美国杜克大学医疗中心的研究表明，亚麻籽有预防前列腺癌的作用，研究人员给小鼠喂食了大量的亚麻籽，这些小鼠都是经过基因改造将会患上前列腺癌的，结果 3% 的小鼠根本没有患前列腺癌，剩余小鼠的肿瘤也比预期小得多，扩散的可能性减小。Lin 等（2002）研究发现，含 5% 亚麻籽的食物能抑制老鼠前列腺癌的生长和发展。Morton 等（1997）研究表明，前列腺液中高水平的肠二醇能够降低前列腺癌的发病率。亚麻籽内的木酚素能促进肠内酯和肠二醇的产生，从而预防前列腺癌的发生。其他研究也显示，常食亚麻籽的男性前列腺特定抗原的含量较低，说明患前列腺癌的可能性就越小。研究发现，木酚素的肠内酯可使人体前列腺癌细胞间前列腺特异抗体水平下降。木酚素的肠内酯对 5α-还原酶同工酶Ⅰ和Ⅱ均有抑制作用，这导致睾酮向 5α-二氢睾酮转化的减少，会降低前列腺癌细胞间雌激素作用，减缓前列腺癌细胞的生长。

　　刘珊等（2012）探究了亚麻籽粉木酚素预防乳腺癌的功能及与雌性激素的关系。实验通过卵巢切除术建立雌性大鼠去势模型，将 48 只雌性 Wistar 大鼠随机分为基础饲料组（BD）、基础饲料去势组（BDC）、亚麻籽粉组（FS）和亚麻籽粉去势组（FSC），每组 12 只，对全部大鼠进行二甲基苯蒽（DMBA）一次性灌胃（2 mg/kg）建立诱发的乳腺癌实验动物模型；1 周后对 BDC 组、FSC 组大鼠行去势手术，连续观察 21 周，测定瘤体的体积和质量，并取乳腺组织进行病理学检查。结果（见表 3-6-4、表 3-6-5）显示：实验期间动物一般状况良好，实验组大鼠未出现明显毒副作用。亚麻籽粉组（FS 和 FSC 组）大鼠发生可触及肿瘤的时

间较相应对照组晚 2~4 周。亚麻籽粉组大鼠单纯性增生和不典型增生以及乳腺癌发生率和病灶数均显著低于相应对照组(单纯性增生:FS vs BD,$P=0.006$☆☆;FSC vs BDC,$P<0.001$☆☆;不典型增生:FS vs BD,$P=0.048$*;FSC vs BDC,$P=0.014$*;乳腺癌:FS vs BD,$P=0.028$*;FSC vs BDC,$P<0.047$*)。亚麻籽粉组大鼠肿瘤体积和重量均小于基础饲料组。FS 和 FSC 组研究结果提示亚麻籽粉木酚素抑制增生发生及肿瘤细胞的生长的能力与实验动物体内雌性激素水平有关(单纯性增生:$P=0.008$☆☆;不典型增生:$P=0.042$*;乳腺癌:$P=0.033$*)。综上可知,亚麻籽粉木酚素可有效预防和降低化学诱癌剂 DMBA 所诱发的乳腺癌、癌前病变和单纯性增生的发生,预防乳腺癌的功能和效果受到体内雌性激素影响。本研究结果对未来实施木酚素预防乳腺癌及有效人群的筛选具有参考价值。

表 3-6-4　体表可触及的乳腺癌瘤体平均肿瘤质量及体积比较

组别	瘤发例数/组例数	平均瘤重/g	肿瘤体积/mm²
基础饲料去势组(BDC)	6/11	16.32±1.21	8887.66±578.34
基础饲料组(BD)	5/12	14.12±0.81	6262.63±323.20
亚麻籽粉去势组(FSC)	1/12	2.21	1043.58
亚麻籽粉组(FS)	0/10	—	—

据刘珊等(2012)

表 3-6-5　DMBA 诱发各组大鼠乳腺上皮单纯性增生、不典型增生和乳腺癌的发生情况

	组别	BD	BDC	FS	FSC
	组例数	12	11	10	12
单纯性增生	患病大鼠数	12	7	4	7
	发生率/%	100.00	63.64	40.00	58.33
	每只病灶数/个	14.29	16.75	8.50	14.20
	抑制率/%	—	−40.25(vs BD) 40.14(vs FSC)	15.22	
	P	—	−0.006☆☆(vs BD) 0.008☆☆(vs FSC)	<0.001☆☆(vs BDC)	
不典型增生	患病大鼠数	10	9	5	7
	发生率/%	83.33	81.82	50.00	58.33
	每只病灶数/个	1.83	1.60	1.00	1.50
	抑制率/%	—	—	45.36(vs BD) 33.33(vs FSC)	6.25
	P	—	—	0.048*(vs BD) 0.042*(vs FSC)	0.014*(vs BDC)
乳腺癌	患病大鼠数	8	7	2	5
	发生率/%	66.67	63.64	20.00	41.67
	每只病灶数/个	3.80	3.50	1.00	1.67
	抑制率/%	—	—	73.68(vs BD) 40.12(vs FSC)	52.29
	P	—	—	0.028*(vs BD) 0.033*(vs FSC)	0.047*(vs BDC)

注:* $P<0.05$;☆☆ $P<0.01$。

据刘珊等(2012)

2. 预防心血管疾病

亚麻籽中的 α-亚麻酸(LNA)具有显著降低血清中三酰甘油和胆固醇的作用。α-亚麻酸可促进胆固醇排泄、抑制内源性胆固醇合成、升高高密度脂蛋白,降低血脂和血小板凝固作用,软化血管,抑制脑出血。据齐东(1992)等报道了给 1 名缺乏 α-亚麻酸的人补充 α-亚麻酸乙酯,2 周后,三酰甘油和胆固醇下降70%。LNA 的衍生物 EPA 可阻止血小板与动脉壁相互作用,抑制血小板聚集,减少动脉性血栓形成,可降血脂,对预防冠心病和动脉粥样硬化非常有效。可溶性膳食纤维也可降低人体血浆胆固醇水平,对预防冠心病有积极的作用。亚麻籽木酚素(SDG)能减少氧化胁迫,降低血浆中胆固醇和低密度脂蛋白胆固醇(LDL-C)的水平,增加血浆中高密度脂蛋白胆固醇(HDL-C)的水平,从而能减少高胆固醇性动脉粥样硬化的发生。

胡晓军等(2005)研究了用富含 α-亚麻酸(十八碳三烯酸)的亚麻籽油饲喂大鼠,用不含亚麻酸的花生油为对照,观察动物血脂成分含量的变化。以基础饲料喂饲大鼠 7 d(试验前期)后,禁食过夜,称体重,取尾血测定各项血脂指标。根据体重、总胆固醇(TC)水平随机将大鼠分为 7 组。从正式试验开始,各组动物均换用高脂饲料,以灌胃方式给予受试物,水对照组灌以蒸馏水,油对照组灌以调和油,极低、低、中、高、极高剂量组分别用亚麻籽油按相应的浓度灌胃,每日灌胃一次,每周称体重一次,第 14 天(试验中期)和第28 天(实验末期)取尾血测定各项血脂指标。结果(见表 3-6-6~表 3-6-10)显示,第 14 天时,大鼠血清三酰甘油(TG)显著降低($P < 0.05$);第 28 天时,大鼠血清总胆固醇(TC)显著降低($P < 0.05$)。试验的 5 个剂量组虽对大鼠高密度脂蛋白胆固醇(HDL-C)没有显著影响,但随食用剂量的增大 HDL-C 呈递增趋势。极高剂量组 HDL-C/TC 比值明显高于调和油对照组。综上可知,亚麻籽油具有明显的降血脂作用,且随着使用剂量的增加,对增加体内 HDL-C/TC 值和降低血清 TC、TD 的效果有递增趋势。

表 3-6-6　试验前、中、末期各组大鼠血清 TC 水平($\bar{x} \pm s$)

组别	剂量/(g/kg)	n	TC/(nmol/L)		
			试验前	试验中	试验末
水对照	0.0	8	2.18±0.28	2.11±0.23	4.26±0.60
油对照	3.0	8	2.13±0.26	2.79±0.58#	4.88±0.84
极低剂量	0.2	8	2.13±0.28	2.62±0.54	4.62±1.09
低剂量	0.5	8	2.11±0.33	2.49±0.50	4.51±1.10
中剂量	1.0	8	2.13±0.35	2.80±0.51	4.20±0.55
高剂量	3.0	8	2.15±0.33	2.42±0.43	3.97±0.48☆
极高剂量	5.0	8	2.12±0.25	2.29±0.39	3.77±0.69☆

注:# 表示与水对照相比 $P < 0.05$;☆ 表示与油对照相比 $P < 0.05$。

据胡晓军等(2005)

表 3-6-7　试验前、中、末期各组大鼠血清 TG 水平($\bar{x} \pm s$)

组别	剂量/(g/kg)	n	TG/(nmol/L)		
			试验前	试验中	试验末
水对照	0.0	8	0.96±0.13	1.28±0.14	1.93±0.63
油对照	3.0	8	1.00±0.32	1.31±0.18	2.06±0.42
极低剂量	0.2	8	1.00±0.29	1.19±0.23	2.09±0.85
低剂量	0.5	8	0.97±0.14	1.26±0.28	1.38±0.38
中剂量	1.0	8	0.91±0.20	1.18±0.20	1.48±0.47☆
高剂量	3.0	8	1.04±0.34	1.00±0.19	1.20±0.41☆
极高剂量	5.0	8	1.02±0.22	0.92±0.15	1.40±0.68☆

注:☆ 表示与油对照相比 $P < 0.05$。

据胡晓军等(2005)

表 3-6-8　试验前、中、末期各组大鼠血清 HDL-C 水平($\bar{x}\pm s$)

组别	剂量/(g/kg)	n	HDL-C/(nmol/L)		
			试验前	试验中	试验末
水对照	0.0	8	0.88±0.12	0.76±0.20	0.93±0.22
油对照	3.0	8	0.89±0.10	0.75±0.07	0.93±0.29
极低剂量	0.2	8	0.85±0.09	0.81±0.27	0.90±0.07
低剂量	0.5	8	0.89±0.14	0.76±0.09	0.99±0.13
中剂量	1.0	8	0.90±0.13	0.73±0.19	1.08±0.29
高剂量	3.0	8	0.88±0.13	0.72±0.11	1.03±0.17
极高剂量	5.0	8	0.89±0.14	0.71±0.15	1.10±0.17

据胡晓军等（2005）

表 3-6-9　试验前、中、末期各组大鼠血清 HDL-C/TC 值($\bar{x}\pm s$)

组别	剂量/(g/kg)	n	HDL-C/TC		
			试验前	试验中	试验末
水对照	0.0	8	0.41±0.05	0.37±0.14	0.22±0.04
油对照	3.0	8	0.42±0.08	0.28±0.06	0.20±0.09
极低剂量	0.2	8	0.42±0.05	0.33±0.16	0.20±0.04
低剂量	0.5	8	0.42±0.05	0.32±0.09	0.23±0.05
中剂量	1.0	8	0.43±0.08	0.27±0.09	0.26±0.08
高剂量	3.0	8	0.41±0.03	0.31±0.10	0.26±0.05
极高剂量	5.0	8	0.42±0.04	0.32±0.11	0.30±0.04☆

注：☆表示与油对照相比 $P<0.05$。

据胡晓军等（2005）

表 3-6-10　亚麻籽油对血脂水平的影响

组别	剂量/(g/kg)	对照组	TC/%	TG/%	HDL-C/%
极低剂量	0.2	调和油	−5.3	+1.4	−3.2
低剂量	0.5	调和油	−7.6	−33.0	+6.5
中剂量	1.0	调和油	−14.1	−28.2	+16.1
高剂量	3.0	调和油	−18.7	−41.7	+10.8
极高剂量	5.0	调和油	−22.7	−32.0	+18.3

据胡晓军等（2005）

　　萧闵（2013）研究了亚麻籽油对脂代谢紊乱大鼠血脂水平及瘦素的影响。实验将雄性 Wistar 大鼠 60 只随机分为正常对照组、模型对照组，以及亚麻籽油高、中、低及极低剂量组。正常对照组给予普通饲料喂养，其余各组喂饲高脂饲料，同时预防性给予亚麻籽油高、中、低及极低剂量灌胃给药，每日 1 次，连续 30 d，检测血清血脂及瘦素（LEP）水平。结果（见表 3-6-11、表 3-6-12）显示，与模型组比较，亚麻籽油高、中、低及极低剂量组大鼠血清 TG 含量显著降低（$P<0.05$）；高、中剂量组 TC 含量显著降低（$P<0.05$）；亚麻籽油高、中、低剂量及低剂量组大鼠血清 HDL-C 含量显著升高（$P<0.05$）；亚麻籽油高剂量组大鼠血清瘦素含量明显降低（$P<0.05$）。因此亚麻籽油具有降低脂代谢紊乱大鼠血脂、瘦素的作用。

表 3-6-11　各组大鼠血脂水平的测定($\bar{x}\pm s$)

组别	n	剂量/(mg/kg)	TG/(mmol/L)	TC/(mmol/L)	HDL-C/(mmol/L)
正常组	10	—	0.95±0.36	1.23±0.31	0.78±0.16
模型组	10	—	1.37±0.27[##]	1.78±0.36[##]	0.55±0.12[#]
极低剂量组	10	10	1.01±0.25[*]	1.69±0.34	0.63±0.10[*]
低剂量组	40	40	0.97±0.16[*]	1.51±0.31	0.67±0.14[*]
中剂量组	10	80	1.02±0.18[*]	1.39±0.33[*]	0.71±0.15[*]
高剂量组	10	160	0.90±0.29[*]	1.36±0.25[*]	0.79±0.18[*]

注:与正常组比较[#] $P<0.05$,[##] $P<0.01$;与模型组比较[*] $P<0.05$。
据萧闵(2013)

表 3-6-12　各组大鼠血清瘦素(LEP)的测定($\bar{x}\pm s$)

组别	n	剂量/(mg/kg)	LEP/(ng/mL)
正常组	10	—	0.59±0.12
模型组	10	—	1.07±0.17[#]
极低剂量组	10	10	0.91±0.23
低剂量组	10	40	0.79±0.21
中剂量组	10	80	0.78±0.24
高剂量组	10	160	0.63±0.18[*]

注:与正常组比较[#] $P<0.05$;与模型组比较[*] $P<0.05$。
据萧闵(2013)

谢华等(2014)研究了富含 n-3 不饱和脂肪酸的亚麻籽油对高脂诱导的肥胖小鼠血脂代谢的影响。试验将 30 只雄性 C57BL/6J 分为正常饲料组(ND组)、高脂喂养组(HFD组)、亚麻籽油组(FOD组),喂养 8 周后检测血清三酰甘油(TG)、总胆固醇(TC)、低密度脂蛋白胆固醇(LDL-C)、高密度脂蛋白胆固醇(HDL-C);对肝脏、附睾、皮下脂肪、胰腺组织称重和组织学观察。结果(见表 3-6-13、表 3-6-14)显示,8 周后 FOD 组小鼠空腹 TC 和 LDL 水平均较 HFD 组显著下降,差异有统计学意义($P<0.01$),而 TG 和 HDL-C 差异无统计学意义($P>0.05$)。HFD 组和 FOD 组小鼠的附睾脂肪、皮下脂肪和胰腺质量显著高于 ND 组,FOD 组小鼠胰腺质量低于 HFD 组($P<0.05$)。FOD 组较 HFD 组肝脏出现脂滴沉积和肝脏脂肪变性减少。综上可知,给予亚麻籽油可以改善高脂诱导肥胖小鼠的血脂代谢及肝脏的脂肪变性。

表 3-6-13　8 周后三组组织器官的质量($\bar{x}\pm s$)

组别	例数	质量/g			
		肝脏	皮下	附睾	胰腺
ND 组	10	1.13±0.10	0.22±0.11	0.49±0.09	0.75±0.31
HFD 组	10	1.30±0.11	0.82±0.37[a]	0.47±0.43[a]	1.12±0.23[a]
FOD 组	10	1.35±0.45	0.90±0.36[a]	1.52±0.32[a]	0.92±0.22[ab]

注:ND组—正常饲料组,HFD组—高脂喂养组;FOD组—亚麻籽油组。与 HFD 组比较,[a] $P<0.05$;HFD 组与 FOD 组比较,[b] $P<0.05$。
据谢华等(2014)

表 3-6-14　8 周后三组血脂的情况($\bar{x}\pm s$)

组别	例数	TC/(mmol/L)	TG/(mmol/L)	LDL/(mmol/L)	HDL/(mmol/L)
ND 组	10	6.71±1.23	1.33±0.16	1.22±0.12	1.23±0.33
HFD 组	10	4.63±0.47	1.74±0.25	1.11±0.08	1.96±0.39
FOD 组	10	2.85±1.02[a]	1.43±0.15	0.99±0.14[a]	1.68±0.36

注:ND组—正常饲料组,HFD组—高脂喂养组,FOD组—亚麻籽油组。与 HFD 组比较,[a]$P<0.01$。

据谢华等(2014)

张琰等(2016)研究了橄榄油、亚麻籽油、橄榄油＋亚麻籽油对大鼠血脂水平的影响。试验将 50 只 Wistar 大鼠随机平均分为 5 组,其中一组做空白对照试验,饲喂普通饲料。另外四组饲喂高脂饲料,其中 10 只大鼠作为肥胖模型对照组,给予等容生理盐水灌胃;另外 3 组大鼠分别以橄榄油、亚麻籽油、橄榄油＋亚麻籽油灌胃,连续 60 d。结果(见表 3-6-15、表 3-6-16)显示,橄榄油组、亚麻籽油组、橄榄油＋亚麻籽油组与肥胖模型组相比,均能降低其血清中的 TC、TG,并升高 HDL-C。其中,橄榄油＋亚麻籽油组大鼠血清的 TG、TC 值最小,而 HDL-C 的值较高,说明橄榄油与亚麻籽油的配伍具有协同效应,能更好地降低血脂水平。

表 3-6-15　试验对大鼠体质量的影响($\bar{x}\pm s$)

组别	n	干预前体质量/g	干预后体质量/g
空白对照组	10	376.05±30.05	422.82±34.68
模型组	10	420.24±28.67	471.56±30.16
橄榄油组	10	421.33±25.74	438.38±35.87
亚麻籽油组	10	423.61±32.81	437.20±26.12
橄榄油＋亚麻籽油组	10	422.92±30.11	425.67±32.56

据张琰等(2016)

表 3-6-16　试验对大鼠血清生化指标的影响

组别	n	TG/(mmol/L)	TC/(mmol/L)	HDL-C/(mmol/L)
空白对照组	10	0.78±0.21	1.13±0.26	1.07±0.11
模型组	10	1.21±0.23	1.82±.34	0.78±0.17
橄榄油组	10	0.92±0.28	1.58±0.46	0.90±0.23
亚麻籽油组	10	1.10±0.16	1.59±0.24	0.91±0.17
橄榄油＋亚麻籽油组	10	0.81±0.20	1.55±0.43	0.93±0.10

据张琰等(2016)

亚麻籽饼是亚麻籽榨油后得到的副产物,主要含有亚麻籽蛋白、亚麻籽油、可溶性纤维、木酚素等营养成分。赵春等(2015)研究了亚麻籽饼对饲喂高脂日粮大鼠血浆中血脂代谢和抗氧化能力的影响。试验将 40 只 SD 大鼠分成 4 组($n=10$):正常组、高脂模型对照组、低剂量亚麻籽饼组(10％亚麻籽饼)、高剂量亚麻籽饼组(20％亚麻籽饼)。10 周后处死 SD 大鼠,测定其血浆中总胆固醇(TC)、三酰甘油(TG)、低密度脂蛋白胆固醇(LDL-C)、高密度脂蛋白胆固醇(HDL-C)的水平,同时测定血浆中谷胱甘肽过氧化物酶(GSH-Px)、超氧化物歧化酶(SOD)、过氧化氢酶(CAT)的活性以及还原型谷胱甘肽(GSH)、丙二醛(MDA)的含量。结果表明(见表 3-6-17、表 3-6-18):亚麻籽饼可以显著降低 SD 大鼠血浆中 TC、TG、LDL-C 的水平,但对 HDL-C 无显著影响;亚麻籽饼可以提高 SD 大鼠血浆中 GSH-Px、SOD、CAT 的活性,同时增加 GSH 水平,降低 MDA 的含量。提示亚麻籽饼可以改善饲喂高脂日粮对 SD 大鼠机体产生的不良影响,能够有效地提高抗氧化能力,缓解氧化应激和调节血脂代谢。

表 3-6-17　亚麻籽饼对 SD 大鼠血浆脂质的影响($n=10$)

组别	TC/(mmol/L)	TG/(mmol/L)	HDL-C/(mmol/L)	LDL-C/(mmol/L)	LDL-C/HDL-C
正常组	1.07 ± 0.04^b	0.66 ± 0.06^c	0.60 ± 0.01^a	0.35 ± 0.01^b	0.58 ± 0.02^c
高脂模型对照组	1.35 ± 0.04^a	0.84 ± 0.06^a	0.55 ± 0.01^a	0.43 ± 0.01^a	0.77 ± 0.02^a
低剂量亚麻籽饼组	1.17 ± 0.04^b	0.81 ± 0.08^a	0.57 ± 0.02^a	0.40 ± 0.01^a	0.71 ± 0.03^b
高剂量亚麻籽饼组	1.05 ± 0.03^b	0.74 ± 0.09^b	0.57 ± 0.02^a	0.35 ± 0.01^b	0.61 ± 0.01^{bc}

注:同列不同字母表示组间有显著性差异($P<0.05$)。

据赵春等(2015)

表 3-6-18　亚麻籽饼对 SD 大鼠血浆抗氧化及脂质过氧化的影响($n=10$)

组别	GSH-Px/(U/mg)	SOD/(U/mg)	CAT/(U/mg)	GSH/(mg/g)	MDA/(nmol/mg)
正常组	1274.75 ± 27.76^a	87.68 ± 0.90^a	5.61 ± 0.16^a	12.48 ± 0.38^a	19.45 ± 0.76^c
高脂模型对照组	1055.30 ± 36.47^c	82.09 ± 0.91^b	3.82 ± 0.16^c	7.57 ± 0.27^c	22.85 ± 1.01^a
低剂量亚麻籽饼组	1154.97 ± 33.26^b	83.45 ± 1.10^b	4.63 ± 0.19^b	10.60 ± 0.43^b	21.20 ± 0.91^b
高剂量亚麻籽饼组	1256.39 ± 33.49^a	86.74 ± 1.24^a	4.63 ± 0.08^b	11.58 ± 0.45^{ab}	19.95 ± 1.16^{bc}

注:同列不同字母表示组间有显著性差异($P<0.05$)。

据赵春等(2015)

Fukumitsu 等(2010)研究了亚麻籽木酚素(SDG)摄入对中度高胆固醇血症患者高胆固醇血症和肝病危险因素的影响。试验采用了双盲、随机和安慰剂胶囊的对照研究,将 30 名总胆固醇水平为 $4.65\sim6.21$ mmol/L($180\sim240$ mg/dL)的男性随机分为 3 组,其中两组接受亚麻籽木酚素(SDG,20 mg/d 或 100 mg/d),另一组接受安慰剂胶囊,试验 12 周。结果(见表 3-6-19)显示,在第 12 周时,与接受安慰剂的受试者相比,接受 100 mg SDG 的患者表现出 LDL-C/HDL-C 比值显著降低($P<0.05$ 和 $P<0.05$)。同时,在 SDG 治疗的受试者中,谷丙转氨酶和 γ-谷氨酰转肽酶水平相对于基线水平也显著降低($P<0.01$),与安慰剂治疗组相比,γ-谷氨酰转肽酶水平显著降低($P<0.05$)。综上可知,每天服用 100 mg SDG 可以有效降低中度高胆固醇血症男性的胆固醇水平和肝病风险。

表 3-6-19　3 个月 SDG 补充剂对血脂水平的影响[a]

项目		安慰剂胶囊组($n=8$)	变化[b]	20 mg SDG 组($n=8$)	变化	100 mg SDG 组($n=8$)	变化
TC/(mmol/L)	第 0 周	5.47 ± 0.16		5.44 ± 0.16		5.47 ± 0.17	
	第 12 周	5.56 ± 0.12	0.09 ± 0.11	5.40 ± 0.27	-0.03 ± 0.15	5.09 ± 0.13	-0.37 ± 0.20
LDL-C/(mmol/L)	第 0 周	3.17 ± 0.31		3.03 ± 0.31		3.30 ± 0.27	
	第 12 周	3.28 ± 0.27	0.10 ± 0.15	2.94 ± 0.29	-0.09 ± 0.05	2.94 ± 0.20	-0.39 ± 0.24
HDL-C/(mmol/L)	第 0 周	1.71 ± 0.18		1.89 ± 0.15		1.37 ± 0.13	
	第 12 周	1.73 ± 0.17	0.02 ± 0.17	1.85 ± 0.10	-0.04 ± 0.13	1.46 ± 0.16	0.09 ± 0.05
LDL-C/HDL-C/(mmol/L)	第 0 周	2.03 ± 0.27		1.69 ± 0.25		2.67 ± 0.41	
	第 12 周	2.07 ± 0.28	0.04 ± 0.06	1.65 ± 0.23	-0.04 ± 0.09	$2.24\pm0.31^*$	$-0.43\pm0.17^{\dagger,\ddagger}$

续表

		安慰剂胶囊组(n=8)		20 mg SDG 组(n=8)		100 mg SDG 组(n=8)	
			变化ᵇ		变化		变化
TG/(mmol/L)	0 w	1.95±0.51		1.38±0.29		1.93±0.28	
	12 w	2.21±0.77	0.26±0.65	1.81±0.22	0.43±0.23	1.93±0.38	0.00±0.21

注：TC—总胆固醇；LDL-C—低密度脂蛋白胆固醇；HDL-C—高密度脂蛋白胆固醇；TG—三酰甘油。ᵃ表示为 $\bar{x}\pm s$；ᵇ表示第 12 周的值减去第 0 周的值。* 与基线值显著不同（$P<0.05$，双侧配对 t 检验）。† 与第 12 周时 20 mg SDG 组值相比表现出显著不同（$P<0.05$，Fisher LSD 试验）。‡ 与安慰剂组在第 12 周时的值相比表现出显著不同（$P<0.05$，Fisher LSD 试验）。

据 Fukumitsu 等(2010)

林华等(2001)研究了富含 α-亚麻酸(ALA)的亚麻籽对血脂的调节作用。试验以国产亚麻籽(低、中、高 3 种剂量)喂饲 Wistar 大鼠 32 周,观察其对大鼠血清总胆固醇(TC)、三酰甘油(TG)、高密度脂蛋白胆固醇(HDL-C)、高密度脂蛋白胆固醇与总胆固醇的比值(HDL-C/TC)、低密度脂蛋白胆固醇(LDL-C)、载脂蛋白 B(ApoB)及动脉硬化指标(AI)的影响,并与高脂饲料组和基础饲料组进行比较。结果(见表 3-6-20)显示,亚麻籽粉低、中、高剂量组的 TC 和 LDL-C 均显著低于高脂饲料组($P<0.05$);中、高剂量组的 TG、ApoB 及 AI 显著低于高脂饲料组($P<0.05$),HDL-C/TC、AI 显著高于高脂饲料组($P<0.05$),而 HDL-C 则与高脂饲料组无显著差异($P>0.05$)。综上可知,富含 α-亚麻酸的国产亚麻籽具有良好的降低血脂的作用,值得进一步研究和开发。

表 3-6-20　大鼠血清 TC、TG、LDL-C、ApoB、HDL-C、HDL-C/TC 及 AI 的测定结果

组别	n	TC/(mmol/L)	TG/(mmol/L)	LDL-C/(mmol/L)	ApoB/(mmol/L)	HDL-C/(mmol/L)	HDL-C/TC	AI
亚麻籽低剂量组	10	1.99±0.49*	0.89±0.20	0.74±0.45*	0.74±0.13	1.07±0.27	0.54±0.20	0.95±0.40
亚麻籽中剂量组	10	1.90±0.47*	0.84±0.25*	0.64±0.36*	0.72±0.14*	1.09±0.31	0.58±0.30*	0.86±0.24*
亚麻籽高剂量组	9	1.87±0.57*	0.83±0.14*	0.59±0.57*	0.70±0.13*	1.11±0.21	0.62±0.40*	0.88±0.53*
阳性对照组(高脂饲料组)	8	2.34±0.34	1.10±0.42	1.18±0.24	0.86±0.10	0.93±0.14	0.41±0.13	1.60±0.42
阴性对照组(基础饲料组)	10	1.81±0.29*	0.82±0.23*	0.46±0.15*	0.70±0.18*	1.24±0.24*	0.68±0.21*	0.59±0.30*

注：* 与阳性对照比较 $P<0.05$。

据林华等(2001)

邓乾春等(2011)研究了亚麻籽油调和油对预防性大鼠脂质代谢紊乱模型的降脂作用。在测定亚麻籽油调和油理化特性的基础上,以采用高胆固醇和脂类饲料喂养动物形成脂质代谢紊乱动物模型为研究对象,试验将大鼠分为基础对照组、高脂对照组、花生油高脂对照组,高(3 g/kg)、中(2 g/kg)、低(1 g/kg)剂量亚麻籽油调和油组,在大鼠灌胃给予受试品 4 周后,分别测定各组大鼠体重,血清中的三酰甘油(TG)、总胆固醇(TC)、高密度脂蛋白胆固醇(HDL-C)的含量。亚麻油调和油符合国家食用调和油标准,结晶温度为－21.7℃,氧化诱导期为 5.23 h,脂肪酸组成中 n-6 脂肪酸与 n-3 脂肪酸比例为 4∶1;实验结果表明(见表 3-6-21～表 3-6-23),高血脂动物模型建立成功,饲喂亚麻籽油调和油后,与高脂对照组和花生油对照组大鼠相比,中、高剂量组血清中 TC 和 TG 含量显著下降,HDL-C 含量显著升高,但与模型对照组相比,仅中、低剂量亚麻籽油调和油组的体重呈显著性下降。亚麻籽油调和油具有较好的氧化稳定性和抗冻性能;灌胃给予 2 g/kg、3 g/kg 的亚麻籽油调和油对预防性大鼠脂质代谢紊乱模型具有降血脂作用。因此亚麻籽油调和油的预防性降血脂作用可能正是由于其合理的脂肪酸组成所致。且亚麻籽油调和油的氧化稳定性较高,抗冻性能较好,可成功得到一种有利于预防心脑血管疾病的食用调和油。

表 3-6-21　亚麻籽油调和油对大鼠血清 TC 含量的影响($n=10,\bar{x}\pm s$)

组别	TC/(mmol/L)				
	实验前	P 值	实验后	P 值	P'值
基础对照	1.76±0.44	0.94	1.70±0.25	0.00	0.00
模型对照	1.75±0.36	—	2.52±0.57	—	0.55
油脂对照	1.76±0.46	0.97	2.76±0.65	0.39	—
低剂量 FOBBO	1.76±0.56	0.97	2.22±0.51	0.23	0.08
中剂量 FOBBO	1.76±0.39	0.94	2.07±0.28	0.04	0.02
高剂量 FOBBO	1.76±0.50	0.94	1.94±0.45	0.02	0.01

注:P—与模型对照组比较;P'—与油脂对照组比较。

据邓乾春等(2011)

表 3-6-22　亚麻籽油调和油对大鼠血清 TG 含量的影响($n=10,\bar{x}\pm s$)

组别	TG/(mmol/L)				
	实验前	P 值	实验后	P 值	P'值
基础对照	0.79±0.22	0.39	0.79±0.24	0.00	0.00
模型对照	0.71±0.22	—	1.45±0.46	—	0.28
油脂对照	0.84±0.24	0.21	1.73±0.39	0.17	—
低剂量 FOBBO	0.75±0.31	0.47	1.54±0.45	0.69	0.51
中剂量 FOBBO	0.77±0.20	0.87	1.11±0.21	0.04	0.00
高剂量 FOBBO	0.74±0.23	0.77	1.07±0.27	0.04	0.00

注:P—与模型对照组比较;P'—与油脂对照组比较。

据邓乾春等(2011)

表 3-6-23　亚麻籽油调和油对大鼠血清 HDL-C 含量的影响($n=10,\bar{x}\pm s$)

组别	HDL-C/(mmol/L)				
	实验前	P 值	实验后	P 值	P'值
基础对照	0.96±0.20	0.86	1.02±0.18	0.01	0.01
模型对照	1.00±0.21	—	0.77±0.17	—	0.91
油脂对照	0.97±0.30	0.78	0.74±0.16	0.72	—
低剂量 FOBBO	1.02±0.25	0.84	0.92±0.15	0.05	0.04
中剂量 FOBBO	1.03±0.22	0.78	0.94±0.15	0.03	0.04
高剂量 FOBBO	1.06±0.30	0.62	0.94±0.14	0.03	0.04

注:P—与模型对照组比较;P'—与油脂对照组比较。

据邓乾春等(2011)

3.降血糖

亚麻籽中的木酚素含量最高,其中最主要的成分就是开环异落叶松树脂酚二葡萄糖苷(SDG)。糖尿病是由胰腺 β 细胞分泌胰岛素受损引起的代谢紊乱,Moree 等(2013)在单一剂量为期 2 d 的研究中,表明了 SDG 能够显著降低链脲霉素诱导的糖尿病大鼠的血糖并呈剂量依赖性,20 mg/kg 的降糖率高达 64.62%;而在复合剂量为期 14 d 的研究中表明低剂量的(5 mg/kg、10 mg/kg)SDG 能够有效降低血糖水平,提高胰岛素和 C 肽水平,促进 β 细胞再生。Wang 等(2015)研究表明了 SDG 能够显著降低高脂饮食喂养的小鼠胰岛素,提高糖耐量和胰岛素耐受以及稳态胰岛素评估模型胰岛素抵抗指数,促进葡萄糖转运蛋白 4 的表达。Sherif(2014)研究表明了 10 mg/kg 的 SDG 能够显著降低链脲霉素诱导的糖尿病肾病大鼠的血糖和果糖胺水平,提高胰岛素水平。Pan 等(2007)研究表明了每天摄入 360 mg/kg 的木酚素能够降低糖化血红蛋白水平,促进 2 型糖尿病患者的血糖控制。α-葡萄糖苷酶和 α-淀粉酶是碳水化合物消化和吸收的关键酶,抑制这两种酶的活性能有效地抑制淀粉的消化和吸收,因而能够显著降低餐后血糖水平,有利于胰岛素抵抗和血糖指数控制。Hano 等(2013)研究表明了木酚素能够同时抑制以上两种酶的活性并呈剂量依赖性。Biasiotto 等(2014)研究表明了膳食中添加 20%亚麻籽粉能够显著降低小鼠胰岛素的分泌,提高胰岛素的敏感性并调节炎症反应、糖脂代谢相关基因以及核受体的表达。此外,有研究表明了每天摄入一定量的亚麻籽能够显著降低稳态胰岛素评估模型胰岛素抵抗指数和胰岛素抵抗,提高胰岛素敏感性。

谢华等(2015)研究观察了补充富含 n-3 多不饱和脂肪酸(PUFA)的亚麻籽油对高脂诱导肥胖小鼠血糖和胰升血糖素样肽-1(GLP-1)水平的影响。实验将 30 只雄性 C57BL/6J 分为正常饲料(ND)、高脂喂养(HFD)和亚麻籽油(FOD)组,每组 10 只,喂养 8 周后,行腹腔注射葡萄糖试量实验(IPGTT)、胰岛素耐量试验(ITT)和 GLP-1 分泌试验。结果显示,FOD 组 FPG、胰岛素水平低于 HFD 组($P<0.01$)。IPGTT 结果显示,ND,FOD 组 120 min 血糖曲线下面积(AUC)低于 HFD 组($P<0.01$)。ITT 结果显示,HFD、FOD 组 120 min 胰岛素 AUC 比较差异无统计学意义。在等剂量亚麻籽油灌喂 30 min 后,HFD、FOD 组血浆 GLP-1 水平升高,且 FOD 组血浆 GLP-1 水平较 HFD 组高($P<0.01$)。提示在高脂饮食的基础上长期补充亚麻籽油可改善小鼠血糖水平及 IR,其机制可能是通过促进肠道分泌 GLP-1 实现的。

鲜瑶等(2018)研究了亚麻籽粉对妊娠糖尿病患者血糖、血脂、体重、腹围、宫高及新生儿出生情况的影响。实验招募来自 2017 年 1—12 月西安交通大学第一附属医院妊娠糖尿病患者 260 例,随机分为对照组($n=130$)、干预组($n=130$),两组均进行医学营养治疗(MNT),干预组早、中、晚三餐各食用 10 g 亚麻籽粉,对照组食用等量普通型匀浆膳,为期 60 d。测定空腹血糖(FPG)、餐后 2 h 血糖(2 h PG)、总胆固醇(TC)、三酰甘油(TG)、高密度脂蛋白胆固醇(HDL-C)、低密度脂蛋白胆固醇(LDL-C)等指标,观察两组患者血糖、血脂、体重、腹围、宫高的变化及新生儿出生情况。结果(见表 3-6-24、表 3-6-25)显示,干预组 FPG 在干预 30 d、60 d 时较干预前差异显著(t 值分别为 2.23、2.49,均 $P<0.05$),干预组 2 h PG 在干预 30 d 时较干预前差异显著($t=2.57, P<0.05$),且在干预 60 d 时较对照组及干预前差异均具有统计学意义(t 值分别为 2.38、3.10,均 $P<0.05$);干预组 TG 较干预前差异显著($t=2.11, P<0.05$),干预组 TC、HDL-C、LDL-C 较对照组及干预前差异均具有统计学意义(t 值分别为 2.57、3.88、2.17、2.38、2.12、3.32,均 $P<0.05$);干预后两组之间体重、BMI、腹围、宫高无显著性差异(t 值分别为 1.17、0.47、0.83、1.86,均 $P>0.05$);两组新生儿出生情况:巨大儿和足月低体重儿发生率、体质量、Apgar 三次评分均无统计学差异(t/χ^2 值分别为 0.20、1.02、0.72、0.52、0.43、0.45,均 $P>0.05$)。综上可知,在医学营养治疗基础上,摄入适量亚麻籽粉可有效调节妊娠糖尿病患者的血糖、血脂。

表 3-6-24 亚麻籽粉对 FPG 的影响($\bar{x}\pm s$)

组别	干预前		干预 15 d		干预 30 d		干预 60 d	
	例数 n	FPG/(mmol/L)	例数 n	FPG/(mmol/L)	例数 n	FPG/(mmol/L)	例数 n	FPG/(mmol/L)
对照组	130	5.55±0.43	127	5.31±0.36	115	5.33±0.45	102	5.31±0.33
干预组	130	5.51±0.38	128	5.35±0.29	112	5.18±0.31	98	5.13±0.36
t^a		0.84		0.90		1.17		1.30
t^b				1.15		2.23		2.49
P^a		0.39		0.34		0.29		0.23
P^b				0.27		0.04		0.02

注:[a] 干预组与对照组的比较;[b] 干预后与干预前的比较(干预组)。

据鲜瑶等(2018)

表 3-6-25　亚麻籽粉对 2 h PG 的影响($\bar{x}\pm s$)

组别	干预前		干预 15 d		干预 30 d		干预 60 d	
	例数 n	2h PG/(mmol/L)	例数 n	2h PG/(mmol/L)	例数 n	2h PG/(mmol/L)	例数 n	2h PG/(mmol/L)
对照组	130	8.67±1.53	127	8.55±1.67	115	8.48±1.36	102	8.35±1.25
干预组	130	8.56±1.68	128	8.37±1.45	112	8.18±1.52	98	8.05±1.45
t^a		1.55		1.79		2.00		2.38
t^b				1.83		2.57		3.10
P^a		0.15		0.08		0.06		0.02
P^b				0.07		0.01		0.00

注：[a] 干预组与对照组的比较；[b] 干预后与干预前的比较（干预组）。

据鲜瑶等（2018）

李培培等（2018）研究了亚麻籽压榨制油后的亚麻饼深度开发利用，将亚麻饼加工成部分脱脂亚麻籽粉（partially defatted flaxseed meal，PDFM），探讨了 PDFM 干预对高脂高糖饲料大鼠血糖的影响。试验将 SD 大鼠分成 6 组（$n=9$）：正常对照组、高糖高脂模型组、阿卡波糖阳性治疗对照组和 PDFM 低（质量分数 5%PDFM）、中（质量分数 10%PDFM）、高（质量分数 20%PDFM）剂量组。8 周后对大鼠空腹血糖值进行测定，并进行糖耐量试验，然后处死大鼠并解剖，观察内脏，测定肝脏指数、胰指数和腹部脂肪指数，取血检测糖化血红蛋白、肝糖原和血脂浓度。结果（见表 3-6-26、表 3-6-27）表明：①动物空腹血糖值，高脂高糖模型组和低、中、高剂量 PDFM 组分别为（7.15±1.22）mmol/L、（6.34±0.48）mmol/L、（5.82±0.36）mmol/L、（5.03±0.32）mmol/L，呈依次下降趋势，超过 7.0 mmol/L 的糖尿病判定标准大鼠比例分别为 5/9、1/9、0、0，表明 PDFM 可以抑制高脂高糖饮食造成的动物血糖升高和糖尿病形成，在抑制动物血糖升高方面呈明显的剂量效应关系，PDFM 剂量越高对血糖升高的抑制作用越强，其中，中、高剂量 PDFM 组抑制血糖升高效果与高脂高糖模型组对照达到显著水平（$P<0.05$）。②与阿卡波糖阳性治疗对照组空腹血糖值[（5.14±0.33）mmol/L]相比，中、高剂量 PDFM 组达到阿卡波糖抑制血糖升高效果。综合考虑 PDFM 对糖化血红蛋白、肝糖原、肝脏指数、血脂等影响结果，PDFM 具有抑制血糖升高功能活性，具备开发成为辅助降血糖制品原料的潜力。

表 3-6-26　PDFM 对大鼠空腹血糖及糖耐量的影响（$n=9$）　　　　　　　　　单位：mmol/L

组别	0 min	15 min	30 min	60 min	120 min
正常对照组	4.46±0.13[a]	8.73±1.05	9.03±21.38	7.34±0.56	5.93±0.44
高糖高脂模型组	7.15±1.22	13.2±2.09	12.78±1.53	11.08±2.74	8.10±1.26
阳性治疗对照组	5.14±0.33	9.45±1.27	8.51±1.36	7.21±2.01	6.04±0.55
PDFM 低剂量组	6.34±0.48[ab]	10.80±1.72	10.16±2.03	9.65±1.45	6.88±0.69
PDFM 中剂量组	5.82±0.36[a]	9.83±1.27	9.87±2.05	6.64±0.66	6.29±0.40
PDFM 高剂量组	5.03±0.32[a]	10.30±1.68	8.99±1.90	7.12±1.35	6.57±0.95

注：[a] 正常对照组、各剂量组与高糖高脂模型组相比差异显著（$P<0.05$）；[b] 正常对照组、各剂量组与阳性治疗对照组相比差异显著（$P<0.05$）。

据李培培等（2018）

表 3-6-27　PDFM 对 HbA1c 和肝糖原浓度的影响($n=9$)

组别	HbA1c 浓度/(μmol/L)	肝糖原浓度/(mmol/L)
正常对照组	169.25±10.88	8.75±1.68
高糖高脂模型组	200.78±11.48	2.65±0.34
阳性治疗对照组	173.67±7.77	4.34±0.69
PDFM 低剂量组	193.75±10.89	3.27±0.55[a]
PDFM 中剂量组	168.89±13.74[a]	3.98±0.72[a]
PDFM 高剂量组	159.51±1.99[a]	4.16±0.84[a]

注:HbA1c 是血液中红细胞内的血红蛋白与血糖结合的产物。[a] 各剂量组与高糖高脂模型组相比差异显著($P<0.05$);[b] 各剂量组与阳性治疗对照组相比差异显著($P<0.05$)。

据李培培等(2018)

杨野仝等(2015)探讨了亚麻籽油对糖尿病大鼠空腹血糖及糖耐量的影响。试验用高脂饲料喂养雄性 SD 大鼠建立肥胖模型;将肥胖模型大鼠一次性腹腔注射 40 mg/kg 链脲菌素建立糖尿病模型;将糖尿病模型大鼠随机分为模型对照组以及亚麻籽油低、中、高剂量组,每组 8 只,连续灌胃 30 d 后测定模型大鼠空腹血糖和糖耐量。结果(见表 3-6-28、表 3-6-29)表明,亚麻籽油高剂量组可以降低糖尿病大鼠的空腹血糖和糖耐量。因此,亚麻籽油具有辅助降低糖尿病大鼠血糖的功能。

表 3-6-28　给予亚麻籽油前、后对糖尿病大鼠空腹血糖值的影响

组别	空腹血糖值/(mmol/L)		血糖下降率/%
	给受试物前	给受试物后	
模型对照组	20.36±1.12	19.90±1.30	2.26±1.17
低剂量组	20.08±1.27	19.44±0.93	3.19±3.15
中剂量组	20.16±1.09	18.42±0.70	8.63±4.59
高剂量组	20.33±0.99	16.74±0.99[*]	17.65±3.03[*]

注:[*] 表示亚麻籽油高剂量组与花生油对照组相比差异显著($P<0.05$)。

据杨野仝等(2015)

表 3-6-29　给予葡萄糖后糖尿病模型大鼠不同时间点的血糖值

组别	灌胃葡萄糖后血糖值/(mmol/L)			血糖曲线下面积
	0 h	0.5 h	2 h	
模型对照组	19.89±1.54	25.55±1.17	16.25±1.07	42.71±2.65
低剂量组	19.26±1.19	24.91±1.12	15.33±0.69	41.22±1.94
中剂量组	17.34±1.24	24.70±0.63	15.68±0.84	40.80±1.57
高剂量组	15.42±0.93[*]	21.31±1.50[*]	13.47±1.76	36.02±3.05[*]

注:[*] 表示亚麻籽油高剂量组与花生油对照组相比差异显著($P<0.05$)。

据杨野仝等(2015)

4. 增强免疫力

亚麻籽多糖是一种可溶性的膳食纤维,有降低血胆固醇水平、减少冠状动脉硬化、降低糖尿病患病率、预防结肠癌等作用。李小凤(2016)从亚麻籽中分离提纯得到高纯度亚麻籽多糖组分 FP-1 与 FP-2,通过小鼠巨噬细胞检测 FP-1、FP-2 的免疫指标,主要有炎症因子 NO 释放量、白细胞介素(IL-6、IL-12)及肿瘤坏死因子(TNF-α)。结果表明,FP-1、FP-2 具有增强免疫调节功能作用。还通过亚麻籽多糖的抗乙肝病

毒体外研究,结果得出,添加 FP-1 能够明显降低乙肝表面抗原(HBs-Ag)、乙肝 e 抗原(HBe-Ag)的表达和抑制乙肝病毒 DNA 的表达水平,并且具有量效关系。亚麻籽多糖 FP-1 能显著提高小鼠巨噬细胞 Raw264.7 分泌 TNF-α、IL-6、IL-12 及 NO 的能力,同时能够明显降低 HBs-Ag、HBe-Ag 的表达和抑制乙肝病毒 DNA 的复制,说明 FP-1 具有显著的抗病毒活性和免疫调节功能。亚麻籽多糖 FP-2 对 M1 型和 M2 型巨噬细胞极化实验结果显示,巨噬细胞分别经 LPS 和 IL-4 刺激后,M1/M2 平衡打破,开始向 M1 或者 M2 方向发展,中高剂量的 FP-2 组一定程度上既促进了诸多炎症因子 IL-6、TNF-α 和 iNOS mRNA 的分泌,又增加了抗炎因子 IL-10 和 TGF-β 的分泌,表明 FP-2 具有双向免疫调节功能。

Li 等(2013)在瓦氏黄颡鱼的研究中发现,6%亚麻油组的抗体效价显著高于 4%和 2%亚麻油组。

段雨劼等(2016)研究了枸杞籽油和亚麻籽油混合物对小鼠免疫力的增强作用。选用 200 只健康 ICR 小鼠随机分为五大组,即枸杞籽油和亚麻籽油混合物低、中、高剂量组(0.25 g/kg、0.50 g/kg、1.50 g/kg)及对照组。连续经口灌胃 30 d 后,检测枸杞籽油和亚麻籽油混合物对小鼠免疫器官脏体比、细胞免疫、体液免疫、单核-巨噬细胞吞噬功能和 NK 细胞活性等指标的影响。结果(见表 3-6-30~表 3-6-32)表明:与对照组比较,中、高剂量组能明显提高小鼠迟发型变态反应能力及 NK 细胞活性,差异有统计学意义,高剂量组能明显提高血清半数溶血值、抗体生成细胞数,差异有统计学意义。由此得出结论,枸杞籽油和亚麻籽油混合物具有增强小鼠免疫力的功能。

表 3-6-30 枸杞籽油和亚麻籽油混合物对小鼠迟发型变态反应的影响($\bar{x}\pm s$)

组别	动物数/只	注射前足跖厚/mm	注射后 24 h 足跖厚度/mm	注射后 24 h 足跖肿胀度/mm
对照组	10	2.56±0.13	2.81±0.11	0.25±0.14
低剂量组	10	2.53±0.12	2.88±0.11	0.34±0.16
中剂量组	10	2.58±0.10	3.03±0.15*	0.46±0.16*
高剂量组	10	2.54±0.13	3.05±0.11*	0.50±0.18*

注:* 与对照组比较,$P<0.05$。

据段雨劼等(2016)

表 3-6-31 枸杞籽油和亚麻籽油混合物对小鼠体液免疫的影响($\bar{x}\pm s$)

组别	动物数/只	溶血空斑数/(个/10^6 个脾细胞)	HC_{50}/mm
对照组	10	141±60	163.83±57.69
低剂量组	10	176±51	188.66±48.01
中剂量组	10	198±46	201.57±38.10
高剂量组	10	209±53*	225.28±56.55*

注:* 与对照组比较,$P<0.05$。

据段雨劼等(2016)

表 3-6-32 枸杞籽油和亚麻籽油混合物对小鼠 NK 细胞活性的影响($\bar{x}\pm s$)

组别	动物数/只	NK 细胞活性/%	NK 细胞活性平方根反正弦转换值
对照组	10	21.46±5.23	27.57±3.71
低剂量组	10	24.25±4.82	29.40±3.26
中剂量组	10	27.25±4.61	31.40±2.97*
高剂量组	10	28.29±4.11	32.07±2.74*

注:* 与对照组比较,$P<0.05$。

据段雨劼等(2016)

于志红等(2008)研究了亚麻籽木酚素对小鼠免疫功能的影响,选用雌雄各半,体重 18～22 g 的 ICR 小鼠 120 只,随机分为对照组和试验低、中、高 3 个剂量组,小鼠分别经口给予 0.6 g/d、1.2 g/d、3.6 g/d 的亚麻籽木酚素(SDG),持续 30 d 后测其各项免疫指标,结果(见表 3-6-33～表 3-6-35)表明:3 个剂量组的小鼠 T 淋巴细胞中 IL-2 细胞活性分别提高 57.8%、64.2%、67.4%;巨噬细胞吞噬水平分别提高 55.4%、57.0%、59.7%,与对照组比较差异显著($P < 0.05, P < 0.01$);中、高剂量组可使小鼠脾淋巴细胞转化率分别提高 58.9%、62.3%;溶血空斑数分别增加 51.8%、53.1%;NK 细胞活性分别提高 58.9%、62.7%,与对照组比较差异显著($P < 0.05, P < 0.01$)。提示亚麻籽木酚素具有增强小鼠免疫功能的作用。

表 3-6-33 SDG 对 ConA 诱导的小鼠脾淋巴细胞转化的影响

组别	数量	淋巴细胞增殖能力(OD 差值)
对照组	10	0.023±0.004
低剂量组	10	0.026±0.005
中剂量组	10	0.033±0.004[bc]
高剂量组	10	0.038±0.007[bd]

注:同列标注相同字母表示差异不显著($P > 0.05$),标注不同小写字母表示差异显著($P < 0.05$),标注不同大写字母表示差异极显著($P < 0.01$)。

据于志红等(2008)

表 3-6-34 SDG 对小鼠巨噬细胞吞噬鸡红细胞能力的影响

组别	数量	吞噬率/%	吞噬指数
对照组	10	31.9±6.8	0.40±0.10
低剂量组	10	39.6±4.2[b]	0.52±0.02[a]
中剂量组	10	42.3±8.9[bc]	0.54±0.09[a]
高剂量组	10	53.1±6.5[bde]	0.72±0.04[bde]

注:同列标注相同字母表示差异不显著($P > 0.05$),标注不同小写字母表示差异显著($P < 0.05$),标注不同大写字母表示差异极显著($P < 0.01$)。

据于志红等(2008)

表 3-6-35 SDG 对小鼠 IL-2 活性的影响

组别	数量	IL-2 活性(OD 值)
对照组	10	0.43±0.008
低剂量组	10	0.59±0.100[a]
中剂量组	10	0.77±0.080
高剂量组	10	0.89±0.090

注:同列标注相同字母表示差异不显著($P > 0.05$),标注不同小写字母表示差异显著($P < 0.05$),标注不同大写字母表示差异极显著($P < 0.01$)。

据于志红等(2008)

李晓舟等(2008)选用 1 d 龄海蓝褐雄性雏鸡 90 只,随机分为对照组、亚麻脱脂粕组、提取木脂素组。对照组饲喂基础日粮,亚麻脱脂粕组在日粮中添加亚麻籽脱脂粕粉 2.0 g/kg,提取木脂素组在饮水中添加从亚麻脱脂粕中提取的木脂素 1.0 mL/L,饲喂 7 周。结果(见表 3-6-36、表 3-6-37)表明:从亚麻脱脂粕中提取的木脂素可提高血清中总蛋白和球蛋白含量,与对照组相比分别提高 16.6%、23.0%,差异显著($P < 0.05$);提取木脂素组的脾脏指数、法氏囊指数、胸腺指数较对照组分别提高 29.4%、36.6%、66.6%,

差异显著($P<0.05$);亚麻脱脂粕组和提取木脂素组的白介素-2较对照组均有提高,差异极显著($P<0.01$)。提示亚麻木脂素可以提高雏鸡的免疫功能。

表 3-6-36 亚麻木脂素对血清雏鸡血清总蛋白、白蛋白、球蛋白的影响 单位:g/L

组别	血清总蛋白	血清白蛋白	血清球蛋白
对照组	63.73±7.71[a]	21.30±8.48[a]	43.22±4.89[a]
亚麻籽脱脂粕组	68.99±2.08[a]	21.18±2.43[a]	47.80±2.14[a]
提取木脂素组	74.32±9.48[b]	21.12±8.73[a]	53.18±5.61[b]

注:同列相同字母表示差异不显著 $P>0.05$,不同小写字母表示差异显著 $P<0.05$。
据李晓舟等(2008)

表 3-6-37 亚麻木脂素对雏鸡血清白介素-2 的影响 单位:μg/L

组别	21 d 前	38 d 前	35 d 前	42 d 前
对照组	3.02±0.22[a]	3.38±0.31[a]	3.42±0.36[a]	3.78±0.26[a]
亚麻籽脱脂粕组	3.68±0.42[b]	3.89±0.24[b]	4.25±0.41[b]	4.31±0.36[b]
提取木脂素组	4.07±0.25[b]	4.10±0.36[b]	4.32±0.27[b]	4.39±0.21[b]

注:同列相同字母表示差异不显著 $P>0.05$,不同小写字母表示差异显著 $P<0.01$。
据李晓舟等(2008)

5.降脂减肥

亚麻籽油富含 α-亚麻酸,α-亚麻酸是一种人体必需脂肪酸,属 ω-3 脂肪酸,亚麻籽油可以降低肥胖高脂血症动物血清 TG、TC 水平,升高血清 HDL-C 水平,有降脂减肥作用。

张劲(2013)研究亚麻籽油对营养肥胖型大鼠的降脂减肥作用。将大鼠分为空白对照组(等容生理盐水)、模型对照组(等容生理盐水)和亚麻籽油高、中、低剂量组(250 mg/kg、125 mg/kg、50 mg/kg),灌胃喂药,连续 30 d。检测大鼠体重、Lee 指数、血清总胆固醇(TC)、三酰甘油(TG)、高密度脂蛋白胆固醇(HDL-C)水平。结果(见表 3-6-38~表 3-6-39)显示,与模型组比较,亚麻籽油高、中剂量组大鼠体重明显降低,亚麻籽油高剂量组大鼠 Lee 指数显著降低;亚麻籽油高、中、低剂量组大鼠血清 TG 含量显著降低;亚麻籽油高、中剂量组大鼠血清 TC 含量显著降低;亚麻籽油高、中、低剂量组大鼠血清 HDL-C 含量显著升高。由此得出结论,亚麻籽油对营养肥胖型大鼠有降脂减肥的作用。

表 3-6-38 亚麻籽油对大鼠体重和 Lee 指数的影响($\bar{x}±s,n=10$)

组别	干预前体重/g	干预后体重/g	Lee 指数
空白对照组	283.10±9.70	369.63±26.40	299.39±7.68
模型对照组	240.70±11.30	419.30±23.70**	307.81±9.63
亚麻籽油高剂量组	241.31±12.90	395.20±25.10△	294.71±8.53△
亚麻籽中剂量组	239.50±17.60	400.50±37.60△	302.56±12.94
亚麻籽油低剂量组	240.80±13.70	410.70±35.90	304.52±15.75

注:与空白对照组比较,** $P<0.01$;与模型对照组比较,△ $P<0.05$。
据张劲(2013)

表 3-6-39　各组大鼠血脂水平的比较($\bar{x}\pm s, n=10$)

组别	TG/(mmol/L)	TC/(mmol/L)	HDL-C/(mmol/L)
空白对照组	0.79±0.15	1.13±0.47	1.03±0.18
模型对照组	1.31±0.27**	1.79±0.51**	0.74±0.15**
亚麻籽油高剂量组	0.97±0.25△△	1.33±0.39△	0.90±0.17△
亚麻籽油中剂量组	1.09±0.19△	1.35±0.43△	0.87±0.18△
亚麻籽油低剂量组	1.11±0.18△	1.57±0.54	0.85±0.16△

注：与空白对照组比较，** $P<0.01$；与模型对照组比较，△ $P<0.05$，△△ $P<0.01$。
据张劲(2013)

龚艳(2013)探讨了亚麻籽油、鱼油对肥胖模型大鼠降脂减肥作用。试验将雄性 Wistar 大鼠 65 只随机分为空白对照组(10 只)、造模型肥胖组(55 只)。空白对照组喂饲基础饲料，造模型肥胖组大鼠喂饲高脂饲料 8 周后，称重，尾静脉取血，测定每只大鼠血清 TC，确定建模成功。从中筛选出 40 只模型大鼠分为 5 组，即空白对照组(等容生理盐水)、模型组(等容生理盐水)、亚麻籽油组(剂量 90 mg/kg)、鱼油组(剂量 90 mg/kg)和鱼油亚麻籽油组(亚麻籽油 45 mg/kg、鱼油 45 mg/kg)。分组灌胃给药，每天 1 次，连续 45 d。空白对照组喂饲基础饲料，其余各组继续喂饲高脂饲料。通过检测体重、脂体比、血清中三酰甘油 (TG)、总胆固醇(TC)、高密度脂蛋白胆固醇(HDL-C)等指标评价亚麻籽油、鱼油对肥胖模型大鼠降脂减肥作用。结果(见表 3-6-40～表 3-6-42)表明，鱼油、亚麻籽油及鱼油亚麻籽油能降低模型大鼠体重及脂体比，降低大鼠血清 TG、TC 含量，升高血清 HDL-C 含量，且鱼油亚麻籽油的降脂效果优于单纯的鱼油及亚麻籽油。

表 3-6-40　各组大鼠体重比较($\bar{x}\pm s$)

组别	n	干预前体重/g	干预后体重/g
空白对照组	10	326.03±30.09	372.82±34.55
模型组	10	371.48±29.73**	431.96±32.58**
鱼油组	10	357.31±26.51**	398.38±35.76△
亚麻籽油组	10	377.86±31.94**	397.63±28.19△
鱼油亚麻籽油组	10	369.77±28.74**	387.66±35.69△

注：与空白对照组比较，** $P<0.01$；与模型对照组比较，△ $P<0.05$。
据龚艳(2013)

表 3-6-41　各组大鼠脂/体比比较($\bar{x}\pm s$)

组别	n	脂/体比/%
空白对照组	10	3.13±0.62
模型组	10	4.67±0.91**
鱼油组	10	3.62±0.83△
亚麻籽油组	10	3.60±0.92△
鱼油亚麻籽油组	10	3.58±0.86△

注：与空白对照组比较，** $P<0.01$；与模型对照组比较，△ $P<0.05$。
据龚艳(2013)

表 3-6-42　各组大鼠血清生化指标比较($\bar{x}\pm s$)

组别	n	TG/(mmol/L)	TC/(mmol/L)	HDL-C/(mmol/L)
空白对照组	10	0.76±0.14	1.15±0.41	1.07±0.09
模型组	10	1.27±0.11**	1.71±0.34**	0.76±0.11**
鱼油组	10	0.99±0.28△	1.61±0.46	0.93±0.15△
亚麻籽油组	10	1.10±0.15△	1.63±0.29	0.91±0.18△
鱼油亚麻籽油组	10	0.86±0.23△	1.55±0.41△	0.88±0.10△

注:与空白对照组比较,** $P<0.01$;与模型对照组比较,△ $P<0.05$,△△ $P<0.01$。
据龚艳(2013)

6. 抗疲劳

文婧等(2015)研究了亚麻籽对运动训练大鼠睾酮及相关激素含量和抗疲劳能力的影响。以大强度耐力训练大鼠为模型,随机分组法分为 5 组——静止组(C 组)、运动组(M 组)、运动+亚麻籽Ⅰ组(FMⅠ组)、运动+亚麻籽Ⅱ组(FMⅡ组)、运动+亚麻籽Ⅲ组(FMⅢ组),C、M 组为等量生理盐水。各组均为 10只。力竭游泳训练 42 d 后,分别测定各组大鼠体重、力竭游泳时间和血清睾酮等相关生化指标。结果(见表 3-6-43、表 3-6-44)表明:力竭游泳时间,M 组与 C 组无明显差异;FM 各组明显长于运动组($P<0.01$);血清睾酮水平,运动组显著低于静止组,FM 各组高于运动组,且组间无明显差异。血清皮质酮水平,C、M、FM 各组间无显著差异。血清睾酮与皮质酮比值变化与睾酮变化较为一致。血清促黄体生成素、促卵泡激素水平,静止组高于运动组,但无显著差异,FM 各组高于运动组。从而得出结论,大鼠通过补充亚麻籽可以有效地缓解机体因长时间、大强度运动导致的睾酮及相关激素的变化;促进蛋白质合成,减少氨基酸和蛋白质的分解,提高机体糖原的储备,增强抗疲劳能力,进而提高运动能力。

表 3-6-43　亚麻籽对大鼠体重及运动能力的影响($\bar{x}\pm s$, $n=10$)

组别	剂量/(g/kg)	训练前体重/g	训练后体重/g	力竭游泳时间/min
静止	—	195.15±12.32	420.65±12.14	82.32±14.21
运动	—	194.54±12.73	363.45±12.17[1]	73.05±14.07
运动+亚麻籽	0.75	195.19±11.89	401.16±12.21[3]	105.21±13.79[4]
	1.5	195.49±12.04	403.43±12.69[3]	109.25±13.57[4]
	4.5	195.26±12.49	409.32±12.35[3]	113.31±13.06[4]

注:与静止组比较,[1] $P<0.05$,[2] $P<0.01$;与运动组比较,[3] $P<0.05$,[4] $P<0.01$。
据文婧等(2015)

表 3-6-44　运动及亚麻籽对大鼠血清睾酮、皮质酮、促黄体生成素、促卵泡刺激素水平的影响($\bar{x}\pm s$, $n=10$)

组别	剂量/(g/kg)	睾酮/(nmol/L)	皮质酮/(nmol/L)	睾酮/皮质酮/×10^{-2}	促黄体生成素/(U/L)	促卵泡刺激素/(U/L)
静止	—	5.17±1.26	101.41±15.65	5.42±2.08	1.12±0.21	7.37±0.77
运动	—	3.53±1.24[2]	104.91±15.66	3.62±1.72[2]	1.10±0.33	6.55±1.41
运动+亚麻籽	0.75	4.83±1.15[4]	103.22±15.36	4.95±1.85[4]	1.17±0.23[3]	8.37±1.09[3]
	1.5	4.93±1.13[4]	102.45±15.13	5.09±1.85[4]	1.23±0.22[3]	9.03±1.13[3]
	4.5	5.11±1.12[4]	101.89±15.08	5.29±1.89[4]	1.27±0.21[3]	9.41±1.10[3]

注:与静止组比较,[1] $P<0.05$,[2] $P<0.01$;与运动组比较,[3] $P<0.05$,[4] $P<0.01$。
据文婧等(2015)

7. 抗氧化

孙晓冬等(2001)研究了亚麻籽多糖及亚麻籽色素的抗氧化作用。试验选用 Wistar 大鼠,测定了亚麻籽多糖及亚麻籽色素对其抗氧化指标的影响。结果(见表 3-6-45～表 3-6-47)表明:亚麻籽多糖及亚麻籽色素具有捕获自由基,抵抗自由基对生命大分子氧化损伤的作用,且色素比多糖强得多。亚麻籽色素对过氧化氢(H_2O_2)、超氧阴离子自由基和羟自由基的清除率分别达到 98.4%、99.1%和 99.3%。因此亚麻籽多糖和亚麻籽色素可作一类纯天然的自由基清除剂。

表 3-6-45　亚麻籽色素和亚麻籽多糖对过氧化氢的清除作用

样品	不同用量下的清除率/%		
	10 μL	50 μL	100 μL
亚麻籽色素(0.01%)	44.8	74.5	98.4
亚麻籽多糖(1.00%)	18.5	45.4	54.3
维生素 C(0.10%)	32.4	57.1	67.8

据孙晓冬等(2001)

表 3-6-46　亚麻籽色素和亚麻籽多糖对超氧阴离子自由基的清除作用

样品	不同用量下的清除率/%		
	10 μL	50 μL	100 μL
亚麻籽色素(0.01%)	47.7	77.9	99.1
亚麻籽多糖(1.00%)	21.3	48.6	57.8
维生素 C(0.10%)	35.4	61.2	70.6

据孙晓冬等(2001)

表 3-6-47　亚麻籽色素和亚麻籽多糖对羟自由基的清除作用

样品	不同用量下的清除率/%		
	10 μL	50 μL	100 μL
亚麻籽色素(0.01%)	53.2	86.4	99.3
亚麻籽多糖(1.00%)	27.5	55.1	64.2
维生素 C(0.10%)	41.1	67.8	77.5

据孙晓冬等(2001)

牛丽红(2018)研究了对亚麻籽提取物雪花膏在不同用量、过氧化氢(H_2O_2)作用和紫外光照射的条件下对雪花膏的过氧化值(POV)和羟基自由基清除能力,得到如下结果(见表 3-6-48～表 3-6-50):添加 4 mL亚麻籽提取物后,①恒温水浴 25 ℃下保温 4 h,雪花膏的 POV 比未添加时小 22.30%;②用 1 mL 1%的 H_2O_2 溶液进行氧化,25 ℃下保温 4 h,雪花膏 POV 比未添加时小 31.97%;③雪花膏用紫外光照射 4 h,25 ℃下保温 3 min,雪花膏的 POV 比未添加时小 46.43%;④雪花膏的羟基自由基清除率是不加时的 3.14 倍。从而得出结论:亚麻籽提取物具有良好的抗氧化性能,能对雪花膏起保护作用,能与 H_2O_2 反应消除自由基来源,有效防止光敏氧化而导致的 POV 增加,有效捕集紫外光作用下产生的羟基自由基,保护雪花膏不被氧化。

表 3-6-48　不同用量的亚麻籽提取物雪花膏各时刻 POV 一览表

亚麻籽提取物用量/mL	b_{POV0}/(mmol/kg)	b_{POV1}/(mmol/kg)	b_{POV2}/(mmol/kg)	b_{POV3}/(mmol/kg)	b_{POV4}/(mmol/kg)
0	1.63	1.87	2.11	2.42	2.78
1	1.57	1.81	2.00	2.32	2.67
2	1.54	1.78	1.94	2.26	2.53
3	1.53	1.73	1.93	2.13	2.33
4	1.52	1.68	1.84	1.96	2.16

注:$b_{POV} = (V_{样} - V_{空}) \times c \times 1000/m$。

据牛丽红(2018)

表 3-6-49　H₂O₂ 作用下不同用量亚麻籽提取物雪花膏各时刻的 POV 一览表

亚麻籽提取物用量/mL	b_{POV0}/ (mmol/kg)	b_{POV1}/ (mmol/kg)	b_{POV2}/ (mmol/kg)	b_{POV3}/ (mmol/kg)	b_{POV4}/ (mmol/kg)
0	16.44	23.75	34.10	41.40	53.58
1	15.41	21.33	27.85	34.37	42.67
2	15.64	19.86	25.87	30.09	39.71
3	14.78	18.33	23.65	28.39	37.26
4	14.34	17.33	21.51	25.10	36.45

注:$b_{POV} = (V_样 - V_空) \times c \times 1000 / m$。

据牛丽红(2018)

表 3-6-50　不同亚麻籽提取物用量下的雪花膏在紫外光照射下各时刻的 POV 一览表

亚麻籽提取物用量/mL	b_{POV0}/ (mmol/kg)	b_{POV1}/ (mmol/kg)	b_{POV2}/ (mmol/kg)	b_{POV3}/ (mmol/kg)	b_{POV4}/ (mmol/kg)
0	1.65	4.59	5.24	5.84	6.44
1	1.53	2.35	3.13	4.30	5.08
2	1.58	2.26	3.03	4.04	4.45
3	1.48	2.03	2.73	3.52	3.71
4	1.54	1.95	2.60	3.01	3.45

注:$b_{POV} = (V_样 - V_空) \times c \times 1000 / m$。

据牛丽红(2018)

吴峰等(2018)以脱脂亚麻籽粕为原料,评价了酶解多肽的抗氧化活性。酶解后的亚麻多肽具有良好的还原力,当酶解液质量浓度为 1.5 mg/mL 时,DPPH 自由基清除率为 89.99%;当酶解液质量浓度为 0.6 mg/mL 时,超氧阴离子自由基的清除率为 85.57%。亚麻多肽对 DPPH 自由基和超氧阴离子自由基有明显的清除作用,实验结果说明亚麻多肽具有良好的抗氧化活性,并随着多肽质量浓度的升高,其抗氧化活性不断增强,表现出良好的量效关系。

丁进锋等(2016)以亚麻籽为原料,采用超声波辅助提取亚麻籽油,对亚麻籽油 DPPH 自由基清除能力、自由基清除能力、还原能力进行分析。抗氧化试验表明:亚麻籽油能有效清除自由基,随着浓度的提高,其清除率力增加,在 2 mg/mL 时,对 DPPH 自由基、羟自由基及超氧阴离子自由基的清除率分别为 39.40%、51.74% 和 31.04%。研究表明亚麻籽油具有一定的抗氧化活性,可作为天然抗氧化剂。

范国婷等(2013)以亚麻籽为原料,采用超声波和超临界技术提取木脂素,并比较二者得率,然后用大孔吸附树脂进行纯化,以清除超氧阴离子自由基的能力为标准,比较亚麻籽木脂素与的抗氧化特性。采用了邻苯三酚自氧化法测定亚麻籽木脂素的抗氧化性,与相同浓度的溶液相比,亚麻籽木脂素清除的能力在邻苯三酚自氧化整个反应体系中的效果好,直至反应结束。相对来说,亚麻籽木脂素的抗氧化性高效且更持久。

8. 缓解视疲劳

邓乾春等(2011)研究了亚麻籽油软胶囊对改善视疲劳的作用,并开展人群试食试验。试验选择视力易疲劳的受试者 101 名,试食组 51 人,安慰剂 50 人,试食组口服亚麻籽油软胶囊每日 3 次,每次 1 粒,对照组口服颜色、性状与亚麻籽油软胶囊相同的安慰剂,食用量同试食组,试验期限为 30 d。然后进行常规观察、安全性检查、眼部症状检查、眼部自觉症状、眼科常规检查、明视持久度测定、视力检查。结果(见表 3-6-51)表明,30 d 后试食组视疲劳明显减轻,双眼明视持久度为 70.3%,平均提高(11.2±7.3)%,总有效率 51%,经统计学处理差异有显著性。因此研究表明亚麻籽油软胶囊能有效缓解人体视疲劳。

表 3-6-51　服用亚麻籽油软胶囊总有效率情况比较

组别	人数	有效人数	总有效率/%
试验组	51	26	51.0[##]
对照组	50	9	18.0

注:[##] $P<0.01$。

据邓乾春等(2011)

9.其他作用

沈楠等(2011)研究了亚麻籽木酚素(SDG)对丙酸睾酮诱导的大鼠前列腺增生的抑制作用,并阐明其作用机制。将 50 只雄性 Wistar 大鼠随机分为空白组、模型组、阳性药(非那雄胺 1.0 mg/kg)组及 SDG (1.2 g/kg 和 0.4 g/kg)组。ELISA 方法检测前列腺组织中一氧化氮(NO)、超氧化物歧化酶(SOD)、过氧化氢酶(CAT)、肿瘤坏死因子(TNF-α)、碱性成纤维细胞生长因子(bFGF)和白细胞介素-8(IL-8)的变化。结果(见表 3-6-52-表 3-6-54)显示:模型组大鼠前列腺组织中 NO、SOD 和 CAT 水平均低于空白组($P<0.01$),TNF-α、bFGF 和 IL-8 水平均高于空白组($P<0.01$);SDG 1.2 g/kg 组 NO、SOD 和 CAT 水平均高于模型组($P<0.01$),TNF-α、bFGF 和 IL-8 水平均低于模型组($P<0.01$)。因此,SDG 抑制睾酮诱导的大鼠前列腺增生的机制可能与提高抗氧化酶活力、清除自由基及减少 TNF-α、bFGF 和 IL-8 相关因子含量有关。

表 3-6-52　各组大鼠前列腺组织中 NO 水平的变化($n=10,\bar{x}\pm s$)

组别	剂量	NO/(μmol/L)
空白组	0	37.34±8.90
模型组	0	11.25±3.14[*]
阳性药组	1.00 mg/kg	26.39±5.31
SDG 组	0.4 g/kg	12.20±2.89[△]
SDG 组	1.2 g/kg	17.97±0.99[△]

注:与空白组相比较,[*] $P<0.01$;与模型组相比较,[△] $P<0.01$。模型组和空白组用生理盐水。

据沈楠等(2011)

表 3-6-53　各组大鼠前列腺组织中 SOD 和 CAT 水平的变化($n=10,\bar{x}\pm s$)

组别	剂量	SOD/(U/mL)	CAT/(U/mg prot)
空白组	0	70.46±4.58	27.02±9.95
模型组	0	16.37±2.64[*]	12.78±3.02[*]
阳性药组	1.00 mg/kg	38.76±4.52	24.92±7.55[△△]
SDG 组	0.4 g/kg	20.40±4.85[△△]	14.49±3.37
SDG 组	1.2 g/kg	23.70±0.68[△△]	20.85±7.12[△]

注:与空白组相比较,[*] $P<0.01$;与模型组相比较,[△] $P<0.05$,[△△] $P<0.01$。模型组和空白组用生理盐水。

据沈楠等(2011)

表 3-6-54　各组大鼠前列腺组织中 TNF-α、bFGF 和 IL-8 水平的变化($n=10,\bar{x}\pm s$)

组别	剂量	TNF-α/(ng/L)	bFGF/(ng/L)	IL-8/(μg/L)
空白组	0	28.78±9.56	38.36±8.56	26.10±2.90
模型组	0	92.03±28.03[*]	454.40±26.76[*]	158.06±42.42[*]
阳性药组	1.00 mg/kg	21.08±7.31[△]	61.43±5.55[△]	40.37±9.02[△]
SDG 组	0.4 g/kg	74.71±8.89	328.27±52.36	129.76±23.89
SDG 组	1.2 g/kg	40.09±4.87[△]	122.82±17.94[△]	83.02±5.24[△]

注:与空白组相比较,[*] $P<0.01$;与模型组相比较,[△] $P<0.01$。模型组和空白组用生理盐水。

据沈楠等(2011)

初秋等(2008)观察了亚麻籽多糖对大鼠缺血再灌注心肌线粒体损伤的保护作用。实验中先结扎 Wistar 大鼠冠状动脉 30 min 再灌注 20 min,测定心肌线粒体中琥珀酸脱氢酶(SDH)、细胞色素 C 氧化酶(CCO)和 SOD 活性,膜磷脂及 MDA 含量。结果(见表 3-6-55)显示:与模型组比较,亚麻籽多糖(200 mg/kg、400 mg/kg)组 SDH、CCO、SOD 活性明显升高($P<0.05$),膜磷脂含量增加($P<0.05$),MDA 含量降低($P<0.05$)。由此可知,亚麻籽多糖对缺血再灌注损伤的心肌线粒体功能具有保护作用。

表 3-6-55　大鼠心肌线粒体 SDH、CCO 和 SOD 活性及 MDA 和膜磷脂含量的结果比较($n=10,\bar{x}\pm s$)

组别	剂量/(mg/kg)	CCO/ [(μmol·g)/min]	SDH/ [(μmol·g)/min]	MDA/ (nmol/mg)	SOD/ [(μmol·g)/min]	膜磷脂/ (μmol/g)
对照组	0	862±23	509±21	16.34±1.62	509±21	376.23±25
模型组	0	679±19***	347±14***	23.14±1.84***	380±21***	271±26***
亚麻籽多糖组	200	763±25##**	436±19##*	19.47±1.72##**	477±23##	360±24#*
亚麻籽多糖组	400	816±24###*	491±21###	18.69±1.77###*	504±25##	370±25##

注:与对照组相比,* $P<0.05$,** $P<0.01$,*** $P<0.001$;与模型组比较,# $P<0.05$,## $P<0.01$,### $P<0.001$。
据初秋等(2008)

三、亚麻籽富含营养功能成分的优异种质(品种)

人体需要的 2 种必需脂肪酸,即亚油酸和 α-亚麻酸。亚麻籽油及紫苏油并列为 α-亚麻酸最丰富的食用油。魏晓珊(2015)研究了 32 个亚麻籽品种(品系)(见表 3-6-56)的营养成分和功能成分,结果如下:

表 3-6-56　亚麻籽品系名称

编码	品种名称	品种培育产区	编码	品种名称	品种培育产区
1	黄胡麻	内蒙古呼和浩特	17	陇亚 10 号	甘肃省平凉市农业科学研究所
2	陇亚 9 号	内蒙古乌兰察布市农业科学研究所	18	晋亚 7 号	山西农科院
3	75-11-5	内蒙古乌兰察布市农业科学研究所	19	晋亚 9 号	山西农科院
4	轮选叁号	内蒙古乌兰察布市农业科学研究所	20	晋亚 10	山西农科院
5	轮选二号	内蒙古自治区农牧业科学院	21	晋亚 11 号	山西农科院
6	内亚六号	内蒙古自治区农牧业科学院	22	晋亚 12 号	山西农科院
7	内亚九号	内蒙古自治区农牧业科学院	23	坝九(12)	河北张家口
8	陇亚 13 号	甘肃省农业科学院作物研究所	24	坝九(13)	河北张家口
9	陇亚 11 号	甘肃省农业科学院作物研究所	25	坝 11 号(河北)	河北张家口
10	陇亚 10 号	甘肃省农业科学院作物研究所	26	坝亚 12 号(12)	河北张家口
11	宁 101-11	甘肃省白银市农业科学研究所	27	坝亚 12 号(13)	河北张家口
12	873	甘肃省农业科学院作物研究所	28	坝亚十一号(11)	河北张家口
13	定亚 22 号	甘肃省定西市旱作农业科研推广中心	29	宁亚 19 号	宁夏固原市农业科学研究所
14	定亚 23 号	甘肃省定西市旱作农业科研推广中心	30	9614w-4	宁夏固原市农业科学研究所
15	坝亚 11 号	甘肃省白银市农业科学研究所	31	宁亚 17 号	宁夏固原市农业科学研究所
16	9622	甘肃省定西市旱作农业科研推广中心	32	伊亚 4 号	新疆伊犁哈萨克自治州农业科学研究所

据魏晓珊(2015)

1. 亚麻籽脂肪酸组成

亚麻籽中含有丰富的多不饱和脂肪酸,其中含量最高的为 α-亚麻酸。32 种亚麻籽中脂肪酸组成含量如表 3-6-57 所示。经分析可知,亚麻籽中主要的脂肪酸为 α-亚麻酸和亚油酸,其中不同品种亚麻籽中 α-亚麻酸的含量为 35.83%～58.91%,含量最高的品种是"宁亚 17 号",含量最低的品种为"定亚 22 号";亚麻籽中油酸的含量范围是 18.07%～31.38%,均值为 26.09%,含量最高的品种为"晋亚 9 号",最低的品种为"陇亚 10 号"。

表 3-6-57 亚麻籽脂肪酸含量

序号	棕榈酸含量/%	硬脂酸含量/%	油酸含量/%	亚油酸含量/%	α-亚麻酸含量/%
1	6.20±0.01	4.38±0.00	18.51±0.01	12.22±0.01	58.51±0.01
2	5.96±0.01	4.99±0.01	22.48±0.02	13.91±0.01	52.61±0.01
3	6.08±0.01	4.73±0.00	28.32±0.01	16.61±0.01	44.16±0.01
4	6.30±0.00	5.33±0.01	30.32±0.02	13.12±0.01	44.90±0.01
5	7.18±0.00	5.31±0.00	26.03±0.03	12.03±0.02	47.38±0.47
6	6.25±0.00	4.45±0.00	24.39±0.00	14.87±0.01	50.00±0.02
7	6.04±0.00	4.60±0.00	31.19±0.05	16.52±0.03	42.67±0.02
8	6.62±0.00	5.70±0.00	30.45±0.01	13.80±0.01	43.33±0.00
9	6.75±0.01	5.38±0.00	29.04±0.02	12.61±0.01	46.05±0.01
10	6.27±0.00	4.78±0.00	18.07±0.04	13.81±0.01	57.09±0.01
11	5.91±0.02	5.14±0.01	26.26±0.01	13.52±0.03	49.21±0.01
12	6.26±0.01	4.44±0.01	20.38±0.01	11.16±0.01	57.76±0.01
13	6.55±0.01	6.85±0.01	29.20±0.01	11.59±0.00	35.83±0.31
14	6.17±0.01	5.53±0.02	29.37±0.01	14.87±0.01	44.07±0.01
15	5.98±0.01	4.41±0.01	26.72±0.87	16.17±0.01	45.08±0.01
16	6.08±0.01	4.93±0.05	29.49±0.00	14.87±0.01	44.66±0.01
17	6.08±0.01	6.78±0.01	24.93±0.01	14.11±0.01	48.08±0.01
18	5.85±0.01	5.34±0.01	26.38±0.01	14.21±0.02	48.21±0.00
19	5.82±0.00	4.66±0.00	31.38±0.01	14.36±0.01	43.77±0.00
20	6.63±0.00	5.63±0.01	29.40±0.01	14.67±0.00	43.54±0.02
21	5.76±0.00	4.15±0.00	27.86±0.02	13.85±0.02	48.35±0.02
22	6.34±0.00	4.13±0.01	28.77±0.01	14.91±0.01	45.83±0.00
23	5.67±0.01	4.28±0.01	31.13±0.01	13.81±0.01	45.09±0.01
24	6.31±0.00	5.56±0.03	24.12±0.01	13.73±0.02	50.26±0.00
25	6.11±0.01	4.43±0.00	25.92±0.01	12.45±0.01	51.09±0.01
26	5.90±0.01	5.68±0.00	23.15±0.00	14.75±0.00	50.52±0.01
27	6.03±0.00	5.75±0.02	22.41±0.00	15.34±0.01	50.38±0.01
28	6.34±0.00	6.35±0.00	23.28±0.01	15.37±0.00	48.64±0.00
29	6.13±0.01	4.31±0.02	21.40±0.00	15.36±0.00	52.79±0.00
30	6.09±0.00	5.71±0.00	29.67±0.01	13.69±0.01	44.84±0.00
31	6.21±0.00	3.79±0.01	19.11±0.01	11.97±0.00	58.91±0.01
32	5.35±0.00	3.91±0.01	25.78±0.01	14.32±0.21	50.64±0.01

注:各组分含量为占总脂肪酸的百分含量。

据魏晓珊(2015)

2.亚麻籽木酚素含量

32 种亚麻籽木酚素的含量如表 3-6-58 所示,其含量范围是 10.45～21.99 mg/g(脱脂粉),平均含量为 14.4534 mg/g,其中含量最高的品种为"坝九(13)",含量最低的品种为"轮选二号"。其中含量高于 20 mg/g 的品种有 3 个,分别为"坝九(13)""坝亚 12 号(13)""坝亚十一号(11)"。

表 3-6-58 亚麻籽中木酚素组分的含量 单位:mg/g

序号	木酚素含量	序号	木酚素含量	序号	木酚素含量	序号	木酚素含量
1	13.59±0.62	9	11.72±0.04	17	17.08±0.11	25	16.43±0.20
2	10.87±0.11	10	16.41±0.48	18	14.82±0.22	26	19.45±0.29
3	10.50±0.02	11	13.23±0.16	19	14.06±0.08	27	20.75±0.47
4	10.97±0.22	12	13.13±0.33	20	16.51±0.28	28	21.54±0.32
5	10.45±0.53	13	13.21±0.14	21	14.13±0.01	29	19.32±0.88
6	10.68±0.20	14	15.69±0.41	22	11.71±0.38	30	11.86±0.07
7	12.14±0.11	15	16.44±0.76	23	12.57±0.21	31	10.47±0.44
8	11.06±0.57	16	14.83±1.05	24	21.99±0.83	32	10.72±0.4

据魏晓珊(2015)

参考文献

[1]杨雪艳,聂开立,林风,等.亚麻籽功能成分的综合提取工艺研究[J].中国油脂,2017,42(1):116-120,124.

[2]邱财生,郭媛,龙松华,等.亚麻籽的营养及开发研究进展[J].食品研究与开发,2014,35(17):122-126.

[3]SAARINEN N, MÄKELÄ S, SANTTI R, et al. Mechanism of anticancer effects of lignans with a special emphasis on breast cancer[M]. 2003:223-231.

[4]李晓琴.亚麻籽抗肿瘤作用研究进展[J].卫生研究,2012,41(2):349-352.

[5]ZHU Z R, ÅGREN J, MÄNNISTÖ S, et al. Fatty acid composition of breast adipose tissue in breast cancer patients and in patients with benign breast disease[J]. Nutrition and Cancer,1995,24(2):151-160.

[6]HUANG Y C, JESSUP J M, FORSE R A, et al. n-3 fatty acids decrease colonic epithelial cell proliferation in high-risk bowel mucosa[J]. Lipids, 1996, 31(3):313-317.

[7]KATO T, HANCOCK R L, MOHAMMADPOUR H, et al. Influence of omega-3 fatty acids on the growth of human colon carcinoma in nude mice[J]. Cancer Letters, 2002, 187(1/2):169-177.

[8]ADLERCREUTZ H. Phyto-oestrogens and cancer[J]. Lancet Oncology, 2002, 3(6):364-373.

[9]王晓蕾,张莲英,胡晓燕,等.亚麻籽木酚素的提取及其对裸鼠乳腺移植瘤生长的影响[J].中国生化药物杂志,2007(3):176-178.

[10]刘珊,李昕,张保平,等.亚麻籽木酚素预防乳腺癌的作用及机制研究[J].现代生物医学进展,2015,15(34):6645-6648.

[11]田彩平,廖世奇.亚麻籽木酚素抗肿瘤作用研究进展[J].广东农业科学,2010,37(7):131-133.

[12]LIN X, GINGRICH J R, BAO W, et al. Effect of flaxseed supplementation on prostatic carcinoma in transgenic mice [J]. Urology,2002,60(5):919-924.

[13]BYLUND A,ZHANG J X,BERGH A,et al. Rye bran and soy protein delay growth and increase apoptosis of human LNCaP prostate adenocarinoma in nude mice[J]. Prostate,2000,42(4):304-314.

[14]刘珊,王小兵,李爱东,等.亚麻籽木酚素预防乳腺癌及与雌激素的关系[J].中国比较医学杂志,2012,22(6):43-47.

[15]赵利,党占海,李毅,等.亚麻籽的保健功能和开发利用[J].中国油脂,2006(3):29-32.

[16]齐冬,石山.植物来源的 ω-3 脂肪酸-α-亚麻酸[J].中草药,1992(9):495-496.

[17]胡晓军,郭忠贤,赵毅.亚麻籽油降血脂作用的研究[J].粮食加工,2005,30(3):49-51.

[18]萧闵.亚麻籽油对脂代谢紊乱大鼠血脂及瘦素的影响[J].中国中医药科技,2013,20(2):153-154.

[19]谢华,徐丹凤,陈敏,等.亚麻籽油对高脂诱导肥胖小鼠血脂代谢的影响[J].中国医师杂志,2014,16(10):1336-1339.

[20]张琰,成亮.橄榄油亚麻籽油对肥胖模型大鼠减肥降血脂作用研究[J].农产品加工,2016(8):47-48.

[21]赵春,许继取,黄庆德,等.亚麻籽饼对饲喂高脂日粮大鼠血浆中脂质及氧化应激改善作用的研究[J].中国油脂,2015,40(3):36-39.

[22]FUKUMITSU S,AIDA K,SHIMIZU H,et al. Flaxseedlignan lowers blood cholesterol and decreases liver disease risk factors in moderately hypercholesterolemic men [J]. Nutrition Research,2010,30(7):441-446.

[23]林华,沈家琴,信东,等.亚麻籽对血脂的调节作用[J].首都医科大学学报,2001,22(2):104-106.

[24]邓乾春,樊柏林,黄凤洪,等.亚麻籽油调和油对高脂模型大鼠的降脂作用[J].食品研究与开发,2011,32(2):163-167.

[25]田光晶,马丛丛,许继取.亚麻木酚素对动脉粥样硬化的改善作用研究进展[J].中国油脂,2017(1):35-39.

[26]MOREE S S,KAVISHANKAR G B,RAJESHA J. Antidiabetic effect of secoisolariciresinol diglucoside in streptozotocin-induced diabetic rats[J]. Phytomedicine,2013,20(3/4):237-245.

[27]WANG Y,FOFANA B,ROY M,et al. Flaxseed lignan secoisolariciresinol diglucoside improves insulin sensitivity through upregulating GLUT4 expression in diet-induced obese mice (829. 25)[J]. Journal of Functional Foods,2015,18(18):1-9.

[28]SHERIF I O. Secoisolariciresinol diglucoside in high-fat diet and streptozotocin-induced diabetic nephropathy in rats:a possible renoprotective effect[J]. Journal of Physiology & Biochemistry,2014,70(4):961-969.

[29]PAN A,SUN J,CHEN Y,et al. Effects of a flaxseed-derived lignan supplement in type 2 diabetic patients:a randomized,double-blind,cross-over trial[J]. PLoS ONE,2007,2(11):e1148.

[30]HANO C,RENOUARD S,MOLINIÉ R,et al. Flaxseed (Linum usitatissimum L.) extract as well as (＋)-secoisolariciresinol diglucoside and its mammalian derivatives are potent inhibitors of α-amylase activity [J]. Bioorganic & Medicinal Chemistry Letters,2013,23(10):3007-3012.

[31]BIASIOTTO G,PENZA M,ZANELLA I,et al. Oilseeds ameliorate metabolic parameters in male mice,while contained lignans inhibit 3T3-L1 adipocyte differentiation in vitro[J]. European Journal of Nutrition,2014,53(8):1685-1697.

[32]BARRE D E,MIZIER-BARRE K A,STELMACH E,et al. Flaxseed lignan complex administration in older human type 2 diabetics manages central obesity and prothrombosis:an invitation to further investigation into polypharmacy reduction[J]. Journal of Nutrition and Metabolism,2012,2012:1-7.

[33]HUTCHINS A M,BROWN B D,CUNNANE S C,et al. Daily flaxseed consumption improves glycemic control in obese men and women with pre-diabetes:A randomized study[J]. Nutrition Research,2013,33(5):367-375.

[34]RHEE Y,BRUNT A. Flaxseed supplementation improved insulin resistance in obese glucose intolerant people:A randomized crossover design[J]. Nutrition Journal,2011,10(1):44.

[35]谢华,徐丹凤,陈艳秋,等.亚麻籽油对高脂诱导肥胖小鼠血糖和胰升血糖素样肽-1 分泌影响的研究[J].中国糖尿病杂志,2015(4):356-359.

[36]鲜瑶,张雷,廖侠,等.亚麻籽粉调节妊娠期糖尿病患者血糖血脂的临床研究[J].中国妇幼健康研究,2018,29(6):721-726.

[37]李培培,黄庆德,许继取,等.部分脱脂亚麻籽粉对高脂高糖饮食大鼠血糖的影响[J].食品科学,2018,39(21):183-188.

[38]杨野全,张桂英,刘雅娟,等.亚麻籽油对糖尿病大鼠辅助降血糖功能的研究[J].安徽农业科学,2015,43

(9):22-23,45.

[39]李小凤.亚麻籽多糖的分离纯化、结构鉴定及其免疫调节活性和抗乙肝病毒活性分析[D].广州:暨南大学,2016.

[40]LI M,CHEN L Q,QIN J G,et al. Growth performance,antioxidant status and immune response in dark-barbel catfish Pelteobagrus vachelli fed different PU-FA /vitamin E dietary levels and exposed to high or low ammonia[J]. Aquaculture,2013(406/407):18-27.

[41]段雨劼,胡余明,姚松银,等.枸杞籽油和亚麻籽油混合物对小鼠增强免疫功能的影响[J].中国食品卫生杂志,2016,28(6):743-746.

[42]于志红,张密利,王伟,等.亚麻木脂素对小鼠淋巴细胞、巨噬细胞、IL-2免疫功能的影响[J].东北农业大学学报,2008(3):80-83.

[43]李晓舟,刘皙洁,王伟,等.亚麻木脂素对雏鸡血液指标及免疫机能的影响[J].东北农业大学学报,2008(1):95-98.

[44]黄庆德,刘列刚,郭萍梅,等.亚麻籽油降脂作用的实验研究[J].食品科学,2004,25(3):162-165.

[45]张劲.亚麻籽油对营养肥胖大鼠的降脂减肥作用研究[J].湖北中医药大学学报,2013,15(4):14-15.

[46]龚艳.鱼油亚麻籽油对肥胖模型大鼠降脂减肥作用研究[J].湖北中医杂志,2013,35(10):25-26.

[47]文婧,冀颐之,谢飞.亚麻籽对运动训练大鼠睾酮及相关激素含量和抗运动疲劳能力的影响[J].中国实验方剂学杂志,2015,21(12):99-103.

[48]孙晓冬,张贵彬,赵秀峰,等.亚麻籽色素和多糖抗氧化作用研究[J].中国食品添加剂,2001(3):18-21.

[49]牛丽红.亚麻籽提取物在雪花膏中的抗氧化研究[J].广州化工,2018,46(9):55-57.

[50]吴峰,王常青,石亚伟.亚麻多肽制备及其抗氧化活性分析[J].食品研究与开发,2018,39(23):112-117.

[51]丁进锋,赵凤敏,李少萍,等.亚麻籽油红外光谱分析及体外抗氧化活性研究[J].食品科技,2016,41(9):254-257.

[52]范国婷.亚麻籽木脂素的提取纯化及抗氧化性的研究[D].长春:吉林农业大学,2013.

[53]邓乾春,黄凤洪,黄庆德,等.亚麻籽油软胶囊缓解视疲劳作用[J].食品研究与开发,2011,32(1):118-122.

[54]沈楠,任旷,王艳春,等.亚麻籽木脂素对大鼠前列腺增生的抑制作用及其机制[J].吉林大学学报(医学版),2011,37(2):288-291.

[55]初秋,焦淑萍.亚麻籽多糖对大鼠缺血再灌注心肌线粒体损伤的保护作用[J].现代预防医学,2008,35(23):4695-4696.

[56]魏晓珊.亚麻籽营养品质特性的研究[D].大连:大连海洋大学,2015.

第七节　姜黄品质

一、姜黄的概述

姜黄为姜科姜黄属植物姜黄(*Curcuma longa* L.)的干燥根茎,因形似姜而颜色为黄色故称为姜黄,气香特异,味辛、苦,性温。姜黄中含有姜黄素类化合物、倍半萜类化合物、酸性多糖、挥发油和甾醇类等多种活性成分。姜黄的主要活性成分是姜黄素类化合物,包括姜黄素(curcumin,CUR)、去甲氧基姜黄素(demethoxycurcumin,DMC)和双去甲氧基姜黄素(bisdemethoxycurcumin,BDMC),3 种化合物结构上的不同使其在药理活性上也有所差异,姜黄素抗肿瘤活性最强,去甲氧基姜黄素降血脂活性最强,双去甲氧基姜黄素利胆和抑制内皮细胞生长活性最强。

近年来研究表明,姜黄具有抗癌、抗氧化、抗疲劳、保护心脑血管系统、抗炎、护肝、护肾、护脑、调节免疫等多方面药理作用。目前美国国家癌症研究所已把姜黄素列为第三代抗癌化学药物。

二、姜黄的功能

1. 预防癌症

姜黄的化学成分主要为姜黄素类和姜黄挥发油,姜黄素类主要包括姜黄素、去甲氧基姜黄素和双去甲氧基姜黄素,其中姜黄素是姜黄发挥抗肿瘤作用最重要的化学成分。姜黄素对多种肿瘤有抑制作用,如肝癌、胃癌、大肠癌、食管癌、乳腺癌、前列腺癌、皮肤癌、淋巴瘤及白血病等。姜黄素能影响肿瘤发生发展的多个环节与步骤,如诱导肿瘤细胞凋亡、抑制癌基因表达、抗肿瘤侵袭和转移以及增加肿瘤细胞对化疗的敏感性等。

Sharma 等(2001)用一种新颖的胶囊式的标准的姜黄提取物 40~220 mg /d(包含姜黄素 36~180 mg)治疗 15 例对标准化疗方案耐药的晚期结直肠癌患者,疗程 4 个月,结果发现口服姜黄提取物耐受性好,未发现剂量限制性毒性。

姜黄素能够通过调节活性氧簇介导的 Bcl-2 蛋白下调,从而诱导非小细胞肺癌的失巢凋亡现象,证实姜黄素可以抑制肿瘤的转移。Lin 等(2010)通过对 N18 细胞的 Western 印迹检测发现了姜黄素可以制止 PKC、FAK、NF-kappaB、p56 等蛋白水平来抑制 ERK1/2、MKK7、COX-2 和 ROCK1 的表达,最终抑制 MMP-2、MMP-9 的水平,从而抑制肿瘤细胞的发生、发展及肿瘤的转移。姜黄素可抑制 STAT3 的磷酸化从而对胰腺肿瘤细胞的 BIRC5 基因表达有下调作用来治疗肿瘤。Aggarwal 等(2005)研究发现了 10~20 μmol 姜黄素处理人乳腺癌 MCF-7 细胞 24~48 h,细胞阻断于 M 期,DNA 合成受到抑制,48 h 后细胞形成多个微核。Siwak 等(2005)报道了姜黄素对 8 种人恶性黑色素瘤细胞株(其中 4 种野生型,4 种 p53 突变型)有促进凋亡的作用,实验表明姜黄素诱导细胞凋亡是通过激活 Caspase-3 和 Caspase-8 来实现的,且与剂量和时间呈正相关。由于突变型恶性黑色素瘤细胞对传统的化疗有强烈的抵抗性,因此姜黄素有望成为一种新的治疗药物。

江敏华等(2010)研究观察了姜黄素在体内对人肝癌细胞株 SMMC-7721 的抗肿瘤作用。实验采用姜黄素在 SMMC-7721 肝癌细胞荷瘤裸鼠的瘤体内进行注射治疗,12 d 后处死裸鼠,摘除瘤体,称瘤重,观察肿瘤生长变化,并通过免疫组化法检测 Bcl-2、Bax、Caspase-3 等与细胞凋亡相关因子的表达。结果表明,姜黄素可抑制 SMMC-7721 细胞对裸鼠的致瘤能力,肿瘤体积较对照组显著减小($P<0.01$),质量也明显

小于对照组($P<0.01$),肿瘤生长抑制率达 47.7%,免疫组化结果显示姜黄素能明显上调与细胞凋亡相关因子 Bax 和 Caspase-3 的表达和下调 Bcl-2 和 Survivin 的表达。因此,姜黄素能抑制 SMMC-7721 细胞的体内致瘤能力。

方瑜等(2018)揭示了姜黄素治疗宫颈癌的实验效果及其作用机制。实验选取成功建立的宫颈癌 Caski 细胞移植瘤裸鼠 48 只,随机分为空白组(等量生理盐水灌胃)、顺铂组[顺铂 3mg/(g・d)]、姜黄素高剂量组[100 mg/(kg・d)]、姜黄素低剂量组[50 mg/(kg・d)],每组 12 只,连续处理 15 d 后,对比各组小鼠肿瘤体积、瘤体重量、抑瘤率,采用流式细胞仪技术检测各组小鼠肿瘤组织中 Caski 细胞周期分布情况,采用 RT-PCR 技术和 Western 印记技术检测各组小鼠瘤组织中巨噬细胞移动抑制因子(MIF)、血管内皮细胞生长因子-C(VEGF-C)、p53 mRNA 及蛋白的表达情况。结果(见表 3-7-1~表 3-7-4)显示,顺铂组、高剂量组、低剂量组的小鼠肿瘤体积、肿瘤质量均显著低于空白组($P<0.05$),顺铂组、高剂量组的小鼠肿瘤体积、肿瘤质量显著低于低剂量组($P<0.05$),顺铂组、高剂量组的抑瘤率显著高于低剂量组($P<0.05$);顺铂组、高剂量组、低剂量组的 G_1 期细胞比例低于空白组($P<0.05$);顺铂组、高剂量组的 G_1 期细胞比例低于低剂量组($P<0.05$),而 S 期及 G_2/M 期细胞比例高于低剂量组($P<0.05$);顺铂组、高剂量的 MIF、VEGF-C mRNA 表达低于低剂量组($P<0.05$),顺铂组、高剂量的 p53 mRNA 表达高于低剂量组($P<0.05$);顺铂组、高剂量组、低剂量组的 MIF、VEGF-C 蛋白低于空白组($P<0.05$);顺铂组、高剂量组的 MIF、VEGF-C 蛋白低于低剂量组($P<0.05$),而 p53 蛋白高于低剂量组($P<0.05$)。综上可得,姜黄素能有效抑制宫颈癌 Caski 细胞移植瘤裸鼠肿瘤细胞的生长,可能与下调 MIF、VEGF-C 及上调 p53 mRNA 及蛋白有关。

表 3-7-1　各组小鼠肿瘤体积、肿瘤质量、抑瘤率比较($\bar{x}\pm s$)

组别	n	肿瘤体积/mm³	肿瘤质量/g	抑瘤率/%
空白组	12	122.9±8.4	0.278±0.042	—
顺铂组	12	61.3±7.1	0.120±0.024	54.20±4.11
高剂量组	12	63.0±8.8	0.124±0.021	55.04±5.29
低剂量组	12	79.2±12.5	0.144±0.028	37.98±4.48

据方瑜等(2018)

表 3-7-2　各组小鼠肿瘤组织细胞周期分布情况($\bar{x}\pm s$)

组别	n	G_1 期	S 期	G_2/M 期
空白组	12	54.33±5.92	39.27±4.86	6.20±1.85
顺铂组	12	33.98±4.78	49.72±5.49	15.29±3.36
高剂量组	12	35.00±5.59	48.29±6.01	14.78±3.16
低剂量组	12	40.91±6.04	44.51±5.04	9.36±2.28

据方瑜等(2018)

表 3-7-3　各组小鼠肿瘤组织 MIF、VEGF-C、p53 mRNA 表达情况($\bar{x}\pm s$,$-2^{\triangle\triangle ct}$)

组别	n	MIF	VEGF-C	p53 mRNA
空白组	12	—	—	—
顺铂组	12	0.142±0.025	0.183±0.063	0.629±0.142
高剂量组	12	0.167±0.021	0.203±0.051	0.567±0.133
低剂量组	12	0.193±0.029	0.276±0.047	0.403±0.105

据方瑜等(2018)

表 3-7-4　各组小鼠肿瘤组织 MIF、VEGF-C、p53 蛋白表达情况($\bar{x} \pm s$，IOD 值)

组别	n	MIF	VEGF-C	p53
空白组	12	5.521 ± 1.298	3.712 ± 1.009	2.096 ± 0.613
顺铂组	12	2.614 ± 0.723	1.752 ± 0.094	6.187 ± 1.185
高剂量组	12	2.891 ± 0.664	1.968 ± 0.069	5.582 ± 0.985
低剂量组	12	3.428 ± 0.869	2.461 ± 0.080	3.984 ± 0.772

据方瑜等(2018)

赵东利等(2007)研究了姜黄素对小鼠移植性肿瘤 S_{180} 的生长抑制作用，并探讨了其可能的作用机制。试验将 30 只 S_{180} 小鼠随机分为生理盐水组(空白对照组)、环磷酰胺组(阳性对照组)及姜黄素组。观察：①各组抑瘤率；②各组小鼠胸腺及脾脏指数；③光镜下各组小鼠瘤细胞生长及病理形态变化情况；④各组凋亡细胞积分及凋亡细胞形态。结果(见表 3-7-5～表 3-7-8)显示：①姜黄素组的抑瘤率为 68.32%，阳性对照组的抑瘤率为 70.43%，与空白对照组比较，两组的抑瘤率均明显升高($P < 0.01$)；②姜黄素组小鼠的胸腺指数与空白对照组比较无明显降低($P > 0.05$)，但阳性对照组与其他两组比较明显降低($P < 0.05$)，三组小鼠脾脏指数无显著性差异($P > 0.05$)；③光镜下姜黄素组和阳性对照组瘤细胞生长、浸润程度、核分裂、血管数目较空白对照组明显减少($P < 0.05$)，而坏死程度、脾小体数及巨核细胞数较空白对照组明显增多($P < 0.05$)；④甲基绿-派洛宁染色结果显示姜黄素组的凋亡细胞积分明显高于其他两组($P < 0.05$)，电镜观察姜黄素组瘤细胞较其他两组异染色质增多，核膜不完整，线粒体肿胀，核染色质溶解，有的形成凋亡小体。综合体内动物试验及形态学观察结果表明姜黄素能有效抑制体内 S_{180} 小鼠肿瘤细胞的生长，诱导肿瘤细胞的凋亡，而对免疫器官胸腺则无影响。

表 3-7-5　姜黄素对 S_{180} 小鼠的抑瘤作用($\bar{x} \pm s$)

组别	数量	体重/g		瘤重/g
		试验前	试验后	
空白组	10	20.61 ± 0.95	30.18 ± 4.41	1.61 ± 0.83
阳性组	10	20.53 ± 0.87	31.10 ± 3.17	$0.47 \pm 0.36^*$
姜黄组	10	20.14 ± 1.01	31.25 ± 2.62	$0.51 \pm 0.32^*$

注：与空白对照组相比较，$^*P < 0.01$。

据赵东利等(2007)

表 3-7-6　姜黄素对 S_{180} 小鼠的脾脏、胸腺器官的影响($\bar{x} \pm s$)

组别	数量	胸腺指数	脾脏指数
空白组	10	4.64 ± 1.48	9.644 ± 1.58
阳性组	10	$3.62 \pm 2.26^*$	7.892 ± 2.83
姜黄组	10	4.28 ± 1.80	9.811 ± 2.05

注：与空白对照组和姜黄组相比较，$^*P < 0.05$。

据赵东利等(2007)

表 3-7-7　各组瘤细胞病理形态学观察的积分结果($\bar{x} \pm s$)

组别	细胞生长	渗透程度	核分裂	BV 数	坏死程度	特异性红细胞	细胞核
空白组	2.91 ± 0.78	3.65 ± 0.73	6.57 ± 2.68	17.68 ± 11.79	2.14 ± 0.60	5.61 ± 2.91	9.81 ± 3.91
阳性组	$1.5 \pm 0.52^{**}$	$2.61 \pm 0.70^{**}$	$3.04 \pm 2.17^*$	$4.93 \pm 5.61^*$	$3.24 \pm 0.57^*$	5.33 ± 1.96	$6.87 \pm 3.58^*$
姜黄组	$1.6 \pm 0.70^{**}$	$2.23 \pm 0.79^{**}$	$3.71 \pm 3.21^*$	$4.75 \pm 3.42^*$	2.65 ± 1.00	6.20 ± 2.08	10.40 ± 3.64

注：与空白对照组相比较，$^*P < 0.05$，$^{**}P < 0.01$。

据赵东利等(2007)

表 3-7-8　甲基绿-派洛宁染色镜检凋亡细胞积分结果($\bar{x}\pm s$)

组别	数量	凋亡细胞指数
空白组	10	1.87±0.87
阳性组	10	2.15±1.05*
姜黄组	10	6.66±2.14**

注:与空白对照组相比较,* $P<0.05$,** $P<0.01$。

据赵东利等(2007)

余健华(2007)研究了姜黄素对人低分化鼻咽癌细胞系亚克隆株 CNE-2Z-H5 裸鼠移植瘤生长和增殖的影响。实验复制人低分化鼻咽癌细胞系亚克隆株 CNE-2Z-H5 裸鼠移植瘤模型,观察姜黄素对移植瘤生长的影响。结果(见表 3-7-9、表 3-7-10)表明,裸鼠体内实验显示姜黄素可以抑制移植瘤的生长。不同浓度姜黄素组移植瘤瘤重与溶剂对照组比较有降低趋势,高剂量组降低更明显,差异有极显著性($P<0.001$),抑瘤率达 59.75%。提示姜黄素可以抑制 CNE-2Z-H5 细胞裸鼠移植瘤的生长,其可能在鼻咽癌的治疗中具有一定的价值,值得进一步深入研究。

表 3-7-9　姜黄素对 CNE-2Z-H5 裸鼠移植瘤近似体积增长的影响($\bar{x}\pm s$)　　　　单位:cm³

时间/d	溶剂对照组(0 mg/kg)	低剂量组(25 mg/kg)	高剂量组(50 mg/kg)
3	0.005 6±0.005 6	0.003 9±0.006 6	0.000 0±0.000 0
7	0.046 1±0.028 0	0.034 8±0.032 1	0.014 3±0.008 3
11	0.299 8±0.179 6	0.180 8±0.159 1	0.122 0±0.186 2
15	0.970 3±0.665 1	0.358 8±0.297 2	0.342 5±0.392 3
19	1.765 4±0.691 0	0.761 7±0.391 2	0.693 8±0.679 7
23	2.449 2±1.061 4	1.387 6±0.423 9	1.143 5±1.039 2
27	3.764 9±1.820 7	1.814 9±0.487 3	1.529 4±1.280 7
31	4.536 8±1.905 8	2.289 6±0.454 4	1.760 3±1.699 1
35	6.077 9±2.740 0	2.455 8±0.510 4	1.865 3±1.676 0
39	6.976 4±3.008 3	2.464 6±0.616 9	1.735 9±1.478 7

注:F 检验:从第 15 天开始,同一时间点各组移植瘤近似体积比较,差异均有显著性($P<0.05$),F 值分别为 3.886、7.287、4.040、5.955、6.930、10.067、13.892。

据余健华(2007)

表 3-7-10　姜黄素对 CNE- 2Z- H5 裸鼠移植瘤瘤重的影响(g,$\bar{x}\pm s$)

姜黄素/(mg/kg)	例数/只	平均瘤重/g	抑瘤率/%
0	8	4.97±1.10	—
25	6*	3.67±0.52	26.19
50	6*	2.02±0.39	59.75

注:F 检验:各组移植瘤平均瘤重比较,差异有极显著性($P<0.01$),F 值为 25.557。* 两组用药组分别有两只裸鼠在处死前一周因意外情况死亡。

据余健华(2007)

李宁等(2002)研究了姜黄素和茶对二甲基苯并蒽(DMBA)诱发口腔癌的预防作用。实验将 130 只雄性金黄色地鼠随机抽取 10 只作为阴性对照组 A 组,其余的以 0.5% 二甲基苯并蒽(DMBA)涂于地鼠左侧颊囊共 6 周,每周 3 次。在最后一次涂 DMBA 后,处死 8 只地鼠,其余地鼠随机分为 B、C、D 和 E 共 4 组,每组各 28 只动物。B 组为阳性对照组,不另做任何处理;C 组为绿茶组,给地鼠饮 0.6% 的绿茶粉水;D 组为姜黄素组,涂抹姜黄素 10 μmol 于左侧颊囊,每周 3 次;E 组为绿茶和姜黄素联合组,同时用茶和姜黄素处理 18 周。结果(见表 3-7-11、表 3-7-12)表明,茶与姜黄素二者联合处理显著降低了口腔肿瘤发病率和癌发病率,肉眼肿瘤数目和体积、鳞癌和异常增生及乳头状瘤数目也分别显著降低。绿茶和姜黄素单独处理也分别降低了肿瘤数目、肿瘤体积和鳞癌数目。此外,绿茶还降低了异常增生数目,姜黄素降低了鳞癌发病率。茶与姜黄素单独或联合处理均抑制了单纯增生、异常增生和乳头状瘤病损的 BrdU 增殖指数,茶单独或与姜黄素联合增加了异常增生和鳞癌病损的凋亡指数,姜黄素单独或与茶联合抑制了乳头状瘤和鳞癌病损的新生血管形成。综上可得,茶与姜黄素对 DMBA 诱发的地鼠口腔癌在启动后阶段均有预防作用,其机制与抑制细胞增殖、诱导细胞凋亡和抑制细胞新生血管形成有关。

表 3-7-11　茶与姜黄素对 DMBA 诱发的地鼠口腔癌肉眼肿瘤的效果

组别	处理方法	小鼠数量	肿瘤发生率/%	肿瘤数目	肿瘤体积/mm³
A	阴性对照组	10	—	—	—
B	阳性对照组	26	92.3	$2.42\pm1.55^{(2)}$	99.71 ± 107.90
C	绿茶组	27	81.4	$1.57\pm1.04^{(3)}$	$42.51\pm37.05^{(4)}$
D	姜黄素组	26	76.9	$1.46\pm1.04^{(3)}$	$38.49\pm46.39^{(4)}$
E	绿茶和姜黄素联合组	26	$69.2^{(1)}$	$1.15\pm1.02^{(3)}$	$30.11\pm41.03^{(4)}$

注:[1] 基于卡方检验,与 B 组相比较有统计学意义,显示差异($P<0.05$),[2][3] 基于方差分析和邓恩多重检验,每列上标不同的数值表现为差异显著($P<0.05$),[4] 与 B 组比较,差异有统计学意义($P<0.05$)。

据李宁等(2002)

表 3-7-12　茶与姜黄素对 DMBA 诱发的地鼠口腔病理变化的抑制效果

组别	处理方法	小鼠数量	增生的数量	异型增生的数量	乳头状瘤		癌	
					数量	发病率/%	数量	发病率/%
A	阴性对照组	10	—	—	—	—	—	—
B	阳性对照组	26	5.80 ± 2.57	$1.84\pm1.02^{(2)}$	$1.19\pm0.83^{(2)}$	80.7	$1.50\pm1.18^{(2)}$	76.9
C	绿茶组	27	6.63 ± 2.39	$1.26\pm0.92^{(3)}$	$0.96\pm0.69^{(3)}$	74.1	$0.70\pm0.70^{(3)}$	55.5
D	姜黄素组	26	5.19 ± 2.32	$1.69\pm1.35^{(2)(3)}$	$0.84\pm0.53^{(2)(3)}$	76.9	$0.73\pm0.80^{(3)}$	$50.0^{(1)}$
E	绿茶和姜黄素联合组	26	6.11 ± 3.11	$1.15\pm0.76^{(3)}$	$0.61\pm0.48^{(3)}$	69.2	$0.57\pm0.79^{(3)}$	$42.3^{(1)}$

注:[1] 基于卡方检验,与 B 组相比较有统计学意义,显示差异($P<0.05$),[2][3] 基于方差分析和邓恩多重检验,每列上标不同的数值表现为差异显著($P<0.05$)。

据李宁等(2002)

崔淑香等(2002)研究表明姜黄素具有明显的抗肿瘤作用。实验采用药物直接与肿瘤细胞接触,检测细胞存活率;体内实验以口服给药观察该药对几种小鼠移植性肿瘤的抑瘤作用。结果(见表 3-7-13、表 3-7-14)显示,姜黄素对肿瘤细胞具有细胞毒作用,对人白血病细胞 HL60、人红白血病细胞 K562、人胃腺癌细胞 SGC7901、人肝癌细胞 Bel7402 的半抑制浓度(IC_{50})分别为 $0.56\sim4.15$ μg/mL;小(150 mg/kg)、大(300 mg/kg)剂量给药对小鼠 S_{180} 肉瘤、艾氏(EAC)实体瘤的抑瘤率分别为分别 26.1%~35.7%、23.3%~30.1%;43.6%~49.1%、36.6%~41.0%。因此可知,姜黄素具有明显的抗肿瘤作用。

表 3-7-13　姜黄素对小鼠 S_{180} 肉瘤的抑制作用

实验批次	组别	剂量/(mg/kg)	给药次数	动物数/只	体重/g 开始	体重/g 结束	瘤重($\bar{x} \pm s$)/g	抑瘤率/%
1	对照组	0	10	16	19.4	21.9	1.81±0.64	—
	FT-207 组	140	10	10	19.4	18.5	0.90±0.29**	50.3
	大剂量组	300	10	10	19.4	20.0	1.02±0.56**	43.6
	小剂量组	150	10	10	19.4	20.0	1.34±0.41*	26.1
2	对照组	0	10	16	20	22.5	1.71±0.59	—
	FT-207 组	140	10	10	20	20.0	0.75±0.23**	56.1
	大剂量组	300	10	10	20	21.0	0.87±0.30**	49.1
	小剂量组	150	10	10	20	21.0	1.10±0.37**	35.7

注：与对照组相比较* $P<0.05$，** $P<0.01$。FT-207 为 5-呋喃氟尿嘧啶，作为阳性对照品。

据崔淑香等(2002)

表 3-7-14　姜黄素对小鼠 EAC 实体瘤的抑制作用

试验批次	组别	剂量/mg/kg	给药次数	动物数/只	体重/g 开始	体重/g 结束	瘤重/(g,$\bar{x} \pm s$)	抑瘤率/%
1	对照组	0	10	14	20.0	22.1	1.56±0.57	—
	FT-207 组	140	10	10	20.0	18.9	0.86±0.23**	44.9
	大剂量组	300	10	10	20.0	20.0	0.92±0.31**	41.0
	小剂量组	150	10	10	20.0	20.5	1.09±0.30*	30.1
2	对照组	0	10	18	18.5	21.5	1.72±0.61	—
	FT-207 组	140	10	10	18.5	18.5	0.53±0.33**	69.2
	大剂量组	300	10	10	18.5	20.5	1.09±0.42**	36.6
	小剂量组	150	10	10	18.5	21.5	1.32±0.40*	23.3

注：vs 对照组* $P<0.05$，** $P<0.01$。FT-207 为 5-呋喃氟尿嘧啶，作为阳性对照品。

据崔淑香等(2002)

姜黄素存在水溶性差、口服吸收差、生物利用度低等缺点，其临床应用受到了限制。因此，一些研究人员尝试合成了一系列的姜黄素衍生物并对其抗肿瘤活性进行了研究。

李雪倩等(2015)探讨了姜黄素衍生物 64PH(64PH 由川芎嗪与姜黄素经 N-溴代丁二酰亚胺通过反应连接合成所得)的体内外抗肿瘤活性。实验将接种肿瘤细胞后的小鼠随机分为四组，阴性对照组 12 只、64PH 高剂量组 10 只[300 mL/(kg·d)]、64PH 低剂量组 10 只[100 mL/(kg·d)]、阳性对照组 12 只。小鼠连续给药 10 d，末次给药后次日颈椎脱臼处死，解剖剥离瘤体，称重，计算抑瘤率。采用 MTT 法检测 64PH 对小鼠 B16 黑色素瘤细胞及人 HepG2 肝癌细胞的体外增殖抑制作用；采用小鼠移植性肿瘤 H_{22} 观察 64PH 的体内抑瘤活性，HE 染色观察肿瘤血管新生。结果(见表 3-7-15、表 3-7-16)显示：64PH 对 B16 的半抑制浓度(IC_{50})分别为 10.30 $\mu g/mL$(24 h)、3.12 $\mu g/mL$(48 h)、2.67 $\mu g/mL$(72 h)，对 HepG2 的 IC_{50} 分别为 5.60 $\mu g/mL$(24 h)、7.60 $\mu g/mL$(48 h)、5.92 $\mu g/mL$(72 h)；低剂量(100 mg/kg)、高剂量(300 mg/kg)64PH 对小鼠 H_{22} 的抑瘤率分别为 26.1%、33.0%，且可明显抑制小鼠 H_{22} 肿瘤的血管生成。因此可知，64PH 在体内外均具有较好的抗肿瘤活性。

表 3-7-15　64PH 对小鼠移植 H22 实体瘤的治疗作用($\bar{x}\pm s$)

组别	剂量/(mg/kg)	n	瘤重/g	抑瘤率/%
模型组	—	12	1.15±0.55	—
64PH 低剂量组	100	10	0.85±0.30[a]	26.1
64PH 高剂量组	300	10	0.77±0.25[a]	33.0
环磷酰胺组	30	12	0.28±0.34[b]	51.3

注:与模型组比较,[a]$P<0.05$,[b]$P<0.01$。
据李雪倩等(2015)

表 3-7-16　64PH 对小鼠移植 H_{22} 实体瘤的血管新生的影响($\bar{x}\pm s$)

组别	剂量/(mg/kg)	n	微血管密度/视野
模型组	—	12	25.67±5.68
64PH 低剂量组	100	10	11.67±3.14[b]
64PH 高剂量组	300	10	9.67±1.37[b]
环磷酰胺组	30	12	0.13±0.00[b]

注:与模型组比较,[b]$P<0.01$。
据李雪倩等(2015)

王晓露等(2011)研究了姜黄素衍生物 FM0807 的抗肿瘤活性。实验采用 MTT 法检测 FM0807 对多种肿瘤细胞生长的抑制作用,并计算其半抑制浓度(IC_{50})。建立 S_{180} 小鼠移植肿瘤模型并进行体内试验,将接种后按体质量随机分组,尾静脉给药途径:设阴性对照组(给予等量生理盐水)、阳性对照组(给予环磷酰胺 30 mg/kg,每 3 天 1 次)、FM0807 组[50 mg/(kg·d)、100 mg/(kg·d)和 200 mg/(kg·d)三组](FM0807 用泊洛沙姆制备成固体分散剂待用);口服给药途径:设阴性对照组(给予等量生理盐水)、阳性对照组(给予环磷酰胺 30 mg/kg,每 3 天 1 次)、FM0807 组[100 mg/(kg·d)、200 mg/(kg·d)和 400 mg/(kg·d)三组](FM0807 用泊洛沙姆制备成固体分散剂待用)、Cur 组(与 FM0807 最高剂量等摩尔浓度);接种次日开始给药,每天 1 次。停药 24 h 后颈椎脱臼法处死剥瘤,称重并计算抑瘤率。观察尾静脉和口服两种途径给予 FM0807 后体内抗肿瘤效果。结果体外抗肿瘤研究表明,FM0807 对 CA46、HELA、SGC7901、SMMC7721、SW1116 等多种人肿瘤细胞均有生长抑制作用,IC_{50} 分别为 9.20 μmol/L、20.80 μmol/L、22.90 μmol/L、37.54 μmol/L、44.73 μmol/L。体内抗肿瘤研究结果(见表 3-7-17、表 3-7-18)表明,FM0807 对 S_{180} 小鼠移植性肿瘤有明显的抑制作用;200 mg/(kg·d)口服给药,抑瘤率 32.17%;尾静脉给药,抑瘤率达 56.5%。由此可知,FM0807 体内外均有较强抗肿瘤作用。

表 3-7-17　FM0807 尾静脉给药对小鼠移植性肉瘤 S_{180} 的抑制作用

组别	体重/($g,\bar{x}\pm s$)		瘤重/($g,\bar{x}\pm s$)	抑瘤率/%
	开始	结束		
阴性对照组	19.60±1.93	30.62±2.56	1.57±0.40	0.00
阳性对照组	20.88±1.55	28.36±3.19	0.65±0.33	58.89
FM0807 400	20.50±2.50	29.28±2.78	0.69±0.28*	56.48
FM0807 200	19.07±2.85	28.38±3.33	1.01±0.42*	35.71
FM0807 100	19.15±2.57	31.95±3.49	1.31±0.26	17.09

注:阳性对照组:第 1、4、7 天给药;* 与阴性对照组比较,$P<0.05$。
据王晓露等(2011)

表 3-7-18　FM0807 口服给药对小鼠移植性肉瘤 S_{180} 的抑制作用

组别	体重/$(g, \bar{x} \pm s)$		瘤重/$(g, \bar{x} \pm s)$	抑瘤率/%
	开始	结束		
阴性对照组	23.42±1.81	26.63±4.20	1.20±0.22	0.00
阳性对照组	23.31±1.61	26.20±2.64	0.59±0.13	50.92
Cur	22.27±1.05	26.73±2.85	1.14±0.47	4.92
FM0807 400	23.03±2.16	28.33±3.45	0.97±0.34*	18.92
FM0807 200	23.40±1.74	28.02±4.32	0.81±0.33*△	32.17
FM0807 100	22.69±1.49	23.64±2.04	1.16±0.51	3.58

注:阳性对照组:第 1、4 天给药;* 与阴性对照组比较,$P<0.05$;△ 与 Cur 组比较,$P<0.05$。
据王晓露等(2011)

王力强等(2013)采用乙醇注入法制备了水溶性的脂质体姜黄素,研究了其抗肿瘤和抗血管生成的作用。实验采用 MTT 法检测脂质体姜黄素对小鼠肺癌细胞 LL/2 的抑制作用,流式细胞术检测脂质体姜黄素对细胞周期和细胞凋亡的影响;建立小鼠 Lewis 肺癌模型,将接种小鼠随机分为两组,每组 6 只。实验组用脂质体姜黄素 200 μL(10 mg/kg)静脉给药,每天给药 1 次,共 2 周;对照组注射等量的生理盐水,检测脂质体姜黄素的抗肿瘤作用;采用藻酸盐实验检测脂质体姜黄素的抗血管生成作用,实验将 16 只 6 周龄雌性 C57BL/6J 小鼠麻醉后在背部皮下植入 4 粒藻酸盐包裹颗粒,随机分为两组,实验组每只小鼠用脂质体姜黄素 200 μL(10 mg/kg)每天 1 次静脉给药,对照组注射等量的生理盐水作为对照。14 d 以后,每组各取 3 只小鼠,小心剥离背部皮肤,暴露藻酸盐微球,于解剖显微镜下观察微球表面血管生成情况。结果:在体外,5 μg/mL、10 μg/mL 和 20 μg/mL 浓度组的细胞凋亡率与对照组相比,差异无统计学意义($P>0.05$),40 μg/mL 浓度组细胞凋亡率高于其余各组,差异均有统计学意义($P<0.05$),则脂质体姜黄素可以抑制小鼠肺癌细胞 LL/2 的增殖,阻滞细胞周期,并引起细胞凋亡(见表 3-7-19);在体内,与对照组相比,脂质体姜黄素治疗抑制了肿瘤的生长。在接种后第 13 天、第 16 天、第 19 天,实验组和对照组间肿瘤体积的差异均有统计学意义($P<0.05$),脂质体姜黄素抑制了小鼠 Lewis 肿瘤的生长;在藻酸盐实验中,与对照组相比,实验组的血管生成明显减少。通过 FITC-dextran 定量分析得出对照组 FITC-dextran 摄入量[(8.1±0.4) μg]与实验组[(3.2±0.3) μg]的差异具有统计学意义($P<0.05$),验证了脂质体姜黄素能抑制肿瘤内的血管生成。由此可知,脂质体姜黄素能抑制 LL/2 细胞的增殖并诱导细胞凋亡,通过静脉给药能有效抑制 Lewis 肺癌在小鼠体内的生长。

表 3-7-19　不同浓度脂质体姜黄素作用 48 h 后对 LL/2 细胞存活率和凋亡率的影响

组别	存活率/(%,n=12)	细胞凋亡率/(%,n=3)
对照组	100	2.1±0.7
5 μg/mL	95.45±8.23	1.3±0.6
10 μg/mL	92.25±5.34	1.2±0.2
20 μg/mL	77.58±4.85*	3.3±1.1
40 μg/mL	64.97±6.82*·#	11.6±1.6△

注:与对照组比较,* $P<0.05$;与 20 μg/mL 组比较,# $P<0.05$;与其他组比较,△ $P<0.05$。
据王力强等(2013)

梅雪婷等(2012)采用了专利技术药用辅料聚乙烯吡咯烷酮-K30(PVP-K30)制备姜黄素固体分散体,提高水溶性 870 倍,增强其生物利用度。实验评价了姜黄素固体分散体抗肿瘤的药理学作用,并开展了姜黄素固体分散体对多种肿瘤细胞 S_{180}、艾氏腹水瘤、BEL-7402、SCG-7901 进行细胞学及整体动物学抗肿瘤评价,以及与抗肿瘤药物顺铂联合使用的药效评价。实验将同质量的聚乙烯吡咯烷酮-K30(PVP-K30)和顺铂用含有胎牛血清的 RPMI-1640 和 DMEM 培养液稀释到需要的浓度,分别作为空白对照、阳性对照;将接种小鼠随机分成 5 组,每组 12 只,分别为模型组(每天灌胃给予制剂辅料 PVP 640 mg/kg),姜黄素固体分散体制剂低、中、高剂量组(分别每天口服给予含姜黄素 20 mg/kg、40 mg/kg、80 mg/kg 的制剂),以及阳性对照(顺铂)组(每周注射顺铂 5 mg/kg),连续给药 2 周。末次给药后 10 h 断椎处死,解剖称瘤质量,取胸腺和脾脏,计算脏器指数及抑瘤率。结果表明,与空白对照组相比,姜黄素固体分散体对 SCG-7901 人胃癌、BEL-7402 人肝癌的生长具有作用明显的抑制作用($P<0.01$),与顺铂药物联合使用,能够显著提高抗肿瘤的效果,与单用顺铂组相比差异显著($P<0.01$);与模型组比较结果显示,口服中药姜黄素固体分散体对 S_{180} 实体瘤、艾氏腹水癌移植瘤、BEL-7402 人肝癌实体瘤、SCG-7901 人胃黏液腺癌裸鼠肿瘤的生长具有明显的抑制作用(见表 3-7-20~表 3-7-23),同时,能够提高荷瘤小鼠的免疫功能。综上可知,姜黄素固体分散体对多种肿瘤具有明显的抗肿瘤效果,同时能够提高顺铂抗肿瘤药物的疗效,可作为肿瘤患者的辅助用药。

表 3-7-20　姜黄素固体分散体对 S-180 实体瘤的抑制作用($\bar{x}\pm s,n=12$)

组别	剂量/(mg/kg)	脾脏指数/(mg/10 g)	胸腺指数/(mg/10 g)	瘤质量/g	抑瘤率/%
模型组	—	41.52±9.39	9.75±1.38	1.93±0.42	—
姜黄素低剂量组	20	40.10±9.71	10.76±2.04	0.94±0.20***	51.3
姜黄素中剂量组	40	51.43±10.25*	13.24±1.75**	0.72±0.27***	62.7
姜黄素高剂量组	80	58.22±9.01***	15.26±3.74**	0.63±0.21***	67.4
顺铂对照组	5/周	35.49±6.49	5.89±1.31**	0.51±0.22***	73.6

注:与模型组比较,* $P<0.05$,** $P<0.01$,*** $P<0.001$。

据梅雪婷等(2012)

表 3-7-21　姜黄素固体分散体对艾氏腹水癌移植瘤的抑制作用($\bar{x}\pm s,n=12$)

组别	剂量/(mg/kg)	脾脏指数/(mg/10 g)	胸腺指数/(mg/10 g)	瘤质量/g	抑瘤率/%
模型组	—	43.25±10.13	10.46±1.29	1.84±0.37	—
姜黄素低剂量组	20	41.15±8.04	11.24±1.98	0.97±0.32***	47.3
姜黄素中剂量组	40	52.43±8.47*	14.56±1.83**	0.81±0.35***	56.0
姜黄素高剂量组	80	59.40±9.50***	16.22±2.24***	0.62±0.29***	66.3
顺铂对照组	5/week	36.33±5.28*	6.62±1.56**	0.49±0.26***	73.4

注:与模型组比较,* $P<0.05$,** $P<0.01$,*** $P<0.001$。

据梅雪婷等(2012)

表 3-7-22　姜黄素固体分散体对人肝癌实体瘤(BEL-7402)裸鼠的抑瘤作用($\bar{x}\pm s,n=12$)

组别	剂量/(mg/kg)	瘤质量/g	抑肿瘤/%
模型组	—	2.15±0.61	—
姜黄素低剂量组	20	0.94±0.43***	56.3
姜黄素中剂量组	40	0.89±0.31***	58.6
姜黄素高剂量组	80	0.74±0.33***	65.6
顺铂对照组	5/week	0.36±0.32***	83.3

注:与模型组比较,*** $P<0.001$。

据梅雪婷等(2012)

表 3-7-23　姜黄素固体分散体对胃黏液腺癌(SCG-7901)裸鼠的抑瘤作用($\bar{x}\pm s$,$n=12$)

组别	剂量/(mg/kg)	瘤质量/g	抑瘤率/%
模型组	—	1.85±0.63	—
姜黄素低剂量组	20	1.06±0.49***	42.7
姜黄素中剂量组	40	0.87±0.42***	53.0
姜黄素高剂量组	80	0.76±0.39***	58.9
顺铂对照组	5/week	0.49±0.37***	73.5

注:与模型组比较,*** $P<0.001$。

据梅雪婷等(2012)

2. 抗氧化

姜黄素是从姜科植物姜黄根茎中提取出来的一种多酚类物质。姜黄素分子中苯丙烯酰基骨架、酚羟基和甲氧基、丙烯基和 β-双酮/烯醇式结构给予了其强大的抗氧化能力,因而具有清除自由基、抑制脂质过氧化反应、增强抗氧化酶活性、抑制 LDL 的氧化损伤及减少细胞生物膜损伤等功效。

宋立敏等(2018)研究发现了姜黄素中的多酚类物质作为天然抗氧化剂,具有不同程度的还原能力,对因自由基引起的疾病有着非常显著的治疗效果。

卢婉怡(2014)研究了三种不同水平姜黄素对奥尼罗非鱼抗氧化能力的影响。对照组投喂基础日粮,实验组投喂基础日粮并分别添加 200 mg/kg、500 mg/kg 和 800 mg/kg 姜黄素的日粮。分别采集背肌、肝脏、肠道、肠系膜和血清样品,测定分析谷胱甘肽过氧化物酶(GSH-Px)、超氧化物歧化酶(SOD)活性。结果表明,添加适量的姜黄素提高了罗非鱼肌肉、肝脏和血清的 GSH-Px 和 SOD 的活性。

张卫国等(2010)研究姜黄素固体分散体对 2 型糖尿病大鼠氧化应激的影响。以聚乙烯吡咯烷酮(PVP)为载体制备姜黄素固体分散体。大鼠腹腔注射小剂量链脲佐菌素(STZ)建立 2 型糖尿病模型,随机分成糖尿病模型(MD)组、聚乙烯吡咯烷酮(PVP)组、姜黄素(CU)组、姜黄素固体分散体低剂量(LSD)组、姜黄素固体分散体高剂量(HSD)组。大鼠给药 6 周后,测定血清及肾脏组织中超氧化物歧化酶(SOD)、谷胱甘肽过氧化物酶(GSH-Px)的活力和丙二醛(MDA)的含量。结果(见表 3-7-24、表 3-7-25)表明:与正常对照组比较,糖尿病模型组大鼠 SOD、GSH-Px 活力显著降低,氧化应激增强;与糖尿病模型组比较,姜黄素固体分散体组 SOD、GSH-Px 活力显著提高,MDA 含量显著降低。提示姜黄素固体分散体可显著提高糖尿病大鼠的抗氧化能力,抑制氧化应激。

表 3-7-24　对小鼠血清中 SOD、GSH-Px 活性和 MDA 水平的影响($\bar{x}\pm s$)

分组	n	剂量/(mg/kg)	SOD/(kU/L)	GSH-Px/(kU/L)	MDA/(μmol/L)
对照组	8	0	277.15±21.83	181.01±10.22	5.98±1.02
MD	9	0	175.50±22.16[1]	134.68±9.88[1]	16.14±3.68[1]
MD+PVP	8	320	190.81±24.32	130.15±9.26	17.10±2.88
MD+CU	8	50	210.18±21.65[2]	142.78±9.07[2]	10.82±2.42[2]
MD+LSD	8	50	230.92±30.21[2]	151.55±11.44[2]	8.81±3.50[2,4]
MD+HSD	8	100	251.36±31.05[3,4]	167.71±11.87[3,4]	6.52±2.48[3,4]

注:与空白组比较,[1] $P<0.01$;与 MD 组比较,[2] $P<0.05$,[3] $P<0.01$;与 CU 组比较,[4] $P<0.05$。

据张卫国等(2010)

表 3-7-25　对大鼠肾组织中 SOD、GSH-Px 活性和 MDA 水平的影响($\bar{x}\pm s$)

分组	n	剂量/(mg/kg)	SOD/(kU/L)	GSH-Px/(kU/L)	MDA/(μmol/L)
对照组	8	0	168.23±10.33	16.25±0.80	2.18±0.80
MD	9	0	89.75±8.52[1]	6.88±1.42[1]	5.82±0.71[1]
MD+PVP	8	320	85.62±7.34	8.12±2.00	5.68±0.60
MD+CU	8	50	111.08±9.73	9.33±2.05[2]	4.46±0.89[3]
MD+LSD	8	50	121.66±10.05	11.07±2.80[3)4]	4.08±0.79[2)4]
MD+HSD	8	100	138.85±10.86[3)4]	13.52±2.98[3)4]	3.64±0.62[2)4]

注：与空白组比较，[1] $P<0.01$；与 MD 组比较，[2] $P<0.01$，[3] $P<0.05$；与 CU 组比较，[4] $P<0.05$。

据张卫国等(2010)

胡春生等(2007)研究了姜黄素对人体的抗氧化作用。按照《保健食品检验与评价技术规范》(2003 年版)中抗氧化功能人体试食试验检验方法，采用自身和组间两种对照设计方法，将符合纳入标准并保证配合试验的 106 例志愿受试者随机分为以姜黄素为功效成分的某胶囊试食组和安慰剂对照组，158 d 后进行相关安全性指标及功效指标测定。结果(见表 3-7-26)表明：试食前后各项安全性指标均在正常范围内，且未发现明显不良反应。试食后试食组血清 SOD、GSH-Px 活性分别较试验前提高 5.50％、6.95％，血清 MDA 降低 1.07％。试食组试验后血清 SOD 活性与试验前及对照组试验后比较，差异均有非常显著的统计学意义($P<0.01$)。提示姜黄素对人体安全且具有抗氧化作用。

表 3-7-26　试食前后血清 MDA 含量及 SOD、GSH-Px 活性比较($\bar{x}\pm s$)

组别		MDA/(nmol/mL)	SOD/(NU/mL)	GSH-Px(活力单位)
对照组($n=50$)	试食前	3.75±0.89	133.01±10.63	123.56±22.20
	试食后	3.74±1.02	134.90±8.84	126.84±26.13
试食组($n=51$)	试食前	3.73±0.92	133.36±8.84	124.95±23.26
	试食后	3.69±1.04	140.69±6.32[*#]	133.64±30.76

注：与自身试食前比较[*] $P<0.01$，与对照组试食后比较[#] $P<0.01$。

据胡春生等(2007)

胡忠泽等(2004)研究了姜黄素对小鼠抗氧化酶活性及 NO 含量的影响。选取 60 只小鼠随机分成 4 组。A 组为对照组，饲喂基础饲料；B、C、D 组分别在基础饲料中添加 0.02％、0.04％、0.06％的姜黄素。正常饲养 15 d 后，测定小鼠血清、肝脏、心脏、脑组织中超氧化物歧化酶(SOD)、过氧化氢酶(CAT)的活性及丙二醛(MDA)、一氧化氮(NO)的含量。结果(见表 3-7-27~表 3-7-30)表明，小鼠采食添加姜黄素的饲料后，体内抗氧化酶 SOD、CAT 活性升高，MDA、NO 含量下降。从而得出结论，姜黄素是一种有效的自由基清除剂，能清除自由基对机体的毒害作用，具有较强的抗脂质过氧化作用，姜黄素能抑制自由基生成。

表 3-7-27　姜黄素对小鼠血清中 SOD、CAT 活性及 NO 含量的影响

组别	SOD/(U/mL)	CAT/(U/mL)	NO/(μmol/L)
A	205.03±78.91[a]	19.35±4.25	10.59±7.20[a]
B	309.64±89.21[bc]	19.77±0.77	6.78±6.10[ac]
C	306.74±66.62[bc]	20.30±1.84	5.82±5.07[bc]
D	268.73±53.56[ac]	25.59±3.79	5.18±5.95[bc]

注：同一列中相邻字母表示 $P<0.05$；非相邻字母表示 $P<0.01$。

据胡忠泽等(2004)

表 3-7-28 姜黄素对小鼠肝脏中 SOD、CAT 活性及 NO、MDA 含量的影响

组别	SOD/(U/mg prot)	CAT/(U/mg prot)	NO/(μmol/g prot)	MDA/(nmol/mg prot)
A	278.70±49.30	0.30±0.098[a]	2.26±0.59[a]	84.33±14.13
B	280.54±57.74	0.36±0.137[a]	1.84±0.67[ac]	74.30±10.62
C	295.60±54.03	0.55±0.092[bc]	1.56±0.37[bc]	64.07±11.47
D	304.28±39.56	0.38±0.098[ac]	1.45±0.57[bc]	57.85±11.90

注:同一列中相邻字母表示 $P<0.05$;非相邻字母表示 $P<0.01$。
据胡忠泽等(2004)

表 3-7-29 姜黄素对小鼠心脏中 SOD、CAT 活性及 MDA 含量的影响

组别	SOD/(U/mg prot)	CAT/(U/mg prot)	MDA/(nmol/mg prot)
A	174.91±64.54[a]	0.39±0.03[a]	137.67±19.85
B	223.60±62.73[ac]	0.54±0.23[ac]	133.73±14.86
C	260.31±63.54[bc]	0.65±0.08[c]	114.31±5.34
D	348.48±65.59[c]	0.76±0.04[c]	112.92±11.30

注:同一列中相邻字母表示 $P<0.05$;非相邻字母表示 $P<0.01$。
据胡忠泽等(2004)

表 3-7-30 姜黄素对小鼠脑中 SOD、CAT 活性及 MDA 含量的影响

组别	SOD/(U/mg prot)	CAT/(U/mg prot)	MDA/(nmol/mg prot)
A	161.69±31.91[a]	0.09±0.02	136.88±15.91[a]
B	162.73±10.76[ac]	0.11±0.03	106.96±15.20[ac]
C	182.23±20.43[bc]	0.11±0.02	111.44±12.21[ac]
D	197.56±24.49[bc]	0.12±0.02	94.84±16.57[bc]

注:同一列中相邻字母表示 $P<0.05$;非相邻字母表示 $P<0.01$。
据胡忠泽等(2004)

3. 抗疲劳

运动训练时,肌肉适应主要是以线粒体调节为主,且训练有提升骨骼肌代谢的潜力,包括增加线粒体生物合成和葡萄糖转运蛋白的表达。有研究表明运动训练结合口服姜黄素产生的叠加效应可增加环磷酸腺苷(cAMP)、肝激酶 B_1 含量和结合蛋白 CREB 的磷酸化活性,以参与线粒体生物合成的调节,提高运动能力,延缓疲劳的发生。杨栋等(2019)观察了姜黄素对过度训练大鼠骨骼肌 p38 MAPK 磷酸化及氧化应激的影响,探讨了姜黄素对骨骼肌损伤的保护作用及机制。以负荷游泳训练的方法创建大强度耐力训练的大鼠模型,空白对照组(CG)、有氧训练组(ATG)、过度训练组(OG)、过度训练＋姜黄素干预组(OCG),每组 10 只。训练时,每组大鼠自由摄食和饮水,OCG 组每天以 100 mg/kg 姜黄素灌胃 1 次,其他组予以相应体积的生理盐水灌胃作为对照。经 42 d 负荷游泳训练后,检测各组大鼠骨骼肌组织中 p38 MAPK mRNA 和蛋白的表达、超氧化物歧化酶(SOD)的活性、丙二醛(MDA)含量,并检测血清肌酸激酶(CK)活性和乳酸脱氢酶(LDH)活性。结果(见表 3-7-31)显示:①与对照组比较,过度训练使大鼠骨骼肌 SOD 活性显著降低($P<0.05$),而姜黄素处理后则可使过度训练大鼠骨骼肌的 SOD 活性显著升高($P<0.05$);②过度训练组大鼠的骨骼肌 MDA 含量较空白对照组和有氧训练组升高($P<0.05$),而与过度训练组比较,姜黄素＋过度训练组大鼠的骨骼肌 MDA 含量则降低($P<0.05$);③与对照组比较,血清 CK 和 LDH 活性在过度训练组明显升高,而与过度训练组比较,姜黄素＋过度训练组大鼠骨骼肌的 CK 和 LDH 的活

性则下降($P<0.05$);④qRT-PCR 和 Western 印记检测发现,与对照组比较,过度训练组大鼠骨骼肌组织 p38 MAPK mRNA 和蛋白的表达上调($P<0.05$),而与过度训练组比较,姜黄素+过度训练组大鼠骨骼肌组织 p38 MAPK mRNA 和蛋白的表达则下调($P<0.05$)。由此可知,过度训练可使大鼠 p38 MAPK 信号通路蛋白过度表达,并引起骨骼肌氧化应激损伤,而姜黄素则可抑制 p38 MAPK 信号通路蛋白的表达,提高骨骼肌抗氧化能力,抑制骨骼肌纤维的损伤,从而预防和延缓过度训练所致的大鼠骨骼肌氧化应激损伤及运动疲劳的发生与发展。

表 3-7-31 各组大鼠骨骼肌 SOD 活性和 MDA 含量以及血清中 CK 和 LDH 活性的变化($n=5$)

项目	CG 组	ATG 组	OG 组	OCG 组
SOD 活性/(U/mg)	330.5±47.8	336.4±42.3	249.6±37.1*	315.6±35.2*#
MDA 含量/(nmol/mg)	20.75±5.02	21.33±4.61	38.25±4.11*	28.69±4.67*#
CK 活性/(U/mg)	347.3±55.8	342.6±49.3	433.9±58.3*	374.7±36.2*#
LDH 含量/(nmol/mg)	300.5±66.3	311.4±45.7	439.2±45.6*	358.3±52.8*#

注:与 CG 组比较,$^*P<0.05$;与 OG 组比较,$^\#P<0.05$。
据杨栋等(2019)

肝脏是体内以代谢功能为主的重要器官,发挥着去氧化、分泌性蛋白质的合成、储存肝糖等关键作用,与机体运动应激密切相关,同时也可能成为运动过劳性损伤的重要靶点。高超等(2017)探讨了姜黄素对大强度游泳运动小鼠肝脏线粒体功能紊乱的拮抗作用。将成年雄性 BALB/C 小鼠随机分为安静对照组、运动对照组、运动+姜黄素组[100 mg/(kg·d)]和安静+姜黄素组[100 mg/(kg·d)]。干预期为 4 周,干预期最后 1 周同时进行游泳运动训练,每天训练 90 min,每天采用上述方式游泳运动 7 d,动物末次运动完成后处死。观察肝脏超微病理形态改变,测定血清谷丙转氨酶、谷草转氨酶水平,以及肝脏线粒体膜电位、呼吸控制率等线粒体功能学指标。结果表明:与安静对照组相比,姜黄素干预明显抑制了大强度运动导致的小鼠血清谷丙转氨酶($P<0.05$)和谷草转氨酶($P<0.05$)水平的上升,减轻了运动导致的肝细胞线粒体超微病理结构异常。姜黄素干预显著抑制了运动导致的小鼠肝脏线粒体膜电位($P<0.05$)和呼吸控制率水平($P<0.05$)的下降。从而得出结论:姜黄素对大强度运动小鼠肝细胞线粒体超微结构损伤和功能紊乱具有良好的拮抗作用,为天然植物化学物应用于抗运动疲劳提供新的前景方向。

王建治等(2009)研究了中药姜黄抗运动性疲劳效果及其作用机制。灌胃给予不同剂量姜黄 30 d 后(小剂量组 0.5 g/kg、中剂量组 1.0 g/kg、大剂量组 2.0 g/kg),进行小鼠爬杆实验、耐缺氧实验和大鼠骨骼肌收缩力学实验,并测定大鼠比目鱼肌超氧化物歧化酶(SOD)活性、丙二醛(MDA)含量和 Ca^{2+}-Mg^{2+}-ATP 酶活性。结果(见表 3-7-32～表 3-7-34)显示,姜黄能明显延长小鼠爬杆时间、增强耐缺氧能力,可使大鼠骨骼肌收缩力增强,SOD 和 Ca^{2+}-Mg^{2+}-ATP 酶活性增强、MDA 值降低。由此得出结论,姜黄在增加机体对运动负荷的适应能力、抵抗疲劳产生和加速疲劳消除方面具有明显的作用。

表 3-7-32 四组小鼠爬杆时间与耐缺氧能力测定结果($\bar{x}\pm s$)

组别	小鼠数/只	爬杆时间/min	生存时间/min
小剂量组	10	7.91±2.72	25.78±3.46
中剂量组	10	15.34±3.57*	26.55±4.73
大剂量组	10	20.67±8.14*	30.78±5.69*
阴性对照组	10	5.25±1.08	26.81±3.14

注:与阴性对照组比较,$^*P<0.05$。
据王建治等(2009)

表 3-7-33　四组大鼠比目鱼肌单收缩与强直收缩指标测定结果($\bar{x}\pm s$)

组别	大鼠数/只	单收缩			强直收缩		
		CT/s	Pt/g	HRT	CT/s	Pt/g	FI
小剂量组	10	0.037±0.005	22.77±3.45	0.256±0.091	0.294±0.088	117.84±10.25	0.487±0.153
中剂量组	10	0.021±0.007*	23.87±3.71*	0.269±0.102*	0.324±0.074	168.74±14.28*	0.298±0.131*
大剂量组	10	0.002 6±0.008*	24.35±3.12*	0.248±0.122*	0.325±0.068	155.88±15.35*	0.387±0.089*
阴性对照组	10	0.047±0.008	16.83±2.54	0.369±0.123	0.287±0.059	83.86±12.44	0.799±0.099

注:与阴性对照组比较,*$P<0.05$。骨骼肌收缩力学实验指标:潜伏期(CT)、最大收缩幅度(Pt)、1/2 舒张时间(HRT)、疲劳指数(FI)。

据王建治等(2009)

表 3-7-34　四组大鼠比目鱼肌 SOD、MDA 值与 Ca^{2+}-Mg^{2+}-ATP 酶活性测定结果($\bar{x}\pm s$,$n=10$)

组别	SOD/[U/(mg prot)]	MDA[nmol/(mg prot)]	Ca^{2+}-Mg^{2+}-ATP 酶活性(mg prot/h)
小剂量组	222.34±15.56	8.09±2.37	4.247±0.632
中剂量组	245.51±13.26*[1]	5.98±2.33*[1]	5.237±1.865
大剂量组	267.04±21.85*[1]	3.57±2.07*[1]	6.165±1.513*[1]
阴性对照组	217.83±11.57	10.28±2.07	2.524±0.561

注:与阴性对照组比较,*[1]$P<0.05$。Ca^{2+}-Mg^{2+}-ATP 酶存在于组织细胞及细胞器的膜上,是生物膜上的一种蛋白酶,它在物质运送、能量转换及信息传递方面具有重要的作用。

据王建治等(2009)

王建治等(2010)还进行了一次中药姜黄抗小鼠运行性疲劳作用的研究,按 100 g 姜黄∶200 mL 水煎成 100 mL 药液备用,以人体(以 60 kg 体重计)推荐量每日 6 g 的 5、10、20 倍,设姜黄低、中、高 3 个剂量组(0.5 g/kg、1.0 g/kg、2.0 g/kg),另设阴性对照组(等量生理盐水);每组 10 只。动物每周称体重 1 次,并按 0.2 mL/(10 g·BW)经口灌胃,连续 30 d。实验结果(见表 3-7-35)显示:姜黄可有效增强 SOD 活性,降低肌组织运动过程中的 MDA 含量,对运动过程中相关运动器官能起到较好的保护作用。提示姜黄有利于消除运动疲劳。

表 3-7-35　小鼠 BUN、肝糖原含量及 SOD、MDA 值测定结果($n=10$,$\bar{x}\pm s$)

组别	BUN/(mmol/L)	肝糖原/(mg/g)	SOD/(U/mg prot)	MDA/(nmol/mg prot)
阴性对照组	5.57±1.14	7.16±1.89	50.94±21.56	3.662±1.563
0.5 g/kg 姜黄	4.84±0.59	9.63±1.03[b]	113.49±26.35[b]	3.334±0.929
1.0 g/kg 姜黄	4.70±0.53[a]	9.00±1.20[a]	117.65±35.38[b]	3.219±1.506[b]
2.0 g/kg 姜黄	4.41±0.90[a]	9.00±1.15[a]	116.75±28.84[b]	3.109±1.121[b]

注:与阴性对照组比较,[a]$P<0.05$,[b]$P<0.01$。

据王建治等(2010)

熊正英等(2005)通过灌服姜黄素溶液研究了姜黄素对大强度耐力训练大鼠运动能力影响的生物化学机制。以雄性 SD 大鼠为实验对象,将大鼠随机分为安静组(A)、大强度耐力运动组(B)和大强度耐力运动＋姜黄素组(C)。采用递增强度跑台训练,建立大强度耐力运动模型,测定血清酶活性及反映大鼠物质与能量代谢的一些生化指标。结果(见表 3-7-36~表 3-7-40)显示,姜黄素能改善大鼠由于大强度耐力训练造成的血红蛋白(Hb)含量下降,使大鼠 Hb 含量明显上升;姜黄素组运动大鼠血清谷丙转氨酶(ALT)、谷草转氨酶(AST)、肌酸激酶(CK)、乳酸脱氢酶(LDH)活性明显低于运动对照组;姜黄素组运动大鼠血清中低密度脂蛋白胆固醇(LDL-C)、尿素氮(BUN)含量都较运动组有显著的降低;姜黄素组运动大鼠血清肌酐(Scr)、高密度脂蛋白胆固醇(HDL-C)的含量较运动对照组又有显著升高;服用姜黄素运动大鼠肌糖原和肝糖原含量都明显高于运动组。由此得出结论,姜黄素能减轻大强度耐力运动对大鼠肝脏、心肌、骨骼肌、肾脏等组织细胞的损伤;能降低运动大鼠体内蛋白质分解,增加运动大鼠肝糖原、肌糖和磷酸肌酸能源物质的含量,提高大鼠肌肉的工作能力,使运动大鼠机体功能正常发挥;能够保证大强度运动时运动大鼠神经、肌肉等组织的糖供应,从而提高运动大鼠的运动能力,延缓大鼠运动性疲劳的产生。

表 3-7-36 姜黄素对大强度耐力训练大鼠血清酶活性的影响

项目	安静组($n=8$)	运动组($n=8$)	运动+姜黄素组($n=8$)
血清 AST/(IU/L)	154.77±9.97	233.98±44.61[aa]	183.03±26.23[ab]
血清 ALT/(U/mL)	56.25±13.33	83.55±14.08[aa]	52.55±14.42[b]
血清 LDH/(U/L)	1311.17±183.18	1755.83±204.51[a]	1463.10±287.72[b]
血清 CK/(U/L)	1434.67±186.93	2287.83±183.37[aa]	1582.20±284.33[bb]

注:[a] 表示与安静组相比较有显著性差异($P<0.05$),[aa] 表示有极显著性差异($P<0.01$);[b] 表示与运动组比较有显著性差异($P<0.05$),[bb] 表示有极显著性差异($P<0.01$)。

据熊正英等(2005)

表 3-7-37 姜黄素对大强度耐力训练大鼠血清 Scr、Hb、BUN 含量的影响

项目	安静组($n=8$)	运动组($n=8$)	运动+姜黄素组($n=8$)
Scr/(μmol/L)	59.88±8.41	59.85±8.74	65.03±9.8[ab]
Hb/(g/L)	132.20±9.25	124.58±10.84[a]	142.96±11.06[b]
BUN/(mmol/L)	6.52±1.52	7.52±0.55[a]	6.72±0.68[b]

注:[a] 表示与安静组相比较有显著性差异($P<0.05$),[aa] 表示有极显著性差异($P<0.01$);[b] 表示与运动组比较有显著性差异($P<0.05$),[bb] 表示有极显著性差异($P<0.01$)。

据熊正英等(2005)

表 3-7-38 姜黄素对大强度耐力训练大鼠血糖及糖原含量的影响

项目	安静组($n=8$)	运动组($n=8$)	运动+姜黄素组($n=8$)
血糖/(mmol/L)	7.39±0.83	6.18±0.98[a]	6.27±0.43
肌糖原/(mg/g)	0.56±0.07	0.71±0.13[a]	0.89±0.14[ab]
肝糖原/(mg/g)	5.11±0.92	5.66±0.87	6.77±1.14[ab]

注:[a] 表示与安静组相比较有显著性差异($P<0.05$),[aa] 表示有极显著性差异($P<0.01$);[b] 表示与运动组比较有显著性差异($P<0.05$),[bb] 表示有极显著性差异($P<0.01$)。

据熊正英等(2005)

表 3-7-39 姜黄素对大强度耐力训练大鼠血脂的影响

项目	安静组($n=8$)	运动组($n=8$)	运动+姜黄素组($n=8$)
血清总胆固醇/(mmol/L)	1.62±0.20	1.41±0.21[a]	1.53±0.10
HDL-C/(mmol/L)	0.69±0.12	0.62±0.01	0.75±0.03[ab]
LDL-C/(mmol/L)	0.50±0.20	0.39±0.14[a]	0.31±0.08[ab]
总三酰甘油/(mmol/L)	0.91±0.05	0.84±0.06[a]	0.75±0.09[ab]

注:[a] 表示与安静组相比较有显著性差异($P<0.05$),[aa] 表示有极显著性差异($P<0.01$);[b] 表示与运动组比较有显著性差异($P<0.05$),[bb] 表示有极显著性差异($P<0.01$)。

据熊正英等(2005)

表 3-7-40　姜黄素对大鼠力竭时间的影响

组别	力竭时间/min	延长百分比/%
训练力竭组(n=8)	95.88±9.26	
姜黄素力竭组(n=8)	115.62±20.56▲	20.56

注：▲表示与训练力竭组比较,有显著性差异(P<0.05)。

据熊正英等(2005)

池爱平等(2005)研究了服用不同剂量姜黄素对大鼠由于运动导致不同组织自由基损伤的保护作用。试验通过灌服不同剂量姜黄素,测试了大鼠在疲劳运动后血清肌酸激酶(CK)、谷草转氨酶(AST)、谷丙转氨酶(ALT)、乳酸脱氢酶(LDH)的活性和心肌、肝组织超氧化物歧化酶(SOD)、谷胱甘肽过氧化物酶(GSH-Px)、过氧化氢酶(CAT)活性和丙二醛(MDA)含量。结果(见表3-7-41~表3-7-43)表明,服用不同剂量姜黄素使大强度运动大鼠血清 CK、AST、ALT、LDH 活性有不同程度的下降;大鼠心肌、肝组织 SOD、CAT、GSH-Px 活性都有不同程度的升高,MDA 含量显著降低(P<0.05),并呈一定量效关系。提示姜黄素对疲劳运动所致大鼠肝和心肌组织自由基损伤具有明显保护作用。

表 3-7-41　姜黄素对运动大鼠血清 CK、AST、ALT 和 LDH 活性的影响(n=8)

组别	CK/(U/L)	SGOT/(U/L)	SGPT/(U/L)	LDH/(U/L)
安静组	1434.67±186.93	154.77±9.97	56.25±13.33	1311.17±183.18
对照组	1787.83±183.37[aa]	233.98±44.61[aa]	83.55±14.08[aa]	1755.83±204.51[a]
低剂量组	1653.25±103.12[a]	201.84±34.42[a]	67.52±12.63[a]	1688.32±114.62[a]
中剂量组	1582.32±284.33[b]	183.03±26.33[ab]	52.55±14.42[b]	1463.12±287.72[b]
高剂量组	1542.36±187.65[b]	176.59±22.43[bb]	53.13±11.26[b]	1440.56±187.66[b]

注：[a] 表示与安静组相比较 P<0.05,[aa]表示与安静组相比较 P<0.01;[b] 表示与对照组比较 P<0.05,[bb]表示与对照组比较 P<0.01。

据池爱平等(2005)

表 3-7-42　姜黄素对运动大鼠心肌组织 SOD、GSH-Px、CAT 活性和 MDA 含量的影响(n=8)

组别	SOD/(NU/mg)	GSH-Px/(U/mg)	CAT/(U/mg)	MDA/(nmol/mg)
安静组	38.47±4.44	46.87±1.41	5.87±1.52	3.37±0.80
对照组	46.56±4.06[a]	34.08±0.99[aa]	4.59±1.11	4.20±0.72[a]
低剂量组	47.56±4.06[a]	40.25±2.38[a]	5.44±2.05[b]	3.91±1.33
中剂量组	51.17±0.17[ab]	46.92±1.52[bb]	6.73±1.52[b]	3.83±0.60
高剂量组	52.36±4.41[aab]	48.64±2.11[bb]	6.98±0.96[abb]	3.74±1.41[b]

注：[a] 表示与安静组相比较 P<0.05,[aa]表示与安静组相比较 P<0.01;[b] 表示与对照组比较 P<0.05,[bb]表示与对照组比较 P<0.01。

据池爱平等(2005)

表 3-7-43　姜黄素对运动大鼠肝组织 SOD、GSH-Px、CAT 活性和 MDA 含量的影响(n=8)

组别	SOD/(NU/mg)	GSH-Px/(U/mg)	CAT/(U/mg)	MDA/(nmol/mg)
安静组	84.58±0.36	36.22±6.34	19.83±0.09	14.70±0.17
对照组	95.10±0.37[a]	28.07±5.11[a]	16.62±0.09[a]	20.60±0.39[a]
低剂量组	90.62±3.02[a]	30.26±3.48[a]	17.22±1.01	17.81±1.41
中剂量组	95.17±0.17[ab]	33.42±1.68[b]	17.62±0.05[a]	16.10±0.22[b]
高剂量组	98.33±2.42[ab]	35.61±3.13[bb]	18.18±1.26[b]	15.24±1.54[bb]

注：[a] 表示与安静组相比较 P<0.05,[aa]表示与安静组相比较 P<0.01;[b] 表示与对照组比较 P<0.05,[bb]表示与对照组比较 P<0.01。

据池爱平等(2005)

4.预防心血管疾病

秦思(2018)研究评估了姜黄及姜黄素对心血管疾病(CVD)高危人群发挥降脂作用的有效性及安全性。广泛地检索 PubMed、Embase、Ovid、Medline 和 Cochrane 图书馆等数据库,获取从建库的时间至2016 年 11 月的随机对照试验,以评估姜黄及姜黄素对血脂的作用。效应指标主要包括:总胆固醇(TC)、低密度脂蛋白胆固醇(LDL-C)、高密度脂蛋白胆固醇(HDL-C)及三酰甘油(TG)。结果表明,在 649 名患者的 7 项研究中,姜黄及姜黄素的降脂作用表现为:与对照组相比它们能显著降低血清 LDL-C(标准均数差(SMD)=−0.340,95％可信区间(CI):−0.530～−0.150,$P<0.0001$)及 TG(SMD=−0.214,95％CI:−0.369～−0.059,$P=0.007$)水平。在代谢综合征患者中姜黄及姜黄素可降低血清 TC 水平(SMD=−0.934,95％ CI:−1.289～−0.579,$P<0.0001$),且姜黄提取物或许更能有效地降低血清 TC 水平(SMD=−0.584,95％ CI:−0.980～−0.188,$P=0.004$),而上述结论尚未被证实,需进一步探讨。血清 HDL-C 水平无显著提高。使用姜黄及姜黄素是相对安全的,无严重不良反应。综上可得,姜黄及姜黄素可通过改善血脂水平保护 CVD 高危患者。姜黄素或许能作为一种耐受性好的辅食与传统降脂药物联用。仍需开展深入研究以探讨姜黄素的剂型、剂量及服药频次等问题。

姜海等(2017)研究了姜黄提取物联合阿托伐他汀钙对高脂血症小鼠的降血脂作用。试验将昆明种小鼠喂高脂饲料,建立高脂血症小鼠模型。将建模成功的小鼠分为 4 组,即高脂血症模型组、阿托伐他汀钙组、姜黄提取物组、阿托伐他汀钙和姜黄提取物联合组。对小鼠喂高脂饲料的同时连续灌胃 5 周不同剂量的姜黄提取物、阿托伐他汀钙。试验结束后测定各组小鼠的体质量,以及血清中的三酰甘油(TG)、总胆固醇(TC)、高密度脂蛋白胆固醇(HDL-C)、低密度脂蛋白胆固醇(LDL-C)。结果(见表 3-7-44)显示,与高脂血症小鼠模型组相比,姜黄提取物和阿托伐他汀钙联合组 TG、TC、LDL-C 显著降低($P<0.01$),分别下降44.10％、38.30％、37.24％,HDL-C 显著升高($P<0.05$)。因此可知,姜黄提取物和阿托伐他汀钙联合使用具有降血脂作用,而且比两者单独使用时效果更好。

表 3-7-44　3 周后治疗小鼠血脂指标的变化($\bar{x}\pm s,n=20$)　　　　单位:mmol/L

组别	TC	TG	HDL-C	LDL-C
对照组	2.79±0.82	0.78±0.16	2.24±0.36	0.84±0.31
模型组	5.76±1.31[b]	1.41±0.27[b]	1.67±0.25[b]	1.45±0.29[b]
阿托伐他汀钙组	3.85±0.62[f]	1.13±0.35[e]	2.15±0.40[e]	1.17±0.23[e]
姜黄提取物组	4.73±0.98[b]	0.90±0.30[f]	2.26±0.33[e]	1.19±0.15[e]
阿托伐他汀钙和姜黄提取物联合组	3.22±0.45[f]	0.87±0.20[f]	2.33±0.29[e]	0.91±0.26[f]

注:与对照组比较,[b]$P<0.05$;与模型组比较,[e]$P<0.05$,[f]$P<0.01$。

据姜海等(2017)

董月等(2009)研究了姜黄素固体分散体对实验性高脂血症大鼠血脂代谢的影响。试验以雄性 SD 大鼠为实验对象,高脂乳剂造模,雄性 SD 大鼠适应性饲养 1 周后随机分为 5 组(每组 10 只):正常对照组、模型组、姜黄素组及姜黄素固体分散体低、高剂量组。正常对照组喂食普通饲料,模型组及各给药组灌胃给予脂肪乳 10 mL/(kg·d),姜黄素、姜黄素固体分散体分别用 0.5％的羧甲基纤维素钠配成混悬液,姜黄素组和固体分散体低剂量组按姜黄素 100 mg/(kg·d)灌胃给药。固体分散体高剂量组按姜黄素 200 mg/(kg·d)灌胃给药,每日 1 次,灌胃前后 1 h 禁食禁水,连续给药 4 周,末次给药和给予脂肪乳后,所有动物均禁食不禁水 12 h,颈动脉取血并分离血清,取肝脏后匀浆,测定大鼠血清总胆固醇(TC)、三酰甘油(TG)、高密度脂蛋白胆固醇(HDL-C)、低密度脂蛋白胆固醇(LDL-C)含量,同时测定血清和肝匀浆中的超氧化物歧化酶(SOD)活性、丙二醛(MDA)含量。结果(见表 3-7-45、表 3-7-46)表示,与纯姜黄素比较,姜黄素固体分散体能显著地降低高脂模型大鼠血清 TC、TG、LDL-C 含量;升高血清 HDL-C 含量;提高血清及肝匀浆的 SOD 活性并降低其 MDA 含量,且呈量效关系。因此可知,姜黄素固体分散体对实验性高脂血症大鼠降脂及抗氧化作用明显,其效果优于纯姜黄素。

表 3-7-45　各组大鼠血脂情况比较($\bar{x}\pm s, n=10$)

组别	剂量/[mg/(kg·d)]	血脂水平/(mmol/L)			
		TG	TC	HDL-C	LDL-C
正常对照组	—	0.443±0.143	2.677±0.255	0.751±0.097	1.420±0.221
模型组	—	1.113±0.061[1]	8.646±0.223[1]	0.417±0.071[1]	5.682±0.236[1]
姜黄素组	100	0.843±0.067[2]	7.512±0.126[2]	0.652±0.120[2]	3.709±0.146[2]
固体分散体低剂量组	100	0.716±0.071[2][3]	7.036±0.364[2][3]	0.834±0.094[2][3]	3.060±0.114[2][3]
固体分散体高剂量组	200	0.675±0.071[2][3]	6.740±0.243[2][3][4]	0.890±0.145[2][3]	1.820±0.185[2][3][4]

注:与正常对照组比较,[1] $P<0.01$;与模型组比较,[2] $P<0.01$;与姜黄素组比较,[3] $P<0.01$;与固体分散体低剂量组比较,[4] $P<0.05$。

据董月等(2009)

表 3-7-46　各组大鼠血清及肝匀浆中 MDA、SOD 的比较($\bar{x}\pm s, n=10$)

组别	剂量/[mg/(kg·d)]	血清		肝匀浆	
		MDA/(nmol/mL)	SOD/(U/mL)	MDA/(nmol/g)	SOD/(U/g)
正常对照组	—	7.148±0.849	105.475±4.464	12.310±1.264	395.387±28.257
模型组	—	16.424±0.768[1]	63.914±7.380[1]	27.003±1.076[1]	258.178±22.185[1]
姜黄素组	100	12.183±0.733[2]	64.822±4.364	17.583±0.645[2]	321.874±27.907[2]
固体分散体低剂量组	100	10.002±0.840[2][3]	66.945±7.774	15.763±0.677[2][3]	359.802±36.7852[2][3]
固体分散体高剂量组	200	8.138±0.395[2][3][4]	80.633±5.852[2][3][4]	13.188±0.719[2][3][4]	385.305±14.300[2][3][4]

注:与正常对照组比较,[1] $P<0.01$;与模型组比较,[2] $P<0.01$;与姜黄素组比较,[3] $P<0.01$;与固体分散体低剂量组比较,[4] $P<0.05$。

据董月等(2009)

沃兴德等(2003)探讨了姜黄素降血脂、抗动脉粥样硬化可能的酶学机理。实验用高脂膳食喂饲 Wistar 大鼠 4 周,造成食饵性高脂血症,然后用高[200 mg/(kg·d)]、低[100 mg/(kg·d)]两种剂量的姜黄素和阳性对照药血脂康、非诺贝特进行实验性治疗。给药 3 周后处死动物,比较治疗前后血清和肝脏总胆固醇(TC)及三酰甘油(TG)含量、血清高密度脂蛋白胆固醇(HDL-C)和低密度脂蛋白胆固醇(LDL-C)含量,同时测定血浆卵磷脂胆固醇脂酰转移酶、肝素化血浆总脂解酶、脂蛋白脂酶和肝脂酶活性。结果(见表 3-7-47～表 3-7-49)发现,高剂量和低剂量姜黄素、非诺贝特和血脂康均能使血清 TC、TG 和 LDL-C 含量降低,降 TG 作用高剂量姜黄素和非诺贝特最优;降 TC 和 LDL-C 作用低剂量姜黄素和血脂康最优;高剂量姜黄素和非诺贝特能增加 HDL-C 含量,同时能降低肝脏 TC 和 TG 含量。高、低剂量姜黄素能显著提高血浆卵磷脂胆固醇脂酰转移酶活性,降低血浆游离胆固醇含量,高、低剂量姜黄素和非诺贝特能提高血浆总脂解酶和脂蛋白脂酶活性,高剂量姜黄素还能显著提高肝脂酶活性。综上可得,姜黄素具有明显的降低肝脏和血清脂质的作用,可能与提高血浆脂蛋白代谢相关酶的活性有关。

表 3-7-47　姜黄素、血脂康和非诺贝特对大鼠血清 TC、TG 含量以及二者比值的影响($\bar{x} \pm s$)

分组	n	TC/(mg/L)	TG/(mg/L)	TC/TG
正常对照组	10	875±82	1253±263	0.73±0.14
高脂模型组	10	1790±280[a]	1727±364[a]	1.08±0.25
低剂量姜黄素组	10	1218±214[c]	1180±222[b]	1.11±0.29
高剂量姜黄素组	10	1305±194[c]	1368±365[c]	1.25±0.17
血脂康组	10	1031±201[c]	1368±365	0.84±0.23[b]
非诺贝特组	9	1314±234[c]	647±184[c]	2.18±0.51

注：与正常对照组比较，[a]$P<0.05$；与高脂模型组比较，[b]$P<0.05$，[c]$P<0.01$。
据沃兴德等(2003)

表 3-7-48　姜黄素、血脂康和非诺贝特对大鼠血清 HDL-C、LDL-C 含量
以及二者比值的影响($\bar{x} \pm s$)

分组	n	HDL-C/(mg/L)	LDL-C/(mg/L)	LDL-C/HDL-C
正常对照组	10	512±56	134±50	0.27±0.11
高脂模型组	10	358±80[a]	1141±325[b]	3.56±1.35[b]
低剂量姜黄素组	10	405±63	611±220[d]	1.59±0.78[d]
高剂量姜黄素组	10	428±66	656±181[d]	1.62±0.55[c]
血脂康组	10	370±69	457±173[d]	1.22±0.57[d]
非诺贝特组	9	696±216[d]	485±127[d]	0.85±0.27[d]

注：与正常对照组比较，[a]$P<0.05$，[b]$P<0.05$；与高脂模型组比较，[c]$P<0.01$，[d]$P<0.05$。
据沃兴德等(2003)

表 3-7-49　姜黄素、血脂康和非诺贝特对肝脏 TC、TG 含量以及二者比值的影响($\bar{x} \pm s$)

分组	n	TC/(mg/g)	TG/(mg/g)	TC/TG
正常对照组	10	1.5±0.3	3.7±1.0	0.41±0.10
高脂模型组	10	17.2±1.2[a]	13.2±1.6[a]	1.34±0.15[a]
低剂量姜黄素组	10	13.7±3.4[b]	11.5±2.9	1.18±0.21
高剂量姜黄素组	10	14.9±2.4[b]	10.8±2.1[b]	1.35±0.13
血脂康组	10	15.5±2.3	11.8±2.1	1.32±0.18
非诺贝特组	9	5.9±1.5c	8.2±3.2b	0.74±0.17[c]

注：与正常对照组比较，[a]$P<0.05$；与高脂模型组比较，[b]$P<0.05$，[c]$P<0.01$。
据沃兴德等(2003)

　　张俊梅等(2012)观察了姜黄胶囊对糖尿病高脂血症实验大鼠空腹血糖(FPG)及血脂的影响。实验将 40 只健康雄性 Wistar 大鼠随机分为 4 组，即正常对照组、模型组、西药对照组及姜黄胶囊组，每组各 10 只。模型组、西药对照组及姜黄胶囊组予链脲佐菌素(STZ)50 mg/(kg·d)腹腔注射 1 次，建立大鼠糖尿病模型。正常对照组予等容积 0.1 mol/L 柠檬酸缓冲液腹腔注射 1 次。然后模型组、西药对照组及姜黄胶囊组大鼠予高糖高脂饲料喂养，正常对照组予正常饲料喂养，同时姜黄胶囊组予 0.6 g/(kg·d)姜黄胶囊混悬液灌胃，西药对照组予盐酸二甲双胍片 0.25 g/(kg·d)、辛伐他汀胶囊 1.67 mg/(kg·d)混悬液灌胃，正常对照组及模型组予等容积 0.9%氯化钠注射液灌胃，连续 4 周。测定各组造模后及用药后 FPG 变化情况，各组胆固醇(TC)、三酰甘油(TG)、高密度脂蛋白胆固醇(HDL-C)及低密度脂蛋白胆固醇

(LDL-C)水平。结果(见表 3-7-50、表 3-7-51)模型组、西药对照组及姜黄胶囊组造模后 FPG 与正常对照组比较均明显升高($P<0.01$);用药后西药对照组及姜黄胶囊组 FPG 与模型组比较均明显下降($P<0.01$),且与本组造模后比较差异亦均有统计学意义($P<0.01$);西药对照组与姜黄胶囊组组间比较差异无统计学意义($P>0.05$)。模型组 TC、TG 及 LDL-C 与正常对照组比较均明显升高($P<0.05$);与模型组比较,西药对照组及姜黄胶囊组 TC、TG、LDL-C 明显降低($P<0.05$),HDL-C 明显升高($P<0.05$),且姜黄胶囊组 TG 明显低于西药对照组($P<0.01$)。提示姜黄胶囊具有显著的降糖调脂作用。

表 3-7-50　各组造模后及用药后 FPG 变化情况比较

组别	n	FPG/(mmol/L)	
		造模后	用药后
正常对照组	10	5.29±0.98	4.80±1.06
模型组	8	27.16±7.25*	23.86±9.78
西药对照组	9	28.47±4.47*	9.64±4.35△#
姜黄胶囊组	9	27.15±6.35*	8.16±3.87△#

注:与正常对照组造模后比较,* $P<0.01$;与模型组用药后比较,△ $P<0.01$;与本组造模后比较,# $P<0.01$。

据张俊梅等(2012)

表 3-7-51　各组 TC、TG、HDL-C 及 LDL-C 水平比较

组别	n	TC	TG	HDL-C	LDL-C
正常对照组	10	1.29±0.25	0.84±0.27	1.06±0.20	0.31±0.05
模型组	8	7.60±3.81*	2.17±0.62*	0.96±0.24	6.47±0.75*
西药对照组	9	4.98±1.03△	3.26±1.33△	1.45±0.31△	1.47±0.27△
姜黄胶囊组	9	0.74±0.26△	0.55±0.23△#	4.62±1.78△	3.18±1.02△

注:与正常对照组比较,* $P<0.05$;与模型组比较,△ $P<0.05$;与西药对照组比较,# $P<0.01$。

据张俊梅等(2012)

　　王舒然等(2000)研究了姜黄素的降脂作用和抗氧化作用。实验将高脂血症模型大鼠根据血总胆固醇水平随机分为 4 组:基础饲料对照组喂基础饲料;基础饲料＋姜黄素组喂加入姜黄素 5 g/kg 的基础饲料;高脂饲料对照组喂高脂饲料;高脂饲料＋姜黄素组喂加入姜黄素 5 g/kg 的高脂饲料。再喂养 4 周,测定血脂及抗氧化指标。结果(见表 3-7-52、表 3-7-53)显示:姜黄素能降低高脂模型大鼠血中总胆固醇(TC)、三酰甘油(TG)水平,提高载脂蛋白 A(ApoA)水平,并降低血及肝中过氧化脂质,同时提高肝匀浆总抗氧化能力和 SOD 活性、谷胱甘肽过氧化物酶活性。高脂模型大鼠在改饲基础饲料 4 周后血脂可降至实验前基础水平,若同时给姜黄素(5 g/kg),则在第 2 周时就能得到相同效果。由此可知,姜黄素对高脂血症大鼠有降脂和抗氧化作用。

表 3-7-52　姜黄素对高脂模型大鼠 TC 及 TG 的影响($\bar{x}\pm s, n=8$)　　　　　单位:mmol/L

组别	TC				TG			
	第 0 周	第 4 周	第 6 周	第 8 周	第 0 周	第 4 周	第 6 周	第 8 周
基础＋姜黄素组	1.63±0.19	2.52±0.25	1.46±0.16[(1)]	1.45±0.16	1.61±0.53	2.43±0.95	1.04±0.34[(1)]	0.97±0.37
基础饲料对照组	1.64±0.29	2.51±0.74	2.09±0.59	1.50±0.25	1.67±.66	2.39±0.75	1.91±0.59	1.41±0.63
高脂＋姜黄素组	1.58±0.25	2.52±0.24	2.30±0.29	1.98±0.20[(2)]	1.76±0.51	2.44±0.63	2.21±0.64	1.88±0.49[(2)]
高脂饲料对照组	1.61±0.36	2.52±0.42	2.54±0.41	2.57±0.40	1.62±0.28	2.37±0.92	2.37±0.60	2.32±0.50

注:与基础饲料对照组相比[(1)] $P<0.05$,与高脂饲料对照组相比[(2)] $P<0.05$。

据王舒然等(2000)

表 3-7-53　第 8 周时姜黄素对高脂模型大鼠 HDL-C、LDL-C、ApoA、ApoB 的影响

组别	HDL-C/(mmol/L)	LDL-C/(mmol/L)	ApoA/(g/L)	ApoB/(g/L)
基础＋姜黄素组	0.68±0.12	0.64±0.11	0.34±0.05	0.60±0.00[(1)]
基础饲料对照组	0.68±0.20	0.64±0.08	0.31±0.04	0.66±0.05
高脂＋姜黄素组	0.78±0.12	1.14±0.29	0.40±0.00[(2)]	0.66±0.05
高脂饲料对照组	0.78±0.10	1.13±0.45	0.36±0.05	0.69±0.07

注：与基础饲料对照组相比[(1)] $P<0.05$，与高脂饲料对照组相比[(2)] $P<0.05$。apoB 为载脂蛋白 B。
据王舒然等(2000)

石英辉等(2010)观察研究了姜黄素胶囊治疗慢性心力衰竭(CHF)的临床疗效及对肿瘤坏死因子(TNF-α)及脂联素水平的影响。实验将 72 例 CHF 患者按住院顺序随机分为两组：对照组予常规西医治疗，治疗组在此治疗基础上加服姜黄素胶囊，两组疗程均为 6 个月。治疗 1 个月后采集血标本，用酶联免疫吸附法(ELISA)检测 TNF-α、脂联素水平；治疗 6 个月后对患者的心功能进行观测并记录。结果(见表3-7-54)：两组治疗后血浆 TNF-α、脂联素浓度均较治疗前明显降低(P 均<0.01)；但治疗组较对照组降低更明显($P<0.05$)。心脏超声示治疗后两组均有不同程度改善，但两组间比较无显著性差异。由此可知，姜黄素胶囊可能通过降低血浆中脂联素及 TNF-α 浓度起到防止血管、心肌重构的作用。

表 3-7-54　两组治疗前后脂联素、TNF-α 比较($\bar{x}±s$)

组别	n	时间	APN/(mg/L)	TNF-α/(μg/L)
对照组	36	治疗前	16.34±6.60	3.72±1.64
		治疗后	8.72±3.80[①]	1.93±1.25[①]
治疗组	36	治疗前	15.86±6.81	3.69±1.57
		治疗后	6.34±4.86[①②]	1.38±1.02[①②]

注：[①]与本组治疗前比较，$P<0.01$；[②]与对照组比较，$P<0.05$。
据石英辉等(2010)

郭炳彦等(2010)研究了姜黄素对心绞痛患者血清脂联素水平和血管内皮功能的影响。实验将 120 例心绞痛患者随机分为治疗组 60 例、对照组 60 例。两组均予调脂、抗凝、抗血小板聚集等常规治疗，治疗组在常规治疗基础上加用姜黄素胶囊口服，两组疗程均为 30 d。分别于治疗前后采集空腹静脉血，测定血清脂联素、假性血友病因子(vWF)、一氧化氮(NO)、白细胞介素-6(IL-6)的水平。结果(见表 3-7-55)显示：两组治疗后血清脂联素、NO 水平升高，vWF、IL-6 水平降低，治疗组治疗前后比较有显著性差异，而对照组无显著性差异。因此可知，姜黄素能有助于提高血清脂联素水平，改善心绞痛患者的血管内皮功能。

表 3-7-55　两组各项指标比较($\bar{x}±s$)

组别	n	脂联素/(mg/L)		NO/(μmol/L)		vWF/%		IL-6/(ng/L)	
		治疗前	治疗后	治疗前	治疗后	治疗前	治疗后	治疗前	治疗后
对照组	60	3.73±1.12	4.36±1.36	55.45±18.93	58.88±20.65	145.96±21.54	142.16±23.08	63.92±13.33	62.65±16.53
治疗组	60	3.57±1.01	7.63±2.23[②③]	56.94±18.43	70.73±20.46[①③]	153.04±20.35	101.43±21.63[①③]	65.31±15.22	41.62±12.92[①③]

注：[①]：表示与本组治疗前比较，$P<0.05$；[②]：表示与本组治疗前比较，$P<0.01$；[③]：表示与对照组治疗后比较，$P<0.05$。
据郭炳彦等(2010)

龙明智等(2003)研究了姜黄素对血管球囊损伤后内膜增生的影响。将新西兰大白兔 30 只，随机平分为对照组(G1)、阿托伐他汀钙组(G2)、姜黄素组(G3)。实验组在高脂饮食的基础上均予药物干预，灌胃给药每天每千克体重姜黄素 100 mg，阿托伐他汀 2.5 mg，G1 组生理盐水 5 mL。1 周后制作髂动脉内膜

球囊损伤模型,实验时间共5周,观察给药后血清超氧化物歧化酶(SOD)、丙二醛(MDA)和白介素-6(IL-6)的含量。结果(见表3-7-56、表3-7-57)显示,G3组SOD含量明显高于其他两组,MDA含量明显降低。病理切片图像分析示内膜增生程度:G1组>G2组>G3组。以上得出,姜黄素具有抗炎、抗氧化作用,同时姜黄素在一定程度上抑制兔髂动脉球囊损伤后内膜增生,其机理可能部分与姜黄素的抗炎、抗氧化作用有关。

表 3-7-56　内膜、中膜厚度和 I/M 比值的测定($\bar{x}\pm s$)

	n	内膜 $I/\mu m$	中膜 $M/\mu m$	I/M
G1	8	52 351.50±17 493.61	90 080.63±41 046.88	0.64±0.07
G2	9	41 885.89±3891.85	77 489.33±13 767.11*	0.55±0.08*
G3	8	70 468±6094.08*	186 153.00±48 138.72	0.39±0.07*

注:与G1组比较,* $P<0.05$。
据龙明智等(2003)

表 3-7-57　各组大白兔血清中 SOD 活性及 MDA 含量的测定($\bar{x}\pm s$)

	n	SOD/(ng/mL)	MDA/(nM/mL)	IL-6/(pg/mL)
G1	8	275.47±84.64	6.70±1.98	7441.12±346.09
G2	9	219.82±124.46	12.07±2.37△*	7349.22±730.73
G3	8	656.97±220.75*	2.88±2.92*	6502.22±666.62*

注:与G1组比较,* $P<0.01$;与G3比较,△$P<0.01$。
据龙明智等(2003)

5.预防糖尿病

姜黄素是从姜黄根茎中提取出来的天然活性物质,具有降低血糖、改善胰岛细胞功能、降低胰岛素抵抗等作用。Green等(2014)发现了姜黄素可以直接抑制脂肪细胞中葡萄糖的转运。Melo等(2018)运用了Meta分析评估补充姜黄提取物、姜黄素类化合物及姜黄素单体是否比安慰剂能更有效地降低成人的空腹血糖(FBG)水平,纳入的随机对照试验标准为:研究对象年龄大于18岁,补充姜黄素、姜黄素类化合物或姜黄提取物;随访≥4周;有安慰剂组对照。分析发现,补充姜黄提取物、姜黄素类化合物及姜黄素均能在一定程度上降低血糖异常者的FBG水平(−8.88 mg/dL,95% CI:−5.04 ~ −2.72 mg/dL,$P<$0.01),但对非糖尿病患者无效。

胡淑芳等(2018)探讨了双脱甲氧基姜黄素(BDMC,从传统中药姜黄根茎中提取得到)对db/db小鼠发生2型糖尿病的作用及机制。实验将4周龄的db/db小鼠均衡随机分组为:db/db组(生理盐水组)、RG组[罗格列酮组,0.5 mg/(kg·d)]和BDMC组[15 mg/(kg·d)],以C57BL/6为WT对照组。于每周检测空腹血糖,6周末监测其呼吸交换率和能量消耗变化,检测糖化血红蛋白、胰岛素、血脂含量,行口服糖耐量试验,计算胰岛素抵抗的稳态指数和定量胰岛素敏感性检测指数,Western印记检测肝脏G6Pase、PEPCK和骨骼肌p-AMPK、AMPK、PM-GLUT4、GLUT4、pAS160、AS160蛋白表达水平(其中AMPK信号通路以及G6Pase和PEPCK是机体调控糖自稳的重要信号分子)。结果BDMC明显下调db/db小鼠升高的体质量、饮食、饮水量和空腹血糖,上调db/db小鼠降低的呼吸交换比率和能量消耗量,且比RG作用更明显;BDMC对db/db小鼠升高的外周血糖化血红蛋白无显著作用,但RG组下调含量;BDMC上调db/db小鼠降低的胰岛素敏感性,下调db/db小鼠升高的血浆胰岛素、胰岛素抵抗的稳态指数和定量胰岛素敏感性检测指数;BDMC下调db/db小鼠升高的TG、TC、LDL-C、HDL-C和FFA;BDMC下调db/db小鼠肝脏高表达的G6Pase和PEPCK蛋白,且优于RG;BDMC上调db/db小鼠骨骼肌低表达的p-AMPK、PM-GLUT4和pAS160蛋白,与RG效应没有明显的差异。综上可得,BDMC可明显上调骨骼肌 AMPK-AS160-GLUT4 信号通路及下调肝脏 G6Pase 和 PEPCK 减低糖再生,改善 db/db 小鼠胰岛素抵抗和糖脂代谢减慢,且优于罗格列酮。因此,BDMC 有更好的抗 2 型糖尿病的效应,且该作用与减少肝脏糖再生和加速糖代谢有关。

王振富等(2014)探讨了姜黄素对大鼠糖尿病的防治作用及其机制。试验用四氧嘧啶(alloxan)诱导糖尿病大鼠模型,将 SD 大鼠 30 只随机分为 3 组($n=10$),即正常对照组、糖尿病组和姜黄素治疗组,姜黄素治疗组行姜黄素(200 mg/kg)灌胃 8 周,测定糖尿病大鼠血糖(BG)、血脂,测定血清中超氧化物歧化酶(SOD)、过氧化氢酶(CAT)和谷胱甘肽过氧化物酶(GSH-Px)活性以及丙二醛(MDA)含量。结果(见表 3-7-58～表 3-7-60)显示,与正常组比较,糖尿病组大鼠血糖、血脂明显升高,抗氧化酶活性降低,丙二醛含量明显增加($P<0.05$,$P<0.01$);与糖尿病组比较,姜黄素治疗组大鼠血糖、血脂明显降低,抗氧化酶活性增强,丙二醛含量明显减少($P<0.05$,$P<0.01$)。因此,姜黄素可降血糖、血脂和提高机体抗氧化能力,具有防治糖尿病的作用。

表 3-7-58　姜黄素对血糖及糖化血红蛋白的影响($\bar{x}\pm s, n=10$)

组别	BG/(mmol/L)	HbA1c/%
对照组	5.13±0.17	4.42±0.20
糖尿病组	28.66±3.64**	14.26±0.78**
姜黄素组	21.53±3.52**#	10.45±0.42**#

注:BG—血糖;HbA1c—糖化血红蛋白。与对照组比较,** $P<0.01$;与糖尿病组比较,# $P<0.05$。
据王振富等(2014)

表 3-7-59　姜黄素对糖尿病模型大鼠血脂的影响($\bar{x}\pm s, n=10$)

组别	TC/(mmol/L)	TG/(mmol/L)	LDL-C/(mmol/L)	HDL-C/(mmol/L)
对照组	2.13±0.15	1.05±0.40	0.50±0.28	1.45±0.23
糖尿病组	2.91±0.44**	1.49±0.43**	1.73±0.32**	0.74±0.22*
姜黄素组	2.34±0.25#	1.10±0.36#	1.17±0.34#	1.07±0.35#

注:与对照组比较,* $P<0.05$,** $P<0.01$;与糖尿病组比较,# $P<0.05$。
据王振富等(2014)

表 3-7-60　姜黄素对糖尿病大鼠 SOD、CAT、GSH-Px 和 MDA 的影响($\bar{x}\pm s, n=10$)

组别	MDA/(nmol/mL)	SOD/(NU/mL)	GSH-Px/(U/mL)	CAT/(U/mL)
对照组	4.26±0.79	361.81±57.11	92.20±20.45	28.42±1.49
糖尿病组	7.64±0.94**	211.13±49.25**	47.35±19.30**	19.40±2.52**
姜黄素组	5.03±0.59##	309.68±58.63##	79.87±14.48##	24.31±2.29##

注:与对照组比较,** $P<0.01$;与糖尿病组比较,## $P<0.01$。
据王振富等(2014)

杨海英等(2009)观察了姜黄胶囊(CC)对糖尿病足(DF)大鼠模型空腹血糖(FBG)、空腹血清胰岛素(FSI)、血流变(CBF)及足部溃疡症状的影响。试验选用 SPF 级健康雄性 Wistar 大鼠 60 只,随机抽取 10 只作为正常对照组,其余 50 只制作糖尿病足模型,47 只造模成功,按随机数字表法分为姜黄胶囊高剂量治疗组(CH 组,16 只)、中剂量治疗组(CM 组,11 只)、低剂量治疗组(CL 组,10 只)和糖尿病足空白对照组(DFB 组,10 只);正常对照组大鼠仅建立足溃疡模型。造模后对各组大鼠进行药物干预,于腹主动脉采血,测定 FBG、FSI、CBF。结果 CH、CM 组 FBG 水平较 CL 组明显降低(P 均<0.05);CH、CM 组 FSI 较 CL 组明显升高(P 均<0.05);血流变中低切变率、血浆黏度、红细胞比容、红细胞聚集指数及红细胞变形

指数 CH、CM 组与 CL 组比较存在显著性差异(P 均<0.05);三组治疗后的体质量、血流变中的高切变率及足部症状评分比较均无显著性差异(P>0.05)。表明姜黄胶囊对糖尿病足大鼠具有较好的降低血糖、升高空腹血清胰岛素、改善糖尿病足大鼠的血流变和局部血液循环的作用,姜黄胶囊治疗糖尿病足的作用机制与姜黄胶囊降低血糖、改善血液流变学情况有关。

6. 护肝

雷志雄等(2019)探讨了姜黄素对硫代乙酰胺(TAA)诱导肝纤维化大鼠的保护作用。将健康成年 SD 大鼠 50 只随机分为正常组、模型组和姜黄素低、中、高剂量组,每组各 10 只,姜黄素组及模型组给予 TAA 溶液腹腔注射造模诱导肝纤维化模型,每周 2 次,连续 8 周,正常组给予等体积生理盐水注射。从第 5 周开始姜黄素低、中、高剂量组分别给予姜黄素溶液灌胃(100 mg/kg,200 mg/kg,400 mg/kg),模型组给予等体积的生理盐水灌胃,每日 1 次,共 4 周。实验结束后,生化法测定血清中谷丙转氨酶(ALT)、谷草转氨酶(AST)水平;酶联免疫吸附试验(ELISA)测定血清中透明质酸(HA)、层粘连蛋白(LN)、Ⅲ型前胶原(PCⅢ)水平;实时 PCR 法检测结缔组织生长因子(CT-GF)、α-平滑肌肌动蛋白(α-SMA)mRNA 的表达;HE 染色观察肝脏病理学改变。结果如下:HE 切片显示模型组肝细胞排列紊乱,肝小叶结构破坏严重,可见变性、坏死的肝细胞,汇管区中心可见纤维组织增生。姜黄素各剂量组肝小叶结构破坏不同程度减轻,肝细胞结构排列较为整齐,纤维增生减少,肝损伤不同程度减轻。如表 3-7-61 所示,与正常组比较,模型组 ALT、AST、HA、LN、PCⅢ 水平升高(P<0.05);与模型组比较,姜黄素各剂量组 ALT、AST、HA、LN、PCⅢ 水平明显下降(P<0.05);与正常组比较,模型组 CTGF、α-SMA mRNA 表达显著升高(P<0.01);与模型组比较,不同剂量姜黄素治疗组 CTGF、α-SMA mRNA 表达量下降(P<0.05)。由此可知,姜黄素可缓解 TAA 诱导的大鼠肝纤维化,其机制可能与干预 CTGF、α-SMA 的表达有关。

表 3-7-61　各组小鼠功能、肝纤维化指标比较($n=10,\bar{x}\pm s$)

组别	ALT/(U/L)	AST/(U/L)	HA/(μg/L)	LN/(μg/L)	PCⅢ/(μg/L)
低剂量组	86.90±14.60*#	279.81±24.38*#	130.47±12.38*#	114.34±9.83*#	181.61±16.72*#
中剂量组	76.61±14.77*#	235.35±26.76**#	113.72±10.69**#	102.09±11.21**#	163.71±17.37±**#
高剂量组	65.42±12.82**#	201.27±19.74*#	92.57±11.29**#	88.61±9.66**#	149.38±15.62**#
模型组	118.87±20.51#	337.68±28.31#	171.24±15.38#	128.13±10.65#	208.28±18.71#
正常组	42.91±6.80	86.20±7.45	68.19±10.72	98.51±9.57	108.34±15.61

注:与正常组比较,# P<0.05;与模型组比较,* P<0.05,** P<0.01。

据雷志雄等(2019)

徐容容等(2018)研究了姜黄素对小鼠急性酒精肝损伤的保护功能。将 60 只小鼠被随机均分为 5 组,分别为空白对照组、乙醇模型组,以及治疗低剂量组、中剂量组、高剂量组。每日经口灌胃给予受试样品,空白对照组和模型对照组给予蒸馏水。给予受试样品结束时将乙醇模型组及各治疗组一次灌胃给予 50% 乙醇,空白对照组给蒸馏水。检测小鼠肝脏匀浆液的丙二醛(MDA)、谷胱甘肽(GSH)、三酰甘油(TG)以及血清中谷丙转氨酶(ALT)和谷草转氨酶(AST)。结果(见表 3-7-62、表 3-7-63)表明:与模型组比较,各治疗剂量组肝匀浆液中 MDA 和 TG 水平(MDA:17.237 nmol/L±2.214 nmol/L,12.511 nmol/L±3.791 nmol/L,17.377 nmol/L±4.641 nmol/L;TG:0.446 mmol/L±0.075 mmol/L,0.512 mmol/L±0.132 mmol/L,0.479 mmol/L±0.136 mmol/L)(P<0.05)均显著降低,GSH 显著升高(GSH:40.918 μmol/L±8.324 μmol/L,20.787 μmol/L±12.606 μmol/L,21.377 μmol/L±12.041 μmol/L)(P<0.01);血清 AST 及 ALT 水平(AST:173.650 U/L±12.607 U/L,110.879 U/L±10.945 U/L,127.399 U/L±8.212 U/L;ALT:65.988 U/L±13.588 U/L,45.957 U/L±9.304 U/L,55.745 U/L±15.802 U/L)均显著降低(P<0.01)。从而得出结论,姜黄素能够减轻酒精诱导的急性肝损伤。

表 3-7-62 酒精对小鼠肝脏功能指标的影响($\bar{x}\pm s$)

项目	空白对照组	乙醇模型组
MDA/(nmol/L)	16.353±2.348**	23.166±3.578
GSH/(μmol/L)	18.623±8.026**	8.066±3.671
TG/(mmol/L)	0.395±0.160**	0.805±0.279
AST/(U/L)	98.194±13.062**	220.461±14.303
ALT/(U/L)	37.040±11.886**	94.276±16.994

注:空白对照组与乙醇损伤模型组比较后,* $P<0.05$,** $P<0.01$。

据徐容容等(2018)

表 3-7-63 姜黄素对小鼠肝脏功能指标的影响($\bar{x}\pm s$)

项目	乙醇模型组	低剂量组	中剂量组	高剂量组
MDA/(nmol/L)	23.166±3.578	17.237±2.214**	12.511±3.791**	17.377±4.641*
GSH/(μmol/L)	8.066±3.671	40.918±8.324**	20.787±12.606**	21.377±12.041**
TG/(mmol/L)	0.805±0.279	0.446±0.075*	0.512±0.132**	0.479±0.136**
AST/(U/L)	220.461±14.303	173.650±12.607**	110.879±10.945**	127.399±8.212**
ALT/(U/L)	94.274±16.994	65.988±13.588**	45.957±9.304**	55.745±15.802**

注:姜黄素治疗各剂量组分别与乙醇损伤模型组比较后,* $P<0.05$,** $P<0.01$。

据徐容容等(2018)

隋菱等(2018)观察了姜黄素对 CCl_4 所致急性肝损伤大鼠的保护作用,并研究了其作用机制。将 60 只 SD 大鼠随机分为对照组、模型组、水飞蓟素组(100 mg/kg)和大、中、小剂量姜黄素组(100 mg/kg、50 mg/kg 和 25 mg/kg),每组 10 只。建模成功后隔日给药灌胃,共 30 d。取下腔静脉血和肝组织,分别检测血清乳酸脱氢酶(LDH)和前列腺素 E_2(PGE_2)水平,采用 Bio-Rad 公司试剂盒检测肝组织匀浆白介素-6(IL-6)、肿瘤坏死因子(TNF-α)和环氧合酶-2(COX-2)水平。结果显示:对照组大鼠肝小叶结构完整清晰,肝细胞无坏死及脂肪变性,模型组肝组织损伤明显,经姜黄素处理肝组织炎性细胞浸润减少,肝组织损伤有不同程度的减轻;模型组大鼠血清 LDH 水平为(6458.00±423.72)IU/L,PEG₂ 水平为(130.02±4.30)pg/mL,显著高于对照组[(1375.00±67.45)IU/L 和(51.27±0.86)pg/mL,$P<0.001$],而各剂量姜黄素处理组和水飞蓟素组均可显著降低大鼠血清 LDH 和 PGE_2 水平($P<0.05$);模型组大鼠肝组织匀浆 IL-6、TNF-α 和 COX-2 水平显著高于对照组($P<0.05$),而大中小剂量姜黄素处理组和水飞蓟素处理组肝组织 IL-6、TNF-α 和 COX-2 水平显著低于模型组($P<0.05$)(见表 3-7-64)。由此可知,姜黄素对 CCl_4 所致大鼠急性肝损伤具有保护作用,其机制可能是抑制了 IL-6、TNF-α、COX-2 和 PGE_2 等炎性细胞因子的释放。

表 3-7-64 各组大鼠肝组织匀浆细胞因子水平($\bar{x}\pm s$)比较

组别	n	IL-6/μM	TNF-α/μM
对照组	10	52.8±3.0[2]	67.4±5.2[2]
模型组	10	102.5±6.3[1]	120.3±3.5[1]
小剂量姜黄素	10	83.7±3.3[2]	109.3±5.8[2]
中剂量姜黄素	10	71.3±2.4[2]	87.2±3.7[2]
大剂量姜黄素	10	61.0±3.0[2]	71.3±6.2[2]
水飞蓟素	10	59.8±3.6[2]	70.4±2.2[2]

注:与对照组相比,[1] $P<0.01$;与模型组比,[2] $P<0.01$。

据隋菱等(2018)

胡金杰等(2018)探讨了姜黄素(Cur)对乙型病毒性肝炎(乙肝)大鼠转化生长因子 β_1(TGF-β_1)、肿瘤坏死因子(TNF-α)表达水平的影响。采用健康 SD 大鼠尾静脉感染乙型肝炎病毒制备乙肝模型。将 60 只模型大鼠随机分模型组和 Cur 组,分别每日灌服生理盐水和 20 mg/kg Cur,体积为 5 mL。另取 30 只正常 SD 大鼠灌服生理盐水作对照组。分析各组造模 8 周后的肝功能相关指标[谷丙转氨酶(ALT)、谷草转氨酶(AST)、血清总胆红素(TBIL)和直接胆红素(DBIL)]及肝纤维化相关指标[透明质酸(HA)、层粘连蛋白(LN)和Ⅲ型前胶原(PCⅢ)水平],连续观察各组造模 2 周、4 周、6 周、8 周的血清 TGF-β_1、TNF-α 表达水平。结果(见表 3-7-65~表 3-7-68)显示:与对照组相比,模型组的 ALT、AST、TBIL 和 DBIL 水平及 HA、PCⅢ和 LN 水平均升高,且血清 TGF-β_1、TNF-α 均升高,差异均有统计学意义($P<0.05$);Cur 组的 ALT、AST、TBIL、DBIL、HA、PCⅢ、LN、TGF-β_1 和 TNF-α 水平均低于模型组,但仍高于对照组,差异均有统计学意义($P<0.05$)。由此可知,Cur 可改善乙肝大鼠的肝功能损伤及肝纤维化过程,可能与持续降低 TGF-β_1、TNF-α 水平有关。

表 3-7-65　各组肝功能相关指标比较($\bar{x}\pm s$,$n=6$)

组别	ALT/(U/L)	AST/(U/L)	TBIL/(U/L)	DBIL/(μmol/L)
对照组	47.35±3.97	49.05±5.13	1.42±0.49	1.16±0.52
模型组	94.71±7.24[1]	81.37±9.60[1]	7.46±1.73[1]	9.82±2.45[1]
Cur 组	62.94±5.82[1)2)]	65.14±8.34[1)2)]	3.52±1.25[1)2)]	3.67±1.34[1)2)]

注:与对照组比较,[1] $P<0.05$;与模型组比较,[2] $P<0.05$。
据胡金杰等(2018)

表 3-7-66　各组肝纤维化相关指标比较($\bar{x}\pm s$,$n=6$)　　　　　单位:μg/L

组别	HA	PCⅢ	LN
对照组	63.75±6.24	121.28±9.30	97.14±8.32
模型组	121.49±9.58[1]	267.64±12.73[1]	231.55±14.15[1]
Cur 组	82.06±7.31[1)2)]	183.91±13.62[1)2)]	165.43±13.47[1)2)]

注:与对照组比较,[1] $P<0.05$;与模型组比较,[2] $P<0.05$。
据胡金杰等(2018)

表 3-7-67　各组血清 TNF-α 水平比较($\bar{x}\pm s$,$n=6$)　　　　　单位:pg/m

组别	2 周	4 周	6 周	8 周
对照组	77.29±6.11	84.56±7.04	79.30±8.43	81.69±9.35
模型组	96.17±8.24[1]	135.41±11.52[1]	175.58±13.47[1]	247.26±15.24[1]
Cur 组	84.91±9.27[1)2)]	93.02±10.56[1)2)]	126.49±14.85[1)2)]	197.13±19.81[1)2)]

注:与对照组比较,[1] $P<0.05$;与模型组比较,[2] $P<0.05$。
据胡金杰等(2018)

表 3-7-68　各组血清 TGF-β_1 水平比较($\bar{x}\pm s$,$n=6$)　　　　　单位:pg/mL

组别	第 2 周	第 4 周	第 6 周	第 8 周
对照组	126.85±13.27	131.67±18.32	137.19±15.44	142.92±17.65
模型组	259.73±15.04[1]	425.32±19.46[1]	550.43±19.21[1]	681.25±23.40[1]
Cur 组	212.44±16.36[1)2)]	263.03±23.75[1)2)]	245.64±21.626[1)2)]	367.16±20.37[1)2)]

注:与对照组比较,[1] $P<0.05$;与模型组比较,[2] $P<0.05$。
据胡金杰等(2018)

宋慧东等(2018)观察了姜黄素对肝纤维化大鼠肝组织中自噬相关蛋白(Beclin1、Atg5)表达的影响,探讨姜黄素介导的自噬对肝纤维化的影响,从自噬的视角探讨姜黄素治疗肝纤维化的作用机制。将40只雄性 SD 大鼠随机分为正常对照组(10 只)、模型组(15 只)、姜黄素组(15 只),正常组正常饲养8周,不予处理,模型组及姜黄素组予腹腔注射 CCl₄ 溶液,剂量为 1 mL/kg,每周 3 次,共 8 周,同时姜黄素组按照每100 g 体质量给予 20 mg 姜黄素灌胃,每周 3 次,共 8 周。第8周末处死大鼠,留取新鲜肝组织制作蜡块,免疫组织化学链亲和素-酶复合物-生物素技术(SP 法)检测各组大鼠肝组织 Beclin1、Atg5 的表达并进行比较。结果(见表 3-7-69)显示:模型组及姜黄素组较正常对照组 Beclin1、Atg5 表达增多,而姜黄素组中Beclin1、Atg5 表达较模型组减弱(P 均<0.05)。从而得出结论,姜黄素抑制肝纤维化的作用机制可能与其抑制 Beclin1、Atg5 的表达有关,姜黄素可能通过抑制自噬来延缓肝纤维化的进展。

表 3-7-69　三组大鼠肝组织表达 Beclin1、Atg5 的比较($\bar{x}\pm s$)

组别	Beclin1	Atg5
正常对照组	1.56±0.68	1.92±0.64
模型组	8.89±1.22[a]	10.03±1.73[a]
姜黄素组	4.79±1.05[ab]	5.41±1.55[ab]

注:与正常对照组比较,[a]P<0.05;与模型组比较,[b]P<0.05。
据宋慧东等(2018)

董雪娜等(2017)探讨了姜黄素对酒精性肝病(ALD)小鼠的肝保护作用及其可能的作用机制。选择昆明小鼠 50 只,随机分为对照组、模型组和姜黄素低、中、高剂量组,每组 10 只。模型组及姜黄素低、中、高剂量组采用持续乙醇灌胃法建立小鼠 ALD 模型。同期,对照组和模型组给予等量蒸馏水灌胃,姜黄素低、中、高剂量组分别给予姜黄素 50 mg/(kg·d)、100 mg/(kg·d)、200 mg/(kg·d)灌胃,持续 4 周。观察各组体质量、肝质量、肝脏指数以及肝脏病理形态变化,检测各组血清 ALT、AST、TG 及肝组织匀浆超氧化物歧化酶(SOD)、丙二醛(MDA)、谷胱甘肽(GSH)、谷胱甘肽过氧化物酶(GSH-Px),Western 印记法检测肝组织 TNF-α、单核细胞趋化蛋白 1(MCP-1)的表达。结果(见表 3-7-70～表 3-7-73)显示:姜黄素低、中、高剂量组病理改变较模型组均有不同程度改善,姜黄素中、高剂量组肝脏指数及血清 ALT、AST和 TG 水平均显著低于模型组(P<0.05);与模型组比较,姜黄素高剂量组肝组织 MDA 含量显著降低,姜黄素中、高剂量组肝组织 GSH 含量以及 SOD、GSH-Px 酶活性显著升高(P<0.05);姜黄素高剂量组肝组织 TNF-α、MCP-1 表达明显低于模型组(P<0.05)。由此可知,姜黄素对 ALD 小鼠具有肝保护作用,以姜黄素高剂量组效果最显著;其机制可能与抑制氧化应激和炎性反应有关。

表 3-7-70　各组体质量、肝质量和肝脏指数比较($\bar{x}\pm s$)

组别	n	体质量/g	肝质量/g	肝脏指数/%
对照组	10	42.79±4.21	1.93±0.34	4.53±0.81
模型组	10	31.34±6.43*	2.15±0.56	6.08±0.89*
姜黄素低剂量组	10	33.93±5.02*	1.94±0.36	5.71±0.71*
姜黄素中剂量组	10	35.72±4.85*	1.84±0.33#	5.16±0.68#
姜黄素高剂量组	10	37.56±5.79#	1.85±0.42#	4.93±0.73#◆

注:与对照组比较,*P<0.05;与模型组比较,#P<0.05;与姜黄素低剂量组比较,◆P<0.05。
据董雪娜等(2017)

表 3-7-71　各组血清 ALT、AST、TG 水平比较($\bar{x}\pm s$)

组别	n	ALT/(U/L)	AST/(U/L)	TG/(mmol/L)
对照组	10	22.79±4.21	67.01±14.34	1.67±0.38
模型组	10	44.34±6.34*	121.51±17.27*	2.82±0.41*
姜黄素低剂量组	10	36.93±7.02*	100.45±22.96*	2.42±0.39*
姜黄素中剂量组	10	27.72±4.85*#	92.06±21.75*#	1.99±0.33#♦
姜黄素高剂量组	10	23.56±5.79#♦	80.11±19.39#♦	1.85±0.26#♦

注:与对照组比较,* $P<0.05$;与模型组比较,# $P<0.05$;与姜黄素低剂量组比较,♦ $P<0.05$。

据董雪娜等(2017)

表 3-7-72　各组肝组织匀浆 MDA、SOD、GSH、GSH-Px 水平比较($\bar{x}\pm s$)

组别	n	MDA/(nmol/mg)	GSH/(mg/g)	SOD/(U/mg)	GSH-Px/(U/mg)
对照组	10	6.01±3.34	13.29±2.19	103.09±16.91	298.85±53.01
模型组	10	11.07±6.53*	8.89±2.27*	59.98±8.04*	110.03±21.92*
姜黄素低剂量组	10	8.45±4.23	11.67±3.81	68.97±11.64*	198.66±38.68*#
姜黄素中剂量组	10	7.49±4.07	12.07±2.21#	81.46±16.19*#	237.37±46.52*#
姜黄素高剂量组	10	6.81±3.81#	12.66±3.27#	93.67±17.38#♦	276.63±69.63#♦

注:与对照组比较,* $P<0.05$;与模型组比较,# $P<0.05$;与姜黄素低剂量组比较,♦ $P<0.05$。

据董雪娜等(2017)

表 3-7-73　各组肝组织 MCP-1、TNF-α 相对表达量比较($\bar{x}\pm s$)

组别	n	TNF-α	MCP-1
对照组	10	1.00±0.51	1.00±0.89
模型组	10	6.09±3.01*	10.39±4.47*
姜黄素高剂量组	10	3.55±0.82*#	4.17±1.27*#

注:与对照组比较,* $P<0.05$;与模型组比较,# $P<0.05$。

据董雪娜等(2017)

曾瑜等(2014)研究了姜黄素对急性酒精性肝损伤小鼠保护作用。将50只清洁级雄性昆明小鼠按体重随机分为5组,即空白对照组、模型对照组和姜黄素低、中、高剂量组(50 mg/kg、100 mg/kg 和 200 mg/kg),连续灌胃14 d。测定血清中谷丙转氨酶(AST)、谷草转氨酶(ALT)活性及肝组织中丙二醛(MDA)、超氧化物歧化酶(SOD)、谷胱甘肽过氧化物酶(GSH-Px)、总抗氧化能力(T-AOC)水平,计算脏器系数。结果(见表 3-7-74、表 3-7-75)显示:模型组各项指标与空白组相比差异有统计学意义($P<0.05$),与模型对照组相比,姜黄素高剂量组小鼠血清 AST 和 ALT 活性明显降低($P<0.05$);同时,姜黄素能显著增强小鼠肝组织中 SOD、GSH-Px 和 T-AOC 活性($P<0.05$),降低 MDA 水平($P<0.05$)。从而得出结论,姜黄素能增强急性酒精中毒小鼠体内的抗氧化能力,对小鼠急性酒精性肝损伤具有一定的保护作用。

表 3-7-74　姜黄素对急性酒精性肝损伤小鼠血清 AST、ALT 活性的影响

组别	姜黄素/(mg/kg)	AST/(U/L)	ALT/(U/L)
空白对照组	0	16.43±4.35	10.37±2.65
模型对照组	0	28.29±9.69[1]	20.22±5.90[1]
低剂量组	50	17.59±4.10	14.74±4.78
中剂量组	100	18.58±4.02	14.18±1.98
高剂量组	200	15.98±3.87[2]	12.51±4.20[2]

注:[1] 表示与空白对照组比较,$P<0.05$;[2] 表示与模型组对照组比较,$P<0.05$。

据曾瑜等(2014)

表 3-7-75　姜黄素对急性酒精性肝损伤小鼠肝组织 SOD、GSH-Px、T-AOC 和 MDA 的影响

组别	姜黄素/ (mg/kg)	SOD/ (U/mg prot)	GSH-Px/ (U/mg prot)	T-AOC/ (U/mg prot)	MDA/ (U/mg prot)
空白对照组	0	88.68±6.43	248.38±27.92	1.38±0.17	0.25±0.04
模型对照组	0	77.69±6.32$^{(1)}$	164.83±12.92$^{(1)}$	1.14±0.14$^{(1)}$	0.62±0.22$^{(1)}$
低剂量组	50	84.46±7.51	185.65±17.83	1.25±0.17	0.36±0.16
中剂量组	100	85.39±9.91	181.86±26.95	1.35±0.13$^{(2)}$	0.36±0.15$^{(2)}$
高剂量组	200	87.64±6.68$^{(2)}$	192.72±21.01$^{(2)}$	1.42±.23$^{(3)}$	0.34±0.14$^{(2)}$

注：$^{(1)}$表示与空白对照组比较，$P<0.05$；$^{(2)}$表示与模型对照组比较，$P<0.05$；$^{(3)}$表示与模型对照组比较，$P<0.01$。
据曾瑜等（2014）

麦静恬等（2011）研究了姜黄素对大鼠非酒精性脂肪肝的保护作用。将 30 只 Wistar 大鼠随机分为对照组、非酒精性脂肪肝模型组和姜黄素干预组。对照组以普通饲料饲养，模型组和干预组给予高脂饲料饲养，干预组每日予 50 mg/kg 姜黄素灌胃，共计 12 周。实验结束处死大鼠，收集血清和肝组织。检测血清谷丙转氨酶（ALT）活性、谷草转氨酶（AST）活性和血清总胆固醇（TC）含量，以及肝组织 γ-谷氨酰转肽酶（γ-GT）活性、三酰甘油（TG）含量、超氧化物歧化酶（SOD）活性和谷胱甘肽（GSH）活性。结果（见表 3-7-76、表 3-7-77）显示，与模型组比较，干预组能显著降低谷丙转氨酶、谷草转氨酶和肝组织 γ-GT 活性，减少血清 TC 和 TG 含量；显著升高肝组织 SOD 和 GSH 活性；明显减轻大鼠肝内脂肪沉积，改善肝细胞的脂肪性病理改变。由此得出结论，姜黄素通过抗氧化作用，对大鼠非酒精性脂肪肝具有良好的干预作用。

表 3-7-76　各组大鼠肝脏生化指标的比较（$\bar{x}±s$）

组别	n	血清 ALT/(U/L)	血清 AST/(U/L)	血清 TC/(mmol/L)	肝组织 γ-GT/(U/g)	肝组织 TG/(mmol/L)
模型组	10	70.34±11.25$^{1)}$	78.68±15.06$^{1)}$	4.25±0.12$^{1)}$	19.35±10.62$^{2)}$	2.27±0.24$^{1)}$
干预组	10	58.85±12.8$^{3)}$	66.86±8.77$^{3)}$	3.78±0.19$^{3)}$	10.26±4.19$^{2)}$	2.58±0.27$^{3)}$
对照组	10	53.67±8.07	58.11±9.33	3.45±0.12	7.77±4.61	47.05±0.29

注：与对照组比较，$^{1)}$ $P<0.05$，$^{2)}$ $P<0.01$；与模型组比较，$^{3)}$ $P<0.05$。
据麦静恬等（2011）

表 3-7-77　各组大鼠肝组织 SOD 和 GSH 活性比较（$\bar{x}±s$）

组别	n	SOD/(U/mL)	GSH/(U/mL)
模型组	10	20.93±2.55$^{1)}$	6.10±1.94$^{2)}$
干预组	10	27.47±6.14$^{3)}$	10.25±3.63$^{3)}$
对照组	10	34.39±3.02	12.47±4.81

注：与对照组比较，$^{1)}$ $P<0.05$，$^{2)}$ $P<0.01$；与模型组比较，$^{3)}$ $P<0.05$。
据麦静恬等（2011）

狄建彬等（2010）研究了姜黄素对大鼠实验性高脂性脂肪肝的防治作用。采用高脂乳剂制备大鼠高脂性脂肪肝模型，同时分别采用不同剂量的姜黄素（40 mg/kg、80 mg/kg、160 mg/kg）以及力平之（20 mg/kg）进行干预。实验 4 周后，计算肝脏系数，检测实验动物血清中总胆固醇（TC）、三酰甘油（TG）、高密度脂蛋白胆固醇（HDL-C）、低密度脂蛋白胆固醇（LDL-C）、游离脂肪酸（FFA）、丙二醛（MDA）、超氧化物歧化酶（SOD）、谷丙转氨酶（ALT）、谷草转氨酶（AST）的量，肝脏组织中 TC、TG、FFA、MDA、SOD 的变化。结果（见表 3-7-78、表 3-7-79）显示，姜黄素（40mg/kg、80 mg/kg）给药 4 周后，与模型组相比，肝脏系数非常显著降低，其血清和肝脏匀浆液的 TC、TG、FFA、MDA、AST、ALT 等水平均有显著降低，HDL-C、SOD 水平显著升高。

表 3-7-78　姜黄素对高脂性脂肪肝大鼠血清中 ALT、AST、SOD、MDA 的影响($\bar{x}\pm s,n=10$)

组别	剂量/(mg/kg)	ALT/(U/mL)	AST/(U/mL)	SOD/(U/mL)	MDA/(μmol/L)
对照	—	16.50±8.24	67.85±9.80	56.55±2.46	4.79±1.05
模型	—	17.98±5.65	66.95±7.85	43.38±6.81##	5.12±1.23
力平之	20	15.63±3.99	59.81±8.41	53.40±3.67**	2.51±0.51**
姜黄素	40	10.98±2.83**	55.34±5.92**	55.23±3.51**	3.36±0.16**
	80	13.08±3.09*	58.69±4.78*	50.20±4.58*	3.94±0.85*
	160	15.53±2.31	61.32±5.93	44.26±2.90	4.75±0.77

注:与对照组比较:## $P<0.01$;与模型组比较:* $P<0.05$,** $P<0.01$。

据狄建彬等(2010)

表 3-7-79　姜黄素对高脂性脂肪肝大鼠肝脏脂质及 TC、TG、FFA、SOD、MDA 水平的影响($\bar{x}\pm s,n=10$)

组别	剂量/(mg/kg)	TC/(mg/g)	TG/(mg/g)	FFA/(μmol/g)	SOD/(U/mg)	MDA/(nmol/mg)
对照	—	7.15±1.91	15.28±4.83	85.99±27.22	87.20±5.98	2.91±0.38
模型	—	14.05±1.99##	30.75±10.99##	863.73±42.04	84.69±5.77	3.88±0.45#
力平之	20	6.33±0.94**	19.03±6.88**	48.91±11.33*	90.39±6.32	2.51±0.51**
姜黄素	40	11.99±2.20*	22.28±4.58*	48.11±10.32*	107.86±16.94*	2.81±0.20**
	80	12.99±1.94*	23.58±4.08*	67.47±10.26	92.49±10.94	3.02±0.28*
	160	13.14±4.47	26.81±4.36	73.28±11.70	90.87±11.49	3.26±0.38

注:与对照组比较:## $P<0.01$;与模型组比较:* $P<0.05$,** $P<0.01$。

据狄建彬等(2010)

7. 抗炎

姜黄素具有抗炎作用,其功效甚至与一些非甾体类解热镇痛抗炎药物(nonsteroidal anti-inflammatory drug,NSAID)相当。杨正生等(2011)研究发现,IL-17 导致 NO 水平的增加,姜黄素能减少 IL-17 诱导的 NO 的产生,并且能减少 iNOS 在蛋白甚至 mRNA 水平的表达,从而抑制炎症反应。

喻雅婷等(2019)用网状 Meta 分析评价了 9 种口腔护理液预防癌症患者口腔黏膜炎(oral mucositis,OM)的应用效果。实验利用计算机检索 PubMed、Embase、Scopus、The Cochrane Library、Google Scholar、CNKI、维普、CBM 和万方等数据库,搜集有关口腔护理液预防 OM 的随机对照试验(RCT),检索时限均从建库至 2018 年 8 月。采用 Cochrane 手册对纳入 RCT 进行偏倚风险评估,由 2 位研究者独立提取及分析数据,采用 Stata 15.0 软件对所得的数据进行网状 Meta 分析。结果显示,一共纳入 28 个 RCT,包括 1811 例患者。其中网状 Meta 分析结果显示,9 种口腔护理液预防 OM 效果中,与安慰剂比较,洗必泰、苄达明、蜂蜜和姜黄素分别在降低癌症患者 OM 发生率上差异有统计学意义($P<0.05$);与聚维酮碘比较,蜂蜜和姜黄素能更有效降低 OM 的发生率,差异具有统计学意义($P<0.05$),根据累积排序概率曲线下面积(SUCRA)值的大小对不同口腔护理液进行排序,排序结果从优到劣依次为姜黄素、蜂蜜、苄达明、洗必泰、别嘌呤醇、硫糖铝、GM-CSF、聚维酮碘、芦荟。综上可得,根据 SUCRA 排序结果得出姜黄素对癌症患者 OM 的预防效果优于其他口腔护理液,减少口腔黏膜炎的发生,但本结论仍需更大样本的 RCT 进一步验证。

张欣等(2018)通过了酶标比浊法、试剂盒法和邻硝基苯 β-D-半乳吡喃糖苷(ONPG)法测定姜黄素对致病性金黄色葡萄球菌(*Staphylococcus aureus*)生长曲线、细胞壁及细胞膜渗透性的影响。同时,构建大鼠子宫内膜炎模型,将 160 只 6~8 周龄分娩过的雌性 SD 大鼠随机分为 6 组,每组 10 只。分别为生理盐水组,不造模,灌服生理盐水 20 g/kg;阳性对照组,造模,灌服环丙沙星 0.13 g/kg;姜黄素低剂量组,造模,灌服姜黄素 50 mg/kg;姜黄素中剂量组,造模,灌服姜黄素 100 mg/kg;姜黄素高剂量组,造模,灌服姜黄素 150 mg/kg;模型组,造模,服灌服生理盐水 20 g/kg,在注菌 3 d、6 d、9 d 后各实验组大鼠采血分离血清,用 ELISA 试剂盒检测各试验组中白介素-6(IL-6)、白介素-8(IL-8)和肿瘤坏死因子(TNF-α)的变化情况来监测治疗效果。结果显示:①姜黄素对致病性 S. aureus 的生长曲线、细胞壁和细胞膜渗透性均有影响,因而起到抑菌的效果。当姜黄素作用于菌体细胞后,使细菌细胞壁被损伤,从而使细胞膜的通透性增加,细胞结构被破坏,从而起到抑菌的效果。②如表 3-7-80 所示,姜黄素中、高剂量组和环丙沙星组能显著降低患子宫内膜炎大鼠血清中的 IL-6、IL-8 和 TNF-α 的浓度,而模型组这些炎性介质的浓度不断升高。因此可知,姜黄素不仅抑菌效果最佳,优于环丙沙星;而且能显著抑制子宫内膜炎大鼠血清中 IL-6、IL-8 和 TNF-α 的表达来调控子宫内环境动态平衡。

表 3-7-80　姜黄素对子宫内膜炎大鼠子宫 IL-6、IL-8、TNF-α 的影响

指标	t 造模/d	浓度/(ng/L)					
		生理盐水组	低剂量组	中剂量组	高剂量组	阳性对照组	模型组
IL-6	3	0.61±0.06[Aa]	1.67±0.05[Ac]	1.62±0.13[Bc]	1.21±0.31[Cb]	1.12±0.41[Cb]	2.12±0.13[Ad]
	6	0.59±0.03[Aa]	1.57±0.03[Ad]	1.07±0.21[Ac]	0.98±0.15[Bbc]	0.81±0.25[Bb]	2.01±0.14[Ae]
	9	0.59±0.05[Aa]	1.55±0.04[Ac]	0.93±0.11[Ab]	0.62±0.09[Aa]	0.58±0.32[Aa]	2.59±0.21[Bd]
IL-8	3	5.25±0.33[Aa]	10.95±0.29[Bc]	10.24±0.33[Bc]	8.77±1.42[Bb]	9.51±0.43[Bb]	16.7±60.40[Ad]
	6	5.18±0.71[Aa]	10.55±0.62[Bc]	9.31±0.44[ABc]	8.00±0.33[Bb]	6.35±0.57[Aa]	27.93±1.85[Bd]
	9	5.85±0.24[Aa]	9.52±0.43[Ab]	8.77±1.42[Ab]	5.35±1.80[Aa]	5.77±0.62[Aa]	49.38±0.63[Cc]
TNF-α	3	16.56±2.92[Aa]	28.92±0.12[Bd]	26.46±0.49[Cc]	24.02±0.43[Cb]	23.14±0.83[Cb]	33.14±0.41[A]
	6	15.94±0.21[Aa]	27.35±1.67[ABd]	23.14±0.83[Bc]	21.47±0.33[Bb]	21.14±1.92[Bb]	41.74±0.92[Be]
	9	15.87±0.98[Aa]	26.65±0.49[Ad]	21.56±1.98[Ac]	17.21±1.11[Ab]	17.46±0.29[Ab]	69.11±0.25[Ce]

注:同列大写字母不同表示不同时间点间差异显著($P<0.05$),同行小写字母为同时间不同组间差异显著($P<0.05$)。

据张欣等(2018)

夏星等(2018)探讨了姜黄素对 APP/PS1 双转基因小鼠认知功能、炎症反应及海马区突触素表达的影响。实验将 60 只 6 周龄 APP/PS1 双转基因雄性小鼠随机分为 A 组、B 组和 C 组,各 20 只;A 组采用姜黄素 100 mg/(kg·d)加入小鼠饲料喂养,B 组采用姜黄素 300 mg/(kg·d)喂养,C 组采用姜黄素 600 mg/(kg·d)喂养;三组均喂养 6 个月。治疗前和治疗 3、6 个月,采用 Morris 水迷宫实验评估小鼠认知功能,采用免疫吸附试验法检测尾静脉血血清白介素(IL-6)、肿瘤坏死因子(TNF-α)等炎症因子水平;治疗 6 个月,采用免疫组化染色法检测小鼠海马 CA1 区突触素表达情况。结果显示:姜黄素治疗 3、6 个月,三组小鼠认知功能明显改善($P<0.05$),血清 IL-6、TNF-α 水平明显降低($P<0.05$)(见表 3-7-81)。与 A 组比较,B 组和 C 组治疗 3、6 个月认知功能明显改善($P<0.05$),血清 IL-6、TNF-α 水平均明显降低($P<0.05$),海马 CA1 区突触素表达水平明显升高($P<0.05$)。而 B 组与 C 组均无统计学差异($P>0.05$)。因此可知,姜黄素不仅有助于改善 APP/PS1 双转基因小鼠海马突触素表达,改善小鼠认知功能,还能抑制小鼠炎症反应。

表 3-7-81　三组血清炎症反应指标检测结果比较

检测时间	组别	IL-6/(pg/mL)	TNF-α/(pg/mL)
治疗前	A 组	49.88±6.25	62.16±8.26
	B 组	50.21±5.51	63.75±8.44
	C 组	49.75±6.37	63.39±8.15
治疗 3 个月	A 组	40.87±4.98[#]	52.66±7.22[#]
	B 组	33.21±5.43[#*]	40.73±6.31[#*]
	C 组	32.58±5.25[#*]	38.92±6.25[#*]
治疗 6 个月	A 组	39.11±6.68[#]	44.58±6.75[#]
	B 组	32.95±6.52[#*]	34.26±5.42[#*]
	C 组	30.43±5.78[#*]	31.45±5.11[#*]

注:与治疗前相应值比,[#] $P<0.05$;与 A 组相应值比较,[*] $P<0.05$。

据夏星等(2018)

李楠等(2019)研究了姜黄素(Cur)固体脂质纳米粒(SLN)干粉吸入剂(DPI)的体外释药性能、小鼠体内急性毒性及对哮喘模型小鼠炎症反应的影响。体外实验采用喷雾干燥法将微乳法制备的 Cur-SLN 混悬液微粉化后与乳糖(200 目)等充分混匀制成 Cur-SLN-DPI。利用动态膜透析法考察体外释药情况,比较 Cur 原料药、Cur-SLN、Cur-SLN-DPI 分别在 3 种释放介质[含 1.0%十二烷基硫酸钠(SDS)的磷酸盐缓冲液(PBS,pH 7.4)、含 0.2%聚山梨酯 80 的 PBS(pH 7.4)、生理盐水-20%乙醇溶液]中释放 5 min、15 min、30 min 和 1 h、1.5 h、3 h、6 h、8 h、12 h、18 h、24 h、36 h、48 h 的释放曲线,并筛选合适的释药模型。体外急性毒性试验考察了尾静脉注射最大剂量 2000 mg/kg Cur-SLN-DPI 对 KM 小鼠的影响。将 KM 小鼠随机分为正常对照组、模型组、阳性药物组(布地奈德 3 mg)和 Cur-SLN-DPI 高、低剂量组(100 mg/kg、50 mg/kg),每组 7 只,以卵蛋白(OVA)为致敏原复制哮喘模型,每周一、三、五雾化 OVA 激发哮喘前 30 min 雾化给药,连续 3 周。末次激发 24 h 内,计数肺泡灌洗液(B)ALF 中白细胞总数、淋巴细胞数、中性粒细胞数和嗜酸性粒细胞数,观察支气管和肺组织的病理学变化。结果显示:与 Cur 原料药比较,Cur-SLN 和 Cur-SLN-DPI 均具有缓释作用,且 Cur-SLN-DPI 在 3 种释放介质中的缓释更平稳,释药特征均符合 Weibull 模型。尾静脉注射 2000 mg/kg Cur-SLN-DPI 对小鼠无明显的急性毒性。如表 3-7-82 所示,与正常对照组比较,模型组小鼠 BALF 中白细胞总数、淋巴细胞数、中性粒细胞数、嗜酸性粒细胞数均明显增加($P<0.01$),支气管黏膜上皮被覆假复层纤毛柱状细胞,周围炎症细胞浸润严重,肺淤血,中度间质性肺炎;与模型组比较,各给药组小鼠 BALF 中上述细胞数均明显降低($P<0.01$),Cur-SLN-DPI 低、高剂量组小鼠气管病变均改善,肺部淤血减轻,且高剂量组减轻更明显。综上可得,Cur-SLN-DPI 具有体外缓释作用,对小鼠无明显急性毒性,可改善哮喘模型小鼠的气管炎症反应和降低肺部淤血程度。

表 3-7-82　各组小鼠 BALF 中炎症细胞计数结果($\bar{x}\pm s$)

组别	n	细胞数/(10^9 L^{-1})			
		白细胞	淋巴细胞	中性粒细胞	嗜酸性粒细胞
正常对照组	7	4.557±1.852	2.771±1.588	0.114±0.038	1.671±0.618
模型组	7	26.371±4.455**	16.91±2.910**	0.771±0.160**	8.657±4.946**
Cur-SLN-DPI 高剂量组	10	6.970±4.705△△	5.6103.887△△	0.180±0.162△△	1.180±0.951△△
Cur-SLN-DPI 低剂量组	10	9.827±5.200△△	7.490±3.867△△	0.270±0.164△△	2.100±1.405△△
阳性药物组	9	13.956±8.166△△	9.856±6.053△△	0.389±0.169△△	3.722±2.041△△

注:与对照组比较,** $P<0.01$;与模型组比较,△△ $P<0.01$。

据李楠等(2019)

8.脑保护作用

Sonic hedgehog(Shh)通路属于 Hedgehog(Hh)信号通路家族的一员,主要包括 Shh 配体、两个跨膜蛋白受体 Ptc 和 Smoothened(Smo)及锌指转录因子 Gli 等。有研究表明,活化的 Shh 信号通路在中枢神经系统中具有改善神经功能、促进神经再生、抗凋亡和抗氧化应激等多重脑保护作用。蒋珍秀等(2019)探讨了姜黄素(Cur)减轻局灶脑缺血/再灌注损伤的可能机制。实验将 75 只大鼠随机分为假手术组(sham)、模型组(tMCAO)和姜黄素组(Cur,100 mg/kg 腹腔注射)($n=15$)。于再灌注后 24 h,用 Longa 评分评价大鼠神经功能;qRT-PCR(定量逆转录-聚合酶链反应)检测大脑皮质缺血半暗带内 Shh、Ptc 和 Smo mRNA 含量;免疫荧光共聚焦检测大脑缺血半暗带内 NeuN 阳性细胞数量和 Gli 蛋白在细胞内分布。结果显示,再灌注后 24 h,Cur 组大鼠 Longa 评分明显低于 tMCAO 组($P<0.05$);Cur 组大脑皮质缺血半暗带内 NueN 阳性神经元较 tMCAO 组明显增多($P<0.05$);与 sham 相比,tMCAO 组大脑皮质半暗带内 Shh、Ptc 和 Smo mRNA 表达明显升高($P<0.05$);Cur 组上述 mRNA 进一步升高($P<0.05$);sham 组缺血半暗带内 Gli-1 蛋白主要分布在细胞质,缺血后 Gli-1 蛋白部分转位至细胞核,Cur 组 Gli-1 蛋白主要分布在细胞核。由此可知,姜黄素治疗可促进局灶脑缺血/再灌注模型大鼠神经功能恢复,减少大脑皮质缺血半暗带内神经元丢失。

梁岚等(2018)探讨了大鼠创伤性脑损伤模型中核因子 E2 转录相关因子 2(Nrf2)及抗氧化应激相关因子的含量或活性的改变,研究了姜黄素对大鼠脑损伤的保护作用及抗氧化应激机制。实验选取 SPF 级雄性 SD

大鼠 20 只,分为正常对照组、脑损伤模型组(TBI 组)、脑损伤溶剂组(TBI+S 组)、脑损伤姜黄素处理组(TBI+C 组),每组各 5 只。其中正常对照组仅给予麻醉和生理盐水处理,TBI 组、TBI+S 组和 TBI+C 组均使用自由落体式脑外伤造模装置进行造模,随后分别给予等量生理盐水、0.05%DMSO 溶剂和 5 mg/kg 姜黄素处理,1 d 后处死所有大鼠并取脑组织,提取 RNA 和蛋白。qRT-PCR 检测 Nrf2 的 mRNA 表达,Western 印记检测 Nrf2 蛋白的表达。化学比色法检测大鼠脑组织匀浆液中丙二醛(MDA)和还原型谷胱甘肽(GSH)的含量、过氧化氢酶(CAT)和超氧化物歧化酶(SOD)的活性,酶联免疫吸附法(ELISA)检测诱导型一氧化氮合酶(iNOS)和血红素氧合酶-1(HO-1)的含量。结果(见表 3-7-83~表3-7-86)显示,与正常对照组相比,TBI 组、TBI+S 组脑组织中 Nrf2 的 mRNA 和蛋白表达均显著增加,MDA 含量、iNOS 和 HO-1 的活性均增加,GSH 含量、SOD 和 CAT 的活性均降低,差异有显著性($P<0.05$)。与 TBI 组、TBI+S 组相比,TBI+C 组 Nrf2 的 mRNA 和蛋白表达水平显著降低,MDA 含量、iNOS 和 HO-1 的活性均降低,GSH 含量、SOD 和 CAT 的活性均增加,差异有显著性($P<0.05$),而 TBI 组与 TBI+S 组之间差异无显著性($P<0.05$)。综上可得,姜黄素对脑损伤大鼠具有抗氧化应激的作用,它能够通过降低 Nrf2 的表达,改变机体抗氧损伤相关指标,由此可能起到对 TBI 脑组织的保护作用

表 3-7-83　Nrf2 在脑组织中的 mRNA 蛋白表达($n=5$)

组别	Nrf2 蛋白表达	Nrf2 mRNA 蛋白表达
正常对照组	1.00 ± 0.04	0.82 ± 0.18
TBI 组	$2.41\pm0.32^*$	$1.51\pm0.24^*$
TBI+S 组	$2.25\pm0.23^*$	$1.46\pm0.22^*$
TBI+C 组	$1.54\pm0.06^\#$	$1.15\pm0.09^\#$
F	53.390	13.932
P	0.000	0.000

注:与正常对照组比较,$^*P<0.05$;与 TBI 组、TBI+S 组比较,$^\#P<0.05$。

据梁岚等(2018)

表 3-7-84　脑外伤对大鼠脑组织中 MDA、GSH、SOD、CAT 含量/活性的影响($n=5$)

组别	MDA/(μmol/g)	GSH/(μmol/g)	SOD/(U/g)	CAT/(U/g)
正常对照组	2.4 ± 0.7	1.98 ± 0.21	17.75 ± 2.18	2.45 ± 0.27
TBI 组	$8.3\pm0.4^*$	$1.05\pm0.35^*$	$13.44\pm1.87^*$	$1.07\pm0.17^*$
TBI+S 组	$8.1\pm0.4^*$	$1.01\pm0.31^*$	$13.90\pm1.95^*$	$1.09\pm0.19^*$
TBI+C 组	$3.2\pm0.3^\#$	$2.01\pm0.42^\#$	$16.27\pm1.77^\#$	$2.77\pm0.34^\#$
F	230.642	14.263	5.417	62.914
P	0.000	0.000	0.009	0.000

注:与正常对照组比较,$^*P<0.05$;与 TBI 组、TBI+S 组比较,$^\#P<0.05$。

据梁岚等(2018)

表 3-7-85　脑外伤对大鼠脑组织中 HO-1 和 iNOS 含量的影响($n=5$)

组别	HO-1/(pg/mg)	iNOS/(ng/mg)
正常对照组	186.20 ± 0.72	66.68 ± 3.46
TBI 组	$293.42\pm3.19^*$	$199.37\pm3.48^*$
TBI+S 组	$287.22\pm5.02^*$	$202.83\pm4.78^*$
TBI+C 组	$191.17\pm3.27^\#$	$95.28\pm3.18^\#$
F	1483.011	1734.844
P	0.000	0.000

注:与正常对照组比较,$^*P<0.05$;与 TBI 组、TBI+S 组比较,$^\#P<0.05$。

据梁岚等(2018)

表 3-7-86　免疫组化检测脑组织中的 Nrf2 表达（$n=5$）

组别	Nrf2 蛋白表达/分
正常对照组	1.52 ± 0.43
TBI 组	$8.34\pm0.30^*$
TBI＋S 组	$7.89\pm0.25^*$
TBI＋C 组	$4.01\pm0.74^\#$
F	253.06
P	0.000

注：与正常对照组比较，$^*P<0.05$；与 TBI 组、TBI＋S 组比较，$^\#P<0.05$。

据梁岚等（2018）

　　L6H4 是以姜黄素为先导化合物，去除不稳定的 β-二酮基团后合成的姜黄素衍生物，除了具有姜黄素的生物活性外，还具有更好的溶解性和生物利用度。王芳等（2018）探讨了姜黄素类似物 L6H4 对 2 型糖尿病及高脂大鼠脑组织的保护作用及机制。实验将雄性 SD 大鼠随机分为正常组、高脂组、高脂治疗组、糖尿病组和糖尿病治疗组 5 组，每组 8 只。后四组高脂高糖喂养 4 周后，糖尿病组及糖尿病治疗组按 30 mg/kg 单次腹腔注射链脲佐菌素诱导 2 型糖尿病模型。高脂治疗组和糖尿病治疗组分别按 0.2 mg/(kg·d) 的剂量给予姜黄素类似物 L6H4 灌胃治疗 8 周，其余组分别给予同等容积羧甲基纤维素钠灌胃对照。光镜及透射电镜下观察大鼠脑组织形态改变。TBA 法检测各组大鼠脑组织丙二醛（MDA）水平，羟胺法检测各组大鼠脑组织超氧化物歧化酶（SOD）活性。Western 印记法检测各组大鼠脑组织 B 淋巴细胞瘤-2 基因相关 X 蛋白（Bax）、B 淋巴细胞瘤-2 基因（Bcl-2）蛋白表达水平及 Bax/Bcl-2 比值。结果显示，高脂组及糖尿病组大鼠脑组织可见神经元变性、坏死及脱髓鞘，糖尿病组大鼠神经元细胞凋亡明显增加；经姜黄素类似物 L6H4 治疗后，高脂治疗组和糖尿病治疗组大鼠脑组织形态学损害得到明显改善，糖尿病治疗组大鼠神经元细胞凋亡明显减少。如表 3-7-87、表 3-7-88 所示，与正常组比较，高脂组大鼠 MDA 水平升高，脑组织 Bax 蛋白表达水平、Bax/Bcl-2 比值均升高，Bcl-2 蛋白表达水平均降低（均 $P<0.05$）；经姜黄素类似物 L6H4 治疗后，与高脂组比较，高脂治疗组大鼠 MDA 水平降低，脑组织 Bax 蛋白表达水平、Bax/Bcl-2 比值均降低（均 $P<0.05$）。与正常组比较，糖尿病组大鼠 MDA 水平升高，SOD 活性明显降低，脑组织 Bax 蛋白表达水平、Bax/Bcl-2 比值均升高，Bcl-2 蛋白表达水平均降低（均 $P<0.05$）；经姜黄素类似物 L6H4 治疗后，与糖尿病组比较，糖尿病治疗组大鼠 MDA 水平降低、SOD 活性升高，脑组织 Bax 蛋白表达水平、Bax/Bcl-2 比值均降低，Bcl-2 蛋白表达水平升高（均 $P<0.05$）。综上可知，姜黄素类似物 L6H4 对 2 型糖尿病及高脂大鼠脑组织有保护作用，在糖尿病脑病中具有十分重要的潜在价值，可能与其抗凋亡和抑制氧化应激有关。

表 3-7-87　各组大鼠脑组织 MDA 水平和 SOD 活性比较

组别	n	MDA 水平/(nmol/mg prot)	SOD 活性/(U/mg prot)
高脂组	8	$6.59\pm0.35^*$	49.14 ± 2.26
高脂治疗组	8	$4.64\pm0.21^\triangle$	57.22 ± 1.15
糖尿病组	8	$9.42\pm0.83^*$	$42.10\pm1.14^{**}$
糖尿病治疗组	8	$6.20\pm0.60^\blacktriangle$	$51.49\pm2.21^\blacktriangle$
正常组	8	4.22 ± 0.34	59.26 ± 0.60
P 值		<0.05	<0.05

注：与正常组比较，$^*P<0.05$，$^{**}P<0.01$；与高脂组比较，$^\triangle P<0.05$；与糖尿病组比较，$^\blacktriangle P<0.05$。

据王芳等（2018）

表 3-7-88　各组大鼠脑组织 Bax、Bcl-2 蛋白表达水平及 Bax/Bcl-2 比值比较

组别	n	Bax	Bcl-2	Bax/Bcl-2
高脂组	8	0.88±0.04**	0.58±0.51*	1.53±0.21*
高脂治疗组	8	0.53±0.30△△	0.99±0.12	0.53±0.04△
糖尿病组	8	0.81±0.06**	0.48±0.02**	1.69±0.18*
糖尿病治疗组	8	0.58±0.02▲	0.80±0.03▲▲	0.82±0.05▲
正常组	8	0.34±0.03	0.85±0.21	0.41±0.05
P 值		<0.05	<0.05	<0.05

注:与正常组比较,* $P<0.05$,** $P<0.01$;与高脂组比较,△ $P<0.05$,△△ $P<0.01$;与糖尿病组比较,▲ $P<0.05$,▲▲ $P<0.01$。

据王芳等(2018)

谭华等(2003)观察了姜黄素(Cur)对脑梗死患者血浆超氧化物歧化酶及丙二醛的影响,探讨了 Cur 治疗脑梗死的效果和机制。实验将 65 例脑梗死患者随机分为非 Cur 组和 Cur 组,非 Cur 组常规治疗使用阿司匹林、胞二磷胆碱、扩血管药物及对症治疗,Cur 组在常规治疗的基础上加用姜黄素胶囊剂,每天 450 mg,分 3 次服用。另设对照组 40 例,均为健康体检者,分别于治疗前和治疗后测定血浆 SOD 活性及 MDA 含量。结果(见表 3-7-89、表 3-7-90)显示,SOD 活性治疗前 Cur 组及非 Cur 组均较对照组低($P<0.001$);治疗后 Cur 组明显增加,其增加率与非 Cur 组比较,差异有显著性($P<0.001$)。MDA 含量治疗前 Cur 组及非 Cur 组均较正常组高($P<0.001$),治疗后 Cur 组明显降低,其降低率与非 Cur 组比较,差异有显著性($P<0.001$)。临床神经功能缺损在治疗前,Cur 组与非 Cur 组比较,差异无显著性($P>0.05$);临床神经功能缺损在治疗后,Cur 组较非 Cur 组明显降低,其降低率与非 Cur 组比较,差异有显著性($P<0.001$)。由此可知,常规治疗加用姜黄素治疗脑梗死具有一定的临床效果,且未发现毒副反应。

表 3-7-89　Cur 组及非 Cur 组治疗前后 SOD 活性、MDA 含量比较($\bar{x}±s$)

组别	例数	SOD/(U/mL)			MDA/(μmol/L)		
		治疗前	治疗后	增加率/%	治疗前	治疗后	降低率/%
Cur	33	83.62±13.21*	115.67±14.69	38.33±6.08△	12.98±1.32*	8.79±1.2	32.28±5.27△
非 Cur	32	81.92±12.67*	92.37±13.21	12.76±3.21	12.67±1.29*	11.67±1.02	7.89±1.21
对照	40	108.22±16.02	—	—	7.63±1.71	—	—

注:与对照组比较,* $P<0.001$;与非 Cur 组比较,△ $P<0.001$。

据谭华等(2003)

表 3-7-90　Cur 组及非 Cur 组治疗后临床神经功能缺损评分变化($\bar{x}±s$)

组别	例数	临床神经功能缺损评分		
		治疗前	治疗后	降低率/%
Cur	33	28.76±14.49	13.37±7.21	52.26±24.21*
非 Cur	32	28.29±13.65	19.63±9.58	30.61±13.98

注:与非 Cur 组比较,* $P<0.001$。

据谭华等(2003)

既往研究发现,脑缺血可诱导基质金属蛋白酶-9(matrix metallo proteinase,MMP-9)表达,通过促进细胞外基质(extracellular matrix,ECM)降解和再灌注后血脑屏障开放,引起脑出血、脑水肿和白细胞浸润,最终导致神经功能损伤。

徐芳等(2011)研究了通过动态观察大鼠 I/R 及姜黄素处理对血脑屏障通透性和 MMP-9 表达的影响,探讨了姜黄素的脑保护作用及可能机制。实验将雄性 SD 大鼠随机分为 3 组(每组 6 只)——脑 I/R 模型组(模型组)、假手术组和姜黄素组。模型组大鼠建立局灶性脑 I/R 模型,线栓从颈外动脉至颈内动脉插入大脑中动脉遇阻即止,进线长度 18~20 mm,栓塞成功的大鼠在缺血后 2 h 拔除线栓至颈外动脉残端内,恢复血流灌注,制备大鼠局灶性脑缺血再灌注损伤模型;假手术组大鼠术后插入线栓深度为 10 mm,不形成栓塞;姜黄素组在缺血前 1 h 腹腔注射姜黄素 200 mg/kg,随后每 12 h 腹腔注射姜黄素 60 mg/kg(共 5 次)。各组大鼠于再灌注后 3 h,24 h,72 h 测定脑组织含水量、伊文斯蓝(EB)含量(反映血脑屏障破坏情况),Western 印迹法测定脑组织基质金属蛋白酶-9(MMP-9)表达水平。结果(见表 3-7-91、表 3-7-92)表明,模型组大鼠再灌注后各时间点脑组织含水量明显增加,与假手术组比较,差异有统计学意义($P<0.01$),模型组大鼠脑组织 EB 含量与假手术组比较明显增加($P<0.01$),MMP-9 高表达;姜黄素组脑组织含水量较模型组明显减少($P<0.01$),同时姜黄素组大鼠脑组织 EB 含量较模型组明显减少($P<0.01$);并降低 MMP-9 表达水平。综上可知,姜黄素可以降低大鼠脑组织内 EB 含量和脑组织含水量,表明姜黄素对脑缺血后血脑屏障具有保护作用。即姜黄素可通过降低血脑屏障通透性、抑制 MMP-9 表达而发挥其对 I/R 损伤的保护作用,具有较好的临床应用前景。

表 3-7-91　各组大鼠脑组织含水量比较($\bar{x}\pm s$)　　　　　　　　　　　　　　　单位:%

时间	假手术组	模型组	姜黄素组
3 h	76.14±4.32	89.36±2.65[1]	82.45±2.14[2]
24 h	75.63±2.15	86.25±4.82[1]	80.35±3.52[2]
72 h	76.28±3.24	85.41±3.65[1]	79.32±1.97[2]

注:与假手术组比较,[1] $P<0.01$;与模型组比较,[2] $P<0.01$。
据徐芳等(2011)

表 3-7-92　各组大鼠脑组织 EB 含量比较($\bar{x}\pm s$)　　　　　　　　　　　　　　单位:$\mu g/g$

时间	假手术组	模型组	姜黄素组
3 h	1.62±0.04	3.96±0.055[1]	2.23±0.04[2]
24 h	1.58±0.04	3.75±0.04[1]	2.13±0.03[2]
72 h	1.62±0.03	3.59±0.05[1]	2.05±0.03[2]

注:与假手术组比较,[1] $P<0.01$;与模型组比较,[2] $P<0.01$。
据徐芳等(2011)

冯刚等(2009)研究探讨了姜黄素对大鼠局灶性脑缺血再灌注损伤的保护作用及其可能机制。实验采用线栓法制备大鼠大脑中动脉缺血再灌注模型,随机分成假手术组、对照组、100 mg/kg 姜黄素组及 300 mg/kg 姜黄素组,分别在脑缺血再灌注后 24 h 处死,观察大鼠神经功能缺失的评分,应用 TTC 染色观察梗死体积,尼氏染色观察神经元形态结构特征,TUNEL 染色计数凋亡神经元,荧光免疫组化及 Western 印记法检测 Caspase-3 蛋白的表达变化。结果显示,姜黄素能明显改善大鼠缺血再灌注后的神经功能缺损,缩小梗死体积,明显减少 TUNEL 染色阳性细胞数,下调 Caspase-3 蛋白的表达。由此可知,姜黄素对大鼠局灶性脑缺血再灌注损伤具有良好的神经保护作用,这可能与其减少 Caspase-3 的表达,抑制缺血神经元的凋亡密切相关。

9. 保护肾脏

胡林义等(2018)探讨了姜黄素对染镉大鼠肾脏损伤的保护作用。实验选取 8 周龄健康 Wistar 大鼠 48 只,按照数字表法随机分为对照组、染镉组、姜黄素组,每组各 16 只。对照组腹腔注射生理盐水 20 mg/kg,染镉组腹腔注射氯化镉溶液 1.4 mg/kg,姜黄素组在染毒组基础上,皮下注射姜黄素 50 mg/kg。各组均为每周 5 次,每日 1 次,连续注射 5 周。分别检测造模前后大鼠体质量、肾脏质量系数;24 h 尿液、尿镉含量、β_2 微球蛋白;血镉含量、尿素氮(BUN)、血清肌酐(Scr);肾皮质中超氧化物歧化酶(SOD)、丙二醛

（MDA）、谷胱甘肽过氧化物酶（GSH-Px）、肾皮质镉含量。结果（见表3-7-93～表3-7-95）显示，与对照组比较，染镉组和姜黄素组大鼠体质量、肾脏质量系数明显降低；24 h尿量、β_2微球蛋白、尿镉含量明显升高；血镉、BUN、Scr含量明显升高；肾皮质中SOD、GSH-Px活性明显降低，MDA、镉含量明显升高，差异有统计学意义（$P<0.05$）。与染镉组比较，姜黄素组大鼠体质量、肾脏质量系数明显升高，24 h尿量、β_2微球蛋白、尿镉含量明显降低；血镉、BUN、Scr含量明显降低；肾皮质中SOD、GSH-Px活力明显升高，MDA、肾皮质镉含量明显降低，差异有统计学意义（$P<0.05$）。由此可知，姜黄素明显保护了镉对大鼠肾功能的损害，抑制肾组织发生脂质过氧化反应。

表3-7-93 各组大鼠24 h尿量和β_2微球蛋白及尿镉的含量（$\bar{x}\pm s$）

组别	动物数	24 h尿量/mL	β_2微球蛋白/(μg/L)	尿镉含量/(μg/L)
对照组	16	4.881.35	18.650.42	0.0010.001
染镉组	16	6.730.55[a]	26.581.13[a]	0.0230.002[a]
姜黄素组	16	5.190.67[ab]	23.821.08[ab]	0.0160.001[ab]

注：经t检验，与对照组比较，[a]$P<0.05$；与染镉组比较，[b]$P<0.05$。
据胡林义等（2018）

表3-7-94 各组大鼠血镉含量和肾功能比较（$\bar{x}\pm s$，$n=16$）

组别	血镉含量/(μg/L)	BUN/(mmol/L)	Scr/(μmol/L)
对照组	0.050±0.005	4.42±0.23	33.75±2.42
染镉组	1.341±0.725[a]	6.98±0.59[a]	52.38±4.46[a]
姜黄素组	0.701±0.356[ab]	5.56±0.32[ab]	49.36±3.05[ab]

注：经t检验，与对照组比较，[a]$P<0.05$；与染镉组比较，[b]$P<0.05$。
据胡林义等（2018）

表3-7-95 各组大鼠肾皮质中SOD、GSH-Px活力和MDA、镉含量的比较（$\bar{x}\pm s$，$n=16$）

组别	SOD/(U/mg)	MDA/(μmol/g)	GSH-Px/(U/mg)	肾皮质镉含量/(μg/g)
对照组	85.21±7.76	2.24±0.42	186.53±24.75	1.386±1.321
染镉组	36.68±6.38[a]	4.58±0.69[a]	63.42±20.48[a]	52.678±5.023[a]
姜黄素组	57.25±9.87[ab]	3.16±0.57[ab]	116.73±25.97[ab]	31.254±4.375[ab]

注：经t检验，与对照组比较，[a]$P<0.05$；与染镉组比较，[b]$P<0.05$。
据胡林义等（2018）

柏合等（2017）研究分析了姜黄素对2型糖尿病肾病大鼠肾脏的保护作用。在2016年6月至12月期间，实验选取实验室雄性大鼠40只进行研究，随机分为模型组和对照组，其中10只为对照组，用基础饲料喂养1周，30只为模型组，在予以基础饲料的同时予以高脂高糖饲料（3%蛋黄、20%蔗糖、18%猪油、59%基础饲料），模型成功大鼠分为模型组、低剂量组（姜黄素200 mg/kg）和高剂量组（姜黄素300 mg/kg），对不同组大鼠肾脏病理学变化、尿素氮、血清肌酐以及血糖变化情况进行比较分析。结果（见表3-7-96、表3-7-97）显示，对照组大鼠给药14 d、21 d、28 d、31 d的体质量与模型组存在较大差异，有统计学意义（$P<0.05$）；低剂量组大鼠和高剂量组大鼠给药28 d、31 d的体质量与模型组存在较大差异，有统计学意义（$P<0.05$）；对照组大鼠血糖、血肌酐、尿素氮水平与模型组差异显著，有统计学意义（$P<0.05$）；高剂量组大鼠血糖、血肌酐、尿素氮水平与模型组差异显著，有统计学意义（$P<0.05$）；低剂量组大鼠血肌酐、尿素氮水平与模型组差异显著，有统计学意义（$P<0.05$）；模型组大鼠肾脏病变明显，低剂量组、高剂量组肾脏病变程度比模型组轻。由此可得，姜黄素具有保护2型糖尿病肾病大鼠肾脏的作用。

表 3-7-96　各组大鼠不同用药时刻的体质量水平比较

组别	剂量/(mg/kg)	给药 1 d/g	给药 7 d/g	给药 14 d/g	给药 21 d/g	给药 28 d/g	给药 31 d/g
对照组	—	429.27±12.13	437.25±15.34	448.59±17.21	443.39±15.63	460.57±15.35	450.92±14.78
模型组	—	413.49±14.34	392.78±14.79	399.58±16.24	393.28±16.57	345.28±16.67	350.21±16.10
低剂量组	200	412.27±9.56	394.68±10.24	383.28±12.58	392.21±12.20	388.14±11.89	389.75±11.13
高剂量组	300	413.39±11.37	403.76±12.11	413.69±13.34	420.57±13.56	418.62±12.10	413.68±11.72

据柏合等(2017)

表 3-7-97　各组大鼠血糖、血肌酐、尿素氮水平比较($\bar{x}\pm s$)

组别	剂量/(mg/kg)	血糖/(mmol/L)	血肌酐/(μmol/L)	尿素氮/(mmol/L)
对照组	—	5.46±0.21	24.38±1.17	9.56±1.02
模型组	—	19.78±2.15	48.73±1.34	16.14±1.58
低剂量组	200	16.14±1.76	43.57±1.12	12.35±1.67
高剂量组	300	12.21±1.08	38.49±1.05	11.28±1.33

据柏合等(2017)

陈燕珍等(2017)研究了急性百草枯中毒大鼠肾损伤炎症因子的动态变化及姜黄素的干预效果和机制。实验将 60 只 SD 大鼠随机分成正常对照组、姜黄素对照组、百草枯染毒组(2%百草枯溶液 2 mL/kg 灌胃染毒)和姜黄素干预组,每组各 15 只,分别在 15 min、24 h 和 48 h 于腹腔内注射 5 mL/kg 姜黄素。观察各组大鼠行为学改变。处理后第 1、3、7 天留取肾组织并抽取静脉血,采用苦味酸比色法测定血清肌酐水平,脲酶法测定尿素氮水平,ELISA 法分别测定白细胞介素-1β(IL-1β)、白细胞介素-6(IL-6)、白细胞介素-10(IL-10)和肿瘤坏死因子(TNF-α)水平,Western 印记法检测大鼠肾组织 NF-κB(核转录因子 κB)表达量。观察光镜下各组大鼠肾组织的病理变化。结果(见表 3-7-98～表 3-7-100)显示,正常对照组、姜黄素对照组各大鼠活动灵敏,反应自如,进食正常,皮毛光滑。百草枯染毒组大鼠在染毒 30 min 后活动增多,呈易惹状态,6 h 后表现懒散,活动量逐渐减少,走路晃动,呼吸急促,毛发战栗,不进食,3 d 时表现程度最重。姜黄素干预组以上症状均较百草枯染毒组为轻。与正常对照组比较,姜黄素对照组各项指标水平无明显变化($P>0.05$)。百草枯染毒组肌酐、尿素氮水平和 NF-κB 表达显著升高,肌酐、尿素氮水平在第 3 天达到峰值,NF-κB 表达在第 1、3、7 天持续升高($P<0.05$),百草枯染毒组 IL-1β、IL-6、IL-10、TNF-α 水平均显著升高,IL-1β、IL-10、TNF-α 水平在第 3 天达峰值,IL-6 水平则持续升高($P<0.05$)。与百草枯染毒组相比,姜黄素干预组在第 1、3、7 天,肌酐、尿素氮水平和 NF-κB 表达显著下降,IL-1β、IL-6、TNF-α 水平亦显著降低,IL-10 水平则显著升高($P<0.05$)。光学显微镜下可见,百草枯染毒组大鼠肾组织在染毒后第 3 天,病理损害最严重,各个时间点姜黄素干预组病理损害均较百草枯染毒组有所减轻。综上可得,姜黄素可通过下调 NF-κB 的表达,降低肾组织中炎症因子 TNF-α、IL-1β、IL-6 水平,升高 IL-10 水平来减轻百草枯所致肾损伤的炎症反应,对急性百草枯中毒所致的肾损伤有一定的保护作用。

表 3-7-98　各组大鼠血清肌酐、尿素氮水平变化

组别	肌酐/(μmol/L)			尿素氮/(mmol/L)		
	第 1 天	第 3 天	第 7 天	第 1 天	第 3 天	第 7 天
百草枯染毒组	57.754 9±2.359 7*	84.614 3±0.857 5*	69.448 7±2.306 2*	17.169 1±0.324 2*	23.935 5±0.547 7*	20.661 6±0.375 1*
姜黄素干预组	44.725 7±2.310 9*△	63.775 0±1.708 7*△	53.328 3±1.979 0*△	13.844 4±0.284 4*△	17.851 7±0.491 7*△	5.039 5±0.223 3*△
姜黄素对照组	32.742 0±1.332 3	32.063 4±1.254 9	32.369 7±1.278 2	7.212 7±0.081 3	7.199 4±0.092 2	7.202 6±0.119 8
正常对照组	32.629 2±1.449 6	32.654 6±0.975 3	32.242 6±1.818 9	7.173 1±0.113 9	7.209 2±0.098 6	7.134 0±0.205 8

注:与正常对照组比较,$^*P<0.05$;与百草枯染毒组比较,$^{*△}P<0.05$。

据陈燕珍等(2017)

表 3-7-99　各组大鼠肾组织血清 IL-1β、TNF-α mRNA 表达水平

组别	IL-1β/(pg/mg prot)			TNF-α mRNA/(ng/mg prot)		
	第 1 天	第 3 天	第 7 天	第 1 天	第 3 天	第 7 天
百草枯染毒组	25.800 8±3.140 2*	49.620 4±2.587 8*	34.340 6±3.602 7*	46.830 6±5.911 2*	87.264 5±4.806 0*	59.289 6±7.885 4*
姜黄素干预组	15.480 7±2.104 0*	35.026 0±4.185 8*△	23.082 4±1.956 9*△	37.119 6±3.604 5*△	66.354 3±4.010 4*△	46.364 4±5.599 8*△
姜黄素对照组	7.096 2±1.833 5	7.512 0±0.599 2	7.200 6±0.852 6	11.508 4±0.920 4	11.637 9±2.767 0	11.675 6±2.473 6
正常对照组	7.076 3±1.028 4	7.249 6±1.704 4	7.144 5±0.980 5	11.328 5±2.732 2	11.342 3±2.300 4	11.486 5±2.406 3

注：与正常对照组比较，* $P<0.05$；与百草枯染毒组比较，*△ $P<0.05$。

据陈燕珍等(2017)

表 3-7-100　各组大鼠肾组织血清 IL-6、IL-10 表达水平变化

组别	IL-6/(ng/mg prot)			IL-10/(ng/mg prot)		
	第 1 天	第 3 天	第 7 天	第 1 天	第 3 天	第 7 天
百草枯染毒组	53.430 1±3.827 6*	53.430 1±3.827 6*	53.430 1±3.827 6*	53.430 1±3.827 6*	53.430 1±3.827 6*	53.430 1±3.827 6*
姜黄素干预组	36.139 8±3.779 8*△	36.139 8±3.779 8*△	36.139 8±3.779 8*△	36.139 8±3.779 8*△	36.139 8±3.779 8*△	36.139 8±3.779 8*△
姜黄素对照组	13.690 2±1.410 0	13.690 2±1.410 0	13.690 2±1.410 0	13.690 2±1.410 0	13.690 2±1.410 0	13.690 2±1.410 0
正常对照组	13.853 7±1.871 2	13.853 7±1.871 2	13.853 7±1.871 2	13.853 7±1.871 2	13.853 7±1.871 2	13.853 7±1.871 2

注：与正常对照组比较，* $P<0.05$；与百草枯染毒组比较，*△ $P<0.05$。

据陈燕珍等(2017)

黄映红等(2004)研究了姜黄素对糖尿病大鼠肾脏(即糖尿病肾病，DN)的保护作用并探讨其保护作用的机制。试验采用链脲佐菌素诱导糖尿病大鼠动物模型，将 30 只雄性 SD 大鼠随机分为正常对照组(NC)、DN 未治疗组(DN)、正常姜黄素治疗组(NC+J)[姜黄素 250 mg/(kg·d)]、DN 姜黄素治疗组(DN+J)[姜黄素 250 mg/(kg·d)]，每组 6 只，给予治疗 6 周后，测定尿白蛋白(M-ALB)排泄量、尿 TXB₂[TXB₂(血栓素 B₂)与蛋白尿以及基底膜病变有关，降低 TXB₂ 水平可改善肾功能，减轻蛋白尿]、Ccr(内生肌酐)、血糖(BS)及溶菌酶(Lys)含量，肾组织光镜和电镜检查了解组织形态，肾组织免疫组化检查观察姜黄素对糖尿病大鼠肾脏皮质转化生长因子 β₁(TGF-β₁)表达影响。结果(见表 3-7-101、表 3-7-102)显示，治疗 6 周后，姜黄素治疗组糖尿病大鼠的 M-ALB 和尿 TXB₂ 排泄量明显下降，Ccr 亦下降。光镜下和电镜下系膜区基质增生明显减轻，肾脏皮质 TGF-β₁ 免疫染色强度比未治疗明显减轻($P<0.01$)。由此可知，姜黄素对糖尿病大鼠肾脏有保护作用，其机制与抑制糖尿病大鼠肾皮质 TGF-β₁ 蛋白过度表达，以及抑制花生四烯酸类生化途径有关。

表 3-7-101　姜黄素治疗对实验大鼠 BS、Ccr、M-ALB、Lys 的影响

组别	例数	BS/(mmol/L)	Ccr/(mL/min)	M-ALB/(μg/min)	Lys/(mg/L)
DN	6	26.44±1.26[1]	0.35±0.04[1]	1.75±0.45[1]	18.5±23.34
DN+J	6	26.90±1.17[1]	0.18±0.20[3]	0.99±0.38[2][3]	2.0±0.00[2]
NC+J	6	8.07±0.66[3]	0.11±0.017[3]	0.01±0.01[3]	
NC	6	7.58±0.82[3]	0.11±0.022[3]	0.02±0.02[3]	

注：[1] 表示与 NC 比较 $P<0.01$；[2] 表示与 DN 比较 $P<0.05$；[3] 表示与 DN 比较 $P<0.01$。

据黄映红等(2004)

表 3-7-102　姜黄素治疗对实验大鼠 TGF-β₁、TXB₂ 和肾小球系膜基质与肾小球面积的比值的影响

组别	例数	TGF-β_1 平均吸光度	TXB$_2$/pg	肾小球系膜基质与肾小球面积的比值
DN	6	0.24±0.03[1]	119 223.62±28 091.01[1]	0.05±0.06[1]
DN+J	6	0.20±0.03[1][2]	87 228.80±32 194.01[1][2]	0.43±0.03[1][2]
NC+J	6	0.13±0.03[2]	12 833.7±7303.73[2]	0.32±0.02[2]
NC	6	0.14±0.03[2]	15 271.06±6013.39[2]	0.323±0.04[2]

注:[1] 表示与 NC 比较 $P<0.01$;[2] 表示与 DN 比较 $P<0.05$。

据黄映红等(2004)

10. 防治胃溃疡

近些年来胃溃疡的发病率越来越高,大部分研究认为消化性胃溃疡主要与黏膜屏障的损伤和胃酸作用相关,尤其是胃酸异常分泌,对其发生发展具有重要作用,而胃酸分泌多与黏膜壁细胞上的 H^+-K^+-ATP 酶活性密切相关。

何平(2014)探讨了姜黄素在黏膜细胞中对抑制组蛋白乙酰化作用,以及其对 H^+-K^+-ATP 酶基因转录与表达的影响。实验将 40 只雄性 SD 大鼠随机分为 4 组,即正常对照组、溃疡模型组、姜黄素组和熊去氧胆酸组(UDAC)。采用水浸-束缚应激方法建立胃溃疡模型,模型建造成功后检测各组大鼠黏膜溃疡指数(UI)和胃液 pH 值,观察其黏膜大体组织及其病理变化,并通过 qPCR(定量聚合酶链反应)检测黏膜细胞 H^+-K^+-ATP 酶 α 亚基 mRNA 的表达,Western 印迹法检测壁细胞 H^+-K^+-ATP 酶 α 亚基蛋白和黏膜细胞总乙酰化组蛋白的表达,以及染色质免疫共沉淀(Chip)方法分析 H^+-K^+-ATP 酶基因启动子区乙酰化组蛋白 H3(acH3)水平。结果(见表 3-7-103)显示,与正常对照组相比,溃疡模型组大鼠 UI 明显升高,而其胃液 pH 值明显下降,且在显微镜下可见该组大鼠黏膜明显有出血并伴溃疡形成,黏膜壁细胞 H^+-K^+-ATP 酶 mRNA 基因表达明显增高($P<0.01$),壁细胞 H^+-K^+-ATP 酶蛋白和黏膜细胞总乙酰化组蛋白表达明显上调,H^+-K^+-ATP 酶启动子基因位点组蛋白 H3 乙酰化水平也明显升高。与溃疡模型组比较,姜黄素组 UI 明显降低,胃液 pH 值明显上升,镜下黏膜损伤程度较轻,含少量出血,未见明显溃疡形成,壁细胞 H^+-K^+-ATP 酶 mRNA 基因表达明显降低($P<0.01$),壁细胞 H^+-K^+-ATP 酶蛋白和黏膜细胞总乙酰化组蛋白表达明显下调,H^+-K^+-ATP 酶启动子基因位点组蛋白 H3 乙酰化水平也明显下降。姜黄素组与熊去氧胆酸组比较未见明显差异($P>0.05$)。综上可得,姜黄素可有效地减少胃酸分泌,对大鼠胃溃疡模型中黏膜具有良好的保护作用。

表 3-7-103　各组胃液 pH 值和胃黏膜溃疡指数(UI)的变化

组别	n	UI	胃液 pH 值
正常对照组	10	0	3.32±0.29
溃疡模型组	10	33.60±2.46*	1.85±0.31*
姜黄素组	10	22.20±2.78**	2.49±0.39**
熊去氧胆酸组	10	20.30±2.13**	2.51±0.41**

注:与正常对照组相比,* $P<0.01$;与胃溃疡模型组相比,** $P<0.05$。

据何平(2014)

蒋丽军等(2010)探讨了姜黄素对大鼠实验性胃溃疡的作用及机制。试验将 40 只大鼠随机分为 4 组,即正常对照组、溃疡模型组、姜黄素组、奥美拉唑组。采用水浸-束缚(WRS)方法建立大鼠胃溃疡模型,检测各组胃黏膜溃疡指数(UI)、胃液 pH 值、壁细胞 H^+-K^+-ATP 酶活性和 mRNA 基因表达,采用 SPSS 13.0 软件进行统计学分析。结果(见表 3-7-104)显示,与正常对照组相比,溃疡模型组 UI 明显升高($P<0.01$),胃液 pH 值明显下降($P<0.01$),壁细胞 H^+-K^+-ATP 酶活性和 mRNA 基因表达明显升高($P<$

0.01);与溃疡模型组相比,姜黄素组 UI 明显下降($P<0.01$),胃液 pH 值明显上升($P<0.01$),壁细胞 H^+-K^+-ATPP 酶活性和 mRNA 基因表达明显下降($P<0.01$);姜黄素组与奥美拉唑组相比差异无统计学意义($P>0.05$)。因此可知,姜黄素可有效抑制胃溃疡模型大鼠胃壁细胞 H^+-K^+-ATP 酶活性和 mRNA 基因表达,减少胃酸分泌,减轻胃黏膜损伤,对胃溃疡有良好的防治作用。

表 3-7-104　各组大鼠 UI、胃液 pH 值、H^+-K^+-ATP 酶活性及 mRNA 基因表达比较($\bar{x}\pm s$)

组别	n	UI	胃液 pH 值	壁细胞 H^+-K^+-ATP 酶活性/[mmol/(g·h)]	壁细胞 H^+,K^+-ATP 酶 mRNA 基因表达
正常对照组	10	0	2.72±0.11	7.35±0.23	1.09±0.19
溃疡模型组	10	35.63±3.34[1]	1.35±0.09[1]	9.45±0.34[1]	2.86±0.25[1]
姜黄素组	10	15.13±2.42[2][3]	1.81±0.23[2][3]	8.13±0.59[2][3]	2.25±0.23[2][3]
奥美拉唑组	10	14.88±2.53[2]	1.93±0.27[2]	7.97±0.30[2]	2.08±0.25[2]
F 值		145.6.4	69.458	40.717	81.703
P 值		<0.01	<0.01	<0.01	<0.01

注:[1] 表示与正常对照组相比,$P<0.01$;[2] 表示与溃疡模型组相比,$P<0.01$;[3] 表示与奥美拉唑组相比,$P>0.05$。
据蒋丽军等(2010)

11.抗纤维化

黄春芳等(2012)探讨了姜黄素抗 C57BL/6 小鼠肺纤维化与组织蛋白酶 K(cathepsin K)表达的相关性。试验选用博来霉素气管注射造小鼠肺纤维化模型,随机分组——对照组(气管内注入 0.1 mL 生理盐水)、模型组(气管内注入 0.025 U 博来霉素)、姜黄素组(气管内注入 0.025 U 博来霉素);造模第 2 天,对照组和模型组给予 0.5%羧甲基纤维素钠生理盐水灌胃,姜黄素组给予 200 mg/(kg·d)姜黄素(0.5%羧甲基纤维素钠助溶)灌胃,分别于造模后 7 d、14 d、28 d 取材。采用 HE 及 Mallory 染色观察肺组织病理学变化;应用免疫组化检测 cathepsin K 的表达,经图像分析各组之间的差异。HE 及 Mallory 染色结果显示,姜黄素组、模型组与对照组比较都有不同程度的炎症及纤维化病灶,姜黄素组与模型组比较炎症及纤维化程度减轻;姜黄素组、模型组与对照组比较表达都有不同程度增加;姜黄素组与模型组比较 cathepsin K 表达显著增加,其中 14 d,$P<0.01$;7 d 和 28 d,$P<0.05$。因此,姜黄素可能是通过增加 cathepsin K 的表达从而降解胶原而实现抗纤维化作用。

沈能等(2012)观察了姜黄素衍生物(Curc-OEG)抗肝纤维化作用及其机制。实验将雄性 SD 大鼠共分成 4 组:正常组、模型组、姜黄素衍生物组和姜黄素组。用 CCl_4 诱导大鼠形成肝纤维化模型,其中正常组和模型组尾静脉注射生理盐水 0.2 mL/d,姜黄素衍生物组和姜黄素组分别尾静脉注射 100 mg/kg Curc-OEG 和灌胃 400 mg/kg 姜黄素。10 周后,测肝功及肝纤维化指标、肝组织羟脯氨酸(Hpy)水平;HE、天狼星红染色,免疫组化法观察转化生长因子 β_1(TGF-β_1)及 α-平滑肌肌动蛋白(α-SMA)表达;RT-PCR 法测 TGF-β_1 mRNA 水平;Western 印记法测 TGF-β_1 及 α-SMA 蛋白表达。结果(见表 3-7-105)显示,与模型组比较,Curc-OEG 能改善肝功及降低肝纤维化指标,降低 Hpy 含量及肝纤维化程度,抑制 TGF-β_1 及 α-SMA 的表达。因此可知,Curc-OEG 具有明显的抗肝纤维化作用。

表 3-7-105　姜黄素衍生物与姜黄素对大鼠血清中谷丙转氨酶(ALT)和谷草转氨酶(AST)及肝组织中羟脯氨酸(Hyp)含量的影响

组别	ALT/(U/L)	AST/(U/L)	Hyp/(μg/g)
正常组	33.6±3.7##	270.1±50.1##	173.6±29.1##
模型组	513.2±279.6**	700.5±305.9**	412.8±54.3**
姜黄素衍生物组	220.1±148.2*##	366.7±157.3##	293.8±54.3**##
姜黄素组	296.3±215.4**##	509.1±245.9**#	390.1±92**

注:平均值±标准差;与正常对照,* $P<0.05$,** $P<0.01$;与模型组相比,# $P<0.05$,## $P<0.01$。
据沈能等(2012)

12. 保护视网膜

彭栋梁等(2018)探讨了姜黄素对大鼠视网膜缺血/再灌注损伤(RIRI)时内质网应激(ERS)的影响。实验选取清洁级雄性 SD 大鼠 96 只,采用随机数字表法分为 3 组($n=32$):对照组(C 组)、缺血/再灌注组(I/R 组)和姜黄素组(CUR 组)。I/R 组和 CUR 组采用前房灌注法使眼内压升高而制备大鼠 RIRI 模型,缺血 60 min,再灌注 24 h 后结束实验。于缺血前 60 min 时,CUR 组腹腔注射姜黄素 100 mg/kg,C 组和 I/R 组腹腔注射等容量生理盐水。各组于再灌注 24 h 时处死 8 只大鼠,取视网膜组织,光镜下观察病理学改变;采用 TUNEL 法检测视网膜组织细胞凋亡情况并计算凋亡指数(AI)。3 组于再灌注 24 h 时处死 8 只大鼠,取视网膜组织,电镜下观察大鼠视网膜组织超微结构改变。3 组于再灌注 24 h 时处死 8 只大鼠,取视网膜组织,逆转录-聚合酶链反应(RT-PCR)检测大鼠视网膜组织中 CCAAT 增强子结合蛋白(C/EBP)同源蛋白(CHOP)、活化的转录因子 4(ATF4)和 X-盒结合蛋白 1(XBP-1)mRNA 表达。3 组于再灌注 24 h 时处死 8 只大鼠,取视网膜组织,Western 印记法检测大鼠视网膜组织中 B 淋巴细胞瘤-2 基因(Bcl-2)、Bcl-2 相关 X 蛋白(Bax)及含半胱氨酸的天冬氨酸蛋白水解酶 3(Caspase-3)的蛋白表达,计算 Bcl-2/Bax 比值。结果(见表 3-7-106~表 3-7-108)显示,与 C 组比较,I/R 组大鼠视网膜组织 XBP-1、ATF4 和 CHOP mRNA 表达明显上调($P<0.05$);与 I/R 组比较,CUR 组大鼠视网膜组织 XBP-1、ATF4 和 CHOP mRNA 表达明显下调($P<0.05$)。与 C 组比较,I/R 组大鼠视网膜组织 CHOP、Bax 和 Caspase-3 蛋白表达升高,Bcl-2 蛋白表达及 Bcl-2/Bax 比值均下降,与 C 组比较,差异均有统计学意义($P<0.05$);CUR 组大鼠视网膜组织 CHOP、Bax 和 Caspase-3 蛋白表达下降,Bcl-2 蛋白表达及 Bcl-2/Bax 比值均升高,与 I/R 组比较,差异均有统计学意义($P<0.05$)。与 C 组比较,I/R 组大鼠视网膜组织出现形态结构及超微结构损伤,AI 值升高($P<0.05$)。与 I/R 组比较,CUR 组大鼠视网膜组织形态结构及超微结构损伤均减轻,AI 值降低($P<0.05$)。综上可得,姜黄素可减轻大鼠 RIRI,其机制可能与抑制 ERS 介导的细胞凋亡有关。

表 3-7-106　3 组大鼠视网膜组织 AI 的比较($\bar{x}\pm s,n=8$)

组别	AI/%
C 组	1.57 ± 0.19
I/R 组	$14.38\pm4.54^*$
CUR 组	$7.55\pm2.72^\triangle$

注:与 C 组比较,$^*P<0.05$;与 I/R 组比较,$^\triangle P<0.05$。

据彭栋梁等(2018)

表 3-7-107　3 组大鼠视网膜组织 CHOP、ATF4 和 XBP-1 mRNA 表达比较($\bar{x}\pm s,n=8$)

组别	CHOP	ATF4	XBP-1
C 组	0.223 ± 0.016	0.194 ± 0.017	0.206 ± 0.015
I/R 组	$0.738\pm0.034^*$	$0.685\pm0.024^*$	$0.659\pm0.029^*$
CUR 组	$0.542\pm0.023^\triangle$	$0.438\pm0.020^\triangle$	$0.470\pm0.018^\triangle$

注:与 C 组比较,$^*P<0.05$;与 I/R 组比较,$^\triangle P<0.05$。

据彭栋梁等(2018)

表 3-7-108　3 组大鼠视网膜组织 Caspase-3、Bax、Bcl-2、CHOP 蛋白表达和 Bcl-2/Bax 比值比较($\bar{x}\pm s,n=8$)

组别	Caspase-3	Bax	Bcl-2	Bcl-2/Bax 比值	CHOP
C 组	1.13 ± 0.15	1.33 ± 0.24	1.87 ± 0.26	1.42 ± 0.23	1.24 ± 0.24
I/R 组	$2.33\pm0.24^*$	$2.56\pm0.41^*$	$0.96\pm0.16^*$	$0.37\pm0.34^*$	$2.44\pm0.35^*$
CUR 组	$1.45\pm0.18^\triangle$	$1.17\pm0.33^\triangle$	$1.65\pm0.23^\triangle$	$1.44\pm0.26^\triangle$	$1.56\pm0.27^\triangle$

注:与 C 组比较,$^*P<0.05$;与 I/R 组比较,$^\triangle P<0.05$。

据彭栋梁等(2018)

何琼等(2017)观察了姜黄素对糖尿病大鼠视网膜 E26 转录因子-1(Ets-1)表达的影响,探讨了姜黄素治疗抑制糖尿病视网膜病变的可能机制。实验采用腹腔注射链尿佐菌素(STZ)60 mg/kg 诱导大鼠糖尿病模型,将 20 只造模成功的动物随机分成糖尿病组(10 只)、姜黄素治疗组(10 只),取等量正常大鼠作为空白对照组。治疗组在大鼠出现糖尿病表现后按姜黄素 200 mg/(kg·d)灌胃,姜黄素用质量分数 1% 羧甲基纤维素钠配成混悬液后给药,共 8 周。糖尿病组及治疗组同期给予等量的 1% 羧甲基纤维素钠灌胃,连用 8 周。8 周后取大鼠眼球分别行免疫组化,用 ELISA 法测定 Ets-1 浓度。结果(见表 3-7-109)显示,ELISA 法测得糖尿病组的 Ets-1 浓度比正常组增加($P<0.05$),治疗组 Ets-1 浓度比糖尿病组低($P<0.05$),但比正常对照组高($P<0.05$)。免疫组化显示正常对照组视网膜中 Ets-1 阳性细胞微量表达,糖尿病组及姜黄素治疗组大鼠视网膜组织中 Ets-1 阳性细胞大量表达,且姜黄素治疗组大鼠视网膜组织中 Ets-1 阳性细胞表达程度低于糖尿病组。电镜结果提示糖尿病组及姜黄素治疗组均可看到糖尿病视网膜病变的病理改变,但姜黄素治疗组的病理改变程度比糖尿病组要轻。提示姜黄素可抑制糖尿病大鼠视网膜 Ets-1 的表达,从而缓解其糖尿病视网膜病变进程。

表 3-7-109　大鼠视网膜 Ets-1 表达($\bar{x}\pm s$)

组别	n	Ets-1
对照组	10	37.84±6.79
糖尿病组	10	158.43±19.45*
姜黄组	10	106.51±12.44**▲
F		126.97
P		<0.05

注:糖尿病组与正常对照组比较* $P<0.05$,姜黄素组与糖尿病组比较** $P<0.055$,姜黄素组与正常对照组比较▲ $P<0.05$。

据何琼等(2017)

毛新帮等(2015)探讨了低氧诱导因子-1α(HIF-1α)在糖尿病视网膜病变(DR)中的作用及姜黄素早期干预对其表达的影响。实验将 36 只大鼠随机分为两组:对照组(10 只)和造模组(26 只)。将造模组大鼠单次腹腔注射 0.1% 链脉佐菌素(STZ)60 mg/kg 建立糖尿病视网膜病变动物模型。造模成功 20 只,另 6 只造模不成功未纳入实验。将造模成功的 20 只大鼠再随机分为糖尿病视网膜病变组和姜黄素治疗组,每组 10 只。模型建立成功后第 2 天开始,姜黄素治疗组给予 2% 姜黄素混悬液 200 mg/kg 灌胃,连用 8 周;对照组及糖尿病视网膜病变组分别给予等量的 1% 羧甲基纤维素钠灌胃,连用 8 周。8 周后,各组大鼠视网膜组织分别行免疫组织化学检测 HIF-1α 的表达,使用透射电子显微镜观察视网膜感光细胞的结构,使用酶联免疫吸附法(ELISA)检测 HIF-1α 的表达水平。结果显示:与对照组比较,糖尿病视网膜病变组、姜黄素治疗组视网膜组织中 HIF-1α 表达水平均明显升高(均 $P<0.05$);与糖尿病视网膜病变组比较,姜黄素治疗组视网膜组织中 HIF-1α 表达水平明显降低($P<0.05$)。免疫组织化学检测结果显示,糖尿病视网膜病变组含有大量的 HIF-1α 阳性细胞,姜黄素治疗组视网膜组织中 HIF-1α 表达明显少于糖尿病视网膜病变组;糖尿病视网膜病变组光感受器内外节水肿,毛细血管内皮细胞和周细胞染色体边集;姜黄素治疗组大鼠视网膜超微结构的改变轻微。由此可知,早期糖尿病大鼠视网膜组织中有 HIF-1α 的表达,姜黄素可通过下调 HIF-1α 来延缓视网膜病变的发展。

13.调节免疫

近年来多数研究表明姜黄素具有调节免疫系统的功能。魏庆钢等(2017)研究了姜黄素提取物的免疫调节作用。实验选用了 SPF 级 ICR 小鼠本次共设定 3 个剂量组,即 0.30 g/kg、0.60 g/kg、1.80 g/kg,同时设立溶剂对照组,连续 30 d,对小鼠进行经口灌胃,其剂量为 0.1 mL/10 g,并对其各项指标加以检测。针对小鼠细胞免疫功能的检测,其涉及的内容主要为细胞免疫功能测定包括小鼠脾淋巴细胞转化实验和迟发型变态反应实验,针对体液免疫功能测定采用的是血清溶血素测定和抗体生成细胞检测,单核-巨噬细胞功能测定采用小鼠腹腔巨噬细胞吞噬鸡红细胞实验和小鼠碳廓清实验,以及 NK 细胞活性测定。结果(见表 3-7-110、表 3-7-111)显示:在淋巴细胞转化能力(OD)差值上,本次实验的 0.30 g/kg、1.80 g/kg 剂量组与对照组两个小组之间,表现出了十分明显的差异特征($P<0.05$);并且,在半数溶血值(HC_{50})上,0.60 g/kg、1.80 g/kg 剂量组与对照组之间,也表现出明显的差异($P<0.05$)。从而得出结论,姜黄素提取物具有增强免疫力作用。

表 3-7-110 姜黄素提取物对 ConA 诱导的小鼠毗邻淋巴细胞转化实验的影响及其对小鼠迟发型变态反应(DTH)的影响($n=12, \bar{x}\pm s$)

组别	动物数/只	淋巴细胞增殖能力(OD 差值)	足跖肿胀度/mm
0.00 g/kg 组	12	0.378±0.049	0.27±0.09
0.30 g/kg 组	12	0.482±0.081*	0.28±0.06
0.60 g/kg 组	12	0.463±0.085	0.32±0.07
1.80 g/kg 组	12	0.489±0.083*	0.35±0.08

注:0.00 组为对照组,* 表示与对照组比 $P<0.05$。

据魏庆刚等(2017)

表 3-7-111 姜黄素提取物对小鼠血清液溶血素的影响及其对小鼠抗体生成细胞数的影响($n=12, \bar{x}\pm s$)

组别	动物数/只	HC_{50}	溶血空斑数
0.00 g/kg 组	12	42.1±5.1	28.6±3.7
0.30 g/kg 组	12	49.6±4.7	29.8±3.2
0.60 g/kg 组	12	53.2±8.2*	30.6±3.3
1.80 g/kg 组	12	60.7±7.0*	30.9±4.0

注:0.00 组为对照组,* 表示与对照组比 $P<0.05$。

据魏庆刚等(2017)

陈亮等(2008)研究了姜黄素对慢性不可预知应激模型大鼠的肾上腺结构、血清促肾上腺皮质激素(ACTH)浓度和免疫功能的影响及其意义。采用多种不可预知的刺激方式交替、持续应激 20 d 建立大鼠慢性应激模型。随机分为正常对照组、应激模型组、姜黄素组(2.5 mg/kg、5 mg/kg、10 mg/kg)、丙咪嗪组(10 mg/kg),每组 6 只。采用 HE 染色技术,观察应激大鼠肾上腺结构的改变及姜黄素的作用。通过测定应激大鼠外周血中白细胞(WBC)数量和血清中 ACTH 和白细胞介素-1β(IL-1β)含量的改变,观察姜黄素的作用。结果(见表 3-7-112、表 3-7-113)表明:慢性应激大鼠与正常对照组比较肾上腺皮质增厚,髓质萎缩,外周血白细胞数量明显减少(包括淋巴细胞、单核细胞和中性粒细胞百分比下降),血清中 ACTH 和 IL-1β 含量明显增加。姜黄素组大鼠肾上腺结构变化不明显,外周血 WBC 数量不同程度增加,血清中 ACTH 和 IL-1β 含量降低。由此得出结论,姜黄素可能通过调节下丘脑-垂体-肾上腺轴以及免疫系统功能,在慢性应激大鼠模型中显示出抗抑郁活性。

表 3-7-112 姜黄素对应激大鼠 WBC 技术的影响($n=6, \bar{x}\pm s$)

组别	剂量/(mg/kg)	白细胞/(10^{-9}/L)	淋巴细胞/(10^{-9}/L)	单核细胞/(10^{-9}/L)	中性粒细胞/(10^{-9}/L)
正常对照组		8.50±1.03	6.91±0.79	0.32±0.17	1.22±0.14
应激模型组		5.35±0.84##	4.33±0.65##	0.15±0.04#	0.76±0.08##
姜黄素组	2.5	7.13±0.53	5.97±0.45*	0.23±0.05	0.76±0.15

续表

组别	剂量/ (mg/kg)	白细胞/ (10^{-9}/L)	淋巴细胞/ (10^{-9}/L)	单核细胞/ (10^{-9}/L)	中性粒细胞/ (10^{-9}/L)
	5	8.33±0.65**	6.59±0.44**	0.25±0.02	0.82±0.07
	10	8.10±0.53**	6.62±0.33**	0.32±0.01*	1.08±0.10*
丙咪嗪组	10	8.32±0.62**	6.99±0.70**	0.31±0.01	0.99±0.01
F 值		17.859	18.269	3.901	20.666

注:与正常对照组比,[#] $P<0.05$,[##] $P<0.01$;与应激模型组比,[*] $P<0.05$,[**] $P<0.01$。

据陈亮等(2008)

表 3-7-113　姜黄素对应激大鼠血清 ACTH 和 IL-1β 含量的影响($n=6,\bar{x}\pm s$)

组别	剂量/(mg/kg)	ACTH/(pg/mL)	IL-1β/(μg/L)
正常对照组		61.8±18.3	0.219±0.078
应激模型组		100.2±13.0[##]	0.570±0.094[##]
姜黄素组	2.5	92.9±8.6	0.547±0.040
	5	72.4±5.2**	0.385±0.024**
	10	62.4±2.1**	0.261±0.010**
丙咪嗪组	10	57.7±18.0**	0.279±0.082**
F 值		9.952	17.193

注:与正常对照组比,[##] $P<0.01$;与应激模型组比,[**] $P<0.01$。

据陈亮等(2008)

李新建等(2005)研究了姜黄素对小鼠免疫功能的调节作用及其可能机制。通过 MTT 比色法研究姜黄素对小鼠脾淋巴细胞增殖及小鼠腹腔巨噬细胞的吞噬功能的影响;用 Western 印记法检测脾淋巴细胞胞核 NF-κB p65 蛋白的表达。结果表明,姜黄素能够增强小鼠腹腔巨噬细胞的吞噬功能;小剂量姜黄素能够增加小鼠脾淋巴细胞的增殖;大剂量姜黄素能够抑制小鼠脾淋巴细胞的增殖;姜黄素能够抑制脾淋巴细胞胞核 NF-κB p65 蛋白的表达。从而得出结论,姜黄素具有调节机体免疫功能的作用,且与剂量相关;可能的机制与抑制 NF-κB 的活性有关。

三、姜黄的研究成果

福建农林大学农产品品质研究所郑金贵教授课题组首次建立了 UPLC 法测定姜黄中 3 种姜黄素类化合物的含量,并对 5 种不同姜黄样品中姜黄素类化合物的含量进行了测定,测定结果如表 3-7-114 所示,5 种不同姜黄样品中 SC 姜黄 2 号的各姜黄素类化合物含量及总含量均最高,其品质最优。

表 3-7-114　不同姜黄品种中姜黄素类化合物的含量($\bar{x}\pm s,n=3$)　　单位:mg/g

样品	姜黄素	去甲氧基姜黄素	双去甲氧基姜黄素	总姜黄素类
四川 SC 姜黄 1 号	3.62±0.11[eE]	1.02±0.04[eE]	0.30±0.02[eE]	4.95±0.16[eE]
四川 SC 姜黄 2 号	21.13±0.20[aA]	11.20±0.14[aA]	14.89±0.17[aA]	47.22±0.52[aA]
云南 YN 姜黄	13.97±0.39[dD]	7.88±0.19[bB]	8.19±0.19[bB]	30.05±0.76[bB]
彭县 SCPX 姜黄	15.43±0.23[bB]	4.30±0.06[cC]	3.54±0.07[cC]	23.26±0.36[cC]
峨眉山 EMS 姜黄	14.66±0.27[cC]	3.69±0.08[dD]	2.71±0.04[dD]	21.06±0.39[dD]

注:同一列,不相同小写字母表示差异显著($P<0.05$),不相同大写字母表示差异极显著($P<0.01$)。

据曹晓华、郑金贵等(2019)

郑金贵教授课题组于 2020 年对引来的 9 种姜黄品种中的 3 种姜黄素类化合物又进行了测定,测定结果如表 3-7-115 所示。

表 3-7-115　不同姜黄品种中姜黄素类化合物的含量($\bar{x}\pm s,n=3$)　　单位:mg/g

样品	姜黄素	去甲氧基姜黄素	双去甲氧基姜黄素	总姜黄素类
TPD 姜黄	10.40±0.02[fF]	5.54±0.01[dD]	5.02±0.03[dD]	20.96±0.02[gG]
XM 姜黄	23.37±0.06[aA]	9.88±0.04[bB]	9.66±0.02[aA]	42.92±0.11[aA]
TPX 姜黄	20.99±0.15[bB]	10.50±0.14[aA]	9.63±0.13[aA]	41.12±0.34[bB]
ZH 姜黄	12.68±0.03[eE]	5.79±0.01[cC]	3.45±0.00[eE]	21.91±0.03[fF]
YZ 姜黄	0.18±0.01[hG]	0.15±0.00[iI]	0.16±0.01[gG]	0.50±0.01[iI]
MM 姜黄	0.42±0.00[gG]	0.59±0.01[hH]	0.13±0.00[gG]	1.15±0.01[hH]
FCG 姜黄	12.78±0.08[eE]	5.40±0.09[eE]	6.52±0.01[cC]	24.71±0.13[cC]
XHY 姜黄	15.50±0.33[cC]	4.35±0.02[fF]	2.97±0.06[fF]	22.82±0.40[eE]
JX 姜黄	13.35±0.06[dD]	3.67±0.05[gG]	6.75±0.02[bB]	23.77±0.09[dD]

注:同一列,不相同小写字母表示差异显著($P<0.05$),不相同大写字母表示差异极显著($P<0.01$)。

据刘江洪、郑金贵(2020)

姜黄不同品种间 3 种姜黄素类化合物差异较大,3 种化合物结构上的不同使其在药理活性上也有差异,姜黄素抗肿瘤活性较强,去甲氧基姜黄素降血脂活性较强,双去甲氧基姜黄素利胆和抑制内皮细胞生长活性较强。我们可以根据需要,选用相应含量较高的品种。如用于抗肿瘤,就必须选择姜黄素含量高的"XM 姜黄";若用于降血脂,就必须选择"TPX 姜黄"。

从表 3-7-116 可以看出,北方的姜黄引到南方福建种植姜黄素类化合物含量仍然存在品种间差异,我们可以根据需要选用相应的品种在南方种植、使用。

表 3-7-116　北方不同姜黄品种引进到南方福建种植姜黄素类化合物的含量　　单位:mg/g

品种	姜黄素	去甲氧基姜黄素	双去甲氧基姜黄素	总姜黄素
ZH 姜黄	13.84	6.39	4.88	25.11
TP 姜黄	19.98	9.71	8.15	37.85
XM 姜黄	21.89	9.87	6.76	38.52

注:三次重复的平均数。

据刘江洪、郑金贵(2020)

参考文献

[1] 王涵东,梁维邦.姜黄素的研究进展[J].江苏医药,2014,40(10):1193-1194.

[2] 李青苗,杨文钰,唐雪梅,等.姜黄素类化合物在不同品系姜黄根茎内积累规律研究[J].中国中药杂志,2014,39(11):2000-2004.

[3] 李高文,徐英,库宝善,等.姜黄素的中枢药理作用研究进展[J].神经药理学报,2011(2):48-58.

[4] 赵鹏,蔡辉.姜黄素药理作用研究进展[J].中医药临床杂志,2012,24(4):380-382.

[5] SHARMA R A,MCLEHAND H R,HILL K A,et al. Pharmacodynamic and pharmacokinetic study of oral curcuma extract on patients with colorectal cancer[J]. Clinical Cancer Research,2001,7(7):1894-1900.

[6] PONGRAKHANANON V, NIMMANNIT U, LUANPITPONG S, et al. Curcumin sensitizes non-small cell lung cancer cell anoikis through reactive oxygen species-mediated Bcl-2 downregulation[J]. Apoptosis:An

International Journal on Programmed Cell Death, 2010, 15(5):574-585.

[7]LIN H J, SU C C, LU H F, et al. Curcumin blocks migration and invasion of mouse-rat hybrid retina ganglion cells (N18) through the inhibition of MMP-2, -9, FAK, Rho A and Rock-1 gene expression[J]. Oncology Reports, 2010, 23(3):665-670.

[8]GLIENKE W, MAUTE L, WICHT J, et al. Curcumin inhibits constitutive STAT3 phosphorylation in human pancreatic cancer cell lines and downregulation of survivin/BIRC5 gene expression[J]. Cancer Investigation, 2010, 28(2):166-171.

[9]AGGARWAL B B, SHISHODIA S, TAKADA Y, et al. Curcumin suppresses the paclitaxel-induced nuclear factor-κB pathway in breast cancer cells and inhibits lung metastasis of human breast cancer in nude mice[J]. Clinical Cancer Research, 2005, 11(20):7490-7498.

[10] SIWAK D R, SHISHODIA S, AGGARWAL B B, et al. Curcumin-induced antiproliferative and proapoptotic effects in melanoma cells are associated with suppression of IκB kinase and nuclear factor κB activity and are independent of the B-Raf/mitogen-activated/extracellular signal-regulated protein kinase pathway and the Akt pathway[J]. Cancer, 2005, 104(4):879-890.

[11]江敏华,谢莹,胡凤霞,等.姜黄素对人肝癌细胞 SMMC7721 侵袭转移的影响[J].江苏医药,2010,36(23):2780-2782.

[12]方瑜,陈光伟,杨洋,等.姜黄素在宫颈癌治疗中对 MIF、VEGF-C、P53 表达及肿瘤生长的影响[J].基因组学与应用生物学,2018,37(9):4148-4154.

[13]赵东利,谢小卫,李明众,等.姜黄素对 S180 小鼠体内抗肿瘤作用的实验研究[J].西安交通大学学报(医学版),2007(1):70-73,82.

[14]余健华.姜黄素对鼻咽癌细胞株 CNE-2Z-H5 裸鼠移植瘤增殖的影响[J].井冈山学院学报(自然科学版),2007,28(3):80-82.

[15]李宁,陈晓欣,韩驰,等.茶和姜黄素对二甲基苯并蒽诱发地鼠口腔癌的预防作用[J].卫生研究,2002,31(5):354-657.

[16]崔淑香,金东庆,周玲,等.姜黄素抗肿瘤作用试验观察[J].肿瘤防治杂志,2002(1):50-52.

[17]JOHNSON J J,MUKHTAR H. Curcumin for chemoprevention of colon cancer[J]. Cancer Letters,2007,255(2):170-181.

[18]李雪倩,雷海民,王鹏龙,等.姜黄素衍生物 64PH 的抗肿瘤作用[J/OL].中国医院药学杂志,2015,35(17):1535-1539.

[19]王晓露,许建华,邓艳平,等.姜黄素衍生物 FM0807 抗肿瘤活性的研究[J].海峡药学,2011,23(10):37-40.

[20]王力强,石华山,王永生.脂质体姜黄素在 Lewis 肺癌中的抗肿瘤和抗血管作用[J].四川大学学报(医学版),2013,44(1):46-48,75.

[21]梅雪婷,许东晖,何雪妮,等.姜黄素固体分散体抗肿瘤的药理学研究[J].中药材,2012,35(10):1645-1649.

[22]王子天,周荣雪.姜黄素生理功能的研究进展[J].饮料工业,2019,22(1):68-70.

[23]GRYNKIEWICA G, SLIFIRSKI P. Curcumin and curcuminoids in quest for medicinal status[J]. Acta Biochimica Polonica, 2012,59(2):201-212.

[24]SUDHEERAN S P, JACOB D, MULAKAL J N, et al. Safety, tolerance, and enhanced efficacy of a bioavailable formulation of curcumin with fenugreek dietary fiber on occupational stress: a randomized, double-blind, placebo-controlled pilot study[J]. Journal Clinical Psychopharmacology, 2016, 36(3):236-243.

[25]宋立敏,张迪,张杰,等.姜黄素类化合物体外抗氧化作用及其构-效关系研究[J].烟台大学学报(自然科学与工程版),2018,31(2):121-126.

[26]卢婉怡. 姜黄素的抗氧化研究[J]. 中国实用医药,2014,9(2):34-35.

[27]张卫国,韩刚,王彬,等. 姜黄素固体分散体对 2 型糖尿病大鼠氧化应激的影响[J]. 中国现代应用药学,
    2010,27(1):13-15,34.

[28]胡春生,陈炜林,易传祝,等. 姜黄素抗氧化作用人体试食研究[J]. 湖南中医药大学学报,2007(5):63-64.

[29]胡忠泽,王立克,杨久峰,等. 姜黄素对小鼠抗氧化酶活性及 NO 含量的影响[J]. 安徽技术师范学院学报,
    2004(6):5-7.

[30]HAMIDIE R D R, YAMADA T, ISHIZAWA R, et al. Curcumin treatment enhances the effect of exercise
    on mitochondrial biogenesis in skeletal muscle by increasing cAMP levels[J]. Metabolism, 2015,64(10):
    1334-1347.

[31]杨栋,莫中成. 姜黄素对过度训练大鼠骨骼肌 p38 MAPK 的表达及抗氧化能力的影响[J]. 中国体育科技,
    2019,55(2):76-80.

[32]PILLON BARCELOS R, FFEIRE ROYES L F, GONZALEZ-GALLEGO J, et al. Oxidative stress and
    inflammation: liver responses and adaptations to acute and regular exercise[J]. Free Radical Research,
    2017, 51(2): 222-236.

[33]高超,刘阳,王宇飞,等. 大强度运动导致肝脏线粒功能紊乱及姜黄素的拮抗效应[J]. 中国食物与营养,
    2017,23(5):59-63.

[34]王建治,周福波,杨静,等. 姜黄抗运动性疲劳效果与作用机制研究[J]. 医药导报,2009,28(8):980-982.

[35]王建治,崔新刚,王海波,等. 中药姜黄抗小鼠运动性疲劳作用[J]. 中国公共卫生,2010,26(8):1028-1029.

[36]熊正英,池爱平. 姜黄素对运动训练大鼠血清某些生化指标的影响[J]. 体育科学,2005(9):41-45.

[37]池爱平,熊正英. 服用不同剂量姜黄素对大鼠血清酶及肝、心肌组织运动损伤的影响[J]. 食品科学,2005
    (8):364-366.

[38]秦思. 姜黄及姜黄素在心血管疾病高危人群中发挥降脂作用的 meta 分析[D]. 重庆:重庆医科大学,2018.

[39]姜海,姜国志,陈钟,等. 姜黄提取物联合阿托伐他汀钙对高脂血症小鼠降血脂作用的研究[J]. 中国临床药
    理学与治疗学,2017,22(1):48-51.

[40]董月,韩刚,原海忠,等. 姜黄素固体分散体对高脂血症大鼠血脂代谢的影响[J]. 中药材,2009,32(6):951-
    953.

[41]沃兴德,崔小强,唐利华. 姜黄素对食饵性高脂血症大鼠血浆脂蛋白代谢相关酶活性的影响[J]. 中国动脉
    硬化杂志,2003(3):223-226.

[42]张俊梅,王建行,穆玉. 姜黄胶囊降糖调脂作用实验研究[J]. 河北中医,2012,34(8):1226-1228.

[43]王舒然,陈炳卿,孙长颢. 姜黄素对大鼠调节血脂及抗氧化作用的研究[J]. 卫生研究,2000(4):240-242.

[44]石英辉,郭炳彦,韩瑞,等. 姜黄素胶囊对慢性心力衰竭患者 TNF-α、脂联素水平以及心功能的影响[J]. 现
    代中西医结合杂志,2010,19(4):395-396,398.

[45]郭炳彦,石英辉,韩瑞,等. 姜黄素对心绞痛患者血清脂联素和血管内皮功能的影响[J]. 现代中西医结合杂
    志,2010,19(2):131-132,150.

[46]龙明智,陈磊磊,杨季明,等. 姜黄素抗炎抗氧化作用与血管损伤后内膜增生[J]. 江苏医药,2003(10):735-
    737.

[47]杨敏,翟光喜. 姜黄素对糖尿病及其并发症的作用及机制研究进展[J]. 中国新药与临床杂志,2019,38(2):
    65-70.

[48]GREEN A, KRAUSE J, RUMBERGER J M. Curcumin is a direct inhibitor of glucose transport in
    adipocytes[J]. Phytomedicine, 2014, 21(2):118-122.

[49]DE MELOA I S V, DOS SANTOSB A F, BUENOC N B. Curcumin or combined curcuminoids are effective
    in lowering the fasting blood glucose concentrations of individuals with dysglycemia: systematic review and
    meta-analysis of randomized controlled trials[J]. Pharmacological Research,2008,128:137-144.

[50]胡淑芳,杨丽,徐子辉. 双脱甲氧基姜黄素对 db/db 小鼠胰岛素抵抗和糖稳态作用及机制研究[J]. 实用医

学杂志,2018,34(22):31-35.

[51]王振富,钟灵.姜黄素对大鼠糖尿病防治作用的实验研究[J].中国应用生理学杂志,2014,30(1):68-69,73.

[52]杨海英,彭新华,喇万英.姜黄胶囊治疗实验性大鼠糖尿病足的研究[J].现代中西医结合杂志,2009,18(24):2899-2901.

[53]雷志雄,郭鹏,汪晓,等.姜黄素对硫代乙酰胺诱导肝纤维化大鼠保护作用的研究[J].湖北民族学院学报(医学版),2019,36(1):18-21.

[54]徐容容,王华,舒志成,等.姜黄素对小鼠急性酒精肝损伤的保护作用[J].饮料工业,2018,21(5):10-12.

[55]隋菱,杜纪坤,郑静彬,等.姜黄素对CCl_4所致急性肝损伤大鼠的保护作用及其机制研究[J].实用肝脏病杂志,2018,21(5):709-712.

[56]胡金杰,王文生,陶然.姜黄素对乙型病毒性肝炎模型大鼠转化生长因子-β_1、肿瘤坏死因子-α表达水平的影响[J].中国老年学杂志,2018,38(17):4247-4249.

[57]宋慧东,潘洁,欧阳鹏,等.姜黄素对肝纤维化大鼠中自噬相关蛋白作用的观察[J].新医学,2018,49(8):579-582.

[58]董雪娜,徐力力.姜黄素对ALD小鼠的肝保护作用及机制[J].山东医药,2017,57(8):41-43.

[59]曾瑜,刘婧,黄真真,等.姜黄素对急性酒精性肝损伤小鼠抗氧化功能的影响[J].卫生研究,2014,43(2):282-285.

[60]麦静愔,刘玉莉,成扬,等.姜黄素对大鼠非酒精性脂肪肝的干预作用[J].中国中西医结合消化杂志,2011,19(4):239-242.

[61]狄建彬,顾振纶,赵笑东,等.姜黄素防治大鼠高脂性脂肪肝的研究[J].中草药,2010,41(8):1322-1326.

[62]AQQARWAL B B, HARIKUMAR K B. Potential therapeutic effect of curucmin, the anti-inflammatory agent, against neurodegenerative, cardiovascular, pulmonary, metabolic, autoimmune and neoplastic diseases[J]. Int J Biochem Cell Biol, 2009, 41(1): 40-59.

[63]杨正生,彭振辉,李晓莉,等.姜黄素对IL-17诱导的人角质形成细胞NO合成以及iNOS表达的影响[J].细胞与分子免疫学杂志,2011,27(9):959-961.

[64]喻雅婷,周新,熊成敏,等.9种口腔护理液对癌症患者口腔黏膜炎预防效果的网状Meta分析[J].中国护理管理,2019,19(3):350-358.

[65]张欣,敖日格乐,贾知锋,等.姜黄素对致病性金黄色葡萄球菌的抑菌作用及子宫内膜炎大鼠血清中抗炎活性的影响[J].中国兽医学报,2018,38(5):968-973.

[66]夏星,徐治强,彭翔.姜黄素对APP/PS1双转基因小鼠认知功能、炎症反应及海马区突触素表达的影响[J].中国临床神经外科杂志,2018,23(9):609-612.

[67]李楠,李旭,刘伟伟,等.姜黄素固体脂质纳米粒干粉吸入剂的体外释药、体内急性毒性及对哮喘模型小鼠炎症反应的影响[J].中国药房,2019,30(3):332-338.

[68]ALTABA A R I, MAS C, STECCA B. The Gli code: an information nexus regulating cell fate, stemness and cancer[J]. Trends in Cell Biology, 2007, 17(9):438-447.

[69]DING X, LI Y, LIU Z, et al. The sonic hedgehog pathway mediates brain plasticity and subsequent functional recovery after bone marrow stromal cell treatment of stroke in mice[J]. Journal of Cerebral Blood Flow & Metabolism, 2013, 33(7):1015-1024.

[70]ZHANG L, CHOPP M, MEIER D H, et al. Sonic hedgehog signaling pathway mediates cerebrolysin-improved neurological function after stroke[J]. Stroke, 2013, 44(7):1965-1972.

[71]蒋珍秀,陈军,刘宁,等.姜黄素降低局灶脑缺血/再灌注大鼠大脑皮质缺血半暗带神经元丢失[J].基础医学与临床,2019,39(4):541-545.

[72]梁岚,韦会平,孙妍,等.姜黄素在大鼠创伤性脑损伤模型中的抗氧化应激作用[J].中国比较医学杂志,2018,28(4):73-80,92.

[73]GUPTA S C, PATCHVA S, AGGARWAL B B. Therapeutic roles of curcumin：lessons learned from clinical trials[J]. The AAPS Journal, 2013, 15(1):195-218.

[74]王芳,董细丹,项兰婷,等.姜黄素类似物 L6H4 对 2 型糖尿病及高脂大鼠脑的保护作用[J].浙江医学, 2018,40(22):2435-2440,2402.

[75]谭华,李作孝,李小红,等.加用姜黄素对脑梗死患者血浆超氧化物歧化酶及丙二醛的影响[J].中国中西医结合杂志,2003(2):110-111.

[76]ZHAO B Q, WANG S, KIM H Y, et al. Role of matrix metalloproteinases in delayed cortical responses after stroke[J]. Nature Medicine, 2006, 12(4):441-445.

[77]徐芳,魏桂荣.姜黄素对脑缺血再灌注模型大鼠的神经保护作用及其机制[J].微循环学杂志,2011,21(3): 17-18,88,91.

[78]冯刚,赵敬,郑维平,等.姜黄素对大鼠局灶性脑缺血再灌注损伤的神经保护作用[J].激光杂志,2009,30 (3):77-78.

[79]胡林义,李天.姜黄素保护染镉大鼠肾脏功能研究[J].工业卫生与职业病,2018,44(6):408-410.

[80]柏合,刘勇,李洪志,等.姜黄素对 2 型糖尿病肾病大鼠肾脏的保护作用探究[J].光明中医,2017,32(11): 1575-1577.

[81]陈燕珍,韩文文,李小林,等.姜黄素对百草枯中毒肾脏炎症损伤的干预研究[J].浙江医学,2017,39(3): 160-164,169,238.

[82]黄映红,刘晓城,黄征宇,等.姜黄素对大鼠糖尿病肾的实验研究[J].中国现代医学杂志,2004(7):94-97.

[83]何平. 姜黄素抑制组蛋白乙酰化作 H^+,K^+-ATP 酶基因转录表达的影响[D].南京:南京大学,2014.

[84]蒋丽军,刘志峰,李玫,等.姜黄素对大鼠实验性胃溃疡作用的研究[J].临床儿科杂志,2010,28(10): 967-970.

[85]黄春芳,李彧,沈俊辉,等.姜黄素对博来霉素诱导肺纤维化 C57BL/6 小鼠 cathepsin K 表达的影响[J].北京中医药大学学报,2012,35(6):379-382,433.

[86]沈能,邓燕红,凌宁,等.姜黄素衍生物抗大鼠肝纤维化的作用及其机制[J].中国临床药理学杂志,2012,28 (5):358-360.

[87]彭栋梁,王晓娜,杨军.姜黄素对大鼠视网膜缺血/再灌注损伤时内质网应激的影响[J].世界中医药,2018, 13(4):929-935.

[88]何琼,何建中,赖伟,等.姜黄素对糖尿病大鼠视网膜中 Ets-1 表达的影响[J].实验与检验医学,2017,35 (5):677-679,694.

[89]毛新帮,游志鹏,吴宏禧.姜黄素对糖尿病大鼠视网膜组织中低氧诱导因子-1α 表达的影响[J].南昌大学学报(医学版),2015,55(6):29-32,115.

[90]魏庆钢. 姜黄素提取物毒性及免疫调节作用研究[D].济南:山东大学,2017.

[91]陈亮,吕平,潘建春,等.姜黄素对慢性应激大鼠肾上腺、血清 ACTH 和免疫功能的影响[J].温州医学院学报,2008(1):22-24.

[92]李新建,刘晓城.姜黄素调节小鼠免疫功能的实验研究[J].中国组织化学与细胞化学杂志,2005(2): 132-135.

[93]CAO X, CHENG X, LIU J, et al. Ecological determination of three curcuminoids in *Curcuma longa* L. by UPLC[J]. Ekoloji, 2019, 28(107):4495-4499.

第八节　虎杖品质

一、虎杖的概述

虎杖为蓼科多年生草本植物虎杖(*Polyonum Cuspidatum* Sieb. et Zucc.)的干燥根茎和根。别名阴阳莲、苦杖、酸杖、斑杖、土大黄、大叶蛇总管等。虎杖中含有芪类化合物(白藜芦醇即 3,4′,5-三羟基芪,虎杖苷即白藜芦醇 3-O-β-D-葡萄糖苷)、蒽醌类化合物(大黄素等)、黄酮类化合物、水溶性多糖、鞣质和微量元素等成分,其中,大黄素和白藜芦醇是虎杖提取物中最具代表性的两类有效成分。虎杖性味苦寒,归肝、胆、肺经,有利胆退黄,清热解毒,活血化瘀,祛痰止咳等功效。现代药理学相关研究表明,虎杖具有广泛的药理作用,包括抗肿瘤、抗氧化、抗炎、降血脂、降血糖、降尿酸、护肝、护脑、抗菌、抗病毒、治疗痛风、保护心肌细胞和内皮细胞等。

二、虎杖的功能

1. 抗肿瘤

目前,恶性肿瘤已成为全世界死亡的主要原因之一,但临床上广泛使用的化疗药物疗效有限,毒副作用较大,多次应用后还会产生耐药性。有研究表明,虎杖苷具有良好的抗肿瘤作用,张玉松(2013)研究发现了虎杖苷(白藜芦醇苷)在乳腺癌细胞、肺癌中的生物学功能以及相关机制,为虎杖苷抗肿瘤作用的基础和临床研究提供实验基础和理论依据。试验取 BALB/c 裸小鼠 10 只,对照组 4 只裸鼠,试验组 6 只裸鼠。实验组裸鼠于裸鼠右臀部皮下进行肺癌 NCI-H1299 细胞注射接种,在肿瘤接种后第 10 天开始给予虎杖苷 15 mg/kg 灌胃,每天 1 次,周一至周五给药,连续 2 周。对照组给予生理盐水。每 2 d 称一次裸鼠体重,同时测量裸鼠肿瘤的长径和短径大小,并绘制肿瘤生长曲线图。停药后继续饲养 3 周,脱颈处死荷瘤裸鼠,解剖裸鼠,取出肿瘤。结果表明,经 15 mg/(kg·d)虎杖苷处理组裸鼠的肿瘤体积在给药的 2 周期间与对照组相比无明显差异,但自第 14 天起,对照组裸鼠肿瘤迅速生长,而药物处理组的肿瘤则生长明显缓慢、体积明显小于对照组裸鼠($P<0.05$),其中药物处理组一只裸鼠的肿瘤完全消失。在整个观察期,给药组裸鼠的排便、饮食、毛发和眼结膜状况与对照组相比未见明显差别,给药组裸鼠的精神状态良好,并较对照组略显兴奋,因此 15 mg/(kg·d)的虎杖苷在抑制肿瘤细胞生长的同时无明显的毒副作用。试验通过直接镜检、MTT 实验(贴壁细胞)、CCK-8 法(悬浮细胞)、流式细胞术技术等多种技术研究了虎杖苷药物对体外多种肿瘤细胞及正常细胞生物学特性的影响,并对虎杖苷及白藜芦醇的抗肿瘤作用进行了比较。结果表明,虎杖苷对 10 种不同来源的恶性肿瘤细胞包括乳腺癌 MCF-7、MDA-MB-231,肺癌 A549、NCI-H1975,宫颈癌 Hela,卵巢癌 SKOV-3,肝癌 SM7721,鼻咽癌 CNE-1,白血病 HL-60 及 K562 细胞均有明显的抑制其生长的作用,且生长抑制作用呈剂量和时间-效应关系,同时虎杖苷对乳腺癌及肺癌的生长抑制作用明显好于白藜芦醇。综上可知,虎杖苷在体内外均具有良好的抗肿瘤作用。

李金泽(2015)研究评估了虎杖水煎剂对小鼠 H_{22} 细胞的抗癌机制并探讨了其抗癌功效。试验将 90 只小鼠利用随机排列表随机分为 6 组,分别为虎杖水煎剂高、中、低剂量组,生理盐水组,化疗对照组和空白对照组,每组 15 只。空白对照组既不荷瘤又不给药,其余组小鼠进行荷瘤;生理盐水组(模型对照组)以生理盐水 0.1 mL 腹腔注射 15 d;化疗对照组以 5-氟尿嘧啶注射液 5 mg/kg 体重腹部注射 15 d;高剂量虎杖水煎剂组:32 mg/mL×25 灌注 15 d;中剂量虎杖水煎剂组:16 mg/mL×25 灌注 15 d;低剂量虎杖水煎剂组:8 mg/mL×25 灌注 15 d。15 d 后剥离小鼠瘤体,记录数据。结果(见表 3-8-1)表明,中剂量组为虎杖水煎剂抑瘤的最低有效剂量,高剂量组效果明显。通过统计学方法可以初步得出虎杖水煎剂对 H_{22} 细胞具有抑制作用,为将来的进一步后续实验的可行性找到了依据,同时也初步指示了临床用药剂量。

表 3-8-1 虎杖水煎剂对小鼠 H_{22} 细胞的抑瘤效果

组别	平均瘤重/g	抑瘤率/%
高剂量虎杖水煎剂组	0.674±0.269*	35
中剂量虎杖水煎剂组	0.778±0.141*	25
低剂量虎杖水煎剂组	0.915±0.358#	12
化疗对照组	0.454±0.306	56%
生理盐水组	1.036 0±.224	—
空白对照组	—	—

注:* 表示与空白对照组进行比较,$P<0.01$;# 表示与空白对照组进行比较,$P>0.05$。
高剂量组和对照组:$T=3.548,P<0.01$;中剂量组和对照组:$T=3.491,P<0.01$;小剂量组和对照组:$T=1.075,P>0.05$。
据李金泽(2015)

潘纪红等(2017)通过观察了虎杖苷对宫颈癌 HeLa 细胞体外生长的抑制作用,初步探讨其诱导凋亡的可能机制。试验采用不同浓度的虎杖苷(50 μmol/L、100 μmol/L、150 μmol/L)处理 HeLa 细胞后,用 MTT 法检测虎杖苷对 HeLa 细胞增殖的抑制作用,AO/EB 染色法荧光显微镜观察 HeLa 细胞凋亡的形态学变化;Annexin/PI 双标记法检测 HeLa 细胞凋亡率;流式细胞仪分析 HeLa 细胞周期分布;RT-PCR 和 Western 印记法检测 HeLa 细胞中 PI3K、AKT、mTOR、P70S6K 的 mRNA 和蛋白表达。结果(见表 3-8-2)表明,虎杖苷显著抑制 HeLa 细胞增殖,且具有一定剂量依赖性;虎杖苷能够引起 HeLa 细胞发生 S 期阻滞,促进细胞凋亡,显著下调 HeLa 细胞中 PI3K、AKT、mTOR、P70S6K 的 mRNA 和蛋白表达。因此,虎杖苷具有抑制宫颈癌 HeLa 细胞增殖及诱导凋亡的作用,其机制可能与抑制 PI3K/AKT/mTOR 信号通路及其下游基因蛋白表达有关。

表 3-8-2 虎杖苷对 HeLa 细胞凋亡率和细胞周期的影响($\bar{x}\pm s,n=4$)

组别	凋亡率	G_0/G_1 期	S 期	G_2/M 期
A	3.15±0.45	71.53±5.29	19.54±2.75	8.93±1.26
B	3.43±0.76	72.36±4.74	18.22±3.89	9.42±0.95
C	32.42±1.89[1],[2]	56.98±5.52[1],[2]	35.46±4.27[1],[2]	7.56±1.17
D	46.16±2.43[1]	43.10±3.23[1]	48.43±4.45[1]	8.47±0.93
E	59.24±2.02[1],[2]	31.56±4.72[1],[2]	61.17±5.29[1],[2]	7.27±1.08

注:与 A 组比较[1]$P<0.05$;与 D 组比较[2]$P<0.05$。
据潘纪红等(2017)

张冬梅等(2016)探讨了虎杖苷对结肠癌耐药细胞株 HT-29 奥沙利铂(oxaliplatin,OXA)耐药性的逆转作用并探讨其可能的作用机制。试验采用逐步增加药物浓度的方法建立奥沙利铂耐药结肠癌细胞株 HT-29/OXA;用 MTT 和 CCK-8 法测定虎杖苷对 HT-29/OXA 细胞的耐药性逆转作用;用流式细胞术检测细胞凋亡、周期变化;用 qRT-PCR 检测各组细胞 LRP(lung resistance protein)和 P-gp mRNA 表达水平;用 Western 印记法检测各组细胞 LRP 和 P-gp 蛋白的表达水平。结果(见表 3-8-3～表3-8-5)表明,虎杖苷使 HT-29/OXA 细胞对奥沙利铂的敏感性增加,耐药性得到部分逆转($P<0.05$)。联合应用对结肠癌耐药细胞株 HT-29/OXA 生长增殖具有明显抑制作用并且能够通过改变细胞周期引起凋亡($P<$

0.05)。作用后 LRP mRNA 和 P-gp mRNA 表达水平降低,同时下调了 LRP 和 P-gp 蛋白表达($P<$0.05)。综上可得,虎杖苷部分逆转 HT-29/OXA 细胞对奥沙利铂的耐药性,其机制与降低细胞内 LRP 基因从而导致 P-gp 的表达降低有关。

表 3-8-3　MTT 法检测虎杖苷联合梯度浓度奥沙利铂作用 HT-29/OXA 细胞的生存率($\bar{x}\pm s,n=3$)

组别	细胞生存率/%			
	0 μg/mL OXA	0.05 μg/mL OXA	0.5 μg/mL OXA	5 μg/mL OXA
正常组	100	97.2±3.9	92.3±5.6	45.5±2.9
0.2 μg/mL 虎杖苷	98.2±5.6	93.6±2.8	81.4±9.8	29.9±10.1
1 μg/mL 虎杖苷	93.5±4.4	84.5±9.7	72.8±7.7	16.1±12.2
4 μg/mL 虎杖苷	88.2±7.6	75.9±6.8	63.7±10.5	7.2±5.5

据张冬梅等(2016)

表 3-8-4　CCK-8 检测虎杖苷联合梯度浓度奥沙利铂作用 HT-29/OXA 细胞的生存率($\bar{x}\pm s,n=3$)

组别	细胞生存率/%			
	0 μg/mL OXA	0.05 μg/mL OXA	0.5 μg/mL OXA	5 μg/mL OXA
正常组	100	96.3±6.6	91.4±6.0	41.6±10.1
0.2 μg/mL 虎杖苷	97.2±9.6	91.8±4.9	80.2±9.3	31.1±13.6
1 μg/mL 虎杖苷	92.9±7.4	83.6±10.2	71.7±11.7	18.7±15.7
4 μg/mL 虎杖苷	87.9±4.6	74.8±7.8	70.0±10.2	9.3±14.9

据张冬梅等(2016)

表 3-8-5　流式细胞仪分析不同药物作用 48 h 后 HT-29/OXA 细胞的细胞周期和凋亡率($\bar{x}\pm s,n=3$)

组别	G_0/G_1	S	G_2/M	凋亡率/%
奥沙利铂	52.6±5.5	29.3±9.7	20.3±1.7	19.8±6.3
虎杖苷	50.3±4.7	28.2±8.7	18.8±5.3	21.1±3.2
虎杖苷＋奥沙利铂	72.3±3.9*#	18.7±6.6*#	9.87±2.2*#	40.6±3.7*#

注:联合组与奥沙利铂组相比,* $P<0.05$;联合组与虎杖苷组相比,# $P<0.05$。
据张冬梅等(2016)

2. 抗氧化

胡婷婷等(2016)研究了虎杖苷在 ApoE-/-小鼠动脉粥样硬化治疗中的作用,并探讨了其对氧化还原信号通路的影响。实验利用 ApoE-/-小鼠建立高脂饲料诱导的动脉粥样硬化动物模型,将已经形成动脉粥样硬化的 ApoE-/-小鼠随机分为模型组、虎杖苷组和阳性药/(辛伐他汀)对照组,每组 10 只,以普通饲料喂养的同遗传背景的 2 只 C57BL/6J 小鼠为正常对照,阳性药(辛伐他汀)以 0.05 g/(kg·d)剂量灌胃,虎杖苷 0.2 g/(kg·d)剂量灌胃,正常对照组及模型对照组分别给予同体积的蒸馏水,连续灌胃 28 d 后,利用 HE 染色对小鼠腹主动脉的进行形态学观察,检测血清中活性氧自由基和超氧化物歧化酶的含有量。结果病理切片表明,虎杖苷组的血管组织形态较模型组有明显的改善,表明出虎杖苷对动脉粥样硬化具有较好的治疗效果。与模型组比较,虎杖苷可以显著抑制活性氧自由基的水平,增加超氧化物歧化酶的活性。综上可知,虎杖苷对高脂诱导的动脉粥样硬化 ApoE-/-小鼠具有抗氧化作用,可改善动脉粥样硬化血管组织的形态,并减少脂质沉积。

李朋等(2016)比较了虎杖中白藜芦醇(resveratrol)、3,4'-二甲基化白藜芦醇(DMS)、3,5,4'-三甲基白藜芦醇(TMS)对高脂饲养小鼠动物的降血脂和抗氧化作用的影响。试验将72只小鼠随机均分为6组，除正常组小鼠给予正常饲料外，给予其余小鼠每天72 g高脂饲料，平均每只6 g，持续8周。第5周开始，正常组和模型组小鼠每天单剂量灌胃给予10 mg/kg 0.5%羧甲基纤维素钠；白藜芦醇组小鼠给予30 mg/kg白藜芦醇；DMS组小鼠给予30 mg/kg DMS；TMS组小鼠给予30 mg/kg TMS；阳性对照组(辛伐他汀组)小鼠给予10 mg/kg辛伐他汀，通过测定小鼠血清中Glu、SOD、CAT、MDA、TC、TG、HDL-C、LDL-C等参数来判断白藜芦醇及其甲基化衍生物在降血脂和抗氧化方面的效果。结果(见表3-8-6)表明，白藜芦醇及其甲基化衍生物均能显著降低小鼠血清中TG、TC、LDL-C、OX-LDL、MDA的含量($P<0.05$或$P<0.01$)，提高血清中NO、HDL-C的浓度($P<0.01$)，并增强SOD酶的活力($P<0.01$)；3,5,4'-三甲基白藜芦醇还可以可显著提高血清中CAT的活性($P<0.01$)，白藜芦醇两个甲基化产物可降低LDL-C、升高HDL-C，增强CAT酶的活力与白藜芦醇比较，显著增强($P<0.01$)。综上可知，白藜芦醇及其甲基化衍生物均能有效地降低高脂血症小鼠动脉粥样硬化的风险，且白藜芦醇甲基化衍生物可能有更显著的效果，这可能与其增加生物利用度和延长半衰期有关。

表3-8-6 白藜芦醇及其甲基化衍生物对高脂血症小鼠血脂中各参数水平的影响($\bar{x}\pm s, n=9$)

组别	TC/(mmol/L)	TG/(mmol/L)	LDL-C/(mmol/L)	HDL-C/(mmol/L)	AI	OX-LDL/(ng/mL)
正常组	1.74±0.39	0.91±0.21	1.11±0.19	2.69±0.74	0.58±0.11	18.54±6.54
模型组	4.50±0.59#	1.34±0.15#	1.55±0.30#	1.23±0.34#	1.05±0.36#	32.37±9.15#
白藜芦醇组	3.44±0.32*	0.76±0.19**	1.14±0.25*	1.63±0.28*	0.69±0.14*	22.16±6.25*
DMS组	3.34±0.42*	0.89±0.24**	0.65±0.18**△	2.60±0.30**△	0.26±0.09**△	24.11±7.71*
TMS组	2.62±0.83**	0.80±0.12**	0.71±0.26**△	2.17±0.48**△	0.33±0.09**△	19.63±7.24**
阳性对照组	3.16±0.64*	0.67±0.22**	1.06±0.46*	2.39±0.36**	0.43±0.21**	19.88±6.65**

注：与正常组相比较，# $P<0.01$；与模型组相比较，* $P<0.05$，** $P<0.01$；与白藜芦醇组相比较，△ $P<0.01$。
据李朋等(2016)

林霖等(2015)探讨了虎杖苷对镉致小鼠睾丸氧化应激损伤的保护作用。试验将40只小鼠随机分成5组，即正常对照组，镉组，25 mg/(kg·d)、50 mg/(kg·d)、100 mg/(kg·d)虎杖苷保护组，于实验第1天，镉组及虎杖苷保护组小鼠一次性腹腔注射2 mg/kg氯化镉(氯化镉质量浓度为0.2 mg/mL)，制造小鼠睾丸氧化应激损伤，虎杖苷保护组小鼠同时经口灌胃给予25 mg/(kg·d)、50 mg/(kg·d)、100 mg/(kg·d)虎杖苷，连续灌胃1周后处死小鼠，统计小鼠睾丸脏器系数；HE染色，观察小鼠睾丸组织病理学变化；检测虎杖苷对小鼠睾丸超氧化物歧化酶(SOD)、谷胱甘肽过氧化物酶(GSH-Px)活性，以及丙二醛(MDA)和8-羟基脱氧鸟苷(8-OHdG)含量的影响。结果(见表3-8-7)表明，与正常对照组比较，镉组小鼠睾丸脏器系数显著降低，睾丸组织细胞变性、坏死，生精细胞明显减少，而虎杖苷保护组小鼠睾丸组织细胞损伤均明显减轻；与正常对照组比较，镉组小鼠睾丸组织SOD及GSH-Px活性均极显著降低，MDA及8-OHdG含量均极显著升高($P<0.01$)。与镉组比较，50 mg/(kg·d)、100 mg/(kg·d)虎杖苷保护组小鼠的睾丸脏器系数显著或极显著升高，睾丸组织的SOD活性明显升高，差异达到显著或极显著水平($P<0.05$或$P<0.01$)；25 mg/(kg·d)、50 mg/(kg·d)、100 mg/(kg·d)虎杖苷保护组小鼠睾丸组织的GSH-Px活性明显升高，差异达到显著或极显著水平($P<0.05$或$P<0.01$)，而MDA及8-OHdG含量均明显降低，差异同样达到显著或极显著水平($P<0.05$或$P<0.01$)。综上可知，虎杖苷能减轻镉致小鼠睾丸组织细胞脂质过氧化损伤，抑制氧化应激对睾丸细胞DNA的损伤。

表 3-8-7 各组小鼠睾丸组织 SOD、GSH-Px 活性及 MDA、8-OHdG 含量

组别	SOD 活性/ (U/g)	GSH-Px 活性/ (U/g)	MDA 含量/ (nmol/g)	8-OHdG 含量/ (ng/L)
正常对照组	151.89±13.39	56.23±2.26	25.04±1.81	29.96±3.23
镉组	114.06±8.66**	32.54±1.85**	39.20±2.33**	56.25±4.32**
25 mg/(kg·d) 虎杖苷保护组	121.57±9.52	36.78±1.96▲	36.45±3.05▲	51.76±4.47▲
50 mg/(kg·d) 虎杖苷保护组	128.59±10.74▲	41.33±1.71▲	33.57±3.18▲▲	47.47±5.47▲
100 mg/(kg·d) 虎杖苷保护组	142.20±8.71▲▲	48.25±2.36▲▲	28.96±2.71▲▲	35.47±3.58▲▲

注：* 表示与正常对照组相比,差异显著($P<0.05$);** 表示与正常对照组相比,差异极显著($P<0.01$);▲ 表示与镉组相比,差异显著($P<0.05$);▲▲ 表示与镉组相比,差异极显著($P<0.01$)。

据林霖等(2015)

氧化应激是帕金森病发病机制中的重要病理因素,是导致黑质多巴胺能神经元死亡的主要原因之一。白藜芦醇具有广泛的药理学作用和较强的抗氧化特性。王彦春等(2011)研究了从中药虎杖提取的白藜芦醇及其脂质体制剂对帕金森病模型大鼠黑质细胞的保护效应。实验以 6-羟基多巴胺单侧纹状体微量注射法制备帕金森病大鼠模型,将 50 只 Wistar 大鼠随机分为正常组、假手术组、模型组、白藜芦醇干预组、白藜芦醇脂质体干预组,每组 10 只。白藜芦醇干预组及白藜芦醇脂质体干预组在造模成功后,以白藜芦醇、白藜芦醇脂质体灌胃,20 mg/kg,每日 1 次,连续 14 d。观察各组大鼠的旋转行为学改变,采用 HE 染色、Nissl 染色、酪氨酸羟化酶(TH)免疫组化方法统计黑质细胞总数、神经元总数、多巴胺能神经元数量,采用 TUNEL 法检测黑质细胞凋亡,以分光光度法检测黑质区总 ROS 活力和总抗氧化能力。结果表明,帕金森病模型大鼠在阿普吗啡诱导后,出现明显的行为学异常表现,黑质区细胞总数、神经元总数及多巴胺能神经元数量明显减少,凋亡细胞数量增加,组织总 ROS 活力显著增强,总抗氧化能力明显降低。白藜芦醇及白藜芦醇脂质体均能明显改善模型大鼠行为学异常,增加黑质区细胞总数、神经元总数、多巴胺能神经元数量,降低细胞凋亡率,提高组织总抗氧化能力,降低组织总 ROS 活力(见表 3-8-8)。在组织学指标的改善方面,白藜芦醇脂质体的效应较白藜芦醇单体更强。综上可知,中药虎杖来源的白藜芦醇及白藜芦醇脂质体对帕金森病模型大鼠黑质细胞具有明显的保护作用,这种保护作用可能与抗氧化活性有关。

表 3-8-8 各组大鼠黑质区组织总 ROS 活力和总抗氧化能力($\bar{x}\pm s, n=10$)

组别	ROS 活力/(U/mg)	总抗氧化能力/(U/mg)
正常	18.23±1.71	10.38±1.75
假手术	18.96±1.81	9.64±0.49
模型	47.96±2.84[2]	2.93±1.21[2]
白藜芦醇	35.94±3.35[1,2]	5.49±1.47[1,2]
白藜芦醇脂质体	25.82±2.04[1,2,3]	7.18±1.42[1,2,3]

注:与模型组比[1] $P<0.01$;与正常组及假手术组比[2] $P<0.01$;与白藜芦醇组比[3] $P<0.01$。

据王彦春等(2011)

王佳等(2019)研究了采用乙醇分级沉淀法分离出不同的虎杖多糖,并对其理化性质及抗氧化活性进行探讨。试验采用热水浸提及不同浓度乙醇(30%、50%、70%、90%)分级沉淀制得四组虎杖多糖(PCP-30、PCP-50、PCP-70、PCP-90),分别测定其得率、总糖含量及糖醛酸含量,采用红外和紫外光谱比较其光

谱学性质差异,利用 DPPH 自由基清除实验及还原力实验考察其抗氧化性差异,并考察总糖含量、糖醛酸含量与抗氧化活性的相关性。结果表明,不同组分间多糖得率及含量有较大差异,PCP-70 总糖含量(557.03 mg/g)及糖醛酸含量(284.85 mg/g)最高,且在 DPPH 自由基清除实验及还原力实验中表现出最高的抗氧化性,四组虎杖多糖红外检测都具有多糖的典型基团,紫外图谱波形近似,相关性研究表明,虎杖总糖含量、糖醛酸含量与上述抗氧化模型均有一定的线性关系,呈正相关性。综上可知,70%乙醇更适宜沉淀制备虎杖多糖,且所得虎杖多糖抗氧化性强。

ROS 的生成,是抗氧化活性的重要参数之一,虎杖苷能明显抑制在 UVB 照射诱导下 HaCaT 细胞的 ROS 的产生,同时也抑制了 COX-2 的表达,其机制可能是虎杖苷抑制 UVB 诱导的细胞中 p38、JNK 和 ERK1/2 的活化。

现今,镉是国际公认的主要环境污染物,对人体多种脏器造成严重危害,Kheradmand 等报道,虎杖苷抑制隔诱导自由基对细胞的攻击,抑制脂质过氧化的能力,为防治镉污染提供了新的手段。

3. 抗炎

肖文渊等(2018)探讨了虎杖乙醇提取物(HZ)的抗炎及免疫活性。实验将 50 只小鼠分为 5 组,每组 10 只,即空白对照组(灌胃去离子水)、阳性对照组(灌胃 0.45 mg/mL 的地塞米松),以及 HZ 高、中、低剂量组(灌胃 1.00 g/mL、0.50 g/mL、0.25 g/mL),通过对小鼠灌胃 HZ 7 d,检测不同剂量的 HZ 对二甲苯所致小鼠耳肿胀及纸片诱导的肉芽肿的抑制作用。结果(见表 3-8-9、表 3-8-10)表明,与对照组相比,地塞米松与 HZ 均可显著抑制耳肿胀及肉芽肿($P<0.01$),0.50～1.00 g/mL HZ 对耳肿胀的抑制效果均显著优于地塞米松($P<0.05$),其中 1.00 g/mL HZ 可使小鼠耳肿胀度比阳性组降低 44.36%($P<0.05$);0.50 g/mL HZ 对肉芽肿的抑制率比阳性组提高 57.14%($P<0.05$)。各药物组小鼠体质量均显著降低($P<0.01$),其中地塞米松和高剂量 HZ 使小鼠体质量增重分别降低了 122.07% 和 106.27%;0.25～0.50 g/mL HZ 可显著提高小鼠脾脏指数,其中 0.25 g/mL HZ 可使脾脏指数比对照组提高 32.35%($P<0.01$);地塞米松与 0.50～1.00 g/mL HZ 均可显著降低胸腺指数($P<0.01$)。因此,中、高剂量虎杖乙醇提取物抗炎效果显著,而低剂量可能对小鼠免疫功能有促进作用。

表 3-8-9 HZ 对二甲苯致小鼠耳肿胀的抑制作用

组别	样品数	耳肿胀度/mg	肿胀抑制率/%
对照组	10	6.19±0.34[Aa]	—
阳性组	10	4.17±0.32[BCb]	32.63
HZ 低剂量组	10	4.30±0.36[Bb]	30.53
HZ 中剂量组	10	2.89±0.37[Cc]	53.31
HZ 高剂量组	10	2.32±0.30[Cc]	62.52

注:同列数据右肩标不同大写字母表示差异极显著($P<0.01$),右肩标不同小写字母表示差异显著($P<0.05$)。
据肖文渊等(2018)

表 3-8-10 HZ 对肉芽肿的抑制效果

组别	样品数	纸片增重/mg	肉芽肿抑制率/%
对照组	10	1.4±0.25[Aa]	—
阳性组	10	0.7±0.09[ABb]	50.00
HZ 低剂量组	10	0.5±0.17[Bbc]	64.29
HZ 中剂量组	10	0.3±0.17[Bc]	78.57
HZ 高剂量组	10	0.4±0.14[Bbc]	71.43

注:同列数据右肩标不同大写字母表示差异极显著($P<0.01$),右肩标不同小写字母表示差异显著($P<0.05$)。
据肖文渊等(2018)

徐新等(2013)研究观察了虎杖水提物的抗炎作用,并从影响一氧化氮生成探讨其机制。试验将小鼠随机分为 4 组,每组 10 只,即生理盐水组(空白对照组)、氢化可的松(0.05 g/kg)组(模型对照组)、虎杖水提物高剂量(8 g/kg)与低剂量(4 g/kg)组,灌胃给药,采用二甲苯致小鼠耳郭肿胀法和鸡蛋清致大鼠足跖肿胀模型观察虎杖水提物的抗炎作用;用脂多糖(LPS)刺激原代小鼠腹腔巨噬细胞,观察虎杖水提物对其 iNOS mRNA 的表达以及一氧化氮生成的影响。结果(见表 3-8-11~表 3-8-13)表明,虎杖水提物低剂量与高剂量均能明显减轻二甲苯所致的小鼠耳郭肿胀和鸡蛋清致大鼠足跖肿胀,虎杖水提物能明显降低 LPS 诱导的巨噬细胞 iNOS mRNA 的水平以及在质量浓度为 10 mg/mL 时显著减少其一氧化氮的生成。因此,虎杖水提物具有明显的抗炎作用,并抑制炎性因子一氧化氮的产生,可能是其减轻炎症反应机制之一。

表 3-8-11 虎杖水提物对二甲苯致小鼠耳肿胀的影响($\bar{x}\pm s, n=10$)

组别	剂量/(g/kg)	肿胀度/mg	肿胀抑制率/%
空白对照组	—	6.4±1.1	—
模型对照组	0.05	2.6±0.6[a]	59.81
虎杖水提物低剂量组	4	3.3±0.9[ab]	47.52
虎杖水提物高剂量组	8	2.8±0.8[a]	55.39

注:与空白对照组比较,[a]$P<0.01$,与氢化可的松组比较,[b]$P<0.05$。
据徐新等(2013)

表 3-8-12 虎杖水提物对鸡蛋清致大鼠足跖肿胀的影响($\bar{x}\pm s, n=8$)

组别	10 min		20 min		30 min		40 min		50 min		60 min	
	肿胀度/mL	抑制率/%	肿胀度/mL	抑制率/%	肿胀度/mL	抑制率/%	肿胀度/mL	抑制率/%	肿胀度/mL	抑制率/%	肿胀度/mL	抑制率/%
空白对照组	0.83±0.20	—	0.97±0.22	—	0.77±0.16	—	0.69±0.12	—	0.54±0.17	—	0.37±0.18	—
模型对照组	0.39±0.17[b]	53.31	0.54±0.18[b]	53.56	0.37±0.16[b]	51.62	0.35±0.13[b]	48.45	0.34±0.14[a]	38.02	0.24±0.13	35.93
虎杖水提物低剂量组(4 g/kg)	0.72±0.25[d]	13.70	0.73±0.21[ac]	24.71	0.56±0.20[a]	27.11	0.49±0.17[a]	29.33	0.43±0.14	20.97	0.33±0.11	10.17
虎杖水提物高剂量组(8 g/kg)	0.58±0.15[ac]	29.82	0.59±0.18[b]	39.20	0.47±0.15[b]	39.61	0.38±0.13[b]	44.81	0.31±0.11[b]	43.09	0.19±0.10[ae]	47.46

注:与空白对照组比较,[a]$P<0.05$,[b]$P<0.01$;与氢化可的松组比较,[c]$P<0.05$,[d]$P<0.01$;与虎杖低剂量组比较,[e]$P<0.05$。
据徐新等(2013)

表 3-8-13 虎杖水提物对 LPS 诱导的小鼠腹腔巨噬细胞一氧化氮生成的影响($\bar{x}\pm s, n=6$)

组别	质量浓度/(mg/mL)	一氧化氮浓度/(μmol/L)
空白对照组	—	30.8±4.2
模型对照组	—	65.0±7.4[a]
虎杖低剂量组(4 mg/mL)	2	58.3±5.8[a]
虎杖高剂量组(8 mg/mL)	10	51.6±3.7[abc]

据徐新等(2013)

褚伟(2012)研究了虎杖对糖尿病大鼠炎症因子影响作用。试验用小剂量链脲佐菌素配合高脂高糖饮食建立 2 型糖尿病大鼠模型,将 Wistar 大鼠 46 只随机分 4 组:糖尿病模型组 12 只、二甲双胍组 12 只[灌服 0.25 g/(kg·d)二甲双胍混悬液]、虎杖高剂量组(HD 组)11 只[灌服 13.5 g/(kg·d)虎杖液],虎杖低剂量组(LD 组)11 只[灌服 2.7 g/(kg·d)虎杖液],另设正常对照组(8 只),以普通饲料喂养。取血检测观察血清白介素-6(IL-6)、C 反应蛋白(CRP)及肿瘤坏死因子(TNF-α)水平。结果(见表 3-8-14、表3-8-15)表明,与模型组比较,虎杖高剂量组 IL-6、CRP 及 TNF-α 水平降低,差异有统计学意义($P<0.05$)。因此,虎杖可抑制 2 型糖尿病炎症反应。

表 3-8-14　各组血糖及血脂水平比较　　　　　　　　　　　　　　　单位:mmol/L

组别	空腹血糖(FPG)	胆固醇(TC)	三酰甘油(TG)
正常对照组($n=8$)	5.74 ± 1.74	1.34 ± 0.53	1.0 ± 0.30
模型组($n=12$)	23.34 ± 8.34*	3.31 ± 0.75*	3.02 ± 1.46*
HD 组($n=11$)	18.81 ± 7.81#	2.31 ± 0.27#	2.91 ± 0.41#
LD 组($n=11$)	21.69 ± 5.35	2.60 ± 0.19#	2.30 ± 0.23#
二甲双胍组($n=12$)	9.16 ± 7.59#	2.38 ± 0.75#	2.04 ± 0.50#

注:* 与正常对照组比较,$P<0.01$;# 与模型组比较,$P<0.05$。

据褚伟(2012)

表 3-8-15　各组 IL-6、TNF-α 及 CRP 比较

组别	IL-6/(pg/L)	TNF-α/(pg/L)	CRP/(mg/L)
正常对照组($n=8$)	91.10 ± 20.02	0.79 ± 0.31	4.79 ± 0.17
模型组($n=12$)	122.11 ± 21.37*	1.68 ± 0.09*	9.46 ± 1.20*
DH 组($n=11$)	109.35 ± 26.31#	1.49 ± 0.16	8.78 ± 1.31
LD 组($n=11$)	98.91 ± 25.76#	0.93 ± 0.18#	6.97 ± 1.60#
二甲双胍组($n=12$)	110.32 ± 27.75#	1.20 ± 0.19#	7.54 ± 1.62#

注:* 与正常对照组比较,$P<0.01$;# 与模型组比较,$P<0.05$。

据褚伟(2012)

虎杖的乙酸乙酯提取物有一定的抗炎作用,作用机制可能是抑制炎症介质前列腺素 E_2(PGE_2)的合成、抑制细胞免疫及与垂体-肾上腺皮质系统有关。研究还发现,采用新鲜虎杖外洗可以治疗关节疼痛,效果比较显著。烧伤、烫伤、感染、放射性皮炎等可以通过应用虎杖与其他药物合用来治疗。张海防等(2003)考察了虎杖的乙酸乙酯提取物的抗炎作用及初步机制。试验分别以地塞米松、阿司匹林和环磷酰胺为阳性对照药,将小鼠、大鼠(给药容积分别为 0.2 mL/10 g 和 1.5 mL/100 g)随机分为空白对照组(0.5%泊洛沙姆溶液)、阳性对照组(地塞米松、阿司匹林和环磷酰胺),以及高、中、低剂量组(虎杖的乙酸乙酯提取物),进行小鼠和大鼠的多种炎症模型抑制实验。结果(见表 3-8-16～表 3-8-21)表明,虎杖的乙酸乙酯提取物对角叉菜胶所致大鼠足跖肿胀有显著抑制作用($P<0.001$);对小鼠、大鼠纸片法所致肉芽肿有显著抑制作用($P<0.01$);对腹腔注射醋酸所致小鼠毛细血管通透性增高有显著抑制作用($P<0.01$);对角叉菜胶所致小鼠肿胀足中炎症介质 PGE_2 合成有显著抑制作用($P<0.01$);对三硝基氯苯诱导的小鼠迟发型超敏反应有显著抑制作用($P<0.01$);对肾上腺切除大鼠纸片法致肉芽肿($P<0.01$)及角叉菜胶所致足跖肿胀($P<0.05$)有显著抑制作用,但其抑制率均较正常大鼠相应实验抑制率有所降低。综上可知,虎杖的乙酸乙酯提取物有一定的抗炎作用,其作用机制可能是抑制炎症介质 PGE_2 的合成、抑制细胞免疫及与垂体-肾上腺皮质系统有关。

表 3-8-16　对致炎剂所致小鼠耳郭肿胀的抑制作用($\bar{x}\pm s$)

组别	剂量/[mg/(kg·d)]	肿胀度/mg	
		二甲苯致炎($n=10$)	巴豆油致炎($n=12$)
空白对照		7.0 ± 2.9	24.4 ± 2.9
地塞米松	3	3.1 ± 1.4*	11.1 ± 2.9*
低剂量	26	5.6 ± 3.2	22.6 ± 3.2
中剂量	105	6.5 ± 4.1	23.3 ± 2.9
高剂量	420	7.5 ± 2.8	21.8 ± 3.7

注:与空白对照组比较,* $P<0.001$。

据张海防等(2003)

表 3-8-17 对角叉菜胶所致大鼠足跖肿胀的抑制作用($\bar{x}\pm s$)

组别	剂量/[mg/(kg·d)]	肿胀度/mL（抑制率/%）				
		1 h	2 h	3 h	4 h	5 h
空白对照		0.26±0.10	0.35±0.09	0.36±0.10	0.37±0.07	0.28±0.11
阿司匹林	250	0.03±0.12** (88.5)	0.12±0.08*** (65.7)	0.13±0.10*** (63.9)	0.09±0.11*** (75.7)	0.07±0.10** (75.0)
低剂量	20	0.14±0.09* (46.1)	0.14±0.10*** (60.0)	0.19±0.08** (47.2)	0.18±0.10*** (51.4)	0.18±0.15 (35.7)
中剂量	40	0.13±0.16 (50.0)	0.18±0.12* (48.6)	0.23±0.06* (36.1)	0.15±0.10** (59.5)	0.18±0.08 (35.7)
高剂量	80	0.15±0.09* (41.5)	0.17±0.14** (52.1)	0.20±0.10** (43.4)	0.16±0.08*** (55.6)	0.10±0.09** (63.1)

注：与空白对照组比较，*** $P<0.001$，** $P<0.01$，* $P<0.05$。

据张海防等(2003)

表 3-8-18 对小鼠、大鼠纸片法肉芽肿的抑制作用($\bar{x}\pm s$)

组别	小鼠剂量/[mg/(kg·d)]	小鼠肉芽肿/mg ($n=12$)	抑制率/%	大鼠剂量/[mg/(kg·d)]	大鼠肉芽肿/mg ($n=8$)	抑制率/%
空白对照		12.3±3.4			24.7±10.0	
地塞米松	0.1	9.7±4.3*	20.8			
低剂量	26	12.3±3.6	−1.0	20	21.0±10.6	15.0
中剂量	105	9.8±3.6*	20.3	80	18.1±7.0*	26.7
高剂量	420	9.4±2.9**	23.4	320	14.8±6.4**	40.1

注：与空白对照组比较，** $P<0.01$，* $P<0.05$。

据张海防等(2003)

表 3-8-19 对醋酸所致小鼠毛细血管通透性增高及角叉菜胶致小鼠肿胀足中 PGE_2 合成的抑制作用($\bar{x}\pm s, n=12$)

组别	剂量/[mg/(kg·d)]	伊文思蓝吸光度	抑制率/%	PEG_2 吸光度	抑制率/%
空白对照		0.261±0.062		0.410±0.040	
阿司匹林	500	0.126±0.051***	51.7	0.329±0.027***	19.8
低剂量	26	0.277±0.062	−1.6	0.389±0.037	5.1
中剂量	105	0.209±0.043*	19.9	0.358±0.055*	12.7
高剂量	420	0.195±0.041**	25.3	0.307±0.026***	25.1

注：与空白对照组比较，*** $P<0.001$，** $P<0.01$，* $P<0.05$。

据张海防等(2003)

表 3-8-20　对三硝基氯苯诱导迟发型超敏反应的抑制作用($\bar{x}\pm s, n=10$)

组别	剂量/ [mg/(kg・d)]	肿胀度/ mg	抑制率/ %	胸腺指数/ %	脾指数/ %
空白对照		24.3±2.8		0.467±0.102	0.667±0.143
环磷酰胺	20	8.9±3.0**	63.4	0.177±0.045**	0.290±0.049**
低剂量	26	21.6±4.1	11.1	0.455±0.075	0.595±0.110
中剂量	105	20.6±3.0*	15.2	0.430±0.163	0.662±0.155
高剂量	420	17.9±5.4*	26.3	0.475±0.131	0.639±0.142
环磷酰胺+低剂量	同环磷酰胺和低剂量	8.4±3.2		0.194±0.055	0.341±0.088
环磷酰胺+中剂量	同环磷酰胺和中剂量	8.1±2.1		0.200±0.061	0.330±0.081
环磷酰胺+高剂量	同环磷酰胺和高剂量	7.6±4.6		0.170±0.052	0.294±0.077

注：与空白对照组比较，** $P<0.001$，* $P<0.01$。

据张海防等(2003)

表 3-8-21　对肾上腺切除大鼠纸片法致肉芽肿及角叉菜胶致足跖肿胀的抑制作用($\bar{x}\pm s, n=9$)

组别	剂量/ [mg/(kg・d)]	肉芽肿/ mg	抑制率/ %	剂量/ [mg/(kg・d)]	肿胀度/mL（抑制率/%）				
					1 h	2 h	3 h	4 h	6 h
模型		39.7±4.2			0.29±0.11	0.39±0.12	0.43±0.10	0.41±0.08	0.35±0.08
高剂量	420	33.8±4.4**	14.9	80	0.27±0.11 (6.2)	0.31±0.10 (21.0)	0.30±0.13* (30.8)	0.31±0.11* (23.3)	0.25±0.07* (26.6)

注：与模型组比较，** $P<0.01$，* $P<0.05$。

据张海防等(2003)

虎杖苷之所以对肝、肾、肺等具有保护作用，主要得益于它的抗炎活性。研究表明虎杖苷在体内和体外均能调节炎症细胞因子和细胞黏附分子的表达，能通过下调 IL-17 mRNA 的表达降低活化的人外周血单核细胞中 IL-17 的产生；还能降低 NF-κB p65 的活性和表达，阻断 TNF-α、IL-6 和 IL-1b 的表达，降低 MPO 活性，进而减轻溃疡性结肠炎小鼠的结肠炎的炎症损伤，其抗炎机制可部分归因于 NF-κB 途径的阻断。

4. 降血脂和血糖

研究表明，虎杖可有效调节高脂乳剂所致高脂血症大鼠血脂和肝脂水平，对高脂血症具有较好的调脂作用，虎杖还具有降血糖的功效。

孔晓龙等(2015)研究了虎杖降脂颗粒(HJG)对高脂血症大鼠降脂作用的机理。试验建立高脂性饮食诱导大鼠高脂血症，取 84 只造模成功的大鼠按 TC 水平随机分为 7 组，每组 12 只，即正常对照组，模型对照组，3 个 HJG 剂量给药组(HJG-L、HJG-M、HJG-H，剂量分别为 4.20 g/kg、8.40 g/kg 和 16.80 g/kg)、血脂康阳性对照组(XZKC，以 108 mg/kg 血脂康药液灌胃)和脂降宁阳性对照组(ZJNT，以 360 mg/kg 脂降宁药液灌胃)，考察其对模型动物的 SOD、MDA、GSH-Px 水平、肝组织脂蛋白脂肪酶(lipoprotein lipase，LPL)、肝脂酶(hepatic lipase，HL)和总脂酶活性以及对包括全血黏度、全血还原黏度、全血相对指数、血浆黏度值、红细胞比容(HCT)、红细胞刚性指数(IER)、红细胞聚集指数(IEA)、红细胞变形指数(IED)在内的血液流变学性质的影响。结果(见表 3-8-22、表 3-8-23)表明，与模型组比较，血脂康、脂降宁阳性对照组和实验组中、高剂量组 SOD 活性均不同程度升高，MDA 活性均不同程度降低，差异均有统计学意义($P<0.01$ 或 $P<0.05$)；与模型组比较，血脂康、脂降宁阳性对照组和实验组低、中、高剂量组均能不同程度地升高 LPL、HL 和总脂酶活性，而且均能不同程度地降低大鼠全血黏度，血浆黏度，全血高、低切还原

黏度和全血高、低切相对指数，以及降低 HCT、IER 和 IEA，差异有统计学意义（$P<0.01$ 或 $P<0.05$）。因此，虎杖降脂颗粒对高脂乳剂诱导的高脂血症模型大鼠具有明显的治疗作用，该作用可能与其提高机体的抗氧化能力、抵抗自由基介导的脂质过氧化作用，调节肝脏脂代谢关键酶 LPL 和 HL 的活性以及改善血液流变学有关。

表 3-8-22　HJG 对高脂血症模型大鼠肝组织 SOD、MDA、GSH-Px 水平的影响（$\bar{x}\pm s$, $n=12$）

组别	SOD/(U/mg prot)	MDA/(nmol/mg prot)	GSH-Px/(U/mg prot)
正常对照组	44.58±4.28	1.57±0.22	904.37±128.66
模型对照组	37.49±4.25##	1.85±0.28##	683.05±65.23##
虎杖降脂颗粒低剂量组	40.79±4.89	1.68±0.22*	783.91±65.57*
虎杖降脂颗粒中剂量组	43.23±5.94**	1.59±0.21**	852.57±112.36**
虎杖降脂颗粒高剂量组	42.76±3.79**	1.62±0.18**	856.35±130.66*
血脂康阳性对照组	41.82±4.70*	1.62±0.18**	796.76±70.40**
脂降宁阳性对照组	42.19±3.75*	1.65±0.15*	791.92±55.05**

注：与正常组比较，## $P<0.01$；与模型组比较，* $P<0.05$，** $P<0.01$。
据孔晓龙等（2015）

表 3-8-23　HJG 对高脂血症模型大鼠肝组织 LPL、HL 和总脂酶活性的影响（$\bar{x}\pm s$, $n=12$）

组别	LPL/(U/mg prot)	HL/(U/mg prot)	总脂酶/(U/mg prot)
正常对照组	3.27±0.50	3.60±0.43	6.87±0.84
模型对照组	2.01±0.30##	2.24±0.38##	4.26±0.47##
虎杖降脂颗粒低剂量组	2.87±0.47**	2.99±0.59**	5.86±0.95**
虎杖降脂颗粒中剂量组	3.06±0.54**	3.49±0.42**	6.55±0.64**
虎杖降脂颗粒高剂量组	3.18±0.49**	3.41±0.45***	6.59±0.68**
血脂康阳性对照组	3.08±0.56**	3.39±0.44**	6.47±0.88**
脂降宁阳性对照组	2.99±0.46**	3.29±0.63**	6.28±0.59**

注：与正常组比较，## $P<0.01$；与模型组比较，* $P<0.05$，** $P<0.01$。
据孔晓龙等（2015）

郭梅红等（2015）研究了虎杖降脂颗粒（HJG）对饮食性大鼠高脂血症的治疗作用。试验采用高脂性饮食诱导大鼠高脂血症，将 SPF 级健康的 84 只 SD 雄性大鼠随机分为 7 组，每组 12 只，即正常对照组，模型对照组，3 个 HJG 剂量给药组（HJG-L、HJG-M、HJG-H，剂量分别为 4.20 g/kg、8.40 g/kg 和 16.80 g/kg）、血脂康阳性对照组（XZKC，以 108 mg/kg 血脂康药液灌胃）和脂降宁阳性对照组（ZJNT，以 360 mg/kg 脂降宁药液灌胃），观察药物对模型动物血脂水平、体质量变化和肝脏脏器指数，肝脏脂质 TC、TG，血清 AST、ALT、肌酐和尿素氮以及肝脏组织形态的影响。结果（见表 3-8-24～表 3-8-28）表明，虎杖降脂颗粒各剂量组大鼠肝指数及肝组织脂质 TC 和 TG 均明显下降（$P<0.05$ 或 $P<0.01$）；血清中 TC、LDL-C、HDL-C 含量不同程度地降低（$P<0.05$ 或 $P<0.01$），但对 TG 作用不明显；血清 AST、ALT 有不同程度的降低（$P<0.05$ 或 $P<0.01$），但对血清肌酐和尿素氮无明显作用。肝组织病理学结果表明，虎杖降脂颗粒各剂量组能不同程度地降低模型大鼠的肝脏脂肪变性程度。综上可知，虎杖降脂颗粒可有效调节高脂乳剂所致高脂血症大鼠血脂和肝脂水平，对高脂血症具有较好的调脂作用。

表 3-8-24　高脂血症大鼠随机分组血脂水平比较($\bar{x}\pm s$)

组别	动物数	TC/(mmol/L)	TG/(mmol/L)	LDL-C/(mmol/L)	HDL-C/(mmol/L)
模型对照组	12	4.84±0.69	0.35±0.14	2.38±0.42	2.81±0.40
虎杖降脂颗粒低剂量组	12	4.76±0.62	0.34±0.11	2.13±0.47	2.84±0.31
虎杖降脂颗粒中剂量组	12	5.13±0.68	0.39±0.17	2.53±0.63	2.95±0.34
虎杖降脂颗粒高剂量组	12	4.86±0.60	0.34±0.14	2.29±0.41	2.87±0.35
血脂康阳性对照组	12	4.57±0.86	0.42±0.14	2.17±0.53	2.72±0.43
脂降宁阳性对照组	12	4.70±0.67	0.38±0.13	2.27±0.43	2.80±0.35
F	—	0.848	1.151	0.352	1.009
P	—	0.538	0.343	0.906	0.427

据郭梅红等(2015)

表 3-8-25　各组大鼠给药后肝脏脏器指数比较($\bar{x}\pm s$)

组别	动物数	终末体重/g	肝指数/%
正常对照组	12	408.06±18.62	2.79±0.20
模型对照组	12	306.72±38.43	3.27±0.25[#]
虎杖降脂颗粒低剂量组	12	290.29±16.61	2.95±0.26[*]
虎杖降脂颗粒中剂量组	12	299.49±37.34	2.92±0.20[*]
虎杖降脂颗粒高剂量组	12	298.86±26.86	2.88±0.21[*]
血脂康阳性对照组	12	312.38±30.96	2.92±0.17[*]
脂降宁阳性对照组	12	302.77±21.16	2.82±0.12
F	—	—	7.096
P	—	—	0.000

注:与正常组比较,[#] $P<0.01$;与模型组比较,[*] $P<0.01$。
据郭梅红等(2015)

表 3-8-26　各组给药后对高脂血症模型大鼠血脂水平的影响比较($\bar{x}\pm s$)

组别	动物数	TC/(mmol/L)	TG/(mmol/L)	LDL-C/(mmol/L)	HDL-C/(mmol/L)
正常对照组	12	2.02±0.14	0.96±0.26	0.24±0.05	1.16±0.19
模型对照组	12	5.48±0.45[#]	0.37±0.13[#]	3.45±0.50[#]	2.64±0.22[#]
虎杖降脂颗粒低剂量组	12	4.30±0.39[*]	0.36±0.08	2.54±0.23[*]	1.97±0.29[*]
虎杖降脂颗粒中剂量组	12	3.77±0.55[*]	0.38±0.12	2.00±0.46[*]	1.82±0.20[*]
虎杖降脂颗粒高剂量组	12	4.36±0.70[*]	0.54±0.19[△]	2.22±0.62[*]	2.07±0.30[*]
血脂康阳性对照组	12	4.63±0.40[*]	0.48±0.23	2.73±0.50[△]	2.12±0.20[*]
脂降宁阳性对照组	12	4.03±0.43[*]	0.27±0.05	2.23±0.40[*]	2.07±0.17[*]
F	—	37.942	14.046	45.984	30.564
P	—	0.000	0.000	0.000	0.000

注:与正常组比较,[#] $P<0.01$;与模型组比较,[*] $P<0.01$,[△] $P<0.05$。
据郭梅红等(2015)

表 3-8-27　各组给药后对高脂血症模型大鼠肝脏脂质 TC、TG 的影响比较($\bar{x}\pm s$)

组别	动物数	TC/(μmol/g)	TG/(μmol/g)
正常对照组	12	17.73±1.20	15.33±1.89
模型对照组	12	23.41±1.22[#]	19.33±2.14[#]
虎杖降脂颗粒低剂量组	12	21.11±1.82[*]	17.00±2.02[△]
虎杖降脂颗粒中剂量组	12	20.59±1.78[*]	16.88±3.03[△]
虎杖降脂颗粒高剂量组	12	21.13±1.46[*]	16.56±2.65[△]
血脂康阳性对照组	12	20.63±1.77[*]	15.52±2.71[*]
脂降宁阳性对照组	12	20.90±2.07[*]	17.11±1.88[△]
F	—	12.179	3.708
P	—	0.000	0.027 3

注：与正常组比较，[#] $P<0.01$；与模型组比较，[△] $P<0.05$，[*] $P<0.01$。

据郭梅红等(2015)

表 3-8-28　各组给药后对高脂血症模型大鼠血清中 AST、ALT、肌酐和尿素氮含量的影响比较($\bar{x}\pm s$)

组别	动物数	AST/(U/L)	ALT/(U/L)	肌酐/(μmol/L)	尿素氮/(mmol/L)
正常对照组	12	135.08±26.46	64.67±10.40	85.58±10.25	6.98±1.49
模型对照组	12	168.50±0.45[#]	84.33±10.18[#]	89.67±10.50	7.21±1.46
虎杖降脂颗粒低剂量组	12	162.75±29.43	74.08±9.50	85.67±8.22	7.03±1.21
虎杖降脂颗粒中剂量组	12	159.27±24.57[△]	71.55±10.29[△]	86.55±9.91	7.19±1.24
虎杖降脂颗粒高剂量组	12	150.17±13.96[*]	69.92±9.26[*]	88.42±7.65	7.12±1.05
血脂康阳性对照组	12	157.92±21.79[△]	70.92±8.85[*]	86.75±10.64	6.87±1.30
脂降宁阳性对照组	12	155.00±20.63[*]	72.17±12.38[△]	88.92±7.91	7.09±1.44
F	—	3.350	3.708	0.186	0.315
P	—	0.005 5	0.004 9	0.980	0.927

注：与正常组比较，[#] $P<0.01$；与模型组比较，[△] $P<0.05$，[*] $P<0.01$。

据郭梅红等(2015)

李波等(2014)研究观察了复方虎杖提取物对高脂饲料致高脂血症模型大鼠体质量、血脂水平和动脉硬化指数的影响。实验采用高脂饲料喂养 SD 大鼠建立高脂血症模型，将大鼠给予高脂饲料复制模型3周后分为 6 组，正常对照组，模型组，辛伐他汀组(4 mg/kg)，复方虎杖提取物高、中、低剂量组(剂量分别为 12 g/kg、8 g/kg、4 g/kg)。正常对照组 12 只大鼠，其余每组 10 只。分别于给药第 2、4、6、8 周取血，测血清总胆固醇(TC)、三酰甘油(TG)及高密度脂蛋白胆固醇(HDL-C)、低密度脂蛋白胆固醇(LDL-C)含量及动脉粥样硬化指数(AI)。结果(见表 3-8-29～表 3-8-33)表明，与模型组比较，复方虎杖提取物灌胃给予大鼠 4 周后即出现明显降血脂作用，除低剂量组 AI 外，其余各剂量组 TC、TG、HDL-C 及 AI 明显降低。给药 8 周，低剂量组 TC、HDL-C 及 AI 明显降低；中剂量组血清 TC、HDL-C 及 AI 明显降低，HDL-C 明显升高($P<0.05$)；高剂量组 AI 明显降低，HDL-C 明显升高。由此可知，复方虎杖提取物 4 g/kg、8 g/kg、12 g/kg 3 个剂量组均可以改善高脂饲料致高脂血症模型大鼠的血清血脂水平，具有一定的降血脂作用，且高、中剂量组效果优于低剂量组。

表 3-8-29　各组高脂血症模型大鼠体质量的变化($\bar{x}\pm s$)　　　　　　单位:g

组别	n	模型复制前	模型复制后	给药1周	给药2周	给药3周	给药4周	给药5周	给药7周	给药8周
正常对照组	12	233.0±8.9	327.6±12.8	345.3±18.9	350.6±18.5	366.5±20.7	373.4±21.7	376.1±22.2	384.8±23.3	396.8±21.4
模型组	10	232.1±12.0	360.6±24.8△△	372.3±24.9△△	393.2±29.2△△	407.8±22.0△△	418.0±22.5△△	424.9±21.1△△	435.6±24.4△△	441.7±23.5△△
辛伐他汀组	10	234.7±11.9	357.6±22.5	371.7±25.7	381.8±22.8	393.0±21.7	403.2±25.4	406.0±23.6*	414.8±25.6*	423.9±25.0
复方虎杖低剂量组	10	237.7±10.0	365.3±16.5	381.3±18.5	394.7±19.2	407.8±21.0	416.7±25.1	430.3±21.8	437.8±23.8	446.1±23.8
复方虎杖中剂量组	10	234.1±6.6	381.3±19.6	390.5±20.2	403.7±26.2	419.9±29.3	428.2±31.4	436.6±29.9	444.7±26.9	450.1±29.7
复方虎杖高剂量组	10	235.7±9.7	374.9±18.1	364.6±21.2	381.2±26.8	395.5±27.9	405.9±30.9	411.9±27.0	421.4±27.6	429.5±26.4

注:与正常对照组比较,△△$P<0.01$。

据李波等(2014)

表 3-8-30　复方虎杖提取物给药2周对高脂血症模型大鼠血脂水平及AI的影响($\bar{x}\pm s$)

组别	n	剂量/(mg/kg)	TC/(mmol/L)	TG/(mmol/L)	HDL-C/(mmol/L)	LDL-C/(mmol/L)	AI
正常对照组	12	—	1.95±0.24	0.84±0.14	0.57±0.08	0.81±0.13	2.54±0.59
模型组	10	—	2.45±0.42△△	0.90±0.21	0.44±0.08△△	1.18±0.23△△	4.74±1.59△△
辛伐他汀组	10	4	2.35±0.41	0.84±0.24	0.46±0.07	1.13±0.17	4.33±1.34
复方虎杖低剂量组	10	4000	2.30±0.43	0.79±0.28	0.37±0.06	1.14±0.19	5.44±1.79
复方虎杖中剂量组	10	8000	2.16±0.34	0.69±0.15*	0.40±0.06	1.04±0.16	4.35±1.20
复方虎杖高剂量组	10	12 000	2.26±0.31	0.69±0.24*	0.44±0.14	1.10±0.25	4.80±3.173

注:与正常对照组比较,△$P<0.05$,△△$P<0.01$;与模型对照组比较,*$P<0.05$,**$P<0.01$。

据李波等(2014)

表 3-8-31　复方虎杖提取物给药4周对高脂血症模型大鼠血脂水平及AI的影响($\bar{x}\pm s$)

组别	n	剂量/(mg/kg)	TC/(mmol/L)	TG/(mmol/L)	HDL-C/(mmol/L)	LDL-C/(mmol/L)	AI
正常对照组	12	—	1.95±0.23	0.97±0.15	0.64±0.08	0.90±0.21	2.04±0.11
模型组	10	—	3.16±0.61△△	1.02±0.24	0.47±0.09△△	2.23±0.62△△	5.98±2.21△△
辛伐他汀组	10	4	2.46±0.39**	0.95±0.19	0.41±0.06	1.62±0.41*	5.32±1.94
复方虎杖低剂量组	10	4000	2.50±0.68*	0.84±0.14*	0.41±0.04	1.54±0.84*	5.25±1.99
复方虎杖中剂量组	10	8000	2.18±0.43*	0.81±0.10*	0.46±0.06	1.36±0.42**	3.86±0.91**
复方虎杖高剂量组	10	12 000	2.36±0.43**	0.83±0.23	0.46±0.10	1.52±0.40**	4.35±1.56

注:与正常对照组比较,△△$P<0.01$;与模型组比较,*$P<0.05$。

据李波等(2014)

表 3-8-32　复方虎杖提取物给药6周对高脂血症模型大鼠血清血脂水平及AI的影响($\bar{x}\pm s$)

组别	n	剂量/(mg/kg)	TC/(mmol/L)	TG/(mmol/L)	HDL-C/(mmol/L)	LDL-C/(mmol/L)	AI
正常对照组	12	—	2.08±0.43	0.76±0.17	0.59±0.18	1.05±0.44	2.73±0.82
模型对照组	10	—	2.61±0.47△△	0.88±0.13△	0.41±0.07△△	1.80±0.47△△	5.55±1.75△△
辛伐他汀组	10	4	2.24±0.30*	0.79±0.13	0.48±0.09	1.40±0.28*	3.76±0.60**
复方虎杖低剂量组	10	4000	2.23±0.30*	0.76±0.20	0.48±0.08*	1.27±0.54*	3.79±1.01**
复方虎杖中剂量组	10	8000	2.20±0.32*	0.70±0.13**	0.47±0.03*	1.09±0.68*	3.68±0.91**
复方虎杖高剂量组	10	12 000	2.24±0.27*	0.65±0.19**	0.51±0.10*	1.45±0.31*	3.58±1.14**

注:与正常对照组比较,△$P<0.05$,△△$P<0.01$;与模型组比较,*$P<0.05$,**$P<0.01$。

据李波等(2014)

表 3-8-33　复方虎杖提取物给药 8 周对高脂血症模型大鼠血脂水平及 AI 的影响($\bar{x}\pm s$)

组别	n	剂量/(mg/kg)	TC/(mmol/L)	TG/(mmol/L)	HDL-C/(mmol/L)	LDL-C/(mmol/L)	AI
正常对照组	12	—	1.57 ± 0.22	0.61 ± 0.13	0.48 ± 0.09	0.84 ± 0.22	2.39 ± 0.45
模型组	10	—	$2.41\pm0.74^{\triangle\triangle}$	0.64 ± 0.11	$0.30\pm0.04^{\triangle\triangle}$	$1.82\pm0.73^{\triangle\triangle}$	$7.23\pm2.57^{\triangle\triangle}$
辛伐他汀组	10	4	2.19 ± 0.77	0.61 ± 0.21	0.33 ± 0.09	1.59 ± 0.77	$6.60\pm4.64^{**}$
复方虎杖低剂量组	10	4000	$1.64\pm0.16^{**}$	$0.53\pm0.11^{*}$	0.33 ± 0.05	$1.07\pm0.14^{*}$	$4.01\pm0.69^{**}$
复方虎杖中剂量组	10	8000	$1.83\pm0.43^{*}$	$0.48\pm0.11^{*}$	$0.33\pm0.04^{*}$	$1.28\pm0.42^{*}$	$4.60\pm1.63^{**}$
复方虎杖高剂量组	10	12 000	2.14 ± 0.39	0.56 ± 0.14	$0.34\pm0.04^{*}$	1.54 ± 0.42	$5.31\pm1.38^{**}$

注:与正常对照组比较,$^{\triangle\triangle}P<0.01$;与模型组比较,$^{*}P<0.05$,$^{**}P<0.01$。

据李波等(2014)

王辉等(2013)研究观察了虎杖分别与黄芪、益母草配伍对糖尿病肾病模型大鼠糖、脂代谢及血液流变学指标的影响,初步探讨其对糖尿病肾病早期干预作用机制。实验运用链脲佐菌素诱发 SD 大鼠糖尿病肾病(DN)模型。成模大鼠随机分为模型组、开博通组、虎杖-益母草配伍组、虎杖-黄芪配伍组。空白组 10只,模型组 15 只,其余三组每组 13 只。虎杖与益母草配伍、虎杖与黄芪配伍合煎液灌服剂量为 3 g/kg,开博通组灌服博通剂量为 6.25×10^{-3} g/kg,模型组和空白组灌服同体积 10 mL/kg 的生理盐水,每天给药 1次,连续给药 8 周。以三酰甘油(TG)、胆固醇(TC)、高密度脂蛋白胆固醇(HDL-L)、低密度脂蛋白胆固醇(LDL-C)为观察指标。结果(见表 3-8-34)表明,虎杖-黄芪组、虎杖-益母草组在用药第 4、8 周能明显降低DN 模型大鼠 TG 水平($P<0.05$),虎杖-黄芪组、虎杖-益母草组无显著差异。因此,虎杖分别配伍黄芪、益母草对糖尿病肾病糖、脂代谢及血流变具有调节作用;可能通过降低血糖、三酰甘油等水平,降低全血与血浆黏度,改善微循环,发挥其对糖尿病肾病的干预作用。

表 3-8-34　虎杖不同配伍对 DN 大鼠 TC、TG、HDL-C、LDL-C 的影响($\bar{x}\pm s$)　　　　单位:mmol/L

组别	n	剂量/(g/kg)	TC	TG	HDL-C	LDL-C
空白	10	—	2.16 ± 0.28	1.23 ± 0.27	1.29 ± 0.17	1.88 ± 0.67
模型	12	—	2.64 ± 0.53	2.11 ± 0.54	1.16 ± 1.63	2.38 ± 0.34
开博通	10	6.25×10^{-3}	2.39 ± 0.49	1.66 ± 0.37	1.15 ± 0.22	2.15 ± 0.45
虎杖-黄芪	11	3	2.38 ± 0.48	$1.58\pm0.281)$	1.07 ± 0.13	2.00 ± 0.19
虎杖-益母草	11	3	2.39 ± 0.47	$1.68\pm0.221)$	1.08 ± 0.25	2.14 ± 0.22

据王辉等(2013)

Zhang 等(2014)发现了饮食中添加虎杖苷能减缓肝脏的病理变化,改善胰岛素抵抗,调节瘦素、脂联素的水平,增加肝脏中 IRS2 和 Akt 的磷酸化。虎杖苷可能有保护肝细胞、抑制脂肪肝。改善胰岛素抵抗的作用。虎杖苷能降低非酒精性脂肪肝大鼠的胆固醇、三酰甘油和游离脂肪酸,也能降低模型大鼠肝脏TNF-α 和 MDA 的含量,降低固醇调节元件结合蛋白(SPEBP-1c)及抑制其下游的脂肪生成因子,以及脂肪酸合酶(FAS)、硬脂酰辅酶 A 去饱和酶(SCD1)的 RNA 表达,表明虎杖苷对肝脂肪变性的保护,可能与抑制 TNF-α、肝脂质的过氧化和 SREBP-1c 介导的脂质生成有关。

王雨等(2016)通过了 Akt 通路调节 2 型糖尿病大鼠糖脂代谢的作用机制。实验采用高脂高糖饮食加小剂量链脲菌素(STZ)联合诱导的 2 型糖尿病大鼠模型,将大鼠随机分为模型组、虎杖苷组(75 mg/kg、150 mg/kg)、吡格列酮组(5 mg/kg),每组 8 只,给药 12 周后测定各组动物空腹血糖(FBG),取血检测糖化血红蛋白(HbA1c)、糖化血清蛋白(GSP)、总胆固醇(TC)、三酰甘油(TG)、低密度脂蛋白胆固醇(LDL-C),观察大鼠肝脏病理形态,分析对肝脏组织 Akt、GSK3β、GCK、LDLR 的影响。结果(见表 3-8-35)表明,虎杖苷在 75 mg/kg 给药剂量时就能有效调节 2 型糖尿病大鼠的糖脂紊乱,降低模型动物空腹血糖(FBG)、糖化血清蛋白(GSP)、糖化血红蛋白(HbA1c)、总胆固醇(TC)、三酰甘油(TG)、低密度脂蛋白胆固醇(LDL-C)水平;减轻肝脏组织病理损伤,明显激活模型动物肝脏组织的 Akt 蛋白表达,进而促进下游 GSK-3β 的磷酸化,上调 GCK、LDLR 的蛋白表达,与 150 mg/kg 剂量组没有明显差异。因此,虎杖苷可以有效调节糖脂代谢,且该作用与其影响 Akt 信号通路密切相关。

表 3-8-35　虎杖苷对 2 型糖尿病大鼠 FBG、GSP、HbA1c 的影响($\bar{x}\pm s, n=10$)

组别	剂量/(mg/kg)	FBG/(mmol/L)	GSP/(mmol/L)	HbA1c/(OD·10/g)
正常对照		5.67±0.11**	0.76±0.04**	28.63±1.28**
模型对照		26.46±1.23	2.12±0.19	50.19±2.61
虎杖苷	75	22.78±0.83*	1.23±0.04*	35.44±1.55**
虎杖苷	150	21.68±1.08**	1.10±0.05**	36.36±1.40**
吡格列酮	5	22.50±0.27*	0.93±0.04**	41.17±1.01**

注:与模型组相比,* $P<0.05$,** $P<0.01$。
据王雨等(2016)

赵宏宇等(2016)研究了虎杖提取物对 2 型糖尿病大鼠血糖、血脂的影响。实验通过高脂饮食加链脲佐菌素建立大鼠 2 型糖尿病模型,随机分为模型组、消渴降糖胶囊(75 mg/kg)阳性对照组及虎杖提取物高(888 mg/kg)、中(444 mg/kg)、低(222 mg/kg)剂量组,另设正常对照组。连续灌胃给药 4 周,每 2 周检测 1 次空腹血糖(FBG),末次给药后检测血清中游离脂肪酸(FFA)、总胆固醇(TC)、三酰甘油(TG)、高密度脂蛋白胆固醇(HDL-C)、低密度脂蛋白胆固醇(LDL-C)、糖化血清蛋白(GSP)、胰岛素(FINS)等指标,计算胰岛素抵抗指数(IRI)。结果(见表 3-8-36、表 3-8-37)表明,虎杖提取物各剂量均可显著降低 2 型糖尿病模型大鼠空腹血糖并改善其胰岛素抵抗,显著降低 2 型糖尿病模型大鼠血清 FFA、TC、TG 及 LDL-C 含量,提高血清 HDL-C 含量($P<0.05$ 或 $P<0.01$),并改善胰腺组织病理学改变;虎杖提取物中、低剂量可显著降低 2 型糖尿病大鼠 GSP 含量($P<0.05$)。因此,虎杖提取物能改善 2 型糖尿病大鼠糖代谢与脂代谢和胰岛素抵抗情况,对治疗 2 型糖尿病具有一定疗效。

表 3-8-36　虎杖提取物对 2 型糖尿病大鼠 FBG 及 GSP 水平的影响($\bar{x}\pm s, n=11$)

组别	剂量/(mg/kg)	FBG/(mmol/L)			GSP/(mmol/L)
		给药前	给药 2 周	给药 4 周	
正常对照组	—	4.68±0.48**	4.46±0.55**	4.51±0.38**	1.07±0.07**
模型组	—	14.06±3.94	24.43±3.46	24.28±2.83	1.79±0.30
消渴降糖胶囊组	75	13.79±2.69	18.21±6.64*	19.69±4.18*	1.60±0.14
虎杖提取物高剂量组	888	13.84±3.60	20.55±3.59*	19.76±4.98*	1.58±0.24
虎杖提取物中剂量组	444	13.85±4.41	20.00±5.57*	16.99±5.30**	1.54±0.09*
虎杖提取物低剂量组	222	13.80±3.17	20.19±5.24*	21.75±2.64*	1.58±0.10*

注:与模型对照组相比,* $P<0.05$,** $P<0.01$。
据赵宏宇等(2016)

表 3-8-37　虎杖提取物对 2 型糖尿病大鼠 FINS、IRI 水平的影响($\bar{x}\pm s, n=11$)

组别	剂量/(mg/kg)	FINS/(mU/L)	IRI
正常对照组	—	28.08±4.06	5.61±0.86**
模型组	—	25.83±2.50	27.89±4.33
消渴降糖胶囊组	75	25.62±2.80	22.37±5.24*
虎杖提取物高剂量组	888	25.06±2.89	22.16±6.34*
虎杖提取物中剂量组	444	26.85±4.14	19.79±5.06**
虎杖提取物低剂量组	222	24.49±4.09	23.55±4.21*

注:与模型对照组相比,* $P<0.05$,** $P<0.01$。
据赵宏宇等(2016)

王辉等(2008)观察研究了虎杖降糖作用,并初步探讨其作用机理。实验运用肾上腺素与四氧嘧啶诱发小鼠高血糖模型,将 40 只小鼠随机均分为空白对照组、二甲双胍组、模型对照组、虎杖组 4 组。虎杖组每 10 g 体质量灌服 0.2 mL 虎杖水煎液,含生药量 0.05 g;二甲双胍组每 10 g 体重灌服 0.2 mL 二甲双胍混悬液,含药量 0.020 8 g;模型对照组和空白对照组灌服同体积的生理盐水液。分别观察小鼠腹腔注射肾上腺素后 30 min、60 min 及尾静脉注射四氧嘧啶生理盐水液后 72 h 的血糖值;处死小鼠后,精密称取肝脏 50 mg 左右,620 nm 处测 OD 值,观察各组动物肝糖原的变化。结果(见表 3-8-38、表 3-8-39)表明,模型组血糖升高与空白对照组比较,差别有统计学意义($P<0.01$)。虎杖能够显著降低肾上腺素所致高血糖水平($P<0.05$),对四氧嘧啶所致的高血糖水平有降低趋势,但无统计学意义($P>0.05$);同时,其还能升高肾上腺素与四氧嘧啶所致的高血糖模型肝糖原水平($P<0.05$)。由此可知,虎杖具有一定降糖作用,其作用可能与促进肝糖原合成有关。

表 3-8-38　虎杖对肾上腺素所致小鼠高血糖模型血糖及肝糖原的影响($\bar{x}\pm s$)

组别	动物数/只	30 min 血糖/(mmol/L)	60 min 血糖/(mmol/L)	肝糖原/(mg/g)
空白对照组	10	5.436±0.592	5.409±0.698	30.909±3.984
模型对照组	10	13.915±1.926	10.017±2.439	15.958±5.721
二甲双胍组	10	9.480±1.257**	6.979±1.186**	16.914±2.624
虎杖组	10	13.32±0.483*	9.725±1.284*	16.385±2.399*

注:与模型对照组相比,* $P<0.05$,** $P<0.01$。

据王辉等(2008)

表 3-8-39　虎杖对四氧嘧啶所致小鼠高血糖模型血糖及肝糖原的影响($\bar{x}\pm s$)

组别	动物数/只	血糖/(mmol/L)	肝糖原/(mg/g)
空白对照组	10	3.849±0.663	28.042±2.788
模型对照组	10	21.804±2.867	13.547±2.166
二甲双胍组	10	14.330±1.712**	16.702±2.537
虎杖组	10	21.242±2.657	14.477±3.668*

注:与模型对照组相比,* $P<0.05$,** $P<0.01$。

据王辉等(2008)

α-葡萄糖苷酶抑制剂是一种治疗 2 型糖尿病的新型口服降糖药。周媛等(2007)从虎杖中提取了黄酮类物质,并研究了虎杖黄酮提取物的物理、化学以及酶学性质,尤其是对 α-糖苷酶的抑制作用情况。实验从原药材虎杖中提取对 α-糖苷酶有抑制活性的有效部位——虎杖黄酮,进行酶学试验,测定虎杖提取物与 α-葡萄糖苷酶和己糖激酶作用时间对酶活性的影响;建立四氧嘧啶糖尿病小鼠模型,将四氧嘧啶糖尿病小鼠 24 只,分为 3 组,分别灌胃虎杖提取物(200 mg/kg)、格华止(100 mg/kg)、生理盐水,连续 8 d,末次灌胃后禁食 4 h,取血测定血浆血糖浓度。结果表明,虎杖黄酮提取物中对 α-葡萄糖苷酶有抑制活性的物质极性较弱,虎杖黄酮对 α-葡萄糖苷酶有较强的抑制作用;正常小鼠的餐后血糖试验和四氧嘧啶糖尿病小鼠的连续给药实验表明,虎杖提取物对四氧嘧啶糖尿病小鼠有降血糖作用,其作用大小与降糖药格华止十分接近。因此,虎杖黄酮对 α-葡萄糖苷酶有较强的抑制作用,且该虎杖提取物有较好的体内降血糖作用。

沈忠明等(2004)研究了虎杖鞣质(polygonum cuspidatum tannin,PCT)对小鼠的降血糖作用。试验先提取纯化虎杖鞣质,建立四氧嘧啶糖尿病小鼠模型,将四氧嘧啶糖尿病小鼠分为 5 组(组间动物平均血糖值之差小于 0.5 mmol/L),每组 10 只,即生理盐水组、拜糖苹组,以及低、中、高 PCT 组(分别灌胃虎杖鞣质 50 mg/kg、80 mg/kg、100 mg/kg),连续 8 d,末次给药后禁食 3 h,取血测空腹血糖;将 50 只正常小鼠随机分为 5 组,即生理盐水组、拜糖苹组,以及低、中、高 PCT 组(分别灌胃虎杖鞣质 50 mg/kg、80 mg/kg、100 mg/kg),连续 8 d,末次给药后禁食 3 h,测定血糖浓度。结果(见表 3-8-40、表3-8-41)表明,100 mg/kg

的虎杖鞣质可使四氧嘧啶糖尿病小鼠血糖降至 6.85 mmol/L,100 mg/kg 剂量的虎杖鞣质可使正常小鼠血糖降低至 4.98 mmol/L。因此,虎杖鞣质具有良好的降血糖活性。

表 3-8-40　虎杖鞣质对四氧嘧啶糖尿病小鼠血糖含量的影响

组别	剂量/(mg/kg)	样本数	血糖值/(mmol/L)
生理盐水组	—	10	11.42±1.31
拜糖苹组	100	10	8.32±1.23
低 PCT 组	50	10	8.45±0.68
中 PCT 组	80	10	7.73±1.14
高 PCT 组	100	10	6.85±0.98

据沈忠明等(2004)

表 3-8-41　虎杖鞣质对小鼠血糖含量的影响

组别	剂量/(mg/kg)	样本数	血糖值/(mmol/L)
生理盐水组	—	10	6.30±0.89
拜糖苹组	100	10	5.41±0.31
低 PCT 组	50	10	6.07±0.87
中 PCT 组	80	10	5.35±0.98
高 PCT 组	100	10	4.98±0.89

据沈忠明等(2004)

Hao 等(2014)也发现了虎杖苷可能通过增加胰岛素受体底物(IRS)的磷酸化,激活蛋白激酶 B(PKB/Akt)信号通路,抑制糖原合成酶激酶(CSK-3),促进糖原合成,同时,增加肝糖原代谢的关键酶葡萄糖激酶(CCK)的表达,降低糖质新生关键酶葡萄糖-6-磷酸酶(C-6-Pase)的表达,进而使肝糖原合成增加,输出减少,保持血糖的正常。

5.降尿酸

吴杲等(2014)研究了虎杖苷的降尿酸作用及其机制。试验用尿酸氧化酶抑制剂(氧嗪酸钾)建立高尿酸血症小鼠模型,将 ICR 雄性小鼠 60 只随机分为 6 组,分别为虎杖苷 3 个剂量组(5 mg/kg、10 mg/kg、20 mg/kg)、阳性对照组(苯溴马隆,16.7 mg/kg)、模型组和正常组(灌胃等体积 0.8% CMC-Na 溶液 0.02 mg/L),每组 10 只,连续给药 7 d,眼眶取血观察血清尿酸水平(UA)。采用实时荧光定量 PCR 技术检测肾组织中尿酸盐阴离子转运蛋白 1(URAT1)、有机阴离子转运蛋白 1(OAT1)和有机阴离子转运蛋白 3(OAT3)的基因含量。结果(见表 3-8-42)表明,虎杖苷、苯溴马隆能显著降低高尿酸血症小鼠血尿酸水平($P<0.05$)。高尿酸血症小鼠尿液中 UATAT1、OAT1 和 OAT3 含量与空白组相比有显著性差异($P<0.05$)。虎杖苷能明显抑制氧嗪酸钾诱导的这些基因的变化趋势,且呈剂量依赖性,与模型组比较差异有显著性($P<0.05$)。综上可知,虎杖苷可通过促进尿酸排泄降低血清尿酸水平。

表 3-8-42　虎杖苷对氧嗪酸钾盐致高尿酸血症小鼠的影响($n=10,\bar{x}\pm s$)

组别	剂量/(mg/kg)	血清尿酸/(mg/L)
正常组	—	34.19±4.95
模型组	—	46.69±8.52△△
虎杖苷	5	40.29±5.13*
	10	38.24±5.75*
	20	37.29±6.64*
苯溴马隆	26	34.47±5.86**

注:与正常对照组相比较,△△$P<0.05$;与模型组相比较,*$P<0.05$,**$P<0.01$。

据吴杲等(2014)

复方虎杖颗粒能安全、有效地改善高尿酸血症患者高血脂、高尿酸、高黏血症状态。韩英等(2013)研究了复方虎杖颗粒对高尿酸血症患者血尿酸、血脂及血液流变学的影响。试验将 73 例高尿酸血症患者随机分为治疗组(37 例,应用复方虎杖颗粒治疗)和对照组(36 例,应用别嘌醇治疗),治疗 8 周,观察两组治疗前后血尿酸、血脂及血液流变学变化。结果(见表 3-8-43~表 3-8-45)表明,治疗后,治疗组全血黏度、全血还原黏度、血浆黏度、红细胞聚集指数、总胆固醇(TC)、三酰甘油(TG)、低密度脂蛋白胆固醇(LDL-C)均显著降低($P<0.01$),两组比较,差异有统计学意义($P<0.01$);治疗组高密度脂蛋白胆固醇(HDL-C)显著上升($P<0.01$),两组比较,差异有统计学意义($P<0.05$)。两组血尿酸均明显降低($P<0.01$),且两组血尿酸、不良反应比较,差异有统计学意义($P<0.01$)。因此,复方虎杖颗粒能安全、有效地改善高尿酸血症患者高血脂、高尿酸、高黏血症状态。

表 3-8-43 两组治疗前后血液流变学指标比较

组别	例数	时间	全血高切黏度/ (mPa·S)	全血低切黏度/ (mPa·S)	全血高切还原黏度/ (mPa·S)	全血低切还原黏度/ (mPa·S)	血浆黏度 (mPa·S)	红细胞 聚集指数
治疗组	37	治疗前	6.75±2.11	16.28±5.39	10.51±3.07	29.20±6.93	1.96±0.22	3.55±1.56
	37	治疗后	4.85±1.55	10.01±4.01	6.21±3.09	20.79±6.03	1.34±0.16	2.01±0.58
对照组	36	治疗前	6.48±2.02	15.86±5.08	10.09±3.62	28.83±7.01	1.89±0.23	3.45±1.48
	36	治疗后	5.79±2.05	13.92±5.45	9.01±3.83	26.88±6.15	1.79±0.21	2.93±1.35

据韩英等(2013)

表 3-8-44 两组血脂情况比较

组别	例数	时间	血脂水平/(mmol/L)			
			TC	TG	HDL-C	LDL-C
治疗组	37	治疗前	6.82±1.31	2.85±1.45	0.97±0.36	4.63±0.28
	37	治疗后	5.35±1.24	1.73±1.04	1.47±0.65	3.63±0.53
对照组	36	治疗前	6.79±1.12	2.81±1.51	1.01±0.37	4.53±0.31
	36	治疗后	6.23±1.32	2.43±1.05	1.17±0.56	4.38±0.30

据韩英等(2013)

表 3-8-45 两组治疗前后血尿酸水平比较

组别	例数	血尿酸水平/(μmol/L)	
		治疗前	治疗后
治疗组	37	590.71±89.28	379.1±61.24
对照组	36	587.75±90.80	420.5±60.36

据韩英等(2013)

闫云霞等(2015)研究了虎杖醇提液对高尿酸血症小鼠的降尿酸作用。试验采用腹腔注射黄嘌呤和氧嗪酸钾诱导建立小鼠高尿酸血症模型,将 84 只 KM 小鼠随机分为 7 组,分别为空白组、模型组、别嘌醇组、痛风定组、虎杖高剂量组(HH)、虎杖中剂量组(HM)、虎杖低剂量组(HL),空白组小鼠给予等体积生理盐水,模型组小鼠给予等体积 0.5% 羧甲基纤维素钠溶液,别嘌醇组、痛风定组、HH 组、HM 组、HL 组小鼠给药剂量分别为 30.03 mg/kg、0.72 g/kg、3.6 g/kg、1.8 g/kg、0.9 g/kg,持续给药 7 d,检测小鼠血清尿酸(SUA)、尿液尿酸(UUA)及肝脏中黄嘌呤氧化酶活性(XOD)。结果(见表 3-8-46)表明,与模型组比较,别嘌醇组及痛风定组小鼠血清尿酸浓度明显降低($P<0.05$),肝脏 XOD 活性亦明显降低($P<0.05$),表明别嘌醇及痛风定可通过抑制肝脏 XOD 活性而降低血清尿酸水平;与模型组比较,虎杖醇提液高、中、低剂量组小鼠血清尿酸浓度明显降低($P<0.05$),尿酸排泄量明显增大($P<0.01$),肝脏 XOD 活性明显降低($P<0.01$),表明虎杖可通过促进尿酸排泄,抑制肝脏 XOD 活性而降低血清尿酸含量。综

上可知,虎杖醇提液可通过抑制肝脏 XOD 活性而促进尿酸排泄,从而发挥降尿酸作用。

表 3-8-46　各药物对高尿酸血症小鼠相应指标的影响($\bar{x}\pm s$)

组别	例数	SUA/(μmol/L)	UUA/(μmol/L)	XOD/(U/g prot)
空白组	12	140.7±18.6	0.25±0.02	7.36±1.00
模型组	12	260.5±57.6△△	1.29±0.12△△	10.05±1.21△△
别嘌呤醇组	12	147.6±47.0**	0.98±0.13	8.06±0.73**
痛风定组	12	204.5±24.1*	1.22±0.07	9.03±0.87*
HH 组	12	206.4±19.5*	2.09±0.15**	7.08±0.92**
HM 组	12	208.9±27.7*	2.07±0.17**	6.20±0.75**
HL 组	12	215.1±28.6*	2.08±0.09**	5.90±0.54**

注:△表示模型组与空白组比较(△$P<0.05$,△△$P<0.01$);* 表示各给药组与模型组比较(* $P<0.05$,** $P<0.01$)。

据闫云霞等(2015)

虎杖提取物能改善高尿酸血症。侯建平等(2012)研究了虎杖提取物对高尿酸血症动物尿酸及痛风性关节炎的作用。实验采用尿酸氧化酶抑制剂法,注射 300 mg/kg 氧嗪酸钾盐造成小鼠高尿酸血症,将 84 只昆明种雄性小鼠按体质量随机分为 7 组,分别为虎杖提取物大剂量[450 mg/(kg·d)]组、中剂量[225 mg/(kg·d)]组、小剂量[112.5 mg/(kg·d)]组,别嘌呤醇[50 mg/(kg·d)]组,痛风定[1200 mg/(kg·d)]组,空白组,模型组。取血清测定观察虎杖提取物对该模型血尿酸的抑制作用;采用腺嘌呤 200 mg/kg+乙胺丁醇 250 mg/kg 法造成正常大鼠高尿酸血症模型,取 84 只雄性 SD 大鼠,随机分为空白对照组,模型组,虎杖提取物大剂量[360 mg/(kg·d)]组、中剂量[180 mg/(kg·d)]组、小剂量[90 mg/(kg·d)]组,西药别嘌呤醇[40 mg/(kg·d)]对照组,中药痛风定[960 mg/(kg·d)]对照组,取血测其血尿酸和黄嘌呤氧化酶浓度,观察虎杖提取物对高尿酸血症大鼠动物模型的影响。取 70 只大鼠按体质量随机分为 7 组,分别为空白对照组,模型组,虎杖提取物大剂量[360 mg/(kg·d)]组、中剂量[180 mg/(kg·d)]组、小剂量[90 mg/(kg·d)]组,秋水仙碱[0.28 mg/(kg·d)]组和痛风定组[480 mg/(kg·d)],连续灌胃给药14 d,空白对照组、模型组每日灌胃等体积生理盐水。末次给药 1 h 后,将大鼠用 2%戊巴比妥钠(30 mg/kg,静脉注射)麻醉后,将双侧后腿膝关节周围剃毛,用医用酒精消毒皮肤,轻弯曲膝关节,经关节正中进针,用 TB 注射器 6 号针头将 2%尿酸钠晶体溶液 0.2 mL 通过髌上韧带注入大鼠膝关节腔。造模 12 h 后,处死动物,取动物关节组织,观察滑膜组织的病理改变。结果(见表 3-8-47、表 3-8-48)表明,虎杖提取物可显著降低高尿酸血症模型小鼠的血尿酸水平,模型组与空白组比较,血尿酸值明显升高,差异有统计学意义($P<0.01$)。与模型组比较,虎杖提取物大、中、小剂量组血尿酸值明显下降。其中,虎杖提取物(450 mg/kg)组与模型组比较差异有统计学意义($P<0.01$),虎杖提取物(112.5 mg/kg)组与模型组比较差异有统计学意义($P<0.05$),可明显降低大鼠高尿酸血症的血尿酸水平和抑制黄嘌呤氧化酶的活性。模型组与空白组比较,造模后 0.5 h 血尿酸值明显升高,差异有统计学意义($P<0.05$)。与模型组比较,虎杖提取物大、中、小剂量组血尿酸值有所下降,差异有统计学意义($P<0.05$)。造模后,模型组黄嘌呤氧化酶水平高于空白对照组,差异有统计学意义($P<0.01$);与模型组比较,除虎杖提取物[90 mg/(kg·d)]组外,虎杖提取物其他各剂量组、痛风定组、别嘌呤醇组血黄嘌呤氧化酶水平均有所降低,差异有统计学意义($P<0.05$);虎杖各剂量组均能不同程度改善病理改变,可改善痛风性关节炎的病理改变。综上可知,虎杖提取物能改善高尿酸血症和痛风性关节炎的病理改变。

表 3-8-47　虎杖提取物对高尿酸血症小鼠血清中尿酸值的影响($\bar{x}\pm s$)

组别	只数	剂量/[mg/(kg·d)]	血尿酸值/(mmol/L)
正常组	12	—	71.99±26.74**
模型组	12	—	129.38±33.50
虎杖提取物组	12	112.5	96.01±31.61*
虎杖提取物组	12	225.0	84.97±39.55**
虎杖提取物组	12	450.0	73.75±36.23**
痛风定组	12	1200.0	103.99±28.98
别嘌呤醇组	12	50.0	79.24±19.21**

注:与模型组比较,* 表示 $P<0.05$,** 表示 $P<0.01$。

据侯建平等(2012)

表 3-8-48　虎杖提取物对高尿酸血症大鼠血清中尿酸及黄嘌呤氧化酶的影响($\bar{x}\pm s$)

组别	只数	剂量/[mg/(kg·d)]	血尿酸值/(mmol/L)	黄嘌呤氧化酶/(μmol/L)
正常组	12	—	96.63±21.59**	47.54±11.13**
模型组	12	—	155.56±46.02	80.53±23.03
虎杖提取物组	12	90	109.61±32.72*	70.56±13.61
虎杖提取物组	12	180	101.53±32.09**	63.51±12.45*
虎杖提取物组	12	360	92.21±39.74**	58.89±13.40*
痛风定组	12	960	116.59±38.93*	50.54±7.77**
别嘌呤醇组	12	40	90.33±18.27**	44.83±8.56**

注:与模型组比较,* 表示 $P<0.05$,** 表示 $P<0.01$。

据侯建平等(2012)

Chen 等(2013)研究表明,虎杖苷通过抑制黄嘌呤氧化酶活性和调节小鼠肾脏的有机离子转运蛋白,来抑制血尿酸的增高,且改善果糖诱导的尿酸肾病小鼠中的肾功能,发挥出抗高尿酸血症的作用。

Shi 等(2012)研究发现了虎杖苷能够抑制小鼠高尿酸血症以及改善肾功能,其抑制高尿酸症的机制可能是调节了 URAT1、GLUT9、ABCG2、OAT1 蛋白在肾脏中的表达,而改善肾功能的机制可能是提高了 OCT1、OCT2、OCTN1、OCTN2 蛋白在肾脏中的表达。

6.护肝

狄红杰等(2016)探讨了复方虎杖方对治疗非酒精性脂肪性肝炎(NASH)的临床疗效。实验选取南京中医药大学附属江苏省中西医结合医院非酒精性脂肪性肝炎患者 80 例,随机分为治疗组和对照组各 40 例,治疗组给予复方虎杖方口服,对照组给予多烯磷脂酰胆碱胶囊口服,共治疗 3 个月,观察两组治疗前后临床症状和体征、肝功能指标(ALT、AST、GGT)、胰岛素抵抗指数(HOMA IR)、肝脏影像学等变化。结果(见表 3-8-49~表 3-8-51)表明,对照组和治疗组在性别构成、年龄经均衡性检验,差异均无统计学意义($P>0.05$),具有可比性;通过对证候积分的比较,治疗组总有效率 85.0%,对照组总有效率 45.0%,差异有统计学意义($P<0.05$);治疗组干预后肝功能指标、胰岛素抵抗指数较干预前明显下降、肝脏脂肪含量明显减少,差异均有统计学意义($P<0.05$)。因此,复方虎杖方对 NASH 患者疗效确切。

表 3-8-49 两组一般资料比较($\bar{x}\pm s$)

参数	对照组		治疗组	
	治疗前	治疗后	治疗前	治疗后
BMI/(kg/m²)	27.0±1.0	26.8±1.1*	26.8±1.0	26.6±1.1*★
腰围/%	93.1±2.8	92.9±2.6*	94.3±3.3	92.1±3.5*★
收缩压/mmHg	138.9±10.1	140.1±10.9*	140.5±9.7	139.8±9.3*★
舒张压/mmHg	83.8±7.9	82.0±6.8*	84.3±7.5	82.9±6.6*★

注:与治疗前比较* $P>0.05$,差异无统计学意义;与对照组比较★ $P>0.05$,差异无统计学意义。
据狄红杰等(2016)

表 3-8-50 治疗组与对照组疗效比较(n)

组别	n	显效/%	有效/%	无效/%	总有效率/%
治疗组	40	15	19	6	85.0*
对照组	40	6	12	22	45.0

注:与对照组比较,* $P<0.05$,差异有统计学意义。
据狄红杰等(2016)

表 3-8-51 两组患者治疗前后血液检测指标比较($\bar{x}\pm s$)

参数	对照组		治疗组	
	治疗前	治疗后	治疗前	治疗后
ALT/(U/L)	85.3±12.2	60.1±10.3★	87.3±11.9	40.1±6.3★
AST/(U/L)	78.5±10.9	57.9±9.7★	79.6±11.5	37.9±5.7★
GGT/(U/L)	102.7±14.6	63.4±13.1★	105.4±13.8	43.4±8.2★
FBG/(mmol/L)	5.9±1.2	5.8±1.2*	6.1±0.9	6.0±1.1*
HOMA IR	3.81±0.62	3.79±0.63*	3.93±0.67	3.10±0.59★
LDL/(mmol/L)	2.86±1.28	2.75±0.87*	2.79±1.13	2.76±0.98*
TG/(mmol/L)	1.95±0.73	1.88±0.79*	1.97±0.83	1.91±0.69*

注:与治疗前比较★ $P<0.05$,差异有统计学意义;与治疗前比较* $P>0.05$,差异无统计学意义。
据狄红杰等(2016)

楼锦英等(2014)探讨了复方虎杖提取物对高脂饲料致高脂血症模型大鼠肝脏指数、肝脂水平,以及肝组织 SOD、MDA 的作用。实验采用高脂饲料喂养 SD 大鼠连续 11 周建立高脂血症模型,将 SD 大鼠随机分为 6 组,即模型组、阳性对照、3 个受试药组(每组 10 只),正常对照组 12 只。其中 5 组给予高脂饲料作为模型组,1 组给予普通饲料作为正常对照组,第 3 周取血测定血脂水平,模型复制成功后连续灌胃给予受试药(复方虎杖提取物)3 个剂量组(4 g/kg、8 g/kg、12 g/kg)及阳性药组(辛伐他汀片,4 mg/kg)8周。末次给药后解剖大鼠取肝脏,称湿重计算肝指数并制备肝匀浆,测定肝组织中总胆固醇(TC)、三酰甘油(TG)、丙二醛(MDA)含量以及肝组织超氧化物歧化酶(SOD)活性。结果(见表 3-8-52~表 3-8-54)表明,末次给药后,与正常对照组比较,模型对照组大鼠体质量、肝湿重、肝重指数显著升高($P<0.01$),肝组织 TC、TG 升高($P<0.05$),MDA 升高($P<0.01$),SOD 降低($P<0.01$);与模型对照组比较,复方虎杖提取物低剂量(4 g/kg)组肝组织 TC 降低($P<0.05$),SOD 升高($P<0.01$);中剂量(8 g/kg)组肝指数明显降低($P<0.05$),肝组织 TC 明显降低($P<0.05$),TG 显著降低($P<0.01$),MDA 降低($P<0.05$),SOD升高($P<0.05$);高剂量(12 g/kg)组肝组织 TC、TG 明显降低($P<0.05$),SOD、MDA 明显降低($P<$

0.05)。综上可知,复方虎杖提取物 4 g/kg、8 g/kg、12 g/kg 三个剂量组对肝组织有一定的保护作用。

表 3-8-52 各组大鼠肝脏情况比较($\bar{x}\pm s,n=10$)

组别	剂量/(mg/kg)	体质量/g	肝湿重/g	肝指数/%
正常对照	—	399.4±21.8	9.91±1.02	2.48±0.18
模型对照	—	440.0±28.8△△	18.20±2.16△△	4.14±0.41△△
辛伐他汀	4	425.9±24.1	16.27±1.28*	3.83±0.32*
复方虎杖低剂量	4000	447.4±24.8	17.03±1.44	3.82±0.37
复方虎杖中剂量	8000	451.0±28.0	16.99±1.06	3.78±0.28*
复方虎杖高剂量	12 000	429.3±26.5	16.03±2.03*	3.73±0.35*

注:与正常对照组比较,△$P<0.05$,△△$P<0.01$;与模型对照组比较,*$P<0.05$,**$P<0.01$。
据楼锦英等(2014)

表 3-8-53 各组大鼠 TC、TG 水平比较($\bar{x}\pm s,n=10$)

组别	剂量/(mg/kg)	TC/(mmol/L)	TG/(mmol/L)
正常对照	—	0.86±0.33	4.53±0.88
模型对照	—	4.01±4.02△	5.46±1.37△
辛伐他汀	4	1.60±0.33*	4.04±0.76**
复方虎杖低剂量	4000	1.89±0.61*	4.54±0.88
复方虎杖中剂量	8000	1.62±0.24*	4.01±0.68**
复方虎杖高剂量	12 000	1.50±0.33*	4.29±0.59*

注:与正常对照组比较,△$P<0.05$,△△$P<0.01$;与模型对照组比较,*$P<0.05$,**$P<0.01$。
据楼锦英等(2014)

表 3-8-54 各组大鼠肝组织 SOD、MDA 比较($\bar{x}\pm s,n=10$)

组别	剂量/(mg/kg)	SOD/(U/mg prot)	MDA/(nmol/mg prot)
正常对照	—	106.54±18.78	0.96±0.20
模型对照	—	77.38±8.83△△	1.67±0.14△△
辛伐他汀	4	93.58±24.22*	1.45±0.40
复方虎杖低剂量	4000	99.78±18.72**	1.49±0.30
复方虎杖中剂量	8000	95.43±20.26*	1.18±0.30**
复方虎杖高剂量	12 000	94.61±27.48*	1.28±0.61*

注:与正常对照组比较,△$P<0.05$,△△$P<0.01$;与模型对照组比较,*$P<0.05$,**$P<0.01$。
据楼锦英等(2014)

韩政(2014)研究观察了复方虎杖益肝颗粒治疗慢性乙型肝炎的临床疗效。实验选取符合标准的慢性乙型肝炎患者 86 例,采用数字表法随机分为两组各 43 例。治疗组在常规中医治疗的基础上,加服复方虎杖益肝颗粒;对照组在常规中医治疗的基础上,加服护肝宁片。两组治疗 6 个月,观察治疗组和对照组的疗效,即完全应答(显效)、部分应答(有效)、无应答(无效);利用统计学方法计算以总有效率、客观缓解率(OR)、需治数(NNT)及其 95% CI 值确定样本对总体规律的概率把握度。结果(见表 3-8-55)表明,治疗组总有效率为 81.40%(95% CI=69.77%~93.03%),对照组为 62.79%(95% CI=48.34%~77.24%);两组综合疗效比较($u=2.094\ 5,P=0.036\ 5$),差异有显著性意义。因此,在常规治疗的基础上,服用复方虎杖益肝颗粒治疗慢性乙型肝炎的临床疗效优于在常规治疗的基础上服用护肝宁片的证据较充分,其收益为 OR=0.39(95% CI=0.14~1.03),NNT=5(95% CI=2.66~291.08)。

表 3-8-55　两组临床疗效比较

组别	n	显效	有效	无效	总有效率/%（95% CI/%）	OR（95% CI）	NNT（95% CI）
治疗组	43	9	26	8	81.40[1]（69.77～93.03）	0.39（0.14～1.03）	5（2.66～291.08）
对照组	43	3	24	16	62.79（48.34～77.24）		

注：[1]表示与对照组比较（采用 Ridit 分析），$u=2.0945$，$P=0.0365$。

据韩政（2014）

虎杖提取物对 ConA 诱导肝损伤小鼠具有一定的保护作用。谢灵璞（2011）研究观察了虎杖提取物对 ConA 诱导肝损伤小鼠的保护作用。实验建立 ConA 诱导的小鼠免疫性肝损伤模型，将 60 只雄性 ICR 小鼠随机分成空白对照组、模型组、联苯双酯组，以及虎杖高、中、低剂量组，每组 10 只。空白对照组及模型组给予生理盐水，联苯双酯组给予联苯双酯 200 mg/kg，虎杖高、中、低剂量（10 g/kg、5 g/kg、2.5 g/kg），灌胃给药连续 10 d。于末次给药 4 h 后正常组给予尾静脉注射生理盐水，其余组给予尾静脉注射 ConA 20 mg/kg。禁食取血清测定血清谷丙转氨酶（ALT）、谷草转氨酶（AST）及肿瘤坏死因子（TNF-α）、肝匀浆超氧化物歧化酶（SOD）、丙二醛（MDA），评价其对肝脏的保护作用。结果（见表 3-8-56～表 3-8-58）表明，与正常组比较，ConA 诱导肝损伤小鼠血清 ALT、AST、TNF-α 显著升高，以及小鼠肝匀浆 SOD 显著降低，MDA 明显上升（$P<0.01$），表明模型成功；给予虎杖提取物后，血清 AST、ALT 明显下降，尤其是高剂量组降低血清 AST、ALT 的作用与联苯双酯相当（$P<0.01$）；给予虎杖提取物 10 g/kg 后，血清 TNF-α 明显下降，但低剂量组对 ConA 诱导肝损伤小鼠血清 TNF-α 的影响较小；给予虎杖提取物 10 g/kg 后，肝匀浆 SOD 明显升高，MDA 明显降低（$P<0.01$），但中、低剂量组对 ConA 诱导肝损伤小鼠肝匀浆 MDA、SOD 的影响较小。即虎杖提取物高剂量组明显降低 ConA 诱导肝损伤小鼠模型的血清 ALT、AST、TNF-α、肝匀浆 MDA，提高肝匀浆 SOD（$P<0.01$）。因此，虎杖提取物对 ConA 诱导肝损伤小鼠具有一定的保护作用，同时虎杖提取物可能通过保护细胞膜、清除氧自由基、抑制脂质过氧化、抑制免疫损伤等途径，对肝细胞起到保护作用。

表 3-8-56　虎杖提取物对 ConA 诱导肝损伤小鼠血清 ALT、AST 的影响（$\bar{x}\pm s$，$n=10$）

组别	给药剂量/(g/kg)	AST/(U/L)	ALT/(U/L)
正常对照	—	36±7	47±5
模型	—	150±24##	162±30##
虎杖高剂量	10	57±12## **	68±19##**
虎杖中剂量	5	89±16## **	95±26##**
虎杖低剂量	2.5	140±23##	165±26##
联苯双酯	0.2	45±10**	58±14**

注：与正常组比较## $P<0.01$；与模型组比较** $P<0.01$。

据谢灵璞（2011）

表 3-8-57　虎杖提取物对 ConA 诱导肝损伤小鼠血清 TNF-α 的影响（$\bar{x}\pm s$，$n=10$）

组别	给药剂量/(g/kg)	TNF-α/(μg/L)
正常对照	—	36.9±4.0
模型	—	99.5±6.5##
虎杖高剂量	10	66.7±5.9##**
虎杖中剂量	5	83.5±8.4##*
虎杖低剂量	2.5	98.4±9.4##
联苯双酯	0.2	45.7±5.7**

注：与正常组比较## $P<0.01$；与模型组比较* $P<0.05$，** $P<0.01$。

据谢灵璞（2011）

表 3-8-58　虎杖提取物对 ConA 诱导肝损伤小鼠肝匀浆 MDA、SOD 的影响$(\bar{x}\pm s,n=10)$

组别	给药剂量/(g/kg)	MDA/(nmol/mg prot)	SOD/(U/mg prot)
正常对照	—	3.6 ± 0.6	143 ± 22
模型	—	$8.6\pm0.6^{\#\#}$	$67\pm15^{\#\#}$
虎杖高剂量	10	$5.2\pm0.5^{\#\#\ **}$	$100\pm15^{\#\#\ **}$
虎杖中剂量	5	$7.5\pm0.5^{\#\#*}$	$83\pm14^{\#\#}$
虎杖低剂量	2.5	$8.5\pm0.8^{\#\#}$	$59\pm11^{\#\#}$
联苯双酯	0.2	$4.9\pm0.8^{\#\ **}$	$129\pm12^{**}$

注:与正常组比较$^{\#}P<0.05$,$^{\#\#}P<0.01$;与模型组比较$^{*}P<0.05$,$^{**}P<0.01$。

据谢灵璞(2011)

虎杖提取物对 CCl_4 诱导的小鼠急性肝损伤具有一定的保护作用。鲍红月等(2011)研究观察了虎杖提取物对 CCl_4 诱导的小鼠急性肝损伤的保护作用。实验建立 CCl_4 诱导小鼠急性肝损伤模型,将 60 只雄性 ICR 小鼠随机分成 6 组,每组 10 只,分为正常组、模型组、阳性药组,以及虎杖提取物高、中、低剂量组。正常组及模型组给予生理盐水,阳性组给予联苯双酯 200 mg/kg,虎杖提取物高剂量、中剂量、低剂量(10 g/kg、5 g/kg、2.5 g/kg),灌胃给药 7 d。于末次给药 1 h 后,正常组给予腹腔注射生理盐水,其余组给予腹腔注射 0.2% CCl_4 溶液 10 mL/kg。12 h 后取全血肝脏测定血清谷丙转氨酶(ALT)、谷草转氨酶(AST)、肝组织超氧化物歧化酶(SOD)活性及丙二醛(MDA)含量。结果(见表 3-8-59、表 3-8-60)表明,CCl_4 诱导的小鼠急性肝损伤模型,血清 ALT、AST 明显升高,肝组织 SOD 活性明显降低,MDA 含量显著升高($P<0.01$);给予虎杖提取物后,AST、ALT 均显著性下降,尤其是高剂量组与中剂量组与阳性药相似;肝组织 SOD 活性明显升高,MDA 含量明显降低,尤其是高剂量组和中剂量组与阳性药相似($P<0.01$),即虎杖提取物能显著降低血清 ALT、AST,明显提高肝组织 SOD 活性,降低肝组织 MDA 含量($P<0.01$)。综上可知,虎杖提取物具有降酶及抗氧化的作用,对 CCl_4 诱导的小鼠急性肝损伤具有一定的保护作用。

表 3-8-59　虎杖提取物对 CCl_4 急性肝损伤小鼠血清 AST、ALT 的影响$(n=10)$

组别	给药剂量/(g/kg)	AST/(U/L)	ALT/(U/L)
正常对照组	—	64 ± 10	65 ± 9
模型组	—	$195\pm43^{\#\#}$	$217\pm30^{\#\#}$
虎杖高剂量组	10	$92\pm20^{\#**}$	$103\pm19^{\#\#\ **}$
虎杖中剂量组	5	$112\pm14^{\#\#**}$	$135\pm26^{\#\#\ **}$
虎杖低剂量组	2.5	$137\pm23^{\#\#*}$	$167\pm36^{\#\#*}$
联苯双酯阳性组	0.2	$78\pm15^{**}$	$80\pm14^{\#**}$

注:与正常组比较$^{\#}P<0.05$,$^{\#\#}P<0.01$;与模型组比较$^{*}P<0.05$,$^{**}P<0.01$。

据鲍红月等(2011)

表 3-8-60　虎杖提取物对 CCl_4 急性肝损伤小鼠肝组织 MDA、SOD 的影响$(n=10)$

组别	给药剂量/(g/kg)	MDA/(nmol/mg prot)	SOD/(U/mg prot)
正常对照组	—	7.8 ± 0.5	130.4 ± 21.8
模型组	—	$11.6\pm0.6^{\#}$	$56.01\pm2.2^{\#\#}$
虎杖高剂量组	10	$7.9\pm0.5^{**}$	$109.3\pm7.2^{**}$
虎杖中剂量组	5	$8.5\pm0.5^{\#**}$	$97.0\pm9.0^{\#**}$
虎杖低剂量组	2.5	$10.5\pm0.4^{\#*}$	$85.3\pm5.8^{\#*}$
联苯双酯阳性组	0.2	$8.3\pm0.5^{**}$	$115\pm8.2^{**}$

注:与正常组比较$^{\#}P<0.05$,$^{\#\#}P<0.01$;与模型组比较$^{*}P<0.05$,$^{**}P<0.01$。

据鲍红月等(2011)

虎杖水提液具有利胆和保肝作用。吴德跃等(2014)研究了虎杖水提液的利胆保肝作用。实验选取雄性 SD 大鼠,随机分成 4 组,即空白组、去氢胆酸片组(0.1 g/kg)、虎杖低剂量组(10 g/kg)和虎杖高剂量组(20 g/kg),采用大鼠胆管插管法,收集胆汁,分别由十二指肠给予虎杖低剂量、高剂量水提液和去氢胆酸液,空白组给予等量生理盐水,按 10 mL/kg 给药,记录给药前 1 h,给药后 1 h,2 h、3 h 和 4 h 胆汁流量及胆汁中胆红素(TBIL)及胆固醇(TC)含量,观察虎杖水提液利胆作用。建立腹腔注射 CCl_4 橄榄油溶液复制小鼠急性肝损伤模型,选用 SPF 级 KM 小鼠,雌雄各半,随机分为 5 组,即空白组、CCl_4 模型对照组、联苯双酯组(0.025 g/kg)、虎杖低剂量(20 g/kg)和虎杖高剂量组(40 g/kg)。各组均按 0.02 mL/g 灌胃给药 10 d,空白组给予等量生理盐水。除空白组外,其余各组均分别在第 1 天和第 6 天按 5 mL/kg 体质量腹腔注射 1.0 mL/L 的 CCl_4 油剂诱导小鼠急性肝损伤,第 11 天称体质量,摘除小鼠眼球取血清测定谷丙转氨酶(ALT)和谷草转氨酶(AST)的活性,称取肝、脾质量,观察其对肝的保护作用。结果(见表 3-8-61～表 3-8-63)表明,虎杖水提液可增加大鼠胆汁分泌量($P<0.05$ 或 $P<0.01$);与空白组比较,虎杖水提液低、高剂量组胆汁中 TBIL 显著升高,而 TC 含量显著降低($P<0.01$);与 CCl_4 模型对照组比较,虎杖低剂量和高剂量组均能显著降低血清 ALT 和 AST 活性($P<0.01$)且呈一定的量效关系,联苯双酯组也能明显降低 CCl_4 模型小鼠血清 ALT 和 AST 活性($P<0.05$ 或 $P<0.01$)。因此,虎杖水提液对 CCl_4 导致的小鼠急性肝损伤具有一定的保护作用,其机制可能与清除过氧化脂质有关。

表 3-8-61　虎杖水提液对大鼠胆汁分泌量的影响($\bar{x}\pm s, n=8$)

组别	剂量/(g/kg)	胆汁排出量/mL				
		给药前 1 h	给药后 1 h	给药后 2 h	给药后 3 h	给药后 4 h
空白组		0.20±0.04	0.11±0.05	0.12±0.05	0.15±0.10	0.10±0.01
去氢胆酸片组	0.1	0.23±0.02	0.31±0.10	0.34±0.03*	0.37±0.05*	0.38±0.03*
虎杖低剂量组	10	0.36±0.05	0.36±0.06**	0.38±0.09**	0.37±0.06**	0.36±0.08**
虎杖高剂量组	20	0.23±0.06	0.23±0.04**	0.20±0.05**	0.18±0.04**	0.16±0.05**

注:与空白组比较 * $P<0.05$,** $P<0.01$。
据吴德跃等(2014)

表 3-8-62　虎杖水煎液对大鼠胆汁中 TBIL 和 TC 的影响($\bar{x}\pm s, n=8$)

组别	剂量/(g/kg)	TBIL/(μmol/L)	TC/(μmol/L)
空白组		5.52±0.46	9.34±0.41
去氢胆酸片组	0.1	11.80±1.09**	6.22±0.39**
虎杖低剂量组	10	13.60±0.89**	6.42±0.32**
虎杖高剂量组	20	12.06±1.09**	7.09±0.72**

注:与空白组比较 * $P<0.05$,** $P<0.01$。
据吴德跃等(2014)

表 3-8-63　虎杖水提液对 CCl_4 诱导的急性肝损伤小鼠血清中 ALT 和 AST 的含量及肝指数和脾指数的影响($\bar{x}\pm s, n=8$)

组别	剂量/(g/kg)	ALT/(U/L)	AST/(U/L)	肝指数/(mg/g)	脾指数/(mg/g)
空白组		17.98±4.10	39.09±5.50	35.79±2.96	1.71±0.26
CCl_4 模型对照组		44.00±9.77**	55.97±13.55**	39.22±3.17*	2.06±0.47
联苯双酯组	0.025	7.54±2.30##	19.64±5.85##	42.61±10.54	2.11±0.44
虎杖低剂量组	20	20.35±4.88##	25.95±5.13##	46.79±6.95##	3.02±0.89##
虎杖高剂量组	40	7.21±2.66##	24.56±7.21##	41.45±6.82	2.97±0.64##

注:与空白组比较 * $P<0.05$,** $P<0.01$;与 CCl_4 模型对照组比较 # $P<0.05$,## $P<0.01$。
据吴德跃等(2014)

7. 护脑

胡丹等(2017)研究了虎杖苷对脑缺血再灌注损伤后 Fas 相关死亡区域(FADD)蛋白表达的影响。实验通过改良线栓法建立大脑中动脉闭塞局灶性脑缺血模型。将 54 只大鼠按随机数字表法分为假手术组、模型组、虎杖苷组,每组各 18 只,虎杖苷组每天给予虎杖苷 15 mg/(kg·d)灌胃,假手术组和模型组每天给予 0.9%氯化钠溶液 10 mL/(kg·d)灌胃。连续给药 7 d 后造模,造模后每天给药直至完成取材,采用免疫组化法观察虎杖苷对脑缺血再灌注后 FADD 蛋白表达的影响。结果(见表 3-8-64)表明,FADD 在假手术神经细胞中未见明显的表达;与假手术相比,模型组中缺血再灌注 6 h 组的海马区域灰度值降低,表明该处的阳性细胞表达增多,于 24 h 后维持在较高水平,至 72 h 平均灰度值升高,差异有统计学意义,表达较前减少。与模型组比较,虎杖苷组的灰度值在各个相应时间点其表达均有所升高,说明虎杖苷组的阳性细胞表达同模型组相比均有所降低。因此,脑缺血再灌注后 FADD 蛋白表达显著增强,虎杖苷可通过减少 FADD 蛋白表达起到脑保护作用。

表 3-8-64　FADD 蛋白海马表达的平均灰度值比较($\bar{x}\pm s$)

组别	n	再灌注 6 h	再灌注 24 h	再灌注 72 h
假手术组	6	160.90±2.77	158.06±3.96	160.88±6.61
模型组	6	110.25±5.01[a]	96.18±8.45[a]	118.09±10.37[a]
虎杖苷组	6	120.53±10.81[b]	131.01±1.94[c]	143.98±6.39[c]

注:与假手术组比较,[a]$P<0.01$;与模型组比较,[b]$P<0.05$,[c]$P<0.01$。
据胡丹等(2017)

刘秋庭等(2017)观察了虎杖苷对脑缺血再灌注大鼠海马 Caspase-8、Fas 相关死亡域样白细胞介素-1β 转化酶抑制蛋白(FLIP)表达的影响,探讨虎杖苷对脑缺血再灌注损伤的保护机制。实验通过线栓法建立大脑中动脉闭塞局灶性脑缺血模型。将 30 只大鼠随机分为假手术组、模型组、虎杖苷组,每组 10 只。适应性喂养后 7 d 开始给药,虎杖苷组大鼠灌胃虎杖苷溶液 15 mg/kg,假手术组、模型组灌胃等体积生理盐水,每日 1 次。连续给药后 7 d,造模后继续给药 3 d。脑缺血再灌注后 72 h,采用 TUNEL 法观察各组大鼠脑组织神经细胞凋亡情况;采用免疫组化染色法观察各组大鼠海马 Caspase-8、FLIP 蛋白表达。结果(见表 3-8-65、表 3-8-66)表明,缺血再灌注 72 h,与模型组比较,虎杖苷组海马 CA1 区凋亡细胞[(23.87±3.14)个比(56.69±9.21)个]减少($P<0.01$);Caspase-8 蛋白[平均灰度值为(148.78±6.82)比(89.61±7.76)]表达降低、FLIP 蛋白[平均灰度值为(127.60±8.52)比(150.22±8.53)]表达增高($P<0.01$)。因此,虎杖苷可减少脑缺血再灌注大鼠海马神经细胞凋亡,其机制可能与抑制 Caspase-8 蛋白表达,促进 FLIP 蛋白表达有关。

表 3-8-65　各组大鼠海马 CA1 区凋亡细胞数比较($\bar{x}\pm s$)

组别	n	凋亡细胞数
假手术组	10	2.13±0.64
模型组	10	56.69±9.21[a]
虎杖苷组	10	23.87±3.14[b]

注:与假手术组比较,[a]$P<0.01$;与模型组比较,[b]$P<0.01$。
据刘秋庭等(2017)

表 3-8-66　各组大鼠海马 CA1 区 Caspase-8、FLIP 平均灰度值表达比较($\bar{x}\pm s$)

组别	n	Caspase-8	FLIP
假手术组	10	173.59±9.70	178.34±15.12
模型组	10	89.61±7.76[a]	150.22±8.53[a]
虎杖苷组	10	148.78±6.82[b]	127.60±8.52[b]

注:与假手术组比较,[a]$P<0.01$;与模型组比较,[b]$P<0.01$。
据刘秋庭等(2017)

虎杖苷可以降低兔大肠杆菌脑膜炎脑脊液中 TNF-α 和 IL-1β 的浓度,对脑组织有保护作用。陈言钊等(2016)探讨了虎杖苷对化脓性脑膜炎的神经保护作用及机制。实验采用将 0.5 mL 埃希氏大肠杆菌直接接种于兔小脑延髓池的方法,复制脑膜炎模型。选取 60 只新西兰兔,随机将其均分为正常对照组、脑膜炎组、单用虎杖苷组、单用氨苄西林组、虎杖苷+氨苄西林组、地塞米松+氨苄西林组,每组各 10 只。分别给予各组生理盐水、虎杖苷、氨苄西林、虎杖苷+氨苄西林、地塞米松+氨苄西林治疗。各组动物均于接种或注入生理盐水后 24 h(用药前)、27 h、30 h、36 h 采集脑脊液,进行白细胞、蛋白、TNF-α 和 IL-1β 含量测定。各组动物于接种后 36 h 采用免疫组化法检测脑组织 p-p38 丝裂原激活蛋白激酶(p-p38MAPK)表达。结果(见表 3-8-67~表 3-8-71)表明,与正常对照组比较,脑膜炎组在接种后 24 h(用药前)、27 h、30 h、36 h 脑脊液中白细胞计数、蛋白、TNF-α 和 IL-1 含量明显增多,差异有统计学意义($P < 0.05$)。与脑膜炎组比较,各治疗组指标在相应各时间点均明显减少,差异有统计学意义($P < 0.05$)。与正常对照组比较,脑膜炎组在接种后 36 h p-p38MAPK 的表达明显增多,差异有统计学意义($P < 0.05$)。与脑膜炎组比较,各治疗组 p-p38MAPK 表达明显减少,差异有统计学意义($P < 0.05$)。虎杖苷+氨苄西林组 p-p38MAPK 表达较其他治疗组低,差异有统计学意义($P < 0.05$)。虎杖苷+氨苄西林组和地塞米松+氨苄西林组之间上述指标差异无统计学意义,但两组均较单用虎杖苷组、单用氨苄西林组上述指标降低的程度更加明显,差异有统计学意义($P < 0.05$)。因此,虎杖苷可以降低兔大肠杆菌脑膜炎脑脊液中 TNF-α 和 IL-1β 的浓度,对脑组织有保护作用,该作用可能与下调 p-p38MAPK 的表达有关。

表 3-8-67　各组脑脊液中白细胞计数统计($\bar{x} \pm s$)

组别	细菌接种后 24 h	细菌接种后 27 h	细菌接种后 30 h	细菌接种后 36 h
正常对照组($n=10$)	17.23±2.71	18.54±2.11	15.23±2.54	17.21±3.27
脑膜炎组($n=10$)	5038.14±556.65△	5132.14±326.24	5534.14±500.87	5565.29±574.88
单用虎杖苷组($n=10$)	5071.16±786.74△	5211.16±516.13	4211.16±786.74	3147.41±551.58★
单用氨苄西林组($n=10$)	5231.58±976.64△	5638.27±906.14▲	3937.58±776.64	2246.35±648.26★
虎杖苷+氨苄西林组($n=10$)	5975.98±596.79△	4934.58±706.54	3221.73±676.64	1418.14±457.85★□■
地塞米松+氨苄西林组($n=10$)	6146.74±676.35△	4238.43±376.67	3135.58±476.64	1334.24±359.43★□

注:△表示与正常对照组比较,$P < 0.05$;▲表示与其他各组比较,$P < 0.05$;★表示与脑膜炎组比较,$P < 0.05$;□表示与单用虎杖苷组、单用氨苄西林组比较,$P < 0.05$;■表示与地塞米松+氨苄西林组比较,$P > 0.05$。

据陈言钊等(2016)

表 3-8-68　各组脑脊液中蛋白含量统计($\bar{x} \pm s$)

组别	细菌接种后 24 h	细菌接种后 27 h	细菌接种后 30 h	细菌接种后 36 h
正常对照组($n=10$)	0.23±0.05	0.21±0.03	0.24±0.07	0.22±0.02
脑膜炎组($n=10$)	2.14±0.15△	2.24±0.24	2.29±0.07	2.32±0.18
单用虎杖苷组($n=10$)	2.26±0.14△	2.37±0.13	2.51±0.10	1.99±0.12★
单用氨苄西林组($n=10$)	2.28±0.08△	2.90±0.34▲	2.70±0.11	1.99±0.16★
虎杖苷+氨苄西林组($n=10$)	2.98±0.19△	2.48±0.14	2.03±0.09	1.24±0.21★□■
地塞米松+氨苄西林组($n=10$)	2.74±0.35△	2.43±0.27	2.01±0.14	1.23±0.13★□

注:△表示与正常对照组比较,$P < 0.05$;▲表示与其他各组比较,$P < 0.05$;★表示与脑膜炎组比较,$P < 0.05$;□表示与单用虎杖苷组、单用氨苄西林组比较,$P < 0.05$;■表示与地塞米松+氨苄西林组比较,$P > 0.05$。

据陈言钊等(2016)

表 3-8-69　各组脑脊液中 TNF-α 含量统计($\bar{x}\pm s$)　　　　　单位:pg/mL

组别	细菌接种后 24 h	细菌接种后 27 h	细菌接种后 30 h	细菌接种后 36 h
正常对照组($n=10$)	24.23±26.75	26.23±26.75	24.23±26.75	28.23±25.24
脑膜炎组($n=10$)	338.14±56.65△	331.25±26.21	354.14±76.54	365.29±74.88
单用虎杖苷组($n=10$)	341.16±46.74△	321.16±86.74	311.16±86.74	300.21±51.58★
单用氨苄西林组($n=10$)	331.58±76.64△	371.58±76.64▲	301.58±76.64	298.35±48.26★
虎杖苷＋氨苄西林组($n=10$)	375.98±96.79△	321.58±56.44	291.58±46.64	225.14±51.27★□■
地塞米松＋氨苄西林组($n=10$)	346.74±76.35△	301.58±46.61	281.58±36.64	234.21±51.43★□

注:△表示与正常对照组比较,$P<0.05$;▲表示与其他各组比较,$P<0.05$;★表示与脑膜炎组比较,$P<0.05$;□表示与单用虎杖苷组、单用氨苄青西林比较,$P<0.05$;■表示与地塞米松＋氨苄西林组比较,$P>0.05$。

据陈言钊等(2016)

表 3-8-70　各组脑脊液中 IL-1β 含量统计($\bar{x}\pm s$)　　　　　单位:pg/mL

组别	细菌接种后 24 h	细菌接种后 27 h	细菌接种后 30 h	细菌接种后 36 h
正常对照组($n=10$)	174.23±26.75	166.23±26.75	184.23±26.75	179.23±25.24
脑膜炎组($n=10$)	418.14±26.65△	419.54±16.65	444.14±16.65	465.29±14.88
单用虎杖苷组($n=10$)	411.16±16.74△	371.16±16.74	351.16±16.74	298.41±11.58★
单用氨苄西林组($n=10$)	431.58±16.64△	461.58±16.24▲	371.58±16.44	358.35±18.26★
虎杖苷＋氨苄西林组($n=10$)	475.98±16.79△	391.58±16.61	331.58±16.67	299.14±17.85★□■
地塞米松＋氨苄西林组($n=10$)	446.74±16.35△	411.58±13.44	381.58±14.94	308.24±19.43★□

注:△表示与正常对照组比较,$P<0.05$;▲表示与其他各组比较,$P<0.05$;★表示与脑膜炎组比较,$P<0.05$;□表示与单用虎杖苷组、单用氨苄西林组比较,$P<0.05$;■表示与地塞米松＋氨苄西林组比较,$P>0.05$。

据陈言钊等(2016)

表 3-8-71　各组细菌接种或注入生理盐水后 36 h p-p38MAPK 灰度值及阳性细胞数统计($\bar{x}\pm s$)

组别	灰度值	阳性细胞数/(个/400 倍镜视野)
正常对照组($n=10$)	139.24±1.03	8.62±1.28
脑膜炎组($n=10$)	115.64±2.01△	27.54±2.03△
单用虎杖苷组($n=10$)	119.91±0.28△★	21.68±2.27△★
单用氨苄西林组($n=10$)	122.17±0.86△★	19.24±2.01△★
虎杖苷＋氨苄西林组($n=10$)	135.74±0.13▲★□■	11.97±2.36▲★□■
地塞米松＋氨苄西林组($n=10$)	133.67±1.98▲★□	14.57±2.15▲★□

注:△表示与正常对照组比较,$P<0.05$;▲表示与其他各组比较,$P<0.05$;★表示与脑膜炎组比较,$P<0.05$;□表示与单用虎杖苷组、单用氨苄西林组比较,$P<0.05$;■表示与地塞米松＋氨苄西林组比较,$P>0.05$。

据陈言钊等(2016)

王雷琛等(2015)探讨了中药提取物虎杖苷对模拟高原低氧环境下小鼠脑、肺组织损伤的保护作用及其可能机制。实验将 50 只昆明小鼠随机分为平原对照组、高原低氧模型组及虎杖苷低、中、高剂量组[25 mg/(kg・d)、50mg/(kg・d)、100 mg/(kg・d)],每组 10 只。给药组灌胃虎杖苷溶液,对照组及模型组灌胃等体积溶媒,连续给药 7 d 后,放置于复合环境模拟实验舱内,模拟海拔 6000 m 高度 72 h。出舱后处死动物,取肺叶及脑 HE 染色观察组织病理学变化;干湿重法测定肺组织湿干比值及脑含水量;化学法测定超氧化物歧化酶(SOD)活性、丙二醛(MDA)含量;ELISA 法测定肺组织肿瘤坏死因子(TNF-α)及白细胞介素-6(IL-6)含量;免疫组化法检测肺组织 Toll 样受体 2/4(TLR2/4)蛋白表达。结果(见表 3-8-72～表 3-8-74)表明,与平原对照组相比,高原低氧模型组小鼠肺组织出现明显炎性渗出、水肿、神经元细胞核固缩、浓染等病理改变,肺湿干质量比(W/D)和脑含水量明显升高($P<0.05$),组织匀浆中 MDA、TNF-α 及 IL-6 含量明显升高($P<0.05$),SOD 活性明显降低($P<0.05$);与高原低氧模型组相比,虎杖苷连续给药 7 d,能改善脑、肺组织的病理性变化,明显提高小鼠肺、脑组织 SOD 活性,降低 MDA 水平,抑制肺组织炎性因子 TNF-α、IL-6 的升高($P<0.05$ 或 $P<0.01$);免疫组化结果显示,高原低氧模型组小鼠肺组织出现明显 TLR2/4 蛋白阳性表达,而虎杖苷中、高剂量组表达均降低($P<0.01$)。综上可知,虎杖苷可以降低脑含水量、肺 W/D 及 MDA 含量,提高 SOD 活性,抑制肺组织中 TNF-α 及 IL-6 水平,从而减轻小鼠在高原缺氧环境下脑、肺组织损伤,虎杖苷抑制炎症反应的作用机制可能与其调节 TLR2/4 的表达有关。

表 3-8-72 各组小鼠肺组织湿干比和脑组织含水量的变化 ($\bar{x}\pm s, n=10$)

组别	剂量/(mg/kg)	肺湿干比	脑含水量/%
平原对照组	—	1.457±0.408	67.57±1.34
高原低氧模型组	—	2.789±0.642[a]	79.89±1.99[a]
虎杖苷高剂量组	100	1.872±0.380[b]	70.83±1.85[b]
虎杖苷中剂量组	50	2.171±0.319[b]	74.47±2.42[b]
虎杖苷低剂量组	25	2.225±0.495[c]	74.86±2.32[b]

注:与平原对照组相比,[a]$P<0.01$;与高原低氧模型组比,[b]$P<0.01$,[c]$P<0.05$;"—"代表无剂量。
据王雷琛等(2015)

表 3-8-73 各组小鼠肺组织匀浆液中 MDA、SOD、TNF-α、IL-6 值的比较($\bar{x}\pm s, n=10$)

组别	剂量/(mg/kg)	MDA/(nmol/mg prot)	SOD/(U/mg prot)	TNF-α/(pg/mL)	IL-6/(pg/mL)
平原对照组	—	6.167±1.133	390.836±29.622	23.707±6.429	18.242±5.784
高原低氧模型组	—	11.759±1.813[a]	286.805±21.946[a]	43.327±7.677[a]	32.723±6.077[a]
虎杖苷高剂量组	100	6.517±0.773[c]	339.680±27.409[b]	30.453±3.218[b]	24.794±5.300[b]
虎杖苷中剂量组	50	7.238±1.331[b]	317.641±25.117[c]	35.645±6.816[c]	25.879±4.142[b]
虎杖苷低剂量组	25	10.061±1.619[c]	311.109±22.341[c]	36.143±6.133[c]	26.371±5.577[c]

注:与平原对照组相比,[a]$P<0.01$;与高原低氧模型组比,[b]$P<0.01$,[c]$P<0.05$;"—"代表无剂量。
据王雷琛等(2015)

表 3-8-74 各组小鼠脑组织匀浆液中 MDA、SOD 值的比较($\bar{x}\pm s, n=10$)

组别	剂量/(mg/kg)	MDA/(nmol/mg prot)	SOD/(U/mg prot)
平原对照组	—	14.434±1.046	436.733±20.963
高原低氧模型组	—	22.682±3.167[a]	337.354±23.443[a]
虎杖苷高剂量组	100	17.625±0.883[b]	373.050±22.515[b]
虎杖苷中剂量组	50	19.714±1.814[c]	361.749±17.039[c]
虎杖苷低剂量组	25	20.724±4.268	349.812±21.153

注:与平原对照组相比,[a]$P<0.01$;与高原低氧模型组比,[b]$P<0.01$,[c]$P<0.05$;"—"代表无剂量。
据王雷琛等(2015)

李晓莉等(2011)研究了虎杖提取物对大鼠局灶性脑缺血再灌注炎性损伤的保护作用。试验采用线栓法制作大鼠右侧大脑中动脉闭塞(MCAO)模型,将 SD 大鼠随机分为 6 组灌胃给药,每组 10 只,分别为假手术组和模型组给予等量生理盐水;尼莫地平组按 1 mg/kg 给予尼莫地平;虎杖提取物低、中、高剂量组分别按 5 mg/kg、10 mg/kg、20 mg/kg 给予虎杖提取物。给药 7 d 后制作大鼠大脑中动脉闭塞模型,观察大鼠行为学改变;取大脑并用氯化四唑染色后测定梗死百分比和含水量;进行大脑组织学检查,制作脑匀浆测定白介素 IL-1β、IL-6、IL-8 和一氧化氮(NO)的含量。结果(见表 3-8-75、表 3-8-76)表明,虎杖提取物高、中剂量组的行为学评分分别为(2.6±0.9)分、(2.2±1.1)分;梗死率分别为 37.6%±1.9%、30.2%±4.2%;脑含水量分别为 78.1%±5.6%、71.2%±3.9%,均较模型组显著降低($P<0.01$);IL-1β 分别为(0.64±0.28)μg/L、(0.65±0.31)μg/L;IL-6 分别为(7.2±2.7)ng/L、(8.8±2.2)ng/L,IL-8 分别为(12.6±2.5)μg/L、(15.2±2.1)μg/L 和 NO 分别为(2.9±1.3)mmol/L、(3.2±1.1)mmol/L,较模型组均明显降低($P<0.05$,$P<0.01$)。综上所知,虎杖提取物对脑缺血再灌注炎性损伤有一定的保护作用。

表3-8-75　虎杖提取物对局灶性脑缺血-再灌注大鼠的行为学评分、梗死率、脑含水量的影响($\bar{x}±s$,$n=12$)

组别	剂量/(mg/kg)	行为学评分	梗死率/%	脑含水量/%
假手术	—	0.0±0.0[2]	—	69.0±1.3[2]
模型组	—	3.5±0.8	40.1±1.7	81.5±2.1
尼莫地平	1	1.8±1.2[2]	19.8±3.3[2]	69.8±3.2[2]
虎杖提取物	20	1.9±0.7[2]	25.1±2.5[2]	70.6±4.7[2]
	10	2.2±1.1[2]	30.2±4.2[2]	71.2±3.9[2]
	5	2.6±0.9	37.6±1.9	78.1±5.6

注:与模型组比较[1] $P<0.05$,[2] $P<0.01$(表 3-8-76 同)。

据李晓莉等(2011)

表3-8-76　虎杖提取物对局灶性脑缺血-再灌注大鼠脑匀浆炎性因子指标的影响($\bar{x}±s$,$n=10$)

组别	剂量/(mg/kg)	IL-1β/(μg/L)	IL-6/(ng/L)	IL-8/(μg/L)	NO/(mmol/L)
假手术	—	0.59±0.45[2]	5.9±2.3[2]	10.8±1.5[2]	2.1±0.5[2]
模型组	—	0.88±0.37	11.2±1.6	19.7±1.9	4.2±1.2
尼莫地平	1	0.63±0.42[2]	6.8±1.5[2]	12.3±1.2[2]	2.3±0.8[2]
虎杖提取物	20	0.64±0.28[2]	7.2±2.7[2]	12.6±2.5[2]	2.9±1.3[2]
	10	0.65±0.31[2]	8.8±2.2[1]	15.2±2.1[1]	3.2±1.1[1]
	5	0.73±0.78	9.7±1.9	16.1±1.6	3.6±0.9

据李晓莉等(2011)

8.抗菌抗病毒

古小琼等(2012)观察了中药虎杖不同含量熬制成中药汤对耐甲氧西林金黄色葡萄球菌(MRSA)、多重耐药铜绿假单胞菌及产超广谱 β-内酰胺酶(ESBL)大肠埃希菌的抗菌效果,并进行分析。试验收集攀枝花市十九冶医院住院患者分离的 45 株 MRSA,其中非 meca 基因介导的 25 株、meca 基因介导的 20 株,20 株多重耐药铜绿假单胞菌,65 株产 ESBL 大肠埃希菌分别配成 0.5 个麦氏点的菌悬液,分别用 20 g、30 g、40 g、50 g、60 g、70 g 虎杖熬成不同含量的中药汤,采用琼脂稀释法制备平板,在制备的平板上用打孔的方法接种细菌。结果(见表 3-8-77)表明,25 株非 meca 基因介导的 MRSA 和 20 株多重耐药的铜绿假单胞菌在 30 g 含量以下虎杖中药汤制备的平板中均生长,40 g 及 40 g 以上含量虎杖中药汤制备的平板中均不生长;20 株 meca 基因介导的 MRSA 在 50 g 含量以下虎杖中药汤制备的平板中均生长,50 g 及 50 g 以上含量虎杖中药汤制备的平板中不生长;65 株产 ESBLs 大肠埃希菌在所有含量虎杖中药汤制备的平板中均生长。综上可知,40 g 及 40 g 以上含量的虎杖中药汤可以抑制非 meca 基因介导的 MRSA 和多重耐药的铜绿假单胞菌的生长,具有抗菌效果;50 g 及 50 g 以上含量虎杖中药汤可以抑制 meca 基因介导的 MRSA 的生长,具有抗菌效果;所有含量的虎杖中药汤均不能抑制产 ESBL 大肠埃希菌,对产 ESBL 大肠埃希菌不具有抗菌效果。

表 3-8-77　不同虎杖含量对 3 种耐药细菌的抗菌效果

虎杖含量/g	65 株 ESBL 大肠埃希菌	20 株 meca 基因 介导的 MRSA	25 株非 meca 基因 介导的 MRSA	20 株多重耐药 铜绿假单胞菌
20	生长	生长	生长	生长
30	生长	生长	生长	生长
40	生长	生长	未生长	未生长
50	生长	未生长	未生长	未生长
60	生长	未生长	未生长	未生长
70	生长	未生长	未生长	未生长

据古小琼等(2012)

沙莎等(2009)研究了虎杖对葡萄球菌(G^+)、冰箱里面的霉菌和细菌、雏鸭肝炎病毒的抑制药理作用。实验制备虎杖(和千里光)煎剂的乙醇提取液(100%),将灭菌和未灭菌的虎杖(和千里光)制备液盛装在烧杯里,敞口放在 4℃ 的冰箱中,观察是否长菌,并记录结果,千里光制备液作为对照组;将 20 枚 11 d 的健康鸭胚随机分成两组,每组 10 枚,一个组接种虎杖制备液 0.2 mL/个,另外一个组接种生理盐水,作为空白对照,观察 4 d,进行虎杖制备液的安全试验,用琼脂平板挖孔法检测虎杖制备液的体外抑温和气单胞菌、沙门氏菌、大肠杆菌、葡萄球菌试验,培养 24 h 后观察有无抑菌圈出现;用雏鸭肝炎病毒尿囊液 1 mL 与虎杖制备液 1 mL 混合,放 4℃ 的冰箱中作用 72 h 作为试验液待试验。将 11 d 的鸭胚 40 枚,随机分成两个组,试验组 20 个胚,每胚接种试验液 0.2 mL;另外 20 个胚作为对照组接种雏鸭肝炎病毒尿囊液 0.2 mL,然后放入 37℃ 的温箱中培养观察 72 h,进行虎杖制备液抗雏鸭肝炎病毒试验。结果(见表 3-8-78～表 3-8-80)表明,虎杖制备液能够使两个组的鸭胚成活率为 100%,说明制剂是安全的;采用打孔法试验,虎杖制备液对温和气单胞菌、沙门氏菌、大肠杆菌等(G^-)无抑菌作用,而葡萄球菌(G^+)对其高度敏感;虎杖能够抑制雏鸭肝炎病毒的复制,有杀灭作用,使鸭胚存活;在冰箱 4℃ 的环境里面,一些霉菌和细菌能够生长繁殖,用烧杯盛装虎杖提取液,敞口放在 4℃ 的冰箱中,经过近 1 年的试验,虎杖能够明显抑制冰箱内的霉菌的生长。综上可知,虎杖有抑制葡萄球菌(G^+)、冰箱里面的霉菌和细菌、雏鸭肝炎病毒的药理作用。

表 3-8-78　虎杖制备液对鸭胚的安全试验结果

组别	鸭胚成活个数					成活率
	0 h	24 h	48 h	72 h	96 h	
实验组	20	20	20	20	20	100%
对照组	20	20	20	20	20	100%

据沙莎等(2009)

表 3-8-79　虎杖制备液的抑菌试验结果

菌类	温和气单胞菌	沙门氏菌	大肠杆菌	葡萄球菌
抑菌圈直径/mm	0	0	0	22.5

注:体外抑菌定性判定标准是,抑菌圈直径小于 10 mm 为无抑菌效果(-),直径达到 10.1～15 mm 为中度敏感(+),直径达到 15.1～20 mm 为高度敏感(++)。

据沙莎等(2009)

表 3-8-80　虎杖制备液抗雏鸭肝炎病毒试验结果（成活个数）

组别	鸭胚成活个数				成活率
	0 h	24 h	48 h	72 h	
虎杖	20	19	19	17	85%
对照组	20	18	7	2	10%

据沙莎等（2009）

钟芳芳等（2006）探讨了虎杖中大黄素的分离及抗菌效果的研究进展。试验采用了 pH 梯度法提取虎杖中的大黄素，分析其 ^{1}H-NMR 和 ^{13}C-NMR 数据，确证其结构，并用滤纸扩散法及薄层色谱自显影技术来研究其对金黄色葡萄球菌、大肠杆菌、枯草芽孢杆菌、绿脓杆菌、草分枝杆菌的抑制作用。结果（见表 3-8-81、表 3-8-82）表明，大黄素对不同的菌种有不同的最小抑菌量，其对金黄色葡萄球菌、枯草杆菌和绿脓杆菌的最小抑菌量相对较小，而对大肠杆菌和草分枝杆菌的最小抑菌量相对较大。大黄素对金黄色葡萄球菌、枯草杆菌和绿脓杆菌最小抑菌量分别为 2.35 μg、4.7 μg、4.7 μg，即大黄素对金黄色葡萄球菌、枯草杆菌和绿脓杆菌具有较好的抑制其生长的作用。大黄素对大肠杆菌和草分枝杆菌的最小抑菌量分别为 75 μg 和 18.8 μg，相对于金黄色葡萄球菌、枯草杆菌和绿脓杆菌来说，大黄素对大肠杆菌和草分枝杆菌的抑制作用较弱。综上可知，大黄素对这 5 种细菌均有抑制作用且可知最小抑菌量，进一步确证了大黄素的抗菌活性。

表 3-8-81　大黄素对 5 种细菌的抑菌圈直径

供试菌株	大黄素抑菌圈直径/mm		氯霉素抑菌圈直径/mm
	100 μg/disc	200 μg/disc	30 μg/disc
大肠杆菌	7	10	20
绿脓杆菌	7	9	23
枯草杆菌	7	7.5	23
草分枝杆菌	7.5	11	21
金黄色葡萄球菌	8	9	29

注：滤纸圆片直径为 6 mm。
据钟芳芳等（2006）

表 3-8-82　大黄素在 TLC 板上对 5 种细菌的抑制效果

供试菌株	最小抑菌量/μg	
	大黄素	氯霉素
大肠杆菌	75	1.25
绿脓杆菌	4.7	1.25
枯草杆菌	4.7	1.25
草分枝杆菌	18.8	0.625
金黄色葡萄球菌	2.35	0.625

据钟芳芳等（2006）

虎杖的乙酸乙酯提取部位，包含虎杖苷、白藜芦醇、大黄素等均能抑制致龋链球菌的活性，并在较小的范围内减少糖酵解产生酸。虎杖苷还能减弱变形链球菌 UA159 的酸性，进而抑制龋齿的形成。

Clouser 等（2012）发现了白藜芦醇衍生物协同地西他滨通过抑制组蛋白脱乙酰酶（SIRT1）活化而降低了 HIV 基因组复制。

9.治疗痛风

潘天生等(2017)观察了虎杖痛风汤治疗痛风性关节炎的临床效果。实验选取100例痛风性关节炎患者作为研究对象,采取数字抽签法将其分为对照组、观察组各50例。对照组给予双氯芬酸钠肠溶片,观察组给予虎杖痛风汤。比较两组的临床总有效率、血尿酸、C反应蛋白、白细胞计数、血沉以及不良反应发生情况。结果(见表3-8-83、表3-8-84)表明,观察组的临床总有效率为88%,与对照组的84%相比,差异无统计学意义(P>0.05);治疗后,观察组的血尿酸、C反应蛋白、白细胞计数、血沉较对照组明显更低,差异具有统计学意义(P<0.05);观察组的不良反应发生率与对照组相比无统计学差异(P>0.05)。因此,运用自拟虎杖痛风汤治疗痛风性关节炎具有显著的疗效,可有效减轻患者的炎症反应,减少尿酸沉积,且安全可靠。

表 3-8-83　两组临床疗效比较

组别	n	痊愈/例	显效/例	有效/例	无效/例	总有效率/%
对照组	50	6	18	18	8	84
观察组	50	8	17	19	6	88

据潘天生等(2017)

表 3-8-84　两组血尿酸、反应蛋白、白细胞计数、血沉比较($\bar{x}\pm s$)

组别	n	血尿酸/mg	反应蛋白/(mg/L)	白细胞计数/(10^9/L)	血沉/(mm/h)
对照组	50	987.83±76.52	7.54±1.62	11.52±2.67	38.42±5.37
观察组	50	753.84±59.84*	6.09±1.25*	9.10±2.09*	31.75±4.98*

注:与对照组相比,* $P<0.05$。

据潘天生等(2017)

赵玉静(2016)比较了虎杖-桂枝药对不同剂量对急性痛风性关节炎的影响。试验将60例雄性SD大鼠按随机数字表分为正常对照组、模型组(30 mg/L)、阳性组(25 mg/mL)、低剂量组(3.5 g/kg)、中剂量组(7.0 g/kg)、高剂量组(14.0 g/kg),每组10例,给药第4天时除正常对照组外其余各组均在右后踝关节注射尿酸钠造模,正常对照组注射等量生理盐水,在注射后每组6 h、12 h、24 h、48 h、72 h采用足趾容积测量仪测量其容积,注射后72 h进行血清尿酸、前列腺素E₂(PGE₂)检测。结果(见表3-8-85、表3-8-86)表明,低、中、高剂量组造模后12 h、24 h、48 h、72 h足趾容积、血清尿酸、PGE₂均明显低于模型组(P均<0.05),但不同剂量组间比较差异均无统计学意义(P>0.05)。因此,虎杖-桂枝药对不同剂量均对急性痛风性关节炎具有确切效果,可有效改善足趾肿胀度、血清尿酸及PGE₂水平,不同剂量的作用效果差异不明显,建议按规定剂量开具处方,不能因要强化疗效而随意加大剂量。

表 3-8-85　不同组别大鼠不同时间点足趾容积的比较($\bar{x}\pm s$)

组别	n	剂量/(g/kg)	足趾容积/mL					
			0 h	6 h	12 h	24 h	48 h	72 h
正常对照组	10	0.1	2.08±0.05	2.07±0.09	2.08±0.07	2.09±0.06	2.10±0.07	2.10±0.09
模型组	10	3.5	2.15±0.07	3.25±0.54	3.36±0.67	3.69±0.66	2.66±0.32	2.47±0.25
阳性组	10	0.1	2.05±0.15	2.65±0.46	2.78±0.63	3.13±0.54	2.34±0.29	2.28±0.16
低剂量组	10	3.5	2.12±0.13	2.77±0.53	2.88±0.46[a]	3.10±0.58[a]	2.45±0.25[a]	2.11±0.18[a]
中剂量组	10	7.0	2.10±0.15	2.75±0.38	2.82±0.58[a]	3.08±0.46[a]	2.40±0.36[a]	2.17±0.23[a]
高剂量组	10	14.0	2.14±0.14	2.79±0.42	2.90±0.52[a]	3.02±0.48[a]	2.55±0.32[a]	2.06±0.17[a]

注:与模型组比较,[a]$P<0.05$。

据赵玉静(2016)

458

表 3-8-86　不同组别大鼠尿酸、PGE₂ 水平比较($\bar{x}\pm s$)

指标	正常对照组 ($n=10$)	模型组 ($n=10$)	阳性组 ($n=10$)	低剂量组 ($n=10$)	中剂量组 ($n=10$)	高剂量组 ($n=10$)
尿酸/(μmol/L)	64.0±17.1	123.8±20.6	64.6±16.1	76.7±12.5[a]	79.8±15.3[a]	84.6±16.1[a]
PGE₂/(pg/L)	5.6±2.3	16.6±7.4	7.7±3.1	8.0±3.6[a]	8.2±3.2[a]	9.0±3.8[a]

注:与模型组比较,[a]$P<0.05$。

据赵玉静(2016)

钟晓凤(2013)探讨了虎杖痛风颗粒治疗急性痛风性关节炎的临床疗效。试验将 130 例急性痛风性关节炎患者按盲目随机法分为观察组和对照组各 65 例,观察组临床治疗中使用虎杖痛风颗粒,对照组使用双氯芬酸钠双释放胶囊。两组患者均于治疗前后检测白细胞介素-6(IL-6)、C 反应蛋白(CRP)、红细胞沉降率(ESR)、尿酸(UA)、谷丙转氨酶(ALT)、肌酐(Scr),并比较临床疗效。结果(见表 3-8-87、表 3-8-88)表明,观察组和对照组愈显率分别为 84.6%、83.1%,两组比较差异无统计学意义($P>0.05$)。观察组治疗后 IL-6、CRP、ESR、UA、ALT、Cr 改善情况优于对照组,差异均有统计学意义($P<0.05$)。因此,虎杖痛风颗粒用于急性痛风性关节炎疗效显著,可明显改善 UA 水平,且患者用药期间不良反应较轻,安全可靠,值得临床推广应用。

表 3-8-87　两组临床疗效比较

组别	n	治愈/例	显效/例	有效/例	无效/例	愈显率/%
观察组	65	27	28	5		84.6
治疗组	65	29	25	8	3	83.1

据钟晓凤(2013)

表 3-8-88　两组治疗前、后各实验室指标变化比较($\bar{x}\pm s$)

组别	时间	IL-6/(ng/L)	CRP/(mg/L)	ESR/(mm/h)	UA/(μmol/L)	ALT/(U/L)	Scr/(μmol/L)
观察组	治疗前	68.34±3.69	34.18±26.80	31.14±18.93	446.97±100.33	34.70±19.36	84.40±18.78
($n=65$)	治疗后	61.21±2.91[*#]	8.88±1.95[*#]	15.82±8.07[*#]	409.14±95.65[*#]	33.26±14.24[*#]	81.74±16.71[*#]
对照组	治疗前	68.51±3.44	37.97±36.50	32.10±18.41	447.14±96.13	34.97±17.50	87.44±22.23
($n=65$)	治疗后	62.37±3.16[*]	9.04±2.01[*]	20.5±8.26[*]	424.14±86.91[*]	35.00±14.24[*]	90.80±22.51[*]

注:与对照组相比,[*]$P<0.05$;与观察组相比,[#]$P<0.05$。

据钟晓凤(2013)

郑德勇等(2013)观察了红藤虎杖汤治疗急性痛风性关节炎湿热蕴结证的临床疗效。试验将急性痛风性关节炎湿热蕴结证患者 86 例随机分为治疗组和对照组各 43 例,治疗组给予红藤虎杖汤,对照组给予秋水仙碱片联合双氯芬酸钠缓释胶囊,两组疗程均为 7 d。比较两组患者治疗前后血尿酸(BUA)、症状及体征积分、临床疗效与不良反应。结果(见表 3-8-89)表明,两组患者治疗后 BUA、症状及体征积分与治疗前比较均明显降低($P<0.01$);两组治疗后 BUA、症状及体征积分比较差异均无统计学意义($P<0.05$)。治疗组临床疗效总有效率为 90.70%,对照组总有效率为 93.02%,两组比较差异无统计学意义($P<0.05$)。治疗组不良反应发生率为 34.88%,对照组为 93.02%,两组比较差异有统计学意义($P<0.01$)。因此,红藤虎杖汤治疗急性痛风性关节炎具有降低 BUA 水平、不良反应少的特点,临床疗效肯定。

表 3-8-89　两组患者治疗前后 BUA、症状及体征积分比较($\bar{x} \pm s$)

组别	时间	n	BUA/(μmol/L)	症状及体征积分/分
治疗组	治疗前	43	519.76±52.69	9.47±2.55
	治疗后	43	401.44±24.48*	1.53±1.32*
对照组	治疗前	43	527.53±62.49	9.58±2.62
	治疗后	43	417.09±31.78*	2.23±1.63*

注:与本组治疗前比较,* $P<0.01$。

据郑德勇等(2013)

　　张明等(2008)观察了虎杖痛风颗粒治疗急性痛风性关节炎的临床疗效。实验将 80 例 72 h 内发作的急性痛风性关节炎患者随机分为两组。治疗组 40 例,予虎杖痛风颗粒口服;对照组 40 例,予双氯芬酸钠双释放肠溶胶囊口服,疗程均为 14 d。观察治疗前后病变关节肿胀、疼痛、活动等情况及外周血白细胞计数、血清白细胞介素-6(IL-6)及 C 反应蛋白(CRP)、红细胞沉降率(ESR)等指标变化。结果(见表 3-8-90～表 3-8-92)表明,治疗组临床愈显率为 87.5%,与对照组的 85.0% 比较,$P>0.05$;治疗后两组患者症状与体征积分和血 IL-6、CRP、ESR 指标及 WBC 计数均明显下降($P<0.01$),治疗组血尿酸值明显下降($P<0.05$)。因此,虎杖痛风颗粒治疗急性痛风性关节炎疗效确切,有降低血尿酸作用。

表 3-8-90　两组患者临床症状与体征积分比较($\bar{x} \pm s$)

组别	n	治疗前/分	1 周后/分	2 周后/分
治疗组	40	10.13±2.94	6.15±1.59**	5.10±2.83**
对照组	40	10.55±2.97	6.20±2.08**	5.00±2.94**△

注:与本组治疗前比较,* $P<0.05$,** $P<0.01$;与本组治疗 1 周后比较,△$P<0.05$。

据张明等(2008)

表 3-8-91　两组患者外周血 WBC 计数、中性粒细胞百分数比较($\bar{x} \pm s$)

组别		外周血 WBC 计数/(10^9/L)	外周血中性粒细胞百分比/%
治疗组($n=40$)	治疗前	7.87±2.32	66.63±8.31
	治疗后	6.10±1.46**	61.17±5.33**
对照组($n=40$)	治疗前	8.30±2.58	69.33±10.57
	治疗后	5.80±1.47**	62.18±7.08**

注:与本组治疗前比较,* $P<0.05$,** $P<0.01$;与本组治疗 1 周后比较,△$P<0.05$。

据张明等(2008)

表 3-8-92　两组患者外周 IL-6、CRP、ESR、BUA 比较($\bar{x} \pm s$)

组别		IL-6/(pg/mL)	CRP/(mg/L)	ESR/(mm/h)	BUA/(μmol/L)
治疗组($n=40$)	治疗前	68.35±3.70	34.19±26.80	31.15±18.94	446.98±100.34
	治疗后	62.22±2.92**	8.89±1.96**	15.83±8.08**#	409.15±95.66*
对照组($n=40$)	治疗前	68.52±3.45	37.98±36.50	32.10±18.42	417.15±96.14
	治疗后	62.38±3.17**	9.05±2.01**	20.50±8.27**	424.15±86.92

注:与对照组治疗后比较,#$P<0.05$。

据张明等(2008)

10.对心肌细胞和内皮细胞的作用

肖召文等(2016)探讨了虎杖苷对小鼠急性心肌梗死后心肌细胞损伤的保护作用机制。试验中结扎小鼠心脏左前降支,建立急性心肌梗死(AMI)模型,将40只手术成功小鼠随机分为两组,每组20只,分为缺血组和虎杖苷治疗组(40 mg/kg),另取正常小鼠20只为正常组和20只假手术小鼠为假手术组。术后第8天分别检测在体心电图和心脏功能;术后第9天处死各组小鼠行血清肌钙蛋白-T(troponin-T)检测;行TTC染色、Masson's trichrome染色等病理组织学检测;Western印记法检测小鼠左心室心肌细胞Rho相关卷曲蛋白激酶(ROCK)活性表达。结果表明,术后第8天在体心电图和超声心动图检测显示虎杖苷治疗组心律失常发生率和心功能较缺血组有明显改善;术后第8天血清肌钙蛋白-T检测表明虎杖苷治疗组血清肌钙蛋白-T水平明显低于缺血组;病理组织学检测显示虎杖苷治疗组心肌纤维化和凋亡程度较缺血组明显降低;Western印记法检测提示虎杖苷治疗组ROCK活性较缺血组低。综上可知,虎杖苷可显著抑制心肌细胞缺血后纤维化和细胞凋亡的病理进程,并且对急性心肌梗死后的心脏功能有显著的改善,这种保护机制很可能与虎杖苷抑制急性心肌梗死时升高的ROCK活性相关。

武容等(2015)研究了虎杖苷对新生乳鼠离体培养心肌细胞和成纤维细胞增殖的影响及其抗氧化作用。试验剪取新生SD大鼠左心室,采用差速贴壁法分离并培养心肌细胞和成纤维细胞,将培养成功的成纤维细胞和心肌细胞均分为5组,即正常对照组、虎杖苷对照组(10^{-4} mol/L)、模型组[10^{-6} mol/L异丙肾上腺素(ISO)]、虎杖苷低浓度组(10^{-5} mol/L+ISO 10^{-6} mol/L)和虎杖苷高浓度组(10^{-4} mol/L+ISO 10^{-6} mol/L),进行相应干预。孵育2 d后,采用考马斯亮蓝法测定心肌细胞蛋白质含量,并测定其超氧化物歧化酶(SOD)和谷胱甘肽过氧化物酶(GSH-Px)活性;测定成纤维细胞增殖及其培养液中SOD和GSH-Px及NO浓度。结果表明,与正常对照组比较,模型组可诱导心肌细胞蛋白含量增多,明显降低SOD及GSH-Px活性($P<0.05$);与模型组比较,虎杖苷高、低浓度组心肌细胞蛋白含量明显降低,且SOD及GSH-Px活性明显升高($P<0.05$);虎杖苷高浓度对GSH-Px活性的升高明显较低浓度强,差异有统计学意义($P<0.05$)。与正常对照组比较,模型组可诱导成纤维细胞增殖,明显降低SOD及GSH-Px活性和NO含量($P<0.05$);与模型组比较,虎杖苷高浓度组能抑制成纤维细胞的增殖,显著升高NO含量和SOD及GSH-Px活力($P<0.05$)。因此,虎杖苷对ISO诱导的乳鼠心肌细胞肥大和成纤维细胞增殖有一定对抗作用,其作用机制与其抗氧化作用以及影响NO生成有关。

钙调控的信号通路,在治疗心肌肥大中具有十分重要的地位,但阻滞非心肌钙通道的治疗手段则会引起心肌收缩力降低、低血压、便秘等副作用。虎杖苷能增强心肌细胞的抗增厚能力,改善心功能,抑制心脏重构,修复心肌肥大所引起的钙信号异常,而不改变心肌收缩力。虎杖苷能够通过抑制核因子-κB(NF-κB)通路,降低内皮细胞中血管细胞黏附分子(VCAM-1)和细胞间黏附分子(ICAM-1)的mRNA表达,从而显著地抑制单核细胞黏附于肿瘤坏死因子(TNF-α)活化的内皮细胞上。

王萌等(2011)探讨了虎杖苷对低氧所致大鼠肺微血管内皮细胞(PMVEC)损伤的保护作用及其可能的机制。实验采用组织块法培养PMVEC,免疫荧光检测特异性标志物Ⅷ因子相关抗原的表达,结合形态学鉴定细胞;不同浓度的虎杖苷(30 μmol/L、60 μmol/L和120 μmol/L)干预后,分别在常氧与低氧环境下培养24 h,48 h和72 h,MTT法观察细胞生长情况,检测乳酸脱氢酶(LDH)活性,ELISA法测定细胞上清液中血管内皮细胞生长因子(VEGF)的含量,免疫组化法检测VEGF的表达。结果(见表3-8-93～表3-8-95)表明,培养的PMVEC具有鹅卵石形态,Ⅷ因子相关抗原呈阳性表达,鉴定为PMVEC;虎杖苷对低氧下PMVEC活性的影响作用明显,并能显著降低低氧所致的细胞培养液中LDH活性升高、VEGF的含量升高及表达增加。因此,虎杖苷在低氧环境下对PMVEC有明显的保护作用,其机制可能与虎杖苷对抗低氧致LDH活性升高、VEGF表达增加有关。

表 3-8-93　给药后对 PMVEC 活性的影响($n=6$, $\bar{x}\pm s$)

组别	时间/h	A			
		空白对照组	30 μmol/L	60 μmol/L	120 μmol/L
常氧	24	0.158±0.010	0.162±0.008	0.163±0.047	0.160±0.011
	48	0.171±0.011	0.188±0.031	0.187±0.020	0.185±0.035
	72	0.185±0.021	0.187±0.015	0.178±0.054	0.176±0.043
低氧	24	0.094±0.032△	0.103±0.062	0.158±0.039	0.201±0.076**
	48	0.075±0.026△	0.106±0.026*	0.192±0.040**	0.219±0.048**
	72	0.062±0.019△△	0.125±0.043*	0.184±0.036**	0.248±0.052**

注:与常氧组比较△$P<0.05$,△△$P<0.01$;与低氧空白对照组比较*$P<0.05$,**$P<0.01$。
据王萌等(2011)

表 3-8-94　给药后对 PMVEC 上清液中 LDH 活性的影响($n=6$, $\bar{x}\pm s$)

组别	时间/h	LDH 活性/(U/L)			
		空白对照组	30 μmol/L	60 μmol/L	120 μmol/L
常氧	24	3192.59±112.09	3316.05±130.49	3498.76±132.99	3135.80±219.03
	48	2893.83±115.79	3059.26±125.92	3037.04±41.24	2841.98±161.67
	72	2945.68±214.35	3014.82±148.70	3182.72±188.17	2809.88±214.22
低氧	24	3978.21±185.19△	3562.96±199.31*	3513.58±101.11**	3350.62±88.99**
	48	3962.96±149.80△	3693.83±111.19*	3601.24±55.60**	3646.91±105.10**
	72	4950.62±98.51△△	4471.60±199.02*	4209.88±287.40**	4156.79±144.13**

注:与常氧组比较△$P<0.05$,△△$P<0.01$;与低氧空白对照组比较*$P<0.05$,**$P<0.01$。
据王萌等(2011)

表 3-8-95　72 h 后细胞上清液中 VEGF 的含量变化($n=6$, $\bar{x}\pm s$)

组别	VEGF 含量/(pg/mL)			
	空白组	低剂量组	中剂量组	高剂量组
常氧	35.07±6.47	22.73±2.40	28.64±3.03	26.89±8.12
低氧	796.96±41.00[a]	606.06±74.32[b]	495.13±86.53[b]	388.54±8.27[b]

注:与常氧空白比较[a]$P<0.01$;与低氧空白比较[b]$P<0.05$。
据王萌等(2011)

三、虎杖的研究成果

　　虎杖的主要功效成分是虎杖苷(即白藜芦醇苷)和白藜芦醇。虎杖苷具有镇咳、保肝、抗休克及抑制血小板聚集等作用;白藜芦醇是虎杖中最具有研究价值及应用前景的成分,具有抗菌、抗炎、抗过敏、抗血栓、抗氧化、抗自由基以及抗癌、抗诱变等作用。福建农林大学农产品品质研究所 2017 年 11 月对 9 个虎杖样品的虎杖苷和白藜芦醇含量进行了测定,测定结果(见表 3-8-96)表明,不同地区虎杖中虎杖苷及白藜芦醇的含量差异较大,陕西汉中地区虎杖中虎杖苷含量高于其他地区,"陕南虎杖"和"汉中虎杖 4 号"中白藜芦醇含量较高。

表 3-8-96　虎杖中虎杖苷和白藜芦醇的含量

序号	样品	虎杖苷/(mg/g)	白藜芦醇/(mg/g)
1	江西虎杖 1 号	17.57	2.69
2	江西虎杖 2 号	17.02	2.66
3	陕南虎杖	19.48	9.70
4	汉中虎杖 1 号	25.25	6.22
5	汉中虎杖 2 号	28.69	3.57
6	汉中虎杖 3 号	37.70	2.78
7	汉中虎杖 4 号	28.23	8.27
8	汉中虎杖 5 号	19.51	2.99
9	广西博白虎杖	12.65	1.59
10	武平虎杖(老)	27.08	1.04
11	武平虎杖(嫩)	26.71	1.24
12	宁化虎杖全体(冻干)	32.10	1.69
13	宁化虎杖韧皮部(热泵)	37.87	1.46
14	宁化虎杖韧皮部(冻干)	34.43	1.09
15	宁化虎杖木质部(热泵)	30.62	1.34
16	宁化虎杖木质部(冻干)	26.06	0.81
17	宁化虎杖(晒干)	21.93	3.25
18	广西博白虎杖	14.66	1.65

据曹晓华、刘江洪、郑金贵测定(2017)

参考文献

[1]樊慧婷,丁世兰,林洪生.中药虎杖的药理研究进展[J].中国中药杂志,2013,38(15):2545-2548.

[2]李萍.虎杖及其化学成分的质量控制[J].齐鲁药事,2011,30(4):232-233,238.

[3]李菁雯,陈祥龙,孟祥智.虎杖及其提取物的研究进展[J].中医药学报,2011,39(3):103-106.

[4]黄海量.中药虎杖药理作用研究进展[J].西部中医药,2012,25(4):100-103.

[5]夏婷婷,杨珺超,刘清源,等.虎杖药理作用研究进展[J].浙江中西医结合杂志,2016,26(3):294-297.

[6]张玉松.虎杖苷抗肿瘤作用及机制研究[D].苏州:苏州大学,2013.

[7]李金泽.虎杖水煎剂对小鼠 H_{22} 细胞抑制作用效果的实验研究[D].长春:长春中医药大学,2015.

[8]潘纪红,王海滨,杜晓飞,等.虎杖苷通过 PI3K/AKT/mTOR 信号通路诱导人宫颈癌细胞凋亡的初步研究[J].中国中药杂志,2017,42(12):2345-2349.

[9]张冬梅,张雅明.虎杖苷逆转人结肠癌细胞株 HT-29 奥沙利铂耐药性及机制[J].现代肿瘤医学,2016,24(16):2505-2508.

[10]胡婷婷,周畅,胡春萍,等.虎杖苷在 ApoE-/-动脉粥样硬化模型小鼠中的抗氧化作用[J].中成药,2016,38(11):2493-2496.

[11]李朋,陈萍,张浩.虎杖中白藜芦醇及其甲基化衍生物对高脂血症小鼠降血脂和抗氧化作用的研究 [J].华西药学杂志,2016(4):374-377.

[12]林霖,杨国栋,汪纪仓.虎杖苷对镉致小鼠睾丸氧化应激损伤的保护作用[J].食品科学,2015,516(23):

297-300.

[13]王彦春,许汉林,傅琴,等.虎杖白藜芦醇及其脂质体剂型对帕金森病模型大鼠黑质细胞保护作用的研究[J].中国中药杂志,2011,36(8):1060.

[14]王佳,李进霞,张慧芝,等.虎杖多糖乙醇分级纯化及其抗氧化性[J].食品工业科技,2019,40(1):98-101.

[15]HE Y D,LIU Y T,LIN Q X,et al. Polydatin suppresses ultraviolet B-induced cyclooxygenase-2 expression in vitro and in vivo via reduced production of reactive oxygen species[J]. British Journal of Dermatology,2012,167(4):941-944.

[16]KHERADMAND A,ALIREZAEI M. Cadmium-induced oxidative stress in the rat testes:protective effects of betaine[J]. International Journal of Peptide Research and Therapeutics,2013,19(4):337-344.

[17]肖文渊,王思芦,郝应芬,等.虎杖乙醇提取物的抗炎及免疫活性初探[J].中兽医医药杂志,2018,37(6):36-39.

[18]徐新,李德明,徐佳薇,等.虎杖提取物的抗炎作用及对一氧化氮生成的影响[J].中国医院药学杂志,2013,33(16):1311-1315.

[19]褚伟.虎杖对糖尿病大鼠炎症因子的影响及意义[J].中外医学研究,2012,10(30):143-144.

[20]张海防,窦昌贵,刘晓华,等.虎杖提取物抗炎作用的实验研究[J].药学进展,2003,27(4):230-233.

[21]LANZILLI G,COTTARELLI A,NICOTERA G,et al. Anti-inflammatory effect of resveratrol and polydatin by in vitro IL-17 modulation[J]. Inflammation,2012,35(1):240-248.

[22]XIE X,PENG J,HUANG K,et al. Polydatin ameliorates experimental diabetes-induced fibronectin through inhibiting the activation of NF-κB signaling pathway in rat glomerular mesangial cells[J]. Molecular and Cellular Endocrinol,2012,362(1/2):183-193.

[23]YAO J,WANG J Y,LIU L,et al. Polydatin ameliorates DSS-induced colitis in mice through inhibition of nuclear factor-κB activation[J]. Planta Med,2011,77(5):421-427.

[24]孔晓龙,郭梅红,黄兴振,等.虎杖降脂颗粒对高脂血症大鼠降脂作用机理的初步研究[J].海峡药学,2015(7):24-27.

[25]郭梅红,黄小丹,范颖,等.虎杖降脂颗粒对高脂血症大鼠降脂作用的研究[J].中国临床新医学,2015,8(10):901-906.

[26]李波,李雄英,吕圭源,等.复方虎杖提取物对高脂血症模型大鼠血脂水平和动脉硬化指数的影响[J].中药新药与临床药理,2014,25(3):260-264.

[27]王辉,叶同生,陈素华,等.虎杖不同配伍对糖尿病肾病大鼠糖、脂代谢及血液流变学指标的影响[J].中国实验方剂学杂志,2013,19(12):181-184.

[28]ZHANG Q,TAN Y,ZHANG N,et al. Polydatin supplementation ameliorates diet-induced of insulin resistance and hepatic steatosis in rats[J]. Molecular Medicine Reports,2015,11(1):603-610.

[29]ZHANG J,TAN Y,YAO F,et al. Polydatin alleviates non-alcoholic fatty liver disease in rats by inhibiting the expression of TNF-α and SREBP-1c[J]. Molecular Medicine Reports,2012,6(4):815-820.

[30]王雨,郝洁,李婕,等.Akt 信号通路参与并介导了虎杖苷对 2 型糖尿病大鼠糖脂代谢的影响[J].中药药理与临床,2016(2):50-53.

[31]赵宏宇,王玉,刘新宇,等.虎杖提取物对 2 型糖尿病大鼠血糖及血脂的影响[J].中药材,2016,39(7):1647-1650.

[32]王辉,张冰,杨再刚,等.虎杖对肾上腺素及四氧嘧啶所致高血糖模型的影响[J].中医研究,2008(9):9-11.

[33]周媛,沈忠明.虎杖中黄酮类成分的提取分离及性质研究[J].亚太传统医药,2007(11):37-42.

[34]沈忠明,殷建伟,袁海波.虎杖鞣质的降血糖作用研究[J].天然产物研究与开发,2004(3):220-221.

[35]HAO J,CHEN C,HUANG K P,et al. Polydatin improves glucose and lipid metabolism in experimental diabetes through activating the Akt signaling pathway[J]. European Journal of Pharmacology,2014,745:

152-165.

[36]吴杲,吴汉斌,蒋红.虎杖苷的降尿酸作用及其机制研究[J].药学学报,2014(12):1739-1742.

[37]韩英,程耀科,陈玉娟,等.复方虎杖颗粒对高尿酸血症患者血尿酸、血脂及血液流变学的影响[J].实用药物与临床,2013(6):28-30.

[38]闫云霞,杨中林,萧伟,等.虎杖降尿酸作用初步研究[J].亚太传统医药,2015(8):13-15.

[39]侯建平,王亚军,严亚峰,等.虎杖提取物抗动物高尿酸血症的实验研究[J].西部中医药,2012,25(5):21-24.

[40]CHEN L Y, LAN Z, LIN Q X, et al. Polydatin ameliorates renal injury by attenuating oxidative stress-related inflammatory responses in fructose-induced urate nephropathic mice[J]. Food and Chemical Toxicology,2013,52:28-35.

[41]SHI Y W, WANG C P, LIU L, et al. Antihyperuricemic and nephroprotective effects of resveratrol and its analogues in hyperuricemic mice[J]. Molecular Nutrition & Food Research,2012,56(9):1433-1444.

[42]狄红杰,褚晓秋,胡咏新,等.复方虎杖方治疗非酒精性脂肪性肝炎的临床研究[J].中医临床研究,2016,8(30):64-66.

[43]楼锦英,李雄英,陈素红,等.复方虎杖提取物对高脂血症大鼠肝脏的影响[J].浙江中医杂志,2014(6):400-401.

[44]韩政.复方虎杖益肝颗粒治疗慢性乙型肝炎临床观察[J].山西中医,2014,30(10):11-12.

[45]谢灵璞.虎杖提取物对ConA诱导肝损伤小鼠保护作用的研究[J].海峡药学,2011(11):30-31.

[46]鲍红月,陈子越,杨波,等.虎杖提取物对小鼠急性肝损伤的保护作用[J].海峡药学,2011,23(7):40-42.

[47]吴德跃,吴俊标,周玖瑶,等.虎杖水提液利胆保肝作用研究[J].西北药学杂志,2014(2):167-169.

[48]胡丹,刘秋庭,涂鄂文,等.虎杖苷对脑缺血再灌注损伤后FADD蛋白表达的影响[J].湖南中医杂志,2017,33(2):132-134.

[49]刘秋庭,胡丹,涂鄂文,等.虎杖苷对脑缺血再灌注大鼠海马凋亡相关蛋白表达的影响[J].国际中医中药杂志,2017,39(3):230-233.

[50]陈言钊,李宁,贺淑媛,等.虎杖苷对化脓性脑膜炎的神经保护作用及机制研究[J].黑龙江医学,2016,40(7):621-624.

[51]王雷琛,姜艳,张迪,等.虎杖苷对模拟高原低氧环境所致小鼠脑、肺损伤的保护作用[J].中南药学,2015,13(4):343-348.

[52]李晓莉,卢志刚,陈梅,等.虎杖提取物对实验性脑梗死大鼠脑组织炎性因子的影响[J].中国实验方剂学杂志,2011,17(18):226-229.

[53]古小琼,李朝金,赵峰,等.虎杖对3种耐药细菌的抗菌效果分析[J].检验医学与临床,2012(9):1038-1039.

[54]沙莎,孙裕光,谭剑虹,等.虎杖抑菌抗病毒的药理作用研究[J].上海畜牧兽医通讯,2009(3):19-20.

[55]钟芳芳,李芸芳,陈玉,等.虎杖中大黄素的分离及抗菌活性的初步研究[J].中南民族大学学报自然科学版,2006,25(1):40-42.

[56]BAN S H, KWON Y R, PANDIT S, et al. Effects of a bio-assay guided fraction from *Polygonum cuspidatum* root on the viability, acid production and glucosyltranferase of mutans streptococci[J]. Fitoterapia, 2010,81(1):30-34.

[57]KWON Y R, SON K J, PANDIT S,et al. Bioactivity-guided separation of anti-acidogenic substances against *Streptococcus mutans* UA 159 from *Polygonum cuspidatum*[J]. Oral Diseases, 2010,16(2):204-209.

[58]CLOUSER C L,CHAUHAN J, BESS M A, et al. Anti-HIV-1 activity of resveratrol derivatives and synergistic inhibition of HIV-1 by the combination of resveratrol and decitabine[J]. Bioorganic & Medicine Chemistry Letters, 2012,22(21):6642-6646.

[59]潘天生,林志荣,林英,等.自拟虎杖痛风汤治疗痛风性关节炎50例[J].中国民族民间医药,2017,26(9):

97-98.

［60］赵玉静.虎杖-桂枝药对不同剂量对急性痛风性关节炎的影响比较[J].中国现代药物应用,2016,10(18):291-292.

［61］钟晓凤.虎杖痛风颗粒治疗急性痛风性关节炎的疗效观察[J].临床合理用药杂志,2013,6(11):61-62.

［62］郑德勇,刘峻承.红藤虎杖汤治疗急性痛风性关节炎43例[J].中医杂志,2013,54(3):250-251.

［63］张明,朱周,王一飞.虎杖痛风颗粒治疗急性痛风性关节炎临床观察[J].上海中医药杂志,2008,42(6):16-18.

［64］肖召文,姜昕,付珺,等.虎杖苷对小鼠急性心肌梗死后心肌细胞损伤的保护作用[J].华中科技大学学报(医学版),2016(2):176-180.

［65］武容,郭娟,王会琳,等.虎杖苷对体外培养乳鼠心肌细胞肥大及成纤维细胞增殖的影响[J].上海中医药杂志,2015(3):76-79.

［66］丁文文.虎杖苷通过调控钙稳态和Calcineurin/NFAT3信号通路抑制心肌肥大[D].广州:南方医科大学,2015.

［67］DENG Y H, ALEX D, HUANG H Q, et al. Inhibition of TNF-α-mediated endothelial cell-monocyte cell adhesion and adhesion molecules expression by the resveratrol derivative, trans-3,5,4′-trimethoxystilbene [J]. Phytotherapy Research, 2011,25(3):451-457.

［68］王萌,李志超,王剑波.虎杖苷对低氧所致大鼠肺微血管内皮细胞损伤的保护作用[J].西北药学杂志,2011,26(3):185-189.

第九节 槐花品质

一、槐花的概述

槐花（Sophorae Flos）为豆科植物槐[*Styphnolobium japonicum*（L.）Schott]的花及花蕾,又名槐蕊、洋槐花等,开放的花朵习称"槐花",花蕾习称"槐米"。槐花是我国首批药食同源的花卉植物,性苦、微寒,含有丰富的蛋白质、多种维生素和矿物质,具有较高的食用价值,还含有芦丁（又称芸香苷）、槲皮素、山柰酚、异黄酮苷元、染料木素、槐米甲素、桦皮醇、槐二醇、三萜皂苷、槐花多糖、脂肪酸等活性成分。近年来,科学研究表明槐花具有抗氧化、抑菌、抗病毒、止血、保护心血管、降血糖、抗肿瘤、增强机体免疫力、抗焦虑等作用。

二、槐花的功能

1.抗氧化

杨建雄等（2002）研究了槐米提取液对小鼠抗氧化能力的影响。将 ICR 雌性小鼠随机分为 5 组,正常对照组（E 组）和模型对照组（A 组）灌胃给水 0.4 mL/d,大、小剂量组（B 组、C 组）分别灌胃给槐米提取液 300 mg/(kg·d)和 200 mg/(kg·d),阳性药对照组（D 组）给人参水煎液 4 g/(kg·d)。20 d 后,除正常对照组外的各组小鼠均禁食 16 h,随即腹腔注射给四氧嘧啶 50 mg/kg,3 d 后各组小鼠均处死,测定血红蛋白（Hb）、肝指数、脾脂数、肝糖原及肝脏和血液的 SOD 和 MDA。结果（见表 3-9-1～表 3-9-3）表明,槐米可显著降低四氧嘧啶引起的 SOD、MDA、Hb 异常增高,可显著提高肝糖原含量和四氧嘧啶引起的肝指数、脾指数异常下降。提示槐米可提高 ICR 雌性小鼠的抗氧化能力。

表 3-9-1　槐米对血液 SOD、MDA 和 Hb 的影响（$\bar{x}\pm s$）

组别（n＝10）	A	B	C	D	E
SOD/(U/L)	8.04±1.01	6.07±0.47	7.23±0.89	5.80±1.07	5.30±0.99
MDA/(mmol/100 mL)	28.71±6.45	17.80±3.92	20.23±2.37	21.08±5.53	12.61±4.02
Hb/(g/L)	175.20±22.21	136.97±13.34	137.57±15.14	153.56±18.36	142.36±28.04

据杨建雄等（2002）

表 3-9-2　槐米对小鼠肝、脾指数的影响（$\bar{x}\pm s$）

组别（n＝10）	A	B	C	D	E
肝指数	4.88±0.44	5.52±0.58	5.54±0.78	5.49±0.38	5.61±0.60
脾指数	0.41±0.10	0.52±0.08	0.50±0.04	0.51±0.07	0.58±0.12

据杨建雄等（2002）

表 3-9-3　槐米对小鼠肝脏 SOD、MDA 和肝糖原的影响（$\bar{x}\pm s$）

组别（n＝10）	A	B	C	D	E
SOD/(U/g)	110.77±13.52	79.52±11.37	82.18±10.20	69.74±11.21	57.84±20.25
MDA/(mmol/g)	8.62±1.65	4.59±0.95	5.65±0.95	5.51±1.17	6.09±0.62
肝糖原/(mg/g)	7.12±0.45	7.55±0.31	8.58±0.35	7.87±0.36	7.41±0.49

据杨建雄等（2002）

　　张军等(2004)研究了槐米与维生素 C 对运动训练小鼠的协同抗氧化作用。把 ICR 小鼠随机分为 4 组,即运动对照组、运动槐米组、运动维生素 C 组和运动槐米与维生素 C 组。3 个加药组分别每日灌服相同剂量的槐米提取液、维生素 C 液、槐米与维生素 C 混合液。3 周后测定各组小鼠血清、肝和股四头肌的超氧化物歧化酶(SOD)、丙二醛(MDA)、血红蛋白(Hb)、肝糖原和肌糖原等指标。结果(见表 3-9-4～表 3-9-6)表明,各加药组小鼠血清、肝和股四头肌的 SOD 活性、Hb、肝糖原、肌糖原含量较运动对照组显著提高,MDA 含量明显低于运动对照组。运动槐米与维生素 C 组较其他三组的结果有更显著的变化趋势,说明槐米与维生素 C 液对运动训练小鼠的抗氧化能力有良好的协同性。

表 3-9-4　3 种不同服药方式对运动小鼠 SOD 活性的影响

组别($n=8$)	运动对照组	运动维生素 C 组	运动槐米组	运动槐米与维生素 C 组
血液/(U/mL)	12.60±0.54	15.01±0.80△*	15.78±0.66△*	18.72±0.67△
肝脏/(U/g)	109.90±7.99	120.58±10.40△*	124.33±10.42△*	149.62±13.25△
股四头肌/(U/g)	17.87±0.34	18.71±0.32△*	19.08±0.40△*	19.27±0.32△

注:△表示与运动对照组比较,$P<0.05$;*表示与运动槐米维生素 C 组比较,$P<0.05$。

据张军等(2004)

表 3-9-5　3 种不同服药方式对运动小鼠 MDA 含量的影响

组别($n=8$)	运动对照组	运动维生素 C 组	运动槐米组	运动槐米与维生素 C 组
血液/(U/mL)	16.41±2.75	13.48±2.76△*	14.02±1.95△*	10.47±2.73△
肝脏/(U/g)	13.40±1.44	9.31±1.38△*	10.47±2.07△*	8.16±1.14△
股四头肌/(U/g)	11.21±0.55	10.26±0.46△*	10.36±0.57△*	9.23±0.36△

注:△表示与运动对照组比较,$P<0.05$;*表示与运动槐米维生素 C 组比较,$P<0.05$。

据张军等(2004)

表 3-9-6　3 种不同服药方式对运动小鼠血红蛋白、肝糖原、肌糖原含量的影响

组别($n=8$)	运动对照组	运动维生素 C 组	运动槐米组	运动槐米与维生素 C 组
血红蛋白/(g/L)	90.09±5.95	104.25±5.32△*	96.75±9.63*	113.7±6.88
肝糖原/(mg/g)	2.51±0.38	4.22±0.44△*	4.19±0.16△*	6.47±0.52
肌糖原/(mg/g)	0.54±0.07	0.72±0.04△*	0.66±0.07△*	0.96±0.07

注:△表示与运动对照组比较 $P<0.05$;*表示与运动槐米维生素 C 组比较 $P<0.05$。

据张军等(2004)

　　张军等(2007)进一步研究了单一服用槐米对小鼠运动能力产生的影响。把 ICR 小鼠随机分为 3 组(安静组、运动对照组和运动加药组),服用药物为槐米水提液,建立实验模型。3 周后测定各组小鼠血清、肝和股四头肌的超氧化物歧化酶(SOD)、丙二醛(MDA)、血红蛋白(Hb)、肝糖原和肌糖原等指标。结果(见表 3-9-7～表 3-9-10)表明,运动加药组小鼠血清、肝和股四头肌的 SOD 活性、肝糖原、肌糖原、血红蛋白含量较运动对照组显著提高,MDA 含量明显低于运动对照组。说明槐米水提液可提高运动训练小鼠的抗氧化能力。

表 3-9-7　槐米水提液对运动小鼠 SOD 活性的影响

组别($n=8$)	安静组	运动对照组	运动槐米组
血液/(U/L)	7.57±0.73	15.78±0.66△	18.72±0.67△□
肝脏/(U/g)	72.34±6.50	124.33±10.42△	149.62±13.25△□
股四头肌/(U/g)	18.36±0.43	19.08±0.40△	19.27±0.32△□

注:△表示与安静组比较,$P<0.05$;□表示与运动对照组比较,$P<0.05$。

据张军等(2007)

表 3-9-8　槐米水提液对运动小鼠 MDA 含量的影响

组别($n=8$)	安静组	运动对照组	运动槐米组
血液/(mmol/100 mL)	7.98 ± 1.77	$16.41\pm2.75^\triangle$	$14.02\pm1.93^{\triangle\square}$
肝脏/(mmol/g)	8.60 ± 1.95	$13.40\pm1.44^\triangle$	$10.47\pm2.07^{\triangle\square}$
股四头肌/(mmol/g)	7.15 ± 0.7	$11.21\pm0.55^\triangle$	$10.36\pm0.57^{\triangle\square}$

注:$^\triangle$表示与安静组比较,$P<0.05$;$^\square$表示与运动对照组比较,$P<0.05$。
据张军等(2007)

表 3-9-9　槐米水提液对运动小鼠血红蛋白、肝糖原、肌糖原含量的影响

组别($n=8$)	安静组	运动对照组	运动槐米组
血红蛋白/(g/L)	127.66 ± 14.86	$90.09\pm5.95^\triangle$	$96.57\pm9.63^\triangle$
肝糖原/(mg/g)	7.24 ± 0.38	$2.51\pm0.15^\triangle$	$4.19\pm0.16^{\triangle\square}$
肌糖原/(mg/g)	1.29 ± 0.21	$0.54\pm0.07^\triangle$	$0.66\pm0.07^{\triangle\square}$

注:$^\triangle$表示与安静组比较,$P<0.05$;$^\square$表示与运动对照组比较,$P<0.05$。
据张军等(2007)

表 3-9-10　槐米水提液对小鼠游泳力竭时间的影响

组别($n=8$)	运动对照组	运动槐米组
游泳力竭时间/min	$168.63\pm37.08^\triangle$	$241.50\pm48.24^{\triangle\triangle}$
力竭延长率/%		43.21

注:$^\triangle$表示与安静组比较,$P<0.05$;$^{\triangle\triangle}$表示与运动对照组比较,$P<0.05$。
据张军等(2007)

范巧宁等(2014)用超声辅助提取法和热水浸提法分别提取槐米多糖,苯酚硫酸法测定多糖含量,采用还原能力、超氧阴离子自由基($O_2^-\cdot$)的清除能力、DPPH 自由基的清除能力、羟自由基($\cdot OH$)的清除能力作为体外抗氧化作用评价的四个指标,并与维生素 C(VC)、BHT 进行比较。结果表明,超声波提取多糖得率比热水浸提法提高了 21.6%;在 $0.125\sim2.0$ mg/mL 浓度范围内,对自由基的清除作用,VC>超声提取多糖>水提多糖>BHT。其中,超声提取多糖对 $O_2^-\cdot$ 的清除率为 70.78%,对 $\cdot OH$ 的清除率为 75.34%,清除力略高于水提多糖(清除率分别为 62.28% 和 70.45%),低于 VC 的清除力(清除率分别为 98.21% 和 94.53%)。提示槐米粗多糖具有一定的抗氧化活性。

王丽华等(2008)对槐花多糖的抗氧化活性测定结果表明,槐花多糖不仅具有很强的还原能力,而且对羟基自由基、超氧阴离子自由基均有较好的清除能力,在一定范围内对二者的清除作用呈现良好的量效关系。

2.抑菌抗病毒

胡喜兰等(2012)研究表明槐花多糖对金黄葡萄球菌、大肠杆菌、枯草芽孢杆菌均有一定的抑菌活性,且对金黄葡萄球菌的抑菌活性最强。高秀妹(2012)采用培养基打孔法,观察到槐花多糖对供试菌株蜡样芽孢杆菌、八叠球菌、绿脓杆菌、金黄色葡萄球菌抑菌效果较好,抑菌环直径大于 14 mm。

陈屹等(2008)提取了槐花中的精油,并对其进行体外抗菌作用研究,研究结果表明,该槐花精油对金黄色葡萄球菌 ATCC6538、威尔斯李斯特菌 ATCC35897、单增李斯特菌 ATCC35152、溶血性链球菌 CMCC32210、志贺氏痢疾杆菌 CMCC51252、埃希氏大肠杆菌 ATCC8099、伤寒沙门氏菌 CMCC50013、甲型副伤寒沙门氏菌 CMCC50093 均有抑制作用。张高红等(2006)研究了槐花提取化合物 K3 的体外抗 HIV-1 活性,并对其抗 HIV-1 机制进行了初步探讨。实验采用 MTT 比色法检测化合物对各种细胞的毒性。用合胞体形成计数法,p24 抗原捕获 ELISA 法及 RT-PCR 等多种方法研究化合物体外抗 HIV-1 活性。研究结果表明,槐花提取化合物 K3 体外有较好的抗 HIV-1 活性,能够抑制病毒实验株(HIV-1ⅢB)、耐药株(HIV-174V)和临床分离株(HIV-1KM018)等多种病毒株的复制,且其作用机制是多靶点的,不仅可以抑制病毒的进入,还可以抑制 HIV-1 逆转录酶活性。

3. 止血

康永强等(2019)根据青少年"易实不易虚,易火不易寒"的生理病理特点,结合现代药理学槐花止血作用的研究后,大胆运用单味槐花汤治疗青少年鼻衄 16 例,16 例患者均获痊愈,随访半年均无复发,未见不良反应发生。

李惠等(2004)比较了生槐花、炒槐花、槐花炭及其提取物芦丁、槲皮素、鞣质的止血作用。试验将试验动物分别灌饲受试药物 5 d 后测定小鼠出血时间、凝血时间、血小板总数及毛细血管通透性,并对大鼠进行凝血酶原时间、纤维蛋白原含量及血小板聚集率的检测。研究结果显示:生槐花、炒槐花、槐花炭及提取物芦丁、槲皮素、鞣质均可降低毛细血管通透性,减少小鼠出、凝血时间和大鼠血浆凝血酶原时间;3 种饮片还可增加纤维蛋白原含量;3 种提取物则明显降低大鼠血小板聚集率。另外,芦丁具有增加小鼠血小板总数的作用。提示 3 种饮片及 3 种提取物均具有止血作用,炒槐花和槐花炭作用强于生槐花,但 6 种试验样品的止血机制有所不同。

赵雍等(2010)观察了槐花制炭前后饮片、提取物止血作用的改变,以及主要成分、特征性成分的止血作用强度,探索槐花制炭后新的止血成分。试验以出血时间(BT)和血浆复钙时间(RT)为止血作用的特异性指标,观察槐花生品、炭品,炭品的特征性提取物 A 和 B(SCE A 和 SCE B)及主要成分灌胃给药后对正常大鼠止血作用的影响,分析其制炭后可能存在的新止血成分。研究结果(见表 3-9-11、表 3-9-12)显示:槐花生品、炭品能显著缩短正常大鼠 BT 和 RT,其中炭品作用强于生品。SCE A 和 SCE B 均能显著缩短正常大鼠 BT 和 RT,其中 SCE B 作用优于 SCE A。进一步研究 SCE B 中提取得到的成分 1(槐树皂苷Ⅰ)和成分 2(异鼠李素-3-O-芸香糖苷)及其主要成分(芦丁、鞣质),均能显著缩短正常大鼠 BT 和 RT,其中成分 2 的作用最优。因此,槐花生品、炭品及槐花制炭后 2 种提取物和上述 4 种成分止血作用均显著增加,其中成分 2 作用显著,提示该成分可能是槐花炭发挥止血作用的新有效成分,也表明槐花炒炭后止血作用增加应是多种成分的协同结果。

表 3-9-11　槐花制炭前后对正常大鼠止血时间的影响($\bar{x} \pm s, n = 10$)

组别	剂量/(g/kg)	BT/min	RT/s
对照	—	13.21±4.20	2.61±0.33
云南白药	0.4	9.19±3.73[2]	2.30±0.39
槐花生品	1.1	10.66±3.66	2.10±0.51[1]
	2.2	10.53±2.94	2.03±0.46[2]
	4.4	10.86±3.93	2.26±0.54
槐花炭品	1.0	10.23±3.93[1]	1.91±0.51[2]
	2.0	9.93±3.58[1]	2.00±0.28[2]
	4.0	8.73±2.58[2]	2.04±0.57[2]
槐花炭品 A	1.0	9.08±2.53[2]	2.08±0.33[2]
	2.0	10.72±3.27	1.94±0.41[2]
	4.0	9.47±3.41[2]	1.97±0.40[2]
槐花炭品 B	1.0	8.59±3.70[2]	2.01±0.53[2]
	2.0	9.27±2.41[2]	1.80±0.36[2]
	4.0	6.72±2.42[2]	1.94±0.28[2]

注:与对照组比较,[1] $P < 0.05$,[2] $P < 0.01$。

据赵雍等(2010)

表 3-9-12　槐花制炭后有效成分对正常大鼠止血时间的影响($\bar{x} \pm s, n = 10$)

组别	剂量/(g/kg)	BT/min	RT/s
对照	—	14.63 ± 4.47	2.42 ± 0.25
云南白药	0.4	$10.38 \pm 4.37^{2)}$	$1.88 \pm 0.36^{1)}$
槐花炭品	2.0	$9.89 \pm 3.10^{2)}$	2.04 ± 0.38
	4.0	$9.32 \pm 3.01^{2)}$	$1.83 \pm 0.45^{2)}$
槐花炭品 B	2.0	$8.55 \pm 2.87^{2)}$	$1.93 \pm 0.32^{1)}$
	4.0	$9.77 \pm 3.22^{2)}$	$1.90 \pm 0.42^{1)}$
成分 1	2.0	$9.76 \pm 4.25^{2)}$	$1.97 \pm 0.31^{1)}$
	4.0	$9.79 \pm 4.32^{2)}$	$1.98 \pm 0.27^{2)}$
成分 2	2.0	$9.27 \pm 2.07^{2)}$	$1.79 \pm 0.33^{2)}$
	4.0	$8.75 \pm 2.26^{2)}$	$1.75 \pm 0.30^{2)}$
芦丁	4.0	$9.02 \pm 3.50^{2)}$	$1.92 \pm 0.21^{1)}$
槲皮素	4.0	11.62 ± 3.36	2.27 ± 0.39
鞣质	4.0	$9.85 \pm 2.46^{2)}$	2.11 ± 0.49

注:与对照组比较,[1] $P < 0.05$,[2] $P < 0.01$。

据赵雍等(2010)

4.保护心血管

王天仕等(2001)研究表明麻醉家兔颈总静脉注射 2.8 mL/kg(体重)槐花煎液(每毫升煎液相当于 0.34 g 生药)后,可见 HR、LVSP、+dp/dt$_{max}$ 和-dp/dt$_{max}$ 的值减少,t-dp/dt$_{max}$ 的值增大,在各试验时段与对照组相比具有显著性或极显著性差异;而 LVDP、LVEDP 和 T 值与对照组相比无显著性差异。表明槐花煎液对心脏的作用主要是降低其收缩性能、减慢心率,而对其舒张功能影响较小。提示槐花煎液具有减少心肌耗氧量、保护心功能的作用。

王天仕等(2002)观察了槐花对家兔体外心房肌生理特性的影响,并探讨了其作用机制。试验运用体外心脏试验法,摘取家兔心房肌,观察测定给药前后体外心房肌的收缩力、心率、功能性不应期、静息后加强效应及正性阶梯效应的变化。研究结果显示:槐花煎液(DFSS)能显著降低心肌收缩力、减慢心率,阿托品可抑制槐花的负性心率作用,但不能抑制其负性肌力作用;槐花煎液可显著减弱家兔体外左心房肌的正性阶梯作用,并显著延长功能性不应期,但不影响静息后加强效应。提示槐花对心肌具有负性肌力和负性频率作用,其作用机制与其抑制胞外 Ca^{2+} 跨膜内流有关。

徐京育等(2005)研究了复方槐花降压冲剂治疗胰岛素抵抗性高血压的临床疗效。将 52 例住院患者随机分为治疗组(复方槐花降压冲剂,30 例)和对照组(马来酸依那普利组,22 例),同期选择健康体检者(健康组)17 名,分别观察 3 组治疗前和治疗后 4 周血压、血脂、葡萄糖耐量变化。结果(见表 3-9-13~表 3-9-15)表明,治疗组与对照组的患者血脂、葡萄糖耐量明显高于健康组,说明高血压病患者与健康人比较存在脂质、血糖代谢紊乱。治疗组和对照组在降压方面作用比较无统计学意义,降脂、降糖方面优于对照组。提示复方槐花降压冲剂治疗胰岛素抵抗性高血压疗效确切,并具有调节血脂、降糖的作用。

表 3-9-13　各组血压测定值比较($\bar{x} \pm s$)

组别		n	收缩压/mmHg	舒张压/mmHg
健康组		17	120 ± 4	75 ± 3
对照组	治疗前	22	160 ± 5	$97 \pm 2^{1)}$
	治疗后	22	138 ± 3	$84 \pm 4^{2)}$
治疗组	治疗前	30	161 ± 5	$98 \pm 2^{1)}$
	治疗后	30	137 ± 5	$85 \pm 5^{2)}$

注:与健康组比较,[1] $P < 0.05$;与本组治疗前比较,[2] $P < 0.05$。

据徐京育等(2005)

表 3-9-14 各组血脂指标比较($\bar{x}\pm s$)

组别		n	TC/(mmol/L)	TG/(mmol/L)	LDL-C/(mmol/L)	HDL-C/(mmol/L)
健康组		17	4.34±0.92	1.24±0.51	3.08±0.87	1.47±0.56
对照组	治疗前	22	4.67±0.62	1.79±0.63[1]	3.68±0.72[1]	1.03±0.43[1]
	治疗后	22	4.31±0.73	1.50±0.53	3.26±0.58	1.27±0.37
治疗组	治疗前	30	4.42±0.83	1.82±0.74[2]	3.70±0.81[1]	1.08±0.51[1]
	治疗后	30	3.94±1.08[3]	1.39±0.48[4]	3.27±0.66[3]	1.43±0.42[2]

注:与健康组比较,[1] $P<0.05$,[2] $P<0.01$;与本组治疗前比较,[3] $P<0.05$,[4] $P<0.01$。

据徐京育等(2005)

表 3-9-15 各组葡萄糖耐量比较($\bar{x}\pm s$, mmol/L)

组别		n	血糖/(mmol/L)
健康组		17	5.6±1.7
对照组	治疗前	22	7.1±2.8[1]
	治疗后	22	7.1±2.2
治疗组	治疗前	30	7.7±3.8[1]
	治疗后	30	6.6±4.0[2]

注:与健康组比较,[1] $P<0.05$;与本组治疗前比较,[2] $P<0.05$。

据徐京育等(2005)

胡满香(2006)研究表明槐米降压颗粒可降低自发性高血压大鼠(SHR)血浆内皮素-1(ET-1)含量,提高降钙素基因相关肽(CGRP)含量,通过调节二者在体内的平衡来达到降低血压,防治心肌结构重塑,保护心血管的功能。

张国栋(1996)在临床医疗中利用槐米治疗高血压取得满意的效果。治疗时用槐米 20 g 加水 1000 mL 煮开后慢火煎 5 min,一日 3 次饮用,每次 300 mL,可长期服用无任何副作用。治疗结果显示:治疗 10 例,其中男 5 例,女 5 例,年龄均在 45 岁以上,血压在 25/15 kPa 以上,服用 1 个月可停用其他降压药,继续服槐米 1 个月,7 例血压继续维持在正常范围内,2 例血压较服槐米前有所下降,但不能维持在正常范围内,1 例无效。

5. 降血糖

张伟云等(2017)研究了槐花提取物对 2 型糖尿病小鼠的降血糖活性。实验通过超声提取法获得槐花乙醇提取物。使用腹腔注射烟碱和链脲霉素诱导的 2 型糖尿病小鼠模型和 3T3-L1 前脂肪细胞分化模型,检测槐花乙醇提取物对小鼠血糖的影响和对 3T3-L1 前脂肪细胞分化的影响。结果(见表 3-9-16、表 3-9-17)显示:槐花乙醇提取物灌剂量每日 100 μg/g,连续灌胃给药 3 周,降低了 2 型糖尿病小鼠的血糖,改善口服葡萄糖耐量试验(OGTT)过程中的糖耐量。0.4 mg/L 和 0.8 mg/L 的槐花乙醇提取物均能促进 3T3-L1 前脂肪细胞分化。提示槐花乙醇提取物可以降低 2 型糖尿病小鼠血糖,促进 3T3-L1 前脂肪细胞分化。

表 3-9-16 各组小鼠血糖比较($\bar{x}\pm s, n=8$)

组别	血糖/(mmol/L)			
	0 d	7 d	14 d	21 d
空白组	4.83±0.60	4.94±0.30	4.93±0.30	4.33±0.55
糖尿病模型组	16.10±3.01	16.41±0.59	15.19±0.54	16.49±1.95
10 μg/g 罗格列酮	16.10±2.66	5.55±0.56**	5.22±0.83**	4.81±0.32**
25 μg/g 槐米乙醇提取物	16.42±1.01	14.03±1.24	13.75±0.76	13.20±0.90
50 μg/g 槐米乙醇提取物	16.95±1.79	13.38±1.31	12.30±0.50	11.16±0.75
100 μg/g 槐米乙醇提取物	15.73±2.01	5.85±0.83**	5.35±0.43**	5.10±0.60**

据张伟云等(2017)

表 3-9-17 各组小鼠 OGTT 比较($\bar{x}\pm s, n=8$)

组别	血糖/(mmol/L)			
	0 min	30 min	60 min	120 min
空白组	6.27±0.52	11.46±1.46	8.21±1.95	6.06±0.54
糖尿病模型组	6.40±0.93	22.10±2.18	15.70±2.70	9.80±0.99
10 μg/g 罗格列酮	5.80±0.75	19.30±2.54*	12.50±2.69*	8.70±0.57
25 μg/g 槐米乙醇提取物	5.70±0.60	21.50±1.23	13.65±1.70	9.00±1.10
50 μg/g 槐米乙醇提取物	5.85±0.71	20.61±1.45	13.40±1.58	8.85±0.80
100 μg/g 槐米乙醇提取物	5.44±0.67	17.75±2.57*	12.15±2.05*	7.44±0.83

注:与糖尿病模型组比较,* $P<0.05$。

据张伟云等(2017)

苗明三等(2011)探讨了槐花总黄酮(total flavonoids of Sophorae Flos,TSFS)对链脲佐菌素性大鼠糖尿病模型血清胰岛素、瘦素和 C-肽水平的影响。实验以舌下静脉注射链脲佐菌素 60 mg/kg 制备大鼠糖尿病模型随机分为 5 组:槐花总黄酮高(600 mg/kg)、中(300 mg/kg)、低(150 mg/kg)剂量组,以及二甲双胍组(208 mg/kg)和模型组(给予同体积生理盐水)。另取健康大鼠设为空白对照组,给予同体积生理盐水。每天给药 1 次,连续给药 30 d,于第 10、20、30 天分别测空腹血糖值,第 30 天测血清胰岛素、胰岛素抗体、瘦素和 C-肽水平。研究结果(见表 3-9-18～表 3-9-20)显示:模型组从实验开始至第 30 天血糖水平显著升高,第 30 天血清瘦素水平显著升高,血清胰岛素水平及 C-肽水平显著降低,说明链脲佐菌素大鼠糖尿病模型制备成功。与模型组比,槐花总黄酮各剂量组第 20、30 天可显著降低模型大鼠血糖水平,第 30 天可显著升高血清胰岛素水平和 C-肽水平、显著降低血清瘦素水平。说明槐花总黄酮对链脲佐菌素性大鼠糖尿病模型有良好的治疗作用,可使血清葡萄糖及瘦素水平显著降低,血清胰岛素水平和 C-肽水平显著升高。

表 3-9-18 TSFS 对链脲佐菌素致大鼠糖尿病模型血糖水平的影响($\bar{x}\pm s, n=10$)

组别	血糖/(mmol/L)		
	第 10 天	第 20 天	第 30 天
空白对照组	4.982±0.766	4.735±1.094	4.860±0.718
模型组	17.755±2.492[1]	18.484±2.355[1]	19.766±2.754[1]
二甲双胍组	15.663±2.090	13.585±2.061[3]	11.548±1.992[3]
高剂量 TSFS 组	16.619±2.692	14.852±3.186[3]	13.130±2.937[3]
中剂量 TSFS 组	17.477±2.640	15.429±3.126[2]	13.744±2.832[3]
低剂量 TSFS 组	17.828±2.442	17.549±1.974	17.113±1.919[2]

注:与空白对照组比较,[1] $P<0.01$;与模型组比较,[2] $P<0.05$,[3] $P<0.01$。

据苗明三等(2011)

表 3-9-19 TSFS 对链脲佐菌素致大鼠糖尿病模型血清胰岛素和胰岛素抗体水平的影响($\bar{x}\pm s, n=10$)

组别	胰岛素/(10^{-3} IU/mL)	胰岛素抗体水平/%
空白对照组	47.280±8.471	3.285±0.653
模型组	26.850±4.809[1]	3.495±0.693
二甲双胍组	37.320±6.064[3]	2.612±0.722[2]
高剂量 TSFS 组	35.741±7.439[3]	3.412±0.855
中剂量 TSFS 组	33.052±5.101[2]	3.248±0.358
低剂量 TSFS 组	28.907±6.725	3.475±0.616

注：与空白对照组比较，[1] $P<0.01$；与模型组比较，[2] $P<0.05$，[3] $P<0.01$。

表 3-9-20　TSFS 对链脲佐菌素致大鼠糖尿病模型血清瘦素和 C-肽水平的影响 $(\bar{x}\pm s, n=10)$

组别	瘦素/(ng/mL)	C-肽/(ng/mL)
空白对照组	0.645±0.180	0.109±0.034
模型组	1.517±0.346[1]	0.043±0.016[1]
二甲双胍组	0.849±0.469[3]	0.061±0.017[2]
高剂量 TSFS 组	0.950±0.453[3]	0.095±0.036[3]
中剂量 TSFS 组	0.870±0.314[3]	0.174±0.266[3],[4]
低剂量 TSFS 组	0.860±0.467[3]	0.071±0.019[3]

注：与空白对照组比较，[1] $P<0.01$；与模型组比较，[2] $P<0.05$，[3] $P<0.01$；与二甲双胍组比较，[4] $P<0.01$。

马利华等（2019）研究了槐花多酚对 α-淀粉酶及 α-葡萄糖苷酶的抑制作用。实验测定了槐花醇提取物中多酚含量，考察了槐花多酚对 α-淀粉酶及 α-葡萄糖苷酶的抑制作用及抑制作用类型。结果显示，槐花醇提物中多酚含量为 18.271 $\mu g/g$，高于水提物；槐花多酚对这两种酶都具有一定的抑制作用，槐花多酚对 α-淀粉酶活性最大抑制率仅为 47.20%，槐花多酚对 α-葡萄糖苷酶活性最大抑制率可达 81.32%，其 IC_{50} 为 9.16 mg/L。

6.抗肿瘤作用

杨欣等（2020）探究了槐花醇提取物对肝癌大鼠细胞凋亡的干预效果及作用机制。选取 50 只 SD 大鼠，10 只为正常组，其余 40 只建立有肝癌（分为模型组，药物对照组，低、高浓度干预组）。观察各组大鼠细胞周期分布及增殖、凋亡情况，并检测各组大鼠 PTEN、p-Akt、mTOR 及 Bcl-2、PI3K、Akt 表达。研究结果显示，高浓度组大鼠癌组织处于 G_1 期细胞比例、凋亡率、PTEN 相对表达量分别为 54.72%、45.34%、0.73，均高于模型组、药物对照组、低浓度组（$P<0.05$）；增殖率、p-Akt、mTOR、Bcl-2、PI3K、Akt 相对表达量分别为 13.33%、1.33、1.34、1.31、1.32、1.35，均低于模型组、药物对照组、低浓度组（$P<0.05$）。在槐花醇提取物的干预下，肝癌大鼠癌组织细胞增殖、凋亡能力及周期分布受到明显调控，PTEN、p-Akt、mTOR 及 Bcl-2、PI3K、Akt 表达受到明显的调控，说明槐花醇提取物能够阻滞肝癌组织细胞周期分布，抑制肝组织细胞增殖，促进肝癌组织细胞凋亡，其能力呈现浓度依赖。陈宇杰等（2014）研究了槐米对 S_{180} 荷瘤小鼠的抑瘤作用及作用机制。采用 MTT 法测定在槐米干预下，S_{180} 细胞在 24 h、48 h、72 h 的增殖活性。将 S_{180} 细胞皮下注射接种于小鼠左前肢腋下建立荷瘤小鼠模型，设正常组、模型对照组、槐米组（50 mg/kg、100 mg/kg、200 mg/kg）及环磷酰胺组（25 mg/kg）。造模后连续灌胃给药 4 周，每日 1 次。测各组小鼠体重及瘤组织、脾脏、胸腺重量，并计算抑瘤率、胸腺系数及脾系数。比色法测定血清中超氧化物歧化酶（SOD）、丙二醛（MDA）水平，ELISA 法检测血清中白细胞介素-2（IL-2）、肿瘤坏死因子（TNF-α）、血管内皮生长因子（VEGF）、碱性成纤维细胞生长因子（bFGF）、基质金属蛋白酶-9（MMP-9）水平。研究结果显示：槐米在 31.25～500 $\mu g/mL$ 范围内对体外培养 48 h 的 S_{180} 细胞具有明显抑制作用，呈剂量依赖性。与模型对照组比较，槐米提取物在 50～200 mg/kg 剂量范围内可不同程度增加小鼠体重、胸腺系数、脾系数，抑瘤率最高可达 29%；升高小鼠血清中 SOD、IL-2 水平，降低 MDA、TNF-α、VEGF、bFGF、MMP-9 水平，且在 100 mg/kg 剂量下作用最明显。提示槐米对 S_{180} 荷瘤小鼠肿瘤具有抑制作用，其机制与增加血清中 SOD、IL-2 水平，降低 MDA、TNF-α、VEGF、bFGF、MMP-9 水平相关。

金念祖等（2005）研究了槲皮素及槐米提取物对小鼠 Lewis 肺癌的肿瘤生长抑制作用，以及与顺铂联合治疗的效果，并探讨了其对小鼠免疫功能器官重量和血常规指标的影响。以槲皮素和槐米提取物制成受试溶液，以移植 Lewis 肺癌的 ICR 小鼠为动物模型，槲皮素试验组和槐米提取物试验组分别在移植前以槲皮素或槐米提取物连续灌胃 10 d，在移植后继续灌胃 16 d，顺铂治疗组在移植后隔天腹腔注射 1 mg/kg 剂量的顺铂 1 次，肿瘤移植 17 d 后测定各组小鼠体重、瘤重、脾脏及胸腺的质量和血常规指标，计算抑瘤率、脾指数和胸腺指数。结果表明，槲皮素高、中、低剂量组的抑瘤率分别为 44.5%、42.7%、34.3%；槐米提取物高、中、低剂量组抑瘤率分别为 46.4％、43.8％、37.3％。顺铂治疗组的抑瘤率为 40.2％,而顺铂＋中剂量槲皮素组和顺铂＋中剂量槐米提取物组的抑瘤率分别为 49.3％和 55.2％。小鼠荷瘤后出现脾脏重量和血常规指标的异常,经过治疗后,异常状态有明显改善。提示经口给予槲皮素和槐米提取物对小鼠 Lewis 肺癌有良好的抑瘤作用,与顺铂联合治疗的效果明显增强。顾生玖等(2012)研究表明,从槐米中提取的槲皮素对鼻咽癌细胞有明显的抑制作用,且与浓度、时间呈明显的依赖性,药物干预作用的最适浓度为 60 μmol/L,药物干预后形态学观察的最适宜时间为 48 h。细胞周期分析显示,槲皮素能阻滞鼻咽癌细胞于 G_1 期。

杨娜等(2011)研究表明,随着槲皮素浓度增加和作用时间的延长,槲皮素对人鼻咽癌 CNE2 细胞的抑制作用越明显。细胞培养 48 h 后,荧光染色观察随着药物浓度增加,凋亡细胞增多并且越来越明显,当浓度达到 60 μmol/L 时,镜下出现了大量不完整的细胞核和细胞碎片。

7.增强免疫

李荣乔等(2016)研究了槐花多糖对免疫低下小鼠的免疫功能的调节作用。采用腹腔注射环磷酰胺制造免疫抑制小鼠模型,考察槐花多糖对免疫抑制小鼠脏器指数、巨噬细胞吞噬功能、淋巴细胞增殖活性以及血清 IL-2、IL-4、IL-6、TNF-α、TNF-γ 水平、溶血素水平和溶血空斑形成数量的影响。结果(见表3-9-21～表3-9-25)表明,槐花多糖能明显提高免疫抑制小鼠的胸腺指数、脾脏指数、巨噬细胞吞噬能力、脾淋巴细胞的增殖能力、溶血素含量和溶血空斑形成数量,促进细胞因子 IL-2、IL-4、IL-6、TNF-α、TNF-γ 分泌。提示槐花多糖具有免疫增强活性,具有良好的开发应用潜力。

表 3-9-21 槐花多糖对免疫抑制小鼠免疫器官指数的影响($\bar{x}\pm$SD)

组别	剂量/(mg/kg)	胸腺指数/(mg/g)	脾脏指数/(mg/g)
正常组	0	3.713±0.402	5.327±0.493
模型组	0	1.487±0.153▲▲	3.234±0.356▲▲
低剂量组	50	1.751±0.172★	3.673±0.437
中剂量组	100	2.312±0.292★★	4.036±0.486★
高剂量组	200	3.254±0.324★★	4.638±0.482★★

注:▲▲与正常组比较,$P<0.01$;★与模型组比较,$P<0.05$;★★与模型组比较,$P<0.01$。
据李荣乔等(2016)

表 3-9-22 槐花多糖对免疫抑制小鼠腹腔巨噬细胞吞噬功能的影响($\bar{x}\pm$SD)

组别	剂量/(mg/kg)	吞噬率/%	吞噬指数
正常组	0	42.568±5.563	0.562±0.063
模型组	0	27.362±3.462▲▲	0.354±0.042▲▲
低剂量组	50	31.416±3.049	0.382±0.043
中剂量组	100	35.372±4.283★	0.421±0.045★
高剂量组	200	40.134±4.361★★	0.503±0.054★★

注:▲▲与正常组比较,$P<0.01$;★与模型组比较,$P<0.05$;★★与模型组比较,$P<0.01$。
据李荣乔等(2016)

表 3-9-23 槐花多糖对免疫抑制小鼠脾淋巴细胞增殖活性的影响($\bar{x}\pm$SD)

组别	剂量/(mg/kg)	脾淋巴细胞增殖指数/%
正常组	0	89.426±9.164
模型组	0	65.437±7.531▲▲
低剂量组	50	70.762±7.537
中剂量组	100	74.742±7.531
高剂量组	200	79.260±7.433★

注:▲▲与正常组比较,$P<0.01$;★与模型组比较,$P<0.05$。
据李荣乔等(2016)

表 3-9-24　槐花多糖对免疫抑制小鼠血清中 IL-2、IL-4、IL-6、TNF-α、TNF-γ 含量的影响($\bar{x} \pm$SD)

组别	剂量/(mg/kg)	IL-2	IL-4	IL-6	TNF-α	TNF-γ
正常组	0	32.173±2.658	37.656±3.912	248.712±54.631	467.292±100.215	1.048±0.214
模型组	0	14.415±1.533▲▲	22.562±2.734▲▲	113.562±13.655▲▲	254.167±25.149▲▲	0.455±0.076▲▲
低剂量组	50	17.257±2.169★	25.224±2.613	138.657±22.397	295.345±30.632★	0.526±0.082
中剂量组	100	21.516±2.327★★	28.572±3.013★	164.198±32.338★	317.326±35.461★	0.616±0.091★
高剂量组	200	26.537±3.206★★	30.261±3.672★★	182.354±37.335★★	362.725±42.068★★	0.725±0.115★★

注:▲▲与正常组比较,$P<0.01$;★与模型组比较,$P<0.05$;★★与模型组比较,$P<0.01$。
据李荣乔等(2016)

表 3-9-25　槐花多糖对免疫抑制小鼠溶血素及溶血空斑形成的影响($\bar{x} \pm$SD)

组别	剂量/(mg/kg)	溶血素 $A_{540\,nm}(n=10)$	溶血空斑 $A_{413\,nm}(n=5)$
正常组	0	0.535±0.052	0.352±0.043
模型组	0	0.335±0.028▲▲	0.182±0.031▲▲
低剂量组	50	0.376±0.037	0.213±0.029
中剂量组	100	0.417±0.047★	0.246±0.037★
高剂量组	200	0.465±0.056★★	0.283±0.034★★

注:▲▲与正常组比较 $P<0.01$;★与模型组比较 $P<0.05$;★★与模型组比较 $P<0.01$。
据李荣乔等(2016)

王静(2015)利用槐花多糖对肺炎克雷伯氏菌灭活疫苗免疫增强效果进行了研究,依照本实验室改进的水提醇沉法提取槐花多糖,并将甲醛灭活的肺炎克雷伯氏菌与槐花多糖或弗氏不完全佐剂等体积配比制备疫苗。将 160 只清洁级昆明小白鼠(雌性)随机分为 4 组,于第 3、7、12 天时,每组每只小白鼠分别注射等量的槐花多糖佐剂肺炎克雷伯氏菌灭活疫苗、弗氏佐剂肺炎克雷伯氏菌灭活疫苗、全菌体灭活疫苗和PBS。在首次免疫后的第 7、14、21、28、35、42、49 天每组随机选取 3 只小白鼠采血检测其血清抗体效价、IL-2、IL-4 含量,外周血 CD4$^+$ 和 CD8$^+$ T 淋巴细胞数量水平。同时,在首次免疫后的第 14 天每组随机选取 20 只进行攻毒保护试验,连续 7 d 记录小白鼠生存状态并统计免疫保护率。结果显示,肺炎克雷伯氏菌灭活疫苗能够刺激机体产生特异性抗体、提高细胞因子分泌量和外周血 CD4$^+$ 和 CD8$^+$ T 淋巴细胞数,并为小白鼠提供 50% 的免疫保护。另外,槐花多糖和弗氏佐剂能够显著提高小白鼠体液免疫和细胞免疫水平且槐花多糖效果更优($P<0.05$)。

陈忠杰等(2016)以槐花为试材,研究了槐花多糖对小鼠的免疫调节作用。将槐花多糖用生理盐水配制成一定浓度的溶液,以腹腔注射的方法作用于小鼠,测定小鼠外周血和脾脏淋巴细胞增殖、腹腔巨噬细胞活性和免疫器官指数等指标的变化。结果表明,1.0 mL/d 的槐花多糖注射量可以显著促进小鼠外周血和脾脏淋巴细胞的增殖,提高小鼠巨噬细胞活性,并促进小鼠免疫器官的生长发育。

赵庆友等(2013)在兔支气管败血波氏杆菌灭活疫苗中加入不同剂量的槐花多糖,制备兔波氏杆菌槐花多糖灭活苗。选取体质量 1 kg 左右的健康獭兔 72 只,随机分为 6 组,其中Ⅰ~Ⅲ组为槐花多糖疫苗组(槐花多糖含量分别为 60 g/L、40 g/L、20 g/L),Ⅳ组为兔波氏杆菌蜂胶疫苗对照组,Ⅴ组为无多糖的兔波氏杆菌疫苗对照组,Ⅵ为空白对照组,各组分别于免疫后 0 d、3 d、7 d、14 d、21 d、28 d、35 d、42 d 采血,用平板凝集试验检测血清抗体效价,全自动血细胞分析仪测定淋巴细胞比率,试剂盒检测血清中 IL-2 的含量。结果显示,Ⅰ~Ⅳ组各指标均高于Ⅴ组,其中Ⅰ、Ⅳ组显著高于Ⅴ组($P<0.05$);Ⅱ组与Ⅲ组总体差异不显著($P>0.05$);Ⅳ组总体水平略低于Ⅰ组。由此表明,槐花多糖能提高獭兔对支气管败血波氏杆菌的免疫作用,60 g/L 剂量的效果最佳,这为开发槐花多糖作为新型免疫佐剂和免疫增强剂奠定了基础。

8.抗焦虑

聂忠富等(2013)研究了槐米中槲皮素对焦虑模型小鼠的保护作用。试验以不确定刺激复制小鼠焦虑模型。小鼠跳台试验分为空白对照(等容生理盐水)组、模型(等容生理盐水)组、地西泮(10 mg/kg)组与槲皮素高、低剂量(60 mg/kg、15 mg/kg)组,灌胃给药,每天1次,在给药第6天进行跳台训练试验,第7天为正式测试验。小鼠明暗箱试验分为空白对照(等容生理盐水)组、模型(等容生理盐水)组、地西泮(10 mg/kg)组与槲皮素高、低剂量(60 mg/kg、15 mg/kg)组,灌胃给药,每天1次,末次给药后进行明暗箱试验。以高效液相-荧光检测法测定小鼠脑内 γ-氨基丁酸(GABA)、谷氨酸(Glu)、5-羟色胺(5-HT)的含量。研究结果(见表3-9-26～表3-9-28)显示:与模型组比较,槲皮素高剂量组小鼠穿箱次数显著增加($P<0.05$);槲皮素高、低剂量组小鼠测试期错误反应次数显著减少($P<0.01$),小鼠脑内 GABA、Glu 含量显著增加($P<0.01$)。提示槲皮素具有明显的抗焦虑作用,其机制与提高小鼠脑内 GABA、Glu 含量有关。

表 3-9-26　槲皮素对模型小鼠跳台行为的影响($\bar{x}\pm s$)

组别	剂量/(mg/kg)	n	错误反应次数	
			训练期	测试期
空白对照组		20	1.8±0.6	1.7±0.6
模型组		20	1.7±0.6	2.1±0.4*
地西泮组	10	20	20±0.8	0.8±0.3#
槲皮素高剂量组	60	20	1.3±0.5	0.4±0.3#
槲皮素低剂量组	15	20	1.5±0.6	0.7±0.5#

注:与空白对照组比较,* $P<0.01$;与模型组比较,# $P<0.01$。

表 3-9-27　槲皮素对模型小鼠明暗箱穿箱次数的影响($\bar{x}\pm s$)

组别	剂量/(mg/kg)	n	穿箱次数
空白对照组		20	7.8±3.4
模型组		20	6.1±3.5*
地西泮组	10	20	27.6±7.1##
槲皮素高剂量组	60	20	18.2±5.8#
槲皮素低剂量组	15	20	10.7±6.2

注:与空白对照组比较,* $P<0.01$;与模型组比较,# $P<0.05$,## $P<0.01$。

表 3-9-28　槲皮素对模型小鼠脑内 GABA、Glu 和 5-HT 含量的影响($\bar{x}\pm s$,$n=12$)

组别	剂量/(mg/kg)	GABA/(μg/kg)	Glu/(μg/kg)	5-HT/(μg/kg)
空白对照组		79.40±11.80	84.34±15.70	21.40±2.81
模型组		51.4±12.80*	67.40±16.99*	24.82±2.75*
地西泮组	10	68.29±16.79#	92.80±24.09#	18.97±2.71#
槲皮素高剂量组	60	96.35±15.80#	99.80±18.69#	24.09±2.68
槲皮素低剂量组	15	82.39±15.80#	94.58±18.69#	23.90±2.68

注:与空白对照组比较,* $P<0.01$;与模型组比较,# $P<0.01$。

三、槐花的研究成果

曹晓华、郑金贵于2016年对槐花、桑葚、青花菜中的槲皮素含量进行了测定,结果如表3-9-29所示。

由表 3-9-29 可知,槐花中槲皮素含量比桑葚和青花菜中的槲皮素含量高很多,是桑葚的 54 倍,是青花菜的 76 倍。

表 3-9-29 　槐花、桑葚与青花菜中槲皮素含量的比较

不同样品	槲皮素含量/(mg/g)
槐花	39.70
桑葚	0.73
青花菜	0.52

据曹晓华、郑金贵(2016)

参考文献

[1]贾佼佼,苗明三.槐花的化学、药理及临床应用[J].中医学报,2014,29(5):716-717,745.

[2]钱文文,辛宝,史传道.槐花的营养保健功能及食品开发前景[J].农产品加工,2016(18):59-61.

[3]杨建雄,王丽娟,田京伟.槐米提取液对小鼠抗氧化能力的影响[J].陕西师范大学学报(自然科学版),2002(2):87-90.

[4]张军,熊正英,王家宏.槐米与维生素 C 对运动训练小鼠协同抗氧化作用的研究[J].陕西师范大学学报(自然科学版),2004(4):87-89.

[5]张军,王家宏,王丽娟等.槐米水提液对训练小鼠运动能力影响的机制研究[J].陕西师范大学学报(自然科学版),2007(4):99-101.

[6]范巧宁,赵珮,高晓梅,等.不同提取方法对槐米多糖抗氧化活性的影响[J].食品工业科技,2014,35(21):273-277.

[7]王丽华,段玉峰,马艳丽,等.槐花多糖的提取工艺及抗氧化活性研究[J].西北农林科技大学学报(自然科学版),2008(8):213-217,228.

[8]胡喜兰,姜琴,尹福军,等.正交实验优选槐花多糖的最佳提取工艺及抑菌活性研究[J].食品科技,2012,37(4):164-167.

[9]高秀妹.四种植物多糖抑菌抗病毒作用及其对波氏杆菌免疫增强作用的比较研究[D].泰安:山东农业大学,2012.

[10]陈屹,姚卫蓉.槐花精油的提取及其抗菌作用研究[J].安徽农业科学,2008(11):4379-4381.

[11]张高红,郑永唐.槐花提取化合物 K3 体外抗 HIV-1 活性的研究[J].中药材,2006(4):355-358.

[12]康永强,贾育新,范珉钰,等.槐花治疗青少年鼻衄 16 例体会[J].世界最新医学信息文摘,2019,19(20):226,228.

[13]李惠,原桂东,金亚宏,等.槐花饮片及其提取物止血作用的实验研究[J].中国中西医结合杂志,2004(11):1007-1009.

[14]赵雍,郭静,刘婷,等.槐花制炭后新止血成分的药理研究[J].中国中药杂志,2010,35(17):2346-2349.

[15]王天仕,薛愧玲,杨生玉.槐花煎液对麻醉家兔血流动力学的影响[J].中医药学报,2001(1):40-42.

[16]王天仕,郑合勋,魏高明,等.槐花对家兔体外心房肌的作用[J].山东中医杂志,2002(5):297-299.

[17]徐京育,苏润泽,张良.复方槐花降压冲剂治疗胰岛素抵抗性高血压[J].中西医结合心脑血管病杂志,2005(6):489-490.

[18]胡满香.自发性高血压大鼠心肌结构重塑及槐米降压颗粒的影响[D].石家庄:河北医科大学,2006.

[19]张国栋.槐米治疗高血压效果明显[J].中国民间疗法,1996(3):48.

[20]张伟云,王丽荣,许长江,等.槐花提取物降血糖活性研究[J].上海中医药杂志,2017,51(5):93-97.

[21]苗明三,李彩荣,陈元朋.槐花总黄酮对大鼠糖尿病模型血清胰岛素、瘦素和 C-肽水平的影响[J].中国现代应用药学,2011,28(10):896-898.

[22]马利华,郁曼曼.槐花多酚降糖作用的研究[J].食品科技,2019,44(3):211-215.

[23]杨欣,王乐.槐花醇提取物促进肝癌大鼠的细胞凋亡[J].现代食品科技,2020,36(3):17-21,259.

[24]陈宇杰,马丽杰,胡雷,等.槐米对 S_{180} 荷瘤小鼠的抑瘤作用及机制[J].中药药理与临床,2014,30(5):100-102.

[25]金念祖,茅力,朱燕萍,等.槲皮素及槐米提取物对小鼠 Lewis 肺癌的抑瘤实验研究[J].南京中医药大学学报,2005(2):108-110.

[26]顾生玖,刘建楠,姚丽新,等.金槐米槲皮素对人鼻咽癌细胞的干预作用研究[J].安徽农业科学,2012,40(18):9639-9640,9668.

[27]杨娜,朱开梅,顾生玖.槐米中槲皮素对人鼻咽癌 CNE2 细胞增殖与凋亡作用的研究[J].时珍国医国药,2011,22(9):2215-2217.

[28]李荣乔,贾东升,温春秀,等.槐花多糖对免疫抑制小鼠免疫功能的影响研究[J].食品研究与开发,2016,37(24):155-159.

[29]王静.槐花多糖对水貂肺炎克雷伯氏菌灭活疫苗的免疫增强效果的研究[D].泰安:山东农业大学,2015.

[30]陈忠杰,李利红,李存法,等.槐花多糖对小鼠免疫调节作用的试验[J].中国兽医杂志,2016,52(3):115-117.

[31]赵庆友,梁漫飞,高秀妹,等.槐花多糖对支气管败血波氏杆菌的免疫增强作用[J].中国兽医学报,2013,33(2):268-271.

[32]聂忠富.槐米中槲皮素对焦虑模型小鼠的保护作用研究[J].中国药房,2013,24(31):2905-2907.